普通高等教育“十五”“十一五”国家级规划教材
高等学校水利学科专业规范核心课程教材·农业水利工程
全国水利行业“十三五”规划教材（普通高等教育）

水工建筑物（第6版）

（供农业水利工程专业用）

主　编　武汉大学　夏富洲

高等学校水利学科教学指导委员会组织编审

中国水利水电出版社
www.waterpub.com.cn
·北京·

内 容 提 要

本书是基于认证要求的高等学校水利学科专业规范核心课程教材，共分14章，包括绪论、重力坝、拱坝、土石坝、岸边溢洪道、水工隧洞与坝下涵管、蓄水枢纽的布置、水闸、引水枢纽的壅水坝及过坝建筑物、引水枢纽布置、渡槽、倒虹吸管及涵洞、跌水及陡坡、渠系中的量水及排洪与防护设施。

本书除可作为农业水利工程专业本科生的教材外，也可供水利水电类其他专业的师生作为教学参考书或教材，以及供水利工程技术人员参考。

图书在版编目（CIP）数据

水工建筑物：供农业水利工程专业用 / 夏富洲主编. -- 6版. -- 北京：中国水利水电出版社，2019.7（2023.12重印）
普通高等教育"十五""十一五"国家级规划教材 高等学校水利学科专业规范核心课程教材·农业水利工程 全国水利行业"十三五"规划教材. 普通高等教育
ISBN 978-7-5170-7893-7

Ⅰ. ①水… Ⅱ. ①夏… Ⅲ. ①水工建筑物—高等学校—教材 Ⅳ. ①TV6

中国版本图书馆CIP数据核字(2019)第172162号

书　　名	普通高等教育"十五""十一五"国家级规划教材 高等学校水利学科专业规范核心课程教材·农业水利工程 全国水利行业"十三五"规划教材（普通高等教育） **水工建筑物**（第6版）（供农业水利工程专业用） SHUIGONG JIANZHUWU
作　　者	主编　武汉大学　夏富洲
出版发行	中国水利水电出版社 （北京市海淀区玉渊潭南路1号D座　100038） 网址：www.waterpub.com.cn E-mail：sales@mwr.gov.cn 电话：(010) 68545888（营销中心）
经　　售	北京科水图书销售有限公司 电话：(010) 68545874、63202643 全国各地新华书店和相关出版物销售网点
排　　版	中国水利水电出版社微机排版中心
印　　刷	天津嘉恒印务有限公司
规　　格	184mm×260mm　16开本　30.5印张　742千字
版　　次	1980年11月第1版第1次印刷 2019年7月第6版　2023年12月第3次印刷
印　　数	6001—9000册
定　　价	**78.50**元

高等学校水利学科专业规范核心课程教材

编 审 委 员 会

农业水利工程专业教材编审分委员会

总 前 言

随着我国水利事业与高等教育事业的快速发展以及教育教学改革的不断深入，水利高等教育也得到了很大的发展与提高。《国家中长期教育改革和发展规划纲要（2010—2020年）》《加快推进教育现代化实施方案（2018—2022年）》等文件的出台以及2018年全国教育大会和新时代全国高等学校本科教育工作会议的召开，更是对高等教育教学改革和人才培养提出了新的要求，要求把立德树人作为教育的根本任务，强调要坚持“以本为本”，推进“四个回归”，建设一流本科，培养一流人才。

为响应国家关于加快建设高水平本科教育、全面提高人才培养能力的号召，积极推进现代信息技术与教育教学深度融合，适应开展工程教育专业认证对毕业生提出的新要求，经水利类专业认证委员会倡议，2018年1月，教育部高等学校水利类专业教学指导委员会和中国水利水电出版社联合发文《关于公布基于认证要求的高等学校水利学科专业规范核心课程教材及数字教材立项名单的通知》（水教指委〔2018〕1号），立项了一批融合工程教育专业认证理念、配套多媒体数字资源的新形态教材。这批教材以原高等学校水利学科专业规范核心教材为基础，充分考虑教育改革发展新要求，在适应认证标准毕业要求方面融合了相关环境问题、复杂工程问题、国际视野及跨文化交流问题以及涉水法律等方面的内容；在立体化建设方面，配套增加了视频、音频、动画、知识点微课、拓展资料等富媒体资源。

这批教材的出版是顺应教育新形势、新要求的一次大胆尝试，仍坚持“质量第一”的原则，以原教材主编单位和人员为主进行修订和完善，邀请相关领域专家对教材内容进行把关，力争使教材内容更加适应专业培养方案和学生培养目标的要求，满足新时代水利行业对人才的需求。

尽管我们在教材编纂出版过程中尽了最大的努力，但受编著这类教材的经验和水平所限，不足和欠缺之处在所难免，恳请广大师生批评指正。

教育部高等学校水利类专业教学指导委员会

中国工程教育专业认证协会水利类专业认证委员会

中国水利水电出版社

2019 年 6 月

总前言（2008版）

随着我国水利事业与高等教育事业的快速发展以及教育教学改革的不断深入，水利高等教育也得到很大的发展与提高。与1999年相比，水利学科专业的办学点增加了将近一倍，每年的招生人数增加了将近两倍。通过专业目录调整与面向新世纪的教育教学改革，在水利学科专业的适应面有很大拓宽的同时，水利学科专业的建设也面临着新形势与新任务。

在教育部高教司的领导与组织下，从2003年到2005年，各学科教学指导委员会开展了本学科专业发展战略研究与制定专业规范的工作。在水利部人教司的支持下，水利学科教学指导委员会也组织课题组于2005年年底完成了相关的研究工作，制定了水文与水资源工程，水利水电工程，港口、航道与海岸工程以及农业水利工程四个专业规范。这些专业规范较好地总结与体现了近些年来水利学科专业教育教学改革的成果，并能较好地适用不同地区、不同类型高校举办水利学科专业的共性需求与个性特色。为了便于各水利学科专业点参照专业规范组织教学，经水利学科教学指导委员会与中国水利水电出版社共同策划，决定组织编写出版“高等学校水利学科专业规范核心课程教材”。

核心课程是指该课程所包括的专业教育知识单元和知识点，是本专业的每个学生都必须学习、掌握的，或在一组课程中必须选择几门课程学习、掌握的，因而，核心课程教材质量对于保证水利学科各专业的教学质量具有重要的意义。为此，我们不仅提出了坚持“质量第一”的原则，还通过专业教学组讨论、提出，专家咨询组审议、遴选，相关院、系认定等步骤，对核心课程教材选题及其主编、主审和教材编写大纲进行了严格把关。为了把本套教材组织好、编著好、出版好、使用好，我们还成立了高等学校水利学科专业规范核心课程教材编审委员会以及各专业教材编审分委员会，对教材编纂与使用的全过程进行组织、把关和监督。充分依靠各学科专家发挥咨询、评审、决策等作用。

本套教材第一批共规划52种，其中水文与水资源工程专业17种，水利水电工程专业17种，农业水利工程专业18种，计划在2009年年底之前全部出齐。尽管已有许多人为本套教材做出了许多努力，付出了许多心血，但是，由于专业规范还在修订完善之中，参照专业规范组织教学还需要通过实践不断总结提高，加之，在新形势下如何组织好教材建设还缺乏经验，因此，这套教材一定会有各种不足与缺点，恳请使用这套教材的师生提出宝贵意见。本套教材还将出版配套的立体化教材，以利于教、便于学，更希望师生们对此提出建议。

高等学校水利学科教学指导委员会

中国水利水电出版社

2008年4月

第6版前言

本书第5版于2008年出版，10年间，我国水利水电工程建设飞速发展，取得了巨大成果，有关水工建筑物的设计理论，结构形式以及新材料、新技术的应用获得了新的发展。大部分水工建筑物及相关规范进行了新一轮的修编。2016年6月2日，我国已成为华盛顿协议正式成员国，对工程教育提出了新理念、新要求。因此，为适应科学技术的新发展、工程教育的新理念和新要求，对第5版进行修编十分必要和迫切，也符合工程教育"持续改进"的核心理念。2018年1月23日，教育部高等学校水利类专业教学指导委员会和中国水利水电出版社将本教材正式列为基于认证要求的高等学校水利学科专业规范核心课程教材。

为了更好地适应水利工程建设的需要，符合"产出导向"工程教育核心理念，本次修订前，向有关设计单位征询了教材修订意见。湖北省水利水电规划勘测设计院李海涛和中工武大设计研究有限公司万珍等技术专家对教材的修订提出了许多有益的建议，中水淮河规划设计研究有限公司原董事长万隆从融合工程教育专业认证理念的角度对书稿进行了审阅，在此，向他们表示衷心的感谢。此外，还要感谢学校和学院对教材修订工作的支持和帮助。

本书由武汉大学夏富洲主编。各章编写的具体分工如下：武汉大学夏富洲编写绪论、第2章、第3章第4～第8节、第4章、第6章、第10章；武汉大学石自堂编写第7章、第8章、第9章；武汉大学刘川顺编写第1章、第3章第1～第3节；武汉大学冯晓波编写第5章、第11章、第12章、第13章。

本书1980年出版的第1版由原武汉水利电力学院赵文华、陈德亮主编。参加编写的有：清华大学姚汝祥、何成旆，原华东水利学院任德林、印邦鑫、宋祖诏，原成都科学技术大学陆文海、庄体仁等主审。

1987年出版第2版，原武汉水利电力学院为主编单位。参加编写的有：清华大学何成旆，原武汉水利电力学院陈德亮、赵文华，河海大学宋祖诏。由原成都科学技术大学李国润主审。

1995 年出版的第 3 版由原武汉水利电力大学陈德亮主编。参加编写的有：清华大学何成旆、河海大学任德林。由原成都科学技术大学陆文海主审。

2005 年出版的第 4 版由武汉大学陈德亮主编，王长德任副主编。参加编写的有：河海大学任德林，武汉大学陈云修、夏富洲。由西安理工大学陈尧隆教授主审。

2008 年出版的第 5 版由武汉大学陈德亮主编，夏富洲任副主编。参加编写的有：河海大学任德林，武汉大学王长德、陈云修。由西安理工大学陈尧隆教授主审。

对于书中存在的缺点或欠妥之处，恳请读者批评指正。

编者

2019 年 1 月

目 录

绪　论

0.1　我国水资源与水利水电工程建设

水是最宝贵的自然资源之一。我国水资源年平均总量为28000亿m^3，居世界第六位。但人均水资源量，按1997年人口统计，为2220m^3，仅为世界人均水资源量的1/3。预计2030年人口增至16亿时，人均水资源量将降至1760m^3，接近国际公认的水资源紧张标准1700m^3。中国不仅水资源人均占有量低，而且时空分布极不均匀，与人口、耕地、矿产资源分布不相匹配，加之人均综合用水量大幅度上升，已从1949年的不足200m^3增加到2016年的438m^3，供需矛盾十分突出，水资源短缺已成为影响我国经济和社会进一步发展的严重制约因素。如何通过实现水资源的优化配置，满足经济社会发展对水资源的需求，通过实现水资源的可持续利用来支撑经济社会的可持续发展，这将是我国今后水资源工作的根本目标和任务。

我国水利发展经历了从工程水利到资源水利的转变。过去主要以改造和利用水资源和水环境为主要特征，以建设水利水电工程为主要手段，即传统的工程水利阶段，注意力主要集中于单个工程上，而对水资源和社会经济发展的关系考虑较少，已适应不了经济社会发展的需要。现阶段的资源水利则是以水资源的优化配置为主要手段，实现水与经济、社会、环境持续协调发展，用水资源的可持续利用来满足经济社会可持续发展的全面要求，使水资源在整体上发挥最大的经济效益、社会效益和环境效益。

为了对自然界的水进行有效地控制和合理的调配，达到兴利除害以及为水资源的优化配置和可持续利用服务的目的而修建的各项工程措施，统称为水利水电工程。较常见的水利水电工程有治河防洪工程、农业水利工程、水力发电工程、航道与港口工程、给排水工程及综合利用水利工程等。

1949年以来，我国水利水电工程建设取得了很大的发展。据统计，到2011年年底，全国共修建水库88605座，总库容7201亿m^3；修建加固大江大河各类堤防30万km，保护人口5.7亿多，保护耕地6.45亿亩；灌溉面积达9.25亿亩❶，占总耕地面积的51.4%；兴建水闸44306座；固定排灌站42.3万处，配套机井464.9万眼；全国已开发的水电装机容量2.30亿kW，年发电量6507亿kW·h；我国小水电资源十分丰富，总装机已达6212万kW，年发电量1757亿kW·h，为缓解电力紧缺、推动工业和乡镇企业的发展做出了贡献；形成了比较完善的供水保障系统，全国累计修建农村各类引水工程5887.46万处，累计解决了8.12亿人的饮水困难；综合治理水土流失面积110万km^2，对改善生态环境，发展生产起到了显著作用。21世纪，世界瞩目的三峡及南水北调两项浩大工程相

❶　1亩≈666.67m^2。

继投入运行，这是当今世界最大的水利水电及调水工程，许多指标都位居世界之首，是改造自然环境、支撑我国经济社会可持续发展的重大基础性、战略性工程，将对我国经济社会的发展产生巨大的影响。

水利水电工程建设促进了水工建筑物科学技术的发展。近年来，在新坝型及筑坝新技术、高坝复杂地基的处理、高坝的泄洪消能、水工结构抗震设计的理论和实验模型、结构优化、计算机软件开发和CAD技术、水工结构可靠性分析、渠系建筑物新型结构及运用管理等方面均取得了不少成就。

0.2　水利枢纽和水工建筑物

0.2.1　水利枢纽

水利水电工程中采用的各种建筑物称为水工建筑物。在水域的适当地点，为了一种或多种目标而集中布置若干个不同类型的水工建筑物，各自发挥不同作用并协调工作，构成一有机综合体，称为水利枢纽。在农业水利工程中，常见的水利枢纽有以下三种。

（1）蓄水枢纽。为了满足防洪、灌溉、发电等各种要求，常需在河流上修建拦河坝，以形成水库、抬高水位、调节径流。这种以拦河坝为主体的水利枢纽称为蓄水枢纽（或水库枢纽）。蓄水枢纽除拦河坝外，还包括泄水建筑物和取水建筑物。这三种建筑物是任何蓄水枢纽均不可缺少的。除上述三种建筑物外，根据开发目标的不同，还可能有专门建筑物，如水电站、通航船闸等。

（2）引水枢纽。为了从河流、湖泊等水源引水，以满足灌溉及其他用水部门的需要，在渠首河段附近修建的建筑物综合体，称为引水枢纽。主要包括进水闸、壅水坝（或拦河闸）、防沙及冲沙设施等，对综合利用引水枢纽，还可能有水电站、船闸、鱼道、筏道等专门建筑物。

（3）泵站枢纽。为了将低处水抽送到高处，以达到灌溉、排涝、航运、发电等目的而兴建的以泵站为主体的水工建筑物综合体，称为泵站枢纽。组成这种枢纽的建筑物类型，因枢纽任务和工作条件不同而各有差别，但多以泵站及水闸为主体。

农业水利工程通过上述蓄水枢纽、引水枢纽解决了河流天然来水在时间、水量、高程上的矛盾后，还需借助渠道将水输送和分配到田间和其他用水部门。在灌溉或排水渠道系统上为了控制、分配、测量水流，通过天然或人工障碍，保证渠道安全运用而修建的一系列建筑物，统称为渠道系统上的水工建筑物，或简称渠系建筑物。

我国湖南省韶山灌区工程是以灌溉为主，兼有发电、航运等效益的大型水利水电工程。该工程在涟水中游水府庙以下2km处建有蓄水枢纽（水府庙水库枢纽），枢纽由拦河坝、水电站和船闸等建筑物组成。经水库调节后的水通过下游18km处的洋潭引水枢纽进水闸进入总干渠。引水枢纽的主要建筑物有进水闸、壅水坝、泄洪闸、重力坝、土坝、水电站和斜面升船机等。配合泵站工程及渠系建筑物，共同组成了一个完整的、联合运用的灌溉系统。

0.2.2　水工建筑物分类

1. 按建筑物作用分类

（1）挡水建筑物。用以拦截水流、抬高水位、调蓄水量的水工建筑物。例如，各种类型的拦河坝。

（2）泄水建筑物。用以宣泄水库多余水量、保证枢纽安全的水工建筑物。例如，溢洪道、泄洪隧洞等。

（3）取水建筑物。用以从水库或河流引取各种用水的水工建筑物。例如，取水隧洞、坝下取水涵管、水闸等。

（4）输水建筑物。用以将水输送到用水处的水工建筑物。例如，渠道、输水隧洞、渡槽等。

（5）整治建筑物。为加固河岸、整治河道等目的而修建的水工建筑物。例如，丁坝、顺坝、导流堤、护岸等。

（6）专门建筑物。为某种特定的单一目标而专门设置的水工建筑物。例如，船闸、鱼道、筏道等。枢纽中是否设置专门建筑物或设置何种专门建筑物，由工程任务而定。

同一种水工建筑物有时可起不同的作用，有时可兼有多种作用。前者如蓄水枢纽中的隧洞，有的是配合溢流坝或河岸溢洪道作为泄水建筑物，有的则是作为水电站或灌溉的取水建筑物；后者如水闸，既起挡水作用，又起泄水作用。在布置水利枢纽时，应尽量使一个建筑物起到多种作用。

2. 按建筑物使用期限分类

可分为永久性水工建筑物和临时性水工建筑物两大类。永久性水工建筑物是指枢纽工程运行期间使用的建筑物。按其在工程中发挥的作用和失事后对整个工程安全的影响程度的不同，又分为主要建筑物和次要建筑物。前者是指失事后将造成下游灾害或严重影响工程效益的建筑物，如坝、水闸、泄洪建筑物、水电站厂房等；后者是指失事后不致造成下游灾害或对工程效益影响不大并易于修复的建筑物，如挡土墙、护岸、导流墙等。临时性水工建筑物是指枢纽工程施工期间使用的建筑物，如导流建筑物、施工围堰等。

0.2.3 水利水电枢纽工程分等和水工建筑物分级

水利水电工程和水工建筑物的等级划分，既关系到工程自身的安全，又关系到下游人民生命财产、工矿企业和设施的安全，并对工程效益的正常发挥、工程造价和建设速度有直接影响。它的确定是国家经济政策和技术政策的具体体现。水利水电工程应根据其工程规模、效益和在经济社会中的重要性划分为不同的等别；水利水电工程永久性水工建筑物的级别，应根据工程的等别或永久性水工建筑物的分级指标综合分析确定；临时性水工建筑物的级别，应根据保护对象、失事后果、使用年限和临时性挡水建筑物规模确定。工程等别是对整个枢纽工程而言的，建筑物级别是对具体建筑物的设计而言的。工程等别和建筑物级别是相互联系，但性质不同的两个方面。工程等别关系到国计民生，一旦确定后不得轻易改变；建筑物级别则根据具体情况，经过论证，可适当提高或降低。SL 252—2017《水利水电工程等级划分及洪水标准》规定，水利水电工程按水库的规模、库容、防洪指标、治涝规模、灌溉面积、供水指标、发电装机容量等划分为五等，见表0-1。水库及水电站工程的永久性水工建筑物级别，应根据其所属工程等别和永久性水工建筑物的重要性划分为五级，见表0-2。治涝、排水、灌溉及供水工程中的水闸、渡槽、倒虹吸、管道、涵洞、隧洞、跌水与陡坡等永久性水工建筑物级别，应根据设计流量确定，分别见表0-3

和表0-4。其中，承担县级市及以上城市主要供水任务的供水工程永久性水工建筑物级别不宜低于3级；承担建制镇主要供水任务的供水工程永久性水工建筑物级别不宜低于4级。施工期使用的临时性挡水、泄水等水工建筑物级别的确定见表0-5。

表0-1　水利水电工程分等指标

工程等别	工程规模	水库总库容/亿 m^3	防洪			治涝	灌溉	供水		发电
			保护人口/万人	保护农田面积/万亩	保护区当量经济规模/万人	治涝面积/万亩	灌溉面积/万亩	供水对象重要性	年引水量/亿 m^3	发电装机容量/MW
Ⅰ	大（1）型	≥10	≥150	≥500	≥300	≥200	≥150	特别重要	≥10	≥1200
Ⅱ	大（2）型	<10，≥1.0	<150，≥50	<500，≥100	<300，≥100	<200，≥60	<150，≥50	重要	<10，≥3	<1200，≥300
Ⅲ	中型	<1.0，≥0.1	<50，≥20	<100，≥30	<100，≥40	<60，≥15	<50，≥5	比较重要	<3，≥1	<300，≥50
Ⅳ	小（1）型	<0.1，≥0.01	<20，≥5	<30，≥5	<40，≥10	<15，≥3	<5，≥0.5	一般	<1，≥0.3	<50，≥10
Ⅴ	小（2）型	<0.01，≥0.001	<5	<5	<10	<3	<0.5		<0.3	<10

注　1. 水库总库容为水库最高水位以下的静库容。
2. 保护区当量经济规模指标仅限于城市保护区。
3. 治涝面积和灌溉面积均为设计面积。
4. 按供水对象的重要性确定工程等别时，该工程应为供水对象的主要水源；年引水量指供水工程渠首设计年均引（取）水量。
5. 防洪、供水中的多项指标满足1项即可。

表0-2　永久性水工建筑物级别

工程等别	Ⅰ	Ⅱ	Ⅲ	Ⅳ	Ⅴ
主要建筑物	1	2	3	4	5
次要建筑物	3	3	4	5	5

表0-3　治涝、排水、灌溉工程永久性水工建筑物级别

设计流量/(m^3/s)	≥300	<300，≥100	<100，≥20	<20，≥5	<5
主要建筑物	1	2	3	4	5
次要建筑物	3	3	4	5	5

注　表中的设计流量指建筑物所在断面的设计流量。

表0-4　供水工程永久性水工建筑物级别

设计流量/(m^3/s)	≥50	<50，≥10	<10，≥3	<3，≥1	<1
主要建筑物	1	2	3	4	5
次要建筑物	3	3	4	5	5

注　表中的设计流量指建筑物所在断面的设计流量。

表 0-5 临时性水工建筑物级别

级别	保护对象	失事后果	使用年限/年	临时性挡水建筑物规模	
				围堰高度/m	库容/亿 m^3
3	有特殊要求的1级永久性水工建筑物	淹没重要城镇、工矿企业、交通干线或推迟工程总工期及第一台（批）机组发电，推迟工程发挥效益，造成重大灾害和损失	>3	>50	>1.0
4	1级、2级永久性水工建筑物	淹没一般城镇、工矿企业或影响工程总工期和第一台（批）机组发电，推迟工程发挥效益，造成较大经济损失	≤3，≥1.5	≤50，≥15	≤1.0，≥0.1
5	3级、4级永久性水工建筑物	淹没基坑，但对总工期及第一台（批）机组发电影响不大，对工程发挥效益影响不大，经济损失较小	<1.5	<15	<0.1

在表0-1中，对于综合利用的水利水电工程，如按表中分等指标分属几个不同等别时，整个工程的等别应以其中的最高等别为准。供水工程通常以城镇、工矿企业为主要供水对象，也常包括一部分农业灌区。表0-1供水对象中的城镇及工矿企业重要性指标可参考表0-6确定。

表 0-6 城镇及工矿企业重要性指标

重要性指标		特别重要	重要	比较重要	一般
城市	常住人口/万人	≥150	<150，≥50	<50，≥20	<20
工矿企业	规模	特大型	大型	中型	小型
	货币指标/亿元	≥50	<50，≥5	<5，≥0.5	<0.5

注 表中货币指标为年销售收入和资产总额，两者均必须满足要求。

综合利用水利水电工程中承担单一功能的单项建筑物的级别应按其功能、规模确定，承担多项功能的建筑物级别应按规模指标较高的确定。穿越堤防、渠道的永久性水工建筑物的级别，不应低于相应堤防、渠道的级别。失事后损失巨大或影响十分严重的2～5级主要永久性水工建筑物，经过论证并报主管部门批准，建筑物级别可提高一级；水头低、失事后造成损失不大的1～4级主要永久性水工建筑物，经过论证并报主管部门批准，建筑物级别可降低一级。以下情况可提高建筑物级别，但洪水标准不予提高：2～5级的高填方渠道、大跨度或高排架渡槽、高水头倒虹吸等永久性水工建筑物，经论证后建筑物级别可提高一级；当永久性水工建筑物采用新型结构或建筑物基础的工程地质条件特别复杂时，2～5级建筑物的级别可提高一级；水库大坝按表0-2规定为2级、3级，如坝高超过表0-7规定的指标时，其级别可提高一级。水库工程中最大高度超过200m的大坝建筑物，其级别应为1级，设计标准应专门研究论证，并报上级主管部门审查批准。

表 0-7 水库大坝提级指标

级 别	2		3	
坝型	土石坝	混凝土坝、浆砌石坝	土石坝	混凝土坝、浆砌石坝
坝高/m	90	130	70	100

在表 0-5 中，当临时性水工建筑物根据表中指标分属不同级别时，应取其中最高级别。但确定为 3 级临时性水工建筑物时，符合该级别规定的指标不得少于两项。当利用临时性水工建筑物挡水发电、通航时，经过技术经济论证，临时性水工建筑物的级别可提高一级。失事后造成损失不大的 3 级、4 级临时性水工建筑物，其级别经论证后可适当降低。

水利水电工程中常包括通航、过木、桥梁和渔业等建筑物，这些建筑物的级别划分，还应符合国家现行的有关标准。

对不同级别的水工建筑物，在抗御洪水能力、结构强度和稳定性、建筑材料和运行可靠性等方面应有不同的要求。即使同一级别的水工建筑物，当采用不同形式时，其要求也有所不同，这些不同要求将在以后各章中分别加以叙述。

0.2.4 水工建筑物的特点

水工建筑物的主要特点是在水中工作，承受水的各种作用，由此而产生出与其他建筑物不同的下述特点。

(1) 工作条件复杂。水工建筑物在运用时，其工作条件因水的作用远较一般建筑物复杂。如挡水建筑物，在上、下游水位差的作用下，将承受相当大的水平推力，为此，建筑物与地基必须有足够的抗推力，以维持稳定。与此同时，上游的水还将通过建筑物和地基向下游渗透，形成渗透水压力，这不仅降低了建筑物的稳定性，还有可能使地基遭受破坏而危及建筑物的安全。又如泄水建筑物，下泄的高速水流可能引起建筑物的空蚀、磨损、振动以及冲刷破坏，故需设计合理的水流边界，采用抗磨材料，设置消能防冲设施等。此外，有的水工建筑物还要承受库水对建筑物附加的浪压力、冰压力、地震时产生的地震动水压力、水的化学侵蚀作用等。

水工建筑物的工作条件还与其所在地区的地形、地质、水文、气象等条件有密切关系。由于各个地区情况不同，自然条件千差万别，每个水工建筑物都有其特定的工作条件，这就决定了每个水工建筑物都具有一定的特殊性。

(2) 施工条件艰巨。在河道、湖泊及其他水域修建水工建筑物，施工条件要比其他建筑物复杂得多。首先，在水中施工需修建围堰，以保护水工建筑物施工不受水流影响。如果建筑物修建在河道上，还要截流，并采取导流措施，将上游来水安全导向下游。这些工作十分重要且非常艰巨，处理不好会影响施工甚至贻误工期。其次，水工建筑物的工程量大、施工项目多、工期紧、强度大、相互干扰严重，而且还需注意解决施工过程中的防洪及度汛问题，以确保安全。第三，施工受自然条件影响大，受季节性制约强，可变因素多，而且施工技术复杂，如地下或水下施工、复杂地基的处理、大体积混凝土施工的温度控制等。此外，对于大型水利水电工程，施工所需材料、设备和生活设施数量十分庞大，而工程往往又地处高山峡谷，交通运输也很困难。

(3) 对自然环境和社会环境影响大。水利水电工程的兴建和运用，对其周围的自然环境和社会环境将产生很大影响。在对自然环境影响方面，包括：①对水文、水温、水质和泥沙的影响；②对局部地区气候的影响；③对环境地质（如诱发地震、库岸稳定等）和土壤环境的影响；对陆生生物和水生生物（特别是鱼类）的影响，对水域中细菌、藻类的影响等。在社会环境影响方面，包括：①由于工程占地和库区淹没而引起的人口迁移及工程施工对环境的影响；②对人群健康的影响；③对景观及文物古迹的影响；④对重要设施的影响等。水利水电工程对环境的影响有有利影响与不利影响，有直接影响与间接影响，有短期影响与长期影响，有暂时影响与积累影响，有明显影响与潜在影响等。水利水电工程与自然环境和社会环境是互为影响的，因此，既要考虑工程兴建后引起的环境改变，又要研究环境对工程的设计与运行管理的制约与要求。SDJ 302—88《水利水电工程环境影响评价规范（试行）》规定，水利水电工程在可行性研究阶段，就必须针对工程兴建可能对自然环境和社会环境产生的影响进行综合评价，以便有关部门和国家做出决策，选择对国民经济最有利而对环境的不利影响最小的方案，并从规划、设计、施工和管理等方面提出减免或改善不利影响的措施。

(4) 失事后果严重。水工建筑物，特别是堤坝等挡水建筑物，一旦失事，将给下游人民的生命财产和经济建设带来灾难性损失。因此，在勘测、规划、设计、施工及管理时都要慎重对待，按科学规律办事，妥善解决安全与经济的矛盾。

0.3　水利水电工程的设计阶段

水利水电工程规模较大、投资较多、建设周期较长、受自然条件影响较大、涉及的因素较多、影响的范围较广，因此，必须严格按一定的程序并分阶段实施。编制各阶段的技术文件均应贯彻国家的方针政策，并遵照有关的技术标准。对水利工程设计的全过程而言，按不同的任务要求和工作深度，可划分为项目建议书、可行性研究、初步设计、招标设计、施工详图五个阶段，现简要分述如下。

1. 项目建议书

项目建议书是在江河流域（河段）、区域综合规划或专业、专项规划的基础上编制的要求建设某一项目的建议性设计文件。其主要作用是：对这一拟建项目做初步的说明，供国家选择并决定是否列入中长期计划。编制项目建议书应根据国家和地区经济社会发展规划的要求，论证建设该工程项目的必要性，提出开发任务，对工程的建设方案和规模进行分析论证，评价项目建设的合理性。重点论证项目建设的必要性、建设规模、投资和资金筹措方案。对涉及国民经济发展和规划布局的重大问题应进行专题论证。

2. 可行性研究

可行性研究是在项目建议书的基础上，对拟建工程进行全面技术经济分析论证的设计。对河道治理和堤防加固、水库（闸）除险加固等实行了立项程序简化的水利工程，可在批准的江河流域（河段）、区域综合规划或专业、专项规划的基础上编制可行性研究报告。编制可行性研究报告应对工程项目的建设条件进行调查和勘测，在可靠资料的基础上，进行方案比较，从技术、经济、社会、环境和节水节能等方面进行全面论证，评价项目建设的可行性。重点论证工程规模、技术方案、征地移民、环境、投资和经济评价，对重大关键技术问题应进行专题论证。

3. 初步设计

初步设计是在可行性研究的基础上，对工程进行的方案技术设计，是水利水电工程建设程序中的一个重要阶段。经批准的初步设计是编制开工报告、招标设计、施工详图设计和控制投资的依据。编制初步设计报告时，应认真进行调查、勘测、试验、研究，在取得可靠的基本资料基础上，进行方案技术设计，设计应安全可靠，技术先进，因地制宜，注重技术创新、节水节能、节约投资。初步设计报告应有分析、论证和必要的方案比较，并有明确的结论和意见。

4. 招标设计

招标设计是为进行水利工程招标而编制的设计。1994 年中国水利部规定，水利工程项目均应在完成初步设计之后进行招标设计。招标设计是编制施工招标文件和施工计划的基础，即在初步设计的基础上，进一步完善设计，以满足施工招标工作的需要。

5. 施工详图

施工详图是在初步设计和招标设计的基础上，绘制具体施工图的设计，是现场建筑物施工和设备制作安装的依据。其主要内容为：建筑物地基开挖图，地基处理图，建筑物体形图、结构图、钢筋图，金属结构的结构图和大样图，机电设备、埋件、管道、线路的布置安装图，监测设施布置图、细部图等，并说明施工要求、注意事项、选用材料和设备的型号规格、加工工艺等。

需要说明的是，中国过去对一些特别重要或复杂的水利工程，在初步设计后和施工详图之前还要进行技术设计，或将技术设计与施工详图合并为技施设计，其内容与初步设计基本相同，只是更为深入详尽。但 1995 年颁布的《水利工程建设管理规程》（水利部水建〔1995〕128 号）规定，技术设计已不作为独立的设计阶段，故目前水利工程的设计阶段中已不再有此设计阶段。

上述设计阶段，对于规模、重要性较低的工程，以及条件简单的工程，可减少、合并设计阶段，简化设计内容。例如，对小型工程，可将可行性研究与初步设计阶段合并，内容也可以从简。

0.4　与本课程学习有关的几个水工建筑物设计中的问题

20 多年来，在水利及电力行业颁布的水工结构设计标准中，在安全度（或可靠度）的表示方法上，分别采用了单一安全系数法及分项系数极限状态设计法。上述两种方法并存的状况，估计将会持续一段时期，而这一问题将涉及本课程要讲述的一些内容，为此，本节将对这两种表示法的概念及目前使用的状况作一简要介绍。此外，随着计算技术的日益发展，有限元分析、结构优化设计已广泛用于水工建筑物设计中，教材在有关章节论述中也将涉及这一内容，考虑到本专业未开设这方面的课程，故在本节中对这两个问题的有关概念也做一定的介绍。

上述这三个内容可根据情况配合有关章节讲授，也可单独讲授。

0.4.1　水工建筑物安全度表示法

为了保证水工建筑物的安全，应使其在结构强度及稳定性等方面均有一定的安全储备。建筑结构安全度（或可靠度）标准的确定涉及的因素很多，不仅是一个技术科学问题，而且还与国家当前及今后技术与经济发展的形势、失效后果、结构的重要性等诸多带有国家政策性的问题有关，是一个相当复杂的问题。

水工建筑物安全度（或可靠度）的取值与建筑物的安全级别有关。GB 50199—2013《水利水电工程结构可靠性设计统一标准》规定，水工建筑物结构的安全级别应根据水工建筑物的重要性及其破坏可能产生的后果的严重性划分为 3 级，其与水工建筑物级别的对应关系见表 0－8。

表 0－8　水工建筑物结构安全级别

水工建筑物级别	水工建筑物的结构安全级别
1	Ⅰ
2、3	Ⅱ
4、5	Ⅲ

对有特殊安全要求的水工建筑物，其结构安全级别应经专门研究确定。

结构及构件的安全级别，可根据其在水工建筑物中的部位、本身破坏对水工建筑物安全影响的大小，采用与水工建筑物的结构安全级别相同或降低一级，但不低于Ⅲ级。地基结构的安全性对水工建筑物的安全影响甚大，故其安全级别应与水工建筑物的结构安全级别相同。

水工建筑物结构设计目前采用的安全度（或可靠度）的表示法都是极限状态设计法。所谓极限状态是指整个结构（包括地基、围岩）或结构的一部分超过某一特定状态就不能满足设计规定的某一功能要求时，此特定状态就称为该功能的极限状态。极限状态又分为承载能力极限状态和正常使用极限状态。

（1）承载能力极限状态。结构或结构构件达到最大承载能力或达到不适于继续承载的变形状态。当结构或结构构件出现下列状态之一时，应认为超过了承载能力极限状态：①整个结构或结构的一部分作为刚体失去平衡（如倾覆等）；②结构构件因超过材料强度而破坏（包括疲劳破坏），或因过度的变形而不适于继续承载；③结构或结构构件丧失稳定；④整个结构或结构的一部分转变为机动体系；⑤土、石结构或地基、围岩产生渗透失稳等；⑥地基丧失承载力而破坏。

（2）正常使用极限状态。结构达到影响正常使用或耐久性的限值时的状态。当结构出现下列状态之一时，应认为超过了正常使用极限状态：①影响结构正常使用或外观的变形；②对运行人员或设备、仪表等产生影响正常工作的振动；③对结构外形、耐久性以及防渗结构抗渗能力有影响的局部损坏；④影响正常使用的其他特定状态。

正常使用极限状态的功能限值是根据长期工程经验对各种情况作出判断而确定的，如闸门变形的控制要求，土石坝不均匀沉陷的限值等。

结构的可靠性（安全性、适用性以及耐久性的统称）是指结构在规定的期限内、规定的条件下完成预定功能的能力。当其用概率来度量时，称为结构可靠度。结构的功能状态一般可用功能函数来表示。

$$Z = g(X_1, X_2, \cdots, X_n) \tag{0-1}$$

式中：Z 为结构的功能；$g(\cdot)$ 为结构的功能函数；X_i（$i=1$，2，…，n）为描述功能的各种基本变量，包括影响结构的各类作用，也包括结构本身的抗力，如材料性能和几何参数等。

衡量结构是否可靠，需根据结构构件的抗力 R（如承载能力）是否大于作用（荷载）在结构上产生的作用效应（荷载效应）S 来确定。承载能力极限状态函数可表示为

$$Z=R-S \tag{0-2}$$

R 与 S 都是随机变量，故 $Z=R-S$ 也是随机变量。根据 R、S 的取值不同，Z 值可能出现三种情况：当 $Z>0$ 时，结构处于可靠状态；当 $Z=0$ 时，结构处于极限状态；当 $Z<0$ 时，结构处于失效（破坏）状态。

显然，为了使结构能应付各种偶然出现的不利局面，保持原定功能，设计时应使结构具有一定的安全储备，即应使 $R-S>0$。目前我国水工结构设计标准所采用的安全度表达形式有两种，即单一安全系数法和分项系数极限状态设计法。

1. 单一安全系数法

单一安全系数法是工程结构传统的设计方法，在结构设计中首先将遇到的所有随机变量（如 R、S 等），均根据工程界的经验取为确定性的参数。例如，对荷载取用偏于危险、具有较小出现概率的数值，而对材料强度则取偏于保守、具有较大保证率的数值。然后再确定在定值条件下用来反映结构安全性的安全系数 K，$K=R/S$，如果 R/S 大于或等于规范给定的安全系数，即认为结构安全。

单一安全系数法是属于定值、确定性的设计方法，没有定量地考虑抗力和荷载效应的不同变异性对结构安全的影响，而是靠经验或工程判断的方法进行确定，如定得过低，会使结构不安全，定得过高，会造成不必要的浪费，故这种安全系数不能反映结构的实际失效情况，这是其主要缺陷。此外，在不同建筑物之间不可比较，同一结构的不同破坏状况之间也不可比较，这些均是该法的不足之处。但其重要的优点是，形式简便，概念明确，代表着结构总体的安全储备，虽是一个笼统的数值，但此安全系数来自国内外长期工程经验的积累，涵盖了各种不确定因素，既包括荷载和材料强度的变异性及难以用可靠度分析的某些复杂因素，也包括许多不利因素和一些偶然因素的影响，故对工程安全是有保证的。我国水利部颁布的现行水工建筑物设计标准主要采用此法。

2. 分项系数极限状态设计法

由于影响结构可靠度的基本变量（包括附加变量）的随机性，故安全可靠属于概率的范畴，应当用结构完成其预定功能的可能性（概率）大小来衡量。当结构完成其预定功能的概率达到一定程度，或不能完成其预定功能的概率（失效概率）小到某一公认的、大家可以接受的程度，则可认为该结构是安全可靠的。这比前述的单一安全系数来衡量结构是否安全可靠更为科学合理。

由于直接采用概率极限状态进行结构设计比较复杂，为了便于应用，并考虑到长期以来工程设计人员的习惯，目前国内外有关规范均推荐采用分项系数极限状态设计法作为实用的设计方法。这种方法的设计表达式与单一安全系数法设计表达式不同，它是由一组分项系数和设计代表值组成，它们反映了由各种原因产生的不定性、变异性的影响，各分项系数都是根据可靠度分析并与规定的目标可靠指标相联系，因此，设计计算结果隐含地反映了规定的可靠度水平。根据水工结构设计的特点，《水利水电工程结构可靠性设计统一标准》中设立了以下 5 个分项系数。

（1）结构重要性系数（γ_0）。用以考虑水利水电工程结构及结构构件不同安全级别对

安全度的不同要求。

(2) 作用分项系数 (γ_f)。用以考虑作用对其标准值的不利变异，它没有考虑因加于结构上的作用换算成结构上的作用效应时的计算不定性。

(3) 材料性能分项系数 (γ_m)。用以考虑试件材料或岩、土试件性能对其标准值的不利变异。它没有考虑试件材料换算成结构中的材料性能的不定性，也没有考虑计算结构抗力时的计算不定性。

(4) 设计状况系数 (ψ)。考虑在不同设计状况下应有不同的可靠度水平。

(5) 结构系数 (γ_d)。用以考虑作用效应计算和抗力计算的不定性，以及上述作用、材料性能分项系数不能完全考虑的其他各种变异性。不同的水工结构或同一结构在不同受力状态下，它们的抗力计算不定性和作用效应计算不定性是不同的，有时差别较大。因此，为了保证各种水工结构在相同设计状况下有相同的可靠度，需要对不同的结构采用不同的结构系数。

作用分项系数、材料分项系数及其标准值共同承担了一部分安全储备，对应于规定可靠指标的其余安全储备，则统由结构系数承担。

有关可靠度的概念、目标可靠指标、概率极限状态设计法及其实用设计表达式等有关内容，均在水工混凝土结构课程中作了论述，可参看该教材。

分项系数极限状态设计法与单一安全系数法的主要区别在于：以随机概率代替了定值概念，以统计数学方法代替了以经验为主的方法，以可靠度指标（或对应的失效概率）代替了根据经验确定的安全系数，以分项系数极限状态设计表达式代替了单一安全系数的设计表达式。分项系数极限状态设计法比单一安全系数法前进了一大步，但它尚存在下述一些问题：①目前虽采用可靠度理论，但只有对已具备统计参数的结构构件，分项系数才能按可靠度分析法确定，而对于暂时不具备可靠度分析条件的结构，还是主要根据工程经验用校准法确定，即从原规范的定值设计法的安全系数换算求得，因此，还不是完全意义上的概率分析；②影响结构安全度的，除设计参数的随机性外，还有它的模糊性和不可预见性。目前的可靠度理论只涉及参数的随机性，因此，还不能完全反映真实的安全度；③各种分项系数的计算增加了设计工作的复杂。目前以概率理论为基础的可靠性设计还是非常初步的，许多问题尚待进一步研究完善。

3. 目前使用情况

我国水工结构设计过去一直采用单一安全系数法。1984 年，从工业和民用建筑开始，我国陆续颁布了按可靠度理论编制的结构设计统一标准。1984 年颁布了 GBJ 68—84《建筑结构设计统一标准》，1992 年又颁布了 GB 50153—92《工程结构可靠度设计统一标准》，随后，各行业相继制定了行业标准。1994 年原能源部、水利部也颁布了 GB 50199—94《水利水电工程结构可靠度设计统一标准》，并据此按可靠度理论编制了有关专业标准，先后颁布了 SL/T 191—96《水工混凝土结构设计规范》、DL 5077—1997《水工建筑物荷载设计规范》、SL 203—97《水工建筑物抗震设计规范》、SL 211—98《水工建筑物抗冰冻设计规范》等。但随后由于各方面对水利水电工程是否采用可靠度理论编制行业标准存在分歧，故进展缓慢。1999 年，水利部水利水电规划设计管理局在综合各种意见后提出，在目前情况下采用可靠度理论编制标准的条件尚不成熟，故水利系统本次修编标准，不按可靠度理论编制，仍按定值单一安全系数法修编。如 SL 211—2006 和 GB/T 50662—2011《水工建筑物抗冰冻设计规范》将原规范（SL 211—98）第 10 章“桥梁和渡槽”中按可靠度的计算公式改为按单一安全系数的计算公式。但同时也提出，对于有条件的大型工程，可在设计中用可靠度理论做分析研究，通过工程设计实践积累经验，并建议对可靠度理论在水工结构方面应用的研究应加大投入，积极创造条件使之达到实用阶段。自 1999 年后，水利部所颁布的新一轮水工结构设计规范均采用单一安全系数法，电力行业的水工结构设计规范则按可靠度理论编制，如 DL 5108—1999、NB/T 35026—2014《混凝土重力坝设计规范》。

SL 191—2008《水工混凝土结构设计规范》于 2009 年 2 月开始实施，取代按单一安全系数法编制的 SDJ 20—78《水工钢筋混凝土结构设计规范》和按分项系数极限状态设计法编制的 SL/T 191—96《水工混凝土结构设计规范》，它吸取了两种方法中的优点，对某些不足之处做了改进，并更好地与国际主流规范接轨。该规范重新采用了单一安全系数的表达方式，但已不是原来意义上的单一安全系数，而是把基于可靠度理论的多个系数经分析后转化归并成一个单一的安全系数，是在考虑荷载与材料强度的不同变异性的基础上采用的一个安全系数。此外，该规范对设计状况、荷载效应组合以及某些分项系数等，在体现原来考虑的各个因素基础上做了简化处理，使设计表达式简洁明了，便于设计人员使用。这说明我国以概率论为基础的极限状态设计法又取得了进一步的进展。

GB 50199—2013《水利水电工程结构可靠性设计统一标准》对结构设计方法，在原标准规定的以概率理论为基础、以分项系数表达的极限状态设计方法基础上，增加了在缺乏统计资料时，结构设计可根据可靠的工程经验或必要的试验研究进行，也可以采用容许应力法或单一安全系数法等进行设计的规定。SL 744—2016《水工建筑物荷载设计规范》根据 GB 50199—2013 规定的原则制定，主要适用于采用单一安全系数法的水工建筑物结构设计，也可用于采用多系数分析基础上以安全系数表达方式进行的水工混凝土结构设计。SL 279—2016《水工隧洞设计规范》规定水工隧洞混凝土衬砌结构应采用极限状态设计法，在规定的材料强度和荷载取值条件下，采用在多系数分析基础上以安全系数表达的方式进行设计。SL 319—2018《混凝土重力坝设计规范》、SL 282—2018《混凝土拱坝设计规范》等仍采用单一安全系数法（容许应力法）进行结构设计。

由于水利系统采用可靠度理论编制标准的条件仍不成熟，新的水工建筑物设计规范的修订主要还是采用单一安全系数法编制，但含义有所扩充，并逐步与概率论为基础的极限状态设计法进行融合。故本书以介绍单一安全系数法为主，但考虑到以概率论为基础的极限状态设计法已成为现阶段国内外工程结构领域的一个共同发展趋势，故在本教材中仍做必要的介绍，使学生对该法在水工结构设计中的应用有所掌握。

0.4.2　有限元法基本原理概述

有限元法是在 20 世纪六七十年代发展起来的一种数值分析方法，它使许多复杂的工程分析问题变得易于求解，而且由于前、后处理技术的发展，计算效率非常高，实际应用越来越广泛。我国现行有关水工建筑物设计规范对重力坝、拱坝、土石坝、水闸、隧洞等建筑物设计中的一些问题明确提出应进行有限元计算。

有限元法是将一个连续体离散化为有限个单元体，通过有限个节点相互联系而组成一整体，除去边界上被固定的节点外，对可以产生位移的各节点，利用平衡条件求出它们的位移，然后由节点位移求出各单元内力。这种选取节点位移为基本未知量求解问题的方法称为位移法。也可以把各单元的内力作为基本未知量加以求解，称为力法。力法的矩阵运算比位移法复杂，故在有限元计算中广泛采用位移法。

有限元法既可从结构力学观点，也可从数学观点出发进行推导。从前者出发，是把一个连续的物体人为地离散为若干单元，相邻单元在节点处相互连接，研究每个单元的应力应变特性，计算每个单元的刚度矩阵，然后组合成整体刚度矩阵。对于所有外荷载，以静力等效的方式转移到各节点上，并组成节点荷载列阵。最后通过节点上的平衡条件，计算出节点变位，进而求出单元的应变和应力。从后者出发，是通过变分原理（或加权余量法）和分区插值的离散化处理，把基本支配方程转化为线性代数方程，把求解待解域内的连续场函数转化为求解有限个离散点处的场函数值。二者殊途同归，最后得到的计算形式是一致的[20]。

有限元法的主要步骤如下。

1. 计算区域的离散

将计算区域划分为有限个互不重叠的单元。根据求解问题的不同，可用一维单元、二维单元或三维单元来离散物体，如图 0-1 所示。一般来说，单元数越多，计算精度越高，但计算所需的 CPU 时间也越多。单元的类型很多，可根据不同的计算问题和计算精度加以确定。目前常用的二维单元有三角形单元、四边形单元等；三维单元有四面体单元、六面体单元等。这些单元仅在节点处相互联系。对于每个单元，因其范围较小，边界条件比较简单，故可以近似地假定其位移函数或应力函数。有限元计算中一般采用位移函数法。根据不同的单元形式，位移函数可以假设为一次式或高次式，次数越高，计算精度越高，但计算工作量也越大。假定的位移函数应满足下列条件：①满足边界条件，在节点处应等于结点的位移值；②满足连续条件，相邻的单元在公共边界上有相同的位移值。

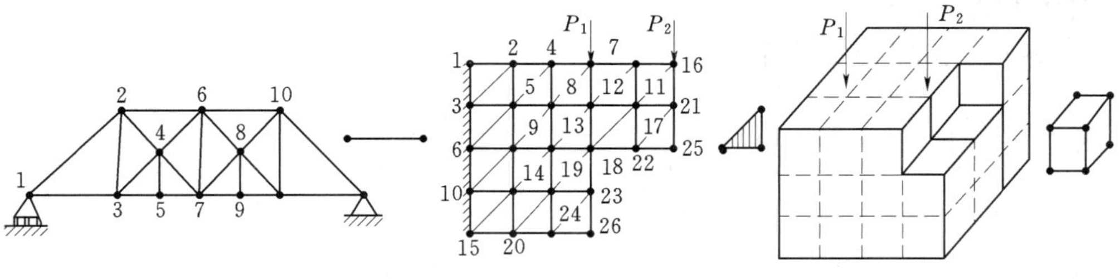

图 0-1　有限元法的单元划分示例

(a) 一维单元；(b) 二维单元；(c) 三维单元

2. 单元分析

有限元法的核心是建立单元刚度矩阵，有了单元刚度矩阵，加以适当组合，可以得到总体刚度矩阵，也就得到总体平衡方程组，余下的就是进行一些代数运算。

设单元的节点数为 m，每个节点的独立位移量为 p，则单元的自由度为 pm。对于一般的三维单元，节点位移在直角坐标系 xyz 内的三个分量可用 u、v、w 表示，则单元的节点位移向量 $\{\delta\}^e=[u_1, v_1, w_1, \cdots, u_m, v_m, w_m]^{\mathrm{T}}$，其中 m 为单元的节点数。单元内部任一点的位移可表示为

$$\{\gamma\}=[u, v, w]^{\mathrm{T}}=[N]\{\delta\}^e \tag{0-3}$$

式中：$[N]$ 为单元的形函数，或称为单元的位移插值函数，对于不同类型的单元，形函数有不同的形式。有关单元形函数的推导及具体形式见参考文献 [28]。

弹性问题通常假定为小变形问题，因此弹性理论中的几何方程仍然适用。根据弹性理论，单元内任一点的应变向量为

$$\{\varepsilon\} = [\varepsilon_x, \varepsilon_y, \varepsilon_z, \gamma_{xy}, \gamma_{yz}, \gamma_{zx}]^{\mathrm{T}} = [B]\{\delta\}^e \tag{0-4}$$

$$[B] = \begin{bmatrix} \frac{\partial}{\partial x} & 0 & 0 \\ 0 & \frac{\partial}{\partial y} & 0 \\ 0 & 0 & \frac{\partial}{\partial z} \\ \frac{\partial}{\partial y} & \frac{\partial}{\partial x} & 0 \\ 0 & \frac{\partial}{\partial z} & \frac{\partial}{\partial y} \\ \frac{\partial}{\partial z} & 0 & \frac{\partial}{\partial x} \end{bmatrix} [N] \tag{0-5}$$

式中：$[B]$ 为单元的几何矩阵。

根据弹性理论的物理方程，单元内任一点的应力向量为

$$\begin{aligned} [\sigma] &= [\sigma_x, \sigma_y, \sigma_z, \tau_{xy}, \tau_{yz}, \tau_{zx}]^{\mathrm{T}} \\ &= [D](\{\varepsilon\} - \{\varepsilon_0\}) \\ &= [S]\{\delta\}^e - [D]\{\varepsilon_0\} \end{aligned} \tag{0-6}$$

$$[S] = [D][B]$$

式中：$\{\varepsilon_0\}$ 为单元的初应变量；$[S]$ 为单元的应力矩阵；$[D]$ 为单元的弹性矩阵，其值取决于单元材料的弹性模量 E 和泊松比 μ。

对于各向同性的材料，弹性矩阵可用下式表示

$$[D] = \frac{E(1-\mu)}{(1+\mu)(1-2\mu)} \begin{bmatrix} 1 & & & & & \\ \frac{\mu}{1-\mu} & 1 & & \text{对} & \text{称} & \\ \frac{\mu}{1-\mu} & \frac{\mu}{1-\mu} & 1 & & & \\ 0 & 0 & 0 & \frac{1-2\mu}{2(1-\mu)} & & \\ 0 & 0 & 0 & 0 & \frac{1-2\mu}{2(1-\mu)} & \\ 0 & 0 & 0 & 0 & 0 & \frac{1-2\mu}{2(1-\mu)} \end{bmatrix} \tag{0-7}$$

为了能用结构力学方法求解连续介质的应力，以作用于单元节点上的等效集中力代替分布于单元边界上的应力，并称为节点力。用 $\{F_i\}$ 表示 i 点的节点力，节点力的个数和方向必须与节点位移 $\{\delta_i\}$ 保持一致。对于空间应力问题，有

$$\{F_i\} = [U_i, V_i, W_i]^{\mathrm{T}}$$

式中：U_i、V_i、W_i 分别为沿 x、y、z 方向作用于节点 i 的节点力。

用 $\{F\}^e$ 表示单元 e 全部节点力所组成的向量，即

$$\{F\}^e = [F_i, F_j, F_k, \cdots]^{\mathrm{T}} \tag{0-8}$$

用虚功原理推导节点力的表达式。假想在单元 e 中发生了虚位移$\{\gamma^*\}$，相应的节点虚位移为$\{\delta^*\}^e$，根据式（0-3），有

$$\{\gamma^*\} = [N]\{\delta^*\}^e$$

由式（0-4），单元内发生的虚应变为

$$\{\varepsilon^*\} = [B]\{\delta^*\}^e$$

节点力所做的虚功等于每个节点力分量与相应的节点位移分量的乘积之和，即 $u_i^* U_i + v_i^* V_i + w_i^* W_i + \cdots$，用矩阵表示，即为

$$\delta V = (\{\delta^*\}^e)^{\mathrm{T}}\{F\}^e$$

在整个单元内，应力在虚应变 $\{\varepsilon^*\}$ 上的虚应变能为

$$\delta U = \iiint \{\varepsilon^*\}^{\mathrm{T}}\{\sigma\}\mathrm{d}x\mathrm{d}y\mathrm{d}z \tag{0-9}$$

把 $\{\varepsilon^*\} = [B]\{\delta^*\}^e$ 代入式（0-9），得到

$$\delta U = (\{\delta^*\}^e)^{\mathrm{T}}\iiint [B]^{\mathrm{T}}\{\sigma\}\mathrm{d}x\mathrm{d}y\mathrm{d}z$$

根据虚位移原理，有 $\delta U = \delta V$，故

$$(\{\delta^*\}^e)^{\mathrm{T}}\{F\}^e = (\{\delta^*\}^e)^{\mathrm{T}}\iiint [B]^{\mathrm{T}}\{\sigma\}\mathrm{d}x\mathrm{d}y\mathrm{d}z \tag{0-10}$$

式（0-10）对于任何虚位移都必须成立。由于虚位移可以是任意的，所以矩阵 $(\{\delta^*\}^e)^{\mathrm{T}}$ 也是任意的。式（0-10）两边与它相乘的矩阵应当相等，于是得到

$$\{F\}^e = \iiint [B]^{\mathrm{T}}\{\sigma\}\mathrm{d}x\mathrm{d}y\mathrm{d}z \tag{0-11}$$

式（0-11）右边的重积分是在整个单元 e 的体积内进行的。对于没有初应力和初应变的情况，应力可表示为

$$\{\sigma\} = [D]\{\varepsilon\} = [D][B]\{\delta\}^e \tag{0-12}$$

将式（0-12）代入式（0-11），由于 $\{\delta\}^e$ 的元素是常量，可以放到积分号外面去，故得到

$$\{F\}^e = \iiint [B]^{\mathrm{T}}[D][B]\mathrm{d}x\mathrm{d}y\mathrm{d}z\{\delta\}^e$$

命

$$[k]^e = \iiint [B]^{\mathrm{T}}[D][B]\mathrm{d}x\mathrm{d}y\mathrm{d}z \tag{0-13}$$

则

$$\{F\}^e = [k]^e[\delta]^e \tag{0-14}$$

式（0-14）建立了节点力与节点位移之间的关系。矩阵 $[k]^e$ 称为单元刚度矩阵，它的元素表示当该单元 e 发生一定的节点位移时所对应的节点力。单元刚度矩阵$[k]^e$ 决定于该单元的形状、大小、方向和弹性常数，而与单元的位置无关，即不随单元或坐标轴的平移而改变。

3. 整体分析

连续介质用有限元法离散以后，取出其中任意一个节点 i，在节点 i 上，作用有两种力，其一为变形单元对节点的作用力；其二为作用于节点的外荷载 $\{P\}^i$。根据平衡条件，

作用于节点上的合力应为零，即在节点 i，所有相邻单元（i 为单元的节点之一）的 i 点节点力之和与节点荷载平衡。列出全部节点的平衡条件，便得出总体平衡方程组，即

$$[K]\{\delta\}=\{P\} \tag{0-15}$$

$$[K]=\sum_{e=1}^{M}[k]^e$$

式中：$[K]$ 为总体刚度矩阵，由单元刚度矩阵组合而成，是一个稀疏的正定对称矩阵；$\{\delta\}$ 为全部节点的位移列向量；$\{P\}$ 为全部节点的荷载列向量，包括直接作用于节点上的集中荷载和所有分布荷载、初应力或初应变转换而成的等效节点荷载。

式（0－15）即为有限元法的基本方程。

4. 求解

将几何约束条件引入方程式（0－15），消去总体刚性位移，便可解出系统的节点位移向量 $\{\delta\}$，进而利用式（0－6）可求出各单元的应力。

0.4.3 水工建筑物的优化设计

优化设计是相对于传统的结构设计而言的。传统的结构设计是根据设计者的实践经验，参考类似的工程设计，拟订出设计方案，然后进行强度、稳定、刚度等各方面计算，有时还要研究几种可能方案，并进行比较，最后得出一个合理方案。这种传统设计得出的结果是可行的、相对合理的，但未必是最优的。结构优化设计则是从所有可行的解决方案中，利用数学手段，按照设计者预定的要求，选择出一个最好的方案，使预先规定的目标达到最优，这就是最优化问题，简称优化。例如，设计一个工程，如何在满足各种功能要求和保证工程安全可靠的条件下，使投资或造价最低等。

0.4.3.1 优化问题的数学模型

1. 设计变量

在优化设计过程中，以变量形式参与结构优化设计的基本参数称为设计变量。优化的目的就是寻找这些参数的最优组合。设计变量的数目，称为优化问题的维数。例如，有 n 个设计变量，则该优化问题称为 n 维优化问题。设计变量的多寡直接影响到优化的难易与计算工作量的大小，设计变量数目越多，问题规模就越大，求解就越困难，出现“维数灾难”。因此，必须精心选择，抓住主要因素的参数作为设计变量，而将次要的其他因素预先给定，作为常数不参与寻优，以减小问题的规模。设计变量常记为 $\boldsymbol{x}$，如有多个变量，则可用向量表示，即

$$\boldsymbol{x}=[x_1,x_2,\cdots,x_i,\cdots,x_n]^{\mathrm{T}} \tag{0-16}$$

式中：下标 i 为分量序号；T 为转置符号。

2. 目标函数

这是用于衡量一个设计或一个方案优劣程度的标准或指标，是设计变量的函数，也称为评价函数，常记为 $f(\boldsymbol{x})$。选用什么样的指标作为目标函数取决于问题的性质与要求。最常见的是结构的体积或重量、工程造价或投资等经济指标，也可以是技术性指标、可靠度和安全系数等。从数学角度看，就是求函数极小［$\min f(\boldsymbol{x})$］或函数极大［$\max f(\boldsymbol{x})$］值的问题。

3. 约束条件

结构优化设计时必须满足或遵守的条件和要求等称为约束条件。约束条件反映了有关设

计规范、施工、运用、构造等各方面的要求，而工程上一些成熟的经验和常规合理做法也要考虑。约束条件的类多量大，是塑造模型时最复杂的内容，故必须分清主次，明确起控制作用的是哪些约束，同时注意勿遗漏重要的约束条件。由 n 个设计变量可组成一个 n 维设计空间，其中满足所有约束条件的点称为可行设计点，所有可行设计点组成的区域称为可行域。

约束条件也是设计变量 $\boldsymbol{x}$ 的函数。为了便于确定作用约束，常将约束条件进行规格化，或无量纲化。对于约束条件为不等式的方程（设有 m 个），可记为 $g_j(\boldsymbol{x})\geqslant 0$ 或 $g_j(\boldsymbol{x})\leqslant 0, j=1,2,\cdots,m$。其中 $g_j(\boldsymbol{x})$是设计变量函数。例如，拱坝优化中的应力约束条件是，坝体在最不利荷载组合下产生的最大主应力不超过规定的允许主压应力 $[\sigma_+]$，最小主应力不小于容许拉应力 $[\sigma_-]$，可记为

$$\left.\begin{aligned} g_j(\boldsymbol{x}) &= 1-\frac{\sigma_{\max}}{[\sigma_+]}\geqslant 0 \\ g_j(\boldsymbol{x}) &= 1+\frac{\sigma_{\min}}{[\sigma_-]}\geqslant 0 \end{aligned}\right\} \tag{0-17}$$

归纳起来，一个优化问题可抽象为如下的数学形式

$$\left.\begin{array}{ll} \text{寻求} & \boldsymbol{x}[x_1,x_2,\cdots,x_n]^{\mathrm{T}} \\ \min\ (\text{或}\ \max) & f(\boldsymbol{x}) \\ \text{s. t.} & g_j(\boldsymbol{x})\geqslant 0\ \text{或}\ g_j(\boldsymbol{x})\leqslant 0 \quad j=1,2,\cdots,m \end{array}\right\} \tag{0-18}$$

式（0-18）称为优化的数学模型，式中的 min（或 max）表示求极小（或极大），s. t. 是 Subject to 的缩写，表示“约束为”或“受约束于”。

0.4.3.2 优化问题的分类与求解

优化问题目前没有统一的分类方法。如按目标函数的个数分，可分为多目标优化和单目标优化问题；如按约束条件的有无分，可分为有约束优化和无约束优化问题；如按式（0-18）中所含的函数类型分，当目标与约束函数均为设计变量的线性函数时，称为线性规划，如果二者中至少有一个是非线性函数时，则称为非线性规划。

优化问题的求解方法主要有解析法、图解法、数值法和试验法等。其中用得最多的是数值法，即利用电子计算机通过迭代法生成一系列解点来逼近最优解的方法。需指出的是，由于所获得的优化解答是在给定条件下相对的优，因此，它只是实际问题的一种近似，而不能看作是问题的绝对的最优解答。一般还应根据实际问题作必要的调整与修改，才能获得符合实际的满意解答。“优化”一词说明这是一个寻优过程。详细内容见参考文献［31］。

0.5　本课程的任务和本教材的基本内容

本课程是农业水利工程专业的一门主要专业课。它的任务是使学生能够运用已经学过的各种基础课和有关课程的知识，并通过实践性教学环节的训练，掌握水工建筑物设计的基本理论和设计方法，培养学生能从建筑物所在地区的实际情况出发，分析和解决实际工程问题的能力。根据这一要求，本教材主要阐述的基本内容是：建筑物的形式、特点、适用范围、工作条件、基本尺寸、工程布置、构造及材料；作用于建筑物上的荷载及其组合，设计条件的选择；水力计算、渗流计算和建筑物的稳定与强度分析。这些内容涉及的学科范围很广，因此，应分清本课程与其他课程的区别和联系，着重掌握基本概念，明确

各种水工建筑物设计的前提条件、依据、内容、步骤和方法，善于参阅有关规范、手册、书刊和资料，并在实践中加以运用，做到理论与实践的统一。

本教材被列为基于认证要求的高等学校水利学科专业规范核心课程教材，根据工程教育认证标准的要求，课程设置应能支撑毕业要求的达成。根据武汉大学农业水利工程专业本科人才培养方案，在12条毕业要求中，作为专业类课程的水工建筑物应主要支撑工程知识、设计/开发解决方案两条指标点的达成。按照专业培养方案中对毕业要求进行的二级指标点的分解，通过本课程的学习，应掌握农业水利工程规划、设计、建设、运行和管理的专业知识、技术与方法；能够运用工程科学语言表述农业水利工程问题，综合运用相关知识对问题进行建模与求解、推演与分析、比较与综合。为了更好地达到课程教学目标，切实提高综合分析和解决工程问题的能力，除了完善教材知识体系，更需革新教学模式，在课堂教学的基础上，结合工程实际加强现场实例教学，企业、行业专家参与教学过程。此外，本课程授课完成后，应配合足够课时的课程设计来协同教学，提高学生的工程实践能力和解决复杂工程问题的能力，课程设计选题应是一个条件较复杂、包含多种水工建筑物设计的综合性工程问题。

本教材是在总结1949年以来我国农业水利工程建设经验，并注意吸取国外先进技术的基础上编写的。为照顾系统性并便于论述，全书分为3篇。第1篇是蓄水枢纽的水工建筑物，重点介绍蓄水枢纽中的拦河坝、溢洪道、隧洞及涵管等几种主要建筑物和枢纽布置。第2篇是引水枢纽的水工建筑物，着重介绍水闸，并从防止泥沙入渠的角度介绍引水枢纽的布置形式，对农业水利工程中常用的壅水坝，以及过船、过鱼、过木等建筑物仅作一般介绍。第3篇是渠道系统中的水工建筑物，重点介绍渠道上经常采用的、具有代表性的渡槽、倒虹吸管、涵洞、跌水、陡坡，以及量水设施和排洪、防护设施。

水工建筑物知识的学习和应用于工程建设时应以生态文明思想为指导，坚持“人与自然和谐共生”的科学自然观，“绿水青山就是金山银山”的绿色发展观，“良好生态环境是最普惠的民生福祉”的生态民生观，“山水林田湖草是生命共同体”的整体系统观。在确定工程功能、建设场址、工程布置、建筑选型、建筑材料、施工技术和工艺等时，要综合考虑人类与大自然的和谐共存，在造福人类的同时，最大限度地减少对环境的不利影响，充分利用新技术、采取有效措施保护生态环境，使人类和自然的发展实现可持续性。因此，在进行水工建筑物设计时，除了依据水文、地形、地质等基础资料，考虑工程技术、经济、施工、运行管理等因素外，还要考虑环境、生态等自然发展要求。

新中国成立以来，我国在水利水电工程工程建设中取得了巨大成就，一大批水利水电工程的建设，大大减少了洪涝、干旱、缺水等自然灾害造成的人民生命财产损失，也为我国社会经济的发展提供了水电清洁能源，同时，大大减少了煤电所产生的碳排放，使自然环境得到了改善，在新时代生态文明思想的指导下，将使人与自然更加和谐共生。我国水利水电科技工作者不断创新、勇攀高峰，使得我国的水利水电工程技术和建设处于世界领先地位，我国建成了世界最大的水电工程（三峡水电站）和世界最大规模的调水工程（南水北调工程），最高的混凝土拱坝、面板堆石坝、堆石混凝土坝，世界规模最大、技术难度最复杂的沙河渡槽等都是由我国建造的。这些成就足以让我国水利水电工作者感到自豪，极大地增强了我们的民族自信、文化自信和制度自信，只要坚持不懈地努力，我们将在水利水电工程建设中取得更加辉煌的成就，为中华民族的振兴贡献自己的力量。

第1篇

蓄水枢纽的水工建筑物

蓄水枢纽是以挡水建筑物——拦河坝为主体的水利枢纽。拦河坝的作用是拦截河道水流以积蓄来水、抬高上游水位，形成有一定库容的水库，以满足防洪、灌溉、发电等要求。蓄水枢纽中除拦河坝以外，还包括泄水建筑物和取水建筑物，如溢洪道、隧洞、涵管等。挡水、泄水及取水建筑物是任何一个蓄水枢纽不可缺少的三个部分，是蓄水枢纽中的一般建筑物。修建蓄水枢纽，是防治水旱灾害、综合开发利用水资源的有力措施。蓄水枢纽中除一般建筑物外，还可能有为各个用水部门服务的专门建筑物，如水电站、船闸、鱼道、筏道等。水电站由专门课程讲述，船闸、鱼道、筏道安排在第2篇第8章介绍。本篇仅讲述蓄水枢纽中的一般建筑物和蓄水枢纽的布置。

拦河坝是蓄水枢纽中的主要建筑物。按照筑坝材料与坝型的不同，可将坝分为：用土、石料修建的土石坝；用混凝土、浆砌石修建的重力坝和拱坝；用混凝土、浆砌石以及钢筋混凝土修建的大头坝和轻型支墩坝等。至2011年年底，全国已建成的8.86万余座大、中、小型水库中，土石坝是采用最多的坝型，其次是混凝土、浆砌石重力坝和拱坝，其他坝型采用得较少。从1949—1989年的40年中，在坝高30m以上的大坝中，土石坝占81.8%，但在100m以上高坝中，几乎都是混凝土坝。而从1989年以后建设的大坝情况看，100m以上的高土石坝有了较快的发展。目前国内外都认为，碾压混凝土坝和混凝土面板堆石坝是有发展前途和发展较快的两种坝型。砌石坝在我国具有悠久历史，1949年后的30年中曾得到较快发展，各地因地制宜地修建了各种砌石重力坝和拱坝。对于当时中国的国情来说，是非常适宜的。但砌石坝费人工，20世纪80年代以后已明显减少。根据本专业的性质和目前蓄水枢纽中采用的坝型情况与发展趋势，本篇主要讲述混凝土重力坝、拱坝和土石坝，对于目前发展较快且有发展前途的碾压混凝土坝和混凝土面板堆石坝作一定的介绍，而对大头坝、轻型支墩坝等其他坝型仅作一般性介绍。

泄水建筑物分岸边式与河床式两类，岸边溢洪道作专章（本篇第4章）

讲述。混凝土及浆砌石坝是可以溢流的。溢流重力坝和拱坝便是河床式溢洪道。泄水建筑物除溢洪道外，还可以是隧洞、涵管以及修建在混凝土或浆砌石坝中的孔或管，它们也可以作为取水建筑物。河床式溢洪道与坝身泄水及取水孔则在重力坝及拱坝两章中讲述。

水工隧洞除在蓄水枢纽中作泄水及取水之用外，也可在渠道系统中作输水之用。渠道系统中的无压输水隧洞与蓄水枢纽中的无压隧洞在洞身型式及洞身的设计等方面基本是相同的，所以在本篇的隧洞与涵管一章（第 5 章）中，将兼顾渠道系统中的无压隧洞，第 3 篇不再讲述。

第1章 重 力 坝

1.1 概　　述

重力坝是最早出现的利用结构自重来维持稳定的坝型。根据历史记载，在公元前2900年，古埃及就在尼罗河上建造了一座高15m、顶长240m的重力挡水坝。中国于公元前3世纪，在灵渠上也修建了一座高5m的砌石溢流坝，迄今已运行2000多年。

19世纪以前建造的重力坝，基本上都采用浆砌毛石，19世纪后期才逐渐采用混凝土。坝工设计理论是在筑坝实践中不断发展起来的。从1853年到1890年，法国工程师先后提出了坝体应力分析的材料力学方法和弹性理论方法，对坝工建设做出了重要贡献。进入20世纪，随着混凝土施工工艺和施工机械的迅速发展，筑坝材料由浆砌毛石、块石发展到混凝土。1962年瑞士建成了世界上最高的大狄克桑斯重力坝，坝高达285m。从20世纪60年代开始，由于土石坝建设的迅速发展，使重力坝在坝工建设中所占的比重有所下降。进入80年代，碾压混凝土技术开始运用于重力坝建设，使重力坝所占比重又有所回升。

重力坝结构简单、工作可靠，是一种被广泛采用的坝型。我国南水北调中线工程水源丹江口水库大坝、长江上的第一座大坝宜昌葛洲坝及举世闻名的长江三峡大坝都是重力坝。在我国广西红水河上建成了目前世界上最高、体积最大的龙滩碾压混凝土重力坝，一期坝高192.0m已经建成，二期按坝高216.5m设计。世界在建最高的碾压混凝土重力坝为我国云南澜沧江上的黄登水电站大坝，最大坝高203m。

1.1.1 重力坝的工作原理和特点

重力坝主要依靠坝体自重在地基上产生的摩擦力及坝与地基之间的凝聚力来抵抗坝前水平水压力，从而满足抗滑稳定要求；同时还依靠坝体自重产生的压应力来抵消由于坝前水平水压力和坝底扬压力所引起的拉应力，从而满足强度要求。

重力坝一般做成上游面近乎铅直的三角形断面，当坝的上游面是斜面时，可利用坝面上的水重来提高抗滑稳定性。在平面上，坝轴线通常呈直线，为了适应地基变形、温度变化和混凝土的浇筑能力，沿坝轴线用横缝将坝体分割成若干个坝段(图1-1)。

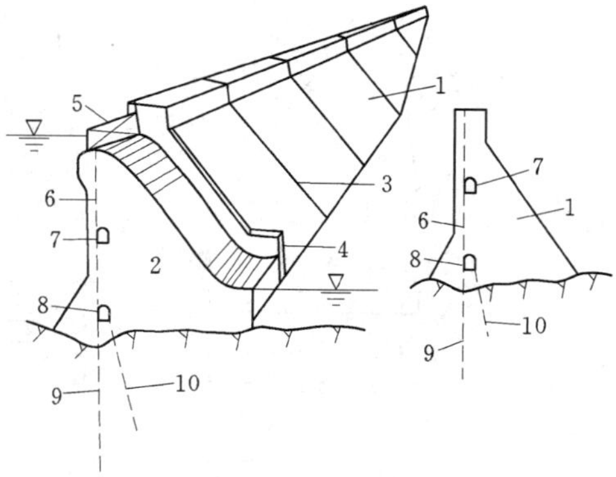

图1-1　重力坝示意图

1—非溢流重力坝；2—溢流重力坝；3—横缝；4—导墙；5—闸门；6—坝体排水管；7—交通、检查和坝体排水廊道；8—坝基灌浆、排水廊道；9—防渗帷幕；10—坝基排水孔幕水库蓄水后，库水通过坝体和坝基向下游渗透，在坝体产生孔隙水压力、坝基产生扬压力。为了降低渗流水头，减少渗流对坝体稳定和应力的不利影响，在靠近坝体上游面设排水管，在靠近坝踵的地基内钻孔灌浆形成防渗帷幕，帷幕后设排水孔（图 1-1）。

与其他坝型相比，重力坝具有以下优点：

(1) 安全可靠。重力坝剖面尺寸大，坝体内应力较低、耐久性强，抵抗地震和战争破坏的能力比较强。据统计，在各种坝型中，重力坝的失事率是比较低的。

(2) 泄洪和施工导流方便。重力坝可以坝顶溢流，一般不需另设溢洪道或泄洪隧洞。在施工期间可以通过较低的坝块或底孔泄流，一般不需另设导流隧洞。

(3) 相对拱坝而言，对地形、地质条件要求较低。重力坝适于建造在任何形状的河谷，对坝肩地质条件要求也低于拱坝。高度不大的重力坝甚至可以建造在土基上。

(4) 施工方便。重力坝形状规则简单，施工放样、立模和浇筑混凝土比较简单，便于机械化施工，适合于在各种气候条件下修建。

由于重力坝断面尺寸比较大，也带来多方面缺点，具体如下：

(1) 水泥和砂石骨料用量大，造价较高。

(2) 坝体应力较低，材料强度不能得到充分发挥。

(3) 作用在坝底的扬压力比较大，不利于坝体稳定。

(4) 当采用混凝土建造重力坝时，水泥水化热消散困难，为了控制温度应力，需要采用比较严格的温控措施，这不仅增加工程造价，而且延长施工期。

为了克服重力坝的上述缺点，可以考虑从设计和施工方法上加以改进。

为了降低扬压力、改善浇筑块的散热条件和节省混凝土，可将实体重力坝改成宽缝重力坝和空腹重力坝（图 1-2），但是宽缝重力坝和空腹重力坝施工比较复杂、模板用量较多，空腹重力坝空腔内壁还需配置钢筋。

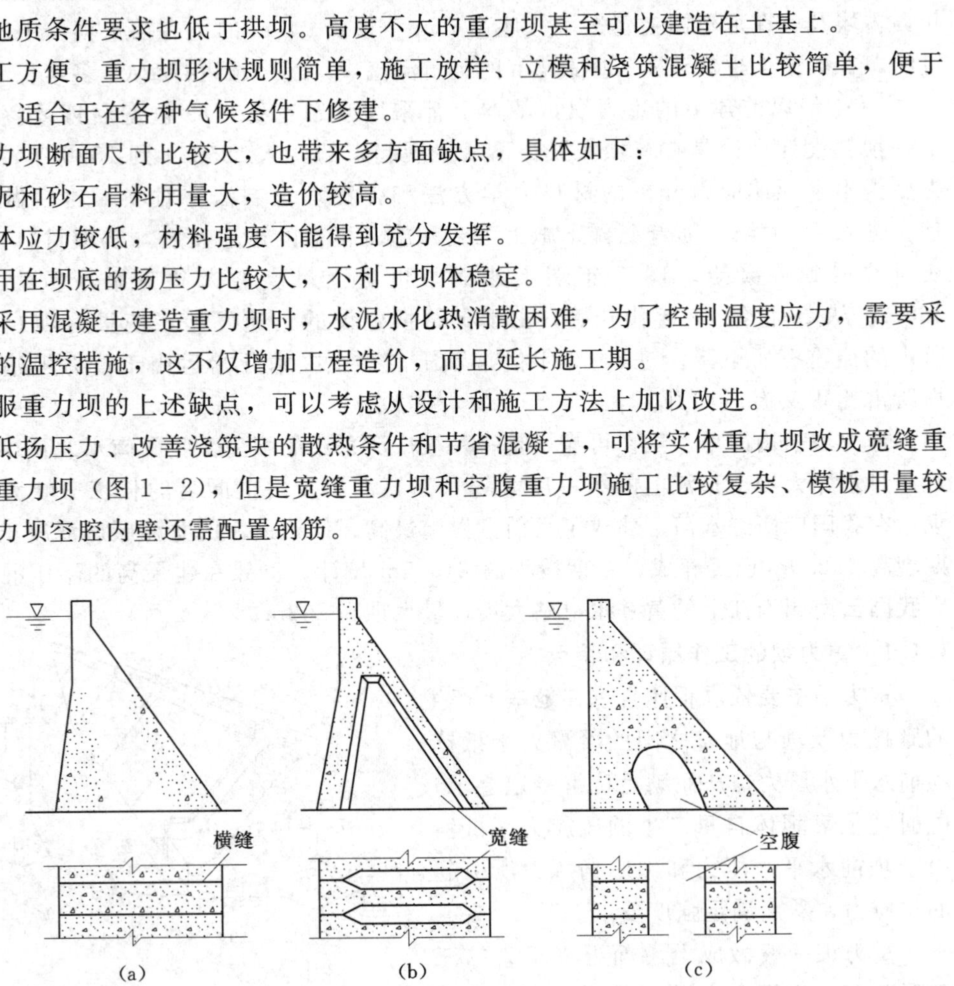

图 1-2　重力坝的型式

(a) 实体重力坝；(b) 宽缝重力坝；(c) 空腹重力坝

为了增加坝体稳定并改善坝体应力分布，从而减少混凝土用量，可以沿上游坝面附近从坝顶至坝基设置竖直的预应力锚筋或锚杆，即建成所谓的预应力重力坝，对坝体施加预应力目前仅在坝高不大的重力坝采用。

20世纪70年代诞生了碾压混凝土筑坝技术，其工艺特点是：①采用低热水泥，取消施工期的温控措施；②采用碾压方法压实混凝土，取消混凝土振捣；③采用通仓连续浇筑、振动刀片切割成伸缩缝，取消分块浇筑。碾压混凝土筑坝技术的应用，降低了工程造价，缩短了施工期，促进了重力坝的发展。

1.1.2 重力坝的工作条件及对地基、材料的一般要求

重力坝工作时，作用在坝上的水压力、浪压力、泥沙压力、地震力及坝体自重等荷载使坝体产生应力，同时通过坝体将这些荷载传给地基，使地基受到很大的压力和剪力作用。另外，重力坝挡水后，上游的水将通过坝体和坝基向下游渗透，渗流不仅引起漏水，还会产生渗透压力。渗透压力会使坝体应力恶化，坝基渗透压力则更会减小坝的有效重力，从而降低坝的稳定性。渗流还会对坝体材料和坝基产生浸蚀，对坝体或坝基造成破坏，影响坝的安全。水面以上的坝面因大气的影响，会受到风化、冰冻等的作用；库水位变化范围内的坝面会受到湿胀、干缩和温度变化的影响；溢流坝溢流面会受到高速水流及所挟带杂物的冲击、空蚀、磨损等的作用。

上述坝的工作条件对坝基和坝体材料提出了下述要求：重力坝的地基应有足够强度，受力后有较小的变形；有较小的透水性和较强的抗浸蚀性；岩基应完整，没有难以处理的断层、破碎带；对地质条件稍差的坝基要做好防渗及加固处理；重力坝的坝体材料除应具有必要的强度外，尚应具有抗水浸蚀性能，上游水位以下的坝面材料还须有较高的抗渗性能，以降低坝内的渗透压力，防止漏水；长期露天的坝面应具有抗冻、抗风化的性能；库水位变化范围内的坝面需兼有抗冻，抗渗以及抗湿胀、干缩等性能；对于溢流面，要求有良好的耐磨、抗冲刷性能等。

在选择重力坝坝型及对其进行布置、设计时，应详细了解当地情况，研究和预计各种具体工作条件，进行合理的设计。施工时，必须保证坝体和坝基的处理质量，以确保坝的安全。

1.1.3 重力坝的组成及布置

重力坝通常由非溢流坝段、溢流坝段和两者之间的连接边墩、导墙及坝顶建筑物（如溢流坝顶交通桥）组成（图1-3）。此外，坝内常设有各种泄水孔或取水管道，各种用途（灌浆、排水、观测、检修、交通）的坝内廊道，以及溢流坝、泄水孔或取水管道的闸门及启闭设施。

坝体布置应结合枢纽布置全面考虑，合理安排泄洪、供水、发电、灌溉、航运、排沙、排漂、过鱼等建筑物的布置，避免相互干扰。坝址一般宜选在狭窄河谷处，但有些水利工程为了能够布置泄洪、通航等建筑物需要将坝址选在较宽的河谷处（如长江三峡水利枢纽工程）。在河谷较狭窄且拦河坝前缘宽度不足以并列布置溢流坝段和厂房段时，也可采取重叠布置形式：在溢流坝段上同时设置溢流表孔及泄水中孔；将电站厂房设在溢流坝内或采取坝后厂房坝顶溢流的布置方式。

重力坝的坝轴线一般布置成直线，地形和地质条件不容许时也可布置成折线或弯度不大的曲线。溢流坝段通常布置在主河槽，两端以非溢流坝段与两岸连接。大坝总体布置还应注意各坝段外形协调一致，当地形、地质及运用条件有明显差别时，应尽量使上游坝面保持齐平，下游坝面可按不同情况采用不同的边坡，使各坝段均达到安全、经济的目的。

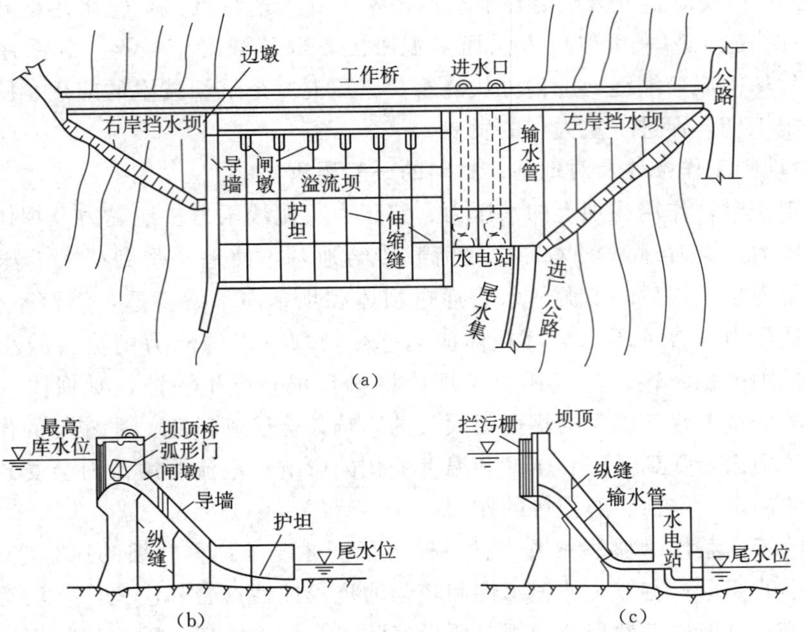

图1－3　重力坝布置

(a) 平面布置图；(b) 溢流坝剖面图；(c) 非溢流坝剖面图

1.2　重力坝的荷载及荷载组合

1.2.1　重力坝的荷载

作用于重力坝上的荷载主要有：①坝体及坝上永久设备的自重；②上、下游坝面上的静水压力；③动水压力（包括水流离心力、水流冲击力、脉动压力等）；④扬压力；⑤淤积于坝前的淤沙压力；⑥浪压力；⑦冰压力（包括静冰压力和动冰压力）；⑧土压力；⑨地震荷载（包括地震惯性力、地震动水压力和地震动土压力）；⑩其他荷载。

1.2.1.1　坝体及坝上永久设备的自重

坝体自重可按坝的结构尺寸及材料容重计算确定。计入自重荷载的坝上永久设备包括闸门和固定启闭机等，非固定设备（如移动式启门机）的重力不能计入永久荷载范畴的自重荷载。

1.2.1.2　静水压力

垂直作用于坝面某点处的静水压强按下式计算

$$p_z = \gamma H \tag{1-1}$$

式中：p_z 为计算点处的静水压强，kPa；H 为计算点处的作用水头，即计算水位与计算点之间的竖直高差，m；γ 为水的容重，kN/m^3，清水 $\gamma=9.81$kN/m^3，多泥沙浑水及海水的容重根据实际情况确定。

当上游坝面倾斜或有折坡时，单位宽度上的静水总压力可分解为水平水压力和竖直方向水的重力两部分分别进行计算。下游有水时，同理计算静水压力。

1.2.1.3　动水压力

水流运动时作用于过流面一定面积上的水压力称为动水压力，包括时均压力和脉动压力。动水压强的脉动部分是由水流紊动所产生的脉动流速场对固壁的作用，当水流脉动影响结构安全或引起结构振动时，应计入时均压力和脉动压力的影响。由于脉动压力是随时间正负交替的随机变量（时均值为零），并随作用面积增加而有所均化，因此计算渐变流所产生的动水压力通常忽略脉动压力，只考虑时均压力。

图1-4所示为溢流坝泄水时作用在溢流坝面上的动水压力。这些压力一般通过水工试验确定，也可分段按以下方式近似计算。

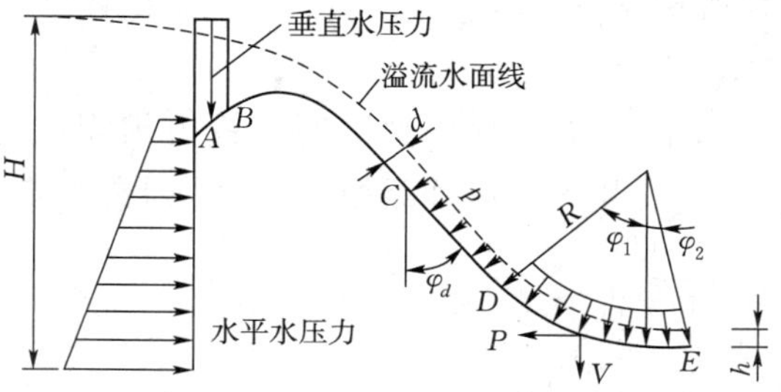

图1-4　溢流坝泄水时的动水压力分布图

(1) AB 段为上游直线段，可假定其上的法向水压力强度近似按静水压力计算（计算结果稍偏大）。

(2) BC 段为坝顶曲线段，其上的动水压力值可正可负，和该段的曲线形式有关，通常其绝对值较小，可忽略不计。

(3) CD 段为斜坡直线段，该段溢流面上的水流为渐变流，动水压力分布形状接近于静水压力分布，可假定其上作用有均匀的法向压力

$$p=\gamma d\sin\varphi_d \tag{1-2}$$

式中：d 为该处水舌厚度，m；φ_d 为 CD 段与铅直线的夹角。

(4) DE 段为反弧段，可近似假定其上水流厚度均匀并且沿反弧段做匀速圆周运动，该段的法向动水压力即为水流离心力，该离心力强度为

$$p=\frac{\gamma qv}{gR} \tag{1-3}$$

式中：p 为反弧段水流离心力压强，kPa；q 为单宽流量，$m^3/(s\cdot m)$；v 为反弧段最低点处断面的平均流速，m/s；R 为反弧半径，m；g 为重力加速度，m/s^2；γ 为水的容重。

按动量方程可推导出反弧段水动压力的合力分量为

$$P_x=\frac{\gamma}{g}qv(\cos\varphi_2-\cos\varphi_1)\text{（指向上游）} \tag{1-4}$$

$$P_y=\frac{\gamma}{g}qv(\sin\varphi_2+\sin\varphi_1)\text{（方向向下）} \tag{1-5}$$

式中：φ_1、φ_2 分别为反弧段起、止点与反弧段最低点之间的圆心角；P_x、P_y 分别为反弧段水动压力合力的水平分力和竖直分力，kN/m，P_x、P_y 近似作用于反弧段中点。

1.2.1.4　扬压力

坝体混凝土并非绝对不透水的，混凝土表面及内部存在着无数微小孔隙，坝基岩石本身虽然孔隙很少，但也存在节理、裂隙。重力坝建成挡水后，在上、下游水头差的长期作用下，上游的水通过这些孔隙和坝基的接触面、坝基的节理裂隙向下游渗透，在坝体、坝基形成稳定的渗流场，在坝体内和坝底面产生渗透水压力。

当下游有水时，低于下游水位的部分坝体将受到浮托力的作用，竖直向上的渗透压力与浮托力之和称为扬压力。计算质点所受扬压力等于该质点所承受水头乘以水的容重 γ，其中浮托力水头为下游水位至该质点的竖直距离，计算质点渗流水头取决于上、下游水头和渗流场介质的渗透性，质点的空间位置以及防渗、排水方案等，可通过渗流计算确定。

1. 坝底扬压力

图 1-5 为几种典型情况下重力坝坝底扬压力分布形式，下面分别加以说明，其中 H_1、H_2分别为上游坝踵处、下游坝趾处的作用水头。

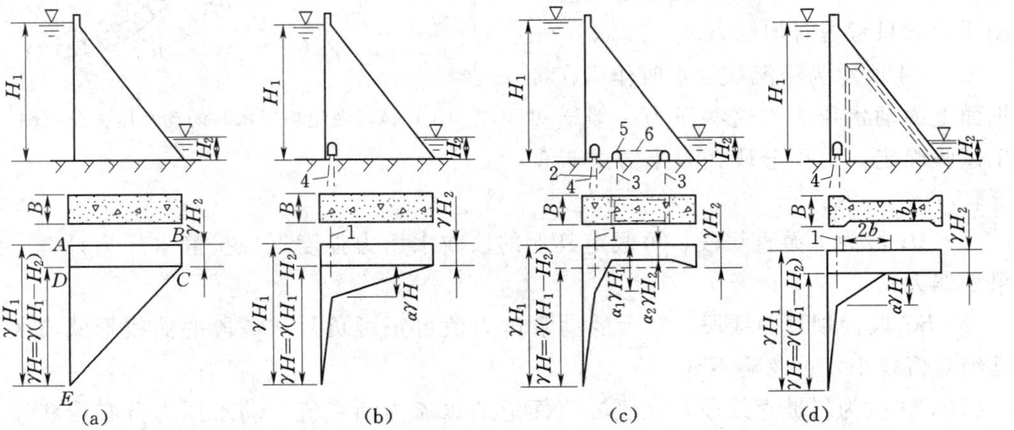

图 1-5　坝底扬压力分布图

(a) 坝基中无帷幕、无排水；(b) 坝基中有帷幕、有排水；(c) 坝基有帷幕和主、副排水孔并抽排；(d) 宽缝重力坝有帷幕和排水

1—排水孔中心线；2—主排水孔；3—副排水孔；4—灌浆帷幕；5—纵向排水廊道；6—横向排水廊道

(1) 当坝基无任何防渗、排水设施时，上游坝踵的扬压力压强为 γH_1，下游坝趾处扬压力压强为 γH_2，两者之间沿坝基近似呈直线变化，如图 1-5 (a) 所示。当坝底水平时，以 γH_2为准作一水平直线，即可把扬压力划分为两部分：矩形面积 $ABCD$ 构成的浮托力和三角形 CDE 构成的渗透压力。

(2) 当在靠近坝踵的坝基设有防渗帷幕并在其后设排水孔幕时，坝基扬压力分布如图 1-5 (b) 所示，坝踵处扬压力压强为 γH_1，排水孔幕中心线处扬压力压强为 $\gamma H_2+\alpha\gamma H$，坝趾处扬压力压强为 γH_2，其间各段依次以直线连接。对比图 1-5 (a) 和图 1-5 (b) 即可发现，由于坝基设置防渗帷幕和排水孔幕，坝底扬压力显著减小。α 为渗透压力强度系数，SL 744—2016《水工建筑物荷载设计规范》建议：对于实体重力坝和空腹重力坝，在河床坝段，$\alpha=0.25$；岸坡坝段考虑到排水条件较差，$\alpha=0.35$。对于宽缝重力坝和大头支墩坝，河床坝段 $\alpha=0.20$；岸坡坝段 $\alpha=0.30$。当坝基仅设排水孔而未设防渗帷幕时，渗透压力强度系数 α 可适当提高。

(3) 当坝基设有防渗帷幕和上游主排水孔，并且设有下游副排水孔及抽排系统时，坝踵处扬压力压强为 γH_1，主、副排水孔中心线处分别为 $\alpha_1\gamma H_1$、$\alpha_2\gamma H_2$，坝趾处为 γH_2，其间各段依次以直线连接，如图 1-5 (c) 所示。河床段实体重力坝主排水孔处扬压力强度系数 $\alpha_1=0.20$，残余扬压力强度系数 $\alpha_2=0.50$。

2. 坝体扬压力

坝体内的渗流也产生扬压力，并影响坝体的应力分布。为了减小坝体内的扬压力，常将坝体上游面 3～5m 范围内的材料的防渗性能提高，以形成防渗层，在防渗层后面再设置排水管。上游水深为 H_1' 处坝体水平截面的扬压力强度分布：上游坝面处为 $\gamma H_1'$，在坝体排水管处为 $\gamma H_2'+\alpha_3\gamma(H_1'-H_2')$，下游坝面处为 $\gamma H_2'$（H_2' 为计算截面处下游水深），其间呈直线分布（图 1-6）。若计算截面在下游水位以上，则取 $H_2'=0$ 。对于坝体内部渗透压力强度系数 α_3 的取值，SL 744—2016《水工建筑物荷载设计规范》建议：实体重力坝及空腹重力坝的实体部位采用 0.20；宽缝重力坝、大头支墩坝的无宽缝部位采用 0.20，有宽缝部位采用 0.15。当未设坝体排水管时，计算截面上的扬压力分布图形则以上、下游坝面处的扬压力强度直线连接。

1.2.1.5　淤沙压力

水库蓄水后，入库水流携带的泥沙逐渐淤积在坝前，对坝的上游面产生淤沙压力。

淤沙压力是主动土压力，作用于单位长度挡水结构的水平淤沙压力可按朗肯理论主动土压力公式计算（图 1-7），即

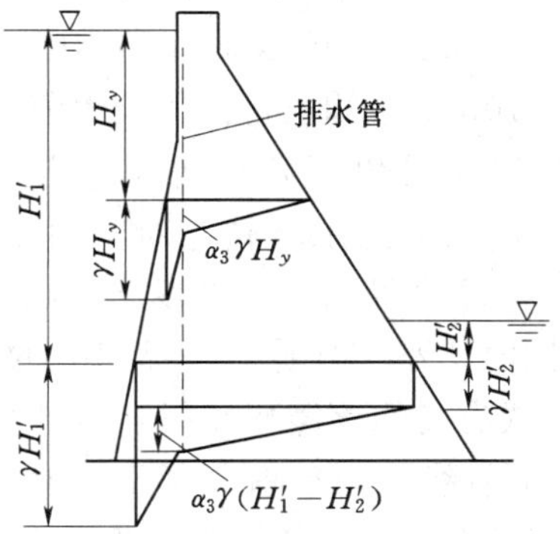

图 1-6　坝体扬压力计算图

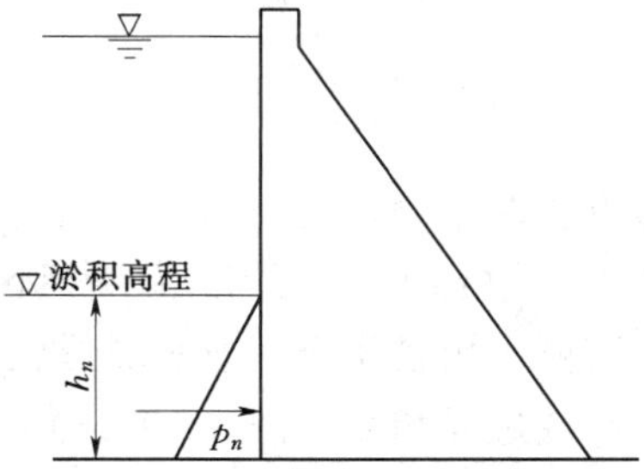

图 1-7　泥沙压力计算图

$$p_n=\frac{1}{2}\gamma_n h_n^2\tan^2\left(45°-\frac{\varphi_n}{2}\right) \tag{1-6}$$

式中：p_n 为淤沙压力，kN/m；γ_n 为淤沙的浮容重，kN/m³，可按规范公式计算，也可通过试验或工程类比直接取值；h_n 为坝前泥沙淤积厚度，m，泥沙淤积厚度取决于坝前淤积高程的计算，而淤积高程可根据水库淤积年限、库区径流量和含沙率、水位-库容曲线估算，也可通过模型试验确定；φ_n 为淤沙的内摩擦角，它不仅与淤沙的粒径有关，也与淤沙的级配和形状有关，粒径越大、孔隙率越小，则内摩擦角越大。无实测资料时，对于淤积时间较长的粗颗粒泥沙，内摩擦角可取为 18°～20°；黏土质淤积物，内摩擦角可取为12°～14°；淤泥、黏土、胶质颗粒和孔隙率大于 0.7 的淤沙，内摩擦角可取 0°。

当上游坝面倾斜时，应计及坝面上的竖向淤沙压力。

1.2.1.6　浪压力

由于风的作用，在水库内形成波浪，对坝面将产生浪压力。

1. 波浪设计标准

设计波浪的标准包括两个方面：①设计波浪的重现期，即设计波浪的长期分布问题；

②设计波浪的波列累积频率，即设计波浪的短期分布问题。

当按风速资料推求设计波浪时，设计波浪的重现期问题即为计算风速的重现期问题，当浪压力参与荷载基本组合时，采用重现期为 50 年的年最大风速；当浪压力参与荷载特殊组合时，采用多年平均年最大风速。统计分析结果表明，多年平均年最大风速的 1.5～2.0 倍约相当于 50 年重现期的年最大风速。

关于设计波浪的波列累积频率，计算波浪要素时，根据水库的类型及计算风速和风区长度选定；计算浪压力时，则累积频率均采用 1%。

2. 波浪要素计算

浪压力与波浪的几何要素有关，波浪几何要素包括波长 L、波高 h 及波浪中心线高出静水位的高度 h_z（图 1-8）。波高是指从波峰到波谷之间的高差，波长为波峰到相邻波峰之间的距离。由于空气阻力比水的阻力小，波浪的中心线与静水面并不重合，而是高出静水面。

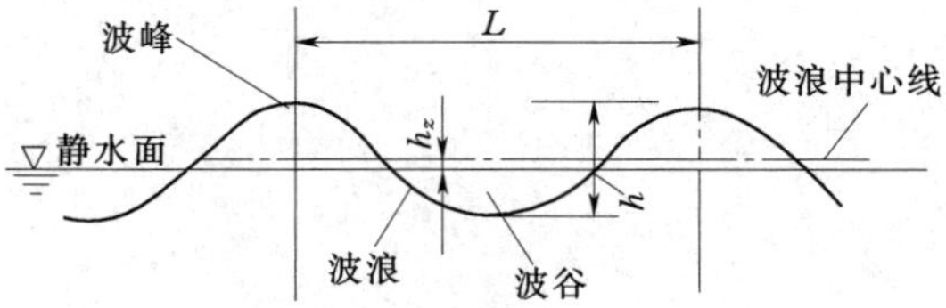

图 1-8　波浪示意图

决定设计波浪要素大小的因素，除了上述设计标准，还有当地的年最大风速和风区长度（有效吹程）。年最大风速是指水面上空 10m 高度处的 10min 平均风速的年最大值。风区长度 D 可分以下几种情况确定：①当沿风向两侧的水域较宽时［图 1-9（a）］，可采用计算点至对岸的直线距离；②当沿风向有局部缩窄且缩窄处宽度 B 小于 12 倍计算波长时［图 1-9（b）］，可采用 $5B$ 为风区长度，同时不小于计算点至缩窄处的直线距离；③当沿风向两侧水域较狭窄，或水域形状不规则，或有岛屿等障碍物时，自计算点逆风向做主射线与水域边界相交［图 1-9（c）］，然后在主射线两侧每隔 7.5°作一射线，分别与水域边界相交。记 D_0为计算点沿主射线方向至对岸的距离，D_i为计算点沿第 i 条射线至对岸的距离，α_i为第 i 条射线与主射线的夹角，则 $\alpha_i = i \times 7.5°$（一般取 $i=\pm1$、±2、±3、

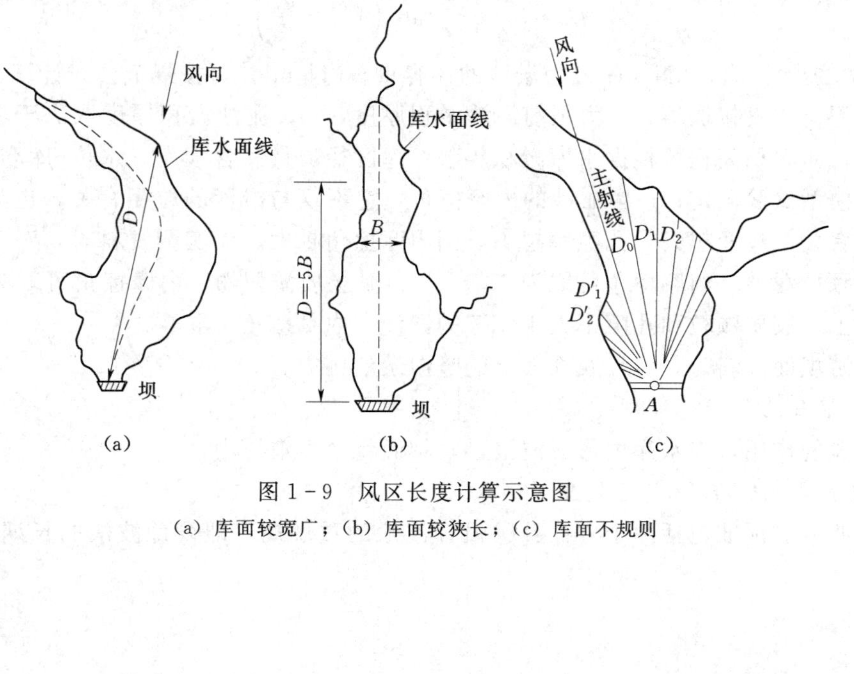

图 1-9　风区长度计算示意图

（a）库面较宽广；（b）库面较狭长；（c）库面不规则

±4、±5、±6)，同时令 $\alpha_0=0$，于是，等效风区长度 D 即为

$$D=\frac{\sum D_i\cos^2\alpha_i}{\sum\cos\alpha_i}\quad (i=\pm1、\pm2、\pm3、\pm4、\pm5、\pm6) \tag{1-7}$$

(1) 官厅水库公式。对于内陆峡谷地区水库，宜采用官厅水库公式计算波高和波长(适用于 $v_0<20\text{m/s}$ 及 $D<20\text{km}$)

$$\frac{gh_p}{v_0^2}=0.0076v_0^{-1/12}\left(\frac{gD}{v_0^2}\right)^{1/3} \tag{1-8}$$

$$\frac{gL_m}{v_0^2}=0.331v_0^{-1/2.15}\left(\frac{gD}{v_0^2}\right)^{1/3.75} \tag{1-9}$$

式中：h_p 为累积频率为 p 的波高，当 $gD/v_0^2=20\sim250$ 时，为累积频率 5% 的波高 $h_{5\%}$，当 $gD/v_0^2=250\sim1000$ 时，为累积频率 10% 的波高 $h_{10\%}$，m；v_0 为计算风速，m/s；L_m 为平均波长，m；D 为库面风区长度，m；g 为重力加速度，9.81m/s^2。

(2) 鹤地水库公式。对于丘陵、平原地区水库，宜采用鹤地水库公式计算波高和波长(适用于库水较深、$v_0<26.5\text{m/s}$ 及 $D<7.5\text{km}$)

$$\frac{gh_{2\%}}{v_0^2}=0.00625v_0^{1/6}\left(\frac{gD}{v_0^2}\right)^{1/3} \tag{1-10}$$

$$\frac{gL_m}{v_0^2}=0.0386\left(\frac{gD}{v_0^2}\right)^{1/2} \tag{1-11}$$

式中：$h_{2\%}$ 为累积频率为 2% 的波高。

(3) 莆田实验站公式。对于平原、滨海地区水库，宜采用莆田实验站公式计算波浪要素

$$\frac{gh_m}{v_0^2}=0.13\text{th}\left[0.7\left(\frac{gH_m}{v_0^2}\right)^{0.7}\right]\text{th}\left\{\frac{0.0018\left(\frac{gD}{v_0^2}\right)^{0.45}}{0.13\text{th}\left[0.7\left(\frac{gH_m}{v_0^2}\right)^{0.7}\right]}\right\} \tag{1-12}$$

$$\frac{gT_m}{v_0}=13.9\left(\frac{gh_m}{v_0^2}\right)^{1/2} \tag{1-13}$$

式中：h_m 为平均波高，m；T_m 为平均波周期，s；H_m 为水域平均水深，m。

累积频率为 p(%)的波高 h_p 与平均波高 h_m 关系见表 1-1。

表 1-1　累积频率为 p(%)的波高 h_p 与平均波高 h_m 的比值

$\frac{h_m}{H_m}$	p/%									
	0.1	1	2	3	4	5	10	13	20	50
0	2.97	2.42	2.23	2.11	2.02	1.95	1.71	1.61	1.43	0.94
0.1	2.70	2.26	2.09	2.00	1.92	1.87	1.65	1.56	1.41	0.96
0.2	2.46	2.09	1.96	1.88	1.81	1.76	1.59	1.51	1.37	0.98
0.3	2.23	1.93	1.82	1.76	1.70	1.66	1.52	1.45	1.34	1.00
0.4	2.01	1.78	1.68	1.64	1.60	1.56	1.44	1.39	1.30	1.01
0.5	1.80	1.63	1.56	1.52	1.49	1.46	1.37	1.33	1.25	1.01

平均波长 L_m 与平均波周期 T_m 可按下式换算

$$L_m = \frac{gT_m^2}{2\pi}\text{th}\frac{2\pi H}{L_m} \tag{1-14}$$

式中：H 为挡水建筑物迎水面前的水深，m。

对于深水波，即当 $H \geqslant 0.5L_m$ 时，式（1-14）可简化为

$$L_m = \frac{gT_m^2}{2\pi} \tag{1-15}$$

3. 浪压力计算

波浪推进到挡水建筑物的铅直或接近铅直的上游面，受到坝面的反射作用而产生驻波，其波高比水库中的波高增加一倍，为 $2h$，而波长 L 仍保持不变。

作用于重力坝迎水面上的浪压力，按迎水面前的水深，分以下 3 种波态计算。

（1）深水波（$H \geqslant H_{cr}$ 且 $H \geqslant \frac{L_m}{2}$ 时）。浪压力分布如图 1-10（a）所示，单位长度上的浪压力按下式计算

$$P_{wk} = \frac{1}{4}\gamma L_m(h_{1\%} + h_z) \tag{1-16}$$

$$h_z = \frac{\pi h_{1\%}^2}{L_m}\text{cth}\frac{2\pi H}{L_m} \tag{1-17}$$

$$H_{cr} = \frac{L_m}{4\pi}\ln\frac{L_m + 2\pi h_{1\%}}{L_m - 2\pi h_{1\%}} \tag{1-18}$$

式中：P_{wk} 为单位长度迎水面上的浪压力，kN/m；γ 为水的容重，kN/m^3；$h_{1\%}$ 为累积频率为 1%的波高，m；h_z 为波浪中心线至计算水位的高度，m；H_{cr} 为使波浪破碎的临界水深，m。

（2）浅水波（$H \geqslant H_{cr}$ 但 $H < \frac{L_m}{2}$ 时）。浪压力分布如图 1-10（b）所示，单位长度上的浪压力按下式计算

$$P_{wk} = \frac{1}{2}[(h_{1\%} + h_z)(\gamma H + p_{lf}) + Hp_{lf}] \tag{1-19}$$

其中

$$p_{lf} = \gamma h_{1\%}\text{sech}\frac{2\pi H}{L_m} \tag{1-20}$$

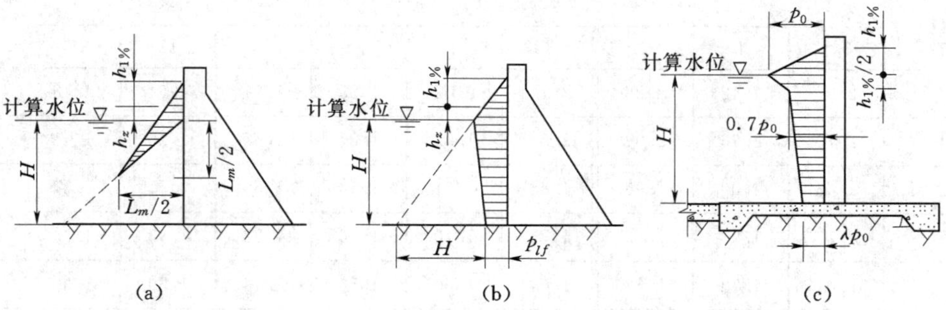

图 1-10　直墙式挡水建筑物的浪压力分布

式中：p_{lf}为建筑物底面处的剩余浪压力强度，kN/m²；其余符号意义同前。

(3) 破碎波（$H<H_{cr}$时）。浪压力分布如图1-10(c)所示，单位长度上的浪压力按下式计算

$$P_{wk}=\frac{1}{2}p_0[(1.5-0.5\lambda)h_{1\%}+(0.7+\lambda)H] \tag{1-21}$$

其中

$$p_0=K_i\gamma h_{1\%} \tag{1-22}$$

式中：p_0为计算水位处的浪压力强度，kN/m²；λ为坝底面的浪压力强度折减系数，当$H\leqslant1.7h_{1\%}$时，采用0.6，当$H>1.7h_{1\%}$时，采用0.5；K_i为底坡影响系数，按表1-2采用。

表1-2　　底坡影响系数 K_i

底坡 i	1/10	1/20	1/30	1/40	1/50	1/60	1/80	<1/100
K_i	1.89	1.61	1.48	1.41	1.36	1.33	1.29	1.25

注　底坡 i 采用建筑物迎水面前一定距离内的平均值。

1.2.1.7 冰压力

在寒冷地区，水面在冬天结成冰盖，当气温回升时，冰盖发生膨胀，因而对挡水建筑物临水面产生冰压力。冰压力的大小主要与冰层厚度、起始冰温、冰温上升率及冰盖周边约束条件等有关。如当温升速度很慢时，冰盖可能产生塑性变形，冰压力则较小；如岸坡较软，则冰盖膨胀会使土壤变形，岸坡或建筑物表面倾斜，冰盖则沿斜面上爬，都将使冰压力减小。

1. 静冰压力

静冰压力目前尚无合适的公式进行计算。当冰盖升温膨胀时，作用于坝面单位长度上的静冰压力可按表1-3采用。

表1-3　　静冰压力值

冰层厚度/m	0.4	0.6	0.8	1.0	1.2
静冰压力/(kN/m)	85	180	215	245	280

注　1. 冰层厚度取多年平均年最大值。
2. 对于小型水库，应将表中静冰压力值乘以0.87后采用；对于库面开阔的大型平原水库，应乘以1.25后采用。
3. 表中静冰压力值适用于结冰期内水库水位基本不变的情况；结冰期内水库水位变动情况下的静冰压力应做专门研究。
4. 静冰压力数值可按表列冰层厚度内插得到。

工程中为了减小静冰压力，通常在建筑物上游采取防冰、破冰措施。例如，在建筑物上游面附近的冰盖上凿槽或在建筑物附近的水中通以压缩空气等，使建筑物附近水面不能结冰，达到减小或去掉冰压力的目的。

2. 动冰压力

冰块破碎随水流流动，若撞击在坝面上、闸墩上，将产生动冰压力。

当冰块运动方向垂直于或接近垂直于铅直坝面时，撞击在坝面上的动冰压力F_{bk}可按式(1-23)计算，即

$$F_{bk}=0.07v_bd_b\sqrt{A_bf_{ic}} \tag{1-23}$$

式中：F_{bk}为冰块撞击建筑物时产生的动冰压力，MN；v_b为冰块流速，m/s，宜实测资料确定，当无实测资料时，对于河（渠）冰可采用水流流速，对于水库冰可采用历年冰块运动期内最大风速的 3%，但不宜大于 0.6m/s，对于过冰建筑物可采用该建筑物前流冰的行进流速；d_b为流冰厚度，m，可采用当地最大冰厚的 0.7～0.8 倍，流冰初期取大值；A_b为冰块面积，m^2，由当地或临近地点的实测或调查资料确定；f_{ic}为冰的抗压强度，MPa，宜由试验确定，当无试验资料时，对于水库，可采用 0.3MPa，对于河流，流冰初期可采用 0.45MPa，后期可采用 0.3MPa。

冰块撞击在墩柱上所产生的动冰压力，可参阅有关规范。

1.2.1.8　土压力

如果重力坝存在填土，则需按竖直方向、水平方向分别计算填土作用于坝面的填土重力和侧向土压力。当重力坝建造在坚硬岩基上，同时自身刚度较大，变形较小时，侧土压力可按静止土压力计算；当重力坝在荷载作用下或因地基不均匀沉陷发生与侧土压力作用方向一致的水平变位时，侧土压力按主动土压力计算；当重力坝在其他荷载作用下向填土一侧变位时，填土的侧压力按被动土压力计算。

1.2.1.9　地震荷载和抗震计算

在地震区建坝，地震会对建筑物产生动力作用。一般情况下，水工建筑物的抗震计算应考虑建筑物自重及其上的荷重所产生的地震惯性力、地震动土压力和地震动水压力，并应考虑地震动孔隙水压力。至于地震对扬压力、浪压力、淤沙压力的影响，通常数值较小，可不考虑。

在进行水工建筑物抗震设计时，首先要确定建筑物的设防标准。我国目前仍以地震烈度作为各类工程抗震设防依据的基本指标。水工建筑物的抗震设防类别应根据其重要性和工程场地地震基本烈度按表 1-4 确定。

表 1-4　工程防震设防类别

工程抗震设防类别	建筑物级别	场地基本烈度
甲类	1 级（壅水和重要泄水）	≥Ⅵ度
乙类	1 级（非壅水）、2 级（壅水）	
丙类	2 级（非壅水）、3 级	≥Ⅶ度
丁类	4 级、5 级	

在考虑地震作用时，常用到地震的基本烈度和设计烈度两个概念。基本烈度是指在 50 年期限内，一般场地条件下，可能遭遇超越概率 P_{50}为 0.10 的地震烈度。一般为根据场地在现行国家标准 GB 18306《中国地震动参数区划图》上所标示的地震峰值加速度值，按其附录确定的相应地震烈度。对重大工程应通过专门的场地地震安全性评价工作确定。设计烈度是指在基本烈度基础上确定的作为工程设防依据的地震烈度，一般都以基本烈度为设计烈度，但工程抗震设防类别为甲类的水工建筑物，在基本烈度基础上提高 1 度作为设计烈度，水平向设计地震动峰值加速度代表值相应增加 1 倍。

设计烈度为Ⅵ度时，可不进行抗震计算，但仍应采取适当的抗震措施。当设计烈度在Ⅶ度及Ⅶ度以上时，必须考虑地震荷载。

重力坝和拱坝抗震计算方法有拟静力法和动力法两类。对工程抗震设防类别为甲类的工程，工程抗震设防类别为乙类、丙类，但设计烈度Ⅷ度及以上的或坝高大于70m的重力坝应采用动力法计算。丁类工程用拟静力法或着重采取抗震措施。

所谓拟静力法，是假定将地震对建筑物的影响用一种等效的静荷载代替，从而可采用静力分析的方法。这一等效静荷载作用为重力作用、设计地震加速度与重力加速度之比、给定的动态分布系数三者的乘积，相当于地震加速度所产生的惯性力，故又称为地震惯性力。

1. 地震惯性力

由于重力坝沿轴线方向的刚度很大，一般情况下只考虑顺河流方向的水平向地震荷载作用。但对于两岸陡坡上的重力坝段，宜计入垂直河流方向的水平向地震作用。对设计烈度为Ⅷ度、Ⅸ度的1级、2级重力坝，应同时计入水平向和竖向地震作用。

当采用拟静力法计算重力坝地震惯性力时，沿建筑物高度作用于质点 i 的水平向地震惯性力按下式计算

$$F_i = \alpha_h \xi G_{Ei} \alpha_i / g \tag{1-24}$$

其中

$$\alpha_i = 1.4 \frac{1 + 4(h_i/H)^4}{1 + 4\sum_{j=1}^{n} \frac{G_{Ej}}{G_E}(h_j/H)^4} \tag{1-25}$$

式中：F_i为作用在质点 i 的水平向地震惯性力；α_h为水平向设计地震加速度；ξ为地震作用折减系数，除采用动力法计算钢筋混凝土结构外，取0.25；G_{Ei}、G_{Ej}分别为集中在质点 i、j 的重力；α_i为重力坝质点 i 的动态分布系数；g 为重力加速度；n 为坝体计算质点总数；H 为坝高，溢流坝的 H 应算至闸墩顶；h_i、h_j 分别为质点 i、j 的高度；G_E为产生地震惯性力的建筑物总重力。

当同时计算互相正交方向地震作用时，总的地震作用可取各方向地震作用的平方和的方根值。竖向设计地震动峰值加速度 a_V 应取水平向设计地震动峰值加速度的2/3，在近场地震时应取水平向设计地震动峰值加速度值。

2. 地震动水压力

采用拟静力法计算重力坝地震作用时，水深 h 处的地震动水压力应按下式计算

$$P_{w(h)} = \alpha_h \xi \psi(h) \rho_w H_0 \tag{1-26}$$

式中：$P_{w(h)}$ 为作用在直立迎水坝面水深 h 处的地震动水压力；$\psi(h)$ 为水深 h 处的地震动水压力分布系数，应按表1-5的规定取值；ρ_w 为水体质量密度；H_0为水深。

表1-5　　重力坝动水压力分布系数 $\psi(h)$

h/H_0	0.0	0.1	0.2	0.3	0.4	0.5	0.6	0.7	0.8	0.9	1.0
$\psi(h)$	0.00	0.43	0.58	0.68	0.74	0.76	0.76	0.75	0.71	0.68	0.67

单位宽度坝面的总地震动水压力 F_0 作用在水面以下 $0.54H_0$ 处，其值应按下式计算

$$F_0 = 0.65\alpha_h \xi \rho_w H_0^2 \tag{1-27}$$

计算地震动水压力时的水位，一般取正常蓄水位。作用在坝上、下游坝面的地震动水压力均垂直于坝面。与水平面夹角为 θ 的倾斜迎水面，按式（1-26）、式（1-27）计算出

的动水压力应乘以折减系数 η_c（$\eta_c=\theta/90$）。迎水坝面有折坡时，当水面以下直立部分的高度等于或大于水深的一半时，可近似取作直立坝面，否则应取水面点与坡脚点连线代替坡度。当地震加速度的方向指向上游时，上、下游坝面上的地震动水压力均指向下游。竖向地震作用下的动水压力，一般可以不计。

至于地震淤沙压力，通常数值较小而不予考虑，但这时应将地震动水压力的水深取至库底。若淤沙过高，则应作专门研究。

1.2.1.10　其他荷载

其他荷载包括风荷载、雪荷载以及坝顶的活动荷载等，它们对重力坝影响很小，当需要计算时，可查阅相应的规范。

1.2.2　荷载组合

以上所述荷载除坝自重外，多数都有一定的变化范围，各种荷载出现的遇合概率也不相同，因此在进行设计时，应根据工程的具体条件，将各种荷载按可能同时出现的机会组合成几种情况，并按其出现的概率给予不同的安全系数，分别对不同情况的稳定、应力等进行核算。

作用在坝上的荷载，按其特性及出现的概率分为基本荷载和特殊荷载两大类。出现概率大，经常起作用的称为基本荷载；出现概率小，偶然起作用的称为特殊荷载。

基本荷载包括：①坝体及其上永久设备的自重；②正常蓄水位或设计洪水位时大坝上、下游面的静水压力（选取一种控制情况）；③相应于正常蓄水位或设计洪水位时的扬压力；④大坝上游淤沙压力；⑤相应于正常蓄水位或设计洪水位时的浪压力；⑥冰压力；⑦土压力；⑧动水压力；⑨其他出现机会较多的荷载。特殊荷载包括：⑩校核洪水位时大坝上、下游面的静水压力；⑪校核洪水位时的扬压力；⑫校核洪水位时的浪压力；⑬校核洪水位时的动水压力；⑭地震惯性力、地震动水压力及地震动土压力；⑮其他出现机会很少的荷载。作用在重力坝上的荷载情况如图 1－11 所示。

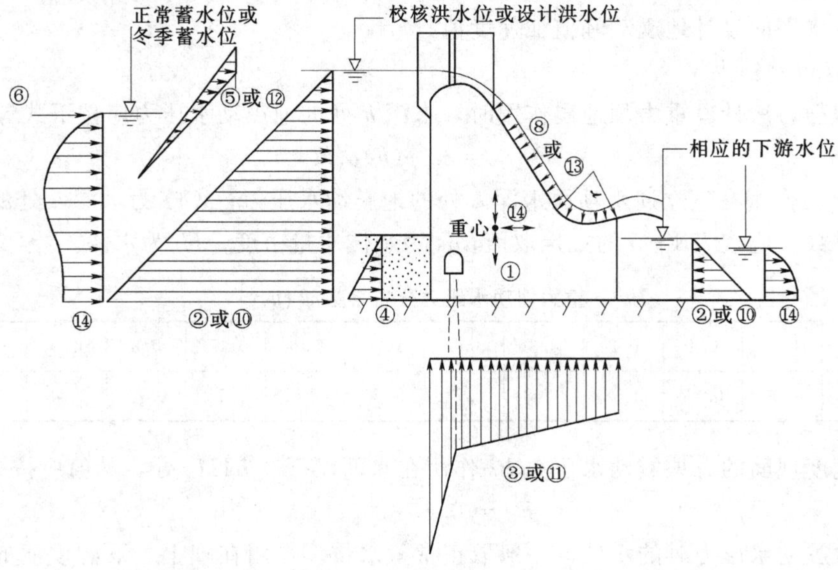

图 1－11　作用在重力坝上的荷载图

荷载组合分为基本组合和特殊组合。基本组合属设计情况或正常情况，由同时出现的基本荷载组成；特殊组合属校核情况或非常情况，由同时出现的基本荷载和一种或几种特殊荷载组成。SL 319—2018《混凝土重力坝设计规范》规定了几种荷载组合所考虑的情况（表1-6），设计时应选择其中最不利的情况。表1-6中基本组合一般是以正常蓄水位情况的荷载组合为准。基本组合的设计洪水位情况，主要是指某些以防洪为主的水库，其正常蓄水位很低者，可以采用50～100年一遇的洪水位时的荷载组合。对分期施工的坝，必要时应按相应的荷载组合分别进行计算；施工期的情况应作为特殊荷载组合；根据地质和其他条件，如运用时排水设施易于堵塞，应考虑排水失效的情况，也作为特殊组合。地震工况，如按冬季计及冰压力，则不计浪压力。

表1-6　　荷 载 组 合

<table>
<tr><th rowspan="2">荷载组合</th><th rowspan="2">主要工况</th><th colspan="10">荷　　载</th><th rowspan="2">附　注</th></tr>
<tr><th>自重</th><th>静水压力</th><th>扬压力</th><th>淤沙压力</th><th>浪压力</th><th>冰压力</th><th>地震作用</th><th>动水压力</th><th>土压力</th><th>其他荷载</th></tr>
<tr><td rowspan="3">基本组合</td><td>（1）正常蓄水位工况</td><td>√</td><td>√</td><td>√</td><td>√</td><td>√</td><td></td><td></td><td></td><td>√</td><td>√</td><td rowspan="2">土压力根据坝体外是否填有土石而定（下同）</td></tr>
<tr><td>（2）设计洪水位工况</td><td>√</td><td>√</td><td>√</td><td>√</td><td>√</td><td></td><td></td><td>√</td><td>√</td><td>√</td></tr>
<tr><td>（3）冰冻工况</td><td>√</td><td>√</td><td>√</td><td>√</td><td></td><td>√</td><td></td><td></td><td>√</td><td>√</td><td>静水压力及扬压力按相应冬季库水位计算</td></tr>
<tr><td rowspan="2">特殊组合</td><td>（1）校核洪水位工况</td><td>√</td><td>√</td><td>√</td><td>√</td><td>√</td><td></td><td></td><td>√</td><td>√</td><td>√</td><td></td></tr>
<tr><td>（2）地震工况</td><td>√</td><td>√</td><td>√</td><td>√</td><td>√</td><td></td><td>√</td><td></td><td>√</td><td>√</td><td>静水压力、扬压力和浪压力按正常蓄水位计算，有论证时可另行规定</td></tr>
</table>

1.2.3 作用和作用效应组合

1. 作用

前述的荷载及荷载组合，在水工建筑物分项系数极限状态设计法中，代之以作用和作用效应组合这一术语。这里，作用是指使水工建筑物产生内力、变形等的各种因素的总称。分为直接作用和间接作用两类。施加在结构上的集中力和分布力称为直接作用，如建筑物自重、静水压力等；而引起结构外加变形和约束变形的其他因素，称为间接作用，如地震作用、温度变化、混凝土收缩、基础不均匀沉降等。间接作用不仅与外界因素有关，还与结构本身的特性有关。作用效应则为作用使结构产生的内力（如轴力、弯矩、剪力等）或位移、变形、裂缝等。作用效应需根据结构上的作用进行结构计算求得。

结构上的作用可按下列性质分类。

（1）按作用随时间的变异性可分为：

1）永久作用。在设计所考虑的时期内始终存在且其量值变化与平均值相比可以忽略不计的作用，或其变化是单调的并趋于某个限值的作用。如结构自重、土压力等。

2）可变作用。在设计使用年限内其量值随时间变化，且其变化与平均值相比不可忽略不计的作用。例如，水压力、风荷载、雪荷载等。

3）偶然作用。在设计使用年限内不一定出现，而一旦出现其量值很大，且持续时间很短的作用，如地震作用等。

（2）按作用随空间变异性分为：

1）固定作用。在结构上具有固定空间分布的作用，但其数值可能是随机的。当固定作用在结构某一点上的大小和方向确定后，该作用在整个结构上的作用即得以确定。

2）自由作用。在结构上给定的范围内具有任意空间分布的作用，如人群作用、吊车作用等。

（3）按作用引起结构的反应特点可分为：

1）静态作用。使结构产生的加速度可忽略不计的作用。

2）动态作用。使结构产生的加速度不可以忽略不计作用，如地震作用等。

（4）按作用有无限值可分为：

1）有界作用。具有不能被超越的且可确切或近似掌握其界限值的作用。

2）无界作用。没有明确界限值的作用。

水工建筑物在采用分项系数极限状态设计法时，是以分项系数和作用代表值来反映作用的不定性的。作用代表值是指设计表达式中作用变量所采用的值。对不同作用应采用不同的代表值，永久作用和可变作用是采用标准值作为代表值，这里所说的标准值，对于永久作用，可采用概率分布较不利的某个分值，也可以根据传统方法或某种显著特征确定。对于可变作用，是按年（或时段）作用最大值的概率分布的某一分值确定的。偶然作用出现的概率很小，常常难以取得实测资料，因此其代表值可根据工程经验，经过综合分析由有关规范确定。

2. 作用效应组合

作用效应组合是指结构上几种可能同时出现的作用分别产生的作用效应的随机叠加。进行组合时应按照实际可能同时发生的作用对其效应进行组合。有些作用对一些结构是重要的，而对另一些结构则可能不重要。例如温度作用，对拱坝整体应力影响大，故对拱坝是重要的，但对分段式混凝土重力坝，则其重要性就比拱坝低。有的组合对结构的某部分不利，而对另一部分则是其他组合不利，故应取各部分的不利情况进行组合。

在绪论第四节曾提及，极限状态可分为承载能力极限状态与正常使用极限状态两类。结构设计时，应根据结构在施工、安装、运行、检修各个时期可能出现的不同作用、结构体系和环境条件，按以下三种设计状况设计：

（1）持久设计状况。在结构使用过程中一定出现且持续期很长的设计状况，其持续期一般与设计使用年限属同一数量级。应用于结构使用时的正常情况。

（2）短暂设计状况。在结构施工、检修或使用过程中出现概率较大，而与设计使用年限相比，其持续期很短的设计状况。应用于结构出现的临时情况，包括结构施工和维修时的情况等。

（3）偶然设计状况。在结构使用过程中出现概率很小且持续时间很短的设计状况。应用于结构出现的非常情况，包括结构在承受永久作用和一些可变作用的同时，遭遇某一种偶然作用的情况等。如校核洪水情况、地震情况。对于偶然设计状况，应按下列原则进行设计：①对主要水工建筑物的主要承载结构，应按作用的偶然组合进行设计，或采取防护措施，使主要承载结构不致丧失承载能力；②在主要建筑物偶然设计状况下，次要水工建筑物和主要水工建筑物的非主要承载结构产生局部破坏时，不得影响主要水工建筑物主要承载结构的安全。

以上三种设计状况应按下列要求分别进行极限状态设计：①对三种设计状况，均应进行承载能力极限状态设计；②对持久设计状况，应进行正常使用极限状态设计；③对短暂设计状况，可根据需要进行正常使用极限状态设计；④对偶然设计状况，可不进行正常使用极限状态设计。

水工结构设计应根据在不同设计状况下，对可能同时出现的作用，按承载能力极限状态和正常使用极限状态分别进行作用组合，并应采用各自的不利组合进行设计。

按承载能力极限状态设计时，持久设计状况或短暂设计状况下，永久作用与可变作用的组合称为基本组合；按承载能力极限状态设计时，永久作用、可变作用与一种偶然作用的组合称为偶然组合；按正常使用极限状态设计时，对永久作用、可变作用均采用标准值为作用代表值的组合称为标准组合。进行正常使用极限状态设计时，应采用标准组合或标准组合并考虑长期作用的影响。

混凝土重力坝按分项系数极限状态设计时的作用效应组合见 NB/T 35026—2014《混凝土重力坝设计规范》。

对照前述的荷载与荷载组合与这里所述的作用与作用效应组合可以看出，前者的基本荷载即为后者的永久作用和可变作用；前者的特殊荷载即为后者的偶然作用；前者的荷载组合与后者的作用效应组合均包含了基本组合和特殊（偶然）组合两种情况。对照 NB/T 35026—2014《混凝土重力坝设计规范》、SL 319—2018《混凝土重力坝设计规范》两者分别规定的作用及荷载组合，内容相差不多，说明两者在名称上虽有很大不同，但内容基本上还是一致的。

1.3 重力坝的稳定分析

稳定分析的目的是验算重力坝在各种可能荷载组合下沿坝基面或沿坝基岩体内软弱结构面滑动稳定的安全度。

1.3.1 沿坝基面抗滑稳定分析

由于坝体和地基岩体的接触面是两种材料的结合面，滑动易沿该接触面发生，所以重力坝设计都要验算沿坝基面的抗滑稳定性。取单个坝段或取单位坝长为计算对象，采用刚体极限平衡法，按抗剪强度公式或抗剪断强度公式计算坝基面的抗滑稳定安全系数。

1. 抗剪强度公式

此法是把滑动面看成是一种接触面，而不是胶结面。在滑动面上的阻滑力只考虑摩擦力，不考虑凝聚力。

当滑动面水平时［图 1-12 (a)］，其抗滑稳定安全系数 K 可按下式计算

$$K = f(\sum W - U)/\sum P \tag{1-28}$$

式中：$\sum W$ 为作用于滑动面以上的力在竖直方向投影的代数和；$\sum P$ 为作用于滑动面以上

的力在水平方向投影的代数和；U 为作用于滑动面上的渗透压力（若在下游水位以下，还应包括浮托力）；f 为坝体混凝土与坝基接触面的抗剪摩擦系数。

当滑动面为倾向上游的倾斜面时［图 1－12（b）］，其计算公式为

$$K=\frac{f(\sum W\cos\alpha-U+\sum P\sin\alpha)}{\sum P\cos\alpha-\sum W\sin\alpha} \tag{1-29}$$

式中：α 为滑动面与水平面的夹角；其余符号意义同前。

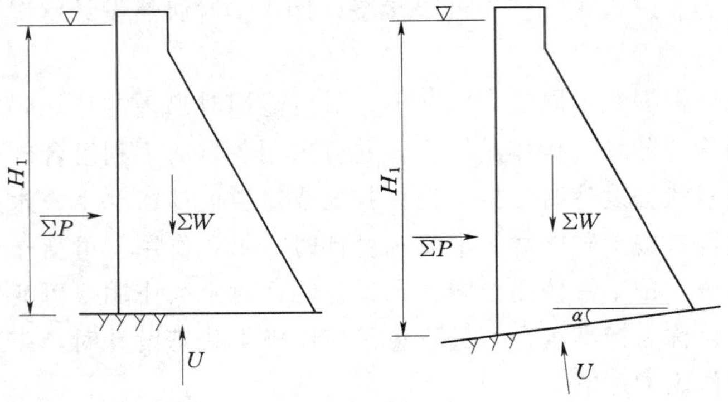

图 1－12　重力坝沿坝基面的抗滑稳定计算示意图

比较式（1－28）和式（1－29）可知，当滑动面倾向上游时，对坝体抗滑稳定有利；反之，α 角由正变负，对抗滑稳定不利。在选择坝轴线和开挖基坑时，应尽可能考虑这一影响。

由以上两式计算得到的安全系数 K 值不应小于表 1－7 规定的数值。

表 1－7　　**抗滑稳定安全系数**

荷载组合		坝的级别		
		1	2	3
基本组合		1.10	1.05	1.05
特殊组合	（1）校核洪水位工况	1.05	1.00	1.00
	（2）地震工况（拟静力法）	1.00	1.00	1.00

这里，f 值的选定是一个十分重要的问题，直接关系到大坝的造价与安全。以新安江工程为例，若 f 值减小 0.01，坝体混凝土就增加 2 万 m^3。需要指出的是，对于修建在完整岩基上的坝体，由于有实际存在的凝聚力作为安全储备，人们对其安全性也是不会怀疑的。但如果坝基岩体较软弱，属软岩类，当采用抗剪强度公式计算时，对 f 值的选取，应特别慎重。

2. 抗剪断公式

如果坝体与基岩接触良好，接触面上的阻滑力除了摩擦力之外，还应考虑坝底与坝基之间的凝聚力，这种情况下抗滑稳定安全系数 K' 按式（1－30）计算

$$K'=\frac{f'(\sum W-U)+c'A}{\sum P} \tag{1-30}$$

式中：f' 为坝体混凝土与坝基接触面的抗剪断摩擦系数；c' 为坝体混凝土与坝基接触面的抗剪断凝聚力，kN/m^2；A 为坝体与坝基接触面截面积，m^2；其他符号意义同前。

SL 319—2018《混凝土重力坝设计规范》规定：不分坝的级别，基本组合 $K' \geqslant 3.0$；特殊组合（1）$K' \geqslant 2.5$；特殊组合（2）（拟静力法）$K' \geqslant 2.3$。

对于 f'、c'、f 值的选定，SL 319—2018《混凝土重力坝设计规范》规定：规划阶段，可参照表1-8选用；可行性研究阶段及以后的设计阶段，应经现场试验确定；中型工程的中、低坝，若无条件进行野外试验时，宜进行室内试验，并参照表1-8选用。

表1-8　坝基岩体力学参数

岩体分类	混凝土与坝基接触面			岩　体		变形模量 E_0 /GPa
	f'	c'/MPa	f	f'	c'/MPa	
Ⅰ	1.50～1.30	1.50～1.30	0.85～0.75	1.60～1.40	2.50～2.00	>20.0
Ⅱ	1.30～1.10	1.30～1.10	0.75～0.65	1.40～1.20	2.00～1.50	20.0～10.0
Ⅲ	1.10～0.90	1.10～0.70	0.65～0.55	1.20～0.80	1.50～0.70	10.0～5.0
Ⅳ	0.90～0.70	0.70～0.30	0.55～0.40	0.80～0.55	0.70～0.30	5.0～2.0
Ⅴ	0.70～0.40	0.30～0.05	0.40～0.30	0.55～0.40	0.30～0.05	2.0～0.2

注　1. 表中岩体分类参见 SL 319—2018《混凝土重力坝设计规范》附录 D。
2. 表中参数限于硬质岩，对软质岩应根据软化系数进行折减。
3. f'、c'为抗剪断参数，f 为抗剪参数。

对比两种计算公式可以发现：在抗剪强度公式中未考虑凝聚力的作用，而是将其作为一种安全储备，因此取用了较低的安全系数；在抗剪断公式中，已经考虑了凝聚力 c' 的作用，并且多数情况下 c' 值的现场测定不稳定，加之试件制备时的凝聚状态与实际状况也有出入，故采用了较大的安全系数。

工程实践表明，对于上述两种抗滑稳定计算公式，当坝基岩体较好时，采用抗剪断强度公式是合适的；当坝基岩体较差，如软岩或存在较弱夹层结构面时，则采用抗剪强度公式是适宜的。所以设计时应根据工程地质条件选取适当的计算公式。

1.3.2　深层抗滑稳定分析

当坝基岩体内存在软弱结构面、缓倾角裂隙及坝下游经冲刷形成临空面等情况时，坝体有可能连同部分基岩沿软弱结构面产生滑移，即所谓的深层滑动。根据滑动面的分布情况，经过综合分析后，可概化为单滑动面、双滑动面和多滑动面等几种计算模式。计算时以刚体极限平衡法为主，高坝或地质条件复杂的中坝宜辅以有限元法、地质力学模型试验等方法对深层抗滑稳定进行分析。下面以最典型的双滑动面情况为例，介绍 SL 319—2018《混凝土重力坝设计规范》建议的基于刚体极限平衡原理的深层抗滑稳定安全系数计算方法。

1. 按抗剪断强度公式计算

如图1-13所示，当坝基内有向下游倾斜的节理裂隙或软弱夹层，而其下游岩层并不存在明显的第二滑动面时，通常在坝趾处作一铅直分割线 BD，把滑移体分为沿软弱面滑动部分和沿抗力体 BCD 底面 BC 滑动部分。在 BD 线上作用着抗力 R，与水平面成 ψ 角，

沿 AB 面的抗剪断强度公式为

$$K_1'=\frac{f_1'[\sum W_1\cos\alpha-\sum P\sin\alpha-R\sin(\psi-\alpha)-U_1+U_3\sin\alpha]+c_1'A_1}{\sum W_1\sin\alpha+\sum P\cos\alpha-R\cos(\psi-\alpha)-U_3\cos\alpha} \tag{1-31}$$

沿 BC 滑动面的抗剪断强度公式为

$$K_2'=\frac{f_2'[W_2\cos\beta+R\sin(\psi+\beta)-U_2+U_3\sin\beta]+c_2'A_2}{R\cos(\psi+\beta)-W_2\sin\beta+U_3\cos\beta} \tag{1-32}$$

式中：$\sum W_1$ 为坝体和岩体 ABD 的全部铅直荷载（不包括扬压力）；W_2 为岩体 CBD 的重力；U_1、U_2、U_3 分别为 AB、BC、BD 面上的渗透压力；A_1、A_2 分别为 AB、BC 面的截面积；f_1'、c_1'为 AB 面上的抗剪断参数；f_2'、c_2'为 BC 面上的抗剪断参数；α、β 分别为 AB、BC 滑动面与水平面的夹角。

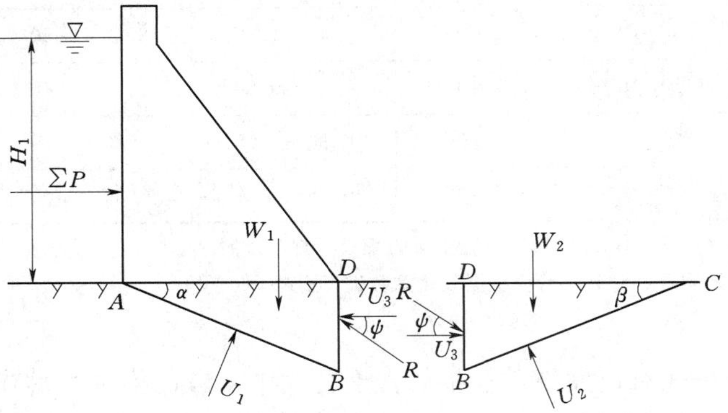

图 1-13　双滑动面深层抗滑稳定计算示意图

如果抗力岩体中有节理裂隙面，则 β 即为节理裂隙面与水平面的夹角；如果没有此组节理裂隙，则应假定若干 β 值，经试算取一个使 K_2'为最小的 β 值。

抗力与水平面的夹角 ψ 也是事先假定的，一般认为 ψ 在 $0\sim\alpha$ 范围内变化，ψ 取值越小，计算结果越保守。

计算采用等安全系数法，即 $K'=K_1'=K_2'$，亦即令式（1-31）与式（1-32）相等，可求出 R，再把 R 值代入式（1-31）或式（1-32），即可求出 K'值。求出的 K'值应满足 SL 319—2018《混凝土重力坝设计规范》的要求。

2. 按抗剪强度公式计算

如按上述抗剪断强度公式求出的 K' 值不能满足规范规定的要求，且在采取工程措施后仍不能满足时，则应按抗剪强度公式计算坝基深层抗滑稳定安全系数。抗剪强度公式的形式与式（1-31）、式（1-32）基本相同，只是两式的分子项中没有凝聚力 $c_1'A_1$ 及 $c_2'A_2$，取 $\psi=0$，且抗剪断摩擦系数 f'应改用抗剪摩擦系数 f。按抗剪强度公式计算的安全系数应满足表 1-9 的规定。

多滑动面情况比较复杂，可参考双滑动面情况，列出各个滑裂体的计算公式，然后求解安全系数 K。对于单滑动面的深层抗滑稳定计算，应留有一定的安全裕度，其安全系数的取值应较表 1-9 略有提高。

表 1-9　坝基深层抗滑稳定安全系数

荷载组合		坝的级别		
		1	2	3
基本组合		1.35	1.30	1.25
特殊组合	(1) 校核洪水位工况	1.20	1.15	1.10
	(2) 地震工况（拟静力法）	1.10	1.05	1.05

1.3.3　提高坝体抗滑稳定的工程措施

为了提高坝体抗滑稳定性，可采取以下一些工程措施。

(1) 上游坝面做成向上游倾斜，这样可以利用坝面上的水重来增加坝的稳定性，但上游坝面的坡度一般应控制在 1∶0.1～1∶0.2 的范围内，不宜太缓，太缓将会导致上游面出现拉应力。

(2) 坝基开挖成倾向上游的斜面［图 1-14 (a)］，但这样会增加坝基岩石开挖量和坝体工程量，同时也加大了上游水压力，通常较少采用。当基岩坚硬时，将坝底大部分开挖成倾向上游的锯齿状斜面［图 1-14 (b)］，其总长占坝底宽度的 70%～80%，抗滑稳定安全系数可按坝底面倾斜时计算。

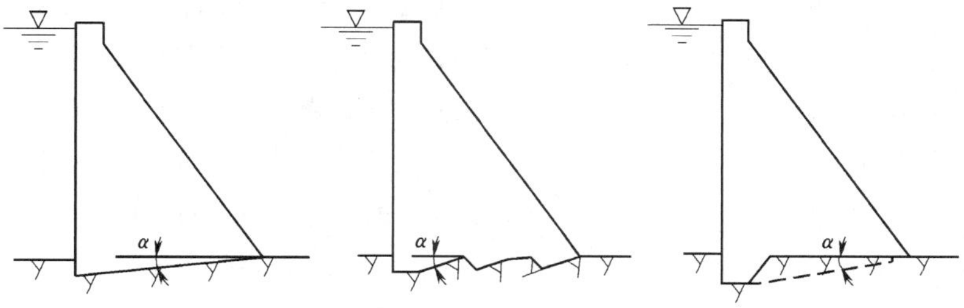

图 1-14　增加坝体抗滑稳定的几种措施

(a) 坝基倾斜于上游；(b) 坝基多段倾斜于上游；(c) 坝踵下做齿墙

(3) 在坝踵下做齿墙［图 1-14 (c)］，坝体将沿图中虚线滑动，其作用与坝底向上游倾斜相似，坝基开挖量及坝体回填量均增加不多，但齿墙有可能被剪裂，而使阻滑作用得不到保证，因此齿墙不宜做得太深。

(4) 利用预加力提高抗滑稳定性。如采用预应力锚索加固，在坝顶钻孔至基岩深部，孔内放置钢索，下端锚固在夹层以下的完整岩石中，在坝顶锚索的另一端施加拉力，使坝体受压，既可提高坝体的抗滑稳定性，又可改善坝踵的应力状态。

(5) 对存在软弱夹层的坝基，有的工程采用大型钢筋混凝土抗滑桩，以防止坝体连同坝基沿软弱夹层滑动。

(6) 采用有效的防渗排水或抽水措施，降低坝基扬压力。如采用抽水降压措施，即坝基面设置的纵、横向廊道排水系统不直接和下游尾水连通，另用水泵定期抽水排向下游以减小扬压力。当下游尾水位较高时，效果更为显著［图 1-5 (c)］。

此外，地基加固处理（见 1.9 节）也是提高坝体稳定性的措施之一。

1.4　重力坝的应力分析

1.4.1　应力分析的目的与方法

对重力坝进行应力分析，是为了确定坝体在规定的各种工作条件下，坝体各部位的应力状态是否满足强度要求，同时也是确定坝体材料分区、坝身廊道和孔口设置位置及其配筋等的基本数据。

重力坝应力分析方法分为理论计算和模型试验两类。两类方法彼此补充、相互验证，并同时受原型观测的检验。重力坝应力分析方法的选择，应根据坝型、坝高及地质条件等而定。规范规定混凝土重力坝的应力计算应以材料力学法计算成果作为确定坝体断面的依据。高坝及修建在复杂地基上的中坝宜进行有限元分析，必要时可采用结构模型试验验证；对坝内孔口和结构复杂部位可采用有限元法确定其应力分布，据以进行钢筋配置。

1.4.2　应力分析的材料力学法

材料力学法的基本原理是沿坝轴线截取单位长坝体作为固支在地基上的悬臂梁，并假定：①不考虑两侧坝体的影响；②坝体材料为均质、连续、各向同性的弹性体；③任意水平截面上的正应力呈直线分布。水平截面的位置一般应取在坝体断面有特点的地方，如坝面折线交点、坝厚突然变化处等。计算时，坐标原点取在计算截面与下游坝面的交点处，竖轴 y 向下为正，水平轴 x 向上游为正，计算图形如图 1－15 所示。正应力以压为正，以拉为负。

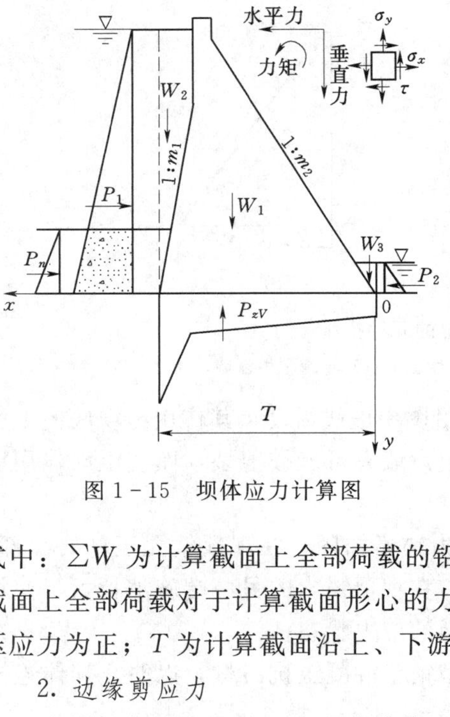

图 1－15　坝体应力计算图

1. 水平截面上的正应力

按材料力学偏心受压公式，上、下游边缘正应力 σ_{yu}、σ_{yd} 为

$$\left.\begin{aligned}\sigma_{yu} &= \frac{\sum W}{T} + \frac{6\sum M}{T^2}\\ \sigma_{yd} &= \frac{\sum W}{T} - \frac{6\sum M}{T^2}\end{aligned}\right\} \tag{1-33}$$

式中：$\sum W$ 为计算截面上全部荷载的铅直分力总和（包括或不包括扬压力）；$\sum M$ 为计算截面上全部荷载对于计算截面形心的力矩总和（包括或不包括扬压力），以使上游面产生压应力为正；T 为计算截面沿上、下游方向的长度。

2. 边缘剪应力

计算边缘剪应力时，可在计算截面上、下游边分别取如图 1－16（a）所示的三角微单元体，根据对上游边微单元体的力平衡条件 $\sum F_y=0$，可得

$$p_u\mathrm{d}x - \sigma_{yu}\mathrm{d}x - \tau_u\mathrm{d}y = 0$$

经整理后，可得上游边缘剪应力 τ_u 为

$$\tau_u = (p_u - \sigma_{yu})m_1 \tag{1-34}$$

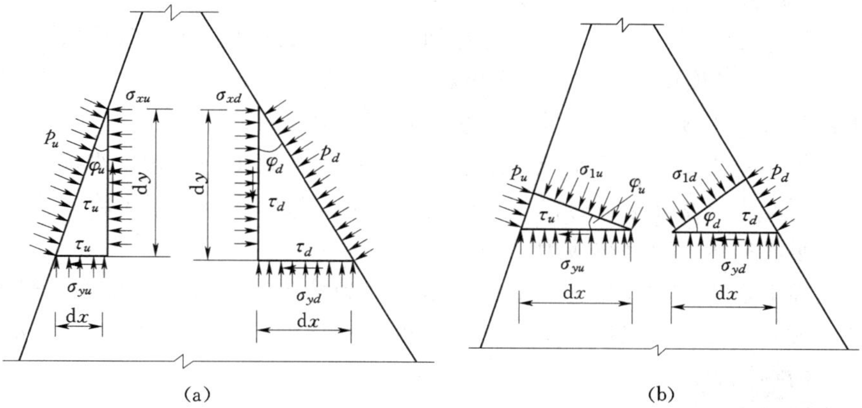

图 1-16　边缘应力计算图

同理，根据对下游边微单元体的力平衡条件$\sum F_y=0$，可得下游边缘剪应力 τ_d 为

$$\tau_d = (\sigma_{yd} - p_d)m_2 \tag{1-35}$$

式中：p_u、p_d 分别为作用于上、下游坝面该点的水压力强度（如有淤沙压力时，应计入在内）；m_1、m_2 分别为上、下游坝面的坝坡系数，但在式（1-34）、式（1-35）中，m_1 及 m_2 的数值则分别为上、下游坝面的坡度，这是由于 $m_1/1=m_1=\tan\varphi_u$，$m_2/1=m_2=\tan\varphi_d$；φ_u、φ_d 分别为上、下游坝面与铅直面的夹角（图 1-16），以下各式均同。

3. 水平正应力

仍利用图 1-16（a）所示的三角形微单元体，根据力的平衡条件$\sum F_x=0$，对上游边，有

$$p_u\mathrm{d}y - \sigma_{xu}\mathrm{d}y - \tau_u\mathrm{d}x = 0$$

经整理后，可得上游边缘水平正应力 σ_{xu} 为

$$\sigma_{xu} = p_u - (p_u - \sigma_{yu})m_1^2 \tag{1-36}$$

同理，可得下游边缘水平正应力 σ_{xd} 为

$$\sigma_{xd} = p_d + (\sigma_{yd} - p_d)m_2^2 \tag{1-37}$$

4. 主应力

计算边缘主应力时，可取如图 1-16（b）所示的三角形微单元体进行分析，上、下游坝面仅受垂直于坝面的水压力，没有剪应力，因此，上、下游坝面为主应力面。另一主应力面则应与坝面垂直，分别取上、下游微单元体的力平衡条件$\sum F_y=0$，可求得上、下游边缘主应力值 σ_{1u}、σ_{1d} 为

$$\sigma_{1u} = (1+m_1^2)\sigma_{yu} - p_u m_1^2 \tag{1-38}$$

$$\sigma_{1d} = (1+m_2^2)\sigma_{yd} - p_d m_2^2 \tag{1-39}$$

上、下游边缘另一主应力值显然就是作用在坝面上的水压力强度，即

$$\sigma_{2u} = p_u \tag{1-40}$$

$$\sigma_{2d} = p_d \tag{1-41}$$

由式（1-38）可知，在上游面 $m_1>0$ 的情况下，即使$\sigma_{yu}\geqslant 0$，如果 $\sigma_{yu}<\frac{m_1^2}{1+m_1^2}p_u$时，主

应力 σ_{1u}仍为拉应力，为消除拉应力，m_1 值不宜太大，即上游坝面坡度不宜太缓。

式（1-33）～式（1-41）均未考虑截面上扬压力的作用，因而利用式（1-33）计算正应力 σ_{yu}、σ_{yd}时，坝体计算截面上$\sum W$和$\sum M$均应不包括截面上的扬压力，相当于重力坝建成刚蓄水或由于坝体防渗性能好，水尚未渗入坝体的情况。

不论是坝体还是岩基，都不是绝对不透水的，都存在微小的孔隙，当坝建成后，在长期蓄水运行的情况下，水便会充分渗入坝体和基岩的孔隙，渗透水压力将作用在整个渗流区内，此时应考虑扬压力对坝体应力的影响。

当计入截面上扬压力的作用时，应将扬压力视为外荷载，与其他荷载一起进行计算。因此，在利用式（1-33）计算正应力 σ_{yu}、σ_{yd}时，式中的$\sum W$ 及$\sum M$ 均应包括作用在水平计算截面上的扬压力。

考虑到渗流区内任一截面上同时存在着扬压力 p_v 及混凝土固体接触面间的接触应力 σ（对混凝土而言，实际承受的应力为 σ），因此任一微面积上总的正应力应该是扬压力强度 p_v 和接触应力 σ 之和，即 $\sigma+p_v$。因此考虑扬压力时的计算式仍可利用式（1-34）～式（1-41），但应以 $\sigma_{yu}+p_{vu}$、$\sigma_{xu}+p_{vu}$、$\sigma_{yd}+p_{vd}$、$\sigma_{xd}+p_{vd}$代替 σ_{yu}、σ_{xu}、σ_{yd}、σ_{xd}。根据图 1-17 所示的计算图形，考虑扬压力后的边缘应力为

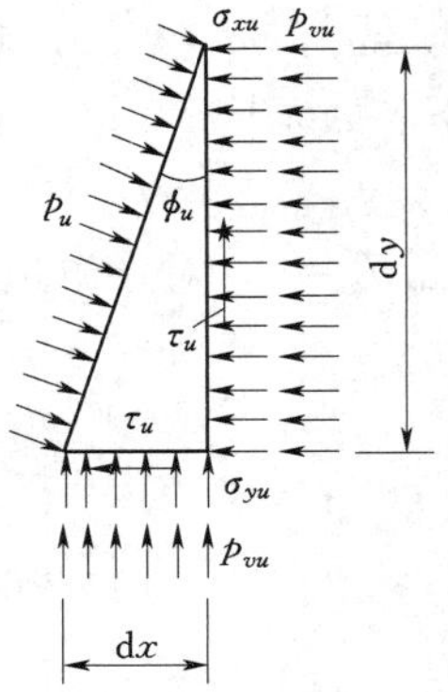

图 1-17　考虑扬压力的边缘应力计算图

$$\tau_u=(p_u-p_{vu}-\sigma_{yu})m_1 \tag{1-34$'$}$$

$$\tau_d=(\sigma_{yd}-p_d+p_{vd})m_2 \tag{1-35$'$}$$

$$\sigma_{xu}=(p_u-p_{vu})-(p_u-p_{vu}-\sigma_{yu})m_1^2 \tag{1-36$'$}$$

$$\sigma_{xd}=(p_d-p_{vd})+(\sigma_{yd}-p_d+p_{vd})m_2^2 \tag{1-37$'$}$$

$$\sigma_{1u}=(1+m_1^2)\sigma_{yu}-(p_u-p_{vu})m_1^2 \tag{1-38$'$}$$

$$\sigma_{1d}=(1+m_2^2)\sigma_{yd}-(p_d-p_{vd})m_2^2 \tag{1-39$'$}$$

$$\sigma_{2u}=p_u-p_{vu} \tag{1-40$'$}$$

$$\sigma_{2d}=p_d-p_{vd} \tag{1-41$'$}$$

式中：p_{vu}、p_{vd}分别为计算截面上、下游端的扬压力强度。

从式（1-40′）及式（1-41′）可以看出，如果计算截面的上、下游坝面仅有静水压力，则 $p_{vu}=p_u$、$p_{vd}=p_d$，则 $\sigma_{2u}=0$、$\sigma_{2d}=0$，这主要是由于假定坝体为透水体的缘故。

若考虑地震的作用，式（1-33）中的$\sum W$、$\sum M$ 应加上由地震惯性力和地震动水压力等产生的铅直力和力矩，其他各式中的压力强度 p_u、p_d 应分别加入上、下游坝面地震动水压力在该点的压强。但应注意，上游加的是正值，下游加的是负值。

1.4.3　重力坝的有限元应力分析

对于高坝，尤其是当地质条件复杂时，要采用有限元法计算研究应力。对于修建在复杂地基上的中、低坝，也可根据需要进行有限元法计算。在重力坝有限元法应力计算中，一般用线弹性理论，很少用非线性弹塑性理论，因为后者计算较为烦琐，而且目前荷载计算方法以及混凝土和岩基的材料的非线性本构关系难以准确选定，再加之重力坝主要是在弹性阶段工作，故尚不需要进行精度较高的非线性计算。

有限元法是将结构离散化，划分为大量的、范围有限的单元，如平面问题中的三角形单元、四边形单元；空间问题中的四面体单元、六面体单元等。这些单元仅在节点处相互

联系。整个系统单元划分得越细，单元的数目越多，应力计算成果的精度越高，但相应的计算量也会增大。所以应该根据精度的要求优化单元的划分。一般在应力较高的部位或关键部位，如在坝踵和坝址附近，单元应划分得较密。在应力值较低或次要部位单元可划分得较粗。如图 1-18 所示。坝基要选取足够大的范围，使得坝基边缘位移很小，可忽略不计，并应包括主要的地质构造。

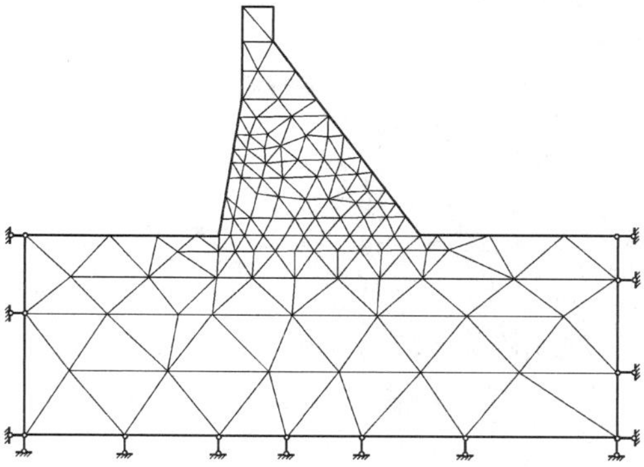

图 1-18　重力坝和地基的有限单元离散化图形

对于不是特别重要和复杂的重力坝，一般可以截取单位长度坝体和坝基，按照平面问题对待。坝体部分的应力沿上、下游方向及竖直方向变化较大，沿坝轴线方向变化相对较小，因此可以近似看成平面应力问题；坝基沿坝轴线方向的变形比其他两个方向小，所以可看成平面应变问题。在平面问题中，每点有两个位移分量：水平位移 u 和垂直位移 v。单元位移函数的一般表达式为

$$\begin{Bmatrix} u \\ v \end{Bmatrix} = [N]\{\delta\}^e \tag{1-42}$$

式中：$\{\delta\}^e$ 为单元节点的位移列向量；$[N]$ 为形状函数矩阵，是坐标 x、y 的函数。

假定是小变形问题，因此弹性理论中的几何方程仍然适用，即

$$\left.\begin{aligned} \varepsilon_x &= \partial u/\partial x \\ \varepsilon_y &= \partial v/\partial y \\ \gamma_{xy} &= \partial v/\partial x + \partial u/\partial y \end{aligned}\right\} \tag{1-43}$$

式中：ε_x、ε_y 和 γ_{xy} 分别为三角形单元中任意点在 x 方向的伸长率、y 方向的伸长率和相对于 x、y 轴的剪切角，即水平向应变、竖直向应变和剪应变。

将式（1-42）代入几何方程（1-43），可以得出单元应变与节点位移的关系式

$$\{\varepsilon\} = \{\varepsilon_x\ \varepsilon_y\ \gamma_{xy}\}^{\mathrm{T}} = [B]\{\delta\}^e \tag{1-44}$$

式中：$[B]$ 为单元的几何矩阵。

初应变系指与应力无关，由温度变化、收缩、晶体生长等因素引起的应变。一般来说，单元内的初应变是不均匀的，并且是坐标的函数，但当单元充分小时，单元内的初应变可采用一个平均值。对于平面应力问题，平均温度变化 $\bar{T}$ 引起的初应变为

$$\{\varepsilon_0\} = \{\alpha\bar{T}\quad \alpha\bar{T}\quad 0\}^{\mathrm{T}} \tag{1-45}$$

根据弹性理论中的广义胡克定律，对于各向同性体的平面应力问题，应变分量为

$$\left.\begin{aligned} \varepsilon_x &= \frac{\sigma_x}{E} - \frac{\mu\sigma_y}{E} + \varepsilon_{x0} \\ \varepsilon_y &= \frac{\sigma_y}{E} - \frac{\mu\sigma_x}{E} + \varepsilon_{y0} \\ \gamma_{xy} &= \frac{2(1+\mu)}{E}\tau_{xy} + \gamma_{xy0} \end{aligned}\right\} \tag{1-46}$$

从上式解出应力分量，得到

$$\left.\begin{aligned}\sigma_x &= \frac{E}{1-\mu^2}(\varepsilon_x-\varepsilon_{x0}+\mu\varepsilon_y-\mu\varepsilon_{y0})\\ \sigma_y &= \frac{E}{1-\mu^2}(\varepsilon_y-\varepsilon_{y0}+\mu\varepsilon_x-\mu\varepsilon_{x0})\\ \tau_{xy} &= \frac{E}{2(1+\mu)}(\gamma_{xy}-\gamma_{xy0})\end{aligned}\right\}\tag{1-47}$$

用矩阵方程表示为

$$\{\sigma\}=\begin{Bmatrix}\sigma_x\\ \sigma_y\\ \tau_{xy}\end{Bmatrix}=\frac{E}{1-\mu^2}\begin{bmatrix}1 & \mu & 0\\ \mu & 1 & 0\\ 0 & 0 & \dfrac{1-\mu}{2}\end{bmatrix}\begin{Bmatrix}\varepsilon_x-\varepsilon_{x0}\\ \varepsilon_y-\varepsilon_{y0}\\ \gamma_{xy}-\gamma_{xy0}\end{Bmatrix}$$

或

$$\{\sigma\}=[D](\{\varepsilon\}-\{\varepsilon_0\})\tag{1-48}$$

$$[D]=\frac{E}{1-\mu^2}\begin{bmatrix}1 & \mu & 0\\ \mu & 1 & 0\\ 0 & 0 & \dfrac{1-\mu}{2}\end{bmatrix}\tag{1-49}$$

式中：$[D]$ 为弹性矩阵，只与材料的弹性模量 E 和泊松比 μ 有关。

当初应变由温度变化引起时，$\varepsilon_{x0}=\varepsilon_{y0}=\alpha\bar{T}$，$\gamma_{xy0}=0$。

将平面应力各公式中的 E、μ、α 分别换成 $E/(1-\mu^2)$、$\mu/(1-\mu)$、$(1+\mu)\alpha$，即可得到平面应变的相应公式。

根据虚功原理可以解出单元节点力与节点位移的关系式，即

$$\{F\}^e=[k]^e\{\delta^e\}\tag{1-50}$$

式中：$[k]^e$ 为单元刚度矩阵；$\{F\}^e$ 为与单元变形相应的、节点作用于单元的单元节点力列向量，同时，单元对节点反加有作用力 $\{F\}^e$。

在每个节点 i 上，作用有两种力，变形单元对节点的作用力 $\{F_i\}$，$\{F_i\}=\sum\limits_{e=1}^{n}\{F\}^e$；作用于节点的外荷载 $\{P_i\}$，$\{P_i\}=\{P_{ix}P_{iy}\}^{\mathrm{T}}$。根据平衡条件，其合力应为零，即 $\{F_i\}=\{P_i\}$。列出全部节点的平衡条件，便得出总体平衡方程组，即

$$[K]\{\delta\}=\{P\}\tag{1-51}$$

式中：$[K]$ 为总体刚度矩阵，由单元刚度矩阵组合而成，是一个稀疏的正定对称矩阵；$\{\delta\}$ 为全部节点的位移列向量；$\{P\}$ 为全部节点的荷载列向量。

由于坝基截取的范围足够大，坝基边缘位移小得可以忽略不计，因此坝基约束为固定支撑约束。将几何约束条件引入方程（1-51），消去总体刚性位移，矩阵求逆便可解出节点位移，再利用式（1-44）、式（1-45）和式（1-48）计算单元应力。

实际工程问题的有限元计算相当复杂，必须依靠计算机来完成。有限元计算过程包括建模、划分网格、施加边界条件、运算、后处理等几个步骤。计算出主应力以及主应力方向后，即可绘制等主应力线图和主应力轨迹线图，如图 1-19 和图 1-20 所示。

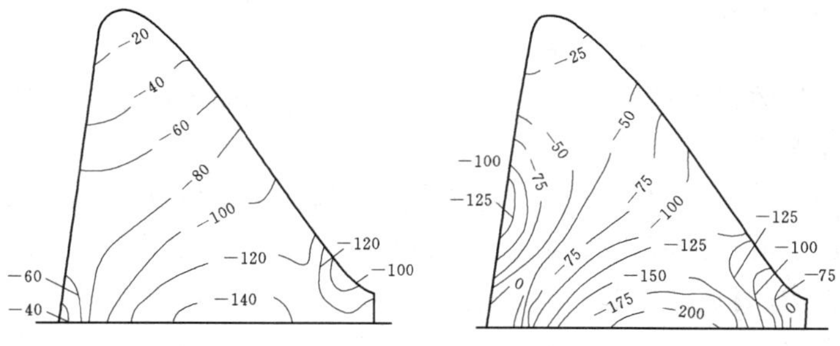

(a)　　(b)

图1-19　美国诺福克坝的有限元应力分析成果——第一主应力等主应力线

（单位：psi，1psi＝6895Pa；负号表示压应力）

(a) 自重＋水压；(b) 自重＋水压＋温降

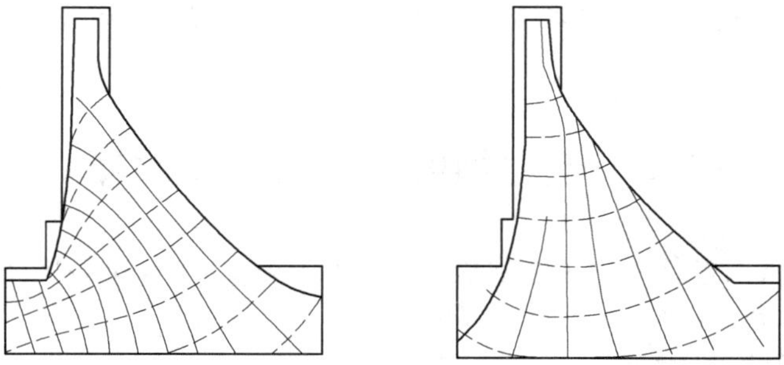

(a)　　(b)

图1-20　某重力坝的主应力轨迹线

(a) 水压＋自重；(b) 自重

由图1-19和图1-20的对比可以看出，温度荷载对坝体应力的影响是显著的。重力坝在温降时，在临近地基的部位受地基约束的影响将产生较大的温度应力。特别是在上游坝踵，将会出现较大的拉应力。用材料力学法计算坝体应力时，在坝踵不允许出现拉应力，但实际上拉应力是存在的。SL 319—2018《混凝土重力坝设计规范》规定，采用线弹性有限元法计算的坝基应力，其坝踵部位垂直拉应力区宽度，宜小于坝踵至帷幕中心线的距离，且宜小于坝底宽度的0.07倍。

1.4.4　重力坝的应力控制标准

由于扬压力只是一种可能存在的荷载，因此对有扬压力和无扬压力两种情况都要进行核算。

1. 坝基面

(1) 运用期。在各种荷载组合下（地震荷载除外），坝踵垂直应力不应出现拉应力，坝趾垂直应力不应大于坝体混凝土容许压应力，并不应大于基岩容许承载力。在地震工况下，坝趾垂直应力不应大于坝体混凝土动态容许压应力，并不应大于基岩容许承载力。

(2) 施工期。坝趾垂直拉应力不大于0.1MPa。

2. 坝体

(1) 运用期。当计入扬压力时，上游面的垂直应力不允许出现拉应力。坝体最大主压应力不应大于混凝土的容许压应力值。在地震工况下，坝体应力不应大于混凝土动态容许应力。

(2) 施工期。坝体任何截面上的主压应力不应大于混凝土的容许压应力，坝体下游面主拉应力不大于 0.2MPa。

(3) 坝体局部区域拉应力的规定：宽缝重力坝离上游面较远的局部区域，允许出现拉应力，但不应超过混凝土的容许拉应力；当溢流坝堰顶部位出现拉应力时，应配置钢筋；廊道及其他孔洞周边的拉应力区域，宜配置钢筋，有论证时，可少配或不配钢筋。

混凝土的容许应力应按大坝混凝土的极限强度除以相应的安全系数来确定。对于各级别的重力坝，其抗压安全系数在基本组合工况下不应小于 4.0，特殊组合工况下（地震工况除外）不应小于 3.5。局部混凝土有抗拉要求的，抗拉安全系数不应小于 4.0。

地震工况下，混凝土的动态容许应力应按大坝混凝土动态极限强度除以相应的安全系数确定。基于拟静力法计算的坝体混凝土抗压安全系数不应小于 3.5，抗拉安全系数不应小于 2.08；基于动力法计算的坝体混凝土抗压安全系数不应小于 2.3，抗拉安全系数不应小于 1.0。

1.5　重力坝的结构可靠度设计

绪论 0.4 节对水工建筑物分项系数极限状态设计法的基本概念及目前使用情况已做了介绍，下面结合重力坝设计具体讲述其应用。

1.5.1　重力坝断面的设计原则

分项系数极限状态设计法的设计表达式由一组分项系数和设计代表值组成。《水利水电工程结构可靠性设计统一标准》在设计表达式中设置了五种分项系数，即结构重要系数、作用分项系数、材料性能分项系数、设计状况系数和结构系数。在按可靠度编制的 NB/T 35026—2014《混凝土重力坝设计规范》中，对上述五种分项系数的取值给出了具体规定。

在进行重力坝断面设计时，应分别按承载能力极限状态及正常使用极限状态进行计算和验算。承载能力极限状态，对坝体结构及坝基岩体进行强度和抗滑稳定计算，必要时进行抗浮、抗倾验算，在地震区的坝应进行抗震验算。正常使用极限状态，验算满库时坝体上游面拉应力、空库时坝体下游面拉应力，必要时进行坝体及结构变形计算、复杂地基局部渗透稳定验算。

混凝土重力坝应以材料力学法和刚体极限平衡法计算成果作为确定坝体断面的基本依据，以有限元法作为辅助方法。高坝及修建在复杂地基上的中坝宜进行有限元分析，必要时可采用结构模型试验验证。重力坝的设计断面原则上应由持久状况控制，并以偶然状况进行复核，复核时可考虑坝体的空间作用或采取其他适当措施，而不宜由偶然状况控制设计断面。分期施工投入运行的坝，强度和稳定计算应按持久状况计算。有关两种极限状态及三种设计状况下的作用和作用效应组合已在 1.2 节做了介绍，下面简述其在重力坝设计中的应用。

1.5.2　承载能力极限状态设计表达式

按承载能力极限状态设计时应分别考虑基本组合和偶然组合两种情况。

基本组合时的设计表达式为

$$\gamma_0 \psi S(\gamma_G G_K, \gamma_Q Q_K, a_K) \leqslant \frac{1}{\gamma_d} R\left(\frac{f_K}{\gamma_m}, a_K\right) \tag{1-52}$$

式中：$S(\cdot)$ 为作用效应函数；$R(\cdot)$ 为结构抗力函数；γ_0、ψ 分别为结构重要性系数和设计状况系数；γ_G、G_K 分别为永久作用分项系数和永久作用标准值；γ_Q、Q_K 分别为可变作用的分项系数及可变作用标准值；γ_m、f_K 分别为材料性能的分项系数和材料性能标准值；γ_d为结构系数；a_K 为几何参数的标准值（可作为定值处理）。

偶然组合时的设计表达式为

$$\gamma_0 \psi S(\gamma_G G_K, \gamma_Q Q_K, A_K, a_K) \leqslant \frac{1}{\gamma_d} R\left(\frac{f_K}{\gamma_m}, a_K\right) \tag{1-53}$$

式中：A_K 为偶然作用的代表值。

按承载能力极限状态设计的内容主要如下：

（1）抗滑稳定计算。用刚体极限平衡法进行重力坝抗滑稳定计算时，应根据坝高选定计算截面，包括坝基面、折坡处的截面、坝体削弱部位及其他需要计算的截面。分别计算基本组合和偶然组合，应满足：

$$\eta = \frac{\frac{1}{\gamma_d} R(\cdot)}{\gamma_0 \psi S(\cdot)} \geqslant 1 \tag{1-54}$$

式中：η 为抗力作用比系数。

对于坝体混凝土与基岩接触面的抗滑稳定计算，其作用效应函数和抗力函数为

$$\left.\begin{aligned} S(\cdot) &= \sum P_R \\ R(\cdot) &= f'_R \sum W_R + c'_R A_R \end{aligned}\right\} \tag{1-55}$$

式中：$\sum P_R$ 为坝基面上全部切向作用之和，kN；$\sum W_R$ 为坝基面上全部法向作用之和，向下为正，kN；f'_R 为坝基面抗剪断摩擦系数；c'_R 为坝基面抗剪断凝聚力，kPa；A_R 为坝基面的面积，m^2。

当计算坝体混凝土层面的抗滑稳定时，仍可采用式（1-55）计算其作用效应函数和抗力函数，只是式中之值应采用计算层面上的相应值。对于深层抗滑稳定，当采用刚体极限平衡法时，其作用效应函数和抗力函数仍按式（1-55）计算，表达式见式（1-31）和式（1-32）中的分母和分子项。计算作用效应函数和抗力函数时，荷载和材料性能均采用设计值计算。

（2）抗压强度验算。重力坝抗压强度承载力极限状态应符合下列要求：

1）坝基面最大垂直正应力应满足下列要求。

a. 混凝土的强度应满足：

$$\eta = \frac{\frac{1}{\gamma_d} R(\cdot)}{\gamma_0 \psi S(\cdot)} = \frac{f_{ck}/(\gamma_d \gamma_m)}{\gamma_0 \psi\left(\frac{\sum W_R}{A_R} - \frac{\sum M_R T_X}{J_R}\right)} \geqslant 1 \tag{1-56}$$

式中：f_{ck} 为混凝土抗压强度标准值，kPa；$\sum M_R$ 为全部作用对坝基面形心的力矩之和，逆时针方向为正，kN·m；T_X 为坝踵或坝趾到形心轴的距离，m；J_R 为坝基面对形心轴的惯性矩，m^4。

b. 基岩的强度应满足：

$$\eta=\frac{f_R}{\gamma_0\psi S(\cdot)}=\frac{f_R}{\gamma_0\psi\left(\frac{\sum W_R}{A_R}-\frac{\sum M_R T_X}{J_R}\right)}\geqslant 1 \tag{1-57}$$

式中：f_R 为基岩容许承载力，kPa。

2）坝体最大主压应力应满足

$$\eta=\frac{\frac{1}{\gamma_d}R(\cdot)}{\gamma_0\psi S(\cdot)}=\frac{f_{ck}/(\gamma_d\gamma_m)}{\gamma_0\psi S(\cdot)}\geqslant 1 \tag{1-58}$$

式中：$S(\cdot)$ 为坝体最大主压应力，通常出现在坝底的上、下游边缘，可由式（1-38）、式（1-39）计算；其他符号意义同前。

1.5.3　正常使用极限状态设计表达式

重力坝正常使用极限状态，应按作用的标准值计算，其作用效应采用下列设计表达式

$$\gamma_0 S(G_K,Q_K,f_K,a_K)\leqslant C \tag{1-59}$$

式中：C 为正常使用极限状态结构的功能限值。

应力条件应符合下列要求：

（1）运用期（持久设计状况）坝踵及坝体上游面的垂直正应力不出现拉应力（计扬压力），即

$$S_1(\cdot)=\frac{\sum W_R}{A_R}+\frac{\sum M_R T_X}{J_R}\geqslant 0 \tag{1-60}$$

（2）施工期（短暂设计状况）坝趾处的垂直正应力可容许有不大于 0.1MPa 的拉应力，即

$$\gamma_0 S_s(\cdot)=\gamma_0\left(\frac{\sum W_R}{A_R}-\frac{\sum M_R T_X}{J_R}\right)\geqslant -100\text{kPa} \tag{1-61}$$

（3）施工期下游坝面可容许有不大于 0.2MPa 的主拉应力。

1.6　非溢流重力坝的剖面设计

进行重力坝设计时，可先根据一些简化条件求出基本剖面，并参照已建重力坝实例，结合实际情况来确定重力坝的实用剖面，然后再进行稳定和应力分析。剖面设计的原则是：①满足稳定和强度要求；②工程量少、造价低；③外形轮廓简单、便于施工；④满足运行要求。

1.6.1　基本剖面

重力坝承受的主要荷载是水压力和自重，控制剖面尺寸的主要因素是稳定和强度要求。因为作用于坝上游面的水压力呈三角形分布，故重力坝的基本剖面应是顶部与上游水位（正常蓄水位或防洪高水位附近）齐平的三角形（图 1-21）。如果基本三角形剖面满足对坝基面的抗滑及坝基面的坝体强

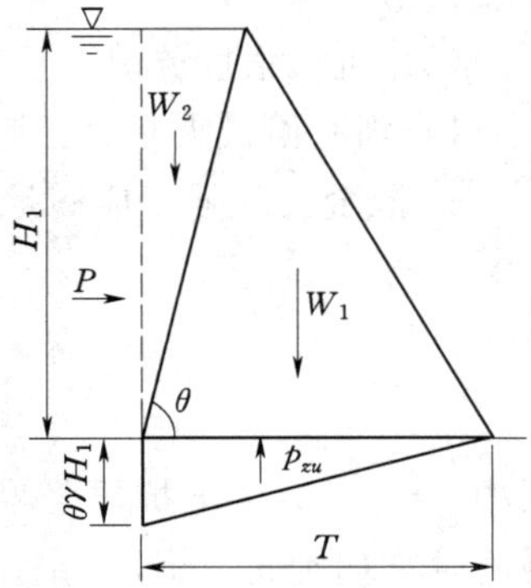

图 1-21　重力坝的基本剖面

度要求，则必然满足坝基以上坝体各截面对稳定和强度的要求。

从满足强度要求来看，对基本三角形的要求如下：

(1) 当 $\theta>90°$，即上游面为倒坡时，在库空情况下，三角形重心超出底边 T 的上游三分点，下游端产生拉应力，因而不满足强度要求。倒坡对施工也极不便。

(2) 当 $\theta<90°$时，可利用上游面上的水重帮助稳定，但 θ 小到一定程度后，库满时作用在坝上的水压力及自重的合力可能超出底边的下游三分点，使上游面产生拉应力。由式 (1-38) 可知，上游面坡角不宜太小。

根据上述分析，一般情况，上游面常做成铅直的，即$\theta=90°$。对于岩基上的中等高度以下的坝，坝底宽度基本上由稳定条件控制，故可由抗滑稳定公式定出三角形坝体的基本剖面尺寸，对于较好的岩基，断面尺寸有可能由坝体强度条件控制，因此还应进行强度核算。

当坝体与坝基间抗剪强度或抗剪断强度较低时，可适当减小 θ 值，以便利用上游面的水重帮助维持稳定。坝体的上游面可为铅直面、斜面或折面。根据工程经验，上游面坝坡系数常采用 $m_1=0\sim0.2$。下游面坝坡可采用一个或几个坡度，下游面坝坡系数常采用 $m_2=0.6\sim0.8$，坝底宽度约为坝高的 0.7～0.9 倍。

1.6.2 实用剖面

坝的基本三角形剖面是在简化条件下求得的，因此还应根据实际情况对基本剖面进行修正。

坝顶宽度应根据剖面设计、施工及运行的要求确定，不宜小于 4.0m。如有交通要求，应按交通要求决定。当坝顶宽度较大时，为了减少坝顶结构的重力，可采用如图 1-22 (b)、(c) 所示的布置形式。

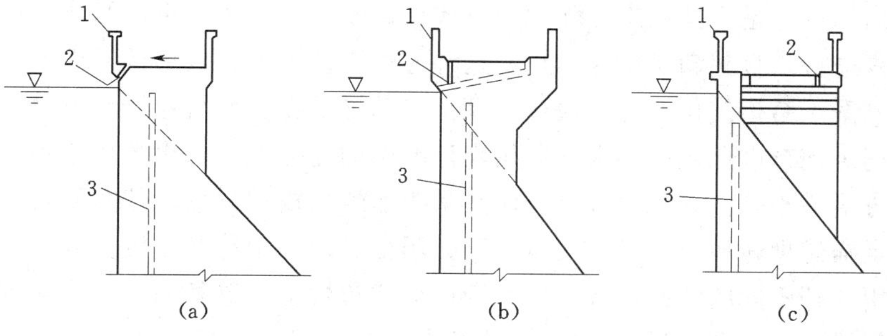

图 1-22 坝顶布置形式

1—防浪墙；2—坝顶排水管；3—坝体排水管

非溢流重力坝的坝顶高程应高于校核洪水位，坝顶上游防浪墙顶的高程与正常蓄水位或校核洪水位的高差，可由式 (1-62) 计算，并选择两者中防浪墙顶高程的高者作为选定高程。

$$\Delta h = h_{1\%} + h_z + h_c \tag{1-62}$$

式中：Δh 为防浪墙顶至正常蓄水位或校核洪水位的高差，m；$h_{1\%}$ 为累积频率 1%的波高，m；h_z 为波浪中心线至正常蓄水位或校核洪水位的高差，m；h_c 为安全超高，按表 1-10 采用。

坝顶加宽后，在满库情况下，坝顶所加部分的混凝土重力会减小坝体上游面的拉应力，但在空库情况下，自某一高程以下会使下游面出现拉应力。因此坝的上游面常布置成倾斜面或折面（图 1-23），这样可利用部分水重以满足坝体抗滑稳定要求，同时也可避免下游面产生拉应力。折坡起点高度 h 除应满足下游面在空库时不产生拉应力外，还应结合引水管、泄水孔的进口布置等因素考虑决定，一般约为坝前最大水深的 1/2～1/3。

表 1-10　安全超高 h_c　单位：m

相应水位	坝的安全级别		
	1	2	3
正常蓄水位	0.7	0.5	0.4
校核洪水位	0.5	0.4	0.3

如坝修筑在地震区及坝前有淤沙压力，还应考虑再把坝底适当加宽。

拟订出实用剖面布置方案后，便可进行稳定和应力分析计算，并对布置尺寸进行反复修改，直到得出既安全又经济的方案为止。

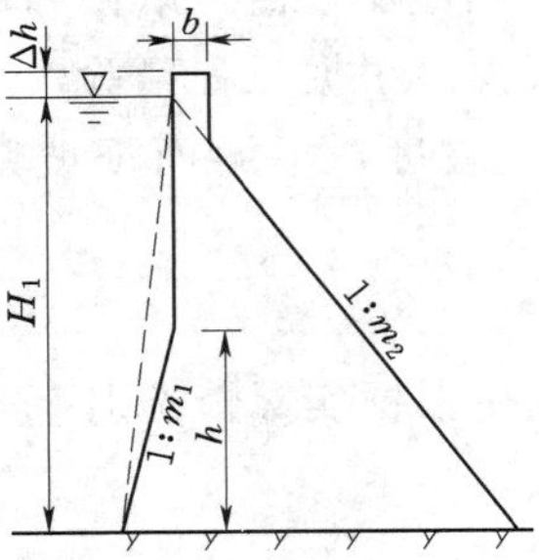

图 1-23　非溢流重力坝的实用剖面

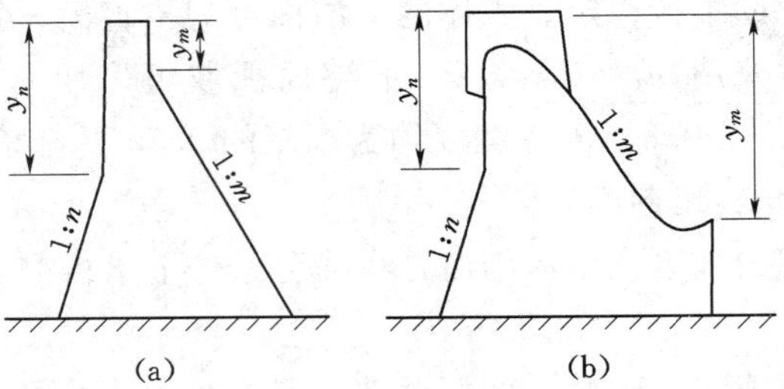

图 1-24　重力坝剖面优化设计参数

1.6.3　重力坝剖面的优化设计

传统的结构设计是根据稳定和强度验算成果修改设计方案，再用修改后的方案重新计算，这样反复进行，直到满足要求为止。这种方法不仅烦琐、效率低，而且得到的往往不是最优设计方案。结构优化设计是通过计算机自动寻求在满足给定设计条件下的最优设计方案，即在满足现行设计规范要求和通用设计准则的前提下，求出最优剖面，使其造价最低或混凝土方量最小等。优化设计的方法是采用非线性规划方案。其主要内容如下：

（1）规定描述坝体体形的设计变量。重力坝由于地质条件和布置方式等的不同，沿坝长可分别采用几种不同的断面形式，每种断面形式包含了布置相同、计算条件差别不大的几个坝块（坝段）。一般情况下，坝体上游面尽可能一致，通常采用同一个上游坝面坝坡系数 n 和上游坝面起坡点高度 y_n（图 1-24）。溢流坝剖面设计见 1.7 节。下游坝面则根据不同的断面形式而采用不同的下游坝面坝坡系数 m 和下游坝面起坡点高度 y_m。变量为

$$x=(y_n,n,y_{m1},m_1,y_{m2},m_2,\cdots,y_{md},m_d)^{\mathrm{T}}$$

式中：d 为断面形式总数。变量总数共有 $2d+2$ 个。

（2）目标函数。重力坝的造价主要取决于坝体混凝土量，因此取坝的体积为目标函数，即

$$\min V(x)=\min\sum_{i=1}^{N}V_i(x)$$

式中：$V_i(x)$ 为第 i 坝段的混凝土量；N 为坝体按横缝分段的坝段数。

（3）约束条件。根据《混凝土重力坝设计规范》的规定，对坝段的稳定安全度和应力所给予的限制，即稳定约束和应力约束；考虑结构、布置和施工要求对坝体断面给予的某些限制，即几何约束，如上游坝坡不倒悬、也不宜太缓等；以及工程设计中其他要求的限制。

（4）求解方法。目标函数和约束条件为变量的非线性函数。因此，重力坝的优化设计是一非线性规划问题，求解相当繁复，计算方法可参见有关专著[29]。

目前，我国有关单位已编制了重力坝优化设计通用程序，通过上机运算，可迅速求得各段的优化断面。

1.7 泄 水 重 力 坝

泄水重力坝的泄水方式有开敞式溢流孔泄水和坝身泄水孔泄水。开敞式泄水孔即为坝顶溢流式或带胸墙的溢流孔；坝身泄水孔包括泄洪中孔、泄洪底孔、冲沙孔、放水孔和导流底孔等，泄洪底孔一般与冲沙孔结合，称为泄洪冲沙孔。

1.7.1 泄水重力坝的泄流特点及洪水标准

1. 泄水重力坝的泄流特点

泄水重力坝既是挡水建筑物，又是泄水建筑物，故在满足稳定和强度要求的同时，还应满足泄水及泄水所引起的其他要求。

（1）有足够的孔口尺寸以满足泄洪要求。

（2）溢流面及闸墩等有较好的体形，以便使水流平顺过坝，不产生不利的负压、振动，避免产生空蚀现象。

（3）保证下游不产生危及大坝及其他建筑物安全的冲刷。

（4）泄流不影响其他建筑物的正常运行。

（5）如设有闸门，其控制和运用应可靠灵活。

2. 洪水标准

洪水标准是确定孔口尺寸进行调洪演算的重要依据，按表1-11和表1-12采用[9]。

混凝土坝和浆砌石坝，如果洪水漫顶将造成极其严重的损失时，1级永久性水工建筑物的校核洪水标准，经过专门论证并报主管部门批准，可采用可能最大洪水（PMF）或10000年一遇洪水。

表1-11　山区、丘陵区水库工程永久性水工建筑物的洪水标准

项　目		永久性水工建筑物级别				
		1	2	3	4	5
		洪水重现期/年				
设计情况		1000～500	500～100	100～50	50～30	30～20
校核洪水标准	土石坝	可能最大洪水（PMF）或10000～5000	5000～2000	2000～1000	1000～300	300～200
	混凝土坝、浆砌石坝	5000～2000	2000～1000	1000～500	500～200	200～100

表 1-12　　平原、滨海区水库工程永久性水工建筑物洪水标准

项　目	永久性水工建筑物级别				
	1	2	3	4	5
	洪水重现期/年				
设计洪水标准	300～100	100～50	50～20	20～10	10
校核洪水标准	2000～1000	1000～300	300～100	100～50	50～20

低水头或失事后损失不大的水库枢纽工程的挡水和泄水建筑物，经过专门论证，并报主管部门批准，其校核防洪标准可降低一级。

永久性泄水建筑物消能防冲设计的洪水标准见第 4 章。

1.7.2　溢流重力坝

1.7.2.1　孔口设计

1. 孔口形式

(1) 坝顶溢流式［图 1-25 (a)］。这种形式的溢流孔除宣泄洪水外，还能排除冰凌和其他漂浮物。堰顶可设闸门，也可不设闸门。不设闸门的堰顶高程就是水库的正常蓄水位，库水位超过堰顶后就溢过堰顶泄向下游，这种形式结构简单、管理方便，适用于洪水流量大、上游淹没损失不大的中、小型工程。设置闸门时，堰顶低于正常蓄水位，以利用一部分有效库容参加调洪，达到降低挡水建筑物高度、减少上游淹没损失的目的。溢流坝的闸门承受的水头较小，可以采用较大的尺寸。泄流时，流量与水头的 3/2 次方成正比。随着库水位的增加，流量迅速增大，对保证枢纽的安全有较大的作用。另外，闸门设在顶部，操作、检修方便，工作安全可靠，所以大、中型水库的溢流坝孔口一般均设有闸门。

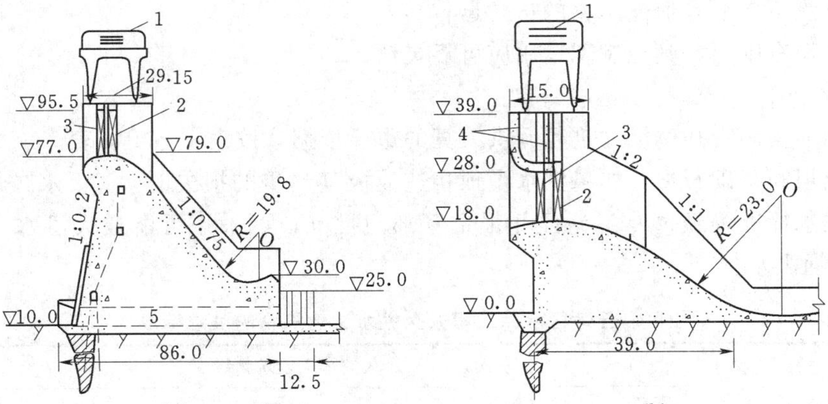

图 1-25　溢流重力坝（单位：m）

(a) 坝顶溢流式；(b) 带胸墙的溢流孔口式

1—门机；2—工作闸门；3—检修闸门；4—胸墙；5—底孔

(2) 带胸墙的溢流孔口式［图 1-25 (b)］。这种溢流孔的堰顶较低，胸墙的作用是降低闸门高度。库水位较低时，水流为堰顶溢流；随着水位升高，逐渐由堰流变为孔口泄流。这种形式的溢流孔可根据洪水预报提前放水，从而提高了调洪能力。但由于库水位高

出孔口以上一定高度后便成为孔口出流，因而超泄能力受到限制，也不利于排泄漂浮物。

2. 孔口尺寸

确定孔口尺寸主要是确定溢流堰的堰顶高程、孔口大小及数目。这与以下一些因素有关：洪水标准及洪水过程线；洪水可预报的时间；水库最高限制洪水位及下游允许最大泄量；调洪方式；地形、地质条件及根据坝址地质条件所选择的允许下泄的单宽流量。单宽流量的选择是关键因素，单宽流量越大，单位宽度下泄水流所含的能量也越大，消能越困难，下游冲刷也越严重。但所需溢流前缘越短，这对狭窄山区河道上进行枢纽布置较为有利。选择单宽流量时，首先应考虑下游河床的地质条件，对于一般软弱的岩石，常取单宽流量 $q=25\sim50m^3/(s\cdot m)$；对于较好的岩石，可取 $q=50\sim70m^3/(s\cdot m)$；对于特别坚固的岩石，可取 $q=100\sim120m^3/(s\cdot m)$ 或更大。按单宽流量拟定孔口尺寸后，就可进行调洪演算。在给定的设计水位和最大允许下泄流量的情况下，孔口尺寸与堰顶高程可以有不同的组合。因此，溢流堰堰顶高程和孔口尺寸要通过方案比较来确定。具体方法是：先初拟几组溢流孔口布置方案（包括不同的堰顶高程及溢流前缘长），根据给定的设计洪水流量过程线，分别进行调洪演算，得出不同的水库最高洪水位及相应的最大下泄流量；根据满足要求的各方案定出整个枢纽中各建筑物的布置和主要尺寸，估算工程量及造价，进行技术经济比较，选出最优方案。

设有闸门的溢流坝，用闸墩分成若干个孔（不设闸门的溢流坝也常因交通要求设置桥墩），分孔数目及每孔净宽则根据所用闸门形式、尺寸、启闭设备及混凝土坝分段长度等条件确定。闸门尽可能选择工厂已生产、使用成功的或规范所推荐的尺寸。应尽量将孔口数量定为奇数，这样有利于闸门对称开启，使过闸水流均匀。

如孔口数为 n、每孔净宽为 b_0、闸墩厚度为 d，则溢流前缘总长度 L_0 为

$$L_0=nb_0+(n-1)d \tag{1-63}$$

1.7.2.2　溢流坝的剖面设计

溢流重力坝的基本剖面也是三角形，为适应泄流要求，三角形上部和下游面需做成溢流面。溢流面由顶部溢流段、中间直线段和下部反弧段组成，上游为铅直面或折坡面［图 1-26 (a)］。顶部溢流段一般采用非真空实用剖面堰。真空实用剖面堰溢流时，溢流面产生负压，易引起空蚀，水流也不稳定，故采用较少。由于 WES 曲线给出的是曲线方程，

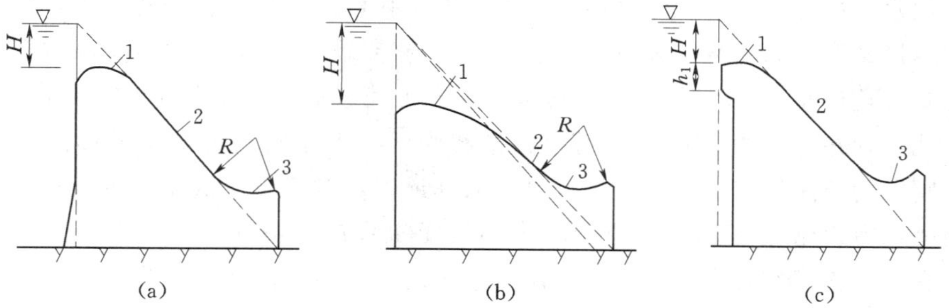

图 1-26　溢流坝实用剖面

(a) 上游为铅直面或折坡面；(b) 下游坝坡放缓；(c) 堰顶为悬臂

1—溢流段；2—直线段；3—反弧段

具有易与各种上游坝坡相衔接的特点，且通过一系列试验研究给出了大量成果，便于应用，故我国许多工程都采用WES曲线，SL 319—2018《混凝土重力坝设计规范》也推荐采用该曲线。当设有胸墙，且胸墙起挡水作用时，可采用孔口溢流的抛物线。溢流面中间直线段上端与顶部曲线相切，下部与反弧相切，直线段的坡度可与非溢流坝下游面相同，也可不同；溢流坝下端反弧段的作用是使水流平顺地与下游水面衔接。反弧常用圆弧曲线，其半径的大小与坝高、堰上水头及消能方式有关，通常取 $R=(4\sim10)h$，h 为校核水位闸门全开时反弧最低点处的水深。反弧处水流速度越大，反弧半径宜取得越大。对于较低的溢流坝，坝顶曲线可直接与下部反弧相切，而省去中间直线段。

溢流坝的实用剖面是由基本剖面与溢流面拟合修改而成的。如果坝基较差、孔口较大、三角形基本剖面顶部去掉的面积较多，影响了坝的稳定，则可将下游坝坡略微放缓[图1-26（b）]；如地基较好，由于溢流曲线的要求使断面过分肥大，超出基本三角形较多，为节省工程量，可使下游面与基本三角形一致，而将堰顶部伸向上游，将堰顶做成具有突出的悬臂，悬臂高度 h_1 应大于 $H/2$，H 为堰上水头[图1-26（c）]。溢流孔两侧的边墩应沿下游坝面延伸，做成导水墙，以防止溢流面上的水流向两侧漫溢。导水墙厚为0.5～2m，顶面应高出掺气后的水面1.0m以上。

1.7.3　坝身泄水孔

为了泄洪、灌溉、发电、排沙、放空水库及施工导流等，常在重力坝坝身设置各种用途的泄水孔。它们是深式泄水及取水孔。泄水孔可设在溢流坝段的下部或专设的泄水孔坝段。坝内发电孔为有压孔，其他用途的泄水、取水孔可以是有压的，也可以是无压的，但孔口应避免无压流与有压流交替出现的工作状态。

坝内孔口在平面上宜作直线布置。进口高程应根据孔口的用途决定。在对孔口进行布置时，应避免下泄水流冲刷坝基和其他建筑物的基础，要使其流态和对河道的冲淤不致影响其他建筑物的正常运行。灌溉孔一般设在靠灌区一岸的坝段，其后接灌溉渠道，必要时应根据泥沙和水温情况考虑分层设置；发电孔进水口与水电站厂房连接的出口有较大高差，中间设倾斜段或竖直段，与进、出口水平段之间用圆弧段连接，圆弧半径不小于两倍管径；排沙孔应尽量靠近发电、灌溉孔的进水口和船闸闸首等需要排沙的部位；导流孔是临时建筑物，施工完毕后，一般都回填封堵。中、低坝的导流底孔，在条件许可时，应尽可能与其他永久性孔口结合。坝内各种泄水及取水孔口在不相互影响各自正常运用的条件下，也应尽量结合，如灌溉与发电相结合、放空与导流相结合等，以减少坝内孔洞。各种进水孔的布置还应符合SL 285—2003《水利水电工程进水口设计规范》的要求。

无压孔口须在进口段设置工作闸门和检修闸门。工作闸门可采用弧形闸门或平面闸门。弧形闸门的启闭机室一般设于坝身设置的廊道内，对于中、低坝也可设在坝顶；平面闸门的启闭机室通常设于坝顶。位于坝内的启闭机室应考虑通风、防潮、采光及取暖措施。有压孔的工作门布置在出口，可采用弧形闸门、平面闸门及阀，进口处设置事故检修闸门。为不使孔内长期充水，通常用事故闸门挡水。无压孔及有压孔的布置如图1-27所示。有关通气、平压等设施见第5章。

无压孔孔身的底缘可根据进出口高差和设计水头等条件，采用缓坡直线或抛物线。出口一般高出下游最高水位，以防止在明流段出现水跃。有压孔孔身及无压孔进口的有压

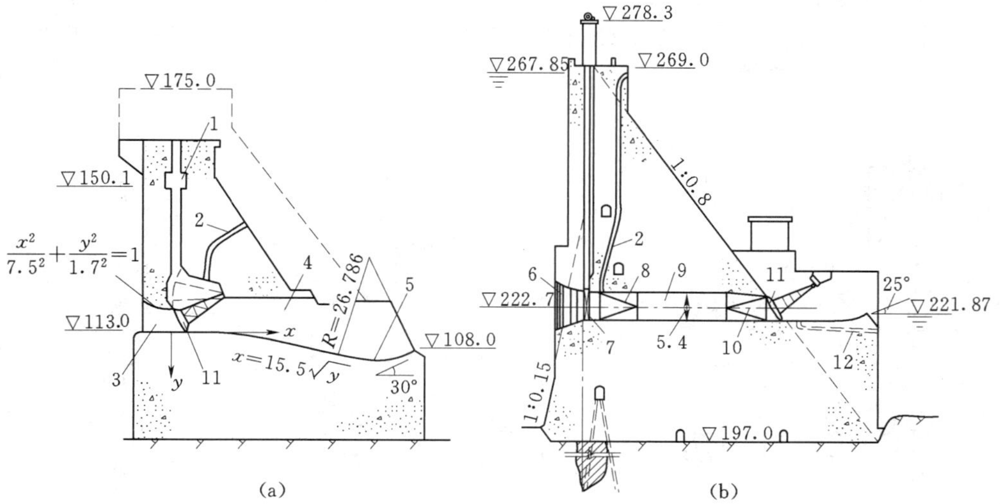

图 1-27　坝身泄水孔（单位：m）

（a）无压泄水孔；（b）有压泄水孔

1—闸门操作廊道；2—通气孔；3—有压短管段；4—无压管身段；5—出口反弧段；6—喇叭口；7—检修闸门；8—进口渐变段；9—管身段；10—出口渐变段；11—弧形工作闸门；12—排水管

段，均应进行压力坡线的水力计算，不得出现负压，否则应加大尺寸。无压明流段孔顶应留有安全高度，若孔身为矩形，顶部距水面的高度可取最大流量时不掺气水深的 30%～50%；若孔顶为圆形，其拱脚距水面高度取为不掺气水深的 20%～30%；孔顶为扁圆形时，可比圆形顶孔的要求略微增加。坝内深孔的出口不宜设在溢流面上，出口的反弧半径 $R=(4\sim10)h$，h 为校核水位闸门全开时反弧最低点处的水深，当反弧处流速较大时，反弧半径应选用较大值。

坝内孔口作为坝体的一部分，应和坝体设计统一考虑。由于设置深孔而对坝身造成的削弱应予补强。孔壁是否需要衬护，应根据内外水压力、孔口尺寸、受力条件、孔内流速、泥沙情况（含沙量、粒径及硬度）、运用条件及施工条件等因素决定。孔壁混凝土除满足强度要求外，还应具有抗冲耐磨性，尽量采用高等级混凝土。当采用其他耐磨材料衬护时，应与坝身锚接牢固。

坝内深孔的出口应采取消能措施。深孔水流多为高速水流，故在进口、闸门槽、弯曲段、水流边界突变处以及流速大于 20m/s 的区域，均可能产生空蚀现象，这些部位的体形、尺寸与平整度等应作特殊处理。深孔的水力条件复杂，对于重要工程，应作模型试验。

1.7.4　泄水重力坝的抗空蚀设计

通常水体内存在许多肉眼看不见的空化核，当水体流动时，若某点的压力降至饱和蒸汽压强，空化核迅速发育成空泡，这种现象称为空化。当低压区的空化水流流经下游高压区时，空泡在内外压力差的作用下，迅速溃灭、消失。空泡在溃灭时所产生的压力很大，可达几千个大气压。如果空泡发生在紧邻溢流坝面或泄水孔孔壁区域，则空泡溃灭时产生的强大压力将以冲击波或高速微射流的形式打击坝面或孔壁，使其产生破坏，这种现象称为空蚀。在水利工程中，空蚀部位常见于泄水道进出口、闸门槽、反弧段、弯曲段、不平整表面、消力墩、突体、岔管分岔处、进水门槽下游及建筑物体形不当处，如图1-28所示。

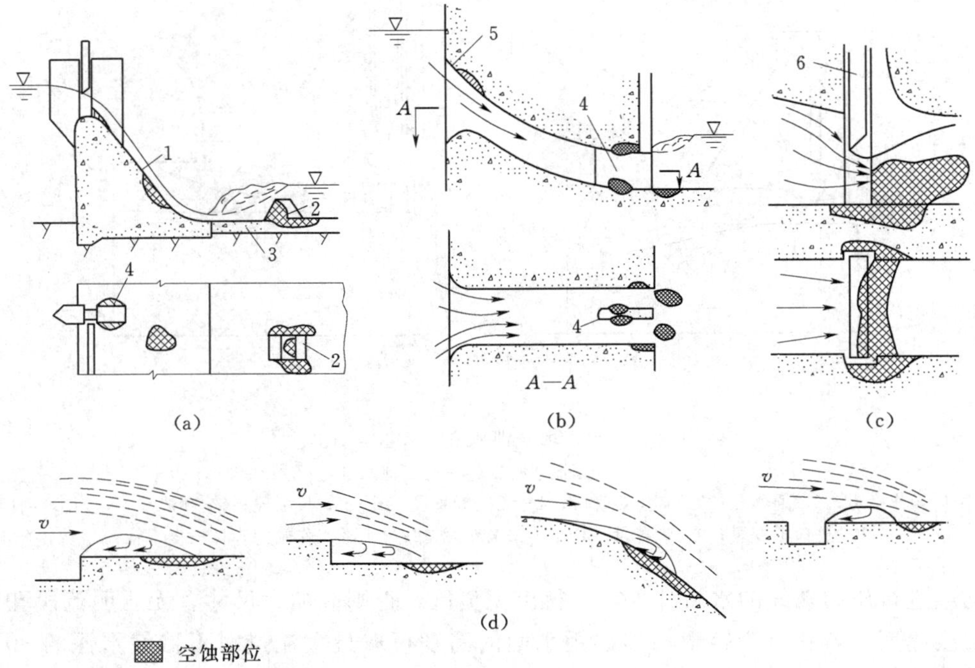

图1-28　泄水建筑物常见的空蚀部位

1—溢流面；2—辅助消能工；3—消力池底板；4—闸墩；5—孔口的进口；6—底孔或隧洞的深水闸门

溢流重力坝和深式泄水孔的水流流速很高时，易发生空蚀。空蚀的深度在开始很小，逐渐可发展到几厘米以至几米，会危及坝体的安全。我国刘家峡重力坝的泄水洞就发生过不同程度的空蚀破坏。

国内外的工程运行经验和试验表明，当溢流坝面和泄水孔壁流速超过20m/s时，就有可能发生空蚀破坏。溢流面不平整，往往是引起空蚀破坏的主要原因，而施工期放样不准、模板走样、混凝土质量不佳和运行期泥沙对坝面不均匀磨损等，都会造成不平整。

常用水流空化数来判别高速水流是否会使建筑物发生空蚀。水流空化数估算公式如下：

$$\sigma=\frac{h_0+h_d-h_v}{v_0^2/(2g)} \tag{1-64}$$

式中：σ为空化数，无量纲；h_0为计算断面处的动水压力水头，m；h_d为计算断面处的大气压力水头，m，对于不同高程按（10.33－∇/900）估算，即相对于海平面，每增加高度900m，较标准大气压力水头降低1m，∇为海平面以上的高程；h_v为水的汽化压力水头，m，对于不同的水温可参照表1-13取值；$v_0^2/(2g)$为计算断面处的平均流速水头，m。

按式（1-64）计算得到的σ值越小，表明越容易引起空蚀。为判别溢流坝面或泄水孔壁是否会发生空蚀，可在真空箱或减压箱内进行水工模型试验，观测开始出现空泡的临界压力水头和流速，然后用式（1-64）计算出空化数，则此空化数为初始空化数或临界空化数 σ_i。一般情况下：当 $\sigma>\sigma_i$ 时，不会发生空化水流，当然不会发生空蚀；当 $\sigma\leqslant\sigma_i$ 时，产生空化水流，则可能发生空蚀。设计时应使 $\sigma>\sigma_i$，σ_i 值一般大于0.5～1.0，所以当建筑物某部位的 σ 小于0.5～1.0时，要十分注意防止空蚀问题。

表1-13　　水的汽化压力水头与水温的关系

水温/℃	0	5	10	15	20	25	30	40
h_v/m	0.06	0.09	0.13	0.17	0.24	0.32	0.43	0.75

不平整度越大，产生初生空化的流速越小，且不平整形状对空化初生的流速也有影响。为了防止空蚀，对过水表面不平整度提出适当的限制是完全必要的。为此，一方面要严格控制过水表面的施工质量，另一方面要对存在的表面不平整进行磨削处理，以减小不平整的尺寸或改变其形状，使其不致引起破坏。不平整度控制标准参见SL 319—2018《混凝土重力坝设计规范》。

总之，在高速水流作用下的过水表面，应严格控制不平整度，精心施工，尤其在易发生空蚀的闸门槽底槛及其下游侧、闸墩下游端附近坝面、变坡段、反弧起点、紧邻反弧终点的下游水平段和其他边界条件变化地段，更应注意。施工完成后，若发现不平整度不符合要求，则应进行磨削处理。

依靠控制不平整度来预防空蚀，在工程实施中是很困难的。为此，必须采取其他防空蚀措施。例如，设计合理的溢流坝面体形、设置掺气减蚀装置、采用抗空蚀性能好的材料以及合理的运行方式等。这些措施将在后续的有关章节中讲授。

1.7.5 溢流重力坝的消能方式

通过溢流坝下泄的水流，具有很大的能量，如不加处理，必将冲刷下游河床，威胁建筑物的安全或其他建筑物的正常运行。国内外坝工实践中，由于坝下消能措施不当而遭受严重冲刷的例子很多。因此，必须采取有效措施解决溢流坝的消能防冲问题。

溢流坝的消能方式有底流式、挑流式、面流式、消力戽式、宽尾墩联合消能、窄缝式挑流等多种。

底流式消能主要是利用在消力池内产生的底流式水跃消能，在水头中等或较低、下游水深合适的闸坝中，常采用这种方式，但不宜用于排冰或排漂；挑流消能是利用溢流坝反弧段的鼻坎将下泄水流射到空中，利用水流扩散、掺气以及与水垫的摩擦、撞击而消能，这种方式较适用于落差和流量较大、下游有一定水垫深度、基岩条件良好的情况，在我国采用较多。当坝基有延伸至下游的缓倾角软弱夹层面时，挑流式形成的冲坑有可能危及大坝的稳定或岸坡可能被冲塌而危及坝肩稳定时，则不宜采用挑流式。有关底流消能及挑流消能的设计与计算分别在第7章和第4章中讲述，其他消能形式的有关问题简述如下。

1. 面流消能

面流消能是利用鼻坎将下泄的高速水流挑至水面，使坎上射流与下游尾水在表层衔接，在鼻坎附近的表面主流与河床之间形成流向坝趾的漩滚，将高速水流与河床隔开，避免了对临近坝趾部分河床的冲刷，主流则在水面的逐渐扩散中消除能量［图1-29（a）］。

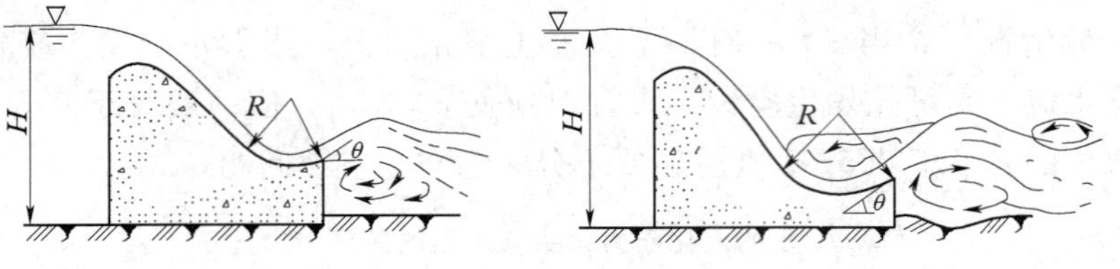

图 1－29 面流式及消力戽式消能
(a) 面流式；(b) 消力戽式

面流消能工的挑角一般较小。面流消能适用于水头较小的中低坝，下游尾水较深且水位变化不大的情况。但由于表面高速水流和波浪的影响，下游在很长一段距离内水面都不稳定，容易冲刷河岸，可能影响水电站等的正常运行。因此，河床和两岸在一定范围内应有较高的抗冲能力，并应采取一定的防护措施。面流消能工可排漂和排冰，其设计内容主要是确定坎高、坎长、反弧半径及鼻坎角度等。面流消能的水力学计算理论尚研究得不充分，设计时可参看有关文献。

2. 消力戽消能

消力戽消能时利用反弧半径和挑角均较大的戽唇形成凹面戽斗，下泄的高速水流在下游水深的作用下在戽斗中形成表面水滚，并使出戽的急流水股在底部产生底部漩滚，而离开戽唇的急流水股，挑至下游水面后，形成激荡不定的涌浪与尾水衔接，并在戽斗下游的水流表面形成漩滚，成为强烈的“三滚一浪”流态［图 1－29 (b)］。由于漩滚与主流的强烈作用，可以得到较好的消能效果。消力戽适用于下游水深较大，河床及两岸有一定抗冲能力的情况。消力戽的设计方法还不成熟，水力计算也不完善，设计时可参考已建工程的经验及有关文献。

3. 宽尾墩联合消能

这是我国 20 世纪 70 年代提出的一种新的消能措施。它将溢流坝闸墩尾部沿程逐渐加宽成鱼尾状，迫使水流在墩间收缩，过墩后扩散成特殊的三元水流，再与其后的挑流、底流或戽流相连的一种联合消能方式。其消能主要是利用水流的束缩、扩缩、碰撞，尤其是大量掺气来消耗分散能量的。图 1－30 为宽尾墩下接挑坎联合消能。我国潘家口大坝即采用了这种形式，安康、五强溪、岩滩大坝则采用的是宽尾墩与底流消力池结合的联合消能。

宽尾墩体形的主要参数有收缩比 B'/B、堰顶至闸墩开始扩宽处的距离 L、墩尾折角 θ 等（图 1－30）。这些参数主要由水工模型试验选定。其中最重要的是收缩比，我国五强溪大坝采用 1/3，潘家口为 2/3，安康为 0.4，建议收缩比取为 1/3～2/3。

4. 窄缝挑流消能

将泄水建筑物末端缩成窄缝迫使水流收缩，形成窄而厚的射流，再经挑坎抛向空中，最后跌入下游水垫的消能方式，是挑流消能的特殊形式。其水流特点与等宽挑坎的主要差别是由集中变为纵向拉开，纵向扩散水舌进入水垫后形成纵向及横向漩滚，大大提高了消能效率。我国东江、龙羊峡等工程均采用了这种形式。实践表明，对东江这类狭窄河谷、高水头建筑物，其消能效果显著。其体形参数主要取决于佛氏数、收缩比 B_1/B、长宽比

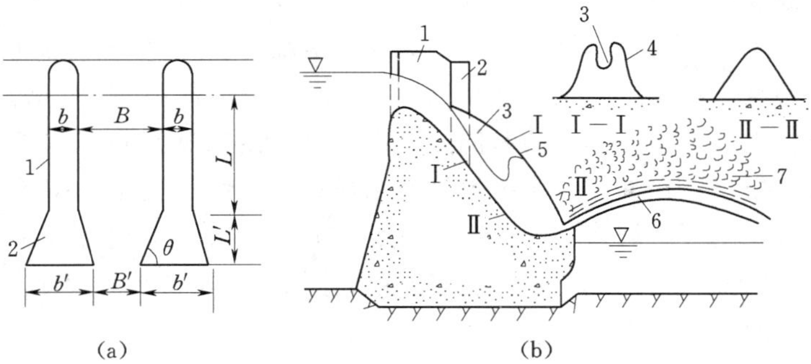

图 1－30　宽尾墩与挑坎联合消能

(a) 宽尾墩体形；(b) 宽尾墩挑流式水流流态

1—闸墩；2—墩尾；3—空腔；4—水翅；5—水翅交汇处；6—挑流水舌；7—水冠

等的合理配合（图1－31）。根据东江等工程经验，收缩比宜取 0.15～0.5；对中深孔、大流量、低弗氏数情况，长宽比取 0.75～1.5，相应收缩比应取大值；对表孔、高弗氏数，长宽比宜取 1.5～3.0，相应收缩比应取小值。

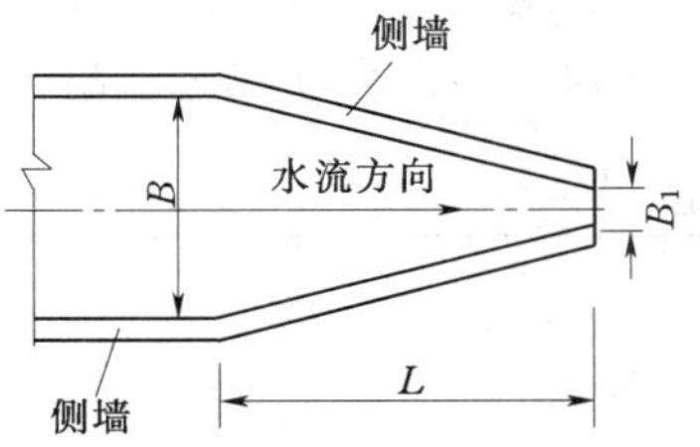

图 1－31　窄缝挑坎平面图

在挑流消能中，选择适宜挑坎体形是挑流消能方式的关键。随着高坝建设的发展，出现了许多新型挑坎，如差动斜切式、扭曲式等。扭曲式是在鼻坎侧墙和底板上增加曲面贴角而形成。其特点是，可使高速水流急剧转向，水舌纵向拉开并与下游河道水流平顺连接，水舌挑距远，内缘拉开较长。我国龙羊峡、安康、水口等水电站均采用了这种形式，效果良好。

1.7.6　高坝挑流雾化问题

工程实践证明，高坝挑流产生的雾化现象较为严重，给工程安全运行带来了一定危害，有关的防护措施详见第 2 章。

1.8　重力坝的材料及构造

1.8.1　混凝土重力坝的材料及坝体材料分区

1. 混凝土

混凝土重力坝的材料主要是混凝土。重力坝除要求材料有足够的强度外，还应根据大坝的工作条件、地区气候等具体情况，分别满足抗渗、抗冻、抗冲耐磨和抗腐蚀等耐久性要求，并应满足 SL 654—2014《水利水电工程合理使用年限及耐久性设计规范》的有关要求。

(1) 强度。SL 319—2018《混凝土重力坝设计规范》规定，坝体内部混凝土的强度等级不应低于 $C_{90}10$，过流表面的混凝土强度等级不应低于 $C_{28}30$；坝体内部的导流底孔、引水管、泄水孔等大孔口壁周围的混凝土以及地震设计烈度Ⅷ度以上的坝体混凝土，其强度等级应适当提高。

选择混凝土强度时，应考虑由于温度、渗透压力及局部应力集中所产生的影响。

（2）抗渗性。表示混凝土抵抗压力水渗透作用的能力。抗渗性可用抗渗等级表示，抗渗等级系按 28d 龄期的标准试件测定的，分为 W2、W4、W6、W8、W10 和 W12 六级。也可根据坝体开始承受水压力作用的时间，采用 90d 龄期的试件测定抗渗等级。重力坝所采用的抗渗等级应根据所在部位、水力坡降及水质条件等因素确定。按照《混凝土重力坝设计规范》的要求，当水力坡降 $i<10$ 时，采用 W4；$i=10\sim30$ 时，采用 W6；$i=30\sim50$ 时，采用 W8；$i\geqslant50$ 时，采用 W10。当受侵蚀水作用时，不得低于 W4。坝体内部混凝土如无特殊抗渗要求时，采用 W2。

（3）抗冻性。表示混凝土在水饱和状态下能经受多次冻融而不破坏，同时也不严重降低强度的性能。混凝土抗冻性用抗冻等级表示。抗冻等级系按 28d 龄期的试件采用快冻试验测定的，分为 F50、F100、F150、F200、F250、F300 和 F400 七级。也可采用 90d 龄期的试件确定。大坝混凝土应根据气候分区、冻融循环次数、表面局部气候条件、水分饱和程度、结构构件重要性和检修的难易程度等综合因素选用抗冻等级。

（4）根据大坝混凝土耐久性的要求，混凝土的水灰比不宜大于表 1－14 所列数值。

表 1－14　　混凝土最大水灰比

气候分区	大坝混凝土分区					
	Ⅰ	Ⅱ	Ⅲ	Ⅳ	Ⅴ	Ⅵ
严寒和寒冷地区	0.50	0.45	0.50	0.50	0.60	0.45
温和地区	0.55	0.50	0.55	0.55	0.60	0.45

外部水位变化区及水下混凝土的水灰比可较表 1－14 减小 0.05，并应满足 SL 654—2014《水利水电工程合理使用年限及耐久性设计规范》的有关要求。

（5）其他性能。抗腐蚀性是指抵抗环境水腐蚀的性能，当环境水具有腐蚀性时，应采用适当的抗腐蚀水泥。抗磨性是指在高速水流及挟沙水流冲刷的部位，应采用具有抗冲耐磨性好的低流态高强度混凝土或高强硅粉混凝土。这种混凝土曾先后在龙羊峡、葛洲坝等工程中使用，效果较好。混凝土按照发热量的大小分为低热和非低热两种。低热混凝土应采用发热量较小的水泥，如矿渣水泥，并尽量降低水泥用量。

为了降低水泥用量并提高混凝土的性能，坝体混凝土内可适量掺加粉煤灰掺和料及加气剂、塑化剂等外加剂。

2. 混凝土重力坝坝体材料分区

根据混凝土重力坝不同部位的工作条件及受力条件，可将坝体分区，选用不同强度等级和性能的混凝土，以节省和合理使用水泥。一般可分成下列各区（图 1－32）。Ⅰ区：上游库水位及下游尾水位以上坝体表面层混凝土，其特点是受大气影响；Ⅱ区：上、下游水位变化区坝体表面层混凝土，既受水的作用也受大气的影响；Ⅲ区：上、下游最低水位以下坝体表面混凝土；Ⅳ区：坝体基础混凝土；Ⅴ区：坝体内部混凝土；Ⅵ区：抗冲刷部位（如溢流面、泄水孔、闸墩、导墙等处）的混凝土。各区对混凝土性能的要求见表 1－15。

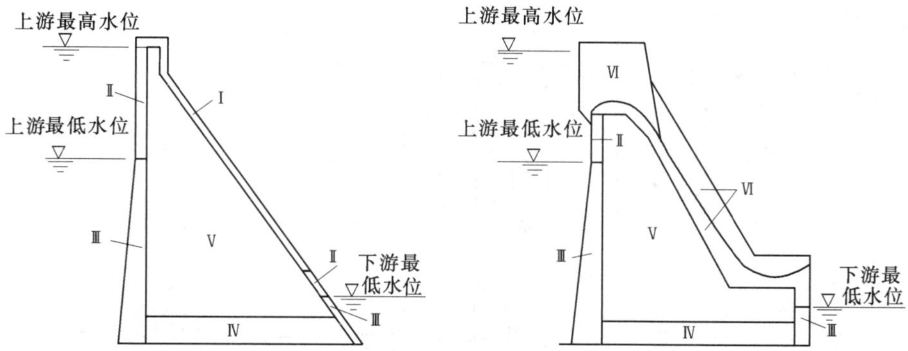

图1-32　坝体混凝土分区图

表1-15　　　　大坝混凝土分区性能的要求

分区	强度	抗渗	抗冻	抗冲刷	抗侵蚀	低热	最大水灰比	选择分区的主要因素
Ⅰ	+	−	++	−	−	+	+	抗冻
Ⅱ	+	+	++	−	+	+	+	抗冻、抗裂
Ⅲ	++	++	+	−	+	+	+	抗渗、抗裂
Ⅳ	++	+	+	−	+	++	+	抗裂
Ⅴ	++	+	+	−	−	++	+	
Ⅵ	++	−	++	++	++	+	+	抗冲耐磨

注　++表示该因素为该分区混凝土等级的主要控制因素；+表示该因素为该分区需要提出要求的因素；−表示该因素为该分区不需要提出要求的因素。

选定各区混凝土等级时，等级的类别应尽量少，以便于施工。同一浇筑块中混凝土强度等级不宜超过两种，等级差不宜超过两级，以免由于性能差别太大而引起应力集中或产生裂缝。为了方便施工，分区厚度尺寸最小为2.0m。

1.8.2　重力坝的廊道

1. 坝内廊道

为了进行坝基灌浆、汇集并排除坝身及坝基渗水、检查维修、运行操作、监测坝体工作状况及坝内交通的需要，常在坝内设置廊道，与坝轴线平行的廊道称为纵向廊道，垂直于坝轴线的廊道称为横向廊道，其布置如图1-33所示。

坝基灌浆廊道沿坝底尽量靠近岩基面布置，一般距岩基面约3～5m，两岸则沿岸坡布置。廊道纵向坡度不宜过陡，应缓于45°。如岸坡陡于45°时，则分层设置廊道，并用竖井将它们连通。坝基灌浆廊道的断面尺寸由钻机工作的需要而定，宽度为2.5～3.0m，高度可为3.0～3.5m。底板混凝土厚度不宜小于3m。

坝基排水廊道靠近地基布置，由坝基排水孔收集基岩排出的水，经过设在廊道底角的排水沟流入集水井，然后排至下游。如排水廊道低于下游水位，则应用水泵把水送至下游。收集坝身渗水的排水廊道沿坝高每隔20～40m布置一道，渗水由坝身排水管流入廊道集水沟（图1-34），再沿岸坡廊道集水沟流至最低排水廊道的集水井。

检查、观测用的廊道用来检查、观测坝身工作状况，并设置有观测仪器，通常沿坝高

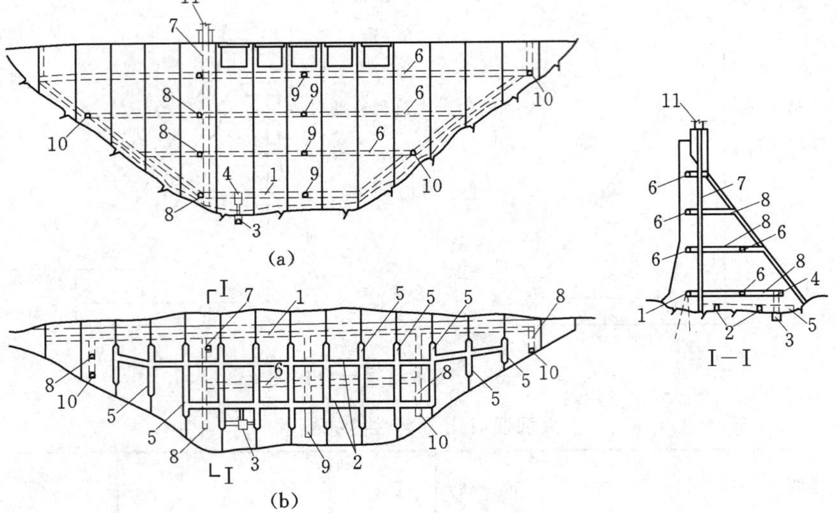

图 1-33　重力坝坝内廊道系统图

(a) 立面图；(b) 水平剖面图

1—坝基灌浆排水廊道；2—基面排水廊道；3—集水井；4—水泵室；5—横向排水廊道；6—检查廊道；7—电梯井；8—交通廊道；9—观测廊道；10—进出口；11—电梯塔

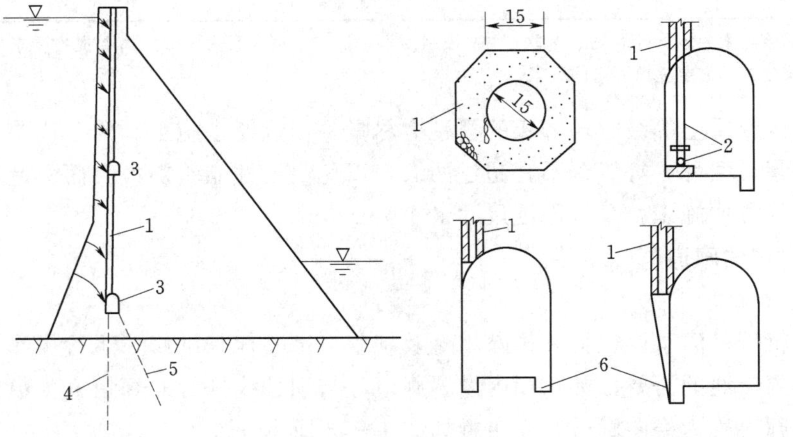

图 1-34　坝体排水管及其与廊道的连接（单位：cm）

1—预制多孔混凝土排水管；2—铸铁管；3—廊道；4—灌浆帷幕；5—坝基排水孔；6—集水沟

20～40m 设置一道。此种廊道最小尺寸为 1.2m×2.2m。

如有泄水孔，则需设闸门控制廊道，其位置和尺寸视泄水孔位置和启闭机的安装与操作的需要而定。坝内廊道与泄水孔洞的距离不宜小于 3～5m，应通过应力分析确定，防止开裂贯通。

交通廊道和竖井用以通行和运输，并将各层廊道连通，再用横向廊道通至坝外。

坝内廊道布置应满足运用要求，力求各种用途的廊道能相互结合。为了便于灌浆和排水，纵向廊道应靠近上游坝面，其上游壁至坝面距离约为该处坝面作用水头的 0.05～0.1

倍，且不小于 3m。廊道断面一般为上圆下方的城门洞形（图 1－34）或矩形，廊道断面力求标准化。

2. 坝内孔口及廊道附近的应力

坝内孔口及廊道局部削弱了结构，改变了坝体应力分布状态，在孔口附近形成应力集中，并在局部位置产生拉应力。孔洞的大小、位置和形状对应力的分布均有影响，小孔口主要引起孔口附近的局部应力集中，大孔洞则使坝体应力重新分布。

如果孔口尺寸远小于坝体尺寸，且孔口形心离开边界较远（大于 3 倍孔口宽度），即所谓小孔口时，则孔口附近区域应力通常按平面问题考虑。可用弹性理论按照在均匀应力场作用下无限平板中的小孔计算，其计算结果接近于精确值，可满足设计要求。计算时，先按坝内无孔洞情况求出孔口形心处的应力 σ_x、σ_y、τ_{xy}，并假定此应力即为坝体内该孔口附近的应力分布状态，然后根据弹性理论，按无限平板内的孔口在均匀应力场（σ_x、σ_y、τ_{xy}）作用下，求出孔口周边的应力。对于不同形状的孔口及标准廊道的周边应力，目前均有根据试验或计算成果制成的表，可供设计计算时使用。

重力坝内除局部地区有拉应力存在外，绝大部分地区均受压。而主要应力为铅直向的正应力 σ_y。在这种情况下，开设的孔洞两侧会引起压应力集中，在孔洞顶、底则产生局部拉应力，拉应力和压应力的集中程度以孔洞边缘为最大，离开边缘较短距离后，压应力即迅速降低到接近断面上的平均值，而顶、底部拉应力则迅速消失并转变为较小的压应力［图 1－35（a）］，所以一般廊道在顶部和底部要配置受拉钢筋，必要时两侧配置受压钢筋［图 1－35（b）］。

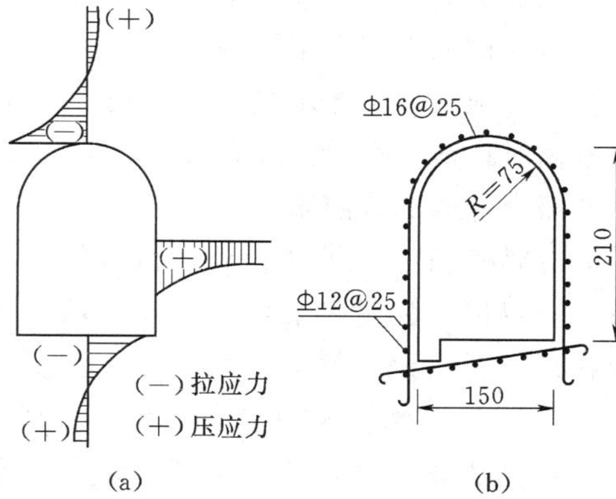

图 1－35　廊道周边应力及配筋示意图
（单位：cm）

1.8.3　重力坝的分缝与温度控制

1.8.3.1　重力坝的分缝

由于地基不均匀沉降和温度变化、施工期温度应力以及施工浇筑能力等原因，一般需对坝体进行分缝。有些缝是永久性的，它们的存在不影响坝体的整体性，不妨碍坝的正常运行；有些缝是临时性的，只是在施工时设置，它们的存在将影响坝的整体性，使坝的正常工作受到影响，因而要对这种缝加以处理，使各个块体结合成整体。

按缝的作用可把缝分为沉降缝、温度缝及工作缝。沉降缝是将坝体沿长度分段，以适应地基的不均匀沉降，避免由此而引起坝体裂缝。温度缝是将坝体分块，以减小坝体伸缩时地基对坝体的约束，以及新旧混凝土之间的约束而造成的裂缝。工作缝主要是便于分期浇筑、装拆模板以及混凝土散热而设置的临时缝。

按缝的位置可分为横缝、纵缝及水平缝，如图 1－36、图 1－37 所示。

横缝是垂直于坝轴线的竖直缝（图 1－36），可兼作温度缝和沉降缝，一般从坝底直至坝顶，是永久性的贯通缝。横缝间距即坝段宽。有的横向温度缝仅设在坝体上部，做到水

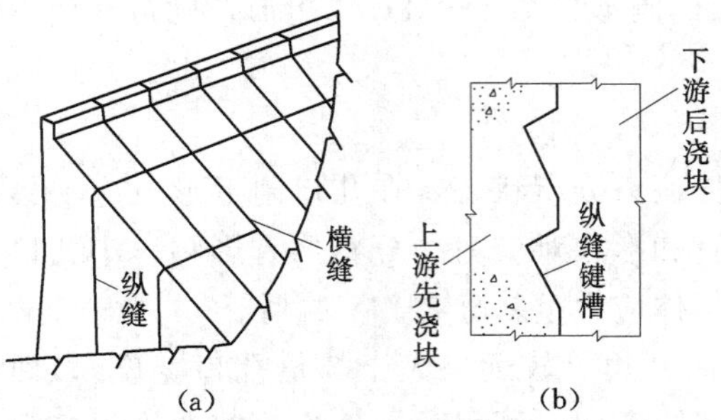

图1-36　重力坝的横缝及纵缝

(a) 横缝及纵缝布置；(b) 纵缝键槽形式

库最低工作水位以下1～2m。混凝土坝的温度缝间距通常为15～20m，沉降缝间距可达50～60m，在地基岩性突变处应设沉降缝。横缝间距超过22m或小于12m时，应做论证。缝的间距可以不等，主要取决于坝基情况、地形、温度变幅、混凝土浇筑能力、溢流孔口及电站厂房布置等。当坝后水电站穿过坝体引水时，应考虑厂房机组的间距；对于溢流坝，可将缝设在闸墩中，但这种做法的缝墩厚度较大；地基若为坚硬的岩基，也可将缝布置在闸孔中央。永久性横缝的缝面常为平面，不设键槽，不进行灌浆。

临时性横缝常用于下述情况：当河谷狭窄，经比较认为选用整体式重力坝有利时；位于陡坡上的坝段或坝体承受侧向荷载，其侧向稳定或应力不能满足要求，需将相邻坝段连接成整体时；地震设计烈度在Ⅷ度以上或有其他特殊要求，需将大坝连接成整体时。临时性横缝需全部或部分灌浆。

纵缝是平行于坝轴线设置的温度缝和施工缝，间距一般为15～30m。其布置形式主要有竖直纵缝、错缝和斜缝［图1-37 (a)、(b)、(c)］等形式。竖直纵缝有宽缝和窄缝两种形式。宽缝的缝宽为1～3m，最好小于1.5m，待混凝土充分冷却后在缝中回填混凝土，以免封缝灌入的混凝土再产生收缩裂缝，适用于无灌浆条件的中、小型工程。窄缝一般做成紧贴的，为了使缝面能传递剪力，缝面设有三角形键槽，如图1-36 (b) 所示。槽的短边和长边分别与第一及第二主应力方向大致正交（主应力线如图1-19、图1-20所示）。纵缝常需埋设灌浆管路系统，待坝体混凝土冷却到稳定温度，并使缝有一定的张开度时，再进行接缝灌浆（有关接缝灌浆的内容见第2章拱坝），将坝段连成整体，目前这种形式采用得最多。斜缝是大致沿主应力方向设置的缝，缝面由于剪应力很小，一般可不灌浆，斜缝适用于中、低坝，用于高坝需经论证。也有用通仓薄层浇筑混凝土而不设纵缝的［图1-37 (d)］，这样可加快施工进度，但要求温度控制严格，需要有大量的冷却设施。

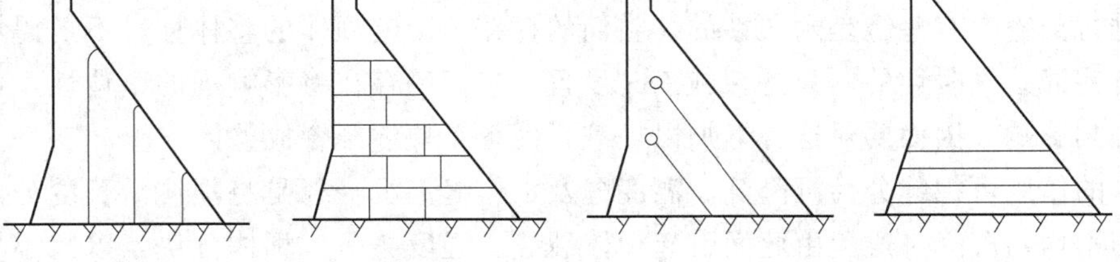

图1-37　重力坝纵缝形式示意图

(a) 竖直纵缝；(b) 错缝；(c) 斜缝；(d) 通仓浇筑（不设纵缝）

水平工作缝是分层施工的新老混凝土之间的接缝，是临时性的。为了使工作缝接合好，施工时必须把下块混凝土表面的水泥乳膜及浮渣用压力水冲洗，并使表面成为干净的麻面，先铺一层水泥砂浆，然后再在上面浇混凝土。国内外普遍采用薄层浇筑，每层厚1.5～3.0m，以便通过表面散热降低混凝土温升。加拿大对中、低坝采用高块浇筑，块厚达10～30m，可减少水平工作缝，但立模困难，我国较少采用。

1.8.3.2 混凝土坝的温度裂缝及其防止措施

混凝土坝在施工时，由于水泥水化热而使混凝土温度上升，坝体因热而膨胀，但受到岩基或下层老混凝土的约束，于是在坝内产生压应力。随后，坝体又由于逐渐散热，温度下降而收缩，在岩基或下层混凝土的约束下而产生拉应力。混凝土的弹性模量是早期低、后期高，所以后期的温度拉应力远大于压应力。如果拉应力超过抗拉强度，混凝土将产生裂缝，这种裂缝通常是贯穿性的。另外，坝体混凝土的水泥发热时，坝体表面散热快，坝表面温度接近气温，而内部温度高，形成坝体内外的温差，加上表面混凝土的干缩，就会造成表面裂缝。对于贯穿性裂缝和深层裂缝均应避免发生，对有可能发展为上述裂缝的表面性裂缝也应避免。

为了防止混凝土产生温度裂缝，需进行温度应力计算，以确定坝的分缝分块尺寸、混凝土的浇筑温度以及采用何种冷却措施等。混凝土的温度应力计算比较复杂，详细计算可参看有关专著。

1. 温度控制标准

温度控制是防止混凝土坝产生裂缝的重要措施。SL 319—2018《混凝土重力坝设计规范》提出了以下温度控制标准。

(1) 基础容许温差。是指浇筑块在基岩约束范围内的混凝土最高温度和该部位稳定温度之差。这是最主要的温控标准。其容许温差值与浇筑块长边尺寸及该部位离岩基面的高度有关，具体规定可参见《混凝土重力坝设计规范》。

(2) 上、下层容许温度。是指在新老混凝土接触面（先浇混凝土龄期超过28d）上、下层各$L/4$（L为浇筑块长边尺寸）范围内，先浇混凝土上层最高平均温度与开始浇筑的新混凝土下层平均温度之差。当上层混凝土短间歇均匀上升的浇筑高度大于0.5块长时，上下层容许温差一般为15～20℃。

(3) 内外容许温差。是指坝块中心温度与边界温度之差。控制这一温差主要是为了防止表面裂缝，一般宜控制在18～20℃。当气温骤降时，应采取表面保温措施。

2. 温度控制措施

为防止施工时的温度裂缝，应综合考虑以下四个方面的措施：①改善混凝土的特性，降低混凝土的发热量，如采用低热水泥或少用水泥（加掺和料、外加剂及加大粗骨料粒径、埋块石等）。②提高混凝土的施工质量及抗裂性能。③加强温度控制，减少温差。如采取预冷骨料，加冰屑拌和混凝土，在坝体混凝土内预埋冷却水管通水冷却等。④改善结构形状，规定合理的浇筑块尺寸以减少约束，如设置横缝、纵缝等。此外，加强混凝土养护，适当延长养护期以减少混凝土干缩，注意防冻，防止寒潮袭击，避免过早拆模等，都是防止表面裂缝的有效措施。高坝和重要工程基础部位28d龄期混凝土的强度等级不宜低于C20，迎水面混凝土强度等级还应根据抗渗、抗裂、抗冻要求和施工条件等确定。

1.8.4 坝体止水和排水

1. 止水

重力坝横缝的上游面、防浪墙、溢流面、下游面最高尾水位以下及坝内廊道和孔洞穿

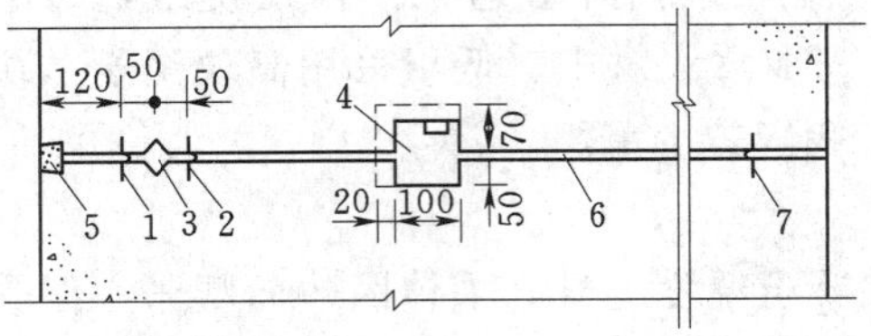

图1-38 横缝止水构造(单位:cm)
1—第一道止水片;2—第二道止水片;3—沥青井;4—检查或排水井;5—混凝土止水塞;6—横缝;7—下游止水片

过分缝处的四周等部位均应布置止水设施。

重力坝的横缝是永久缝,缝中应设止水设施。止水离上游坝面0.5~2.0m,寒冷地区应远些,以免受冰冻的影响。止水有金属的、橡胶的、塑料的、沥青的及钢筋混凝土的。金属止水片有铜片、铝片和镀锌铁片。

横缝止水要求较高。对高坝,其上游面应采用两道厚1.0~1.6mm的止水铜片(图1-38);中坝的第一道止水片也应当为铜片。铜片止水应加工成"⌒"形,每侧埋入混凝土的长度,高坝不应小于250mm,中、低坝不应小于200mm。第一道止水至上游坝面间的横缝内可设沥青油毡。高坝一、二道止水间宜设一道排水井或经论证的其他措施。在第二道止水片下游宜设排水或检查井孔,以便检查止水设备的工作情况。

塑料止水、橡胶止水应视工作水头、气候条件、所在部位和便于施工等因素选用合适的标准型号,一般用于较低水头的上游面止水、最高尾水位以下的横缝下游面止水和廊道止水。

在坝底,横缝止水必须与坝基岩石妥善连接。通常是在基岩上挖一深30~50cm的方槽,将止水片嵌入,然后用混凝土填实。

2. 坝体排水

为了减少坝体渗透压力,靠近上游坝面应设排水管幕,将渗入坝体的水由排水管排入廊道,再由廊道汇集于集水坑排到下游。排水管幕离上游坝面的距离约为水头的1/15~1/25,且不得小于2m,由坝顶向下做成铅直的或接近铅直的,一直通到靠近地基的排水廊道内(图1-33),以便清洗和检查。

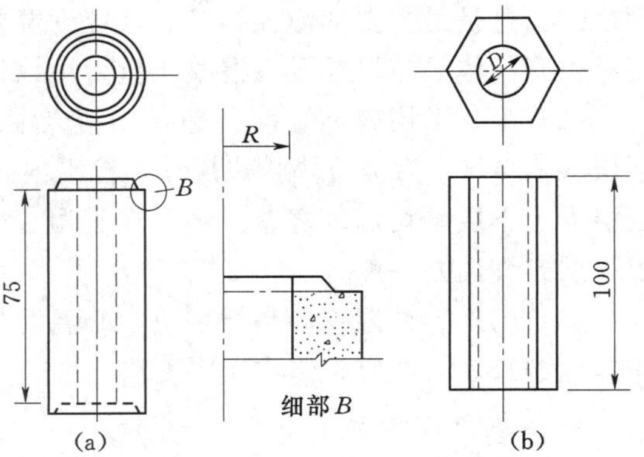

图1-39 重力坝内排水管(单位:cm)
(a)圆形管;(b)六角形管

排水管可采用拔管、钻孔、塑料盲沟或预制无砂混凝土管,管距可为2.0~3.0m,内径150~250mm(图1-39)。排水管施工时用水泥浆砌筑,随着坝体混凝土的浇筑而加高。在浇筑坝体混凝土时,须对排水管做好保护,防止水泥浆漏入而被堵塞。

1.9 重力坝的地基处理

重力坝要求地基有足够的强度和较小的压缩性,有足够的不透水性及抗滑能力。天然地基一般较难满足这些要求,因此需要进行处理。

1.9.1　坝基开挖及清理

坝基开挖与清理的目的是使坝体坐落在稳定、坚固的地基上。混凝土重力坝的建基面应根据大坝稳定、坝基应力、岩体物理力学性质、岩体类别、基础变形和稳定性、上部结构对基础的要求、基础加固处理效果及施工工艺、工期和费用等经技术经济比较确定。应在满足坝的强度和稳定的基础上，减少开挖量。

坝高或坝段高超过 150m 时，宜建在新鲜、微风化基岩上，坝高为 100～150m 时，宜建在新鲜、微风化至弱风化下部基岩上；坝高 50～100m 时，可建在微风化至弱风化中部基岩上；坝高小于 50m 时，可建在弱风化中部至上部基岩上。两岸地形较高部位的坝段，可适当放宽。

重力坝的基坑形状应根据地形地质条件及上部结构的要求确定，坝段的建基面上、下游高差不宜过大。若基础面高差过大或向下游倾斜时，宜开挖成带钝角的大台阶状。两岸岸坡坝段建基面平行坝轴线方向应开挖成有足够宽度的台阶状，以满足坝体侧向稳定。

基础中存在的局部工程地质缺陷，例如表层夹泥裂隙、风化囊（槽）、断层破碎带、节理密集带、岩溶充填物及浅埋的软弱夹层等均应结合基础开挖予以清除，或局部挖除后再进行处理。坝基开挖设计中可采用梯段爆破、预裂爆破等方式，保证坝基岩体不致受到破坏或产生不良后果。对易崩解、风化、泥化的岩体，应采取相应的保护措施，及时覆盖开挖面。

开挖时，首先要挖除河床的砂卵石覆盖，使重力坝坐在岩基上。此外，还必须挖除岩石表面的风化层。为了保持坝基的完整性，开挖时分层进行，避免爆破时基岩被震裂。当开挖到距设计高程 0.5～1.0m 的岩层时，宜用手风钻造孔，小药量爆破；如岩石较软弱，也可以用人工借助风镐清除；当基岩为易风化的岩石，如页岩、黏土岩等时，在设计开挖线以上宜留有 0.2～0.3m 的保护层，待到浇筑混凝土前再挖除。

基岩开挖后，在浇筑混凝土前，需进行彻底的清理和冲洗，包括：清除松动的岩块；表面进行修整，打掉突出的尖角，使表面起伏不超过 0.3m。基坑中原有的勘探钻孔、井、洞等均应回填封堵。

1.9.2　坝基加固处理

岩基的加固处理方法有固结灌浆和对断层破碎带及岩溶的处理等。

对岩石的节理裂隙应采用固结灌浆方法，把水泥浆灌注到裂隙中，使岩石胶结起来，以提高其强度和弹性模量。固结灌浆的范围主要根据坝基的地质条件、岩石破碎程度及坝基受力情况而定。当基岩较好时，可仅在坝基上、下游应力较大的一定范围内进行固结灌浆，防渗帷幕附近与坝趾附近坝基宜加强固结灌浆。对坝基岩体裂隙发育且地质条件较差的，可在全坝基范围进行固结灌浆，并根据坝基应力及地质条件，向坝基外及宽缝重力坝的宽缝部位适当扩大灌浆范围。断层破碎带及其两侧影响带、裂隙密集带或其他地质缺陷应加强固结灌浆。固结灌浆孔在平面上常布置成梅花形或方格状，孔距、排距随岩石破碎情况而定，一般为 3～4m 左右。固结灌浆孔的深度应根据坝高和开挖后的地质条件确定，一般为 5～8m。对局部地区及坝基应力较大的高坝基础，可适当加深。帷幕上游区可根据帷幕深度采用 8～15m。固结灌浆通常在坝体混凝土浇筑前进行，但在帷幕上游区及地质缺陷部位，应在有 3～4m 混凝土盖重情况下施工。灌浆前必须充分清洗基岩裂隙，一般用群孔冲洗法。灌浆压力在不抬动基础岩体和盖重混凝土的原则下，应尽量提高。采用无盖重灌浆的，灌浆压力宜通过灌浆试验确定，可采用0.2～0.4MPa，有混凝土盖重时，视其厚度可采用0.4～0.7MPa。对缓倾角结构面发育的基岩及软岩，其灌浆压力应由灌浆试验确定。

坝基中经常会遇到断层破碎带，宽度可达几米甚至更大，对坝的受力条件和安全有很大危害。处理时，先把断层破碎带一定深度范围内的软弱岩石和充填物全部挖除掉（断层破碎带的两侧应挖至较为完整的岩体）。如果组成物质主要为坚硬的构造岩，挖除即可；如果是软弱构造岩，则再回填混凝土，这就是常说的混凝土塞或混凝土拱的处理方法（图1-40）。对于宽度小于2～3m的断层破碎带，混凝土塞的高度应为1～1.5倍断层破碎带的宽度，或根据计算确定，以保证坝体作用在原破碎带上的压力可以通过混凝土塞（或拱）传到两旁完整的岩石上。与水库连通的断层破碎带，还必须做好防渗处理，以免库水沿破碎带渗漏而危及坝的安全。其他情况的处理方法见SL 319—2018《混凝土重力坝设计规范》。

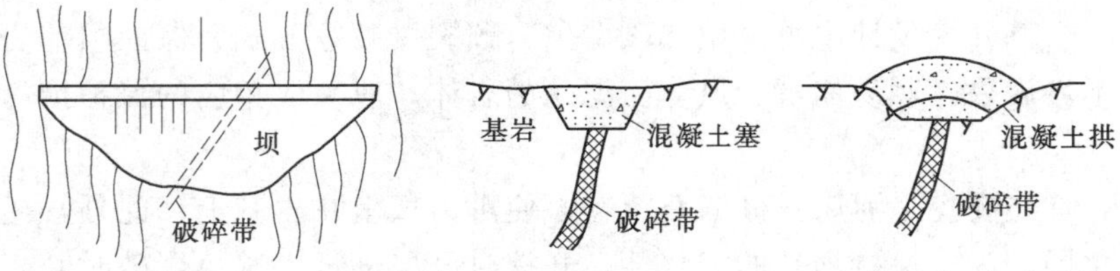

图1-40 断层破碎带处理

岩溶地区可溶性岩层长期受溶蚀作用后所产生的溶洞、漏斗、溶槽和暗河等地质缺陷，不仅形成漏水通道，而且还降低了基岩的承载能力。因此，在选择坝址时，应尽可能避开岩溶发育地区。如无法避开岩溶发育地区，则需查明情况进行处理。

处理措施主要是开挖、回填和灌浆等办法的配合应用。对于基坑表层和浅层的溶洞，可直接开挖，清除充填物并冲洗干净后，用混凝土回填。对于深层溶洞，如规模不大，可进行帷幕灌浆，钻孔应深入到溶洞以下较不透水的岩层。对于较大的溶洞和漏水通道，当灌浆处理效果甚微时，可采用洞挖回填的办法。有时在大裂隙、大溶洞等漏水较多地区，采用浓浆或在水泥浆中加黏土、粉砂、矿渣等进行灌注。如漏水流速大，还可在浆液中掺入速凝剂、加投砾石或灌注热沥青等，以加快堵塞速度。

1.9.3 坝基防渗处理

重力坝坝基防渗处理的主要目的是：防止渗漏破坏、降低坝基面的渗透压力及减少坝基渗漏量。坝基及两岸的防渗设施，可采用水泥灌浆，也可采用水泥混合材料灌浆，必要时可采用化学材料灌浆。经研究论证坝基也可采用混凝土齿墙、防渗墙或水平铺盖，两岸岸坡也可采用明挖或洞挖后回填混凝土形成的防渗墙。当裂隙比较发育时，做混凝土齿墙很有效，但深齿墙施工困难，因而很少采用，通常都采用帷幕灌浆。如基岩表面裂隙发育，可用浅齿墙和帷幕灌浆相结合的方法。

帷幕灌浆时在岩基内平行坝轴线钻一排或几排孔，用高压将水泥浆灌入孔中，并把周围裂隙充填起来，胶结成整体，形成一道防渗帷幕。当坝下相对隔水层埋藏较深或分布无规律时，可采用悬挂式帷幕，帷幕深度参照渗流计算，结合工程经验研究确定，非岩溶地区可在0.3～0.7倍水头范围内选择。当坝基下有明显隔水层且埋深较浅时，防渗帷幕应深入到隔水层内3～5m。防渗帷幕靠近坝上游面布置，自河床向两岸延伸，伸入两侧岸坡的范围、深度以及方向应根据工程地质及水文地质条件确定，宜延伸到相对隔水层处或正常蓄水位与地下水位相交处。

帷幕的防渗标准和相对隔水层的透水率应根据不同坝高采用下列控制标准：当坝高大于100m时，透水率$q=1\sim3$Lu；当坝高为100～50m时，透水率$q=3\sim5$Lu；当坝高小于50m时，透水率$q=5$Lu。

抽水蓄能电站和水源短缺水库坝基帷幕防渗标准和相对隔水层的透水率q值控制标准宜取小值。透水率的单位（Lu）是指当水压力为1MPa时，每米钻孔长度内注水流量为1L/min时，其透水率为1Lu。

帷幕由一排或几排灌浆孔组成。一般坝高100m以上的坝可采用两排，坝高100m以下的可采用一排，对地质条件较差的地段，可考虑增加排数以加强防渗帷幕。当帷幕由几排灌浆孔组成时，一般仅将其中的一排孔钻灌至设计深度，其余各排孔的深度取设计深度的1/2～2/3。帷幕孔距一般为1.0～3.0m，排距比孔距略小。施工时，采用逐步加密法，开始孔距可大些，然后在中间加检查孔，如检查孔吸水率仍大于允许值，则将检查孔作为灌浆孔继续灌浆，直至满足要求为止。

帷幕灌浆必须在坝体浇筑到一定厚度作为盖重后进行，以保证基岩表层的灌浆压力。但为了使坝能连续浇筑，帷幕灌浆一般都在廊道内进行。帷幕灌浆的压力应通过试验确定，通常在帷幕孔第一段取1.0～1.5倍坝前静水头，以下各段可逐渐增加，孔底段可取2～3倍坝前静水头，但以不抬动坝体混凝土和不破坏坝基岩体为原则。灌浆材料一般多用普通硅酸盐水泥，灌浆时浆液由稀逐渐变稠。

1.9.4 坝基排水

坝基排水与帷幕灌浆相结合是降低坝基渗透压力的重要措施。重力坝坝基排水通常用排水孔幕。坝基主排水孔一般设置在防渗帷幕的下游，在建基面上主排水孔与帷幕孔的距离不宜小于2m。对于中等高度坝，除主排水孔外，还可设1～2排辅助排水孔；高坝可设2～3排辅助排水孔。主排水孔距约为2～3m，辅助排水孔距约为3～5m。孔深应根据防渗帷幕和固结灌浆深度及地质条件确定。主排水孔深度为防渗帷幕深度的0.4～0.6倍；高、中坝坝基主排水孔深度不应小于10m；辅助排水孔深度一般为6～12m。坝基内存在裂隙承压水层、深层透水区，且影响到坝基深层抗滑稳定时，应对主排水孔的深度进行分析研究。如果坝基深部的裂隙承压水层、较大透水区不影响坝基深层抗滑稳定时，排水孔应避免进入深层承压水层，尽量减小扰动，确需深入此部位的应慎重研究。排水孔应在灌浆之后钻孔，以免浆液堵塞排水孔。

对于重要工程，当坝基基岩裂隙发育，单靠排水孔幕尚不足以减少坝基渗透压力时，可做坝基面排水（图1-41）。

1.9.5 两岸处理

岸坡部分的坝体是建在开挖后的斜坡上的。因此，开挖后的河岸边坡应稳定。如果有顺坡的剪切裂隙，要校核岸坡沿裂隙是否稳定，否则应将岸坡削平缓。如果坝体是沿山脊

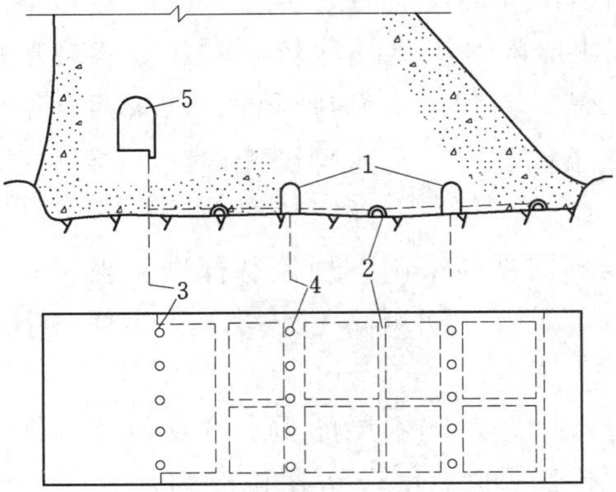

图 1-41　基础排水系统

1—坝基排水廊道；2—半圆形排水管；3—主要排水孔；4—辅助排水孔；5—灌浆廊道

与河岸连接的，则应校核水库蓄水时，坝头河岸的稳定性，必要时开挖河岸，使坝头嵌入河岸内，或在山脊下游做混凝土支撑。

重力坝与岸坡的连接，当河岸岩基坡度平缓时比较简单，其处理方式与河床坝段相同。当河岸坡度较陡时，接头应认真设计，使岸坡坝段能各自保持自身的侧向稳定，不沿山坡下滑。如核算结果不稳定，可按坝段将河岸开挖成台阶形，台阶应位于坝体横缝部位［图 1-42（a)］，必要时坝体横缝位置可根据开挖的平台形状加以调整，台阶宽度约为坝段宽度的 30%～50%或更大。台阶应避免开挖成锐角或高差很大的陡坡，以免坝体发生应力集中而使坝体产生裂缝［图 1-42（b)］或使坝体混凝土与基岩不能紧密结合。如果河岸十分陡峭，致使开挖台阶很陡，为了使坝段混凝土与岸坡连接好，可先在岸壁做钢筋混凝土层锚系在岸壁上，在钢筋混凝土层和坝段之间做成正规的临时性温度缝，设键槽及采用灌浆设施。或者把混凝土直接与岸坡相接，加设许多锚系钢筋［图 1-42（c)］，承受温度应力。

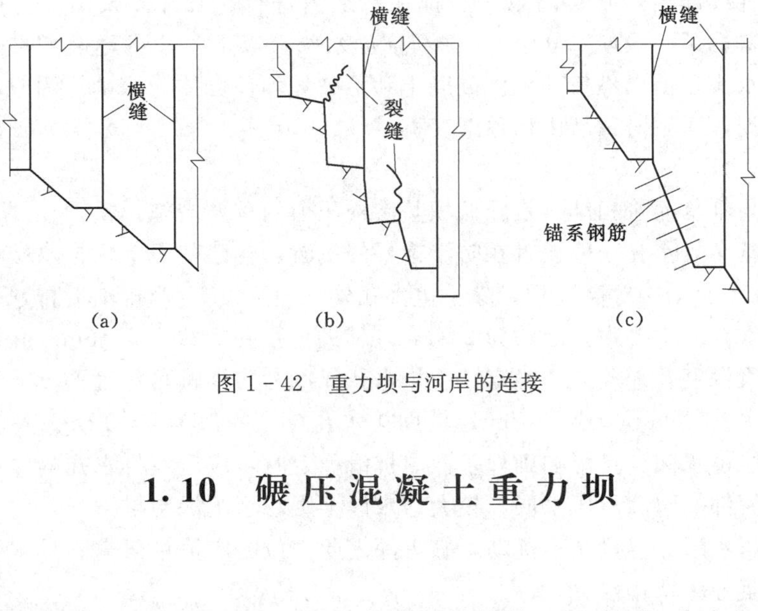

图 1-42　重力坝与河岸的连接

1.10　碾压混凝土重力坝

1.10.1　概述

碾压混凝土是指将干硬性的混凝土拌和物分层摊铺并经振动碾压密实的混凝土，用碾压混凝土筑成的坝称为碾压混凝土坝。它是将土石坝碾压设备和技术应用于混凝土坝施工的一种新坝型，简称 RCCD。自 20 世纪 70 年代开始试用。我国 1986 年在福建省大田县的坑口建成了第一座碾压混凝土坝。该坝最大坝高 56.8m，坝顶长 122.5m，大坝混凝土总量为 60600m^3，其中碾压混凝土 42000m^3。

采用碾压混凝土施工方法建坝比一般常规浇筑方法建坝有以下几方面的优点：①节省水泥。可大量掺加掺合料，发热量少，温升低，可节省温控费用和器材。②可不设纵缝，节省了接缝灌浆的费用和器材；还有可能不设横缝，进一步节约费用。③可使用通用的施工机械设备，提高混凝土运输和填筑的工效，可节省施工费用。④节省模板的费用和器材。⑤缩短工期，降低施工机械设备的运行费用，节省工资和管理费用，并可使工程提前发挥效益。

碾压混凝土坝的枢纽布置应协调紧凑，减少施工干扰，大坝中采用碾压混凝土的部位宜相对集中。狭谷河段宜采用引水式厂房或地下厂房，采用坝后式厂房时，应研究引水管道布置，便于碾压混凝土施工。洪水流量较大、河道宽阔且采用河床式厂房的枢纽布置，碾压混凝土宜用于溢流坝段和非溢流坝段。

在碾压混凝土坝上布置泄水建筑物时，为便于施工，宜优先采用溢流表孔。坝身设置中孔、深孔或底孔时，宜减少坝身孔口层数和孔口数量。中孔、深孔或底孔宜采用平底型式。在枢纽施工导流方式上，宜采用隧洞、明渠或利用碾压混凝土坝的缺口等导流方式。在狭谷河段普遍采用隧洞导流。坝体内设置施工导流底孔时，需研究后期封堵的施工措施。

1.10.2 断面设计和材料组成

1. 断面设计

碾压混凝土重力坝的断面设计在体形上应力求简单，便于施工，坝顶最小宽度为5m，上游坝面宜采用铅直面，下游坝坡可按常态混凝土重力坝的断面进行优选。坝体采用分层碾压方式，在施工中应防止隐伏层状结构的出现。溢流坝坝面的设计，应满足抗冲耐磨的要求。

碾压混凝土坝与常规混凝土重力坝的根本区别在于筑坝材料和施工方法的不同，而坝体剖面型式及设计、水力设计、应力和稳定分析等基本相同。剖面型式根据需要可做成非溢流的（图1-43），也可做成溢流的（图1-44）。

2. 材料及材料分区

碾压混凝土的配合比应由试验确定，其胶凝材料的用料远少于常态混凝土。SL 314—2018《碾压混凝土坝设计规范》规定，碾压混凝土的总胶凝材料用量不宜低于140kg/m^3，低坝在经过试验论证后，其内部碾压混凝土也可采用较低的胶凝材料用量。胶凝材料中掺合料所占的重量比，在外部碾压混凝土中不宜超过总胶凝材料的55%，在内部碾压混凝土中不宜超过总胶凝材料的65%。水泥用量应根据大坝级别、坝高并通过试验研究确定，且不宜低于50kg/m^3。碾压混凝土最大水胶比宜小于0.65，环境水有腐蚀时，坝体外部水位变化区及水下混凝土水胶比宜小于0.45，并应进行试验论证。碾压混凝土中宜掺用缓凝减水剂、引气剂等外加剂以满足可碾性、缓凝性和耐久性的要求。坝体内部混凝土一般采用一种强度等级，对于高坝也可按高程或部位分别采用不同的强度等级。坝体内部碾压混凝土强度等级的分区宽度，应根据坝体受力状态、构造要求和施工条件确定，一般不小于5m，其强度等级不应低于$C_{90}10$。

碾压混凝土坝要求粗、细骨料级配良好。粗骨料可采用天然砾石或人工碎石，最大粒径一般采用40～50mm，一般填筑层厚0.25m；细骨料的空隙率一般不超过45%，以增加混凝土的密实性，减少胶结料的用量。

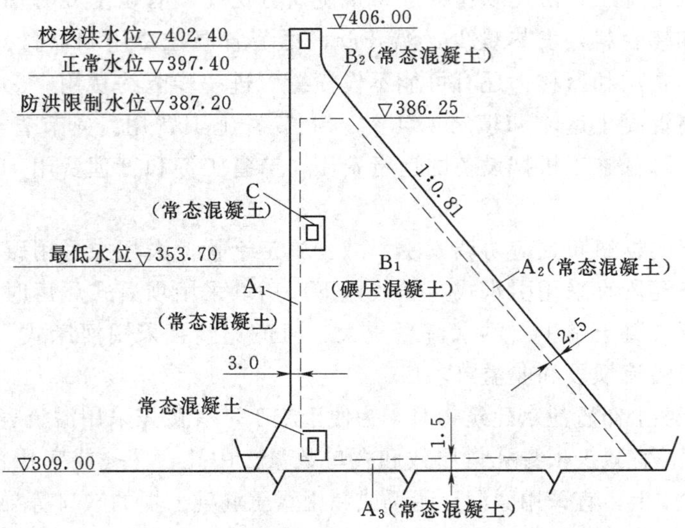

图 1-43　玉川大坝标准剖面混凝土分区图（单位：m）

A_1、A_2、A_3—上、下游外部及基础部分；B_1—坝内；B_2—坝内上部；C—坝内建筑物周围

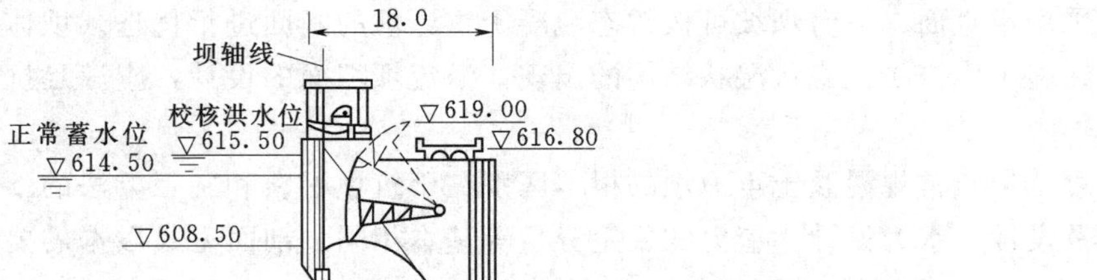

图 1-44　坑口碾压混凝土坝溢流段剖面图（单位：m）

碾压混凝土坝的材料分区，对于上游坝面，应与防渗层结构相结合考虑；对于下游坝面，应根据溢流与水位变幅情况，按防渗、防冲、防蚀、防冻等要求设置保护层；基础垫层在河床部位宜采用常态混凝土，在岸坡部位宜采用变态混凝土，其厚度不宜大于1m。对于高坝，经研究在坝基处防渗厚度不足时，可在碾压混凝土中增加胶凝材料或改变级配等措施解决。图1-43为日本玉川大坝标准断面混凝土分区图，在坝体上、下游面用2～3m常态混凝土作防渗层（A_1、A_2区），基岩面浇筑1.5m常态混凝土垫层（A_3区），坝体内部用碾压混凝土（B_1区）。这种坝型防渗效果好，但施工较复杂，在日本中、高坝中得到广泛应用。

1.10.3 坝体细部构造

1. 坝体分缝

碾压混凝土重力坝不宜设置纵缝，根据工程的具体条件和需要设置横缝或诱导缝。横缝或诱导缝的间距应通过技术经济比较确定，一般为15～30m。横缝一般为非暴露平面连续缝，可由切缝机压入金属片或其他材料进行人工埋设造缝；也可设置非暴露平面的不连续诱导缝，可采用钻孔、切缝、预埋等方法形成诱导缝，但应严格控制缝距、方向及斜度，以保证横缝的成缝条件。

对于中、小型坝，因工期短、施工快，能选择在枯水期低温季节进行施工，可以不设横缝。但必须对坝基的地形、地质进行深入细致的分析研究，判断是否有产生不均匀沉陷的可能性，或采用适当工程措施防止裂缝开展。

2. 坝体防渗

碾压混凝土坝的上游面应设防渗层。防渗层宜优先选用二级配碾压混凝土与变态混凝土组合，经论证，中、低坝可采用三级配碾压混凝土与变态混凝土组合。抗渗等级与坝面水头有关，防渗层的有效厚度宜为坝面水头的1/20～1/10，但最小厚度应满足施工要求。二级配碾压混凝土防渗层上游表面采用变态混凝土时，变态混凝土的厚度宜为50～80cm，最大厚度宜不大于100cm。采用沥青材料、PVC薄膜及复合土工膜、喷涂高分子材料等作为上游坝面防渗层时，其厚度及技术要求应根据材料的抗渗性、耐久性及变形性能研究确定。我国坑口坝上游面用6cm厚的沥青砂浆作防渗层，沥青砂浆外表面用6cm厚钢筋混凝土预制板保护（图1-44）。上游面采用预制固定模板，兼作防渗层，只适用于较低的坝。美国的温切斯特坝在预制板背面还设置了聚氯乙烯衬垫，以提高防渗性能。

下游坝面应根据下游水位变幅等情况，视工程的具体条件采取防渗措施。

3. 坝体排水

碾压混凝土坝一般均需设置坝体排水。坝内竖向排水孔应设置在上游防渗层下游侧，应便于检查维修。可采用钻孔、埋设透水管或拔管等方法形成，孔距为2.0～3.0m。钻孔的孔径宜为76～102mm，透水管或拔管的孔径宜为150～200cm。如果遇到大坝基础地质条件较差、大坝下游水位较高等情况时，为了减小大坝基础扬压力，增加大坝稳定性，也可另外设置基础排水廊道进行抽排。

4. 坝内廊道

为了碾压混凝土施工方便，坝内廊道宜尽量少设。碾压混凝土坝的基础灌浆、排水、检查、安全监测及交通等廊道宜合并使用。一般情况下，低坝可设置1条，中、高坝可设置 1～3 条。廊道的断面应满足施工、运行、安全监测和检修等要求。通过横缝的廊道在有防渗要求时其四周应安设止水。廊道可采用变态混凝土、常态混凝土或混凝土预制构件等制成。

1.10.4　温度控制及裂缝的防止

1. 温度控制

碾压混凝土中胶凝材料的水化速率低、水化热小、发热过程较长；同时碾压混凝土施工铺筑速度快、通仓铺筑基础约束作用大、层面散热效果差；加之，不设纵缝，而横缝又不形成暴露面，仅有层面散热。这些均对温控产生不利影响。为防止坝体产生温度裂缝，应通过合理确定掺合料的掺量、采用发热量较低的水泥、使用高效减水剂等措施减少混凝土水化热温升；通过采用合适的原材料改善碾压混凝土性能，改进混凝土施工管理和施工工艺，提高碾压混凝土的抗裂能力；合理安排混凝土浇筑进度，利用低温季节浇筑碾压混凝土。

温度控制可采取以下措施：①在粗骨料堆上洒水、喷雾、骨料堆高、地垅取料、加设凉棚；②用冷水或加片冰拌和混凝土；③仓面喷雾或流水养护；④骨料预冷；⑤在碾压混凝土运输过程中防止热量倒灌；⑥埋设冷却水管。

2. 裂缝的防止

坝体混凝土产生裂缝的影响因素十分复杂。为防止大坝裂缝，需提高混凝土的抗裂性能，设计时应合理布置、简化坝体细部结构；在铺筑方式上宜优先采用连续均匀上升，不宜在基础约束范围内长期间歇；根据结构布置和受力情况，对重要部位及易产生裂缝的部位应适当布置水平防裂钢筋，以限制裂缝的开展。

1.11　其他类型的重力坝

1.11.1　浆砌石重力坝

浆砌石坝是用水泥砂浆或细石混凝土等胶凝材料砌筑块石或条石而成。根据坝型，浆砌石坝又分为浆砌石重力坝和浆砌石拱坝，分别与混凝土重力坝和混凝土拱坝体形相似，其应力、稳定分析方法基本与其对应的混凝土坝相同。

浆砌石坝在我国历史悠久，早在公元前 214 年，广西灵渠建造了由铧嘴与大小天平组成的人字形溢流砌石坝，引湘入漓，并基本按“三分漓水七分湘”分水，至今仍在正常运行。

1. 材料

石料是浆砌石的主要材料。砌石体采用的石料应新鲜、完整，质地坚硬，不得有剥落层和裂纹。石料按外形可分为毛石、块石、粗料石三种。

毛石没有一定规格形状，单块重量宜大于 25kg，中部或局部厚度不宜小于 20cm。块石外形大致呈方形，上、下两面基本平行且大致平整，无尖角、薄边，块厚宜大于 20cm。毛石、块石的最大边长不宜大于 100cm。粗料石应棱角分明，六面基本平整，同一面最大高差不宜大于石料长度的 3%，石料长度宜大于 50cm，宽度、高度不宜小于 25cm。

石料的抗压强度可根据石料饱和抗压强度值划分为≥100MPa、80MPa、60MPa、

50MPa、40MPa、30MPa六级。石料使用前应进行岩块的物理力学性质试验，中小型工程无条件时，可按SL 25—2006《砌石坝设计规范》推荐的力学指标选用。

砌石体采用的骨料其品质必须符合SL 352—2006《水工混凝土试验规程》的规定。细骨料分天然砂和人工砂两类，其最大粒径均宜小于5mm。人工砂不应包括软质岩、风化岩石的颗粒。粗骨料宜按粒径分级：当最大粒径为20mm时，分成5～20mm一级；当最大粒径为40mm时，分成5～20mm和20～40mm两级。

胶凝材料的作用是把石料胶结成整体，使坝体承受的荷载能均匀地传到坝体的各个部位，并填实石料间的孔隙，减少渗漏。常用的胶凝材料有水泥砂浆和一、二级配混凝土。

水泥砂浆由水泥、砂和水按一定比例拌和而成。水泥常用的强度等级有32.5、42.5、52.5三种。砂的级配要求良好，最大粒径一般不超过灰缝厚度的1/5～1/4。水泥砂浆常用的标号强度分为5.0MPa、7.5MPa、10MPa、12.5MPa四种。混凝土常用的强度等级有C10、C15、C20三种。胶凝材料宜适量掺入外加剂和掺合料，最优掺量应通过试验确定。胶凝材料的配合比应满足砌石体设计强度要求。

2. 浆砌石重力坝的坝体防渗

坝体防渗除了应注意施工质量、使砌体密实、防止因干缩和震动而使砌体产生裂缝外，砌石坝常采用以下几种形式的防渗设施：

(1) 在坝体上游面设置混凝土（钢筋混凝土）防渗面板（图1-45）。

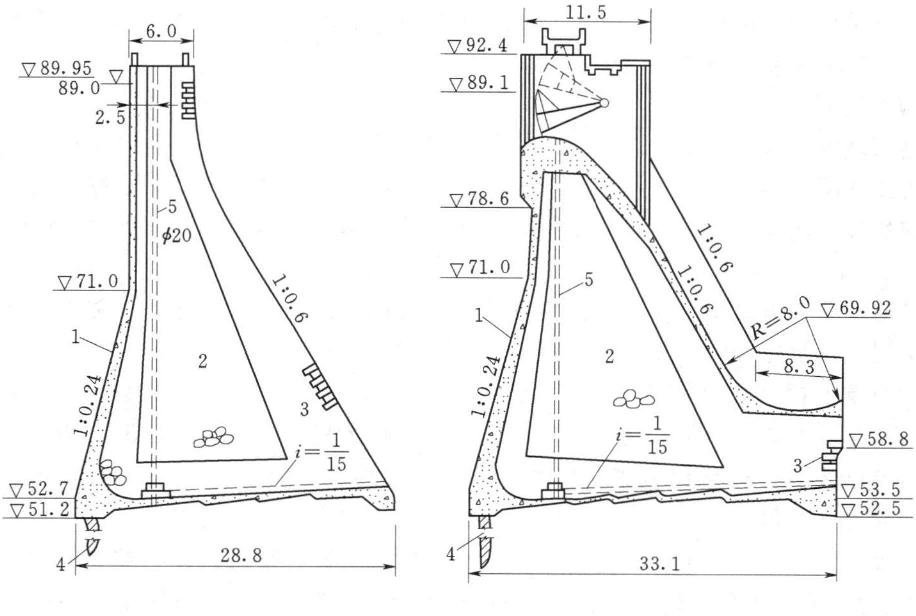

图1-45　浆砌石重力坝的构造（单位：m）

1—混凝土防渗面板；2—水泥砂浆砌块石；3—水泥砂浆砌条石、块石；4—帷幕灌浆；5—竖向排水管

(2) 在靠近迎水面砌石体内设置混凝土防渗心墙。

(3) 坝体自身防渗。

(4) 经过实践或论证的其他形式。

防渗面板及心墙混凝土的抗渗等级应根据其承受的水头，按 SL 191—2008《水工混凝土结构设计规范》的规定确定。防渗面板和外部保护层厚度小于最大冻深 2 倍的心墙混凝土，应根据气候分区、冻融循环次数、表面局部小气候、冰冻等因素选用抗冻等级。混凝土面板或心墙的底部厚度宜为最大水头的 1/60～1/30，顶部厚度不应小于 0.3m。混凝土防渗面板或心墙与坝体的连接可采用联系钢筋或将相邻砌体砌成毛糙面，在底部宜嵌入建基面 1～2m，并与坝基防渗设施连成整体。防渗心墙距上游坝面宜为 0.5～2.0m。为了防止因温度变化及混凝土干缩引起面板裂缝，沿坝轴线方向每隔 10～15m 设伸缩缝一道，缝内设止水。如果坝体设横缝，混凝土面板和心墙的分缝应与坝体横缝按一定间距协调一致。

用一、二级配混凝土作胶凝材料、使用机械振捣的砌石坝，宜采用坝体自身防渗。同时应采用钻孔检查压水透水率，如果压水试验达不到要求，应进行灌浆处理。高度低于 50m、用水泥砂浆砌筑粗料石、迎水面用高强度水泥砂浆勾深缝的砌石坝，可采用坝体自身防渗。利用坝体自身防渗时，应对坝体与地基的连接做出防渗设计。

在坝的上游面挂一层或两层钢丝网，喷上水泥砂浆作为防渗层，可收到较好的防渗效果。防渗层厚度根据水头大小而定，一般为 5～6cm。为使防渗层能均匀传递水压力，要求在其下游侧用块石浆砌一层垫层，该垫层需砌得平直，不要勾缝。

3. 溢流坝面的衬护

为了使水流顺畅，避免产生空蚀和防止水流冲刷，应对浆砌石溢流坝的溢流面进行保护。单宽流量较大的工程，一般用混凝土护面，混凝土厚 0.6～1.5m，不小于 0.3m，并布设温度筋，用锚筋与砌体锚固。如堰上流速不大，可只在堰顶和鼻坎部位用混凝土衬护，直线段采用细琢的粗料石砌筑。单宽流量较小的溢流坝，可以全部用质地良好、抗冲力强、经过细琢的粗料石作为溢流面的衬护。

4. 坝体分缝

浆砌石坝由于水泥用量少，施工时又是分层砌筑，散热条件好，所以不设纵缝。横缝间距也可比混凝土重力坝大，一般为 20～40m，但最大不宜超过 50m。在基岩岩性变化或地形有陡坎处均应设横缝，以适应不均匀沉降。缝的构造大体与混凝土重力坝相同。

5. 坝与地基的连接

为了使坝体与岩基结合紧密，砌石坝建基面上可视需要设置刚度和相邻砌石体相近的混凝土垫层，垫层厚度宜为 1m 左右。

浆砌石重力坝具有以下优点：①就地取材；②节省水泥；③节省模板，木材用量较少；④不需要大型施工机械，可用人工砌筑，施工技术易于掌握。主要缺点为：①石料的修整和砌筑难以实现机械化施工，需要大量的人工劳力，且人工砌筑，砌体质量不易均匀；②如果砌筑质量得不到保证，砌体防渗性能差，需另做防渗设施。

过去我国人工费用较低，且缺少水泥和大型施工机械，采用浆砌石坝有较大优势，我国在 20 世纪六七十年代，建造了较多的各类砌石坝。现在，在筑坝新技术不断发展、施工机械化程度较高、人工费用大幅提高的情况下，浆砌石坝型已逐渐失去了竞争力，尤其是在 100m 以上的高坝方案比选中，浆砌石坝型已很少被选用。

1.11.2　宽缝重力坝及空腹重力坝

1. 宽缝重力坝

宽缝重力坝是将相邻坝段间的横缝的中部拓宽（上游端和下游端闭合）的重力坝（图

1-46)。与实体重力坝相比，具有下述优点：设置宽缝后，坝基中渗透水可以从宽缝中排出，故渗透压力较实体重力坝显著降低，扬压力的作用面积也显著减少［图 1-5 (d)］，因而坝体工程量比实体重力坝节省 10%～20%或更多；由于有了宽缝，增加了施工期间坝块的侧向散热面，加快了坝体混凝土的散热过程。宽缝重力坝的主要缺点是施工模板用量多，尤其是宽缝的侧坡部分立模比较困难。

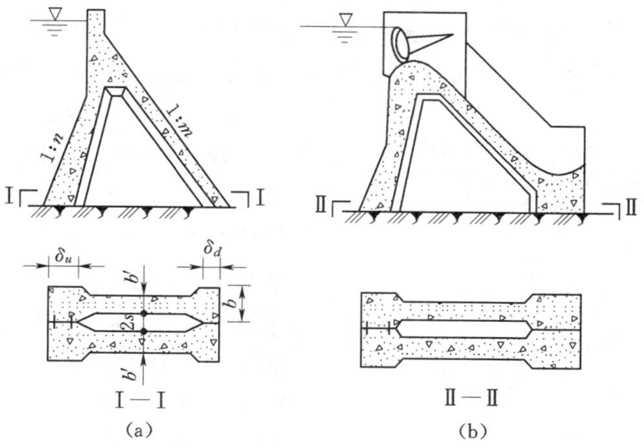

图 1-46　宽缝重力坝

(a) 非溢流式宽缝重力坝；(b) 溢流式宽缝重力坝

宽缝重力坝坝段宽度 L 一般为 16～24m。宽缝不应贯穿坝顶。缝宽 $2s$ 与坝段宽 b 的比值 $2s/b$ 称为缝宽比，一般为 0.2～0.4。缝宽比越大，越节省混凝土，但太大时，宽缝部分将产生较大的拉应力。坝的上游坝坡宜适当放缓，坝坡系数可取 $n=0.15$～0.35，下游坝坡系数为 $m=0.6$～0.8。上游头部厚度应满足强度和防渗要求，同时还应满足坝基灌浆、排水廊道及坝体排水的布置要求，一般头部厚度 δ_d 为 3～5m，且不得小于 2.0m。

宽缝重力坝多由混凝土建造，其稳定和应力分析的基本原理和实体重力坝相似。

2. 空腹重力坝

在实体重力坝底部沿坝轴线方向设置大尺寸的空腔，即为空腹重力坝（图 1-47）。

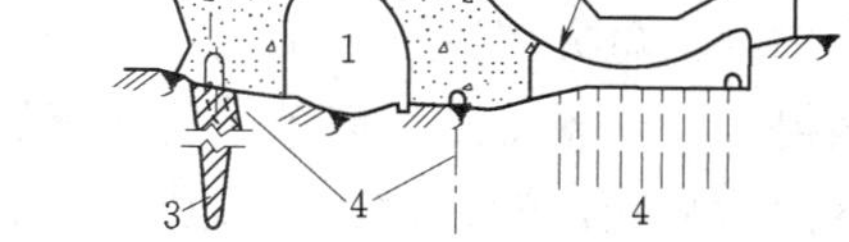

图 1-47　空腹重力坝

1—下腹孔；2—上腹孔；3—灌浆帷幕；4—排水孔

空腹坝与实体坝相比，主要优点是：①由于腹孔的存在，通过坝基的渗流可以从腹孔排出，降低了坝底面的扬压力。当腹孔顶部高出下游尾水位时，腹孔处的扬压力基本上不存在。因而空腹重力坝工程量较实体重力坝为省，一般可比实体重力坝节省 20%～30%。②腹孔部分清基时不必清到好的岩基，可节省坝基开挖量。③腹孔有利于混凝土的散热。④空腹为布置水电站厂房及进行检查、灌浆和观测等提供了方便，对狭窄河谷、洪水流量大的河流可以解决枢纽布置上的困难。其主要缺点是设计施工比较复杂，钢筋和模板用量较多。

空腹坝的腹孔净跨度一般约为坝底全宽的1/3，腹孔高为坝高的 1/5～1/4，下游坝体（后腿）的宽度比上游坝体（前腿）稍大。按照坝体应力的要求，腹孔的较优形状以近似半个椭圆形为宜，长轴方向接近水压力和坝体重力的合力方向。为便于施工，特别对浆砌石空腹重力坝，底部常做成矩形或倒梯形，上部为组合圆弧形。其上游坝面可为斜面、铅直面，也可呈倒坡或下部呈倒坡（图 1-47），倒坡坡度宜陡于1∶0.15。

空腹重力坝的坝体应力情况比较复杂，与坝的体形、腹孔的形状、尺寸及位置有很大关系，坝体应力可采用有限单元法和结构模型试验进行分析，材料力学法一般不适用。

1.11.3　堆石混凝土重力坝

堆石混凝土（RFC）是清华大学水利水电工程系提出的一种新型筑坝技术，该技术是指将大粒径的块石直接堆放入仓，然后从堆放的块石体表面浇筑自密实混凝土（SCC），利用自密实混凝土的高流动性能，使其充填到堆石的空隙中，从而形成完整、密实、有较高强度的大体积混凝土坝，如图 1-48 所示。

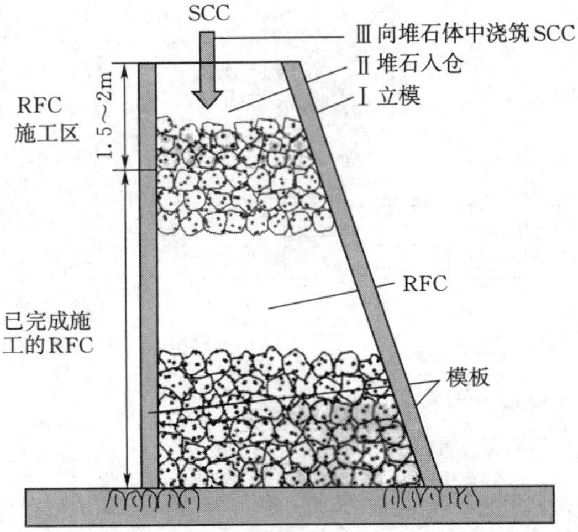

图 1-48　堆石混凝土重力坝施工示意图

自密实混凝土由于其独有的配合比设计方法，自身具有良好的流动性能。在传统的混凝土坍落度试验中，自密实混凝土的坍落度可达到 260mm 以上，扩展度在 600mm 以上，而且不会发生离析和泌水现象，硬化后具有较高的密实度。自密实混凝土依靠自重就能完好地填充到块石的所有空隙中，不需要施加任何外力或振捣。一般要求块石的粒径大于 30cm，最大粒径可达 50～80cm，每仓堆放的块石厚度 1.5～2.0m，每仓混凝土浇筑完后，表面都应留有部分外露的块石，使层面之间能良好结合。在施工条件允许的情况下，还可以循环施工实现多层连续浇筑，进一步提高施工效率。

堆石混凝土具有以下优点：①与常态混凝土相比，综合成本大幅降低，降幅可达 15%～30%；②单方混凝土的水泥用量少，水化热温升小，可大大简化温控措施；③无需混凝土振捣工序，施工工艺简单，能显著提高施工效率，缩短工期；④充填的密实度高，具有良好的体积稳定性、耐久性等综合性能；⑤现场施工管理措施简单，施工质量和稳定性易于保证；⑥可利用废旧的大块混凝土替代块石，生产出环保的堆石混凝土。

堆石混凝土重力坝的设计原则和方法，除了筑坝所用材料与常态混凝土重力坝不同外，其他没有差别。堆石混凝土重力坝目前还处于试验性施工阶段，近年来已在河南宝泉、山西清峪、山西围滩等工程中建造了几座数十米高的挡水坝，均收到了良好的效果。

1.11.4　预应力锚索重力坝

在重力坝靠近上游坝面处，将钢筋索或钢丝索埋设在混凝土中，下端锚系在基岩内，在坝顶对钢筋索或钢丝索预加拉应力，以增大上游坝面附近和坝踵的压应力，同时也增加大坝的抗滑稳定性，从而缩小坝体断面，节省工程量。预应力锚固一般较少用于新建的重力坝，多数是用于已建重力坝或支墩坝的加高或加固，我国的梅山、双牌两座支墩坝就曾采用预应力锚索加固。根据国外预应力锚索重力坝的建设经验，坝高 60m 以下时，预应力锚索重力坝与没有锚固的重力坝相比，可节省混凝土工程量 30%～40%，总造价可降低 10%～20%；坝高大于 60m 的坝，由于用钢量增大，经济效益逐渐降低。

重力坝施加预应力后，由于钢丝索的松弛、混凝土和基岩的徐变、锚固塞的变形和锚固段摩擦力的损失等原因，预应力将会随时间的延长损失一部分。预应力损失虽有理论公式计算，但难于得到精确结果。实践表明，预应力损失可达 10%～15%，所以施加预应力时要比需要值多加 10%～15%；也可考虑在预应力损失大部分完成后，进行补偿张拉。

1.11.5 土基上的重力坝

重力坝通常修建在岩基上，当坝高较大、覆盖层很深、挖除覆盖层不够经济时，应考虑采用其他坝型。但在坝高较低，两岸地形陡峻，难以建造岸边溢洪道的情况下，也可考虑在深覆盖层上修建重力坝，即土基上的重力坝。土基由于承载力低，抗冲刷能力差，而且容易发生渗流破坏，故在设计上和岩基上的重力坝有所不同，而和土基上的水闸设计有很多相似之处，可以参考第 7 章的内容。如坝体应力计算，不宜将整个坝体当作刚体按线性假定分析，可按弹性地基上的厚梁理论进行分析，将坝体轮廓近似简化为变截面梁，地基可按无限深、有限深或按文克尔地基处理。最合适的办法是将坝体及地基采用有限单元法进行联合分析。

土基上重力坝的设计应着重注意不同坝段的不均匀变位、覆盖层的防渗处理及泄洪消能等问题。我国近年来已很少在土基上修建重力坝，20 世纪 50 年代在北京西部永定河上修建的下马岭水电站主坝就是砂砾石基础上的混凝土重力坝，冲积层最深为 38m，最大坝高 33.2m，坝底顺河向宽度达 43m，在坝基下设置了齿槽以增加抗滑能力和保证帷幕作用，如图 1-49 所示。下马岭重力坝是我国最早修建在砂砾石覆盖层上较高的重力坝，设计和施工都较成功，运行情况良好。

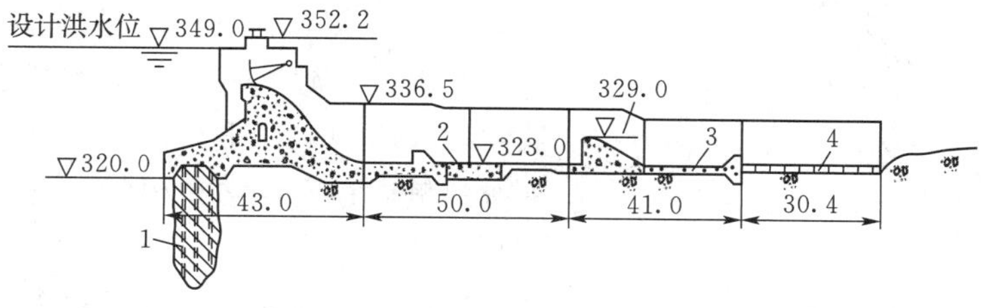

图 1-49 下马岭混凝土重力坝溢流坝剖面图（单位：m）

1—防渗帷幕；2—原护坦；3—增建的护坦；4—海漫

1.12 支 墩 坝

支墩坝由一排相隔一定距离的支墩和挡水面板组成，如图 1-50 所示。挡水面板支承在支墩上，水压力由挡水面板传给支墩，再由支墩传给地基。

支墩坝有下述特点：扬压力仅作用于挡水面板的底面，由于支墩之间的空隙很大，故

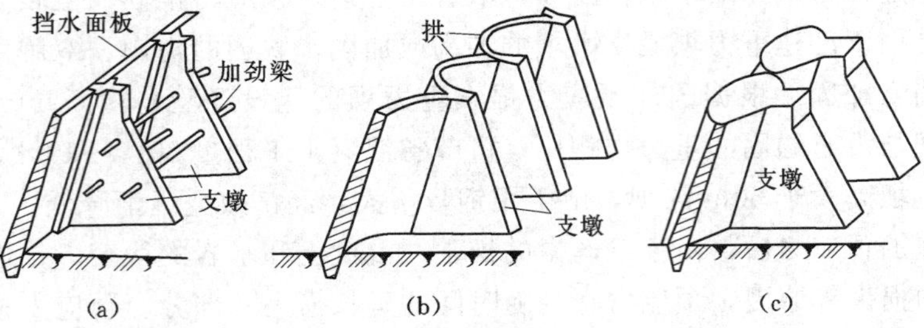

图1-50　支墩坝的形式

(a) 平板坝；(b) 连拱坝；(c) 大头坝

作用于支墩底部的扬压力很小；上游挡水面板的坡度较缓，可以利用面板上的水重帮助维持坝体稳定，故比重力坝的工程量省；支墩坝是一种结构比较单薄的轻型坝，可以充分利用材料的强度；支墩坝的应力较大，对地基的要求较高；支墩比较单薄，因而侧向稳定性较差，特别是受到地震作用时，容易侧向倾倒或开裂。另外，支墩坝的设计和施工均较复杂，由于挡水面板比较单薄，在寒冷地区修建此类坝时应慎重。

支墩坝一般适宜修建在较宽阔的河谷上，两岸山坡不宜太陡，否则，由于相邻两支墩地基高差悬殊，需在两岸做较高的重力墩接头。除低坝外，各种类型的支墩坝均要求建造在岩石地基上。

按挡水面板的形式，支墩坝可分为平板坝、连拱坝和大头坝（图1-50），它们可以做成非溢流式的，也可以做成溢流式的。

1. 平板坝

平板坝的挡水面板为平板，大多数情况下面板与支墩用缝分开，面板直接搁置在支墩伸出的墩肩上，形成简支形式。平板坝多采用单支墩，其间距（中心距）一般为5～10m。支墩的厚度随高度而变化，顶厚为0.3～0.6m。挡水面板顶部厚度必须满足气候条件、构造和施工要求，一般不小于0.2～0.5m。

坝上、下游坡度取决于地基条件，一般上游坡角为40°～60°，下游坡角为60°～80°。为加强支墩的侧向稳定，常在相邻两支墩之间设加劲梁［图1-50 (a)］。

这种型式的坝，其面板和支墩均为钢筋混凝土结构，钢筋用量较多，应注意防渗、抗裂、防钢筋锈蚀等问题。

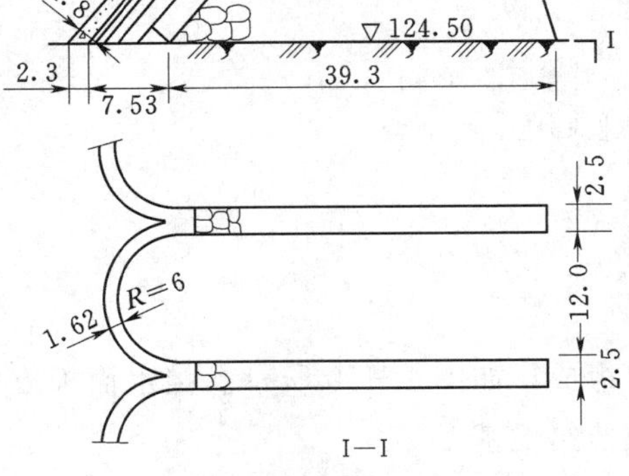

图1-51　连拱坝（单位：m）

2. 连拱坝

连拱坝的挡水面板由支承在支墩上的拱圈构成，如图1-51所示。连拱坝一般为钢筋混凝土结构，当坝高不大时，也可采用浆砌石结构，或采用混凝土拱圈、浆砌石支墩的混合式结构。若用浆砌石修建拱圈，则一定要采取适当的防渗措施。由于拱具有良好的承载能力，所以连拱坝的拱圈跨度较大，厚度较薄，是支墩坝中工程量较省的一种坝型。为了加强支墩的侧向稳定和便于施工，拱圈和支墩之间多为刚性连接，构成一超静定结构，温度变化和地基的不均匀沉降对坝体应力的影响大，因而连拱坝适于修建在气候较温和地区和良好的基岩上。

砌石连拱坝的上游坝坡一般为1∶0.45～1∶0.8，若为混凝土连拱坝，常为1∶0.6～1∶0.9。下游坝坡常为1∶0.4或更陡。支墩有单支墩和双支墩。支墩间距一般为10～20m。单支墩顶厚为顶部拱圈厚度的1.5～2.5倍，向下逐渐加厚。拱圈厚度沿高度是逐渐变化的，取决于所承受的水头、拱圈材料、拱的跨度以及抗渗、气候、施工等条件，顶部一般为0.4～1.0m。拱圈在水平面或斜面为一等内径、等中心角的圆拱，中心角一般为135°～180°。

3. 大头坝

大头坝是利用坝体和坝面水重来维持稳定的一种大体积支墩坝，由一些头部放大而起挡水作用的支墩组成，如图1-52所示。各支墩的头部用伸缩缝分开，使得各支墩能适应地基的不均匀沉降和温度变化的影响而独立工作。大头坝和宽缝重力坝之间没有严格的区别，坝体均属大体积结构。大头坝可用混凝土也可用浆砌石修建。头部型式目前多为多边形，支墩多为单支墩和双支墩，单支墩坝段宽为14～18m，双支墩多用18～25m，上下游坝坡为1∶0.4～1∶0.6。

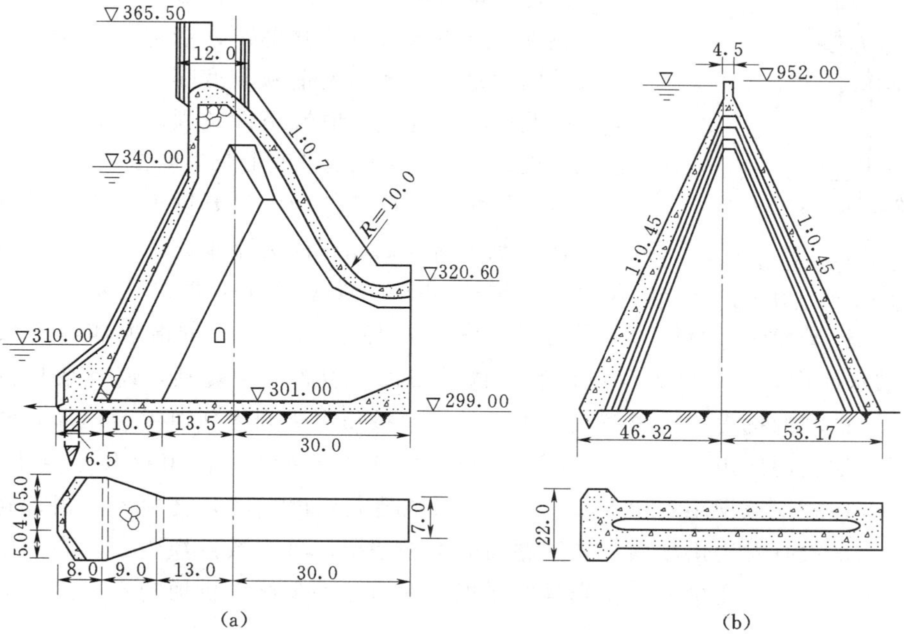

图1-52 大头坝（单位：m）

（a）溢流式单支墩浆砌石大头坝；（b）非溢流式双支墩混凝土大头坝

第 2 章　拱　　坝

2.1　拱坝的特点、形式及对地形、地质的要求

2.1.1　拱坝的特点及发展概况

拱坝是在平面上拱向上游，将荷载主要传递给两岸山体的曲线形坝（图 2-1）。其竖向剖面可以直立，或有一定的弯曲。作用于拱坝上的荷载，大部分都由拱的作用传到两岸岩体上，小部分则通过竖向“梁”的作用传递到坝基。因此，拱坝的稳定主要是依靠两岸拱端基岩来支承。拱坝的荷载在拱圈内主要是轴力传递，若设计合理，则拱圈截面上的弯矩较小，应力分布较均匀。因此，拱坝可以充分利用混凝土或浆砌石材料的抗压强度，坝体厚度较薄，从而节省筑坝材料。对于有条件修拱坝的坝址，修建拱坝与修建同样高度的重力坝相比，拱坝工程量一般可比重力坝工程量节省 1/3～2/3。

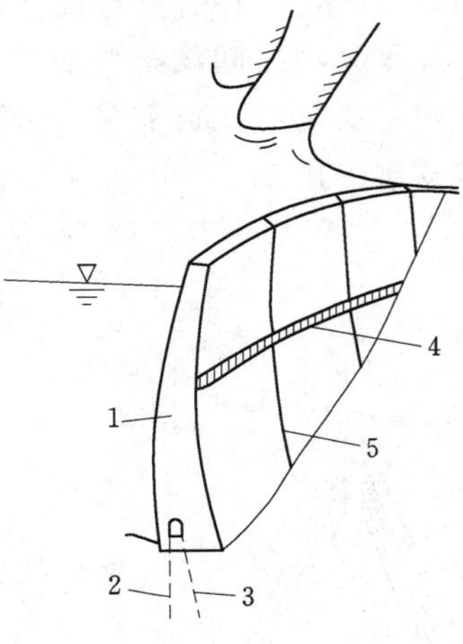

图 2-1　拱坝示意图

1—拱坝坝身；2—灌浆帷幕；3—坝基排水孔；4—坝后桥；5—横缝

拱坝是周边与岩基连接的高次超静定结构，坝体没有永久性的伸缩缝，地基变形和温度变化对坝体内力影响较大。因此拱坝对地质、地形条件及坝基处理要求较高；在拱坝的设计中，应考虑地基变形及温度作用。

由于拱坝是超静定结构，只要拱坝坝肩有足够大的坚硬岩体，拱坝潜在的超载能力是很大的。如意大利的瓦依昂拱坝，坝高 262m，底厚 23m，厚高比 $\delta/h=0.087$，建成后由于库岸大滑坡，2.7 亿 m^3 的滑坡体滑入仅 1.5 亿 m^3 库容的水库内，激起巨大涌浪，涌浪越过坝顶，引起巨大震动，而瓦依昂拱坝仍然安全屹立。拱坝的抗震能力也较强，国内外都有拱坝在受到强烈地震后坝体未曾受到破坏的例子。如我国四川省的沙牌碾压混凝土拱坝（坝高 132m），2008 年 5 月 12 日遭受汶川 8 级大地震，该坝距震中 30km 左右，当地地震烈度Ⅸ度，震后大坝损害轻微。迄今为止，几乎没有发生拱坝因坝体问题而失事的情况。极少数拱坝失事，是由于坝肩岩体抗滑不足所致。只要坝基，特别是两岸坝肩地质条件良好，拱坝的安全度一般比重力坝要高。

拱坝起源于欧洲。世界上的第一座拱坝是法国的鲍姆（Vallon de Baume）砌石拱坝，坝高 12m，建于 3 世纪。

公元后邻接欧洲的中东地区也开始出现了拱坝。早期的拱坝没有理论指导。17 世纪，随着欧洲工业革命和工程力学的诞生，开始用简单的薄壁圆筒公式设计拱坝，佐拉（Zola）拱坝是运用圆筒公式修建的第一座拱坝，1843 年建成，坝高 36m，开创了应力分析的先例，大

坝至今安好。1889 年，维切尔（H. Vischer）和瓦格纳（L. Wagener）在校核熊谷（Bear Valley）拱坝应力时提出了拱冠梁法。1917 年，瑞士工程师格伦纳（H. E. Gruner）把拱冠梁法发展为径向调整的多拱梁法（4 拱 9 梁），设计了瑞士第一座拱坝——蒙特萨尔文斯（Montsalvens）拱坝。1925 年，伏格特（F. Vogt）改进了固端拱的计算方法，考虑了坝基的弹性变形，即所谓伏格特地基，至今仍被应用。1930 年克恩（F. D. Kirn）等改用单位荷载变位通过试算求得变位一致的计算方法，这一方法也因之被称为"试载法"（Trial Load Method）。试载法在拱坝发展史上占有重要地位，首次形成了完整系统的现代结构力学分析方法。试载法在其后的 50 多年中，成为拱坝应力分析的主要方法，为 20 世纪拱坝的飞速发展做出了重要贡献。目前拱梁分载法仍然是我国拱坝设计的主要方法。

20 世纪 50 年代开始了拱圈线型的探索，在瑞士、法国相继采用了抛物线、椭圆及对数螺旋线作为拱圈线型的拱坝。

中国的第一座拱坝建造于 1927 年，为福建厦门的上里浆砌石拱坝，坝高 27m。1949 年以后开始大规模修建拱坝。响洪甸重力拱坝是第一座高拱坝，坝高 87.5m。流溪河拱坝是我国的第一座混凝土双曲拱坝，坝高 78m。1999 年建成的二滩拱坝，坝高 240m，该拱坝的建成是我国拱坝史上的一个重要标志。目前，世界上已建成的最高拱坝是中国的锦屏双曲拱坝，坝高 305m。最薄的拱坝是法国的托拉拱坝（Tolla Dam），坝高 88m，坝底厚 2m，厚高比为 0.023。

据中国大坝委员会 1999 年的统计资料，全世界已建的坝高超过 30m 的拱坝共 1102 座，其中中国有 517 座，占 46.9%。至 20 世纪末，我国已建成的坝高大于 100m 的混凝土拱坝 11 座（含台湾 2 座），高于 70m 的混凝土拱坝 35 座，高于 70m 的砌石拱坝 20 余座。近年来世界拱坝发展中的热点之一，就是碾压混凝土拱坝的出现。我国是世界上已建和在建碾压混凝土拱坝规模最大、数量最多的国家，设计和施工技术已处于世界领先水平。但相对常态混凝土拱坝，数量不多，运行时间短，经验还不够成熟。

砌石拱坝是具有鲜明中国特色的拱坝，截至 1999 年，高于 15m 的砌石拱坝共计 1538 座，数量上占我国拱坝总数的 90%以上。砌石拱坝具有水泥用量较少、可以就地取材、施工技术要求较低、便于广大群众掌握等优点，因而在我国曾得到迅猛发展，主要用于中小型拱坝，对我国的坝工建设起了重要作用。但 20 世纪 80 年代以后已明显减少。

自 20 世纪 70 年代以来，由于计算机的广泛应用，用有限单元法进行拱坝应力、稳定分析取得了较好成果。对考虑地基变形、地震作用、温度变化、坝内孔口和坝基地质构造等影响的计算，也获得满意结果，为拱坝设计提供了有利条件。

2.1.2　拱坝对地形、地质条件的要求

1. 地形条件

地形条件是决定拱坝结构形式、工程布置及经济性的主要因素。理想的地形应是坝址河谷相对宽度较窄，两岸基岩面大致对称，岸坡平顺无突变，且坝两端下游有足够大的岩体支承，这样的地形可以充分发挥拱的作用。

河谷的形状特征通常是以坝顶处河宽 B 与坝高 h 的比值 B/h（宽高比）来表示，拱坝的厚薄程度常以拱坝拱冠梁处坝底厚度 δ 与坝高 h 的比值 δ/h（厚高比）来表示。一般认为，$\delta/h<0.2$时属薄拱坝；$\delta/h=0.2\sim0.35$ 为中厚拱坝；$\delta/h>0.35$ 为厚拱坝（或称重力

拱坝)。根据工程经验，当 $B/h<1.5$ 时，河谷狭窄，拱的作用大，主要荷载易通过拱的作用传至两岸，坝体厚度可薄些，适宜修建薄拱坝；$B/h=1.5\sim3.0$，河谷较宽，可修建中厚拱坝；$B/h=3.0\sim4.5$ 的宽河谷，则多修建厚拱坝；当河谷更开阔，以至于 $B/h>4.5$，一般认为拱的作用已很小，多采用其他坝型。但已有在宽高比超过 4.5 时修建拱坝的成功实例，如奥地利的施里杰斯双曲拱坝（Schlegeis Dam)，坝高 131m，$B/h=5.5$，$\delta/h=0.25$。此外，统计数据还表明，适宜建造拱坝的河谷宽高比值与坝高有一定的关系，坝越高，适宜的宽高比值越小。

河谷形状可分为 V 形、梯形和 U 形三种典型断面（图 2-2)。随着拱坝设计施工水平的提高，拱坝体形选择已不受河谷形状限制，双曲拱坝可以调整拱坝上下部的曲率和半径，更好地发挥拱的作用，因此，拱坝体形宜采用双曲拱坝。在重力拱坝设计或宽河谷拱坝设计等特定条件下，双曲拱坝的优势不明显时，为简化设计施工条件，也可以采用单曲拱坝。

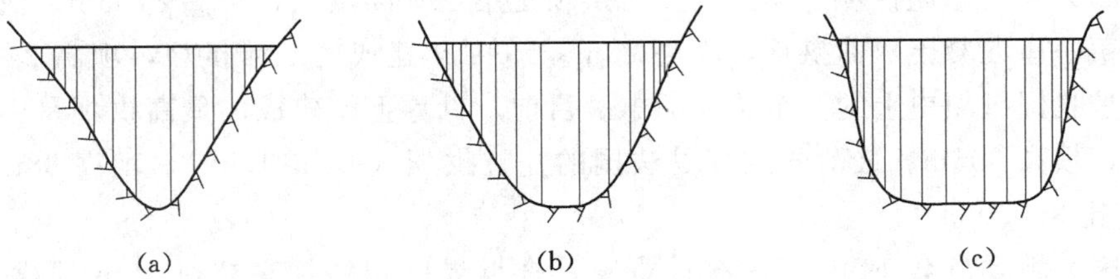

图 2-2　河谷断面形状
(a) V 形河谷；(b) 梯形河谷；(c) U 形河谷

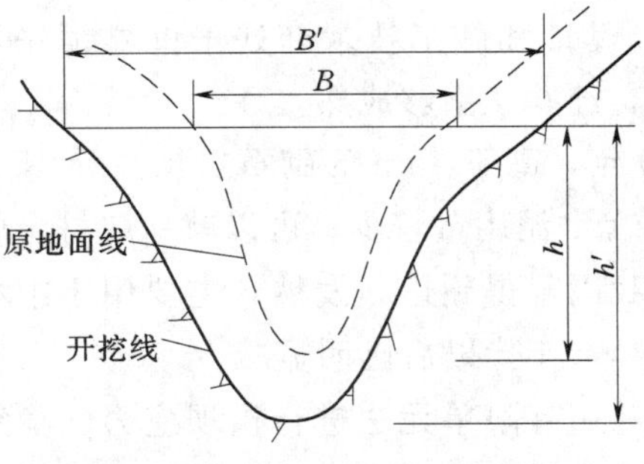

图 2-3　坝基开挖前后河谷断面变化

必须指出，坝址河谷形状是对开挖后的坝基岩面而言的。有些坝址，开挖前的河谷很窄，但覆盖层较厚，岩石风化较深，当开挖到可利用的岩基面时，河谷变宽、变深（图2-3)，在勘测、设计中应予以注意。

2. 地质条件

拱坝要求基岩完整，坚硬，质地均匀，有足够的强度，透水性小，耐风化，没有大的断裂构造和软弱夹层等。

由于拱端传至两岸的作用力很大，因此在选择坝址时，要查清两岸岩层走向、倾角与裂隙状况，对穿过坝肩的断层破碎带应特别注意。坝肩处的断层破碎带将降低坝体稳定性，有条件时，应移动坝址，尽量避开断层破碎带，否则应采取工程措施，确保坝肩稳定。此外，还要查清近坝库岸是否有不稳定的滑坡体，若坝肩附近的岸坡发生滑坡，将严重影响大坝安全。

实际上，坝址地基往往存在着不同程度的缺陷，应在查明地质情况的基础上，研究工程处理措施的可能性，做好地基处理工作。

2.1.3　拱坝的类型

拱坝的拱圈一般为圆弧形或接近圆弧的其他曲线形（如抛物线、椭圆、对数螺旋线等线型)。对于拱结构，拱圈截面上的应力随拱圈半径 R 的减小和中心角 $2\varphi_A$（图2-4）的增大而减小，相应的拱圈厚度 δ 就薄些；反之，拱的厚度就厚些。因此，适当大的中心角是有利的，但过大的中心角将使拱圈两端与两岸基岩面等高线的交角过小，不利于坝肩的稳定。根据设计经验，拱坝水平拱圈最大中心角一般在75°～110°范围内，大部分拱坝工程的最大中心角位于 $(0.4\sim0.7)h$ 的高程处。在坝身下部，河谷宽度逐渐减小，拱圈中心角也逐渐减小。

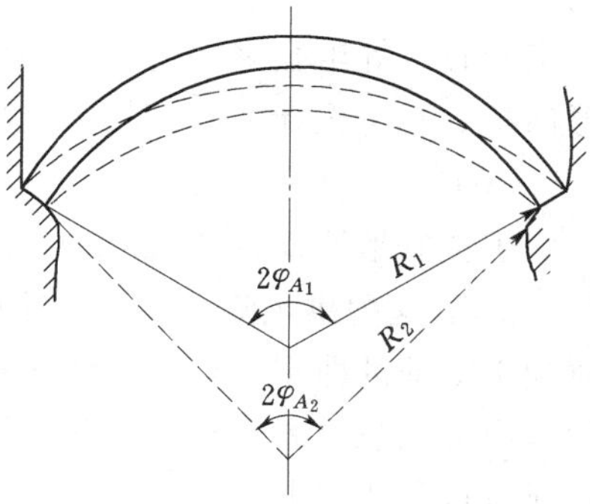

图2-4 中心角与半径的关系

拱坝按照拱弧形状和圆心位置可以分为以下几种类型。

1. 定圆心、等半径拱坝

这种型式的拱坝又可分为定圆心、等外半径拱坝和定圆心、等内半径拱坝两种，前者采用较多。

定圆心、等外半径拱坝是各高程拱圈在水平投影面上采用同一圆心，各高程拱圈外半径相同，内半径则自拱顶向下逐渐减小。这种拱坝坝体上游面是铅直的圆筒面，下游面则是倾斜的（图2-5)。

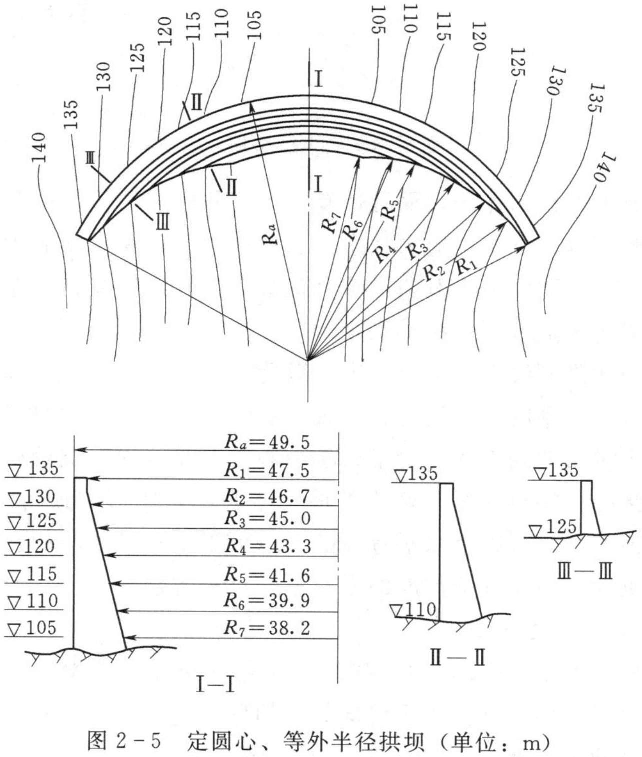

图2-5 定圆心、等外半径拱坝（单位：m）

有时为了改善坝顶溢流时的下游水力条件，使水流跌落距坝脚远些，可采用定圆心、等内半径而变外半径的拱坝，这时坝的下游面为铅直的圆筒面，而上游面则是倾斜的。

定圆心、等半径拱坝的坝体仅在拱圈方向是弯曲的，所以又称为单曲拱坝。这种坝型体形简单，无论设计、施工都比较方便。

2. 变圆心、变半径拱坝

为了更好地适应河谷断面形状，使坝体断面比较经济，可采用变圆心、变半径拱坝（图 2－6）。这种拱坝除了坝顶采用较大的中心角外，自坝顶向下，通过变中心、变半径调整拱坝上下部的曲率和半径，使各层拱圈都具有较大的中心角，可充分发挥拱的作用，改善坝体应力状态，减薄坝体厚度。变圆心、变半径拱坝在整体形状上是双向弯曲的穹形结构，所以也称为双曲拱坝。

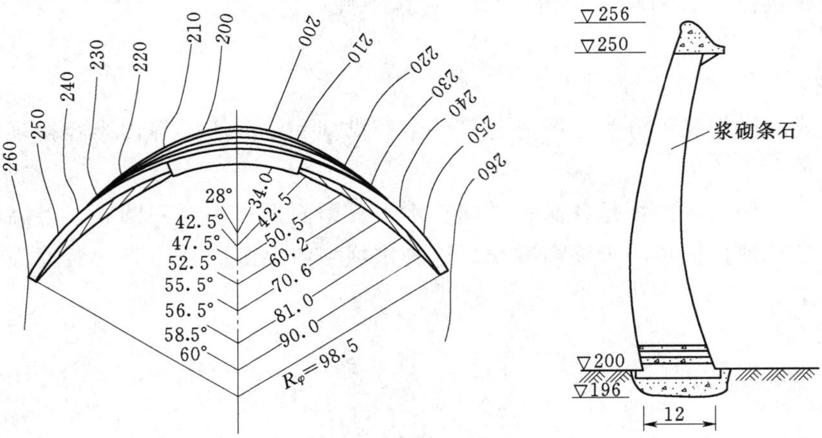

图 2－6　变圆心、变半径拱坝（单位：m）

双曲拱坝不仅有平面拱的作用，而且也有竖向拱的作用，使“梁”的弯矩减小，刚性加大，同时梁的倒悬可以改善梁的应力状态。双曲拱坝比单曲拱坝的承载力大，若坝顶溢流，水流跌落也距坝脚较远。由于双曲拱坝有这些优点，尽管在结构布置上比较复杂，施工不方便，但仍越来越多地采用此种类型坝。

早期修建的拱坝的拱圈线型多为单心圆，以后为了改善应力状态和坝肩稳定条件，逐步采用二心圆、三心圆、抛物线、椭圆、对数螺旋线等多种形式（图 2－7）。单心圆拱是等曲率的，其他各类拱是变曲率的。为了减小中心角以改善坝肩抗滑稳定条件，一般在拱冠采用较小的曲率半径，在拱座采用较大的曲率半径，其比值大致为 2～3 倍。单心圆拱是水平等厚的，其他各类拱可以是水平等厚的，也可以是水平变厚的。由于拱座处应力比拱冠处大，做成从拱冠向拱座逐渐加厚的变厚形式是经济合理的。

3. 二心及多心圆变半径拱坝

图 2－7（a）所示为二心圆变厚拱，拱厚自拱冠向拱座逐渐增加，可改善拱内应力状态。也可在等厚圆拱靠近拱端下游采用局部加厚的形式［图 2－7（b）］。

多心圆变半径拱的水平剖面有 3～5 个圆心。图 2－7（c）表示一个三心圆拱，其两侧半径通常比中间大，从而加大了两侧拱圈的曲率半径，改善了拱端推力方向，对坝肩稳定有利，同时还可减小坝体倒悬度。我国的白山拱坝、紧水滩拱坝均为三心圆拱。

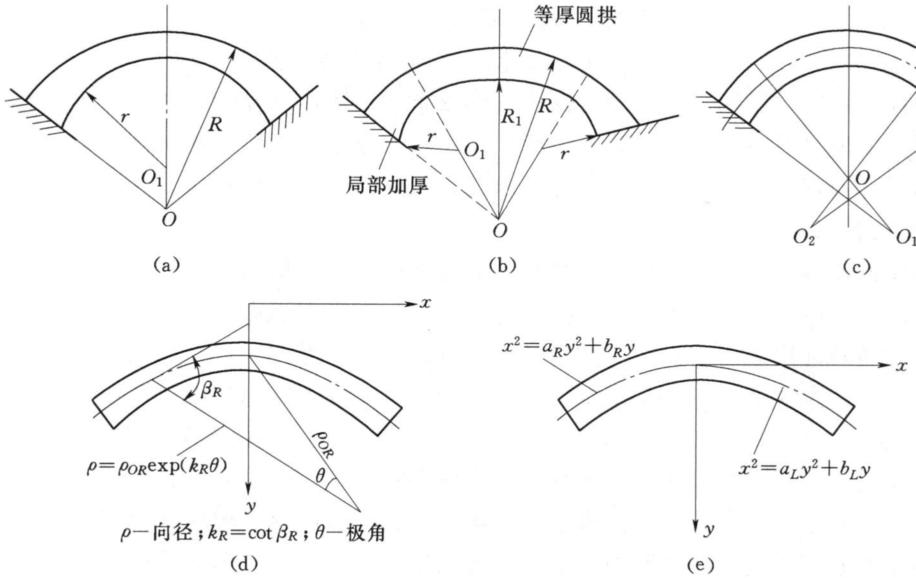

图 2-7　二心和多心圆变半径拱及变曲率拱圈形状示意图

(a) 二心圆变厚拱；(b) 拱端局部加厚拱；(c) 三心圆拱；
(d) 对数螺旋线拱；(e) 统一的二次曲线拱

4. 其他变曲率曲线拱坝

其他如双曲线、抛物线、椭圆、对数螺旋线拱等均为变曲率拱。图 2-7（d）为对数螺旋线拱，图中左、右两半拱的中心线是分别用两条对数螺旋线表示的，图中所示公式为右半拱对数螺旋线。除对数螺旋线外，前几种（包括单心圆）都是二次曲线，可以用一个统一的公式：$x^2=ay^2+by$ 表示[62]，故称为统一的二次曲线拱。当 a 取不同值时，可得出不同曲线。当 $a=0$ 时，为一抛物线；$a>0$ 时，为一双曲线；$a<0$ 时，为一椭圆；$a=-1$ 时，为一圆。左、右两半拱也可以用不同曲线，如图 2-7（e）所示。在优化程序中，如果事先不规定 a 的取值范围，由程序自动优化取值，通过优化计算即可从各种曲线中选定一种最优方案，得出最好体形。拱坝的上部和下部也可以采用不同线型，例如瑞士的赖斯托列斯双曲拱坝，其下部为抛物线拱，上部为椭圆形拱。

2.2　拱坝的体形选择和轮廓布置

2.2.1　拱坝布置的内容及要求

拱坝的体形是指拱坝所采用的型式、形状和尺寸，包括拱冠处竖向单宽悬臂梁（简称拱冠梁）的截面形状和水平拱圈截面的形状两方面。

拱坝轮廓布置的内容是：选定坝的平面布置形式和拱冠梁的基本剖面形状；确定各高程拱圈的轴线位置、线型参数、中心角和厚度；确定坝体与地基的连接形式。拱坝布置应根据坝址地形、地质、水文等自然条件及枢纽的综合利用等要求，以及泄洪方式、枢纽建筑物布置、工程施工等因素，进行全面技术经济比较，选择最优方案。拱坝布置及体形设计除应满足拱座稳定、坝体应力的各项准则外，尚应考虑以下基本要求：①地形适应性要求；②地质适应性要求；③枢纽协调要求；④倒悬度控制要求；⑤施工要求；⑥经济要求；⑦其他要求，如坝顶交通要求等。

拱坝的体形和布置是相互关联的，在进行拱坝布置和体形选择时，由于二者之间相互影响，通常需要反复调整、修改，才能得到比较满意的方案。一般主要从河谷剖面、拱冠剖面、拱坝平面及坝体与地基连接几个方面出发，研究拱坝布置和基本体形。

2.2.2　拱圈布置形式

早期修建的拱坝，水平拱圈形式以圆弧拱最为常用。对于拱结构，从拱圈的应力角度来看，采用较大的中心角和较小的半径比较有利，但从拱端的坝肩稳定条件看，过大的中心角将使拱轴线与河岸基岩等高线的交角过小，以致拱端推力方向过于趋向下游，不利于坝肩稳定。另外，过大的中心角将使拱圈弧长增加，可能抵消减薄拱圈厚度所节省的工程量。根据一般设计经验，拱圈中心角的选择，要着重考虑坝肩的稳定条件而选用较小值，拱端内弧面的切线与两岸可利用岩面等高线的夹角不宜小于30°（图2-8）。拱端与基岩的接触面原则上应做成全径向的，以使拱端推力接近垂直于拱座面。但在坝体下部，当按全径向开挖将使上游面可利用岩体开挖过多时，可采用图2-8（a）所示的非全径向接触面。当使下游面基岩开挖太多时，可采用图2-8（b）所示形式。

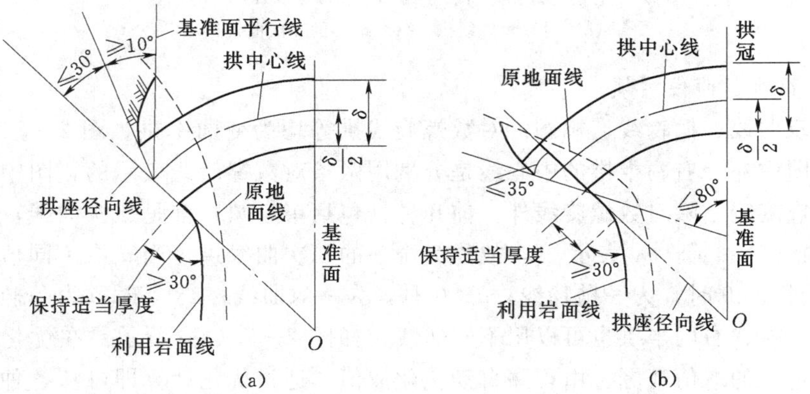

图2-8　拱座布置类型图

为了改善应力状态和稳定条件，近代设计的拱坝，拱圈曲线逐步采用前述的变曲率拱形式。国内近20多年设计的高拱坝，大部分选择统一二次曲线、椭圆、抛物线、双曲线和对数螺旋线这些变曲率拱型，少部分选择三心圆变曲率拱型。根据中国水科院研究，对于二次曲线类的拱圈线型从优到劣的次序通常是：统一二次曲线→双曲线或椭圆→抛物线→三心圆→双心圆→单心圆。

2.2.3　拱冠梁剖面形状

1. 剖面形式及坝面倒悬的处理

拱冠梁的剖面形式多种多样，其中有代表性的几种典型剖面如图2-9所示。

为了得到较好的坝体应力状态，对于一般河谷形状，宜采用变圆心、变半径的坝型。对于这种坝型的布置，铅直剖面上可能会出现"倒悬"现象。如图2-10（a）所示，当河床中间的坝剖面（剖面Ⅰ—Ⅰ）的上游面为铅直时，则岸边坝段的铅直剖面（剖面Ⅱ—

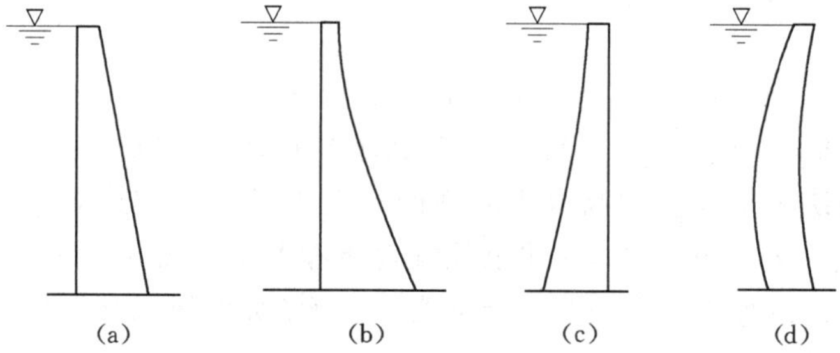

图 2-9　几种拱冠梁典型剖面

Ⅱ）将向上游倒悬；如果岸边坝段的铅直剖面直立，则河床中部坝段下游面将向下游倒悬［图 2-10（b）］。若坝体向上游倒悬，在施工期或库水位较低时，坝身可能不稳定或坝身下游面会出现较大的拉应力；若坝体向下游倒悬，一般说坝的稳定性较好，如设计成坝顶溢流的拱坝，水流跌落也将距坝脚较远，但是倒悬度（水平比垂直）过大会给施工带来困难，水库水位高时，坝上游面还可能出现较大的拉应力。为了避免倒悬度过大，拱冠处的铅直剖面可采用如图 2-10（c）所示的形式，即在坝高 1/5～1/3 处，将坝向上游凸出，这样可使倒悬分散在各个铅直剖面上，即河床部分的坝体上部向下游倒悬一些，岸边坝体则向上游倒悬一些。

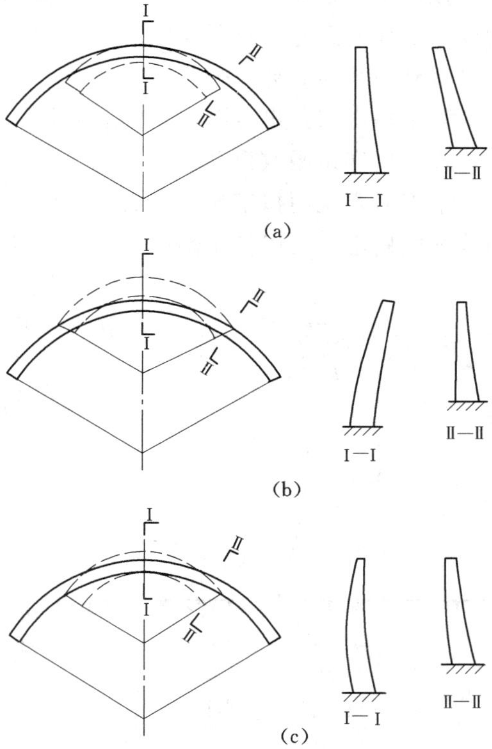

图 2-10　拱坝倒悬示意图

混凝土拱坝在满足施工期悬臂梁自重拉应力不超过 0.5MPa 及坝表孔布置的要求下，可选取较大的下游面倒悬度，以利泄洪消能不冲刷坝基。悬臂梁的上游面倒悬度一般不宜大于 0.3∶1。浆砌石拱坝倒悬度的要求与上述要求相同。

2. 剖面尺寸的拟定

坝顶高程应高于水库最高静水位。坝顶高程（或防浪墙顶高程）应在水库正常蓄水位和校核洪水位上加一定超高 Δh，Δh 由式（2-1）确定，即

$$\Delta h = h_p + h_z + h_c \tag{2-1}$$

式中符号意义及计算式同第 1 章重力坝。

坝顶应选择两者计算中的高者作为最终选定高程。坝顶设防浪墙时，两者计算中的高者则为防浪墙顶高程，并相应定出坝顶高程（应高于水库最高静水位）。

在过去的拱坝设计中，往往用一段或几段圆弧去表示拱冠梁剖面的上、下游面曲线。

由于计算机的广泛应用，目前多用竖向坐标 z 的多项式描述梁的剖面形状。例如，上游面曲线可表示如下

$$y = a_1 z + a_2 z^2 + \cdots + a_n z^n \tag{2-2}$$

拟定初步剖面时，可取 $n=2$。确定最终设计剖面时，可取 $n=3$，偶尔也可取 $n=4$。设计剖面时，只要决定了 n 个坝高处上游面的 y 坐标值，求解由式（2-2）组成的方程组，即可得系数 a_1、a_2、…、a_n。也可利用其他条件求得系数 a_1、a_2、…、a_n，如：拱冠梁最大凸度及最大凸度处上游面曲线的导数为 0，上游面曲线底端倒悬角度。

坝体厚度可表示为

$$\delta = b_0 + b_1 z + b_2 z^2 + \cdots + b_n z^n \tag{2-3}$$

拟定初步剖面时，可取 $n=1$。确定最终设计剖面时，可取 $n=3$，偶尔也可取 $n=4$。同理，设计剖面时，只要决定了 $n+1$ 个坝高处的厚度，求解由式（2-3）组成的方程组，即可得到系数 b_0、b_1、…、b_n。

对于高拱坝，也可以在坝体上部和下部分别用两个多项式来表示上游面曲线、坝体厚度，或者用样条函数拟合。

下面简要说明拟定初步剖面的方法。拱坝的体形与许多因素有关，通常需要经过反复修改才能确定，所以初步剖面的拟定可以简略一些。

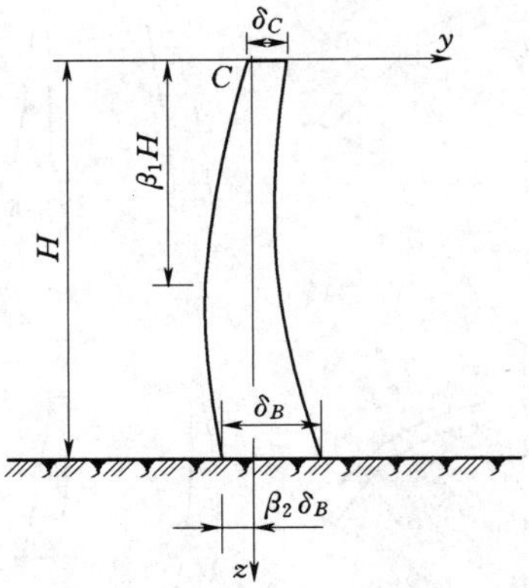

图 2-11　拱冠梁剖面

拱冠梁上游面曲线可用二次多项式表示，如图 2-11 所示，即

$$y = a_1 z + a_2 z^2 \tag{2-4}$$

为了确定式（2-4）中的系数 a_1、a_2，可利用下面两个条件

$$\left.\begin{aligned} &\text{当 } z = \beta_1 H \text{ 时，} && \frac{\mathrm{d}y}{\mathrm{d}z} = 0 \\ &\text{当 } z = H \text{ 时，} && y = -\beta_2 \delta_B \end{aligned}\right\} \tag{2-5}$$

式中：δ_B 为拱冠梁底部厚度。

由式（2-4）、式（2-5）得到

$$\left.\begin{aligned} a_1 &= -2a_2\beta_1 H \\ a_2 &= \frac{\beta_2\delta_B}{(2\beta_1 - 1)H^2} \end{aligned}\right\} \tag{2-6}$$

式中：β_1、β_2 分别为经验系数，通常可取 $\beta_1=0.60$，$\beta_2=0.30\sim0.60$。

拱冠梁顶部厚度 δ_C 和底部厚度 δ_B 可分别用下列经验公式初步拟定

$$\left.\begin{aligned} \delta_C &= 0.01(H + 1.2L) \\ \delta_B &= 3.5(L + L')H/[\sigma] \end{aligned}\right\} \tag{2-7}$$

式中：H 为最大坝高，m；L 为坝顶高程处拱端可利用基岩面间的河谷宽度，m；L'为坝底以上 $0.15H$ 处拱端可利用基岩面间的河谷宽度，m；$[\sigma]$ 为坝体混凝土的容许压应力，kPa。

在拟定拱冠梁的顶部厚度时，还应考虑工程规模和运用要求，如无交通规定，一般为 3～5m，通常不小于 3m。拱冠梁其他各高程的厚度按线性插值求得。

2.2.4　坝体与坝基的连接

拱坝与坝基的连接是拱坝布置的一个重要方面，拱端与两岸基岩的连接要求前已述及。在工程中，不论采用哪种坝型，在布置时都应尽可能使拱坝对称布置，这不仅有利于改善坝体应力状态，而且简化了设计工作，也便于施工。但实际工程中常遇到河谷形状不规则及地质条件较复杂的情况，这时可采用一些必要的工程措施，以适应较为不利的地形、地质条件。例如河谷不对称时，可将河谷开挖成对称的，在一岸有平缓台地的河谷，可在台地上修建浆砌石或混凝土重力墩使坝体对称，重力墩作为拱座的支撑，如图 2－12 所示。河谷形状不规则或较大范围内基岩条件较差时，可在坝体与基岩之间设置垫座，如河谷底部有深槽时，可将深槽部分用浆砌石或混凝土填平，作为拱坝的垫座，如图 2－13 所示。

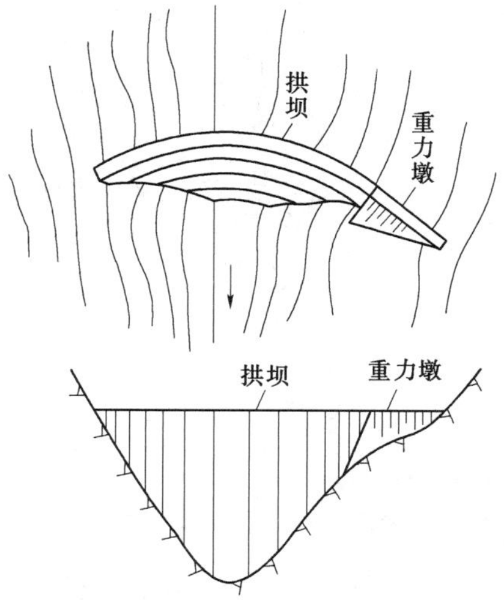

图 2－12　设置重力墩的拱坝

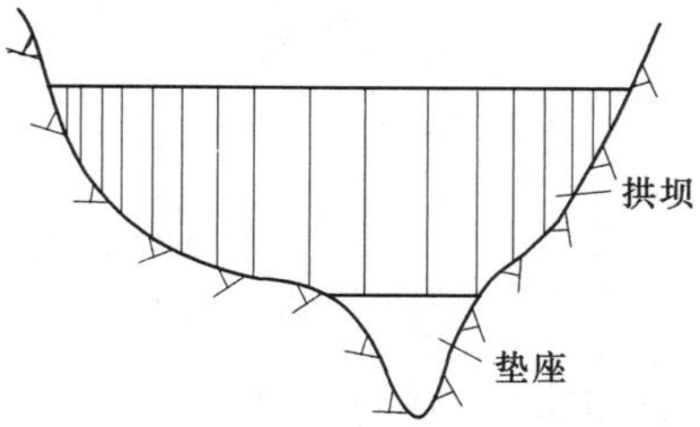

图 2－13　设置垫座的拱坝

目前，对修建拱坝河谷的对称性要求已不再特别强调，而且已经在一些不对称的河谷中修建了非对称的拱坝。

2.2.5　拱坝布置的步骤

拱坝布置并没有一成不变的固定程序。拱圈平面的布置和拱冠梁的剖面形状设计互有联系，须反复修改。步骤如下（以单心圆拱坝为例进行说明，其他各类拱坝的布置方法与此类似）：

（1）根据坝址地质地形图和地质勘探资料，绘出可利用基岩面地形图。

（2）选定拱坝体形。综合考虑坝址河谷形状、地质条件、地震情况、坝体应力、拱座稳定、坝身泄洪布置、工程量、体形适应性及施工条件等因素的影响，选定拱坝体形的类型。首先确定采用单曲拱坝还是双曲拱坝，然后选定拱型（单心圆、多心圆、抛物线、椭圆、双曲线、对数螺旋线或统一二次曲线）。

（3）如图 2－14 所示，在可利用的基岩面地形图上，试定出坝轴线位置。坝轴线在平面上通常为坝顶拱圈的外弧线，对悬臂梁断面，坝轴线则为通过坝顶上游面的一条铅直线。初步选择坝轴线半径 $R=0.6L$（L 为可利用基岩面在拱端之间坝顶高程处的直线距离），并作适当调整，使拱轴线在两拱端与等高线的夹角不小于 30°，并使两端夹角大致相近。圆心位置最好选在河谷对称中央，按选定的半径、中心角及顶拱厚度画出顶拱内外缘弧线。

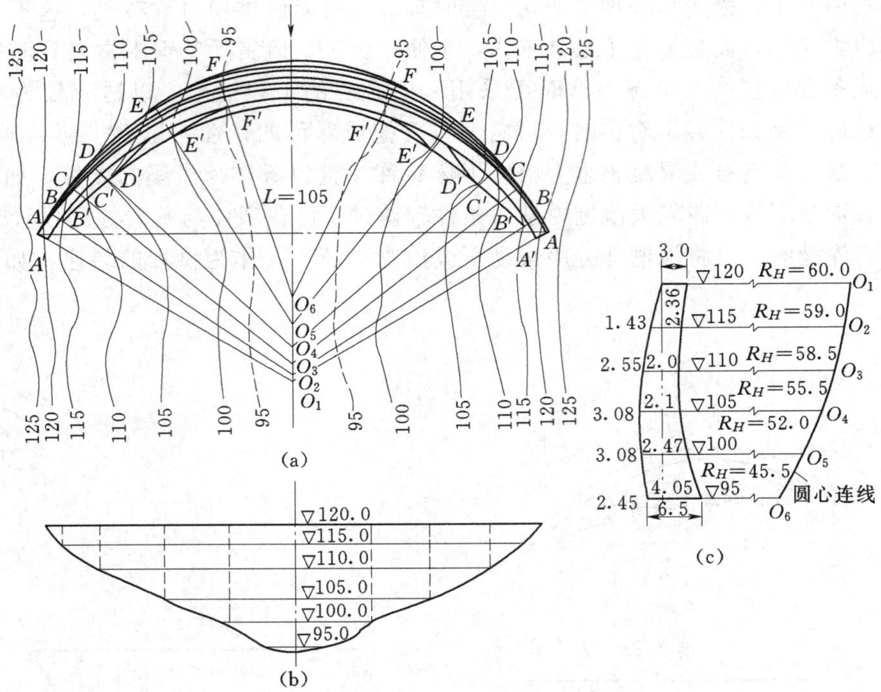

图 2-14　拱坝布置示意图（单位：m）

(a) 平面布置；(b) 河谷断面；(c) 拱冠梁剖面尺寸

(4) 确定拱冠梁位置和拱坝参考面。沿坝轴线找出利用岩面的最低点，把它作为拱冠梁的位置。如河谷底部平坦，则可取平坦部分的中心作为拱冠梁位置。通过拱冠梁和顶拱圆心连线的铅直平面，称为拱坝参考面。

(5) 拟定出拱冠梁剖面形状。

(6) 自坝顶向下，选取 5～10 层拱圈，绘制各层拱圈平面图，进行平面布置。对于单心圆拱坝来说，拱圈是等厚的。在拟定拱冠梁剖面以后，只需拟定各层拱圈的半径，各层拱圈的圆心都在拱坝参考面上。布置时，应满足以下几个条件：①各层拱圈内缘切线与利用岩面等高线的交角不宜小于 30°，拱座下游应有足够厚实的岩体，不能过于单薄；②计算各梁的坝面倒悬度，不能超过允许值（一般为 0.30）；③圆心连线大体为光滑的连续曲线［图 2-14 (c)］。

适当地调整各层拱圈的半径，直到上述各项要求均已满足为止。必要时，可以调整坝轴线的位置。

(7) 根据平面布置再绘制沿拱轴线展开的立视图，显示基岩面起伏变化情况，对突变处应采取削平或其他措施，并随之调整相应拱圈的中心角，并对平面作相应修正。

(8) 进行坝体的应力计算和坝肩的稳定分析，根据分析计算结果，修改坝体布置和尺寸。

重复以上过程，直至得到比较满意的方案。

2.3 拱坝的荷载及荷载组合

2.3.1 拱坝的荷载

作用在拱坝上的荷载，包括自重、水压力（静水压力和动水压力）、温度荷载、扬压力或渗透压力、淤沙压力、浪压力、冰压力、地震荷载和其他可能出现的荷载。上述荷载中，淤沙压力在少沙河流中可不考虑；浪压力和冰压力一般所占比重也较小，冰压力只在严寒地区才需考虑。

坝体自重和扬压力在拱坝中所起的作用与重力坝相比相对较小，在中、小型拱坝和薄拱坝的坝体应力分析中可不考虑扬压力的作用；对于重力拱坝和中厚拱坝则宜考虑扬压力的作用；坝基及拱座稳定分析时，应计及扬压力或渗透压力荷载。对于用纯拱法计算的拱坝，一般不考虑坝体自重的影响。

由于拱坝是一个超静定结构，在温度作用下，坝体内将产生较大的应力。温度作用也称为温度荷载，在拱坝设计中，该荷载是一项很重要的荷载，应作为基本荷载之一来考虑。

现仅就温度荷载的计算方法、扬压力及抗震计算的有关问题简单介绍如下。其他荷载的计算均与重力坝相同。

1. 温度荷载

对于混凝土拱坝，从施工期到运行期都存在不同程度的温度作用。施工期温度作用是指早期混凝土的水化热温升和中期混凝土冷却的温降，拱坝在横缝封拱灌浆之前，温度变化引起的坝块变形受到岩基约束、新老混凝土变形相互约束、表面混凝土与内部混凝土变形相互约束等，将在坝块产生温度应力，称为施工期温度应力。施工期温度作用是一个复杂的温度变化过程，与施工过程及施工工艺相关，但对拱坝封拱后的总体影响较小，故在设计方案比较阶段可暂不考虑施工期的温度应力。在后期的计算时，可将该部分温度应力作为初始应力施加到拱坝体系上。本节论述的温度荷载是指拱坝封拱后，由于外界环境温度变化引起的总体温度变形受到岩基约束而形成的荷载。拱坝建成并封拱灌浆形成整体后，坝体具有一定的相对稳定温度，以后在上游水温、气温（上游水面以上部分）与下游气温周期性变化的影响下，坝内温度也随之变化，由于坝体嵌固于岩基而不能自由伸缩和移动，在坝内便产生温度应力。通常所说的温度荷载就是指坝体内温度相对于封拱灌浆时的稳定温度的变化值。

按拱、梁作用来分析拱坝应力时，一般假定温度荷载由拱圈承担，但拱圈因温度产生的变形也要影响到梁的应力。就拱圈来说，温度高于封拱时的坝体温度时，拱圈膨胀，向上游变位［图 2－15（a)］，由此在拱圈内产生的弯矩、剪力的方向与水库水压力产生的弯矩、剪力的方向相反，但轴力方向相同，造成拱端上游面受压、下游面受拉，拱冠上游面受拉、下游面受压；当温度下降低于封拱时的坝体温度时，拱圈收缩向下游变位［图 2－15（b)］，由此在拱圈内产生的弯矩、剪力的方向与水库水压力所产生的弯矩、剪力的方向相同，但轴力方向相反，造成拱端上游面受拉、下游面受压，拱冠上游面受压、下游面受拉。核算坝体应力时，水压力与温降荷载的组合和水压力与温升荷载的组合都可能是不利组合。因此，应根据封拱温度对坝体应力的影响，优选对坝体有利的封拱温度。温升将使拱端推力加大，对坝肩稳定不利。温降虽然使拱端推力减小，但剪力方向对坝肩来讲是指向下游的，与水压力在拱端产生的剪力的方向是相同的，再加上拱端推力的减小，其合力更偏向河床，也可能对坝肩稳定不利。图 2－15 中，实线为温变前拱圈，虚线为温变后拱圈；“＋”为压应力，“－”为拉应力。

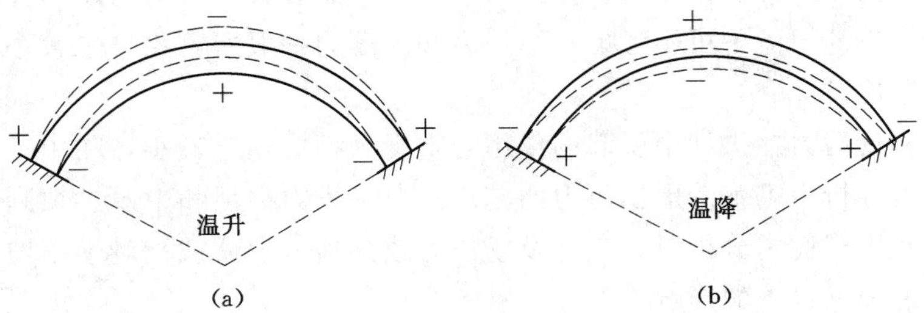

图 2－15　拱圈温度变形图

坝体温度在外界温度影响下，沿坝厚度方向呈曲线分布［图 2－16（a)]，为了计算方便，通常可将其看成是由三部分组成的（图 2－16)。

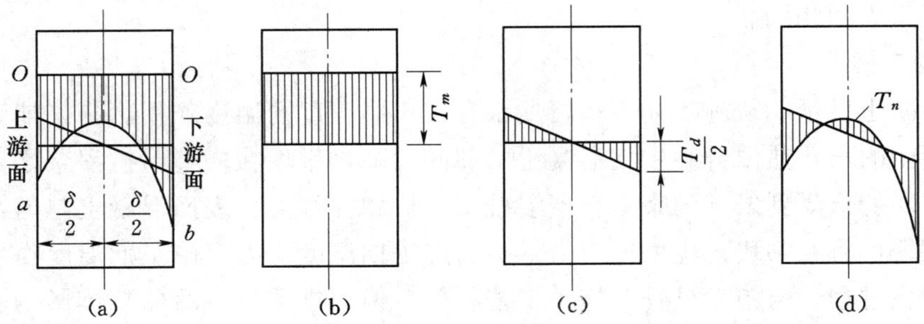

图 2－16　拱坝温度荷载

(a) 实际温度；(b) 均匀温度变化 T_m；(c) 等效线性温差 T_d；(d) 非线性温差 T_n

(1) 均匀温度变化 T_m。即坝内平均温度相对于封拱时坝体平均温度的变化。这与坝体厚度、封拱时坝体温度、气温与水温的变幅及材料的热学特性等有关。若封拱时的坝体平均温度为 T_0，坝体最低（或最高）平均温度为 T_2，则计算均匀温降（或温升）值 $T_m = T_2 - T_0$。

(2) 等效线性温差 T_d。T_d 为等效线性化后，上、下游坝面的温度差值，它是由于水库蓄水后，坝体上、下游水温和气温年平均值之差、水温变幅小于下游气温变幅，以及水温变化滞后于下游气温变化所造成的。线性温度分布对截面中心轴的面积矩等于实际温度分布对同一轴的面积矩。

(3) 非线性温差 T_n。这是从坝体温度变化曲线中扣除上述两部分后的剩余部分，是局部性的，产生局部应力，不产生变位。它是引起表面裂缝的重要原因，但其引起的应力具有自身平衡的性质，不影响坝的整体变位和内力，在拱坝设计中，一般不考虑。

均匀温度变化 T_m 及等效线性温差 T_d 的详细计算方法，见 SL 744—2016《水工建筑物荷载设计规范》。

2. 扬压力

拱坝坝基及坝体扬压力分布与重力坝相同，但折减系数不同，具体取值参见 SL 282—2018《混凝土拱坝设计规范》。

3. 地震荷载

一般情况下，可不考虑竖向地震的影响，但对设计烈度为Ⅷ度、Ⅸ度的1级、2级双曲拱坝，以及严重不对称、空腹等特殊形式的拱坝，宜对其竖向地震作用做专门研究。

拱坝应同时考虑顺河流向与垂直河流向的水平地震作用。水平地震惯性力的计算与重力坝相同，按式（1-24）计算，式中的动态分布系数 α_i 坝顶取3.0，坝基取1.0，其间沿高程按线性内插，沿拱圈则均匀分布。水平地震动水压力的计算参见 GB 51247—2018《水工建筑物抗震设计标准》。

计算岩块地震惯性力时，地震动加速度三个分量的最大值一般并不同时发生，在按刚体极限平衡法的稳定分析中，必须考虑地震加速度三个分量最大值的耦合问题。当某一地震作用方向分量取设计值时，其他两个方向分量均取设计值的1/2。

2.3.2 荷载组合

拱坝的荷载组合可分为基本组合和特殊组合两类。

1. 基本组合

（1）自重，水库正常蓄水位及相应尾水位下的静水压力，设计正常温降的温度荷载，扬压力，淤沙压力，浪压力，冰压力。

（2）自重，水库正常蓄水位及相应尾水位下的静水压力，设计正常温升的温度荷载，扬压力，淤沙压力，浪压力。

（3）自重，设计洪水位及相应尾水位下的静水压力，设计正常温升的温度荷载，扬压力，淤沙压力，浪压力，动水压力。

（4）自重，水库死水位（或运行最低水位）及相应尾水位下的静水压力，设计正常温升的温度荷载，扬压力，淤沙压力，浪压力。

（5）其他常遇的不利荷载组合。

2. 特殊组合

（1）自重，水库校核洪水位及相应尾水位下的静水压力，设计正常温升的温度荷载，扬压力，淤沙压力，浪压力，动水压力。

（2）基本组合（1）、（2）分别加地震荷载。多年调节水库，经过论证后可采用低于正常蓄水位的上游水位。

（3）自重，常遇低水位及相应尾水位下的静水压力，设计正常温升的温度荷载，扬压力，淤沙压力，浪压力，地震荷载。

（4）施工期接缝未灌浆时的荷载组合：①自重；②自重，遭遇施工洪水时的静水压力。

（5）施工期分期灌浆时的荷载组合：①自重，静水压力，接缝灌浆部分坝体温度荷载（设计正常温降或设计正常温升）；②自重，遭遇施工洪水时的静水压力，接缝灌浆部分坝体温度荷载（设计正常温升），扬压力。

在上述荷载组合中，可根据工程实际情况选择控制性的荷载组合进行计算。在选择荷载组合时，应考虑到水库水位和气温是随机的，冬末春初的库水位比较低，而这时的气温也较低，如果在荷载组合中仍采用正常高水位加温降，应力就可能偏大；同样，在夏季发生最高洪水位时，不一定气温最高，因此应根据坝址区气温及水文的历史资料加以统计分析确定。

2.4　拱坝的应力分析

2.4.1　拱坝应力分析的内容

坝体应力是判断坝体是否安全的一个重要方面，坝体应力分析的目的就是要验算坝体在各种工况下坝体应力是否超过坝体材料相应的容许应力。拱坝应力分析的内容主要包括：各计算截面上的应力分布；坝体上、下游面的主应力及分布；孔洞、坝内埋管、悬臂结构、孔口连接梁等坝体特殊部位的局部应力；当坝基地质条件特别复杂，或对拱座进行稳定分析时，需要结合坝基内部的应力分布，并结合工程的具体条件，考虑是否需作出相应的基础处理或对基础处理方案作出选择时，需分析坝基内部的应力；如果坝体与岸坡之间设有重力墩、推力墩或其他附属建筑物以及坝体设有垫座、周边缝等时，尚需根据具体情况考虑是否需要增加应力分析的内容。在设计时，主要根据工程规模、坝的具体情况和不同的设计阶段确定应力分析计算的内容。

拱坝应力除与荷载因素有关外，还受下列其他因素的影响。

（1）拱坝的体形布置，如坝体形式、厚度、拱圈线型及中心角等对坝体应力影响较大。根据某拱坝体形优选实例，不同线型拱圈，如双心圆拱坝的最大应力比二次曲线的要增加约16%[21]。

（2）基础综合变形模量和坝体混凝土弹性模量对坝体应力产生影响。

（3）温度荷载对坝体应力产生影响，而温度荷载只有在坝体横缝灌浆形成整体拱结构后才产生温度应力。因此，封拱时的坝体温度对坝体应力影响较大，应根据坝址气温、水温、地温等自然条件、坝体结构特点和混凝土性能等，优选对坝体应力有利的封拱温度。

（4）混凝土徐变对坝体应力会产生影响，主要是影响温度变化和基础变形所产生的应力。

（5）坝身孔洞、坝内埋管、悬臂结构、孔口连接梁等结构对这些部位坝体的局部应力产生影响。

（6）拱坝设有重力墩、推力墩或周边缝时，坝体应力也会受其影响。

（7）拱坝的施工过程、蓄水过程不同，坝体自重、温度变化、基础变形等在坝体中产生的作用也不同。因此，施工程序和蓄水过程对坝体应力也将产生较大影响。

2.4.2　拱坝的应力分析方法

2.4.2.1　应力分析方法简介

拱坝是体形及边界条件十分复杂的高次超静定空间壳体结构，因此，对其进行严格理论上的应力分析是很困难的。在不同时期的拱坝设计计算中，根据当时的条件和需要，常做一些必要的假定和简化，使计算成果能满足工程精度的需要。拱坝的应力计算方法是在不断地发展和改进的，常用的拱坝应力分析方法有纯拱法、拱梁分载法、壳体理论计算法、有限元法、结构模型试验法，其中拱梁分载法、有限元法是拱坝应力计算的两个基本方法。

1. 纯拱法

此法把拱坝看成由许多独立的水平圆弧拱圈组成，假定各拱圈之间相互没有影响，其相应水深处的全部水平荷载由拱来承担（图 2－17），而坝身自重则直接传到下部地基，不由拱承担。这种方法计算简明，缺点是未考虑各层拱圈之间的相互作用，计算的拱圈应力一般偏大。纯拱法由于过于粗略，正式设计中很少采用，但在手算年代，对于狭窄河谷，有时用来对坝体应力进行初步估算。目前由于用计算机分析拱坝应力十分方便，实际工程中已不再采用。

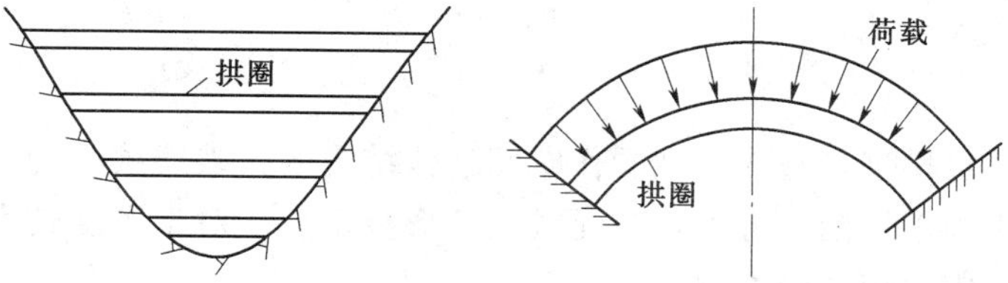

图 2－17　纯拱法计算简图

2. 拱梁分载法

此法把坝体看成由许多水平拱圈和竖直悬臂梁两个杆件体系组成，荷载由拱和梁共同承担（图 2－18），拱和梁的荷载由该两个系统在其交点（称为共轭点）处变位一致的条件进行分配，拱、梁在所分配荷载作用下的应力，即为拱坝在各个方向上的应力。这种把复杂的弹性壳体问题简化为结构力学杆件的计算方法，概念比较清晰，其计算结果与模型试验、原型观测所得结果比较接近。目前拱梁分载法仍是世界各国常采用的一种方法。SL 282—2018《混凝土拱坝设计规范》将拱梁分载法列为拱坝应力分析的基本方法。

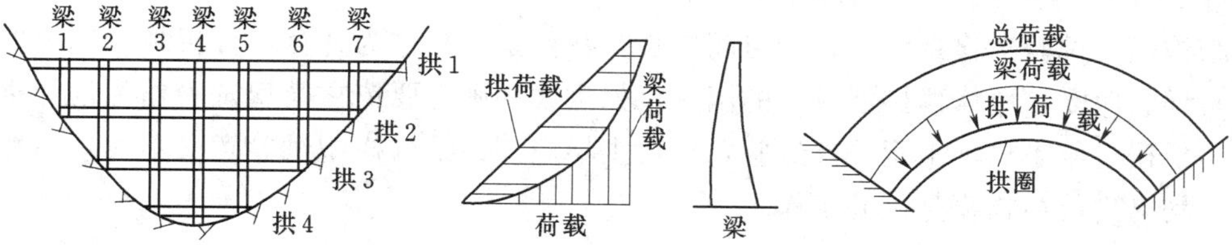

图 2－18　拱梁分载法荷载分配示意图

拱梁分载法的关键在于荷载分配。关于拱梁之间荷载分配的计算多采用由美国垦务局在 20 世纪 30 年代以前提出的试载法，即先尝试将荷载分配给拱和梁，计算拱和梁在所分配荷载作用下的变位值，并进行比较，然后修改荷载分配。如此不断进行试算，使拱、梁交点处拱和梁的变位尽量接近，直至达到所需要的精度为止。这种方法计算工作量很大，目前已编有计算机程序，且拱梁荷载分配一般不需通过试算，而是通过求解变位一致的方程组直接求解，名称也随之由试载法改为拱梁分载法。

为了简化计算，可采用拱冠梁法。计算时，取几个水平拱圈和一根有代表性的拱冠处的梁，根据交点变位一致求得拱、梁荷载分配和应力。在河谷对称的拱坝中，用这种方法计算，结果近于拱梁分载法，工作量可大大减少。拱冠梁法可用于大体对称、较为狭窄河谷中的拱坝的初步应力分析。对于中、低拱坝也可用于可行性研究阶段的坝体应力分析。

3. 壳体理论计算法

早在 20 世纪 30 年代，F. 托尔克就提出了采用薄壳理论计算拱坝应力的近似方法。由于坝体变化及边界条件的复杂性，壳体微分方程的解算在数学上存在很大的困难，使这一计算方法在工程中的应用受到了很大的限制。随着高速度、大容量计算机的出现，壳体理论计算法也取得了新的进展，网格法就是应用有限差分解算壳体方程的一种计算方法，它适用于薄拱坝。我国泉水双曲薄拱坝采用网格法进行了应力计算，取得了较好的效果。

4. 有限元法

用有限元法计算拱坝，是将拱坝看作空间壳体结构或三维连续体，并采用相应的单元来分析。如对薄拱坝采用四边形折板单元或三角形板单元，对于厚度较大、外形复杂、地基不均匀的拱坝，则采用三维有限元等。

有限元法能解决复杂的边界问题、基础和材料不均匀问题以及坝身开设各种孔口的问题等，这些问题用其他方法解决则是很困难的。

拱坝设计规范要求，1 级、2 级拱坝和高拱坝或地质条件复杂、坝内设有大的孔洞等情况比较复杂的拱坝，除应采用拱梁分载法计算外，还应进行线弹性有限元法分析，对于高拱坝和情况复杂的拱坝，必要时可采用非线性有限元法进行分析。

5. 结构模型试验法

拱坝的结构模型试验常用石膏硅藻土混合材料制作整体模型，用应变仪量测加载前后的模型各点应变值的变化，从而求得坝体应力分布。模型材料也有用浮石混凝土、橡胶等其他材料制作的，关键是这种材料应具有均匀、各向同性、弹性模数低、收缩和温度变形小、施工容易、泊松比与原型相同等性能。

结构模型试验工作量大，花费时间较长，往往是用来作为计算、分析坝体应力的一种补充验证。西欧一些修建拱坝较多的国家，如意大利则主要依靠模型试验作为设计拱坝的依据。根据近年来拱坝工程设计经验，针对拱坝应力的结构模型试验意义不大，一般的拱坝设计均未进行结构模型试验工作。

2.4.2.2　基础变位计算

拱坝蓄水后，在拱坝巨大的推力和库水压力作用下，地基将产生变位。拱坝是超静定结构，这种变位对坝体的变形和应力将会产生很大影响，必须予以考虑。但由于基岩变形特性复杂，坝体与地基的接触面又是一个形状不规则的空间曲面 [图 2-19 (a)]，接触面上各处作用力和变位皆不相等，且互有影响，因此基础变位很难精确计算。目前，国内外一般都采用挪威伏格特（F. Vogt）的近似方法计算。该法假定：

①将坝体和基岩接触面，沿拱弧线展开摊平为一平面，将此不规则平面用一形状接近而面积相等的当量矩形代替，该矩形的长宽比为 b/a [图 2－19 (b)]；②将展开后的平面视为半无限弹性体的顶面，而坝基单元面积（$\delta\times1$）在力 p 的作用下产生的变位，相当于同样的力均匀分布在 $a'\times b'$ 矩形面上（沿 b' 方向作用）的平均变位值，此处，$b'/a'=b/a$，$a'=\delta$；③不考虑水库内水压力对坝基变位的影响。这样，即可利用弹性理论导出伏格特地基变位系数公式。

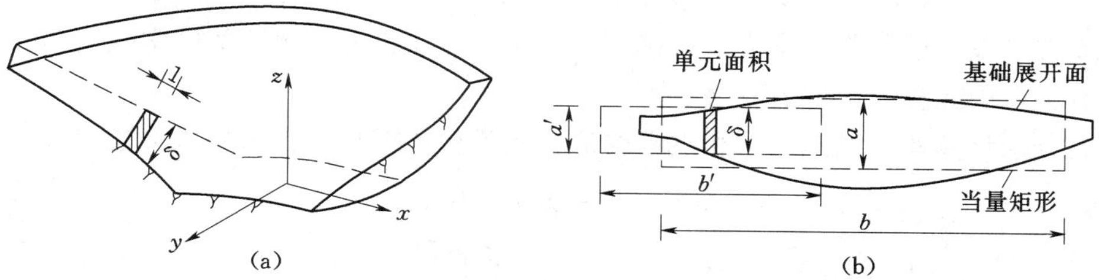

图 2－19　拱坝坝基面展开图

地基变位系数公式是在基岩面力系垂直或平行作用于基岩面得出的，但实际的河谷两岸岩壁都是倾斜的，水平拱圈和铅直梁与基岩面是斜交的，所以在计算拱座（或梁基）力系作用下拱座（或梁基）产生的变位时，首先应将拱座（或梁基）力系分解为垂直和平行于地基面的力系，再分别计算由于各分力所产生的变位，最后将这些变位分解组合成拱座（或梁基）的实际变位。这种用伏格特公式求得的基岩变位是相当粗略的，但由于拱坝基础变位计算问题十分复杂，到目前为止还没有更理想的方法，所以伏格特公式仍被广泛应用于拱坝计算。伏格特公式的详细内容见参考文献 [20]、[21]。对于复杂地基的重要拱坝，应采用三维有限元法确定地基变位系数，以代替伏格特地基变位系数。

2.4.2.3　纯拱法

纯拱法是拱坝应力计算中一种比较简单、粗略的方法，现在实际工程中已不再采用。但作为拱梁分载法的基础，仍有必要给予介绍。其基本假定是把拱坝看成由一组独立的、互不影响的、两拱端弹性嵌固于基岩中的水平圆弧拱圈组成。所以，实际上就是按无铰拱计算每一层水平圆弧拱圈。但计算时，由拱圈的切向力、轴向力引起的拱圈变形及拱端基岩变形都不能忽略。计算拱圈内力和用力法计算超静定拱的步骤相似，先将拱顶切开，表示出超静定力 M_0、N_0 及 V_0（图 2－20），然后应用变形连续条件求解，即

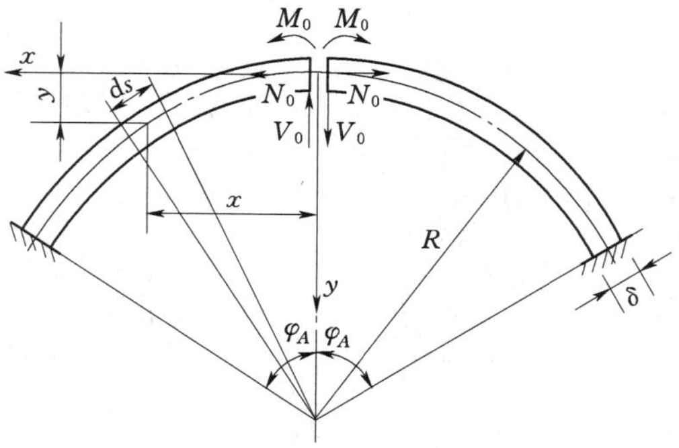

图 2－20　拱圈内力计算简图
（左半拱圈所示内力方向为正）

$$\left.\begin{aligned}A_1M_0+C_1V_0+B_1N_0&=D_1\\C_1M_0+C_2V_0+B_2N_0&=D_2\\B_1M_0+B_2V_0+B_3N_0&=D_3\end{aligned}\right\}\qquad(2-8)$$

式中：A_1 为单位力矩作用于拱顶所引起拱顶的转角 θ；B_1 为单位轴向力（或力矩）作用于拱顶所引起拱顶的转角 θ（或轴向变位 Δs）；C_1 为单位剪力（或力矩）作用于拱顶所引起拱顶的转角 θ（或径向变位 Δr）；B_2 为单位轴向力（或剪力）作用于拱顶所引起拱顶的径向变位 Δr（或轴向变位 Δs）；C_2 为单位剪力作用于拱顶所引起拱顶的径向变位 Δr；B_3 为单位轴向力作用于拱顶所引起拱顶的轴向变位 Δs；D_1 为外荷载引起的拱顶处转角 θ；D_2 为外荷载引起的拱顶处径向变位 Δr；D_3 为外荷载引起的拱顶处轴向变位 Δs。

式（2-8）中，A_1、B_1、C_1、B_2、C_2、B_3 只和拱圈材料的弹性模量、拱圈几何尺寸及基岩变位有关，因此称为形常数；D_1、D_2、D_3 除与拱圈尺寸及基础常数有关外，还与外荷载有关，因此称为载常数。

可先分别计算左半拱圈、右半拱圈的值，然后相加得整个拱圈的形常数和载常数，即

$$\left.\begin{aligned} {}_LA_1+{}_RA_1=A_1,\quad {}_LB_1+{}_RB_1=B_1,\quad {}_LC_1+{}_RC_1=C_1 \\ {}_LB_2+{}_RB_2=B_2,\quad {}_LC_2+{}_RC_2=C_2,\quad {}_LB_3+{}_RB_3=B_3 \\ {}_LD_1+{}_RD_1=D_1,\quad {}_LD_2+{}_RD_2=D_2,\quad {}_LD_3+{}_RD_3=D_3 \end{aligned}\right\} \tag{2-9}$$

式中：脚标 L 表示左半拱圈；R 表示右半拱圈。

为了计算方便，现将左半拱圈的形常数及载常数的计算式列于表 2-1。推导表 2-1中公式时，荷载、变位、内力及静定力系正方向的规定如图 2-21 所示，图中变位 Δr、Δs 和 θ 的箭头分别表示拱圈中心线的径向变位、切向变位和角变位的正号方向，假设拱圈截面上剪力分布系数 $K=1.25$，泊松比 $\mu=0.2$，剪切弹性模量 $G=\dfrac{E}{2(1+\mu)}$，故$\dfrac{K}{G}=\dfrac{3}{E}$。

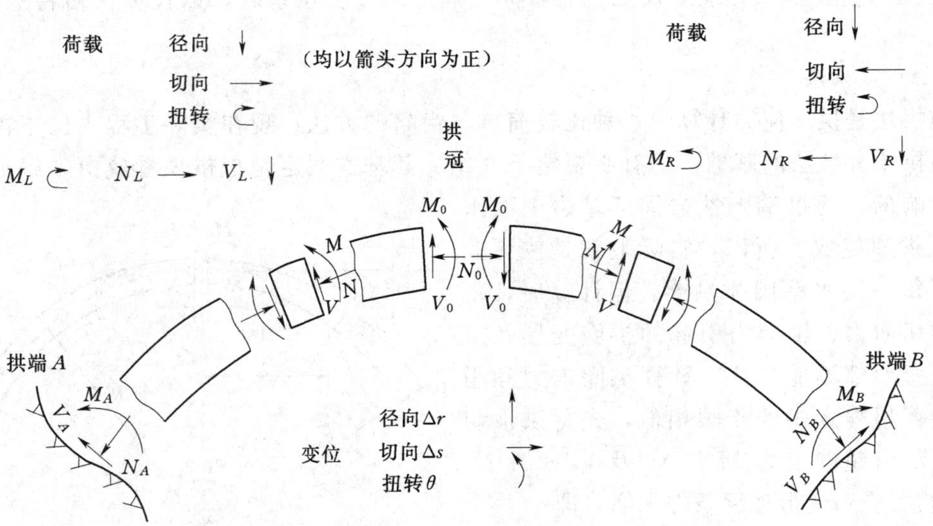

图 2-21　荷载、内力及变位的正方向

利用表 2-1 时应注意：各常数值为拱、基础及均匀温变、温度梯度的对应值之和。表 2-1 中，E 为坝体材料的弹性模量；A 为拱圈截面面积；I 为拱圈截面对截面中心轴的

惯性矩；拱座系数 a、β、γ、a_2 的计算公式见参考文献［20］；T_m 为均匀温度变化值，温降时取负值，温升时取正值；T_d 为等效线性温差；a_t 为拱圈材料的线膨胀系数；脚标 A 指拱端截面。

表 2-1　　左半拱圈形常数及载常数表

$_LA_1$	拱	$\int_0^s \frac{ds}{EI}$
	基　础	a
$_LB_1$	拱	$\int_0^s \frac{yds}{EI}$
	基　础	$ay_A+a_2\sin\varphi_A$
$_LC_1$	拱	$\int_0^s \frac{xds}{EI}$
	基　础	$ax_A+a_2\cos\varphi_A$
$_LB_2$	拱	$\int_0^s \frac{xyds}{EI}-\int_0^s \frac{\sin\varphi\cos\varphi ds}{EA}+3\int_0^s \frac{\sin\varphi\cos\varphi ds}{EA}$
	基　础	$ax_Ay_A-\beta\sin\varphi_A\cos\varphi_A+\gamma\sin\varphi_A\cos\varphi_A+a_2x_A\sin\varphi_A+a_2y_A\cos\varphi_A$
$_LC_2$	拱	$\int_0^s \frac{x^2ds}{EI}+\int_0^s \frac{\sin^2\varphi ds}{EA}+3\int_0^s \frac{\cos^2\varphi ds}{EA}$
	基　础	$ax_A^2+\beta\sin^2\varphi_A+\gamma\cos^2\varphi_A+2a_2x_A\cos\varphi_A$
$_LB_3$	拱	$\int_0^s \frac{y^2ds}{EI}+\int_0^s \frac{\cos^2\varphi ds}{EA}+3\int_0^s \frac{\sin^2\varphi ds}{EA}$
	基　础	$ay_A^2+\beta\cos^2\varphi_A+\gamma\sin^2\varphi_A+2a_2y_A\sin\varphi_A$
$_LD_1$	拱	$\int_0^s \frac{M_p ds}{EI}$
	基　础	$aM_{pA}+a_2V_{pA}$
	均匀温变	0
	温度梯度	$\frac{a_tT_dR\varphi_A}{\delta}$
$_LD_2$	拱	$\int_0^s \frac{xM_p ds}{EI}+\int_0^s \frac{N_p\sin\varphi ds}{EA}+3\int_0^s \frac{V_p\cos\varphi ds}{EA}$
	基　础	$aM_{pA}x_A+\beta N_{pA}\sin\varphi_A+\gamma V_{pA}\cos\varphi_A+a_2M_{pA}\cos\varphi_A+a_2V_{pA}x_A$
	均匀温变	$-a_tT_my_A$
	温度梯度	$\frac{a_tT_dR^2}{\delta}(1-\cos\varphi_A)$
$_LD_3$	拱	$\int_0^s \frac{yM_p ds}{EI}-\int_0^s \frac{N_p\cos\varphi ds}{EA}+3\int_0^s \frac{V_p\sin\varphi ds}{EA}$
	基　础	$aM_{pA}y_A-\beta N_{pA}\cos\varphi_A+\gamma V_{pA}\sin\varphi_A+a_2M_{pA}\sin\varphi_A+a_2V_{pA}y_A$
	均匀温变	$a_tT_mx_A$
	温度梯度	$\frac{a_tT_dR^2}{\delta}(\varphi_A-\sin\varphi_A)$

右半拱圈的形常数、载常数与左半拱圈有相同形式的公式，但在利用表 2-1 时，C_1、B_2 及 D_2 应变号，即 ${}_RC_1=-{}_LC_1$，${}_RB_2=-{}_LB_2$，${}_RD_2=-{}_LD_2$。

由式（2-8）解得 M_0、N_0、V_0 之后，即可按下式计算拱圈任意截面的内力，即

$$\left.\begin{aligned} M &= M_0 + N_0 y \pm V_0 x - M_p \\ N &= N_0 \cos\varphi \mp V_0 \sin\varphi + N_p \\ V &= \pm N_0 \sin\varphi + V_0 \cos\varphi \mp V_p \end{aligned}\right\} \tag{2-10}$$

式中：M_p、N_p、V_p 分别为外荷载在计算截面上引起的静定弯矩、轴力和剪力；φ 为拱顶截面与计算截面之间的夹角。计算时，公式上面符号用于左半拱，下面符号用于右半拱。

如果拱圈是对称的，则 $C_1=0$，$B_2=0$，式（2-8）简化为

$$\left.\begin{aligned} A_1 M_0 + B_1 N_0 &= D_1 \\ B_1 M_0 + B_3 N_0 &= D_3 \\ C_2 V_0 &= D_2 \end{aligned}\right\} \tag{2-11}$$

则可求得内力为

$$\left.\begin{aligned} M_0 &= \frac{D_1 B_3 - D_3 B_1}{A_1 B_3 - B_1^2} \\ N_0 &= \frac{A_1 D_3 - B_1 D_1}{A_1 B_3 - B_1^2} \\ V_0 &= \frac{D_2}{C_2} \end{aligned}\right\} \tag{2-12}$$

如果荷载也同时对称，则 $D_2=0$，$V_0=0$。

由式（2-10）求得拱圈计算截面上的弯矩 M 及轴力 N 后，可用下式计算该截面上、下游面的边缘应力 σ，即

$$\sigma = \frac{N}{\delta} \pm \frac{6M}{\delta^2} \tag{2-13}$$

式中：σ 为应力，压应力为正，拉应力为负，“+”号用于上游边缘，“－”号用于下游边缘；δ 为拱圈厚度，取单位高度的拱圈计算，δ 值即为拱圈的径向截面面积。

式（2-13）未考虑拱圈的曲率影响，当 $\delta/R>0.3$ 时，宜按厚拱考虑，应计入曲率影响，用下式计算边缘应力（“+”号用于上游边缘，“－”号用于下游边缘），即

$$\sigma = \frac{N}{\delta} \pm \frac{M}{I_n}(0.5\delta \pm c)\frac{R-c}{R \pm 0.5\delta} \tag{2-14}$$

其中

$$c = R - \frac{\delta}{\ln \dfrac{1+\dfrac{0.5\delta}{R}}{1-\dfrac{0.5\delta}{R}}} \tag{2-15}$$

式中：R 为拱圈的平均半径；I_n 为拱截面对中性轴的惯性矩，$I_n=\delta c(R-c)$；c 为拱截面中性轴的偏心距（偏下游）。

对于等截面圆拱，为了简化计算，在基础变位计算中再做一些假定并忽略一些次要因素，将各项基础变位系数值固定下来，然后编制出拱的内力及变位系数表，通过查表很快算出拱的内力及变位。

2.4.2.4 拱梁分载法

1. 拱梁分载法的基本原理

前已述及拱梁分载法的基本概念。用拱梁分载法计算拱坝应力时，应结合坝址地形、地质条件、坝高合理布置拱梁网格体系，并根据坝体应力梯度变化适当调整或加密网格。拱圈和梁的数目应相适应，使共轭点分布较均匀，能控制整个坝体。工程设计实践中，拱和梁的布置不少于 7 拱 13 梁。

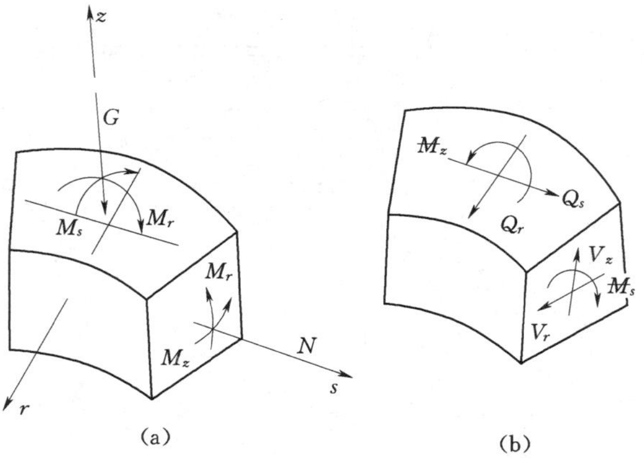

图 2-22　拱坝微元体受力示意图

现从坝体中任意切取一微元体，则作用于径向截面和水平截面上各有 6 个分力，如图 2-22 所示。在径向截面上的作用力有：轴向力 N、水平力矩 M_z、垂直力矩 M_r、扭矩 $\not{M}_s$、径向剪力 V_r、铅直剪力 V_z；在水平截面上的作用力有：法向力 G、垂直力矩 M_s、垂直力矩 M_r、扭矩 $\not{M}_z$、径向剪力 Q_r 和切向剪力 Q_s。

就拱梁分载法的原理而言，能同时考虑上述 12 个内力，但根据拱坝的实际工作状态，有些内力的影响是可以忽略的，如 V_z 和两个面上的 M_r，而扭矩 $\not{M}_z$ 和 $\not{M}_s$ 则可分别并入 M_z 和 M_s 进行计算等。对拱坝起重要作用的内力是径向截面上的 N、M_z、V_r 和水平截面上的 G、M_s 及 Q_r。前一组力相当于拱圈的轴力、弯矩和剪力，后一组力相当于悬臂梁的重力、弯矩和剪力。

应用拱梁分载法的关键是通过拱和梁在同一点上变位的协调条件来解算拱和梁各自承受的荷载。空间结构上任一点的变位有 6 个分量，即 3 个线变位和 3 个角变位。现以图 2-23中拱和梁的某一交点 c 为例说明。c 点 6 个变位分量分别是：径向变位 Δr、切向变位 Δs、铅直线变位 Δz、水平截面上的角变位 θ_z、径向截面上的转角变位 θ_s 和沿坝壳中面的转角变位 θ_r（图 2-23 中未示出）。从理论上讲，应要求坝体各共轭点的 6 个变位分量一致，即所谓六向全面调整。但实际上并无必要。作为壳体，θ_r 一般不出现，单曲拱坝铅直线变位 Δz 数值很小，忽略次要因素后，一般根据拱、梁交点上主要变位分量一致的条件决定荷载分配。近 20 年来所建拱坝大都是依据四向变位调整进行应力分析。高拱坝宜采用不少于四向调整的拱梁分载法计算。

2. 拱冠梁法——简化的拱梁分载法

拱冠梁法是一种最简单的拱梁分载法。如图 2-23 所示，在拱冠处截取一铅直的单宽悬臂梁，再将拱坝自上而下等距离地截取单位高度的 5～7 层水平拱圈，以这种拱梁体系作为计算对象。此法仅考虑拱梁交点处拱和梁的径向变位一致，根据这个条件建立变位协调方程，求解拱梁处拱和梁的荷载分配值。拱承担的荷载即以拱冠处的分配值为准而按沿拱圈均匀分布考虑，这个计算过程称为荷载分配。拱、梁承担的荷载确定后，拱的内力则可按纯拱法计算，并进行应力计算和强度校核；悬臂梁的应力则按材料力学中的偏心受压杆计算。

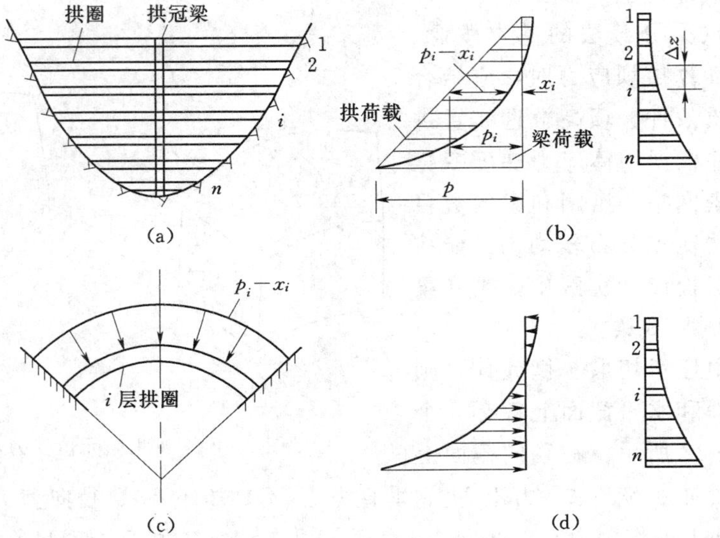

图2-23　拱冠梁法计算简图

(a) 河谷剖面；(b) 荷载分配；(c) 作用于拱圈上的荷载分布；(d) 作用在拱冠梁上的荷载分布

拱冠梁法只是协调各水平拱圈和拱冠梁的径向变位，忽略了拱梁交点处的扭转角变位和切向变位，更没有考虑其他部位的变位。此法一般只适用于对称或接近对称的拱坝，且只能分析对称荷载（如水荷载）的作用。由于扭转作用对荷载的分配也有一定的影响，因此，有的工程在设计中除了考虑径向变位外，还考虑了拱、梁交点处扭转角相容的条件。

20世纪70年代以前，拱冠梁法是拱坝设计的重要方法，直到90年代中期，在中、小型拱坝中仍然得到应用。由于计算机的逐渐普及和多拱梁程序的逐步完善，该方法近年已较少应用。为了由浅入深、循序渐进，对拱冠梁法仍予介绍，以便于进一步理解拱梁分载法的原理。

拱冠梁荷载分配计算的直接对象是水平荷载（包括水压力和泥沙压力）。温度荷载只引起拱圈变形，通过拱冠处的径向变位来影响水平荷载的分配。当坝的上游面倾斜时，坝面上作用有水的重力、浮力以及淤沙的重力等竖向荷载，主要由梁承担，在这些竖向荷载的作用下，梁产生变形，并通过梁各断面的径向变位来影响水平荷载的分配。

坝体自重在计算中考虑的方式与施工方法有关。常态混凝土拱坝按柱状块浇筑，冷却到一定温度后再进行封拱灌浆，一般认为坝体重力产生的变形早已在封拱前就完成了，所以坝体自重由梁承担，且不影响水平荷载的分配。对于不分径向横缝的碾压混凝土拱坝和浆砌石拱坝，重力引起梁的变位，并通过梁的径向变位来影响水平荷载的分配。

地震惯性力和地震动水压力虽然是径向荷载，但沿拱圈并非均匀分布，尤其是垂直河流方向的横向地震所引起的地震力是反对称的，地震惯性力在拱冠处为零，而在 1/4 拱圈位置（即 $\varphi=0.5\varphi_A$ 处）才是最大值。此时拱冠处的荷载及拱冠梁的变形均没有代表性，因而不能用拱冠梁法计算地震作用的影响。

（1）荷载分配计算与变位方程。如图 2-23（a）所示，将拱圈自上而下顺序编号，由于水平荷载是由拱和梁共同承担的，因此，若梁与第 i 层拱圈相交处所承受的水平荷载强度为 p_i，则第 i 层拱圈所承担的荷载强度只是 p_i 的一部分，即 p_i-x_i，另一部分 x_i 则作用在梁上［图 2-23（b）］。如果第 i 层拱圈在单位均布荷载作用下，拱冠处产生的径向变位称为拱冠径向变位系数 δ_i，则第 i 层拱圈在承受均布荷载 p_i-x_i 后的拱冠径向变位为

$$\Delta r_{ia}=(p_i-x_i)\delta_i \tag{2-16}$$

拱冠梁 i 层截面的径向变位 Δr_{ic} 不仅与该处的荷载有关，而且与整个悬臂梁的荷载有关。对于梁的变位，可以采用单位三角形法计算，即以三角形分布荷载为单位荷载（图 2-24中的Ⅰ、Ⅱ、Ⅲ等）进行计算。如果知道各层单位荷载在 i 层截面产生的径向变位，则梁在 i 层截面的径向变位为

$$\Delta r_{ic}=a_{i1}x_1+a_{i2}x_2+\cdots+a_{in}x_n \tag{2-17}$$

式中：a_{i1}、a_{i2}、…、a_{in} 分别为第Ⅰ、Ⅱ、…、N 号三角形单位荷载在 i 层产生的径向变位（称为梁的径向变位系数）；x_1、x_2、…、x_n 分别为第Ⅰ、Ⅱ、…、N 点上梁的水平荷载强度。

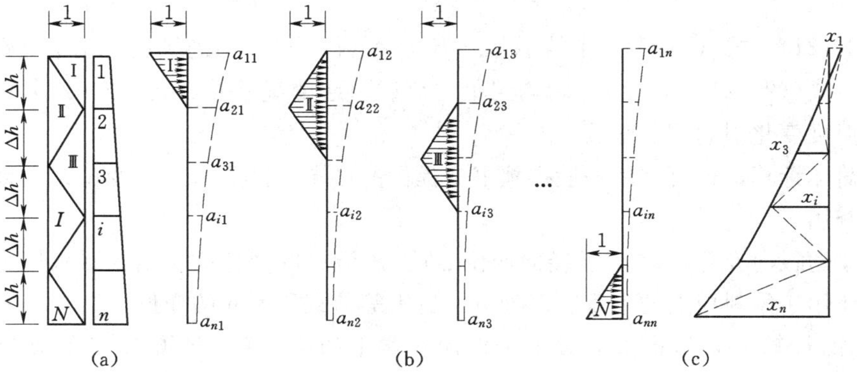

图 2-24 拱冠梁的单位三角形荷载及其径向变位

由 $\Delta r_{ic}=\Delta r_{ia}$ 可得拱、梁径向变位一致的协调方程为

$$a_{i1}x_1+a_{i2}x_2+\cdots+a_{in}x_n=(p_i-x_i)\delta_i \quad i=1,2,\cdots,n$$

又可写成下列形式

$$\sum_{j=1}^{n} a_{ij} x_j = (p_i - x_i)\delta_i \quad i = 1,2,\cdots,n \tag{2-18}$$

当考虑温度变化对拱圈变位的影响时，有

$$\sum_{j=1}^{n} a_{ij} x_j = (p_i - x_i)\delta_i + a_t T_{mi} \quad i = 1,2,\cdots,n \tag{2-19}$$

式中：a_t 为均匀温度变化 $T_m=1$℃时，第 i 层拱圈的拱冠径向变位；T_{mi} 为第 i 层拱圈的温升或温降值。

对于用碾压混凝土通仓浇筑或浆砌石整体砌筑的拱坝，应考虑自重的影响；上游面弯曲的拱坝，也要计及水重影响，此时协调方程应为

$$\sum_{j=1}^{n} a_{ij} x_j + \Delta b_i = (p_i - x_i)\delta_i + a_t T_{mi} \quad i = 1,2,\cdots,n \tag{2-20}$$

式中：Δb_i 为坝体自重、水重等竖向荷载引起悬臂梁 i 层截面的径向变位。

由协调方程可看出，荷载分配计算的关键在于拱和梁的变位计算，只要求得 a_{ij}、δ_i、a_t 以及 Δb_i 等变位值，便可由方程求得梁、拱的荷载分配值。

(2) 拱冠径向变位系数 δ_i。拱冠径向变位系数值可按纯拱法中的基本公式进行计算。欲求某一层拱圈的 δ_i，先假定该拱圈作用有径向单位均布荷载，利用式（2－8）中的第二式求得在此单位均布荷载下拱顶的内力 M'_0、N'_0、V'_0，然后利用左半拱（或右半拱）求得拱冠径向变位系数为

$$\delta_i = {}_LC_1 M'_0 + {}_LB_2 N'_0 + {}_LC_2 V'_0 - {}_LD_2 \tag{2-21}$$

对于均匀温度变化引起的拱冠径向变位系数 a_t，同样可先求得拱圈单位均匀温升（或温降）下拱顶内力 M''_0、N''_0、V''_0，再利用左半拱（或右半拱）求得径向变位系数为

$$a_t = {}_LC_1 M''_0 + {}_LB_2 N''_0 + {}_LC_2 V''_0 - {}_LD_2 \tag{2-22}$$

式（2－21）、式（2－22）中的 ${}_LC_1$、${}_LB_2$、${}_LC_2$、${}_LD_2$ 即为纯拱法中左半拱圈的形常数和载常数。式（2－21）中的 ${}_LD_2$ 为均匀单位荷载引起的载常数，式（2－22）中的 ${}_LD_2$ 为单位均匀温度变化引起的载常数。

为了简化计算，也可利用一般拱坝书中提供的拱端、拱冠内力及变位系数表，计算时可以直接查用。

(3) 梁的径向变位系数 a_{ij} 及径向变位 Δb_i。悬臂梁的变位应包括水平水压力、泥沙压力及铅直作用于倾斜面上的水重、泥沙重、自重等荷载所引起的变位。

1) a_{ij} 的计算。a_{ij} 是指拱冠梁由于作用在梁上的第 j 号水平单位三角形荷载引起的 i 层的径向变位。主要由四部分组成，即梁的弯曲变形引起的径向变位 $\Delta r'_{ij}$、梁的剪切变形引起的径向变位 $\Delta r''_{ij}$、梁基转角引起的径向变位 $\Delta r'''_{ij}$、梁基剪切变形引起的径向变位 $\Delta r''''_{ij}$。前两部分可按分段累计法计算，即从梁底算起向上累计到 i 截面。a_{ij} 的计算式为

$$a_{ij} = \Delta r'_{ij} + \Delta r''_{ij} + \Delta r'''_{ij} + \Delta r''''_{ij}$$

$$=\sum\left[\sum\left(\frac{M}{EI}\right)_{cp}\Delta h\right]_{cp}\Delta h+\sum\left(\frac{KV}{GA}\right)_{cp}\Delta h+\theta_j\sum\Delta h+\Delta r_j \tag{2-23}$$

式中：M、V 分别为梁的各计算截面（即层面）在 j 号单位三角形荷载作用下的弯矩和剪力；θ_j、Δr_j 分别为梁基面在 j 号单位三角形荷载作用下引起的转角和剪切变位；E、G 分别为坝体材料的弯压弹性模量和剪切弹性模量；K 为剪力分布系数；I、A 分别为各计算截面（即层面）的惯性矩和截面积；Δh 为拱冠梁的分层高度。

式（2－23）中，梁基面转角 θ_j 和剪切变位 Δr_j 值可利用伏格特公式计算，若忽略次要因素，取 $K=1.25$，$\mu=0.2$，则

$$a_{ij}=\sum\left[\sum\left(\frac{M}{EI}\right)_{cp}\Delta h\right]_{cp}\Delta h+\sum\left(\frac{3V}{EA}\right)_{cp}\Delta h+aM_c\sum\Delta h+\gamma V_c \tag{2-24}$$

式中：M_c、V_c 分别为 j 号单位三角形荷载下梁基面的弯矩和剪力；a、γ 分别为梁基变位系数，见参考文献［20］；其余符号意义同式（2－23）。

式（2－23）及式（2－24）中的 $()_{cp}$、$[]_{cp}$ 表示在计算时取各层的底部截面值和顶部截面值的平均数。

2）Δb_i 的计算。在铅直荷载作用下，悬臂梁各水平截面只产生弯矩 M，不产生水平向的剪力 V，即 $V=0$、$V_c=0$，故梁在铅直荷载作用下 i 层截面的径向变位 Δb_i 有类似式（2－24）的计算式，即

$$\Delta b_i=\sum\left[\sum\left(\frac{M}{EI}\right)_{cp}\Delta h\right]_{cp}\Delta h+aM_c\sum\Delta h \tag{2-25}$$

式中：M、M_c 分别为铅直荷载对梁各截面及梁基面的弯矩，其余符号意义同式（2－23）。

拱冠梁法只能保证拱冠梁上各结点变位的协调，并不能保证其他部位变位的协调。为了提高计算精度，需要采用多拱梁法，增加拱与梁的数目。此外，还需要增加每个节点的变位数目。有关多拱梁应力分析的方法见参考文献［20］、［21］。

实际工程设计中已广泛使用拱梁分载法计算机程序进行拱坝应力计算。目前，国内外有关这方面的程序很多，各有特色。虽然各程序编写中遵循的基本原理是相同的，但由于在建立梁、拱变位方程时考虑的影响因素多寡不同，特别是对扭曲悬臂梁变位计算的处理，往往存在差异，因此，造成各程序的计算结果不尽一致，有的甚至差别很大。故使用者在选用拱梁分载法程序进行拱坝应力分析时，应特别注意程序的使用条件、使用要求、精度及功能。

2.4.2.5　有限元法

拱坝是空间结构，通过采用不同的单元，可以在不同精度上求解拱坝应力。如一维有限元法，可将拱圈对梁的作用视为分布在梁的全长上的连续弹簧支座，用有限元法解算这个一维体系，相当于拱冠梁法，计算简单，速度很快。又如，对于圆筒面薄壳拱坝，可以采用矩形板单元［图 2－25（a）］，对于双曲薄拱坝，为适应不规则的外形和边界条件，常采用三角形板单元［图 2－25（b）］。三维有限元法精度高，适用于任何结构形状的拱坝，可以包括一定范围的基岩［图 2－25（c）］，基岩可以是非均质的或各向异性的；可以考虑任何性质的荷载；还可以考虑塑性和开裂等非线性影响。三维有限元法可采用四面体或六面体等参数单元。四面体等参单元的优点是刚度矩阵简单，但必须划分较多数量的单元，才能得到较好的成果。六面体等参数单元的计算精度高，外形为曲面的六面体，能适应复

杂的几何形状，在大型拱坝和重要的拱坝中，更是得到广泛的应用。有限元法也有不足之处，如计算精度受单元划分的疏密程度和单元特性的影响，网格划分得越密、单元形函数的方次越高，则计算的精度越高；反之，则精度较低。此外，用三维弹性有限元法计算拱坝应力时，近基础部位存在着显著的应力集中现象，而且应力数值随着网格加密而急剧增加。

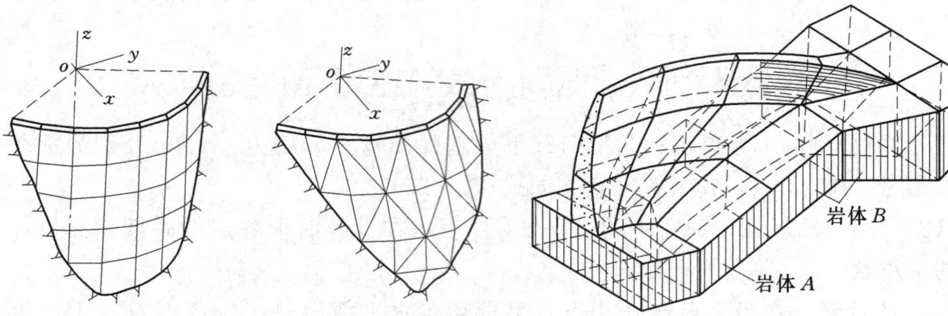

图 2-25　拱坝的单元划分
(a) 薄壳矩形板单元；(b) 薄壳三角形板单元；(c) 三维等参单元

针对有限元法存在应力集中现象的问题，我国一些学者提出了有限元等效应力法[32,60]。该法是根据有限元法计算的应力分量，沿拱梁断面积分，得到内力，然后用材料力学方法计算断面上的应力分量。经过这样处理，可消除应力集中的影响。

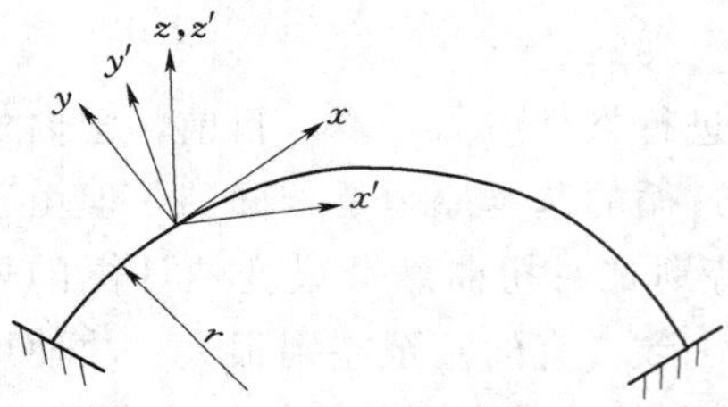

图 2-26　坐标系

如图 2-26 所示，设拱坝的整体坐标系为（x'，y'，z'），计算坝体应力的梁拱交点的局部坐标系为（x，y，z），有限元等效应力法的计算步骤为：①将有限元法计算的整体坐标系中的应力 $\{\sigma'\}=[\sigma'_x, \sigma'_y, \sigma'_z, \tau'_{xy}, \tau'_{yz}, \tau'_{zx}]^T$ 经坐标变换，得到局部坐标系中的应力 $\{\sigma\}=[\sigma_x, \sigma_y, \sigma_z, \tau_{xy}, \tau_{yz}, \tau_{zx}]^T$；②沿单位高度拱的径向截面在中心线（或坝轴线）上取单位宽度的水平梁截面，对 $\{\sigma\}$ 的有关应力分量进行积分，得到拱圈和梁的内力（包括梁的竖向力、切向剪力、径向剪力、弯矩、扭矩和拱的轴向力、径向剪力、弯矩）；③按材料力学法计算坝体应力。

2.4.3　拱坝的应力控制指标

拱坝的应力控制指标与修筑拱坝的材料及所采用的应力分析方法有关。

1. 混凝土拱坝

拱坝主要以其抗压强度承担外力，因此对压应力需要有较大的安全系数。SL 282—2018《混凝土拱坝设计规范》规定，坝体的主压应力不应大于混凝土的容许压应力，坝体的主拉应力不应大于混凝土的容许拉应力。混凝土的容许压应力等于混凝土强度值除以安全系数，对于基本荷载组合，1 级、2 级拱坝的安全系数采用 4.0，3 级拱坝的安全系数采用 3.5；对于非地震情况特殊荷载组合，1 级、2 级拱坝的安全系数采用 3.5，3 级拱坝的安全系数采用3.0。采用拱梁分载法计算的容许拉应力值：基本荷载组合时不得大于1.2MPa，非地震情况特殊荷载组合时不得大于1.5MPa。按有限元等效应力计算时，容许拉应力值：基本荷载组合时不得大于1.5MPa，非地震情况特殊荷载组合时不得大于2.0MPa。

用拱冠梁法计算拱坝应力时，得不出坝体主应力值，只能以拱或梁的正应力作为衡量标准，考虑到正应力和主应力之间存在一定的差别，用上述应力控制指标时，应根据具体情况，适当留有一定的安全裕度。我国用拱冠梁法计算的应力控制指标大致为：容许压应力5.0～6.0MPa，容许拉应力1.0～1.2MPa。

拱坝应力分析除研究运行期外，还应验算施工期的坝体应力和抗倾覆稳定性。施工期未封拱坝体最大拉应力不宜大于0.5MPa；坝体横缝灌浆前遭遇施工洪水时，坝体抗倾覆稳定安全系数不应小于1.2。

采用拱梁分载法计算地震工况坝体应力时，坝体的主压应力不应大于混凝土的容许压应力，地震工况下混凝土的容许压应力等于混凝土动态抗压极限强度值除以安全系数，当采用拟静力法计算时，安全系数采用3.5；当采用动力法计算时，安全系数采用2.3。坝体的主拉应力不应大于混凝土的容许拉应力，当采用拟静力法计算时，混凝土的容许拉应力为1.5MPa；当采用动力法计算时，混凝土的容许拉应力等于混凝土动态抗拉极限强度值除以安全系数，安全系数采用1.0。混凝土动态抗压极限强度可取静态抗压极限强度的1.2倍，动态抗拉极限强度可取动态抗压极限强度的0.1倍。抗震设防类别为甲级工程的坝体混凝土动态性能应由试验确定。

拱坝设有重力墩时，应将拱坝和重力墩作为整体进行应力分析，重力墩的应力和稳定分析，应符合SL 319—2018《混凝土重力坝设计规范》的规定。坝体局部结构的设计和计算，应符合SL 191—2008《水工混凝土结构设计规范》的规定。

2. *砌石拱坝*

目前砌石拱坝的设计均视砌石体为各向同性的均质体，沿用同类型混凝土拱坝的应力计算方法。已建砌石拱坝的原型观测及试验研究表明，这是偏于安全的。当有混凝土防渗体时，也可考虑坝体的一个方向异性。SL 25—2006《砌石坝设计规范》规定，砌石拱坝的应力分析宜以拱梁分载法计算成果作为衡量强度安全的标准，对于2级或情况比较复杂的砌石拱坝，除用拱梁分载法计算外，必要时应用有限元法验算。用拱梁分载法计算时，砌石体容许压应力的安全系数，当有试验资料时，基本荷载组合采用3.5，特殊荷载组合采用3.0；当无试验资料时，砌石体容许压应力根据砌石体种类、石料饱和抗压强度及胶凝材料标号强度的不同，按该规范附录A表A.0.7选用。砌石拱坝控制计算拉应力参考值可根据砌石体种类、胶凝材料标号强度以及坝体部位的不同，按该规范表9选用。当用拱冠梁法计算时，拱和梁的法向应力均应满足上述规定的要求。

2.5 拱座稳定分析

拱座是指拱坝所坐落的两岸岩体部分，包括两岸坝体直接浇筑的部位和上、下游一定范围内的岩体。拱坝主要依靠坝端下游岩体（拱座）的支撑来保持其抗滑稳定性。拱坝两岸山岩在拱端推力和剪力的作用下，如果岩体中存在不利于稳定的节理、裂隙或软弱夹层，或因拱坝布置不当使拱端下游岩体单薄等，则可能引起坝肩滑动，从而导致坝体破坏造成严重事故。据统计，拱坝的重大事故大多和拱座的滑动稳定有关。自从 20 世纪 50 年代末法国的马尔帕塞（Malpasset）拱坝失事后，拱坝设计者们都认识到拱坝的真正危险在于两岸拱座的稳定。在拱坝体形设计中，应力的要求和稳定的要求常有矛盾，在权衡两者关系时，更应重视拱座稳定。

拱座稳定分析主要研究岩体的可能滑动问题，但在拱座下游附近如存在较大断层或软弱带而有可能引起较大变形时，也应对拱座变形进行专门研究。

研究拱座稳定时，应综合考虑枢纽建筑物布置（包括坝轴线、平面布置、拱端构造、体形、泄洪消能方式及两岸拱座相邻建筑物布置等）、坝体应力、基础处理和施工方法等影响因素。由于拱座稳定的实用计算方法粗略，故需更多地依赖工程师的经验与对拱座实际状况的分析，要做到这一点往往很困难。因此，评价拱座稳定，是拱坝设计中面临的最困难问题之一。

2.5.1　拱座稳定分析方法

拱座稳定分析有许多方法，归纳起来可以分为刚体极限平衡法、有限元法和模型试验三类。SL 282—2018《混凝土拱坝设计规范》将刚体极限平衡法列为拱座抗滑稳定分析的主要计算方法。

在刚体极限平衡法中，主要使用的是各种二维和三维的计算方法，但由于拱座受力条件与地质弱面的配合关系往往较复杂，三维刚体极限平衡法使用更多。由于刚体极限平衡法的计算比较粗略，对于 1 级、2 级高拱坝或地质情况复杂的拱坝，应采用数值计算或地质力学模型试验，分析拱坝与坝基在基本荷载和超载（或降强）条件下的坝体应力、变形、开裂、屈服等发展过程及破坏状态，结合工程类比，综合评价拱坝整体稳定安全性。

2.5.1.1　刚体极限平衡法

刚体极限平衡法是将可能滑动的岩体作为刚体，采用极限平衡原理，计算沿滑动面的抗滑稳定安全系数的方法。

刚体极限平衡法采用了以下基本假定：①将滑移体视为刚体，不考虑各可能滑移体相对位移的相互影响；②不考虑各滑块达到极限平衡前，在位移过程中各界面上渗压的变化，忽略拱坝的内力重分布作用，认为作用在岩体上的力系为定值；③认为滑移体只做整体移动或转动，只考虑滑移体上力的平衡，不考虑力矩的平衡，对于拱端作用的力系，也不考虑弯矩的影响；④认为各可能滑移体所有各滑移面、错移面均同时达到极限平衡状态，其面上的剪力方向与滑移方向平行，指向相反，数值达到极限值；⑤不计地应力的影响。

由于刚体极限平衡法做了种种假定，故其成果有一定的局限性，但和目前勘测试验中所得到的原始数据的精度相比，还是相当的。特别是刚体极限平衡法已有较长的运用实践经验，方法简便，为人们所熟悉，故目前仍为国内外判断拱座稳定的主要方法。采用刚体极限平衡法进行抗滑稳定分析时，坝体的作用力应采用拱梁分载法的相应计算成果。

1. 拱座可能滑动面的形式与位置

进行拱座稳定分析时，首先必须把拱座附近基岩的节理、裂隙以及各种软弱结构面的产状调查清楚，然后再判断可能滑动面的位置。图2-27表示了拱座受力及两岸岩体情况。

图2-27　拱座稳定示意图

拱座可能滑动的方向如图2-28所示。图2-28（a）中，ab为坝轴切线方向，ac为与ab垂直的方向。拱座滑动方向一般均在ab、ac范围之内。下面几类产状结构面易成为坝端岩体的滑动面：①临空面出露的走向大致平行于河流的陡倾角结构面［图2-28（a）］，这是最不利的情况；②坝端下游岸突然扩大，地形单薄或有冲沟横切等而形成临空面，易使滑动体向下游发生破裂、滑动［图2-28（b）］；③下游有较大的断层破碎带或较宽的风化软弱岩脉，受力后产生的压缩变形足以形成岩体的滑动空间［图2-28（c）］。对于在下游逐渐斜入山内的节理、裂隙，则对稳定影响不大［图2-28（a）、（d）］。

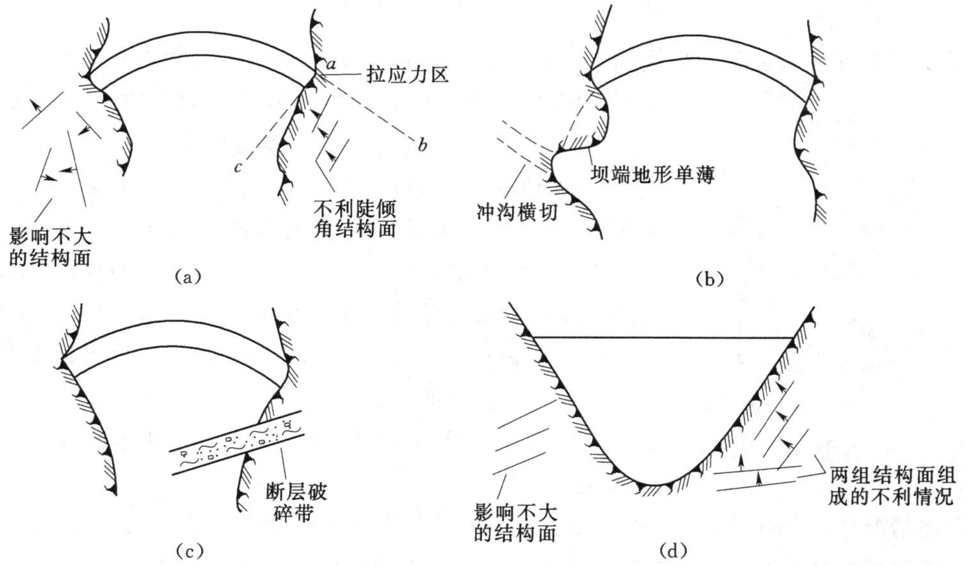

图2-28　拱座节理断层面对拱坝稳定的影响

除上述各种岩体滑动情况外，由于滑裂面的产状、规模和性质的不同，还可能出现各种组合形式，如具有单独（或成组）的陡倾角结构面与单独（或成组）的缓倾角结构面的组合［图2-28（d）］等。实际上，基岩中往往有多组节理存在，并且相互交错，把基岩分成各种形状的块体，情况十分复杂。在进行稳定分析时，可以假定几种不同的滑动面，计算其相应的安全系数。

2. 空间稳定分析法

SL 282—2018《混凝土拱坝设计规范》规定，拱座抗滑稳定分析应按空间问题计算可能滑动块体的抗滑稳定安全系数。图 2-29 为典型的拱座失稳形式，滑动体是由 3 个结构面 F_1、F_2、F_3 与临空面构成的块体。失稳岩体的界面称为破裂面（剪切面、滑动面）。破裂面至少有 1 个，最常见的有 2 个或图 2-29 所示的 3 个。这 3 个破裂面中，一个较为平缓，构成底裂面；一个较陡，构成侧裂面；还有一个是上游开裂面或假定坝体受力后，由于坝肩上游侧岩体内存在一个水平拉应力区［图 2-28（a）］而产生的近乎竖直的裂隙。滑动体可沿两个滑裂面的交线滑动，也可能沿单一滑动面滑动。

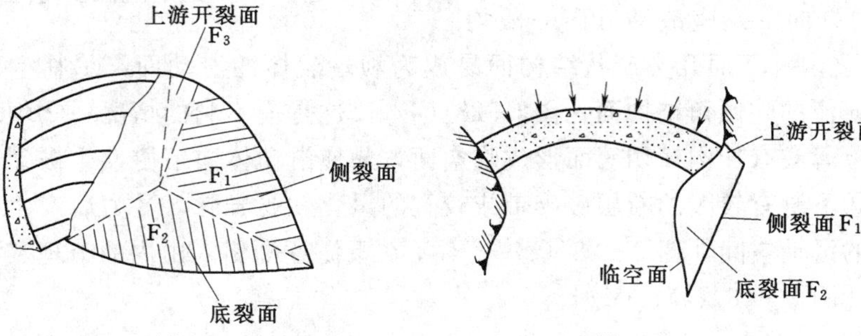

图 2-29　典型的拱座失稳形式图

图 2-30 所示为被两个破裂面 F_1 和 F_2 切剖出的滑动岩体，承受以下荷载作用：坝体传来的作用力 P（应采用拱梁分载法的相应计算成果）、岩块自重 W、作用在破裂面上的渗透压力 U_1、U_2，以及其他外力（如地震作用等）。为平衡这些荷载，在破裂面上必然存在反力，由平衡条件可以求出破裂面上的法向反力 R_1、R_2 和切向力（破裂面上的剪力）S_1、S_2。设想滑动块体沿棱线 om 滑动，当块体处于极限平衡时，破裂面上的滑动力 S 等于 S_1 和 S_2 之和，S_1、S_2 方向平行，故可取其代数和 $S=S_1+S_2$；破裂面上的阻滑力为 $f'_1(R_1-U_1)+f'_2(R_2-U_2)+c'_1A_1+c'_2A_2$。阻滑力与滑动力之比即为抗滑稳定安全系数。

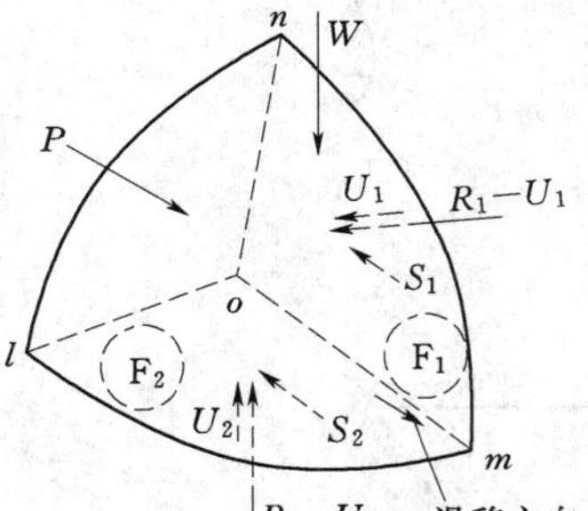

图 2-30　滑移体受力图

上述情况中，如果 $R_1-U_1<0$，由于一般认为基岩不能承受拉力，故可假定 F_1 面被拉开，此时滑移体将仅沿 F_2 作单面滑动，应据此求稳定安全系数。

以上是两个破裂面组成的滑移体情况。由于实际工程中破裂面组成的滑移形式多种多样，其抗滑稳定安全系数 K' 的一般公式可表达为

$$K'=\frac{\sum[f'(R-U)+c'A]}{\sum S} \tag{2-26}$$

式中：R 为垂直于滑裂面上的作用力；U 为作用于滑裂面上的渗透压力；f' 为抗剪断摩擦系数；c' 为抗剪断凝聚力；A 为计算滑裂面的面积。

式（2-26）即为抗剪断公式。SL 282—2018《混凝土拱坝设计规范》规定，对 1 级、

2 级拱坝及高拱坝应采用式（2－26）计算抗滑稳定安全系数。对于其他工程，除可采用式（2－26）外，还可采用下面的不计凝聚力的抗剪公式，即

$$K=\frac{\sum f(R-U)}{\sum S} \tag{2-27}$$

式中：f 为抗剪摩擦系数；其余符号意义同前。

在应用式（2－26）、式（2－27）时，如何合理选用抗剪断参数 f'、c'和抗剪参数 f 是一个十分重要而又难以确定的问题。SL 282—2018《混凝土拱坝设计规范》对 f'、c'和 f 的选用做了下述规定（图 2－31）：对式（2－26）中的 f'、c'值按相应于材料的峰值强度平均值并结合现场情况和类似工程综合采用。对式（2－27）中的 f 值，应根据材料的不同性质分别取相应的特性值：对脆性破坏的材料，如较坚硬完整的岩体，常要求大坝连同地基只能在弹性状态或基本弹性状态下工作，故以比例极限值作为抗剪强度的取值标准；而对塑性或脆塑性破坏的材料，如半坚硬或软弱破碎岩体，则取屈服极限；对已经剪切错断过的材料，采用残余强度，即当岩体试件被剪断后，剪应力显著下降，在剪切荷载不变的状态下，岩体变形不断增加时的强度，如图 2－31 所示。

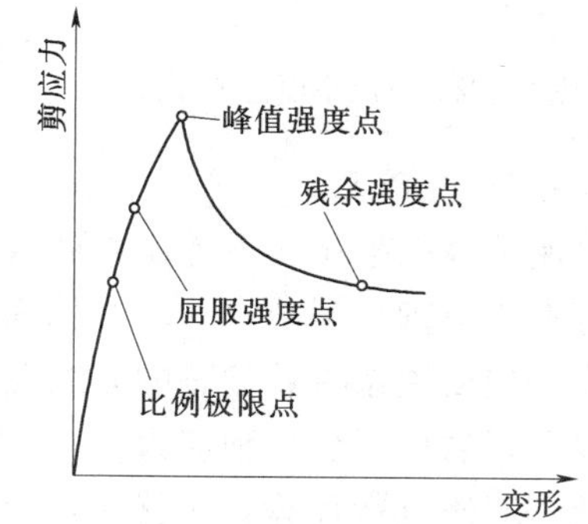

图 2－31　脆性岩体剪应力与变形关系曲线图

按式（2－26）、式（2－27）计算的安全系数应满足表 2－2 的规定值。

表 2－2　　抗滑稳定安全系数

荷载组合		建筑物级别		
		1	2	3
K'[式(2－26)]	基本	3.50	3.25	3.00
	特殊(非地震)	3.00	2.75	2.50
K[式(2－27)]	基本			1.30
	特殊(非地震)			1.10

地震工况按抗剪断公式（2－26）计算时，拱座抗滑稳定安全系数，采用拟静力法计算取 2.3，采用动力法计算取 1.2。

3. 平面稳定分析

前述的空间抗滑稳定分析是针对存在或可能存在特定滑裂面的块体进行的。如果拱座无特定的滑裂面或作初步估算时，可简化为平面问题进行计算。除上述前提外，不宜为减少工作量而随意简化，以免导致问题失真。

平面分析的方法是，沿高程每隔一段距离，切取单位厚度的水平拱圈及相应的坝肩岩体作为计算对象（图 2－32）。首先假定可能滑裂面为 AB，AB 为一铅直面，与整体分析相似，可求出沿滑裂面 AB 的抗滑稳定安全系数；然后再假设几个可能的滑动面（图 2－

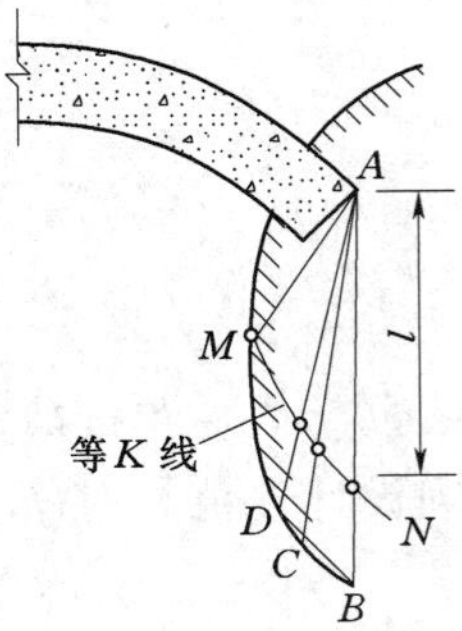

图 2-32　拱座平面稳定分析

32 中的 AC、AD）进行计算，以便求得最小的抗滑稳定安全系数。

另一种方法是，按照规定的安全系数 K，对每一个可能的滑动面，都可以反求得相应的必需的滑裂面长度 l（取单位厚度时，滑裂面面积 $A=l$），该长度末端的连线称为等 K 线（图 2-32 中的 MN 线）。若岩面线在等 K 线的外侧，说明该层拱圈的轮廓能满足拱座稳定的要求。稳定安全系数的要求与空间稳定分析方法相同，如个别计算平面拱圈的安全系数不满足要求，可根据具体情况采取必要的处理措施。

2.5.1.2　有限元法

刚体极限平衡法不考虑坝肩岩体变形对坝体结构的影响，但坝肩岩体一般都不同程度地存在着节理、裂隙等软弱结构面，属于非均质、非连续介质，岩体破坏过程十分复杂，其应力应变关系有着显著的非线性特性。有限元分析，特别是三维非线性有限元分析不仅可以分析岩体的变形和应力分布，还可以了解岩体破坏的机理和过程，把应力、变形和稳定统一起来进行计算，这就为合理分析拱座稳定提供了有效的途径。

有限元法可用于进行平面或空间拱座稳定分析。对单元的物理力学等特性，可以采用线弹性模型，也可以采用非线性模型。对于平面问题，可取包括一定地基范围内的单高水平拱圈或单宽悬臂梁剖面划分单元；对于空间问题，则按整体划分单元，如图 2-33 所示。计算模型的边界范围应根据地质和荷载条件选定，应不小于 1.5 倍坝高。

(a)　(b)　(c)

图 2-33　拱坝坝肩岩体抗滑稳定有限元计算图形
(a) 单宽悬臂梁；(b) 单高拱圈；(c) 整体模型

近 30 年来，拱座稳定的数值计算方法有了很大发展，主要表现在大量使用线性及非线性有限元法，并取得了重要成果。例如，清华大学、河海大学等院校研制的三维非线性有限元程序，曾用于二滩拱坝的稳定性分析，其成果不仅揭示了二滩拱坝随水压逐步增加而逐渐破坏的过程，还研究了二滩拱坝的整体极限荷载与超载安全系数。除二滩外，还在锦屏一级、小湾、白鹤滩等多座拱坝上进行了应用。以这些拱坝的三维非线性有限元分析成果为依据，提出了将有限元数值分析用于实际的操作方法及与之配套的控制标准，对拱座稳定分析有着重要参考价值。具体可参阅 SL 282—2018《混凝土拱坝设计规范》条文说明及有关文献资料。

2.5.1.3　地质力学模型试验

地质力学模型试验是一种模拟岩体的工程地质构造、物理力学特性和受力情况的结构破坏模型试验。这种模型采用高密度、低变形模量、低强度的材料，用模型材料的容重模拟原型材料的自重。其特点是：①以其材料自身容重按体积力模拟结构自重，故能正确反应自重应力场；②模型用模型块砌筑而成，不同砌筑方式可模拟不同的地质构造，故能反映各种复杂地质条件，如各向异性、节理裂隙的不同连通率等；③模型把模拟地基视为一个由不同弹塑性体组成的弹塑性复合体，其非线性特性既与组成块本身的弹塑性有关，又与互相接触的条件有关，模拟的是变形模量而非弹性模量；④材料特点是容重高、强度低、弹性模量低，适于做破坏试验，不适于做应力试验，试验中主要量测参数为位移及裂缝发展；⑤相对于一般脆性材料模型来说，其模型工作量大得多，一个模型往往需预制成千上万块模型砖。基于上述特点，通过试验就可了解复杂地基上拱坝和坝肩岩体相互作用下的变形特性、超载能力、破坏过程和破坏机理、拱推力在坝肩岩体内的影响范围、裂缝的分布规律等，是一种很有发展前途的研究方法。

模型材料是模型试验的关键性技术，如何使其同时满足变形特性相似和强度特性相似，尚未得到圆满解决。此外，试验工作量大、费用高，这些均需进一步研究解决。

地质力学结构模型试验于 20 世纪 60 年代首先在意大利开始进行，我国于 70 年代后期开始这方面的研究工作，并已应用于工程实际。图 2-34 为我国龙羊峡重力拱坝的地质力学模型破坏试验，模型块根据原型资料走向按连通率为 100％及 50％两组排列［图 2-34（a)］，采用提高坝前水位的超载破坏方法，获得了坝体及两岸坝肩各部位的变形及坝体的破坏情况［图 2-34（b)］。

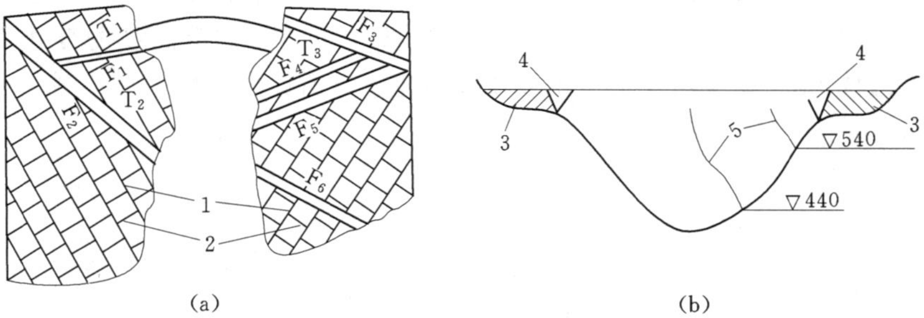

图 2-34　龙羊峡地质力学模型试验

(a) 560m 高程平面；(b) 下游面破坏立视示意图（当荷载为 2.25H 时）

1—节理连通率 100％；2—裂隙连通率 50％；3—重力墩；4—断裂；5—裂缝

2.5.2　改善拱座稳定性的工程措施

对拱座进行稳定分析后，如拱座局部以至整体不能满足要求时，除一般的地基处理外，可采取以下工程技术措施加以改善：

(1) 拱坝在拱座处的推力是影响拱座稳定的主要荷载，拱推力的方向又起着重要作用，可通过改善拱坝平面布置，如减小拱中心角、加大拱半径以及选用非圆形拱的体形布置等，使拱推力指向岩体内部。

（2）加强拱座岩体的灌浆和排水措施，以减小岩体的渗透压力。

（3）当拱座岩体比较软弱、承载力不足、变形过大时，可采用局部加大拱端厚度、设置人工扩大基础或采用推力墩等措施，以改善地基承载力。

（4）加强地基处理。对不利的节理、裂隙及软弱面，如埋深不大，可设法挖除；对宽度较小或部位较深的断层破碎带，可进行固结灌浆，以提高岩体的整体性和力学强度指标，这是工程中常用的方法。

（5）在有裂隙的坚硬岩体边坡地区，为了增加滑动面的正压力，以提高滑动面的抗滑力或控制滑体的横向变形，可采用锚杆或预应力锚固措施。

2.6 拱坝的体形优化

拱坝体形优化设计是利用数学规划方法求出给定条件下的最优体形。这是近 30 年发展起来的一项新技术。我国起步虽较国外晚一些，但进展较快。目前其他国家尚未将数学模型应用于实际工程，而我国建立的数学模型比较实用，已应用于 100 多个拱坝工程，平均节省工程量 20%[27]，并已应用于 250m 以上的高拱坝。目前我国比较重要的拱坝，基本都采用优化方法进行设计。

2.6.1 拱坝的几何模型[21,27]

拱坝的几何模型用来描述坝体的几何形状、尺寸和位置，是拱坝体形优化的重要组成部分。描述拱坝体形（图 2 - 35）既可采用离散型几何模型，也可采用函数型几何模型。由于后者较为实用，易被设计人员接受，故应用较多。为了使几何模型既能反映拱坝的工作状态，又与人工设计相近，便于推广，20 世纪 70 年代末，朱伯芳等即提出了如下几何模型构造方法[27]：把水平和铅直两个平面内的几何形态的变化分开描述；水平面内拱轴线采用单心圆、多心圆和各种变曲率曲线拱。这些曲线的参数沿高度的变化用多项式描述；铅直面内的轴线和厚度的变化也用多项式描述。目前这类几何模型已成为拱坝优化的主流方法。

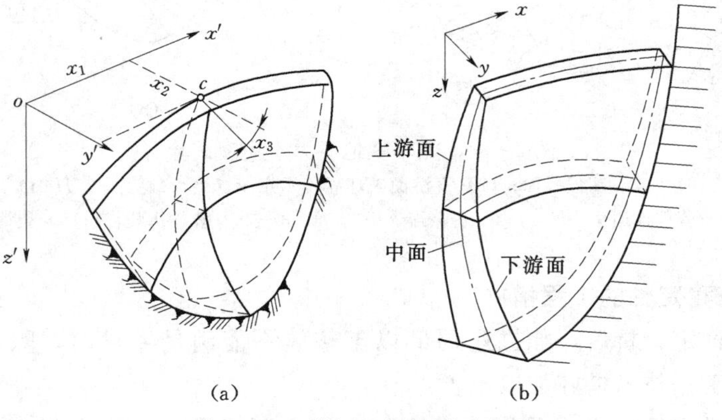

图 2 - 35　拱坝几何模型示意图

1. 河谷形状与坝轴线位置

河谷形状是任意的，两岸利用岩石的等高线可用折线或样条曲线代替。如果不优化坝轴线位置，则可用直线代替。

如图2-35（a）所示，为了确定坝轴线在坝段中的位置，应选定三个参数，即拱冠剖面上游顶点c（或中心点）的整体水平坐标$x'=x_1$和$y'=x_2$（x'、y'为整体坐标）、拱坝参考面与$y'oz'$平面的夹角x_3。x_1、x_2、x_3是决定坝轴线位置的三个变量。当这三个变量不断变化时，坝轴线即不断移动和转动，以寻找最有利的位置。

2. 构造拱坝几何形状的设计参数与设计变量

决定拱坝剖面形状的参数称为设计参数。例如，拱冠梁剖面的设计参数是上游面（或中心）曲线和沿高度变化的厚度［图2-35（b）］；水平拱圈的设计参数是拱轴线的形状及其厚度的变化规律，单心等厚水平拱圈的设计参数是半径和厚度。

拱坝的体形优化就是要在给定的条件下，求出n个设计变量的一组最优解，它代表了拱坝在给定条件下的最优体形。

2.6.2 拱坝的优化设计

1. 目标函数

目标函数是衡量不同设计方案优劣的指标，一般取为坝的造价，可表示如下

$$C(x)=c_1V_1(x)+c_2V_2(x) \tag{2-28}$$

式中：$V_1(x)$为坝体混凝土体积；$V_2(x)$为基岩开挖体积；c_1、c_2分别为混凝土和基岩开挖的单价。通常坝的造价主要决定于混凝土体积，所以一般以坝的体积作为目标函数。

2. 约束条件

约束条件包括几何约束、应力约束和稳定约束，它们必须全面满足SL 282—2018《混凝土拱坝设计规范》的规定，考虑到施工和结构布置上的要求，有时还要满足工程上的一些特殊要求。有关这些要求的内容，见前几节所述。

（1）几何约束。主要包括坝轴线移动范围约束（即x_1、x_2、x_3的变化范围）；坝顶最小厚度和坝底最大厚度；坝体表面最大倒悬度；每一悬臂梁的上、下游面的保凸性要求等。

（2）应力约束。坝体在最不利荷载组合下产生的主压应力不超过规定的容许压应力，主拉应力不超过规定的容许拉应力。为保证施工安全，应根据坝体接缝灌浆情况，计算不同时期坝块因自重而产生的拉应力，该拉应力必须小于施工期浇筑层面上的容许拉应力。

（3）稳定约束。拱座抗滑稳定有以下三种表示方式，可根据地质条件及坝的重要性而选用其中一种：①抗滑稳定系数约束；②拱座推力角约束；③拱圈中心角约束。这些约束要求见前几节所述。

约束条件是设计者给定的，有些条件可能互相矛盾，以致计算不收敛。故当计算长时间不收敛时，应及时检查约束条件是否矛盾，适当修改约束条件。

3. 拱坝优化的数学模型

拱坝体形优化就是要求出n个设计变量的解，它满足全部约束条件，并使目标函数取极小值。用数学方式表示就是求x

$$\left.\begin{array}{ll}\text{使} & C(x)\rightarrow \min \\ \text{满足约束} & g_j(x)\leqslant 1 \quad j=1,2,\cdots,m\end{array}\right\} \tag{2-29}$$

式中：m为约束条件个数。

4. 拱坝优化求解方法

由于目标函数和绝大部分约束函数都是设计变量的非线性函数，所以拱坝优化是一个非线性规划问题，可采用罚函数法、序列二次规划法、复形法或边界搜索法等进行求解。在拱坝优化计算中，应力分析耗时最多，故如何减少应力分析所耗费时间，是提高优化效率，甚至是关系优化能否实现的关键。朱伯芳等提出的内力展开法[21]，计算效率较国外方法高得多，一般只要迭代 3～4 次即收敛。有关上述求解方法的详细论述可参阅有关文献。

目前，拱坝的设计已发展到将优化设计、计算机辅助设计（CAD）和专家系统（人工智能）三者融为一体的拱坝体形设计的集成系统，即拱坝智能优化辅助设计系统。拱坝的类型、材料和布置的初步方案在专家系统的辅助下由设计师给出，坝体形状和尺寸主要由优化方法给出，设计图纸和细部设计则由计算机自动给出。这样，大量的计算、分析、优化、绘图等工作均由计算机完成，而设计中的主要决策则是在专家系统下由设计师做出，从而发挥了工程师、专家系统、优化方法和 CAD 技术的各自优势，使拱坝的设计达到了一个新水平，其详细论述可见参考文献［61］。

2.7　拱坝的坝身泄流

拱坝枢纽泄水建筑物按其所在部位的不同，有坝身式、岸边式和隧洞式三大类。由于坝身式可节约投资，运行管理方便，且坝身孔口泄流的开孔对坝身应力的影响问题借助有限元分析已不难解决，故拱坝设计规范提出，宜优先采用坝身孔口泄洪方式。根据调查，拱坝的泄水建筑物采用坝身式的最多，但鉴于我国河流特点，对于水头高、泄量大、河谷窄的拱坝工程，单一的坝身泄洪，常因受到经济或技术方面的限制而无法满足要求，此时可采用坝身与溢洪道、坝身与泄洪洞相结合，或坝身、溢洪道、泄洪洞三者相结合方式来共同担负拱坝泄洪任务。

二滩工程采用坝身与泄洪洞组合泄洪方式，坝身采用表孔和深孔，坝外采用两条泄洪洞。表孔、深孔、泄洪洞的泄量大致各占 1/3。每一种泄洪设施都能满足下泄常遇洪水的需要，运行比较灵活。近年来修建的一批大流量、窄河谷的高拱坝，如小湾、溪洛渡、锦屏一级等双曲拱坝都采用坝身孔口和泄洪洞联合泄洪方式。

岸边泄洪和隧洞泄洪的布置和设计的有关内容可参考第 4 章、第 5 章。本节仅对拱坝坝身泄流进行论述。

2.7.1　拱坝坝身泄流方式

常用的拱坝坝身泄流方式有：坝顶泄流、滑雪道泄流、坝面泄流、坝身孔口泄流、坝后厂房顶溢流或厂房前挑流等。

1. 坝顶泄流

坝顶溢流包括坝顶自由跌落和经短悬臂挑坎往下游挑射两种。当泄水量不太大时，常采用坝顶自由跌落的泄水方式（图 2－36）。溢流段常设在拱坝中间的河床部分，这种形式结构简单、工程量小、施工方便。一般不设闸门，单宽流量可达 $20m^3/(s \cdot m)$。由于自由落下的水流距坝脚很近，为了使冲刷不致影响到坝身，应有坚硬的基岩、较深的水垫和可靠的护坦甚至护岸工程。

为了不使从坝顶溢流水股的跌落距坝脚太近，可以把拱坝溢流段下游做成短悬臂挑流坎往下游挑射方式（图 2-37），这样既可使水股挑射远离坝脚，又可减轻溢流时坝体振动，较有利于坝的安全，适用于单宽流量和落差较大的情况。堰顶至挑坎落差一般为 6～8m，堰上水头为 2～4m 或更大，鼻坎反弧半径为 3.5～6.0m，挑射角为 0°～20°，挑距多大于 30m。

我国的东风、流溪河、雅溪、古城等许多拱坝均采用了短悬臂挑坎的泄洪方式，运行情况良好，坝体振动很小。短悬臂挑流坎头部形式如图 2-37 所示。

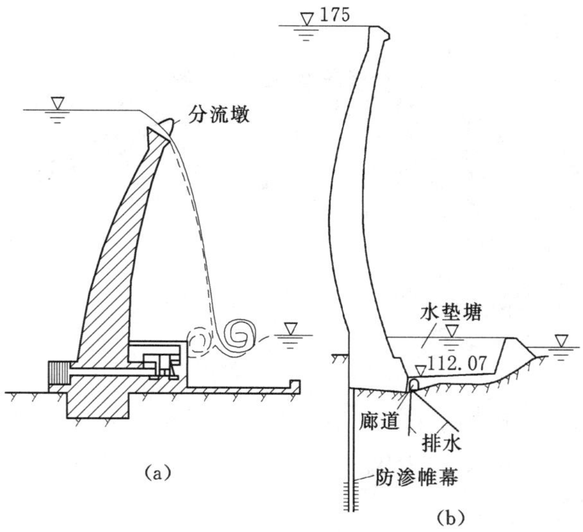

图 2-36　自由跌落式溢流拱坝

(a) 考斯克；(b) 博卡

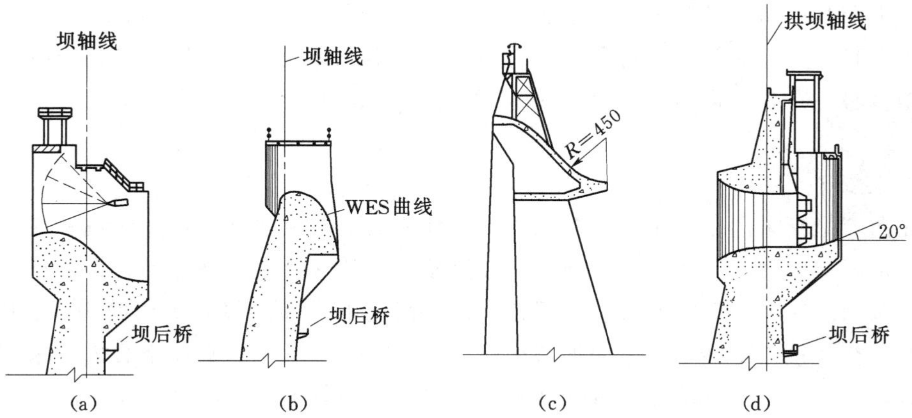

图 2-37　短悬臂挑流坎头部形式

(a) 古城坝；(b) 白云坝；(c) 长沙坝；(d) 欧阳海坝

2. 滑雪道泄流

滑雪道泄流是拱坝特有的一种泄流方式，其溢流面由溢流坝顶和与之相连接的泄槽组成，泄槽为坝体轮廓以外的结构部分。当拱坝较薄、泄流量较大时，可在拱坝岸坡段或中央河床段设滑雪道式溢洪道，其坝体下游部分可做成实体（图 2-38），也可做成溢流面板式（图 2-39），滑雪道末端设挑流坎。挑流坎一般都比堰顶低很多，落差较大，为使滑雪道式溢洪道泄流时水流平顺，避免坝面产生真空和引起坝身振动，并使挑射出的水流远离坝脚，不致影响坝的安全，滑雪道溢流面的曲线形状、反弧半径和鼻坎尺寸等都需经过试验研究来确定。

岸坡滑雪道如两岸对称布置，可使挑射出的两股水流对冲碰撞消能。图 2-38 为广东

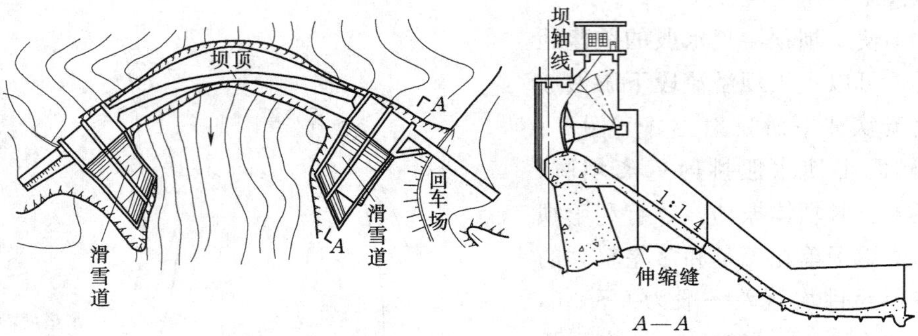

图 2-38　泉水拱坝滑雪道式溢洪道

泉水拱坝，高 80m，采用左右岸对称布置的岸坡滑雪道式溢洪道，左、右溢洪道各有两孔，每孔尺寸为宽 9.0m、高 6.5m，鼻坎挑流，泄量约为 $1500m^3/s$，落水点距坝脚约 110m。

在坝下滑雪道式面板下，可布置水电站厂房，图 2-39 为我国贵州修文拱坝，即采用了这种形式。当采用厚拱坝或中厚拱坝，而厂房在坝后，泄流量较大，河谷又较狭窄时，为解决泄洪与厂房布置的矛盾，常采用这种布置形式。通常所说的厂房顶溢流或厂房前挑流方式，由于其厂房顶常为滑雪道溢流形式，故归入滑雪道式一并讲述。这类布置的厂房顶脉动压力和厂房振动是一个备受关注的问题。采用厂房顶泄流或厂房前挑流时，应进行水工模型试验。在各种运行工况下均不应产生危及结构安全的振动，并应采取有效止水措施。

3. 坝面泄流

坝面泄流是指采用重力拱坝等厚拱坝时，水流沿下游坝面下泄，并以挑流或底流方式与下游尾水衔接的过流方式。与坝顶自由溢流相比，其落差大、流速高、挑距远，对坝体安全更为有利。表孔的堰面曲线宜采用幂曲线，浅孔的堰面曲线宜采用抛物线。图 2-40 为湖南凤滩空腹重力拱坝，即采用了这种形式。其特点是厂房布置在空腹内，采用高、低鼻坎挑流，水流空中撞击消能，有效地解决了水流径向集中问题，消能效果良好。

4. 坝身孔口泄流

这里所说的坝身泄水孔主要指中孔（进水口水头小于 60m）和深孔。拱坝坝体内设泄洪孔口，特别是开设大孔口泄洪，是近年来拱坝的发展趋势。其特点是具有一定的工作水头、流速大、射程远。泄洪孔口通常有两种形式：

(1) 泄洪大孔口。孔口一般设置在河床中部坝段，以便于消能和防冲。孔口工作水头一般为 20～30m，孔口尺寸可达 10m×10m。矩形孔口有利于施工，其断面高宽比可采用 0.83～1.43。若采用圆形或椭圆形孔口，则对坝体应力有利。工作闸门常采用弧形闸门或平面闸门，设在出口，这样便于布置闸门的提升设备。我国湖南欧阳海拱坝，即采用了深水泄洪大孔口布置，坝高 58m，设有设计水头 18.5m、断面尺寸 11.5m×7.0m 的孔口 5 个，总泄流能力达 $6090m^3/s$。

拱坝设置大孔口后，对坝体有一定的削弱，破坏了“拱”和“梁”的连续性，应充分注意对坝体应力的影响及孔口附近的应力集中。孔口位置、尺寸应结合坝体应力分布情况

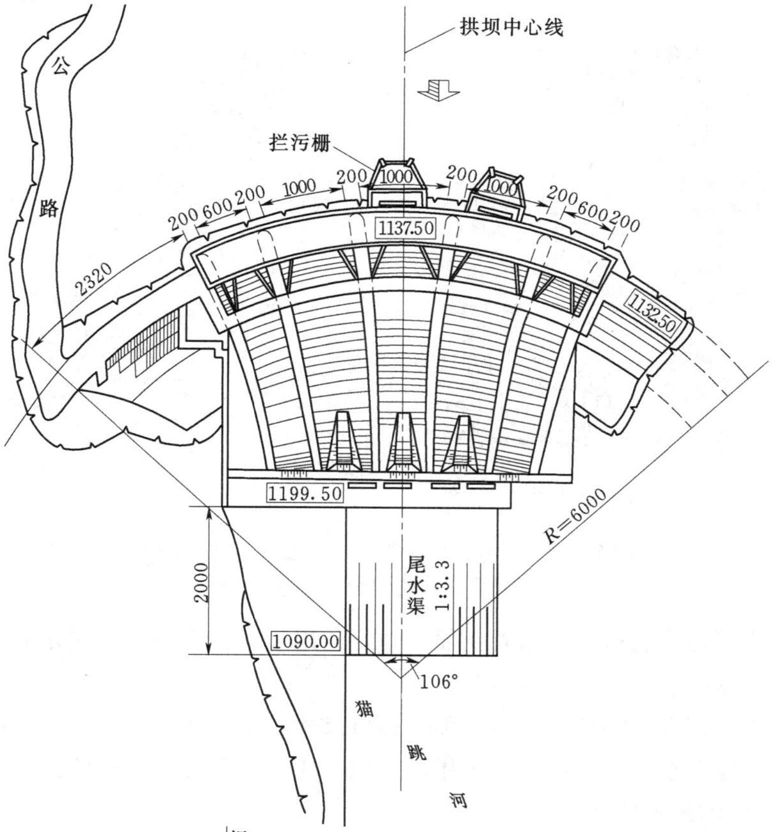

(a)

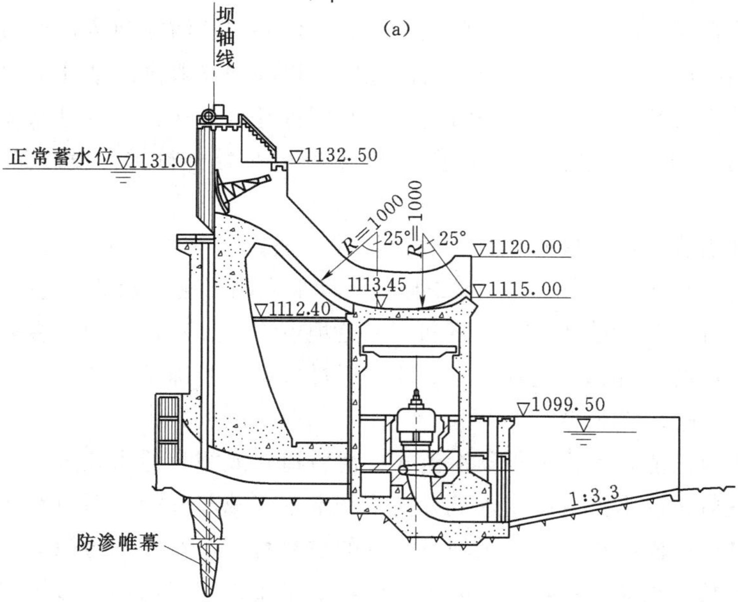

(b)

图2-39　修文拱坝溢流面板式溢洪道（单位：高程m；尺寸cm）

(a) 平面图；(b) 电站剖面图

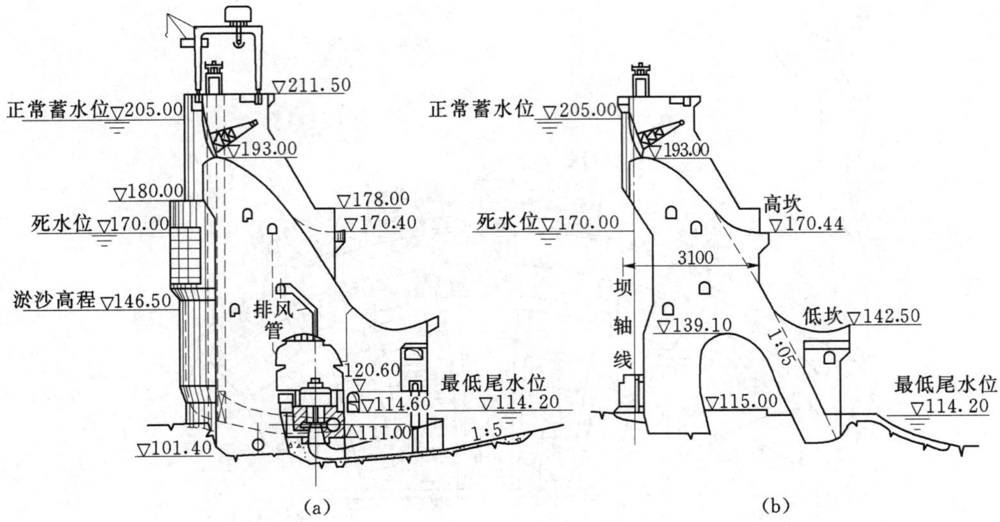

图 2-40　凤滩拱坝（单位：高程 m；尺寸 cm）

(a) 坝内厂房剖面；(b) 溢流坝段剖面

进行布置，视需要可在孔口周围布置钢筋，并可利用闸墩、边墩及挑坎作为加强孔口结构刚度的措施，改善孔口周边的应力状态。

(2) 高压放水深孔。一般设在坝底部，孔口尺寸较小，在下游出口处设高压闸门或阀门，进口有拦污栅及检修门，孔口可采用高宽比 1.4～1.67 的矩形孔口。

2.7.2　拱坝泄流的消能防冲

拱坝一般建在狭窄的河谷上，因此拱坝泄流不仅要注意防止河床冲刷过深，而且要特别注意防止冲刷两岸，以保证坝体及岸坡的稳定。拱坝坝身泄洪的消能大多数采用挑流或跌流，少数采用底流消能。挑流或跌流消能又有两种基本形式：一种是水流射入河床形成冲刷坑消能；另一种是对消能区进行全面的开挖和混凝土衬护，设二道坝组成水垫塘消能。

(1) 水垫塘消能。这是最简单且有效的消能方法。如下游水深较浅，水垫不够厚时，可在坝下游设置二道坝（图 2-36）。二道坝不宜距主坝太近，否则流态不好，消能效果差，且冲刷坑有可能对二道坝的稳定不利。二道坝也不宜过高，否则会带来二道坝自身的消能问题。二道坝的位置、高度及形式一般应通过模型试验确定。如欧阳海拱坝在坝下游 180m 处修建了一座高 16m 的二道坝。

(2) 鼻坎挑射消能。无论是坝顶泄流式、滑雪道式或坝身泄水孔式，大都采用了不同形式的鼻坎以挑射扩散水流或改变水流方向，在空中消减部分能量后再跌入下游河床来减少冲刷。泄流过坝后向心集中是拱坝坝身泄洪的主要特点，对坝下游消能极为不利。为减轻或避免这一不利因素的影响，在实际工程中，已采用了许多增加水流横向扩散、纵向拉开或调整水流抛射方向的有效措施，如坝身泄水孔采用非径向布置；出口段采用扩散、收缩（宽尾墩、窄缝坎等）、差动斜切或扭曲等结构措施。当多种坝身泄水孔联合运行时，宜采用同高程孔口泄流左右对冲消能，或不同高程孔口泄流上下对冲消能，或高孔跌流配合低孔的底流消能等组合的消能形式。例如，图 2-38 的泉水拱坝即采用对冲消能，图 2-41的凤滩拱坝和白山拱坝即采用高低坎对冲消能。

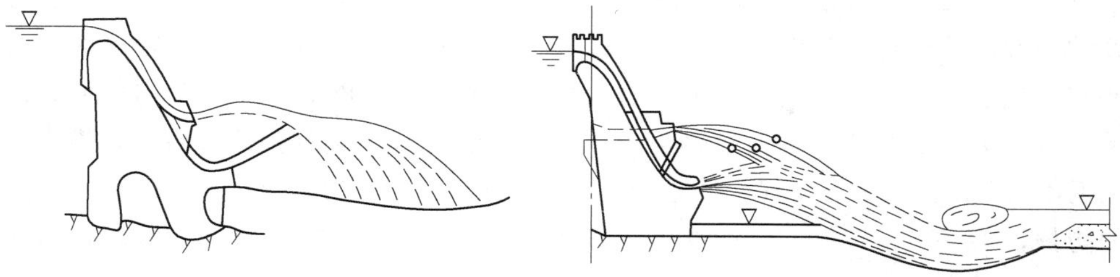

(a)　　(b)

图 2-41　拱坝高低坎对冲消能
(a) 凤滩拱坝；(b) 白山拱坝

(3) 底流消能。对重力拱坝，有的也可采用底流消能。有关底流消能问题可参见第7章。

(4) 护坦保护防冲。自由跌落式水股距坝脚较近，挑射式泄流在堰顶低水头情况下运行或在开始泄流时的小流量情况下，下泄的水股射程也较近，都将直接冲刷坝脚。采用护坦保护坝脚使基岩不受冲刷，有时是很必要的。护坦的长度、范围、形状也应通过水工模型试验来确定。

2.7.3　泄洪雾化问题

拱坝通常建于高窄峡谷中，挑流和跌流消能已成为高拱坝经常采用的消能形式。但这两种消能形式都存在较为严重的雾化问题，对工程安全运行造成的危害性已被越来越多的工程实践所证实。泄水工程的雾化问题正日益受到重视。

水电站的泄洪雾化影响范围如果超过河槽水垫而进入岸边和建筑物布置区，则对水电站的安全运行及周围环境产生不同程度的影响。水流雾化可使泄洪区附近的交通设施、电器设备、两岸岸坡的稳定受到影响。近些年来我国某些水电站就曾因雾化问题，发生过输电高压开关和厂房电器设备绝缘降低而短路的事故。随着西部开发，一批大型拱坝工程的兴建，泄洪消能也带来一些新的环境问题。我国西北地区雨量较少，河谷狭窄，两岸陡峭，泄洪时水流雾化造成的降水甚至达到暴雨的强度，使得岸坡山体的含水量突然增加，饱和后的岩体抗剪强度极大地降低了两岸山体的抗滑稳定，危及大坝或水电站厂房的安全。龙羊峡水电站就曾因雾化使得岸边滑坡体加快了位移，不得不采取挖除和加固等工程措施。白山水电站也因泄洪挑流激溅携带块石严重影响户外临时开关站的安全运行。还有一些水电站在泄洪期间，因泄洪雾化所形成的暴雨造成岸坡不稳定，岩石塌滑，阻断进厂交通。

研究和原型观测表明，雾化区的大小、形状、强度与泄量、水头、消能方式、水垫深度（以上各项决定雾化源及大小）、下游河谷地形、气象条件（风向、风速、气压）等因素有关。例如，消能方式与泄洪雾化之间就存在因果关系。雾化源主要来自挑流、跌流的水舌落水附近水的反弹和喷溅。应根据类似工程经验，分析研究泄洪雾化影响及雨强分布范围。对于泄洪雾化问题突出的重要工程，可采用数值分析方法和模型试验方法同时开展研究；一般工程可仅采用数值分析方法进行研究，小型工程可以根据同类工程研究成果或实测数据进行类比分析。

对泄洪雾化应该根据雾雨强度分布及防护对象的特点进行分区防护。预防雾化危害可采取以下几个方面的工程措施：①为防止雾化危害，在枢纽布置和消能设计中应注意将厂房、开关站等重要建筑物和设施布置在与水舌、水舌落点或碰撞点有一定距离的地方，尤其不要布置在水舌的下风方向；在满足消能和防冲要求的前提下，消能工的选型和设计应注意尽量减小雾化，必要时应改变消能方式等；②在运行中要加强原型观测，摸索当地泄洪雾化规律，以便挑选出雾化程度最轻的运行方式作为经常采用的运行方式；③加强下游岸坡的防护，如有不稳定体，应在设计和施工中采取相应的防护措施（防水、排水、内部和表面锚固、预应力锚固、开挖等）。

2.8　拱坝的构造及坝基处理

2.8.1　拱坝的材料及坝体构造

2.8.1.1　材料

修建拱坝的材料主要是混凝土。我国以前修建的中、小型拱坝，考虑到可就地取材及当时劳动力价格低廉，多采用浆砌石。现在由于劳动力价格提高，中、小型拱坝也大多采用混凝土建造。拱坝结构应力较重力坝高，因而对材料的要求比重力坝高。混凝土材料各项指标中，强度是主要指标，强度指标能满足时，抗渗、抗冻等指标也能满足，不需要分区浇筑抗渗混凝土。

坝体混凝土可根据应力分布情况和耐久性要求，设置不同混凝土分区，当坝体厚度不大时，同一浇筑层混凝土不宜分区。如果出现相邻两个分区混凝土指标差异较大时，当条件允许时可考虑设置过渡区混凝土，避免混凝土出现分层现象。坝体混凝土材料分区设计应以强度为主要控制指标。拱坝内孔洞、泄流消能部位可局部提高混凝土强度等级，并提出抗冲耐磨、抗渗等要求。此外，应校验各部位混凝土的极限拉伸值，保证混凝土的抗裂性能。上游面应校验抗渗性能。寒冷地区，对上、下游水位变化区及所有暴露面应校验抗冻性能。

2.8.1.2　混凝土拱坝的构造

1. 坝顶及坝面

坝顶布置包括：坝顶高程、坝顶宽度、防浪墙高度与厚度的确定；解决好坝顶交通、闸门启闭设备、观测设备、照明设备、排水及动力电缆沟等布置以及相互关系，满足施工、运行及防洪等要求。坝顶布置还应结合工程的建筑总体规划，并与周围环境相协调。

坝顶上游侧一般设置防浪墙，防浪墙宜采用与坝体连成整体的钢筋混凝土结构，墙身应有足够的厚度。在坝体横缝处应留伸缩缝，并设止水。坝顶下游侧应设置栏杆，防浪墙、栏杆的高度不宜低于 1.2m。

坝顶结构尺寸应满足运行、交通、观测、照明等要求。非溢流段坝顶宽度不宜小于3m。溢流坝段或厂房坝段，应结合泄水和引水建筑物进水口布置，满足泄流、引水、设备布置、运行操作、交通和监测、检修等要求。坝顶实体宽度不足时，可在上、下游侧伸出悬臂结构，加宽坝顶，以满足各方面的要求。

现代拱坝一般只在上游面一定厚度内浇筑抗渗和抗冻性较好的混凝土，在下游面 1～2m 范围内浇筑抗冻性较好的混凝土。一般情况都不配筋，但在严寒地区，有的薄拱坝在顶部配筋以防渗水冻胀而开裂；建在地震区的拱坝，由于坝顶附近易开裂，可在该部位穿过横缝布置钢筋以增强坝的整体性；如遇特殊地基，薄拱坝也可考虑局部配筋。

2. 分缝、分块及接缝灌浆

拱坝是整体结构，但由于散热和施工的需要，常分层分块浇筑，即沿拱坝轴线以径向横缝把坝体分成若干柱状块体，各柱体混凝土由下而上分层轮换浇筑。对于厚拱坝，除横缝外，还应有纵缝，如图 2-42 所示。当坝体混凝土冷却到蓄水后正常运行情况下的坝体年平均温度左右，进行封拱灌浆，将拱坝连成整体。

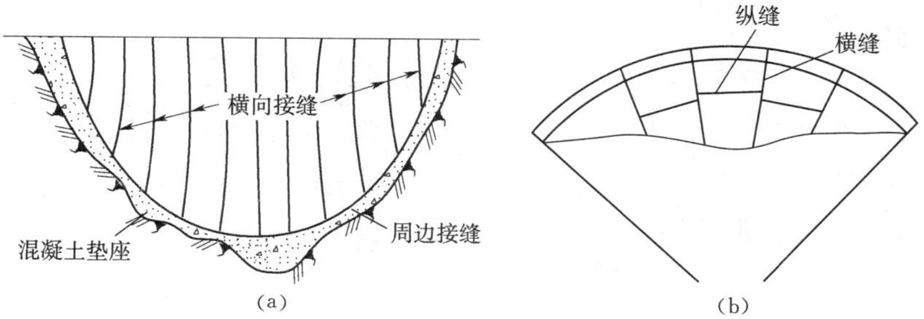

图 2-42　拱坝的横缝、纵缝及周边缝

(a) 立面图；(b) 平面图

拱坝横缝间距一般为 15～25m。在变半径的双曲拱坝中，为了使横缝方向与径向一致，则横缝在空间将形成扭曲面，如图 2-42 (a) 所示。有时为了简化施工，对不太高的拱坝也可以中间高程处的径向为准，仍用铅直平面来分缝。横缝底部缝面与地基面的夹角不得小于 60°，并应尽可能接近正交。缝面应设置键槽，并埋设灌浆系统。键槽应为铅直方向，宜采用梯形槽、圆弧形槽或球冠形槽。近年来，东风、二滩和小湾等拱坝工程采用了圆弧形或球冠形键槽。

对于薄拱坝和中厚拱坝，目前一般不再设置纵缝，以简化施工。拱坝厚度大于 40m 时，可考虑设置纵缝。当施工有可靠的温控措施和足够的混凝土浇筑能力时，拱坝厚度超过 40m 时也可不设纵缝，如中国的小湾拱坝（最大拱端厚度 72.9m)、溪洛渡拱坝（最大拱端厚度 64m)、锦屏一级拱坝（最大拱端厚度 66m）等均未设置纵缝。相邻坝块间的纵缝应错开，纵缝缝面宜采用铅直缝，但在下游坝面附近应缓转与坝面正交，避免浇筑块出现尖角。也可在某一高程并缝，并缝缝顶可设圆形孔洞，配置并缝钢筋。纵缝面也应设置键槽，并埋设灌浆系统，键槽走向为水平方向，形状宜为三角形。

横缝的形式有窄缝与宽缝两种。拱坝的横缝与重力坝的横缝不同，拱坝的横缝是临时性的，其构造与重力坝的纵缝相同。窄缝是相邻坝块紧靠着浇筑，混凝土收缩后成缝（一般大于 0.5mm)，然后对缝进行水泥浆灌浆。封拱灌浆是一项重要工作，只有在灌浆以后，拱坝才能挡水运行。拱坝横（纵）缝尚未灌浆而需临时挡水时，应进行专门论证。灌浆一般在蓄水前的冬季进行，每道灌浆缝沿高度每隔 9～15m 分成一个灌浆区，每一灌浆区的面积一般为 200～400m^2，灌浆区的四周设止浆片［图 2-43 (a)]，常用的止浆片有镀锌铁片、铝片、带肋塑料带等。横缝上游面和下游面的止水片可兼作止浆片。灌浆时，自灌区底部的进浆管开始，用较高压力（一般灌浆区顶部压力控制在 0.1～0.3MPa）输进水泥浆，经由灌浆支管到出浆盒，再进入缝中，充填缝隙后进入回浆管。从进浆管到回浆管组成一个连通的回路，使水泥浆在管中不断流动，避免在管中凝结。在灌浆过程中，缝中的空气将通过顶部的排气槽由排气管排出。当在规定的灌浆压力和浆液稠度下，吸浆率小于某个标准即可终止灌浆。

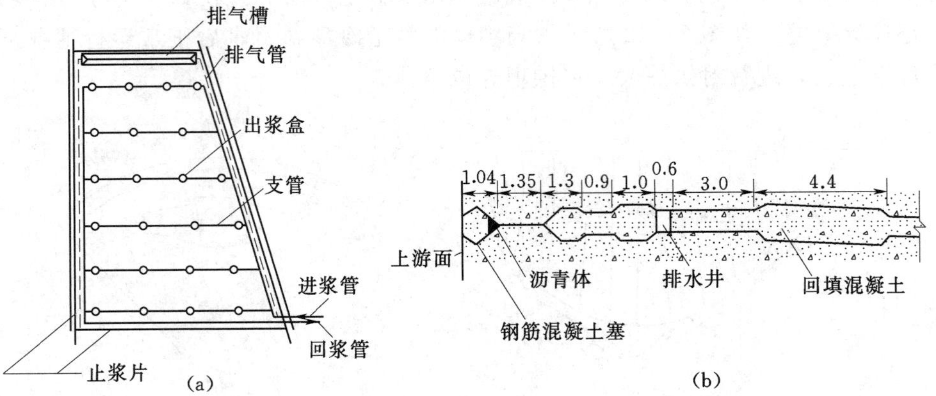

图 2-43　拱坝的横缝处理措施（单位：m）
(a) 窄缝灌浆；(b) 宽缝回填混凝土

宽缝型的横缝一般缝宽为 0.7～1.2m，缝面设键槽，上游设混凝土塞［图 2-43(b)］，待坝体冷却收缩后，用混凝土填缝。这种缝适合于无灌浆条件的中、小型工程，缝中所填混凝土最好是膨胀混凝土。其缺点是，需模板较多，回填的混凝土冷却后还可能产生裂缝，对于高坝需在填缝后再进行灌浆。

根据对已建拱坝的实地检查，收缩缝灌浆的效果也不是完全有保证的，它仍然是坝体的薄弱面。因此，现代拱坝建设的趋势是尽可能减少收缩缝，在施工中加强冷却措施，实践证明效果良好。对于较薄的拱坝，必须注意第一期冷却不宜过快，否则可能导致拉裂。

应该指出，在一定的条件下，也可将横缝的一部分保持为永久性的明缝。当拱坝有一岸或两岸自坝顶到某一高程范围内的地质条件很差，不足以承担拱端的巨大推力时，可将这一范围内的横缝保持为永久缝，或自拱冠顶部起向两侧往下逐渐加深明缝，使拱端推力可以向下斜传入两岸较好的基岩，如我国的隔河岩拱坝（又称“上重下拱式”拱坝）就采取了这种横缝的布置形式。

3. 坝内廊道及交通

为了满足基础灌浆、排水、安全监测、检查维修、运行操作和坝内交通的要求，坝内应设置廊道。廊道的布置应全坝兼顾，做到一廊道多用。对于中、低高度的薄拱坝，也可不设廊道。

基础灌浆廊道应与灌浆洞或横向廊道相连，通向下游坝外。廊道坡度较陡时，廊道内应设置平台及扶手。若两岸坡度大于 45°时，基础灌浆廊道可与灌浆平洞结合，分层布置。基础灌浆廊道底板混凝土厚度，不宜小于 3m。其断面尺寸应根据灌浆机具尺寸和工作空间要求确定，宽度一般为 2.5～3.0m，高度一般为 3.0～3.5m。交通及监测廊道最小宽度一般为 1.2m，最小高度一般为 2.2m。

廊道与坝内其他孔洞间的净距不宜过小，应通过应力分析确定。纵向廊道的上游壁离上游坝面的距离一般为 0.05～0.1 倍坝面作用水头，且不小于 3m。廊道断面形状多为矩形或城门洞形。廊道两侧（或一侧）应设排水沟，排水沟尺寸一般为 25cm×25cm，底坡一般为 2‰～5‰。廊道内应有足够的照明设施和良好的通风条件，各种电气设备与线路应绝缘良好，并易于检修，必要时可设置应急照明。廊道通向坝外的进、出口，应设门保安防寒。在泄洪和施工度汛时，应有防止廊道进水的措施。廊道出口应考虑泄洪雾化影响。

对于较高的坝，需要布置多层廊道，层高应根据拱坝高度和需要及上下层廊道的连接形式确定。坝内各层廊道均应相互连通，可采用电梯、坝后桥、两岸坡道等方式。1 级、2 级拱坝或高拱坝一般在坝后（或坝内）设置电梯。校核尾水位以上部位的下游坝面，宜分层设置坝后桥。坝后桥应与坝体整体连接，其伸缩缝的位置应与拱坝横缝布置相适应。坝后桥每层间隔应与坝身孔洞和廊道布置相协调。校核尾水位以下的下游坝面，可设置临时栈桥。闸门井及闸墩等部位视需要可设置爬梯。

4. 坝体止水与排水

横缝上游面、校核尾水位以下的横缝下游面、溢流面以及陡坡段坝体与边坡接触面等部位，均应设止水片。

止水片应根据其重要性、作用水头、检修条件等因素确定止水材料和布置形式。承受高水头（100m 以上）的横缝上游面止水，一般设两道退火紫铜片或不锈钢片；承受中低水头的横缝上游面止水、溢流面止水、陡坡段坝体与边坡接触面止水和校核尾水位以下的横缝下游面止水，一般设一道退火紫铜片或不锈钢片。

止水铜片或不锈钢片每一侧埋入混凝土内的长度，一般为 20～25cm，止水片的接头和接缝，应保证焊接质量。止水片距离坝面一般为 30～50cm。

横缝止水或基础止水必须与坝基妥善连接，止水片埋入基岩深度一般为 30～50cm，必要时止水槽混凝土与基岩之间插锚筋连接。陡坡段坝体与边坡接触面的基础止水，一般采用以下措施：①坝身混凝土浇筑到一定高度、基础混凝土充分收缩以后，并在排水孔钻设之前，进行接触灌浆。有条件时，可利用帷幕孔与部分固结灌浆孔进行接触灌浆。②设置铜片或不锈钢片止水，止水片与基岩的连接应符合前述规定。基础止水片与横缝止水片相交处必须密封。

由于混凝土有微弱的透水性，因而存在渗透体积力的作用。渗透体积力的存在将促使坝体裂缝扩展，影响混凝土的耐久性，不利于坝体应力与稳定，加速坝体老化。所以，坝体应设置排水，尽可能减小渗透体积力。

坝身宜设置竖向排水管，并与各层纵向廊道分别连通。无冰冻地区的薄拱坝，坝身可不设置排水管。排水管通入廊道的型式如图2-44所示。为防止堵塞，排水管不宜有急弯。各层排水廊道的渗水汇入基础排水廊道，集中排到下游，或引入排水井，再用水泵抽排至下游。

排水管距上游坝面的距离一般为承压水头的 1/20～1/10，且不小于 2m。溢流坝段的排水管顶端距溢流面一般为 1～2m，非溢流坝段排水管伸至坝顶，以便必要时容易清洗。排水管内径一般为 15～20cm，多用预制的无砂混凝土管，如图 2-44 所示。也有的用钢

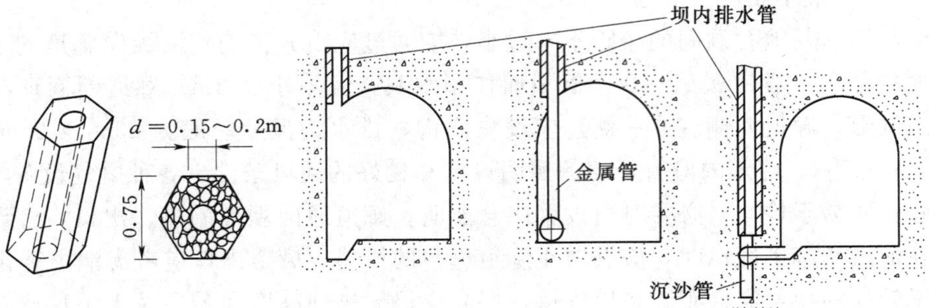

图 2-44　排水管与廊道的连接

管或塑料管拔管后留下的圆孔代替。

5. 垫座与周边缝

当坝基河谷形状不规则或局部有深槽等地质缺陷时，可在坝体与基岩之间设垫座以改善坝体和坝基之间的连接条件。垫座顶面由两岸向河谷成平顺曲线，坝体与垫座之间设置的永久结构缝称为周边缝（图 2-42）。设垫座还可使坝体修建成左右岸对称或近似对称的形式，有利于坝体选形。周边缝在拱坝径向剖面上多为圆弧曲线，其构造处理方法有下述两种：①垫座混凝土浇筑后，表面不作处理，直接在上面浇筑坝体混凝土，缝的上游端设有止水片或钢筋混凝土塞止水，必要时进行灌浆，在止水片下游设置排水管，并在缝的两侧布设钢筋；②在垫座上涂沥青或其他摩擦系数较小的材料，缝上游侧设有止水片，这种缝允许坝体沿缝面有稍许滑移。

对于拱坝周边缝的认识很不一致，一种意见认为：拱坝设置周边缝后，梁的刚度有所减弱，相对地加强了拱的作用，改变了拱梁荷载分配比例，还可阻止裂缝的发展，改善坝体应力状况；另一种意见则认为改善不大，且周边缝构造过于复杂，施工难度大，影响工期。1970 年以来，世界各国修建的拱坝，采用周边缝的不多，中国仅有少数低拱坝设置了周边缝。

2.8.2　拱坝的坝基处理

拱坝的坝基处理措施与重力坝基本相同，但要求更高，并有其特殊要求。

1. 坝基开挖

拱坝对坝基的要求较重力坝高，坝基开挖深度和利用岩体，应根据岩体的类别和质量分级、物理力学性质、拱坝对坝基的承载要求、坝基处理的效果、工期和费用等，经技术经济综合研究确定。高拱坝应开挖至Ⅱ～$Ⅲ_1$ 类岩体，局部可开挖至$Ⅲ_2$ 类岩体。中、低坝可适当放宽。开挖后周边地基的轮廓要平顺，并尽可能使左右岸对称。河床段基岩面的上、下游高差不宜过大，且尽可能略向上游倾斜。整个坝基可利用岩面在横河向应避免突变，切忌上部坡缓、下部坡陡的反坡，也不宜开挖成台阶状。开挖面应比较平整，一般要求起伏度不超过 0.3m。紧邻水平建基面的开挖，一般在常规梯段爆破孔的底部与建基面之间预留保护层。保护层的厚度需由爆破试验确定，没有条件进行试验时，可采用工程类比法确定，预留保护层常采用水平预裂爆破方式进行开挖。坝基开挖也可采用不留保护层的全方位预裂爆破开挖方式。

为了保证坝肩的稳定，拱端内弧面的切线与可利用基岩面等高线交角应不小于 30°，并使拱端传来的推力尽量垂直于基岩接触面，因此，两岸拱座宜开挖成径向面［图 2－45 (a)］。对于较厚的拱坝，或岩石等高线与坝体对称中线大致平行时，如沿半径方向开挖，则开挖量可能太大，此时可将基岩开挖成如图 2－45 (b)［即图 2－8 (a)］所示折线形。图 2－45 (c) 所示为台阶式开挖方式，各台阶仍保持径向，主要在于减少开挖量，但台阶不能太明显，要适当修圆，以减小应力集中程度。早期修建的拱坝使用过，甚至很高的拱坝也有这样做的，意大利著名拱坝专家马赛洛及参考文献［80］认可这种办法。但参考文献［20］认为，这种坝头连接方式似应力求避免，特别对一些重要的高拱坝、总推力大的拱坝或应力很高的拱坝更应避免。需要注意的是，同一坝头采用两种开挖形式时，自上而下应平缓过渡。当基岩强度较低时，可将基岩开宽，使拱端局部加厚，以加大基岩的受力面积［图 2－45 (d)］。如岸坡坝头下游岩体单薄，可将基岩开挖成深槽，将拱端嵌入岩体槽内［图 2－45 (e)］。

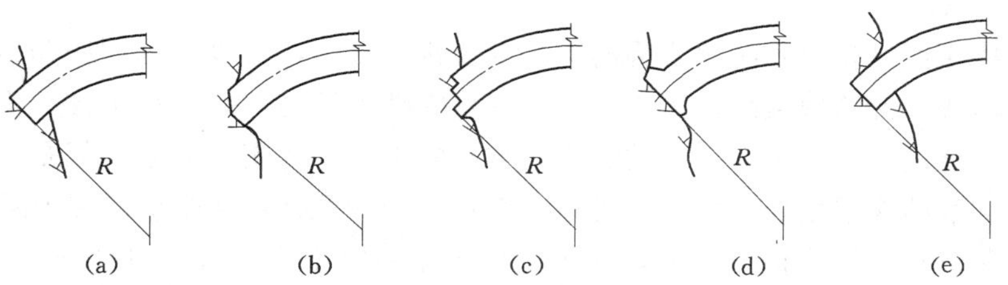

图 2－45　拱坝坝头开挖

2. 固结灌浆和接触灌浆

为了提高岩基的强度和完整性，应对岩基进行固结灌浆。一般情况下，应对坝基进行全面灌浆。对于比较完整坚硬的基岩，可在坝基上、下游区设置一至数排固结灌浆孔，对节理裂隙发育的基岩，需向坝基外上、下游适当扩大固结灌浆孔范围。固结灌浆孔的孔深，应根据坝高及开挖以后的地质条件确定，通常为 5～15m，必要时可适当加深，帷幕上游区根据帷幕深度确定，宜采用 8～15m。孔距、排距通常为 2～4m，视开挖以后的地质条件，参照灌浆试验确定。固结灌浆孔宜布置成梅花形，对于较大的断层和裂隙带应专门布孔。灌浆孔方向应根据主要裂隙产状，穿过较多的裂隙，结合施工条件确定。帷幕附近和地质缺陷部位的坝基固结灌浆应在基础部位混凝土浇筑后进行，混凝土盖重一般 3～4m，其他部位的固结灌浆也可按这种方式进行。灌浆方式还可采用无混凝土盖重灌浆、找平混凝土封闭灌浆，引管有盖重灌浆、利用岩体盖重灌浆等。采用非混凝土盖重固结灌浆方式需经过现场灌浆试验论证。采用无混凝土盖重灌浆和利用岩体盖重灌浆应采取裂隙封闭措施。固结灌浆压力，在保证不掀动岩石的情况下，宜采用较大值，主要根据地质情况并结合工程类比拟定，必要时进行灌浆试验论证。

为了提高坝基接触面的抗剪强度，防止沿基础接触面渗漏，一般应在坡度大于 50°的建基面、基岩中开挖的所有的槽、井、洞等回填混凝土的顶部和侧墙进行接触灌浆。有条件时，可以利用帷幕灌浆孔及固结灌浆孔进行接触灌浆。建基面的接触灌浆应在坝体混凝土浇筑达到一定高度，基础混凝土温度达到设计规定稳定值之后，排水孔钻设之前进行。

3. 防渗帷幕

由于拱坝坝底较薄，岸坡一般较陡，容易产生渗流破坏和岸坡失稳，所以对拱坝防渗帷幕的要求比重力坝的要求更严格。防渗帷幕一般采用普通水泥灌浆，必要时，可以采用超细水泥灌浆或化学灌浆。化学灌浆成本高，而且存在污染环境的问题，应尽量减少使用。

帷幕线的位置（包括向两岸延伸的帷幕）应布置在压应力区，且靠近上游面。岩溶地区的帷幕线宜布置在岩溶发育微弱地带。无法避开岩溶暗河或大型洞穴群时，帷幕线宜与其垂直，可采用混凝土回填、防渗墙等措施处理。

防渗帷幕的孔深、排数、排距、孔距及孔向等与重力坝基本相同，详见混凝土拱坝设计规范。

应特别重视拱坝两岸拱座部位帷幕灌浆，其帷幕线伸入岸坡内的长度和方向应详细研究，具体的考虑原则参见SL 282—2018《混凝土拱坝设计规范》。

4. 坝基排水

与重力坝相似，在坝基防渗帷幕的下游设置排水措施，可以降低坝底扬压力。实践经验表明，在弱透水性的微裂隙岩体中，防渗帷幕降低渗压的效果往往不佳，而排水降低渗压的效果较为显著。对于拱座岩体的稳定，排水常常比帷幕更加有效。但是，排水布置也应注意防止渗水的渗透坡降过大，引起地基软弱带的渗透破坏和帷幕侵蚀等问题。

排水孔幕设在防渗帷幕下游侧，一般只设1排主排水孔，必要时加设1～3排辅助排水孔。对于地质条件较差的坝基，设置排水孔时应防止渗透变形。中、低高度的薄拱坝经论证可简化排水布置或不设坝基排水。高坝以及两岸地形较陡、地质条件较复杂的中坝，宜在两岸布置多层排水平洞，在平洞内钻设排水孔。排水孔的孔壁有塌落危险或排水孔穿过软弱夹层、夹泥裂隙时，应采取孔内设滤层等保护措施。

排水孔的开孔位置与帷幕下游侧的距离不宜小于2m。主排水孔的孔距一般采用2～3m，孔深一般为帷幕深的0.4～0.6倍，坝高50m以上的坝基主排水孔，孔深不应小于10m。副排水孔的孔距一般采用3～5m，孔深一般为6～12m。坝基内有裂隙承压水层或较大的深层透水区且影响拱座抗滑稳定时，应对排水孔是否穿过此部位及穿过深度进行分析研究，并做好配套措施。

5. 断层破碎带和软弱夹层处理

坝基和拱座范围内的断层破碎带或软弱夹层，应根据其所在部位、产状、宽度、断层组成物质以及有关试验资料，分析研究其对坝体和地基的应力、变形、稳定和渗漏的影响，并结合施工条件，采用适当的方法进行专门处理。选择处理方案时，宜将坝体与岩基一起研究。1级、2级拱坝或高坝工程的处理方案，应通过有限元分析或模型试验论证；中、低坝可参照其他工程的经验，综合研究后确定。

一般情况下，拱座部位的断层破碎带比坝基部位的断层破碎带对拱坝的安全影响大；缓倾角的断层比陡倾角的断层危害性严重；位于坝趾附近的断层破碎带比位于坝踵附近的断层破碎带对坝体的应力和稳定更为不利；断层破碎带宽度越大，对坝体应力和稳定的影响也越严重。

断层破碎带和软弱夹层的具体处理和防护措施可参见混凝土拱坝设计规范和有关

文献。

2.9　碾压混凝土拱坝

2.9.1　碾压混凝土拱坝的总体布置

碾压混凝土拱坝的选址与常态混凝土拱坝相同。河谷地形地质要求必须同样严格，特别是对两岸坝肩稳定应有足够的重视。碾压混凝土拱坝的坝体布置，与常态混凝土拱坝相比，要求更高。一方面要求保证坝体的整体性；另一方面需能适应大仓面、薄层连续摊铺碾压，充分发挥碾压混凝土坝施工快速的特点。碾压混凝土拱坝的布置原则与碾压混凝土重力坝相同。

2.9.2　碾压混凝土拱坝坝体应力分析的特点

由于施工方法不同，碾压混凝土拱坝坝体应力分布与常态混凝土拱坝有所不同。常态混凝土拱坝按柱状块浇筑，在横缝未灌浆形成整体前，坝体自重作用只产生垂直向的梁应力，不产生水平向的拱应力，施工期坝体的温度变化不产生整体温度应力。碾压混凝土拱坝一般采用通仓浇筑施工，碾压后即形成整体，坝体自重作用除产生梁向应力外，也会产生拱向应力，施工期坝体混凝土温度的回降将产生很大的拱向拉应力。

坝体自重作用产生的拱向应力与坝高和河谷形状有关，狭窄河谷中的高拱坝拱向自重应力可能达到混凝土抗拉强度的 1/3 左右，对拱端裂缝的开展有较大影响。梁向自重应力受水平拱圈的约束作用，梁底部自重压应力的分布比较均匀，不利于依靠自重平衡水压在梁底部形成的巨大拉应力。

混凝土的入仓温度直接影响坝体的温度应力，为了减小坝体的温度应力，一般利用低温季节浇筑混凝土。但对于高拱坝，因其工程量大，常需在高温季节浇筑混凝土，以缩短施工期。因此，应加强对坝体施工期温度场和温度应力以及不同荷载组合应力的研究，获得能同时满足坝体应力和施工期两方面要求的良好方案。

2.9.3　碾压混凝土拱坝的温度控制

碾压混凝土拱坝和碾压混凝土重力坝在施工工艺上是相同的，两种坝型的最主要区别是温度应力和坝体接缝设计问题。

重力坝各坝段可以单独承受水荷载，坝体内可以设置不灌浆的横缝，以消除在坝轴方向坝体温度变形所受到的约束；在水流方向，基础对坝体温度变形的强约束区的高度只有坝底宽度的 0.20 倍左右。因此，只要在低温季节完成强约束区内的混凝土浇筑，其余部分坝体混凝土温度控制问题较容易解决。

拱坝所受的水荷载需要依靠拱的作用传递到两岸基础，坝体内设置的横缝必须灌浆。在整个坝高范围内，坝体的温度变形都受到两岸基础的约束。如果在高温季节浇筑混凝土，坝内将产生较大的温差和应力。

在我国南方，坝体稳定温度较高，对于比较小的拱坝，如果在几个低温月份可以浇筑完整个坝体，则有可能不设置横缝，而坝体应力仍在允许范围内。

如果不能在一个低温季节浇筑完全部混凝土，或者地处寒冷地区，坝体准稳定温度场很低，如果不设置横缝，在坝内就会产生很大的温度应力，在这种情况下，必须设置横缝。

碾压混凝土拱坝中设置横缝的原则是：①尽量利用低温季节浇筑下部混凝土，最大限度地在无缝条件下浇筑混凝土，即尽量增加无缝的坝高；②上部坝体横缝间距可以比常规混凝土坝大一些，一般为 40～80m；③在横缝下面的混凝土内应布置一些钢筋，以防止坝体降温时顺着横缝向下裂开，如图 2－46 所示。在横缝灌浆之前，坝体必须冷却到规定的温度。当坝体较薄时，可依靠天然冷却，否则，应埋设水管冷却。

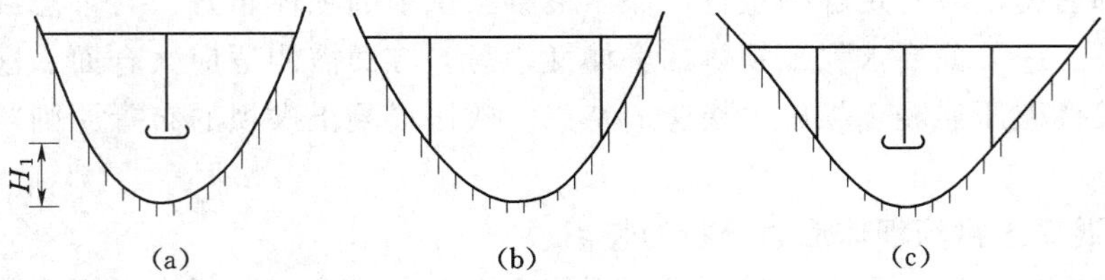

图 2－46　碾压混凝土拱坝的横缝

2.9.4　碾压混凝土拱坝的接缝设计

目前碾压混凝土拱坝中采用的横缝有三种型式。

1. 常规横缝

常规横缝完全切断坝体混凝土，把成对的成缝板在水平和铅直两个方向都连续排列即可形成。有两种形式：一种是在混凝土碾压完成后挖沟埋设带有灌浆设备的较薄的成缝混凝土板以形成横缝，这种方式对仓面有一定干扰；另一种是重力式混凝土成缝板。坝体降温后，缝一定会张开，冷却到一定温度后进行接缝灌浆。

2. 诱导缝

诱导缝就是在碾压混凝土拱坝中预先设置一定的构造，使得特定部位承受拉应力时可以张开。诱导缝使接缝的有效面积削弱了一部分，当其他部位的拉应力低于或接近于诱导缝时，诱导缝才会张开。如果其他部位的拉应力超过诱导缝处拉应力较多，可能在其他地方产生裂缝而诱导缝并不张开。所以，诱导缝必须布置在拉应力较大的部位，不宜布置在剪应力过大的部位，不能因为设置诱导缝而使拱坝在运行期应力恶化。当坝体已充分冷却、诱导缝已充分张开而库水位又较低时，对诱导缝进行灌浆。如果运行要求提前蓄水，在坝体尚未冷却到多年平均温度时，诱导缝可能难于完全张开，或者张开程度不够，势必需要多次灌浆。如温泉堡拱坝就进行过 3 次灌浆。

3. 应力释放缝

应力释放缝是在坝面切入坝体有限深度的人工缝，一般布置在坝体拉应力较大部位，如上游面拱端处和下游面拱冠处。应力释放缝沿径向布置，缝的深度一般不超过坝体断面高度的 1/3，并在缝端部位采用钢筋、工字钢等止缝措施防止缝向深部发展；缝的构造型式简单、效果较好，但必须保证缝的稳定性，对止水要求较高。采用应力释放缝对坝体混凝土温度未冷却到准稳定温度时提前蓄水发电有利，不影响全断面的碾压施工。

2.9.5　坝体防渗及排水

碾压混凝土拱坝的防渗方式与碾压混凝土重力坝相同，但其上游面的防渗结构比同等高度的碾压混凝土重力坝要求高。抗渗等级根据坝面水头选定，水头超过 150m 时，应进行专门试验论证；在每一碾压层层面上游部位喷洒一层掺有缓凝剂的水泥粉煤灰净浆，以增强层间结合。紧靠防渗层下游侧设坝体排水孔，个别坝除垂直排水孔外，还设置若干层水平排水管。

在寒冷地区修建的坝，以及厚度较薄的坝，其上游面除设置上述防渗层外，在坝面上还可采用 PVC 土工防渗膜或 XYPEX（赛柏斯防水材料）防渗涂层、LJP 型防渗涂层起辅助防渗作用。但 PVC 土工防渗膜存在老化问题，铺在坝面上使用寿命一般只有 20 年。此外，暴露的薄膜还易遭到外力而损坏。

第3章 土 石 坝

3.1 土石坝的类型、工作特点及基本要求

土石坝是利用当地土、石材料建造的一种坝型，也是世界各国普遍采用的一种坝型。这种坝型被广泛采用的原因是：①能最大限度地利用坝址附近可开采的天然土、石材料，与其他坝型相比较，可节省水泥和钢材；②较能适应地基变形，对地形、地质条件的要求是所有坝型中最低的；③结构简单，施工工序少，施工技术容易掌握，既可采用简单机具施工，也可高度机械化施工；④运用管理方便，寿命长，加高、扩建、维修较容易。土石坝的主要缺点是：①中、高坝不允许坝顶溢流，必须在河岸另开溢洪道；②在河谷狭窄、洪水流量很大的河道上施工时，导流比较困难；③黏性土料的施工受天气的影响较大。

根据坝身所用的主要材料，土石坝可分为土坝、堆石坝及土石混合坝三种类型，它们的工作条件、结构形式及施工方法虽无明显区别，但仍然有各自不同的特点。本章重点讲述土坝，对目前发展较快的混凝土面板堆石坝也用一定的篇幅予以介绍。

3.1.1 土石坝的工作特点及基本要求

土石坝主要是由散粒体土料填筑而成的挡水建筑物。由于土粒间凝聚力较低，在渗流、冲刷、沉降、冰冻、地震等因素的作用和影响下，表现出相应的工作特点，从而决定了土坝设计时应考虑下述几方面的问题：

(1) 稳定。因为坝体土料为散粒体，抗剪强度小，若坝坡过陡，可能失稳，失稳的主要形式是坝坡滑动或坝坡连同部分地基一起滑动。相对于混凝土坝，土坝的上、下坝坡都比较缓，断面比较大，在水平荷载的作用下，不会发生沿坝基面的整体滑动。

为了保证土坝在各种工作条件下能保持稳定，应合理选择土料；根据土料的性质、荷载的条件，合理设计坝坡；施工中认真做好地基处理，严格控制坝体施工质量，使土料填筑压实后达到设计所要求的密实度及抗剪强度。

(2) 渗流。土坝挡水后，库水将通过坝身、坝基及两岸向下游渗透，在坝身和坝基的结合面及坝和其他建筑物的结合面更是易于产生集中渗流的地方。

渗流在坝体内的自由水面称为浸润面，坝体横剖面与浸润面的交线称为浸润线。浸润面以下的土体为饱和水区（图 3-1），饱和水区的土体受到水的浮力作用将减轻土的有效重力，并使土的内摩擦角和凝聚力减小，同时渗流对土体还作用有动水压力，这些都增加了坝坡滑动的可能性。另外，渗流在土壤中的流速和渗透坡降超过一定的界限，会使坝体和坝基以及各结合面附近的土体产生渗透变形，严重时会引起土坝的失事。渗透流量过大时，会影响水库蓄水。为了消除或减轻渗

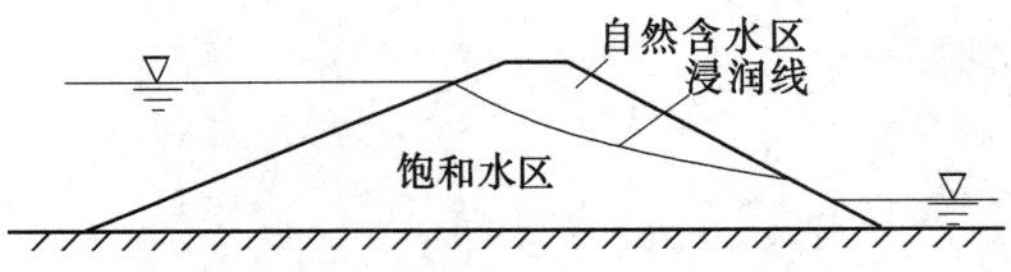

图 3-1 土坝坝体渗流示意图

流的上述不利影响，土坝必须采用可靠的防渗排水设施，以减少渗漏损失并保证坝体和坝基土的渗透稳定性。防渗设施与岸坡、坝基及其他建筑物的连接要稳妥可靠。

（3）冲刷。由于坝体土料颗粒间的凝聚力很小，因此抗冲能力低。库内风浪对坝面将产生强烈的冲击淘刷作用，很容易使坝面遭到破坏，甚至产生塌坡事故；下游的尾水有时也会在风浪作用下冲刷坝面；坝面降雨的一部分沿坝坡下流，也会冲刷坝面。因此，上、下游坝坡均需采取有效的防冲保护及坝面排水措施，以免受风浪、雨水甚至动物作穴等有害影响而导致土石坝破坏。

除过水的土石坝坝段外，坝顶不允许过水，也不允许波浪沿坝坡翻越坝顶。为此，土石坝枢纽的泄水建筑物必须有足够的泄洪能力，坝顶应在最高水位上有一定的超高，以保证洪水不至漫溢坝顶。

（4）沉降。由于土粒间存在空隙，且很容易产生相对移动，因此在坝体自重和水压力作用下，坝体和坝基都会由于压缩而产生沉降。过大的沉降会造成坝顶高程不足而影响土坝的正常工作；过大的不均匀沉降会引起坝体开裂，甚至形成漏水通道，威胁大坝的安全。

为了防止由于沉降而引起坝顶低于设计高程，在施工中要留有足够的沉降值；为了防止不均匀沉降，要合理设计坝的剖面及细部构造，正确选择坝体土料，施工时土料压实要符合设计标准，质量要均一。

（5）其他。严寒地区，冬季水库水面结冰形成冰盖，冰盖层的膨胀对坝坡产生很大的冰推力，导致护坡破坏；位于水位以上的坝体黏性土壤，在冰融作用下，会形成孔穴、裂缝。在夏季，由于含水量的损失，土壤也可能干裂。为了防止这些现象的发生，应采取相应的保护措施。

在地震区筑坝，应考虑地震作用。地震惯性力会增加坝坡坍塌的可能性。当坝体或坝基土层是均匀的中细砂或粉砂时，在强烈的震动作用下，容易引起液化破坏。

总之，从土石坝的工作特点可以看出，土石坝的破坏是多方面原因造成的。根据一些国家对土石坝失事的统计显示，由于水流漫顶失事的占30%，由于坝坡坍塌失事的占25%，由于坝基渗漏失事的占25%，由于坝下涵管出问题的占13%；其他占7%。因此要求正确地进行设计和施工，运用期间加强管理，以保证土石坝的安全运行并正常工作。

3.1.2　土石坝的类型及选择

1. 碾压式土石坝的类型

碾压式土石坝的施工是用机械将土料分层压实而成。一般的土料、砂卵石及风化石渣等均可用于土石坝。随着土石坝碾压施工技术的发展，碾压式土石坝已成为目前采用最多的一种坝型。

根据土石坝横断面的防渗材料及其分布，碾压式土石坝可分为均质坝、土质防渗体分区坝和非土质材料防渗体坝三种基本形式。

（1）均质坝。坝体断面不分防渗体和坝壳，绝大部分由一种透水性较弱的黏性土、壤土、砂壤土等填筑而成。整个坝体起防渗作用，不设专门的防渗体［图3-2（a）］。

（2）土质防渗体分区坝。坝体断面由土质防渗体及若干透水性不同的土石料分区构成。根据土质防渗体在坝体中的位置不同，这种坝型又可分为心墙坝和斜墙坝。土质防渗

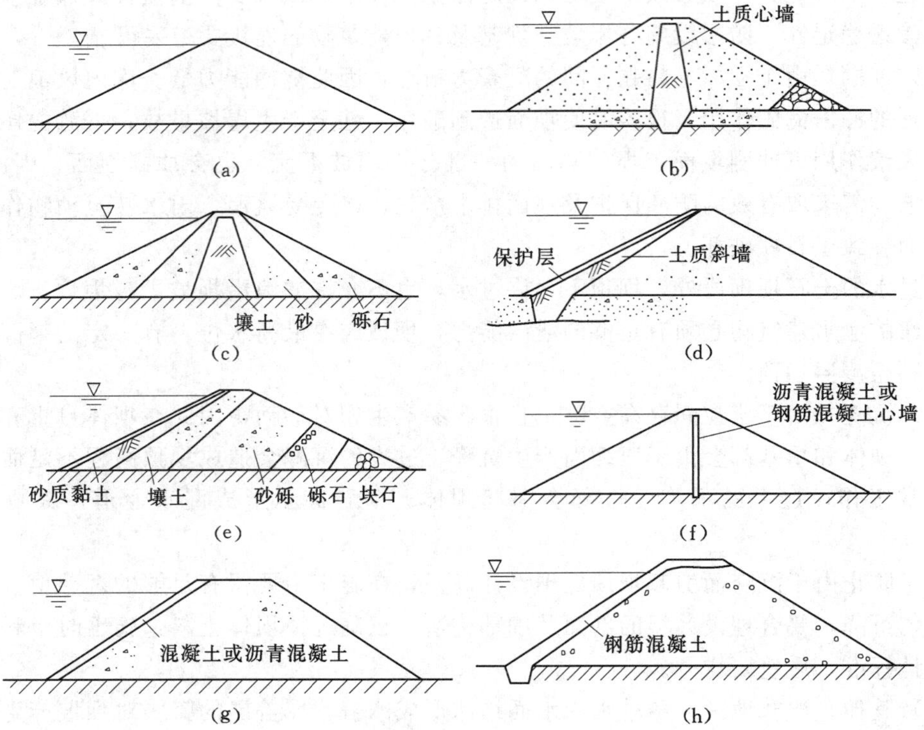

图 3-2　土石坝类型

体在中央，两侧为透水性较好的砂石料，或自防渗体向上、下游两侧由渗透性逐渐增大的几种土料构成的均称为心墙坝［图 3-2（b）、（c）］。土质防渗体斜置于上游面，坝体采用透水性较好的砂石料，或自上游防渗体向下游侧由渗透性逐渐增大的几种土料构成的土石坝称为斜墙坝［图 3-2（d）、（e）］。

（3）非土质材料防渗体坝。防渗体由混凝土、沥青混凝土、钢筋混凝土或土工膜等组成，其余部分由土石料构成的坝。防渗体在坝体中央的称为心墙坝［图 3-2（f）］，在上游面的称为面板坝［图 3-2（g）、（h）］。

2. 坝型选择

坝型选择应综合考虑地形、地质、材料、坝高、枢纽布置及施工、运行条件等，经分析比较后确定。这些因素对坝型选择的影响程度，因工程具体情况的不同而不同。因土石坝在很大程度上是“因材设计的”，所以筑坝材料的情况对坝型选择往往是决定性的。

前述三种坝型中，均质坝有明显不足之处，如坝坡较缓、断面大、用料多、填筑施工易受降雨和冰冻影响等，故均质坝大多为低、中坝，且仅在坝址处除土料外，缺乏其他材料的情况下才采用。

土质防渗体分区坝是高、中坝最常用的坝型，目前世界上最高的坝就是该种坝型。

非土质材料防渗体分区坝中的混凝土面板堆石坝是当今世界发展较快的坝型，我国从 20 世纪 80 年代初开始引进这一坝型。它具有坝体断面小、便于施工、填筑施工进度快等优点；沥青混凝土面板坝和心墙坝相对于上述坝型应用相对偏少，已修建的一些抽水蓄能电站，为减少渗漏采用了此坝型，如天荒坪电站；用土工膜做防渗体，造价比较低，但是施工工艺和可靠性方面还缺少经验积累，目前主要用于3级低坝。

目前在碾压式高土石坝中，已逐步形成土质心墙（或斜墙）堆石坝和混凝土（或沥青混凝土）面板（或心墙）堆石坝两种主导坝型，其中面板坝多建于岩基，目前其应用范围已扩展到250m量级，正在建设中的位于大渡河上的双江口心墙堆石坝，最大坝高312m，是目前世界上已建和在建的第一高坝，规划中的位于金沙江上的其宗水电站心墙堆石坝最大坝高358m。

3.2 土石坝的剖面尺寸与构造

3.2.1 坝体分区

土石坝的筑坝材料主要来自坝址附近，所以也称为当地材料坝。根据当地筑坝材料的性质和储量，各种材料在坝体中的作用，并依据“就地、就近取材，减少弃料，少占或不占农田，并优先考虑枢纽建筑物开挖料的利用”的原则，经技术经济比较后确定的坝体材料的组成和分布，即为坝体分区。

坝体各种不同材料应有明确的分区，其目的是便于对各区材料的性质和压实要求等提出具体的可供考核、检验和进行质量评定的技术指标。

均质坝常分为坝体、排水体、反滤层和护坡等区；土质防渗体分区坝则分为防渗体、反滤层、过渡层、坝壳、排水体和护坡等区；当采用风化料或软岩筑坝时，坝表面应设保护层，保护层的垂直厚度应不小于1.5m。坝体分区设计，应研究围堰与坝体相结合的可能性，应在可能的情况下充分利用原有围堰，以减少坝体工程量。

3.2.2 坝顶和坝坡

1. 坝顶高程

为了保证库水不超过或波浪溅过坝顶，坝顶高程在水库正常运用和非常运用的静水位以上应有足够的超高。超高值 y 可按式（3-1）确定（图3-3），即

$$y = R + e + h_c \tag{3-1}$$

式中：y 为坝顶超高；R 为波浪在坝坡上的设计爬高，具体计算见后；h_c 为安全加高，按表3-1的规定采用，地震区还要附加地震安全加高；e 为最大风壅水面高度，具体计算见后，坝高小于30m的4级、5级碾压式土石坝计算坝顶超高时不计 e。

表3-1　安全加高 h_c 值　　单位：m

坝的级别		1	2	3	4、5
设计		1.50	1.00	0.70	0.50
校核	山丘、丘陵区	0.70	0.50	0.40	0.30
	平原、滨海区	1.00	0.70	0.50	0.30

最大风壅高度 e（m）按式（3-2）计算，即

$$e = K\frac{v_0^2 D}{2gH_m}\cos\beta \tag{3-2}$$

式中：K 为综合摩阻系数，取 3.6×10^{-6}；v_0 为计算风速，m/s；D 为风区长度，其取值见第 1 章 1.2 节，m；H_m 为坝前水域的平均水深，宜沿风向作出地形剖面图求得，计算水位应与相应设计状况下的静水位一致，m；β 为计算风向与坝轴线的法线间的夹角，(°)。

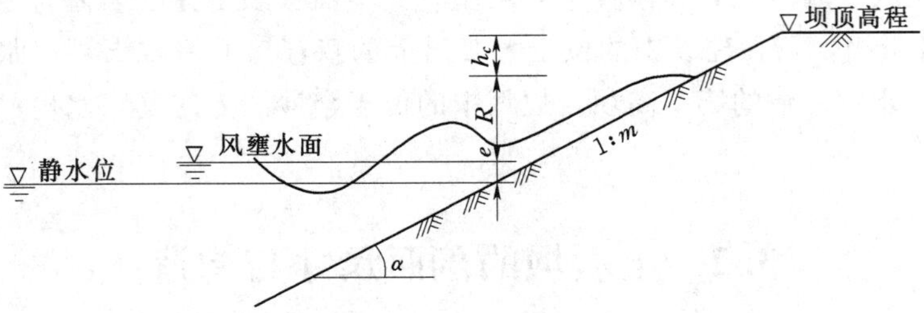

图 3－3　坝顶超高示意图

计算风速的取值原则是：①正常运用条件下的 1 级、2 级坝，采用多年平均最大风速的 1.5～2.0 倍；②正常运用条件下的 3 级、4 级和 5 级坝，采用多年平均最大风速的 1.5 倍；③非常运用条件下，采用多年平均最大风速。

波浪由风壅水面沿建筑物面爬升的垂直高度称为波浪爬高，与坝前波浪要素（波高、波长）、坝面坡度及糙率、风速等有关。波浪爬高按不规则波法计算，即把波浪及其爬高看成是大小不等的随机系列，并服从一定的统计分布规律，根据爬高的分布可确定各统计特征值之间的关系[24]。

对于正向来波在单一坡度（m=1.5～5.0）上的平均波浪爬高 R_m，可按式（3－3）或有关规定计算。

$$R_m=\frac{K_\Delta K_v}{\sqrt{1+m^2}}\sqrt{h_m L_m} \tag{3-3}$$

式中：K_Δ 为斜坡的糙率渗透性系数，根据护面类型不同取值：沥青混凝土为 1.0，混凝土或混凝土板为 0.90，草皮为 0.85～0.90，砌石为 0.75～0.80，不透水基础、抛填两层块石为 0.60～0.65，透水基础、抛填两层块石为 0.50～0.55；K_v 为经验系数，与由风速 v、坝迎水面前水深 H、重力加速度 g 组成的 $v/\sqrt{gH}$ 的无量纲值大小有关，按表 3－2 确定；m 为单坡的坝坡系数，$m=\cot\alpha$；α 为坝坡与水平面的夹角；h_m、L_m 分别为平均波高与平均波长，根据水库的具体条件，选用有关公式计算（见第 1 章 1.2 节的有关计算式），4 级、5 级低坝宜采用莆田试验站公式计算。

表 3－2　　经验系数 K_v

$v/\sqrt{gH}$	≤1	1.5	2.0	2.5	3.0	3.5	4.0	≥5
K_v	1	1.02	1.08	1.16	1.22	1.25	1.28	1.30

对于 $m\leqslant1.25$、设有马道（马道上、下坡度一致或不一致）以及非正向来波的情况下的 R_m 的计算可参见 SL 274—2001《碾压式土石坝设计规范》。

设计波浪爬高值应根据大坝工程等级确定。1 级、2 级和 3 级坝采用累积频率为 1%的爬高值 $R_{1\%}$；4 级、5 级坝采用累积频率为 5%的爬高值 $R_{5\%}$。在不同频率下的波浪爬高

R_P 可由平均波高 h_m 与坝前水深 H 的比值 h_m/H 和大坝等级对应的累积频率 P（%），查表 3-3 得 R_P/R_m 值，从而可算得大坝的设计爬高值。

表 3-3　不同累积频率下的爬高与平均爬高的比值（R_P/R_m）

P/% $_m/H$	0.1	1	2	4	5	10	14	20	30	50
<0.1	2.66	2.23	2.07	1.60	1.84	1.64	1.53	1.39	1.22	0.96
0.1～0.3	2.44	2.08	1.94	1.80	1.75	1.57	1.48	1.36	1.21	0.97
>0.3	2.13	1.86	1.76	1.65	1.61	1.48	1.39	1.31	1.19	0.99

坝顶高程等于水库静水位与坝顶超高之和，应按以下运行条件计算，并取最大值：①设计洪水位加正常运用条件的坝顶超高；②正常蓄水位加正常运用条件的坝顶超高；③校核洪水位加非常运用条件的坝顶超高；④正常蓄水位加非常运用条件的坝顶超高，再加地震安全加高，地震区的安全加高值为地震引起的坝顶沉降与地震壅浪高度之和。按 GB 51247—2018《水工建筑物抗震设计标准》的有关规定确定，坝高小于 30m 的 4 级、5 级碾压式土石坝地震安全加高，可根据设计地震烈度和坝前水深，取 0.5～1.0m。

坝顶高程应预留竣工后的沉降超高。竣工后的沉降超高值应根据沉降计算、有限元应力应变分析、施工观测和工程类比等综合分析确定。各坝段的预留沉降超高应根据坝段的坝高而变化。预留沉降超高不应计入坝的计算高度。

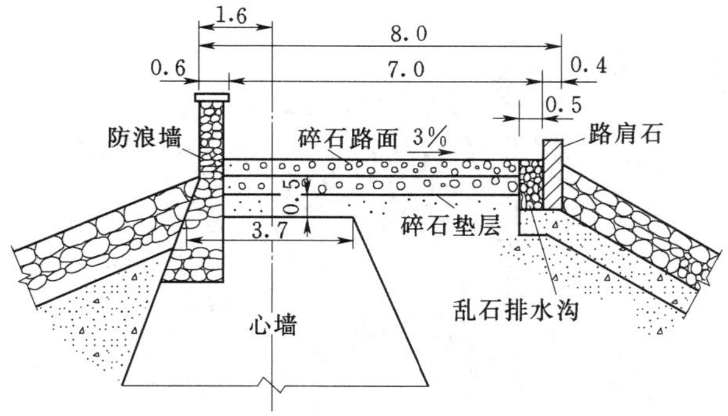

图 3-4　坝顶构造（单位：m）

如坝顶上游设有防浪墙（图 3-4），可用防浪墙的顶部高程代替坝顶高程，从而可降低坝的高度以减少坝体工程量，但此时坝顶高程在正常运用条件下应高出静水位 0.5m，且不应低于非常运用情况下的静水位。

设计要求的坝顶高程是指包括坝基和坝身沉降稳定后的坝顶高程，因此土石坝竣工时应将竣工后的沉降量考虑在内。

2. 坝顶构造

坝顶宽度应根据坝高、构造、施工、运行和抗震等因素确定，如无特殊要求，高坝可选用 10～15m，中、低坝可选用 5～10m，4 级、5 级低坝可采用 4～6m。

坝顶盖面材料宜采用密实的砂砾石、碎石、单层砌石或沥青混凝土等柔性材料，以防止防渗体干裂和雨水冲刷，也可以适应坝的变形。为了排除雨水，坝顶面应向一侧或两侧倾斜，坡度为 2%～3%（图 3-4）。

如上游坝肩设置防浪墙，防浪墙高度为 1.00～1.20m，用浆砌石或混凝土建造，其基础应牢固地埋入坝内，与坝的防渗体紧密连接，并要求设伸缩缝及止水。上游侧不设防浪墙时宜采取安全防护措施，下游侧宜设路缘石或采取其他安全措施（图 3-4）。坝顶上游侧宜设置照明设施。

3. 坝坡

土石坝坝坡的坡度应根据坝型、坝高、坝的等级、坝体和坝基材料的性质、施工和运用条件及地震情况等因素，经技术经济比较确定。通常是根据选定的坝型参照已建类似工程初步选定坝坡，通过稳定计算分析后确定合理的坝坡坡度。

一般情况下，上游坝坡经常浸在水中，土的抗剪强度比不浸水时低，所以当上、下游坝坡为同一种土料时，上游坝坡比下游坝坡缓。黏性土料坝坡比抗剪强度高的非黏性土料坝坡缓。过去土石坝的设计规定“每隔 15～30m 设置一条马道”，根据目前大坝建设的发展，上游坝坡除观测需要外，已趋向不设马道，下游坝坡也趋向于不设和少设马道。如果根据坝面排水、检修、观测、道路、增加护坡和坝基稳定等的不同需要而须设置马道时，4 级、5 级低坝的马道宽度不宜小于 1.0m，其他情况则不宜小于 1.5m。根据施工交通要求，下游坝坡可设置倾斜马道。石头河和碧口坝的经验说明，在坝坡上设置斜马道的效果很好，对坝面交通布置极为有利。图 3-5 为石头河水库下游坝坡斜马道与交通道路结合的布置形式。国外狭窄河谷中的高土石坝一般都在下游设 Z 字形上坝公路，以避免在岸坡开挖道路的困难。倾斜马道的坡度、宽度、转弯半径、弯道加宽和超高等，应满足施工车辆行驶要求。斜马道之间的实际坝坡可局部变陡，但平均坡度不陡于设计坝坡。

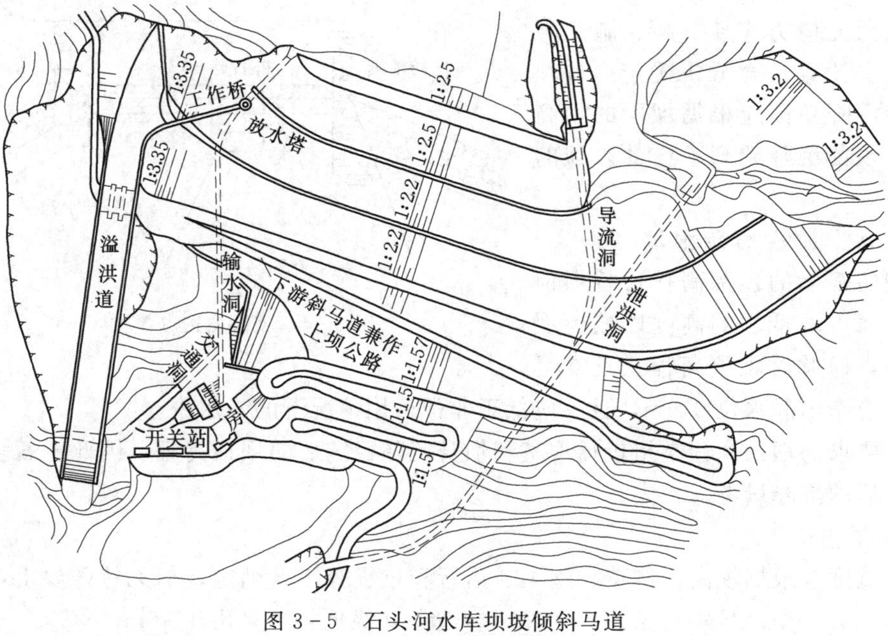

图 3-5　石头河水库坝坡倾斜马道

4. 护坡

护坡的作用是保护由土、砂、砂砾石等材料构成的上、下游坡面。上游护坡主要是防止风浪淘刷及漂浮物、冰冻等的破坏；下游护坡是防止雨水冲刷、干裂、穴居动物钻洞以及下游有水部位的波浪、冰冻和水流作用的破坏。

护坡的范围为上游坝面自坝顶至死水位以下不宜小于 2.50m，4 级、5 级坝不宜小于 1.5m，最低水位不确定时，应护至坝脚；下游坝面应由坝顶护至排水棱体，无排水棱体时应护至坝脚。

护坡的形式、厚度及材料粒径应根据坝的级别、运用条件和当地材料情况，经技术经济比较确定。上游护坡因受风浪的冲击力较大，我国多用砌石、混凝土或钢筋混凝土板护坡，国外多用堆石护坡。采用现浇混凝土或钢筋混凝土、浆砌石护坡时均应设排水孔。在缺乏石料的地区，也可采用土—水泥护坡，现已较多地用于实际工程。有关土—水泥护坡的设计及应用情况可参见有关文献。下游护坡可采用较简单的单层砌石、砾石、草皮等。常用的护坡有以下几种：

（1）砌石护坡。砌石护坡是用人工将块石铺砌于碎石或砾石垫层上，石块的大小应根据风浪作用的强弱程度通过计算决定[24]。通常单层砌石石块直径不宜小于0.20～0.35m，下面垫0.15～0.25m厚的碎石或砾石［图3-6（a）］；双层干砌石的上层用大于0.25～0.35m直径的块石，下层用0.15～0.25m直径的块石，砌石下垫0.15～0.25m厚的碎石砾石垫层［图3-6（b）］。根据运用经验，当浪高大于2m时，宜采用水泥砂浆或混凝土砌的块石护坡，不仅能承受较大的风浪，且有较好的抗冰层推力的性能，但也应有一定的厚度，并应留有一定的缝隙，以便坝体上游部分排水畅通。若坝体为黏性土，应有不小于当地冰冻深度的非黏性土防冻层。护坡在马道、坝脚及护坡末端等处应设基座（图3-6），以保证护坡的稳定性。

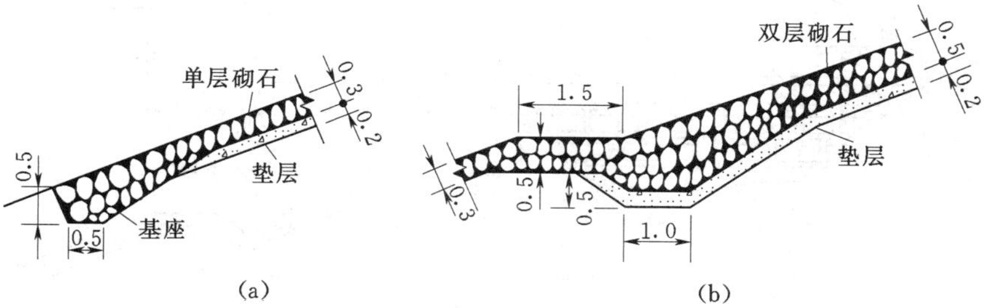

图3-6　砌石护坡构造（单位：m）

（a）坝脚护坡；（b）马道

（2）混凝土及钢筋混凝土板护坡。当筑坝地区缺乏石料时，多采用此种护坡。板的厚度应满足浮力作用下的稳定性要求。板的形状为方形、矩形或六角形（图3-7）。如就地现浇，板的尺寸可大些，一般为5m×5m～10m×10m；如果是预制安装，一般为1.5m×1.5m～3.0m×3.0m。板下应铺设足够厚的非冻胀土垫层。

（3）草皮护坡。在坝坡上铺厚0.1～0.2m的腐殖土，上面种草或移植草皮。

其他还有堆石护坡，水泥土护坡等。

5. 坝面排水

为了防止两岸山坡上的雨水冲刷坝面，除砌石、堆石护坡外，均须设坝面排水。坝面排水包括坝顶、坝坡、坝头及坝下游等部位的集水、截水和排水设施。

除堆石坝与岩石岸坡交接处外，坝坡与岸坡连接处均须设排水沟，其集雨面积应包括岸坡集水面积。

坝面排水系统的布置，一般是在护坡上设置纵横连通的排水沟（图3-8），排水沟的间距、尺寸和底坡等应由计算确定。一般纵向排水沟沿马道内侧设置，横向排水沟的间距

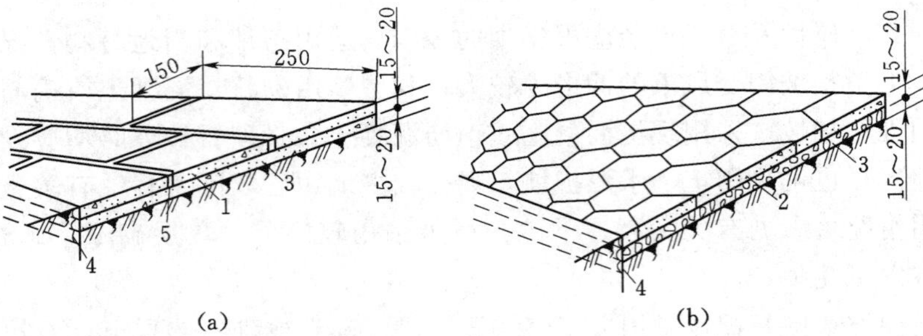

图 3-7　混凝土护坡（单位：cm）

（a）矩形混凝土板；（b）六角形混凝土板

1—矩形混凝土板；2—六角形混凝土板；3—碎石或砾石；4—木挡柱；5—结合缝

约为 50～100m。排水沟多用浆砌石砌筑或混凝土现浇，若用混凝土预制件拼装时，应使接缝牢固、成一整体。

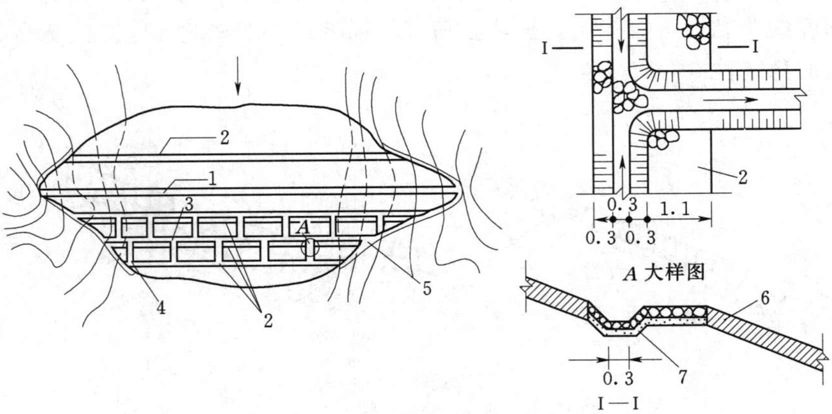

图 3-8　排水沟布置及构造（单位：m）

1—坝顶；2—马道；3—纵向排水沟；4—横向排水沟；5—岸坡排水沟；
6—草皮护坡；7—浆砌石排水沟

为了防止岸坡雨水冲刷护坡，在坝体与岸坡连接处，应设排水沟。

3.2.3　坝体防渗设施

设置防渗设施的目的是：减少通过坝体和坝基的渗漏量；降低浸润线以增加下游坝坡的稳定性；降低渗透坡降以防止渗透变形。土坝的防渗措施应包括坝体防渗、坝基防渗及坝身与坝基、岸坡及其他建筑物连接的接触防渗。此处仅介绍坝体防渗，有关坝基防渗和坝身与坝基、岸坡及其他建筑物连接的接触防渗在后面有关章节中阐述。

坝体防渗设施形式的选择是同坝型选择同时进行的。除均质土坝因坝体土料透水性较小（一般渗透系数 $K<1\times10^{-4}$cm/s）可直接起防渗作用外，一般土石坝均应设专门的坝体防渗设施。常用的是黏性土料筑成的防渗心墙或斜墙（分区坝）。当筑坝地区缺乏合适的防渗土料时，可考虑采用人工防渗材料（如混凝土、钢筋混凝土、沥青混凝土等）心墙或斜墙。本节仅论述土质心墙和斜墙，有关混凝土、钢筋混凝土防渗体将在混凝土面板堆

石坝一节中叙述。

1. 黏土心墙（图3-9）

心墙位于坝体中央或稍偏上游，由透水性很小的黏性土筑成。心墙顶部高程应高于正常运用情况下的静水位0.3～0.6m，非常运用情况下不得低于非常运用的静水位，并应核算风浪爬高高度的影响。当防渗体顶部设有防浪墙时，防渗体顶部高程可不受上述限制，但不得低于正常运用的静水位。心墙顶部高程还应预留竣工后的沉降超高。心墙顶部水平宽度按构造和施工要求不得小于3.0m；底部厚度根据防渗要求及土料的允许渗透坡降（黏土为8～6，壤土为5～4）决定，且不宜小于水头的1/4。心墙自顶到底逐渐加厚，为了保证心墙和两侧坝体结合紧密，心墙边坡可适当放缓，边坡通常采用1∶0.15～1∶0.25。边坡过陡，容易由于心墙沉降被坝壳钳制，而使心墙产生水平裂缝。

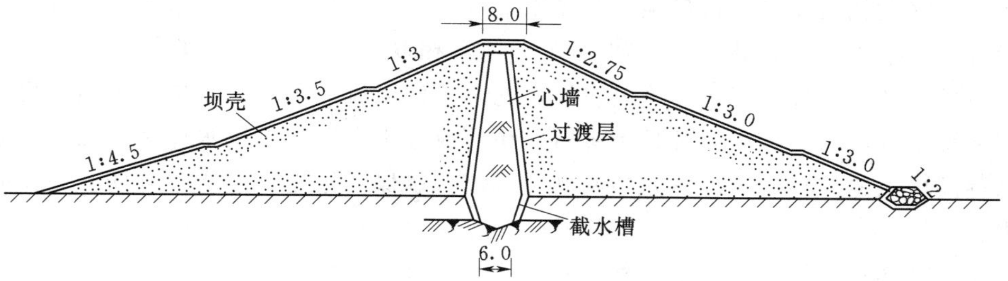

图3-9　黏土心墙坝（单位：m）

为了防冻、防裂，心墙顶部应设砂性土保护层，厚度应大于冻结和干燥深度，还应满足施工机械的需要，通常不小于1.0m。心墙与上、下游坝体之间，应设过渡层，并起反滤及排水作用，且应按反滤原则设计。

施工时，心墙的上升高度一般略高于坝壳，为了保证心墙断面符合设计要求，在铺筑时，心墙上、下游应留有余量，待两侧削坡之后再填筑过渡层及坝体。

2. 黏土斜墙（图3-10）

斜墙位于坝体上游面。对土料的要求及斜墙尺寸确定的原则与心墙相同，斜墙厚度是指垂直于斜墙上游面的厚度。斜墙顶部高程应高于正常运用情况下的静水位0.6～0.8m，且不低于非常运用情况下的静水位，设防浪墙时同心墙坝，并预留竣工后的沉降超高。

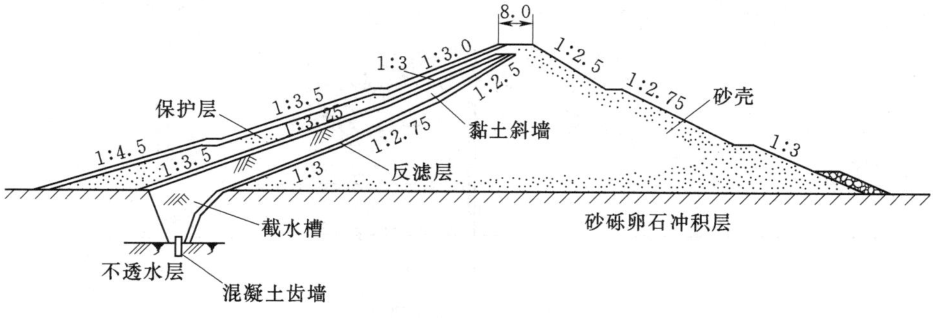

图3-10　黏土斜墙坝（单位：m）

斜墙上游应设保护层，以防止冰冻和干裂，其厚度应大于冻结和干燥深度，一般均大于1.0m。斜墙下游与坝体之间按反滤层原则设置垫层。保护层及斜墙上游坡度应根据稳定计算确定。斜墙内坡视坝体材料及施工情况而定，若坝体为砂砾石，内坡一般不陡于1∶2，以维持斜墙填筑前的坝体稳定。填筑斜墙时，应先将坝体上游面修坡。

与黏土心墙比较，采用黏土斜墙作为坝体防渗设施的主要优点是：坝体施工不受斜墙的限制，可先行施工，上升速度快，而黏土心墙会由于心墙土料因冬季、雨季不宜施工或因心墙下的地基处理而影响整个坝体的施工速度。斜墙土坝的缺点是：上游坝坡较缓，防渗体和坝体工程量均较大；斜墙对坝体沉降较敏感，容易产生纵向裂缝；斜墙坝的抗震性能不如心墙坝。

3.2.4　坝体排水设施

土坝排水设施的作用是排除坝身及坝基渗水，降低坝身浸润线，增加下游坝坡和坝基的稳定性，防止发生渗透破坏。防渗和排水是互相联系的，总的原则是"高防低排"或"上防下排"，即在靠近高水位一侧设防渗设施，堵住水流；而在低水位的下游一侧设排水设施，给渗水以出路；排水通常是由砾石、块石或排水管做成的排水体和由数层粒径沿渗流方向逐渐增大的材料做成的反滤层两部分组成，以保证排走全部渗水并防止渗水将土颗粒带出。

常见的坝体排水形式有以下几种。

1. 棱体排水［图3-11（a）］

棱体排水可降低坝体浸润线，防止坝坡土的渗流破坏和冻胀。当下游有水时，可防护下游坝脚不受下游水流及波浪的淘刷。当堆石体较大时，可作为坝坡的支撑，有利于坝坡的稳定。这种排水适用于下游有水的情况，顶部高程超出下游最高水位的高度，1级、2级坝应不小于1.0m，3级、4级、5级坝应不小于0.5m，并应超过波浪沿坝坡的爬高，同时应保证坝体浸润线距坝坡面的距离大于该地区的冻结深度。堆石内坡为1∶1～1∶1.5，外坡为1∶1.5～1∶2.0（或更缓），顶宽根据施工条件及检查观测需要确

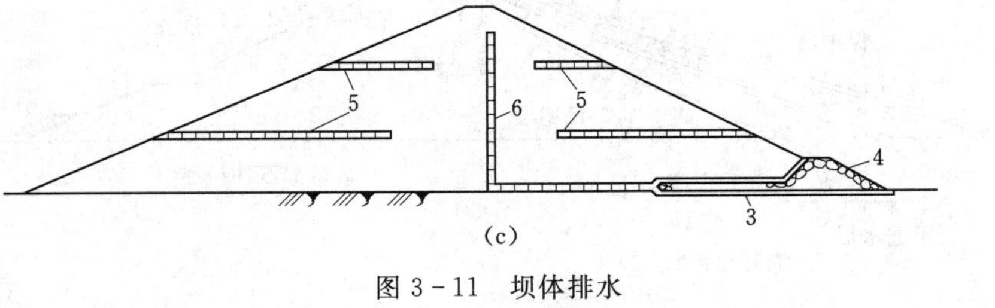

图3-11　坝体排水

（a）堆石棱体排水；（b）贴坡排水；（c）坝内排水

1—堆石；2—干砌石；3—反滤层；4—褥垫排水；5—水平排水；6—竖向排水

定，一般不小于 1.0m。棱体排水的效果较好，但体积大，用料多，对坝体施工有干扰，检修较困难。

2. 贴坡排水［图 3-11 (b)］

贴坡排水可以防止坝坡土发生渗流破坏，保护坝坡免受下游波浪淘刷，但不能降低坝体浸润线。此种排水构造简单。排水层厚度应根据冻结深度的要求决定。其顶部应高出浸润线逸出点，超过的高度应使坝体浸润线在该地区的冻结深度以下，1 级、2 级坝不小于 2.0m，3 级、4 级、5 级坝不小于 1.5m，并应超过波浪沿坡面的爬高。其优点是石料用量少，施工方便，便于检修。若坝体浸润线位置不高，没有必要降低坝体浸润线时，宜采用这种排水。当下游有水时，应同时满足对护坡的要求。贴坡排水底脚处应设置排水沟或在排水沟中填以卵石。土质防渗体分区坝常用这种排水。

3. 坝内排水［图 3-11 (c)］

坝内排水包括水平排水和竖向排水。水平排水包括坝体不同高程的水平排水层、褥垫式排水（即坝底部水平排水层）、网状排水带、排水管等。其伸入坝体的极限尺寸，黏土均质坝为坝底宽的 1/2，砂性土均质坝为坝底宽的 1/3，土质防渗体分区坝则宜与防渗体下游的反滤层相连接。设在上游的水平排水，可在上游水位降落时，改变上游坝壳内渗流方向，降低孔隙压力，增加上游坝坡的稳定性；设在下游坝壳的水平排水，有助于孔隙压力的消散和降低浸润线。竖向排水包括直立式和向上游（或下游）倾斜的上昂式（或下昂式）。一般竖向排水的顶部通到坝顶附近，底部与坝底水平排水层连接。这是近年来采用的控制渗流的有效形式，特别是均质坝，是控制其坝体渗流的有效措施。水平排水及竖向排水的缺点是石料用量较多，造价高，检修困难，施工时对坝体施工干扰大。

3.2.5 反滤层和过渡层

土坝坝体设置排水之后，缩短了渗径，加大了渗透坡降，在排水与地基或排水与坝体接触处容易发生渗透变形。为此必须设置反滤层以保护地基土及坝体土，防止土粒被渗流带入排水体。

1. 反滤层的设置位置与设计

在土质防渗体（包括心墙、斜墙、铺盖和截水槽等）与坝壳和坝基透水层之间以及下游渗流出逸处，如果不满足反滤要求，则必须设置反滤层。土质防渗体上游反滤层处承受的水力坡降不及下游大，上游反滤层的层数、厚度、级配等相对于下游可适当简化。土质防渗体分区坝各土层间也需满足反滤要求。

反滤层的作用是既安全又顺利地排除坝体和地基土中的渗透水流，一般由 2～4 层不同粒径的砂石料组成。层面大体与渗流方向正交，粒径顺着水流方向由细到粗（图 3-12），其设置应满足以下条件：①反滤层的透水性应大于被保护土的透水性，能畅通地排除渗水；②被保护土的颗粒不应穿过反滤层而被渗流带走；③反滤层每一层不发生渗透变形，粒径较小的一层颗粒不应穿过粒径较大一层颗粒间的孔隙；④特小颗粒允许通过反滤层的孔隙被带走，但不得堵塞反滤层，也不得破坏原土料及

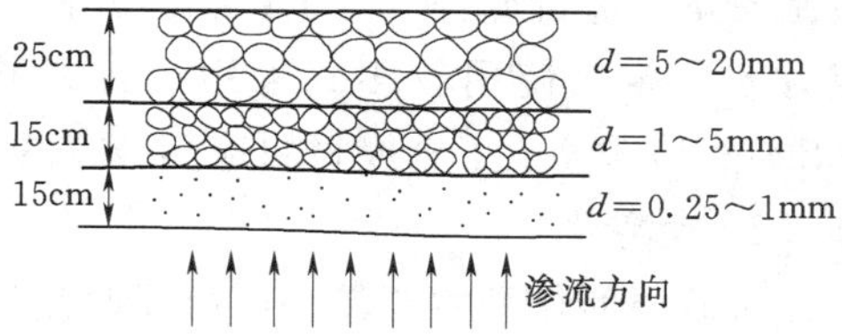

图 3-12 反滤层构造

反滤层的结构。所谓特小颗粒，对砂土、砂砾石及碎石，分别是指粒径小于 0.1mm、0.15mm 及 0.5mm 的颗粒，它们的含量应不超过相应各层土料的 5%。

如果在防渗体下游铺反滤层，则还应满足在防渗体出现裂缝的情况下，土颗粒不会被带出反滤层，能使裂缝自行愈合。如果反滤料的每一层都采用专门筛选过的土料，则很容易满足上述要求，但造价较高。实际工程中，应尽可能找到可直接应用的天然砂料作反滤料。

反滤层设计分保护非黏性土和黏性土两种情况。

(1) 对不均匀系数 $\eta \leqslant 5 \sim 8$ 的非黏性土料，其反滤层中第一层反滤料的级配宜按下式计算

$$D_{15}/d_{85} \leqslant 4 \sim 5 \tag{3-4}$$

$$D_{15}/d_{15} \geqslant 5 \tag{3-5}$$

式中：D_{15} 为反滤料的粒径，小于该粒径的土占总土重的 15%；d_{85}、d_{15} 为被保护土的粒径，小于该粒径的土分别占总土重的 85%和 15%。

式 (3-4) 是抗管涌要求，它使反滤料不至于太粗；式 (3-5) 是渗透性要求，它使反滤层不会受到较大的渗透压力，以免反滤层被渗水托起（流土）。

选择第二层、第三层反滤料时，可仍然按此法确定，但选择第二层反滤料时，以第一层反滤料为被保护土；选择第三层反滤料时，以第二层反滤料为被保护土。

实际上被保护土的不均匀系数 η 一般都较大，要使其不发生渗透变形，应主要考虑保护其中的细料部分。因此，对于不均匀系数 $\eta > 8$ 的无黏性土料，宜取 $\eta > 5 \sim 8$ 的细粒部分的 d_{85}、d_{15} 作为计算粒径；对于级配不连续的被保护土，应取级配曲线平段以下（一般是 1～5mm 粒径）细粒部分的 d_{85}、d_{15} 作为计算粒径。

如果选作第一层反滤料的砂砾料的不均匀系数 $\eta > 5 \sim 8$ 时，应控制大于 5mm 颗粒的砾石含量小于 60%，选用 5mm 以下的细粒部分的 D_{15} 作为计算粒径。

(2) 对保护黏性土的反滤层设计可参阅 SL 274—2001《碾压式土石坝设计规范》。反滤层每层厚度应根据材料的级配、层位、料源、用途及施工方法等综合确定。人工施工时，水平反滤层的最小厚度可采用 0.3m；垂直或倾斜的反滤层，可采用 0.5m。若用机械化施工，最小厚度应根据施工方法确定。

近年来，土工织物作为反滤料在土石坝中已得到应用。它以锦纶、涤纶、丙纶等化学纤维为主要原料制成的。其优点是施工简便，施工时受气候影响不大，可缩短工期，易于控制质量，造价低等。土工织物按其制造方法分为有纺和无纺两大类，无纺土工织物性能相对较稳定，使用较多。采用土工织物作反滤层，宜用在易修补的部位，并应按 GB 50290—2014《土工合成材料应用技术规范》的规定进行设计。

2. 过渡层

过渡层的作用主要是协调相邻两侧材料的变形。在混凝土面板堆石坝的垫层和堆石之间、沥青混凝土心墙和坝壳之间均应设过渡层。至于土质防渗体分区坝是否设过渡层，应根据防渗体和坝壳材料特性、反滤层厚度综合研究确定，除坝壳为堆石外，一般不设过渡层，即使坝壳为堆石，若反滤层有一定厚度，也不一定设过渡层。如防渗体与坝壳料之间的反滤层总厚度不能满足过渡要求时，可加厚反滤层或设置过渡层。过渡层应采用连续级

配，最大粒径不宜超过 300mm，顶部水平宽度不宜小于 3m。

3.3 土石坝的渗流分析

3.3.1 土石坝渗流分析的任务和方法

3.3.1.1 渗流分析的内容和目的

设计土石坝时，在初步拟定了坝的断面、主要构造形式及尺寸（如防渗、排水）以后，必须进行土石坝的渗流分析计算，为确定经济可靠的坝型和合理的结构尺寸提供重要依据。

（1）土石坝渗流分析计算的内容和目的。土石坝渗流计算首先是确定坝体浸润线及其下游出逸点，绘制坝体及坝基流网图，在此基础上：①根据流网图计算出渗流区域任意点的渗透坡降，尤其是坝体、坝基渗流出逸部位的渗透坡降和防渗体渗流出逸部位的渗透坡降、不同土层界面处的渗透坡降、土层与混凝土建筑物（或基岩）界面处的渗透坡降，验算相应部位土体的渗透稳定性（判断是否发生渗透变形）；②在稳定渗流情况下，对于土石坝（含坝基）的某个横断面的流网图，根据其中相邻两条等势线上各网格点的渗流水头，确定这两条等势线之间各内插节点的渗透坡降，由此估算该横断面的单宽渗流量，由大坝所有横断面的单宽渗流量估算通过坝体、坝基的渗流量，从而估算水库的渗漏损失；③根据浸润线和流网图各网格点的水头和坐标，计算各网格点的孔隙水压力，为坝体抗滑稳定分析和应力、变形计算提供依据。

（2）土石坝渗流的计算工况。土石坝渗流计算是渗流稳定性和坝坡抗滑稳定性评价的依据，因此渗流计算应涵盖这两种稳定性评价的不利工况。因此土石坝渗流计算通常包含以下几种工况：①上游正常蓄水位与下游相应的最低水位；②上游设计洪水位与下游相应的水位；③上游校核洪水位与下游相应的水位；④库水位降落时上游坝坡稳定最不利的情况。

3.3.1.2 渗流分析方法概述

土石坝渗流是复杂的空间问题，对于中等以下坝高并且坝肩不存在明显地质渗漏缺陷的土石坝，将坝分成若干段，分别简化为竖直平面二维问题来分析；对于坝肩存在明显地质渗漏缺陷的土石坝或者高土石坝，需开展包含坝肩岩体的三维渗流计算。

土石坝渗流的分析方法有解析法、水力学法、流网法、模型试验法和数值解法。

解析法只有在大坝横断面几何形状规则、坝体（包括坝基）土石均质单一的情况下才有解，几乎没有工程应用价值。

水力学方法只有当坝体几何形状比较简单、土石料构成比较简单、坝基透水层均质单一的情况下，经过一系列假定进行简化处理的基础上，得到近似解。

流网法是一种比较简单的方法，能够近似求得渗流场内任意一点的渗流要素，但是绘制流网要求具备丰富的经验。在土质种类复杂、渗透系数相差较大的情况下无法采用。

模型试验法制模时间长、材料费用高，现已很少采用。

数值解法随着计算机技术和数值计算理论的发展，在实际工程渗流分析中得到广泛应用，目前已经成为土石坝渗流分析的主要方法。

3.3.2　土石坝渗流分析的水力学方法

3.3.2.1　基本假定与基本公式

用水力学法进行土石坝渗流分析时，需要进行并且符合以下假定：

(1) 各土层是均质的且在各方向的渗透系数相同。对于渗透系数相差 5 倍以内的相邻薄土层可视为一层，采用加权平均的渗透系数作为计算依据。坝体的分层碾压和天然土层的分层沉积，通常使得水平方向渗透系数大于竖直方向渗透系数，当两者相差不大（小于 5 倍）时仍可近似按渗流各向同性计算：计算渗流量时宜采用土层渗透系数的大值平均值，计算水位降落时的浸润线宜采用小值平均值。

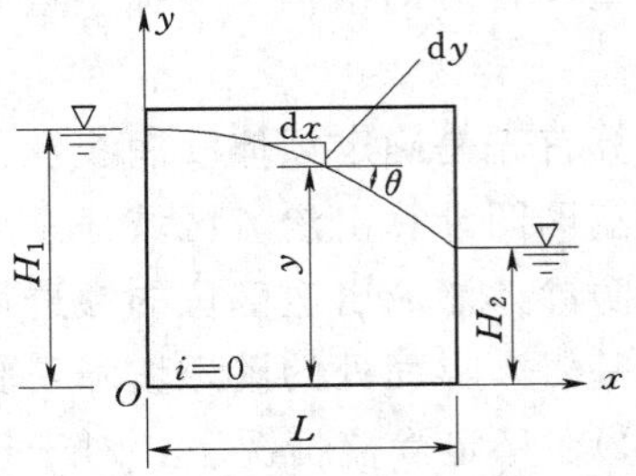

图 3-13　不透水地基上矩形土体的渗流计算图

(2) 坝体、坝基内的渗透水流应为稳定层流，符合达西定理。

(3) 坝体、坝基内的渗透水流应为渐变流，任意竖直过水断面内各点的渗透坡降和流速相等。

(4) 坝基透水层应为单一土层。对于双层土壤坝基，如下卧土层较厚，且其渗透系数小于上覆土层渗透系数的 1/100 时，可视下卧土层为相对不透水层。

图 3-13 为一不透水地基上矩形土体内的渗流，假定任一铅直过水断面内各点渗透坡降均相等，则断面的平均流速 v 和单宽流量 q 分别为

$$v = -k\frac{\mathrm{d}y}{\mathrm{d}x} \tag{3-6}$$

$$q = vy = -ky\frac{\mathrm{d}y}{\mathrm{d}x} \tag{3-7}$$

将式 (3-7) 自上游面水深 H_1 至任意断面 y 积分，得到浸润线方程

$$y = \sqrt{H_1^2 - \frac{2q}{k}x} \tag{3-8}$$

或

$$x = k(H_1^2 - y^2)/(2q) \tag{3-9}$$

可见浸润线是一个二次抛物线。

将边界条件 $x=L$、$y=H_2$ 代入式 (3-9)，则得到矩形土体渗流量公式为

$$q = k(H_1^2 - H_2^2)/(2L) \tag{3-10}$$

3.3.2.2　不透水地基上均质土坝的渗流计算

假设均质土坝下游无排水或只设贴坡排水情况（图 3-14）。计算时将土石坝剖面分为上游三角形、中间段和下游三角形三段。根据渗流试验结果，上游三角形 ABF 可用高为 H_1，长为 ΔL 的矩形代替。这一矩形和上游三角形消耗同样水头，且通过同样的渗透流量。ΔL 可由下式计算

$$\Delta L = \frac{m_1}{1+2m_1}H_1 \tag{3-11}$$

式中：m_1 为坝的上游边坡系数。

这样，坝内渗流区域就被分成 $OECB'$ 和 $CB'D$ 两段。$OECB'$ 段内任一断面处单宽渗流量为

$$q_1 = k[H_1^2 - (a_0 + H_2)^2]/(2L) \tag{3-12}$$

在 $CB'D$ 段，以下游水面为界，分为水上部分和水下部分两个区，并以水平线代替弯

曲的渗流线，如图 3 - 14（b）所示，其单宽渗流量近似为

$$q_2 = k\frac{a_0}{m_2}\left(1+\ln\frac{a_0+H_2}{a_0}\right) \tag{3-13}$$

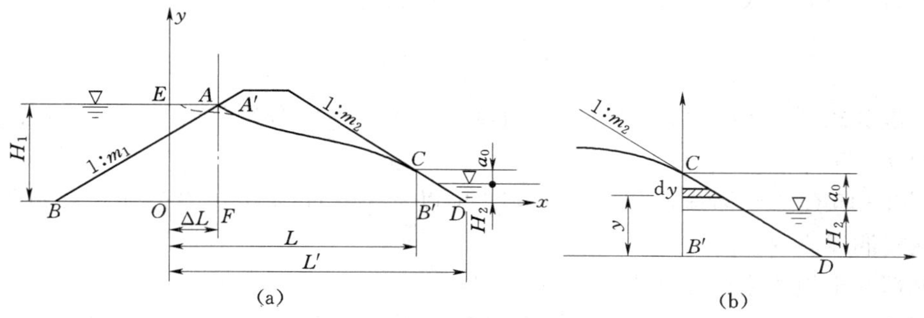

图 3 - 14 不透水地基无排水均质土石坝渗流计算图

根据渗流连续条件，$q_1=q_2=q$，联立求解式（3 - 12）、式（3 - 13），即可求出 a_0 及 q 值。

浸润线则可由式（3 - 8）求得。但由于该浸润线是按上游面简化为铅直面求得的。故上游坝面附近的浸润线还需作适当修正：自 A 点作与坝坡 AB 正交的平滑曲线，曲线下端与计算求得的浸润线相切于 A'点，$AA'C$ 即为所求的坝体浸润线。

3.3.2.3 有限深度透水地基上心墙坝的渗流计算

图 3 - 15 所示为带截渗槽的心墙坝，建造在厚度为 T 的透水地基上，心墙、坝壳、地基的渗透系数分别为 k_e 、k 、k_f ，坝的上、下游水深分别为 H_1 、H_2 。

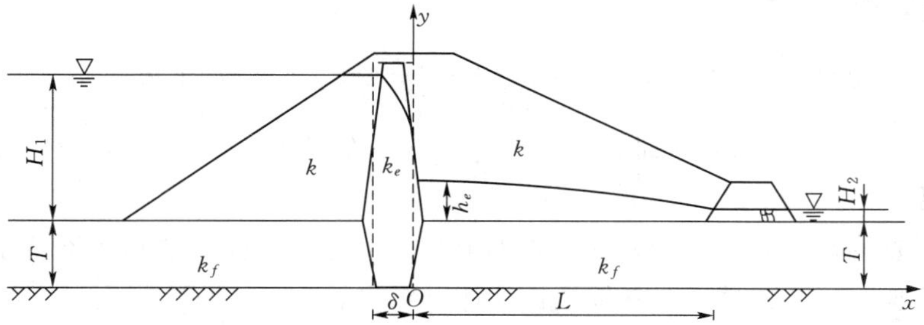

图 3 - 15 透水地基心墙土坝的渗流计算简图

因 $k_e \ll k$ ，且心墙上游坝壳渗径较短，故心墙上游坝壳水头损失可以忽略不计，即上游坝壳浸润线近似与水库水位齐平。

已知心墙顶宽 δ_1 及截渗槽底宽 δ_2，由于心墙及截渗槽边坡陡，可将梯形断面近似简化为矩形断面计算，矩形宽度由等面积代换得到。

设心墙下游坡剩余水头为 h_e ，则通过等效矩形心墙和截渗槽的渗流量为

$$q = k_e\frac{(H_1+T)^2-(h_e+T)^2}{2\delta} \tag{3-14}$$

通过下游坝壳的渗流量为

$$q_1 = k\frac{h_e^2-H_2^2}{2L} \tag{3-15}$$

通过下游坝基的渗流量（近似按有压流计算）为

$$q_2 = k_f JT = k_f \frac{h_e - H_2}{L + 0.44T}T \tag{3-16}$$

式中：$0.44T$ 为对流线弯曲渗径长度的修正。根据水流连续性条件

$$q = q_1 + q_2 = k\frac{h_e^2 - H_2^2}{2L} + k_f \frac{h_e - H_2}{L + 0.44T}T \tag{3-17}$$

联立求解式（3-14）、式（3-17）得到 q、h_e，将 h_e 分别代入式（3-15）、式（3-16）得到 q_1、q_2。

如图3-15建立坐标系，在式（3-15）中以 y 代替 H_2，以 x 代替 L，便可得到心墙下游坝壳浸润线方程。

其他情况土坝渗流计算公式，不一一推导。

土石坝渗流分析水力学方法是建立在诸多假定和简化处理基础上的，只能求得地基土层和坝型简单情况下的浸润线和渗流量近似解，不能求得渗流区域的水头分布和关键点（尤其是坝基）的渗透坡降。对于多种土质坝、非等厚地基或多种土质地基土坝的稳定渗流，以及任意土坝的非稳定渗流计算，必须采用有限元法。

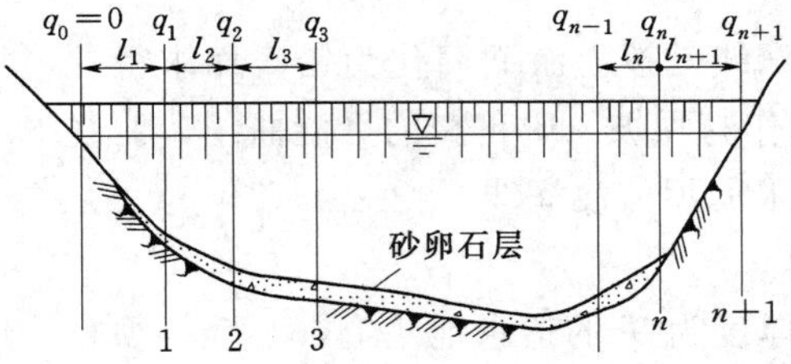

图3-16　土石坝总渗流量计算简图

3.3.2.4　土石坝总渗流量的计算

计算土石坝总渗流量时，可根据地形、地质变化及坝体防渗、排水情况，将土石坝沿长度方向分为若干段（图3-16），用前述方法计算出每个断面的单宽流量，然后按下式计算全坝的总渗流量，即

$$Q = \frac{1}{2}[q_1 l_1 + (q_1 + q_2)l_2 + \cdots + (q_{n-1} + q_n)l_n + q_n l_{n+1}] \tag{3-18}$$

式中：q_1，q_2，…，q_n 分别为断面1，2，…，n 的单宽渗流量；l_1，l_2，…，l_n 为相邻两断面之间的距离。

当地基渗透系数小于坝体渗透系数的1/100时，可近似认为地基是不透水的，渗透水流全部由坝身通过，计算时，取单位坝长为计算对象。

3.3.3　土石坝渗流分析的有限单元法

3.3.3.1　二维渗流基本方程及定解条件

当水库水位长期稳定情况下，如果不考虑源汇项（降雨入渗和蒸发），则土石坝发生稳定渗流，渗流区域内任一点的水头不随时间变化，根据达西定律和水流质量守恒定律，可导出描述土石坝浸润线以下饱和渗流区二维渗流运动的基本方程

$$\frac{\partial}{\partial x}\left(k_x \frac{\partial H}{\partial x}\right) + \frac{\partial}{\partial z}\left(k_z \frac{\partial H}{\partial z}\right) = 0 \tag{3-19}$$

式中：H 为渗流区域中任意点的总水头，m，由位置水头 z 和孔隙压力水头 $h = p/\gamma_w$ 组成；k_x、k_z 分别为渗流区域中某点对应土质在水平、竖直方向的饱和渗透系数，m/s，如果土壤渗流各向同性，则 $k_x = k_z = k_s$。

当水库水位变化譬如持续下降时，浸润线相应下降，部分饱和区的孔隙水释放而成为

非饱和区，因此非稳定渗流情况下土石坝渗流运动为饱和-非饱和渗流运动。根据达西定律和水流质量守恒定律，可导出不考虑源汇项情况的土石坝二维非饱和渗流运动基本方程为

$$\frac{\partial \theta}{\partial t}=\frac{\partial}{\partial x}\left[k_x(\theta)\frac{\partial H}{\partial x}\right]+\frac{\partial}{\partial z}\left[k_z(\theta)\frac{\partial H}{\partial z}\right] \tag{3-20}$$

式中：θ 为土壤的体积含水率，cm^3/cm^3；t 为时间，s；$k_x(\theta)$、$k_z(\theta)$ 分别为 x、z 方向的非饱和渗透系数，m/s，也称非饱和水力传导度，如果土壤渗流各向同性，则 $k_x(\theta)=k_z(\theta)=k(\theta)$。

式（3-19）、式（3-20）结合相应的定解条件，可分别用于求解出土石坝发生稳定渗流、非稳定渗流时渗流区域内任意点的水头 $h(x,z)$ 和 $h(x,z,t)$。下面结合图 3-17 介绍土坝渗流分析的定解条件。

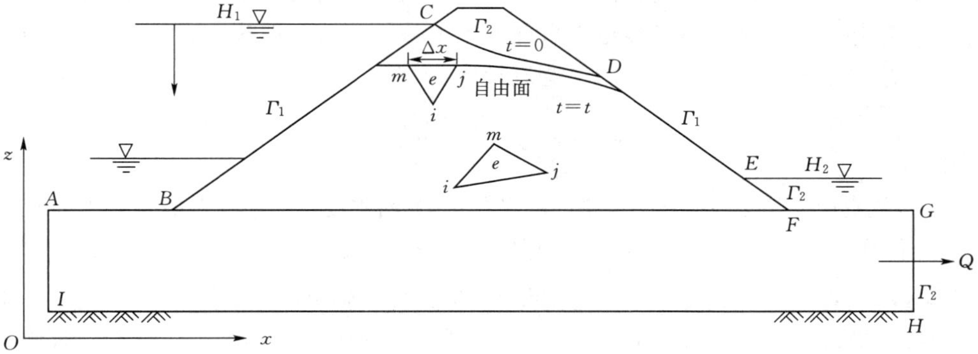

图 3-17　土坝渗流边界条件示意图

1. 第一类边界条件——水头边界条件

在图 3-17 土坝中，已知水头边界包括上游 ABC 边界、下游 EFG 边界。由水力学知，流场中任意点的总水头 H 由位置水头 z、压力水头 $p/\rho_w g$ 和流速水头 $\alpha v^2/2g$ 构成。但是，在土坝渗流运动，流速很小，流速水头相对位置水头、压力水头可以忽略不计。不难理解，当直角坐标系原点选定后，上游水位以下 ABC 边界上的任意点的水头等于上游水位线对应的位置水头，下游水位以下 EFG 边界上的任意点的水头等于下游水位线对应的位置水头。

在下游坝坡中，从渗流逸出点 D 至下游水位 E 点之间的 DE 段边界，称为自由渗出段边界（压力水头为 0），因此该段边界上任意点的水头也是已知的——等于该点的位置水头。

水头边界的表达式为

$$H|_{\Gamma_1}=f(x,z,t) \tag{3-21}$$

对于稳定渗流，式（3-21）右边为常数，与时间 t 无关。对于非稳定渗流，坡外的水位是随时间变化的。开展有限元渗流计算，实际输入的是一反映水位变化过程的水位、时间对应数组 (H_i,t_i)。

2. 第二类边界条件——流量边界条件

流量边界是指沿边界的法线 n 方向的渗流量是已知的，其表达式为

$$k_n \frac{\partial H}{\partial n}\bigg|_{\Gamma_2} = f_2(x,z,t) \tag{3-22}$$

图 3-17 所示土坝中的不透水层面边界（IH）是已知流量边界——零流量边界

$$k_n \frac{\partial H}{\partial n}\bigg|_{\Gamma_2} = 0 \tag{3-23}$$

3. 自由面边界条件——混合边界条件

在渗流自由面（CD）上，孔隙水压力为零（水头压力等于大气压力），该面上任意点的水头 H^* 等于该点的位置水头。为保证式（3-19）、式（3-20）存在唯一解，渗流自由面应满足条件

$$H^* = z \tag{3-24}$$

（1）对于非稳定渗流。渗流自由面位置水头 z 是随时间变化的，自由面除满足式（3-24）中的条件外，还应满足第二类边界条件的流量补给关系，即按下式计算渗流自由面下降时穿过渗流自由面流入下方坝体的单宽流量 q

$$q = \mu \frac{\partial H^*}{\partial t}\cos\beta \tag{3-25}$$

式中：β 为渗流自由面外法线方向与铅垂线的夹角；μ 为给水度，即渗流自由面下降 1 个水头时单位体积土体释放的水体积，可用毛昶熙经验公式确定，即 $\mu = 1.137n\,(0.0001175)^{0.607^{(6+\lg k_s)}}$，$n$ 为孔隙率，k_s 为饱和渗透系数，cm/s，如果浸润线附近土体渗流各向异性，可取 $k_s = \sqrt{k_x k_z}$。

（2）对于稳定渗流。仍应满足式（3-24）所示条件，但自由面水头不随时间变化，在式（3-25）中 $q = 0$。

4. 初始条件

所谓初始条件，是指发生非稳定渗流的起始条件，即给定 $t = 0$ 时渗流区域内所有计算节点的水头 $h_0(x,z,0)$

$$H\big|_{t=0} = H_0(x,z,0) \tag{3-26}$$

$H_0(x,z,0)$ 可根据土石坝起始上、下游水位进行稳定渗流计算得到。

稳定渗流只有边界条件，没有初始条件。

3.3.3.2　渗流有限元分析的步骤

1. 确定渗流计算区域

土石坝渗流为自由渗流，即渗流区域上边界为渗流自由面（孔隙水压力为 0），在大坝横剖面上表现为浸润线。确定坝体部分渗流计算区域，就是假定浸润线，可通过假定下游坝坡渗流逸出点的位置，连接上游水位处坝坡入渗点和下游坝坡渗流逸出点所形成的直线作为假定的浸润线，然后通过渗流有限元计算得出正确的浸润线。需注意的是，下游坝坡渗流逸出点应高于下游水位线与下游坝坡的交点。

坝基渗流计算区域是由坝基渗流深度和坝基渗流长度决定的。渗流计算深度一般要取至相对不透水层地基边界。坝坡坡脚外的坝基渗流长度取决于坝基渗流深度和坝基透水性，通常上、下游坡脚外的坝基渗流计算长度取为 1～2 倍的坝基渗流计算深度。如果坝基表层为弱透水层，则地基水平计算范围要取得更长。

2. 计算区域划分和计算单元剖分

将渗流计算区域按土质类型划分为若干个计算块，每个计算块的渗流特性参数相同，如图 3-18（a）所示，然后再将渗流计算块剖分成有限多个微小的三角形或四边形单元，如图 3-18（b）单元的数量应足以满足计算精度，使得计算结果中的等水头线是光滑的。

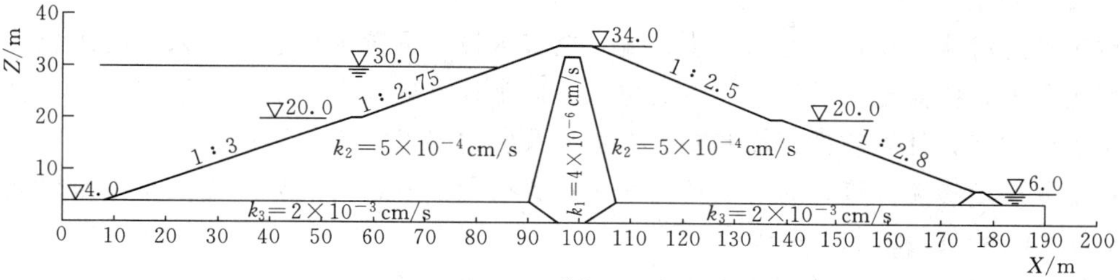

（a）

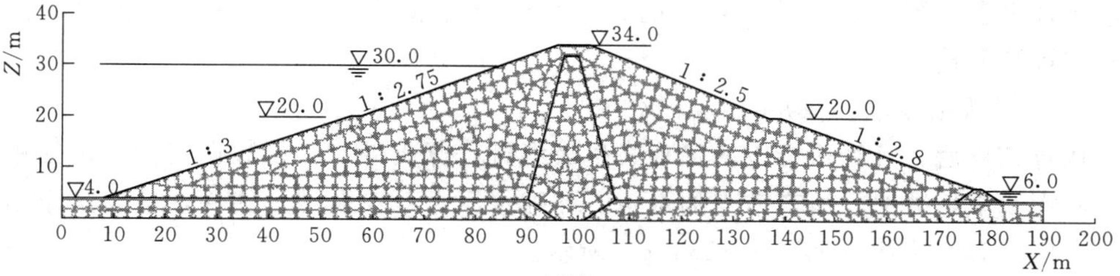

（b）

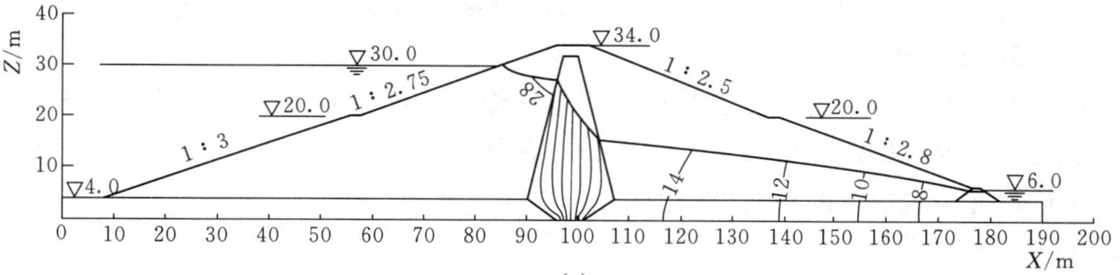

（c）

图 3-18 土坝渗流有限元计算示例

（a）土坝横剖面图；（b）土坝渗流有限单元剖分图；（c）土坝浸润线和等水头线图

3. 土壤渗流特性参数的输入

当计算土坝稳定渗流时，渗流特性参数只需输入饱和渗透系数 k_s（m/s），如果土壤存在明显的渗流各向异性，则需输入土壤水平、竖直方向的渗透系数 k_x、k_z（m/s）。

当土坝发生非稳定渗流时，土坝的渗流运动为饱和-非饱和渗流运动。根据 van Genuchten 模型，非饱和土含水率与土壤吸力（负的孔隙水压力）之间存在以下关系

$$S_e=\frac{\theta-\theta_r}{\theta_s-\theta_r}=[1+(\alpha h)^n]^{-m} \tag{3-27}$$

式中：S_e 为土壤饱和度；θ 为土壤的含水率，cm^3/cm^3；θ_r、θ_s 分别为土壤的剩余含水率、饱和含水率，cm^3/cm^3；h 为土壤负的孔隙水压力的绝对值，cm；α、m、n 为决定土壤水分特征曲线 $\theta-h$ 的形状参数，$m=1-1/n$，形状参数通过试验测定 $\theta-h$ 曲线拟合得到。

非饱和土壤的渗透系数也称水力传导度 $k(\theta)$，是土壤含水率 θ 的函数

$$k(\theta)=k_s\left(\frac{\theta-\theta_r}{\theta_s-\theta_r}\right)^{1/2}\left\{1-\left[1-\left(\frac{\theta-\theta_r}{\theta_s-\theta_r}\right)^{1/m}\right]^m\right\}^2 \tag{3-28}$$

因此，开展非稳定渗流计算需要测定和输入 k_s、θ_s 和 θ_r 以及土壤水分特征曲线的形状参数 α、m、n。

4. 边界条件的输入

对于稳定渗流计算，上游水头边界输入上游水位，下游水头边界输入下游水位；渗流自由面边界就是要假定下游坡逸出点的位置，通常计算软件会在下游坡设置一个 z 坐标高于下游水位的点；计算软件将坝基左、右边界及底边界设定为 0 流量边界。

对于非稳定渗流计算，对于变动的水头边界譬如上游水头边界应输入水库水位变化过程 (H_i, t_i)，$i=1$，2，3，…。

初始条件是指非稳定渗流开始瞬间 $t=0$ 时刻渗流区域中任意点的水头 $H(x,z,0)$，这是渗流计算者不可能知道的，软件把起始水位稳定渗流计算的结果自动记录成初始条件，不用计算者输入。

5. 计算成果的读取和应用

在执行计算后，计算机会以两种形式生成渗流计算成果，一是数据文件，包括单宽渗流量、浸润线坐标数组、所有节点的水头、孔隙水压力；二是图形文件，主要是土坝浸润线和渗流区域等水头线，如图 3-18（c）所示。

渗流量作为评价大坝渗漏程度的主要依据；浸润线、孔隙水压力数据作为坝坡抗滑稳定计算的依据；流网图用于计算渗透坡降，作为判断是否发生渗透变形的依据。

3.3.4　土石坝渗流稳定分析

土石坝及地基中的渗流，由于其机械或化学作用，可能使土体产生局部破坏的现象，称为渗透变形。渗流稳定分析的主要任务是：鉴别土的渗透变形形式；判断坝体和坝基的渗透稳定性，并采取有效的控制措施。

1. 渗透变形的形式

（1）管涌。无黏性土中的细颗粒在渗流作用下，从骨架孔隙通道流失的现象，称为机械管涌；土体中的盐类等被渗流溶解带走的现象，称为化学管涌。通常笼统提到的管涌一般均为机械管涌。

（2）流土。由于黏性土粒间有较强的胶结作用，在渗流作用下，局部土体表面隆起、顶穿或粗细颗粒同时浮动而流失的现象，称为流土。

（3）接触冲刷。当渗流沿两种渗透系数不同土层的接触面流动时，将细颗粒沿层面带走的现象，称为接触冲刷。

（4）接触流失。渗流方向垂直于渗透系数相差较大的两相邻土层面，可能产生接触管涌或接触流土的总称。接触管涌是指将无黏性土的细颗粒带入相邻粗颗粒土层的现象，例如，被保护土层的细颗粒被带入反滤层等；接触流土是指黏性土层的土体隆起、断裂或剥落，并被带入相邻粗颗粒土层孔隙中的现象。

2. 渗透变形的形式判别

渗透变形形式的判别可参照下述方法进行[26]。

（1）管涌与流土的判别。以土体中细颗粒的含量 p_c 作为判别依据。对于连续级配土，

如果 $p_c<\frac{1}{4(1-n)}\times100$（$n$ 为土的孔隙率），则为管涌；如果 $p_c\geqslant\frac{1}{4(1-n)}\times100$，则为流土。确定 p_c 的粗、细粒径的界限粒径 d_f 可按 $d_f=\sqrt{d_{70}d_{10}}$ 计算。对于不均匀系数 $C_u>5$（$C_u=\frac{d_{60}}{d_{10}}\times100$）的不连续级配土，其判别标准如下：$p_c\geqslant35\%$ 时为流土；$p_c\leqslant25\%$ 时为管涌；界于两者之间为过渡型。不连续级配土中的区分粒径 d_f 则以平缓段粒径的最大和最小粒径的平均粒径区分，或以最小粒径为区分粒径，相应于此粒径的含量为细粒含量。

（2）接触冲刷的判别。对双层结构地基，当两层土的不均匀系数均等于或小于10，且符合下式规定的条件时，则不会发生接触冲刷。

$$\frac{D_{10}}{d_{10}}\leqslant10 \tag{3-29}$$

式中：D_{10}、d_{10} 分别为较粗和较细一层土的颗粒粒径，且小于该粒径的土重占总土重的10%，mm。

（3）接触流失的判别。对于渗流向上的情况，在符合下列条件时均不会发生接触流失。

不均匀系数不大于5的土层

$$\frac{D_{15}}{d_{85}}\leqslant5 \tag{3-30}$$

不均匀系数不大于10的土层

$$\frac{D_{20}}{d_{70}}\leqslant7 \tag{3-31}$$

式（3-30）、式（3-31）中符号意义与式（3-29）同，仅下角标表示的小于该粒径的土重占总土重的百分数不同。

3. 土的允许渗透比降

坝体或坝基土体的类型不同，可能产生的渗透变形类型也不同。当有试验资料时，各种渗透变形的允许渗透比降可按以下各式计算。

流土型
$$[j_l]=(G_s-1)(1-n)/K \tag{3-32}$$

管涌型或过渡型
$$[j_{gg}]=2.2(G_s-1)(1-n)^2\frac{d_5}{Kd_{20}} \tag{3-33}$$

管涌型也可采用下式计算

$$[j_g]=\frac{42d_3}{K\sqrt{\frac{k}{n^3}}} \tag{3-34}$$

式中：$[j_l]$、$[j_{gg}]$、$[j_g]$ 分别为产生流土型、管涌型或过渡型、管涌型的允许渗透比降；G_s 为土的颗粒密度与水的密度之比；n 为土的孔隙率，%；d_3、d_5、d_{20} 分别为占总土重的3%、5%和20%的土粒粒径，mm；k 为土的渗透系数，cm/s；K 为渗流稳定安全系数，取1.5～2.0，渗透破坏对建筑物危害大的取大值，特别重要的工程也可取到2.5。

对于无黏性土，当无试验资料时，各种渗透变形的允许渗透比降可由表3-4选用经验值。当实际渗透比降小于允许值时，将不会发生相应的渗透变形。

表 3-4　　无黏性土允许渗透比降经验值

<table>
<tr><th rowspan="3">允许渗透坡降</th><th colspan="6">渗透变形型式</th></tr>
<tr><th colspan="3">流　土　型</th><th rowspan="2">过渡型</th><th colspan="2">管涌型</th></tr>
<tr><th>$C_u \leqslant 3$</th><th>$3 < C_u \leqslant 5$</th><th>$C_u > 5$</th><th>连续级配</th><th>不连续级配</th></tr>
<tr><td>[j]</td><td>0.25～0.35</td><td>0.35～0.50</td><td>0.50～0.80</td><td>0.25～0.40</td><td>0.15～0.25</td><td>0.10～0.20</td></tr>
</table>

注　本表不适用于渗流出口有反滤层情况。

理论上讲，土的抗渗比降大于渗流逸出比降时，渗透稳定即满足要求，可以不设反滤层。但在实际工程中，鉴于渗流控制的重要性和复杂性，在渗流逸出处，一般都设反滤层加以保护。

防止渗透变形的措施很多，总的来讲，可分为减小渗透比降和安全排渗两方面。减小渗流比降的工程措施有合理设置防渗体、扩大防渗体断面、延长渗径等；安全排渗的主要工程措施有合理设置不同筑坝材料区的过渡层、设置排水设施、反滤层、减压井或用透水盖重等。

3.4　土石坝的稳定分析

3.4.1　稳定分析的目的及计算工况

3.4.1.1　稳定分析的目的

土石坝的稳定分析是指对土石坝的坝坡或坝体连同部分地基在荷载作用下发生失稳破坏的可能性所作的计算和分析。土石坝的失稳破坏通常有滑动、液化和塑流三种形式。滑动破坏是由于坝体土体（或坝基）抗剪强度不足所造成的坝体（或坝体连同部分坝基同时滑动）或坝坡坍塌的现象；液化则是饱和松砂在受到振动或剪切作用时，由于其有效应力急剧降低，甚至强度完全丧失而形成像液体一样流动的现象；塑流是由于坝体或坝基内局部区域的剪应力超过土料的抗剪强度，变形超过极限值，致使坝坡或坝基发生过大变形，引起隆起、裂缝或沉陷的现象。土石坝坝坡稳定分析一般指滑动稳定分析。对于后两种失稳形式的原因及计算分析可参见有关专著或文献。

土石坝稳定计算分析的目的是保证土石坝在自重、孔隙压力和其他外荷载作用下具有足够的稳定性，不致发生通过坝体或坝基的整体或局部剪切破坏。

3.4.1.2　坝坡稳定的计算工况

土石坝在运用期间，上、下游水位是经常变化的，在进行稳定计算时，应选择对上、下游坝坡可能最不利的工作情况。

1. 正常运用条件

（1）上游为正常蓄水位，下游为相应的最低水位，或上游为设计洪水位，下游为相应水位。这两种情况下，上、下游水位差较大，持续时间较长，坝内形成稳定渗流，浸润线位置高，渗透压力大，是土石坝上、下游坝坡稳定分析的重要工况之一。

（2）上游水位位于正常蓄水位和设计洪水位与死水位之间，且处于稳定渗流期。根据经验，上游处于某一低水位（一般为坝高的 1/3 附近）时，由于水位上部坝体土料为湿容重，比高水位时的浮容重要大，上游坝坡的稳定性可能更不利，因此也是上游坝坡稳定性的校核工况之一。

2. 非常运用条件Ⅰ

（1）施工期。一般施工期土石坝上、下游均无水，或水位很低，但当坝体填筑速度较快时，特别是坝体黏性土料中的孔隙压力很大时，对坝坡稳定十分不利，应对此工况的上、下游坝坡的稳定性进行校核计算。

（2）上游为校核水位，下游为相应的水位，可能形成稳定渗流的情况。此时大坝下游水位高，下游坝体可能浸水，浮力较大，所以也应对此工况下的上、下游坝坡稳定性进行分析。

（3）水库水位非常降落（常称为骤降）。如自校核洪水位降落并降落至死水位或以下，以及大流量快速泄空等。此时坝体上部土体由浮容重很快变为饱和容重，土料中的水来不及排出，出现超孔隙压力，对坝坡稳定性十分不利；同时，坝体内部的部分孔隙水将向上游渗出，增加了上游坝坡坍滑的可能性，所以应对此时上游坝坡的稳定性进行分析。

3. 非常运用条件Ⅱ

正常运用条件遇地震。此时，由于地震惯性力作用方向的可变性，上、下游坝坡均可能产生失稳，所以也应对此种工况进行坝坡稳定性校核。

3.4.2　抗剪强度指标的选择

土石坝的抗剪强度指标是土石坝设计的基本参数。土石坝从施工到运用期，坝体及坝基材料的抗剪强度都在不断变化，抗剪强度指标的选用是否合理，关系到工程的安全和经济，必须慎重而合理地选用。有关土的抗剪强度规律及其测定方法均已在《土力学》课程中讲述，这里仅结合土石坝稳定分析的具体情况简述其应用。

3.4.2.1　土体抗剪强度的确定方法

作为稳定分析基础的土体破坏理论，应用最广的是摩尔—库仑准则。摩尔认为，土体主要发生剪切破坏，破裂面上的剪应力是法向应力的函数，$\tau=f(\sigma)$，该函数所确定的曲线称摩尔破坏包线。工程实用上，在一定范围内该包线为直线，这就是库仑方程，即

$$\left.\begin{aligned}\tau &= c+\sigma\tan\varphi\\ \tau &= c'+(\sigma-u)\tan\varphi' = c'+\sigma'\tan\varphi'\end{aligned}\right\}\tag{3-35}$$

式中：τ为土体的抗剪强度；c、φ为总应力抗剪强度指标；c'、φ'为有效应力抗剪强度指标；σ、σ'分别为法向总应力和法向有效应力；u为孔隙压力（饱和土则指孔隙水压力）。

由于土的抗剪强度与土体内孔隙压力密切相关，而确定土中的孔隙压力又是一个十分困难的问题，故在土石坝稳定分析中通常采用以下两种方法来解决这一问题。

1. 有效应力法

由于控制土的抗剪强度是有效应力σ'，而不是总应力σ，而有效强度指标测定和取值相对来说容易一些，且稳定可靠，故有效应力法应作为基本方法。但孔隙压力的确定是一个难点。

2. 总应力法

在抗剪强度试验中，模拟现场土体中的孔隙压力状态，直接测定土在破坏时的总应力

抗剪强度指标，在稳定计算中不再计入孔隙压力，称为总应力法。由于该法不可能控制孔隙压力的消散过程，故一般只适用于黏性填土在施工期和库水位降落期的抗剪强度，适用范围有限。

3.4.2.2 土的抗剪强度指标的测定方法和应用选择

前已述及，土石坝的抗剪强度指标从施工到运用期是在不断变化的，与计算工况密切相关。不同计算工况下应采用的计算方法及抗剪强度的测定方法，参见表3-5。

表3-5　　土的抗剪强度指标的测定和应用

<table>
<tr><th>计算工况</th><th>强度计算方法</th><th colspan="2">土的种类</th><th>使用仪器</th><th>试验方法与代号</th><th>强度指标</th><th>试样起始状态</th></tr>
<tr><td rowspan="8">施工期</td><td rowspan="6">有效应力法</td><td colspan="2" rowspan="2">无黏性土</td><td>直剪仪</td><td>慢剪（S）</td><td rowspan="6">c'，φ'</td><td rowspan="8">填土用填筑含水率和填筑容重的土，坝基用原状土</td></tr>
<tr><td>三轴仪</td><td>固结排水剪（CD）</td></tr>
<tr><td rowspan="4">黏性土</td><td rowspan="2">饱和度小于80%</td><td>直剪仪</td><td>慢剪（S）</td></tr>
<tr><td>三轴仪</td><td>不排水剪测孔隙压力（UU）</td></tr>
<tr><td rowspan="2">饱和度大于80%</td><td>直剪仪</td><td>慢剪（S）</td></tr>
<tr><td>三轴仪</td><td>固结不排水剪测孔隙压力（CU）</td></tr>
<tr><td rowspan="2">总应力法</td><td rowspan="2">黏性土</td><td>渗透系数小于10^{-7}cm/s</td><td>直剪仪</td><td>快剪（Q）</td><td rowspan="2">c_u，φ_u</td></tr>
<tr><td>任何渗透系数</td><td>三轴仪</td><td>不排水剪（UU）</td></tr>
<tr><td rowspan="4">稳定渗流期和水库水位降落期</td><td rowspan="4">有效应力法</td><td colspan="2" rowspan="2">无黏性土</td><td>直剪仪</td><td>慢剪（S）</td><td rowspan="4">c'，φ'</td><td rowspan="6">同施工期，但要预先饱和，而浸润线以上的土不需饱和</td></tr>
<tr><td>三轴仪</td><td>固结排水剪（CD）</td></tr>
<tr><td colspan="2" rowspan="2">黏性土</td><td>直剪仪</td><td>慢剪（S）</td></tr>
<tr><td>三轴仪</td><td>固结不排水剪测孔隙压力（CU）
或固结排水剪（CD）</td></tr>
<tr><td rowspan="2">水库水位降落期</td><td rowspan="2">总应力法</td><td rowspan="2">黏性土</td><td>渗透系数小于10^{-7}cm/s</td><td>直剪仪</td><td>固结快剪（R）</td><td rowspan="2">c_{cu}，φ_{cu}</td></tr>
<tr><td>任何渗透系数</td><td>三轴仪</td><td>固结不排水剪（CU）</td></tr>
</table>

注　表内施工期总应力法抗剪强度为坝体填土非饱和土，对于坝基饱和土，抗剪强度指标应改为c_{cu}、φ_{cu}。

现以施工期及库水位降落期为例，对表3-5中土的抗剪强度指标选择进行说明。

1. 施工期

均质坝和分区坝的防渗土料因其自重引起的内部固结不能迅速排水，可认为孔隙压力不消散，因此，可用总应力法，并用现场含水率和容重进行直接快剪（Q）或三轴不排水剪（UU）确定的强度指标c_u、φ_u。

2. 水库水位降落期

水位降落时，认为黏性填土不排水，孔隙压力不消散，与固结不排水试验相似，因而规定可采用R剪或三轴仪CU试验的总应力强度指标c_{cu}、φ_{cu}。如果用有效应力分析，则采用CU试验的有效强度指标c'、φ'，但用此法的精度决定于孔隙水压力测量的精度。

抗剪强度指标测定方法的选择及测定成果的整理和采用应遵循下述原则：

(1) 土的抗剪强度指标一般应采用三轴仪测定。对于3级以下的中坝，可用直接慢剪试验测定土的有效强度指标，其结果与三轴仪的排水剪测值接近；对于渗透系数

小于 10^{-7}cm/s 或压缩系数小于 0.2MPa^{-1}的土，也可用直接快剪试验或固结快剪测定其总强度指标，其数值与三轴仪的不排水剪或固结不排水剪结果接近。

（2）由于个别试验成果不一定能完全代表全体的特性，故需选取一定数量的试验组。对于黏性土料抗剪强度指标试验应大于11组，并宜采用小值平均值确定。当黏性土和坝壳粗粒料试验组较少时，可根据试验成果并参考类似工程确定。

（3）在应用总应力法确定填土强度包线时，施工期要用图3-19（a）中 *UU* 总强度包线；库水位降落期则应采用图3-19（b）中 *CD* 线和 *CU* 线的下包线 *abc*。

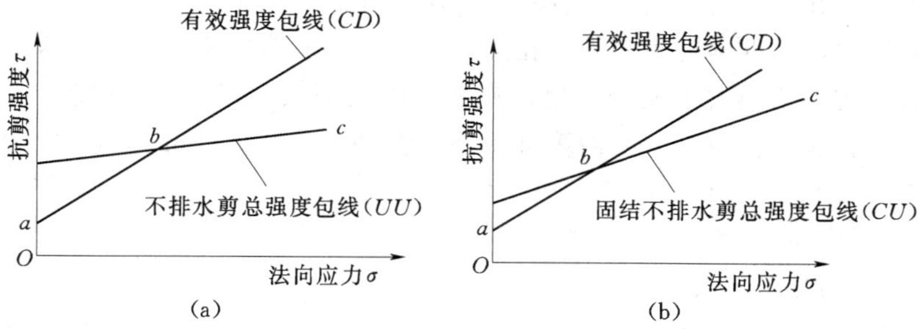

图3-19 强度包线的组合

（4）对于砂土和黏土接触面抗剪强度包线，当没有条件通过试验确定时，则应分别测定砂土强度包线 *OAB* 和黏土的强度包线 *FAD*，采用 *OAD* 线作为接触面的抗剪强度包线（图3-20）。

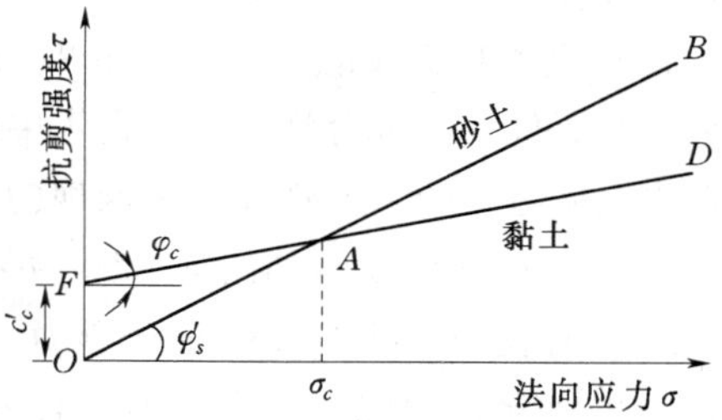

图3-20 砂土黏土的 $\tau-\sigma$ 关系曲线

（5）工程实践表明，粗粒料的内摩擦角随法向应力的增加而减小，呈明显的非线性现象，表示抗剪强度的摩尔包线是一条曲线。工程统计计算表明，如采用线性强度指标分析，与坝坡实际可能产生的破坏面不尽相符，安全系数相对偏小，而采用非线性强度指标分析，则接近坝坡产生的真实破坏面。故粗粒料采用非线性是合理的。非线性抗剪强度的表达式为

$$\varphi = \varphi_0 - \Delta\varphi \lg\left(\frac{\sigma_3}{p_a}\right) \tag{3-36}$$

式中：φ 为土体滑动面的摩擦角；φ_0 为一个大气压力下的摩擦角；$\Delta\varphi$ 为 σ_3 增加一个对数周期下 φ 的减小值；σ_3 为土体滑动面的小主应力；p_a 为大气压力。

由于目前采用非线性计算的工程还比较少，经验还不多，故 SL 274—2001《碾压式土石坝设计规范》仅规定了在混凝土面板堆石坝稳定计算中，粗粒料采用此法。

3.4.2.3 孔隙压力对抗剪强度及坝坡稳定的影响

前已述及，土的抗剪强度与土体内孔隙压力的大小是密切相关的，但确定土中孔隙压力是一个十分困难的问题。

孔隙压力的产生有两种情况：①土体内由于水的渗流在土的孔隙内形成的孔隙压力，例如水库长期蓄满时在坝内形成从上游到下游的稳定渗流产生的孔隙压力；②当黏性土受

到外荷载作用使土体产生压缩，而土内水分来不及排出产生的超孔隙压力（超静水压力）。有孔隙压力存在时，外荷载由孔隙中的水、空气和土粒共同承担，其中土粒骨架承担的应力称为有效应力，空气和水承担的压力称为孔隙压力。当外荷载停止增加后，超孔隙水压力会随着空气和水的排出而逐步消散。如施工时填土速度过快，随着填土不断升高，填土中的水来不及排出；水库水位骤降，坝体由浮容重变为饱和容重，土体重力增加，孔隙中的水来不及排出等产生的孔隙压力均属后一种情况。当土体产生滑动时，只有土颗粒骨架承担的有效应力才能产生摩擦力，而水和空气所承担的孔隙压力是不能产生摩擦力的。可见，孔隙压力的存在使得土的抗剪强度减小，从而降低了坝坡的稳定性。

对于孔隙压力，要准确计算较难。孔隙压力的大小及消散速度与填土含水量、渗透系数、压缩系数、防渗体的大小及坝身填筑速度（施工期）、水位降落速度（水库水位骤降时）等因素有关。有关孔隙压力的估算可参见《土力学》教材、SL 274—2001《碾压式土石坝设计规范》及有关书籍。

3.4.3　稳定分析方法

3.4.3.1　土石坝坝坡滑动面的形式

坝坡滑动面的形式与坝体结构、土料和地基的性质以及坝的工作条件等密切相关。图3-21所示为可能滑动的各种形式，大致可归纳为以下三种：

（1）曲线滑动面。如图3-21（a）、（b）所示。滑动面为一顶部稍陡而底部较缓的曲面，多发生在黏性土坡中。分析计算时，常简化为圆弧面。

（2）直线和折线滑动面。如图3-21（c）、（d）所示。在均质非黏性土壤中，滑动面一般为平面；但当一部分坝体淹没在水中时，土体性质有所改变，滑动面可能为折线，折点一般在水面附近；薄心墙坝及薄斜墙坝的滑动面也常为折线滑动面。

（3）复式滑动面。如图3-21（e）、（f）所示。当滑动面通过黏性土和非黏性土时，常出现由曲线和直线组成的复合滑动。当坝基有软弱夹层时，滑动面不再往下深切，而是沿该夹层滑动，形成曲面和平面组合的复式滑动面［图3-21（f）］。这一种情况较复杂，分析计算时，应根据实际情况对滑动面的形状和位置进行适当的假定和简化。

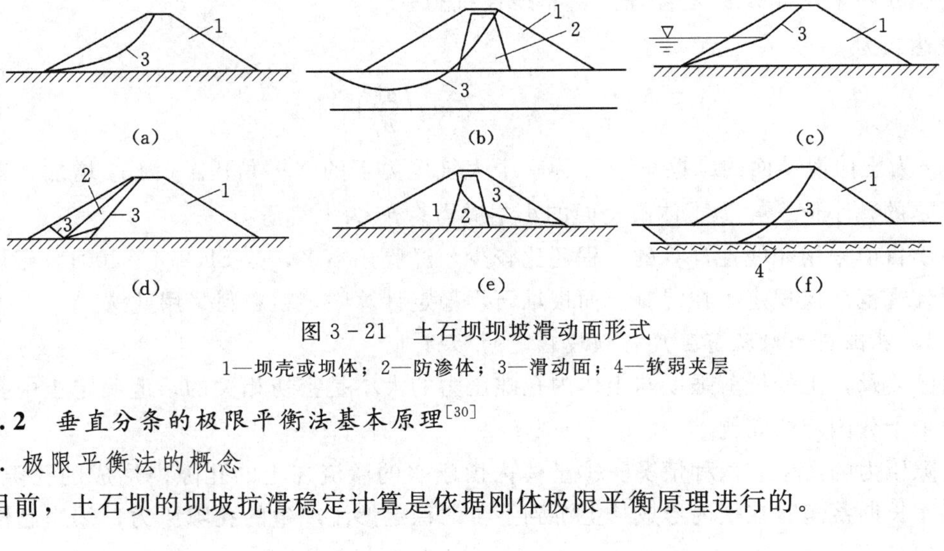

图3-21　土石坝坝坡滑动面形式

1—坝壳或坝体；2—防渗体；3—滑动面；4—软弱夹层

3.4.3.2　垂直分条的极限平衡法基本原理[30]

1. 极限平衡法的概念

目前，土石坝的坝坡抗滑稳定计算是依据刚体极限平衡原理进行的。

极限平衡法的基本概念是，假定土体从稳定状态进入极限平衡状态时，土体中出现一相应的滑动面（图 3－22），并沿滑动面达到极限平衡，即在滑动面上处处剪应力均达到极限值，且在该滑动面上每一点的法向应力和剪应力都满足摩尔—库仑强度准则。根据滑动土体上的作用力建立静力平衡方程式，从而求得滑动土体的抗滑稳定安全系数。

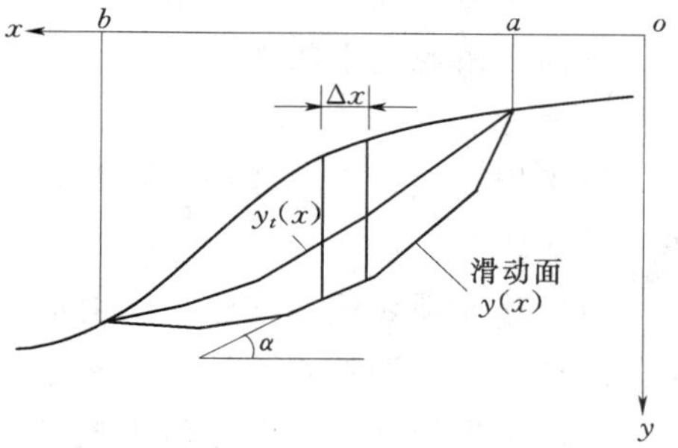

图 3－22　坝坡稳定分析的条分法

2. 通用条分法及静力平衡方程的建立

为了便于确定整个滑动土体上的作用力和滑动面上的应力分布，常将滑动土体分成若干竖向土条，通过分析作用于各土条上的力来建立其平衡方程式，进而获得整个滑动土体的静力平衡方程式，求解滑动土体的抗滑稳定安全系数。

图 3－22 中土坡的任一假定滑动土体，其任一土条（图 3－23）上的作用力有：①土条重力 ΔW；②坝坡表面垂直荷重 $q\Delta x$；③作用于土条底部的总法向力 ΔN、切向力 ΔT 和孔隙压力 ΔU；④竖向地震惯性力 ΔV；⑤水平地震惯性力 ΔQ，其作用点与土条底面中点的距离为 h_Q；⑥土条垂直边上的总作用力 G（即条块间的法向力和切向力之合力），它与水平线的夹角为 β，其作用点的纵坐标为 y_t。

将滑动土体划分为 n 个竖向土条，根据静力平衡原理，可对土条建立 x、y 方向的静力平衡方程和对土条底部滑裂面中点的力矩平衡方程共 $3n$ 个。但所含未知量却有 $6n-2$ 个：各土条底面上的法向力 ΔN 及其作用点位置和切向力，共 $3n$ 个；各土条间作用力 G 的大小、作用方向 β 和作用点高度 y_t，共 $3(n-1)$ 个；还有隐含在 c'_K 和 φ'_K 中的安全系数 K。这样，未知量数多于方程数 $3n-2$ 个。可建立每个土条的极限平衡方程 n 个，且通常土条的宽度均较窄，可假定土条底面上法向力作用于土条底面的中点，即补充了 $2n$ 个条件，仍还缺少 $n-2$ 个条件（方程），为使问题变得静定可解，尚应补充一定的条件，即需要对土条间的作用力作一些假定。不同的假定，就得出不同的简化方法。

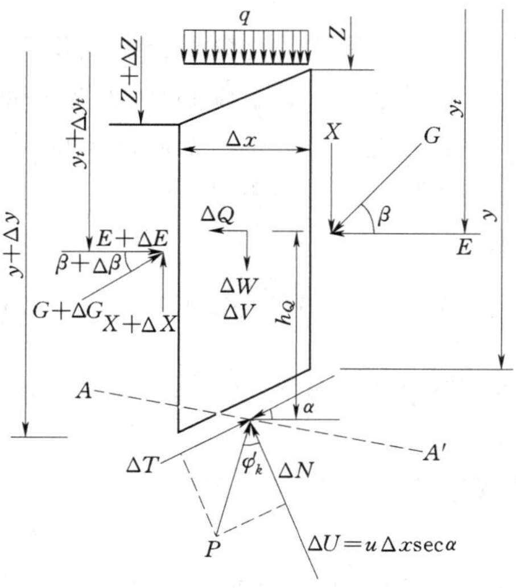

图 3－23　作用于土条上的力

3.4.3.3　稳定计算的简化方法

由上述分析知，未知量数多于方程数 $n-2$ 个。目前的研究主要是对土条间作用力的大小、方向或位置等作出假定。为了适应人工手算的需要，许多研究者引入了各种人为假定，产生了许多不同的简化方法。由于一些简化方法的计算结果对精度的影响并不大，却可使分析计算工作大为简化，因而在工程实践中仍被广泛采用。SL 274—2001《碾压式土石坝设计规范》中建议的也主要是简化计算法。进入 20 世纪 70 年代后，随着计算机的普及，应用严格的方法已变得可能，现已发展成为一个具有完整理论体系、适用于任意滑动面形状的严格方法。

下面介绍规范中的几个方法。

1. 圆弧法

对于均质坝、厚心墙坝和厚斜墙坝，假定滑动面为圆弧形时，采用瑞典圆弧法和简化毕肖甫法。

(1) 瑞典圆弧法。该法最早由瑞典学者提出，故称瑞典圆弧法。该法假定滑动面为圆弧，滑动土体绕滑弧圆心转动，并定义作用于滑动土体上的阻滑力对其产生的阻滑力矩与滑动力产生的滑动力矩的比值为该滑动体的抗滑稳定安全系数，即

$$K = \frac{M_r}{M_s} \tag{3-37}$$

式中：M_r 为滑弧面上阻滑力（抗剪力）对滑弧圆心的力矩，简称阻滑力矩；M_s 为作用于滑动土体上的滑动力对滑弧圆心的力矩，简称滑动力矩。

瑞典法的假定为不考虑土条间的相互作用力，以此建立土条的静力平衡方程。

由土条底面法线方向的静力平衡得到作用于土条底面上的法向力为（图 3-24）

$$\Delta N = (\Delta W \pm \Delta V + q\Delta x)\cos\alpha - u\Delta x\sec\alpha - \Delta Q\sin\alpha \tag{3-38}$$

式中：α 为过土条断面中点的切线与水平面的夹角；其余符号的意义前已述及或见图 3-24。

土条底面上的阻滑力 τ 为

$$\tau = \Delta N\tan\varphi' + c'\Delta x\sec\alpha \tag{3-39}$$

土条底面上的滑动力为

$$\Delta T = (\Delta W \pm \Delta V + q\Delta x)\sin\alpha + \frac{M_Q}{R} \tag{3-40}$$

$$M_Q = \Delta Q h_0$$

式中：M_Q 为水平地震惯性力 ΔQ 对圆心的滑动力矩；h_0 为水平地震惯性力与圆心的垂直距离；M_Q/R 为水平地震惯性力 ΔQ 在土条底面上的滑动力效应；其余符号意义见前及图 3-24。

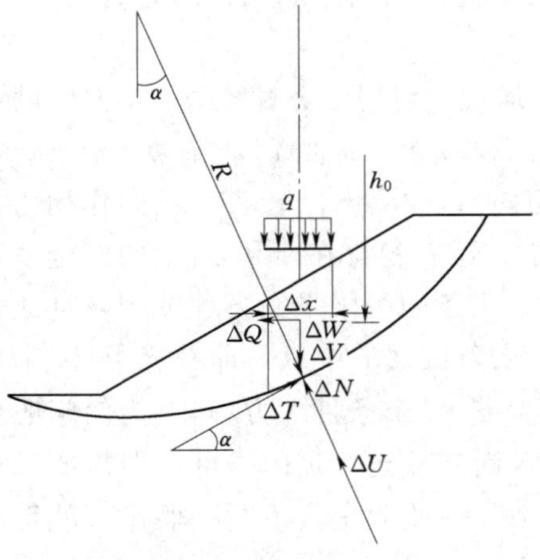

图 3-24　瑞典圆弧滑动法

将式 (3-39)、式 (3-40) 代入式 (3-37)，得

$$K = \frac{\sum\{[(\Delta W \pm \Delta V + q\Delta x)\cos\alpha - u\Delta x\sec\alpha - \Delta Q\sin\alpha]\tan\varphi' + c'\Delta x\sec\alpha\}}{\sum[(\Delta W \pm \Delta V + q\Delta x)\sin\alpha + M_Q/R]} \tag{3-41}$$

由于瑞典圆弧法未考虑土条间的相互作用力，不满足静力平衡条件，与计及土条间作用力的方法比，一般情况下安全系数的计算值偏小 5%～10%，个别情况达 60%。

(2) 简化毕肖普 (Bishop) 法。简化毕肖普法假定土条间的竖向力 $X=0$，即图 3-23 中土条间作用力与水平面间的夹角 $\beta=0$。

用毕肖普法求解土体沿某一滑动面滑动的安全系数 K 时，对其安全系数作如下定义：

将土的抗剪强度指标降低为 c'/K 和 $\tan\varphi'/K$，当土体沿着此滑动面处处达到极限平衡时，K 即为该滑动土体的抗滑稳定安全系数。

根据摩尔—库仑准则，土条底面的抗剪力 ΔT 为

$$\Delta T=\frac{1}{K}[c'\Delta x\sec\alpha+(\Delta N-u\Delta x\sec\alpha)\tan\varphi'] \tag{3-42}$$

由土条的竖向静力平衡得

$$\Delta N\cos\alpha=(\Delta W\pm\Delta V+q\Delta x)-\Delta T\sin\alpha \tag{3-43}$$

将式（3-42）代入式（3-43）得

$$\Delta N=\left[(\Delta W\pm\Delta V+q\Delta x)-\frac{1}{K}(c'\Delta x\tan\alpha-u\Delta x\tan\alpha\tan\varphi')\right]/[\cos\alpha(1+\tan\alpha\tan\varphi'/K)] \tag{3-44}$$

建立滑动土体对圆心的力矩平衡方程

$$\sum(\Delta W\pm\Delta V+q\Delta x)R\sin\alpha-\sum\Delta TR+\sum\Delta Qh_0=0 \tag{3-45}$$

将式（3-44）代入式（3-42）后，再将所得 ΔT 代入式（3-45），可得滑动土体的安全系数为

$$K=\frac{\sum\{[(\Delta W\pm\Delta V+q\Delta x)\sec\alpha-u\Delta x\sec\alpha]\tan\varphi'+c'\Delta x\sec\alpha\}[1/(1+\tan\alpha\tan\varphi'/K)]}{\sum[(\Delta W\pm\Delta V+q\Delta x)\sin\alpha+M_Q/R]} \tag{3-46}$$

式（3-46）两端均含 K，需迭代求解，一般情况下收敛较快。

2. 摩根斯顿—普赖斯（Morgenstern-Price）法[30]

对于有软弱夹层、薄斜墙、薄心墙坝及任何土石坝型的非圆弧滑动面，可采用摩根斯顿—普赖斯法。

与毕肖普法相同，摩根斯顿—普赖斯法对土体沿某一滑动面滑动的安全系数 K 也做了相同的定义。所不同的是，为表达方便，将该滑动土体的抗滑稳定安全系数 K 隐含于所定义的新的抗剪强度指标中，即用 c'_K 和 φ'_K 分别表示用安全系数 K 降低后的土体抗剪强度指标，即

$$c'_K=\frac{c'}{K} \tag{3-47}$$

$$\tan\varphi'_K=\frac{\tan\varphi'}{K} \tag{3-48}$$

根据摩尔—库仑准则

$$\tau=c'_K+\sigma'_n\tan\varphi'_K \tag{3-49}$$

式中：σ'_n、τ 分别为土条底面上的有效法向应力和抗剪强度（剪应力）。

当滑裂面上土的抗剪强度指标等于 c'_K、φ'_K 时，土坡滑动体达到极限平衡状态，参见图 3-23，建立土条 x 和 y 方向力的平衡条件以及土条底部中点的力矩平衡条件，可得

$$\Delta N\sin\alpha-\Delta T\cos\alpha+\Delta Q-\Delta(G\cos\beta)=0 \tag{3-50}$$

$$-\Delta N\cos\alpha-\Delta T\sin\alpha+(\Delta W\pm\Delta V+q\Delta x)-\Delta(G\sin\beta)=0 \tag{3-51}$$

$$(G+\Delta G)\cos(\beta+\Delta\beta)\left[(y+\Delta y)-(y_t+\Delta y_t)-\frac{1}{2}\Delta y\right]$$

$$-G\cos\beta\left(y-y_t+\frac{1}{2}\Delta y\right)+G\sin\beta\Delta x-\Delta Q h_Q=0 \tag{3-52}$$

用 c'_K 和 φ'_K 表达的土条底面上的抗剪力 ΔT 为

$$\Delta T=c'_K\Delta x\sec\alpha+(\Delta N-u\Delta x\sec\alpha)\tan\varphi'_K \tag{3-53}$$

将式（3-53）分别代入式（3-50）、式（3-51），消去 ΔN，并令 $\Delta x\rightarrow dx$，用 dx 除以各项，可得力的平衡微分方程。将式（3-52）展开，当 $\Delta x\rightarrow 0$ 时，$\Delta\beta\rightarrow 0$，$\cos\Delta\beta\rightarrow 1$，$\sin\Delta\beta\rightarrow 0$，略去二阶无穷小，各项均除以 Δx，并使 $\Delta x\rightarrow dx$，可得力矩平衡微分方程。对这两个微分方程进行积分，并代入边界条件后，可得土条竖直边上的总侧向力 G 以及土条底部中点力矩 M 的平衡方程，即

$$G=\int_a^b p(x)s(x)dx=0 \tag{3-54}$$

$$M=\int_a^b p(x)s(x)t(x)dx-M_Q=0 \tag{3-55}$$

其中

$$p(x)=\left(\frac{dW}{dx}\pm\frac{dV}{dx}+q\right)\sin(\varphi'_K-\alpha)-u\sec\alpha\sin\varphi'_K+c'_K\sec\alpha\cos\varphi'_K-\frac{dQ}{dx}\cos(\varphi'_K-\alpha) \tag{3-56}$$

$$s(x)=\sec(\varphi'_K-\alpha+\beta)\exp\left[-\int_a^x\tan(\varphi'_K-\alpha+\beta)\frac{d\beta}{d\zeta}d\zeta\right] \tag{3-57}$$

$$t(x)=\int_a^x(\sin\beta-\cos\beta\tan\alpha)\exp\left[\int_a^\xi\tan(\varphi'_K-\alpha+\beta)\frac{d\beta}{d\zeta}d\zeta\right]d\xi \tag{3-58}$$

$$M_Q=\int_a^b\frac{dQ}{dx}h_Q dx \tag{3-59}$$

式（3-54）和式（3-55）即为反映滑动土体上力和力矩平衡要求的普遍形式，包含两个未知量：一个是安全系数 K，它隐含于 φ'_K（$\tan\varphi'_K=\tan\varphi'/K$）和 c'_K $\left(c'_K=\dfrac{c'}{K}\right)$ 之中；另一个是变量 $\beta(x)$。Morgenstern 和 Price 对土条间竖向与水平向作用力的比值 $\tan\beta$ 做了如下假定

$$X_i/E_i=\tan\beta=\lambda f(x) \tag{3-60}$$

式中：λ 为待定常数；$f(x)$ 为反映 $\tan\beta$ 在区间 $[a, b]$ 沿滑动面连续变化的函数，可事先假定。这样，稳定分析就又变成对包含待定常数 λ 和安全系数 K 的两个方程式（3-54)、式（3-55）联立求解问题。为此，先假定一个 λ 和 K 值，然后逐条积分，如不满足，重新假定，直至满足为止。该法的提出者经过大量的计算，认为只要 $f(x)$ 选择适当，其对安全系数的影响不大。

摩根斯顿—普赖斯（Morgenstern - Price）法不仅考虑了条块间的法向和切向作用力，而且还考虑了每一条块的力矩平衡，所以计算结果属于精确值。手工计算比较麻烦，但通过计算机极易实现。目前已有成熟的程序，也可自编程序。

大量的计算实例说明，$f(x)$ 的形状对安全系数 K 值的影响不大，故大部分计算中，可假定 $f(x)=1$，其分布形状见图 3-25（b）。这种特例称为 Spencer 法。

3. 滑楔法

前已述及，非黏性土的坝坡，如薄心墙的上、下游坝坡，薄斜墙坝的下游坝坡，斜墙

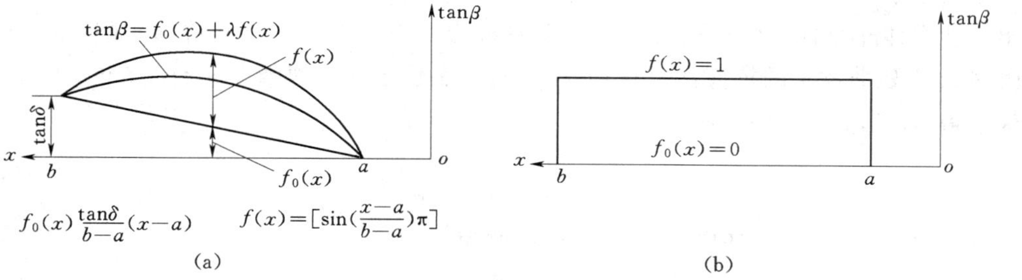

图 3-25　侧向力假定 $\tan\beta=\lambda f(x)$

的上游保护层连同斜墙的滑动等，常形成直线或折线滑动面。这时可假定滑动体由若干楔形体所组成（图 3-26），采用滑楔法进行稳定分析。该法是一种仅满足静力平衡而不满足力矩平衡的方法，所以，当条间作用力假定不合理（特别是对力的方向特别敏感）时，计算出的稳定安全系数与正确值相比，将会相差较大，甚至严重偏离。但考虑到该法较简单，可以迅速计算出结果，且有一定的使用经验，故 SL 274—2001《碾压式土石坝设计规范》仍列出了该方法的计算公式。

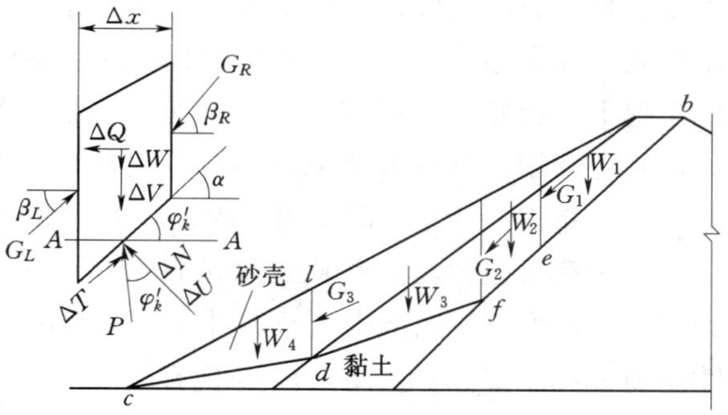

图 3-26　滑楔法计算示意图

现以图 3-26 所示的折线滑动为例说明滑楔法的计算原理。设 $cdfb$ 为任意选择的滑动面，并假设滑动体由图3-26所示的 4 个楔形体组成。取一宽度为 Δx 的土条，该土条上的作用力如图 3-26 所示。先假定安全系数 K 为某一数值，用 c'_k 和 φ'_k 分别表示安全系数降低后的土体抗剪强度指标（见前述），则新的抗剪计算强度如式（3-49）所示。计算时，从右端第一个土条开始，通过静力平衡，确定出土条左侧分条间的作用力 G_L（也就是下一个土条右侧的条间力 G_R），到最后一个土条，其左侧的应力为零，否则，重新假定 K 值，直至收敛。下面介绍 G_L 的计算公式。

以下角标 R 和 L 分别代表土条右侧和左侧相应的物理量。将作用于土条的各力投影在与土条底面成 φ'_k 夹角的直线 A—A（图 3-26）上，并消去 ΔN，经整理后得

$$\begin{aligned}G_L=&\sec(\varphi'_k-\alpha+\beta_L)[G_R\cos(\varphi'_k-\alpha+\beta_R)\\&-(\Delta W\pm\Delta V)\sin(\varphi'_k-\alpha)+u\Delta x\sec\alpha\sin\varphi'_k\\&-c'_k\Delta x\sec\alpha\cos\varphi'_k+\Delta Q\cos(\varphi'_k-\alpha)]\end{aligned}\tag{3-61}$$

式（3-61）即为由任一土条右侧推求其左侧条间力 G_L 的表达式。

计算经验表明，通过 d 点作铅直线与坝坡交于 l 点，而通过 l 点的库水位往往是滑动体沿滑动面 $cdfb$ 进行抗滑稳定分析的危险情况（图 3-26）。

bf 滑动面为坝体非黏性土与斜墙黏性土的接触面，是两种抗剪强度不同的土体的接触。从图 3-20 的非黏性土和黏性土的抗剪强度与法向应力的关系曲线中可以看出，当法

向压应力小于临界压应力 σ_c 时，坝体非黏性土的抗剪强度比斜墙黏性土的小，此时，滑动面出现在坝体非黏性土中；反之，则出现在斜墙土中。由图 3-20 得知，临界压应力 σ_c，可由在 A 点处非黏土的抗剪强度 $\tau_s=\sigma_c\tan\varphi'_s$ 与黏性土的抗剪强度 $\tau_c=\sigma_c\tan\varphi'_c+c'_c$ 相等的条件求得，即当 $\tau_s=\tau_c$ 时，得

$$\sigma_c=\frac{c'_c}{\tan\varphi'_s-\tan\varphi'_c} \tag{3-62}$$

在 bf 段滑动面上，法向应力 σ_e 可近似取为

$$\sigma_e=W_e\cos^2\alpha \tag{3-63}$$

式中：W_e 为单宽竖向土条重，由 $\sigma_c=\sigma_e$ 即可定出 e 点的位置（图 3-26）。

在进行稳定计算时，e 点上部 be 段采用坝体非黏性土的抗剪强度指标，而下段 ef 段则采用斜墙黏性土的抗剪强度指标。

对斜墙坝，除验算保护层连同斜墙一起滑动的情况外，还应验算保护层沿斜墙表面的滑动。

前已述及，土石坝抗剪强度指标随土石坝实际工作状况而不断变化。过去在稳定计算中，曾根据工况不同，分别给出了各种稳定计算公式。但由于稳定计算的复杂性，这些公式难以包括土石坝实际的各种工况。为简化计算工作，可根据实际工况，只需对稳定计算基本公式（如上述四种稳定计算的简化公式）中的物理力学量进行一定的转换，即可求出相应工况下的稳定安全系数，不需再列出其他公式。转换原则如下：

（1）施工期。坝体分块采用实重（由设计干容重加含水率求得）。如坝基有地下水存在时，条块重 $W=W_1+W_2$，W_1 为地下水位以上条块湿重，W_2 为地下水位以下条块浮重。若采用有效应力法，孔隙压力 u 应用 $u_0-\gamma_w Z$ 代替，u_0 为施工期的孔隙压力，γ_w 为水的容重，Z 为条块底部中点至坡外水位的距离。若采用总应力法，条块重 $W=W_1+W_2$，孔隙压力 $u=0$，c'、φ' 应用 c_u、φ_u 代替。

（2）稳定渗流期。此时用有效应力法计算，孔隙压力应用 $u-\gamma_w Z$ 代替。u 为稳定渗流期的孔隙压力，条块重 $W=W_1+W_2$，W_1 为外水位以上条块实重（浸润线以上为湿重，浸润线和外水之间为饱和重），W_2 为外水位以下条块浮重。

（3）库水位降落期。用有效应力法计算时，应按降落后的水位计算，方法同稳定渗流期。用总应力法计算时，c_{cu}、φ_{cu} 应采用图 3-19（b）的下包线。分子应采用库水位降落前条块重，$W=W_1+W_2$，W_1 为外水位以上条块湿重，W_2 为外水位以下条块浮重，u 应用 $u_i-\gamma_w Z$ 代替，u_i 为库水位降落前孔隙压力。分母应采用库水位降落后条块重，$W=W_1+W_2$，W_1 为外水位以上条块实重（浸润线以上为湿重，浸润线和外水位之间用饱和重），W_2 为外水位以下条块浮重。

在以上的稳定计算中，如不考虑地震影响，则诸式中的 ΔQ、ΔV、M_Q 等均为 0。

3.4.3.4　坝坡最小抗滑稳定安全系数及其允许值的确定

1. 坝坡最小抗滑稳定安全系数的确定

瑞典滑动圆弧法和简化毕肖普法均为滑动圆弧法。在前面介绍的稳定分析计算中，滑动圆弧的圆心和半径均为任意选定，所计算出的安全系数只代表该滑动体的安全状况，并不真正反映该坝坡的安全性。由于可能的滑动面很多，要找出其中安全系数最小的滑动

面，工作量很大，不同教材或专著中所介绍的方法不尽相同。这里介绍一种找安全系数等值线图中心点，即最小安全系数滑弧圆心点的方法。

此方法理论上较简单，即在可能为滑弧圆心的各点 $O_i(i=1, 2, \cdots)$ 作一些坝坡可能失稳的滑弧，用前述方法求得与各滑弧对应的安全系数 K_i，其中最小值 $K_{i,\min}$ 即为以点 O_i 为圆心的所有滑弧安全性的代表值，也可简称为该点 O_i 的安全系数值，并将其标于该点。如此即可将安全系数相等的圆心点连接起来，得到安全系数等值线图。该图的圆心点即为坝坡最危险滑弧的圆心，圆心点的安全系数即为该坝坡的稳定安全系数。

从 20 世纪 80 年代开始，我国一些学者研究应用数值规划方法求解安全系数极值的问题，提出了使用复形法、单形法和牛顿法搜索任意形状和圆弧滑动面最小安全系数的方法。随着计算机技术的发展，采用任何一种优化计算方法配合随机搜索法，均可快速找到临界滑动面。

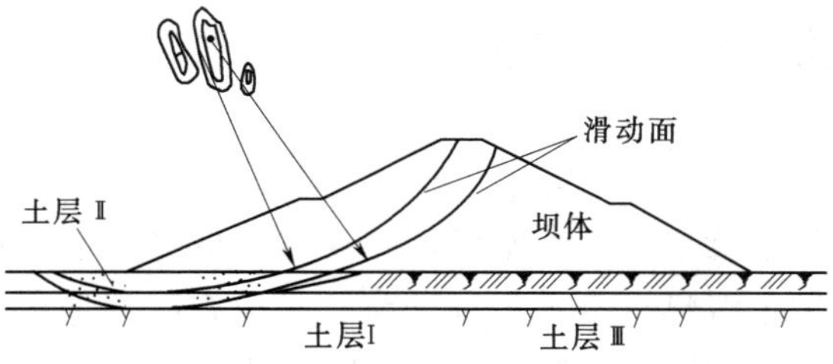

图 3-27 稳定计算安全系数多极值示意图

需要说明的是，对于比较均质的简单边坡，安全系数等值线的轨迹常为简单的封闭曲线形，而且只有一个极点（等值线图形中心点）。对于复杂的坝坡，土料是成层的，安全系数等值线的轨迹会出现若干个区域，每个区域都有一个极点，即所谓的多极值问题，如图 3-27 所示。此时须经过仔细的分析比较，最终才能求得真正的 $K_{\min}$。

对于非均质土石坝，由于采用多种土料填筑，当滑弧穿过的土层不同时，可能有不同的安全系数等值线图。解决此问题的方法是，将多极值问题化为单极值问题，再进行优化计算。即将滑弧穿过不同土层时的安全系数等值线图分别绘制，可得不同的圆心和不同的最小安全系数，其中最小者即为该坝坡的抗滑稳定安全系数值和相应的滑弧圆心。如在进行圆弧滑动稳定计算时，先固定滑出点，再按土层逐层进行分析，寻找每一土层的极值，其中最小者即为这一滑出点的最小值。变动滑出点，直到寻找到各可能滑出点的所有极值，其中最小者即为该土石坝圆弧滑动的最小稳定安全系数。

显然，这种通过绘制安全系数等值线图找出坝坡稳定最小安全系数的方法，计算工作量很大。目前，一些研究者正致力于研究采用确定整体极值的随机搜索方法解决多极值问题，并取得了研究成果[30]。

2. 抗滑稳定安全系数的允许值

土石坝坝坡最小抗滑稳定安全系数的允许值与其计算方法有关。当采用计及条块间作用力的计算方法时（包括滑楔法中假定滑楔间作用力平行于坝坡面和滑楔底面的平均坡度的情况），坝坡抗滑稳定安全系数允许值应按表 3-6 的规定采用。

当采用不计条块间作用力的瑞典圆弧法和假定滑楔间作用力为水平方向时的滑楔法计算坝坡抗滑稳定安全系数时，对 1 级坝正常运用条件，最小安全系数应不小于 1.30，其他情况应比表 3-6 规定的数值减小 8%。

表 3-6 坝坡抗滑稳定最小安全系数

运用条件	工程等级			
	1	2	3	4、5
正常运用条件	1.50	1.35	1.30	1.25
非常运用条件Ⅰ	1.30	1.25	1.20	1.15
非常运用条件Ⅱ	1.20	1.15	1.15	1.10

用非线性抗剪强度指标计算混凝土面板堆石坝坝坡稳定性时，其坝坡安全系数允许值可参照表 3-6 的规定取值。

对于抗震稳定计算，如不按可靠度而又采用拟静力法计算时，安全系数仍按前述的规定确定。采用其他方法计算土石坝的抗震稳定，可参考 GB 51247—2018《水土建筑物抗震设计标准》。

3.5 筑坝土料的选择与填筑要求

3.5.1 筑坝土料的选择

土石坝也称为当地材料坝，其最大优点是可就地取材。所以，筑坝材料应尽可能采用坝址附近的材料，包括枢纽其他建筑物的开挖土石料。土石坝设计前，必须查明坝址附近各种天然土石料的种类、储量、分布、性能，以及枢纽建筑物开挖料的性质、可用数量等，通过技术经济比较，选择适当的坝型、填筑标准及施工方法。

3.5.1.1 对筑坝土料选择的基本原则

(1) 防渗材料、反滤料和坝壳料等在坝体中所起作用不同，当某种材料不能完全适合使用目的时，经加工处理后，应使其具有与使用目的相适应的工程性质，并具有长期稳定性。

(2) 就地、就近取材是设计当地材料坝的基本原则。当坝址附近有多种筑坝材料可选用时，应尽量采用便于开采、运输和压实的材料，这对于缩短工期、降低工程造价等均具有重要意义。近 30 多年来土石坝建设的突出进步之一，就是筑坝材料的使用范围越来越广，有利于充分发挥土石坝就地取材、就近取材的优势。

(3) 充分利用枢纽建筑物开挖料，不仅有利于降低工程造价，也有利于减少环境污染。近年来，高土石坝枢纽的一个显著特点就是采用土石方总体平衡的原则，将枢纽建筑物开挖料 80%以上的有效方量用于大坝填筑。

3.5.1.2 防渗土料

1. 对防渗土料的基本要求

我国过去修建土石坝防渗体常用的土料是黏土、黏壤土和壤土。对防渗土料的基本要求是：

(1) 渗透系数：均质坝不大于 1×10^{-4} cm/s，心墙和斜墙不大于 1×10^{-5} cm/s。

(2) 水溶盐含量（指易溶盐和中溶盐，按质量计）不大于 3%。

(3) 有机质含量（按质量计）：均质坝不大于 5%，心墙和斜墙不大于 2%，超过此规定需进行论证。

（4）有较好的塑性和抗渗流破坏能力。

（5）压缩性与坝壳料相近，浸水与失水时体积变化小。

（6）含水量最好接近最优含水量，以便减少土料上坝前的翻晒或加水，缩短工期和降低造价。

（7）颗粒级配良好。

2. 砾石土（含砾黏性土）防渗料

砾石土是一种粗细颗粒土的混合料。其中砾石起骨架作用，细料土充填于其孔隙中。实践证明，级配优良的砾石土具有压实性好、抗剪强度高、压缩性低、便于施工等良好性能，是一种优良的防渗材料。国外土石坝，尤其是高土石坝，采用砾石土作防渗料的土石坝很多，国内近些年也越来越多地在高土石坝中将其作为防渗料。具体要求如下：

（1）为了保证砾石土具有良好的防渗性及渗流稳定性，砾石（粒径大于5mm）与细粒土（粒径小于5mm）的含量应有一合理的比例。击实试验表明，当砾石含量大于某一值时，砾石开始架空，其中细粒土无法压实，透水性明显增加。此外，试验还表明，砾石土的渗透系数与小于0.075mm颗粒的含量密切相关。粒径大于5mm的颗粒含量不宜超过50%，最大粒径不宜大于150mm或铺土厚度的2/3，0.075mm以下的颗粒含量不应小于15%。填筑时不得发生粗料集中架空现象。同时，级配良好的砾石土也具有很好的渗流稳定性，当其出现裂缝时，粗料可对缝壁起稳定作用，小颗粒会堵塞大颗粒间的孔隙，并逐步形成自然反滤，使裂缝“自愈”。能防止裂缝进一步扩大。

（2）天然状态砾石土的级配、防渗性和含水量等一般不满足设计要求，可以采用摊晒或加水、人工分离、掺入细料或粗料、混合等方法加以解决。人工掺和砾石土中各种材料的掺和比例应经试验论证；当采用含有可压碎的风化岩石或软岩的砾石土作防渗料时，其级配和物理力学指标应按碾压后的级配设计。

3. 其他防渗土料

中国还分布着适宜做防渗料的各种土料，如红土、黄土、膨胀土、分散黏性土等，在采用时，应按照规范的规定要求进行选择或处理。

对于塑性指数大于20和液限大于40%的冲积黏土、开挖和压实困难的干硬黏土及冻土等，不宜作为大坝的防渗体填筑料，必须采用时，应根据其特性采取相应的措施。

3.5.1.3 坝壳土石料

坝壳土石料的主要作用是保持坝体稳定，故应具有比较高的强度，下游坝壳的水下部位及上游坝壳的水位变动区则要求具有良好的排水性能。

一般来说，料场开采和建筑物开挖的砂、砾石、卵石、漂石等无黏性土及石料、风化料、砾石土均可作为坝壳料，并应根据材料性质用于坝壳的不同部位。

为防止均匀中、细砂及粉砂的渗透变形和振动液化，这类材料仍主要限于用在中、低坝坝壳的干燥区，且地震区不宜采用。

土石坝所用石料包括护坡及排水设施的块石。石料应采用质地致密，并有良好的抗水性、抗冻性和抗风化性，能满足工程运用条件要求的石料。

采用风化石料和软岩填筑坝壳时，应按压实后的级配研究确定材料的物理力学指标，并应考虑浸水后抗剪强度降低、压缩性增加等不利情况。对软化系数低，不能压碎成砾石土的风化石料和软岩宜填筑在干燥区。

3.5.1.4　反滤料和过渡料

反滤料必须是未风化，质地致密，抗水性和抗风化性能满足工程运用条件的砾石、卵石和砂。反滤的成功与否，除上述母岩的质量外，最重要的是反映在级配和透水性上。故必须具有要求的级配，由于小于 0.075mm 颗粒含量的多少影响反滤料的透水性，故《碾压式土石坝设计规范》要求这种颗粒含量不应超过 5%。反滤料应尽量采用天然砂砾料筛选，当缺乏天然砂砾料时，也可人工轧制，但应选用抗水和抗风化性能好的母岩材料。对于较重要的坝，坝趾排水的反滤料，最好不采用角砾及碎石，以免施工时碰擦产生石粉，淤塞反滤层。坝面护坡反滤料的要求可较低，可采用角砾和碎石。

3.5.2　填筑要求

坝体填土需要经过碾压，使其达到一定的密实度，才能使填土具有足够的抗剪强度和较小的压缩性，以保证土石坝坝坡的稳定，使沉降量在允许的范围内，并满足渗流控制要求。

填筑标准的确定是土石坝设计中重要的一环，它对施工的难易程度、工期长短及整个土石坝的造价均有很大的影响，应根据工程实际情况，如坝型和坝的不同部位、土石料的压实特性和压实工具、料场的土料性质、气候条件、施工条件以及不同填筑标准对造价和施工难易程度的影响等来确定。

1. 黏性土料的填筑标准

黏性土压实的具体指标是干密度及相应的含水率。因为黏性土的含水率对压实土料所费的功能及可能达到的干密度有很大影响。土料含水率太小，土粒之间不够润滑，需要耗费较大的压实功能去克服阻力才能达到要求的干密度；含水率太大，施工时会产生相当大的孔隙压力，碾压机械所加荷载不能全部传递到土粒上，影响压实效果。只有当最优含水率时，耗费压实功能最小，干密度最大。故含砾和不含砾的黏性土的填筑标准应以压实度和最优含水率作为设计控制指标。设计干密度 ρ_d 应以击实最大干密度 ρ_{smax} 乘以压实度 P 求得，即

$$\rho_d = P\rho_{smax} \tag{3-64}$$

黏性土的压实度 P 应符合下列要求：1 级、2 级和高坝，$P=98\%\sim100\%$；3 级及以下的中、低坝，$P=96\%\sim98\%$。设计烈度为Ⅷ度、Ⅸ度的地区，宜取上述规定的大值。

黏性土的击实最大干密度和最优含水率应按照 SL 237—1999《土工试验规程》规定的击实试验方法求取。对于砾石土应按全料试样求取最大干密度和最优含水率。

黏性土的施工填筑含水率可根据土料性质、填筑部位、气候条件和施工机械等情况，在最优含水率附近作适当变化，但应控制在最优含水率的 $-2\%\sim+3\%$ 偏差范围内。大量的研究成果表明，在最优含水率的干侧和湿侧压实的土，具有不同的结构和不同的力学性质。故其上限值应以不影响压实和运输机械正常运行，施工期土体内孔隙压力不影响坝坡稳定及压实过程不产生剪切破坏等为准；其下限值应以填土浸水后不致产生大量的附加沉降，坝体不发生裂缝和在水压力作用下不产生水力劈裂等为准。

2. 砂砾石和砂的填筑标准

砂砾石和砂压实的目的是为了增加抗剪强度和抗压强度，减少沉降，防止液化。压实

的具体指标是孔隙比和相对密度。相对密度 D_r 根据试验求得的最大、最小孔隙比后，由下式求得

$$D_r = \frac{e_{\max} - e}{e_{\max} - e_{\min}} \tag{3-65}$$

式中：$e_{\max}$、$e_{\min}$分别为砂砾石和砂在最松（最大）、最密实（最小）状态时的孔隙比；e 为砂砾石和砂的设计孔隙比。

对于砂砾石，D_r 不应低于 0.75；对于砂，不低于 0.70；对于反滤料，宜为 0.70。若为地震区，则要求浸润线以上不低于 0.75，浸润线以下不低于 0.75～0.85。此外，当砂砾中粗粒料含量小于 50%时，细粒料（小于 5mm 的颗粒）大于 50%，此时为砂包粒，因此要求保证细料的相对密度也符合上述要求，尤其是在防止地震液化时，更需这种控制。

在实际应用中，一般是根据不同级配（往往以含粗粒料百分数不同进行控制）的室内试验结果，整理出级配—干密度—相对密度关系，然后通过现场挖坑取样，即可根据测出的级配和干密度，查出相对密度是否满足要求。

3. 堆石的填筑标准

由于目前无有效的方法确定堆石的相对密度，故仍按一般经验采用孔隙率作为填筑标准。对于土质防渗体分区坝和沥青混凝土心墙坝的堆石料，孔隙率宜为 20%～28%；沥青混凝土面板坝堆石料的孔隙率宜在混凝土面板堆石坝和土质防渗体分区坝的孔隙率之间选择。设计地震烈度为Ⅷ度、Ⅸ度地区，应取上述孔隙率的小值。

堆石的压实质量常用施工参数（包括碾压设备的型号、振动频率及重量、行进速度、铺筑厚度、碾压遍数等）和干密度同时控制，这是国内外工程常用的方法，具体内容参见教材《施工技术》。

3.6　坝　基　处　理

土石坝对地基的要求虽比混凝土坝低，但土石坝坝基的承载力、变形和抗渗能力一般均不如混凝土坝，故地基处理仍十分重要，必须重视。

土石坝坝基处理的目的是满足渗流、静力和动力稳定、变形三方面的要求。即控制渗流量和保证地基土在渗流条件下的渗透稳定性；保证坝基有足够的强度，不致使坝体和坝基发生局部或整体滑动；控制沉降量和不均匀沉降量在允许范围内，以保证坝的安全运行。

3.6.1　砂砾石坝基处理

砂砾石坝基通常都有足够的承载能力和抗剪强度，主要是解决渗流问题，保证地基渗透稳定，控制渗流量。处理方法有垂直防渗和水平防渗两类。垂直防渗一般采用截水槽、混凝土防渗墙和灌浆帷幕；水平防渗主要采用铺盖。在坝后有时还采取排水减压措施。归纳起来就是上防、中截、下排以及各项措施的综合应用。根据国内经验，在这些措施中，中截（垂直防渗）一般是比较彻底且是最可靠的方法。

3.6.1.1　垂直防渗

针对不同的坝基砂砾石覆盖层深度，采用下列不同的垂直防渗措施。

1. 截水槽

当砂砾石层深度在15m以内，宜采用截水槽，它是最简单和最有效的一种坝基防渗设施。图3-9和图3-10是设有截水槽的心墙坝和斜墙坝。截水槽是均质坝体和斜墙或心墙向透水坝基中的延伸部分，对于均质坝，多设在距上游坝脚1/3～1/2坝底宽度处。截水槽应贯穿整个河床并延伸至两岸。截水槽底应直达不透水层，槽中回填与大坝防渗体相同的土料，分层压实，与坝体防渗设施连成整体。截水槽底宽由回填土料的允许渗透坡降（一般砂壤土为3，壤土为3～5，黏土为5～10）及土料与基岩接触面抗渗流冲刷的允许坡降确定。槽底最小宽度由施工方法和施工机械而定，一般不小于3.0m。边坡应根据开挖后坝基的稳定坡度而定，一般不陡于1∶1～1∶1.5。截水槽可根据情况设置过渡层或反滤层。

截水槽底部与不透水层接触面是防渗的薄弱环节。当不透水层为岩基时，为了防止因槽底的接触面发生集中渗流而造成的冲刷破坏，可在岩基上建混凝土或钢筋混凝土齿墙[图3-28(a)]。若岩石较破碎，应在齿墙下进行帷幕灌浆。中、小型工程也可在截水槽底的基岩面上挖一条齿槽[图3-28(b)]，以延长接触面的渗径，加强截水槽与基岩的连接。若不透水层为土层，则将截水槽底部嵌入不透水层0.5～1.0m即可[图3-28(c)]。截水槽与岩石接触面若做齿墙，则齿墙应嵌入基岩内，上部尺寸应根据沿渗径的接触允许渗透坡降（壤土约为3，黏土约为5）而定。沿齿墙长度方向每隔15～20m设缝，缝内设止水，齿墙侧面坡度不陡于1∶0.1，以利于和回填土的结合（图3-29）。截水槽回填时，应在齿墙表面和齿槽岩面抹以黏土浆。

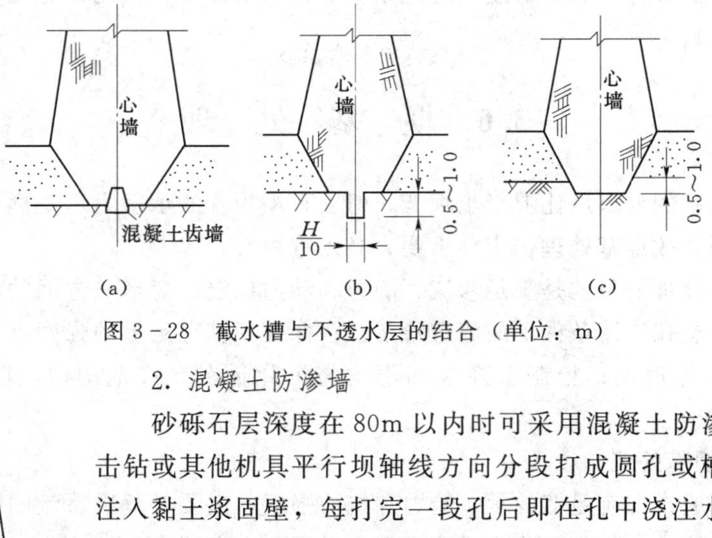

图3-28　截水槽与不透水层的结合（单位：m）

2. 混凝土防渗墙

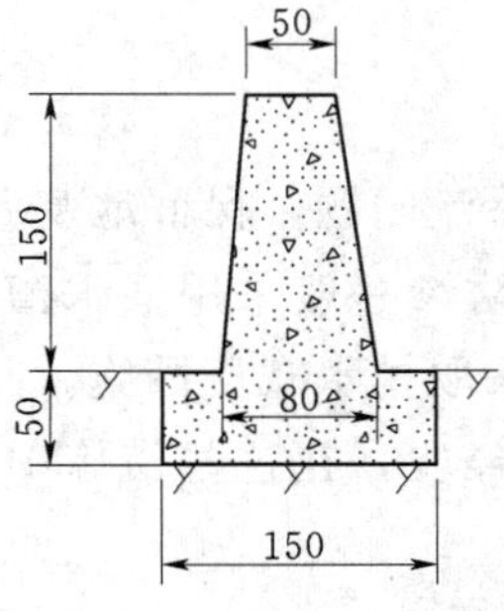

图3-29　混凝土齿墙（单位：cm）

砂砾石层深度在80m以内时可采用混凝土防渗墙。它是用冲击钻或其他机具平行坝轴线方向分段打成圆孔或槽形孔，在孔中注入黏土浆固壁，每打完一段孔后即在孔中浇注水下混凝土，这样分段打孔、分段浇注成混凝土防渗墙（图3-30）。

混凝土防渗墙的厚度应根据防渗和强度要求确定。根据目前的施工条件，墙的厚度一般限于0.6～0.8m，最厚可达1.3m（用冲击钻造孔，1.3m直径已近钻具的极限）。墙的允许渗透坡降一般以80～100作为控制上限值。墙底应嵌入基岩0.5～1.0m。顶端插入坝身防渗体的高度宜为1/10坝高，高坝可适当降低，低坝不得少于 2.0m。为了使防渗墙具有一定的柔性，能适应一定的变形，同时也便于二期孔的钻进，通常在混凝土内掺入不超过 30%的黏土。混凝土的强度等级一般为 C9～C14，抗渗标号一般为 W4～W6。

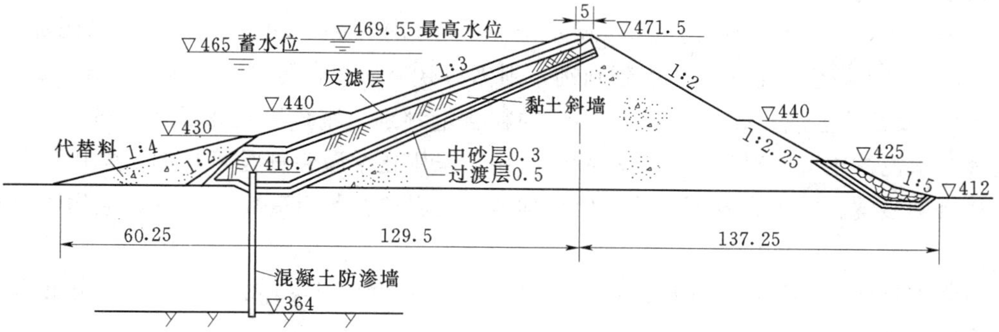

图 3-30　具有混凝土防渗墙的土石坝（单位：m）

由于防渗墙两侧透水层的沉降，有可能使墙顶两侧的土体出现危及大坝安全的裂缝。防止办法是将墙顶做成楔形，并在墙顶及其附近填筑含水量高于塑限的土料。混凝土防渗墙的强度计算方法很多，但由于防渗墙竖向埋于地下，地层情况比较复杂，地基的弹性模量、泊松比等参数难以精确确定，一些计算假定和计算结果往往与实际情况有一定的出入。虽然目前随着有限元分析方法的发展，对防渗墙的结构计算有较大改进，计算时采用了各种非线性模型，但还需与实际观测资料进行相互验证。另外，关于墙身混凝土的耐久性，由于游离氧化钙在渗透水流的作用下被带走，致使混凝土出现质地变松而丧失强度和防渗性的溶蚀问题，也尚待进一步研究解决。

混凝土防渗墙适用于任何透水地基，从细砂到砾石层均可采用，深度可达 60～80m，国外最深的已达 130m 以上。其优点是防渗效果好、施工进度快、省工。但需要有一定的机械设备，施工技术要求较高，质量较难控制。

3. 灌浆帷幕

砂砾石层很深时，可采用灌浆帷幕，或在深层采用灌浆帷幕，上层采用明挖回填黏土截水槽或混凝土防渗墙。它是用钻孔并将水泥浆或水泥黏土浆压入砾石之间的孔隙中，胶凝成的防渗帷幕（图 3-31）。国外已有帷幕深度达 170m 的成功经验。

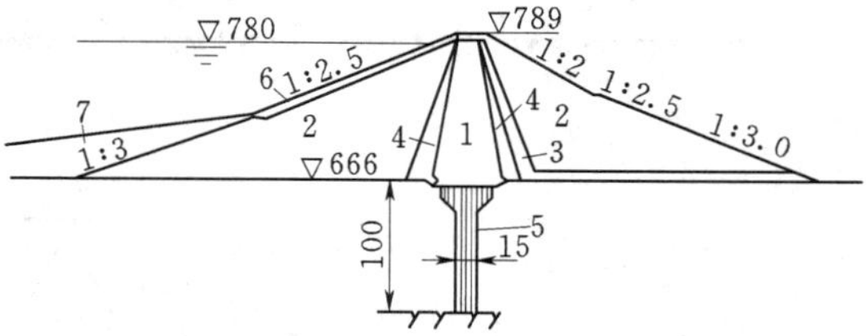

图 3-31　法国谢尔邦松坝（单位：m）

1—心墙；2—透水坝壳；3—下游排水设施；4—过渡段；5—灌浆帷幕；6—护坡；7—上游护脚

水泥黏土灌浆的优点是：既适用于较深的砂砾石层，也适用于局部不便于用其他防渗方法施工的地层，而且还可以作为其他防渗结构的补强措施；缺点是：工艺较复杂，费用偏高，有时地表需加压重，否则灌浆质量达不到要求，而且对某些地层的可灌性差。砂砾石地基是否适合于灌浆，宜先按可灌比 M 判别其可灌性，也可按渗透系数或小于 0.1mm 的颗粒含量判别。可灌比 M 可按下式计算

$$M = \frac{D_{15}}{d_{85}} \tag{3-66}$$

式中：D_{15}为受灌地层中小于此粒径的土重占总重的 15%；d_{85}为灌注材料中小于此粒径的重量占总重量的 85%。

一般认为，$M<5$，不可灌浆；$M=5\sim10$，可灌性差；$M>10$，可灌水泥黏土浆；$M>15$，可灌水泥浆。如用渗透系数判别，则 $K>10^{-1}$cm/s，可灌入水泥浆；$K>10^{-2}$cm/s，可灌入水泥黏土浆。如用小于 0.1mm 颗粒含量判别，则该颗粒含量小于 5%时，一般均能灌注水泥黏土浆。对所有砂层和砂砾石层，采用化学灌浆都是可行的。常用的化学灌浆材料有硅酸钠、铬木素及丙凝等。但化学灌浆材料往往都有一定的毒性，应用时要特别注意。

灌浆帷幕的厚度根据其允许渗透比降（一般为 3～4）确定。灌浆的孔距、排距和灌浆压力应根据现场试验确定。

在水泥黏土浆液的配合比中，水泥约占水泥和黏土总量的 20%～50%（按质量计），灌浆结束 28d 的强度可达 0.4～0.5MPa。

灌浆完毕后，应将表层 5～7m 未被固结好的砂砾石挖除，再在上面做混凝土防渗墙或黏土截水槽，并与坝身防渗体连接。

3.6.1.2　水平防渗铺盖

铺盖是防渗斜墙、心墙或均质坝体向上游的延伸部分（图 3-32）。铺盖不能完全截断渗流，只能加长渗径，可将坝基渗透坡降和渗流量控制在允许范围内。一般应与下游排水设施联合应用。国内工程用铺盖做坝基防渗，既有成功的实例，也有失败的实例，故采用铺盖进行渗流控制要慎重。对高中坝、复杂地层、渗透系数较大和防渗要求较高的工程更应慎重选用。铺盖填土的渗透系数应小于 1×10^{-6} cm/s，并至少小于地基渗透系数的

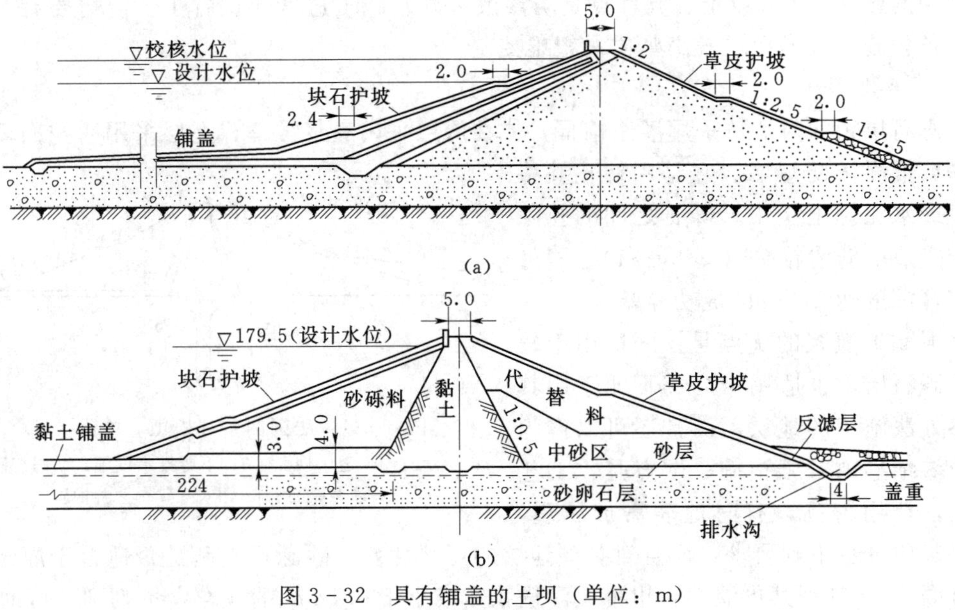

图 3-32　具有铺盖的土坝（单位：m）

（a）带铺盖的斜墙坝；（b）带铺盖的心墙坝

1/100。铺盖长度应根据地基特性和防渗需要由计算确定，最长一般不超过6～8倍水头，再长其防渗效果并不能显著增加。铺盖厚度由土料的允许渗透比降而定，由上游向下游逐渐加厚。上游端最小厚度可取0.5～1.0m，与斜墙或心墙连接处应适当加厚，以防止由于坝体与铺盖之间的少量不均匀沉降而导致铺盖断裂，厚度由渗流计算确定。铺盖与下面的砂砾石地基之间，应根据需要设置反滤层或垫层。铺盖顶面要有保护，以防蓄水前发生干裂及运用期间的波浪作用和水流冲刷而导致破坏。

3.6.1.3 坝基排水

当坝基中渗透水流有可能引起坝下游渗透变形、沼泽化、坝体浸润线过高时，宜设置坝基排水设施。坝基排水设施应根据坝基地质情况，并结合坝体排水按以下情况选用。

对于透水性均匀的单一坝基以及上层渗透系数大于下层渗透系数的双层结构坝基，可采用水平排水垫层，也可结合下游坝坡的贴坡排水体在坝脚处设反滤排水沟［图3-32（b）］。

对于表层为透水性很小的黏性土，而下面为较浅、较均匀的透水层时，宜将弱透水层挖穿做反滤排水暗沟，并与坝底水平排水垫层相连，将水导出。此外，也可在下游坝脚处做反滤排水沟。反滤排水暗沟的位置宜设在距下游坝基1/4坝底宽度以内，坝外的反滤排水沟及排水减压井应设在靠近坝脚处。坝外反滤排水沟宜采用明式，并与排地面水的排水沟分开，避免冲刷和泥沙淤塞。坝基反滤排水暗沟、水平排水垫层及反滤排水沟断面均应由计算或试验确定，并做好反滤层。

对表层弱透水层太厚，或透水层成层性较显著时，宜设深入强透水层的减压井。图3-33为我国黄壁庄水库土坝下游减压井布置示意图。坝基表层为3～4m的壤土层，减压井设置前，下游坝址附近涌砂及沼泽化均很严重，设置减压井后，解决了下游沼泽化问题，下游坝趾也不再发生管涌冒砂现象。减压井系统的结构与构造如图3-34所示。排水减压井系统设计包括井径、井深、出口水位，并计算渗流量及井间渗透水压力，使其小于允许值。井管进入透水层的深度为透水层厚度的50%～100%，其出口高程应尽量低，但不得低于排水沟底面。井径宜大于150mm，井管开孔率宜为10%～20%。

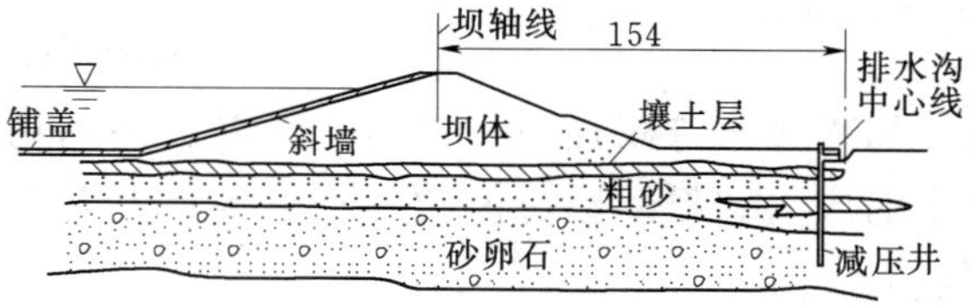

图3-33 黄壁庄水库减压井布置图（单位：m）

下游坝脚渗流逸出处，若地表相对不透水层不足以抵抗剩余水头，可采用透水盖重。透水盖重的延伸长度和厚度由渗透稳定计算或试验确定。

3.6.2 岩石坝基处理

由于土石坝对地基强度的要求不高，一般岩基都有足够的承载力，因此岩基处理主要是防渗。当岩石坝基有较大的透水性、软弱夹层、风化破碎或有化学溶蚀，以致通过地层的渗漏影响坝体和坝基的稳定、渗透稳定以及水库效益时，应对坝基进行处理。对断层破碎带等不良地质构造，即使高土石坝，也不需过多地考虑承载力和不均匀沉降问题，而应注重了解其中填充物的性质和紧密程度以及两侧围岩的岩性，研究其抗渗稳定性和抗溶蚀的性能。

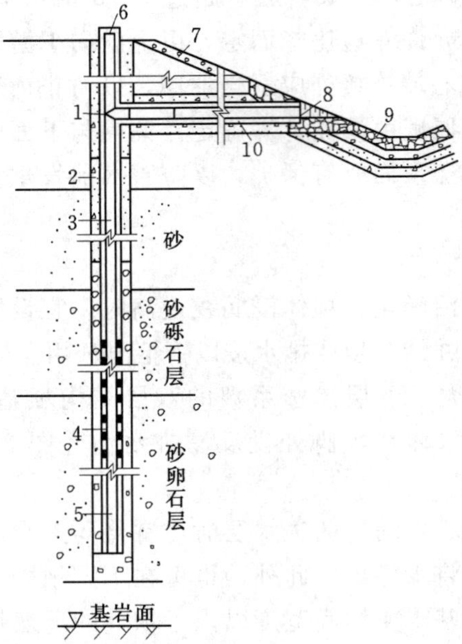

图 3-34　减压井构造

1—混凝土三通；2—回填混凝土；3—升水管；4—滤水管；5—沉淀管；6—混凝土井帽；7—碎石护坡；8—出水口；9—反滤排水沟；10—混凝土出水管

土石坝对岩石地基处理的原则与重力坝相同，可参见第 1 章，只是要求低一些。常用的处理措施是帷幕灌浆和固结灌浆，其灌浆方法、对浆液的要求、灌浆结束标准等应按照 SL 62—2014《水工建筑物水泥灌浆施工技术规范》执行，其他要求参见《碾压式土石坝设计规范》。

3.6.3　易液化、软泥土和湿陷性黄土坝基的处理

1. 细砂等易液化土坝基

坝基中的细砂等地震时易液化的土料对坝的稳定性危害很大，特别是对地震区的坝基中可能发生液化的无黏性土和少黏性土，应按 GB 50287—2008《水利水电工程地质勘察规范》进行地震液化可能性评价。对判别可能液化的土层，应挖除、换土。在挖除比较困难或很不经济时，可采取人工加密措施，使之达到与设计地震烈度相适应的密实状态。对浅层可能液化的土层，宜用表面振动压密；对深层可能液化的土层，宜用振冲、强夯等方法加密。振冲法是依靠振动和水冲使砂土加密。还可结合振冲处理在振冲孔中填入粗粒料形成砂石桩，然后再采取加盖重、加强排水等附加防护设施。强夯法是利用几十吨的重锤反复多次夯击地面，夯击产生的应力和振动通过波的传播影响到地层深处，可使不同深度的地层得到不同程度的加固。

2. 软黏土坝基

软黏土一般不宜作为坝基。经过技术经济论证，采取处理措施后，可修建较低的均质坝和心墙坝。软黏土坝基的处理措施是尽量挖除。当厚度较大、分布较广、难以挖除时，可用打砂井、插塑料排水带、加荷预压、真空预压、振冲置换，以及调整施工速率等措施处理。

3. 湿陷性黄土坝基

与软黏土类似，湿陷性黄土地基上也不宜建坝，只有经过充分论证其沉降、湿陷和溶滤对土石坝的危害，且做好处理后才可建低坝。一般的处理措施是挖除、翻压或通过强夯以消除其湿陷性，经过论证也可通过预先浸水处理，使湿陷量大部分在建坝前或施工期完成。

3.7　土石坝与坝基、岸坡及其他建筑物的连接

土坝与坝基、岸坡及其他建筑物的接触面是最易形成集中渗流的关键部位，容易因处理不当而导致水力劈裂、坝体不均匀沉降裂缝和邻近接触面岩石大量漏水，或形成影响坝

体稳定的软弱面。

1. 坝体与坝基的连接

(1) 坝体与土质岸坡和坝基的连接。填筑坝身之前，首先应将大坝断面范围内坝基与岸坡上的杂草、树根、含有植物的表土、蛮石、垃圾及其他废料清除，清理深度一般为0.3～1.0m，此后将坝基表面土层压实。

对于坝体断面范围内的低强度、高压缩性软土及地震时易液化的土层，应清除或处理。土质防渗体应坐落在相对不透水土基上，或经过防渗处理的坝基上。坝基覆盖层与下游坝壳粗粒料（如堆石等）接触处，应符合反滤要求，如不符合应设置反滤层。

在不透水土基上建造均质坝，常在坝基面开挖几道垂直渗流方向的结合槽［图3-35 (a)］，槽深至少0.5m，宽约2～3m，结合槽的尺寸及排数应使接触面的总渗径长为坝底宽的1.05～1.10倍。心墙或斜墙与不透水地基连接时，与均质坝的要求相同。

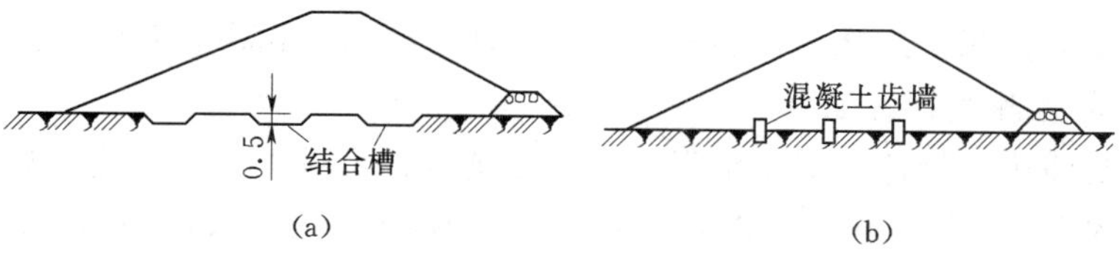

图3-35　均质坝与坝基的连接（单位：m）
(a) 结合槽；(b) 混凝土齿墙

(2) 坝体与岩石坝基和岸坡的连接。首先应清除大坝断面范围内坝基和岸坡上松动、突出的石块以及凹处积土。

土质防渗体和反滤层宜与坚硬、不冲蚀和可灌浆岩石连接，若风化层较深时，高坝宜开挖到弱风化层上部，中、低坝可开挖到强风化层下部，在开挖的基础上对基岩再进行灌浆等处理。在开挖完毕后，宜用风水枪冲洗干净，对断层、张开节理裂隙应逐条开挖清理，并用混凝土或砂浆封堵。坝基岩面上宜设混凝土盖板、喷混凝土或喷水泥砂浆。对页岩、泥岩等失水很快风化的软岩，开挖时宜预留保护层，待开始回填时，随挖随填，或挖后用喷水泥砂浆或喷混凝土保护。在土质防渗体与岩石接触处，在邻近接触面0.5～1.0m范围内，防渗体应为黏土。如防渗料为砾石土，应改为黏土，黏土应控制在略高于最优含水率情况下填筑，在填土前应用黏土浆抹面。

均质坝与岩基连接时，仍可采用开挖结合槽的办法，也可设置一道至几道混凝土齿墙［图3-35 (b)］。结合槽或混凝土齿墙均应布置在坝轴线至上游坝脚之间的坝基中。

2. 坝体与岸坡的连接

由于在岸坡处土石坝的高度变化较大，故要注意由于接合面的坡度和形式不当而产生不均匀沉降引起土坝裂缝。为避免此种情况，与坝体连接的岸坡应削成倾斜面或折面［图3-36 (a)］，而不应清理成台阶形［图3-36 (b)］，更不能有反坡或突然变坡。岸坡上缓下陡时，变坡角应小于20°。岸坡清理坡度不能完全根据地形条件，还应根据地质条件和坝体土料性质而定。对岩石岸坡，应不陡于1∶0.5；对土质岸坡，应不陡于1∶1.5。

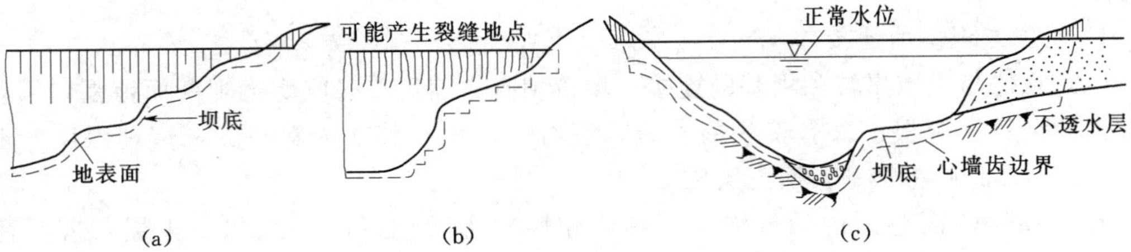

图 3-36　坝体与岸坡的连接

土质防渗体与岸坡的连接处附近，可扩大防渗体的断面和加强反滤层。土质心墙与岸坡连接处的断面应扩大 1/3～1/2，斜墙断面应扩大 1 倍以上，以延长渗径，防止接触冲刷；若岸坡基岩较差，心墙或斜墙可沿岸坡向下游做足够厚的黏土贴坡，这样可大大延长渗径。岸坡表面要平整。斜墙与岸坡连接时，由于坝体沉降容易使斜墙与岸坡脱开，因此，有的在靠近岸坡处将斜墙逐渐转变为心墙，由心墙与岸坡连接，但施工较麻烦。

当岸坡覆盖有残积土或强风化层时，可采用截水槽的方式将心墙伸入到弱风化层。

3. 坝体与其他建筑物的连接

在土石坝枢纽中，坝体与混凝土坝、坝肩溢洪道、船闸、涵管等建筑物连接的好坏直接影响土石坝的安全。如果连接不紧密，会发生集中渗流，造成接触冲刷；如不均匀沉降过大，将会造成裂缝。连接处应保证：①土质防渗体与混凝土建筑物连接面应有足够长度的渗径，且应有紧密的连接。②坝体与混凝土坝的连接，可采用侧墙式（重力墩式或翼墙式等）、插入式（刺墙）或经过论证的其他形式，见图 3-37；土坝与船闸、溢洪道等的连接应采用侧墙式，翼墙同时也是溢洪道的导水墙，可保护坝坡不受水流冲刷。③土质防渗体或坝体（均质坝）与岸墩、刺墙等的结合面应是斜面，且坡度不陡于 1∶0.25，以适应沉降。

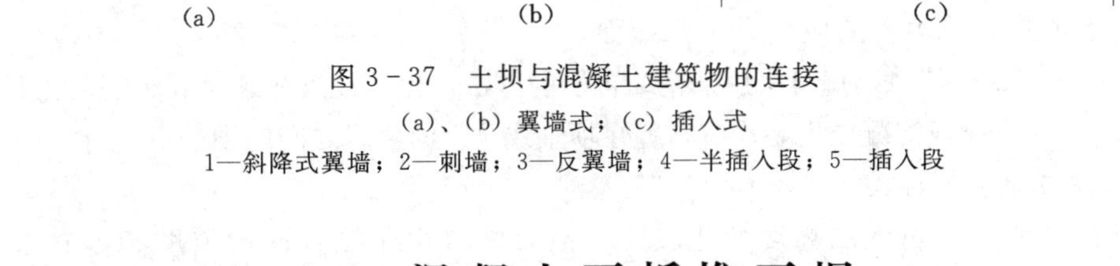

图 3-37　土坝与混凝土建筑物的连接

(a)、(b) 翼墙式；(c) 插入式

1—斜降式翼墙；2—刺墙；3—反翼墙；4—半插入段；5—插入段

3.8 混凝土面板堆石坝

3.8.1 概述

堆石坝是用块石、砂砾石等作为主体材料，经抛填或碾压而成的土石坝。坝体由作为支承的堆石和防渗体及它们之间的过渡层（或反滤层）组成。

堆石坝的防渗设施通常采用心墙和斜墙两种［图3-2（f）、（g）、（h）］，一般与基础不透水层连接在一起。心墙和斜墙的材料可以是硬性材料，如混凝土、钢筋混凝土、金属板等，也可以是塑性材料，如黏土、壤土、沥青混凝土等。用硬性材料做心墙时，心墙在水压力作用下向下游方向位移，易产生裂缝以至破坏，且难以修复，故硬性心墙已很少建造。

坝体堆石的施工，过去多在岸坡或栈桥上由高处向下抛掷石料堆筑而成，并用高压水枪冲射。采用这种方法不仅用水量大，而且堆石孔隙大，容易沉降变形，故过去的堆石坝多用于坝高50m以下的中、小型水库。我国修建的第一座堆石坝是四川狮子滩水电站大坝，其坝型是混凝土重力墙式的抛填式堆石坝［图3-38（a）］，坝高52m。最早的混凝土面板堆石坝是猫跳河二级百花水电站大坝，高48.7m［图3-38（b）］，也是抛填堆石。20世纪80年代前建造的堆石坝，都类似于这种形式。由于这种抛填堆石坝沉降量难以控制，故坝高都不超过50m，没有得到推广。

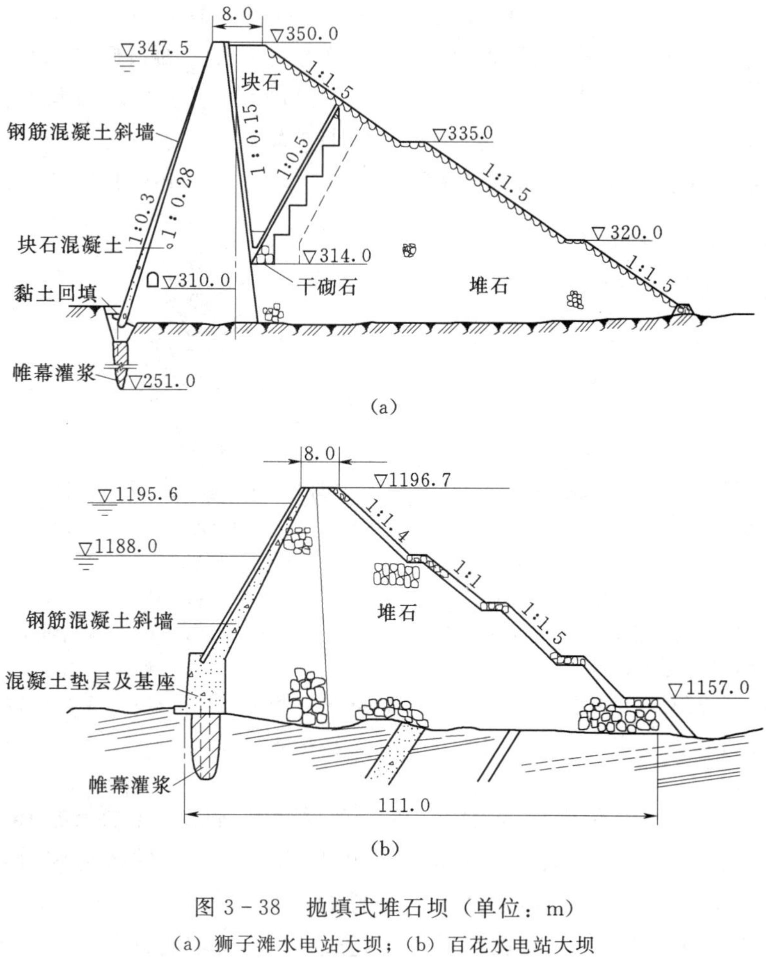

图3-38　抛填式堆石坝（单位：m）

（a）狮子滩水电站大坝；（b）百花水电站大坝

20世纪60年代以后，随着科学技术的进步，特别是重型振动碾压施工设备的发展，解决了压实和沉降量大的问题，坝体堆石的施工改用薄层填筑碾压代替了抛石填筑，使填筑后的堆石孔隙率大为减少，沉降量一般仅为坝高的0.15%～0.45%，从而大大增强了高土石坝在高坝坝型比较中的竞争力。国外至 20 世纪 70 年代，高 50m 以上的混凝土面板堆石坝达到 65 座。

混凝土面板堆石坝具有适应性及稳定性强、透水性好、面板不易开裂、检查维修方便、施工迅速、受气候影响小、坝体工程量小、比较经济等优点，获得了迅速的发展。我国开始以现代技术修筑碾压式混凝土面板堆石坝始于 1985 年，最早开工建设的是西北口水库大坝，高 95m，于 1988 年建成。20 世纪 90 年代以来，修建的高土石坝日益增多。到 2015 年年底，中国坝高 30m 以上面板堆石坝已建约 270 座，在建约 60 座，拟建约 80 座，总数超过 400 座。已建的水布垭面板堆石坝最大坝高 233m，是目前世界上最高的面板堆石坝。拟建的位于青海黄河上的茨哈峡混凝土面板堆石坝，最大坝高 257.5m。中国的混凝土面板堆石坝起步虽晚，但起点高，发展快，在工程数量和规模上居世界前列。

3.8.2　坝体分区及其材料和填筑要求

混凝土面板堆石坝是用堆石或砂砾石分层碾压填筑成坝体，并用混凝土面板作防渗体的坝的统称。对坝体主要用砂砾石填筑的坝，也可称为混凝土面板砂砾石坝。

中国用硬岩（饱和单轴抗压强度大于或等于 30MPa 的岩石）堆石料修建的混凝土面板堆石坝，其坝体分区已基本定型，并与国际惯例接轨，其典型分区图见图 3 - 39，并采用统一用语。用砂砾石填筑的坝体可参照图 3 - 40 进行分区，并根据需要增减分区。

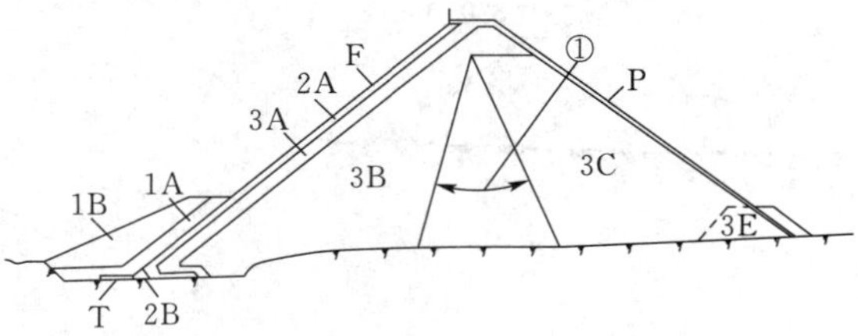

图 3 - 39　硬岩堆石体主要分区示意图

1A—上游铺盖区；1B—盖重区；2A—垫层区；2B—特殊垫层区；3A—过渡区；3B—主堆石区；3C—下游堆石区；3E—排水棱体（或抛石区）；P—下游护坡；F—混凝土面板；T—混凝土趾板；①—可变动的主堆石区与下游堆石区界面，角度依坝料特性及坝高而定

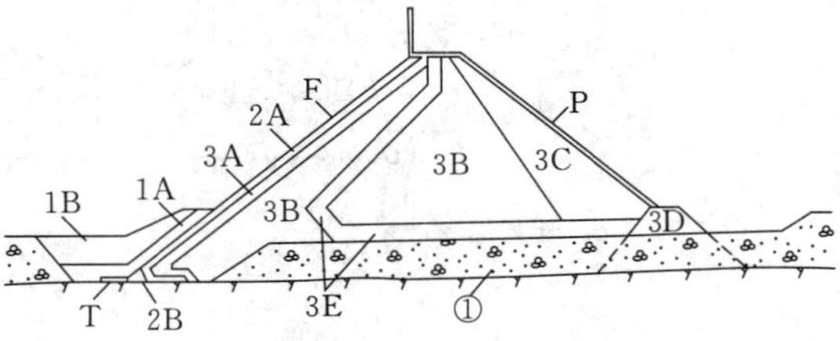

图 3 - 40　砂砾石坝体材料主要分区示意图

1A—上游铺盖区；1B—盖重区；2A—垫层区；2B—特殊垫层区；3A—过渡区；3B—主堆石（砂砾石）区；3C—下游堆石（砂砾石）区；3D—排水区；3E—排水棱体（或抛石区）；P—下游护坡；F—混凝土面板；T—混凝土趾板；①—坝基覆盖层

1. 堆石坝体

（1）主堆石区（3B）。位于坝体上游区内，是承受水荷载的主要支撑体，宜采用硬岩堆石料或砂砾料填筑。硬岩堆石压实后应能自由排水，有较高的抗剪强度和较低的压缩性。主堆石体对级配要求不高，其最大粒径不超过压实层厚度，小于 5mm 的颗粒含量不宜超过 20%，小于 0.075mm 的颗粒含量不宜超过 5%，使堆石体具有自由排水的特性即可。堆石料的填筑标准按工程类比由经验选定，其值可在表 3 - 7 范围内选用。实际工程中采用控制填筑参数为主，辅以挖坑检测干密度的方法。平均干密度应不小于用设计孔隙率（或相对密度）换算的干密度值，其标准差应不大于 $0.1g/cm^3$。

表 3-7　硬岩堆石料或砂砾料填筑标准

料物或分区	坝高<150m		150m≤坝高<200m	
	孔隙率/%	相对密度	孔隙率/%	相对密度
垫层料	15～20		15～18	
过渡料	18～22		18～20	
主堆石料	20～25		18～21	
下游堆石料	21～26		19～22	
砂砾石料		0.75～0.85		0.85～0.9

(2) 下游堆石区（3C）。位于坝体下游区，与主堆石区共同保持坝体的稳定，但其变形对面板的影响比较轻微，故用料和填筑要求比主堆石区低。对于软岩（单轴抗压强度小于 30MPa 的岩石）堆石料，如压实后具有较低的压缩性和一定的抗剪强度，则可用于下游堆石区下游水位以上的干燥区。

(3) 砂砾料。压实后的砂砾料具有与堆石料相当的抗剪强度，以及比堆石料高出几倍的变形模量，是面板坝坝体的良好材料，其应用已日趋广泛。中国在建的 100m 以上高面板坝中就有多座坝体的大部或部分采用砂砾石填筑。由于砂砾石渗透稳定性和抗冲蚀能力较堆石料差，故需采取有效的渗流控制措施，并对可能过流的表面做有效的防护。

2. 垫层区（2A）

垫层是面板的直接支承体，其主要作用是向堆石体均匀传递水压力，并起辅助渗流控制作用，限制渗入坝体的渗流量，对渗流带入的细粒材料起反滤作用，截留细粒淤堵在接缝或裂缝内，使其自愈而起止水作用。为此，高土石坝的垫层料应具有连续级配，最大粒径为 80～100mm，粒径小于 5mm 的颗粒含量宜为 35%～55%，小于 0.075mm 的颗粒含量宜为 4%～8%。这样可以达到半透水料要求，且对粉粒起反滤作用。压实后的垫层应具有内部渗透稳定性、低压缩性、高抗剪强度，并具有良好的施工特性，垫层料填筑要求见表 3-7。

垫层区材料因有严格的级配要求，天然材料很难满足要求，常需加工配制，可采用经筛选加工的砂砾石、人工砂石料或其掺配料。人工砂石料应采用坚硬和抗风化能力强的母岩加工。

垫层区的构造尺寸目前均按等厚布置，其水平宽度视施工机具和施工方式而定。如采用自卸汽车运料、推土机铺料时，其水平宽度不宜小于 3m；如采用反铲、装载机、铲运机等并辅以人工铺料时，其水平宽度可适当减小，并相应增大过渡区宽度。垫层区在与地基接触面处宜向下游适当扩大延伸，一般延伸 3～5m。

由于周边缝张开而导致漏水，是面板的薄弱环节，现代的面板工程普遍在周边缝下设一特殊垫层区（2B），用粒径小于 40mm 的细垫层料填筑，以易于边角处填筑密实，减少周边缝的相对变形，同时在漏水时也可起限制透水量和反滤的作用，如图 3-41 所示。

3. 过渡区（3A）

过渡区位于垫层区和主堆石区之间，其作用是保护垫层并起过渡作用（图 3-39）。过渡区细石料要求级配连续，最大粒径不宜超过 300mm，压实后应具有低压缩

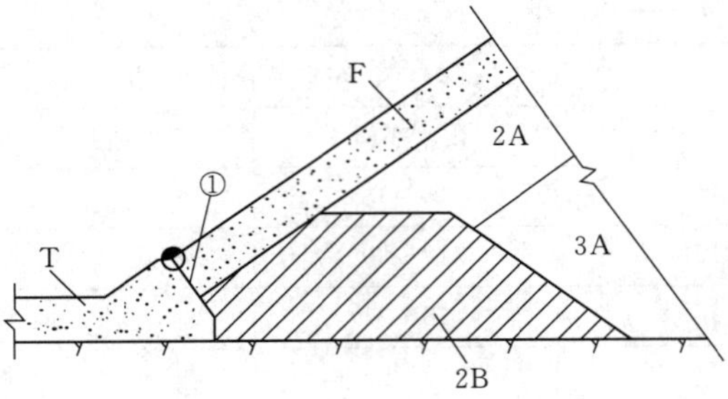

图 3-41　特殊垫层区示意图
2A—垫层区；2B—特殊垫层区；3A—过渡区；
T—混凝土趾板；F—混凝土面板；①—周边缝

性和高抗剪强度，并具有自由排水性能。其材料可采用专门开采的细堆石料、经筛选加工的天然砂砾石料或洞挖石渣料等。

过渡区的水平宽度不应小于 3m，且不应小于垫层区宽度。对于砂砾石坝，当设计的垫层区和主堆石（砂砾石）区之间满足水力过渡要求时，也可不设专门过渡区。

3.8.3　坝顶和坝坡结构

1. 坝顶

坝顶宽度直接影响坝体工程量，故一般均在顶部设置高度较大的钢筋混凝土防浪墙，以减小坝体高度和堆石量（图 3-42）。防浪墙底部高程宜高于正常蓄水位。

从质量要求和安全运行考虑，防浪墙高度要适当，一般为 4～6m，墙顶高出坝顶 1.0～1.2m。为适应坝体变形，防浪墙应设置伸缩缝，缝中设止水片。防浪墙的止水片必须和面板的止水片连接，且应详细设计。

防浪墙底面与坝顶连接处的堆石宽度不宜小于 9m，视使用的施工设备和施工布置而定，应满足面板采用滑动模板施工的要求。坝顶宽度宜为 5～10m，高坝宜适当加宽。面板顶部高程不应低于正常运用的静水位。防浪墙底部上游侧，宜设宽 0.6～0.8m 小道，以利检查行走。

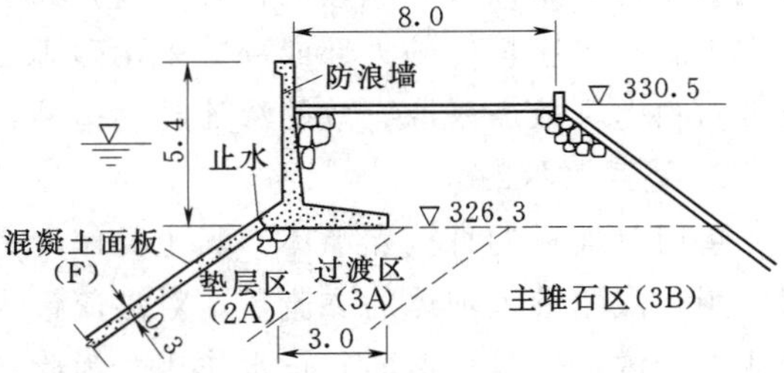

图 3-42　高防浪墙结构图（单位：m）

2. 坝坡

由于硬岩堆石料的内摩擦角远大于它的休止角，故以休止角确定坝坡，并被已建混凝土面板堆石坝证明是安全的。硬岩堆石料坝体的上、下游坝坡可采用 1∶1.3～1∶1.4；软岩堆石体的坝坡宜适当放缓。砂砾石料的内摩擦角小于同等干密度硬岩堆石料的值，需用稍缓的坝坡，上、下游坡可采用 1∶1.5～1∶1.6。

为了在坝坡上布置道路（马道）和节省坝体工程量，可在平均坝坡不变的条件下，使道路之间的实际坝坡比规定的坝坡值略陡。

堆石坝坡本身可防雨淋和人为破坏，一般可不做护坡，但由于外部观测、排水及美观等要求，高坝下游坡可用干砌石、大块石堆砌。坝坡一般可不进行稳定分析，但存在下列情况之一时，应进行相应的稳定分析：①100m 及以上高坝；②地震设计烈度为Ⅷ度、Ⅸ度的坝；③地形条件不利；④坝基有软弱夹层或坝基砂砾石层中存在细砂层、粉砂层或黏性土夹层；⑤坝体用软岩堆石料填筑；⑥施工期堆石坝体过水或堆石坝体临时断面挡水度汛时。

3.8.4　防渗体系

混凝土面板堆石坝的防渗体系由地基灌浆帷幕或其他地基防渗设施、混凝土趾板及混凝土面板组成。混凝土趾板的作用是将地基防渗设施和坝体混凝土面板相连接，形成完整的防渗体系，同时也作为坝基灌浆帷幕的盖板和滑模施工的起始工作面。混凝土趾板与面板间设周边缝。趾板与面板是分块浇筑的，块与块间也有各种接缝，接缝止水也是防渗体系中的重要环节。有关土石坝地基处理前已述及，下面主要介绍趾板、面板、周边缝及接缝止水等方面的有关内容。

1. 趾板

趾板布置结构及分部名称如图 3-43 所示，趾板基准线（“X”线）是指面板底面延长面与趾板设计建基面的交线，趾板基准线（“Y”线）是指面板底面与趾板下游面的交线。趾板布置中采用平趾板方式较多，即趾板面等高线垂直于趾板基准线，这种方式的优点是便于施工，但缺点是开挖量大。在地形较陡时，可采用趾板面等高线垂直于坝轴线的布置方式，还可采用趾板面等高线适应开挖以后的岩面的布置方式，以减小开挖量。

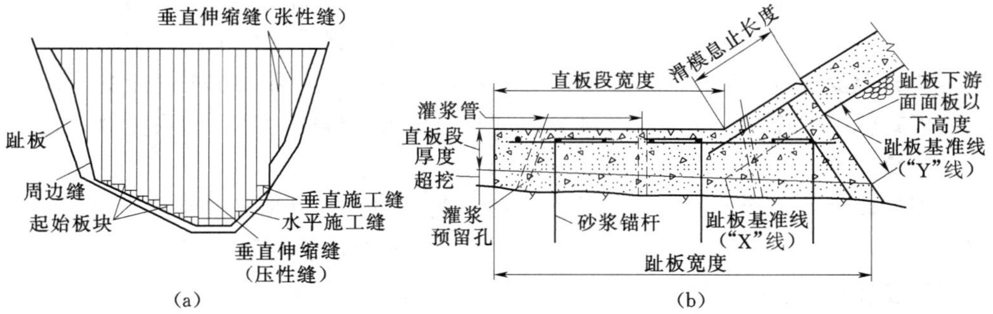

图 3-43 趾板布置结构及分部名称

(a) 立视图；(b) 趾板及分部名称

趾板最好置于坚硬、耐冲蚀和可灌浆的岩基上，也可利用程度不同的风化岩体作趾板地基。这是因为强度和稳定一般不是控制因素，主要是采取措施保持其渗透稳定。

趾板宽度取决于基岩的容许水力坡降。对于新鲜、微风化岩石，容许水力坡降不小于20；对于弱风化岩石，容许水力坡降为10～20；对于强风化岩石，为5～10；对于全风化岩石，为3～5。趾板最小宽度不小于3m，以满足灌浆作业的需要。趾板可按不同高程分段采用不同宽度。对高坝或地质条件较差的坝，如需要的趾板宽度较大而引起过大的开挖量时，可在趾板下游设置防渗板以满足防渗要求，并节省开挖量，这种做法已有一些工程实例。

趾板工作条件比面板有利，且有地基的超挖可以利用，故其设计厚度比面板薄。岩基上最小设计厚度应不小于0.3m，高坝应不小于0.5m，并按高程分段采用不同厚度。

周边缝底部止水距建基面的垂直高度宜为0.7～1.0m，以保证该堆石厚度能起缓冲作用，避免地基对面板的端部产生硬性支承，造成过大弯曲应力。当采用高趾墙时，应在高趾墙附近设低压缩区。当面板与趾板处于同一平面时，为便于面板的无轨滑模施工，趾板宜提供不小于0.6m的息止长度。

以前趾板是设伸缩缝的，目前在一般地段不设伸缩缝。施工缝则根据施工条件设置，施工缝用钢筋穿过，不设止水。这种方法较经济，可简化周边缝结构，已为我国天生桥、天荒坪等工程采用。趾板应用砂浆锚杆与基岩连接在一起［图 3-43（b)］。锚杆直径一般采用25～35mm，间距1.2～1.5m，长3～4.6m。

为消除由收缩及温度应力引起的裂缝，需在趾板配筋。岩基上仅需在表面配筋，采用单层双向，每向配筋率宜按平板段截面面积的0.3%采用。非岩基上趾板宜采用顶、底双层双向配筋，每向配筋率宜采用0.3%～0.4%。

2. 混凝土面板

(1) 面板分缝。面板分缝的目的是为了适应坝体的变形，同时为了适应滑模浇筑的需要，用垂直缝将面板分为等宽的条块。应根据面板应力和变形及施工条件进行面板分缝分块，垂直缝的间距可为8～16m，狭窄河谷两岸部位的垂直缝间距可减小。位于面板中部的垂直缝，一般受挤压作用，称为压性缝；靠近坝坡的垂直缝，由于坝的变形而受到拉伸作用，称为张性缝。垂直缝分类的目的是为了设置不同要求的止水体系。

为满足滑模连续浇筑的要求，可不设水平伸缩缝。对坝高150m以上的高坝，可结合面板应力变形分析成果设置水平结构缝，并设止水，但在强震区应慎用。但对于高坝，较长面板需要分期浇筑以及适应临时挡水或分期蓄水的要求时，可设水平施工缝。面板长度缩短后还可减轻约束作用，达到释放部分温度收缩应力的目的。除起始块以及上述原因可设水平施工缝外，面板宜少设施工缝。

(2) 面板厚度。大量观测及应力分析表明，面板厚度与其应力和变形状态关系不大，而且薄面板的刚度小，更有柔性，是有利的。因此面板厚度主要取决于耐久性需要，并能足以安装钢筋和止水。前者以水力梯度不大于200控制，后者的最小厚度为30cm。对于中低坝，基本上采用30～40cm等厚布置。对于高坝则采用从上到下逐渐增厚，顶部最小厚度为30cm，以下按不同坝高采用$t=0.3+bH$计算，H为坝顶至计算断面的高度，m；b为一系数，大致在0.002～0.0035之间，我国已建的面板坝，多数采用0.003。对于150m以上的高坝，挤压破坏大多发生在高程较高处的面板，因此，应适当加厚顶部面板的厚度。

(3) 混凝土性能。面板混凝土的设计指标按强度、抗渗及抗冻要求确定。强度等级不低于C25，保证率为95%。面板主要用于防渗，由于其厚度较薄且有较大的水力梯度，故要求有较高的抗渗等级，不得低于W8。抗冻等级在严寒地区，当年冻融循环次数不小于100时采用F400，小于100时采用F300；寒冷地区当年冻融循环次数不小于100时采用F300，小于100时采用F200；温和地区采用F100。

由于掺加引气剂可明显提高混凝土的抗渗、抗冻和耐久性，故《混凝土面板堆石坝设计规范》规定必须掺用引气剂，并可同时掺用高效减水剂或普通减水剂，使含气量达到4%～6%。

面板混凝土都是二级配。石料最大粒径应不大于40mm。砂石料的吸水率和含泥量对面板的抗裂性能及耐久性有很大影响，前者不大于3.0%，后者不大于2.0%。砂的细度模数宜在2.4～2.8范围内。面板混凝土宜采用42.5级中热硅酸盐水泥，也可采用42.5级硅酸盐水泥或普通硅酸盐水泥，如采用其他品种和强度等级的水泥时，应进行对比试验确定。水灰比对面板混凝土质量有决定性作用，对温和地区应小于0.50，寒冷及严寒地区应小于0.45；溜槽入口处的坍落度宜控制在3～7cm。

(4) 钢筋。面板宜采用单层双向钢筋，钢筋可布置在面板截面中部或偏上位置，每向配筋率为0.3%～0.4%，水平向配筋率可小于顺坡向配筋率。在拉应力区或岸边周边缝附近可适当配增强钢筋。

3. 周边缝及接缝止水

周边缝是面板与趾板或趾墙间的接缝，如图3-43所示。周边缝及前述的垂直缝、分期浇筑的水平缝、面板与防浪墙底板间的接缝、趾板和防浪墙本身的分段接缝等均是面板坝防渗体系中的薄弱环节，必须注意做好接缝止水。

周边缝一侧是位于基岩上的趾板，可视为不变形；另一侧为面板，会产生不同程度的变形，故周边缝在张开、沉降、剪切三个方向都有变形发生。世界上部分已建成的面板坝的沉陷缝实测位移表明，坝高低于50m时，最大剪切位移小于3mm，采用一道铜片止水是可行的；50～100m高度的坝设两道止水可满足大坝运行要求，两道止水除底部铜片止水外，可在缝中部设PVC（聚氯乙烯）或橡胶止水，也可在顶部设柔性填料止水，并做好系统封闭；坝高超过100m，需设底、中及顶部止水，或底、顶（包括柔性填料和其上部粉细砂或粉煤灰等）的两道止水。对于中低坝采用30～40cm等厚面板时，设置三道止水的空间相当紧张，可只设底部及顶部止水。中国的面板坝周边缝一般采用底部铜片止水、中部塑料带止水和顶部柔性填料三道止水，其典型设计见图3-44。中间与顶部止水均应与相接缝的底部止水连接，形成封闭系统。有的坝的中部的塑料止水效果不佳，且影响附近混凝土的浇筑捣实，反而形成渗漏通道，而不采用中部止水，只要施工质量良好，两道止水的防渗效果并不减低。

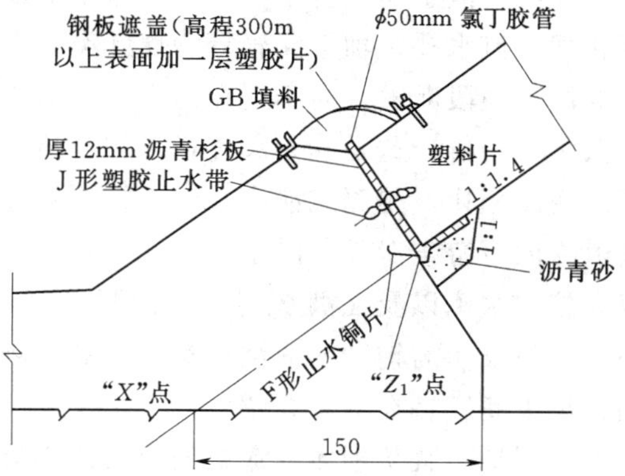

图3-44　西北口坝周边缝三道止水结构图（单位：cm）

对于其他接缝的止水设置要求如下：不同坝高的压性垂直缝都只需采用一道底部止水；高坝张性垂直缝宜采用顶、底部两道止水；中、低坝可只采用一道底止水，其结构与压性缝同；防浪墙与面板的水平接缝，宜设置底、顶部两道止水；趾板伸缩缝可采用铜片、PVC或橡胶片止水，并应与周边缝止水构成封闭系统。

第4章 岸边溢洪道

4.1 概 述

4.1.1 泄水建筑物的作用、类型及泄洪方式的选择

蓄水枢纽中，用来泄放超过水库调蓄能力的洪水，以保证工程安全，或在必要时降低库水位乃至放空水库而设置的水工建筑物，称为泄水建筑物。根据布置位置的不同，有坝体式（或称河床式）泄水建筑物和岸边式泄水建筑物两大类。

坝体式泄水建筑物是将水库枢纽中的泄水建筑物与坝体结合在一起布置，如各种溢流坝和坝身泄水孔、坝下涵管等均属此类。在混凝土和浆砌石坝枢纽中，常利用建在原河床内的溢流坝段泄洪，而不再在河岸另设泄水建筑物，这样枢纽布置紧凑，便于施工，并可降低工程造价，这是其一大优点。坝身泄水孔是通过设在坝体中的孔口、管道泄水的，与坝顶溢流相比，属深式泄水孔。根据泄洪孔道所处的高程可分为表孔、中孔和底孔。泄水孔道除向下游宣泄部分洪水外，还可从水库放出各用水部门所需的水量，又可兼做施工导流、放空水库以及在洪水到来之前预留部分库容作调洪之用。这类建筑物因泄洪能力较小，一般仅作为辅助的泄洪建筑物。溢流坝及坝身泄水孔已在重力坝、拱坝两章中做了介绍，坝下涵管将在下章介绍。

当坝型不宜从坝体溢流或溢流段的溢流长度不能满足大量泄洪要求时，需在坝体外的河谷两岸适当位置单独设置泄水建筑物，称为岸边式泄水建筑物。根据结构形式的不同，又可分为岸边式溢洪道和泄水隧洞两类。岸边式溢洪道的进水口通常是敞露的，其后的泄水道可以是陡坡式明渠，也可以是封闭式的竖井或斜井，前者称为开敞式岸边溢洪道，后者称为封闭式岸边溢洪道。与泄水隧洞相比，开敞式岸边溢洪道一般造价较低，除具有正常泄洪能力外，当发生非常洪水时，又具有较大的超泄能力，常是土石坝枢纽承担主要泄洪任务的泄水建筑物。

在枢纽布置时，上述各种泄水建筑物可以采用单一的集中布置方式，也可以采用多种泄水建筑物组合的方式分散布置，选用哪种方式为宜，取决于坝型、枢纽布置、地形、地质、水文、施工等因素。一般来说，混凝土和浆砌石坝枢纽多采用溢流坝和泄水底孔，土石坝枢纽多采用岸边溢洪道和泄水隧洞。设计时，一般先选定泄洪方式，并拟定若干个泄水布置方案，然后进行调洪演算及泄流计算，估计淹没损失和枢纽造价等，再通过技术经济比较，选定最优方案。

4.1.2 岸边溢洪道的类型

岸边溢洪道按功用可分为正常溢洪道和非常溢洪道。正常溢洪道宣泄设计洪水，非常溢洪道宣泄超过设计洪水标准的洪水，非常溢洪道泄洪时，水库最大总下泄流量不应超过坝址同频率天然洪峰流量。

岸边溢洪道按进口布置形式可分为正槽式、侧槽式、井式及虹吸式等几种。

1. 正槽式溢洪道（图4-1）

这种溢洪道的泄槽轴线与溢流堰轴线垂直，与过堰水流方向一致，在水利枢纽中采用最多。

2. 侧槽式溢洪道

这种溢洪道的泄槽与溢流堰轴线接近平行，水流过堰后方向急转近90°，然后经泄槽（或竖井、隧洞）下泄。

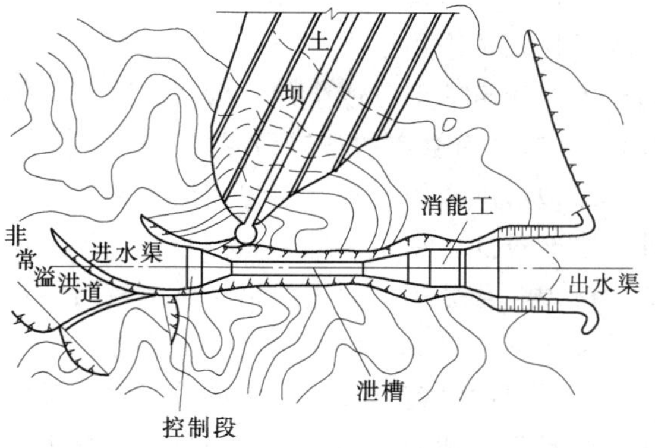

图4-1　正槽式河岸溢洪道

3. 井式溢洪道（图4-2）

通常由环形溢流堰、渐变段、竖井、弯道、泄水隧洞、出口消能设施及泄水渠组成。工程中泄水隧洞常与导流隧洞相结合，在竖井与导流隧洞相交处以混凝土堵塞，形成平顺的弯道。井式溢洪道的泄流能力取决于环形溢流堰的布置和隧洞的水头与直径，超泄能力很小。小流量时，水流很不稳定，易产生振动和空蚀。这种型式的溢洪道国内尚少见。

4. 虹吸式溢洪道（图4-3）

通常由进口段、虹吸管、辅助设施、泄槽和消能工等部分组成。进口前端设有遮檐，位于正常蓄水位以下足够的深度，当库水位超过溢流堰顶后，管道即产生虹吸作用，宣泄洪水，不需设置闸门。水位降低后，自动停泄，调节水位灵敏，管理方便。虹吸式溢洪道可建在岸边或混凝土坝体内。该型式溢洪道结构较复杂，检修不便，超泄能力较小，单宽流量常受到限制，故一般多用于水位变化不大和需要随时进行调节的中、小型水库、水电站或灌溉渠道中。

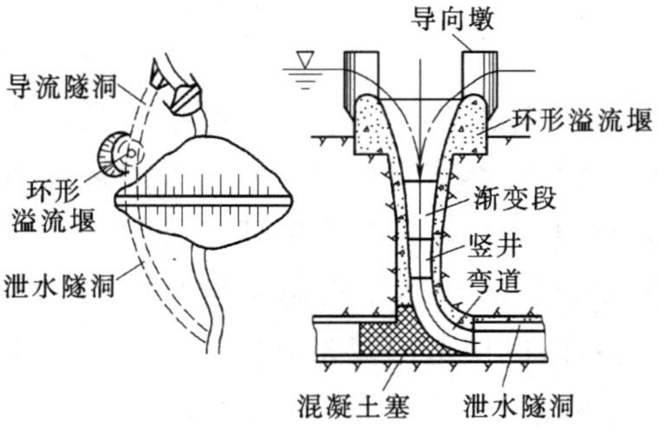

图4-2　井式溢洪道

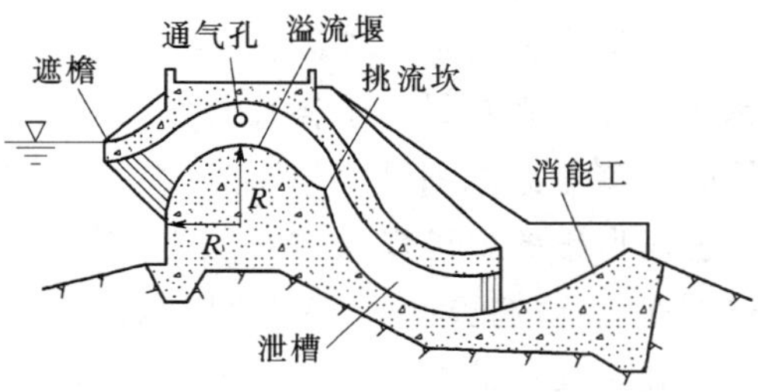

图4-3　虹吸式溢洪道

此外，溢洪道的型式还包括滑雪道式溢洪道和溢洪洞。拱坝两岸坝肩山势陡峻，当受工程布置所限或坝址处地形地质不具备消能条件等不允许近坝泄洪，或需将部分泄量进行分担远离坝脚时，可考虑采用坝身（顶）进水后接泄槽和不同的消能工，使水流远离坝脚的滑雪道式溢洪道。该型式溢洪道的有关内容见拱坝的坝身泄流一节。

在缺少合适垭口布置溢洪道的高山峡谷区，采用岸边溢洪道有时会造成大开挖、形成高边坡，对工程投资、环境保护不利。此时为利用溢洪道超泄能力强的特点，又希望减少工程开挖，可采用溢洪洞布置。溢洪洞采用开敞式进水口，泄槽（有时包括进口控制段或出口消能建筑的部分或全部）为明流隧洞，隧洞出口接明槽或直接接出口消能段。

4.1.3　岸边溢洪道的布置和形式选择

岸边溢洪道的位置、布置和形式选择是相互联系的，而且与坝址附近的地形、地质条件、水文条件、坝型、枢纽总体布置、施工、生态与环境、运行管理及经济指标等密切相关，必须综合分析，通过技术经济比较后确定。

1. 正常溢洪道与非常溢洪道的布置

在进行溢洪道布置时，首先应根据各种条件从总体上对是否采用非常溢洪道进行论证。当具备有利的地形、地质条件，且技术上可行、经济上合理时，可采用非常溢洪道。正常溢洪道与非常溢洪道宜分开布置，如采用集中布置，需充分论证。有关非常溢洪道设计与布置中的有关问题，将在4.3节中作进一步论述。

2. 地形条件

溢洪道的地形条件往往是决定溢洪道形式与布置的主要因素。选择溢洪道的位置时，应充分利用有利地形。如果离大坝不远的库岸有通向下游的马鞍形山垭口，其高程在正常蓄水位附近，垭口后面有长度不大的冲谷或溪沟直通原河道，出口离下游坝脚较远，这对工程的经济、安全及管理运用均有利，且易于解决下泄水流的归河问题，选择这种地形布置溢洪道是较理想的（图4-1），适用于各种坝型。我国修建的许多蓄水枢纽工程均利用库岸垭口修建溢洪道。

如果坝肩具有有利的地形条件，且高程适宜，可将溢洪道布置在坝肩上。这种布置形式，工程量省，对于土石坝枢纽还具有利用其开挖料作为筑坝材料的优点，是一般常见的布置形式。这种布置形式不仅土石坝枢纽工程中采用较多，而且在狭窄河谷的混凝土坝枢纽中也采用这种布置。在土石坝枢纽中选择这种布置时应注意，坝肩附近的山坡应比较平缓，有足够宽度的地段经开挖后可布置控制段；坝肩溢洪道与大坝相连的挡墙（包括导墙、接头、泄槽边墙等）应保证安全可靠。

必须指出的是，在我国早期的土石坝建设中，由于坝的规模较小，坝址地点条件优越，天然砂砾石料、土料及天然石料资源丰富，天然筑坝材料较易解决，故上述对地形条件的一些考虑原则是适用于当时的具体情况。但近30年来，随着工程向西部转移，环境和生态保护的要求以及自然资源的限制严格，天然砂石料和天然土料越来越难以就地取材。在这样的情况下，随着科学技术的进步、筑坝材料的应用范围越来越广，以及重型土石坝施工设备的发展，在高土石坝枢纽中已突破了上述的一些传统考虑，广泛采用大开挖溢洪道方式，将开挖的80%以上的有效方量用于大坝填筑，即在枢纽布置中采用土石方总体平衡的原则。这不仅有利于降低工程造价，缩短工期，也有利于减小环境污染。采用这种方式，溢洪道也应尽可能靠近坝体，最好布置在坝肩两岸。

以上情况说明，即使由地形条件选择溢洪道位置，也必须从枢纽总体布置考虑，做到枢纽总造价最低，工期短，经济指标优越。

当两岸山坡陡峻时，可将溢流堰沿岸坡等高线方向布置，在单宽开挖量增加不多的情况下，采用较大溢流前沿长度，以较小溢流水头宣泄较大流量，即采用侧槽式溢洪道布置。

当由于地形条件限制，布置开敞式溢洪道确有困难时，也可采用开敞式进口、后接隧洞的布置形式，即溢洪洞布置形式。

3. 地质条件

地质条件往往是溢洪道工程成败的关键因素之一。溢洪道常见的工程地质问题是边坡稳定及溢洪道的地基稳定。

溢洪道边坡不稳定，可能导致堵塞或摧毁溢洪道，危及大坝安全，产生严重后果。在位置选择时，应尽量避免深挖形成高边坡。选择山垭口做溢洪道时，应特别注意鞍部两侧山坡的稳定性，绝不允许泄洪时山坡崩塌。对于拱坝枢纽的坝肩溢洪道，其布置及泄流不得影响坝头及岸坡稳定。

溢洪道应布置在稳定的地基上，否则应采取工程处理措施。如果选择山垭口做溢洪道，山垭口的鞍部及其后坡是布置溢洪道的主要部位，故要求地基岩层坚固、完整、稳定，以减小砌护工程量，并有利于工程的安全。鞍部前坡也应稳定、完整，并具有较好的防渗性，以防止鞍部漏水对泄水槽底板产生过大的渗透压力，甚至造成难以处理的渗漏问题。溢洪道地基的稳定性还应结合岩层的产状及建库后水文地质条件的变化一并考虑，以保证工程安全和减少工程量。

4. 水力条件

溢洪道布置时，其轴线选择除考虑地形、地质条件外，还应考虑水力条件。为使水流顺畅，流态稳定，轴线一般宜取直线。如因地形、地质条件的要求而需转弯时，应尽量在进水渠或出水渠段内设置弯道。

5. 枢纽布置

泄水建筑物的布置是枢纽布置的组成部分，故应从枢纽总体设计上考虑泄水建筑物布置。要注意协调泄水建筑物与发电、通航、灌溉、过木、过鱼等建筑物在布置上的矛盾，避免相互干扰，保证在各种工作条件下各建筑物均能正常工作。应特别注意避免泄流对河床和岸坡造成冲刷以及河道的淤积，或危及其他建筑物的安全，同时，不应影响水电站及通航建筑物的运行。对于河谷狭窄的枢纽，应特别重视消能设施的布置及体形选择。此外，岸边溢洪道应尽量避免与渠道、道路及枢纽其他建筑物交叉，并有利于整个工程的协调及统一管理。

4.2　开敞式正槽溢洪道

开敞式正槽溢洪道从上游水库到下游河道一般由进水渠、控制段、泄槽、消能防冲设施和出水渠五个部分组成（图 4-1）。其中，控制段、泄槽和消能防冲设施三个部分是溢洪道的主体，是每个溢洪道工程不可缺少的。进水渠和出水渠则是主体部分同上游水库及下游河道的连接段，这两个组成部分是否需要设置，视主体部分与上、下游的连接情况而定。

4.2.1　进水渠

进水渠的作用是将水流平顺、对称地引向控制段，并具有调整水流的作用。进水渠布置时，应尽量短而直，其轴线方向宜进水顺畅。如需设置弯道，其轴线转弯半径不宜小于 4 倍渠底宽度，流速越大，转弯半径也应越大。弯道与控制段间宜有 2 倍以上堰上水头的直线段，以便将水流调整均匀，平顺入渠。进水渠一般采用梯形断面，末端用渐变段与控制段的矩形断面连接，渐变段长度视流速等条件确定，不宜小于 2 倍堰前水深。当进水渠底宽采用顺水流方向收缩时，其首末端底宽之比宜在 1～3 之间，在与控制段连接处，应与溢流前缘等宽。

进水渠的进口布置，应根据不同的地形，采用不同的体形，使水流平顺入渠，体形宜简单。当进口布置在垭口面临水库时，一般布置成对称或基本对称的喇叭口形式。如进口布置在坝肩时，靠山一侧应开挖或衬砌成规则曲面，靠坝一侧应设置曲面导水墙。直立式导墙的平面弧线曲率半径不宜小于 2 倍渠道底宽。导墙顺水流方向的长度宜大于堰前水深的 2 倍，导墙墙顶高程应高于泄洪时最高库水位。紧靠土石坝坝体的进水渠，其导墙长度以挡住大坝坡脚为下限，以防止水流冲刷坝脚，距控制段 2 倍堰前水深长度以外的导墙，可设置为下潜式，其墙顶应超出坝面适当高度。如果设有铺盖，应与大坝坝体的防渗设施形成一整体的防渗系统。

进水渠应根据地质情况、流速大小、水头损失等条件确定是否需要衬护。进水渠渠底可不衬护。当水头损失较大时，是否衬护，应通过经济比较确定。不满足不冲流速要求时，应衬护。进水渠衬护可采用现浇混凝土、喷混凝土、浆砌块石或干砌块石等结构形式。底板衬护厚度可按构造要求确定，现浇混凝土衬砌厚度不宜小于 30cm，必要时还应进行抗渗和抗浮验算。

4.2.2　控制段

控制段是控制溢洪道泄量的关键部位，其设计主要包括溢流堰及两侧连接建筑物。从水力特征来分，控制段分为渠式和堰式两种。渠式控制段是指开挖的明槽长度大于 10 倍溢流水深的情况。这时，溢洪道的过水能力已不由溢流堰控制，而属于明渠非均匀流。这种形式的缺点是：在同一溢流水深情况下，单宽泄流能力比堰式控制段小得多，且没有固定的控制断面，渠道内某一位置断面形状的不规则或突然变化、糙率的大小和底坡的改变，均将影响水库水位的变化，因此，应尽量避免采用这种形式。本节主要介绍堰式控制段。

4.2.2.1　溢流堰的形式及构造

堰式控制段是指控制段的底部为溢流堰。溢流堰轴线应结合溢洪道总体布置，并统筹考虑进水渠、泄槽、消能防冲设施及出水渠的布置要求，并满足其对地基强度、稳定性、抗渗性及耐久性的要求，尽量减少地基处理工程量。当溢流堰靠近坝肩而条件许可时，宜将其轴线布置在坝轴线上或附近，以便于交通及两岸连接布置，并可使坝的防渗设置与控制段的防渗设施布置在一条直线上，以缩小防渗设施的长度。溢流堰多采用宽顶堰（图 4-4）及实用堰（图 4-5）两种。

1. 宽顶堰

宽顶堰（图 4-4）的结构及施工简单，但流量系数较实用堰小，在垭口地面高程稍高于正常蓄水位、地面较平缓、泄量小的工程中使用较广泛。

2. 实用堰

实用堰（图 4-5）的流量系数较大，故在相同泄量下，其前缘长度比宽顶堰短，在实

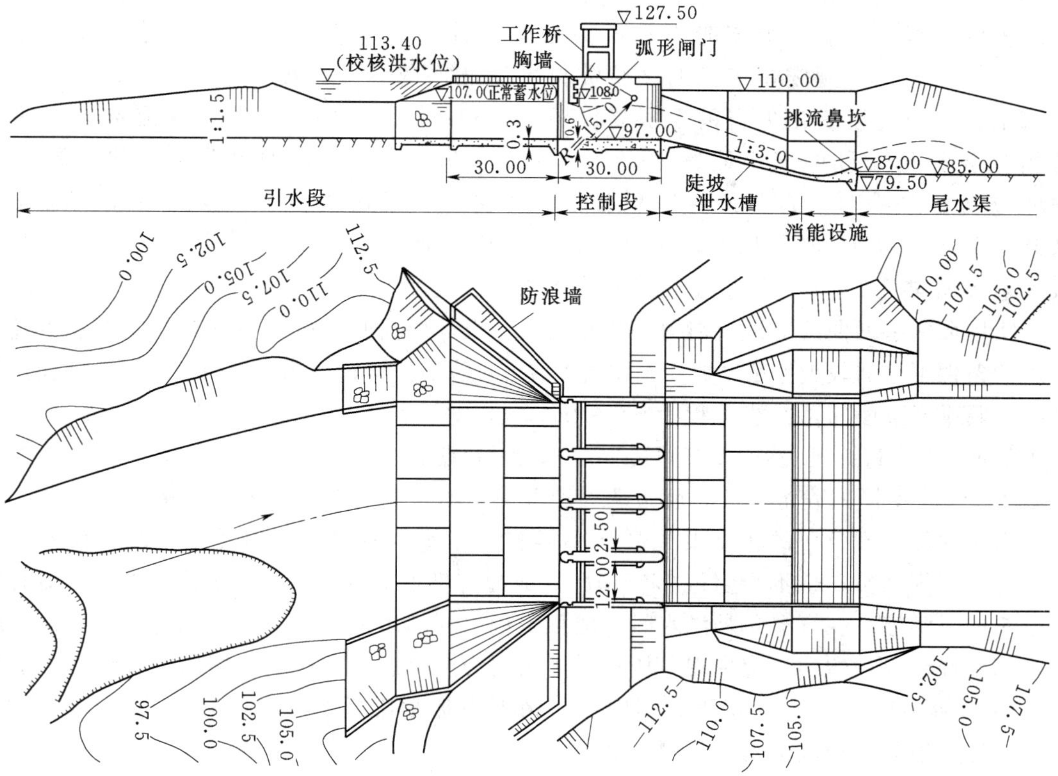

图 4-4　闸式控制段溢洪道总体布置（单位：m）

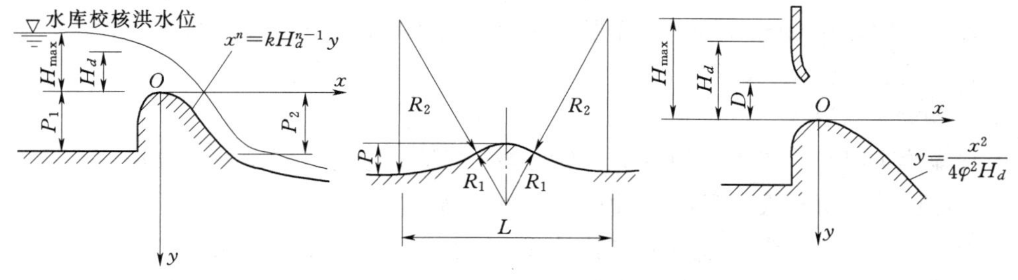

(a)　(b)　(c)

图 4-5　实用堰的形式

(a) 高堰；(b) 驼峰堰；(c) 带胸墙的溢流堰

际工程中采用较多。实用堰的结构及施工比宽顶堰复杂。当垭口狭窄、沿水流方向的山体或垭口比较单薄、地面高程较低、两旁山脊较高时多采用实用堰，以减少工程量。有时地面高程虽较高，但开挖容易且方量不大时也采用实用堰。

实用堰的流量系数基本上由堰顶形式决定。根据不同堰型在不同堰高下流量系数的比较，以 WES 幂曲线实用堰的流量系数最大，故实用堰堰顶下游堰面宜优先采用 WES 幂曲线实用堰。按照相对堰高 P_1/H_d 对流量系数是否发生影响，实用堰又分为高堰与低堰两种。一般认为，上游堰高 $P_1>1.33H_d$ 时为高堰（H_d 为定型设计水头）

［图 4－5（a)］，相对堰高对流量系数不产生影响。堰顶上游堰头可采用双圆弧、三圆弧或椭圆曲线，三者在泄流能力和压力分布特性方面并无显著区别。对于低堰的标准，目前尚无统一规定，美国的试验资料提出低堰的上限高度 $P_1 \leqslant 1.33H_d$，中国水利水电科学研究院提出低堰的下限高度 $P_1 \geqslant 0.3H_d$。对 WES 低堰，其流量系数随上游相对堰高 P_1/H_d 的减小而减小，当 $P_1/H_d < 0.3$ 时，m 值明显降低，故上游堰高一般应满足 $P_1 \geqslant 0.3H_d$。为使过堰水流不受堰后水流顶托影响，以及不发生淹没流状态，下游堰高 P_2 必须保持一定高度，一般应满足 $P_2 \geqslant 0.6H_d$。堰面曲线下接直线段，坡度宜陡于1∶1。岸边溢洪道中的实用堰多为低堰。

实用堰的堰面曲线对泄流能力影响很大，在设计堰面曲线时，要求在堰面不发生过大负压的条件下，有较大流量系数，并在最大堰上水头溢流时，控制堰面最大负压值在允许范围内。堰顶下游堰面幂曲线方程为 $x^n = kH_d^{n-1}y$，对于高堰，取 $H_d = (0.75 \sim 0.95)H_{max}$；对于低堰，取 $H_d = (0.65 \sim 0.85)H_{max}$，$H_{max}$为堰顶最大水头［图 4－5（a)］。高、低堰分别给出了 H_d 不同的确定范围，就是从控制堰面负压不超过允许值所作出的选择。对于低堰，由于堰面出现负压的机会要比高堰小得多，即使在最大水头超过 H_d 的 1.18～1.54 倍情况下，坝面负压也不会超过 0.06MPa，故允许低堰的定型设计水头比高堰低。对有闸门控制的溢洪道，在宣泄各种洪水时，堰顶附近出现的压力应符合下述规定：对于常遇洪水闸门全开情况，堰面不应出现负压；对于闸门局部开启和校核洪水闸门全开情况，堰顶附近负压值不得大于 0.06MPa。闸门全开情况下堰顶附近的堰面负压值可按 SL 253—2018《溢洪道设计规范》附表 A.1.3 查得。

低堰除采用 WES 堰外，国内还常采用驼峰堰［图 4－5（b)］，驼峰堰堰身较宽，地基应力较均匀，整体稳定性较好，且设计与施工较简单，适用于软弱地基。其流量系数比宽顶堰大，一般为 0.40～0.46。由于驼峰堰至今尚无定型剖面，通常需通过水工模型试验确定其流量系数。

3. 带胸墙的实用堰

带胸墙的实用堰［图 4－5（c)］，其堰顶高程较上述两种堰型低，故在库水位较低时即可泄流，初始泄量较大，闸门尺寸较小。在高水位时，其超泄能力不如开敞式溢流堰大。当堰顶以上最大水头 H_{max}与孔口高度 D 的比值 $H_{max}/D > 2$，或闸门全开仍属于孔口泄流时，其孔口下游堰面曲线宜采用抛物线，抛物线可按式（4－1）计算，即

$$y = x^2/(4\varphi^2 H_d) \tag{4-1}$$

式中：H_d 为定型设计水头，可采用 $(0.56 \sim 0.77)H_{max}$；φ 为孔口断面上的流速系数，可采用 $\varphi = 0.95 \sim 0.96$。

实用堰末端与泄槽之间常用反弧曲面连接，以便使下泄水流平缓地改变方向。反弧曲面两端分别与堰面及泄槽底板面相切。反弧半径可采用 $(3 \sim 6)h$，h 为反弧最低点的最大水深，流速大时取大值。

溢流堰可以设置闸门，也可以不设置闸门。不设置闸门时，堰顶高程就是水库正常蓄水位，设置闸门即成为闸式控制段（图 4－4）。溢流堰顶是否设置闸门以及设置闸门后闸室的布置及设计均与溢流重力坝和水闸相似，可参阅第 1 章和第 7 章。

溢流堰常采用混凝土或浆砌石修建，上、下游端设齿槽，以加强与地基的连接

(图 4-4)，在岩基上开凿的溢流堰，即使岩石新鲜完整，也应进行衬砌，保证具有准确的尺寸和平整的表面，以获得较大的流量系数。

控制段的防渗排水设施是保证溢洪道安全运行的关键之一，其作用主要是：防止库水经裂隙或构造面沿堰（闸）底板自上游渗向下游，以减少地基渗流量并降低底板下的扬压力，保证地基渗流稳定和堰体抗滑稳定；防止或减小侧向绕流渗透以及沿导墙基础的渗流，以免危及建筑物的安全；对山谷垭口溢洪道，要防止鞍部后坡因渗水作用而崩塌，并防止水流通过挡水前缘渗入基础，造成建筑物破坏等。防渗排水设施布置的原则是“上防下排，防排并举”。在特殊情况下，经论证，才采用单一设施。

溢流堰（闸）地基，不论是石基还是土基都是透水的，一般均采用水泥灌浆帷幕作为主要防渗措施。我国有的工程则采用水泥灌浆与混凝土齿墙或混凝土防渗板联合的方式；有的不宜作防渗帷幕，则采用水平防渗措施延长渗径。靠近坝肩的溢洪道，其防渗设施应与大坝的防渗设施形成整体防渗系统。远离坝肩的溢洪道，防渗帷幕应深入岸坡一定范围，其深度与走向应根据工程条件及水文地质条件确定。

防渗帷幕深度主要取决于基岩的透水性和设计要求达到的防渗标准。国内已建大、中型溢洪道工程大多以堰（闸）前挡水深作为依据，一般在 0.3～0.7 倍堰体建基面以上堰（闸）前最大水深范围内选择。具体应通过渗流计算，结合已建工程经验确定。帷幕灌浆孔宜设一排，对地质条件较差地段可增至两排。帷幕灌浆孔的孔距可取为 1.5～3.0m，排距宜略小于孔距。

排水设施一般是在防渗帷幕后设一排主垂直排水孔，必要时可增设一排辅助排水孔。排水孔一般布置在专设的廊道或集水沟（管）内。为了防止压力坡降过大，排水孔与帷幕灌浆孔的间距在基底面不宜小于 2m。主排水孔的孔距宜取 2～3m，孔深可为帷幕深度的 40%～60%，且不小于固结灌浆孔深度。辅助排水孔孔距宜为 3～5m，孔深可小于主排水孔孔深。

4.2.2.2 控制段尺寸与结构设计

控制段尺寸包括控制段顶部高程、堰顶高程及垂直水流方向的宽度。控制段顶部高程是指控制段的闸墩、胸墙或岸墙的顶部高程，在宣泄校核洪水位时应不低于校核洪水位加安全超高；挡水时应不低于设计洪水位或正常蓄水位加波浪的计算高度和安全超高。波浪的计算高度取设计波高加上波浪中心线与设计水位的高差（具体计算见第 1 章）。安全超高的下限值见表 4-1。

表 4-1 溢洪道安全超高下限值 单位：m

运用情况	控制段建筑物级别		
	1	2	3
挡 水	0.7	0.5	0.4
泄 水	0.5	0.4	0.3

溢洪道紧靠坝肩时，控制段顶部高程应与大坝坝顶高程协调。控制段垂直水流方向的宽度应在综合考虑地形条件、水库其他建筑物的工程量，以及允许的单宽流量后拟定。在拟定了溢流堰形式、堰顶高程及宽度后，即可选定调洪起始水位和泄水建筑物的运用方式，进行调洪演算，得出水库的设计及校核洪水位、溢洪道的最大下泄流量、泄水建筑物的最大总下泄流量以及控制段的最大单宽流量等数值。显然，初拟的控制段基本形式、尺寸及调洪演算成果不一定能满足上游限制水位及下游河道安全泄量的要求，也不一

定是经济合理的，应在此基础上，通过分析研究，再拟定若干方案，分别进行调洪演算，得出不同的水库洪水位及最大下泄量和最大单宽流量，并相应定出枢纽中各主要建筑物的布置尺寸，估算工程量及造价。最后，从安全、经济以及管理运用等方面进行比较、论证，选出最优的设计方案。具体设计方法与溢流重力坝相同，参见1.7节。

溢流堰的结构形式及设计应充分考虑地形、地质、开挖工程量等因素，溢流堰底板、闸墩（包括边墩）、工作桥、交通桥等的结构设计与溢流重力坝和水闸相类似，可参阅本书第1章和第7章。

4.2.3　泄槽

4.2.3.1　泄槽的布置

泄槽落差大、纵坡陡，槽内水流为高速流态，而高速水流对边界条件的影响特别敏感，布置泄槽时必须注意转弯、宽度变化以及纵坡变化等问题，使之适应高速水流的特点。由于泄槽内流速高，不可避免地要出现冲击波、掺气、空蚀等不利影响，这是泄槽布置时应重视的一个重要问题。

泄槽的纵坡主要根据自然条件及水力条件确定，通常应大于水流的临界坡。在地质条件许可的情况下，以尽量适应地形条件为原则。纵坡应尽量采用均一的一次坡。如泄槽较长、地形地质条件复杂，必须分段设置不同坡度时，分段也不宜过多，而且宜采用先缓后陡的坡度，在变坡处用抛物线连接。如果必须设置由陡变缓的底坡时，变坡处用反弧连接，反弧半径经常在（3～6）h 范围选择（h 为变坡处断面水深）。由于反弧处水流转向，水流紊动强烈，该处及其后一定范围容易产生空蚀破坏，故对反弧段体形应予足够重视。反弧半径的大小影响压力变幅的大小，流速大时应选用较大的反弧半径。反弧半径大，则沿程压力变化就比较平缓。此外，反弧段水流受离心力作用容易由分缝处钻入泄槽底板下而掀动底板，故应周密地考虑底板的分缝、分块、止水及排水的设置，以保持泄槽底板的稳定。如果两级坡度都较缓且相差不大，流速不高，也可以不设反弧。当落差较大，按照地形需布置多级泄槽时，为防止下一级泄槽内出现过大流速，可采用多级消能，使上一级水流平顺地进入下一级。

从水力学观点看，泄槽应尽量采用直线、等宽、对称布置，以使水流顺畅，保证工程安全。在实际工程中，由于地形、地质等方面的原因，不得不采用转弯及变宽布置时，应采取合理措施，消除或减弱高速水流带来的不利影响。

泄槽变坡位置应尽量与平面上的转弯及变宽错开，尤其不要在扩散段上变坡。

泄槽横断面一般采用矩形断面，当结合岩石开挖采用梯形断面时，边坡宜采用较陡边坡，并应注意由此引起的流速不均匀问题，尤其在弯道段应慎用梯形断面。

具有两个及以上泄洪孔口的溢洪道，结合运行要求，必要时可在泄槽内设置中隔墙。

4.2.3.2　泄槽的收缩段与扩散段

在实际工程中，有时为了节省泄槽工程量而将宽度缩窄，这时在控制段与泄槽之间需设置收缩段。如果下游采用消力池消能，为了减小消能单宽流量，常在平面上适当扩散（图4-1）。设置收缩段、扩散段后，产生冲击波将是不可避免的。设计的任务就是选择合适的收缩、扩散角及其相应长度，使水流受干扰的程度减到最小。

1. 收缩段

高速水流遇到边界变化，将产生冲击波。简单地说，冲击波就是高速水流受扰后造成的水面局部壅高。随着水流前进，冲击波受两侧边墙的反射作用而在整个泄槽上造成流速分布不均、流态恶化和压力不稳定等，给底板结构带来不利影响。

工程经验和试验资料表明，收缩（或扩散）角在6°以下时，具有较好的水流流态。当收缩角较大时，必须进行冲击波计算，并应通过水工模型试验验证。冲击波计算如下。

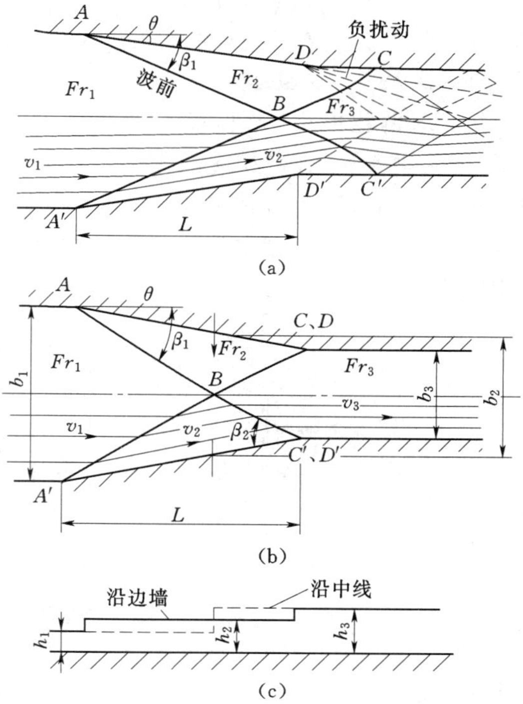

图4-6　直线收缩段冲击波计算图

图4-6（a）表示了泄槽边墙对称收缩θ角后而形成冲击波的情况。由于边墙向内偏转，迫使水流由收缩起始点A和A'形成壅高的正扰动干扰线（波前）AB及$A'B$，该干扰线与原边墙间的夹角（冲击波波角）为β_1。壅高的扰动线在B点交汇后传播至C和C'，再发生反射。在收缩段末端D和D'，由于边墙向外偏转，水流因失去依托而产生水面局部跌落的负扰动，其扰动线也向下游传播，如图中虚线所示。这些作用的叠加，使下游流态更为复杂。如果能使C、C'分别与D、D'重合［图4-6（b）］，则可使冲击波的发展限制在收缩段范围内，扰动减至最小。

冲击波波角、波峰后的水深及流速按下列公式计算

$$\left.\begin{aligned} \tan\theta &= \frac{\tan\beta_1(\sqrt{1+8Fr_1^2\sin^2\beta_1}-3)}{2\tan^2\beta_1+(\sqrt{1+8Fr_1^2\sin^2\beta_1}-1)} \\ \frac{h_2}{h_1} &= \frac{1}{2}(\sqrt{1+8Fr_1^2\sin^2\beta_1}-1) \\ \frac{v_2}{v_1} &= \frac{\cos\beta_1}{\cos(\beta_1-\theta)} \end{aligned}\right\} \tag{4-2}$$

其中
$$Fr_1=\frac{v_1}{\sqrt{gh_1}}$$

式中：θ为边墙偏转角，(°)；β_1为冲击波波角，(°)；Fr_1为起始断面弗劳德数；h_1、h_2分别为起始断面与波峰下游断面水深，m；v_1、v_2为起始断面与波峰下游断面的流速，m/s。

用式（4-2）计算收缩段边墙偏转角θ相当烦琐，为此，可将其绘制成曲线，利用图解法查得收缩段偏转角θ。按SL 253—2018《溢洪道设计规范》绘制的计算诺模图（图A.3.3-2，即本书图4-7）求解收缩段偏转角θ，步骤如下：

（1）根据已知条件，计算起始断面的弗劳德数Fr_1。

（2）拟定末端断面与起始断面水深比h_3/h_1，一般采用$h_3/h_1=2\sim3$。

（3）验算末端断面的弗劳德数Fr_3，Fr_3必须大于1，以保证下游为急流。根据水流连

续条件，有 $\frac{b_1}{b_3}=\left(\frac{h_3}{h_1}\right)^{3/2}\left(\frac{Fr_3}{Fr_1}\right)$。若算出的 Fr_3 不满足要求，则需适当调整 b_3，重新计算，直到满足要求为止。

(4) 求偏转角 θ。先假定一个 θ 值（通常 θ 不宜大于 11.25°），利用 θ 和已算得的 Fr_1，可从图 4-7 查得相应的 Fr_2 和 h_2/h_1，然后将所查得的 Fr_2 作为 Fr_1，再利用同一 θ 进行第 2 次图解，可查得 h_3/h_2，最后将 h_3/h_2 乘以 h_2/h_1，即得 h_3/h_1 的图解值。如果图解值与拟定值不符，则要调整 θ 值，重复上述图解过程，直至 h_3/h_1 的图解值与其拟定值相符为止。

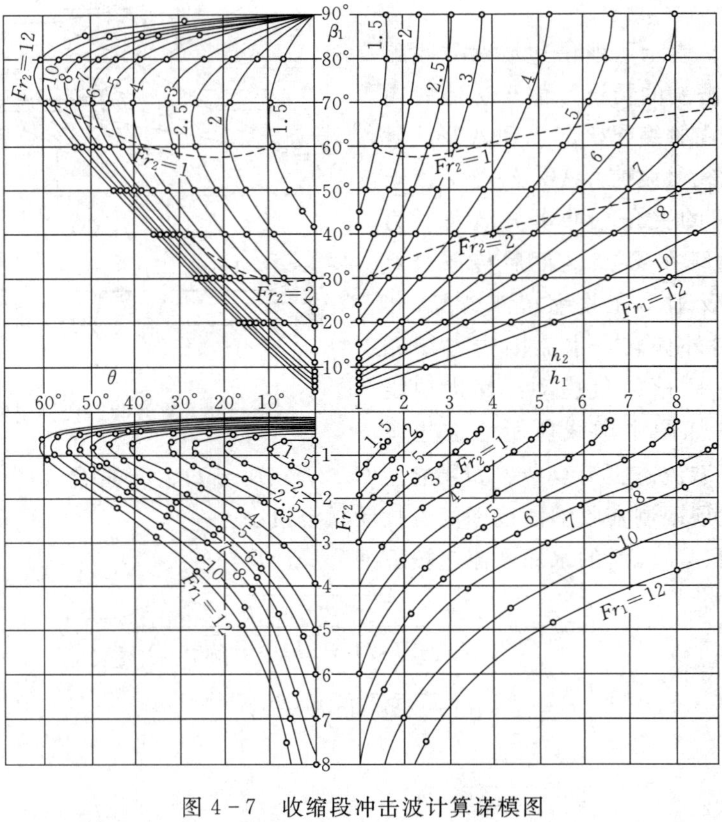

图 4-7　收缩段冲击波计算诺模图

由于收缩段最大冲击波波高由总偏转角的大小决定，而与边墙偏转过程无关，因此，为了减小冲击波高度，采用直线形收缩段比圆弧形收缩段为好。重要的工程应通过水工模型试验选定收缩角。求得 θ 值后，根据几何条件即可求得收缩段长度 L。

当收缩角较小时，冲击波较小，不一定要进行冲击波计算，可直接用下列经验公式计算收缩（扩散）角 θ，即

$$\tan\theta=\frac{1}{kFr}=\frac{\sqrt{gh}}{kv} \tag{4-3}$$

式中：Fr 为收缩（扩散）段首、末断面的平均弗劳德数；h 为收缩（扩散）段首、末断面的平均水深，m；v 为收缩（扩散）段首、末断面的平均流速，m/s；k 为经验系数，可取 $k=3.0$。

2. 扩散段

泄槽的扩散段也有冲击波（负波）问题，尚无成熟的理论解答。扩散段宜对称布置，扩散角不宜过大，以免水流与边墙脱离。工程设计中常以扩散时水流不致脱离边壁为原则来决定扩散角，仍采用式（4-3）计算。

4.2.3.3 泄槽弯曲段

溢洪道上应尽量不设弯道，有时为了避免大量开挖和避开难于处理的软弱破碎地带，或为了解决洪水下泄归河问题需设置弯道时，应尽量将弯道设在进水渠段(图 4-1)或出水渠段，使控制段与泄槽保持直线。如果由于多方面条件的限制，需将弯道设于泄槽上时，则宜设在流速较小、水流较平稳、底坡较缓且无变化的部位，并尽量使横断面内单宽流量分布均匀。转弯处用圆弧曲线与前后直线段连接起来，弯段与直线段之间一般设置缓和曲线过渡段。对于矩形断面，弯段半径宜采用 6～10 倍泄槽宽度，使转弯尽量平缓。急流进入弯段后要产生冲击波，由于冲击波及弯道离心力的共同作用而导致弯道外侧水面增高[图 4-8 (a)]，不仅要求有较高的边墙，而且流态十分恶劣，给下游消能及泄槽工作带来不利影响。

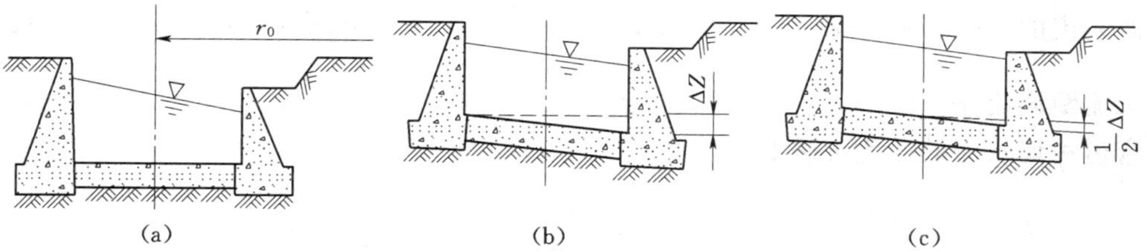

图 4-8　弯道槽底抬高

泄槽急流弯道内、外侧横向水位差宜分别按小扰动冲击波理论及经验公式计算，且在两结果中取大值。

1. 按小扰动冲击波理论计算

当波高较小，能量损失可忽略时，按小扰动冲击波理论计算。

如图 4-9 所示，当流速为 v 的急流从直段进入弯段后，由于外墙向内偏转，从 A 点开始发生冲击波且水面壅高，正扰动线沿 AB 方向；同时由于内墙外转，从 A'点开始水面

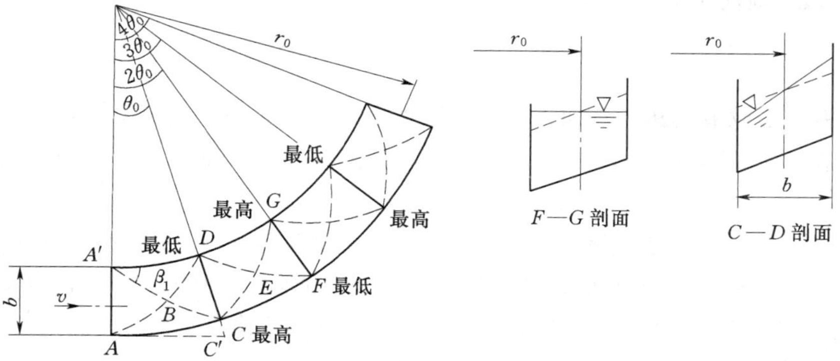

图 4-9　等宽泄槽弯段冲击波分布

下降，负扰动线沿 $A'B$ 方向，两线交于 B。B 点以下两墙产生的扰动互相影响，扰动不再沿直线传播，而是分别沿 BD 和 BC 的曲线方向传播。结果在 ABA' 以上是水流未受影响的区域；在 ABC 区内是只受外墙影响的区域，水面沿程增高，至 C 点最高；在 $A'BD$ 区内是只受内墙影响的区域，水面沿程降低，至 D 点为最低；在 CBD 以下受两墙交互影响，不断发生波的反射、干涉与传播，形成一系列互相交错的冲击波。对于外边墙，在圆弧中心角 $3\theta_0$、$5\theta_0$、…各点为水面最高点，在 $2\theta_0$、$4\theta_0$、…各点为水面最低点。内墙面边墙发生最高、最低的水面点位置同外边墙正相反（图 4－9）。

由弯段起始断面 AA' 至内、外侧发生最大水面差所在断面 CD 的边墙总转折角 θ_0 可由下式求得

$$\theta_0 = \arctan\frac{b}{\left(r_0+\dfrac{b}{2}\right)\tan\beta_1} \tag{4-4}$$

其中

$$\beta_1 = \arcsin\frac{1}{Fr_1}$$

式中：b 为弯道槽宽，m；r_0 为弯道中心线的曲率半径，m；β_1 为波角，(°)；Fr_1 为扰动线上游来流的弗劳德数，$Fr_1=\dfrac{v_1}{\sqrt{gh_1}}$；$h_1$ 为扰动线上游来流断面水深，m；v_1 为扰动线上游来流断面流速，m/s。

弯道边墙水深的变化可按下式计算

$$\theta_1 \pm \theta = \sqrt{3}\arctan\frac{\sqrt{3}}{\sqrt{Fr^2-1}} - \arctan\frac{1}{\sqrt{Fr^2-1}} \tag{4-5}$$

式中：θ 为计算断面处弯道圆心角，对外墙，θ 取正值，对内边墙，θ 取负值，(°)；θ_1 为积分常数，根据 $\theta=0$，$h=h_1$，$Fr=Fr_1$，即可由式（4－5）确定；Fr 为相应转角 θ 处，内、外侧水流的弗劳德数。

当已知 θ_1 及 θ 后，二者相加（外边墙）或相减（内边墙），即可按式（4－5）得出沿弯道边墙外侧及内侧相应的弗劳德数、水深及流速。如果将 θ_0 代替式（4－5）中的 θ，则由式（4－5）即可得到弯道外侧最大水深及内侧最低水深，从而得出最大横向水面差。

2. 按经验公式计算

弯道段最大横向水面差，也可按如下经验公式计算

$$\Delta Z = 2K\frac{v^2 b}{g r_0} \tag{4-6}$$

式中：ΔZ 为弯道段最大横向水面差，m；b 为弯道宽度，m；r_0 为弯道中心线曲率半径，m；v 为弯道起始断面的平均流速，m/s；g 为重力加速度，m/s^2；K 为超高系数，按下述规定选用。

对于矩形断面，当弯道为简单圆曲线时，超高系数 K 取 1.0；如果是带有缓和曲线过渡段的复曲线或既有缓和曲线过渡段，槽底又有横向坡的弯道，则 K 取 0.5；对于梯形断面，当弯道为简单圆曲线或带有缓和曲线过渡段的复曲线时，K 均取 1.0。

为了改善弯道内流态，并使槽内流量分布较均匀，工程上常用的有效措施之一是将弯道的槽底做成外高内低的横向坡［图 4－8（b）、（c）］，使弯道水流的每个质点都产生横向

重力分力，以与各质点的离心力相平衡，从而减小或消除边墙对水流施加的迫使水流转向的力以及对水流的干扰。一般常使中心线高程不变，而将内侧槽底下降$\frac{1}{2}\Delta Z$，外侧底上升$\frac{1}{2}\Delta Z$［图 4-8（c）］。

按上述方法确定弯道横坡的缺点是：只能在某种流量下有较好的流态，其他情况仍会产生扰动。为了尽量满足在不同流量下均有较好流态的要求，通常根据设计流量来确定槽底最大抬高值。

需注意的是，槽底抬高一定要逐渐变化，不应突变，以免发生强烈扰动。为此，在弯道上、下游缓和曲线过渡段，需要做成逐渐抬高的横向倾斜面，在平面上为一扇形抬高面。图 4-10 为碧口水电站左岸溢洪道弯道扇形抬高面布置图。槽底抬高段为八字形。该弯段全部布置在缓坡段，弯道中心线半径为 150m，转向 20°，最大横向超高 $\Delta Z=2.2$m。ΔZ 按设计流量确定，并布置在转角 $\theta/3$ 处［图 4-10（a）］，在弯段 CH 前后分别设置了过渡段，EC_2 及 JH_2 为扇形曲面与缓坡段（纵坡 $i=0.01$）的交线，这种布置具有弯缓、体匀等特点，运行效果好。

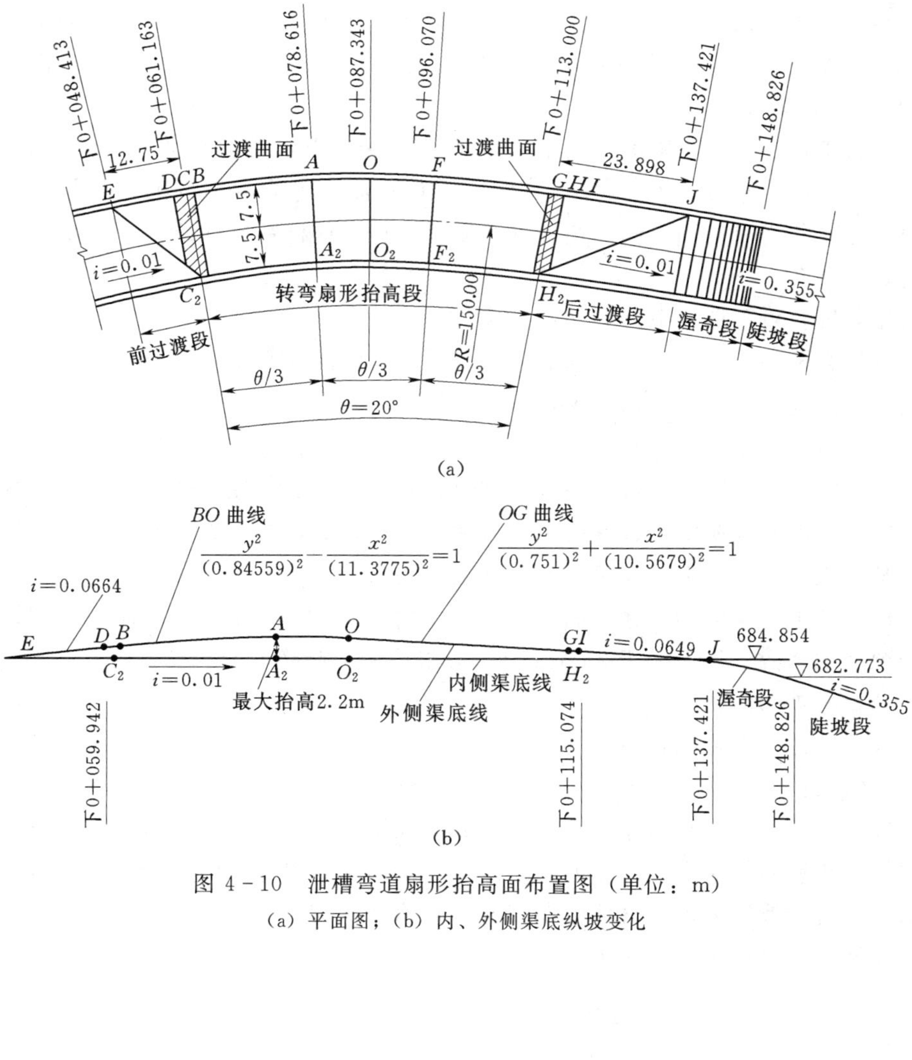

图 4-10　泄槽弯道扇形抬高面布置图（单位：m）

（a）平面图；（b）内、外侧渠底纵坡变化

4.2.3.4　泄槽防空蚀设计

泄槽高速水流所造成的泄槽空蚀破坏在溢洪道中较常见，必须采取切实措施，尽量减少其发生。这是泄槽设计和施工中应引起注意的问题。

根据水工建筑物发生空蚀破坏的工程经验，一般在流速大于 15m/s 时易发生空蚀。因此，为避免发生空蚀，对于流速接近 15m/s 的泄槽弯道、收缩段、扩散段、反弧段等部位应慎重选择体形，对流速大于 20m/s 的区域，更应予以重视。

关于空蚀发生的原因、空蚀的判别以及防止空蚀的措施等已在第 1 章中进行了论述，这里仅结合泄槽特点作补充介绍。

泄槽固体边壁不平整是高速水流通过时产生空化、空蚀的最重要的原因。局部不平整的典型型式有：垂直升坎、斜坡升坎、垂直跌坎、三角形凸体、坑或沟槽、粗糙面等。这种局部不平整可以由多种原因造成，其中施工质量不高是较常见的重要原因，如施工放样不准、模板走样、混凝土质量不合要求、泥沙对表面的磨损、钢筋露头等。

一般用空化数（σ）表征水流发生空化可能性大小的指标。各种过流体形开始出现空化时的空化数，称为初生空化数（σ_i）。对于各种过流体形、不平整度的初生空化数，应通过减压箱或高速水流循环水洞试验测定。对于流线型体形，也可由常规水工模型试验测得最小压力系数的绝对值，近似代替它的初生空化数。在不具备进行减压试验的情况下，可参考 SL 253—2018《溢洪道设计规范》附录 A 表 A.7.2 提供的“常见体形的初生空化数（σ_i）”中的建议值取用。

显然，若工程运行中可能遇到的最不利条件下的最小水流空化数 $\sigma>\sigma_i$，则不会发生空化水流，不会产生空蚀；若 $\sigma\leqslant\sigma_i$，则发生空化水流，可能发生空蚀，但并不一定必然导致空蚀破坏，因为只有当空泡在边壁附近溃灭，且边壁材料抗蚀能力又不足时，才会有空蚀发生。

为防止空蚀，可采取以下几方面的措施：

（1）选择合理的体形。如泄槽纵坡凸曲线后和反弧面等部位都可能出现局部压力降低而导致空蚀，为此应采用较大曲率半径。

（2）控制水流边壁的不平整度。水流边壁表面的不平整度应加以控制，这是减免空蚀的必要措施。SL 253—2018《溢洪道设计规范》对不平整度的控制标准做了具体规定。为此，一方面，要严格控制泄槽边壁的施工质量；另一方面，对仍难免出现的表面局部不平整进行磨削处理，磨平的坡度应符合规范规定的要求。

（3）掺气减蚀。当泄槽流速很高，水流空化数较小时，有时即使控制平整度也不能完全解决防蚀问题。故当流速大于 35m/s 时，必须设掺气措施。

（4）选择合理的运行方式。

（5）采用抗冲性能好的材料。

人工掺气减蚀是近代国内外解决高水头泄水建筑物减免空蚀的有效措施，效果良好。

掺气减蚀就是通过设在高流速水层底面的通气坎、通气槽等，向水层中大量掺气，借以改变水层与边壁间的压力状况，使空泡溃灭时，作用在边壁上的冲击力大为减弱。试验研究指出，水流中掺气浓度（气体体积与同一点水、气混合体积之比）为 2%左右时，空蚀可大大减轻；当达到 7%左右时，可免除空蚀。工程上实现水流底部掺气的措施有以下一些类型：通气槽式、挑坎式、跌坎式以及各种联合式等，如图 4-11 所示。当射流通过其上时，将局部脱离而在槽内或坎下形成具有吸气能力的空腔。通过通气孔将大气与空腔相连，空气就会被自动不断地吸入，并混掺到其上的射流中去。我国采用较多的是挑坎、通气槽联合式［图 4-11（e）］。

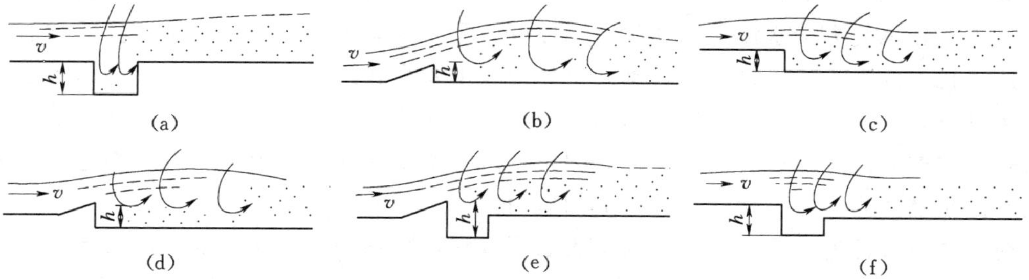

图 4-11　掺气装置的主要类型

（a）通气槽式；（b）挑坎式；（c）跌坎式；（d）挑坎、跌坎联合式；（e）挑坎、通气槽联合式；（f）跌坎、通气槽联合式

初步设计时，掺气设施的体形、尺寸可按下列数值初步拟定，并经水工模型试验验证：①对于单纯跌坎或挑坎与通气槽组合时，挑坎高度可取 0.5～0.85m，单宽流量大时取大值；②单纯跌坎，坎高可取 0.6～2.7m，泄槽坡度较陡时取小值；③挑坎与跌坎组合时，挑坎高度可取 0.1～0.2m，挑坎挑角取 5°～7°；④掺气减蚀设施与下游泄槽之间连接段的底坡，应采用较大的坡度；⑤通气槽槽形与门槽相似，大小以能满足布置通气孔出口的要求而定。

掺气设施的位置，一般设在容易发生空蚀的部位，如高流速区、压力变化无常和水流空化数低的地方的稍上游处，对于泄槽陡坡段，可设在流速 25～35m/s 的区段上。掺气设施保护的有效范围有一定长度限制，一个选型良好的掺气设施，大约可保护 70～100m 长的弧段、100～150m 长的直线段，据此可确定掺气设施的个数。掺气设置的位置、个数、体形、尺寸确定后，必须经过水工模型试验验证，并加以修改。

掺气设施还包括另一部分，就是通气系统，为射流下面的空间补给空气。通气管系统宜简单、可靠，可采用两侧墙埋管引至挑（跌）坎底部进气，或采用其他型式。通气管面积应等于通气量除以风速。通气量与泄量有关，最大单宽通气量宜为 $12\sim15\text{m}^3/(\text{s}\cdot\text{m})$，通气管安全风速宜小于 60m/s。空腔压力应以保证空腔顺利进气为原则，可在 $-2\sim-14$kPa 之间选取。在通气槽保护范围内，近壁处的掺气浓度不得低于 3%。水流掺气后，不平整度控制标准可适当放宽，具体规定见有关规范。

除了泄槽部位要进行防空蚀设计外，对于闸墩、门槽、平面收缩（扩散）段、平面弯曲线、水流边界突变处；异型挑坎、分流墩、消力墩及趾墩处；水流空化数小于等于 0.3 等部位和区域也应进行防空蚀设计。

在多泥沙河流上，应同时考虑挟沙水流对边壁的磨损与空蚀的联合作用，选用抗冲耐磨性能好的材料。采用掺气设施时，应考虑泥沙磨损及淤堵对掺气设施和掺气效果可能产生的影响。

4.2.3.5　泄槽的底部衬砌

为防止槽内水流冲刷地基、保护岩石不受风化、防止高速水流钻入基岩裂隙后将岩石掀起、降低槽内糙率，泄槽常需进行衬砌。衬砌结构本身因具有足够的强度和稳定性；表面应光滑平整，减免产生负压及空化的可能性；在高流速条件下，衬砌材料具有抗冲和抗蚀性能；寒冷地区还应有必要的抗冻能力。衬砌上除作用有自身及水的重力、扬压力等一般荷载外，还承受高速水流的脉动压力、拖曳力及时均动水压力等。其中，扬压力和包括脉动压力在内的动水压力是影响衬砌安全的两项主要荷载。动水压力的大小与边界条件的关系十分密切，主要受衬砌构造的影响。国内外总结了一些溢洪道运行的经验，认为动水压力是泄水槽衬砌底板破坏的主要外界因素。这里所说的动水压力是指由于高速水流的作用而在建筑物底面或岩石缝隙等处造成的压力。

衬砌底板破坏的主要原因是：衬砌表面不平整，特别是横向接缝处下游块有升坎，接缝止水不良，施工质量差；地基处理不好，衬砌与地基接触不良；衬砌底板下排水不畅。这些因素都将导致底板下产生很大的扬压力和动水压力，甚至可使底板被掀起。因此，为了保证衬砌的安全，必须对衬砌的分缝、止水、排水等给予极大重视，做到衬砌光滑平整、止水可靠、排水通畅。

1. 衬砌的表面平整

在高速水流作用下，泄槽衬砌表面的局部不平整将引起空蚀。这一问题前已详述，这里不再复述。为了防止空蚀，对衬砌平面的不平整度提出要求是十分必要的。在施工中应严格按规定控制衬砌表面的施工质量，对不符合要求的应进行磨削处理。

2. 衬砌的分缝与止水

为适应温度变化及地基不均匀沉降，混凝土衬砌需设置纵、横缝。衬砌块的分缝宜错缝布置（图 4-4）。分块尺寸应根据气候特点、地基约束情况、混凝土施工条件等，参照类似工程经验确定。我国溢洪道工程泄槽底板的纵缝间距一般采用10～15m，横缝间距可根据气候特点、地基的约束情况及混凝土施工条件等，结合工程实际并参照类似工程经验研究确定。宜减少横缝数量，横缝布置宜避开掺气水舌冲击区。纵、横缝的形式有平接缝、键槽缝及搭接缝三类（图 4-12），接缝的缝面应与衬砌表面垂直。一般情况下可采用平接缝，当地基不均匀性明显时，垂直水流方向的横缝宜采用半搭接缝、全搭接缝或键槽缝，搭接缝下游衬砌块上游边缘最好做成斜坡，这对防止水流钻入底板和避免产生空蚀均有利。对未设锚筋或可能发生不均匀沉降的泄槽底板，宜在板块上游端设齿槽［图 4-13 (b)］，并采用全搭接横缝［图 4-12 (d)］。也可在板块上、下游端均设齿槽，但不应只在板块下游端设置齿槽。上游端设齿槽的作用是：可以阻止衬砌板在重力作用下顺坡蠕动，以免衬砌边缘产生挤压破坏；加长渗径，减弱纵向渗流；加强底板的抗滑稳定性。对于以横

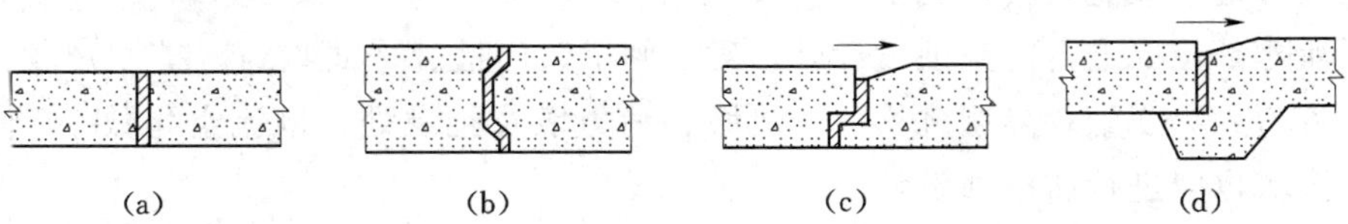

图 4-12　衬砌接缝的形式

(a) 平接缝；(b) 键槽缝；(c)、(d) 搭接缝

向排水为主的布置，齿槽往往是不可少的。设置齿槽的缺点是：加大了开挖量和混凝土工程量。故应综合分析比较。

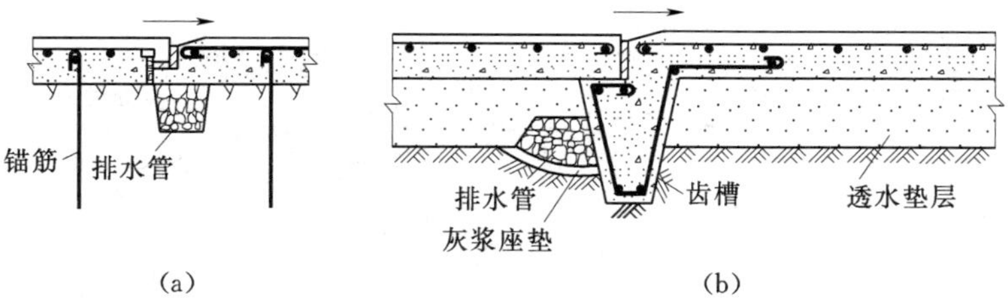

图 4-13　接缝与排水的构造

(a) 岩基；(b) 土基

上述各种缝型的选择，取决于底板的地基条件和工程的重要性等因素。一般情况下，横缝的要求比纵缝严格，陡坡段、地质情况差的比缓坡段、地质情况好的要求严格。泄槽底板的纵、横缝间，泄槽底板与控制段、边墙、鼻坎间以及边墙间的缝均应设止水，以形成完整的防渗体系，并防止泄槽反弧段的水流在离心力作用下，沿缝面钻入底板下造成底板破坏。止水可用金属止水片、塑料止水片或沥青混凝土塞及沥青麻绳等。止水的施工质量必须严格保证。

3. 衬砌的排水

为排除地基渗水，减小衬砌所受的扬压力，需在衬砌下面设置排水系统。排水设施的设计是否合理，施工质量的好坏，是保证泄槽底板安全运行的重要因素。

排水系统多由若干道横向排水沟（管）及若干道纵向排水沟（管）组成。通常有两种布置形式：①以纵向沟（管）为主的布置，其纵、横向排水沟互相连通，汇集横沟（管）渗水，最后由纵向排水沟（管）排至下游（图 4-14）；②当泄槽较长时，为了不增加下游衬砌板下面的扬压力，常用横向排水沟（管）将纵向排水沟（管）截断，分级引向边墙外集中排除。前一种布置形式一般用于基岩条件好、泄槽宽、鼻坎坎顶与下游水位差大、纵沟（管）的出口可直接穿过鼻坎坎体或坎基的情况；其缺点是，出口万一堵塞将造成排水失效。故纵沟（管）至少应布置两条直通下游的出口，并有防止淤塞和检查监测的设施。后一种布置形式的优点是，排水系统流速小，便于检查，软弱基岩较为适用。

纵、横排水沟的间距应结合衬砌分缝考虑，一般与底板纵、横缝相对应，但不宜跨缝布设。排水沟（管）的构造形式较多，有的在岩面上挖槽，槽内放置透水的排水管，管周围用碎石、砾（卵）石充填［图 4-13 (a)］；有的则直接用碎石、砾（卵）石充填排水沟或直接在底板下铺设透水排水管。

4. 衬砌的厚度与锚筋加固

衬砌须具有一定厚度，以保证其稳定、不漏水，以及在气温变化的情况下不裂缝，或当水流挟砂时不致被磨损破坏等。泄槽底板的稳定主要靠防渗、排水、止水、锚筋等工程措施来解决。由于作用在衬砌上的各种力的准确确定比较困难，因此，衬砌厚度难以通过计算确定，设计中一般均是参照条件类似且运用良好的已建工程拟定。一般地区，泄槽底板厚度不应小于 0.3m，寒冷及严寒地区，泄槽底板厚度不应小于 0.4m。当泄槽底板的厚

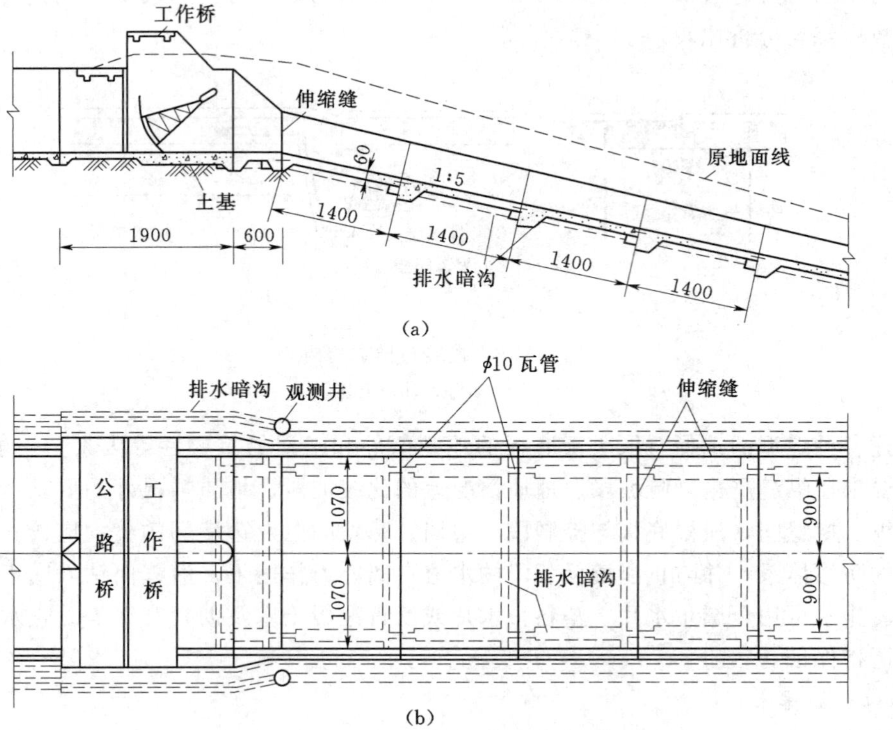

图 4-14　陡槽底板排水布置（单位：cm）
(a) 纵剖面图；(b) 平面图

度较大需要对混凝土进行分区时；或由于泄流流速较大，需设置抗冲磨混凝土时，相邻分区的混凝土等级差不宜超过两级，抗冲磨混凝土层厚度不宜小于 0.3m，并应采取有效措施，提高抗冲磨混凝土与下部混凝土之间的黏结强度。抗冲磨混凝土的钢筋保护层厚度不应小于 100mm，靠近表面的钢筋应平行水流方向布置。以上给出的厚度参考尺寸实质上是结构最小厚度，即泄槽在遭受风化或高速水流磨蚀后，仍能保持不透水性，仍有足够的刚度和强度抵抗外荷载和温度变化引起的压曲最小厚度。泄槽底板的设计厚度，可采用此厚度，也可结合具体工程条件，适当加厚。国内外工程实践表明，只要地基可能施行锚筋加固时，采用锚筋加固［图 4-13 (a)］可使底板厚度减小，同时对工程安全有利。锚筋在平面上通常采用梅花形布置，锚筋的直径、间距和插入深度与岩石性质和节理有关。锚筋直径 d 不宜太小，通常采用 25mm 或更大，间距约为 1.5～3.0m，插入深度大致为 (40～60)d，对于较差的岩石，应通过现场试验确定。如果底板依靠自身重力不能满足其稳定要求，而采用降低渗透压力或锚筋加固措施效果又不显著时，可在地基中设置锚筋桩，借助锚筋桩的重力和锚筋桩与地基间的锚固力，使底板与地基较牢固地结合。

4.2.3.6　泄槽的边墙

边墙的主要作用是保护墙后山坡（或坝体）免受槽内水流的冲刷，同时，也起挡土作用，并保证两侧山坡的稳定。边墙的高度应根据计算水深，考虑波动及掺气影响，并加一定的安全超高。

水流掺气程度与水流速度、水深有关，也与边界糙率有关，边界越粗糙，越容易掺

气。考虑波动及掺气影响后的水深可按式（4－7）估算，即

$$h_b = h(1 + \zeta v/100) \tag{4-7}$$

式中：h_b 为泄槽计算断面考虑波动及掺气后的水深，m；h 为不计入波动及掺气时的计算水深，m；v 为不掺气情况下计算断面上的平均流速，m/s；ζ 为修正系数，可取 1.0～1.4s/m，流速大者用大值。

安全超高可取 0.5～1.5m。对于收缩（扩散）段、弯道段等水力条件比较复杂的部位，宜取大值。为节省工程量，边墙可随水面线下降逐渐降低。

岩基断面的护面可以薄些。如果岩石坚硬完整，则只需用薄层混凝土按设计断面将岩石加以平整衬护即可。在黄土地区，为减少土方工程，也可做成近似于矩形的断面，边墙则做成挡土墙形式。

由于泄槽的位置较低，两侧山坡的雨水、地下水及来自库内的渗水均向这里集中，如不注意排水，则将增大山坡及边墙塌滑的可能性，因此，设置岸坡排水是保证岸坡及边墙稳定的重要措施。岸坡排水设施宜沿高度分层设置，并应有可靠的通道保证排水通畅。对于地表水，可沿岸坡走向和顺坡设明沟排除。为了降低边墙后的水压力，通常在墙背后设排水暗沟或在墙身布置适量的排水孔，并设反滤保护。

4.2.4 消能防冲设施

从溢洪道下泄的水流，流速高、单宽流量大，因此，在泄槽末端集中了很大的能量，必须采取有效的消能防冲措施。

溢洪道消能防冲设施的型式包括挑流消能、底流消能或其他消能形式。具体形式应根据地形、地质条件、泄流条件、运行方式、下游水深及河床抗冲能力、下游水流衔接、泄洪、雾化及对其他建筑物的影响等，通过技术经济比较选定。

消能防冲设计的洪水标准主要根据消能防冲工程失事是否会危及挡水建筑物及其他主要建筑物的安全确定。平原、滨海区水库工程地质条件一般较差，消能防冲工程一旦失事，会危及主要建筑物的安全，因此，其永久性泄水建筑物消能防冲设计洪水标准，应与相应级别泄水建筑物的洪水标准一致。

山区、丘陵区水库工程的永久性泄水建筑物消能防冲设计的洪水标准，可低于泄水建筑物的洪水标准，按表 4－2 确定。此外，还应考虑在低于消能防冲设计洪水标准时可能出现的不利情况，保证工程的安全和正常运行。对于超过消能防冲设计标准的洪水，允许消能防冲建筑物出现局部破坏，但不得危及挡水建筑物及其他主要建筑物的安全或长期影响工程运行，并易于修复。当消能防冲建筑物出现局部破坏，可能危及挡水建筑物及其他主要建筑物的安全时，应采用挡水建筑物或其他主要建筑物的洪水标准对消能防冲设计进行复核，确保挡水建筑物和其他主要建筑物的安全。

表 4－2 山区、丘陵区水库工程的消能防冲建筑物设计洪水标准

永久性泄水建筑物级别	1	2	3	4	5
设计洪水标准（重现期/年）	100	50	30	20	10

基于目前国内大、中型河岸式溢洪道大部分采用挑流消能，约占 85%，其余 15%采用底流消流，而面流及戽流消能工采用很少，故此处主要介绍挑流消能。关于底流消能的

设计，将在第 7 章中讲述。

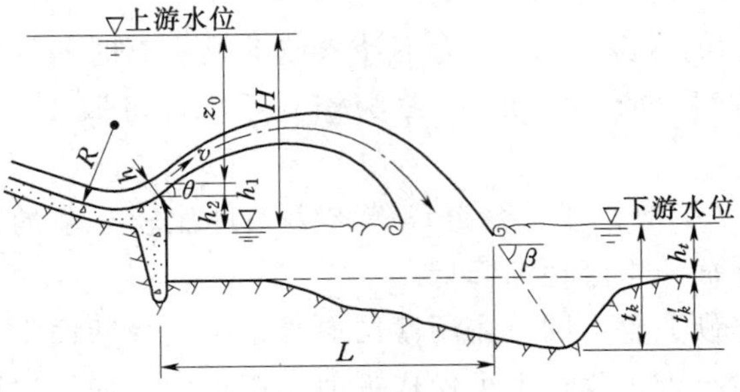

图 4-15　鼻坎挑流消能

挑流消能适用于岩石地基的高、中水头枢纽。挑流消能是在泄槽末端修筑挑流鼻坎，利用鼻坎将从泄槽下泄的高速水流挑射到距离建筑物较远的地方（图 4-15）。在挑射过程中，水流受空气阻力而扩散并掺入大量空气，降落到下游水面后，又受到下游水体的阻力而消能。挑流消能的关键问题在于使下游冲刷坑的发展不致影响建筑物的安全。挑流设计的主要任务是根据水力及结构条件，正确选定鼻坎形式、构造及尺寸，计算水舌的挑距并估算冲刷坑的深度。

采用挑流消能时，应研究雾化对枢纽及其他建筑物运行安全以及边坡稳定的影响，对于窄河谷、干旱少雨地区更应重视。坝下游的建筑物及露天电气设备、输电线路、交通道路宜避开强雾化区。多泥沙河流应重视泥雾的影响。对流态有严格要求或有减免泄洪雾化影响的枢纽宜采用底流消能。

1. 鼻坎的形式及构造

鼻坎的形式有连续式、差动式和各种异型鼻坎，工程中常用前两种形式（图 4-16）。连续式鼻坎施工简单，不易空蚀，在相同水力条件下，挑距比差动式稍远，但水舌较集中，空中扩散较差，故对河床冲刷较深。差动式鼻坎由齿台（高坎）和齿槽（低坎）交错组成，其断面可以做成矩形［图 4-16（b）］，也可做成梯形。高低齿坎的高程及挑射角度不同，挑射时水流分股交错射出，得到较好的分散，有利于减弱对河床的冲刷；但射程较近，施工较复杂，在流速较高时，易导致空蚀破坏。鼻坎形式选择，应视工程的具体情况而定，在实际工程中，连续式鼻坎因其结构简单，运用安全可靠，因而在国内外得到广泛应用。

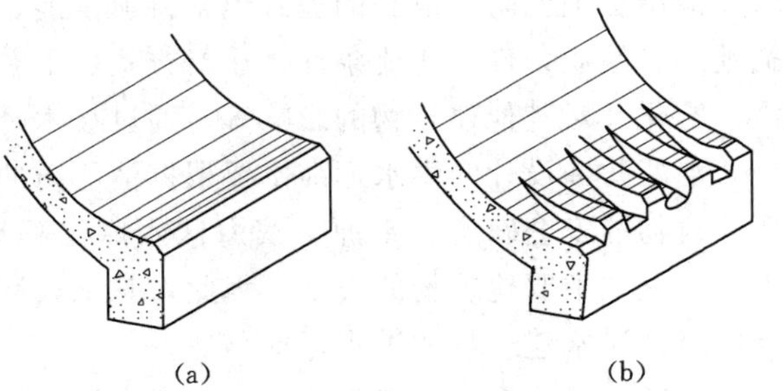

(a)　(b)

图 4-16　挑流鼻坎形式

(a) 连续式；(b) 差动式

鼻坎由连接面板及齿墙两部分组成。连接面板是泄槽最末端的一块衬砌板。齿墙有重力式及衬护式两种（图 4-17）。前者施工较简单，但混凝土量较大，多用在风化严重的岩基或非岩基上。在坚硬完整的岩基上，可采用衬护式齿墙，并将齿墙用锚筋连接在开挖的陡坡上。为防止小流量时贴脚冲刷，影响齿墙安全，可在齿墙脚下加设保护裙板［图4-17(a)］，裙板长度视泄流具体情况确定。也可将坎顶悬出 1～2m，做成悬臂式鼻坎。挑流鼻坎顺水流向纵缝的间距按泄槽衬砌底板的要求确定，但不宜设垂直水流向的横缝。

为了降低齿墙背面的渗水压力，需在齿墙上设排水孔；鼻坎内也可布置排水孔，以便在溢洪道停水时放出反弧上面的积水；此外，为了避免因挑流时高速水流带走水舌下面的

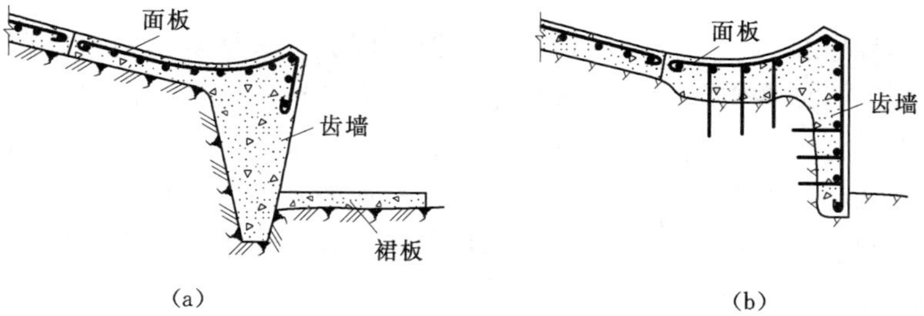

图 4-17 挑流鼻坎的构造

(a) 重力式；(b) 衬护式

空气，形成真空而影响挑射距离，可在鼻坎内设置通气孔，将空气输送到水舌下面，以保证水舌下面为大气压力（图 4-18）。

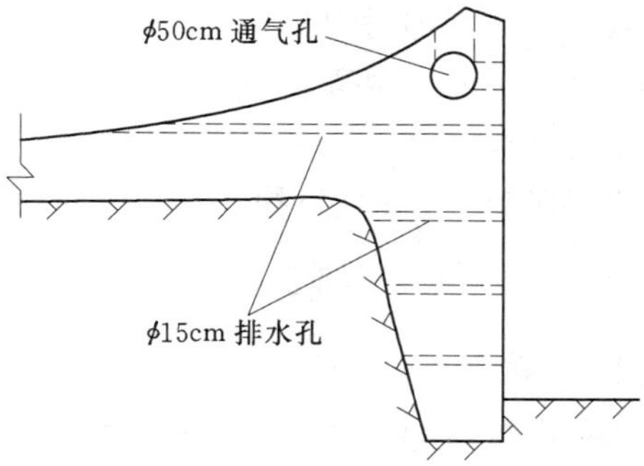

图 4-18 鼻坎的排水孔和通气孔

2. 鼻坎的主要尺寸

鼻坎的主要尺寸包括挑射角度 θ、反弧半径 R、鼻坎高程及齿墙底部高程等（图 4-15）。

鼻坎挑射角 θ 的大小，直接影响水流射程的远近，应通过比较确定。试验表明，增大挑射角虽可增加入水挑距，但当下游为深水河槽时，鼻坎至冲刷坑的总挑距仍基本不变，而冲刷深度却由于入射角 β 的增大而增加了。此外，挑角加大后，起挑流量也增大，小流量时将在反弧段上形成漩滚，水流沿鼻坎贴流而下，造成坎前冲刷。根据我国已建工程的经验，连续式鼻坎的挑射角一般为 15°～35°。对低鼻坎，宜选较大值。对于矩形差动式鼻坎，一般高坎与低坎的平均挑射角为 25°～35°，挑射角差为 5°～15°较好；高坎与低坎的宽度比为 1.5～2.0，两者的高差可取为 (0.5～1.5)h，h 为坎顶水深（图 4-15）。对于扩散梯形差动鼻坎，低坎挑射角一般为 0°，挑射角差 $\Delta\theta$ 与弗劳德数有关，当 $Fr=4.8\sim5.6$ 时，$\Delta\theta=25°$；当 $Fr=5.6\sim8.5$ 时，$\Delta\theta=30°$，扩散角 $\alpha=25°\sim30°$。高、低坎宽度比也与 Fr 有关，当 $Fr=4.8\sim5.6$ 时，宽度比为 1.0～1.3；当 $Fr=5.6\sim8.5$ 时，宽度比为 0.74～1.0。高、低坎高差一般为 1 倍挑坎上水深。当水流流速大于 20m/s 时，应使差动式鼻坎棱角圆化，必要时可设通气孔，以防空蚀破坏。

反弧半径 R（图 4-15）对水流衔接、水舌外缘出射角和反弧段压力分布均有影响。与溢流坝相比，河岸溢洪道反弧半径 R 的变化对工程量的影响很小，故宜选用较大值。但尚应考虑起挑流量的要求。根据工程实际经验，一般采用 (6～12)h'，h'为反弧最低点最大水深。泄槽底坡越陡，反弧段流速或单宽流量越大，R 宜选用较大值。

鼻坎高程应适宜。在坚硬岩基上，可定得高些，以缩短建筑物长度，节省工程造价。在较差岩基上，特别是在非岩石地基上，鼻坎不宜做得过高，尤其不能将鼻坎置于山坡中部或中部以上，而应放在山坡末端靠近下游河岸的地方。鼻坎高程越低、鼻坎出口断面的流速越大，越有利于增加挑距。但为了保证水舌与鼻坎之间的空间不致因水舌将空气带走形成真空而影响挑射距离，鼻坎高程又不能太低，其最低高程应等于或略低于下游最高尾水位。

鼻坎齿墙的稳定是鼻坎消能安全运行的关键，因此，选择合适的齿墙深度是预防坎基淘刷的重要措施。齿墙底需埋于冲刷坑稳定坡线（上游坡）之下，以保证鼻坎齿墙底部能置于可靠岩基上。齿墙深度应根据冲刷坑的形状和尺寸决定，一般可达 5～8m。鼻坎的左右两侧也应做齿墙插入两侧岩体。鼻坎两侧翼墙延伸的长度，可根据基岩情况及回流可能冲淘范围确定。墙基高程应与坎基一致，如翼墙延伸较长，则可做成台阶式。

3. 挑流消能的水力计算

挑流消能水力计算的主要任务是计算挑流射程和冲刷坑的深度，以验证挑流鼻坎的齿墙底部高程是否在冲刷坑的稳定坡线之下。由于工程上要求冲刷坑位置距离鼻坎越远越好，以免危及鼻坎的安全，所以，力求增加射程是挑流消能的主要任务。正确设计鼻坎形式及尺寸是增加射程的有力措施。

试验及原型观测表明，冲坑最深点大体在水舌外缘的延长线上，因此，水舌的挑距可按水舌外缘计算。对等宽连续挑坎，自挑流鼻坎末端算起至挑流水舌外缘与下游水面交点的水平距离 L（m）可按式（4－8）估算（图 4－15），即

$$L=\frac{1}{g}\left[v_1^2\sin\theta\cos\theta+v_1\cos\theta\sqrt{v_1^2\sin^2\theta+2g(h\cos\theta+h_2)}\right]-h\sin\theta \qquad (4-8)$$

式中：θ 为鼻坎的挑角，(°)；h_2 为坎顶至下游水面的高差，m；g 为重力加速度，m/s^2；v_1 为鼻坎坎顶水面流速，m/s，按鼻坎处平均流速 v 的 1.1 倍计算。

关于鼻坎处平均流速 v，有两种计算方法：①当泄槽较长时，可按水面线推算泄槽末端的水深，鼻坎末端水深可近似利用泄槽末端断面水深，根据该处水深求出断面的平均流速；②用流速公式［式（4－9）］计算，其适用范围为 $S<18q^{2/3}$

$$v=\varphi\sqrt{2gZ_0} \qquad (4-9)$$

其中

$$\varphi^2=1-\frac{h_f}{Z_0}-\frac{h_j}{Z_0}$$

$$h_f=0.014S^{0.767}Z_0^{1.5}/q$$

式中：S 为泄槽流程长度，m；v 为鼻坎末端断面平均流速，m/s；Z_0 为鼻坎末端断面水面以上水头，m；φ 为流速系数；h_f 为泄槽沿程水头损失，m；h_j 为泄槽各项局部水头损失之和，可取 h_j/Z_0 为 0.05，m；q 为泄槽单宽流量，m^3/(s·m)。

式（4－8）适用于连续式鼻坎。对于差动式鼻坎可近似应用，这时式中的挑射角 θ 值可按高坎的挑射角计算。式（4－8）忽略了空气阻力对挑距的影响，出射水舌流速越大，影响越大。工程原型观测表明，实际挑距比上述理论计算值要短。

冲刷坑深度决定于水舌跌入下游河道后具有的冲刷能力与河床的抗冲能力。水舌冲刷能力与单宽流量、上下游水位差、水垫厚度等因素有关；抗冲能力与岩石的物理力学性质、节理、走向等有关。冲刷坑尚无准确的计算方法，目前工程上常用经验公式估算最大冲刷坑的水垫深度 t_k（m）（图 4－15），即

$$t_k=kq^{\frac{1}{2}}H^{\frac{1}{4}}$$

式中：q 为鼻坎末端单宽流量，m^3/(s·m)；H 为上、下游水位差，m；k 为综合冲刷系数，参见表 4－3。

表 4－3　岩基冲刷系数 *k* 值

类别		Ⅰ（难冲）	Ⅱ（可冲）	Ⅲ（较易冲）	Ⅳ（易冲）
节理裂隙	间距/m	＞150	50～150	20～50	＜20
	发育程度	不发育。节理（裂隙）1～2 组，规则	较发育。节理（裂隙）2～3 组，X 形，规则	发育。节理（裂隙）3 组以上，不规则，呈 X 形或米字形	很发育。节理（裂隙）3 组以上，杂乱，岩体被切割成碎石状
	完整程度	巨块状	大块状	块（石）碎（石）状	碎石状
岩基构造特征	结构类型	整体结构	砌体结构	镶嵌结构	碎裂结构
	裂隙性质	多为原生型或构造型，多密闭，延展不长	以构造型为主，多密闭，部分微张，少有充填，胶结好	以构造或风化型为主，大部分微张，部分张开，部分为黏土充填，胶结较差	以风化或构造型为主，裂隙微张或张开，部分为黏土充填，胶结很差
k	范围	0.6～0.9	0.9～1.2	1.2～1.6	1.6～2.0
	平均	0.8	1.1	1.4	1.8

注　适用范围：水舌入水角 30°～70°。

为了使冲坑不致危及挑流鼻坎的安全，冲坑中心点距离建筑物应有一定的安全距离，称为安全挑距。安全挑距、水舌入水宽度、允许最大冲坑深度的确定，应以不影响鼻坎基础、两岸岸坡稳定及保证相邻建筑物的安全为原则。冲坑上游坡度，应根据地质情况确定，宜在 1∶3～1∶6 之间选用。

对于高水头、大单宽流量、狭窄河谷等工程条件，可采用窄缝式挑坎，其特点是射流水股厚度大而宽度小，水面和底部的挑角相差大，水股在空气中的紊动掺气扩散作用强烈，射流跌入下游水体时，外缘挑距和内缘挑距相差大而横向宽度小。窄缝挑流消能计算，详见 SL 253—2018《溢洪道设计规范》附录 A.5。

4.2.5　出水渠

出水渠的作用是将消能后的水流平稳顺畅地与下游河道水流良好衔接。出水渠轴线方向与下游河道水流夹角应尽可能小。出水渠宽度应与消能建筑物出口宽度一致。出水渠应尽量利用天然山冲或河沟并加以适当整理而成。当无山冲或河沟时，往往需用人工开挖明槽，并要求有足够的断面，使水流不致漫溢两岸，淹没农田和村庄。当溢洪道的消能设施与下游河道相接或距离很短时，不需设置出水渠。

4.3　侧槽溢洪道及非常泄洪设施

4.3.1　侧槽溢洪道

4.3.1.1　侧槽溢洪道的特点和布置

当两岸山坡陡峻且无适当的山谷垭口时，宜采用侧槽溢洪道。侧槽溢洪道的主要特点是：溢流堰大致沿等高线布置，水流经过溢流堰后，流入与溢流堰轴线大致平行的侧槽，然后进入泄槽泄往下游。它主要由溢流堰、侧槽、泄槽、消能设施、出水渠等部分组成（图 4－19）。除侧槽外，其余部分的有关问题和正槽溢洪道基本相同，故本节主要介绍侧槽设计的有关问题。

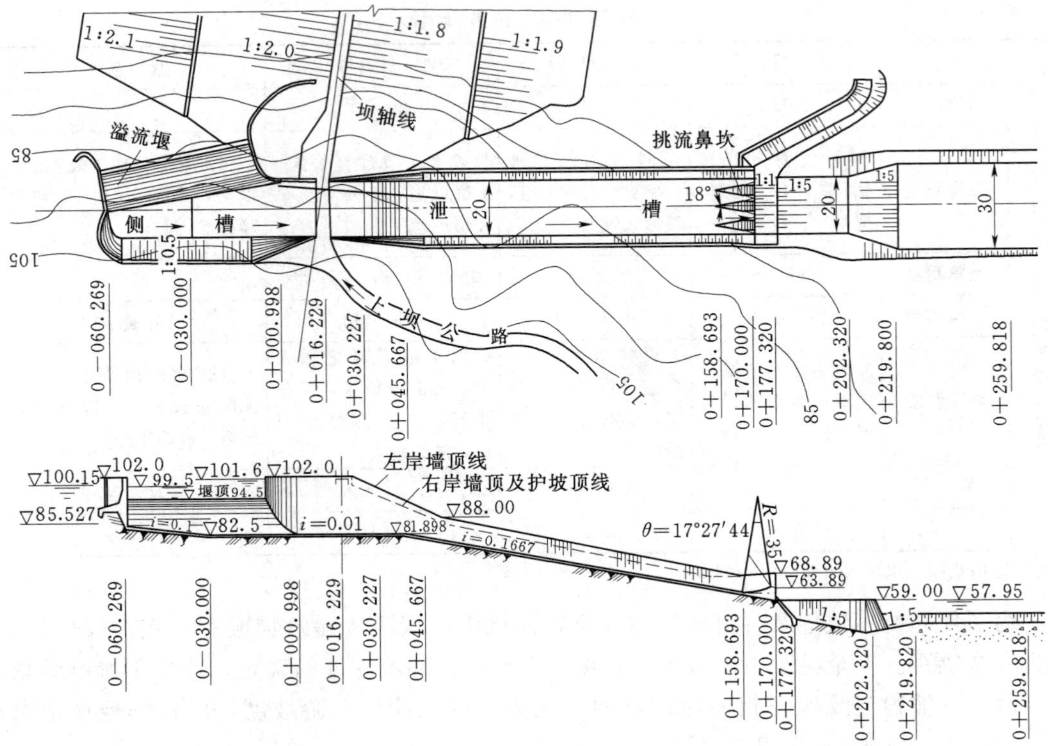

图 4－19　侧槽溢洪道（单位：m）

由于侧槽溢洪道的溢流堰大致沿等高线布置，这样就能在单宽开挖量增加不多的情况下，采用较大的前缘长度，以较小的溢流水头宣泄较大的流量，从而降低水库的洪水位，故在岸坡陡峻的水库中得到了比较广泛的应用。随着西部大开发以及新建水库逐渐向偏远山区转移，相对来说，适合侧槽溢洪道的地形、地质条件较易得到满足，其应用前景会更大。侧槽溢洪道的缺点是水流过堰后，在槽内立即转弯约 90°，在侧槽中形成螺旋流，流态较为复杂，与下段的水面衔接较难控制。

侧槽溢洪道的溢流堰由于受陡峻地形的限制，为了减少开挖量，常做成梯形或曲线形实用断面形式，以获得较大的流量系数。堰顶是否安设闸门应通过方案比较确定。为了管理方便，通常不设闸门。溢流堰的堰顶高程和垂直水流方向的总宽度的确定方法与正槽溢洪道相同。泄槽可以是开敞式的，也可以是封闭式的，其底坡应大于临界坡。当山坡很陡，侧槽后开挖明渠式泄槽有困难时，可在侧槽后设置封闭式斜洞，其后再接纵坡较大的平洞，出口布置消能设施，以宣泄洪水。当拦河坝施工采用隧洞导流时，可利用导流洞作为出水平洞（图 4－20）。

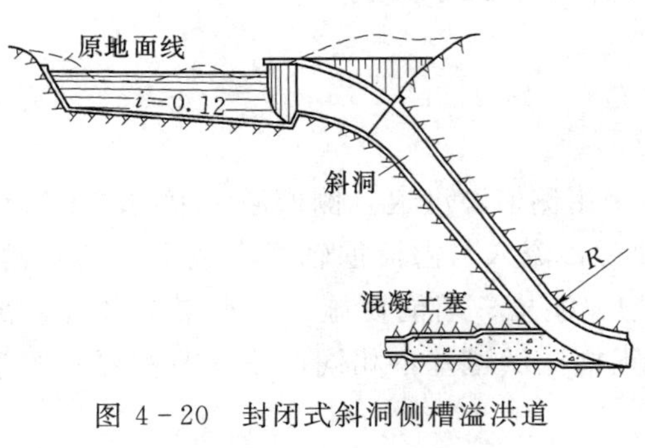

图 4－20　封闭式斜洞侧槽溢洪道

4.3.1.2　侧槽设计的有关问题

1. 断面形式及底宽

侧槽横断面常采用梯形。为避免过大的开挖宽度以减小工程量，并使槽中有较大水深以适于水流混掺和转向后形成较平稳的流态，侧槽断面宜做成底宽较小的窄深式，靠山一侧边坡可根据地质条件确定，靠堰一侧边坡可取1∶0.5～1∶0.9。为了适应流量沿程增加的特点，底宽一般沿程逐渐加宽。根据经验，侧槽起始端底宽 b_u 与末端底宽 b_d 的比值 b_u/b_d 一般为0.5～1.0。

2. 侧槽槽底高程

为了减小开挖工程量，槽底高程不宜过低，但又必须保证溢流堰为非淹没堰，以确保溢洪道的泄洪能力。由于侧槽中的水面线为一降水曲线（图4－21），故只要保证槽首断面处堰流不受淹没即可。根据经验，在最大设计流量时，侧槽起始断面水面高程与堰顶高程之差 h_s 一般应小于堰上水头 H 的1/2，即 $h_s/H<0.5$，以保证为非淹没出流。当求得侧槽水深后，尚应考虑掺气影响，才能决定槽底高程。

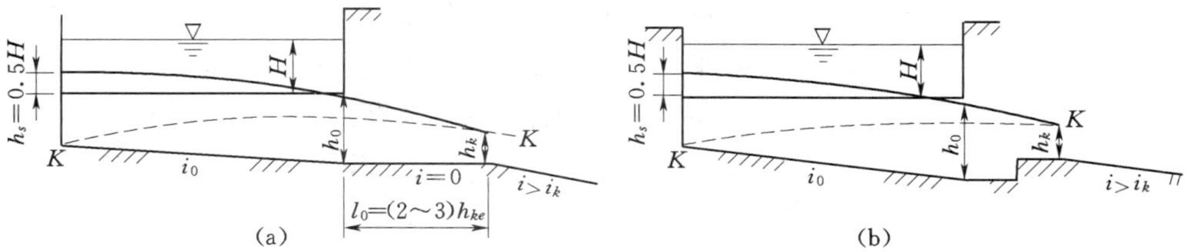

图4－21 侧槽与泄槽的连接形式

（a）水平调整段；（b）设有抬堰的调整段

3. 侧槽底坡及与泄水槽的连接

侧槽的开挖工程量和槽内水流运动状态不仅与侧槽的断面尺寸及变化规律有关，而且还决定于槽底纵坡及侧槽与泄槽的连接形式和布置尺寸。为使水流在侧槽内充分混掺消能，并使流态平稳，侧槽底坡应取单一坡度，且小于按侧槽末端断面临界水深计算出的临界底坡。侧槽内水流在各级流量下均保证为缓流很难做到，但必须保证在宣泄设计流量时，侧槽内为缓流，侧槽内及槽末断面处不得产生水跃。侧槽段横向水面差应限制在一定范围内，靠山一侧水面壅高 Δh 宜取平均水深 h 的10%～25%，必要时应经水工模型试验确定。为了使侧槽末端的水位不受泄槽中水流状态的影响，泄槽的底坡应大于临界底坡。由于侧槽内的水流是螺旋流，横断面内水深并不均匀，为调整槽中流态，防止产生强烈的波动，常在侧槽与泄槽之间设置调整段。调整段常采用平底坡。如侧槽内为缓流，侧槽末端水深 h_0 大于侧槽末端断面的临界水深 h_{ke}，则调整段终点即为控制断面——临界水深断面。调整段长度约为 $l_0=(2\sim3)h_{ke}$［图4－21（a）］；或将底部抬高成堰坎形式［图4－21（b）］，升坎高度可采用0.1～0.2倍泄槽首端断面临界水深 h_k。一般情况下，应力求避免在侧槽后紧接收缩段和弯道段。当受条件限制不能避免这种布置时，宜在泄槽前适当位置设抬堰，使侧槽内水流流态得以改善。

由于侧槽采用窄深式断面，所以调整段的宽度常较小。由于单宽流量和水深较大，其后的泄槽不宜再缩窄，所以可采用与调整段相同的底宽（图4－19）。

4.3.1.3 侧槽水力计算

按照以上要求拟定侧槽的断面尺寸及布置后，即可计算侧槽的水面曲线，并据以计算槽底高程和槽底最大流速。侧槽中水流情况十分复杂，要准确计算其水面曲线很困难。对于图4－22所示的侧槽底宽沿程逐渐加大的水流情况，可利用动量原理导出的差分公式逐段推求。在槽中不发生水跃的情况下，其差分公式为

$$\Delta y = \frac{v_1 + v_2}{2g}\left[(v_2 - v_1) + \frac{Q_2 - Q_1}{Q_1 + Q_2}(v_1 + v_2)\right] + \overline{J}\Delta x \qquad (4-10)$$

$$\overline{J} = \frac{n^2\ \overline{v}^2}{\overline{R}^{4/3}}$$

$$\overline{v} = \frac{1}{2}(v_1 + v_2)$$

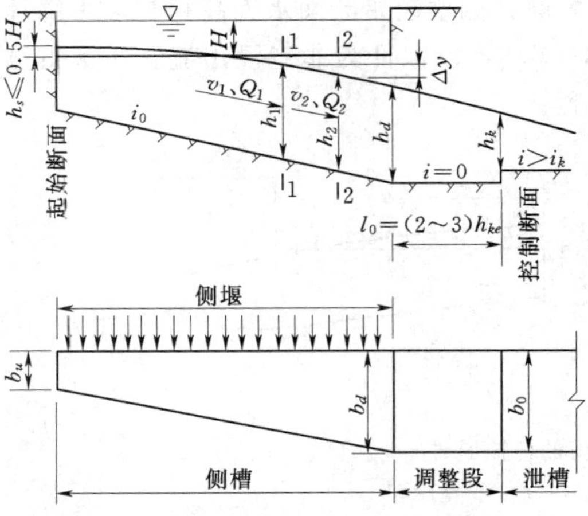

图 4-22　侧槽水面线计算图

式中：Δy 为断面 1—1 和断面 2—2 之间的水面落差，m；v_1、v_2 分别为计算断面 1—1 和计算断面 2—2 的平均流速，m/s；Q_1、Q_2 分别为计算断面 1—1 和计算断面 2—2 的流量，$Q_2 = Q_1 + q\Delta x$，m^3/s；Δx 为断面 1—1 和断面 2—2 之间的沿程距离，m；$\overline{J}$为计算流段内平均摩阻坡降；n 为糙率；$\overline{v}$ 为计算流段内断面 1—1 与断面 2—2 的平均流速；$\overline{R}$为计算流段内水力半径的平均值。

按照式（4-10），根据给定和选定的侧槽数据以及控制断面处的水深，即可向上逐段推出侧槽的水面线及相应的槽底高程。计算时，以侧槽末端断面作为起始计算断面，其水深 h_d 与泄槽首端断面临界水深 h_k 的比值 h_d/h_k，与侧槽首、末端底宽比 b_u/b_d 有关。当 $b_u/b_d = 1$ 时，取 h_d/h_k 为 1.20～1.30；当 $b_u/b_d = 0.5$ 时，取 h_d/h_k 为 1.25～1.35。

4.3.2　非常泄洪设施

当校核洪水流量超过设计泄量很多，以及采用的设计洪水流量很大而罕遇时，如果只设一座溢洪道来满足所有泄洪要求，其规模往往很大，造价很高。我国已建溢洪道的运行经验表明，绝大部分工程泄量远低于设计标准，有的工程甚至建成以来尚未泄放过洪水。这充分说明了配置一个以上且标准不同的溢洪道的合理性。例如，可将溢洪道布置为正常溢洪道和非常溢洪道，用非常溢洪道来宣泄超过设计洪水标准的洪水。采用非常溢洪道必须是在具备合适地形、地质条件，并经技术经济比较论证是合理的才能采用。由于非常溢洪道在稀遇洪水时才启用，因此运行机会很少，故可采用较简易的结构，以获得全面综合的经济效益。根据国内外的工程经验，此类溢洪道的泄槽可不衬砌，无需设置消能设施，且行洪过水后，修复费用也很低，因而可大大节省投资。据澳大利亚 5 座大坝的经济比较资料，采用一个以上且标准不同的溢洪道比采用单一溢洪道的造价可降低 20%～50%。据辽宁省修建自溃坝式非常溢洪道的经验，其投资可降低 40%～60%。

在进行非常泄洪设施的设计时，首先要确定非常泄洪设施的启用标准，一般应根据工程等级、枢纽布置、坝型、洪水特性及标准、库容特性及对下游的影响等，综合技术、经济等因素确定。一般情况下，当库水位超过设计洪水位以后，自溃坝式非常溢洪道即可启用；当自溃坝启溃泄洪将造成下游地区较大损失时，宜采用较高的启溃标准；若适当提高标准对水库最高洪水位影响不大，也可采用较高的启溃标准；自溃坝泄流能力较大时，宜采用分级分段启用的方式，避免加重下游的损失。

非常溢洪道宜选在库岸有通往天然河道的垭口处或平缓的岸坡上。正常溢洪道和非常溢洪道一般情况下宜分开布置。有时为充分利用泄槽及消能设施，也可集中布置或对同一溢洪道进行功能分区。

目前国内采用的非常泄洪设施有非常溢洪道及破副坝泄洪等。非常溢洪道宜采用开敞式，经论证也可采用自溃式或爆破引溃式。开敞式非常溢洪道的结构形式与开敞式正常溢洪道类似，只是控制段以下可采用简易结构。下面仅介绍自溃坝式非常溢洪道。

自溃坝式非常溢洪道是在进口修一自溃坝，在水库正常运用时挡水，非常运用时借助洪水的冲刷作用自行溃决泄洪。因此，选择的坝型必须具备挡水时稳定、启溃后易冲的条件。目前，自溃坝的启溃方式有漫溢式和引冲式两种。

（1）漫溢式。坝体一般采用以砂、砾（碎）石等无黏性材料为坝壳的黏土斜墙或心墙坝。当库水位超过坝顶即开始泄洪，在坝顶水头达到一定值时，下游坝壳填料开始被冲走，并逐渐向上扩展至防渗体，最后防渗体因失去支撑而破坏，导致坝体全部溃决。这种形式的优点是构造简单、管理方便；缺点是缺口出现的位置和规模有很大的偶然性，无法人为控制。一般仅适用于自溃坝高度较低、分担泄洪比重不大的情况。当坝较长时，为了不使下泄量骤增，可用隔墩分成若干段，各段采取不同的坝高，当库水位超过启溃标准后，洪水即由低向高逐级漫过各段坝顶，冲开自溃坝，增大下泄量。分段布置可以避免泄量突然加大给下游造成不应有的损失。

（2）引冲式。其特点是在自溃坝的适当位置设置引冲槽，当库水位达到启溃水位后，水流即漫过引冲槽，冲刷下游坝坡，形成口门，逐渐向两侧扩展，使之在较短时间内溃决。引冲槽与自溃坝轴线应垂直。其个数和间距应根据溃决速率和调洪要求，通过计算确定。引冲槽的宽度对下切速率影响很大，一般采用 1～2m。引冲水头对下游护坡冲刷和坝体下切都有影响，从加大水流冲刷能量的角度考虑，引冲槽水深宜选得大些，应通过模型试验或参照已建工程选用。

图 4－23 为浙江南山水库引冲自溃坝式非常溢洪道的分段分级布置图。自溃坝由隔墩分为三段，每段高程相差 0.5m，每段设一引冲槽，槽底低于该段坝顶 0.8m。

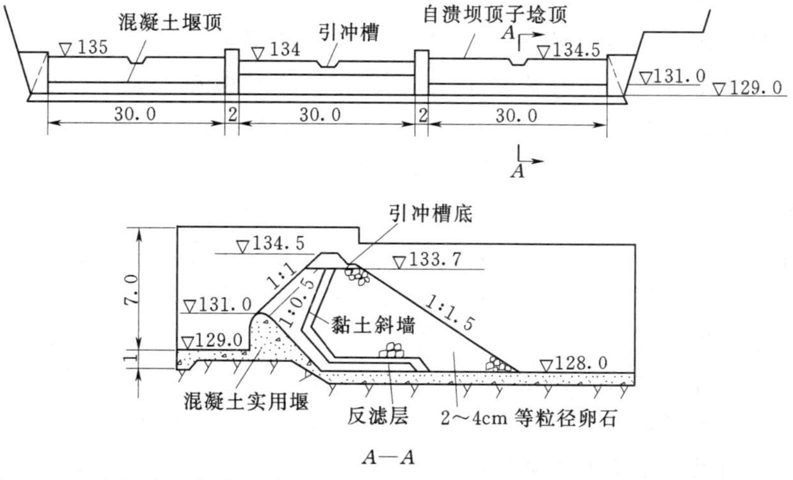

图 4－23　浙江南山水库引冲自溃坝式非常溢洪道分级分段布置图（单位：m）

第5章　水工隧洞与坝下涵管

为满足水利水电工程的需要，在山体中或地下开挖的、具有封闭断面的过水通道称为水工隧洞（简称隧洞），蓄水枢纽中埋设于土石坝坝体下的过水管称为坝下涵管（简称涵管）。在蓄水枢纽中，隧洞与涵管主要承担取水或泄水任务，它们的进水口在上游库水位以下的深度一般都较大，故又称为深式取水或泄水建筑物，均需要设置用以控制取水或泄水流量的闸门等控制设施。

水工隧洞不仅用于蓄水枢纽，还修建在渠道上用以输送渠水，但一般不设闸门。由于渠道上的输水隧洞和蓄水枢纽中的隧洞洞身有相同之处，故将前者的有关问题一并编入本章。渠系中的涵洞与蓄水枢纽中的涵管管身，在结构形式等方面基本相同，但二者的工作条件不同，在工程布置及设计方法等方面有显著差别，故前者称为涵洞，后者称为涵管（或坝下涵洞）以示区别，并将前者编入“倒虹吸管及涵洞”一章中讲述，本章只介绍涵管。

5.1　水工隧洞的类型和工作特点

蓄水枢纽中的水工隧洞根据担负任务性质的不同，可分为取水隧洞和泄水隧洞两大类。按工作时水力条件的不同，又可分为有压隧洞和无压隧洞两种。取水隧洞用来从水库取出用于灌溉、发电、工业及生活用水等所需的水量，如发电隧洞、灌溉和引（供）水隧洞，工作时为有压或无压状态，但发电隧洞常是有压的。泄水隧洞可配合溢洪道宣泄部分洪水，可用以排沙、泄放水电站尾水以及放空水库等，如泄洪隧洞、排沙隧洞、排水隧洞、导流隧洞、水库放空隧洞，工作时可以是有压的或无压的。渠道上的水工隧洞，一般不控制流量，只起输水作用，有的还有通航任务，通常都是无压的。有压隧洞工作时，内壁面各个部位均作用有较大的内水压力。无压隧洞工作时水流不充满全部断面，保持一定净空，具有自由水面。在隧洞的同一段中，必须避免有压流和无压流交替出现的工作状态。隧洞一般由进口段、洞身段和出口段组成（图5-1）。

蓄水枢纽的水工隧洞工作时，水头一般都较大，并有控制流量的要求，且洞身凿造在岩、土体之中，这种工作条件决定了它的下述工作特点和设计时应当考虑的有关问题。

（1）隧洞洞身位于深水下，工作闸门是高压闸门，开启时，洞内流速很高，如果过水轮廓体形设计不合理或过流面上有不平整体存在，则会产生空蚀破坏，故要求过水轮廓应有合理的形式和尺寸，并采取必要的措施，如设通气孔等，以免引起空蚀和闸门振动。

（2）隧洞洞身是在岩、土体中开凿而成的。开凿后，隧洞周围岩土体的应力平衡状态受到破坏，岩体可能产生变形甚至崩塌，常需设置临时性支护或永久性衬砌，以承受围岩压力，保持围岩稳定。此外，对有压隧洞，衬砌还要承受较大的内水压力及外水压力，故

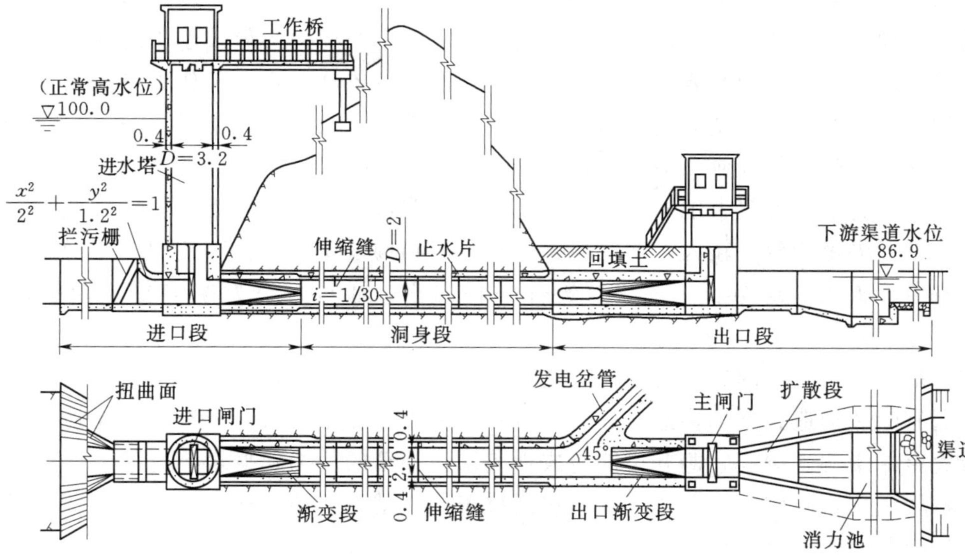

图 5-1　水工隧洞布置图（单位：m）

衬砌应有足够的强度与抗渗性。

(3) 隧洞洞线长，开挖、衬砌工作面小，施工工序较多，往往工期较长。如蓄水枢纽中的施工导流隧洞的进度往往会影响整个工程的工期。因此，应注意改善施工条件，采用新设备和新工艺，提高隧洞开挖、衬砌速度。

(4) 地下工程与地面工程不同，如果在运用中出现问题或过水断面不足，要进行加固或扩大断面是很困难的。因此，必须保证质量，安全可靠，并留有一定的余地。

5.2　隧洞的线路选择及工程布置

线路选择与工程布置是隧洞设计的关键问题。我国已建的隧洞工程实践证明，布置上所造成的缺陷是难以弥补的，故必须高度重视隧洞线路选择与工程布置。这两个问题是一项工作的两个方面，是紧密联系、相互兼顾的。

5.2.1　隧洞的线路选择

洞线选择关系到围岩的稳定、施工进度、工程造价、安全运行等各方面。洞线选择应根据隧洞的用途，综合考虑地形、地质、生态环境、水土保持、枢纽和隧洞沿线建筑物布置、水力学、施工及交通、运行等因素，拟定几条洞线，通过技术经济比较选定。由于自然条件千差万别，要选出满足各方面要求的理想洞线是很困难的，在洞线比较中，应根据工程的具体特点，抓住主要矛盾，兼顾其他。通常起主导作用的是地形、地质条件，应给予充分的重视。洞线选择的一般原则和要求如下。

(1) 在满足工程总布置要求的条件下，洞线宜布置在沿线地质构造简单、岩体完整稳定、水文地质条件有利及施工方便的地区。

(2) 地质条件是洞线选择的决定性因素，是隧洞建设成败的关键。隧洞应尽可能布置在坚硬、完整、稳定和地质构造简单的山体内，以充分发挥围岩的自承能力。要尽量避开大范围的软弱破碎带，严重风化区，遇水易泥化、崩解和溶解的岩体以及地下水发育和地应力过高的地段。如隧洞必须通过高地应力区时，则应使洞线与最大水平地应力方向一致或尽量减小其夹角。洞线与岩层层面、构造断裂面及主要软弱带宜有较大的交角。对整体块状结构岩体及厚层并胶结紧密、岩石坚硬完整的岩体，交角不宜小于 30°；对薄层岩体，特别是层间结合疏松的陡倾角薄岩层，交角不宜小于 45°。

隧洞所通过地段有较大地质构造（断层及其影响带、裂隙卸荷带、软弱构造、不整合带）时，造成失稳的概率较大。洞线布置应根据不利构造及其组合对隧洞围岩稳定的影响程度，并考虑施工、运行、工期、投资等各种因素，通过可行方案的技术经济比较后决定。

(3) 地下水易造成围岩稳定条件恶化，甚至引起局部失稳，应高度重视。特别是当隧洞沿线遇有断裂构造、不利构造面、软弱带、蚀变带、膨胀岩时，应充分考虑地下水活动对围岩稳定的影响。洞线宜避开可能造成地表水强补给的冲沟和强岩溶地区。

(4) 隧洞垂直和侧向覆盖厚度（不包括覆盖层）是许多国家在水工隧洞设计定线时首先考虑的问题。该厚度应根据地形、地质条件、岩体的抗抬能力、抗渗透特性、洞内水压力和衬砌型式等因素综合分析确定。隧洞（有压、无压）进、出口和无压隧洞洞身，当采取了合理的施工程序和工程措施可保证施工期及运行期安全时，对垂直及侧向最小覆盖厚度可不做具体规定。对有压隧洞洞身的岩体最小覆盖厚度可按挪威准则公式［式 (5-1)］计算，必要时应采用有限元分析确定，其最小厚度应保证围岩不产生渗透失稳和水力劈裂，高压隧洞还应满足洞内最大内水压力小于围岩最小地应力的要求。

$$C_{RM}=\frac{F\gamma_w h_s}{\gamma_R\cos\alpha} \tag{5-1}$$

式中：C_{RM}为岩体最小覆盖厚度（不包括全、强风化厚度），m；h_s为洞内静水压力水头，m；γ_w为水的容重，kN/m³；γ_R为岩体容重，kN/m³；α为河谷岸边边坡倾角，(°)，当$\alpha>60°$时，取$\alpha=60°$；F为经验系数，可取 1.3～1.5。

相邻两隧洞间的岩体厚度，应根据布置需要、地质条件、围岩应力和变形情况、隧洞断面形状和尺寸、施工方法和运行条件等综合分析确定，并应保证隧洞之间岩体运行期不发生渗透失衡和水力劈裂，其厚度不宜小于 2 倍的开挖洞径（或洞宽），确因布置需要，经论证岩体厚度可适当减小，但不应小于 1 倍开挖洞径（或洞宽）。

洞线布置宜避免与相邻建筑物间的不利影响。当隧洞穿过坝基、坝肩或其他建筑物基础时，建筑物基础与隧洞之间的厚度应满足结构和防渗要求。

(5) 较长水工隧洞，特别是跨流域引水（供水）隧洞，不可避免地会遇到沟谷，是绕过沟谷还是跨越，涉及施工、布置、运行、工期、投资等各方面的问题，应进行细致的工程比较。当采用跨沟方案时，应合理选择跨沟方式、跨沟位置，对跨沟建筑物与隧洞的连接部位及不稳定的沟谷边坡等，应加强工程措施。

(6) 沿河傍山地段的土洞布置，洞线应向山里侧内移，避免产生偏压，防止水流冲刷山体及滑坡，影响洞身稳定。

(7) 洞线在平面上应尽可能成直线，以减少工程费用和水头损失，并取得良好的水流条件。如因地质、施工或布置上的要求而需采用曲线时，对于流速小于 20m/s 的无压隧洞，弯曲半径不宜小于 5 倍洞径（或洞宽），转角不宜大于 60°。对于流速小于 20m/s 的有压隧洞，可适当降低要求，但弯曲半径不应小于 3 倍洞径（或洞宽），转角不宜大于 60°。高流速无压隧洞不应设置曲线段。高流速有压隧洞设置曲线段时，弯曲半径和转角应通过模型试验确定，曲线段两端用直线连接，其长度不宜小于 5 倍洞径（或洞宽）。

洞身段设置竖向曲线时，对高流速隧洞（有压或无压），其形式和竖曲线半径应通过试验确定，低流速无压隧洞的竖曲线半径不宜小于 5 倍洞径（或洞宽），低流速有压隧洞可适当降低要求。

水工隧洞设置平面或竖向曲线时，弯曲半径尚应考虑施工方法、施工极限能力水平和大型施工设备所要求的转弯半径。

（8）洞线选择应注意施工条件，全面考虑出渣通道和施工场地布置。对于长隧洞，为了加快施工进度，便于通风和出渣，应在适当位置开凿竖井、平洞或斜井以增加工作面（图 5－2）。支洞的数目及长度应根据沿线地形地质条件、对外交通情况、支洞间的隧洞工程量、方便出渣及工期要求等，通过技术经济比较确定。需注意的是，施工支洞多为临时工程，其地质条件往往不如主洞，设计和施工中常易忽略其带给主洞的影响，当地质条件较差时，应研究施工支洞对主洞的影响。

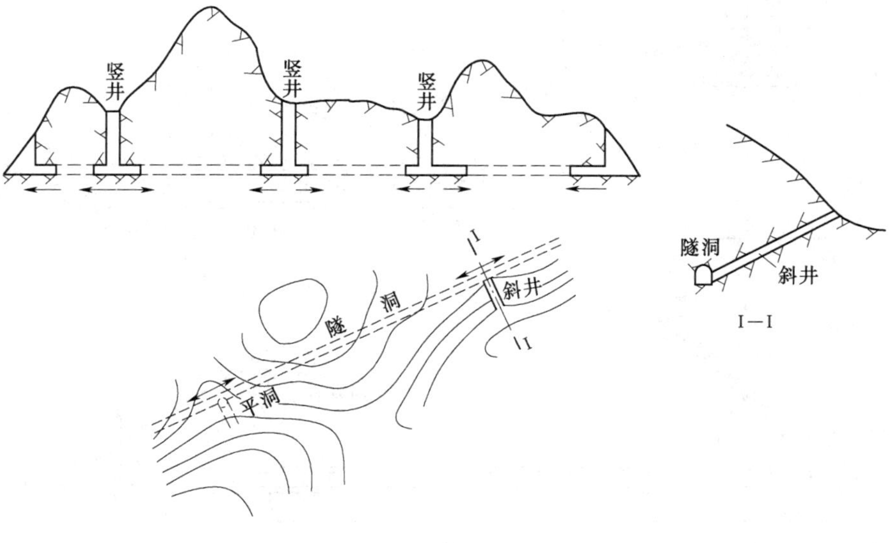

图 5－2　隧洞竖井、平洞及斜井布置

（9）渠道上的无压输水隧洞，其洞线选择是整个输水渠道线路布置的一个组成部分，当渠道与山梁相遇时，是做隧洞还是盘山渠道或深挖渠道，应通过方案比较确定。

5.2.2　隧洞的布置

水工隧洞布置的主要内容是：根据枢纽任务，通过技术经济比较，确定是一洞专用，还是临时与永久相结合，或一洞多用；选定闸门在隧洞中的位置；确定进、出口布置及进、出口高程；拟定纵剖面布置。

1. 多用途隧洞的布置

建造隧洞应考虑一洞满足多种用途的可能性，以节省投资，加快施工进度，并且方便管理。但是，不同用途的隧洞，其工作特点、水力学特性、设计条件都不相同，临时与永久相结合或一洞多用必然会出现矛盾，如何兼顾，需对其合理性进行技术经济论证。特别是，随着市场经济的发展和投资来源的变化，技术经济比较尤为重要，宜经过合理论证后采用，并非一洞多用就好。临时与永久结合或一洞多用的形式较多，常见的有：利用施工导流洞改为泄洪、放空或取水洞；导流洞与发电洞相结合；发电与泄洪或发电与灌溉相结合隧洞等。

临时与永久相结合的常用形式之一是导流洞与泄洪或放空、取水洞结合。临时隧洞多为导流洞或有特殊要求的临时洞（如临时过木、过鱼、小型通航等），先期用作导流，后期作为泄洪、放空或取水的永久隧洞。这种结合形式在我国应用最为普遍。在布置时除应满足施工导流临时过水的要求外，还应充分考虑永久运行中的要求。结合的矛盾通常是进口高程无法统一。在这种情况下，在施工期可用与主洞平段高程相同的进口来导流，导流任务完成后堵塞，再采用位置较高的进口取水，并用斜洞将进口与主洞连接起来，两者的共用段在后部。这种布置形式，人们常形象地称之为“龙抬头”，如图 5-3 所示。

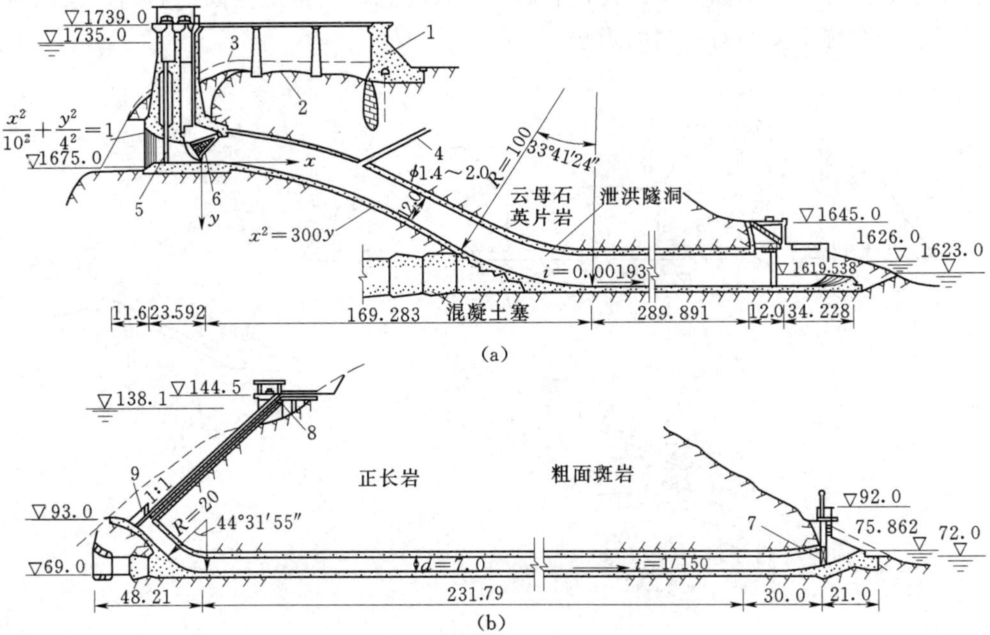

图 5-3　泄水隧洞纵剖面及闸门布置图（单位：m）

(a) 刘家峡泄洪导流隧洞；(b) 响洪甸泄洪隧洞

1—混凝土副坝；2—岩面线；3—原地面线；4—通风洞；5—8m×10m 检修门槽；6—8m×9.5m 弧形闸门；7—3m×7m 工作闸门；8—通气孔进口；9—检修闸门

临时与永久相结合的另一常用形式是导流洞与发电洞相结合。这种结合的主要矛盾也是进口高程无法统一。若不采用“龙抬头”布置方案，则进水口底板高程将由导流要求控制，势必使引水低压洞段的设计水头提高，从而影响进水口启闭设备、检修闸门、低压洞段的运行条件和工程投资。若采用“龙抬头”方式，往往使蓄水后发电洞的工期很紧张，甚至延长总工期。此外，为满足导流和发电的不同运行要求，相结合洞的衬砌结构通常是按发电要求设计，而断面尺寸又由导流要求决定，由此往往增加隧洞的前期投资，对还贷不利。总之，必须要经过技术经济合理性论证确定。

发电与泄洪相结合的布置在我国也较多见。其布置特点是：进口只有一个，而在出口段分成两支，共用段在前部。在主洞与支洞的布置上，有的采用主洞发电，支洞泄洪，有的则是主洞泄洪，支洞发电。主洞泄洪时，出口断面面积不宜大于85%的泄洪洞洞身断面面积；支洞泄洪时，出口断面面积不宜大于70%的支洞洞身断面面积。工程实践证明，泄洪洞宜布置在主洞上，发电洞宜布置在支洞上。发电与泄洪结合存在的主要问题是，泄洪流速大时，会使发电有效水头减少，分岔处的水流紊乱，常出现负压区，易受空蚀破坏，故对洞身较短、泄洪量较大且泄洪时间长、对发电要求严格的工程不宜采用。一般在发电量不大、泄洪时间短且不经常泄洪的中、小型工程中采用较多。

在布置主、支洞时应选择合适的分岔角，分岔角宜在30°～60°范围内选取，在满足布置和结构要求的前提下，应尽量采用较小的分岔角。分岔形式宜根据水头、流量以及分流比确定，必要时应进行水工模型试验验证。分岔后发电洞的长度不宜小于10倍洞径或洞宽，当泄洪时不发电或发电引水系统有稳压设施，长度可适当减小。

发电与灌溉共用隧洞（图 5－1）的布置形式与前者类似。由于这种共用洞的流速不大，一般不会出现上述发电与泄洪结合洞存在的问题，二者主要是用水量的矛盾。

2. 闸门在隧洞中的布置

水工隧洞中的闸门按其工作性质分为工作闸门、检修闸门及事故闸门。

工作闸门主要用于调节流量和控制孔口，应能在动水中启闭，可以布置在进、出口或洞中其他适宜位置上。工作闸门布置在进口［图 5－3（a）］，隧洞一般为无压流。其优点是：工作闸门与检修闸门均在首部，运用管理方便。工作闸门如布置在出口［图 5－1、图 5－3（b）］，则全洞为有压流。其优点是：洞内水流平稳，门后通气条件好，便于部分开启调节流量；缺点是：检修闸门与工作闸门分设于隧洞首尾，管理不便。工作闸门如布置在洞身内某处时，工作闸门前为有压段，门后为无压段。这种布置形式一般在隧洞受到地形、地质条件限制的情况下，为了获得良好的水流及结构受力条件时采用。

隧洞的工作闸门有平面钢闸门、弧形钢闸门和各种形式的闸阀。在我国，采用平面钢闸门较多，当孔口尺寸较大且工作水头较高时，多选用弧形闸门。各种形式的闸阀多用在隧洞出口处，用于中部及进口处的较少。

检修闸门是在检修工作闸门或洞身时用以挡水，设于工作闸门的上游。如设在进口处，整个隧洞洞身的检修更为方便。有时根据下游水位情况，在隧洞出口处也设有叠梁检修闸门。检修闸门一般在静水中启闭。

事故闸门是在工作闸门、隧洞及设备发生事故时，能在动水中关闭的闸门。当需快速关闭时，也称为快速闸门。大、中型隧洞的深式进水口常要求检修闸门能在动水中关闭，静水中开启，以满足发生事故时操作的需要，所以也称为事故检修门。

闸门在隧洞中的位置选择，应根据隧洞担负的任务、所选定的水流状态（有压或无压）、地形及地质条件、运用管理的要求等，通过技术经济比较后确定。

3. 进、出口布置

进、出口布置包括位置和形式选择，与隧洞的选线是紧密联系、相互兼顾、同时进行的，是整个隧洞布置的重要一环。布置的一般原则是：满足工程总体布置的需要，处理好与相邻建筑物的关系，避免相互干扰；根据地形、地质条件，选择适宜的位置和结构形式，满足使用功能和工程安全的要求；满足隧洞运行对进、出口的要求，使水流顺畅、进流均匀、出流平稳，并满足防淤、防冰、防冲及防污等要求；便于闸门、拦污、清淤等设备的设置、维护及对外交通。具体应注意以下几点：

（1）进、出口宜选在地质构造简单、岩体完整均一、风化及卸荷带较浅、覆盖厚度较大、无顺坡不利结构部位。在崩塌、冲沟、危崖、滑坡及泥石流等地区不宜布置进、出口，否则工程处理量很大。

（2）进、出口洞脸和两侧边坡应尽量避免高边坡开挖，因高边坡处理措施复杂，工程投资大，甚至影响工期。若实在无法避免，应分析开挖后的稳定性，并采取相应的加固和防水、排水措施。

（3）隧洞的长度与进出口相对位置及洞口开挖深度有关。根据铁路隧洞的施工经验并结合无压输水隧洞的实践，进出口宜采用“早进洞，晚出洞”的布置原则，即适当增加隧洞长度，减少洞口及明渠的开挖方量。

（4）进、出口应有必要的清坡范围，防止覆盖层、坡积物、松动岩块等在自然因素作用下滚落到进、出口，影响进、出口正常运行。

（5）有压泄水隧洞出口洞段的底坡宜平缓，侧向扩散宜平顺，与下游水流应有良好衔接。由于布置或其他原因，必须采用突扩或跌坎的出口时，应进行水工模型试验验证。当出口邻近主河道（主流）时，宜采用适当的出流导向措施，防止与主流对冲。为不使洞身出现负压，有压泄水隧洞出口段宜采用收缩型，详见 5.3.3 节。

（6）土洞洞口地形及地质条件对洞脸及两侧边坡的稳定和工程投资影响较大，宜选在山坡稳定、土质条件较好处。不宜布置在卸荷带上。一些统计资料表明，土洞边坡的开挖高度不宜大于 10m。与土洞相接的渡槽、岩洞等建筑物连接处，应设永久缝，以保证相连建筑物的正常运行。在寒冷地区，应结合防冻要求加深洞口基础埋深。

4. 进口高程

隧洞进口高程主要是根据其所担负的任务确定。例如，发电隧洞，其进口顶部高程应保证上游在最低运行水位时能引取发电所需的流量；灌溉隧洞应保证上游为最低工作水位时，能引入设计流量等。有压隧洞进水口，应保证在上游最低运行水位以下有足够的淹没深度，以免产生贯通式漏斗漩涡，引起振动，降低水轮机出力。从防止产生贯通式漏斗漩涡考虑，最小淹没深度可按下式估算

$$S = C V d^{\frac{1}{2}} \qquad (5-2)$$

式中：S 为上游最低运行水位至进口顶部的淹没深度，m；V 为闸孔断面平均流速，m/s；d 为闸孔高度，m；C 为系数，对称水流取 0.55，复杂边界和侧向水流取 0.73。

从保证进水口内为压力流考虑，最小淹没深度 S 按下式估算[34]

$$S = K\left(\Delta h_1 + \Delta h_2 + \Delta h_3 + \Delta h_4 + \Delta h_5 + \frac{V_5^2}{2g}\right) \qquad (5-3)$$

式中：K 为安全系数，应不小于 1.5；Δh_1、Δh_2、Δh_3、Δh_4、Δh_5 分别为拦污栅、喇叭段、闸门槽、压力管道渐变段及沿程水头损失值，可按 SL 285—2003《水利水电工程进水口设

计规范》或有关水力学手册介绍的公式计算；V_5 为隧洞平均流速，m/s。

S 的最小值不应小于 1.5～2m。进口底板应高于水库淤积高程。对于多种用途的隧洞，进口高程的选择应照顾到各方面的要求。

5. 洞身纵坡和洞内压力余幅（有压隧洞）及空间余幅（无压隧洞）

洞身段的纵坡应根据运行要求、水力学条件、上下游衔接、沿线建筑物的基础高程，以及施工和检修条件等综合分析决定。纵坡应满足不淤流速的要求；沿程变化不宜过多；不宜设置平坡和反坡，当布置需要时，应考虑检修排水措施；长灌溉隧洞和长供水（调水）隧洞的纵坡应考虑沿程分水（取水）设施的布置要求。对于有压隧洞，其纵坡主要从施工运输、排水及检修考虑。根据我国已建隧洞的统计，有轨运输的坡度多为 3‰～5‰；无轨运输的坡度多为 3‰～15‰；自流排水所用纵坡多为 3‰～5‰。渠道上无压隧洞的纵坡应大于邻近段的渠道纵坡，以防止洞内淤积，并减小洞身的断面积。

在选择隧洞进、出口高程及纵坡时，对有压隧洞，尚应使洞顶有一定的压力裕幅。一般在最不利的运行条件下，隧洞全线洞顶以上的压力裕幅不宜小于 2m 水头。对于长隧洞，该值尚需适当增加。对于无压隧洞，为保证其无压状态，洞的断面尺寸和纵坡应按最大流量设计，并在水面以上留出必要的净空裕幅。对于低流速无压隧洞，若通气条件良好，在恒定流情况下，净空面积应不小于断面面积的 15%，且水面上净空裕幅不小于 40cm。对于高速无压隧洞，应考虑掺气的影响，掺气后水面以上的净空面积应为断面面积的 15%～25%，且水面线不宜超出直墙范围（圆拱直墙式）。渠道上的无压隧洞有通航任务时，水面上的净空尚应满足通航要求。

隧洞布置应考虑临时占地、永久占地、植被破坏和恢复、施工污染、运行期地下水位变化对环境的影响和水土保持的要求。例如，泄水隧洞的泄水水流对周围环境的影响；施工对环境的破坏和恢复；隧洞内水外渗对环境的影响等。宜使原自然环境较少破坏，较易恢复，环境投资最小。

5.3　隧洞的进、出口建筑物

隧洞进口建筑物一般包括拦污设施、入口段、闸门段、渐变段、通气孔、平压管和上部结构。出口建筑物主要决定于隧洞的功用，对于有压隧洞，一般包括工作闸门及消能设施。进口建筑物的分类方法较多，按取水方式的不同，可分为两大类，即深孔取水式和分层取水式。

5.3.1　深孔取水式进口建筑物

5.3.1.1　形式

按进口位置和闸门位置，深式进口建筑物有竖井式、塔式及岸塔式（包括斜坡式）三种基本形式。

1. 竖井式

竖井式是在进口附近的岩层中开凿竖井，井底设置闸门，顶部安装启闭设备，拦污栅设于洞外（图 5-4）。其特点是：构造简单可靠，不受风浪、冰冻影响，但竖井前的进口段检修时，需在入口处另设检修闸门（或叠梁）。适用于岩体完整、稳定、坚固的岸坡。

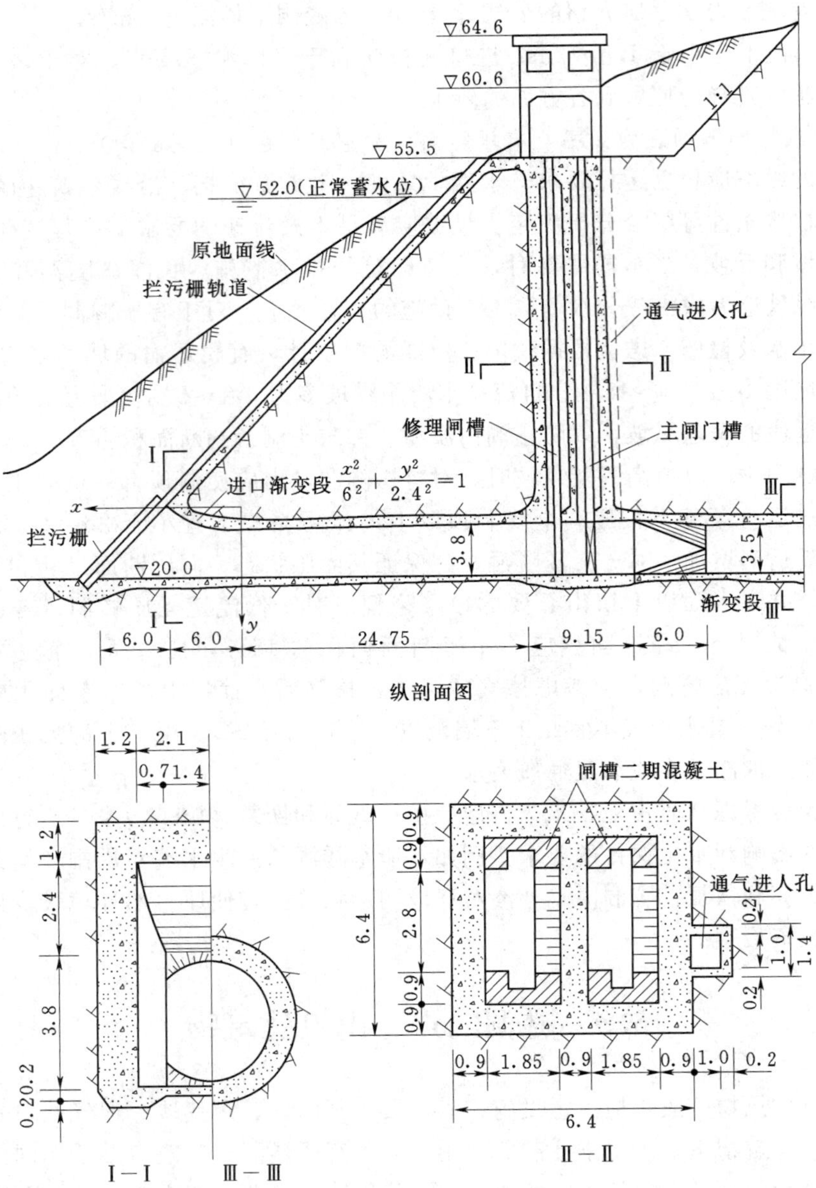

图 5－4　竖井式进口建筑物（单位：m）

2. 塔式

塔式是设在山坡前独立于水库中的封闭式塔（图 5－1）或框架式塔（图 5－5）。塔底设置检修闸门（图 5－1）或检修门与工作闸门。封闭式塔身横断面为方形或圆形。这种形式也可做成分层取水式进口，沿塔身不同高程分别设置进水口，根据水库水位的变化启用不同的进水口，以引取表层温度较高及含沙量较少的库水，以利灌溉或供水水质的要求。塔式的优点是：可在任何水位下检修，方便可靠，但造价较高，且需设工作桥与岸坡连接。当工作水头较低或根据运用条件只需在进口处设置一道闸门时，可采用如图 5－5 所示的框架式进口塔。这种形式构造简单、施工方便，但只能在低水位时进行维修。

3. 岸塔式及斜坡式

岸塔式是将控制塔斜靠在洞口岩坡上的进口建筑物（图 5-6）。由于塔身斜靠岩坡，故易满足稳定要求，对岸坡也起一定的支撑作用，施工、安装及维修均较方便。由于闸门斜放，故面积较大，不仅启门力大，且难以靠自重下降。岸塔结构可以是框架式（图5-6）也可以是封闭式，前者只能设一道闸门，后者可设两道闸门，而且也可在不同高程设置进水口，成为分层取水式，引取水库表层温度高及含沙量少的库水。这种形式适用于岸坡较陡、岩石坚固的情况。

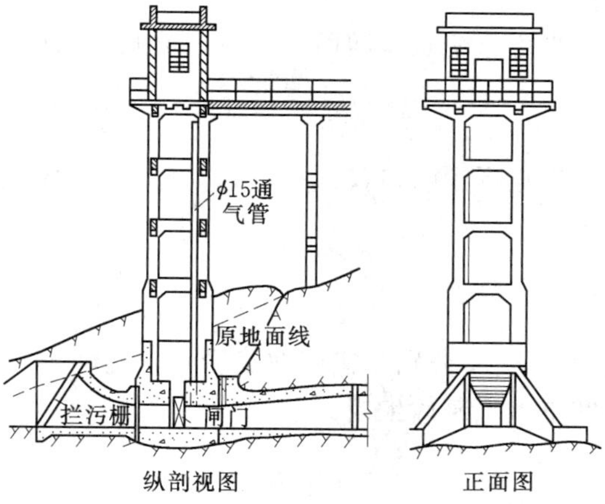

图 5-5　框架式进口塔

如果岸坡岩石完整、稳定，则可稍加开挖平整并进行衬砌后，直接将闸门及拦污栅轨道安置在斜坡上而不设控制塔，这种布置形式称为斜坡式［图 5-3（b）］。其优点是：工程量小、造价较低，施工安装方便。但当山坡过缓时不宜采用。一般适用于岸坡地形适宜、地质条件好的中、小型工程或仅安设检修门的进水口。

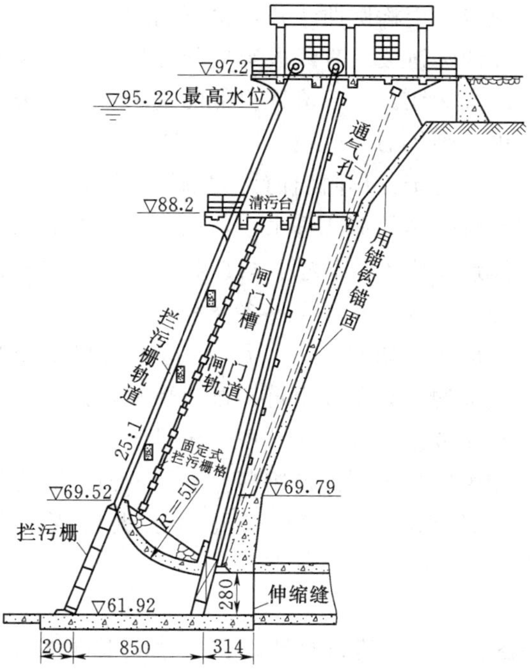

图 5-6　岸塔式进口建筑物
（单位：高程 m；尺寸 cm）

5.3.1.2　各组成部分的形式及构造

1. 进水口

隧洞进水口一般均做成断面逐渐缩小的喇叭形。进水口是隧洞最容易产生空蚀破坏的部位之一，如设计不当，在水头高、流速大的情况下，会导致水流与边界分离而形成低压区，进而产生空穴，造成空蚀破坏，故应特别注意其体形设计。

按水流条件，进水口分为无压式和有压式两种。无压式进水口流道全程有自由水面，适用于水位变幅较小的水库；有压式进水口流道均淹没于水中，并始终保持满流状态，有最小淹没深度要求，适用于水位变幅较大的水库。必须说明的是，不论是重力坝、拱坝的无压泄水孔，还是蓄水枢纽中的无压隧洞，“无压”实际上指的均是短有压孔（洞）接无压孔（洞）的布置形式。对于泄水工程进水口，当其后接隧洞为明流时，可按工作闸门前为有压段、闸门后为无压段设计。

高、中水头有压式进水口喇叭段体形曲线，宜符合自由射流轨迹。矩形孔口体形以选用椭圆曲线或圆曲线为宜。

当矩形喇叭口四面收缩或三面收缩（底板不收缩）时，常用的椭圆曲线方程为

$$\frac{x^2}{D^2}+\frac{y^2}{(D/3)^2}=1 \tag{5-4}$$

当矩形喇叭口仅顶板收缩，底板和两侧边墙均不收缩（图 5-4）时，常用的椭圆曲线方程为

$$\frac{x^2}{(1.5D)^2}+\frac{y^2}{(0.5D)^2}=1 \tag{5-5}$$

式中：x、y 分别为椭圆曲线沿长、短轴方向的坐标；D 为矩形孔口的高度（垂直收缩时）或宽度（水平收缩时）。

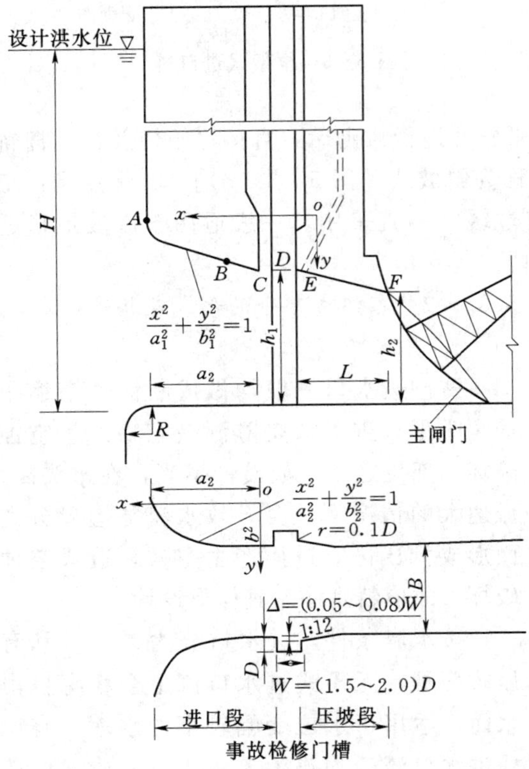

图 5-7　压力段布置图

泄水隧洞进水口流道体形的椭圆曲线长半轴长度应不小于闸孔高度，长轴与短轴的比值应大于 3。当流速达到或超过 15m/s 时，应严格控制过流表面不平整度，确保过流面平整，当流速达到或超过 25m/s 时，还应通过水工模型试验，提出抗冲、耐磨和防空蚀的专门措施。

当隧洞流速小于 9m/s 时，除可按上述规定采用椭圆曲线外，也可选用若干不同半径的圆弧段、直线段组成的近似椭圆曲线的组合曲线，对于流速很低的进水口，可采用单一半径的圆曲线（图 5-6）。

对于工作闸门前压力洞段较短，其后接明流隧洞的深式进水口，孔口的流态对孔口体形反应十分敏感，故应特别重视其体形设计。我国对此做了许多研究工作，取得了明显成效。如图 5-7 所示，这种进口工作闸门前的压力洞段由进口段、事故检修门槽段和压坡段组成，压坡段下游设工作闸门，工作闸门多采用弧形闸门。各组成段的布置要求见 SL 319—2018《混凝土重力坝设计规范》。

2. 拦污栅及闸门槽

拦污栅倾斜或竖直设在进口处（图5-4～图 5-6），其布置形式和尺寸应根据水流中污物的性质、数量以及清污要求等决定。一般应做成活动式的，以便维修和更换。拦污栅孔口面积由过栅流速控制，其平均过栅流速宜采用 0.8～1.0m/s。对于装有大流量的水轮发电机组的水力发电站，经论证，过栅流速可适当提高，但不宜高于 1.2m/s。

平面闸门槽是容易产生空蚀破坏的部位之一，应特别注意其体形设计。对于中、小水头泄洪隧洞的闸门槽，其合适的宽深比一般为 1.4～2.5，最优宽深比为 1.6～1.8。

3. 渐变段

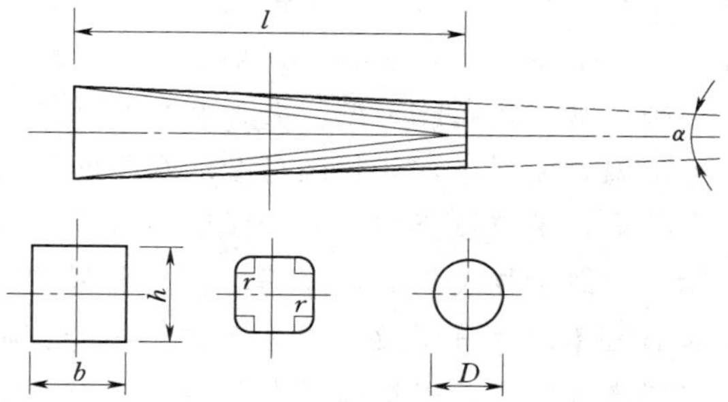

图 5-8　渐变段

隧洞洞身断面多为圆形或其他形状，而闸门段由于安装闸门的需要，常做成矩形断面。喇叭口断面一般也是矩形。为使流态平顺，减小水头损失，在不同断面间应设置渐变段（图 5-1）。我国已建隧洞多采用直线变化规律的渐变段。截面边界的最大收缩率或扩散率一般限制在 1∶8 以内，长度 l 以取 1.5～2.0 倍洞径 D(图 5-8) 为宜。对有压隧洞，其圆锥角 α 控制在 6°～10°，渐变段长度不小于 1.5～2.0 倍洞径。如果渐变段两端均为圆断面，其扩散角一般为 4°～8°，收缩角一般为 7°～11°。

4. 平压管和通气设施

当隧洞设有两道闸门时，设在工作闸门前的检修闸门可用平压管（图 5-9）调压。即在开启检修闸门前，先打开平压管阀门，将上游水引入两道闸门间，使检修闸门前后的水压力平衡，以减小启门力。平压管直径根据灌水时间确定。平压设施也可采用设在闸门上的短管或窗孔，还可将闸门分为上、下两节，开启时将上节提升一定距离形成矩形孔口充水，待闸门前后水压力平衡后，即可将整个闸门提起。

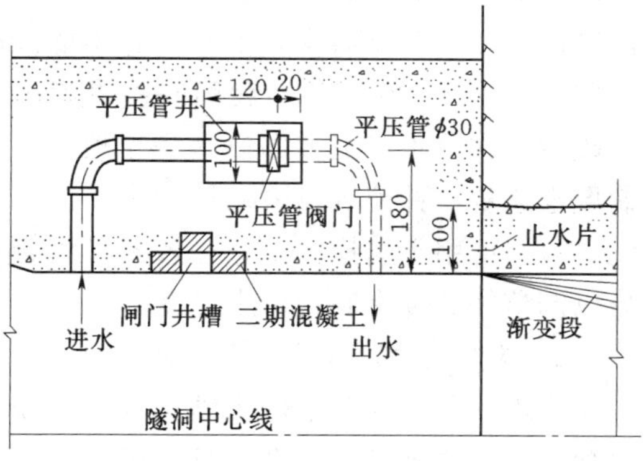

图 5-9　平压管的布置（单位：cm）

通气设施是向深式引（泄）水孔洞闸门后通气的管道孔洞设施，又称为通气管。其主要作用是：①对高速无压隧洞，为了适应高速水流水面的自然掺气，以及补充水面以上裕幅中被水流带走的空气，需进行通气；②在有压隧洞中起充水排气或排水补气作用。当隧洞充水时，如检修闸门充水平压或隧洞由明流渐变为有压流时，需将洞内空气排出；在工作闸门部分开启或事故检修门关闭，门后空气被水流带走，这时洞内则需补气，以消除负压，防止和减少空蚀和振动，并减小作用于闸门上的下拖力和附加水压力。隧洞的通气设施多采用通气孔（图 5-4、图 5-6），布置时应注意以下几点：通气孔布置应自成系统，有利于安全操作和正常运用；洞外进口应与启闭机室、人孔、物孔等隔开，以免影响操作；洞内进口应尽量靠近闸门下游面，并设在洞顶最高位置。通气孔面积的计算方法可参考 SL 74—2013《水利水电工程钢闸门设计规范》。

通气设施是隧洞的重要组成部分，工程中由于对通气问题估计不足而造成事故的事例不少，应予以重视。

5.3.2　分层取水式进口建筑物[35]

水库按其水体温度垂直分布的结构形式可分为成层型、混合型及过渡型三类。成层型水库沿水深方向具有较大的水温梯度，并且有一个典型的年温度循环，即入春以后，库面水温不断升高，下层水升温很慢，出现明显温度分层现象；气候转冷后，表层水温随之下降，上、下温差逐渐缩小，并趋于零，直到第二年春季，为一个年温度循环。我国山丘区大、中型水库多属此类型。混合型水库则是在年内任意时刻，水库沿水深温度分布比较均匀，水温梯度很小，如我国富春江水库即属此类型。水库水温垂直分布兼有上述两种水温分布特征，则属过渡型。对于成层型水库，不仅水温呈层状分布，且库水中的溶解氧、浑浊度、浮游生物及二氧化碳等均有沿水深成层分布的特点。故从不同库水深度处取水，水质有显著不同。分层取水式进口建筑物能充分利用上述水体的分层特点，根据用水需要，取出任意层库水，以提高供水质量，改善水库环境。例如，表层温水灌溉，不仅可提高作物产量，而且可免除因深孔放低温水对下游产生的各种“冷害”影响。GB 50288—2018《灌溉与排水工程设计标准》规定：以灌溉水稻为主的水库，应采用分层取水的方式。自 20 世纪 80 年代以来，我国分层取水式建筑物发展较快。

此外，对于在含沙量大的河流上修建的水库，还可利用水库泥沙含量上小下大的规律，引取水库表层清水。我国 2002 年建成的黄河万家寨水利枢纽就采用了分层取水方式，引取水库表层清水向内蒙古、山西供水[59]。

水库分层取水建筑物的类型较多，在我国目前采用较多的有以下几种。

1. 斜卧管式分层取水结构

20 世纪 50 年代，我国在中、小型（特别是小型）灌溉水库中，较普遍地采用了这种形式。该取水结构是沿库岸坡面设倾斜卧管，分级（不同高程）设固定式取水口，以引取表层水。其优点是造价低，构造与施工简单。但操作不安全，易漏水，取水流量不能准确控制。20 世纪 80 年代，我国有些水库进行了改进，在取水口上方加设水平盖板门以控制取水流量，并使进流方向转为水平向（图 5-10），可用于选择取水，且各孔可配合开启以调节并获取有利的取水温度。

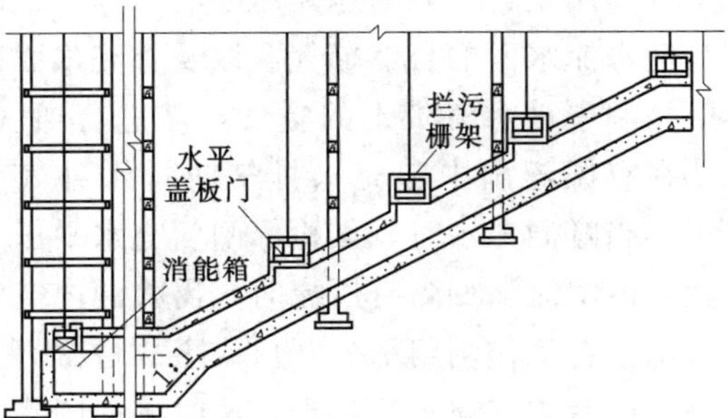

图 5-10　斜卧管式取水结构

2. 竖塔（井）式分层取水结构

竖塔（井）式分层取水结构为一封闭式的独立塔或靠坝面的竖井，是我国采用最多的表层取水结构形式。取水口有固定式及活动式两种。

固定式取水口是在不同高程处设置多层进水孔口，可单面（一个塔面）或多面设置，随库水位变化开启不同高程的孔口，以引取表层温水。图 5-11 为广西西云江水库取水塔，为固定孔口式单面分层取水塔。

图 5-12 为黄河万家寨水利枢纽分层取水口，也是属于竖井式固定孔口单面分层取水结构[59]。其作用是利用水库泥沙含量垂线分布上小下大的规律，引取水库表层清水进行供水。采用多门组合、门顶溢流的分层取水方式。其组成见图 5-12。隔水竖井的作用是将水库下层浑水与表层清水隔开，并兼作清水进入坝内进水口的通道。竖井坐落在坝前的牛腿平台上。为防止竖井进水时产生涡流，在竖井内设置了消涡梁。竖井上游面为隔水闸门，引取水库表层水的功能是通过左、右侧隔水闸门的升降组合来实现的。取水时，以启

闭机控制闸门随库水位的涨落而升降，门顶始终处于库水位以下一定深度，使表层清水通过门顶溢流进入隔水竖井，再进入引水道。隔水闸门不控制取水口的引水流量。

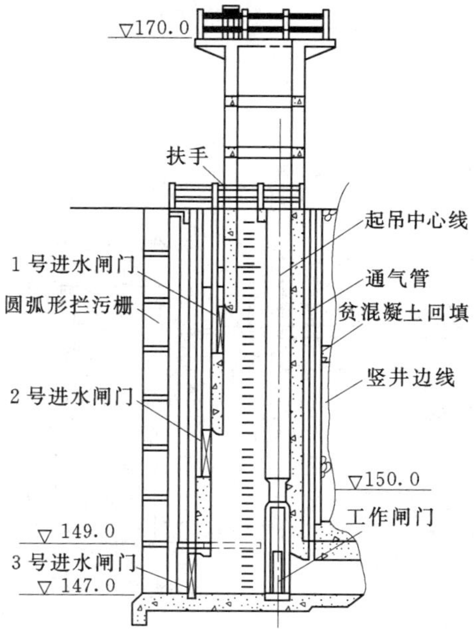

图 5-11　固定孔口式单面分层取水塔（单位：m）

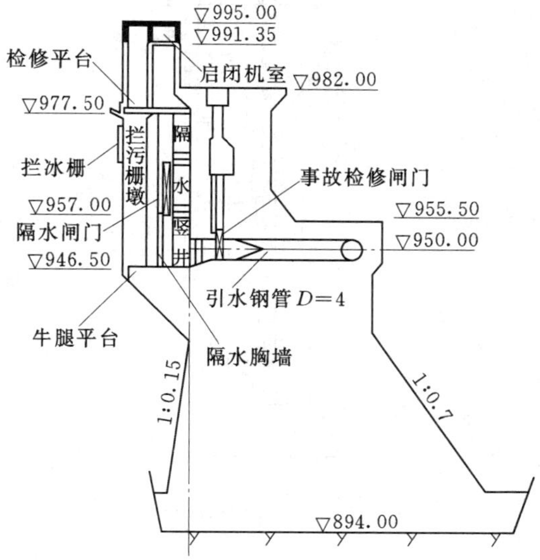

图 5-12　黄河万家寨平面门单面分层取水竖井布置（单位：m）

活动孔口式的取水口是活动的。取水闸门有平面门、半圆筒形门、圆筒形门数种。这种形式在日本广为采用，我国也采用较多，其取水效率较固定式取水口高。图 5-13 所示的圆筒闸门活动孔口式取水塔，又称为多节伸缩套筒式取水塔，是我国四川省升钟水库左干渠首的取水结构，由塔架、多节伸缩套筒、喇叭口以及支承这些部分的导轨组成。伸缩圆筒闸门依靠各节自重及其上部圆周上的水柱压力而下降，依靠启闭机提升，通过取水口获取表层温水。

3. 浮子式分层取水结构

该结构有框架式及摇臂式两种。框架式由浮子、取水盘、多节伸缩套筒取水管以及框架竖塔组成。浮子为一中间空心、形似铁饼的装置，经常浮于水面，以它提供的浮力承受取水口结构及其下的取水管的全部重力，自动适应库水位的变化，引取表层温水。图 5-13 所示的圆筒门取水塔，如在喇叭口取水盘上部加设浮子，即成为浮子式取水结构。

摇臂式结构的基本组成及工作原理与框架式相似，不同之处在于取消了框架及伸缩套筒，代之以柔性结构，以摇臂的形式来适应库水位的升降。

5.3.3　出口建筑物

出口建筑物的形式和布置主要决定于隧洞的功用及出口附近的地形、地质条件。灌溉与发电相结合时，用支洞通向水电站，主洞出口处设控制流量的工作闸门，后接消力池，再接灌溉渠道（图 5-14）。

对于有压泄水隧洞，出口段的体形对有压洞的压力状态起控制作用。为了使洞身不出

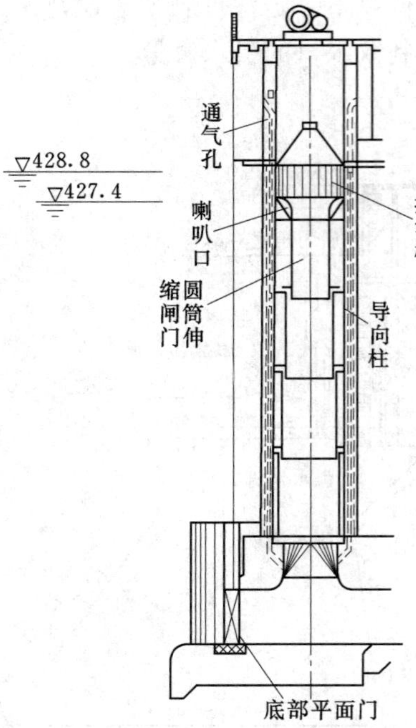

图 5-13　活动孔口式圆筒闸门取水塔（单位：m）

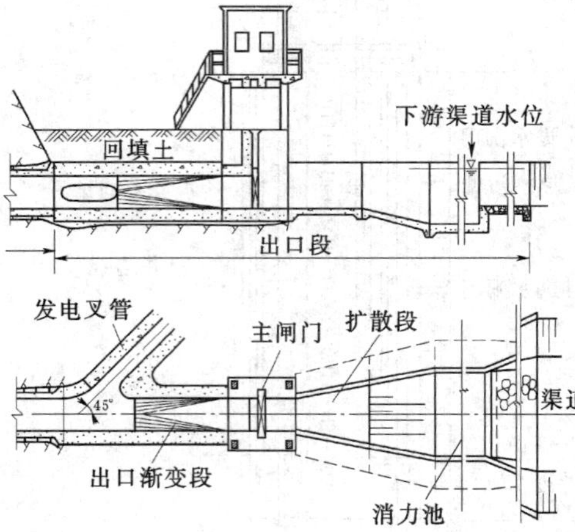

图 5-14　灌溉与发电结合的隧洞出口布置图

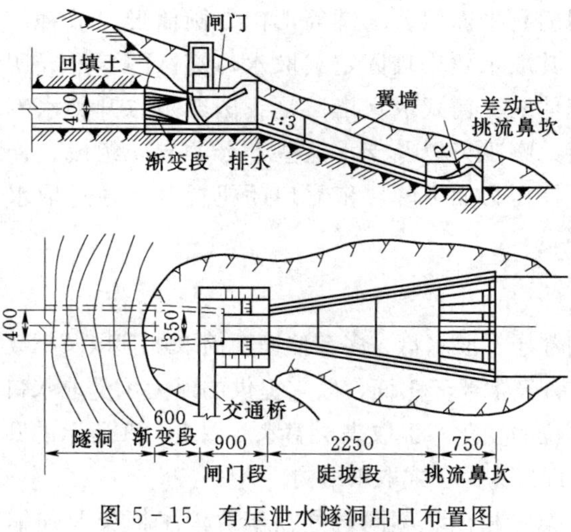

图 5-15　有压泄水隧洞出口布置图（单位：cm）

现负压，其出口断面应逐渐收缩，使出口断面小于洞身断面，但不宜收缩过多，以免降低泄流能力。根据工程经验，若隧洞沿程体形无急剧变化，出口段的断面面积宜收缩为洞身断面的85%～90%；若沿程体形变化较大，洞内水流条件较差，宜收缩为洞身断面的80%～85%。收缩方式宜采用洞顶压坡的形式（图 5-15）。出口段底坡宜平缓，并注意与下游水流的良好衔接。出口下游连接段的底坡不应突然加大或做成跌坎，应采用连续的流线型的过渡，按出口断面的宽度及底坡向下游延伸一定距离后，再接陡槽或扩散段。

隧洞出口断面小，单宽流量大，能量集中，对下游河床具有巨大的冲刷力，常需采取平面扩散措施以减小单宽流量，削减水流的冲击力。常采用水跃消能（图 5-14）或挑流消能（图 5-15）。前者对地基的适应性较广，但工程投资较高；后者结构简单，工程费用较少，但对下游基岩要求较高，且在出口高程选择时有一定的要求，以免下游高水位时水流挑不出去。此外，冲坑的形成不致危及挑坎本身和岸边的稳定，以及附近建筑物的安全。如果下游水位比较稳定，水深比较适宜时，采用面流消能也是一种合适的消能方式。

5.4　隧洞洞身的形式及构造

5.4.1　洞身断面形式及尺寸

选择隧洞洞身断面形式涉及的因素很多，诸如隧洞的用途、水力条件、地质条件、地应力情况、衬砌工作条件、施工方法等，应综合分析比较确定。就水力条件而言，要求洞身断面具有平顺的轮廓，力求减小水头损失，能以最经济的断面通过设计流量；就受力条件而言，应根据围岩特性、地应力的分布特点，选择合理的断面形状和几何尺寸，以改善围岩受力条件，保持围岩稳定，同时还应照顾到施工方便等诸方面的要求。

1. 有压隧洞洞身的断面形式及尺寸

有压隧洞承受的主要荷载是内水压力。圆形断面受力条件好，其水力特性也最佳，与其他形式断面相比，面积一定时过水能力最大；施工尚方便，最适用于掘进机开挖。当围岩稳定性较好，内、外水压力不大时，也可采用便于施工的其他断面形式。洞身断面尺寸应根据隧洞用途通过计算确定。考虑到施工的需要，圆形有压隧洞，采用钻爆法施工时，其内径不宜小于 2.0m；采用掘进机施工时，应满足设备开挖的最小尺寸要求。

2. 无压隧洞洞身的断面形式及尺寸

无压隧洞洞身的断面形式及尺寸在很大程度上决定于围岩特性和地应力分布情况，宜采用圆拱直墙断面，当地质条件较差时，可选用圆形、马蹄形或蛋形断面。

（1）圆拱直墙式。如图 5-16（a）所示，该形式适用于地质条件较好，铅直围岩压力较小而无侧向围岩压力的情况。顶为平拱或半圆拱。圆拱中心角一般为 90°～180°，当需要加大拱端推力时，也可选用小于 90°的中心角。断面的高宽比宜为 1.0～1.5，洞内水位变化较大时取大值。此外，尚应与地应力条件相适应，垂直地应力大于水平地应力时，宜采用较大的高宽比；反之，取用小值。为改善直墙与底板处应力集中的状况，常用圆弧连接，圆弧半径 $r=(0.1\sim0.15)B$，B 为隧洞底宽。圆拱直墙式的优点是施工方便，对于渠道上的无压输水隧洞，其两端与渠道连接的渐变段较简单。顶拱及侧墙多采用等厚衬砌，洞底多为水平底板，或与侧墙连成整体，或为分离式。圆拱直墙式断面在围岩压力作用下，衬砌内的压力曲线与衬砌轴线有较大偏离，在岩石比较破碎、围岩压力较大时，需要较厚衬砌。但由于这种形式施工简单，所以在实际工程仍被广泛采用。

（2）马蹄形。如图 5-16（b）所示，当地质条件差，岩石比较软弱破碎，铅直及侧向围岩压力均较大时，可选用马蹄形。马蹄形断面是圆拱直墙式断面的一种改进形式。其特点是，顶拱侧墙及底板均为圆弧形。马蹄形断面有两种标准形式，即顶拱内缘均为半径 R_1 的圆弧，而侧墙及底板内缘则分别为 $R_2=2R_1$［图 5-16（b）］或 $R_2=3R_1$ 的圆弧，洞身净高与净宽相等。衬砌厚度可由拱顶至拱脚逐渐增大，也可采用等厚。为便于施工及满足受力要求，侧墙外缘常采用垂直直线形。

（3）蛋形。蛋形断面在最大宽度以上的轮廓线一般由三圆心曲线组成［图 5-16（c）］，如有通航要求，可做成顶拱较尖的蛋形升顶式［图 5-16（d）］。由于这种断面的衬

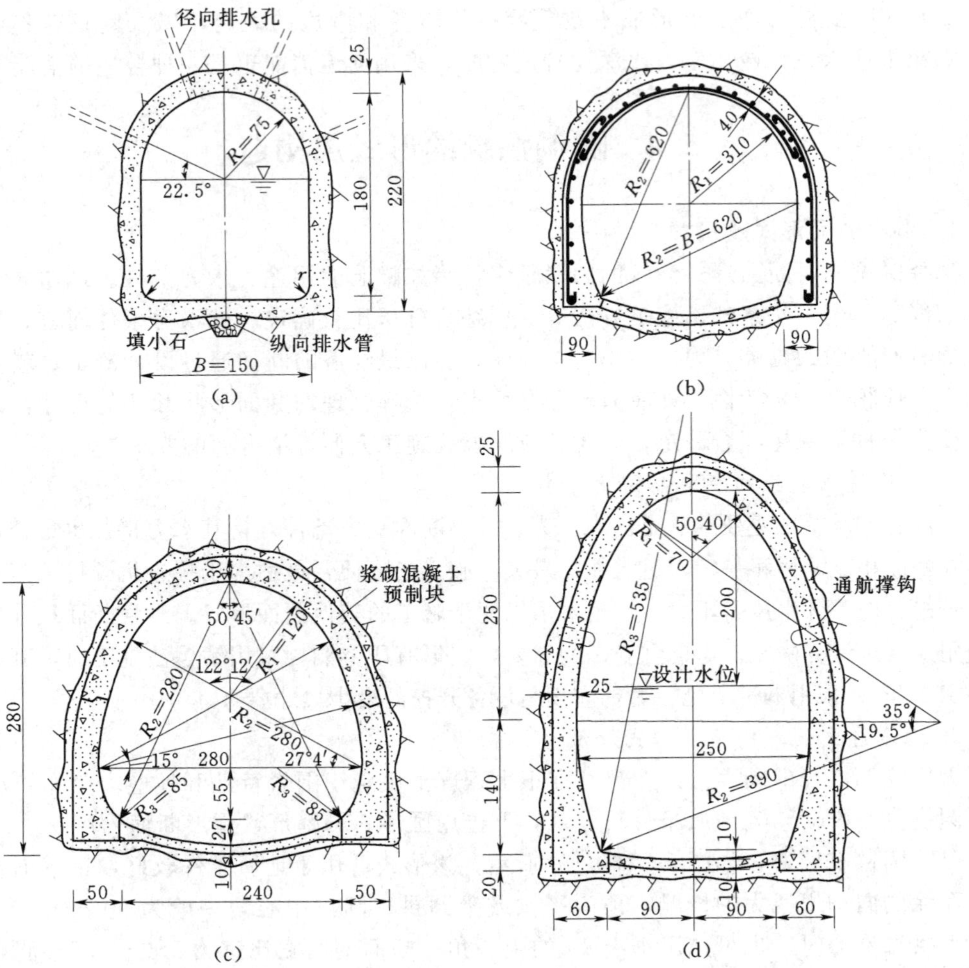

图 5-16　无压隧洞的横断面形式（单位：cm）

(a) 圆拱直墙式；(b) 马蹄形；(c) 蛋形；(d) 蛋形升顶式

砌轴线是根据尽可能与外力作用下的压力曲线相吻合的原则拟定的，故其受力条件比圆拱直墙式和马蹄形好，适合于地质条件差、围岩压力大的情况。

圆形断面的最小尺寸同有压隧洞；非圆形断面的高度不宜小于 1.8m，宽度不宜小于 1.5m。无压隧洞为保证水面以上空气流通，流态稳定，洞内水面以上应留有一定的空间裕幅，详见前述。

3. 土洞洞身的断面形式

土洞宜采用无压隧洞；当采用有压隧洞时，应根据土体抗力、内外水压力、土体的渗透变形等情况选定适宜的衬砌型式。土洞地质条件较差，围岩压力大，可选用圆形、马蹄形或蛋形断面，这些断面形式受力条件好，对土体稳定和后续施工有利。土洞应避免采用矩形或圆拱直墙式断面。

5.4.2　衬砌的作用及类型

5.4.2.1　洞室开挖围岩的稳定性与支护及衬砌

在隧洞开挖前，岩体内的应力称为初始应力，在地质学中，通常称为地应力。隧洞开挖改变了岩体的初始应力场，引起围岩应力重分布，出现二次应力状态，此时，洞壁附近的径向应力 σ_r 和切向应力 σ_θ 的分布如图5-17所示。在洞壁处 σ_r 变为零，而 σ_θ 变为最大；在距离洞中心2.5～3.0倍洞径处，σ_r 及 σ_θ 均接近于原始应力。通常所说的围岩及洞室周围岩体稳定性的研究，一般就是指这个范围。当围岩应力达到岩体的强度时，围岩便发生塑性变形或破坏，在洞周形成一个塑性松动圈，松动圈外面仍为弹性区，如图5-17所示。

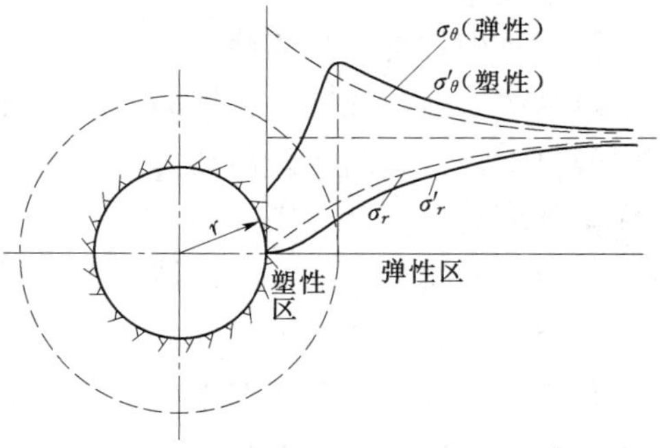

图5-17　隧洞开挖后围岩中的应力状态

影响洞室围岩稳定性的因素很多，主要取决于围岩地质条件、初始应力特征、洞室断面形状和尺寸等，此外，还与隧洞跨度和暴露时间的长短有关。由于围岩的塑性变形和应力重分布是随时间的变化从洞壁逐渐向外扩展的，故在洞室挖成时就及时地对隧洞进行支护及衬砌，给围岩的变形以一定的限制，就能加固围岩，提高围岩的自承能力。

支护即通常所称的施工期的临时支护，是采用结构或构件及其他材料对隧洞围岩进行加固的工程措施。支护的目的是加固围岩，提高围岩的自承能力，保证施工期的围岩稳定；支护型式主要包括锚杆、锚喷、钢拱架、钢筋网喷混凝土、钢筋混凝土等。而衬砌则是保证隧洞围岩稳定及洞内良好水流条件的衬护结构，是永久运行所采用的专门衬护结构，包括在施工完成后又作为永久支护的一部分或全部的临时支护。本章仅介绍衬砌设计的有关问题，支护设计可参考SL 279—2016《水工隧洞设计规范》及有关书籍。

水工隧洞衬砌的作用是：承受围岩压力和其他各种荷载；加固围岩，充分利用围岩的承载能力，与围岩共同承受内、外水压力和其他荷载；堵塞围岩裂隙，防止水流、空气和温度变化及干湿变化对围岩的破坏作用；防止渗漏、减小洞身表面糙率以及满足环境保护要求等。理论和实践证明，稳定和基本稳定的围岩具有自承和承载能力，将围岩作为与衬砌结构联合工作的承载体，是水工隧洞设计理论的进步，设计中应充分发挥这种能力，以节省工程投资。

按照衬砌所用材料，隧洞衬砌的型式包括以下几种：混凝土衬砌；钢筋混凝土衬砌；预应力混凝土衬砌；锚喷衬砌；钢板衬砌及砖石衬砌。钢板衬砌可参见有关钢管设计规范，砖石衬砌仅在小型工程中采用。

5.4.2.2　隧洞衬砌类型及型式选择

1. 混凝土和钢筋混凝土衬砌

围岩稳定性较好，但抗渗性能较差时，为了平整围岩表面以减小糙率并防止渗漏，可采用混凝土衬砌。采用混凝土衬砌不能满足强度、抗裂或限裂要求时，应采用钢筋混凝土衬砌，但非预应力钢筋混凝土不能单独作为抗裂衬砌结构，应与防渗措施联合使用。衬砌厚度（不包括围岩超挖）应根据强度、抗渗和构造要求，结合施工方法分析决定。理论分析和工程实践表明，用增加衬砌厚度提高结构的抗弯曲破坏能力是有限的，甚至是不合理的。充分利用围岩的承载能力和自稳能力，发挥衬砌结构与围岩的联合承载作用，使衬砌结构减薄是水工隧洞设计发展的一个方向。从施工要求及保证施工质量出发，其最小厚度分别为：单层钢筋混凝土衬砌［图 5-16（b）］厚度不宜小于 30cm；双层钢筋混凝土衬砌不宜小于 40cm。

为了衬砌结构的耐久性，防止衬砌开裂后内水外渗影响围岩及其附近山体的稳定和相邻建筑物的安全，混凝土及钢筋混凝土衬砌应根据隧洞的不同防渗要求，对衬砌结构做出不同的要求。衬砌结构防渗能力的设计可归纳为三种：按抗裂设计、限制裂缝宽度设计和不限制裂缝宽度设计。表 5-4 给出了按三种防渗要求的衬砌结构的设计条件。工程实践表明，裂缝的发展规律及其开展宽度与计算的结果出入较大，故尚需采取一些工程措施，以控制裂缝的产生和发展。

对于中等强度岩层中的无压隧洞多采用混凝土衬砌［图 5-16（a）、（c）］。当拱顶岩体压力较大，但侧壁岩石较坚固时，衬砌可仅限于顶拱部分，两侧及洞底可采用抹平衬砌。抹平衬砌可采用喷浆、水泥砂浆或混凝土抹平等方式，其厚度分别为 1～2cm、5～15cm 或 20cm。无压隧洞的衬砌也可采用装配式及半装配式结构，其构件的分块形式、尺寸和接缝构造，要根据实际情况选定。预制装配式衬砌具有边挖边砌、及时支撑、限制围岩变形发展、加快施工进度、保证质量和安全的优点。

混凝土和钢筋混凝土衬砌强度、抗渗、抗冻应符合 SL 191—2008《水工混凝土结构设计规范》的规定，抗磨和抗侵蚀等指标可根据 DL/T 5207—2005《水工建筑物抗冲磨防空蚀混凝土技术规范》选取。

2. 预应力混凝土衬砌

当衬砌结构按抗裂原则设计时，预应力混凝土衬砌是较为合适的抗裂衬砌型式。按预应力形成方式，预应力混凝土衬砌可分为机械式和灌浆式两大类。机械式的应用不受围岩条件限制，在围岩不具备承担内水压力能力或局部不满足覆盖厚度要求的洞段都可以应用。而灌浆式由于预应力的产生和保护都通过围岩作用来实现，因此只有在围岩能够承受灌浆压力或围岩经工程处理后能承受灌浆压力的隧洞才能应用。

目前不论机械式还是灌浆式预应力衬砌结构都是圆形断面，其他型式的断面还不具备工程应用条件。预应力衬砌结构的厚度通过结构强度计算确定，应满足两种强度条件：即在内水压力、预应力和其他荷载组合作用下，衬砌中的拉应力小于混凝土的容许拉应力；无内水压力作用时，在预应力及其他荷载作用下，衬砌中的压应力小于混凝土的容许压应力。预应力衬砌的混凝土强度等级不应低于 C30；当采用钢绞线、钢丝作预应力钢筋时，混凝土强度等级不宜低于 C40。

预应力衬砌隧洞宜采用光面爆破，当开挖断面有较大超挖时宜先进行回填修复，使开挖断面尽量圆顺。

机械式中的后张钢索式预应力衬砌，钢索位置对预应力的分布有较大影响，钢索宜布置在衬砌中心线外缘，并应采取措施减小钢索与孔道间的摩阻系数。对于机械式预应力衬砌，当地质条件较差时，应采取加强支护措施减少预应力衬砌上的围岩压力。对于灌浆式预应力衬砌，当围岩裂隙较多时，应在灌浆前先对围岩进行固结灌浆，减少预应力损失。灌浆压力及预应力损失应通过现场试验确定。

3. 锚喷衬砌

锚喷衬砌是用锚杆和喷射砂浆或喷射混凝土支护围岩的措施。其最大的特点是在围岩开挖后，及时加固围岩，阻止围岩变形，提高围岩自承能力，使衬砌结构与围岩形成共同工作的整体，使围岩成为承重结构的一部分。锚喷衬砌对节约工程材料、降低工程造价、加快建设速度具有十分显著的作用。

锚喷衬砌主要分为喷射混凝土衬砌，喷射混凝土与锚杆组合式衬砌，喷射混凝土、锚杆、钢筋网组合式衬砌，锚喷与混凝土或钢筋混凝土组合式衬砌四种型式。其工作原理及布置形式等有关问题将在后面“新奥法及锚喷支护与衬砌”中做进一步介绍。

在进行隧洞衬砌型式选择时，应根据衬砌结构的不同防渗要求，考虑隧洞的压力状态、围岩最小覆盖厚度以及围岩分类等因素，参考表 5－1，通过工程类比法研究确定。

表 5－1　岩洞衬砌型式选择

<table>
<tr><th rowspan="2">压力状态</th><th rowspan="2">设计原则（防渗要求）</th><th rowspan="2">最小覆盖厚度要求</th><th rowspan="2">承担内水压力能力</th><th colspan="3">围　岩　分　类</th><th rowspan="2">备　注</th></tr>
<tr><th>Ⅰ、Ⅱ</th><th>Ⅲ</th><th>Ⅳ、Ⅴ</th></tr>
<tr><td rowspan="3">无压</td><td>抗　裂</td><td></td><td></td><td colspan="3">钢筋混凝土并加防渗措施</td><td>研究是否采用预应力混凝土</td></tr>
<tr><td>限　裂</td><td></td><td></td><td>锚喷、钢筋混凝土</td><td colspan="2">钢筋混凝土</td><td></td></tr>
<tr><td>非限裂</td><td></td><td></td><td colspan="2">不衬砌、混凝土、锚喷</td><td>锚喷、钢筋混凝土</td><td></td></tr>
<tr><td rowspan="9">有压</td><td rowspan="3">抗　裂</td><td rowspan="2">满　足</td><td>具　备</td><td colspan="2">预应力混凝土、钢筋混凝土并加防渗措施</td><td>预应力混凝土、钢板</td><td rowspan="3">钢筋混凝土并加防渗措施宜在低压洞使用</td></tr>
<tr><td>不具备</td><td colspan="3">预应力混凝土、钢板</td></tr>
<tr><td>局部不满足</td><td></td><td colspan="3">预应力混凝土、钢板</td></tr>
<tr><td rowspan="3">限　裂</td><td rowspan="2">满　足</td><td>具　备</td><td colspan="2">锚喷、钢筋混凝土</td><td>钢筋混凝土</td><td rowspan="3">锚喷宜在低压洞使用</td></tr>
<tr><td>不具备</td><td colspan="3">钢筋混凝土</td></tr>
<tr><td>局部不满足</td><td></td><td colspan="3">钢筋混凝土、预应力混凝土</td></tr>
<tr><td rowspan="3">非限裂</td><td rowspan="2">满　足</td><td>具　备</td><td colspan="2">不衬砌、混凝土、锚喷、钢筋混凝土</td><td>锚喷、钢筋混凝土</td><td rowspan="3">不衬砌隧洞宜在Ⅰ、Ⅱ类围岩使用</td></tr>
<tr><td>不具备</td><td colspan="3">钢筋混凝土</td></tr>
<tr><td>局部不满足</td><td></td><td colspan="3">钢筋混凝土</td></tr>
</table>

现将表 5－1 中的有关问题说明如下：

（1）工程实践证明，采用混凝土和钢筋混凝土衬砌的水工隧洞，不可避免地都会出现裂缝，起不到抗裂作用。因此，对有严格防渗要求的抗裂隧洞，无论是无压洞还是有压洞，均应与其他防渗措施联合使用，或者采用预应力混凝土（钢筋混凝土）衬砌或钢板衬砌。对于有抗裂要求的有压水工隧洞，即使采用加防渗措施的复合结构，但由于防渗措施的施工质量保证率问题，最好是在低压洞使用，以保证安全、稳定运行。

（2）满足最小覆盖厚度要求是有压水工隧洞布置和衬砌型式选择的前提条件，是安全、稳定运行的基础。但工程中由于地形地质条件限制，往往出现局部洞段不满足最小覆盖厚度的情况。表 5－1 中给出了局部洞段不满足要求时，有压隧洞衬砌选择的可用型式。

这些可供选择的型式是按防渗要求考虑的，并不一定具备承担内水压力的能力。

(3) 表5-1中在同一情况下给出两种以上的可供选择的衬砌型式时，均应进行技术经济比较。

5.4.2.3 土洞衬砌

土洞宜采用喷射混凝土（或锚杆喷射混凝土）与钢筋混凝土组合式衬砌。这是因为土洞变形较大，洞壁易产生泥土剥离或掉落，采用喷射混凝土（或锚喷）支护适应变形能力较强，并可有效地防止土块落到衬砌施工中的混凝土中。喷射混凝土宜采用高性能湿喷混凝土，衬砌宜采用整体式结构，并应采取防止内水外渗的工程措施。

5.4.2.4 不衬砌隧洞

隧洞衬砌并不是在任何情况下都是必须的。如果围岩坚硬完整、透水性小，且内水外渗不会危及相邻建筑物安全、造成环境破坏及岩体和山坡的稳定，或不发生内水外渗时，通过技术分析比较，也可采用不衬砌隧洞。不衬砌隧洞可显著缩短工期，减小投资，提前发挥工程效益。不衬砌隧洞用于导流、低流速放空时，有明显的经济效益，应优先研究不衬砌的可能性。提高围岩的自承和承载能力是不衬砌隧洞施工中应解决的重要问题。在施工中，应使围岩尽量较少地受到干扰，此外，不衬砌隧洞水头损失较大，对发电引水隧洞将损失电能，对泄水隧洞则需加大断面，故应尽量减小开挖岩石的相对起伏差。不衬砌长隧洞的开挖，宜采用掘进机。若用钻爆法施工，必须采用光面爆破（或预裂爆破）的方法，且宜逆水流方向开挖。岩石起伏差通常限制在20cm以内。洞底部用混凝土抹平，以减小糙率并利于检修。发电引水隧洞底部需设置集渣坑，以防泥沙、石块进入水轮机。隧洞进、出口的地质条件一般较差，故需对进、出口洞段进行衬砌保护。衬护长度根据地形、地质、断面形式及尺寸、内水压力大小及隧洞埋深等因素综合分析确定，不宜小于洞脸后卸荷带、强风化带长度，也不宜小于2～3倍洞径（或洞宽）。

5.4.3　新奥法及锚喷支护与衬砌

新奥法是新式奥地利施工方法（New Austrian Tunnelling Method，NATM）的简称。该法是20世纪60年代奥地利拉布希维兹（L. V. Rabcewicz）等人在奥地利隧洞施工采用锚杆和喷混凝土支护的实践经验基础上总结出来的。它以岩石力学理论为基础，包括测试、设计、施工等广泛内容，是通过及时锚喷支护来发挥围岩的自承作用，并依靠现场量测来指导隧洞设计和施工的方法。

锚喷支护是喷混凝土和锚杆支护的总称，是配合新奥法发展起来的一项新技术[36]。除作为新奥法的一个主要手段外，还能起到一般的衬砌作用。由于锚喷支护具有节省材料、降低造价、减轻劳动强度及加快工程进度等优点，在水工隧洞的应用中发展较快。我国利用锚喷作为水工隧洞的临时支护及永久衬砌已得到普遍推广，并已作为一种衬砌型式列入了SL 279—2016《水工隧洞设计规范》。此外，还颁布了SL 377—2007《水利水电工程锚喷支护技术规范》。

1. 锚喷支护及其作为衬砌的工作原理

前述的各种衬砌，是先在岩层中用开凿、爆破等方法开挖到设计断面时随即架设临时支撑，最后用混凝土等材料筑成，是以围岩开挖后可能坍塌的岩体作为荷载而设计的，是消极地用衬砌来承受预定的坍塌荷载，而不是积极地来发挥围岩的自承作用，故不仅使衬砌断面过大，且恶化了隧洞的工作条件。锚喷衬砌区别于上述各种衬砌的最大特点在于：改变了前述的各种衬砌被动承受围岩压力的工作状态，在围岩开挖后，及时加固围岩，给围岩的变形以一定的限制，控制因洞室开挖形成的应力重分布，最大限度地发挥围岩的承载能力。

洞室开挖后，破坏了岩体原有的平衡状态，围岩向着临空面变形。锚喷支护能及时将围岩予以加固，给予一定的支护反力。由弹塑性理论可知，该支护反力与洞室表面径向位移密切相关。设想洞室开挖后立即加一刚性支护，使围岩维持原有状态，洞壁变位为零，这时所需支护的反力最大。随着洞壁表面径向位移的增大，为维持围岩稳定所需的支护反力随之减小。但支护反力的减小有一个限度，当径向位移达到某一数值后，由于塑性区过大，围岩发生松动破坏，致使为维持围岩稳定所需的支护反力反而急剧增大。显然，允许围岩发生一定的塑性变形，使支护反力最小，这样设计出的衬砌最为经济合理。锚喷支护则是提供这种及时支护的最好措施。它能在围岩变形尚未充分发展、围岩应力重分布还未完成之前及时加固围岩，充分发挥了围岩的承载能力。同时它又具有一定的柔性，能与围岩共同变形，产生一定的径向位移，故受到的荷载较小。这就是根据弹塑性理论提出的锚喷支护的工作原理。

2. 锚喷衬砌的类型

由于锚喷衬砌能充分发挥围岩的承载能力，而衬砌的承载能力主要取决于围岩的好坏。围岩根据不同的工程地质特性，分为稳定、基本稳定、局部稳定性差、不稳定和极不稳定 5 类[26]。在不同地质条件下，隧洞围岩的变形和破坏呈现不同形式，需相应采取不同的锚喷衬砌方式来对围岩进行加固，其主要类型有以下几种：

(1) 喷射混凝土衬砌。将水泥、砂、石、外加剂按照一定的比例混合后，通过混凝土喷射机使之与高压水混合，经过喷嘴射入围岩缝隙及其表面，凝固后而成。喷混凝土由于其工艺特点和相当大的早期强度，使其具有以下特点：①由于喷混凝土是在高压下射入岩缝、裂隙，并与岩面紧贴，在开挖后很快施工，快速凝固，因此，能及时加固围岩，限制围岩的变形发展和应力重分布，并能与其紧密黏结的岩层构成一个承受自重及上部围岩压力的承重拱；②能及时有效地防止个别“危石”的离层和掉落，从而防止围岩的坍塌和带来较大的松散压力；③填埋了围岩表面的凹凸不平，消除了附加的应力集中，对围岩起到稳定和支护作用；④由于喷混凝土层较薄，具有一定的柔性，能与围岩共同工作，所受到的荷载较小，改善了衬砌的受力条件；⑤喷混凝土后，隔绝了水和空气与围岩的接触，堵塞了渗漏通道，给围岩自身稳定创造了良好的条件。

喷混凝土衬砌不仅适用于比较稳定的岩层，更适用于较破碎或松软的岩层，甚至土洞中。喷混凝土厚度，无钢筋网时宜为 8～20cm，有钢筋网时宜为 10～25cm。混凝土强度等级不应低于 C20。喷混凝土与围岩的黏结力，Ⅰ类、Ⅱ类围岩不低于 1.0MPa，Ⅲ类围岩不低于 0.8MPa。其他指标均应符合 GB 50086—2015《岩土锚杆与喷射混凝土支护工程技术规范》和 SL 377—2007《水利水电工程锚喷支护技术规范》的规定。

(2) 喷射混凝土与锚杆组合式衬砌。对于稳定性较差或喷射混凝土与岩面不能很好黏结的岩石，单用喷射混凝土衬砌不能起到有效作用时，常采用喷射混凝土与锚杆组合式衬砌。

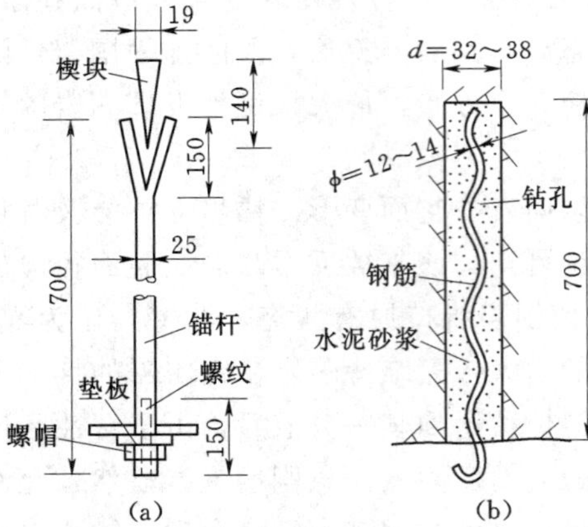

图5-18　楔缝式锚杆和砂浆锚杆(单位:mm)
(a) 楔缝式锚杆；(b) 砂浆锚杆

锚杆是为了加固围岩而锚固在岩体中的杆件。我国通常采用楔缝式锚杆和砂浆锚杆(图5-18)。楔缝式锚杆由锚杆、楔块、垫板和螺帽组成，如图5-18(a)所示。安装锚杆时，通过冲击锚杆的后端将楔块挤进楔缝，使楔缝胀开，锚叉嵌入岩石内而起锚固作用。砂浆锚杆一般分为楔缝式灌浆锚杆及普通砂浆锚杆两种。前者是在楔缝式锚杆钻孔中灌注水泥砂浆以加大锚固力；后者是靠锚杆(锚筋)与水泥砂浆及水泥砂浆与岩石的黏结力起锚固作用的，如图5-18(b)所示。锚杆的作用有两种：①悬吊作用。对于块状围岩，或整体坚硬完整，但有局部松动的岩块，通过锚杆作用将其与内部稳定岩体联结在一起，用锚杆悬吊“危石”的全部重力。锚杆方向按最优锚杆方向布置，锚入稳定围岩的长度宜为40～50倍锚杆直径，锚杆直径不宜小于16mm。②组合拱作用。对于层状围岩，将锚杆大致垂直地穿过岩层，使各层围岩大致挤紧，增大岩层间摩擦力以形成共同工作的“组合梁”，从而提高岩层的整体抗弯能力。对整体稳定性较差的破碎围岩，则布置成组的、径向的、按一定间距排列的系统锚杆，使洞顶周边一定厚度范围内的松散围岩组成能承受一定荷载的“组合拱”(图5-19)。锚杆宜垂直主结构面布置，主结构面不明显时，可与洞周边轮廓线垂直布置。在岩面上锚杆宜呈菱形布置。锚杆长度应根据地质条件和隧洞开挖断面尺寸分析确定。锚杆间距不宜大于其长度的1/2，Ⅳ类、Ⅴ类围岩中宜为0.5～1.0m，并不得大于1.5m。

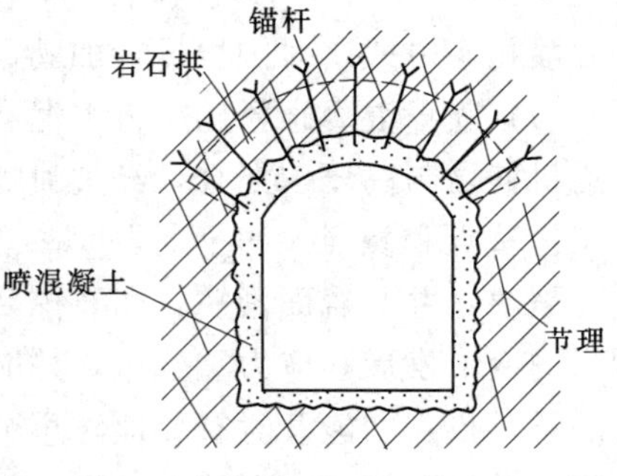

图5-19　锚杆加固围岩形成的“组合拱”

(3) 喷射混凝土、锚杆、钢筋网组合式衬砌。在喷射混凝土与锚杆组合式衬砌中，如在岩面与喷射混凝土层间加钢筋网，则成为喷射混凝土、锚杆与钢筋网组合式衬砌。这种衬砌多在大跨度或岩石较破碎的情况下采用。钢筋网除可在混凝土喷射前防止锚杆间松动的岩块脱落外，还可提高喷射混凝土的整体性。钢筋网的纵向钢筋直径一般为6～10mm，环向钢筋直径一般为6～12mm。网格间距一般为15～30cm。钢筋网的喷射混凝土保护层厚度不宜小于5cm，钢筋网与锚杆宜用焊接固定。

(4) 锚喷与混凝土或钢筋混凝土组合式衬砌。这种形式适用于地质条件复杂、围岩较破碎的情况。在这种情况下，锚喷衬砌紧跟着开挖面进行，除可作为临时支护外，也是永久衬砌的一部分。如果锚喷衬砌已有效限制了围岩变形，则设计混凝土或钢筋混凝土衬砌时，可不计或少计围岩压力；如果锚喷支护不能使围岩趋于基本稳定时，则必须适时地采用混凝土或钢筋混凝土衬砌承受变形荷载，限制变形发展，防止围岩松散以至破坏。

3. 水工隧洞采用锚喷衬砌的几个问题

（1）关于允许流速问题。由于锚喷衬砌较薄，表面较粗糙，洞内流速不宜过高。我国已建锚喷衬砌隧洞中的流速一般为 3m/s，国内外有些锚喷衬砌洞内流速达 7～13m/s。SL 279—2016《水工隧洞设计规范》规定，洞内允许流速不宜超过 8m/s，锚喷衬砌的临时过水隧洞不宜超过 12m/s。

（2）关于糙率问题。喷混凝土衬砌，表面起伏较显著，糙率较大，从而增大了水头损失及电能损失，因此，尽量降低糙率有重要的经济意义。我国已建的喷混凝土衬砌隧洞，其糙率系数一般为 0.028～0.037，远较混凝土衬砌的大。为此，应尽量采用光面爆破、全断面掘进等先进技术，力争将糙率系数控制在 0.02～0.025。

（3）关于防渗问题。试验表明，喷混凝土层本身的防渗效果还是较好的，但由于喷混凝土层薄而不均匀，水力梯度大，大面积喷射时，施工质量难以控制，有时密度很不均匀，故其防渗效果不易满足设计要求。应按 SL 377—2007《水利水电工程锚喷支护技术规范》的要求选定抗渗标号，保证施工质量，减少新老喷层间的冷缝，严格处理喷混凝土与浇筑混凝土之间的结合面。

（4）关于锚喷设计问题。由锚喷衬砌的工作原理可知，围岩及锚喷衬砌的变形和应力状态与锚喷衬砌的结构形式、地应力场、地质条件、围岩的物理力学性质、开挖断面的形状和尺寸、时间效应，以及施工方法等许多复杂因素有关。目前，设计理论尚不够成熟，故锚喷衬砌的各种设计参数主要是参照已建工程同类围岩的特征及其设计经验来选定，即采用工程类比法来选定。锚喷衬砌的设计理论及方法尚待进一步研究、完善。

5.4.4　衬砌的构造和灌浆

1. 分缝

混凝土及钢筋混凝土衬砌，需根据结构特点、施工方法、浇筑能力、地质条件、约束条件以及温度收缩影响等进行分缝，并根据相应要求，对接缝进行处理。分缝有永久变形缝和施工缝两种。

在地质条件明显变化处和井、洞交汇处，进出口处或其他可能产生较大相对变位处，混凝土及钢筋混凝土衬砌应设置永久缝，以适应不均匀沉降和相对变位。为防止混凝土因干缩和温度应力而产生裂缝，沿洞线方向应设置永久性环向伸缩缝。永久缝应采取相应的防渗措施。衬砌施工时需分段、分块进行，形成纵缝和环向施工缝，施工缝之间的浇筑分段长度，可根据施工方法、浇筑能力和气温变化等因素确定。永久性环向伸缩缝及环向施工缝，其间距宜采用 6～12m，且底拱和边、顶拱环向缝不得错开。纵向施工缝应设置在衬砌结构拉应力及剪应力均较小的部位，缝面需严格处理，以保证衬砌结构的整体性。在围岩地质条件比较均一的洞身段，可只设置施工缝。

2. 防渗和排水

根据隧洞沿线的工程地质条件、水文地质条件以及隧洞的水力条件等，针对具体情况可采取堵（如衬砌、灌浆）、截（如设防渗帷幕）、排（如设排水孔）等防渗排水措施，以改善衬砌结构和围岩的工作条件。上述措施可单独也可综合采用。对于水工隧洞的有些部位，如有压隧洞的出口，不良地质洞段及Ⅳ类、Ⅴ类围岩洞段，局部不满足规定覆盖厚度要求的洞段等，应研究有效的防渗措施，保证围岩及山坡的渗透稳定。对于无压隧洞的排水设施，可在开挖的槽子里放置疏松混凝土管或陶管，周围填小石［图5-16（a）］，做成纵向排水埋在洞底衬砌下。外水压力较大时，可在洞内水面线以上穿过衬砌设径向排水孔［图5-16（a）］。孔距、排距及深入岩石的孔深一般为2～4m。对于有压隧洞，当其衬砌设计由外水压力控制时，应研究设置合适的排水措施。对于不衬砌和锚喷衬砌的隧洞，需采取必要的防渗排水措施。

土洞衬砌应采取防止内水外渗的可靠措施，其纵向施工缝与环向变形缝的止水应做成可靠的封闭式止水，变形缝宜采用明、暗两道止水。土洞还应做好地表水和洞内施工用水的引排处理。

3. 灌浆

根据目的不同分为回填灌浆和固结灌浆两种。回填灌浆的作用是堵塞衬砌与岩石之间的空隙，使衬砌与岩石紧密结合，以改善衬砌的受力条件。由于受施工条件的限制，衬砌顶部常不易填满，故回填灌浆孔大多布置在顶拱中心角90°～120°范围内，孔距和排距一般为3～6m。灌浆压力，对混凝土衬砌可采用0.2～0.3MPa，对钢筋混凝土衬砌采用0.3～0.5MPa，灌浆孔应深入岩石10cm以上。固结灌浆的目的是加固围岩，改善围岩的整体性，提高围岩的变形模量，减小地下水对衬砌的压力和减小渗漏。固结灌浆的参数，可通过工程类比法或现场实验决定。一般排距为2～4m，每排不宜少于6孔，作对称布置。灌浆深度应根据围岩情况分析确定，不宜小于0.5倍隧洞直径（或洞宽），灌浆压力约为1.0～2.0倍内水压力。有特殊要求的固结灌浆或高压固结灌浆，各项参数可通过工程类比和现场试验确定。

5.4.5 高流速水工隧洞的空化、空蚀及减蚀措施

有关空化与空蚀的概念及减蚀措施可参见本书第1章及第4章。

研究及工程实践表明，控制空蚀的关键是控制空化。设计高流速水工隧洞时，应使最低压力点或可疑点的水流空化数σ大于该部位的初生空化数σ_i。初生空化数σ_i由水流流速、流态及隧洞体形决定。在可行性研究阶段，初生空化数σ_i可参考有关规范选用，施工图设计阶段高流速水工隧洞重要部位的初生空化数应通过试验测定。

防止和减轻空蚀的主要措施有：选择合适的体形、控制水流边壁表面的局部不平整度、向水流中掺气、采用抗蚀材料以及选用合理的运行方式。

1. 选择合适的体形

经过大量试验研究及工程调查表明，下列部位是易产生空蚀的部位：有压隧洞的进口、闸门槽、过渡段、分岔段、弯曲段、出口及水流边壁突变的部位；无压洞的陡坡泄流曲线段、反弧段、扩散或收缩段、闸墩、门槽及其出口段等部位；出口消能部位。对上述部位必须重视其体形优化，严格控制施工质量。

2. 控制水流边壁表面的局部不平整度

许多发生空蚀破坏的泄水建筑物，多是由于局部表面不平整引起的。因此，在设计和施工中对不平整度给以限制是十分重要的。近年来工程调查和水工模型试验表明，过流表面的不平整度控制和处理标准应根据水流空化数的大小确定，其标准已列入SL 279—2016《水工隧洞设计规范》中，必须按此进行严格要求和控制。

3. 向水流中掺气

国内目前是根据流速的大小决定是否掺气。当流速大于30m/s时，视时均压力大小决

定是否掺气；当流速大于 35m/s 时，就需掺气。当水流空化数小于 0.3 时，应设置掺气减蚀设施。有关掺气设施的主要类型已在上一章溢洪道中做了介绍，水工隧洞中采用的掺气设施与溢洪道中的类似，主要有通气槽、挑坎、跌坎以及由它们组合的其他形式。设置掺气设施后，近壁层掺气浓度应大于 4%，掺气保护长度，对于曲线段，可采用 70～100m，直线段可采用 100～150m。

4. 采用抗蚀材料

防蚀和抗磨材料的研究发展很快，如高标号混凝土、钢纤维混凝土和钢铁砂混凝土、环氧砂浆和高标号水泥石英砂浆等。

5. 选用合理的运行方式

主要是控制泄水隧洞内的流态和负压。如对明流洞应防止发生涌浪、水击、潜水跃等不利水力现象等；对有压洞应防止过流初期的负压、脉动和正常泄流后由于调控闸门操作不当造成的水击和水流紊乱等。

5.5　隧洞衬砌的结构计算

5.5.1　荷载及荷载组合

作用在衬砌上的荷载一般有：衬砌自重、内水压力、外水压力、围岩压力、地应力、预应力、灌浆压力、施工荷载，以及温度作用和地震作用等。其中除内水压力和衬砌自重能较准确地确定外，其他荷载只能在一些假定和简化的前提下进行近似计算。

5.5.1.1　荷载

1. 衬砌自重

衬砌自重常按单位长度进行计算，可近似认为其均匀作用在衬砌厚度的中心线上。衬砌自重计算中应计入超挖回填部分。其平均超挖一般按 0.1～0.3m 计，但在进行衬砌结构计算时则不计超挖，因衬砌结构计算是校核它的强度，而强度是由最小断面控制的。

2. 内水压力

内水压力垂直作用于衬砌内壁，是有压隧洞的主要荷载，其数值可根据隧洞压坡线确定。如为发电隧洞，尚应计入水击引起的压力增值。对于无压隧洞，则根据洞内水面线按静水压力计算。

对于有压隧洞，为了计算方便，常将内水压力分为均匀内水压力和非均匀内水压力两部分（图 5-20）。均匀内水压力是由洞顶内壁以上水头 H 引起的，其值为 $p_0=\gamma H$；非均匀内水压力是洞内满水而无水头时的压力，其洞顶压力为零，洞底压力强度为 $p_1=2\gamma r_B$。

当压力水头较大而洞径又较小时，内水压力的非均匀部分相对很小，可只按均匀内水压力计算。此时，压力水头应从压坡线算至洞中心高程。

3. 外水压力

外水压力是指作用于衬砌结构外表面的地下水压力，主要取决于地下水位线。地下水位线是决定外水压力的基本资料，应根据水文地质条件、工程布置，并考虑工程投入运行后可能引起的地下水位变化等因素分析确定。地下水压力是在渗流过程中渗透水流作用在围岩和衬砌中的体积力，虽然通过渗流计算来确定可能比较准确，但由于计算参数确定的

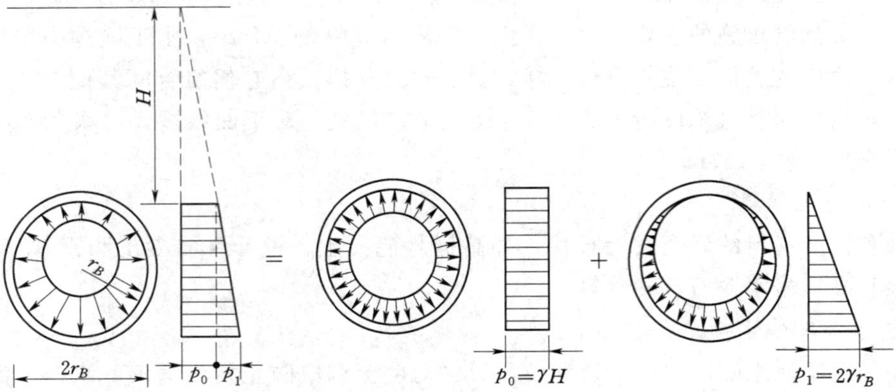

图 5-20　有压隧洞内水压力分解图

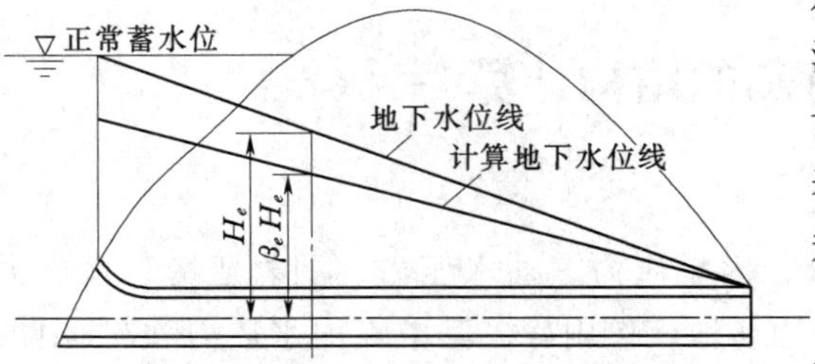

图 5-21　外水压力计算图

难度以及计算工作量较大，对所有水工隧洞均采用此法则不现实。若用结构力学法计算衬砌结构，则需先确定作用在衬砌外表面上的外水压力，然后按面力进行计算。规范建议选用外水压力折减系数的方法。

外水压力折减系数的方法就是将地下水位线以下的水柱高度乘以相应折减系数 β_e 的方法（图 5-21）。对外水压力折减有影响的是围岩的透水性、地质构造和排水效果，是一综合性指标，取值变化范围较大，难以掌握。《水工隧洞设计规范》建议根据地下水活动状态及对围岩稳定的影响程度来选用 β_e 值，见表 5-2。

表 5-2　　外水压力折减系数 β_e 选用表

级别	地下水活动状态	地下水对围岩稳定的影响	β_e
1	洞壁干燥或潮湿	无影响	0～0.20
2	沿结构面有渗水或滴水	风化结构面充填物质，地下水降低结构面的抗剪强度，对软弱岩体有软化作用	0.1～0.4
3	沿裂隙或软弱结构面有大量滴水、线状流水或喷水	泥化软弱结构面充填物质，地下水降低结构面的抗剪强度，对中硬岩体有软化作用	0.25～0.6
4	严重滴水，沿软弱结构面有小量涌水	地下水冲刷结构面中充填物质，加速岩体风化，对断层等软弱带软化泥化，并使其膨胀崩解，以及产生机械管涌。有渗透压力，能鼓开较薄的软弱层	0.4～0.8
5	严重股状流水，断层等软弱带有大量涌水	地下水冲刷携带结构面充填物质，分离岩体，有渗透压力，能鼓开一定厚度的断层等软弱带，能导致围岩塌方	0.65～1.0

注　当有内水荷载组合时，β_e 取较小值；无内水荷载组合时，β_e 取较大值。

外水压力可按下式计算

$$p_e = \beta_e \gamma_w H_e \tag{5-6}$$

式中：p_e 为作用在衬砌结构外表面的地下水压力，kN/m^2；β_e 为外水压力折减系数，按表 5-2确定；γ_w 为水的容重，kN/m^3；H_e 为地下水位线至隧洞中心的作用水头，内水外渗时取内水压力水头，m。

对设有排水设施的水工隧洞，可根据排水效果和排水设施的可靠性，对外水压力作适当折减，其折减值可通过工程类比法或渗流计算分析确定。

4. 围岩压力

围岩压力是由于隧洞开挖后引起初始应力场的应力重分布，使围岩产生变形、松动和破坏而对衬砌产生的主动作用力。影响围岩压力的因素很多，主要有：地质构造与围岩的岩体结构；围岩的初始应力状态；隧洞的埋深、断面形状和尺寸；施工方法；支护或衬砌的方式、时间和及时程度等。对于这样一个复杂的问题，难以用一个完整的理论公式予以概括。较为合理而可行的方法是，在分析上述因素的基础上，根据不同围岩的类别，分别采用不同的方法来估算围岩压力。

（1）根据围岩条件、支护效果等因素采用不同方法估算围岩压力。

1）自稳条件好，开挖后变形很快稳定的围岩，可不计围岩压力。统计规律表明，一般在变形小于 0.2mm/d 时，可认为基本稳定；如有长期观测（大于 3 个月）成果，观测后期全月平均小于 0.1mm/d 时，可认为是稳定的。

2）对于薄层状及碎裂、散体结构的围岩，可按下列公式计算围岩压力

垂直方向
$$q_v = (0.2 \sim 0.3)\gamma_r B \tag{5-7}$$

水平方向
$$q_h = (0.05 \sim 0.1)\gamma_r H \tag{5-8}$$

式中：q_v 为垂直均布围岩压力，kN/m^2；q_h 为水平均布围岩压力，kN/m^2；γ_r 为岩体容重，kN/m^3；B 为隧洞开挖宽度，m；H 为隧洞开挖高度，m。

3）对于松软破碎而能形成坍落拱的深埋隧洞，按松散介质平衡理论，如普氏理论（见后）、太沙基理论等估算围岩压力。

4）对不能形成稳定坍落拱的浅埋隧洞，宜按洞室顶拱以上覆盖岩体的重力作用计算围岩压力，再根据施工采取的支护措施予以修正。这是因为松散围岩压力除与地质条件、隧洞开挖尺寸有关外，还与施工方法、支护措施、支护时间有很大关系。但是，具体能使松散压力减小多少，目前还只能根据工程经验和对变形的监测分析采用类比法决定。

要严格地确定深浅埋的界限很困难，在岩洞中多用工程类比、地质预报和实际地质情况来分析确定，对于土洞，多用荷载等效高度来判断，其判定式为

$$H_p = 2.5 H_g \tag{5-9}$$

其中
$$H_g = q/\gamma$$

式中：H_p 为深浅埋土洞的分界深度，m；H_g 为荷载等效高度，m；q 为深埋土洞按松散介质平衡理论计算出的均布土压力，$10^3 kN/m^2$；γ 为土的容重，$10^3 kN/m^3$。

5）对于块状、中厚层至厚层状结构的围岩，可根据围岩中不稳定块体的作用来确定围岩压力。

6）对于其他围岩条件比较复杂而又重要的工程，应根据工程具体情况通过专门研究确定；对于采取了支护或加固措施的隧洞，应根据围岩稳定情况，不计或少计围岩压力；

对于采用掘进机开挖的围岩，可适当少计围岩压力。

（2）松散介质理论分析法（自然平衡拱法）。我国自20世纪50年代以来，很长一段时间都采用松散介质理论分析法中的普氏法估算围岩压力。该法是1908年由俄国人普罗托吉雅柯诺夫（M. M. протодьяконов）提出的。该理论假设围岩为松散体，隧洞开挖后，洞顶一部分岩石将坍落，在洞顶形成一个坍落拱（自然平衡拱），拱的形状近似为抛物线，其矢高与岩石强度及洞的跨度有关。计算山岩压力只需计算坍落拱下的岩石重力。在水工设计中，常取相应于这一平衡拱高的岩柱重力作为洞顶的均布围岩压力 q。对于平顶隧洞，$q=\gamma_r h$；对于曲线型洞顶，$q=0.7\gamma_r h$，γ_r 为岩石容重；h 为平衡拱的高度。

普氏曾对松散体进行过许多实验，上述理论大致符合松散体理论，但把这一理论推广到各类围岩中显然是不合适的。

5. 弹性抗力和围岩反力

弹性抗力是衬砌在主动荷载作用下向外变形时受到围岩约束而施加于衬砌外壁的反作用力。方向为法向（垂直于衬砌中心线），其强度可近似认为与衬砌外壁的法向位移成正比，即

$$p = Ky \tag{5-10}$$

式中：p 为围岩某点的弹性抗力强度；y 为衬砌外壁某点向外的法向位移，以向外为正；K 为岩石的弹性抗力系数，其含义是抵抗衬砌向外变形单位长度所需要的压力强度。

弹性抗力能帮助衬砌分担部分外荷载，对衬砌是有利的。因此，正确地分析衬砌与围岩分担的荷载，合理地选定围岩的弹性抗力系数 K 有着重要意义。

现以圆形有压隧洞为例，假定围岩为理想弹性体，将深埋于岩体中的圆形隧洞视为位于均匀无限弹性介质中的厚壁圆筒，当其壁面承受均匀内压 p 时，筒内壁的径向位移 y 为

$$y=\frac{(1+\mu_0)r_H}{E_0}p \tag{5-11}$$

即

$$p=\frac{E_0}{(1+\mu_0)r_H}y \tag{5-12}$$

对比式（5-10）和式（5-12），则得

$$K=\frac{E_0}{(1+\mu_0)r_H} \tag{5-13}$$

式中：E_0、μ_0 分别为岩体的弹性模量和泊松比；r_H 为隧洞的开挖半径，即衬砌的外半径。

由式（5-13）可以看出，弹性抗力系数不仅与岩石的性质有关，而且与隧洞的开挖半径 r_H 成反比。对于承受均匀内水压力的圆形有压隧洞，为了便于应用，工程上常采用单位弹性抗力系数 K_0，定义 K_0 为开挖半径100cm时的岩体弹性抗力系数。计算 K_0 的公式为

$$K_0=\frac{E_0}{100\times(1+\mu_0)} \tag{5-14}$$

由式（5-14）及式（5-13）得

$$K=\frac{100K_0}{r_H} \tag{5-15}$$

由上述弹性抗力系数的确定方法可知，式（5-14）及式（5-15）是由严格的弹性理

论推导出来的，必须符合下述三个条件：①围岩是均匀各向同性的无限弹性体；②圆洞；③承受均匀内水压力。在实际工程中，上述三个条件很难全部满足，因而与实际有一定出入。上述三个条件说明，不仅围岩的力学特性和地质条件对弹性抗力系数有影响，而且隧洞开挖的形状和尺寸以及作用于衬砌上的荷载性质及其分布情况等均影响弹性抗力系数。例如，无压隧洞的断面形状常为非圆形，且无均匀内水压力，故按式（5－13）、式(5－14)计算 K 值的方法是不适用的。设计时，可用工程类比法或现场实验分析法确定。

前已述及，合理确定弹性抗力，对于正确分析衬砌与围岩分担的荷载有重要意义，特别是可以减小由内水压力产生的衬砌内力，对衬砌是有利的。但必须注意，衬砌与围岩之间存在弹性抗力是有条件的，除考虑洞壁的变形情况外，衬砌与围岩必须紧密结合；围岩坚硬、完整，在内水压力作用下必须是稳定的；围岩必须满足覆盖厚度要求。如果上述条件不能全部满足，则应降低 K 值,以改变衬砌与围岩分担的荷载比例,甚至不考虑 K 值。

当地质条件很差、岩石很软弱时，围岩不能对衬砌产生弹性抗力。在此情况下，如果作用于衬砌上的荷载本身是不平衡的，则在与不平衡荷载方向相反的衬砌背面产生围岩反力，以维持衬砌的平衡。

围岩反力的分布是很复杂的，通常都进行一些假定以简化计算，如图 5－22 所示。最简单的是假定地基反力为均匀分布。在铅直围岩压力等荷载作用下，洞底围岩反力的强度应当最大，两侧水平直径端点处围岩反力强度应当等于零。从这点出发，有假定围岩反力成三角形分布（铅直向上）的，也有假定围岩反力按径向余弦规律变化的。按径向余弦规律变化的假定比较合理，计算也较方便。

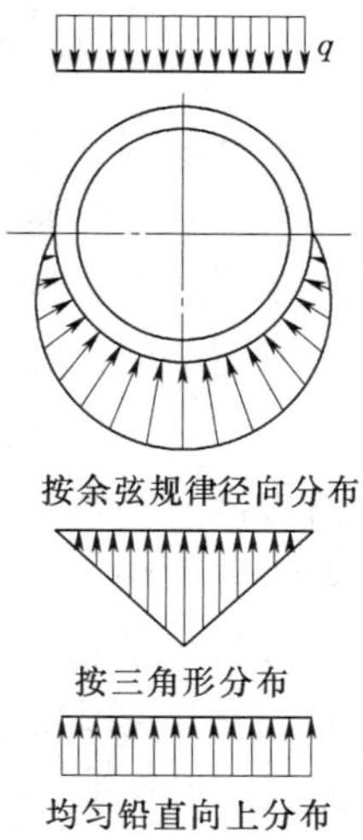

图 5－22　围岩反力分布图

6. 其他荷载

其他荷载包括灌浆压力、温度作用、地震作用等。由于温度的变化，混凝土收缩和膨胀所产生的应力以及灌浆压力等荷载比较难以确定，而单纯依靠改变结构尺寸常常不足以消除其不利作用，或者不够合理。因此，对于这类荷载一般不应只按计算结果确定衬砌尺寸，设计时可根据需要和可能作必要的计算或分析，通过采取适宜的施工措施和结构措施防止和减小其不利影响。

对于地震作用，由于隧洞衬砌被围岩包围，与地面建筑物相比，一般受地震影响较小。水工隧洞的进、出口及洞身抗震强度和地震稳定性验算按 GB 51247—2018《水工建筑物抗震设计标准》的有关规定，考虑其影响。

5.5.1.2　荷载组合

作用在衬砌上的荷载分为永久荷载、可变荷载与偶然荷载三大类。永久荷载主要有衬砌自重（包括超挖回填混凝土的重力）、围岩压力、地应力、预应力等；可变荷载包括正常运用条件下的内水压力、外水压力、灌浆压力、施工荷载以及温度作用等；偶然荷载包括校核洪水位时的内水压力和相应的外水压力、地震作用等。

承载能力极限状态设计应按基本荷载组合和偶然荷载组合进行。基本荷载组合应为永久荷载效应与可变荷载效应的组合；偶然荷载组合应为永久、可变荷载效应与一种偶然荷载效应的组合。正常使用极限状态验算应按永久荷载与可变荷载标准值的荷载效应组合进行。

设计中应根据不同情况，考虑上述不同荷载同时存在的可能性，进行组合。例如，地震作用就不应与其他偶然荷载组合。有些作用不太清楚的荷载，如果引入后有抵消其他荷载作用时，应选较小值，如计算有内水压力的组合时，外水压力或围岩压力有抵消作用，就应选择较小的外水压力或围岩压力。

5.5.2　隧洞衬砌的结构计算

5.5.2.1　结构计算方法的选择及设计原则

1. 结构计算方法的选择

衬砌结构计算的内容是：在各种可能的荷载组合情况下，计算衬砌的内力和应力；校核衬砌厚度、材料强度，并进行配筋。计算之前，可先按洞径的 1/12～1/8 并参考已建工程的数据初拟衬砌厚度。

衬砌结构计算应按设计阶段的要求、衬砌结构特点、荷载作用形式、围岩特性和施工方法等，选取合适的计算方法及计算模型。当前，衬砌的结构计算方法有三类：①将衬砌与围岩作为整体来研究的有限元法；②用弹性理论分析无限弹性介质中的轴对称受力圆管的弹性力学法；③将衬砌与围岩分开考虑，以衬砌为计算对象的结构力学法。

（1）有限元法。有限元法是将围岩作为承载结构，衬砌与围岩作为整体研究的方法。这种方法可以模拟复杂的地质条件以及衬砌和岩体的非线性特性，是比较精确且适应性广的数值方法。近年来，国内许多水工隧洞都成功地进行了有限元法联合承载的分析计算，包括软质岩、硬质岩、高压洞、低压洞、线性或非线性、有无构造影响、不同渗流场及不同开挖程序等。实践证明，只要计算模型和计算参数选择适宜，计算成果较接近实际，是一种有效的、可靠的方法。这里最关键的是如何根据围岩特性选取适宜的力学模型及模拟围岩中的主要构造。由于围岩地质构造复杂，一些力学模型不容易反映实际，围岩的地质力学参数和初始应力也不易确定等原因，这些都影响到了计算的可靠性，而且计算工作量也较大。

（2）弹性理论分析法。这种方法仅能对某些特定条件下的隧洞给出理论解。例如，对于以内水压力为主要荷载的Ⅰ类、Ⅱ类围岩的圆形隧洞，考虑围岩为联合承载作用时，可采用这种方法计算。该法由于只能用于某些特定条件，故使用受到较大限制。

（3）结构力学法。结构力学法是将衬砌与围岩分开，以研究衬砌本身为主的方法。该法假定作用在衬砌上的荷载是坍落拱下的岩体重力及内、外水压力等，而围岩的作用是以弹性抗力的形式施加给衬砌，并按文克尔假定考虑，与实际出入较大（随着计算机及计算技术的发展，目前已可由计算机进行迭代计算，自动求得弹性抗力分布，不需再做任何假定）。结构力学方法存在的主要缺点是：仅能求得衬砌的应力，不能求出围岩的应力，也无法对围岩进行稳定分析；由于以衬砌为承载结构，不仅使衬砌设计断面过大，而且无法反映隧洞开挖所采取的加固措施，以及防止围岩变形、最大限度发挥围岩自承作用的设计思想。此外，弹性抗力系数的理论假定也与实际不符。尽管结构力学方法存在上述缺点，但该法在我国隧洞设计中已运用了几十年，已形成一套完整的计算体系。设计实践证明，对Ⅳ类、Ⅴ类围岩隧洞和无压隧洞的衬砌结构设计，只要荷载作用分析合理，计算边界清楚，采用该法的力学概念明确，计算简单，经验较成熟，绝大多数隧洞运行良好，故工程中仍多采用此法。有关结构力学法的计算机程序已普遍使用，程序很多，各有特点，但尚无经过鉴定的水工隧洞专用程序，在设计中，可结合工程的实际情况选用。

几十年来我国建成了大量的水工隧洞，尽管衬砌结构的应力计算方法各异，但这些隧洞绝大多数运行正常，说明衬砌计算的边界条件比较清楚，设计条件较接近实际，有一定的安全余度。在实际工程中，选用哪种方法应根据具体工程的不同设计要求，综合各种因素选用，以更接近衬砌结构的设计条件，保证安全运行，节省工程投资。

2. 混凝土和钢筋混凝土衬砌结构设计原则

（1）水工隧洞混凝土衬砌结构应采用极限状态设计法，在规定的材料强度和荷载条件下，采用在多系数分析基础上以安全系数表达的方式进行设计，并应符合 SL 191—2008《水工混凝土结构设计规范》的相关规定。

（2）混凝土和钢筋混凝土衬砌应进行承载能力极限状态计算，并按其功能、抗渗要求、耐久性要求以及围岩的抗渗能力确定是否进行正常使用极限状态验算。如临时过水的导流隧洞，可以不进行正常使用极限状态验算。

（3）预应力混凝土衬砌应进行承载能力极限状态计算及正常使用极限状态的验算。另外，还要求根据具体情况对制作、运输及安装等施工阶段进行验算。在内水压力、预应力与其他荷载组合作用下，衬砌中的拉应力应小于混凝土的容许拉应力；无内水压力作用时，在预应力与其他荷载组合作用下，衬砌中的压应力应小于混凝土的容许压应力。

5.5.2.2　圆形有压隧洞的衬砌计算

1. 受均匀内水压力作用的衬砌计算（弹性力学方法）

当隧洞埋深满足覆盖厚度要求及其他必要条件时，应考虑围岩的弹性抗力，并将衬砌视为无限弹性介质中的厚壁圆管（图 5-23）。用弹性理论方法，根据衬砌和围岩接触面的变形相容条件可求出以均匀内水压力 p_0 所表示的围岩的弹性抗力 p，再利用轴对称受力圆管的弹性理论厚壁圆管公式计算衬砌内、外边缘的切向应力，即

$$p=\left(\frac{1-A}{t^2-A}\right)p_0 \tag{5-16}$$

$$\sigma_B=\left(\frac{t^2+A}{t^2-A}\right)p_0 \tag{5-17}$$

$$\sigma_H=\left(\frac{1+A}{t^2-A}\right)p_0 \tag{5-18}$$

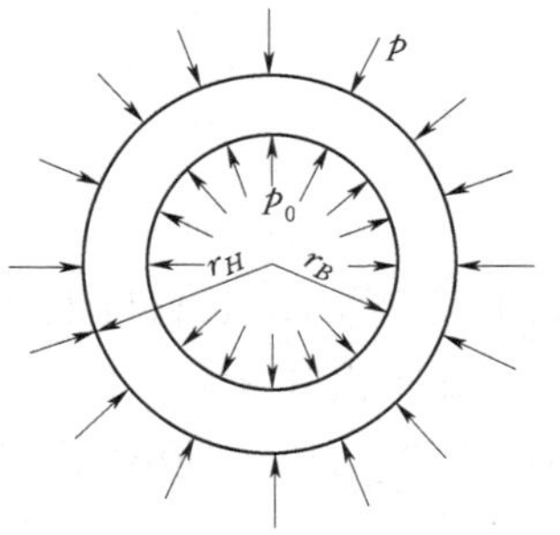

图 5-23　均匀内水压力作用下的应力计算

其中

$$A=\frac{0.01E_h-(1+\mu)K_0}{0.01E_h+(1+\mu)(1-2\mu)K_0} \tag{5-19}$$

式中：t 为衬砌内半径 r_B 与外半径 r_H 之比值，$t=r_H/r_B$；σ_B、σ_H 分别为衬砌内、外边缘的切向应力；A 为弹性特征因素；E_h、μ 分别为混凝土的弹性模量和泊松比；K_0 为单位弹性抗力系数。

因为 $t>1$，故 $\sigma_B>\sigma_H$，当不考虑弹性抗力时，$K_0=0$，$A=1$。

求出 σ_B、σ_H 后，衬砌应力可近似地按直线变化，即可算出各断面的轴力 N 和弯矩 M，然后再与其他荷载算出的 N 与 M 进行组合。

如果有压隧洞直径 $D<6$m，岩石坚固，属于Ⅰ类、Ⅱ类围岩，或按坚固系数 $f_k>6$

(坚固系数 f_k 表示岩石的抗剪强度 τ 与法向应力 σ 的比值，代表了围岩固有的抗剪能力，也就是反映了岩体的坚固性)，铅直围岩压力很小时，对于混凝土或钢筋混凝土衬砌，均可只按均匀内水压力计算衬砌厚度与应力。

(1) 混凝土衬砌。对于混凝土不开裂情况，求混凝土衬砌厚度 δ 时，可在式(5-17)中用混凝土的允许轴向拉应力 $[\delta_l]$ 代替内边缘拉应力 σ_B，并使 $t=r_H/r_B=1+\delta/r_B$，经整理后可得

$$\delta = r_B\left(\sqrt{A\frac{[\sigma_l]+p_0}{[\sigma_l]-p_0}}-1\right) \tag{5-20}$$

其中

$$[\sigma_l]=\frac{R_l}{K_l}$$

式中：R_l 为混凝土设计抗拉强度；K_l 为混凝土抗拉安全系数，按表 5-3 选用。

由式 (5-20) 可以看出，$[\sigma_l]$ 应大于 p_0，而且 A 应为正值；否则，该式无解或不合理。若 A 为正值，且 $p_0>[\sigma_l]$ 时，应提高混凝土标号，或改用钢筋混凝土衬砌。若围岩坚固，内水压力又较小，如算得的 δ 值很小时，其采用值应不小于结构最小厚度。

(2) 钢筋混凝土衬砌。当按不允许开裂情况考虑时，其厚度可用钢筋混凝土结构混凝土的允许轴心抗拉强度 $[\sigma_{gl}]$ 代替式 (5-20) 中的 $[\sigma_l]$，即得

$$\delta = r_B\left(\sqrt{A\frac{[\sigma_{gl}]+p_0}{[\sigma_{gl}]-p_0}}-1\right) \tag{5-21}$$

式 (5-17)、式 (5-18) 仍可用来计算衬砌在混凝土未开裂时的内、外边缘拉应力，但由于衬砌内配有钢筋，能分担部分内水压力，从而减小了内、外边缘拉应力，故在式 (5-17)、式 (5-18) 中需乘以小于 1 的系数 (S/S_{np})，即

$$\sigma_{gB} = \frac{S}{S_{np}}\left(\frac{t^2+A}{t^2-A}\right)p_0 \tag{5-22}$$

$$\sigma_{gH} = \frac{S}{S_{np}}\left(\frac{1+A}{t^2-A}\right)p_0 \tag{5-23}$$

式中：S 为 1m 长衬砌混凝土的纵断面面积；S_{np} 为 S 中包括钢筋在内的混凝土折算面积。

如果由式 (5-21) 求出的 δ 为负值，或小于结构最小厚度时，则采用结构最小厚度，钢筋可按结构的最小配筋率对称配置。

前已述及，混凝土和钢筋混凝土衬砌结构，由于各种原因都存在裂缝，起不到抗裂作用，一般适用于允许出现裂缝的衬砌结构。当按此设计时，其设计要求和计算方法见 SL 279—2016《水工隧洞设计规范》和 SL 191—2008《水工混凝土结构设计规范》。

当围岩较差或洞径 $D>6$m 时，不能只按内水压力设计衬砌时，则应先算出均匀内水压力作用下的内力，然后再与其他荷载引起的内力组合后进行设计。

2. 其他荷载作用下的衬砌计算（结构力学法）

(1) 考虑弹性抗力时的衬砌内力计算。在铅直围岩压力及其他荷载作用下，如果围岩较好且与衬砌结合紧密，则应考虑弹性抗力作用。按照弹性抗力产生的原则，除假定顶部 90°范围内衬砌不受弹性抗力作用外，其他部位均存在弹性抗力，作用方向为径向，并按以下规律分布（图 5-24）。

$$\left.\begin{aligned} &\pi/4 \leqslant \varphi \leqslant \pi/2 \text{ 时} \qquad K\delta = -K\delta_a\cos 2\varphi \\ &\pi/2 \leqslant \varphi \leqslant \pi \text{ 时} \qquad K\delta = K\delta_a\sin^2\varphi + K\delta_b\cos^2\varphi \end{aligned}\right\} \tag{5-24}$$

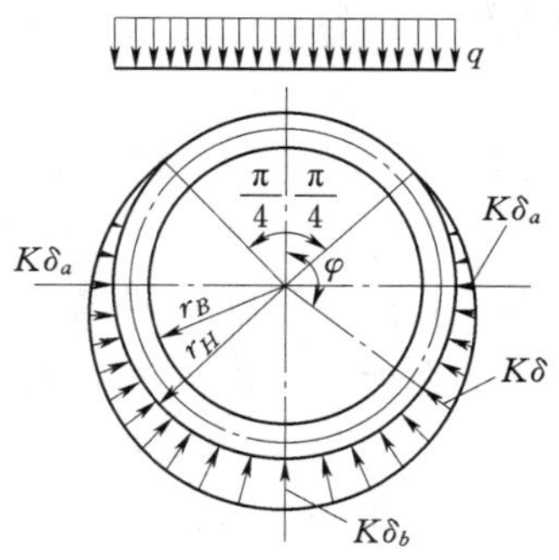

图 5-24　圆形隧洞衬砌弹性抗力分布

式中：φ 为计算断面与铅直线的夹角；$K\delta_a$、$K\delta_b$ 分别为 $\varphi=\pi/2$ 及 $\varphi=\pi$ 处衬砌所受的弹性抗力。

计算围岩铅直压力、衬砌重力及洞内满水而无水头作用的内力时，其弹性抗力均采用图 5-24 的分布规律，且不计衬砌与围岩间的摩擦力，然后用结构力学弹性中心法，自洞顶切开，引刚臂至圆心，由于荷载及结构左右对称，故取一半计算，可得出各断面上的弯矩和轴向力表达式。工程计算中已有现成的计算公式及计算数表可供查用[39]，下面仅列出各种荷载作用下的内力计算公式。

1）铅直围岩压力作用下的内力计算。

$$M = qr_H r[Aa + B + Cn(1 + a)] \tag{5-25}$$

$$N = qr_H[Da + E + Fn(1 + a)] \tag{5-26}$$

其中

$$n = \frac{1}{0.06416 + \dfrac{EI}{r^3 r_H Kb}} \tag{5-27}$$

$$a = 2 - \frac{r_H}{r}$$

式中：r_H、r 分别为衬砌外半径及平均半径；K 为围岩弹性抗力系数；b 为计算时所采用的衬砌圆环宽度，一般取 1m；E 为衬砌材料的弹性模量；I 为衬砌断面的惯性矩；A、B、C、D、E、F 为与 φ 有关的系数。

2）衬砌重力作用下的内力计算。假定衬砌等厚，单位长度重力为 g，计算原理同前。

$$M = gr^2(A_1 + B_1 n) \tag{5-28}$$

$$N = gr(C_1 + D_1 n) \tag{5-29}$$

式中：A_1、B_1、C_1、D_1 均为与 φ 有关的系数；其余符号意义同前。

3）洞内满水而无水头时的内力计算。水压力方向为径向，压强在洞顶为零，洞底为 $2r_B\gamma$（图 5-20）。计算原理同前。

$$M = \gamma(A_2 + B_2 n) r r_B^2 \tag{5-30}$$

$$N = \gamma(C_2 + D_2 n) r_B^2 \tag{5-31}$$

式中：A_2、B_2、C_2、D_2 为与 φ 有关的系数；γ 为水的容重。

4）外水压力作用下的内力计算。对于均匀外水压力的作用，一般都与均匀内水压力叠加后按均匀内水压力计算内力。

对于非均匀外水压力的作用，如果弹性抗力的分布采用图 5-24 所示的形式时，则为负值。因此，只有当围岩压力和衬砌自身重力等荷载引起的弹性抗力大于或等于非均匀外水压力所引起的负弹性抗力时，即在 $\pi r_H^2\gamma \leqslant 2(qr_H + \pi rg)$ 的条件下，或荷载组合中有内水重力时，才能采用与前面相同的弹性抗力分布图形和下面的公式计算非均匀外水压力作用下的内力

$$M = -\gamma(A_2 + B_2 n) r r_H^2 \tag{5-32}$$

$$N = -\gamma(C_2 + D_2 n) r_H^2 \tag{5-33}$$

当 $\pi r_H^2\gamma > 2(qr_H + \pi rg)$，且洞内无水时，衬砌内力值可近似采用后面介绍的不考虑岩石弹性抗力的计算方法进行计算。

式（5-25）～式（5-33）中与 φ 有关的各个系数均可从参考文献［39］附录四中查得。

(2) 不考虑弹性抗力时的衬砌内力计算。当地质条件差、围岩软弱、不能对衬砌产生弹性抗力时，则需用围岩反力与主动荷载平衡，并考虑侧向围岩压力所产生的内力。围岩反力按余弦规律径向分布，由结构力学方法即可求出如图 5-25 所示的各种荷载单独作用下衬砌的内力计算公式，见表 5-3。式中各系数可由参考文献［39］附录四查取。

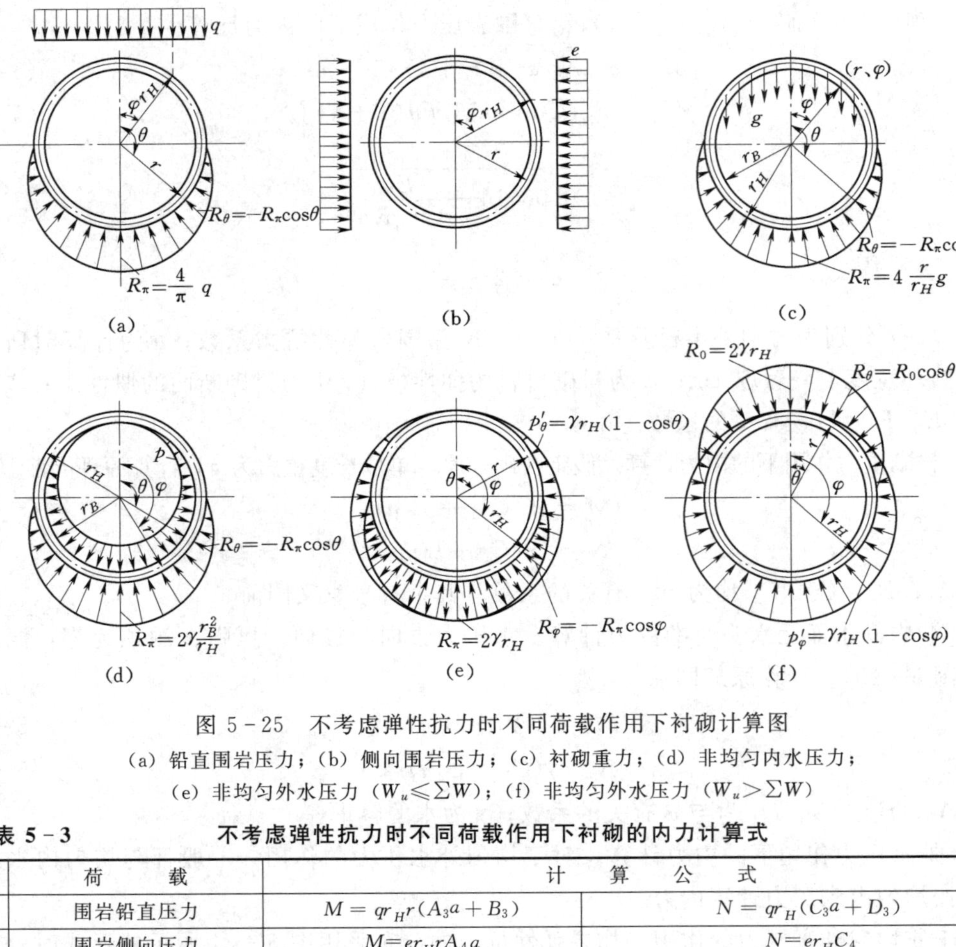

图 5-25　不考虑弹性抗力时不同荷载作用下衬砌计算图
(a) 铅直围岩压力；(b) 侧向围岩压力；(c) 衬砌重力；(d) 非均匀内水压力；
(e) 非均匀外水压力（$W_u \leqslant \Sigma W$）；(f) 非均匀外水压力（$W_u > \Sigma W$）

表 5-3　不考虑弹性抗力时不同荷载作用下衬砌的内力计算式

项目	荷载		计算公式	
1	围岩铅直压力		$M = qr_H r(A_3 a + B_3)$	$N = qr_H(C_3 a + D_3)$
2	围岩侧向压力		$M = er_H rA_4 a$	$N = er_H C_4$
3	衬砌重力		$M = gr^2 A_5$	$N = grC_5$
4	无水头洞内满水时的水压力		$M = \gamma r_B^2 rA_6$	$N = \gamma r_B^2 C_6$
5	非均匀外水压力	$W_u \leqslant \Sigma W$	$M = -\gamma r_H^2 rA_6$	$N = -\gamma r_H^2 C_7$
6		$W_u > \Sigma W$	$M = -\gamma r_H^2 rA_6\left(\frac{2\Sigma W}{W_u} - 1\right)$	$N = -\gamma r_H^2\left(\frac{\Sigma W}{W_u}C_6 - \frac{W_u - \Sigma W}{W_u}C_7\right)$

注　表中 $W_u = \pi\gamma r_H^2$；$\Sigma W = 2(qr_H + \pi rg) + \pi\gamma r_B^2$；当荷载组合中无洞内水重时，$\pi\gamma r_B^2 = 0$。

表 5-3 中，非均匀外水压力的计算分两种情况。这里对 $W_u > \Sigma W$ 情况下的计算公式

作如下说明：图 5－25（f）为非均匀外水压力单独作用时的计算图，其内力计算公式为

$$M=\gamma r r_H^2 A_6 \tag{5-34}$$

$$N=\gamma r_H^2 C_7 \tag{5-35}$$

当它与其他荷载组合且 $W_u>\sum W$ 时，各荷载共同作用所产生的作用于衬砌上半部的围岩反力是与 $W_u-\sum W$ 相平衡的。因此，当 $W_u>\sum W$ 时，非均匀外水压中相应于$\sum W$ 部分，仍按表 5－3 中第 5 项所列公式计算，其相应的计算图为图 5－25（e），而所余的 $W_u-\sum W$ 部分，才按式（5－34）、式（5－35）计算，计算图为图 5－25（f），然后二者叠加才是 $W_u>\sum W$ 时非均匀外水压力作用下衬砌所产生的内力，即

$$\begin{aligned} M&=-\gamma r r_H^2 A_6 \frac{\sum W}{W_u}+\gamma r r_H^2 A_6 \frac{W_u-\sum W}{W_u} \\ &=-\gamma r r_H^2\left(\frac{2\sum W}{W_u}-1\right)A_6 \end{aligned} \tag{5-36}$$

$$\begin{aligned} N&=-\gamma r_H^2 C_6 \frac{\sum W}{W_u}+\gamma r_H^2 C_7 \frac{W_u-\sum W}{W_u} \\ &=-\gamma r_H^2\left(\frac{\sum W}{W_u}C_6-\frac{W_u-\sum W}{W_u}C_7\right) \end{aligned} \tag{5-37}$$

5.5.2.3　无压隧洞衬砌的结构计算

无压隧洞衬砌的主要形式有圆拱直墙式、马蹄形及蛋形等，一般均做成封闭式衬砌结构。其结构计算可用结构力学法或有限元法，目前仍以结构力学法为主。衬砌计算的结构力学法在结构力学教材中已介绍，此处不再重述。下面仅重点介绍马蹄形及圆拱直墙式衬砌的弹性抗力分布与确定，以及结构计算的基本假定与主要公式的建立。

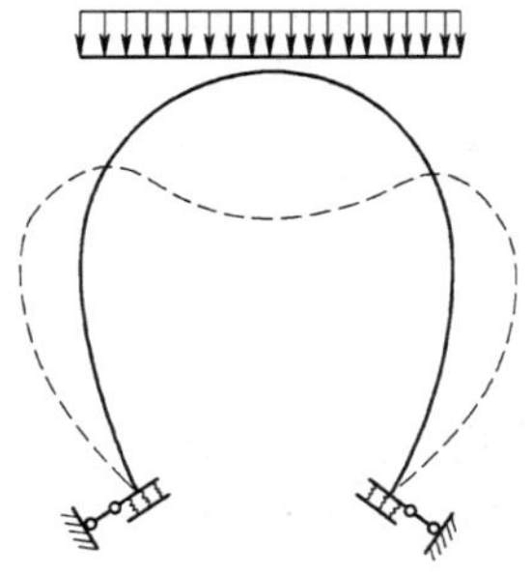

图 5－26　曲墙高拱变形特点

1. 弹性抗力及摩擦力

对于高拱，要确定弹性抗力的分布形式首先要了解高拱衬砌在荷载作用下的变形特点。观测及计算表明，无论是直墙高拱还是曲墙高拱，衬砌在铅直围岩压力和洞内水压力作用下，顶拱将向下变形，有和围岩脱开的趋势，两个直侧墙或侧曲拱则向外变形（图5－26），引起围岩给它的弹性抗力。弹性抗力值 p 与该点位移 δ 成正比，即 $p=K\delta$，K 为岩层弹性抗力系数。前已述及，圆形有压隧洞弹性抗力的计算方法不适用于无压隧洞。无压隧洞的 K 值主要根据工程类比法或现场试验分析确定，初步设计时，也可参考表 5－4 所给的数值确定。该数值是根据过去工程经验得出的。

表 5－4　　无压隧洞岩石抗力系数表

岩石坚硬程度	代表岩石的名称	节理裂隙多少或风化程度	岩石抗力系数 K /(N/cm^3)
坚硬岩石	石英岩、花岗岩、流纹斑岩、安山岩、玄武岩、厚层矽质灰岩等	节理裂隙少，新鲜	2000～5000
		节理裂隙不太发育，微风化	1200～2000
		节理裂隙发育，弱风化	500～1200

续表

岩石坚硬程度	代表岩石的名称	节理裂隙多少或风化程度	岩石抗力系数 K /(N/cm³)
中等坚硬岩石	砂岩、石灰岩、白云岩、砾岩等	节理裂隙少，新鲜	1200～2000
		节理裂隙不太发育，微风化	800～1200
		节理裂隙发育，弱风化	200～800
较软岩石	砂页岩互层、黏土质岩石、致密的泥灰岩等	节理裂隙少，新鲜	500～1200
		节理裂隙不太发育，微风化	200～500
		节理裂隙发育，弱风化	<200
松软岩石	严重风化及十分破碎的岩石、断层、破碎带等		<100

(1) 曲墙高拱弹性抗力分布。由图5-26所示变形曲线，可以决定弹性抗力的分布图形（图5-27）。如顶拱为半圆形或接近半圆形的衬砌，其弹性抗力零点的位置一般均在倾角 $\varphi=45°$ 断面处。由于拱座处没有水平位移，该处的弹性抗力也为零。弹性抗力最大值断面可近似认为在拱顶圆弧水平直径两端 h 处（图5-27）。顶拱弹性抗力分布根据Г.Г.祖拉波夫和О.Е.布加耶娃的假定按下式变化。

在 $\pi/4\leqslant\varphi\leqslant\pi/2$ 范围内

$$K\delta = K\delta_h \frac{\cos^2 45° - \cos^2\varphi}{\cos^2 45° - \cos^2\alpha} \tag{5-38}$$

当顶拱为半圆拱，$\alpha=90°$ 时，则

$$K\delta = K\delta_h(1-2\cos^2\varphi) \tag{5-39}$$

曲墙水平直径以下（$0\leqslant y-r\leqslant y_h$），弹性抗力按抛物线分布（图5-27），即

$$K\delta = K\delta_h\left[1-\frac{(y-r)^2}{y_h^2}\right] \tag{5-40}$$

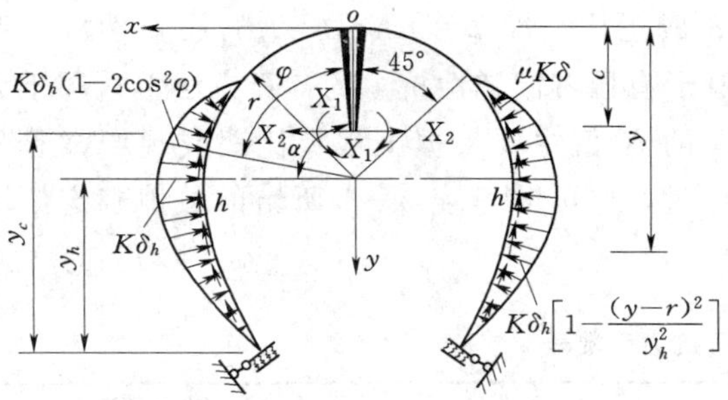

图5-27 曲墙高拱计算图

式中：y 为由拱顶 o 点算起的纵坐标；δ_h 为衬砌在 h 点的径向变位；其余符号意义见图5-27。

(2) 直墙高拱弹性抗力分布。顶拱部分的弹性抗力分布与曲墙高拱相同，仍按式(5-38)及式(5-39)计算。

对于直墙部分，衬砌在荷载作用下的变形与图5-26类似，直墙段（$0\leqslant y-r\leqslant y_h$）弹性抗力仍按抛物线分布并按式(5-40)计算，如图5-28所示。

除弹性抗力外，在弹性抗力区还有摩擦力 T 作用在衬砌外表面上，其作用方向与衬砌表面相切（图5-27、图5-28），其大小与弹性抗力成正比，即 $T=\mu k\delta$，此处，μ 为衬砌材料与围

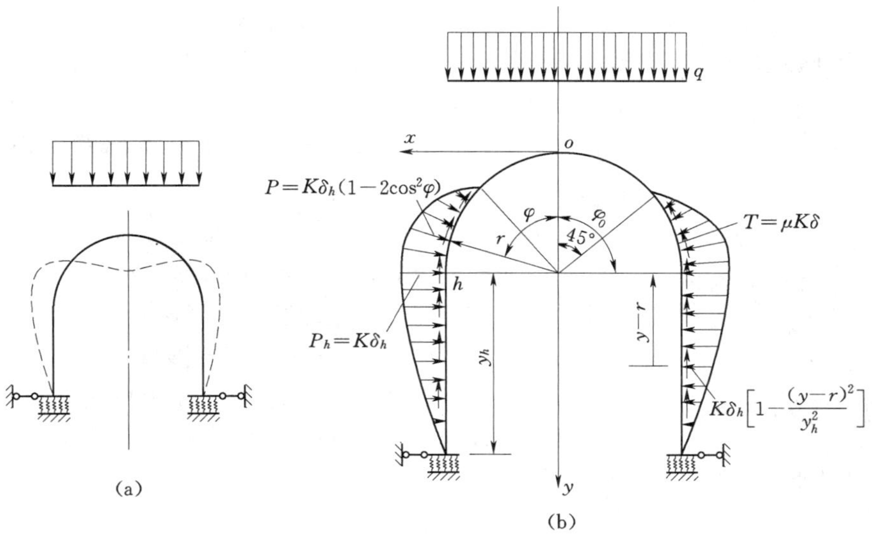

图 5-28　直墙高拱弹性抗力分布图

(a) 变形特点；(b) 弹性抗力分布

岩间的摩擦系数。由于摩擦力对衬砌的内力影响很小，可以忽略不计。

2. 马蹄形及圆拱直墙式衬砌计算的原理

马蹄形及圆拱直墙式衬砌由顶拱、曲墙（或直墙）和底板组成。为便于计算，常将整体封闭式衬砌结构分为高拱（曲墙拱或直墙拱）和底板两个部分，计算时考虑它们之间的连接作用，其计算简图如图 5-29 所示。

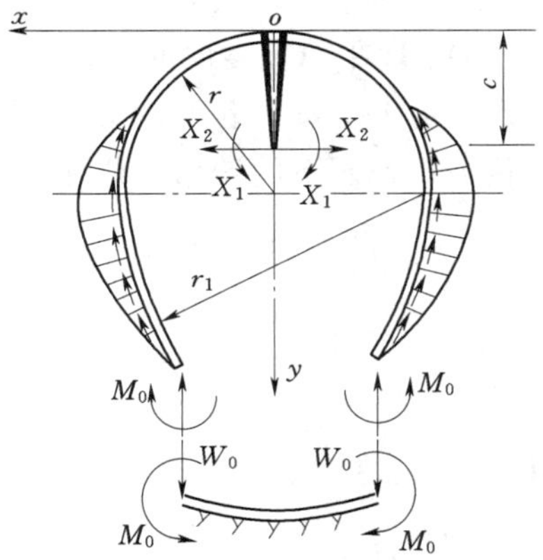

图 5-29　马蹄形封闭式衬砌计算简图

下面介绍高脚拱计算。曲墙或直墙高拱的计算原理是相同的，现以曲墙高拱为例进行介绍。

曲墙高拱的结构计算与一般超静定拱基本相同。在拱顶切开，加上刚臂，刚臂长度 c 可由高拱弹性中心的位置求得。将多余未知力 X_1 及 X_2 移至弹性中心后，即得图 5-27 所示的计算简图。下面针对有弹性抗力作用的情况，简述其计算原理。

对于图 5-27 所示的情况，假定拱座没有水平位移，拱座铅直位移对衬砌内力无影响，计算时只考虑拱座的角变位 β，于是可建立法方程式为

$$\left.\begin{aligned} X_1\delta_{11}+\Delta_{1p}+\beta=0 \\ X_2\delta_{22}+\Delta_{2p}+\beta y_c=0 \end{aligned}\right\} \tag{5-41}$$

设 M_p 为外荷载（包括弹性抗力和摩擦力）作用于基本结构时拱座的力矩，则拱座处的力矩 M_0（图 5-29）为

$$M_0=X_1+X_2y_c+M_p \tag{5-42}$$

拱座处的总转角则为

$$\beta = \beta_1 M_0 = X_1\beta_1 + X_2\beta_2 + \beta_p = X_1\beta_1 + X_2 y_c\beta_1 + \beta_p \tag{5-43}$$

式中：y_c 为弹性中心至拱座截面的铅直距离；β 为拱座总转角；β_1 为拱座在单位力矩作用下所产生的转角；β_2 为弹性中心单位水平力所引起的拱座转角，$\beta_2=\beta_1 y_c$；β_p 为外荷载作用于基本结构所引起的拱座转角。

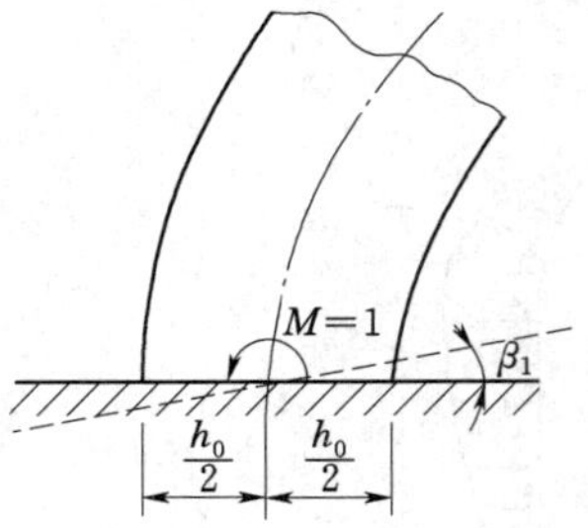

图 5-30　拱座的转角变位

β_1 及 β_p 的确定分以下两种情况：

(1) 对于不设底板或底板与曲墙（或直墙）分离的衬砌，可将墙底看作与岩石弹性固结，此时，假定弹性拱座变形时，拱座面保持平面（图 5-30），当拱座面作用有单位力矩（$M=1$）时，其边缘应力为 $h_0/2I$（h_0 为拱座截面高度，I 为拱座截面惯性矩），设拱座岩面的弹性抗力系数为 K，则得拱座截面边缘处垂直于拱座面的位移为 $h_0/2IK$，于是得

$$\beta_1 = \frac{h_0/(2IK)}{h_0/2} = \frac{1}{KI} \tag{5-44}$$

$$\beta_p = \beta_1 M_p = \frac{1}{KI}M_p \tag{5-45}$$

(2) 对于封闭式衬砌，高拱与底板是弹性连接的，该连接点应具有相同的变位（图 5-29）。取单位宽度的底板作为弹性地基上的直梁（扁平的底拱也可按直梁计算），在连接点剪力 W_0 和力矩 M_0 作用下，梁端将产生角变位，求出角变位后，即可求得连接点在单位力矩作用下的转角变位 β_1 及外荷载作用下的转角变位 β_p 为

$$\left.\begin{aligned}\beta_1 &= \frac{2\alpha^3}{Kb}G_3\\ \beta_p &= \frac{2\alpha^2}{Kb}W_0G_4 + \beta_1 M_p\end{aligned}\right\} \tag{5-46}$$

其中

$$\alpha = \sqrt[4]{\frac{Kb}{4EI}}$$

底板中点的力矩为

$$M_{l/2} = \frac{W_0}{\alpha}G_2 + M_0G_1 \tag{5-47}$$

式中：W_0 为底板端点作用的剪力；M_0 为底板端点作用的力矩；M_p 为基本结构中外荷载在拱座处产生的力矩；b 为底板的计算宽度，可取 $b=1$m；K 为底板岩石的弹性抗力系数；α 为底板的变形系数；E、I 分别为底板的弹性模量和断面惯性矩；$G_1\sim G_4$ 为双曲三角函数，可根据$\frac{\alpha l}{2}$值，由表 5-5 查得，l 为底板跨度。

将式（5-43）代入式（5-41），可以解得

$$X_1 = \frac{(\Delta_{2p}+\beta_p y_c)\beta_1 y_c - (\delta_{22}+\beta_1 y_c^2)(\Delta_{1p}+\beta_p)}{(\delta_{11}+\beta_1)(\delta_{22}+\beta_1 y_c^2) - \beta_1^2 y_c^2} \tag{5-48}$$

$$X_2 = \frac{(\Delta_{1p}+\beta_p)\beta_1 y_c - (\delta_{11}+\beta_1)(\Delta_{2p}+\beta_p y_c)}{(\delta_{11}+\beta_1)(\delta_{22}+\beta_1 y_c^2) - \beta_1^2 y_c^2} \tag{5-49}$$

式（5-48）、式（5-49）中的 Δ_{1p}、Δ_{2p} 和 β_p 均包含有暂时未知的弹性抗力 $K\delta_h$，δ_h 可根据变位条件得出：在全部荷载（包括多余未知力 X_1、X_2 及弹性抗力与摩擦力）作用

下，衬砌在 h 点的径向变位为

$$\delta_h = X_1\delta_{h1} + X_2\delta_{h2} + \delta_{hp} + \Delta_{h\beta} \tag{5-50}$$

式中：δ_{h1}、δ_{h2}、δ_{hp} 分别为 $X_1=1$、$X_2=1$ 及外荷载作用于基本结构上引起 h 点的径向变位；$\Delta_{h\beta}$ 为拱座总转角 β 引起的 h 点的径向变位，由于 β 很小，可近似取 $\Delta_{h\beta}=\beta y_h$；$y_h$ 为 h 点至拱座的铅直距离。

表5-5　双曲三角函数

$\frac{\alpha l}{2}$	G_1	G_2	G_3	G_4	$\frac{\alpha l}{2}$	G_1	G_2	G_3	G_4
0.8	0.93517	0.37752	1.54462	0.40768	2.5	−0.03214	0.09887	2.01862	1.02618
0.9	0.89921	0.41067	1.70309	0.50263	2.6	−0.05008	0.07691	2.00937	1.01969
1.0	0.85245	0.43601	1.84224	0.59909	2.7	−0.06371	0.05759	2.00259	1.01406
1.1	0.79491	0.45212	1.95853	0.69291	2.8	−0.07362	0.04078	1.99791	1.00938
1.2	0.72767	0.45814	2.04971	0.78004	2.9	−0.08035	0.02632	1.99492	1.00564
1.3	0.65280	0.45394	2.11530	0.85701	3.0	−0.08436	0.01404	1.99327	1.00277
1.4	0.57309	0.44016	2.15669	0.92143	3.1	−0.08611	0.00374	1.99260	1.00067
1.5	0.49161	0.41814	2.17692	0.97222	3.2	−0.08598	−0.00475	1.99264	0.99923
1.6	0.41140	0.38967	2.18009	1.00958	3.3	−0.08432	−0.01161	1.99315	0.99831
1.7	0.33500	0.35671	2.17073	1.03474	3.4	−0.08144	−0.01702	1.99394	0.99780
1.8	0.26428	0.32116	2.15318	1.04960	3.5	−0.07762	−0.02114	1.99486	0.99761
1.9	0.20045	0.28468	2.13119	1.05632	3.6	−0.07308	−0.02414	1.99582	0.99763
2.0	0.14410	0.24859	2.10770	1.05705	3.7	−0.06805	−0.02615	1.99674	0.99781
2.1	0.09530	0.21388	2.08482	1.05369	3.8	−0.06270	−0.02734	1.99756	0.99806
2.2	0.05382	0.18123	2.06393	1.04786	3.9	−0.05718	−0.02781	1.99828	0.99836
2.3	0.01916	0.15106	2.04579	1.04077	4.0	−0.05163	−0.02769	1.99887	0.99867
2.4	−0.00928	0.12358	2.03069	1.03334					

将式（5-48）、式（5-49）中的 X_1、X_2 值（均为 $K\delta_h$ 的函数）代入式（5-50）即可得出 δ_h，进而求得 X_1 及 X_2，于是，衬砌任一断面的弯矩和轴向力为

$$\left.\begin{aligned} M &= X_1 + X_2(y-c) + M_p \\ N &= X_2\cos\varphi + N_p \end{aligned}\right\} \tag{5-51}$$

式中：M_p、N_p 分别为外荷载作用于基本结构在衬砌计算断面引起的弯矩和轴向力；φ 为计算截面与铅直线的夹角。

3. 封闭式衬砌结构的计算步骤

（1）计算高拱部分的弹性中心位置。

（2）计算法方程式中的形常数 δ_{11}、δ_{22} 和载常数 Δ_{1p}、Δ_{2p}，以及式（5-50）中衬砌在 h 点的径向变位 δ_{h1}、δ_{h2} 及 δ_{hp}，其中 Δ_{1p}、Δ_{2p} 和 δ_{hp} 均包含有弹性抗力 $K\delta_h$。

（3）对于封闭式衬砌，先计算底板的 α 值，并由表5-5查出双曲三角函数 $G_1\sim G_4$，再由式（5-46）算出 β_1 和 β_p，其中 β_p 也是 $K\delta_h$ 的函数。对于不设底板或底板与曲墙（或直墙）分离的衬砌，则由式（5-44）及式（5-45）算出 β_1、β_p。

(4) 将 δ_{11}、δ_{22}、Δ_{1p}、Δ_{2p}、β_1、β_p 代入式 (5-48) 及式 (5-49)，求出弹性中心处的超静定力 X_1、X_2，此时，X_1、X_2 也是 $K\delta_h$ 的函数。

(5) 将 X_1、X_2 代入式 (5-43) 求出 β，并由式 (5-50) 以及 $\Delta_{h\beta}=\beta y_h$ 求得 δ_h。

(6) 由 δ_h 最后求得 X_1、X_2。于是高拱任意断面的弯矩和轴力即可由式 (5-51) 求得。

(7) 由式 (5-47) 计算底板中点的弯矩，底板的轴向力可根据 y 轴一侧衬砌所受的水平力的平衡条件求出。

无压隧洞衬砌的计算比较复杂，目前已普遍使用计算机程序，有的无压隧洞专著[40]还配置有程序软盘，可减除烦琐计算，使设计工作大为简化。此外，使用计算机计算，还可对衬砌的弹性抗力分布不作任何假定，而由程序迭代计算自动得出，较前述假定弹性抗力分布更为合理。

5.6 坝下涵管

5.6.1 涵管的类型和工作特点

与隧洞的情况类似，坝下涵管因担负任务的不同，可分为取水涵管及泄水涵管两类；按工作时的水力条件不同，可分为有压涵管和无压涵管两类。涵管一般由进口段、管身段及出口段组成(图 5-31)。

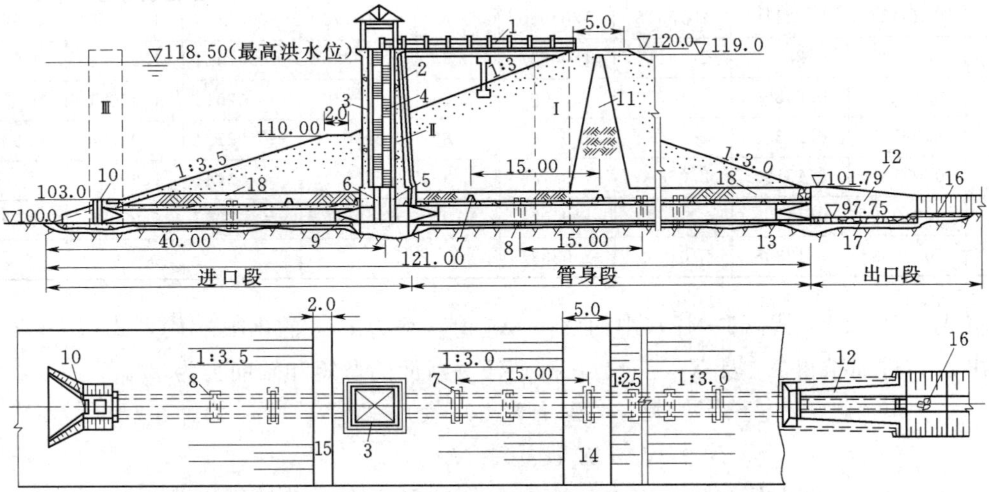

图 5-31　涵管布置图（单位：m）

1—工作桥；2—通气孔；3—控制塔；4—爬梯；5—主闸门槽；6—检修门槽；7—截渗环；8—伸缩缝；9—渐变段；10—拦污栅；11—黏土心墙；12—消力池；13—岩基；14—坝顶；15—马道；16—干砌石；17—浆砌石；18—黏土

坝下涵管工作时，水头一般较大，且有控制流量要求，管身深埋在土石坝下，这种工作条件决定了它的工作特点及在设计中应注意的下述问题。

(1) 涵管管身埋设在土石坝坝体下面，它的工作状况直接关系到坝体的安全。对于土坝，管壁和填土是两种不同材料，如果结合不紧密，将会沿管的外壁面产生集中渗流，使填土产生渗透变形，进而造成坝体沉降和坍塌。管道接缝如处理不好或有断裂时，对于有压管，管内高压水渗入坝体，将抬高坝的浸润面或引起坝体土的渗透变形，可能造成坝的坍塌和滑坡。对于无压管，管外水将产生向管内的渗漏，进而导致管外填土产生渗透变形，引起坝体沉降和坍塌。根据国内外土坝失事情况的分析，管道漏水是引起失事的重要原因之一。因此，必须注意涵管周围填土的施工质量，涵管与坝体、防渗体之间的结合处一定要处理好，以免沿涵管外壁产生集中渗流，同时要注意管节之间接头止水的施工质量，以免涵管漏水。

(2) 与隧洞一样，在同一管段中，必须避免有压流和无压流交替出现的工作状态。为避免因管身漏水影响土坝安全，坝下涵管最好设计成无压的。在运行中必须严格按设计规定的水流状态进行工作，不能任意将无压涵管变成有压涵管。

涵管的损坏将直接影响土坝的安全。因此，设计涵管时，必须采取足够的措施，以确保管身的安全。

5.6.2　涵管的线路选择及工程布置

在进行涵管的线路选择及布置时，应综合考虑涵管的作用、地基情况、地形条件、水力条件、与其他建筑物（特别是土石坝）之间的关系等因素，选择若干方案进行分析比较，加以确定。在进行线路选择及布置时，应注意以下几个问题：

(1) 涵管的位置应根据地形、地质条件及涵管的用途来确定。例如，灌溉涵管多放在坝的两端，并布置在灌区同一侧，出口高程应满足自流灌溉要求，最好不要离溢洪道太近。泄洪排沙涵管最好放在主河槽部位，其轴线尽量与河流的主流方向相吻合。

涵管的轴线尽可能与坝轴线垂直，这样可使管身较短而水流条件较好，但有时为了适应地形条件和利用岩石基础，也可稍有弯曲，曲率半径一般应大于管径的 5 倍。

(2) 管身荷载沿管道轴线方向变化比较大，为了减少由于不均匀沉降而引起管身断裂，涵管应力求建在岩石地基上或建在均匀土基上。对于高、中坝，不应建在软基上；对于低坝，如采用软基埋管时，必须进行技术论证。涵管尽量避免一部分放在岩基上而另一部分放在土基上，并切忌从坝体填土中通过。如能在地基上开挖浅壕放置涵管则最好。

(3) 关于一管多用及多用途涵管的布置、闸门在涵管中的位置、进出口高程及纵坡确定的要求等，其原则与隧洞相同。

(4) 涵管进口建筑物多采用塔式，其布置一般有三种情况（图 5－31）：第Ⅰ种是将塔布置在坝身内靠近坝顶处。它的优点是塔身不受风浪及冰冻的有害作用，四周承受的侧向压力大致相同，所以稳定性较好，不易产生不均匀沉降、断裂或倾斜，可以不设工作桥，适用于较差的地基。缺点是塔前管身经常浸在水中，不便检修，且塔身位于土坝中部，如塔身与管道结合处漏水，则会抬高坝身浸润面，引起土坝的管涌或滑坡。第Ⅲ种是将坝布置在上游坝脚处，其优缺点与第Ⅰ种相反。第Ⅱ种是将塔布置于两者之间，这种位置的塔身易受坝体变形的影响，承受的土压力也不平衡，对于斜墙坝，不宜采用这种位置布置。

(5) 为了避免管道漏水影响土坝的安全、便于安装与检修，可将管道（有压管）设置于廊道内（图 5－32）。由廊道承受填土压力。这种布置形式更适用于软基，安全可靠，检修方

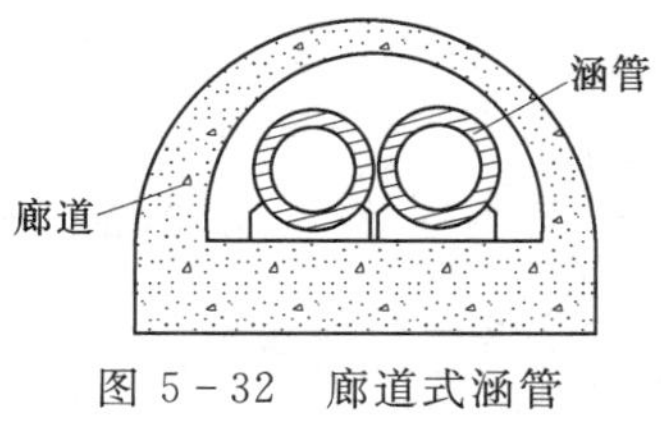

图 5－32　廊道式涵管

便。如果施工期间利用廊道导流时，采用这种布置形式则更为合理。

（6）涵管断面的大小主要取决于运用要求，可通过水力计算确定，同时还应便于管理维修。

5.6.3　管身的形式和构造

坝下涵管的管身，是紧接在进口建筑物后面的输水管道，要有足够的过水断面以通过设计流量，要有一定的强度以承受外荷载，并能抵抗水流的冲刷。管身过水断面的尺寸，应根据涵管的用途、通过的流量、工程费用和能量损失、施工要求等因素，通过水力计算并进行技术经济比较确定，同时还应便于检查与维修。管身横断面的形式和材料，主要根据水力条件及受力情况等确定。有压涵管的主要荷载是内水压力，一般多采用预制或现浇钢筋混凝土圆形管。

圆形管的安管方式一般有以下几种：管径较小且土质良好时，可采用平基铺管［图 5－33（a）］；管外填土不高、管径不大、竖向荷载较小时，可采用弧形土基，将管道直接铺设在天然地基的圆弧形基槽内［图 5－33（b）］，或置于用三合土或分层夯实的碎石座垫上［图 5－33（c）］；对于管径及竖向荷载较大的涵管，可采用图 5－33（d）所示的包角为 $2\alpha_\varphi=90°\sim130°$ 的浆砌石或混凝土刚性座垫，竖向荷载更大时，包角可采用 180°。以上几种安管形式，当管径及外荷载条件相同时，以平基铺管的管身内力最大，刚性座垫的管身内力最小，弧形土基介于两者之间。矩形管常在管底铺设一层 6～8cm 的素混凝土或 20～30cm 的三合土，软弱地基上也可用夯实的碎石或碎砖作垫层。

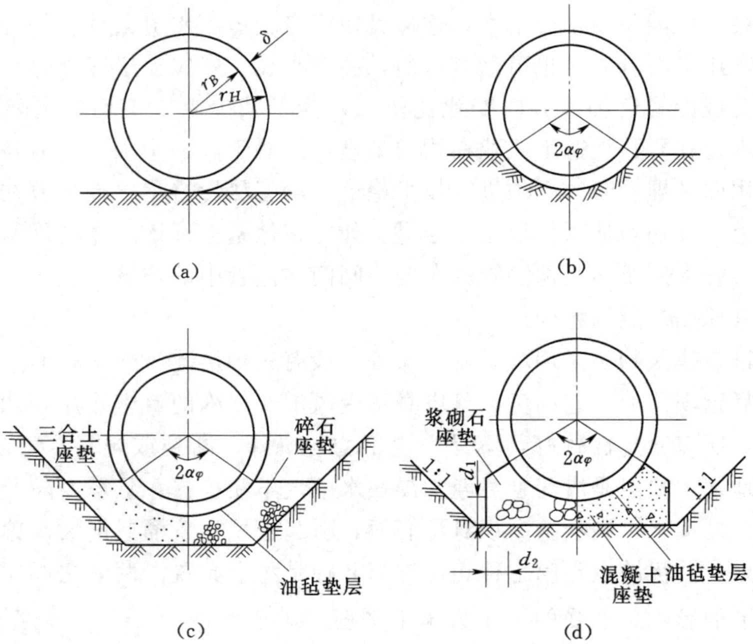

图 5－33　圆形管的安管方式

（a）平基铺管；（b）弧形土基；（c）三合土或碎石座垫；（d）刚性座垫

刚性座垫厚度 d_1 可采用 $(1.5\sim2.0)\delta$（δ 为管壁厚度），且不小于 30cm；座垫肩宽 d_2

可采用(1.0～1.5)δ[图 5-33 (d)]。管壁与座垫的接触面上，可涂抹沥青或沥青毛毡垫层，以减小座垫对管身的纵向约束影响，避免管身产生横向裂缝。

敷设在良好岩石地基上的圆形管，也可不设座垫，而在岩基上挖槽，槽中浇筑半圆形混凝土管垫，再铺油毡垫层后即可浇管身；如岩石坚硬完整，但填土压力较大时，岩槽可采用矩形并浇筑薄层混凝土，上部浇筑成拱形以承受填土压力。对于廊道式涵管及露于坝坡外的管段，应在管身上加设保温层，或用厚 1.0m 左右的填土覆盖，以减小温度变化对管道的不利影响（图 5-34）。

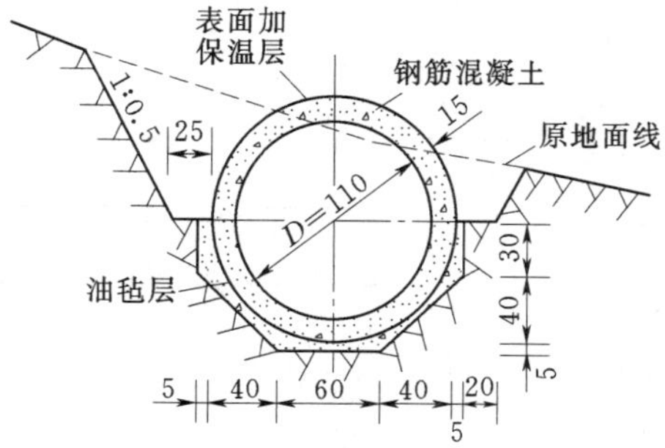

图 5-34　岩基上的涵管（单位：cm）

无压涵管承受的主要荷载是管外水压力或填土压力，管壁受压。小型涵管可采用浆砌石做成半圆拱加直墙的形式，断面较小时，可采用钢筋混凝土盖板式矩形断面（图5-35)。对于较重要及较大的无压涵管，应采用钢筋混凝土矩形或圆形断面；要求较大的过水断面时，可采用双孔或多孔箱式断面。

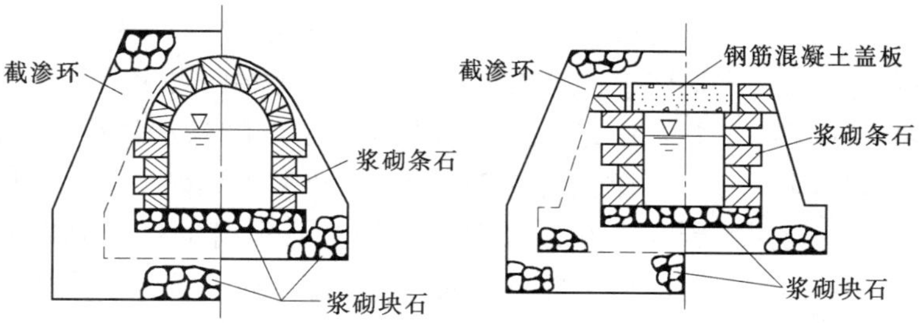

图 5-35　无压管身断面形式

管身结构的厚度 δ，可参照已建类似工程拟定，或采用经验公式估算。

为适应地基不均匀沉降，沿管道轴线方向每隔一定距离需要设置沉降缝。在良好岩基上，不均匀沉降虽小，但为防止因温度变化和混凝土冷凝收缩而产生裂缝，每隔 10～15m 也要设置伸缩缝。一般管道布置可将温度缝与沉降缝结合起来，缝中设止水。对于现浇管，如管壁较薄，设止水有困难时，可将接缝处的管壁加厚［图 5-36 (a)］；对于预制管，一般采用套管接头［图 5-36 (b)］。

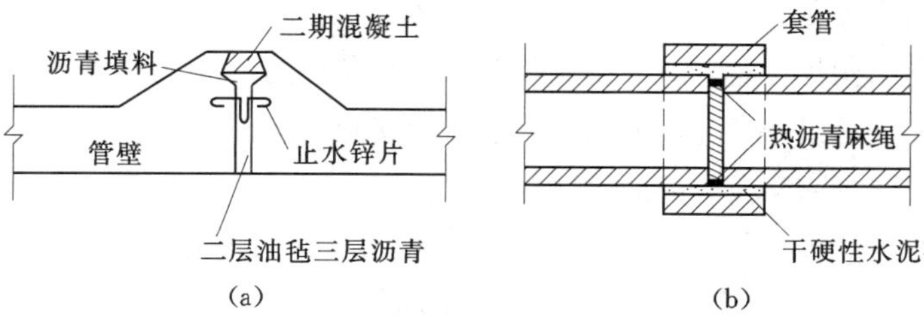

图 5-36　涵管接头
(a) 现浇管接头；(b) 预制管接头

现浇涵管常在接头处预埋止水，有压管多采用图 5 - 37（a）所示的形式；无压管常采用一道止水片，可选用图 5 - 37（b）所示的形式。当采用金属止水片时，每边预埋宽度应大于 2～3 倍石子粒径，且不小于 10～15cm。为防止封口砂浆脱落，封口外形做成燕尾形较好。

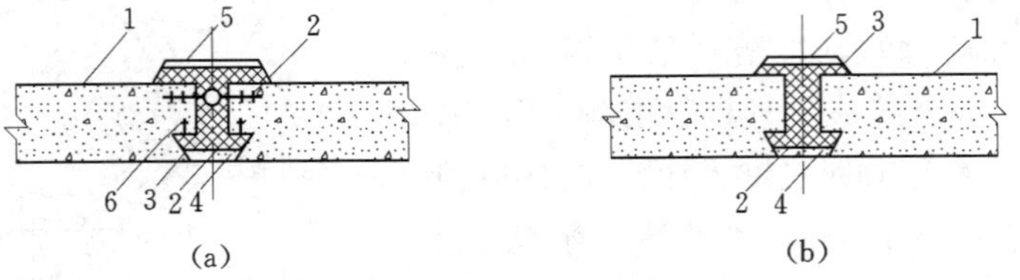

图 5 - 37　预埋止水接头

1—管壁；2—止水片；3—柔性填料；4—封口砂浆；
5—两毡三油；6—预埋螺栓

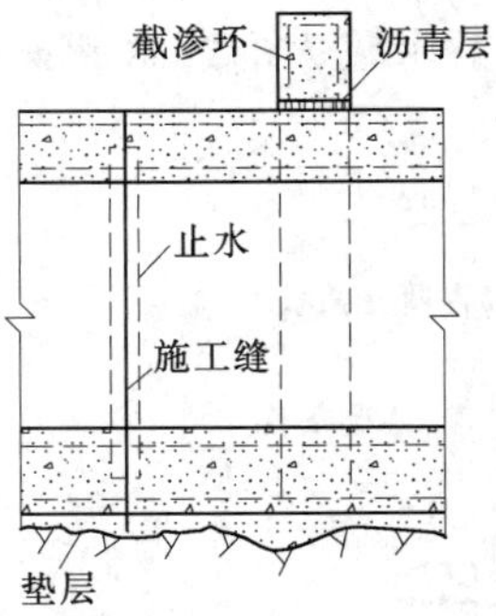

图 5 - 38　截渗环

为防止沿管道外壁面产生集中渗流，可在管道外围设置截渗环（图 5 - 35、图5 - 38），以增长渗径，达到减小渗透坡降和消除集中渗流破坏的作用。截渗环的间距一般为 10～20m，凸出管壁的高度为 0.5～1.5m，厚 0.3～0.6m。为防止截渗环对管道产生纵向约束作用，可将两者用缝分开，缝中填止水材料，使管道能自由伸缩。也可不专设截渗环，而利用接缝加厚的凸缘起截渗环作用。对于黏土心墙坝，一般只在穿过心墙的管身段设 2～3 道截渗环。必须指出，由于截渗环给接触面上土的压实带来困难，近年来一般不再做截渗环，而是将土质防渗体与涵管连接处的防渗体断面扩大，并在防渗体下游面与涵管接触处设反滤层将涵管包起，使接触面上渗过来的水通过反滤层逸出，以免带走土料。

为更有效地防止集中渗流，可在涵管周围铺筑一层 1～2m 厚的黏性土作为防渗层（图 5 - 31），防渗层与砂性坝壳之间加铺过渡层。防渗层应分层填土，用人工仔细夯实，不能用机械碾压，以免损伤管道。小型水库中的无压涵管，用预制混凝土管节做管身时，一般在管外接缝处先铺砂浆做底模，再用黏土、三合土等材料做成涵衣，以防止接缝漏水。

5.6.4　管身的荷载与结构计算

涵管管身荷载有管壁重力、内水压力、外水压力、填土压力和施工、温度变化、地震时作用在管身上的力等。结构计算时，应根据这些荷载同时存在的可能性组成基本组合和特殊组合两类，选出各自最不利的组合情况，分别采用不同的安全系数。荷载组合的有关规定和安全系数的选取，参考前述隧洞内容及有关的设计规范。

涵管管身在以上各种荷载作用下，还同时受到支承反力的作用。支承反力是依赖于主动荷载而存在的被动力。其值与作用于管身上的荷载平衡，其分布则决定于管身结构形式、地基条件、安管方式以及基础结构形式等条件，管身结构计算时需根据荷载组合情况，计入相应的支承反力。

管身重力和内水压力的计算方法与隧洞衬砌计算方法相同。坝下涵管的外水压力是由经过坝体的渗流形成的，可根据渗流计算决定。施工、温度变化和地震时作用在管身上的荷载，根据具体条件，通过分析计算确定。坝下涵管的填土压力与填土性质、管身的埋置方式及埋置深度、基槽的形式和尺寸、安管方式与基础形式及管身结构的形式和刚度等因素有关，计算时应分析具体条件，参考类似工程的经验与研究成果，选定合适的分析方法。

管身结构的计算方法因结构形式等的不同而异，包括填土压力、支承反力等，计算方法见参考文献［65］及有关书籍。

第6章 蓄水枢纽的布置

坝址、坝轴线以及坝型的选择和枢纽布置是相互联系的，不同的坝轴线可能有不同的坝型和枢纽布置方案，同一坝轴线也可能有不同的坝型及枢纽布置方案，影响因素常常是错综复杂的，必须全面论证和综合比较，才能选出最优方案。

坝址、坝型选择和枢纽布置也贯穿在各个设计阶段的工作中。一般是在可行性研究报告阶段，根据综合利用的要求，结合河道地形、地质调查和判断，初步选择几个可能筑坝的河段（坝段），每个坝段内选择1～2条坝轴线，布置一些主要建筑物，经过初步论证，选择一个最有利的坝段和1～2条较好的坝轴线，然后在初步设计阶段，通过技术经济比较，选出最有利的坝轴线，确定坝型及其他建筑物的形式和整个枢纽的布置方案。

6.1 坝址及坝型选择

在选择坝址和坝型时，需要考虑以下几方面的问题。

6.1.1 地质条件

坝址地质条件是设计水利枢纽的主要依据之一，有时甚至起决定性的作用。为了便于比较各坝址的情况，应当详细掌握各比较坝址的地质条件，主要包括：断层破碎带和节理裂隙的情况，特别是有无不利影响的断层、破碎带和软弱夹层；岸坡的稳定情况；河床和两岸岩石的风化程度及覆盖层的深度；岩石（土）的物理力学性质和渗透性能；对于岩溶地区，要掌握岩溶发育规律，查明岩溶对水库蓄水和建筑物的影响；各比较坝址的地貌特征、阶地、是否有古河道等。最后应提出各坝址的工程地质主要优缺点的比较及对坝址选择的意见。

对坝基地质条件的要求，随坝型和坝高的不同而不同，拱坝要求最高，重力坝次之，当地材料坝要求最低；坝越高对地基的要求也越高。在目前的科学技术水平下，除特殊情况外，较差的地质条件在经过处理后，也可修建水工建筑物，但不论什么建筑物，都希望建造在地质条件较好的地区。如坝基，最好是坚硬完整的基岩，河床部分的覆盖层很浅等。然而天然地基总是多种多样的，总是有这样或那样的缺陷，要想找到一个完全合乎理想的天然地基是十分困难的。因此，选择坝址时，必须确切地了解坝址地区的地质情况，并做出正确的评价，以便决定取舍或采取不同的处理措施。

6.1.2 地形条件

坝址地形应综合考虑枢纽布置及施工等方面的条件。坝址上游，希望河谷开阔，以便得到较大的库容。当坝址选择在狭窄的河谷时，坝轴线长度较短，坝体工程量较小，坝的工程造价可能较小，但太窄的河谷可能给枢纽布置及施工导流和施工场地布置造成困难，反而不如较宽的河谷有利。若拦河坝为土石坝，希望坝址附近有高程合适、便于洪水归河的垭口，以布置岸边溢洪道，避免大量开挖，但近30年来，随着土石坝筑坝材料的应用范围越来越广，以及重型土石坝施工设备的发展，在高土石坝中，均以土石方总体平衡为原则，广泛采用大开挖溢洪道，但即使采用大开挖溢洪道也希望尽可能接近坝体，最好布置在坝肩两岸。坝址两岸坡度不宜过陡，避免因坝身与岸坡连接的需要而使削坡量过大，削坡量增大还增加了坝身的填筑量。坝址位置希望接近用水区，以缩短输水干渠。坝址取水一岸的地形应便于布置取水建筑物和输水干渠，以减少输水建筑物工程量。

6.1.3　建筑材料

坝址上、下游地区建筑材料的储藏情况对坝型选择有直接关系，应充分了解各种建筑材料场地分布、各料场位置、高程、剥土厚度、有效厚度、材料的物理力学性质、质量、储量及其评价等。

6.1.4　施工条件

坝址附近最好是开阔的地形，便于布置场内交通及附属企业与管理机构；对外交通方便，距交通干线近；要便于与永久性电网连接，解决施工用电问题。

施工导流直接影响工程的进度、施工次序、工期及建造的费用，甚至是工程成败的关键，在选择坝址、坝型时，对此应作重要考虑。

6.1.5　综合效益

对于不同坝址要综合考虑防洪、灌溉、发电、航运、过鱼、过木、旅游的效益以及移民、上游淹没和水库建成后对上、下游生态与环境的影响等因素，以达到最大的综合效益。

6.2　枢纽布置的一般原则和要求

蓄水枢纽以拦河坝为主体，除包括泄水及取水（灌溉取水、城镇供水及发电取水）建筑物外，根据枢纽任务还可能包括水电站厂房及开关站、船闸、鱼道、过木等建筑物；根据施工及运用要求，还可能有导流、放空等建筑物。枢纽布置首先要根据枢纽任务确定枢纽建筑物的组成，任务不同，枢纽建筑物的类型和数量也可能不同，应全面论证，综合分析，力求最大限度地满足工程任务的要求。枢纽布置就是有机而妥当地安排各建筑物在枢纽中的位置、形式和布置尺寸。蓄水枢纽各建筑物的形式与布置尺寸和它们在枢纽中的位置与坝址处的地形、地质、水文等条件有密切的关系。由于自然条件以及枢纽的任务不尽相同，枢纽布置时要考虑因素很多，涉及面较广。因此，应深入研究当地条件，并从设计、施工、运行管理、经济等各方面进行全面论证和比较，最后从若干个比较方案中选定最优方案。

1. 运用要求

枢纽建筑物的布置应保证在一般条件下能正常工作，避免运用时相互干扰。如灌溉取水建筑物应保证在各个时期均能按需要取出灌溉流量；发电取水口应水流平顺，水头损失小，下游尾水平稳；航运建筑物进、出口水流应顺畅、流速小、水位平稳；泄水、排沙、过鱼、过木等要求能得到合理的解决；溢洪道的布置应保证安全泄洪，上游进口水流平顺，出口能顺利归河。凡要求一定水流条件的建筑物，应采取必要的布置措施来满足有关要求，对于重要工程，应通过模型试验来选定合适的布置方案。此外，枢纽对外和内部交通线路也应合理布置。

2. 技术经济条件

枢纽布置应当在技术上可能的条件下，尽量做到经济上最优。在不影响运用条件且不互相矛盾的前提下，尽量使一个建筑物担负多种任务。例如，用一条隧洞做到灌溉与发电相结合；导流与泄水、排沙、放空水库相结合；导流与发电、灌溉相结合等。要减少混凝土建筑物与土坝、岸坡等的接头数目，以降低用于边墩、导墙、刺墙等连接建筑物的费用，尽量避免在这些区域内形成集中渗流。应考虑枢纽尽早投入运行或部分提前投入运行的布置方案，使之早日发挥经济效益，相应地降低枢纽造价。总之，在满足建筑物强度、稳定以及运用等要求的前提下，做到枢纽总造价最小，年运行费用最低，具有优越的经济指标。

3. 施工安排

坝址、坝轴线选择和枢纽布置是与施工导流、施工方法和施工期限密切相关的，应力求做到以最小的投资在最短时期内顺利完成施工任务。

(1) 枢纽布置方案应便于宣泄施工期间的河水流量，施工导流方便，尽可能在洪水季节不中断施工；在有通航、过木等要求的河道上施工时，应尽量不中断其相应的运行要求。

(2) 妥善地安排并缩短枢纽中各建筑物的施工期限，使建筑物在未全部建成的情况下拦蓄部分洪水，使枢纽工程早日投入运行，早日发挥效益。

(3) 集中布置同工种建筑物，以便于施工安排与施工管理。

(4) 便于布置场内及对外运输路线，以便于施工顺利进行。

4. 环境影响

蓄水枢纽的兴建将使周围环境发生明显的改变。特别是大型水库的形成为发展水电、灌溉、防洪、供水、养殖、旅游等事业创造了有利条件，但对环境也带来一些不利影响。蓄水枢纽布置时应认真分析研究泄水及取水方式对上游淤积、淹没、浸没和下游河床演变、水文条件以及水温、水质等的作用和影响；在汛期要充分利用泄水和取水建筑物进行冲沙，以减少水库淤积，延长水库寿命；泄水和取水建筑物要便于配合使用，以减少淹没、浸没损失和防洪投资，改善和提高供水的水质，改善上、下游及附近地区的环境与卫生条件；枢纽的外观应与周围环境相协调，要美化枢纽周围的环境，以便于发展旅游。

6.3 枢 纽 布 置

蓄水枢纽布置需考虑的因素多、牵涉面广，但一般起决定作用的是枢纽承担的任务要求、挡水建筑物所采用的坝型和坝址附近的地形地质条件。

蓄水枢纽分类的方法较多，按挡水建筑物形式的不同，可分为重力坝枢纽、拱坝枢纽及土石坝枢纽。同一类型的蓄水枢纽，在建筑物组成和枢纽布置上，有许多共同的特点和相似之处，而不同类型的蓄水枢纽，其建筑物组成和枢纽布置则有很大差别。

6.3.1 重力坝枢纽

1. 重力坝枢纽布置的一般原则

由于重力坝坝体上可布置泄水、取水等各种建筑物，因此，坝体布置是枢纽布置的重要组成部分。一般在坝型选定后即可进行坝体布置。

（1）泄洪建筑物是影响枢纽布置和其他建筑物安全的关键，一般应首先考虑其布置。开敞式溢流孔（溢流坝）具有较大泄洪能力，应优先考虑。泄洪建筑物在平面上的布置不应影响电站、取水建筑物、船闸等正常运行的要求。例如，溢流坝不应布置在码头或航道与船闸进口之间。其下游出口方向最好与原河道水流方向一致，以免造成对其他建筑物及岸坡的冲刷，甚至危及大坝的安全。对于挑流消能，挑流水舌应不影响其他建筑物和电厂的安全运行以及厂房、交通和居民生活等问题。

（2）坝身泄水孔除泄洪排沙外，还有其他重要的综合功能，如控制库水位、放空水库等。在狭窄河道上，泄水孔宜与溢流坝段结合，其消能方式宜与溢流坝统一考虑。宽阔河道可考虑分设。排沙孔应靠近发电（灌溉、供水）进水口、船闸闸首等部位，其流态不得影响这类建筑物的正常运行。泄水孔的位置应考虑放空水库、降低库水位、施工进度和施工方法等的要求而定。

（3）水电站厂房的布置通常作如下考虑：对位于狭窄河道而洪水流量大的高坝枢纽，可采用溢流坝与厂房重叠布置的形式，如厂房顶溢流式、厂房前挑流式、坝内式或地下式厂房等；对于宽阔河道上的中、低坝常用河床式厂房，高坝则往往用坝后式厂房。

（4）对于船闸、过木、过鱼等专门建筑物的布置，最重要的是保证它们具有良好的运用条件，并便于管理。关键是进、出口的水流条件。布置时，需选择好这些建筑物本身及其进、出口的位置，并处理好它们与泄水建筑物及其进、出口之间的关系。

为使船只、木筏不被冲入溢流孔口，船只和木筏不应在溢流坝前横行穿过。船闸和码头或筏道及其停泊处通常布置在同一侧，航运设施的上游进口及下游出口处应有必要的水深，方向顺直并与原河道平顺连接，而且没有或仅有较小的横向水流，以保证船只、木筏的安全进出。

船闸和电站最好分别布置于两岸，以免施工和运用期间的干扰。如必须布置在同一岸时，则水电站厂房最好布置在靠河一侧，船闸则靠河岸或切入河岸中布置，这样易于布置引航道。筏道最好布置在电站的另一岸。筏道上游常需设停泊处，以便重新绑扎木筏或竹筏。

通航、过木以及过鱼等建筑物，各有不同的形式和特点，故在蓄水枢纽中的布置，还需与这些形式和特点相适应，才能满足其正常运用的要求，有关问题见第 8 章。

（5）设于坝内的施工导流建筑物（如底孔、缺口、明渠等），其布置除能宣泄所承担的施工流量外，还应结合永久泄水建筑物的布置考虑，对于通航河流，还应考虑施工期的通航要求。

目前，已较广泛采用导流底孔取代坝体留缺口的措施，导流底孔多而且孔径大已成为发展趋势。导流底孔布设在明渠坝段或是河床坝段的居多。随着施工技术的发展，施工布置已是重力坝枢纽布置的重要组成部分。

2. 重力坝枢纽布置实例[59]

图 6-1 和图 6-2 为黄河万家寨水利枢纽。该枢纽的布置形式是 20 世纪 70 年代以来

我国采用较多的岸边坝后厂房、河床泄洪式。

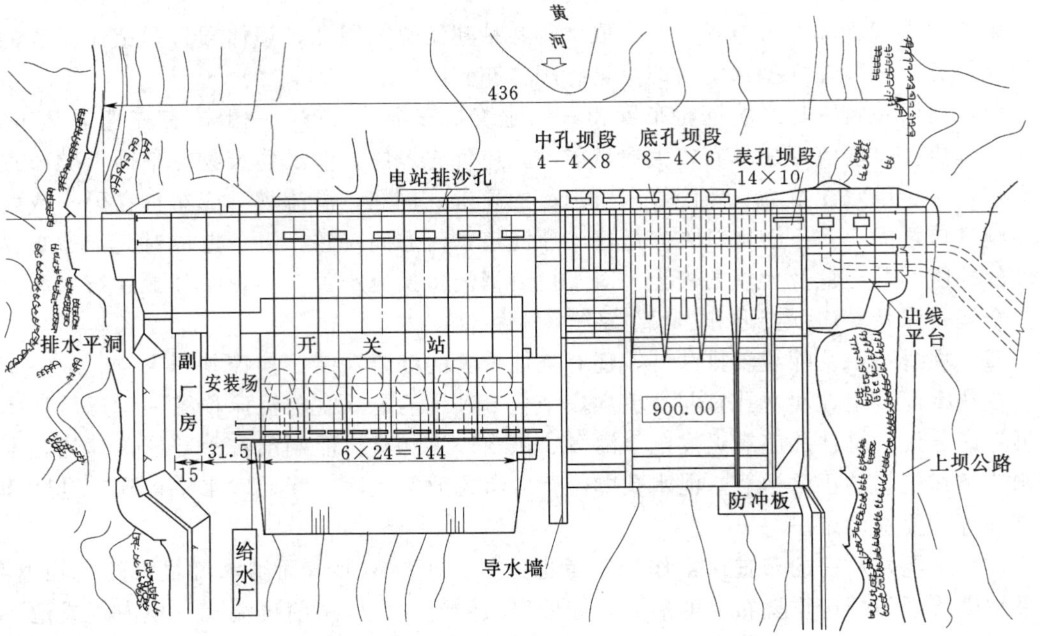

图 6－1　万家寨水利枢纽平面布置图（单位：m）

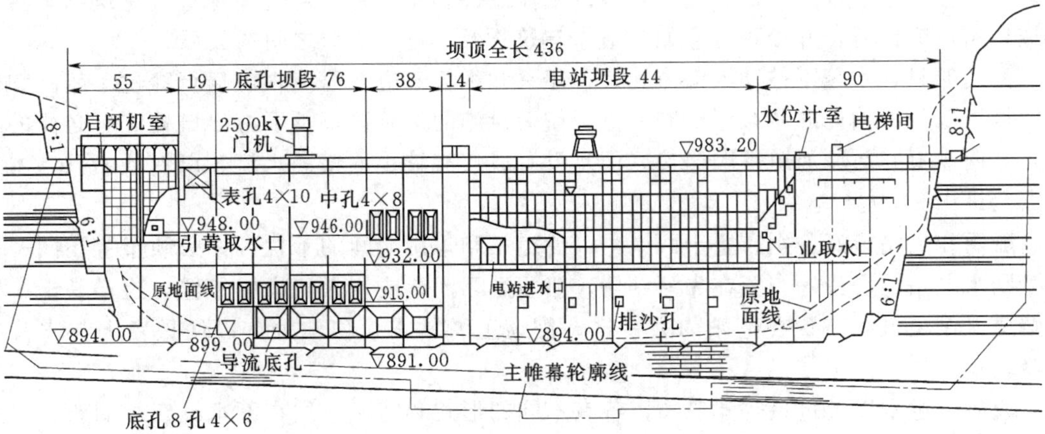

图 6－2　万家寨水利枢纽大坝上游立视图（单位：m）

建设初期，曾比较过上、中、下三个坝址，通过对三个坝址的地形、地质、水能利用、枢纽布置及施工条件诸因素的综合分析，以中坝址较优，故选定该处作为坝址。

初步设计阶段，对中坝址又进行了中$_1$线、中$_2$线和中$_上$线三条坝线及坝型比较，通过对地形、地质、枢纽布置、施工以及坝的整体稳定和坝体应力等各种因素的综合比较，最后选定中$_2$线为设计采用坝线，半整体式直线重力坝为选用坝型，并进行了整体水工模型试验，验证了选择的合理性及优越性。

根据枢纽的任务及“蓄清排浑”的运用要求，枢纽由下列建筑物组成：拦河坝、电站厂房及引水系统、泄水建筑物、排沙建筑物、引黄取水建筑物、厂坝间开关站等。各建筑物布置如下：

(1) 厂房位置。曾进行过4个方案比选，从对大坝整体深层抗滑稳定有利、进厂交通和电站出线方便、水流条件、工程量及便于施工导流等因素综合考虑，以厂房在坝后右岸的布置较优越，故选此方案。开关站布置在右岸坝址下游台地上（图6-1）。

(2) 泄水建筑物。由于混凝土重力坝在坝体上布置泄水建筑物对节约投资和运行管理方便均有利，加之坝后式厂房占据河床宽度后尚能满足泄水建筑物的布置，因此采用在坝上开设各类泄水孔的方案。泄水孔口由左向右依次为1个表孔、8个底孔和4个中孔（图6-2）。表孔主要担负枢纽部分排冰和宣泄超标准洪水任务；底孔为主要泄洪排沙建筑物；中孔担负泄洪排沙及排泄漂浮物的任务。另外，为减少电站进水口前泥沙淤积和过机含沙量，保证进水口"门前清"，在每台机组进水口左侧设一排沙孔（图6-2），其中，1号、2号机组共用一个排沙孔。溢流坝下游均采用长护坦挑流消能，以使水流冲刷坑远离坝址，并利于坝基浅层抗滑稳定。护坦下游设置重力式混凝土护岸。

(3) 引黄取水建筑物。取水口布置于左岸非溢流坝段（图6-2），由于库水泥沙含量高，利用水库泥沙含量垂线分布上小下大的规律，取水口采用了分层取水方式，以引取表层清水（图5-12）。工业取水口设于右岸非溢流坝段（图6-2）。

6.3.2 拱坝枢纽

1. 拱坝枢纽布置的一般原则

拱坝的布置与拱坝的体形选择是相互关联的，是拱坝布置的重要内容。应不断调整拱坝外形尺寸，使其在满足坝体应力、坝座稳定的条件下，体形最优，以达到工程量最省、造价最低的目的。

(1) 由于坝身泄洪可节约投资且运行管理方便，宜首先考虑采用坝身孔口泄洪方式。当选择采用坝身泄洪方式时，对于薄拱坝，当坝不太高、泄洪单宽流量不大时，可采用坝顶泄流式；当采用厚拱坝时，可采用坝面泄流式；当采用双曲拱坝、泄洪量较大时，可采用坝身两边或一边滑雪道式；当采用厚拱坝或中厚拱坝而厂房在坝后，泄洪量又较大时，可采用滑雪道式或厂房顶溢流、厂房前挑流；当采用双曲拱坝或坝体较薄而泄洪量又很大时，可采用几种坝身泄洪方式或与其他泄洪建筑物相配合的联合泄洪方式。

采用坝身泄洪布置时，其下泄水流与坝脚应保持足够的安全距离，而且应重视泄洪水流及泄洪雾化对两岸山体稳定、交通和其他建筑物运行安全的影响。

坝身泄洪孔口的位置、数量、尺寸的选定应根据泄洪量和水头大小、对坝体应力及下游冲刷的影响与后果、枢纽运行要求以及对相邻建筑物的影响等方面研究确定。

(2) 对与拱坝相邻的其他建筑物布置，如航运、取水、过木等建筑物（图6-3），其布置原则与重力坝相似，但应注意研究其对拱坝应力及拱座稳定的影响。

(3) 施工布置是高拱坝枢纽的重要组成部分，目前广泛采用大直径底孔导流，当坝身设导流底孔时，应研究其对拱坝布置的影响。

2. 拱坝枢纽布置实例

图6-3所示为湖南欧阳海拱坝枢纽，是灌溉、发电、过木等综合利用的蓄水枢纽。枢纽布置采用了坝体泄洪、岸边引水式厂房的布置形式，在拱坝河床部分坝体的中上部，

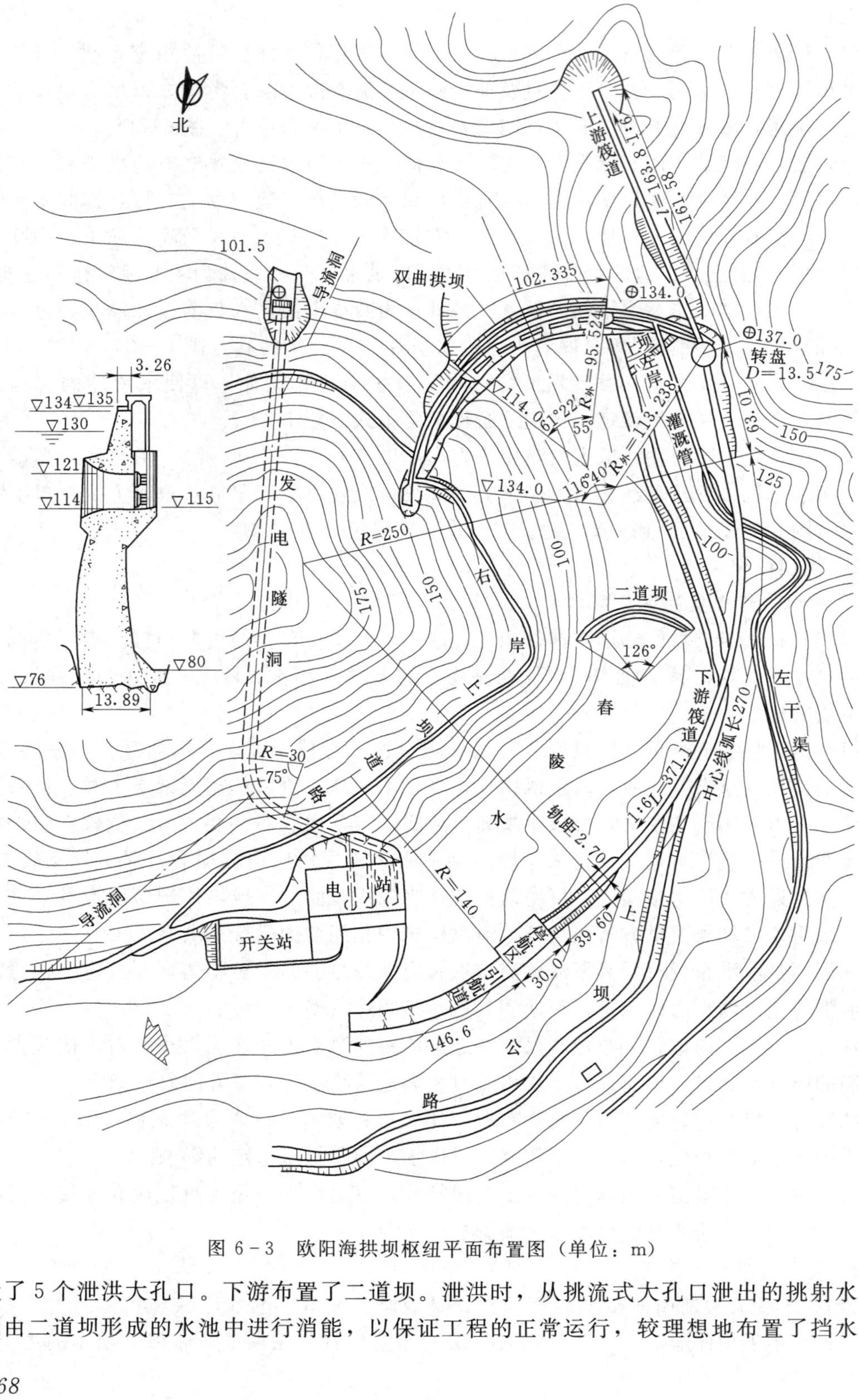

图 6-3　欧阳海拱坝枢纽平面布置图（单位：m）

布置了 5 个泄洪大孔口。下游布置了二道坝。泄洪时，从挑流式大孔口泄出的挑射水流跌落到由二道坝形成的水池中进行消能，以保证工程的正常运行，较理想地布置了挡水和泄水建筑物。施工导流与发电相结合的隧洞，布置于弯道的凸岸，洞直而短，进、出口条件也较好。筏道布置在弯道的凹岸，顺地势设置，进、出口均顺畅。灌溉取水建筑物也布置在凹岸，取水底孔后接管道再接渠道，在一小冲沟处从筏道下面通过，以处理二者的交叉。另外，泄洪水流越过二道坝后已比较平稳，距电站与筏道已有较大一段距离，故下泄水流对电站尾水及筏道出口的影响不大。

6.3.3 土石坝枢纽

1. 土石坝枢纽的布置形式

土石坝由于坝体不能泄水，故其建筑物几乎均由挡水土石坝、岸边溢洪道或泄洪（取水）隧洞（或涵管）、岸边引水式水电站组成。根据枢纽任务要求，可能还有通航、过木等建筑物。

溢洪道和隧洞是土石坝枢纽中最常用的泄水建筑物。隧洞一般位置较低，溢洪道位置较高。工程运行中，在一般洪水情况下，隧洞运用概率较高，只有洪水较大时才起用溢洪道。中、高坝大多需采用隧洞泄洪。国内外工程实践表明，土石坝枢纽多采用溢洪道与隧洞相结合的泄洪形式，也有采用单一的溢洪道或隧洞泄洪的形式。由于溢洪道的超泄能力较强，故当地形条件有利时，宜布设开敞式溢洪道。对于高、中坝不应采用布置在软基上的坝下埋管作为泄水建筑物。对于含沙量较多的河流，还应考虑设排沙孔（洞）。对于某些重要的土石坝，从工程安全出发，还需考虑设置泄水底孔，以降低库水位或放空水库。

近30年来，随着科学技术的进步、筑坝材料的应用范围越来越广、重型土石坝施工设备的发展，在100m以上的高土石坝中已逐步形成了以土质心墙（或斜心墙）堆石坝和混凝土面板堆石坝两种主导坝型。前者如小浪底水电站，后者如天生桥一级水电站。这些高土石坝在枢纽布置上有下述一些特点：①枢纽布置上以土石方总体平衡为原则，广泛采用大开挖溢洪道，对发电、泄洪洞的引水渠和尾水出口明渠也都采用大开挖明渠，尽量使80%以上的有效方量用于大坝填筑。这不仅有利于降低工程造价、缩短工期，而且也有利于减少环境污染，这是其突出特点。大开挖溢洪道尽可能靠近坝体，最好布设在坝肩两岸。例如，天生桥一级水电站的溢洪道就采用大开挖方式，其开挖总量的86%均用于坝体不同部位。②泄洪方式多以溢洪道泄洪为主、深孔泄洪为辅的组合方式。③水电站厂房多采用地下式或岸边坝后式，力求发电引水道系统最短。

2. 土石坝枢纽布置实例

图6-4所示的土石坝枢纽，其特点是：坝址附近及其上游均无合适布置溢洪道的地方，坝址地形狭窄，左岸山势陡峻，但右岸在坝顶高程附近的山坡较平缓；灌区在右岸，要求的坝后渠首高程与原河床有较大的高差。针对这种情况，采用了图示的布置方案，这在技术上是可行的，经济上也是合理的。这一方案利用了右岸山坡比较平缓这个条件布置了坝肩溢洪道。溢洪道在平面上顺直，出口离坝脚有较大的距离，且方向与原河道大致平行；在溢洪道与右坝头之间留出了一段距离，其下布置灌溉、发电相结合的取水隧洞，隧洞后部用压力管道接水电站，尾水渠后接灌溉干渠；在溢洪道出口段下面的山岩内布置输水隧洞，以解决泄洪与灌溉引水交叉问题。从右岸的工程布置来看，尽可能地利用了地形条件，保证了土石坝、溢洪道、灌溉及发电等建筑物安全而正常地运行。由于右岸灌溉、发电取水隧洞的进、出口高程较高，不能兼作施工导流之用，故在左岸布置了施工导流隧

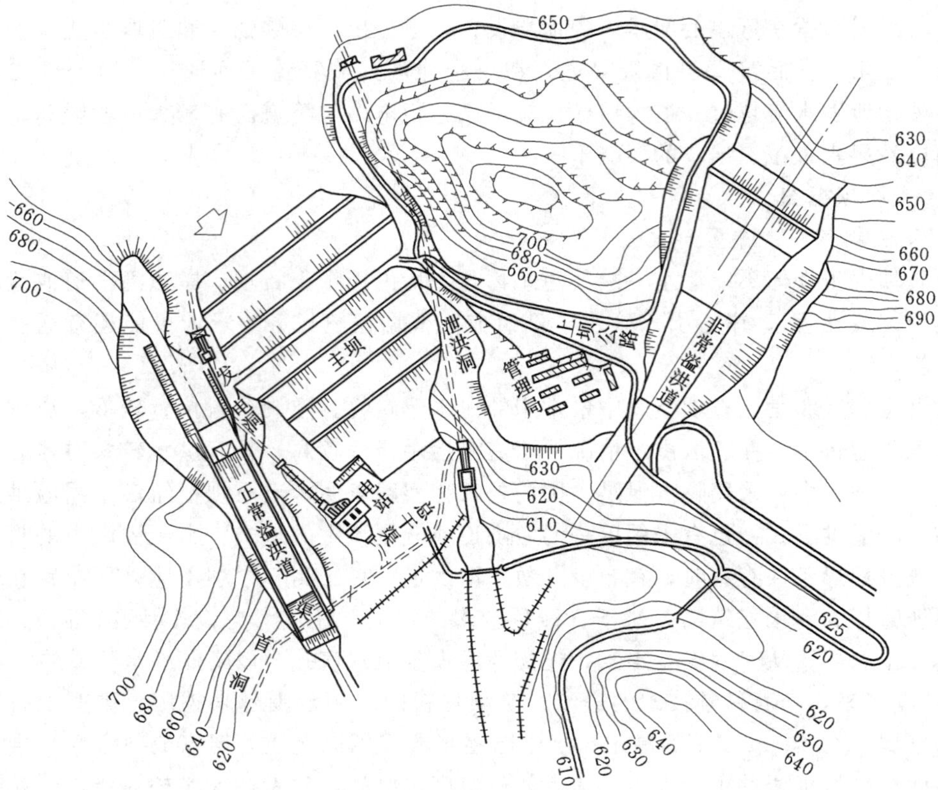

图 6-4　土石坝枢纽平面布置图（单位：m）

洞，并使其与泄洪相结合，且进、出口的位置和方向也是较合适的，施工导流与泄洪时的运用条件均较好；同时，也为土石坝及右岸工程的施工安排（工期和施工程序）提供了很好的条件，既能解决施工干扰，又能缩短枢纽的施工工期。

6.3.4　水利枢纽布置的步骤

水利枢纽的布置，一般可按如下步骤进行：

(1) 根据国民经济建设对枢纽提出的要求，并结合枢纽处的地形、地质、水文、气象、建筑材料、交通及施工条件，初步确定枢纽应包括的建筑物，同时初步确定各建筑物的形式和主要尺寸。

(2) 遵循枢纽布置的原则和对各建筑物的要求，研究各建筑物与河流、河岸之间以及各建筑物之间的可能布置位置。根据各种可能的位置编制不同的布置方案与相应的导流方案，绘制相应方案的枢纽布置图。根据建筑物主要尺寸和地基开挖情况等计算工程量和造价，并编制各比较方案的工程量表及技术经济比较表。对某些方案，经过初步分析研究即放弃时，可不必计算其工程量和造价。

(3) 从技术经济等方面对各方案进行比较，从综合效益、工程投资、施工方便、工期等方面选出最优方案。

枢纽布置图的详细程度，应当与设计阶段相适应。可行性研究报告阶段，要求基本选定规模，选定坝址，初选基本坝型和枢纽布置方式；结合枢纽布置方案，初选施工导流方式及主体工程的施工方法，规划施工总布置，提出施工总进度等，并估算工程总投资。初步设计阶段，要求选定坝址及确定工程总布置、主要建筑物形式和控制性尺寸等，比可行性研究报告阶段更详细。施工详图阶段的枢纽布置，要求更详细、肯定、确切，能直接用于施工。当然，不同的设计阶段应以不同深度的地形、地质、水文等资料为依据。

第2篇

引水枢纽的水工建筑物

为了满足灌溉、供水、水力发电等需要，常从水库、湖泊及河道进行取水。从水库取水问题，已在第一篇讲述，本篇仅介绍从河道取水的设计问题。

河道取水方式有两种：一是机械提水，二是自流引水。机械提水的内容在“水泵及水泵站”课程中介绍，本篇仅讲述自流引水枢纽中的水工建筑物及其枢纽布置，水闸是本篇重点。

自流引水又分为无坝引水和有坝引水两种。有坝引水枢纽包括拦河建筑物如拦河闸或壅水坝、进水闸、防沙及冲沙设施等，在综合利用的有坝引水枢纽中，可能还有船闸、电站、鱼道及筏道等专门建筑物。无坝引水的特点是没有拦河建筑物。

水闸在水利水电工程中应用很广，类型也较多，但其布置方式、组成、构造以及设计方法等方面基本相似。本篇着重讲述拦河闸设计的基本内容，对于近些年来工程应用较多的橡胶坝（坝高变动的壅水坝）做了详细介绍，对于坝高固定的壅水坝、取水河段的整治建筑物、船闸、鱼道及筏道等仅给予一般介绍。在引水枢纽布置这一章中，将从取水防沙的原则出发，论述我国常用的引水枢纽的各种布置形式和适用条件等内容。

引水枢纽的分等及其建筑物的级别划分，可参考文献［9］。

第7章　水　　闸

7.1　概　　述

7.1.1　水闸的功能与分类

水闸是一种利用闸门挡水和泄水的低水头水工建筑物，多建于河道、渠系及水库、湖泊岸边。关闭闸门，可以拦洪、挡潮、抬高水位以满足上游引水和通航的需要；开启闸门，可以泄洪、排涝、冲沙或根据下游用水需要调节流量。水闸在水利工程中的应用十分广泛。

水闸按其所承担的任务，可分为6类，如图7-1所示。

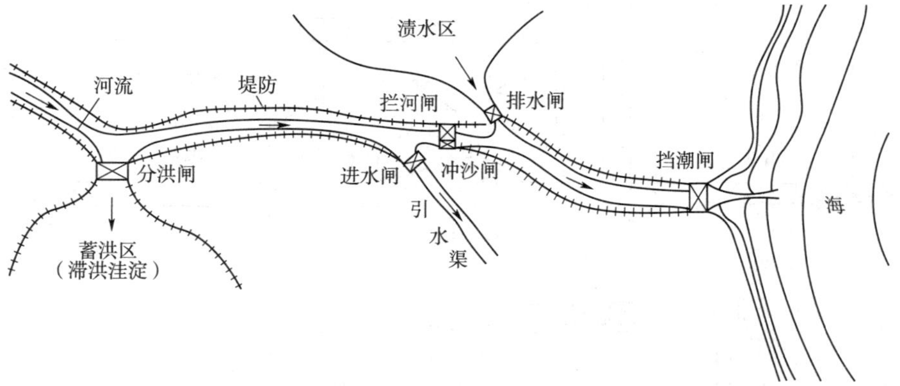

图7-1　水闸分类示意图

(1) 节制闸。拦河或在渠道上建造，用于调节水位以满足上游引水或航运的需要，保证下游河道安全或根据下游用水需要调节放水流量。位于河道上的节制闸也称为拦河闸。在洪水期间，拦河闸还起着排泄洪水的作用。

(2) 进水闸。建在河道、渠道、水库或湖泊的岸边，用来控制引水流量，以满足灌溉、发电或供水的需要。位于干渠首部的进水闸，通常称为渠首闸；位于支渠首部的进水闸，通常称为分水闸；位于斗渠首部的进水闸，通常称为斗门。

(3) 分洪闸。常建于河道的一侧，用来将超过下游河道安全泄量的洪水泄入分洪区（蓄洪区或滞洪区）或分洪道。

(4) 排水闸。常建于江河沿岸，用来排除内河或低洼地区对农作物有害的渍水。当外河水位上涨时，可以关闸，防止外水倒灌。当洼地有蓄水、灌溉要求时，可以关门蓄水或从江河引水，具有双向挡水，有时还有双向过流的特点。

(5) 挡潮闸。建在入海河口附近，涨潮时关闸，防止海水倒灌；退潮时开闸泄水，具有双向挡水的特点。

（6）冲沙闸（排沙闸）。建在多泥沙河流上，用于排除进水闸、节制闸前或渠系中沉积的泥沙，减少引水水流的含沙量，防止渠道和闸前河道淤积。冲沙闸常建在进水闸一侧的河道上，与节制闸并排布置或设在引水渠内的进水闸旁。

此外还有为排除冰块、漂浮物等而设置的排冰闸、过漂闸等。

水闸按闸室结构形式可分为开敞式、胸墙式、涵洞式及双层式等，如图 7－2 所示。

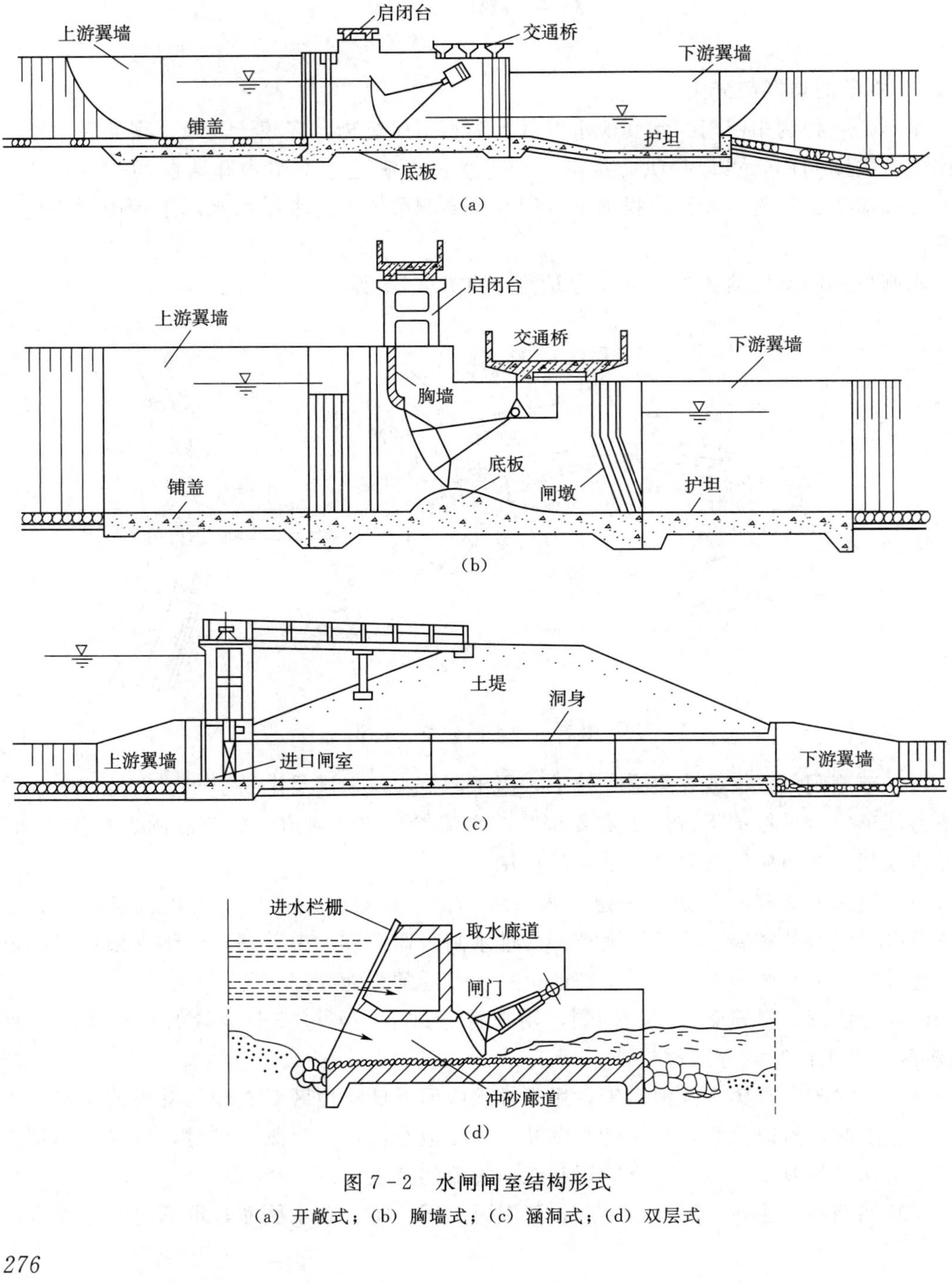

图 7－2　水闸闸室结构形式

（a）开敞式；（b）胸墙式；（c）涵洞式；（d）双层式

（1）开敞式水闸。开敞式水闸的闸室上部没有阻挡水流的胸墙或顶板，闸门全开时过闸水流具有自由水面，泄流能力大。闸槛高程较高、挡水高度较小的水闸，可采用开敞式；泄洪闸或分洪闸宜采用开敞式；有排冰、过木或通航要求的水闸，应采用开敞式。

（2）胸墙式水闸。当水闸挡水高度较大时，在闸室上部设置胸墙挡水［图7－2（b）］，可减小闸门高度。高水位闸门全开时，过闸水流为孔口出流；低水位闸门全开时，过闸水流同开敞式，具有自由水面。闸槛高程较低、挡水高度较大的水闸，可采用胸墙式；挡水水位高于泄水运用水位，或闸上水位变幅较大，且有限制过闸单宽流量要求的水闸，也可采用胸墙式。胸墙式水闸多用于进水闸、排水闸和挡潮闸等。

（3）涵洞式水闸。涵洞式水闸的适用条件与胸墙式水闸相同。涵洞式水闸与胸墙式和开敞式水闸的主要区别在于闸室后面有洞身段［图7－2（c）］，洞顶有填土覆盖，以利于洞身的稳定，也便于交通。这类水闸常修建在挖方较深的渠道中及填土较高的河堤下。洞身分为有压和无压，前者多用于排水闸，后者则多用于小型分水闸。

（4）双层式水闸。双层式水闸具有混合泄流式闸室，分上、下两层，并分别装设闸门，既有面层泄流能力，又有底层泄流能力。其泄流特点是：开启上层闸门可利用面层泄流泄放洪水和漂浮物，或引取表层较清水流，开启下层闸门可利用底层泄流冲走闸前淤积的泥沙［图7－2（d）］。这种型式多数适用于拦河节制闸，或进水闸、分水闸。有时在软弱地基上建闸，为了加强闸室垂直水流向的横向刚度，以减小地基的不均匀沉降和闸室的结构变形，往往在闸室中部增设一层水平向横隔板，以构成上、下两层泄水通道，但共用一道闸门，这在运用要求上与混合泄流式闸室是不尽相同的。双层式水闸虽有特色，但是，建造数量甚少。

7.1.2 水闸的组成

水闸由上游连接段、闸室段、下游连接段三部分组成，见图7－3。

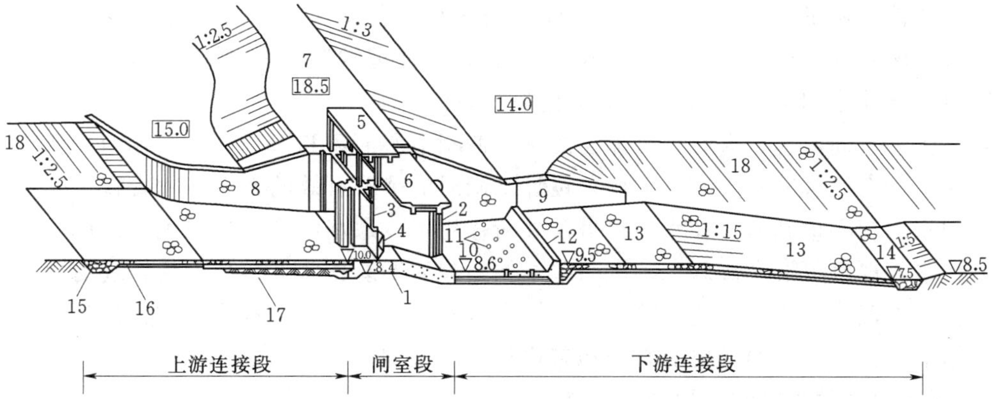

图7－3 水闸组成示意图（单位：m）

1—闸室底板；2—闸墩；3—胸墙；4—闸门；5—工作桥；6—交通桥；7—堤顶；8—上游翼墙；9—下游翼墙；10—护坦；11—排水孔；12—尾坎；13—海漫；14—下游防冲槽；15—上游防冲槽；16—护底；17—铺盖；18—护坡

1. 上游连接段

上游连接段包括上游翼墙、铺盖、护底、上游防冲槽及上游护坡五个部分。上游翼墙能使水流平顺地进入闸孔，保护闸前河岸不受冲刷，同时还有侧向防渗作用；铺盖主要起防渗作用，但其表面应满足防冲要求；护底设在铺盖上游，起着保护河床的作用；上游防冲槽可防止河床冲刷，保护上游连接段起点处不受损坏。

2. 闸室段

闸室是水闸的主体部分，起着挡水和调节水流的作用。闸室包括底板、闸墩、岸墙、闸门、工作桥及交通桥等。底板是闸室的基础，承受闸室全部荷载并较均匀地传给地基，还可利用底板与地基之间的抗滑力来维持闸室的稳定；同时底板又具有防冲和防渗等作用。闸墩的作用主要是分隔闸孔，支承闸门、工作桥及交通桥。边孔靠岸一侧的闸墩，称为边墩。边孔外面有时还设有岸墙。闸门用于挡水和控制水流。工作桥供闸门启闭机安放和工作人员操作之用。

3. 下游连接段

下游连接段通常包括下游翼墙、消力池、海漫、下游防冲槽及下游护坡五个部分。下游翼墙能使闸室水流均匀扩散，并有防冲和防渗作用；消力池是消除过闸水流动能的主要设施，也具有防冲等作用；海漫能继续消除剩余能量，并保护河床不受冲刷；下游防冲槽则是海漫末端的防冲设施。

7.1.3　水闸的工作特点

水闸既可建在岩基上，也可建在土基上。岩基上水闸的工作条件与溢流重力坝有相似之处，本章主要讲述建在土基上的水闸。

当水闸挡水时，闸室承受水平水压力，可能推动水闸向下游滑动。因此，闸室首先要有足够的重力来维持自身稳定。在上、下游水位差作用下，水从上游经过水闸地基及绕过两岸向下游渗透，这种渗透水流对闸室底部产生的渗透压力，减轻了水闸的有效重力，对闸室稳定不利。两岸渗流对岸墙产生的水平渗透压力也有可能推动岸墙向河心方向滑动。另外，在渗流作用下，地基及两岸的细颗粒土壤也可能被带走，严重时会淘空地基及两岸，直接影响水闸安全。因此，水闸设计时要进行合理的防渗布置，减小水闸的渗透压力，同时也要使水闸地基及两岸土壤不致遭受破坏。

当开闸过水而流速较大时，可能会严重地冲刷下游河床和河岸，当冲刷范围扩大到闸室地基时，即会引起闸室失事。因此，设计水闸时应采取有效的消能防冲措施。

当闸室为软土地基时，在水闸自重及外荷作用下，地基可能产生较大的沉降和不均匀沉降，使水闸严重下沉和倾斜，甚至引起结构断裂而不能正常运行；同时，还有可能把闸基土壤挤出地面而产生滑动的危险。所以，在水闸设计时应使结构形式和构造等均能适应地基土壤的特性，必要时还要对软土地基进行人工处理。

7.1.4　水闸设计的内容和所需的基本资料

水闸设计的内容包括闸址选择、孔口型式和尺寸的确定、消能防冲、防渗排水、闸室布置和构造、闸室的稳定、沉降和地基处理、闸室结构计算、两岸连接建筑的型式和尺寸、闸门及启闭机等。

设计所需的基本资料有河流规划，运用要求，地形、地质、水文、气象、泥沙、地震烈度，建筑材料，施工和交通运输条件等。

进行水闸设计时，应根据闸址附近的水文、地形地质条件和施工、管理等因素，认真分析研究，合理布置，做到技术先进、经济合理、安全可靠、运用方便。

7.2　闸址选择和闸孔设计

7.2.1　闸址选择

水闸的选址需要考虑的因素很多，应根据水闸的功能、特点和运用要求，综合考虑地形、地质、水流、潮汐、泥沙、冻土、冰情、施工、管理及周围环境等因素，并经技术经济比较后选定。

闸址宜选择在地形开阔、岸坡稳定、岩土坚实和地下水位较低的地点。选择闸址应考虑材料来源、对外交通、施工导流、场地布置、基坑排水、施工水电供应等条件；考虑水闸建成后工程管理维修和防汛抢险等条件。此外，还应考虑美化环境和生态要求等问题。

7.2.2　闸孔设计

闸孔设计的任务是确定闸孔的形式、尺寸和闸槛高程。闸孔形式是指闸底板的形式（堰型）和是否设置胸墙。闸孔尺寸包括孔口的净宽、孔数和孔高。

1. 设计条件

设计孔口时，首先要分析水闸在进流期间可能出现的最不利情况，以此作为设计条件，该设计条件因水闸类型不同而异。

进水闸上游设计水位的确定方法与引水方式有关。对于无坝引水的进水闸，闸外的河道水位是经常变化的，为了使引水流量得到必要的保证，可从历年的灌溉临界期（河道来水条件与灌溉用水要求矛盾特别尖锐的时期）平均水位的系列中，选取相应于灌溉保证率的水位，作为闸外河道的设计水位。如果河道来水流量大、引水流量较小、引水后又对河道流量及水位的影响都不大时，可直接取闸外河道的设计水位作为闸上游设计水位。如引水流量的比例较大时，则需考虑因引水而产生的水位降低的影响。考虑到引水时部分位能转化为动能，引水口前的水位要比下游水位降低 Z_2 值，如图 7-4 所示。

$$Z_2 = \frac{3}{2}\frac{k}{1-k}\frac{v_2^2}{2g} \tag{7-1}$$

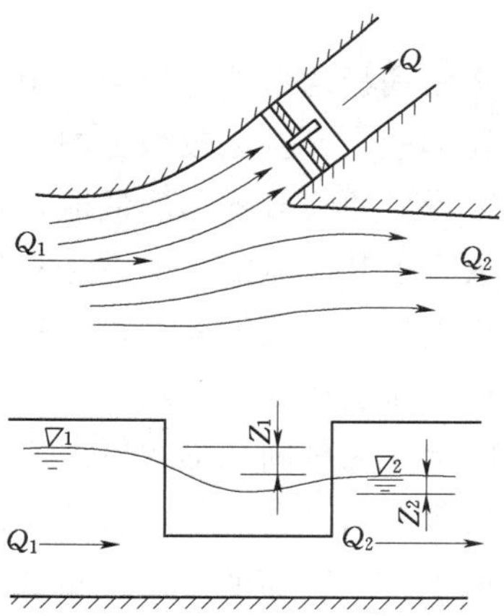

图 7-4　引水口前水位计算图

式中：k 为引水流量 Q 与河道来水流量 Q_1 的比值，即 $k=\dfrac{Q}{Q_1}$；v_2 为相应于引水口下游河道流量 Q_2 的平均流速。

则引水口前的水位为 $\nabla_2 - Z_2$，若该水位小于进水闸下游河道的临界水位 ∇_k（此时流量为 Q_2），则取 ∇_k 为引水口前的水位，即为闸上游设计水位。

如果进水闸前的进水渠长度 $L>20H_1$（H_1为进水闸底板以上的上游水深），则还应考虑进水渠的进口及沿程的水头损失。

无坝引水进水闸的设计引水流量，可选取历年的灌溉临界期最大引水流量系列中相应于灌溉保证率的流量。

有坝引水的进水闸，其上游设计水位即为闸后渠道设计水位再加过闸的水头损失（一般为 0.1～0.3m）。当引水渠较长时，同样应计入进口及沿程的水头损失。

对于拦河闸，在确定其上游水位时要考虑建闸后上游水位的壅高值 ΔH（即上、下游水位差），应尽量减小上游淹没损失或防洪工程的投资。另外，还应根据允许的过闸单宽流量和水闸工程造价等因素，综合比较后方能选定 ΔH 值。一般情况下，平原地区可采用 $\Delta H=0.1\sim0.3$m。

2. 闸孔形式

闸孔形式一般有宽顶堰孔口、低堰孔口及胸墙孔口三种，如图 7-5 所示。不设胸墙的孔口，其优点是结构简单，施工方便，有利于排泄冰块等漂浮物，也易满足过木及通航等要求。设胸墙的孔口，可减小闸门高度和启门力，降低工作桥高度，并具有较好的抗震性能。

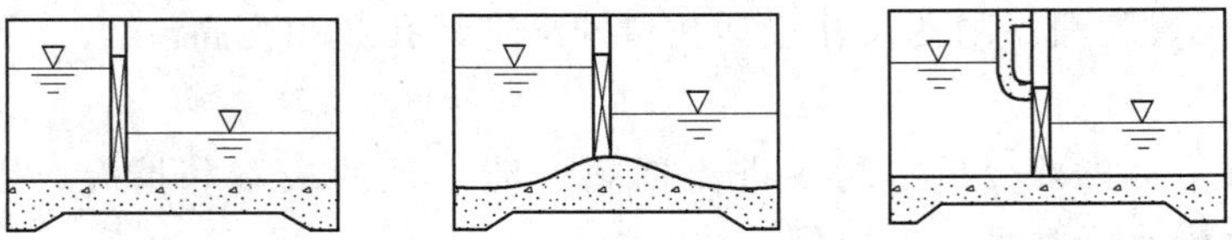

(a)　　(b)　　(c)

图 7-5　闸孔形式

(a) 宽顶堰孔口；(b) 低堰孔口；(c) 胸墙孔口

水闸底板的形式（堰型）中，以宽顶堰应用较广，这是由于其具有自由出流范围广、泄流能力较大而且比较稳定的优点，但其流量系数较小。低堰型底板［图 7-5 (b)］是在底板上设置曲线或梯形的低堰，其中曲线型包括实用堰和驼峰堰两种。这种低堰的流量系数较大，但其泄流能力受下游水位变化的影响比较显著。当需要限制单宽流量而闸底建基高程不能抬高，或因地基表层松软需要降低闸底建基高程，或在多泥沙河流上有拦沙要求时，可采用低堰底板。

除上述三种闸孔形式以外，在工程中还使用一种折线堰孔口，即孔口底板为折线形，底板前部为水平，后部为斜坡，这样，闸室后部可作为消力池的一部分。这种闸孔只有在坚实或中等坚实的地基上，闸室高度不大，上、下游河（渠）高差较大时方能采用。

3. 闸顶高程

闸顶高程通常是指闸室胸墙或闸门挡水线上游闸墩和岸墙的顶部高程，应根据挡水和泄水两种运用情况确定。挡水时，闸顶高程不应低于水闸正常蓄水位（或最高挡水位）加波浪计算高度与相应安全超高之和；泄水时，闸顶高程不应低于设计洪水位（或校核洪水位）与相应安全超高之和。水闸安全超高下限值见表 7-1。

位于防洪（或挡潮）堤身的水闸，其闸顶高程不得低于防洪（或挡潮）堤顶高程。

表 7-1 水闸安全超高下限值 单位：m

水闸级别 \ 运用情况		1	2	3	4、5
挡水时	正常蓄水位	0.7	0.5	0.4	0.3
	最高挡水位	0.5	0.4	0.3	0.2
泄水时	设计洪水位	1.5	1.0	0.7	0.5
	校核洪水位	1.0	0.7	0.5	0.4

确定闸顶高程时还应考虑软弱地基上闸基沉降的影响，多泥沙河流上、下游河道变化引起的水位升高或降低的影响，以及防洪（或挡潮）堤身水闸两侧堤顶可能加高的影响等因素。

4. 闸槛高程

如何确定闸槛高程，是闸孔设计的关键。若将闸槛高程定得低些，则可加大过闸水深，从而加大过闸单宽流量，闸室宽度可以减小，但是，水闸高度将有所增加；若将闸槛高程定得高些，则情况相反。因此，应进行综合比较，以求经济合理。根据实践经验，小型水闸的总宽度较小，两岸连接建筑物的工程量在整个水闸中所占的比重较大，如底板较高，虽然闸宽增加，但闸室和两岸连接建筑物的高度却会减小，水闸的总投资可能是经济的。在大、中型水闸中，闸宽较大，如条件许可，降低闸槛高程一般是有利的。

选择闸槛高程时除考虑上述因素外，还要考虑选定的过闸单宽流量 q 是否合适。选定过闸单宽流量时需考虑的因素有下游河床地质条件、上下游水位差、下游水位、河道宽度与闸室宽度的比值等。从宏观上讲，如仅考虑下游河床土质情况，根据长江中、下游各省的实践经验，在水闸的可行性研究阶段，q 值可按下列数据选用：粉砂、细砂、粉土及淤泥，$q=5\sim10\text{m}^3/(\text{s}\cdot\text{m})$；砂壤土，$q=10\sim15\text{m}^3/(\text{s}\cdot\text{m})$；壤土，$q=15\sim20\text{m}^3/(\text{s}\cdot\text{m})$；黏土，$q=15\sim25\text{m}^3/(\text{s}\cdot\text{m})$。另外，进水闸的过闸单宽流量一般不超过渠道单宽流量的 1.2～1.5 倍。

工程实践中，进水闸一般都采用宽顶堰型底板，闸槛高程与下游渠底齐平或稍高。对于多泥沙河流，为了减少泥沙进入渠道，堰顶至少高出河底 0.5～1.5m。对于拦河闸，特别是在平原地区上下游水位差较小的情况下，闸槛高程尽可能定得低些，以便获得较大的过闸流量。一般情况下，闸槛高程与河底同高或略高，如比河底低，则有可能产生淤积现象。

总之，闸槛高程应根据河（渠）底高程、水流、泥沙、闸址地形和地质、水闸施工及运行等条件，结合选用的堰型、门型及闸孔总净宽等，经技术经济比较确定。建造在复式河床上的水闸，当闸基为岩石或坚硬的黏性土时，可选用高、低槛的布置形式，但应妥善布置防渗排水设施。

5. 闸孔总净宽

根据给定的设计流量，上下游水位和初拟的闸孔形式及闸槛高程等条件，便可按下列公式初步确定闸孔总净宽。

（1）当水流为堰流时，则

$$B_0=\frac{Q}{\sigma\varepsilon m\sqrt{2g}H_0^{3/2}} \tag{7-2}$$

式中：B_0 为闸孔总净宽，m；Q 为过闸流量，此处指设计（或校核）流量，m^3/s；H_0 为计入行近流速水头的堰上水头，m；m 为堰流流量系数；ε 为堰流侧收缩系数；σ 为堰流淹没系数，$\sigma=1$ 时为自由出流。

（2）当水流为孔流时，则

$$B_0=\frac{Q}{\sigma'\mu h\sqrt{2gH_0}} \tag{7-3}$$

式中：h 为孔口高度，m；μ 为孔流流量系数；σ' 为孔流淹没系数，$\sigma'=1$ 时为自由出流。

闸孔总净宽应根据泄流特点、下游河床地质条件和安全泄流的要求，结合闸孔孔径和孔数的选用，经技术经济比较后确定。

6. 孔径和孔数及闸室总宽度

闸孔孔径应根据闸的地基条件、运用要求、闸门结构型式、启闭机容量，以及闸门的制作、运输、安装等因素，综合分析确定。闸孔孔径应尽量符合 SL 74—2013《水利水电工程钢闸门设计规范》所规定的闸门孔口尺寸系列标准。有特殊功能要求的水闸，可采用非标准孔口尺寸。如采用弧形钢闸门，闸孔孔径一般选用 8～12m；如果闸孔有排冰等要求，孔径宜选得大一些；兼作通航孔用的闸孔孔径，还要满足航运的要求。

现以堰流为例，说明闸孔确定的方法。使用式（7-2）时，由于孔径是未知数，故侧收缩系数 ε 不能直接查表或按有关公式计算，此时可先假定 $\varepsilon=1$；由于闸孔总数也是未知数，因此，流量公式中的 H_0 可暂用堰前水深代替。

应用式（7-2）计算出总净宽 B_0 后，即可进行分孔。根据上述原则确定每孔的净宽 b_0（孔径）。大型水闸宜采用 8m 以上的孔径，小型水闸的孔径一般为 1～3m。选定孔径后便可确定所需的孔数 n，即 $n=B_0/b_0$，n 取整数。闸孔孔数少于 8 孔时，宜采用单数孔。

闸室总宽度 $B=nb_0+(n-1)d$，其中，d 为闸墩中墩厚度。

按上述方法计算闸孔总净宽时，由于 ε 及 H_0 均为假定值，故在拟定孔径、孔数后，并考虑闸墩的影响，对过闸流量进行验算。即按拟定的孔径、闸墩的形状和尺寸等有关资料计算 ε，并在上游护底附近计算 H_0（也可直接引用上游防冲槽附近的渠道平均流速计算 H_0），然后代入式（7-2），验算过闸流量。如不符合要求，则需调整孔径或闸槛高程。一般来说，采用的闸孔总净宽要略大于计算值，以留有余地（以超过计算值 3%～5% 为宜）。同时，还要求闸室总宽度大体上与上、下游河道宽度（即通过设计流量的平均过水宽度）相适应。闸室总宽度与河道宽度的比值一般为 0.6～0.85。

7.3　水闸的消能防冲设计

由于闸墩和两岸连接段的约束，水闸的总过水宽度比建闸前的闸址过水宽度要小，即使泄水时闸门全开，也会抬高闸前水位，因此，水闸泄水时，部分势能转为动能，流速增大，而土质河床抗冲能力低，尽管采取相应的应对措施，其防护设施不可能做很长，因此，闸下冲刷是一个普遍的现象。

7.3.1 过闸水流的特点

闸后水流形态对下游河床冲刷的影响很大。平原地区河渠横断面往往宽而浅，河宽常大于闸宽，过闸水流不易均匀扩散，在主流部分保持较大的流速，而且主流方向还经常左右摆动，这就是折冲水流（图7-6），能直接冲刷河岸和河床。造成折冲水流的原因很多，如下游翼墙扩散角太大，水流不能很快地扩散，以致在两侧翼墙附近产生回流。此时主流受到回流的挤压更加集中，进而便形成折冲水流；又如工程布置不当，闸前来水不平顺，以及消能设施不当，或者运用管理不善，闸门开启不对称以及单孔开闸等，都是产生折冲水流的原因。另外，当水流的弗劳德数很小，即 $Fr=v/\sqrt{gh}=1.0\sim1.7$ 时，还会出现波状水跃（图7-7），此时水面呈波动状前进，无强烈的水跃漩滚，消能效果甚微。由于水流前进速度较大，易沿下游翼墙扩散不均匀，致使两侧产生回流。因此，要采取相应措施，如在闸室下游端部设置小槛，使水流越过小槛，跌入消力池内，促使其形成底流水跃。

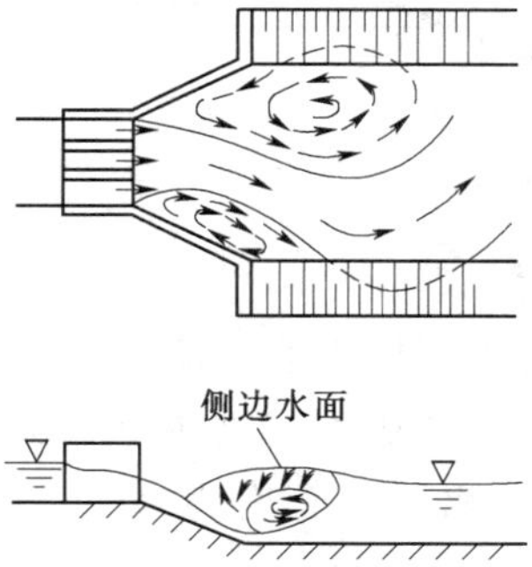

图7-6 折冲水流

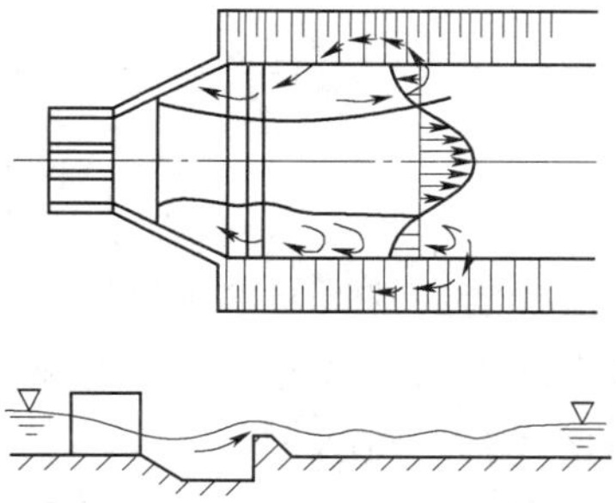

图7-7 波状水跃

7.3.2 消能防冲设施

为了保证水闸的正常运用，防止河床冲刷，一方面尽可能消除水流的动能，消除波状水跃，并促使水流横向扩散，防止折冲水流的出现；另一方面要保护河床及河岸，防止剩余动能引起的冲刷。这两方面的措施，首先考虑的应是消能，其次是防冲。所以在消能防冲设计中，一定要抓住消能这个主要环节。水闸的消能方式有底流式、面流式和挑流式三种。底流式消能，对于各类地基而言，可用于中、低水头的水闸，是应用较广的基本消能方式；当闸下尾水深度较大且变化较小、河床及岸坡抗冲能力较强时，可采用面流式消能；当水闸承受水头较高，闸后河床及岸坡为坚硬岩体时，可采用挑流式消能。以下仅介绍常用的底流消能方式。

底流消能由消力池、海漫和防冲槽三部分组成。消力池紧接闸室，在池中利用水跃进行消能。海漫紧接消力池，其作用是继续消除水流的剩余动能，使水流扩散并调整流速分布，以减小底部流速。海漫末端常设防冲槽。

7.3.2.1 消力池

消力池有三种类型：①下挖式消力池，即降低护坦高程而形成的消力池，适用于闸下尾水深度小于跃后水深的情况；②突槛式消力池（即消力墙式消力池），适用于闸下尾水深度略小于跃后水深的情况，如果地基开挖困难，或因冬季要求放空池中积水以防止冰冻时，则可不开挖而直接在护坦末端修建低堰，抬高池内水位，从而形成突槛式消力池；③综合式消力池，当闸下尾水深度小于 50% 跃后水深且计算出的消力池深度又较深时，可采用下挖式消力池与突槛式消力池相结合的综合式消力池。当水闸上、下游水位差较大，且尾水深度较浅时，宜采用二级或多级消力池消能。以下重点介绍下挖式消力池。

1. 消力池的布置

设计消力池时先根据上、下游水位，过闸流量和地形地质等条件，假定池底高程，然后进行水跃计算，求出跃前水深 h_c 及跃后水深 h''_c，从而确定池深以及池底高程，也可直接查图求得。若计算的池深为零或负值，从理论上说，不必设置消力池。可是在实际工程中，通常仍把池底高程降低 0.5～1.0m，从而形成消力池，这对稳定水跃位置，充分消能及调整消力池后的流速分布（图 7-8）等方面都有利。

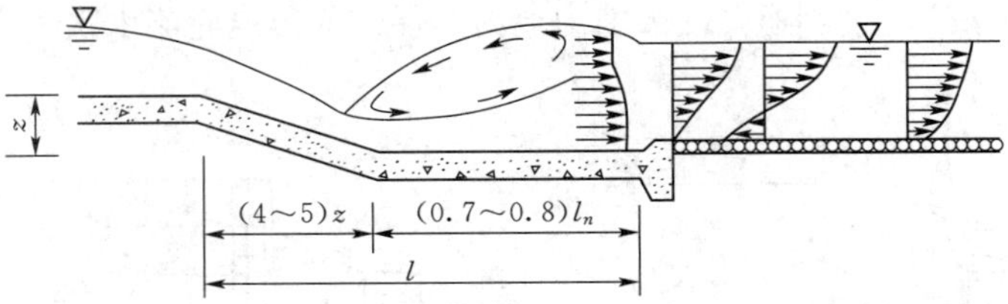

图 7-8　消力池及流速分布

确定消力池长度的基本要求是保证水跃发生在池内。由于消力池中的水跃与平底渠道中自由发展的水跃不同，考虑到池末的陡壁对水流有反作用力，故池中水跃长度小于自由水跃长度，根据试验，约小 20%～30%。所以消力池水平段长度为 $(0.7\sim0.8)l_n$，l_n 为自由水跃长度。水跃长度的计算公式很多，SL 265—2016《水闸设计规范》推荐欧勒佛托斯基公式，即 $l_n=6.9(h''_c-h_c)$。

消力池与闸室底板之间采用斜坡连接。该斜坡如设计过陡，当过闸流速较大时，水流将脱离斜坡表面而产生局部真空，以致损坏结构。所以，斜坡不宜陡于 1∶4，工程中常用 1∶4～1∶5。这样，消力池长度（图 7-8）为

$$l=(4\sim5)z+(0.7\sim0.8)l_n \tag{7-4}$$

式中：z 为闸底板与池底之间的高差。

计算消力池深度及长度时要考虑最不利的运用情况，可用设计范围内不同的过闸单宽流量及相应的上、下游水位，分别计算上述两个数值并分别取用最大值作为设计值。

也可在消力池末端设尾坎，高约 50cm，用来稳定水跃，调整铅直断面上的流速分布，并将水流挑向水面，这样可减小池后水流的底部流速，并使水流均匀扩散。尾坎可采用实体坎（连续式），当尾水较浅时可采用齿形坎（差动式）。

2. 辅助消能工

为了改善水流条件，提高消能效果，减小消力池尺寸，可在护坦上设置辅助消能工，如消力墩、消力梁等。消力墩在平面上能分散水流，增加消能效果。由于辅助消能工选用的布置形式和尺寸有所不同，故其主要作用也不同。对于有排冰、过木要求的水闸，如果辅助消能工选用不当，甚至还会产生副作用，危害消力池的安全。对于大型水闸，如采用辅助消能工，其布置形式和尺寸应通过水工模型试验确定。

3. 护坦构造

消力池的底板又称为护坦，构造如图 7－9 所示。由于消力池内水流非常紊乱，护坦不仅承受自重、水重、扬压力、脉动压力，而且还有水流的冲击力，受力条件较为复杂，一旦破坏就会影响到整个水闸的安全，设计时应慎重对待。

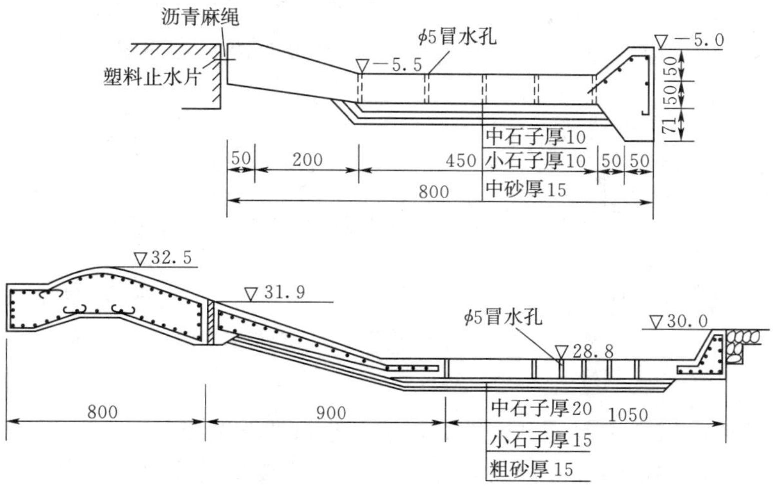

图 7－9　护坦构造（单位：高程 m；尺寸 cm；钢筋直径 mm）

护坦在一般情况下是等厚的，也可采用不同厚度，靠近闸室的一端厚度大些，向下游逐渐减小。在确定护坦厚度时要从抗冲和抗浮两方面考虑，分别按式（7－5）和式（7－6）计算。

抗冲
$$\delta = k_1\sqrt{q\sqrt{\Delta H}} \tag{7-5}$$

抗浮
$$\delta = k_2\frac{U - W \pm P_m}{\gamma_b} \tag{7-6}$$

式中：δ 为消力池底板始端厚度，m；ΔH 为泄水时的上、下游水位差，m；q 为过闸单宽流量，$m^3/(s \cdot m)$；k_1 为消力池底板计算系数，可采用 0.15～0.20；k_2 为消力池底板安全系数，可采用 1.1～1.3；U 为作用在消力池底板底面的扬压力，kPa；W 为作用在消力池底板顶面的水重，kPa；P_m 为作用在消力池底板上的脉动压力，其值可取跃前收缩断面流速水头的 5%，通常计算底板前半部的脉动压力时取“＋”号，计算底板后半部的脉动压力时取“－”号，kPa；γ_b 为消力池底板的饱和容重，kN/m^3。

消力池末端厚度可采用 $\delta/2$，但不宜小于 0.5m。

按式（7－5）和式（7－6）计算护坦厚度后，应取其中的大值。大、中型水闸的护坦厚度一般为 0.5～1.0m。

护坦材料应具有抗冲耐磨性，一般采用混凝土或加筋混凝土。为了降低护坦底部的渗透压力，在护坦的后半部或前半部需设置排水孔，或称为冒水孔（图 7－9），其孔径一般为 5～25cm，间距为 1.5～3.0m，呈梅花形排列。排水孔内充填碎石或无砂混凝土，这样既能使渗水通过，又有助于避免水流中的泥沙堵塞排水孔。排水孔底部应设置滤层。

护坦在平行水流方向常设置沉降缝，尽管闸室底板之间设置了铅直止水，从防止或避免其破坏的角度出发，护坦分缝的位置宜与闸室分缝位置错开布置。缝的间距按闸基性质而定，地基较好的不超过 10～15m，地基较差的为 8～12m。护坦在垂直水流方向一般不分缝，以保证护坦的整体稳定性。

7.3.2.2　海漫及防冲槽

过闸水流经过水跃消能后，一般能消除 40%～70%的能量，但仍有一定的剩余动能，流速也较大，流速分布也不均匀，而且水流紊动较厉害。故在消力池后面仍要继续采取防冲加固措施，如设置海漫，同时应在海漫末端加设防冲槽或防冲墙。海漫下面应设垫层，如图 7-10 所示。

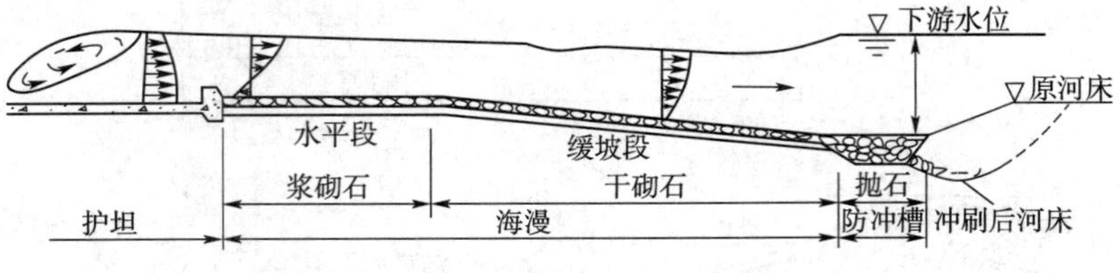

图 7-10　海漫布置及其流速分布示意图

1. 海漫长度

确定海漫长度时需考虑水流剩余动能，消力池末端单宽流量，上、下游水位差，河床土质抗冲能力，海漫表面粗糙度以及水流在海漫上扩散情况等因素。根据水闸运用经验，海漫与护坦的总长度约为上、下游最大水位差的 6～12 倍。如仅计算海漫长度，则可用经验公式［式（7-7）］，其形式与式（7-5）相同，但含义有所不同。

$$l_p = k_s \sqrt{q' \sqrt{\Delta H}} \tag{7-7}$$

式中：l_p 为海漫长度，m；q' 为海漫始端的单宽流量，$m^3/(s \cdot m)$；ΔH 为泄流时的上、下游水位差，m；k_s 为计算系数，与下游河床土质、消能设施及下游翼墙扩散条件等有关，对于粉砂及细砂，$k_s = 14 \sim 13$，中砂、粗砂及粉质壤土，$k_s = 12 \sim 11$，粉质黏土，$k_s = 10 \sim 9$，坚硬黏土，$k_s = 8 \sim 7$。

式（7-7）的适用条件为$\sqrt{q' \sqrt{\Delta H}} = 1 \sim 9$，且消能扩散良好。

计算海漫长度时也要考虑最不利的运用情况，即使式（7-7）中的 $q' \sqrt{\Delta H}$ 为最大值的情况，可把设计范围内不同的 q' 及其相应的 ΔH 代入 $q' \sqrt{\Delta H}$，取其最大值。

2. 海漫构造

海漫结构应该是粗糙的，以利于消除水流余能；应该是透水的，使渗透水流顺利排出，以增加海漫的稳定性；应该有一定的柔性，以适应地基变形。海漫材料可根据流速进行选择，常用的有以下几种：

（1）干砌块石。这是最常用的海漫材料，其厚度为 40～60cm［图 7-11（a）］。块石直径应大于 30cm。砌石下层通常铺有卵石及毛砂组成的垫层，厚度各为 10cm。干砌块石常设于海漫中后段，约为海漫全长的 2/3，其抗冲流速为 2.5～4.0m/s，为了增加抗冲能力，每隔 6～10m 常设置一道浆砌石埂。

（2）浆砌块石。浆砌块石厚度与干砌块石相同，其抗冲能力高，抗冲流速为 3～6m/s，常设置在海漫前段，约为全长的 1/3。浆砌块石内应设排水孔，以减小渗透压力，其底部设置滤层或垫层［图 7-11（b）］。

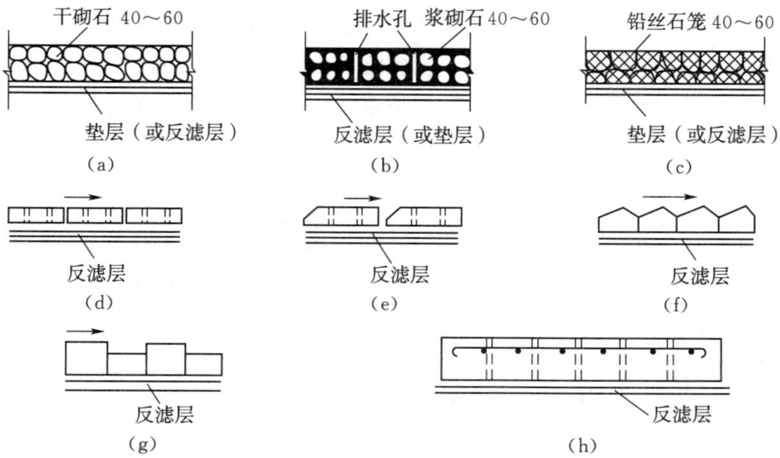

图 7－11　海漫构造示意图（单位：cm）

（3）混凝土板海漫。整个海漫由混凝土板块拼铺而成，每块板的边长为 2～5m，厚度为 0.2～0.3m，板中有排水孔，下面铺设反滤层或垫层［图 7－11（d）、（e）］。混凝土板海漫的抗冲流速可达 6～10m/s，但造价较高。有时为增加表面糙率，可采用斜面式或城垛式混凝土块体［图 7－11（f）、（g）］。铺设时应注意顺水流方向不宜有通缝。

（4）钢筋混凝土板海漫。当出池水流的剩余能量较大时，可在尾坎下游 5～10m 范围内采用钢筋混凝土板海漫，板中有排水孔，下面铺设反滤层或垫层［图 7－11（h）］。

（5）其他型式海漫。如铅丝石笼海漫［图 7－11（c）］等。

为了使水流更好地扩散，海漫在顺水流方向，除了平面上可以采取两侧逐渐扩散的布置方式以外，往往在前部水平段后面紧接倾斜段，或在全长范围内均向下游倾斜。这样，可以促进水流在铅直方向扩散，达到减缓流速、调整流速分布和提高防冲效果的目的。倾斜坡度宜等于或缓于 1∶10，过陡时消能作用很小，而且斜坡上容易产生漩涡，反而影响水流扩散。

3. 防冲槽

水流经过海漫后，能量得到进一步消除，但在海漫末端仍有冲刷现象，甚至危及护坦的稳定性。要使河床完全不受冲刷，海漫必须做得很长，既不经济也没有必要，故在海漫末端挖槽堆石，从而形成防冲槽（图 7－12）。当河床受到冲刷后，槽内石块即自动坍塌在冲刷坑上游坡面，以防止冲刷坑向上游延伸而破坏海漫。由于过水断面增大，流速减小，可防止水流对下游河床的进一步破坏。防冲槽的尺寸可根据海漫末端河床冲刷深度 t' 确定，其计算公式为

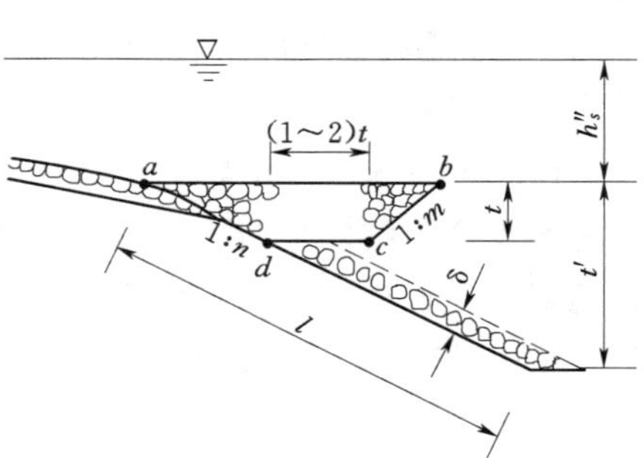

图 7－12　防冲槽

$$t' = 1.1\frac{q''}{[v]} - h''_s \qquad (7-8)$$

式中：q'' 为海漫末端单宽流量，$m^3/(s \cdot m)$；$[v]$ 为河床土质允许不冲流速，m/s；h''_s 为海漫末端河床水深，m。

根据式（7－8）计算的 t' 值有时很大，如将此值作为防冲槽深度，既不经济，施工又

很困难。一般取防冲槽深度 $t=1.5\sim2.0$m，此时槽顶高程与海漫末端齐平，而防冲槽底宽约为（1～2）t，上游坡度系数 $n=2\sim4$，下游坡度系数 m 视施工开挖情况而定。防冲槽断面积 $abcd$（图 7-12）可根据下游河床冲至最深时，石块坍塌在冲刷坑上游坡面所需要的面积 A 确定，$A=\delta l$，即

$$A=\delta t'\sqrt{1+n^2} \tag{7-9}$$

式中：δ 为堆石自然形成的护面厚度，取用 $\delta>0.5$m。

对于冲刷深度较小的水闸，可用 1～3m 深的防冲齿墙代替防冲槽。

在黏土河床中往往会出现 t' 值小于零的情况，从理论上讲，此时不需设置防冲槽等防冲设备，但是在实际工程中，为了安全起见，也常设置齿墙，深约 1m。

如果上游流速较大，水闸仍需设置上游防冲槽。水闸进口段由于受上游翼墙或导流墙的约束，行近流速增大，也会引起上游进口处河底的冲刷，有可能危及上游护砌工程的安全，因此，仍要设置上游防冲槽。其设计内容与下游防冲槽相仿，上游护底首端的河床冲刷深度 t'_m（m）计算公式为

$$t'_m=0.8\frac{q''_m}{[v]}-h''_m \tag{7-10}$$

式中：q''_m 为上游护底首端单宽流量，$m^3/(s\cdot m)$；h''_m 为上游护底首端河床水深，m；$[v]$ 的意义同式（7-8）。

上游防冲槽深度通常可小于下游防冲槽深度，一般为 1.0～1.5m。防冲槽内的抛石数量可根据上游河床冲至最深时，块石可能坍塌的情况而定。

7.3.2.3　上游河床防护

在渠道上建闸时，闸室宽度小于引渠宽度，上游过水断面向闸室方向逐渐减小，流速逐渐增大。因此，水流对上游河床产生冲刷现象，这会危及闸室安全，故在闸室上游除有铺盖保护外，还需设置护底（图 7-3）。护底长度一般为 3～5 倍堰顶水头（指自由出流），在中型水闸中，约为 10m。

如水闸具有双向过水要求时，则上、下游两侧均应根据具体情况设置消能防冲设施。

7.3.2.4　上、下游河岸的防护

为了使上、下游保护段的两岸不受水流冲刷的危害，需要进行河岸防护。护岸的长度应大于河床底部防护的范围，护坡顶部应在最高水位以上。靠近闸室的一段距离内，由于流速较大，护岸材料一般都采用浆砌块石，其他部位采用干砌块石。河岸护坡厚度约为 0.3～0.5m，每隔 8～10m 常设有混凝土埂或浆砌块石埂。在护坡与河床交接处以及护坡与上游进水渠交接处均应设置混凝土齿墙（或浆砌石齿墙），嵌入土中，以增加坡脚稳定及防止两岸遭受回流淘刷。护坡下面一般都铺设卵石及毛砂组成的垫层，厚度各为 10cm。

7.3.2.5　其他消能防冲设施

1. 沉井防冲墙（或称防冲锁墙）

沉井防冲墙是水闸建在平原地区土基上的又一种消能防冲设施。图 7-13 是广东省吴川市塘尾分洪闸，该闸建在砂质黏土地基上，闸室底板与下游最低潮位齐平，采用面流消能方式。沉井防冲墙的最大特点是省掉全部的消力池、海漫和防冲槽，当然，护岸工程量要大些。在条件适宜时，这是一种较好的防冲消能设施。

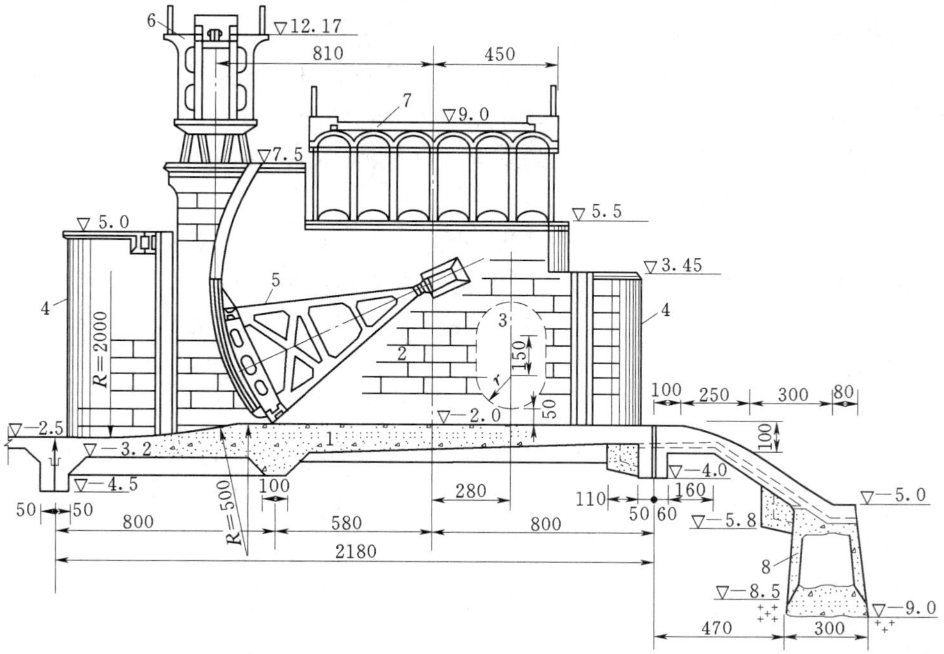

图 7-13　塘尾分洪闸的沉井防冲墙（单位：高程 m；尺寸 cm）

1—底板；2—箱壳构件；3—挖空部分（虚线范围内）；4—鱼嘴构件；
5—闸门；6—工作桥；7—交通桥；8—沉井防冲墙

2. 防冲板消能工

消力池和海漫虽是常用的消能防冲设施，可是在山区河道上，不但不经济，而且效果甚差，消力池常被砂石淤塞，降低消能作用；或因河床冲刷很严重，下游水位随之下降，不能满足在消力池内产生水跃的条件，致使消力池失去作用。为了解决这些问题，新疆维吾尔自治区早在 1958 年就开始采用防冲板和防冲墙相结合的消能方式，即防冲板消能工（图 7-14）。

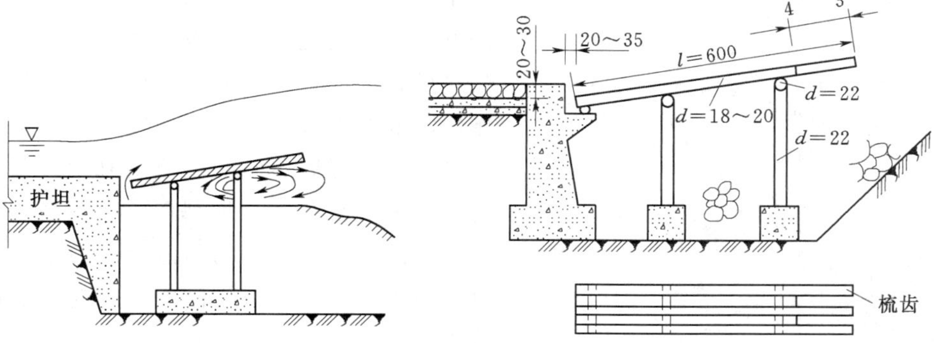

(a)　　(b)

图 7-14　防冲板消能工示意图（单位：cm）

(a) 无梳齿防冲板；(b) 一端梳齿防冲板

这种消能工采用面流消能的布置方式，在下游护坦末端设置防冲墙，墙后布置防冲板，当速度很高的水流通过防冲板表面时，在其首部与护坦之间的空隙处形成低压区，产生向上的吸力，因而在防冲板下面形成漩滚，把下游冲坑内的砂石推移到防冲墙前，并淤积在防冲板下面，这对防冲墙起到了保护作用。另外，防冲板微向上倾，把水流挑起，使冲刷坑离防冲墙较远，这也有利于水闸的安全。这种消能结构在新疆维吾尔自治区应用最广，甘肃及山西等省也有采用。

防冲板的形式有三种：①无梳齿防冲板［图 7-14（a)］，由连续的板块组成；②一端梳齿防冲板［图 7-14（b)］，由长短交错的板块组成，梳齿设在末端；③两端梳齿防冲板，梳齿设在首末两端。以上三种形式各有优缺点，其布置尺寸主要根据具体工程的水力条件等因素确定。

3. 斜坡护坦消能工

在山区河道上建闸，除了采用防冲板消能工以外，有的地区（如四川、新疆等）还采用斜坡护坦消能方式，即在闸室后面紧接斜坡护坦（如 1∶20 的缓坡），并在其末端设置深齿墙，然后与下游河道直接连接。斜坡护坦表面要粗糙、耐磨且易维修，常用的材料为坚硬的条石。

7.3.3 消能防冲的设计条件

水闸消能防冲设计条件的选择，与水闸形式、闸门的运用管理等密切相关，一般常选用单宽能量 E 最大的情况作为控制条件，$E=\gamma\Delta Hq$，γ 为水的容重，ΔH 为上、下游水位差，q 为单宽流量。其实，这仅是一个参考的控制条件。由于设计条件涉及的因素很多，如水闸的泄量及上、下游水位随着闸门开度的大小和下游河道充水时间而变化，因此，要考虑水闸在运用过程中可能出现的各种不利情况，宜选择一种运用方式并不复杂而消能设施又比较经济的情况作为设计标准。

闸门的运用管理对消能防冲影响很大。例如，当闸孔一次全部迅速开启时，单宽流量很大，下游水位尚未升高，水深较小，这样会对闸下产生严重冲刷。在多孔水闸中，如单独开启一孔或开启少数几孔时，则影响更坏。因此，应对闸门开启方式作出一定的限制。例如，规定各闸门要同步均匀提升，而且，应等待下游水位升高后再逐步开启。一般规定闸门分两次或三次开启，初始开度为 0.2～0.4。闸门如受到具体条件限制而不能同步开启时，可分先后、按档次开启闸门，由中间孔向两侧分段、分区或隔孔对称开启，当全部闸门开至同一高度后，再按同样方法，开启下一档高度，依此类推，直至闸门全部开启。关闭闸门时顺序相反。对分层布置的双层闸孔或双扉闸门应先开底层闸孔或下扉闸门，关闭时则先关闭上层闸孔或上扉闸门。应控制始流条件下的闸门开度，避免闸门停留在振动较大的开度区泄水。关闭或减小闸门开度时，要避免水闸下游河道水位降落过快。

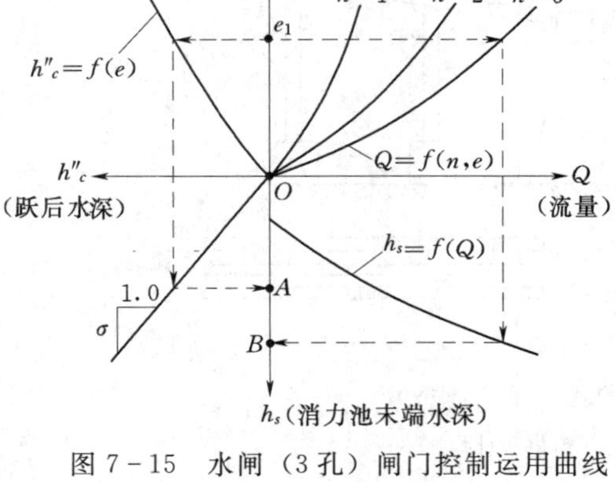

图 7-15　水闸（3 孔）闸门控制运用曲线

在水闸运用过程中，要保证在任何情况下水跃均完整地发生在消力池内。图 7-15（图中 σ 为水跃淹没系数）为 3 孔水闸的闸门控制运用曲线，可供参考。当闸门开度为 e_1 而 3 孔闸门同时过水时，从图 7-15 可查得池末水深 OB 及跃后水深（考虑淹没系数）OA，如 OB>OA，则说明水跃在消力池内发挥作用；如 OB<OA，则是不允许的。另外，还要避免闸门停留在可能发生振动较大的开度区。一般情况下，当闸门开度小于门前总水头的 0.1 倍时，门体容易产生振动；当闸门开度为门前总水头的 0.45～0.5 倍时，门前可能出现剧烈的立轴漩涡和吸气漏斗，出闸水流不稳定，也容易引起门体振动。

7.4　水闸的防渗、排水设计

水闸挡水时，由于上、下游水头差的作用，不仅在闸基土体中会产生渗流，同时还会产生绕过两岸连接建筑物的岸坡绕渗。渗流对建筑物产生的不利影响主要有：①降低了闸室的抗滑稳定及两岸翼墙和边墩的侧向稳定性；②可能引起地基的渗透变形，严重的渗透变形会使地基受到破坏，甚至导致水闸失事；③损失水量，一般情况下损失数量甚微，可略而不计；④使地基内的可溶物质加速溶解。

闸基防渗设计的要求是：确定最优的地下轮廓及防渗排水措施，使闸基渗透压力适当减小，闸基不发生渗透变形，并将闸基渗流量控制在允许范围内。总之，在保证水闸安全的前提下，做到经济合理。

7.4.1　水闸的防渗长度及地下轮廓的布置

1. 防渗长度

当水闸形成上、下游水位差时，上游水经过地基向下游渗透，并从护坦的排水孔等处排出。如图 7-16 所示，沿着铺盖、板桩及闸室底板的这根流线为 1—2—…—17，这是闸基渗流的第一根流线。上述铺盖、板桩及闸室底板等不透水部分（连续）与地基的接触线，称为地下轮廓线（即第一根流线）。该线的长度称为防渗长度或渗径长度，此时，$L=\overline{1-2}+\overline{2-3}+\cdots+\overline{16-17}$，如进口段设有干砌块石及垫层（图 7-16 左下方），则 $L=\overline{1'-2}+\overline{2-3}+\cdots+\overline{16-17}$；如铺盖与闸室之间的止水受到破

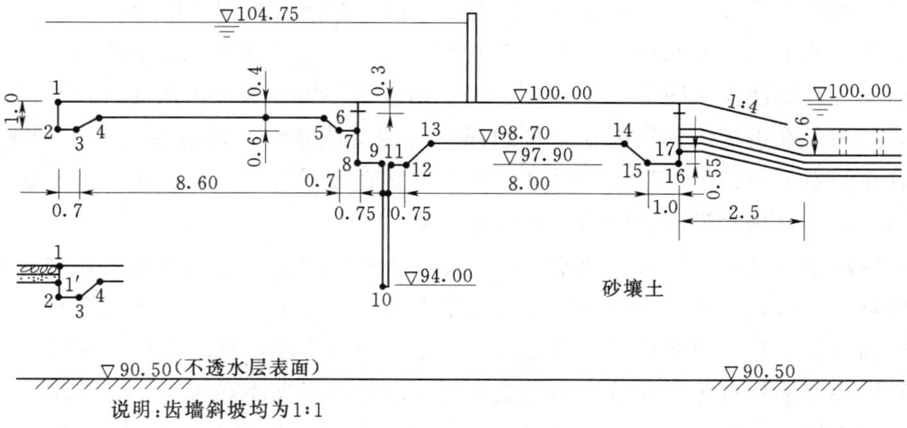

图 7-16　水闸地下轮廓（单位：m）

坏或没有设置，则 $L=\overline{7-8}+\overline{8-9}+\cdots+\overline{16-17}$。从图 7-16 的实例，可以清楚地看出，防渗长度有三个特点：①起点是入土点，即水流进入土基的这一点；②终点是出土点，即水流离开土基的这一点（排水的起点）；③中间是连续线，即起点与终点之间没有间断。

水闸防渗排水布置应根据闸基地质条件和水闸上、下游水位差等因素，结合闸室、消能防冲和两岸连接布置进行综合分析确定。SL 265—2016《水闸设计规范》提出，初步拟定的闸基防渗长度应满足下式的要求

$$L=C\Delta H \tag{7-11}$$

式中：L 为闸基防渗长度，即闸基轮廓线防渗部分水平段和垂直段长度的总和，m；ΔH 为上、下游水位差，m；C 为允许渗径系数值，可按表 7-2 选用，当闸基设置垂直防渗体时，可采用表中所列规定值的小值。

表 7-2　允许渗径系数值

排水条件	地基类别									
	粉砂	细砂	中砂	粗砂	中砾、细砾	粗砾夹卵石	轻粉质砂壤土	轻砂壤土	壤土	黏土
有反滤层	13～9	9～7	7～5	5～4	4～3	3～2.5	11～7	9～5	5～3	3～2
无反滤层	—	—	—	—	—	—	—	—	7～4	4～3

2. 地下轮廓的布置

当水闸防渗长度初步拟定后，即可根据设计要求和地基土壤特性，并参考类似的水闸工程资料进行闸基防渗轮廓形状及尺寸的确定，即进行地下轮廓布置。布置的总原则是滞渗与导渗相结合。通常在闸室底板上游一侧布置防渗设施（如铺盖、板桩及齿墙等），用来延长渗径，减小底板渗透压力，降低闸基渗流坡降等，称为滞渗；在下游一侧布置排水设施，使渗透水流尽快地安全排走，以防止发生渗透变形，并减小底板渗透压力，称为导渗。

地下轮廓布置与地基土质的关系较大，对于不同地基有不同的布置特点。

（1）黏性土地基。黏性土地基的土壤颗粒之间具有凝聚力，不易产生管涌，但土壤与闸底板之间的摩擦系数小，不利于闸室稳定。所以，如何减小闸室渗透压力，提高抗滑稳定性，是这类地基的主要问题。在防渗布置时，应重点考虑如何降低闸底板的渗透压力。防渗措施一般常用铺盖［图 7-17（a）］，而不用板桩，因板桩在入土的过程中可能破坏黏土的天然结构，在板桩与其周围地基接触面上可能造成集中渗流的通道。至于排水设施，一般布置在闸室下游护坦的下面；也可布置在闸室底板下面，这对加速黏性土固结有一定作用，不过，一旦排水设施被堵塞，则很难修复。

（2）砂性土地基。在砂性土地基中，土壤与底板之间的摩擦系数较大，这对闸室的抗滑稳定性有利。但是，由于土壤颗粒之间无凝聚力或凝聚力很小，管涌问题较为突出，尤其在细砂和粉砂地基上更要特别注意。为了防止管涌的出现，如地基砂层很厚时，采用铺盖与铅直防渗（如板桩等）相结合的措施来延长渗径，降低渗透坡降。一般地，在底板上游一侧设置板桩，有时在铺盖前端再加一道板桩。如砂层较薄时（4～5m 以下），可用板桩将砂层切断［图 7-17（b）］，板桩嵌入相对不透水层深度不应小于 1.0m。如砂层很薄

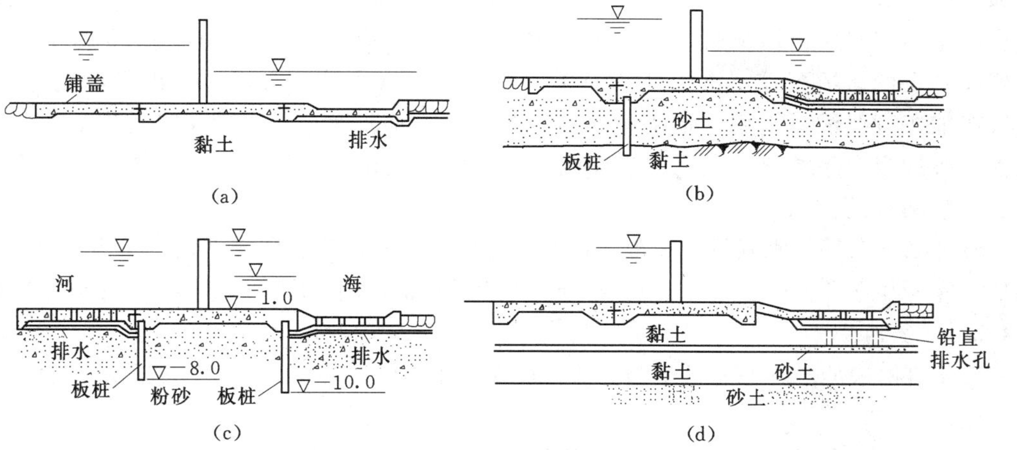

图 7-17 水闸地下轮廓布置图

时，也可直接用齿墙嵌入不透水层。此时，应避免铅直防渗设备未嵌入不透水层而留有一小段铅直距离，这样容易形成集中渗流破坏。至于排水设施，则布置在护坦下面［图 7-17（b）］，一般不设在闸室底板下面。

对于粉砂地基，为了防止粉砂液化，多采用封闭式防渗措施，即在闸室地基的四周用板桩包围。［图 7-17（c）］是某挡潮闸断面图，该闸受双向水头作用，在上、下游都设有板桩和排水。因为最高潮水位高于内河水位，所以在闸室迎海一侧采用较长的板桩。

（3）多层土质地基。在透水性较小的地基表层下面如有透水层，特别是该透水层有承压水时，应设置铅直排水孔并穿过表层［图 7-17（d）］，引出承压水，避免下游土层隆起，甚至发生流土。在不同性质的冲积层地基中，如果水平渗透性大于铅直渗透性，也可利用铅直排水降低土质间的渗透压力；如地基深处有软弱层影响水闸稳定时，同样可利用铅直排水降低该层渗透压力，以加大水闸有效重力，从而增加其稳定性。

7.4.2 渗流计算

当初步确定地下轮廓布置后，即可进行渗流计算，以验证技术上的可靠性。计算的渗流要素有渗透压力、渗透坡降和渗透流量等。一般地，渗透流量小，可不计算。确定上述渗流要素的方法有理论计算法、近似计算法、电模拟试验法及数值计算法等。

闸基渗流为有压渗流，一般视为平面问题，在各向同性均质地基中，采用拉普拉斯（Laplace）方程式表示，即

$$\frac{\partial^2 h}{\partial x^2}+\frac{\partial^2 h}{\partial y^2}=0 \tag{7-12}$$

式中：h 为计算点的水头值，称为水头函数，仅是坐标的函数。

已知渗流区域的边界条件，便可根据式（7-12）解得水头函数。但是，只有在边界条件十分简单的情况下才能求解，而实际的边界条件及防渗布置均较复杂，很难运用理论解法获得解答。电模拟试验法是比较精确的求解方法，但需要一定的时间和经费，不是所有工程都有条件采用的。数值计算法就是采用渗流有限元法或边界元法，在计算机上进行计算。近似计算法很多，主要有直线比例法（又称为渗径系数法，即勃莱系数

法和莱因系数法)、直线展开法、加权直线法、改进阻力系数法以及流网法等。直线比例法假定渗流水头沿渗流长度（或折算的渗流长度）均匀消减，按直线比例关系求得地下轮廓各点的渗透压强，该法计算简单，但精度差（尤其在渗流进、出口段）。直线展开法或加权直线法只适用于地基条件不复杂，且闸基防渗布置比较简单的中、小型水闸工程。改进阻力系数法系我国学者在阻力系数法的基础上进行改进后提出的，是近似计算法中较精确的方法。

SL 265—2016《水闸设计规范》推荐采用改进阻力系数法和流网法，作为求解土基上闸基渗透压力的基本方法。对于复杂土质地基上重要的水闸，应采用数值计算法进行计算。

7.4.2.1　流网法

关于流网法的基本原理及绘制方法，已在《水力学》教材中讲述，这里简要介绍流网的特性及应用。

在各向同性的均质地基中，流网的特性是：流线与等势线互相正交，且使每一网格呈曲线正方形。实际上，这里所讲的流网法便是拉普拉斯方程式［式（7-12)］的图解法。

流网的边界线可按下述方法确定：地下轮廓线是第一根流线（图 7-18 中 1—2—3—4—5—6—7—8)，而地基不透水层的表面便是最后一根流线。如果透水层很深，则大致将以地下轮廓线水平投影的中点为圆心，以该水平投影总长的 1.5 倍（或以诸板桩中最大长度的 3.0 倍）为半径所绘的圆弧作为最后一根流线。对于等势线，第一根和最后一根分别是地下轮廓线以外的上游和下游地基表面。

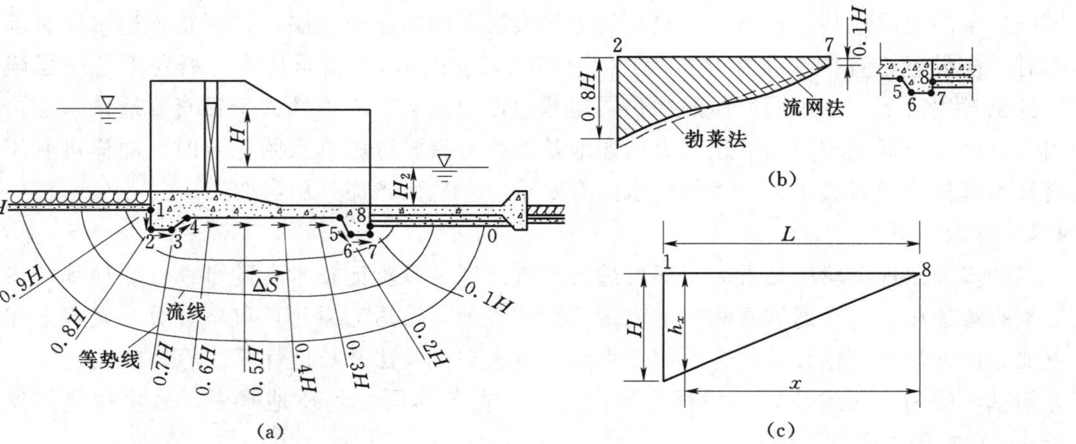

图 7-18　闸基流网及渗透压力分布图

对于图 7-18 中所绘的流网，有关渗流要素的计算内容如下：

(1) 渗透压力。按照绘制的流网，在等势线与底板交点位置，将等势线所表示的水头按比例绘出，即为底板底部铅直向上的渗透压力分布图。

(2) 渗透坡降和渗透流速。在流网中，任一网格的两等势线水头差 ΔH 和两等势线距离 ΔS 的比例，即为该网格的平均渗透坡降 J_{cp}，即

$$J_{cp}=\frac{\Delta H}{\Delta S}=\frac{H}{n\Delta S} \tag{7-13}$$

该网格的平均渗透流速 v_{cp} 为

$$v_{cp}=KJ_{cp}=\frac{KH}{n\Delta S} \tag{7-14}$$

式中：H 为水头，m；n 为等势线带数；K 为渗透系数，m/s。

如用出口处的网格分析，其平均坡降即作为出逸坡降。

流网法既可适用于各向同性的均质地基及非均质地基［图 7-19 (a)、(c)、(d)］，又能适用于各向异性的地基［图 7-19 (b)］；另外，对于各种不同的地下轮廓和布置及其他边界条件也能适用。使用流网法计算渗流要素，费时不多，也有足够的精度。流网图可通过实验绘制，如采用手绘法需有一定的绘制经验，才能获得较满意的结果，一般绘制的流网，误差为 2%～5%。

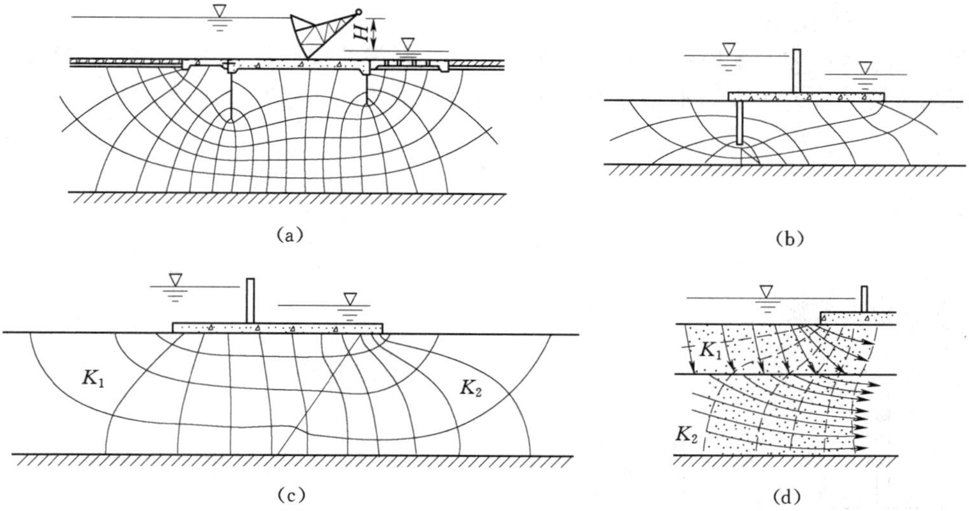

图 7-19 闸基流网图

(a) 均质地基 ($K_x=K_y$)；(b) 均质地基 ($K_x=4K_y$)；(c) 非均质地基 ($K_1=2K_2$)；(d) 非均质地基 ($K_1<K_2$)

7.4.2.2 直线比例法

直线比例法计算最简单，虽然其精度差，但仍为小型工程所采用。该法有勃莱法和莱因法两种。

1. 勃莱法

勃莱于 1910 年根据许多修建在土基上成功的和失败的低水头闸坝的观测资料统计得出该法。该法认为闸基渗流沿防渗长度（不论水平段、铅直段或倾斜段）均匀地消减水头，各点渗透坡降均等于防渗长度内的平均渗透坡降。只要知道水头 H 和防渗长度 L 之后，便可按直线比例关系求得地下轮廓各点的渗透压强。如图 7-18 (c) 所示，任一点的渗压水头 h_x 为

$$h_x=\frac{H}{L}x \tag{7-15}$$

式中：x 为计算点与点 8（出逸点）之间的渗径。

2. 莱因法

莱因于 1934 年根据对更多的实际工程资料的分析认为，水平渗径的消能效果仅为垂直渗径的 1/3。该法与勃莱法所不同的是将水平渗径（包括倾角小于和等于 45°的渗径）除以 3，再与铅直渗径（包括倾角大于 45°的渗径）相加，即得折算后的防渗长度。计算渗压时仍可应用式（7-15），但是，应将 L 及 x 中的水平渗径乘以 1/3。

7.4.2.3　改进阻力系数法

改进阻力系数法是在阻力系数法的基础上发展起来的，这两个方法的基本原理甚为相似。改进阻力系数法与阻力系数法相比，主要是渗流区划分得多些，在进、出口附近的水头损失修正方面考虑得详细些，同时，阻力系数计算公式也有所不同。因此，改进阻力系数法的计算精度比阻力系数法高。

1. 基本原理

图 7-20 所示为一个简单的矩形断面渗流区，其渗流段长度为 L，透水层深度为 T，两断面测压管水位差为 h，根据达西定律，通过该渗流区的单宽渗流量 q 为

$$q = K\frac{h}{L}T$$

或

$$h = \frac{L}{T}\frac{q}{K} \tag{7-16}$$

式中：K 为渗透系数。

令 $\frac{L}{T} = \xi$，则得

$$h = \xi\frac{q}{K} \tag{7-17}$$

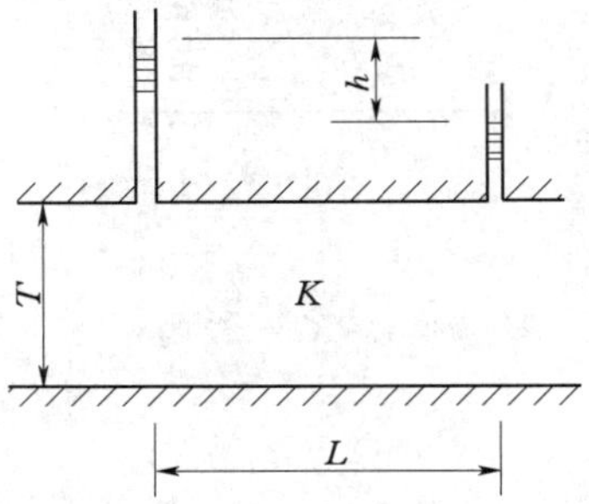

图 7-20　矩形断面渗流图

式中：ξ 为阻力系数。

上述 ξ 值仅与渗流区的几何形状有关，是边界条件的函数。对于比较复杂的地下轮廓，需把整个渗流区大致按等势线位置分成几个典型渗流段，每个典型渗流段都可利用理论解法或试验法求得阻力系数 ξ，其计算公式见表 7-3。现以图 7-16 为例，按表 7-3 的典型段，把图 7-16 中的均质渗流区分成 10 个渗流段（图 7-21），然后再引用式（7-17），可求得任一段水头损失 h_i 为

$$h_i = \xi_i\frac{q}{K} \tag{7-18}$$

对于不同的典型段，ξ 值是不同的，而根据水流连续条件，各段的单宽渗流量相同，所以，各段的 q/K 值相等，而总水头 H 应为各段水头损失的总和，于是得

$$H = \sum_1^n h_i = \frac{q}{K}\sum_1^n \xi_i \tag{7-19}$$

式中：$\sum_{1}^{n}\xi_i$ 为各段阻力系数的总和；n 为典型渗流段的段数。

将式（7－19）整理代入式（7－18）后，便可算得各段水头损失为

$$h_i = \xi_i \frac{H}{\sum_{1}^{n}\xi_i} \tag{7-20}$$

表 7－3　　　阻力系数计算公式表

渗流段名称	渗流段形状	阻力系数 ξ 的计算式
进、出口段	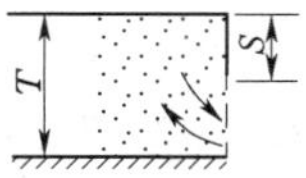	$\xi_0 = 1.5\left(\frac{S}{T}\right)^{1.5} + 0.441$
内部铅直段	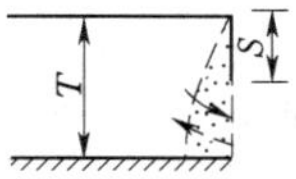	$\xi_y = \frac{2}{\pi}\ln\cot\left[\frac{\pi}{4}\left(1-\frac{S}{T}\right)\right]$
水平段	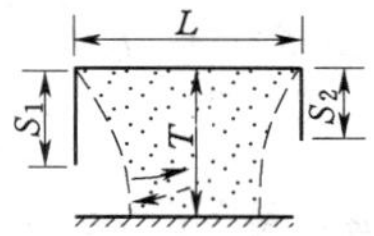	$\xi_x = \frac{L-0.7(S_1+S_2)}{T}$

注　在 ξ_y 公式内，$2/\pi$ 中的 π 为 3.1416，而 $\pi/4$ 中的 π，系指 π 弧度，如以度计，$\pi/4=45°$。

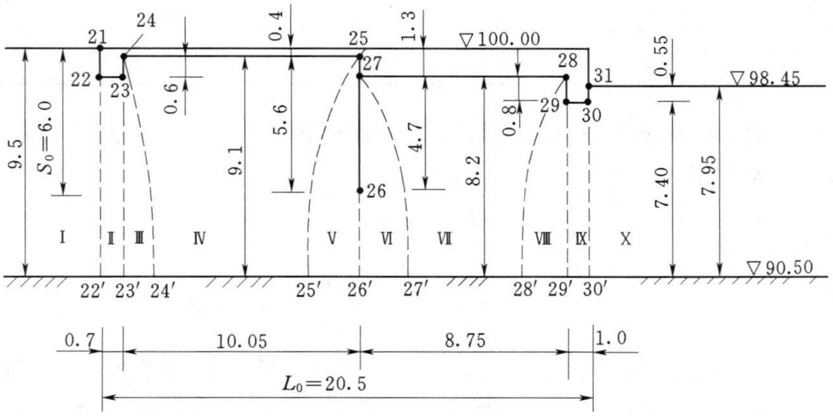

图 7－21　计算的地下轮廓及典型段（单位：m）

求出各段的水头损失后，再由出口处向上游依次叠加，即得各段分界点的水头，也就是图 7－21 中的 22，23，…，30 等各点的渗压水头，至于两点之间的渗压可近似地认为是线性分布。进、出口附近各点的渗压有时需要修正。如需计算 q，可按式（7－18）进行计算。

2. 主要计算步骤

（1）确定地基计算深度。上述计算方法在不透水层较浅时可直接使用，如果不透水层较深时，需首先计算有效深度 T_e。

$$\left.\begin{aligned} &\text{当}\ \frac{L_0}{S_0}\geqslant 5\ \text{时} && T_e = 0.5L_0 \\ &\text{当}\ \frac{L_0}{S_0}<5\ \text{时} && T_e = \frac{5L_0}{1.6\dfrac{L_0}{S_0}+2} \end{aligned}\right\} \tag{7-21}$$

式中：L_0 为地下轮廓的水平投影长度，m；S_0 为地下轮廓的铅直投影长度，m。

待有效深度算出后，再与实际深度相比较，应取其中的小值作为计算深度 T_c。计算 T_e、T_c 及 S_0 时，均应从地下轮廓最高处往下起算。如图 7－16 所示，地下轮廓最高处的高程为 100.0m；如进口处有干砌块石及垫层（图 7－16 左下方），而第 4 点又比第 1′点高，此时，地下轮廓最高处的高程应为 99.6m。图 7－21 中的 L_0 =20.5m，S_0 =6m，算得 T_e =13.7m，而实际深度为 9.5m，因该值小于 13.7m，故取 T_c =9.5m。

（2）将渗流区按地下轮廓线形状分为若干典型渗流段，并利用表 7－3 计算各段阻力系数 ξ_i 及水头值 h_i 。

在计算阻力系数时，若某渗流段的 ξ_i 计算值为负值，则是不合理的，应该进行适当的处理，如将该段并入附近的渗流段一起计算。

对图 7－21 中的 10 个典型渗流段的阻力系数 ξ_i 和水头损失 h_i 分别进行计算，结果见表 7－4。

表 7－4　　渗流的阻力系数、水头损失计算表

分段编号	Ⅰ	Ⅱ	Ⅲ	Ⅳ	Ⅴ	Ⅵ	Ⅶ	Ⅷ	Ⅸ	Ⅹ
ξ	0.492	0.082	0.066	0.627	0.742	0.671	0.598	0.098	0.135	0.468
h_i /m	0.587	0.098	0.079	0.748	0.886	0.801	0.714	0.117	0.161	0.559

（3）当进、出口处底板埋深及板桩长度的总值较小时，进、出口段的水头损失需按式（7－22）修正，才能使计算值接近于实际情况。

$$h_0' = \beta' h_0 \tag{7-22}$$

其中

$$\beta' = 1.21 - \frac{1}{\left[12\left(\frac{T'}{T}\right)^2+2\right]\left(\frac{S'}{T}+0.059\right)} \tag{7-23}$$

式中：h_0 为按式（7－20）计算的进、出口水头损失值；h_0' 为修正后的进、出口水头损失值；β' 为阻力修正系数，当 $\beta'\geqslant 1$ 时，取 $\beta'=1.0$；S' 为底板埋深与板桩入土深度之和［图 7－22（a）］，或为齿墙外侧埋深［图 7－22（b）］；T' 为板桩另一侧地基透水层深度，或为齿墙底部至计算深度线的铅直距离（图 7－22）。

修正后水头损失的减小值 Δh ，可按式（7－24）计算，即

$$\Delta h = (1-\beta')h_0 \tag{7-24}$$

对于图 7－22，进口段的 β' =0.685，出口段的 β' =0.581。

（4）当出口处有板桩时，其出口段渗透压力分布图形，可按图 7－23 进行修正，即图中的 QP' 为原有水力坡降线，根据式（7－24）及式（7－25）计算的 Δh 和 L_x'，分别定出 P 点和 O 点，连接 QOP 即为修正后的水力坡降线。图 7－23 中的 L_x' 为水力坡降呈急变形

式的长度，可按下式计算，即

$$L'_x = \frac{\Delta h}{\Delta H \Big/ \sum_{i=1}^{n} \xi_i} T \tag{7-25}$$

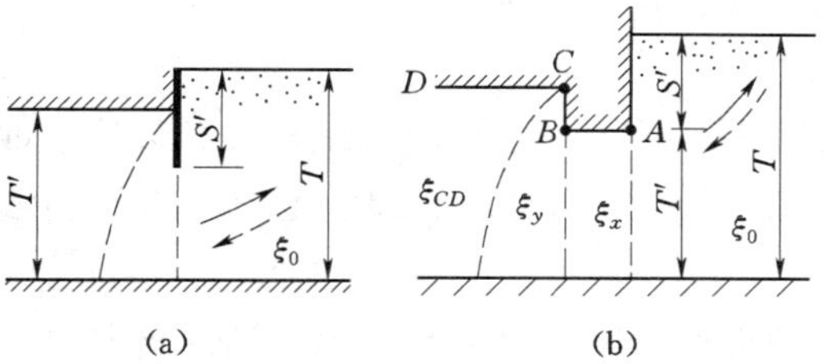

(a)　　(b)

图 7-22　进、出口渗流计算图

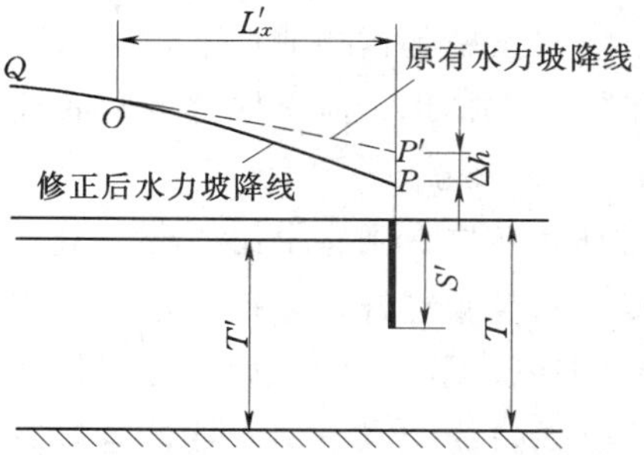

图 7-23　出口板桩附近水力坡降修正图

(5) 对于进、出口段齿墙不规则部位，可按下列方法进行修正。因渗流区各段 h 值之和应等于总水头值，故上述进、出口水头损失的减小值，应该按不同情况分别加在附近的几个渗流段内［图 7-22 (b)］，分两种情况给予修正。

1) 当 $h_x \geqslant \Delta h$ 时，按式 (7-26) 修正，即

$$h'_x = h_x + \Delta h \tag{7-26}$$

式中：h_x 为水平段（AB 段）修正前的水头损失值；h'_x 为修正后的水平段水头损失值。

2) 当 $h_x < \Delta h$ 时，分别按下列方法修正：

a. 当 $h_x + h_y \geqslant \Delta h$ 时，$h'_x = 2h_x$，$h'_y = h_y + \Delta h - h_x$。$h_y$ 为内部铅直段（BC 段）修正前的水头损失值，h'_y 为修正后的水头损失值。

b. 当 $h_x + h_y < \Delta h$ 时，$h'_x = 2h_x$，$h'_y = 2h_y$，$h'_{CD} = h_{CD} + \Delta h - (h_x + h_y)$。$h_{CD}$ 为 CD 段修正前的水头损失值，h'_{CD} 为修正后的水头损失值。

对于图 7-21，进口段的 Δh =0.185m，出口段的 Δh =0.234m，修正后各角隅点的渗透水头见表 7-5。

表 7-5　　图 7-21 各角隅点的渗透水头修正值　　单位：m

角隅点	H_{21}	H_{22}	H_{23}	H_{24}	H_{25}	H_{26}	H_{27}	H_{28}	H_{29}	H_{30}	H_{31}
渗透水头修正值	4.75	4.35	4.15	3.99	3.23	2.34	1.54	0.83	0.64	0.32	0

图 7-21 是地下轮廓简化后的计算图，现运用两点间渗透水头为直线分布的假定，即可算出图 7-16 地下轮廓各角隅点的渗透水头，见表 7-6。

表 7-6　　图 7-16 各角隅点的渗透水头值　　单位：m

角隅点	H_1	H_2	H_3	H_4	H_5	H_6	H_7	H_8	H_9	H_{10}	H_{11}	H_{12}	H_{13}	H_{14}	H_{15}	H_{16}	H_{17}
渗透水头修正值	4.75	4.35	4.15	3.99	3.38	3.28	3.19	3.05	2.96	2.34	1.68	1.52	1.35	0.83	0.64	0.32	0

(6) 出口段渗流坡降 J_1，按式 (7-27) 计算，即

$$J_1=\frac{h'_0}{S'}<[J_1] \tag{7-27}$$

同理，可计算各水平段渗流坡降 J_2，并使 $J_2<[J_2]$。各种地基类别的 $[J_1]$ 及 $[J_2]$，参见 SL 265—2016《水闸设计规范》。

7.4.3　防渗排水设施

防渗设施是指构成地下轮廓的铺盖、防渗墙、板桩、齿墙及灌浆帷幕等，排水设施则是指铺设在护坦、海漫底部或闸底板下游段起导渗反滤作用的砂砾石层、排水孔。

7.4.3.1　铺盖

铺盖布置在闸室上游一侧，其长度约为（3～5）H，H 为上、下游最大水头差。铺盖长度不是越长越好，因铺盖过长，防渗效果增加却甚少，故并不经济。总之，要以防渗效果好和造价低的原则来确定铺盖长度。

铺盖首先应有不透水性，且最好具有一定的柔性，以适应地基变形。满足这些要求的铺盖材料有黏土和黏壤土，必要时可以采用混凝土、钢筋混凝土及沥青混凝土等。当采用黏土铺盖时，为了保证其具有足够的防渗能力，要求黏土铺盖的渗透系数要比地基土的渗透系数小 100 倍以上。

1. 黏土及黏壤土铺盖

这种铺盖用于砂性土及中轻壤土地基，铺盖土料的渗透系数小于 10^{-5}cm/s。铺盖厚度 δ 可按式（7-28）核算，即

$$\delta=\frac{\Delta H}{[J]} \tag{7-28}$$

式中：ΔH 为计算截面处铺盖顶面和底面的水头差；$[J]$ 为允许坡降，黏土铺盖为 4～6，黏壤土铺盖为 3～5。

铺盖上游端最小厚度宜为 0.6m，以便于保证碾压施工质量。由于铺盖各截面的 ΔH 值向下游方向逐渐增加，因而铺盖厚度也随之加大，逐渐向闸室方向加厚至 1.0 ～ 1.5m。为了保证黏土铺盖与闸室底板的可靠连接，防止沿接触面产生冲刷，铺盖末端除了要加厚外，还需将闸室底板靠近上游面的一端做成斜面，使铺盖能借自重和上面的荷重，与闸室底板贴紧，同时，还应在两者之间再设置油毡止水（图 7-24）。

铺盖主要起防渗作用，同时也有防冲作用。在铺盖表面应设防冲护面，可用干砌石或浆砌石，也可用混凝土板。在防冲护面与铺盖之间应做保护层，以免铺盖填土层发生干裂或冰冻，也可防止施工运输时填土层遭受破坏。保护层一般采用砂性土，如采用干砌块石护面，还应在护面与保护层之间加设砂砾石垫层，防止过水时将保护层的砂土从干砌石缝中带走（图 7-24）。

2. 混凝土、钢筋混凝土和沥青混凝土铺盖

如当地缺少黏土或黏壤土，可采用混凝土或钢筋混凝土铺盖（图 7-25），此时要求铺盖材料的渗透系数小于 10^{-7}cm/s。这种铺盖最小厚度不宜小于 0.4m，一般做成等厚度形式。铺盖与底板连接处用沉降缝分开，铺盖本身在顺水流方向，仍需设沉降缝，间距为 8～20m（靠近翼墙的缝距宜用小值），缝宽可采用 2～3cm。上述沉降缝中应设橡皮、塑料或金属等止水。混凝土铺盖中需配置构造钢筋，钢筋混凝土铺盖需配置温度钢筋。

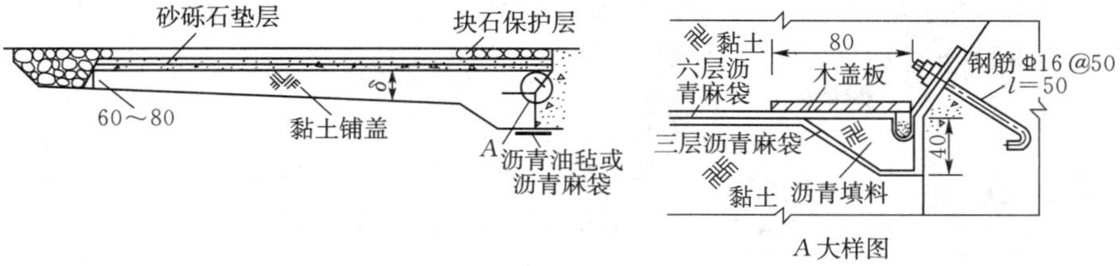

图7-24 黏土铺盖构造（单位：cm）

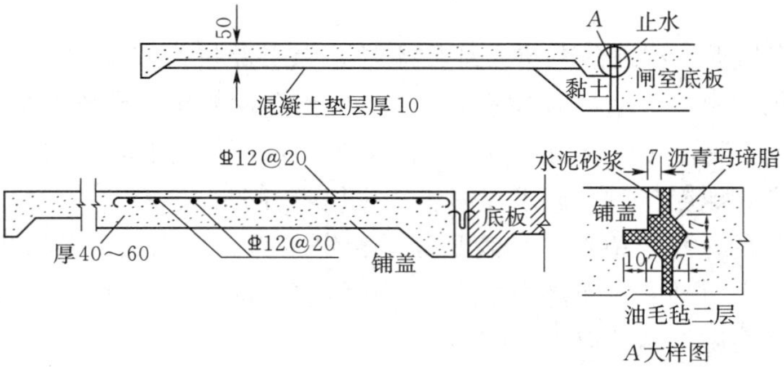

图7-25 混凝土及钢筋混凝土铺盖构造图（单位：cm）

用沥青混凝土作铺盖材料，效果很好：①防渗性能好，渗透系数可达 $10^{-9}\sim10^{-10}$ cm/s，几乎不透水；②有较好的柔性，可适应地基的变形，造价也较低。这种铺盖的厚度约为10cm，但是，在与闸室底板连接处仍需适当加厚。

3. 土工膜铺盖

土工膜早在20世纪60年代开始就在我国水利水电工程中应用，近年来已经成为公认的防渗材料。目前使用的防渗土工膜如聚乙烯膜、聚氯乙烯膜等，代替了过去使用的聚氯乙烯沥青膜。防渗土工膜的厚度应根据作用水头、膜下土体可能产生的裂缝宽度、膜的应变和强度等因素确定。根据水闸的实践经验，采用的土工膜厚度不宜小于0.5mm。在敷设土工膜时，应排除膜下积水、积气，同时在膜上应铺设保护层，保护层上部可采用水泥砂浆、砌石或预制混凝土块进行防护。

7.4.3.2 防渗墙、板桩

防渗墙、板桩一般设在闸室底板高水位一侧或设在铺盖起端。设在低水位一侧的短板桩主要是减小出口的渗透坡降，此时底板渗透压力将相应增大。防渗墙、板桩长度一般采用0.8～1.0倍上、下游最大水头差。

1. 防渗墙

防渗墙分为混凝土防渗墙和水泥土搅拌桩防渗墙。

（1）混凝土防渗墙。混凝土防渗墙是利用钻孔、挖槽机械，在松散透水地基中以泥浆固壁，挖掘槽形孔或连锁桩柱孔，在槽（孔）内浇筑混凝土或回填其他防渗材料筑成的具有防渗等功能的地下连续墙。

防渗墙形式一般采用槽孔式防渗墙。这种形式的混凝土防渗墙是由许多混凝土板墙套接而成的。施工时，先建造单号槽孔混凝土墙，后建造双号槽孔混凝土墙，由单、双号槽孔混凝土套接成一道墙，其槽孔混凝土墙壁应平整垂直，以满足设计要求的厚度。槽形孔混凝土防渗墙平面布置如图 7-26 所示。

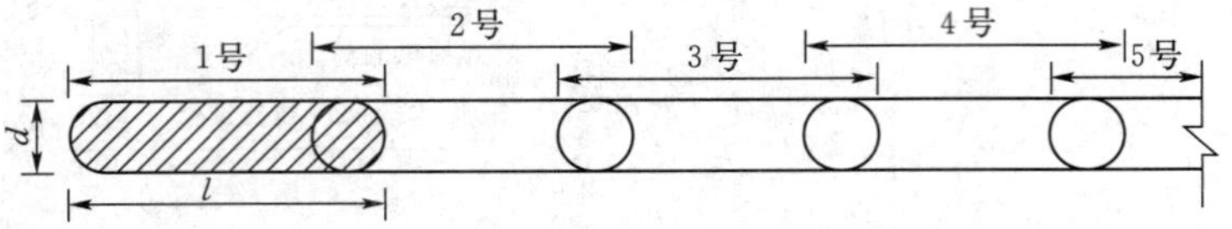

图 7-26　槽形孔混凝土防渗墙平面布置示意图

d—防渗墙厚度；*l*—槽孔长度

槽孔长度 l 应根据工程地质及水文地质条件、施工部位、成槽方法、机具性能、成槽历时、墙体材料供应强度、墙体顶留孔的位置、浇筑导管布置原则等综合确定，一般为 5.0～7.5m。在保证造孔安全成墙、质量好的前提下，槽孔越长，套接接缝越少，墙的防渗性能越好。但浇筑混凝土时，要求混凝土的供应强度要大。

防渗墙厚度 d 的选择应根据：①满足渗透稳定条件的要求；②要考虑施工机械条件；③抗渗稳定决定于水力梯度，而水力梯度又随抗渗等级的提高而增强。一般根据最大水头和允许水力梯度确定防渗墙的厚度，一般不小于 0.3m。

防渗墙墙体材料一般分为刚性材料和柔性材料两类，主要有普通混凝土、黏土混凝土、塑性混凝土、固化灰浆和自凝灰浆等。

(2) 水泥土搅拌桩防渗墙。利用深层搅拌机械将水泥浆等材料与土体强制搅拌，从而在土体内产生物理-化学反应，形成的具有整体性、水稳定性和一定强度的柱状增强体称为深层搅拌桩，由这些连续套接的水泥土搅拌桩组成的复合防渗体即为水泥土搅拌桩防渗墙。宜选用强度等级为 32.5 及以上的通用硅酸盐水泥，水泥掺入比可为 7%～20%。防渗墙的厚度应根据作用水头、水泥土材料特性、地基性状等因素确定。设计时可根据式 (7-29) 进行简化计算，初步确定墙厚。

$$S = K_j \frac{\Delta H}{[J]} \tag{7-29}$$

式中：S 为有效墙厚，m；ΔH 为墙体两侧水头差，m；$[J]$ 为水泥土允许坡降，可取破坏坡降的 1/3～1/2；K_j 为系数，可取 1.1～1.4。

水泥土搅拌桩防渗墙的最小厚度宜大于 0.35m，深度应经渗流计算确定。

2. 板桩

板桩种类按材料不同可分为木板桩、钢筋混凝土板桩及砂浆板桩等。过去，木板桩在水闸中应用较多，宜用在砂土地基。但在粒径较大的砂砾石地基中，木板桩很难打进，不宜采用。近年来钢筋混凝土板桩使用较多，能打入各种土基，适用范围比木板桩大。钢筋混凝土板桩最小厚度不宜小于 0.2m，宽度不宜小于 0.4m，入土深度可达 15～20m，两桩之间设有榫槽连接，以增加不透水性。其缺点是自重较大，施工不便，接触处不易做好，容易漏水。

上海市曾经成功地采用了砂浆板桩，这种板桩既能节省三材，缩短工期，又能保证防渗质量。但是，因砂浆强度较低，桩长不能太长，一般桩长为 3～4m，最长为 6m。

上述板桩的顶部均需嵌入齿墙内（图 7-27），并填好沥青，以适应闸室沉降。

7.4.3.3　齿墙

闸室底板的上、下游端均宜设置齿墙，齿墙用混凝土或钢筋混凝土做成，深度一般为 0.5～1.5m。齿墙既能延长渗径，又能增加闸室抗滑稳定性。

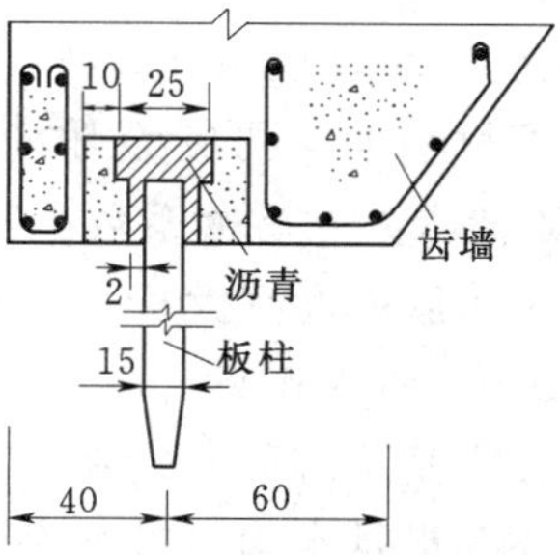

图 7-27　板桩顶部连接图
（单位：cm）

7.4.3.4　灌浆帷幕

灌浆帷幕是将浆液灌入岩体或土层的裂隙、孔隙，形成连续的阻水帷幕，以减小渗流量和降低渗透压力的灌浆工程。帷幕顶部与混凝土闸底板连接，底部深入相对不透水岩层一定深度，以阻止或减少地基中地下水的渗透；与位于其下游的排水系统共同作用，还可降低渗透水流对闸底板的扬压力。按防渗帷幕的灌浆孔排数分为两排孔帷幕和多排孔帷幕。可按灌浆孔底部是否深入相对不透水岩层划分为：深入的称为封闭式帷幕；不深入的称为悬挂式帷幕。

岩基上水闸的防渗设施是在基底设置灌浆帷幕，其灌浆孔宜设单排，孔距宜取 1.5～3.0m，当闸基下存在透水率小于 5Lu 相对隔水层时，防渗帷幕宜伸入到相对隔水层 2.0～3.0m，当闸基下相对隔水层埋藏较深或分布无规律时，孔深宜取闸上最大水深的 0.3～0.7 倍。灌浆应在有一定厚度混凝土盖重及固结灌浆后进行。灌浆压力应以不掀动基础岩体为原则，通过灌浆试验确定。防渗帷幕体透水率宜小于 5Lu。

灌浆帷幕按施工方法可分为帷幕灌浆和高压喷射灌浆。

（1）帷幕灌浆。帷幕灌浆方式有纯压式和循环式两种。纯压式灌浆是把浆液一次压入钻孔，再扩大到岩层缝隙里。在灌注过程中，浆液只能从灌浆机向钻孔流动。循环式灌浆是把浆液压入钻孔后，一部分进入岩层缝隙中，另一部分由回浆管路返回拌浆筒中，使浆液始终保持循环流动状态，可防止浆液沉淀，灌浆效果较好。浆液材料主要是水泥浆、水泥黏土浆和化学浆液等。

（2）高压喷射灌浆。高压喷射灌浆就是利用钻机钻孔，把带有喷嘴的注浆管插至土层的预定位置后，以高压设备使浆液成为 20MPa 以上的高压射流，冲击、切割、破碎地层土体，土粒便从土体上剥落下来。部分细小的土料随着浆液冒出水面，其余土粒在喷射流的冲击力、离心力和重力等作用下，与浆液搅拌混合，并按一定的浆土比例有规律地重新排列。从而通过改变原地层的结构和组成来提高地基的防渗性能和承载能力的工程技术处理措施。

7.4.3.5　垂直土工膜

土工膜应用于垂直防渗体，首先出现在福建省水利水电工程中，山东、黑龙江等省相继改进和发展，目前开槽机下挖最大深度已达 20m。

当地基符合以下条件时，可采用土工膜垂直防渗方案：①透水层深度一般在 12m 以内；②透水层中大于 5cm 的颗粒含量不超过 10%（以重量计），少量大石头的最大粒径不超过 15cm，或不超过开槽设备允许的尺寸；③透水层中水位应能满足泥浆固壁的要求。

做垂直防渗用土工合成材料一般为土工膜和复合土工膜。近些年多使用耐老化、使用寿命长的聚乙烯土工膜，又称 PE 土工膜。PE 土工膜的物理力学指标应符合下列要求：

①密度不应低于 900kg/m³；②破坏拉应力不应低于 12MPa；③断裂伸长率不应低于 300%；④弹性模量在 5℃不应低于 70MPa；⑤脆性温度不应低于－60℃；⑥连接强度应大于母材强度；⑦撕裂强度应大于或等于 40N/mm；⑧抗渗强度应在 1.05MPa 水下压 48h 不渗水；⑨渗透系数小于 10^{-11}cm/s。

土工膜厚度宜大于 0.25mm，重要工程可采用复合土工膜，其厚度宜大于 0.5mm。

7.4.3.6　排水设施

在水闸下游侧的地基上需设置排水设施（包括排水孔、排水井、滤层、垫层等，特殊地层还要设排水沟，以下简称排水），将闸基中的渗水安全地排到下游，以减小渗透压力，增加闸室稳定性。为此，要求排水设施应有良好的透水性，并与下游畅通；同时能够有效地防止地基土产生渗透变形。

排水位置直接影响渗透压力的大小和分布。如图 7-28 所示，排水起点位置越往闸室底板上游端移动，作用在底板下的渗透压力就越小。这种布置缩短了渗径，但由于防渗需满足一定长度，因此，相应地要加长铺盖等防渗设施；同时，底板下的排水在长期运用过程中，也有可能被渗水带来的泥沙所淤塞，检修甚难，设计与施工时均需重视。工程中常用的排水位置如图 7-28 所示。

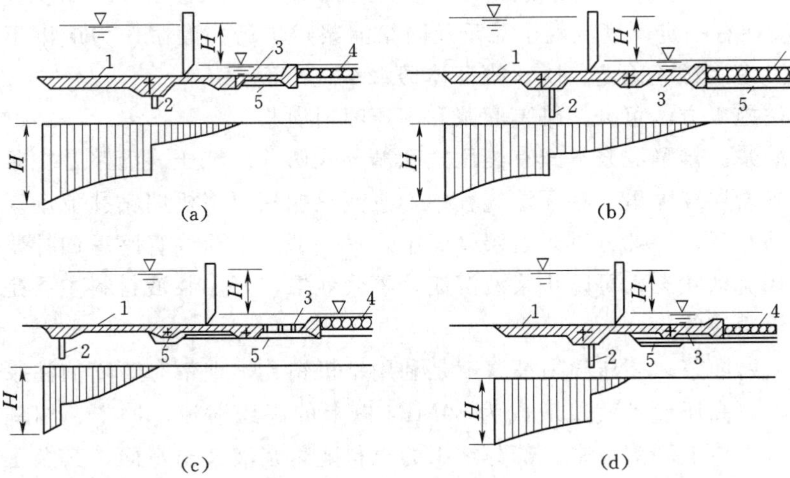

图 7-28　排水布置

1—铺盖；2—板桩；3—护坦；4—海漫；5—滤层及垫层

排水有两种形式：①平铺式排水，这是常用的一种形式，即在地基表面铺设滤层或垫层，在消力池底部设排水孔（图 7-9），让渗透水流与下游畅通，设置滤层是防止地基土产生渗透变形的关键性措施，滤层终点的渗透坡降应小于地基土在无滤层保护时的允许坡降，并以此原则来确定滤层铺设长度；②铅直排水（排水井）[图 7-17 (d)]，有关这种排水形式的作用和布置情况，见前述多层土质地基上地下轮廓的布置。

滤层常由 2～3 层不同粒径的石料（砂、砾石、卵石或碎石）组成，每层厚度可采用 20～30cm。层面大致与渗流方向正交，其粒径则顺着渗流方向由细到粗进行排列。在黏土地基上，由于黏土颗粒有较大的凝聚力，不易产生管涌，因而对滤层级配的要求可以低些，常铺设 1～2 层。

滤层的级配应具有三个条件：①满足被保护土的稳定性，体现在式（7－30）中；②满足滤料的透水性，体现在式（7－31）中；③满足滤料颗粒级配曲线大致与被保护土颗粒曲线平行，体现在式（7－32）中。

$$D_{15}/d_{85} \leqslant 5 \tag{7-30}$$

$$D_{15}/d_{15} = 5 \sim 40 \tag{7-31}$$

$$D_{50}/d_{50} \leqslant 25 \tag{7-32}$$

式中：D_{15}、D_{50} 分别为滤层滤料颗粒级配曲线上小于含量 15％、50％的粒径，mm；d_{15}、d_{50}、d_{85} 分别为被保护土颗粒级配曲线上小于含量 15％、50％、85％的粒径，mm。

采用式（7－30）～式（7－32）选择第一层滤料后，在选择第二层滤料时，将第一层滤料视为被保护土，依此类推。

滤层材料除了上述常用的砂砾料以外，从 20 世纪 80 年代开始，我国已使用土工织物（或称为土工布等）。它是由聚合物形成的纤维所组成的织物，使用最广的聚合物是聚酯（polyester）、聚丙烯（polypropy）、聚乙烯（polyethylene）及聚酰胺（polyamide）。土工织物按其制成方法可分为有纺型、编织型及无纺型三类。土工织物具有施工简单、施工速度快、投资少等优点，从 1985 年开始，湖北省罗汉寺、广东省五顶岗等水闸中都采用了土工织物，效果良好。

土工织物可以取代常规的砂石料滤层，也是铺设在排水体与被保护土体之间，能起到防止渗透破坏的作用。当渗流发生时，土体中的极细颗粒首先通过土工织物进入排水体，而紧靠土工织物一侧的土体中所剩下的较粗颗粒的透水性则大为提高，而这一较粗颗粒层又有阻止后面极细颗粒继续被带走的作用，越往后极细颗粒被带走的可能性也越小。这样就在土体内形成一道由粗颗粒到细颗粒的“天然”滤层。土工织物的这种滤层作用的有效性，已被许多试验所证实。

土工织物设计的基本要求是：应具有足够的强度和耐久性，且应满足保土性（如防止管涌）、透水性和防堵性。设计任务就是根据被保护土的特性选用一种合适孔径的护土织物。

岩基上水闸，一般在帷幕灌浆孔后设单排排水孔，排水孔与帷幕中心线的距离宜大于 2.0m，以防止出现过大的压力坡降。排水孔之间的距离宜取 2.0～3.0m，孔深宜取帷幕灌浆孔孔深的 0.4～0.6 倍，且宜大于固结灌浆孔孔深。

7.5　闸室的布置与构造

闸室是水闸的主体部分，由底板、闸墩、闸门、工作桥及交通桥等部分组成，有许多水闸还设有胸墙。

7.5.1　底板

按底板与闸墩连接方式的不同，底板可分为整体式及分离式（图 7－29）两种。按底板结构形式的不同，主要分为平底板［图 7－5（a)］、低堰式［图 7－5（b)］以及折线底板等，工程中使用最多的是整体式平底板。

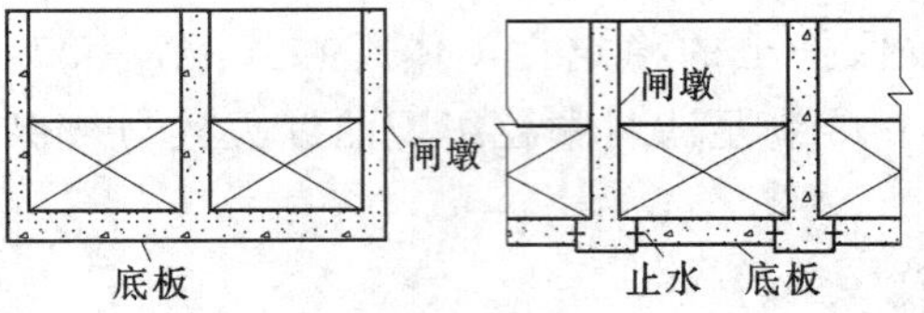

图 7-29　底板与闸墩的连接方式
(a) 整体式；(b) 分离式

1. 整体式平底板

当平底板与闸墩连成整体时，这种底板称为整体式平底板。它是闸室的基础部分，能把上部结构的重力及荷载传给地基，并有防冲及防渗作用。底板长度（顺水流方向）应根据闸室地基条件和结构布置要求，以满足闸室整体稳定和地基容许承载力为原则，进行综合分析确定。初拟底板长度 L 时，除满足闸室上部结构布置的要求外，还可参考以下两种经验数据选用：① L 约为上游水深的 1.5～2.5 倍，坚实地基取下限值，松散地基取上限值；② L 约为上、下游最大水位差 ΔH_{max} 的 1.5～4.5 倍，在相同的 ΔH_{max} 情况下，砂土地基 L 稍小些，黏土地基 L 稍大些。

底板厚度应满足强度和刚度要求。闸室底板通常是等厚度的，也可以采用变厚度，后者在地基较坚实的情况下，有利于改善底板的受力条件，如加大闸墩墩基部位的厚度，减小跨中部位的厚度。对于大、中型水闸，闸室平底板厚度可以取闸孔净宽的 1/8～1/6，一般为 1.0～2.0m，最薄也不宜小于 0.7m。在底板上、下游两端一般均设有浅齿墙，深度为 0.5～1.5m，以增加闸室的稳定性和延长防渗长度。底板混凝土应满足强度、抗渗及防冲等要求，其强度等级常用 C20～C25。整体式平底板抗震性能较好，根据辽南地震调查，黑鱼沟水闸及虎茬水闸均为钢筋混凝土整体式平底板，经强烈地震后仍保持完整，并能继续正常运用。

当地基较差时，如承载能力只有 30～40kN/m^{2}时，则需考虑减轻底板及其上部结构的重力或加大底板长度。有的水闸采用空箱式底板（图 7-30），箱式平底板具有很好的整体性，对地基不均匀沉降的适应性和抗震性能都很好，但缺点是工程量很大，施工较复杂。因此，只有在高压缩性软弱土地基上，为了减小地基的不均匀沉降需增大闸室的横向刚度，或因承载力不足需加大闸室底板埋置深度时，才采用箱式平底板。

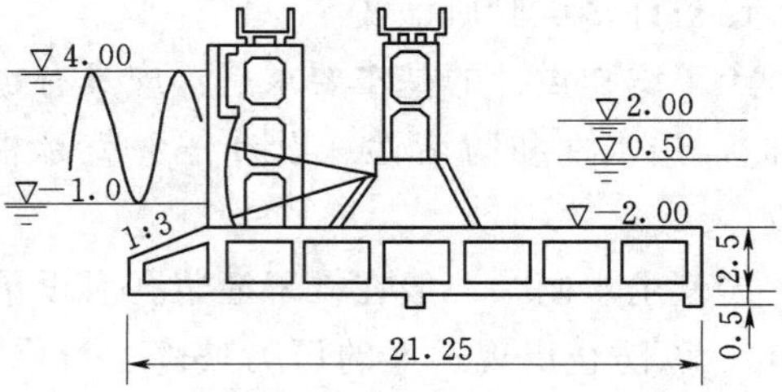

图 7-30　空箱式底板（单位：m）

2. 分离式底板

底板与闸墩之间用沉降缝分开后，即形成分离式底板（图 7-31）。该底板仅有防冲和防渗要求，而闸室上部结构的重力及外荷直接由闸墩传给地基。因此，在满足底板不被扬压力抬起的原则下，底板可以做得较薄，配筋量也很少。总之，分离式底板比整体式平底板节省水泥和钢筋。底板材料可用混凝土，在小型水闸中也可用浆砌块石，但其表面需浇筑一层混凝土或加筋混凝土，厚约 15cm，主要起平整表面、防冲及防渗的作用。

分离式底板常建在砂土及砂壤土地基上，这种地基沉降较快，施工期内闸墩沉降已经基本完成，在运用期间可减少闸墩与底板之间的不均匀沉降。对于软弱地基，需在进行地基处理后才能建造分离式底板。图7-31所示的水闸，地基采用桩基处理，闸墩直接建在井柱桩上，底板也为分离式，这种形式称为桩基分离式平底板。

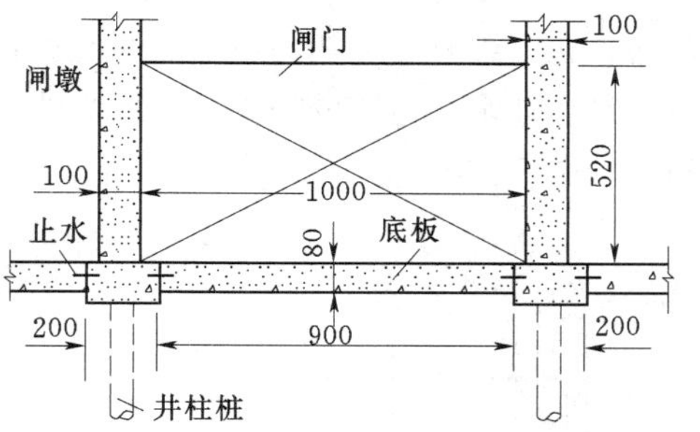

图7-31　分离式底板（单位：cm）

分离式底板水闸的整体性较差，在涵洞式和双层式闸室结构中不宜采用，也不宜建在地震区，但桩基分离式底板可以建在地震区。

当在闸室底板中间分缝时，由于底板挑出的悬臂不宜过长，故闸孔的孔径一般不宜大于8m；当在闸室底板两侧分缝时，闸孔孔径不是完全由底板挑出的悬臂长度来决定的，闸孔孔径可以大于8m。

7.5.2　闸墩

闸墩的作用主要是分隔闸门，同时也支承闸门、胸墙、工作桥及交通桥等上部结构。闸墩长度应满足上部结构布置等要求，一般情况下，该值等于底板长度，也可以小于底板长度。如，当需调整闸室重心位置或需利用上游水重以增加闸室抗滑稳定时，底板顺水流方向长度可向上游端或下游端略加长，但伸出闸墩的悬臂长度一般不宜超过闸室底板厚度的1倍。

闸墩外部形状应使水流平顺，减小侧收缩影响，以提高闸孔过水能力，但也要考虑到施工方便、不易损坏等因素。上游墩头可采用半圆形，下游墩头宜采用流线形。闸墩厚度应根据闸孔孔径、受力条件、结构构造要求和施工方法等确定。混凝土和少筋混凝土闸墩厚度为0.9～1.4m，浆砌石闸墩厚度为0.8～1.5m，闸墩在门槽处的厚度不宜小于0.4m。如采用油压启闭，闸墩门槽厚度应根据油压管布置的需要加以确定，有时为了布置油缸，可以不增加墩厚而将闸墩两侧门槽前后错开布置［图7-32（a）］。

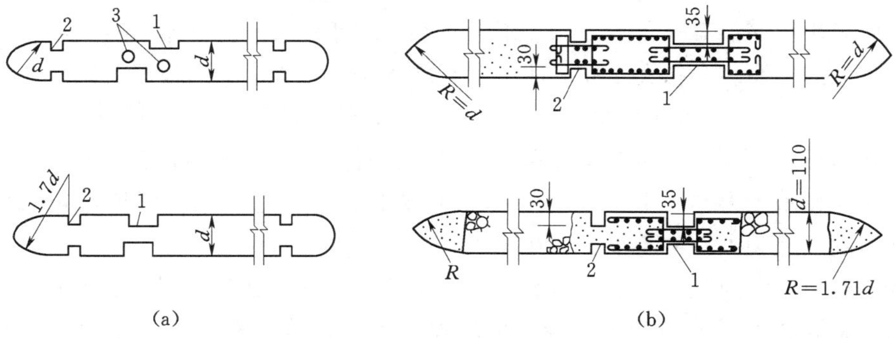

图7-32　闸墩布置（单位：cm）

1—工作门槽；2—检修门槽；3—油缸

平面闸门的门槽尺寸应根据闸门尺寸及支承方式而定。工作闸门的门槽宽深比可取1.4～2.5，较优宽深比则为1.6～1.8，门槽深度一般为0.2～0.4m，门槽宽度为0.5～0.8m。检修门槽与工作门槽之间的净距为1.5～2.0m，以便闸门安装与进人检修，同时也有利于启闭机的布置与运行［图 7-32（b）］。位于江河大堤上的单孔水闸，往往闸室很高，边墩承受的侧向力较大，有时可在两边墩之间设置若干横撑，这样有助于抵消侧压力，大大减小边墩的工程量。如水闸地基较好或采用桩基处理时，除采用上述闸墩形式外，还可考虑采用框架式闸墩（图 7-33）。

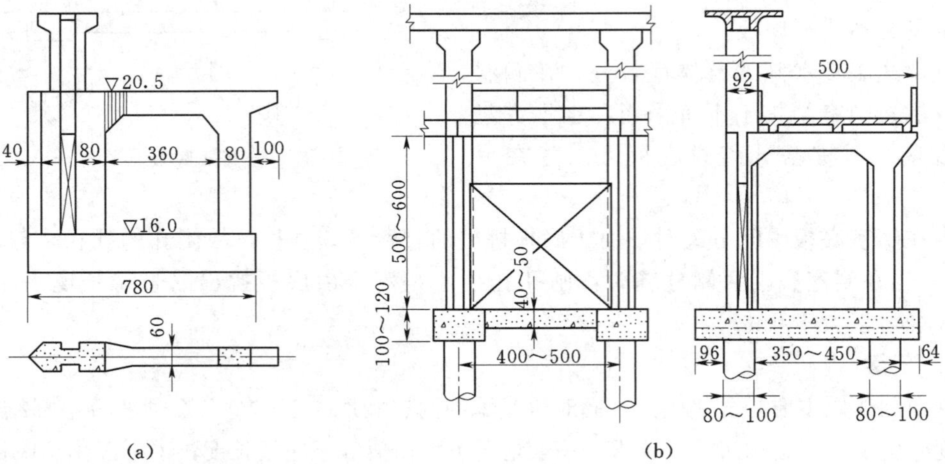

图 7-33　框架式闸墩（单位：高程 m；尺寸 cm）

7.5.3　胸墙

当水闸挡水高度较大时，如河道堤防上的引水闸等，可设置胸墙代替一部分闸门挡水。胸墙顶宜与闸顶齐平，胸墙底高程应根据孔口泄流量要求计算确定。胸墙上游面底部宜为流线形或圆弧形，使水流平顺地进入闸孔。对于平面闸门，胸墙可以设在闸门下游，也可以设在上游。如胸墙设在闸门上游，则止水放在闸门前面，这种前止水结构复杂，且易磨损；但启门的钢丝绳或螺杆可以不浸泡在水中，可以延缓锈蚀，对闸门运行条件有利。如胸墙设在闸门下游，则止水放在闸门后面，这种止水可以利用水压力把闸门压紧在胸墙上，止水效果较好，但由于钢丝绳或螺杆长期处在水中，易于锈蚀，因此，在工程中使用不多。

胸墙应采用钢筋混凝土建造。孔径不大于 6m 时可采用上薄下厚的板式结构，为了施工方便也可做成等厚。孔径大于 6m 时，为了减小板厚，通常采用板梁式结构。对于上梁高度（水平向），一般取为闸孔宽的 1/15～1/12；对于下梁高度（水平向），还要考虑胸墙与闸门共同作用的影响。因为下梁背水面（或迎水面）与闸门顶部紧靠，要求下梁有较大的刚度，保证在水压力作用下，水平向变形不致很大，以免引起闸门顶边止水失效，所以，下梁高度比上梁大，常不小于闸孔宽的 1/9～1/6。

胸墙一般简支在闸墩上［图 7-34（a）］，胸墙与闸墩连接处涂以薄层沥青，并设置油毛毡。简支胸墙迎水面不易产生裂缝，但墙厚较大。在软弱地基上均采用整体式闸室结构，为了增强整个闸室刚度，也有采用胸墙与闸墩固支的形式［图 7-34（b）］，此时墙厚可以减小，但在迎水面靠近闸墩处可能引起裂缝，使钢筋生锈，甚至漏水。

7.5.4　工作桥和交通桥

为了安置闸门的启闭设备及工作人员操作的需要，通常设置工作桥，并在闸墩上修建支墩或排架等，用来支承工作桥。

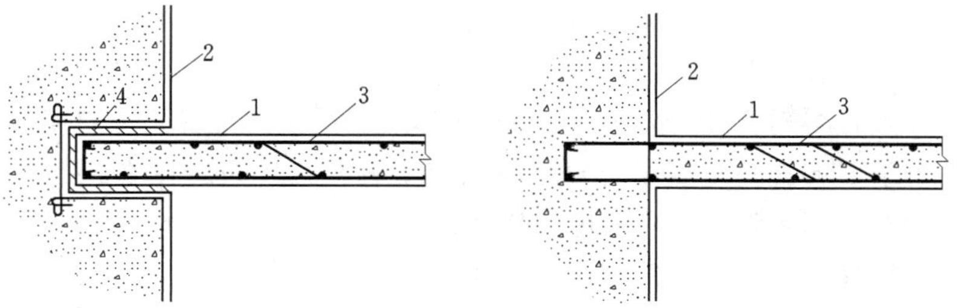

(a)　　　　(b)

图 7-34　胸墙与闸墩的连接方式

(a) 简支；(b) 固支

1—胸墙；2—闸墩；3—钢筋；4—油毛毡

工作桥高度视闸门和启闭设备的形式及闸门高度而定。一般应使闸门开启后，门底高于上游最高水位，以免阻碍过闸水流。对于一般的平面闸门，若用固定启闭设备，工作桥横梁底部高程与闸室底板高程的差值约等于闸门高度的 2 倍再加 0.4～0.8m 的富余高度（图 7-35）。为了美观、视角效果和便于管理人员上去操作管理，工作桥高度不宜太高，少孔闸更是如此。若用活动启闭设备，桥的高度可以低些，但应保证闸门放得进、拿得出。若用绳鼓式启闭机及活动门槽，工作桥的高度还可降低。对于弧形闸门及升卧式平面闸门，工作桥高度应视闸门吊点位置等具体条件而定，其工作桥高度比铅直升降式平面闸门的降低较多。

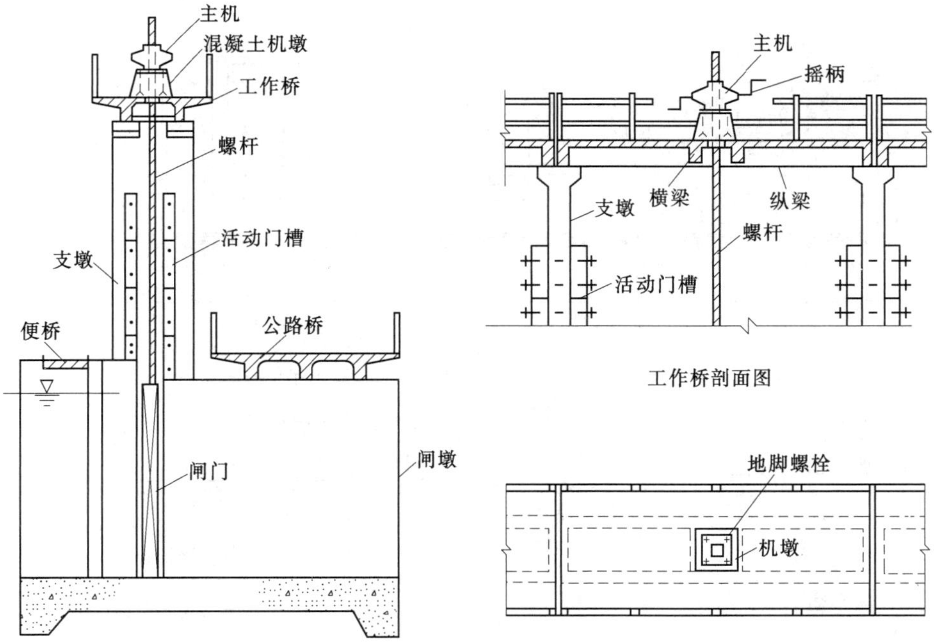

闸室纵剖面图　　　　工作桥平面图

图 7-35　螺杆式启闭机的工作桥布置图

工作桥除应满足启闭设备所需的宽度外，还应在桥的两侧各留 0.6～1.2m 以上的富余宽度，以供工作人员操作及设置栏杆之用，桥面总宽度为 3～5m。

工作桥的结构形式视水闸规模而定。小型水闸一般采用板式结构，大、中型水闸采用装配式板梁结构，其梁系布置应与启闭设备的布置、尺寸相适应（图 7-35、图 7-36）。纵梁通常设置 2 根，多用 T 形梁，也可采用 Π 形梁。横梁的设置要视启闭设备位置而定，通常在启闭设备下面布置一对横梁。对于单吊点螺杆式启闭机，则在跨中布置一对横梁；对于绳鼓式启闭机，则常将启闭机的电动机和减速箱放在桥跨中部，而将绳鼓放在靠近闸墩的桥跨两端，这样，在桥跨中部和两端各布设一对横梁（图 7-36）。当纵、横梁的高度不能满足预埋螺栓长度要求，或者启闭设备高度较小而操作不便时，可在纵、横梁上浇筑混凝土机墩，再在其上安装启闭设备。

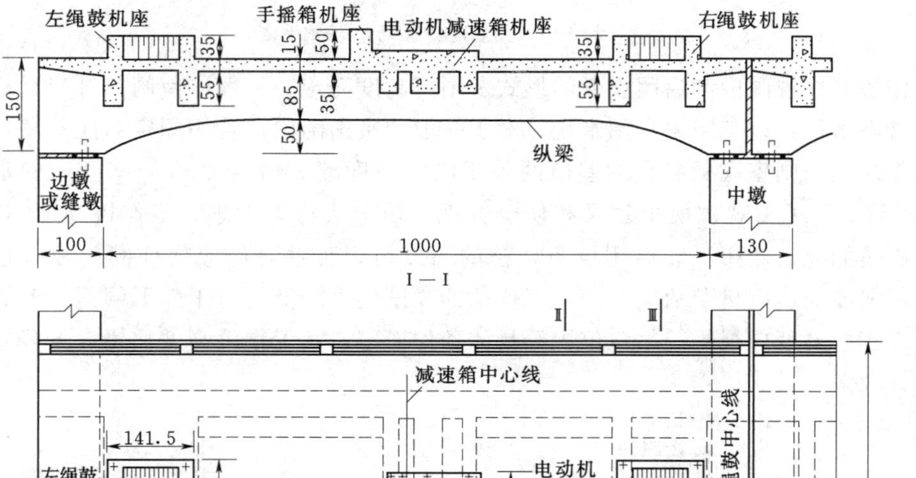

图 7-36　设有 2×22.5kN 绳鼓式启闭机的工作桥布置（单位：cm）

在支墩或排架上要做门槽（图 7-35），以免闸门临空摆动，同时，为了闸门安装和检修方便，至少要将一侧门槽做成活动的。

建造水闸时常在闸墩上架设交通桥，供汽车、拖拉机及行人等通行。交通桥的位置应根据闸室稳定及两岸交通连接等条件确定，通常布置在闸室靠低水位一侧，有时也可布置在闸室靠高水位一侧。桥面宽度按交通要求确定。

工作桥、检修便桥和交通桥的梁（板）底高程均应高出最高洪水位 0.5m 以上；若有流冰，应高出流冰面 0.2m 以上；有通航要求时，应满足通航净空要求。

7.5.5 缝和止水

闸室在垂直水流方向，每隔一定距离需用缝分开，以免闸室因地基不均匀沉降及温度变化而产生裂缝。缝的间距（即闸室分段长度）主要根据闸室地基条件和结构构造特点，结合考虑采用的施工方法和措施等因素确定。岩基上的缝距不宜超过 20m，土基上的缝距不宜超过 35m，缝的宽度应保证闸室相邻部分沉降时互不影响，一般为 2.0～3.0cm。设置沉降缝可代替温度缝的作用。

在整体式底板中，沉降缝设在闸墩中间，主要是保证在闸室发生不均匀沉降时不会妨碍闸门的正常使用。分缝不宜过多，因为分缝的闸墩需要加厚，工程量必将增加。对于中孔，一般每隔二三孔设一道沉降缝；对于边孔，为了减轻岸墙（或边墩）及墙后填土对闸室的不利影响，最好为一孔一联或两孔一联（图 7－37）。对坚实地基上的水闸，可以将缝设在底板中间（图 7－38），对于这种布置，闸墩可以不必分缝，闸室总宽度可以减小。但有地震设防要求的水闸，沉降缝宜设在闸墩中间。

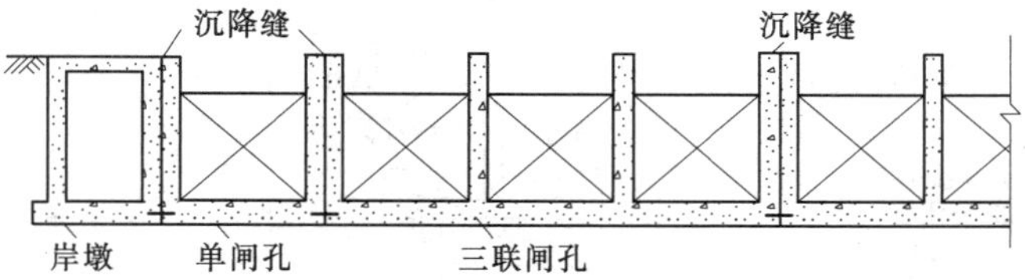

图 7－37 闸室的闸墩分缝

设在闸墩中间的永久缝，通常采用铅直贯通缝；设在闸室底板上的永久缝，可采用铅直贯通缝，也可采用斜搭接缝或齿形（阶梯状）搭接缝。

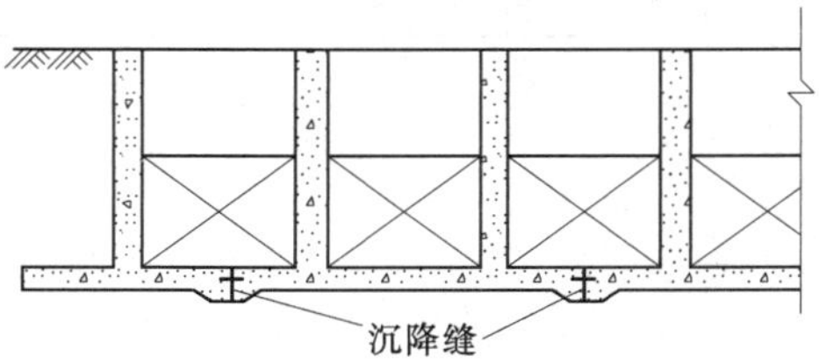

图 7－38 闸室的底板分缝

除了闸室本身要分缝以外，凡是相邻结构荷重相差悬殊或结构较长、面积较大的地方，都要用缝分开，如铺盖与闸室底板、翼墙连接处，消力池与闸室底板、翼墙连接处。混凝土铺盖及消力池的护坦面积较大时也需设缝（图 7－39）。翼墙较长时也需设缝，建筑在坚实或中等坚实地基上的翼墙，缝距可采用 15～20m；建筑在松软地基或填土上的翼墙，缝距可适当减短。

水闸设缝后，凡是具有防渗要求的缝都应设置止水设备。对于止水设备，除应满足防渗要求外，还应能适应混凝土收缩及地基不均匀沉降的变形；同时，也要构造简单，易于施工。止水按位置不同可分为铅直止水（图 7－40）及水平止水（图 7－41）两大类。两个止水交叉处的构造，应妥善处理，这样才能形成一个完整的止水体系（图 7－42、图 7－43）。铅直交叉常用柔性连接，水平交叉多用刚性连接。

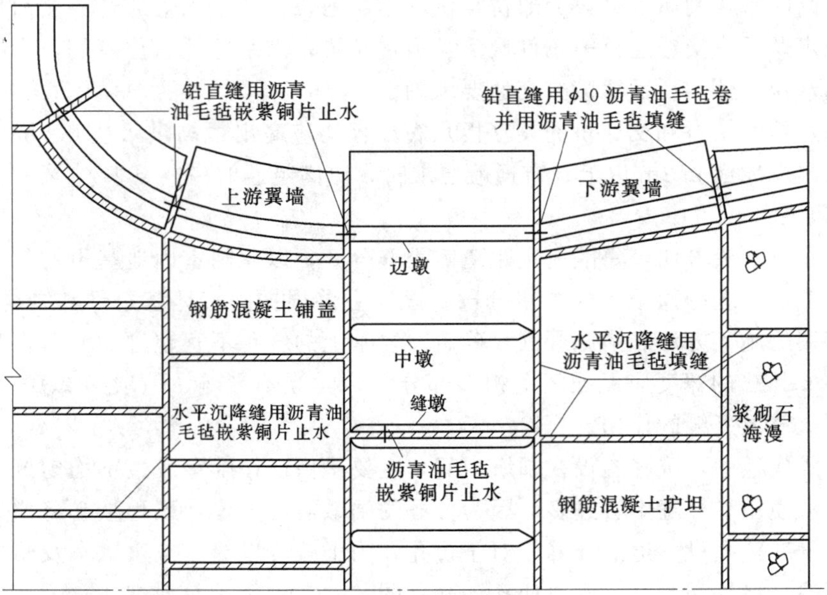

图 7-39 水闸的分缝与止水布置

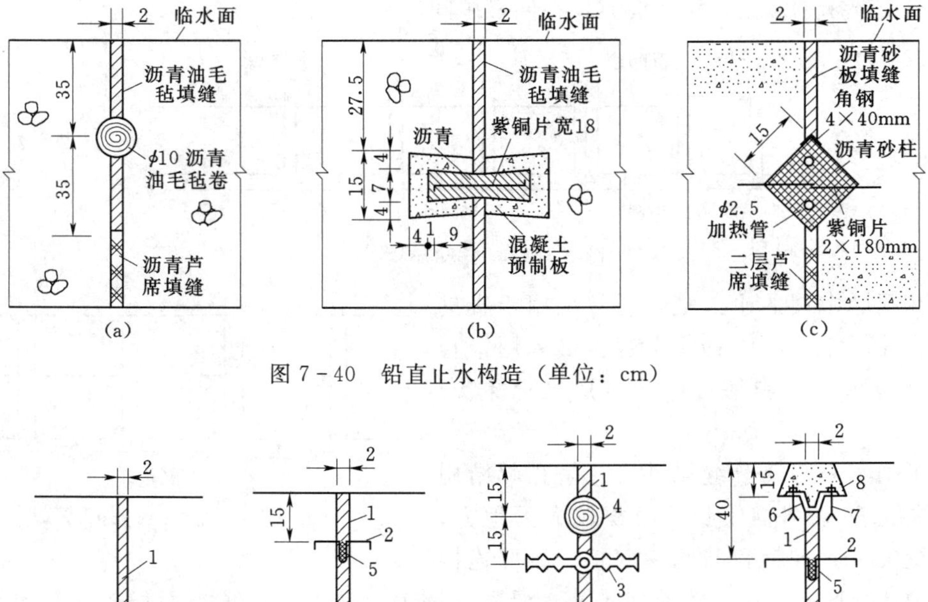

图 7-40 铅直止水构造（单位：cm）

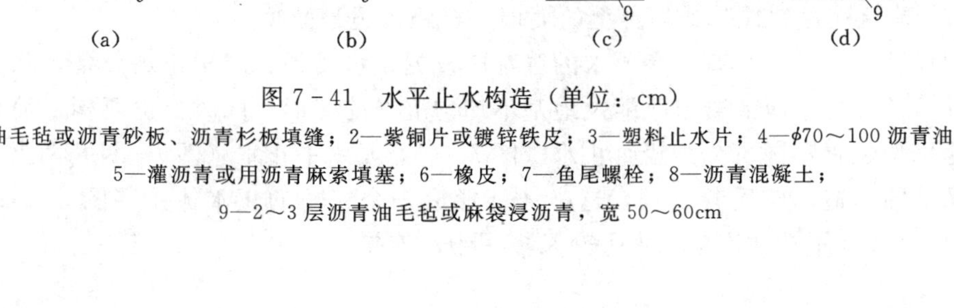

图 7-41 水平止水构造（单位：cm）

1—沥青油毛毡或沥青砂板、沥青杉板填缝；2—紫铜片或镀锌铁皮；3—塑料止水片；4—ϕ70～100 沥青油毛毡卷；
5—灌沥青或用沥青麻索填塞；6—橡皮；7—鱼尾螺栓；8—沥青混凝土；
9—2～3 层沥青油毛毡或麻袋浸沥青，宽 50～60cm

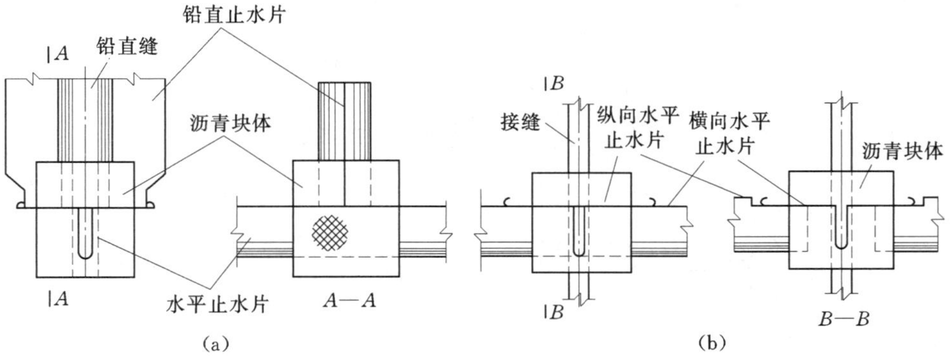

图 7-42　止水交叉柔性连接

(a) 铅直交叉；(b) 水平交叉

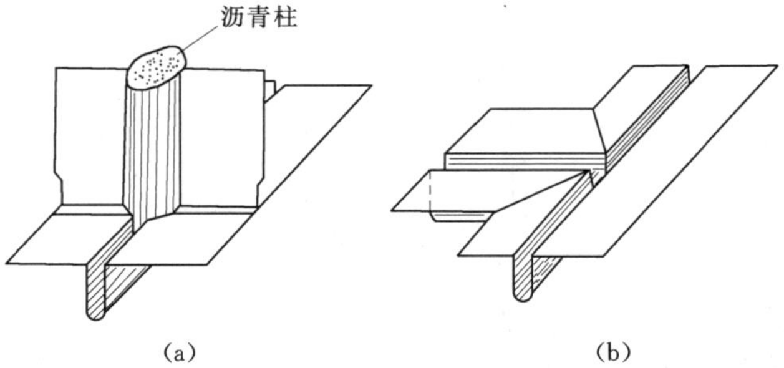

图 7-43　止水交叉刚性连接

(a) 铅直交叉；(b) 水平交叉

7.6　闸室的稳定分析和地基处理

闸室在运用、检修或施工期都应该是稳定的。在运用期，闸室受到水平推力等荷载作用，有可能沿着地基面滑动（通常称为表层滑动），还可能连同一部分地基土体滑动（通常称为深层滑动）。闸室竣工时，一般地，闸室地基表面所受的应力很大，或者应力分布很不均匀，这不但使闸室高程降低，而且会使闸基倾斜甚至断裂，地基也有可能失去稳定性。因此，应验算闸室的稳定性，以保证在各种情况下闸室均能安全可靠地运行。

7.6.1　荷载计算及组合

7.6.1.1　荷载计算

闸室荷载主要有以下 7 种（图 7-44）。

1. 自重

自重指闸室自身重力，包括底板、闸墩、胸墙、工作桥及桥墩、交通桥、便桥、闸门及启闭设备等的重力。

2. 水重

水重指闸室范围内作用在底板上面的水体重力。

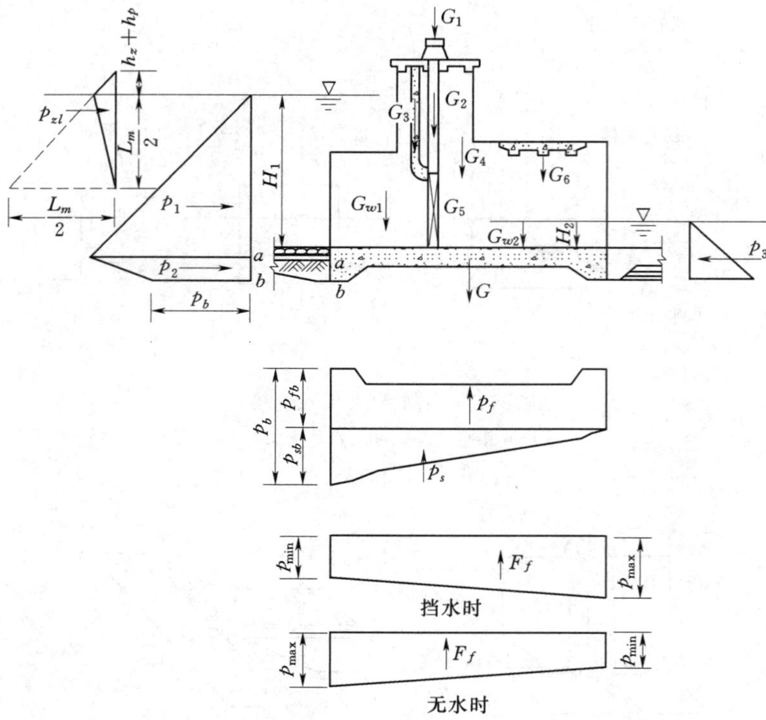

图 7-44　闸室荷载

p_1、p_2、p_3—水平水压力；p_{zl}—波浪压力；G—底板重；G_1—启闭机重；G_2—工作桥及桥墩重；G_3—胸墙重；G_4—闸墩重；G_5—闸门重；G_6—交通桥重；G_{w1}、G_{w2}—水重；p_b—扬压力；p_{fb}—浮托力；p_{sb}—渗透压力；F_f—地基反力；h_p—波浪高度；h_z—波浪中心线超出计算水位的高度；L_m—波浪长度

3. 水平水压力

水平水压力指胸墙、闸门及闸墩侧面所受到的水平水压力。当有钢筋混凝土铺盖时（图 7-45），止水片以上的水平水压力按静水压力分布考虑；止水片以下缝内的水平水压力按下述方法计算：由于渗流区内任一点的水压力强度等于该点的静水压强（相对于下游水位）与渗透压强之和，在止水片以下的缝内水流状态可以认为是静止的，所以，缝内渗透压强处处相等，其数值即为缝底这一点（图 7-45 中的第 7 点）的渗透压强，而缝内静水压强按一般方法计算。

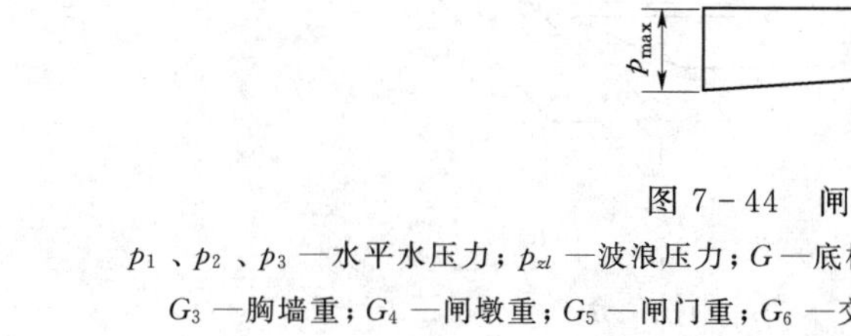

图 7-45　闸室上游水平水压力计算图（单位：m）

图 7-45 所示，已知第 7 点渗透压强为 31.9kPa，第 8 点渗透压强为 30.5kPa，通过上述计算即可获得闸室上游面各点水平水压强及其分布情况。

对于黏土铺盖（图 7-44），从偏于安全角度考虑，在 a 点的静水压强与 b 点的水压强（静水压强与渗透压强之和）之间，用直线相连，即得黏土铺盖与闸室接触面上的水平水压力图。

4. 扬压力

扬压力指作用于闸底面铅直向上的渗透压力与浮托力的总和。

5. 波浪压力

确定波浪压力，首先要计算波浪高度和长度。过去多使用安德烈雅诺夫或鹤地水库公式，计算结果有时偏大很多。SL 265—2016《水闸设计规范》推荐采用莆田试验站公式计算平均波高和平均波周期，该法系以浅水海湾 10 年的实测资料为依据，经过整理分析后提出的。

6. 地震作用

在地震区修建的大、中型水闸设计中，当设计烈度为Ⅶ度或大于Ⅶ度时，应考虑地震作用，并进行地震计算。有关水闸中的地震作用计算详见 GB 51247—2018《水工建筑物抗震设计标准》。

7. 淤沙压力

淤沙压力可按第 1 章介绍的方法计算。

7.6.1.2　荷载组合

水闸在施工、运用及检修过程中，各种作用荷载的大小、分布及机遇情况是经常变化的，因此，计算闸室稳定和应力时应根据水闸不同的工作情况和荷载机遇情况，选择不利的荷载组合进行计算。荷载组合情况分为基本组合和特殊组合两种。

1. 基本组合

基本组合分为正常蓄水位、设计洪水位及完建与冰冻等四种情况，由每种情况下同时出现的基本荷载组成，见表 7－7。

表 7－7　　荷 载 组 合 表

荷载组合	计算情况	荷　　载												说　明
		自重	水重	静水压力	扬压力	土压力	淤沙压力	风压力	浪压力	冰压力	土的冻胀力	地震作用	其他	
基本组合	完建	√	—	—	—	√	—	—	—	—	—	—	√	必要时，可考虑地下水产生的扬压力
	正常蓄水位	√	√	√	√	√	√	√	√	—	—	—	√	按正常蓄水位组合计算水重、静水压力、扬压力及浪压力
	设计洪水位	√	√	√	√	√	√	√	√	—	—	—	—	按设计洪水位组合计算水重、静水压力、扬压力及浪压力
	冰冻	√	√	√	√	√	√	√	—	√	√	—	√	按正常蓄水位组合计算水重、静水压力、扬压力及冰压力

续表

荷载组合	计算情况	荷载												说 明
		自重	水重	静水压力	扬压力	土压力	淤沙压力	风压力	浪压力	冰压力	土的冻胀力	地震作用	其他	
特殊组合	施工	√	—	—	—	√	—	—	—	—	—	—	√	应考虑施工过程中各个阶段的临时荷载
	检修	√	—	√	√	√	√	√	√	—	—	—	√	按正常蓄水位组合（必要时可按设计洪水位组合或冬季低水位条件）计算静水压力、扬压力及浪压力
	校核洪水位	√	√	√	√	√	√	√	√	—	—	—	—	按校核洪水位组合计算水重、静水压力、扬压力及浪压力
	地震	√	√	√	√	√	√	√	√	—	—	√	—	按正常蓄水位组合计算水重、静水压力、扬压力及浪压力

2. 特殊组合

特殊组合分为校核洪水位及施工、检修与地震等 4 种情况，由同时出现的基本荷载和一种或几种特殊荷载组成，地震荷载只应与正常蓄水位情况下的相应荷载组合，详见表7-7。

7.6.2 表层抗滑稳定计算

在水闸运用期内，当闸室作用于地基的铅直力较小而水平力达到某一限值时，闸室即沿地基表层滑动。此时可将水平作用力归纳为两类：①滑动力，主要是水平向的水压力；②抗滑力，主要是底板与地基接触面上的摩擦力和凝聚力。如滑动力小于可能产生的最大抗滑力，闸室即能保持稳定；反之，则会产生滑动。

验算闸室稳定时，其计算单元的选择应根据水闸结构布置特点确定。对于未设顺水流向永久缝的单孔、双孔或多孔水闸，则以未设缝的单孔、双孔或三孔水闸作为一个计算单元；对于采用顺水流向永久缝进行分段的多孔水闸，由于边孔闸墩和中孔闸墩的结构边界条件及受力状况有所不同，一般情况下应将边孔闸段和中孔闸段分别作为计算单元。

当闸室上、下游两端齿墙较浅，或者底板较长时，闸室滑动面可取为闸底板与地基的接触面。土基上沿闸室基底的抗滑稳定安全系数 K_c，应按下列两式之一进行计算，即

$$K_c=\frac{f\sum G}{\sum H}\geqslant[K_c] \tag{7-33}$$

$$K_c=\frac{\tan\varphi_0\sum G+C_0A}{\sum H}\geqslant[K_c] \tag{7-34}$$

式中：$\sum G$ 为铅直方向作用力的总和，kN；$\sum H$ 为水平方向作用力的总和，kN；f 为闸室基底面与地基之间的摩擦系数，见表 7-8，对于大型水闸，应做现场地基土对混凝土板的抗滑强度试验加以验证；$[K_c]$ 为土基上抗滑稳定安全系数的允许值，见表 7-9；φ_0 为闸室基础底面与土质地基之间的摩擦角，(°)；C_0 为闸室基底面与土质地基之间的黏结力，

kPa；A 为闸室计算段基底面的面积，m^2。

表7-8　　摩擦系数 f 值

地基类别		f	地基类别		f
黏土	软弱	0.20～0.25	砾石、卵石		0.50～0.55
	中等坚硬	0.25～0.35	碎石土		0.40～0.50
	坚硬	0.35～0.45	软质岩石	极软	0.40～0.45
壤土、粉质壤土		0.25～0.40		软	0.45～0.55
砂壤土、粉砂土		0.35～0.40		较软	0.55～0.60
细砂、极细砂		0.40～0.45	硬质岩石	较坚硬	0.60～0.65
中砂、粗砂		0.45～0.50			
砂砾石		0.40～0.50		坚硬	0.65～0.70

表7-9　　土基上沿闸室基底面抗滑稳定安全系数的允许值 $[K_c]$

荷载组合		水闸级别				备注
		1	2	3	4、5	
基本组合		1.35	1.30	1.25	1.20	1. 特殊组合Ⅰ适用于施工情况、检修情况及校核洪水位情况。 2. 特殊组合Ⅱ适用于地震情况
特殊组合	Ⅰ	1.20	1.15	1.10	1.05	
	Ⅱ	1.10	1.05	1.05	1.00	

对于黏性土地基上的大型水闸，宜按式（7-34）验算其抗滑安全系数。式中的 φ_0 及 C_0 值的选取，随不同的地基情况而异。

闸室基底面与土质地基之间摩擦角 φ_0 值及黏结力 C_0 值可根据土质地基类别按表7-10的规定采用。采用 φ_0、C_0 值时，应按式（7-35）折算闸室基底面与土质地基之间的综合摩擦系数。对于黏性土地基，如折算的综合摩擦系数大于0.45，或对于砂性土地基，如折算的综合摩擦系数大于0.50，采用的 φ_0 值和 C_0 值均应有论证。对于特别重要的大型水闸工程，采用的 φ_0 值和 C_0 值还应通过现场地基土对混凝土板的抗滑强度试验加以验证。

$$f_0=\frac{\tan\varphi_0\sum G+C_0A}{\sum G} \qquad (7-35)$$

式中：f_0 为闸室基底面与土质地基之间的综合摩擦系数。

表7-10　　φ_0、C_0 值（土质地基）

土质	φ_0	C_0	土质	φ_0	C_0
黏性土	0.9φ	$(0.2\sim0.3)C$	砂性土	$(0.85\sim0.9)\varphi$	0

注　φ 为室内饱和固结快剪（黏性土）或饱和快剪（砂性土）试验测得的内摩擦角，（°）；C 为室内饱和固结快剪试验测得的凝聚力，kPa。

对于小型水闸，闸室底板两端往往采用相对较深齿墙，此时需沿着两齿墙之间地基土的滑动面进行验算，并计入滑动面以上及两齿墙之间的土重，同时，也要考虑两齿墙外侧的土压力。

岩基上沿闸室基底面的抗滑安全系数 K_c，应按式（7-33）或式（7-36）计算。

$$K_c=\frac{f'\sum G+C'A}{\sum H}\geqslant[K_c] \qquad (7-36)$$

式中：f' 为闸室基底面与岩石地基之间的抗剪断摩擦系数；C' 为闸室基底面与岩石地基之间的抗剪断凝聚力，kPa，见表 7－11，但选用的 f' 值和 C' 值不应超过闸室基础混凝土本身的抗剪断参数值；$[K_c]$ 为岩基上抗滑稳定安全系数的允许值，见表 7－12。

表 7－11　　岩石地基 f'、C' 值

岩石地基类别		f'	C' /MPa	岩石地基类别		f'	C' /MPa
硬质岩石	坚硬	1.5～1.3	1.5～1.3	软质岩石	较软	1.1～0.9	1.1～0.7
					软	0.9～0.7	0.7～0.3
	较坚硬	1.3～1.1	1.3～1.1		极软	0.7～0.4	0.3～0.05

表 7－12　　岩基上沿闸室基底面抗滑稳定安全系数的允许值 $[K_c]$

<table>
<tr><th colspan="2" rowspan="3">荷载组合</th><th colspan="3">按式（7－33）计算</th><th rowspan="3">按式（7－36）计算</th><th>备　注</th></tr>
<tr><th colspan="3">水闸级别</th><th rowspan="6">1. 特殊组合Ⅰ适用于施工情况、检修情况及校核洪水位情况。
2. 特殊组合Ⅱ适用于地震情况</th></tr>
<tr><th>1</th><th>2、3</th><th>4、5</th></tr>
<tr><td colspan="2">基本组合</td><td>1.10</td><td>1.08</td><td>1.05</td><td>3.00</td></tr>
<tr><td rowspan="2">特殊组合</td><td>Ⅰ</td><td>1.05</td><td>1.03</td><td>1.00</td><td>2.50</td></tr>
<tr><td>Ⅱ</td><td colspan="3">1.00</td><td>2.30</td></tr>
</table>

当闸室承受双向水平向荷载作用时，应验算其合力方向的抗滑稳定性，其抗滑稳定安全系数应不小于表 7－9 或表 7－12 的允许值。

当闸室抗滑稳定性不能满足要求时，主要应从提高抗滑力方面考虑，可采用下列一种或几种抗滑措施：①调整闸门位置，或将底板向高水位一侧加长，以增加水重；②增加铺盖和板桩（或帷幕灌浆）的长度（或深度），或在不影响防渗安全的条件下，将排水设施向水闸底板靠近，以减小底板底部的渗透压力；③增加闸室底板的齿墙深度；④利用钢筋混凝土铺盖作为阻滑板，此时，闸室自身（即不考虑阻滑板作用）抗滑稳定安全系数不应小于 1.0，计算阻滑板所增加的抗滑力时，阻滑板效果的折减系数可采用 0.80，阻滑板应满足抗裂要求；⑤增设钢筋混凝土抗滑桩或预应力锚固结构；⑥适当增大闸室结构尺寸。

如利用钢筋混凝土铺盖作为阻滑板，则在闸室与阻滑板之间宜用钢筋铰连接，使阻滑板与闸室既能连成一体，又能适应不均匀沉降。这样就能利用铺盖自重和铺盖顶、底面的水压力差值来增加闸室的稳定性。考虑到阻滑板对水闸的安全性和经济性，这种抗滑措施在工程中很少采用。

当闸室设有两道检修闸门，或只设一道检修闸门而利用工作闸门与检修闸门进行检修时，应按式（7－37）计算闸室抗浮稳定安全系数 K_f。

$$K_f=\frac{\sum V}{\sum U} \qquad (7-37)$$

式中：$\sum V$ 为作用在闸室上所有向下的铅直力之和，kN；$\sum U$ 为作用在闸室基底面上的扬压力，kN。

在上述闸室抗浮稳定计算中，不论水闸级别和地基条件，应满足下列要求：在基本荷载组合条件下，$K_f \geqslant 1.10$；在特殊荷载组合条件下，$K_f \geqslant 1.05$。

7.6.3　地基稳定和闸室沉降的验算

闸室在铅直力和水平力作用下，除有可能产生上述表层滑动外，随着荷载（特别是铅直荷载）的不断增大，地基土壤的塑性变形区也不断发展，当地基某些区域中的应力状态接近或达到极限平衡应力状态，并形成一个连续的滑动面时，闸室将连同地基的部分土体产生深层滑动。此外，当水闸刚建成，只有铅直力而无水平力时，闸室对地基所产生的压力较大，此时地基也有可能受压而破坏。因此，除验算闸室的表层抗滑稳定性外，还应验算地基的稳定性。

1. 基底应力

作用在闸室上的各种荷载，通过底板传给地基，在地基表面产生应力，即为基底应力。基底应力的分布与底板的刚度、尺寸、埋置深度及地基性质等因素有关，呈曲线分布。由于闸墩在顺水流方向刚度很大，可近似地把基底应力作为直线分布，这与实际情况较接近。当结构布置及受力情况对称时，其闸室基底应力的最大值 $P_{\max}$ 和最小值 $P_{\min}$ 可按偏心受压公式计算，即

$$P_{\substack{\max \\ \min}} = \frac{\sum G}{bL} \pm \frac{6\sum M}{bL^2} \tag{7-38}$$

式中：$\sum G$ 为作用在闸室上的全部竖向荷载，kN；$\sum M$ 为作用在闸室上的全部竖向和水平向荷载对于基础底面垂直水流方向的形心轴的力矩，力矩以顺时针为正，逆时针为负，kN·m；b 为计算闸室段的宽度，m；L 为底板长度，m。

当结构布置及受力情况不对称时，可参阅 SL 265—2016《水闸设计规范》中推荐的公式。

在各种计算情况下，对于土基上的水闸，要求闸室平均基底压应力不大于地基容许承载力；最大基底应力不大于地基容许承载力的 1.2 倍；闸室基底应力的最大值与最小值的比值不大于允许的比值 $[\eta]$。规定的允许值 $[\eta]$ 见表 7-13。对于岩基上的水闸，要求闸室最大基底应力不大于地基容许承载力；在非地震情况下，闸室基底不出现拉应力；在地震情况下，闸室基底拉应力不大于 100kPa。

表 7-13　　$[\eta]$ 值

地基土质	荷载组合		备　注
	基本组合	特殊组合	
松软	1.5	2.0	1. 对于特别重要的大型水闸，采用值可按表列数值适当减小。 2. 对于地震区的水闸，采用值可按表列数值适当增大。 3. 对于地基特别坚实或可压缩土层甚薄的水闸，可不受本表的规定限制，但要求闸室基底不出现拉应力
中等坚实	2.0	2.5	
坚实	2.5	3.0	

水闸地基一般是非均质的，同时，除了受地表的铅直和水平荷载作用外，还要承受渗透压力等作用。因此，水闸地基的抗滑稳定性很难由上述容许承载力的方法来完全反映实

际情况。在水闸设计中，有时还要采用较能反映地基性质和荷载特点的圆弧滑动法或折线滑动法进行深层稳定验算。

2. 闸室沉降

由于土基压缩变形大，容易引起较大的沉降，而过大的沉降差，将引起闸室倾斜、裂缝、止水破坏，甚至使建筑物顶部高程不足，影响建筑物的正常运行。所以，在研究地基稳定的同时，还应考虑地基的沉降。通过计算和分析，可以了解地基的变形情况，以便选用合理的水闸结构型式，确定适宜的施工程序和施工进度，或进行适当的地基处理。

对卵砾石和中、粗砂地基可不进行地基沉降计算。

水闸土质地基沉降可只计算最终沉降量，并应选择有代表性的计算点进行计算，计算时应考虑结构刚性的影响。地基沉降计算，一般采用分层总和法，每层厚度不宜超过 2m，计算深度根据实践经验，通常计算到附加应力与土体自重应力之比为 0.1～0.2 处，软土地基取小值，坚实地基取大值。

如果将计算土层分为 n 层，每层的沉降量为 S_i，则总的沉降量应为

$$S = \sum_{i=1}^{n} m_i S_i = \sum_{i=1}^{n} m_i \frac{e_{1i} - e_{2i}}{1 + e_{1i}} h_i \tag{7-39}$$

式中：S 为土质地基最终沉降量，m；n 为土质地基压缩层计算深度范围内的土层数；e_{1i}、e_{2i} 分别为基础底面以下第 i 层土在平均自重应力及平均自重应力加平均附加应力作用下，由压缩曲线查得的相应孔隙比；h_i 为基础底面以下第 i 层土的厚度，m；m_i 为第 i 层地基沉降量修正系数，可采用 1.0～1.6，坚实地基取较小值，软土地基取较大值。

土质地基允许最大沉降量和最大沉降差，目前尚无统一标准，应以保证水闸安全和正常使用为原则，按工程具体情况研究确定。天然土质地基最大沉降量不宜超过 15cm，沉降差不宜超过 5cm。当超过上述允许值，可采用以下一种或几种措施：①改变闸室上部结构型式，使用轻型结构，或加强结构刚度；②调整闸室布置，尽量使基底应力均匀分布，或采用沉降缝隔开；③改变基础型式或刚度；④增大基础面积和埋置深度；⑤进行地基处理，以提高地基承载力；⑥安排合适的施工程序，重量大的结构先施工，使地基先行预压；严格控制施工速率，以减小竣工后的沉降量。

地基沉降与时间的关系比较复杂，与土层的厚度、压缩性、渗透性、排水条件、附加应力以及土层的相对位置和建筑物的施工进度等因素有关，计算中尚难周密考虑，因而计算结果只能是近似的。对砂性土地基，由于压缩性小、渗透性强、压缩过程短，建筑物完工时地基沉降已基本稳定，故一般不考虑其沉降过程。而对黏性土地基，由于在施工过程中所完成的沉降量，一般仅为稳定沉降量的 50%～60%，故需考虑地基的沉降过程。

7.6.4　地基处理

根据工程实践，当黏性土地基的贯入击数大于 5、砂性土地基的贯入击数大于 8 时，可直接在天然地基上建闸，不需进行处理。

设计水闸应尽可能利用天然地基，如遇有淤泥质土、高压缩性黏土和松砂等软弱地基，即使选择轻型的水闸结构形式，也很难满足地基沉降量及稳定要求，此时需要进行地基处理，下面简述几种常用的地基处理方法。

1. 换土垫层

当软土层如软弱黏性土、淤泥质土等位于基面附近，且厚度较薄时，可全部挖除；当

软土层较厚，不宜全部挖除或工程量较大时，可采用换土垫层法处理，将表层软土挖除，换以砂性土，水闸建在新换的砂垫层上，如图7-46所示。

砂垫层的主要作用是：①通过垫层的应力扩散作用，增加软土层的受力面积以减小其所受的附加应力，提高地基的稳定性、减小地基沉降量；②砂土层具有良好的排水作用，可加快软土地基固结。

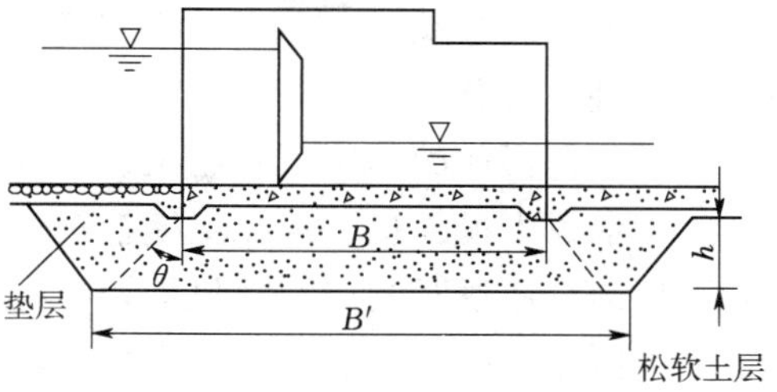

图7-46　换土垫层布置示意图

垫层设计主要是确定垫层厚度、宽度及所用材料。垫层厚度 h 应根据土质情况、结构型式、荷载大小等因素决定，以不超过下卧土层容许承载力为原则确定，一般采用1.5～3.0m。垫层的宽度 B'，通常选用建筑物基底应力扩散至垫层底面的宽度再加2～3m。垫层的传力扩散角 θ，对中壤土及含砾黏土，可取20°～25°；对中砂、粗砂，可取30°～35°。换土垫层材料应满足压缩小、强度较大及施工方便等条件，宜采用中壤土、中砂、粗砂及含砾黏土等。不宜采用黏土，为防止液化，也不应采用粉砂、细砂及砂壤土。砂土可排除垫层下面软土层的孔隙水，以加速软土层的固结过程。但由于砂土透水性大，应采取防渗措施，如设置板桩等。

2. 强力夯实法

透水性较好的松软地基、稍密的碎石土或松砂地基可采用强力夯实法。

强力夯实法是将重锤提高到10～15m的高度，使其自由下落，对地基产生巨大的冲击力，使土体瞬时液化，从而产生较大的瞬时沉降，使土体压实。

强夯时，应在表层铺设1～2m厚的透水垫层，并设置排水砂井，以利于土体固结。每夯一遍后，要间歇一定的时间才能进行复夯。夯点距离和夯击遍数可在夯实工作前选择试点通过现场试验确定。

3. 振冲桩法

该法采用一根类似混凝土振捣棒的振冲器，其下端有喷水口，在振动和高压水流的联合作用下，使周围土体密实，形成一直孔，然后在孔内回填砂（或碎石），最后又在振冲器的作用下使之压实，形成砂（或碎石）桩。这种方法不仅可以提高地基承载力，减小沉降量，还可提高饱和砂土的抗振动液化能力，同时又具有操作简单、施工进度快、工期短及造价低等优点。该法适用于松砂、软弱的粉砂、砂壤土或砂卵石地基。

振冲砂（或碎石）桩的孔径一般为0.6～0.8m，桩距为1.5～2.5m，呈梅花形或正方形布置。孔深根据设计要求和施工条件确定。当软土层不厚时，砂（或碎石）桩可穿过土层，其填料宜采用级配良好的砂、碎石等。碎石最大粒径不宜大于5cm，含泥量不大于5%。

4. 桩基础

当闸室结构重力较大、软土层较厚而地基承载力又不够时，可考虑采用桩基础。最常用的是钢筋混凝土桩、钻孔灌柱桩、水泥土搅拌桩、旋喷桩和水泥粉煤灰碎石桩基础。

（1）钢筋混凝土桩。钢筋混凝土桩主要由圆筒形混凝土预制构件桩身、端头板和钢套箍等组成，分为预应力钢筋混凝土管桩（简称预应力管桩）和预制钢筋混凝土管桩。根据打（沉）桩方法的不同，钢筋混凝土预制桩基础施工有锤击沉桩法、静力压桩法及振动法等，以锤击沉桩法和静力压桩法应用最为普遍。

(2) 钻孔灌注桩。灌注桩是指在工程现场通过机械钻孔、钢管挤土或人力挖掘等手段在地基土中形成桩孔，并在其内放置钢筋笼、灌注混凝土而做成的桩。依照成孔方法不同，灌注桩又可分为沉管灌注桩、钻孔灌注桩和挖孔灌注桩等几类。钻孔灌注桩的施工，因其所选护壁形式的不同，有泥浆护壁方法和全套管施工法两种。

(3) 水泥土搅拌桩。水泥土搅拌桩是用于加固饱和软黏土地基的一种方法，它用水泥作为固化剂，通过特制的搅拌机械，在地基深处将软土和固化剂强制搅拌，利用固化剂和软土之间所产生的一系列物理化学反应，使软土硬结成具有整体性、水稳定性和一定强度的"土桩"。

水泥加固土的基本原理是基于水泥加固土的物理化学反应过程，它与混凝土硬化机理不同，由于水泥掺量少，水泥是在具有一定活性的介质——土的围绕下进行反应，硬化速度较慢，且作用复杂，水泥水解和水化生成各种水化合物后，有的又发生离子交换和团粒化作用以及凝硬反应，大大提高水泥土土体的强度。

(4) 旋喷桩。旋喷桩是以高压旋转的喷嘴将水泥浆喷入土层与土体混合，形成连续搭接的水泥加固体。施工占地少、振动小、噪声较低，但容易污染环境，成本较高。高压喷射注浆法适用于处理淤泥、淤泥质土、流塑、软塑或可塑黏性土、粉土、砂土、黄土、素填土和碎石土等地基。

(5) 水泥粉煤灰碎石桩。由碎石、石屑、砂、粉煤灰掺水泥加水拌和，用各种成桩机械制成的可变强度桩。通过调整水泥掺量及配比，其强度等级为 C15～C25，是介于刚性桩与柔性桩之间的一种桩型。水泥粉煤灰碎石桩和桩间土一起，通过褥垫层形成水泥粉煤灰碎石桩复合地基。

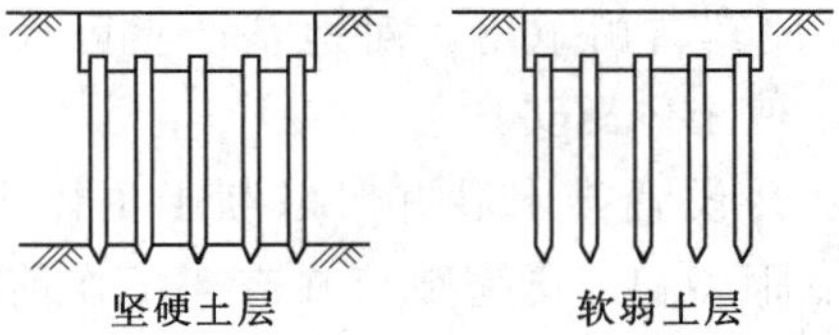

(a)　　(b)

图 7-47　桩基础

(a) 端承型桩；(b) 摩擦型桩

根据钢筋混凝土桩和钻孔灌注桩的受力特性可分为摩擦型桩、端承型桩（图 7-47）或复合地基几大类。在水闸工程中，宜采用摩擦型桩，用以保证闸基防渗安全。如果采用端承型桩，当桩尖以上的地基土压缩时，底板与地基土的接触面上有可能"脱空"，从而引起地下渗流的接触冲刷而危及闸室安全。

5. 预压加固

在需建闸范围内的软土地基表面进行预压（如堆土、堆石），待沉降基本稳定后，将预压荷重移去。预压荷重为 1.5～2.0 倍水闸荷载，但不能超过地基的承载能力。

堆土、堆石施工宜分层堆筑，每层高 1～2m，施工进度不能过快，填筑后间歇 10～15d，待地基沉降稳定后，再进行下一次堆筑，以免地基发生滑动或将基土挤出地面。预压施工时间约为半年。

可在含水率较大的黏性土地基上设置砂井，砂井的直径为 20～30cm，井距不小于 3m，井深应穿过预压层，以改善软土地基的排水条件，加快固结过程和缩短预压施工时间。

由于预压处理周期较长，目前仅在少数工程中试验采用。

7.7 闸室结构计算

在闸室布置和稳定分析之后，还需对闸室各部分构件进行计算，验算其强度，以便最后确定各构件的形式、尺寸及构造。

闸室是一个空间结构，受力比较复杂，可用三维弹性力学有限元法计算。为了简化计算，一般分成胸墙、闸墩、底板、工作桥及交通桥等单独构件分别计算，同时又考虑相互之间的连接作用。以下仅简要介绍闸墩、底板和胸墙的结构计算。

7.7.1 闸墩

闸墩结构计算的内容主要包括闸墩应力计算及平面闸门槽（或弧形闸门支座）的应力计算。

1. 平面闸门闸墩应力计算

平面闸门闸墩的受力条件主要是偏心受压，可假定闸墩为固定于底板上的悬臂梁，其应力状况可采用材料力学的方法进行分析。

闸墩应力主要有纵向应力（顺水流方向）和横向应力（垂直水流方向）。闸墩每个高程的应力都不同，最危险的断面是闸墩与底板的结合面，因此，应以该结合面作为计算面，并把闸墩视为固支于底板的悬臂梁，近似地用偏心受压公式计算应力。

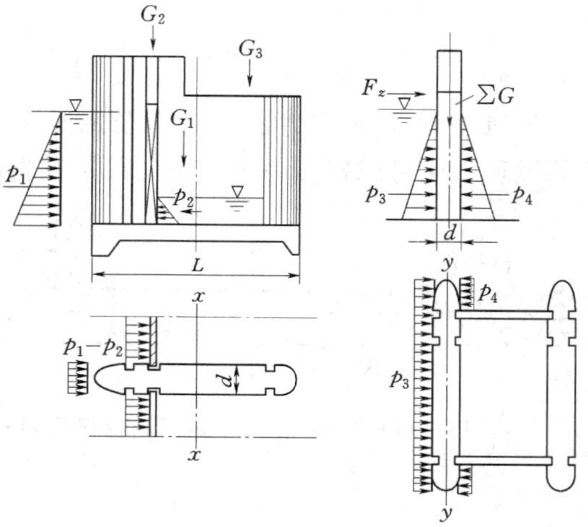

图 7-48　闸墩结构计算示意图

p_1、p_2 —上、下游水平水压力；G_1 —闸墩自重；p_3、p_4 —闸墩两侧水平水压力；G_2 —工作桥重及闸门重；F_z —交通桥上车辆刹车制动力；G_3 —交通桥重

当闸门关闭时，纵向计算的最不利条件是闸墩承受最大的上下游水位差时所产生的水压力（设计水位或校核水位）、闸墩自重以及上部结构等荷载（图 7-48）。在此情况下，可用式（7-40）验算闸墩底部上、下游处的铅直正应力 σ，即

$$\sigma_{\substack{上\\下}}=\frac{\sum G}{A}\mp\frac{\sum M_x}{I_x}\frac{L}{2} \tag{7-40}$$

式中：$\sum G$ 为铅直方向作用力的总和；$\sum M_x$ 为全部荷载对墩底截面中心轴 x — x 的力矩总和；A 为墩底截面面积；I_x 为墩底截面对 x — x 轴的惯性矩，可近似取用 $I_x=d(0.98L)^3/12$，d 为闸墩厚度；L 为墩底长度。

在水闸检修期间，当一孔检修（即上、下游检修闸门关闭而相邻闸孔过水）时，闸墩承受侧向水压力、闸墩自重及其上部结构重等荷载（图 7-48），这是横向计算最不利的情况。此时，闸墩底部两侧铅直正应力 σ' 可按式（7-41）计算，即

$$\sigma'=\frac{\sum G}{A}\pm\frac{\sum M_y}{I_y}\frac{d}{2} \tag{7-41}$$

式中：$\sum M_y$ 为全部荷载对墩底截面中心轴 $y-y$ 的力矩总和；I_y 为墩底截面对 $y-y$ 轴的惯性矩；其余符号意义同式（7-40）。

如遇有缝墩时，由于闸墩上受力的不对称性，在上述闸墩分析中还需考虑扭矩作用，即当上、下游检修闸门关闭时，缝墩的闸槽上将承受半扇闸门传来的水平水压力 p_1 及 p_2，p_1、p_2 不通过缝墩中心，因而产生扭矩，其值为 $M_n=(p_1-p_2)c$（图 7-49）。该扭矩在 A 点产生的剪应力近似值为

$$\tau_1=\frac{6M_n}{d^2(3L-d)} \tag{7-42}$$

同时，水平水压力对底部截面还有剪切作用，在（图 7-49）中 A 点产生的剪应力近似值为

$$\tau_2=\frac{1.5(p_1-p_2)}{dL} \tag{7-43}$$

A 点的主拉应力 σ_{zl} 为

$$\sigma_{zl}=\frac{\sigma''}{2}+\frac{\sqrt{(\sigma'')^2+4(\tau_1+\tau_2)^2}}{2} \tag{7-44}$$

式（7-44）中，正应力 σ'' 的计算公式形式与式（7-41）相同，但以拉应力为正。在计算 σ'' 的过程中应考虑铅直力为最小的最不利情况。

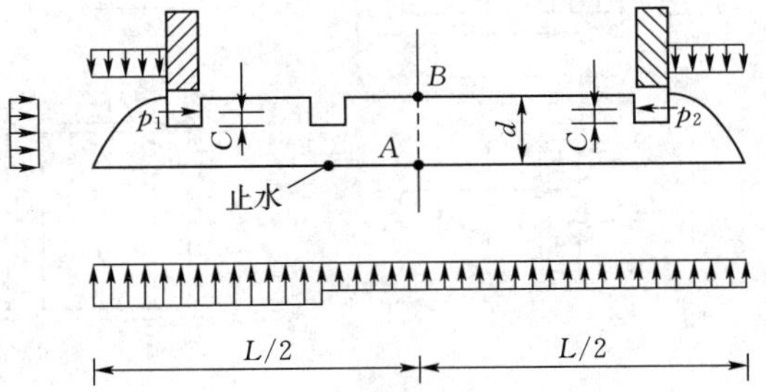

图 7-49　缝墩结构计算示意图

2. 平面闸门槽应力计算

在平面闸门槽颈部，因受闸门传来的水压力而产生拉力，过去常假定该拉力完全由钢筋承担，浪费很大。其实，应考虑到闸墩水平截面上的剪力影响，它承担着一部分拉力，这样可以减少钢筋用量。门槽颈部应力计算，目前还没有完善的方法，下面介绍材料力学法中的一种方法。该法力学概念清楚，计算简便。

取高度为 1m 的闸墩作为脱离体（图 7-50）进行分析。传到该脱离体门槽上的水平水压力为 p（由闸门传来），传到门槽颈部的水平水压力为 p'（由闸墩头部传来），作用于脱离体上、下面的剪力分别为 Q_u 和 Q_d，由水平向力的平衡条件可知：$p+p'=Q_d-Q_u$，而门槽颈部所受的拉力 p_1 为

$$p_1=Q'_d-Q'_u-p' \tag{7-45}$$

式中：Q'_d 为门槽颈部以前闸墩脱离体下面的剪力；Q'_u 为门槽颈部以前闸墩脱离体上面的剪力。Q'_d、Q'_u 均由受弯构件剪应力公式计算而得。

门槽颈部的拉应力 σ_1 为

$$\sigma_1=\frac{p_1}{b} \tag{7-46}$$

式中：p_1 为门槽颈部的拉力，kN/m；b 为门槽颈部的宽度，m。

由于水压力是沿闸墩高度而变化的，因此，应沿高度方向分段进行计算。当上述拉应

力小于混凝土容许拉应力时，可按构造要求进行配筋。反之，为安全起见，可假定拉应力全部由钢筋承担。

3. 弧形闸门支座处应力计算

弧形闸门的闸墩，其受力条件比较复杂，不只是偏心受拉，而且还受扭，对于大型水闸宜采用有限单元法进行应力分析，可将闸墩视为下边固定、其他三边自由的弹性矩形板（对于上部结构，视其布置情况，对闸墩还起到一定的约束作用），按闸门支座作用力的实际位置、闸门支座处的闸墩加大厚度及闸底板的约束作用等因素进行计算。目前，不少设计单位按此用有限单元法进行应力分析取得十分满意的分析结果。因此，对于大型水闸弧形闸门闸墩，有条件时宜采用有限单元法进行应力分析。

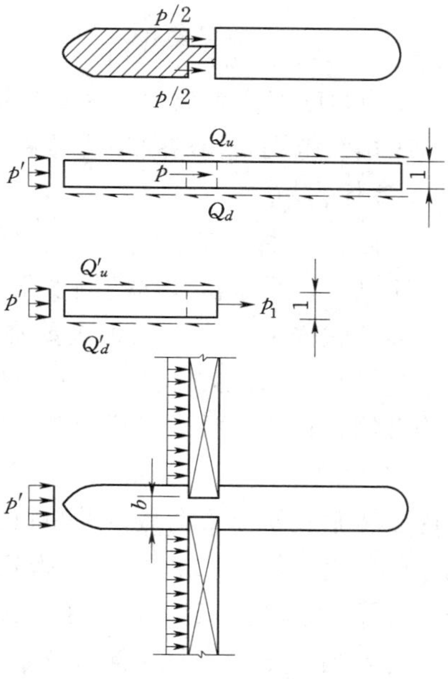

图 7-50 平面闸门槽应力计算图（单位：m）

水闸采用弧形闸门，常在闸墩上设置牛腿，用以支承弧形闸门的支臂。牛腿宽度 b 一般大于 50～70cm，高度 h 大于 80～100cm，牛腿端常设 45°的斜坡（图 7-51），牛腿的轴线尽量与闸门关闭时门轴处合力作用线重合。

闸门关闭挡水时，由弧形闸门门轴传给牛腿的作用力 R 为闭门全部水压力合力的一半，可分为法向力 N 和切向力 T（图 7-51），分力 N 对牛腿引起弯矩和剪力，分力 T 则使牛腿产生扭矩和剪力。

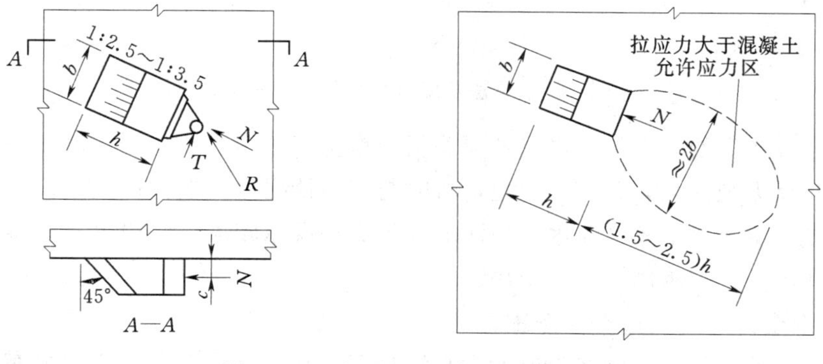

图 7-51 牛腿布置及拉应力集中区

对于中、小型水闸，根据三向偏光弹性试验结果，牛腿附近的闸墩可按下面近似方法计算和配筋。

作用在弧形闸门门轴处的分力 N 会使闸墩产生相当大的拉应力，仅在牛腿前（靠闸门的一边）的 2 倍牛腿宽、1.5～2.5 倍牛腿高的范围（图 7-51 虚线范围）内，闸墩的拉应力大于混凝土的容许拉应力，在此范围外，拉应力一般均小于混凝土的容许拉应力，只需配置构造钢筋。牛腿附近闸墩受力钢筋总面积 A_g 可按式（7-47）计算。

$$A_g=\frac{KN'}{f_y} \tag{7-47}$$

式中：K 为强度安全系数；f_y 为受拉钢筋设计强度；N' 为大于混凝土容许拉应力范围（即图 7-51 虚线范围）内的拉应力总和，约为法向分力 N 的 70%～80%。

7.7.2　底板

在水闸工程中，应用最广的是整体式平底板，现对其应力计算介绍如下。

由于闸墩在顺水流方向的刚度很大，因而底板在顺水流方向的弯曲变形较垂直水流方向小得多，这样可以认为底板主要在垂直水流方向产生弯曲变形。因此，计算底板内力时，一般沿垂直水流方向截取单位宽度的板条，按梁进行计算。对整体式平底板而言，计算方法有倒置梁法、反力直线分布法及弹性地基梁法等。

1. 倒置梁法

此法将垂直水流方向截取的单位宽度板条，视为倒置于闸墩上的连续梁，即把闸墩当作底板的支座［图 7-52（b）］。作用在梁上的荷载有底板自重 q_1、水重 q_2、浮托力 q_3、渗透压力 q_4 及地基反力 p。对于上述地基反力，假定在顺水流方向为直线分布，垂直水流方向为均匀分布。于是，倒置梁上的均布荷载 $q=q_3+q_4+p-q_1-q_2$。最后，按连续梁计算内力，并进行配筋计算。

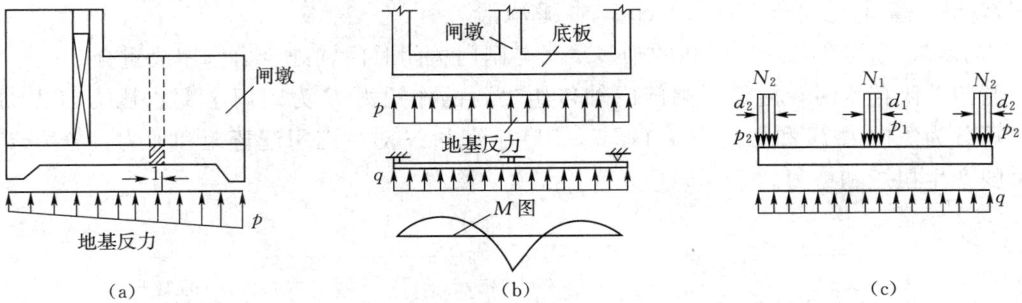

图 7-52　倒置梁法及反力直线分布法的计算简图

倒置梁法计算简便。但该法没有考虑底板与地基变形的协调作用；对于底板在垂直水流方向的地基反力视为均匀分布的假定，有时与实际情况出入较大；支座反力与闸墩铅直荷载也不相等。鉴于以上三个原因，该法的计算成果误差较大，一般仅在小型水闸设计中使用，不宜在大、中型水闸设计中采用。

2. 反力直线分布法（荷载组合法、截面法）

该法仍假定地基反力在顺水流方向为直线分布，垂直水流方向为均匀分布，并在垂直水流方向截取单位宽度板条作为脱离体。但反力直线分布法在计算中考虑了脱离体（底板与闸墩）两侧的剪力。

由于在顺水流方向，闸室所受的向上铅直力和向下铅直力，无论在数值上还是它们的分布情况，都是不同的，因此，所截取的单宽板条两侧（包括底板和闸墩）均有剪力，两侧的剪力差称为不平衡剪力。反力直线分布法考虑了不平衡剪力，这是对倒置梁法的改进之处。不平衡剪力由闸墩和底板共同承担，大量的计算结果表明，闸墩承担的比例为

85%～90%，底板为10%～15%，这两个比例值可以直接在反力直线分布法中使用，误差很小。如何进一步计算这两个比例值的方法，将在弹性地基梁法中讲述。

反力直线分布法不把闸墩看做底板的支座，认为闸墩是作用在底板上的荷载 N_1、N_2（包括闸墩截条自重、顶部荷载以及分配给闸墩截面的不平衡剪力），强度为 $p_1=N_1/d_1$，$p_2=N_2/d_2$［图 7-52（c）］。作用于底板梁的均布荷载 q 包括浮托力、渗透压力、地基反力、底板自重、水重和分配给底板的不平衡剪力。这样，作用于底板的全部荷载即可确定，然后便可按静定结构计算各截面的内力。

反力直线分布法的计算工作较简单，适用于相对密度 $D_r\leqslant 0.5$ 的砂土地基，因为这种地基的变形容易得到调整，地基反力才可以在垂直水流方向假定为均匀分布。该法可在大、中型水闸设计中使用，在小型水闸设计中，能替代倒置梁法，且保持较好的精度。

3. 弹性地基梁法

弹性地基梁法适用于大、中型水闸，相对密度 $D_r>0.5$ 的砂土地基或黏性土地基。因为 $D_r>0.5$ 的砂土地基，变形较难调整或调整较少，而黏性土地基，固结时间较长，地基变形缓慢，所以地基反力呈曲线性分布，弹性地基梁法反映了这个特点。

弹性地基梁法同样是在垂直水流方向截取单位宽度的板条作为脱离体（地基梁）进行分析计算，并认为顺水流方向的地基反力仍是直线变化。同时该法又认为地基梁和地基都是弹性体，地基梁在外荷作用下发生弯曲变形，地基受压而沉降，根据变形和沉降协调一致的条件以及梁在铅直方向受力平衡的原则进行弹性地基梁计算，求解地基反力（呈曲线分布）和梁的内力，同时还计及底板范围以外的荷载对梁的影响。

在截取脱离体时，考虑到闸门前后水位相差较大，底板所受荷载相差也较大，故以闸门为界，分别在闸门上、下游各选取1～2条单宽板条，或在闸门上、下游底板段的中间处截取单宽板条作为脱离体进行分析（图 7-53）。弹性地基梁计算的具体步骤如下。

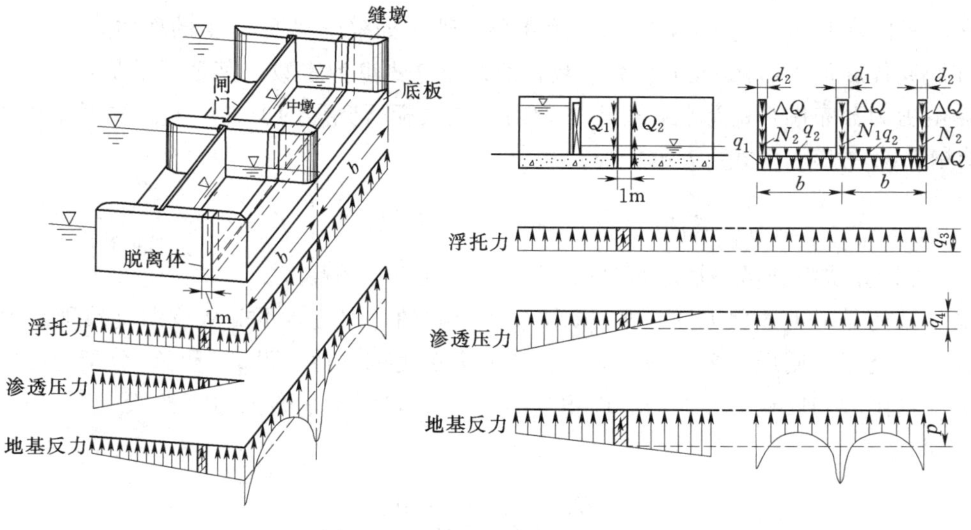

图 7-53　弹性地基梁法计算图

（1）确定底板纵向地基反力（顺水流方向）。采用偏心受压公式计算。

(2) 计算脱离体上的不平衡剪力 ΔQ。作用在脱离体上的铅直荷载有底板自重 q_1、水重 q_2、中墩重（包括上部结构）G_1、缝墩重（包括上部结构）G_2、浮托力 q_3、渗透压力 q_4 和地基反力 p（此处，p 为地基反力在垂直水流方向的平均值）。此外，还有脱离体两侧的剪力 Q_1 及 Q_2，其差值 $\Delta Q = Q_1 - Q_2$，即为不平衡剪力，由垂直方向平衡方程式得

$$G_1 + 2G_2 + \Delta Q + 2b(q_1 + q_2 - q_3 - q_4 - p) = 0 \tag{7-48}$$

对式（7-48）需要说明的是：①地基反力的强度是未知数，但其总值是已知的，因而平均值 p 是可求的，这里仅是引用平均值来推求不平衡剪力；②水重是按照在地基梁长度（$2b$）上均匀分布计算的，显然，多考虑了闸墩底宽范围内的水重，因此，在计算闸墩重时要扣去相应的水重，即闸墩位于水面以下的部分按浮容重计算；③假定不平衡剪力 ΔQ 的方向朝下，如计算结果为负值，则方向朝上。

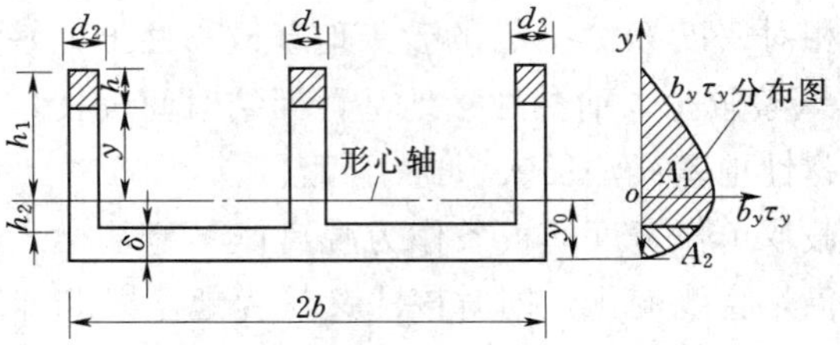

图 7-54　不平衡剪力分布图

(3) 不平衡剪力的分配。不平衡剪力应由闸墩和底板共同承担，确定其数值时，可假定闸室在顺水流方向为一受弯构件，闸墩和底板形成组合梁。因此，一般按受弯构件的公式来确定剪应力（图 7-54），即

$$\tau_y = \frac{S_y \Delta Q}{I b_y}$$

或

$$b_y \tau_y = S_y \frac{\Delta Q}{I} \tag{7-49}$$

式中：τ_y 为离断面形心轴 y 处的任一点的剪应力；S_y 为计算截面以上（y 坐标以向上为正）的面积对形心轴的面积矩；I 为整个断面对形心轴的惯性矩；b_y 为计算截面宽度（底板处 $b_y = 2b$，底板以上 $b_y = d_1 + 2d_2$）；$b_y \tau_y$ 为离形心轴 y 处整个宽度 b_y 上的剪力。

在脱离体断面上，ΔQ 及 I 均为常数，所以 $\Delta Q / I$ 也为常数，其值虽然影响剪力数值，但不影响剪力分布图形的形状，也不影响闸墩与底板所分配的剪力比值。故可令 $\Delta Q / I = 1$ 来绘制 $b_y \tau_y$ 图形，由式（7-49）得

$$b_y \tau_y = S_y = h(d_1 + 2d_2)\left(y + \frac{h}{2}\right)$$

式中：y 为计算截面到形心轴的距离；h 为计算截面以上的高度。

需注意的是，上述剪力图是按 $\Delta Q / I = 1$ 绘制的，因此，不能从该图直接确定剪力的分配值，只能得出闸墩不平衡剪力和底板不平衡剪力的比值。设 A_1 和 A_2 分别为剪力分配图中分配给闸墩和底板的相对剪力面积（图 7-54），则不平衡剪力可按式（7-50）进行分配，即

$$\left.\begin{aligned} \Delta Q_1 &= \frac{A_1}{A_1 + A_2} \Delta Q \\ \Delta Q_2 &= \frac{A_2}{A_1 + A_2} \Delta Q \end{aligned}\right\} \tag{7-50}$$

按式（7－50）求得的 ΔQ_1 是分配给闸墩的不平衡剪力，应由中墩和缝墩共同承担，可按各个闸墩的厚度再进行分配，分配给中墩的为 $\Delta Q_1\left(\dfrac{d_1}{d_1+2d_2}\right)$，分配给一个缝墩的为 $\Delta Q_1\left(\dfrac{d_2}{d_1+2d_2}\right)$。按式（7－50）求得的 ΔQ_2 则是分配给底板的不平衡剪力。

A_1 及 A_2 两值也可用积分法求得，如闸墩横断面为矩形，而且取 y 坐标向上为正，则由图 7－54 可得

$$\begin{aligned} A_1 &= \int_{-h_2}^{h_1} S_y \mathrm{d}y = \int_{-h_2}^{h_1} (h_1 - y)(d_1 + 2d_2)\left(y + \frac{h_1 - y}{2}\right)\mathrm{d}y \\ &= \frac{1}{6}(d_1 + 2d_2)(2h_1^3 + 3h_1^2 h_2 - h_2^3) \end{aligned} \tag{7-51}$$

为计算方便，求 A_2 时取 y 坐标向下为正，则得

$$\begin{aligned} A_2 &= \int_{h_2}^{y_0} 2b(y_0 - y)\left(y + \frac{y_0 - y}{2}\right)\mathrm{d}y \\ &= \frac{1}{3}b(2y_0^3 - 3y_0^2 h_2 + h_2^3) \end{aligned} \tag{7-52}$$

（4）弹性地基梁的荷载计算。分配给闸墩的不平衡剪力可近似地按集中力考虑，此时，通过中墩传给地基梁的荷载 N_1 和通过缝墩传给地基梁的荷载 N_2（图 7－55）为

$$\left.\begin{aligned} N_1 &= G_1 + \Delta Q\left(\frac{d_1}{d_1 + 2d_2}\right) \\ N_2 &= G_2 + \Delta Q\left(\frac{d_2}{d_1 + 2d_2}\right) \end{aligned}\right\} \tag{7-53}$$

分配给底板的不平衡剪力按均匀分布考虑，并与底板自重 q_1、水重 q_2、浮托力 q_3 和渗透力 q_4 等相加，可得到地基梁上的均布荷载 q 为

$$q = q_1 + q_2 - q_3 - q_4 + \frac{\Delta Q_2}{2b} \tag{7-54}$$

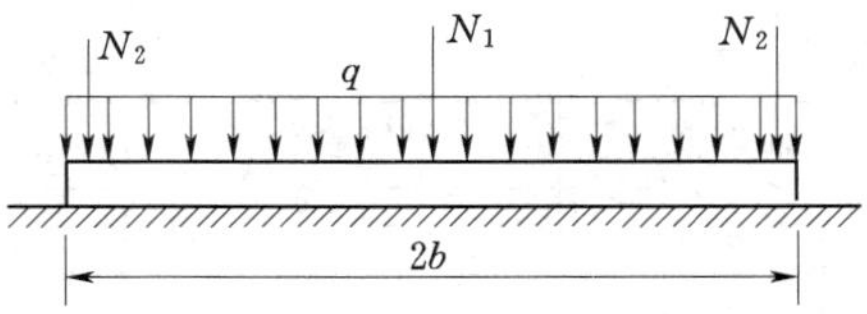

图 7－55　弹性地基梁上的铅直荷载图

对式（7－54）中底板自重的计算，需进行具体分析。闸室底板绝大多数都是采用挖埋式施工方法，在这种情况下，底板自重远小于基坑开挖前的原压荷载，而底板自重引起的地基沉降又是基坑开挖回弹后的再压缩，属于弹性压缩性质，弹性变形可在很短时间内完成，不像排水固结那样需要较长时间。所以，不论是黏性土地基还是砂性土地基，都可以不考虑底板自重对应力的影响。但是，有时会出现地基梁的均布荷载 q 为负值的情况，这意味着在均布荷载 q 作用下，底板与地基之间普遍产生拉应力，显然是不合理的，此时应适当计入底板自重，以使均布荷载等于零为限度。

另外，当边墩直接挡土时，边墩承受的侧向土压力和水平水压力对底板所形成的力矩 M 也应列为脱离体上的荷载。

将以上计算的荷载 N_1、N_2 及 q 作用在单宽地基梁上（有时还有 M，见图 7－56），这样便得到弹性地基梁上的铅直荷载图。

(5) 计算地基反力及梁的内力。当地基梁的荷载确定以后，即可按一般弹性地基梁的方法计算地基反力和梁的内力，这里指的是作用在地基梁上的荷载所引起的地基反力和内力。但是，地基梁两侧地基上的荷载也对地基梁有影响。

(6) 边荷载的影响。地基梁两侧地面上的荷载是指计算闸室段两侧的闸室（或岸墙）以及岸墙（或边墩）后面的回填土作用于地基上的荷载，这类荷载统称为边荷载（图 7-56）。边荷载不作用在地基梁上。图 7-56 中的 M 虽然由回填土荷载引起，但它直接作用在闸室上，所以不能认为是边荷载。当相邻一侧为闸室时，其边荷载即为该邻侧闸室的基底应力，计算时将其简化为均匀分布，这样便于使用现成表格；当相邻一侧为基坑开挖后的回填土时，可近似地认为其边荷载值即为回填土重，且为梯形分布。施工期没有挖除的土壤（如边墩后面未开挖的部分），因它对闸室底板的沉降影响在建闸前已经完成，建闸后也无变化，故不计入边荷载。

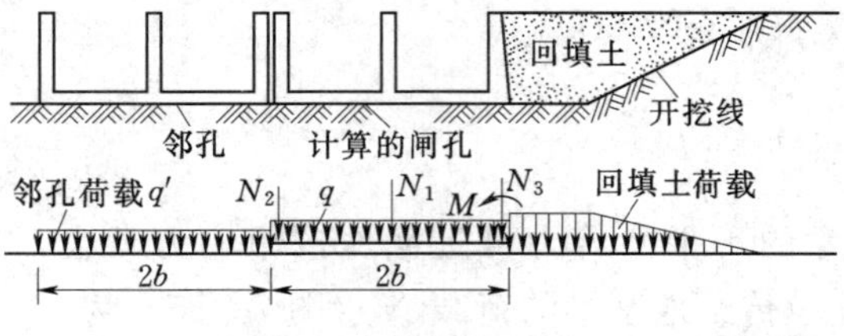

图 7-56　边荷载计算图

边荷载对底板应力的影响，主要与地基土质、边荷载大小以及边荷载施工程序等因素有关，十分复杂，因此在设计中只能做一些原则性的考虑。

鉴于水闸各单项工程基本上是同时施工的，在闸室底板和闸墩混凝土浇筑过程中，虽然施工程序略有先后，但相隔时间不长，因此，对边荷载施加程序的影响，可以忽略。SL 265—2016《水闸设计规范》仅对边荷载计算百分数做了具体规定，见表 7-14。这样，就不用考虑边荷载是在底板浇筑之前，还是浇筑之后施加的问题。

表 7-14　　边荷载计算百分数

地基类别	边荷载使计算闸段底板内力减少	边荷载使计算闸段底板内力增加
砂性土	50%	100%
黏性土	0	100%

注　1. 对于黏性土地基上的老闸加固，边荷载的影响可按本表规定适当减小。
2. 计算采用的边荷载作用范围，可根据基坑开挖及墙后土料回填的实际情况研究确定，通常可采用弹性地基梁长度的 1 倍或可压缩层厚度的 1.2 倍进行计算。

在采用弹性地基梁法分析水闸闸室底板应力时，应考虑可压缩土层厚度与弹性地基梁半长之比值的影响。SL 265—2016《水闸设计规范》对此做了具体规定：当地基可压缩土层厚度 δ 与弹性地基梁半长 L 之比 δ/L 大于 2.0 时（指均质地基），可按半无限深弹性地基梁法计算；当 δ/L 为 0.25～2 时（指均质地基），可按有限深弹性地基梁法计算；δ/L 小于 0.25 时，以及岩基上的水闸，可按基床系数法计算。基床系数法系按文克尔假定，在不考虑地基应力扩散的条件下提出的，当地基梁受均布荷载 q 时，地基反力也为均匀分布，其压强仍为 q，因此，地基梁不产生弯曲，故梁截面上也不产生弯矩。使用基床系数法所要计算的内容是：由地基梁上集中力和力矩所引起的地基反力和内力。

7.7.3　胸墙

胸墙形式常为板式和板梁式两种，主要荷载是静水压力和波浪压力。当胸墙承受漂浮物的撞击力时，如不易进行计算，可将安全系数提高 10%～15%来代替。

1. 板式胸墙

分析板式胸墙内力时，可沿高度方向截取 1m 高的水平板条［图 7－57（a）］作为简支或固支梁计算其内力，并进行配筋。水平板条上均布荷载强度 q 为该条中心线处静水压强 p_A 与波浪压强 p'_A 之和，即 $q = p_A + p'_A$。

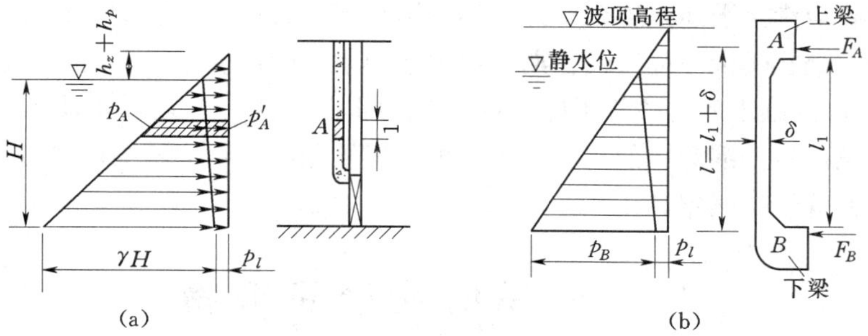

图 7－57　胸墙

（a）板式；（b）板梁式

由于作用于胸墙的水荷载呈三角形分布，因而板的厚度随着荷载的增大而增加，按理应是上薄下厚，但是，为了便于施工，常做成上下等厚，并通过配筋来满足强度要求。板的最小厚度一般为 20cm。

板式胸墙适用于挡水高度及闸孔宽度较小的水闸中。若挡水高度及闸孔宽度较大时，采用板梁式较为经济。

2. 板梁式胸墙

板梁式一般由板、上梁及下梁三部分组成，板的上、下两端支承在梁上，两侧支承在闸墩上［图 7－57（b）］。若胸墙高度大于 5～6m，可在上、下梁之间再加一根中梁，以减小板的受力跨度。

当板的长边长度 l_2 与短边长度 l_1 的比值 $l_2/l_1 \leqslant 2.0$ 时，可按双向板计算；当 $l_2/l_1 > 2.0$ 时，可按单向板计算。计算时需注意，板支承在上、下梁会发生微小的扭转，因此，板的支撑形式介于简支和固支之间，属于半固定形式，称为弹性支承。目前还没有这种情况下的计算公式及表格，在工程设计中有下列一些处理方法：①分别按简支及固支计算，然后取平均值；②按一种情况计算后再乘以某一系数；③先按固支条件求固端弯矩，再按支座为半固定式进行弯矩分配等。总之，需按板的实际支承情况、板和梁的刚度条件等确定处理方法。上、下支承梁可视为简支或固支在闸墩上的梁进行计算，上、下梁承受的均布荷载强度 q 分别等于单宽梁对板的支撑反力。

胸墙板内的主拉应力很小，可以不计算。但是，胸墙经常处于水下，应进行抗裂计算。

以上对底板、闸墩等结构的应力计算，仅是强度分析的一个方面，还应考虑温度等因素的影响。我国一些岩基上的水闸（包括水库泄洪闸）闸墩和土基上经常暴露在大气中的水闸底板（如分洪闸）产生裂缝的情况比较普遍，而且裂缝位置、缝型及缝的尺度还具有一定的规律性，有的裂缝长度甚至达到闸墩高度的 90%以上，这些都严重破坏了结构的整体性。产生裂缝的原因主要是温度变化的影响和地基的约束作用，温度变化 1℃时，温度应力增减 0.1～0.2MPa。说明温度应力往往是很可观的，设计时不能完全采用增加钢筋的措施，还需采用工程措施来减小温度应力，例如：①适当减小底板分块尺寸及闸墩长高比；②在可能产生温度裂缝的部位预留宽缝、两侧增设插筋或构造补强钢筋，回填微膨胀性混凝土；③采取控制和降低混凝土浇筑温度的工程措施，并加强混凝土养护；④对于严寒、寒冷地区，在冬季施工期和冬季运用期均应采取保温防冻措施。

水闸结构除应满足上述强度要求外，还应满足限裂、抗渗、抗冻、抗侵蚀、抗冲刷等耐久性的要求。处在露天环境以及长期处在地下和水下的环境时，混凝土最长裂缝宽度不应超过 0.2mm；混凝土的抗渗等级应根据承受的水头、水力梯度、水质条件和渗流水的危害程度等情况确定；混凝土的抗冻等级应根据气候分区、年冻融循环次数、结构构件的重要性及其检修等情况确定。

7.8　两岸的连接建筑物

7.8.1　连接建筑物的作用

水闸两端与河岸（或堤、坝）连接时，应设置连接建筑物，其组成部分有上、下游翼墙（图 7-58）和边墩（或岸墙），有时还有刺墙。连接建筑物的作用是：①挡住两岸填土，保证河岸（或堤、坝）稳定，免受过闸水流冲刷；②上游翼墙引导水流平顺过闸，下游翼墙使出闸水流均匀扩散；③控制闸室侧向绕流，防止绕流引起渗透变形；④在软弱地基上有时需设岸墙，岸墙与边墩之间用沉降缝分开，以减小两岸地基沉降对闸室应力的有害影响。

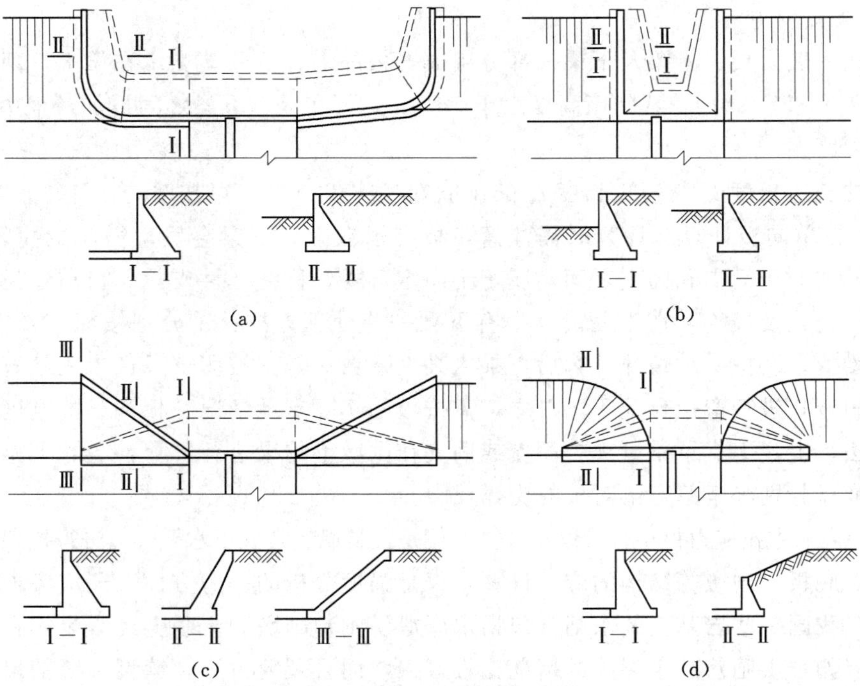

图 7-58　翼墙布置形式

(a) 反翼墙；(b) 一字墙；(c) 扭曲面墙；(d) 斜降墙

7.8.2 连接建筑物的形式和布置

1. 上、下游翼墙

上、下游翼墙的平面布置，通常有以下几种形式。

(1) 反翼墙。翼墙自闸室向上、下游延伸一段距离后，再转弯 90°插入堤岸内，转弯圆弧半径约为 2～5m [图 7-58 (a)]。为了使出闸水流均匀扩散，下游翼墙的每侧平均扩散角 θ 宜采用 7°～12° (即扩散度约为 1∶5～1∶8)，如 $\theta>12°$，过闸水流容易脱离翼墙表面，在主流与墙面之间产生回流，而且，回流压缩主流，使主流单宽流量加大，对消能非常不利。上游翼墙的每侧收缩角 θ' 可以大于 12°，但为了保证水流平顺，θ' 不宜大于 30°。这种反翼墙布置可以保证墙后有足够的侧向渗径长度，防渗效果较好，但翼墙工程量大，一般用在大、中型水闸。对于小型水闸，翼墙可自闸室上、下两端直接转弯 90°插入河岸，这种形式通常称为一字墙 [图 7-58 (b)]，虽然一字墙的进流及出流条件较差，但在小型水闸中，这种矛盾不突出，况且工程量也较省。

(2) 扭曲面翼墙。迎水面在靠近闸室处为铅直面，随着翼墙向上、下游延伸而逐渐增加墙面倾斜度，一直变到与相连的河床 (或渠道) 坡度相同为止 [图 7-58 (c)]。扭曲面翼墙的进流与出流都较反翼墙好，工程量也较省，但施工较为麻烦，墙后回填土夯实不够时，扭曲面常易产生裂缝。扭曲面翼墙在坚硬的黏性土和岩石地基上可以采用，在小型渠道工程中则广泛采用。

(3) 斜降翼墙。平面形状为八字形，随着翼墙向上、下游延伸，其高度逐渐降低 [图 7-58 (d)]。这种布置形式不仅工程量小，而且施工方便，但水流容易在闸孔附近产生立轴漩涡，对进出水流均不利，并易冲刷堤岸。斜降翼墙可用在坚硬的黏性土地基上，也常用在小型水闸中。

(4) 圆弧翼墙。从闸室上、下游两端开始，上游翼墙宜采用圆弧形 (或椭圆弧形) 的铅直翼墙与河岸连接 (图 7-59)，下游翼墙宜采用圆弧 (或椭圆弧) 与直线组合式或折线

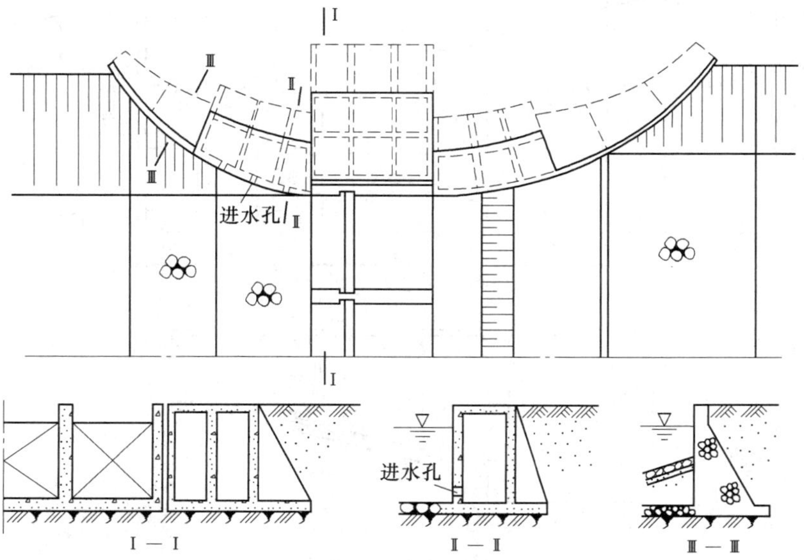

图 7-59　圆弧翼墙布置

式。上游圆弧半径为 15～30m，下游为 35～40m。圆弧翼墙的水流条件好，适用于上、下游水位差较大，单宽流量较大的大、中型水闸中。

上述各种翼墙（除一字翼墙外）自闸室向上游延伸的距离应大于或等于铺盖长度，下游翼墙则应延伸到护坦末端或更长些。上、下游翼墙顶部高程（除斜降翼墙外）应分别高于最不利的上、下游运用水位，如为了节省工程量而将翼墙高程降低，则应在翼墙顶部设置挡浪板，或加强翼墙顶部过水部位的岸坡保护。

（5）斜坡式。这种形式与上述四种均不相同，它是将直立式的翼墙和边墩做成倾斜的护坡形式（图 7-60）。这种护坡具有防渗、防冲和防冻的作用，构造上和闸底板相同。为了挡水和泄水，在斜坡上应设置闸孔。斜坡式连接布置能扩大过水面积，加大泄水能力，而且工程量小，经济效果好，适用于各种软硬地基。特别是挡土高度大、地基承载力小的情况，宜采用此种形式。其缺点是在斜面上形成几个不规则的闸孔，施工较麻烦，同时还延长了闸顶上的交通桥和工作桥。此外，斜坡上的底板露出水面，在严寒地区容易产生裂缝。斜坡式布置首先在治理海河的水闸工程中采用，现已推广到湖南、江苏、山东等省。

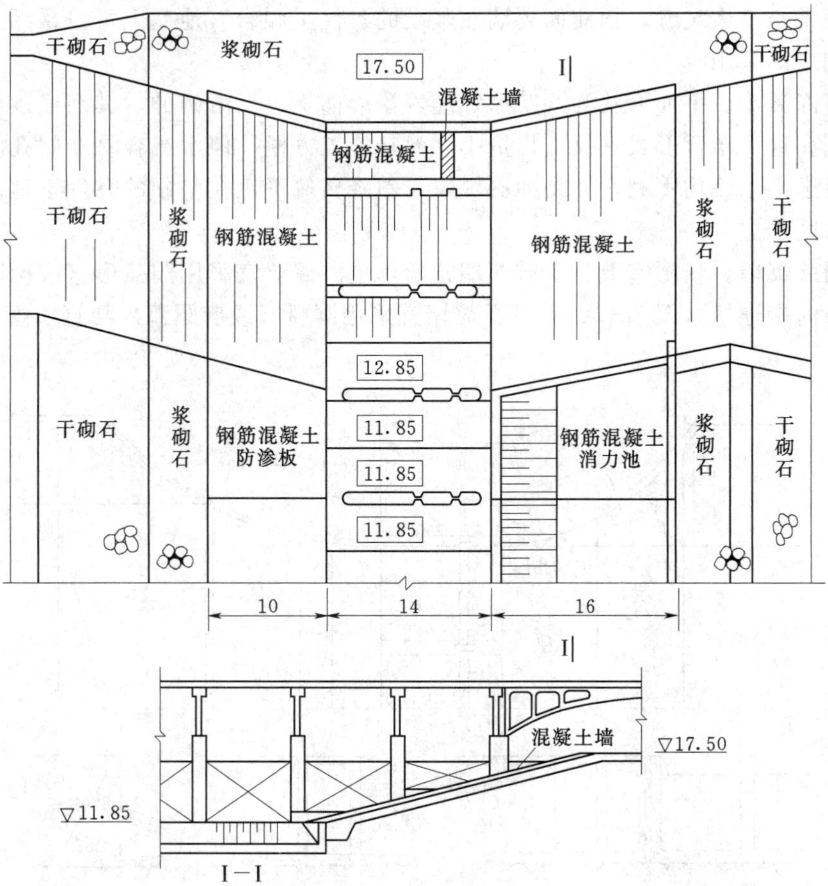

图 7-60　斜坡式连接布置（单位：m）

2. 岸墙

闸室边孔常通过边墩与两岸连接，此时边墩是岸墙，当边墩与岸墙分开时，边墩为闸室的一部分，岸墙为连接建筑物的一部分。岸墙布置形式常有以下几种。

(1) 岸墙与边墩结合。这是最常用的形式，利用边墩直接挡土，边墩与闸室连成整体或用缝分开（图7-61）。这种布置形式一般用于闸室高度较低（如小于6m)、地基承载力较大的情况。当闸室较高时，边墩承受的土压力较大，并传给底板，使边墩与底板产生较大的弯矩，相应地加大了边墩与闸室底板的厚度，并增加了钢筋用量。此外，当闸室较高时，两岸填土荷载很大，与闸室传给地基的荷重相差悬殊，这在软土地基上有可能产生过大的不均匀沉降，并使闸室底板产生较大的附加应力，严重时会使底板断裂。因此，对于孔数较少、闸墩不分缝的水闸，可在闸室中设置横撑，利用闸室两侧土压力对称的作用，改善边墩与底板的受力条件。如孔数较多，可采用岸墙与边墩分开的形式。

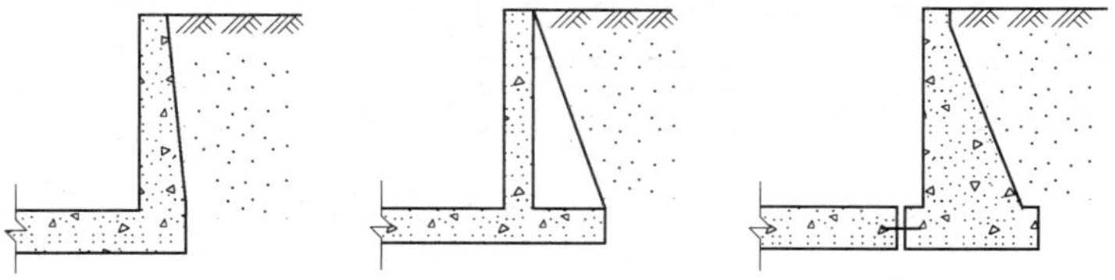

(a) (b) (c)

图7-61 岸墙与边墩结合的布置

(2) 岸墙与边墩分开。当闸室较高、孔数较多及地基软弱时，可在边墩后另设岸墙（图7-62及图7-59中的Ⅰ—Ⅰ剖面)，起挡土作用。此时，岸墙与边墩之间需设沉降缝。这种布置形式可以大大减轻边墩的负担，闸室受力条件也较好。图7-59是在边墩后面设置空箱岸墙，利用空箱较轻的特点，使地基表面上的荷重从较轻的闸室向较重的两岸逐渐过渡，以减小岸墙与边墩以及岸墙与回填土之间的不均匀沉降，并避免产生整体滑动。在空箱上还可以设置管道与上（或下）游相通，利用阀门控制管道向空箱内充水或放水，以调节空箱作用于地基上的压力分布，使之在任何水位时都接近于均匀分布。另外，由于空箱岸墙刚度大，其本身也可以适应较大的不均匀沉降。

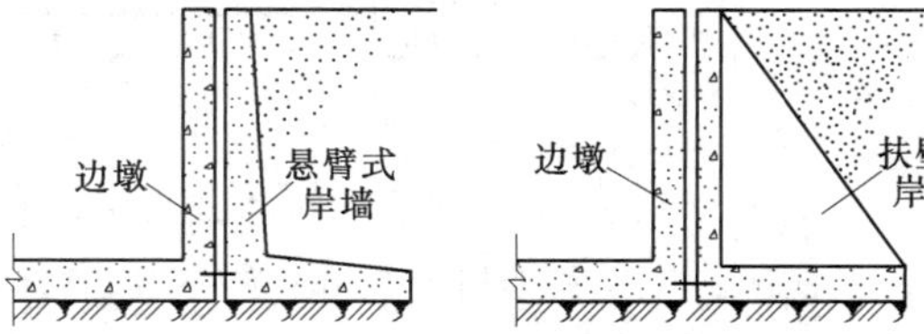

(a) (b)

图7-62 岸墙与边墩分开的布置

(3) 岸墙部分挡土。利用岸墙的下部挡土，并在岸墙后面设置垂直于岸墙的刺墙进行挡水。岸墙后面填土至一定高度后再以一定的坡度到达堤（或岸）顶（图7-63)。由于刺墙挡水，其插入堤（或岸）内的长度应满足绕流渗径的要求，同时也要保证刺墙底部有足够的渗径长度，故刺墙上游需设置铺盖。由于两岸填土高度是逐渐增加的，这种布置形式可以较为有效地减小地基的不均匀沉降，并可防止两岸填土过重而产生整体滑动，故多用于闸室较高而地基承载力又较低的水闸工程中。

当地基承载力过低，岸墙后面部分填土仍不能满足要求时，则岸墙可以不挡土，而将填土从闸室底板高程处以一定的坡度填筑至堤（或岸）顶。此时，上、下游翼墙后面也不填土，翼墙只起导水作用。墙身一般留有过水孔，使墙内水位与相应的上、下游水位齐平，保证岸墙与翼墙承受的内、外水压力互相抵消。在这种布置中，刺墙上游仍应设置防渗铺盖。

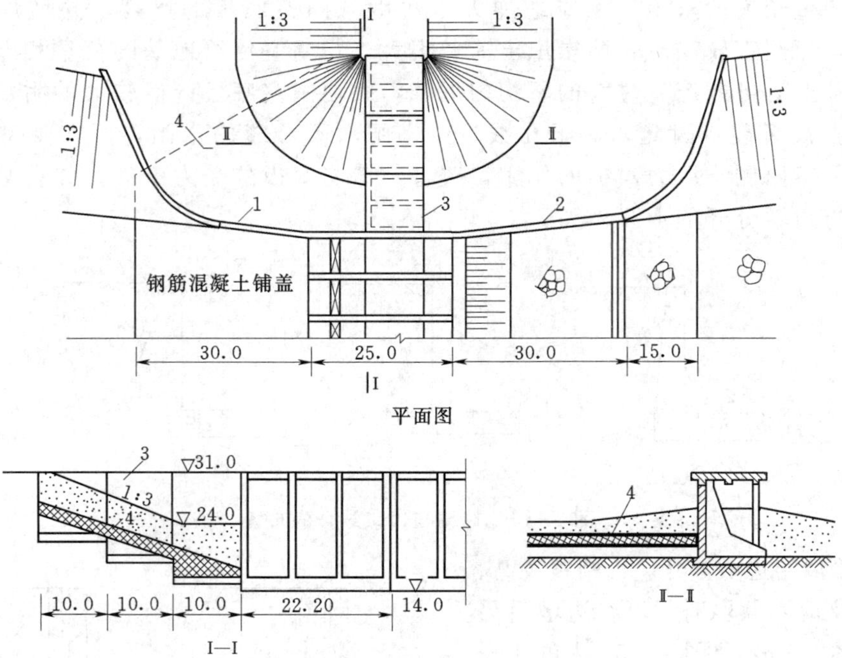

图 7-63　岸墙部分挡土的布置（单位：m）

1—上游翼墙；2—下游翼墙；3—扶壁式刺墙；4—黏土铺盖（厚 1.5m）

7.8.3　连接建筑物的结构形式和构造

两岸连接建筑物主要是挡土墙（或挡水墙），有重力式、悬臂式、扶壁式及空箱式四种形式。

1. 重力式

重力式挡土墙主要依靠本身重力维持稳定，可用混凝土或浆砌块石建成（图 7-64）。墙身顶宽 0.3～0.5m，临水面直立，背水面坡度系数 m=0.25～0.50。为了改善基底的压力分布，常将基础底部面积扩大，如伸出部分较长，混凝土所受的拉应力大于其允许值时，还需配置一定数量的钢筋。

为了提高挡土墙的稳定性，可设置排水设施，以减小墙背面的水压力。排水孔直径为 4～5cm，孔距为 2～5m，孔后设滤层 [图 7-65 (a)]。墙身高度不大时，可采用一列排水孔，孔口应高出底板顶面（或墙外地面）10～30cm。当墙体不宜开孔排水时，可采用墙后暗管排水 [图 7-65 (b)]。傍山修建挡土墙时，要在山坡修筑截水沟，以便引走地表面水。

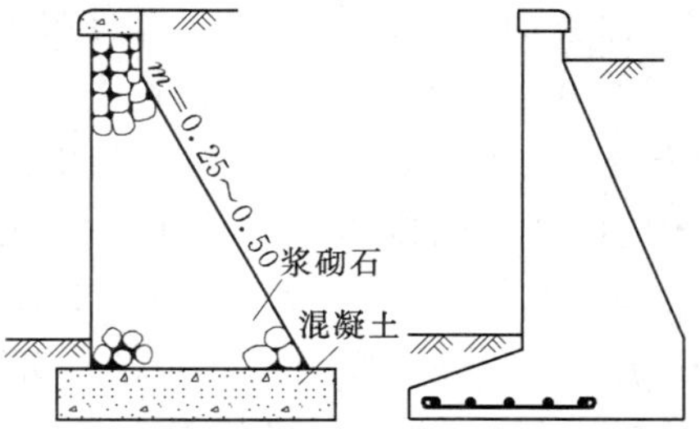

(a) (b)

图 7-64 重力式挡土墙

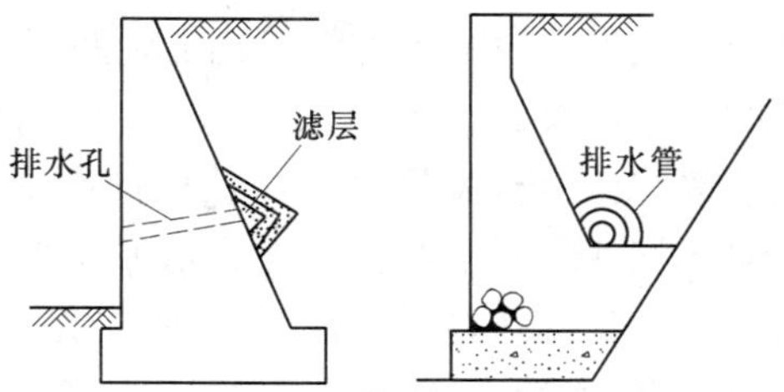

(a) (b)

图 7-65 挡土墙的排水设施

重力式挡土墙适用于坚实或中等坚实的地基，墙身可以不用钢筋，施工方便，墙高在6m以下较为经济。浆砌块石挡土墙在中、小型工程应用很广。当墙身较高时，重力式挡土墙体积太大，可采用半重力式混凝土挡土墙（图7-66），这种挡土墙的宽度较小，在墙背面会产生较大的拉应力，此时需配置少量钢筋。为了有足够的宽度，迎水面悬臂部分做得较长，该处也需要布置少量钢筋。

2. 悬臂式

悬臂式挡土墙是钢筋混凝土轻型结构，厚度小，自重轻，形状一般为⊥形、U形，由直墙和底板两部分组成。直墙顶部厚度一般不小于15cm，底部厚度由计算确定，一般为挡土高度的1/12～1/10。底板前后边缘厚度不小于15cm。底板宽度由挡土墙稳定条件和基底压力分布条件确定，如图7-67所示，可以调整后趾长度，以改善抗滑稳定条件；调整前趾长度，以改善基底压力分布。底板宽度一般取为挡土墙高度的0.6～0.8倍，前趾长度与底板宽度的比值，一般为0.15～0.30。

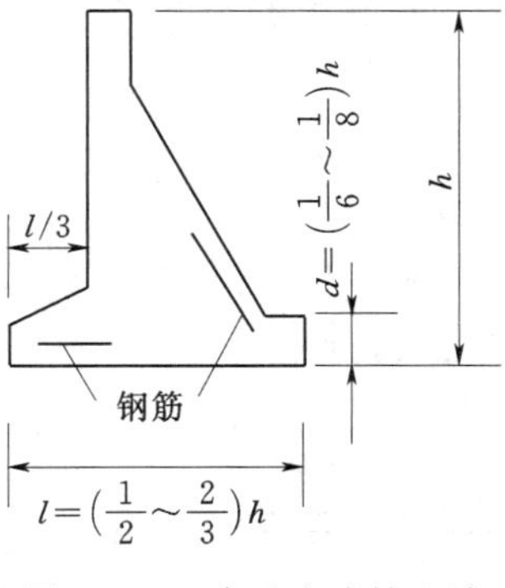

图 7-66 半重力式挡土墙

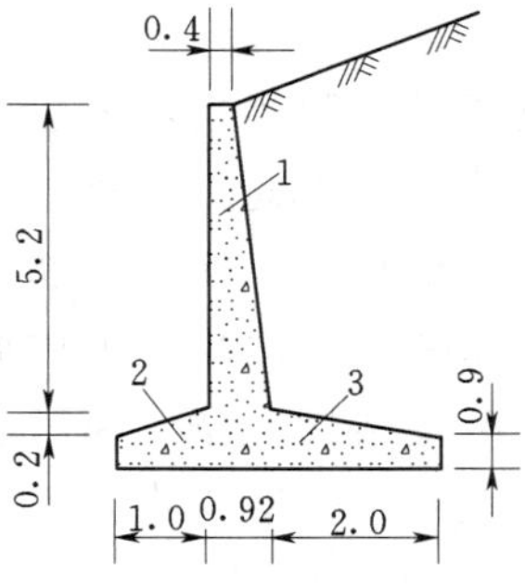

图 7-67 悬臂式挡土墙（单位：m）

1—直墙；2—前趾；3—后趾

对于小跨度的水闸（闸室总宽为6～10m），挡土墙和底板常连成整体而形成U形结构，用直墙挡住两岸回填土，底板可作为铺盖或护坦。

悬臂式挡土墙多用在坚实或中等坚实地基上，直墙一般不能太高，如超过10m，往往不经济，此时可考虑采用扶壁式挡土墙。

3. 扶壁式

扶壁式挡土墙与悬臂式一样，均属于轻型结构，由直墙、底板及扶壁三部分组成，主要利用底板上的填土重力维持稳定，并调整前趾长度使基底压力分布均匀。若采用浆砌石砌筑时，一般墙高在 6.5m 以内；若采用钢筋混凝土结构，墙高大于 10m 较为经济。

直墙与底板所需的厚度与扶壁间距成正比。扶壁间距 l 确定是设计中的一个关键问题，对于钢筋混凝土结构，为了施工方便，l 值不宜小于 3.0m，一般为 3.0～4.5m。为了适用于不均匀沉降，可以把 3～6 跨作为一段，每段长 10～20m，段与段之间设有沉降缝。扶壁厚度多为 30～40cm，如扶壁很高，下部厚度可适当加大。直墙顶厚一般为 15～20cm，但不宜小于 12cm，下部厚度由计算确定。

浆砌石扶壁式挡土墙的扶壁间距 l 一般为 $(1/3\sim1/2)h$，h 为直墙高，扶壁厚度为 60～70cm。直墙顶厚约为 60cm，其迎水面直立，墙背倾斜，坡度系数约为 0.1。底板宽度 $b=(0.8\sim0.9)h$，前趾长度约为 $(1/5\sim1/3)b$，底板厚度为 $(1/12\sim1/10)h$，一般不小于 10cm，如图 7-68 所示。

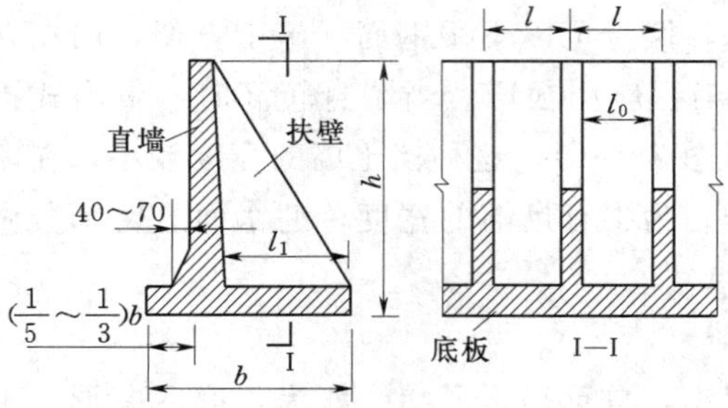

图 7-68 扶壁式挡土墙（单位：cm）

4. 空箱式

空箱式挡土墙是扶壁式挡土墙的特殊形式（图 7-69），由顶板、底板、前墙、后墙、扶壁与隔墙六部分组成。空箱底板宽度与空箱高度的比值多为 0.8～1.2，若地基土质特别软弱，该比值可能大于 1.2。底板前趾伸出的长度很小，如与边墩连接时则无伸出长度。

确定扶壁间距和厚度的原则，与扶壁式挡土墙相同。隔墙与扶壁相连，两者的间距一样，但厚度稍有不同，因隔墙主要受压，受力条件比扶壁好，所以其厚度可以薄些，但也不宜小于 20cm。扶壁和隔墙均按构造要求配置钢筋。前墙厚度不宜小于 25～30cm，后墙厚度常不小于 20～30cm。

空箱式挡土墙可以利用空箱充水或填土来调整地基应力，因此具有重力轻和基底压力较均匀的优点。但由于墙后填土重力大，容易使空箱向填土方向倾斜，同时，这种形式结构复杂，模板和钢筋用量大，施工麻烦，造价高，因此仅在地基较差的大型水闸中使用。

空箱式挡土墙的另一种形式是连拱空箱式，它是伴随着反拱闸室底板而诞生的，其特点是空箱后墙用拱圈代替。因为这种形式挡土墙的整体性及防渗性能较差，工程中已几乎停止采用。

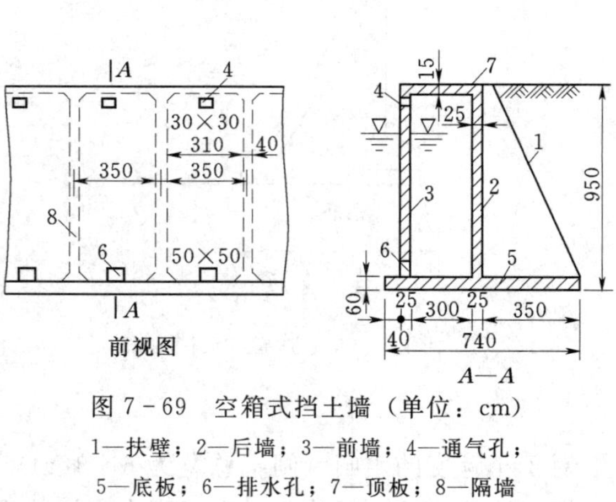

图 7-69 空箱式挡土墙（单位：cm）

1—扶壁；2—后墙；3—前墙；4—通气孔；5—底板；6—排水孔；7—顶板；8—隔墙

上述连接建筑物的四种结构形式在稳定要求方面与闸室基本相同，所不同的是，对于

岩基上翼墙还需验算抗倾覆稳定，即

$$K_0=\frac{\sum M_V}{\sum M_H} \tag{7-55}$$

式中：K_0 为翼墙抗倾覆稳定安全系数；$\sum M_V$ 为对翼墙前趾的抗倾覆力矩，kN·m；$\sum M_H$ 为对翼墙前趾的倾覆力矩，kN·m。

不论水闸级别，基本荷载组合时，K_0 不应小于 1.50；特殊荷载组合时，K_0 不应小于 1.30。

当沿岸墙、翼墙基底面的抗滑稳定安全系数小于允许值时，可采用下列一种或几种抗滑措施：①适当增加底板宽度；②在基底增设凸榫；③在墙后增设阻滑板或锚杆；④在墙后更换成内摩擦角较大的填料，并增设排水；⑤适当限制墙后的填土高度。

7.8.4　连接建筑物的防渗设计

水闸挡水后，上游水不仅通过闸基渗向下游，同时也绕过两岸连接建筑物向下游渗透（图 7-70），后者称为绕流渗透或侧向绕流。

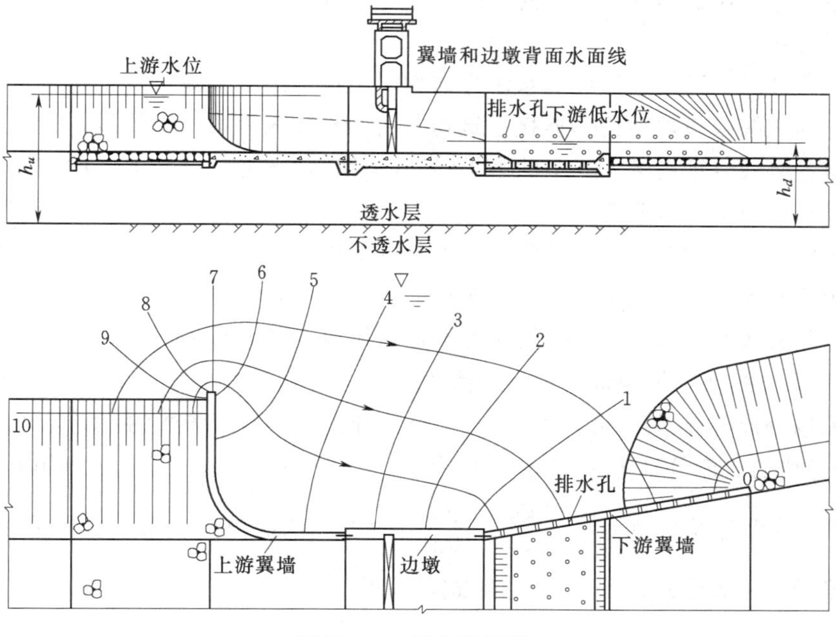

图 7-70　侧向绕流图

闸基渗流没有自由水面，属于有压渗流；侧向绕流具有自由水面，属于无压渗流，并且又是典型的三维问题。当河岸为均质土壤，地基有水平不透水层时，可以近似地认为同一铅直线上各点的渗流速度相等，这样，可将三维问题简化为二维问题，按此对绕流渗透场中的渗流要素进行分析。如图 7-71 所示，h 为不透水层以上的水深，在 z 方向上任一点的流速为

$$\left.\begin{aligned} v_x &=-K\frac{\partial h}{\partial x}\\ v_y &=-K\frac{\partial h}{\partial y}\end{aligned}\right\} \tag{7-56}$$

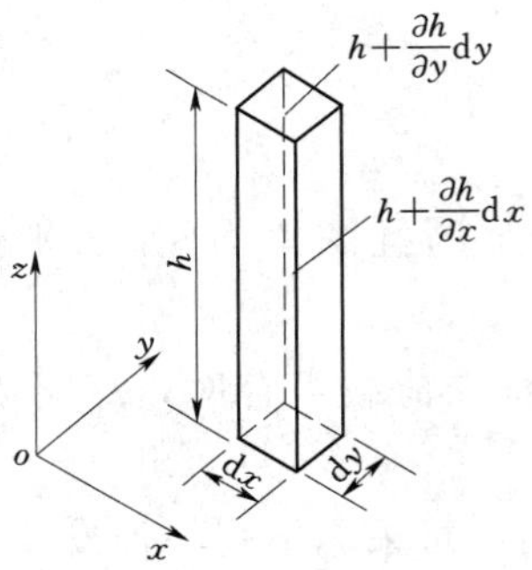

图 7-71　渗流微分体

通过渗流微分体的单宽流量为

$$\left.\begin{aligned} q_x &= -Kh\frac{\partial h}{\partial x} = -\frac{\partial}{\partial x}\left(\frac{Kh^2}{2}\right) \\ q_y &= -Kh\frac{\partial h}{\partial y} = -\frac{\partial}{\partial y}\left(\frac{Kh^2}{2}\right) \end{aligned}\right\} \tag{7-57}$$

根据水流连续条件，有

$$\frac{\partial}{\partial x}q_x + \frac{\partial}{\partial y}q_y = 0 \tag{7-58}$$

将式（7-57）代入式（7-58），得

$$\frac{\partial^2 h^2}{\partial x^2} + \frac{\partial^2 h^2}{\partial y^2} = 0 \tag{7-59}$$

如果令势函数 $\Phi=h^2$，并代入式（7-59），则得 $\frac{\partial^2 \Phi}{\partial x^2} + \frac{\partial^2 \Phi}{\partial y^2} = 0$，这就是拉普拉斯（Laplace）方程式。由此可见，侧向绕流的运动规律（在有不透水层时）与闸基有压渗流相比，只不过是势函数不同而已，解决的办法可与有压渗流中的方法一样。现用闸基有压渗流来对照分析。

取边界条件时，可把边墩和顺水流方向的翼墙作为闸室板看待，把垂直水流方向的翼墙和刺墙作为板桩或齿墙看待，连接建筑物背面的轮廓线为第一根流线，上游水面与河岸交线为上游等势线（即图 7-70 中的第 10 号等势线），下游水面与河岸的交线为下游等势线（即图 7-70 中第 0 号等势线）。

需要说明的是，图 7-70 中的流网并不与闸基中流网等同，主要区别在于势函数的含义不同。闸基有压渗流中的势函数是水头函数，即 $\Phi=h$（此处 h 是水头值），而侧向绕流是无压流，其势函数为 $\Phi=h^2$（此处 h 为不透水层以上的水深），所以，不能直接由图 7-70 中的流网等势线来确定连接建筑物的渗透压强，需要通过换算。图 7-70 有 11 根等势线，把绕流场分成势能差（$\Delta\Phi$）相等的 10 个部分，任一根等势线的势能为 Φ，而第 0 号、第 10 号等势线的势能分别为 Φ_d 及 Φ_u。如令 $\Phi_r=(\Phi-\Phi_d)/(\Phi_u-\Phi_d)$，则第 0 号等势线的 $\Phi_r=0$，第 1 号等势线的 $\Phi_r=\frac{\Phi_1-\Phi_d}{\Phi_u-\Phi_d}=\frac{\Delta\Phi}{10\Delta\Phi}=0.1$，依次类推，第 n 号等势线的 $\Phi_r=n/10$。再把势函数的表达式代入 Φ_r 的计算式，即得

$$\Phi_r = \frac{h^2-h_d^2}{h_u^2-h_d^2} \tag{7-60}$$

经过整理后，得

$$h = \sqrt{(h_u^2-h_d^2)\Phi_r + h_d^2} \tag{7-61}$$

式中：h 为任一根等势线上各点水面在不透水层以上的高度；h_u、h_d 分别为上、下游水面在不透水层以上的高度。

计算 h 值时可先从流网中按等势线的编号确定 Φ_r，然后按式（7-61）计算，即得该等势线上各点的水深。知道某点水深后，再减去下游水深 h_d，便得到该点的渗透水头。

以上计算方法的先决条件之一，是假定连接建筑物的回填土及地基土有着相同的渗透系数。如两岸墙后回填土的渗透系数 K_b 大于地基土的渗透系数 K_f 的 40～50 倍以上，在

上述计算中可将地基土作为不透水层看待；如 $K_b/K_f<40\sim50$，岸翼墙背面某点的侧向渗透压强则可近似地采用相对应部位的闸基渗透压强。侧向绕流的渗透总流量 Q 可近似地运用上述计算侧向绕流水深时的侧向轮廓，按有压流公式计算单宽流量 q 后，再用式（7-62）计算，即

$$Q=\frac{1}{2}(h_u+h_d)q \tag{7-62}$$

侧向绕流将使连接建筑物后面的水位抬高（与有压渗流相比），因此，加大了连接建筑物的水压力，如绕流水压力强度大于相对应部分（顺水流方向）闸室底面的扬压力强度时，绕流渗透水会向闸室底板下流动，使其扬压力增大。此外，绕流还有可能引起岸坡土壤的渗透变形。因此，在连接建筑物中，同样需要设置防渗排水设施，以降低墙后水位和防止产生渗透变形。

连接建筑物防渗排水设计的总原则与闸基渗流相同，仍为滞渗与导渗相结合。在取用侧向渗径长度时，考虑到侧向填土与岸翼墙的接触条件比闸室底板与地基的接触条件差，侧向绕流渗径长度应比闸下渗径长度大些。当墙后回填土与地基土不同时，应按较大的渗径系数计算侧向渗径长度。

在岸墙后面靠近上游处设置刺墙，防渗效果显著。如在水闸上游采用反翼墙布置形式时，不仅水流条件较好，还可以起到刺墙的作用，防渗效果也较好。一般地，垂直水流方向的翼墙能代替刺墙的作用。当翼墙渗径不够时，可专门设置一道或两道刺墙。有时为了避免在填土与岸墙接触面上产生集中渗流，也可设置短刺墙。刺墙的顶部高度应高出该处的绕流自由水面，底板高程一般与边墙底板齐平。刺墙的厚度需根据防渗要求和受力情况确定，其两侧土压力基本一致，而水压力需分别计算。

连接建筑物的排水设施一般设在下游翼墙上（图7-70），以使绕流渗透水安全排至下游。在下游出口处应设置砌石或混凝土护面，护面下铺设滤层。

7.9 其他形式的水闸

以上各节着重论述了现场浇筑开敞式水闸在设计方面的基本内容。本节仅对涵洞式水闸及装配式水闸的组成及特点进行简要的介绍。

7.9.1 涵洞式水闸

涵洞式水闸在农业水利工程中使用广泛，一般建筑在河堤或开挖较深的地方，由上游连接段、进口闸室段、洞身段及下游连接段四部分组成（图7-72）。涵洞式水闸与开敞式水闸相比，仅增加洞身段，洞身顶部的填土可作交通之用，以代替交通桥，其余部分基本相同。

7.9.1.1 进口闸室和洞身段的布置

1. 进口闸室

涵洞式水闸的闸门常设在进口处，以控制水流，从而形成闸室段。闸室段设有底板、边墙、工作闸门、检修闸门及工作桥等，多孔涵洞式水闸中还设有中墩。为了使水流平顺地进入闸室段，可在进口顶部设置导水板（图7-72），有的工程，为了防止杂物进入洞

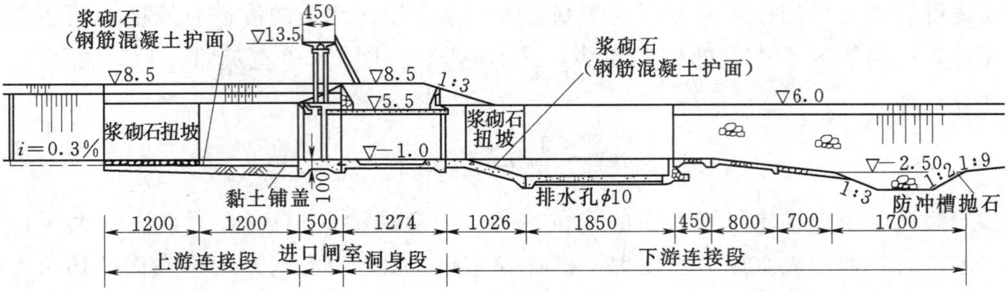

图 7-72　涵洞式水闸（单位：高程 m；尺寸 cm）

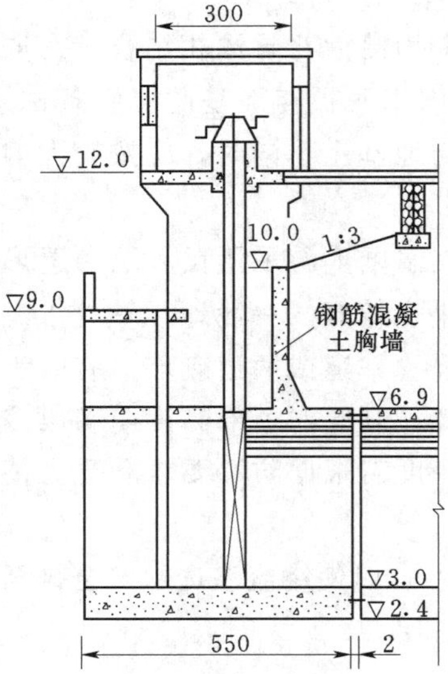

图 7-73　进口闸室
（单位：高程 m；尺寸 cm）

内，还在闸室段进口处设置拦污栅。

涵洞式水闸的胸墙兼有挡水、挡土及缩短洞身长度的作用，其位置一般在洞身进口的顶部。当洞身较长、闸门局部开启时，为了防止闸门后面的空气被水流带走而形成负压现象，一般在胸墙后面设通气孔，通气孔与大气相通，以保证水流稳定。胸墙有时也可设在闸室段，支承在工作桥的支墩侧面（图 7-73），这时常采用钢筋混凝土轻型结构。

有的涵洞式水闸，将闸门布置在洞身出口处，最大优点是操作方便，而且闸门后面与大气相通，不需另建通气孔。但由于洞内经常有水，故检修不便，而且在高水位期间，洞身全部处于受压状态，洞身分段接缝处的防渗要求高。这种布置一般仅用于小型涵洞式水闸。

涵洞式水闸的闸室段与上游翼墙、洞身段分别用沉降缝分开，缝内均设有止水。若洞身采用纵向刚性比较大的结构（如箱式洞身等），可将进口闸室段与洞身段结合在一起。

2. 洞身段

洞身段的作用是支承土堤及其上部车辆、人群的荷重，并引导水流穿过土堤及防止水流破坏堤身。当洞身较长时，需根据地基条件及上部荷载的不均匀程度，把洞身分为若干段，各段之间接缝需设止水，以适应不均匀沉降及结构强度的变化。

7.9.1.2　洞身断面形式

洞身断面形式很多，常用的有拱式、箱式及盖板式三种。

1. 拱式洞身

拱式洞身的底板、边墙及顶拱，常用砌石和混凝土建成，以充分利用这些材料的受压特性。四川省利用当地的卵石修建过很多卵拱涵。拱式洞身能承受较大的外压，故常用在洞顶填土较高的地方。当地基太差及洞内水压力较大时，不宜采用拱式洞身。

洞身拱多为平拱或半圆拱。平拱矢跨比 $f/l=1/8\sim1/3$。平拱由于拱的曲率比较平缓，拱座处侧向推力较大，因此，侧墙往往较厚。半圆拱的 $f/l=1/2$，其推力虽然较小，但拱圈可能出现拉应力。上述顶拱的跨度常为 1.5～3.0m，顶拱断面常采用等截面，厚度 δ 一般为 $(1/10\sim1/8)l$，由于施工条件的限制，对于砌石拱，δ 值不小于 30cm；对于混凝土拱，不小于 20cm。侧墙为重力式结构，拱座处的顶宽约为 $(1.5\sim2.0)\delta$，底宽为其顶宽的 1.5～2.0 倍。底板可分为整体平底式、反拱式及悬臂式三种（图 7－74）。在软弱地基上，为了保证洞身的整体性，可采用整体式；地基较好时，可采用反拱式或悬臂式。反拱矢跨比 $f/l=1/10\sim1/7$，厚度约为 $(1/8\sim1/7)l$ [图 7－74（b）]。悬臂式底板的断面为变截面，结构简单，计算方便 [图 7－74（c）]。

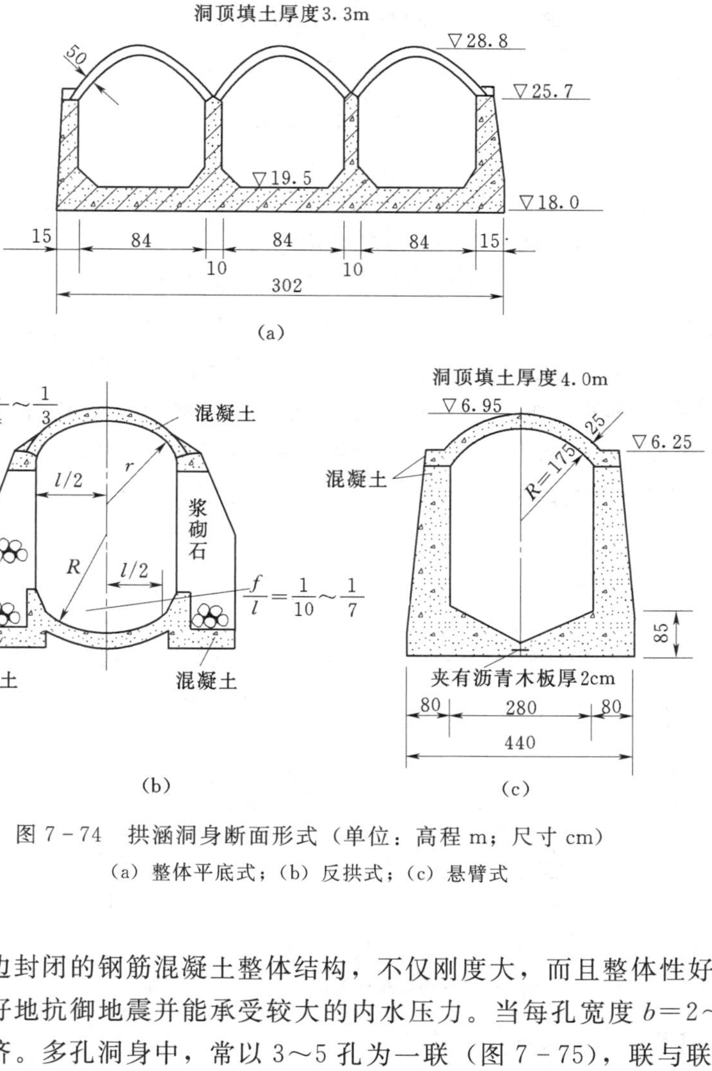

图 7－74　拱涵洞身断面形式（单位：高程 m；尺寸 cm）

（a）整体平底式；（b）反拱式；（c）悬臂式

2. 箱式洞身

箱式洞身为四边封闭的钢筋混凝土整体结构，不仅刚度大，而且整体性好，能适应较软弱的地基，能较好地抗御地震并能承受较大的内水压力。当每孔宽度 $b=2\sim3$m 时，采用箱式洞身较为经济。多孔洞身中，常以 3～5 孔为一联（图 7－75），联与联之间需用沉降缝分开，并设置止水。箱式洞身的顶板厚度一般为 $(1/10\sim1/8)b$；当洞顶填土超过 4m 时，顶板厚度可取为 $(1/8\sim1/6)b$；底板厚度比顶板厚度大 10～20cm。边侧墙厚度为其高度的 1/7～1/6，中隔墙的厚度可比侧墙小些。洞内各转角处需设贴角，其高度为洞高或洞宽的 1/10 左右，在贴角中应配置钢筋以防开裂。

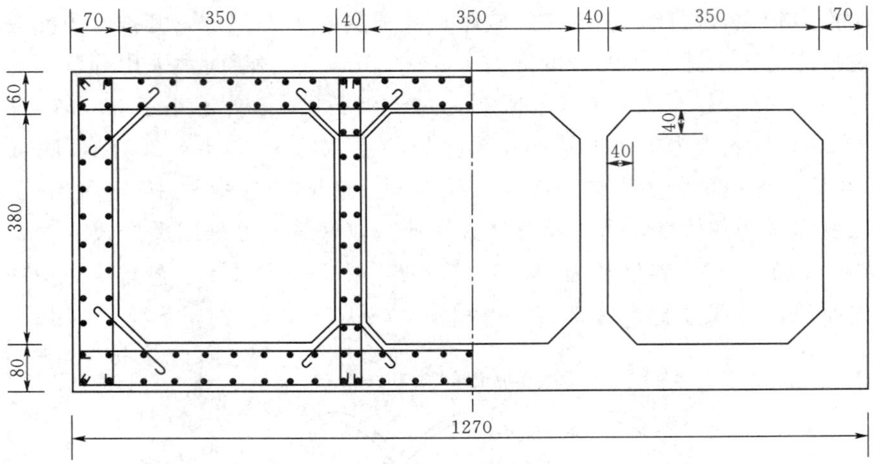

图 7-75　箱涵洞身断面（单位：cm）

3. 盖板式洞身

盖板式洞身主要由盖板、侧墙和底板组成。盖板可采用条石、混凝土或钢筋混凝土等材料。当每孔宽度 $b=50\sim80$cm 时，可用条石，其厚度为 20～35cm；或用混凝土，厚15～30cm。当宽度和荷载均较大时，可采用钢筋混凝土预制板，其厚度为（1/12～1/5）b，盖板上填土厚度不小于 50cm，以利于外荷载较均匀地分布在盖板上。图 7-76（a）为小型工程中的钢筋混凝土盖板式结构，此类结构技术要求不高，施工也方便。图 7-76（b）为某工程微弯板洞身断面，地基为淤泥质黏土（承载力为 100kPa），每孔设计流量为 61m^3/s。盖板式洞身的侧墙一般为砖石砌筑的重力式挡土结构。底板可用浆砌石或混凝土做成，厚度约为 30～50cm，底板的形式可视地基条件做成分离式或整体式。

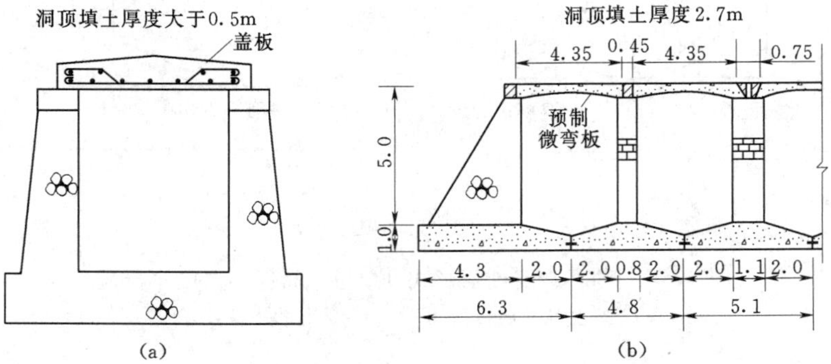

图 7-76　盖板式洞身（单位：m）

（a）钢筋混凝土盖板；（b）微弯板型盖板

7.9.1.3　孔口尺寸的确定和结构计算

涵洞式水闸的过水能力与上下游水位、底板高程、孔口尺寸和洞内水流形态都有着密切的关系。通常先确定底板高程，再假定孔口尺寸与纵坡，然后判断其流态并核算过水能力是否满足要求，如不满足，则修改孔口尺寸，经过反复试算，直至满足要求为止。

涵洞式水闸洞身顶部的填土厚度往往较大，因此，闸身沿水流方向滑动的可能性较小。洞身结构计算的主要内容是：在确定结构尺寸的基础上，根据施工和运用两阶段的荷载，进行基底压力校核以及洞身结构的强度计算。

7.9.2 装配式水闸

装配式水闸除闸底板现场浇筑外，其余结构均分成各种预制构件进行装配。其优点是工期短，节省木材和劳力，便于施工管理，能提高工程质量。装配式水闸是水闸结构形式的一个发展方向，广东省不仅将它用于小型水闸，而且推广到大、中型水闸中。装配式水闸的设计方法与现场浇筑水闸基本相同，但要考虑装配式的特点，对各个构件的运输、吊装、接缝及整体性等问题都要慎重考虑，力求做到：①单元构件定型化、规格化和简单化；②根据运输设备及吊装设备的能力，确定单元构件的尺寸和重力；③对构件之间的结合问题，要满足紧密、牢靠、耐久、简单及美观的要求；④应充分发挥构件材料的潜力，尽可能缩小构件的尺寸，以减轻自重；⑤混凝土强度等级，一般构件采用C20，门槽及桥梁构件则采用C20～C25。

图7-77所示的装配式水闸，共28孔，每孔净宽8m，最大单宽流量为18.6$m^3/(s \cdot m)$，闸基为中粗砂。该闸的底板为驼峰形溢流堰，护坦（箱格式）及挡土墙均用预制构件建造。闸门为平面定轮双悬臂形式，支承在预制的大型构架式支墩上。水下部分全部采用双T形混凝土预制模板，现场浇筑混凝土；水上部分全部采用预制构件进行装配，预制构件混凝土数量占混凝土总量的1/3。

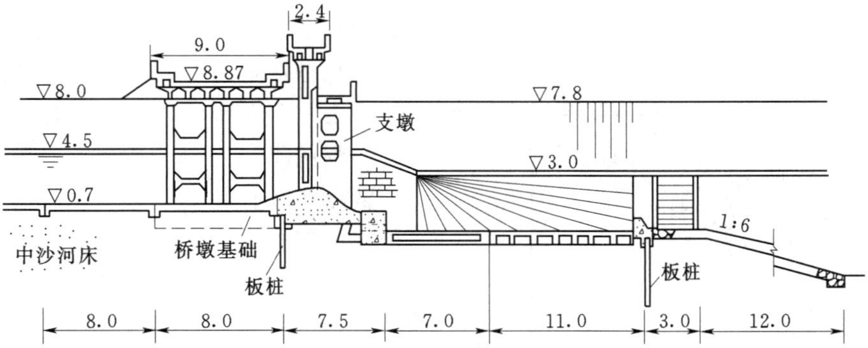

图7-77 总江口水闸纵剖面图（单位：m）

7.10 闸门及启闭机

7.10.1 闸门的组成和分类

闸门是水闸中不可缺少的一个组成部分，用来调节流量和上下游水位、宣泄洪水和排放泥沙等。设计闸门除满足安全、经济的要求外，还应具有操作灵活可靠、止水效果良好及过水平顺等性能，应尽量避免产生空蚀和震动。此外，还应便于制作、运输、安装以及检修、养护。

闸门由活动部分、埋固构件和启闭设备三部分组成。其中，活动部分是闸门主体，一般称为门叶，由面板、构架、支承行走部件、吊具、止水部件等组成，用来封闭和开启孔口的活动挡水结构。埋固构件是预埋在孔口周围土建结构内的固定构件，将门叶所承受的荷载传给土建结构。启闭设备是控制门叶在孔口中位置的操纵机构，包括动力装置、制动装置、连接装置、支承及行走装置等。

闸门的形式很多，按闸门工作性质可分为工作闸门、事故闸门和检修闸门。工作闸门用以控制孔口，调节流量和水位，承担主要工作并能在动水中启闭。事故闸门是闸门的下游（或上游）发生事故时，能在动水中关闭的闸门；当需要快速关闭时，也称为快速闸门；当事故清除后，则可根据具体情况在动水或静水条件下开启。检修闸门是水工建筑物及设备检修时用以挡水的闸门，这种闸门在静水中启闭。按结构形式可分为平面闸门、弧形闸门、翻板闸门等。按闸门所处的位置不同，可分为露顶闸门、潜孔闸门。当闸门关闭时，露顶闸门的门顶高于最高挡水位；而潜孔闸门则低于最高挡水位，设置胸墙时的闸门就属于这种情况。

闸门材料有钢、木、钢筋混凝土、钢丝网水泥及预应力混凝土等，也可综合使用上述几种材料。

7.10.2 平面钢闸门

平面钢闸门一般分为直升式和升卧式两种。

直升式平面闸门是最常用的形式，门体结构简单，可吊出孔口进行检修，所需闸墩长度较小，也便于使用移动式启闭机。其缺点是，启闭力较大，工作桥较高，门槽处易磨损。

升卧式平面闸门是在直升式闸门的基础上发展起来的，如图 7－78 所示。闸门在关闭状态直立挡水，启门时首先直立上升，然后边上升边转动（向上游或向下游），全开时闸门平卧在闸墩顶部。这种闸门最大的特点是工作桥高度小，从而可以降低造价，提高抗震能力。闸门的吊点一般设在闸门底部的上游一侧，这样，启吊钢丝绳将长期浸在水中，易于锈蚀，为此，可将吊点位置放在下游一侧（图 7－78）。

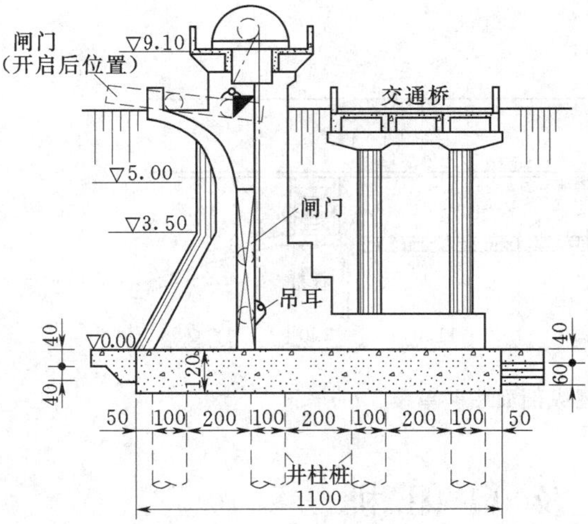

图 7－78 升卧式平面闸门图
（单位：高程 m；尺寸 cm）

平面钢闸门通常采用单扉门。如要求水闸能准确调节上游水位，以及要求在排泄漂浮物或冰凌时不致损耗过多的水量，或因闸门高度过大，以致工作桥过高时，可采用双扉门（图 7－79），该门的上扉高度一般为 0.25～0.40 倍孔口高度。

露顶闸门顶部可以允许部分波浪溅过，但是，顶部高程至少应比可能出现的最高挡水位高出 0.3～0.5m。

7.10.3 弧形钢闸门

弧形钢闸门的挡水面为圆弧面，支承铰位于圆心，启闭时闸门绕支承铰转动。作用在闸门上的水压力通过转动中心，在闸门启闭时不产生阻力矩，故启门力小。弧形闸门的闸墩不设门槽，故不影响孔口水流状态，同时所需闸墩厚度也较小（图7-80）。但是，弧形闸门的支臂较长，因而使闸墩长度较大，有的弧形闸门还使闸墩受到侧向推力作用。

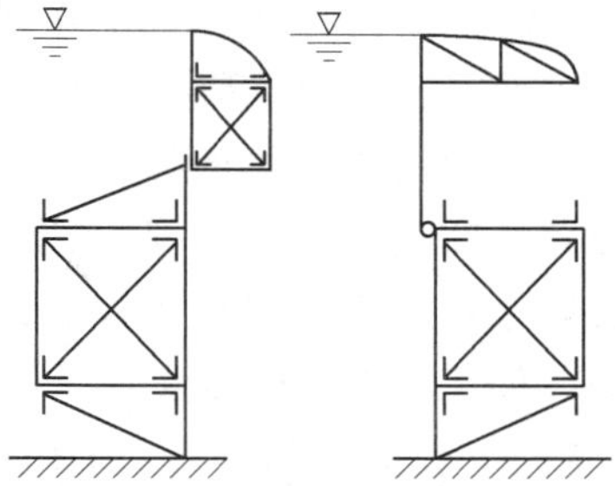

图 7-79　双扉平面闸门示意图

弧形闸门的支铰一般布置在闸墩侧面的牛腿上，在过流时支铰不受水流及漂浮物的冲击。水闸的露顶式弧形闸门，支铰可布置在闸门底槛以上 $(2/3\sim1)h$（h 为门高）处；溢流坝上的露顶式弧形闸门，支铰可布置在闸门底槛以上 $(1/3\sim3/4)h$ 处。对于潜孔闸门，支铰位置可布置在底槛以上大于 $1.1h$ 处。弧形闸门的面板曲率半径 R，对于露顶式闸门，可取 $R=(1.0\sim1.5)h$；对于潜孔式闸门，可取 $R=(1.1\sim2.2)h$。门高 h 越大，系数取值越小。

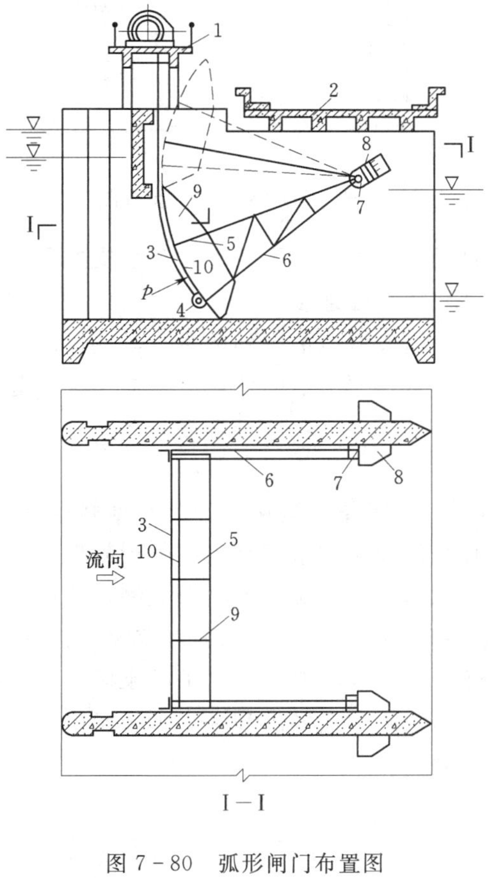

图 7-80　弧形闸门布置图

1—工作桥；2—公路桥；3—面板；4—吊耳；5—主梁；6—支臂；7—支铰；8—牛腿；9—竖隔板；10—水平次梁

采用卷扬式启闭机时，闸门吊点一般布置在闸门下主梁的面板上游面（图 7-80），使钢丝绳拉力保持较大的力臂；采用油压启闭机时，吊点设在闸门下游面，活塞杆和油缸可分别铰接在门体和闸墩侧面，这种布置可降低工作桥的造价，甚至可以省掉工作桥。

7.10.4　翻板闸门

翻板闸门是一种转动式平面闸门，早期多为水力自动操作，利用水力原理自行启闭（图 7-81），当上游水位升高到闸门顶部以上一定高度（高出 0.1～0.2m），即闸门所受水压力的合力作用点高于门铰中心（简称轴心），且开门力矩超过抵抗开门的阻力矩时，闸门便自动翻倒，宣泄洪水。待上游水位降落到一定水位（一般为门高的 1/2 左右），即水压力的合力作用点低于轴心，且关门力矩大于抵抗关门的阻力矩时，闸门就自动关闭，拦蓄水量。这种闸门管理方便、结构简单、施工简易、造价较低，不仅适用于一般河渠上的水闸，还特别适用于坡度陡、来水急和流量大的山区河道上的水闸。

早期的自动翻板闸门多用钢筋混凝土框架结构，不设启闭设备，造价虽低，但在翻转过程中产生周期性的拍打门墩现象，容易造成闸门受损而漏水，而且也不能人工调节流量，这些都影响水力自动翻板闸门的推广。

为了防止闸门振动、水位降到很低时才能完全关闭的问题，在坝端设立液压控制系统，在支墩与支腿之间安置液压油缸，用油管将油缸和控制系统连接，通过操作液压控制开关，实现液压油缸的伸缩，使闸门能够在任意的位置开启或关闭。目前已逐渐发展为液压翻板闸门，门体材料采用钢材，并由固定支铰（安置在闸墩两侧的支墩上）支承，又配置液压启闭机作为控制设备（图 7-82）。门叶采用平面闸门的结构，绕支铰中心作 90°转动，当孔径较大时，可选用双悬臂梁布置，在门叶边梁上设置两个支承垫（位于支铰上、下两侧），分别在全关、全开时与限位块（设在闸墩侧面）接触，有效地起着缓冲作用。

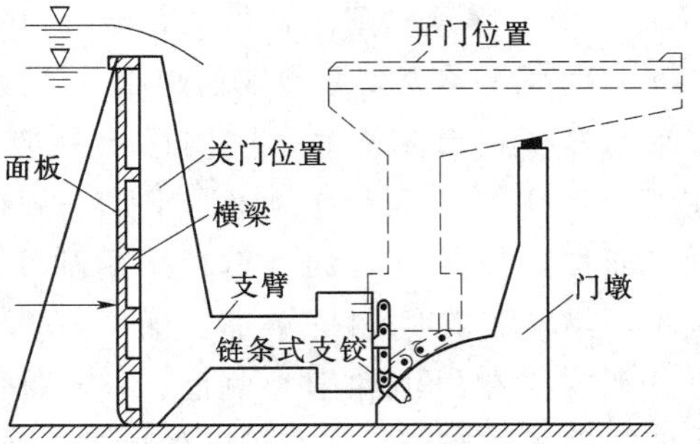

图 7-81　自动翻板闸门布置图

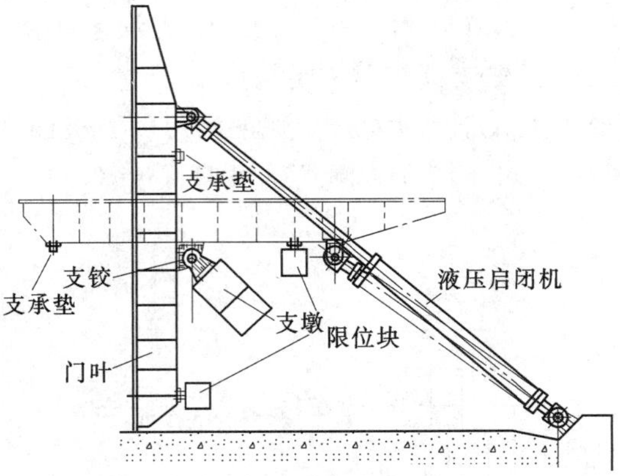

图 7-82　液压翻板闸门布置图

随着液压设备和系统的改进，现在的液压（自动）翻板闸门无论尺寸还是支撑形式都发生了很大变化，较大的液压翻板闸门是用铰与闸底板多处连接，液压油缸也是安装在底板（闸门后面）上，视其闸门的宽度和挡水力的大小增设液压油缸的数量，因此，现在的液压翻板闸门的宽度可以很大了，有些工程达到上百米，而闸墩的作用就减弱了，仅起分隔和连接作用。

7.10.5　闸门的选型布置

闸门的选型布置应根据受力情况、控制运用要求、制作、运输、安装及维修条件等，结合闸室结构布置合理选定。①对于挡水高度及孔径均较大的水闸宜采用弧形闸门；②当闸室底板设有永久缝时，宜采用平面闸门，如采用弧形闸门，应考虑闸墩之间可能产生的不均匀沉降对闸门的强度、止水和启闭等的影响；③受涌浪或风浪冲击力较大的挡潮闸，宜采用平面闸门，且闸门面板宜布置在迎潮水一侧；④有排冰或过木要求的水闸，宜采用平面闸门或下卧式弧形闸门；⑤有通航或抗震要求的水闸，宜采用升卧式平面闸门或双扉式平面闸门；⑥检修闸门应采用平面闸门或叠梁式闸门。

7.10.6　启闭机

闸门启闭机的种类很多，一般分为螺杆式、卷扬式和液压式三种。同时又可分为固定式和移动式两种。一台固定式启闭机，一般可以开启一孔闸门，也可同时开启数孔闸门。移动式启闭机是数孔闸门共用的，移动式启闭机需要架空中工作桥和辅助移动装置，当一机控制四孔以上闸门时才可能获得较经济的效果。

启闭机型式的选择应根据闸门形式、尺寸、孔口数量及运行条件等因素综合分析。启闭机的选型布置还应满足技术先进、经济合理、操作可靠、安全运行、维修方便、景观协调和安全卫生等要求，并尽可能发挥启闭机在工程中的效益。启闭机选用应优先考虑现有系列化的产品，选用启闭机的容量应等于或大于计算启闭力。

第 8 章　引水枢纽的壅水坝及过坝建筑物

引水枢纽往往是综合利用的，枢纽中的水工建筑物类型较多，除了前面已经讲过的水闸外，还有壅水坝和过坝建筑物等。过坝建筑物包括通航建筑物、筏道及鱼道。

8.1　壅　水　坝

壅水坝是有坝渠首中的主要建筑物，非汛期时能抬高河道水位，满足自流引水所需要的高程，即正常壅水位。壅水坝不但能挡水，而且可从坝顶溢流、宣泄河道多余的水（包括汛期洪水）。因为壅水坝不起调节流量作用，所以坝的高度较低。

壅水坝的类型很多，早期多为浆砌石坝或混凝土坝（图 8-1），其坝高固定不变。由于固定坝高会引起上游河道泥沙淤积，河床发生变化影响取水，还会增加防洪负担。橡胶坝由于坝高可以调节，利于防洪、排沙等，这些年在工程上应用较多，本章将作较详细介绍，其他壅水坝可参阅有关专著或文献。

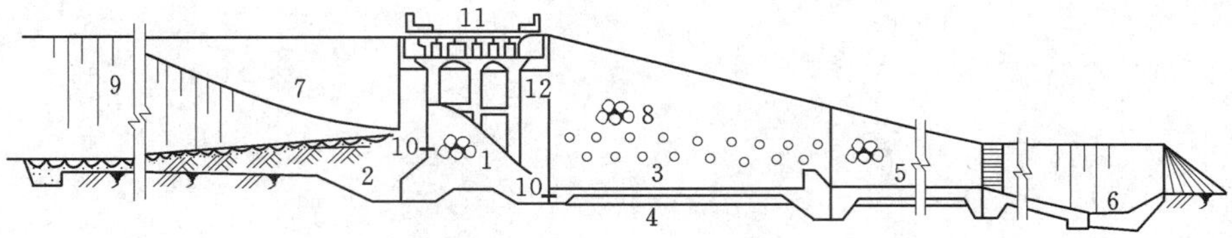

图 8-1　河南省南湾引水工程壅水坝剖面图

1—坝体；2—黏土铺盖；3—消力池；4—反滤层；5—海漫；6—防冲槽；7—上游翼墙；8—下游翼墙；9—护坡；10—止水；11—公路桥；12—边墩

壅水坝的工作条件和拦河闸基本相同，有关防渗、消能、稳定计算等可参考第 7 章。

8.1.1　壅水坝尺寸的确定

1. 坝顶高程

壅水坝顶部一般不设闸门，坝顶高程可按以下两种情况确定：

(1) 当需要引取河道枯水期全部流量时，坝顶高程等于设计水位［图 8-2 (a)］，即

$$\nabla_{顶} = \nabla_{设} \tag{8-1}$$

式 (8-1) 中，$\nabla_{设}$根据壅水要求，通过规划选定。

(2) 当引取流量小于河道枯水流量时，河道多余的水由坝顶下泄，溢流水深为 H_{min}，坝顶高程［图 8-2 (b)］为

$$\nabla_{顶} = \nabla_{设} - H_{min} \tag{8-2}$$

当坝顶设有闸门时，坝顶高程［图 8-2 (c)］为

$$\nabla_{顶} = \nabla_{设} + h_c - h \tag{8-3}$$

式中：h 为闸门高度；h_c 为超高，可采用 0.1～0.2m。

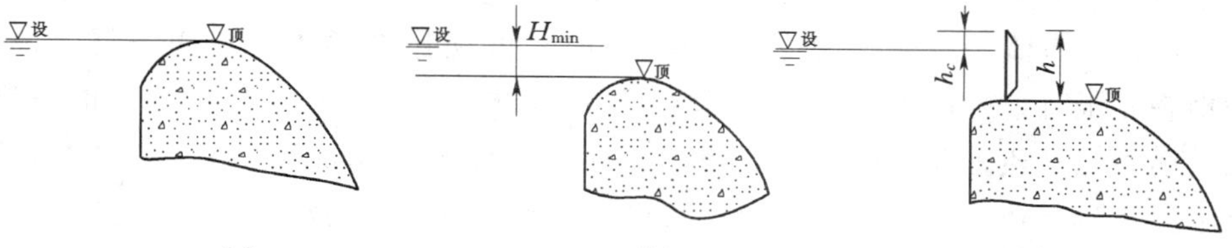

图 8-2　坝顶高程与设计水位的关系图

(a) 枯水期，坝顶不溢流；(b) 枯水期，坝顶溢流；(c) 坝顶设有闸门

2. 溢流段长度

溢流段长度可根据坝顶泄流量 Q 及单宽流量 q 来确定，即 $L=Q/q$，q 由河床地质条件选定，参见第 7 章。

因壅水坝较低，一般不起调节作用，所以通过坝顶的下泄量 Q 等于天然河道洪水流量 $Q_{洪}$ 减去渠首中其他建筑物，如冲沙闸、进水闸及水电站等建筑物所通过的流量 Q_1。为安全起见，将 Q_1 乘以小于 1.0 的利用系数 a，即

$$Q = Q_{洪} - aQ_1 \tag{8-4}$$

式中：$Q_{洪}$为天然河道洪水流量，根据建筑物级别按规范确定，m^3/s；Q_1 为通过其他建筑物的流量，m^3/s；a 为流量利用系数，设计情况 $a=0.75$～0.90，校核情况 $a=1.0$。

在多泥沙的平原地区河道，固定的壅水坝易造成坝上游泥沙淤积，直至上游泥沙将坝淤平，因此这类坝应设冲沙闸解决泥沙淤积问题，详见有关参考文献。

8.1.2　橡胶坝

橡胶坝是以高强度合成纤维做胎（布）层，用合成橡胶粘合成袋，锚固在钢筋混凝土底板上，用水或气充胀坝袋挡水，排空坝袋内水或气，大致可恢复到原有河渠的过水断面行洪（过水）。

橡胶坝由三部分组成：①土建部分，包括底板、两岸连接建筑（岸墙）及护坡、上游防渗铺盖或截水墙、下游消力池、海漫等；②坝袋；③控制及观测系统，包括充胀坝袋的充排设备、安全及观测装置。

橡胶坝有单袋、多袋、单锚固和双锚固等形式。坝袋可用水或气充胀，前者用于高坝且经常溢流，溢流时坝袋振动较小；后者多用于坝高小于 2m 或在寒冷地区为防止充水冰冻也可以充气。

坝袋胶布的技术要求：①坝袋胶料应该满足耐老化、耐腐蚀、耐磨损、耐水性好，有足够的强度，在寒冷地区有抗冻性等；②胶布的层胶厚度应该满足其防渗、抗磨和耐久性；③坝袋胶布有足够的抗拉强度和抗撕裂性能等。

坝袋设计主要包括：根据给定的挡水高度和挡水长度，拟定坝袋充水（气）所需的内水（气）压力，进而计算坝袋周长、充胀容积和袋壁拉力，并据此选定橡胶帆布的型号。

8.1.2.1　橡胶坝泄洪能力计算

橡胶坝挡水溢流时，其横断面在过坝水流的影响下，断面形状和过流能力介于宽顶堰

和实用堰之间，因此橡胶坝泄洪能力，可按下面堰流公式计算

$$Q = \varepsilon\sigma mB\sqrt{2g}h_0^{3/2} \tag{8-5}$$

式中：Q 为过坝流量，m^3/s；B 为溢流断面的平均宽度，m；h_0 为计入行近流速水头的堰顶水头，m；m 为流量系数，坝袋完全坍平时，可视作宽顶堰，流量系数 $m=0.33\sim0.36$，坝袋充胀时，可视作曲线型实用堰，$m=0.36\sim0.45$，在运用中，流量系数要根据坝袋是单锚固充水还是双锚固充水选择公式计算，具体参考 GB/T 50979—2014《橡胶坝工程技术规范》；ε 为堰流侧收缩系数，与边界条件有关；σ 为淹没系数。

8.1.2.2 坝袋设计计算

坝袋的实际运行状况有很多种，但对设计结果起控制作用的是坝上游水深等于坝高，坝下游无水的状况。此时，坝袋经向所受拉力最大，故将此种状况作为设计状况。

坝袋设计主要包括充水式和充气式两种，其计算内容包括坝袋袋壁拉力（T）、周长（L_0）和充胀容积（V）等参数的设计计算。下面简要介绍充水式坝袋的设计计算。

1. 坝袋经向计算强度即袋壁拉力（T）计算

当坝袋充胀到设计高度，上游水位与坝顶齐平，下游无水时的袋壁拉力为

$$T = \frac{1}{2}\gamma\left(H_0H_1 - \frac{1}{2}H_1^2\right) \tag{8-6}$$

在坝袋设计时通常先选择内外压比 α 进行计算，引入 α 得

$$T = \frac{1}{2}\gamma\left(\alpha - \frac{1}{2}\right)H_1^2 \tag{8-7}$$

式中：T 为坝袋经向计算强度，kN/m；α 为内外压比，是指坝袋的内压水头（H_0）与坝袋设计高度（H_1）的比；H_0 为内压水头；H_1 为设计坝高。

2. 坝袋外形的计算

坝袋外形计算的目的是确定坝袋各部位的尺寸和坝袋单宽容积。可将充胀后的坝袋轮廓分成四个部分：上游坝面曲线段长度 S_1、下游坝面曲线段长度 S、上游贴地段长度 n 和下游贴地段长度 X_0（图 8-3）。计算公式如下：

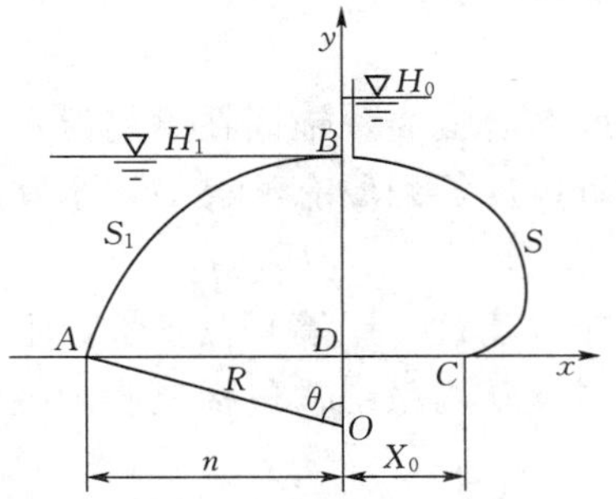

图 8-3　充水式橡胶坝计算示意图

（1）采用单锚线锚固时坝袋的有效周长（不包括锚固长度）为

$$L_0 = S_1 + S + n + X_0 \tag{8-8}$$

（2）采用双锚线锚固时坝袋的有效周长（不包括锚固长度）为

$$L_0 = S_1 + S \tag{8-9}$$

（3）采用双锚线锚固时底垫片（注：设在坝袋和底板之间的薄橡胶片，起保护坝袋作用，防止坝袋磨损）有效长度（不包括锚固长度）为

$$L_0 = n + X_0 \tag{8-10}$$

坝袋各部分 n、S_1、S、X_0 及坝袋单宽容积 V_0 的计算公式或查表计算见 GB/T 50979—2014《橡胶坝工程技术规范》。

8.1.2.3 锚固结构设计

锚固构件是将坝袋牢固地锚固在底板、岸墙（坡）或中墩的连接部位上，保证坝袋的密封性，其强度应满足坝袋设计拉力作用于构件的要求，并且具有较好的耐久性和牢固性，保证橡胶坝持久安全运用。

锚固构件分为螺栓压板锚固、楔块挤压式锚固和胶囊充水锚固。对于较高的坝袋多采用螺栓压板锚固。下面简要介绍螺栓压板式锚固设计。

螺栓压板式锚固设计，主要是通过计算确定螺栓直径、间距、长度及压板的断面尺寸。单位长度螺栓计算荷载应考虑锚固构件的强度、耐久性、锚固力、锈蚀等因素，根据所采用的锚固结构型式计算确定。螺栓间距应根据采用的压板刚度和螺栓直径进行计算确定。螺栓间距宜取为 0.2～0.3m。

螺栓压板不穿孔的锚固力是穿孔的两倍，故一般宜采用穿孔锚固方法。压板可用型钢、铸钢、铸铁或钢筋混凝土等制成。铸钢压板按照设计图铸造，钢板压板用平面压板加工。坝高 2m 以下的坝袋锚固，多采用厚为 10～12mm 的钢板作为锚固压板；坝高 2m 以上的坝袋锚固则在钢板上面加焊肋板以增大刚度。为了增强压板单位面积压强，常在压板底面边缘焊两条直径 10～16mm 的钢筋以增加与胶布的摩擦力。铸钢压板截面形式宜采用曲线形。

锚栓和钢压板材质可采用 Q235 钢（普通碳素 3 号钢）制成。锚栓为粗制，螺纹为粗牙。在锚固部位，坝袋应补强，以增强锚固部分胶布强度或保护坝袋胶布。

（1）每根螺栓承受的荷载可按下式计算

$$Q_0 = \frac{T_0}{n} k_1 \tag{8-11}$$

式中：Q_0 为每根螺栓承受的荷载，kN；T_0 为单位长度螺栓计算荷载，kN/m；k_1 为栓紧力及扭转力的影响系数，一般取 1.75；n 为 1m 长度螺栓根数。

（2）螺栓的直径计算。螺栓直径 d 也可按下式计算

$$d \geqslant \sqrt{\frac{4 \times 1.3 Q_0}{\pi[\sigma]}} \tag{8-12}$$

式中：d 为螺栓直径，cm；$[\sigma]$ 为螺栓容许拉应力，N/cm^2。

根据螺栓直径计算结果，查螺栓直径规格表选用。

（3）螺栓的埋置深度要求。螺栓的埋置深度宜根据螺栓材料的承载力设计值，由混凝土拔拉锥状破坏计算确定，并应不小于表 8-1 的规定值。

表 8-1　锚栓锚固长度表

分　类	螺纹钢筋	光面钢筋	分　类	螺纹钢筋	光面钢筋
$d \leqslant 16$mm，混凝土强度等级≥C20	$20d$	$15d$ 加弯钩	$d > 16$mm，混凝土强度等级＜C20	$25d$	$20d$ 加弯钩

注　在任何情况下，锚固长度应不小于 250mm。

当锚栓埋置深度受到限制时，应在锚栓底部弯钩或开叉，或与基础底板中的预埋锚板或钢筋牢固地焊接在一起，并应将全部内力传递于混凝土底板或墩内。

（4）压板强度验算。压板强度宜按下式验算

$$\sigma=\frac{M}{W_x}\leqslant[\sigma] \tag{8-13}$$

$$M=k_2TL \tag{8-14}$$

式中：M 为坝袋拉力作用在压板上产生的弯矩，N·cm；L 为力臂，螺栓中心至压板边缘的距离，cm；k_2为安全系数，一般取 3.0；W_x为抗弯截面模量，cm^3。

可采用的压板材料有型钢、铸铁等。

8.1.2.4　控制系统设计

1. 坝袋充排方式

坝袋的充排方式有两种，即动力式和混合式。所谓动力式，即坝袋的充、坍完全利用水泵或空压机进行；混合式即坝袋的充、坍部分利用水泵或空压机来完成，部分利用现有工程条件自充或自排。

（1）充水式坝袋充排方式。充水式坝袋的充排方式分为动力式和混合式。充排方式的选择应根据工程现场条件和使用要求等经技术经济比较后选定，一般采用动力式。有条件的地方，当充水量不大时也可以利用自来水充坝；对建于水库溢洪道上或下游水位不影响自流坍坝的橡胶坝工程，也可采用自流坍坝。

1）动力式充排水。采用动力式进行充坝时，坝袋的充胀可采用水泵抽水直接充进坝袋，也可先抽水到高位蓄水池或水塔后再间接充进坝袋。

当需利用水池作生活用水或因河水含泥沙量较多，需经沉沙后才用于充坝时，则应设水池进行调节、沉淀。有条件的地方，如果坝袋充水容积不太大，也可引用自来水直接充坝。

动力式排水是用水泵将坝内的水抽排。如建在河道上的橡胶坝，当下游水位高于坝袋内部压力水头不能自流排空时，须采用动力式抽排。

2）混合式充排水。这是自流式和动力式两种充排方式的结合使用。其特点是灵活可靠，或自流充水，加压抽排；或加压充水，自流排水；或先采用自流充排，然后加压充排。这需要根据特定的条件有选择地采用。

自流式充水适用于上游有高于坝袋内压水头的水源，充坝时直接引水（或入蓄水池），通过管道充进坝袋内。自流式排水适用于下游有低于基础底板的排水通道，坍坝时打开排水阀门便可将坝袋内的水排空。有条件的地方采用这种充排方式，可节省动力设备，降低工程造价。如溢洪道上的橡胶坝就可采用自流式排水。

（2）充气式坝袋充排方式。充气式坝袋的充排方式，一般采用空气压缩机或风机，将压缩空气充进储气罐，然后打开进气阀，空气经管道充进坝袋，待充气至设计坝高时即关闭进气阀。打开排气阀排气即可调节坝高。充气式坝袋的升降速度较快。两跨以上的多跨坝袋，每个坝袋可各设一套充排气阀门，进行分跨控制；为避免个别坝袋超压和各跨坝袋高度不一，可在各跨充排气管道之间设连通管，使各跨坝袋内压相等，坝高相同。坍坝泄流时可同时打开排气阀，使各跨过坝水深基本一致，避免出现坝高坍落不一致产生偏流现象。

（3）充排时间。橡胶坝充、坍坝时间的选用应根据工程的具体运用条件确定。根据国内已建橡胶坝工程的统计，其充坝时间为 2～3h，坍坝时间为 1～2h。

2. 坝袋安全与观测装置

橡胶坝在正常运用时，由于突然受到人为或外界因素的影响而引起坝袋内压增大，若实际压力值超过设计值，有可能造成坝袋破裂。因此，为了保证坝袋的安全运用，应设置一系列的安全装置。

(1) 充水式坝袋的安全装置。

1) 超压溢流管。为防止坝袋超压，充水橡胶坝应在一岸或两岸边墙或中墩上设置安全溢流管（孔）与坝袋相连通，其管出口位置须与坝袋设计内压水头齐平。当充坝高度超过设计内压值时，水就从超压溢流管流出，可保证坝袋不致因超压而破坏。其管径要大于坝袋充水管管径，并保证超压溢出水流量要大于坝袋充水流量。溢流管的出口形式有直筒式和弯曲式，为防止洪水倒灌，可设逆止阀门控制。

2) 虹吸管。虹吸管安设在排水管道上（图 8-4），其两端管口分设在排水闸阀前后，管顶高程可由螺杆式起重机操纵活动法兰盘进行调整，使其与当时坝袋需要挡水的高度相应的内压值相等。当坝内压力受到人为或天然因素而增大时，坝袋内上升的水便可从虹吸管排走。需要停止排水时，打开管顶的供气阀门，破坏管内真空，虹吸管就停止排水。

对建在山区河道或水库溢洪道上有突发洪水出现的充水橡胶坝以及重要的橡胶坝，若不能及时坍坝，将可能出现坝袋超压破裂或库区淹没的问题，在此可采用虹吸管自动坍坝装置。虹吸管自动坍坝装置在国外使用较多，我国广东也使用过，效果较好。

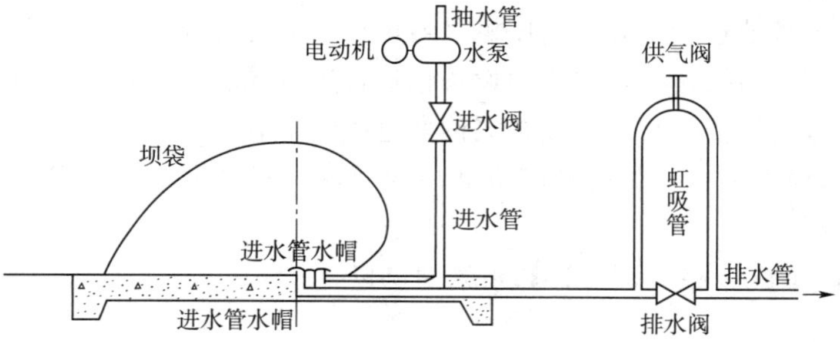

图 8-4　虹吸管安设示意图

3) 浮球阀自动补水装置。在岸墙上设置一个小水池，安置浮球阀与充水管道相通，作为保持坝袋内压的补水装置。当坝袋内压低于设计内压时，浮球阀便自动打开供水，直至坝袋内压达到设计内压时，浮球阀才自动关闭，使坝袋保持设计内压而不会超压。这种装置也曾在广东省洪秀全水库橡胶坝工程中使用过。

(2) 充水式坝袋的排气孔。充水式橡胶坝由于坝袋内残存的气体或在充水时由水流挟带气体进入坝袋，这些气体随着坝袋的不断使用会越积越多，如不排除，在充胀坝袋时会积聚在坝顶，形成局部鼓胀，增大袋壁拉力，特别是在坍坝泄流时，由于坝顶局部鼓胀的影响，会形成偏流，引起或加剧坝袋振动、磨损等不良现象。因此，充水式橡胶坝在运行时应排除坝袋内的气体。其办法是在坝袋两侧岸墙上设置排气管，两岸的排气管可与超压溢流管合并使用，出口高程应与坝袋内压值齐平。堵头式橡胶坝因坝袋不锚固在岸墙上，可在坝袋的两端顶部装设排气孔。如坝袋跨度较长，其中部气体难以从两端排走时，可在跨中适当位置增设排气孔。

(3) 充气式坝袋的安全装置。充气式坝袋的安全装置，有安全阀、水封管或 U 形管装置等（图 8-5）。当坝袋充气超过设计气压，或由于上游水位升高而引起坝袋内压增大而超过设计气压时，安设的安全阀、水封管或 U 形管，便可起到排除坝袋内超过的气压的作用，保证坝袋的安全运用。此外，也可采用限压式空压机，这种空压机在运行时不会发生超过规定的压力值，具有防止超压的安全性能。

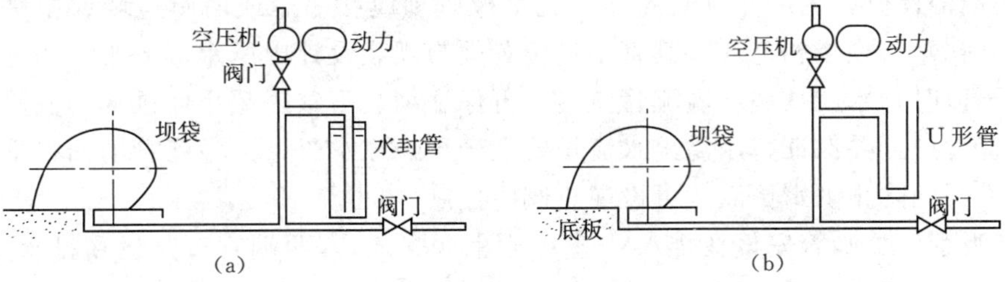

图 8-5　水封管和 U 形管装置安设示意图

(a) 水封管型；(b) U 形管型

3. 控制系统设备设计

橡胶坝控制系统设备包括动力设备（泵、风机、空压机和电机等）、管路系统、进水（气）、出水（气）口装置和控制室等。

(1) 动力设备选型设计。动力设备选型设计要考虑工程规模、运行管理的可靠性、操作方便等因素，合理地选用水泵或空压机（或风机）的容量及台数，对于重要的橡胶坝工程，还应配置备用动力设备。备用动力设备包括备用电源和备用机械。对于电源不可靠或地处经常停电地区的重要工程，可设置柴油发电机组，有条件的可引进其他电源。

1) 水泵选型设计。水泵的选型应根据坝的规模、充（坍）坝时间及拟定的系统计算水泵的流量及扬程。

a. 水泵流量。按式（8-15）计算水泵的流量

$$Q = \frac{V}{nt} \tag{8-15}$$

式中：Q 为计算的水泵所需最小流量，m^3/h；V 为坝袋充水容积，m^3；n 为水泵台数；t 为充坝或坍坝所要求的最短时间，h。

b. 水泵扬程。水泵的扬程应根据管道布置分别计算充坝或坍坝时所需的水压力

$$H_B = (z_1 - z_2) + \Delta H \tag{8-16}$$

式中：H_B 为水泵所需的扬程，m；z_1 为水泵出水管管口高程，m；z_2 为水泵吸水管最低水位，m；ΔH 为水泵吸水管和压力管水头损失总和，m。

当出水管直接向坝袋充水时，则

$$z_1 = \alpha H_1 + z_3 \tag{8-17}$$

式中：α 为坝袋内压比；H_1 为坝高，m；z_3 为坝底板高程，m。

根据计算的出口流量和扬程，选用合适的水泵。

水泵选型时，应注意在坝袋充胀过程中，坝袋高度是由零逐渐充胀到设计高度，即水泵在充水过程中的扬程随着坝袋的逐渐充胀而增大，而充水流量逐渐变小，管路的水头损失也逐渐变小，因此，需计算出充水过程中的最小扬程和最大扬程，即水泵的运行范围。

根据计算的水泵流量和扬程运行范围来选择合适的水泵。

橡胶坝的排水一般直接排入下游，在坍坝过程中，坝袋由设计坝高逐渐坍落至零，河道水流从坝顶流过，直至橡胶坝上下游水位基本持平。在排水过程中，坝袋受到外压的作用，对高坝及较大型的橡胶坝，排水泵的实际扬程不仅要计算进出口水位差和管路的水头损失，还要考虑作用在坝袋上的外压和橡胶坝坝袋的弹性。

2）空压机选型。应根据坝袋的容积、设计内外压比及充坝时间计算确定空压机的额定生产率。空压机的工作压力根据橡胶坝的额定充气压力确定，工作压力应大于额定充气压力。

根据空压机的额定生产率、额定充气压力参照空压机的样本选用合适的空压机。

(2) 管路布置设计。橡胶坝工程的管路设计，主要根据工程要求的充胀和排空（坍落）时间进行管径的选择和设计。如有防洪任务要求，坝袋须迅速排空下坍，宜选用较大的排水（气）管径，或增加排水（气）管道。

1）充排管路布置。充胀和排空管路可分别布置（图 8－6），也可合并布置。分别布置时，充水（气）管路从水（气）源开始，经岸墙（坡）穿过底板进入坝内，而排水（气）管则从坝内经底板折回控制室引向下游排放，设闸阀控制。为了节省管路而把充水（气）管路与排水（气）管路合并使用时，应各自设闸阀控制。布置充水管路时，须考虑水从高于坝袋内压的高程以上往下充进坝袋，而排水管路则应设在低于坝基底板高程处才能达到排空的目的。充气式坝袋则不受此限，因充气时靠气压进坝，排气时除压力排放外，气体会自动排空而不受高程的限制。但应注意将排气管口布置在坝袋的最高处，以利排气。

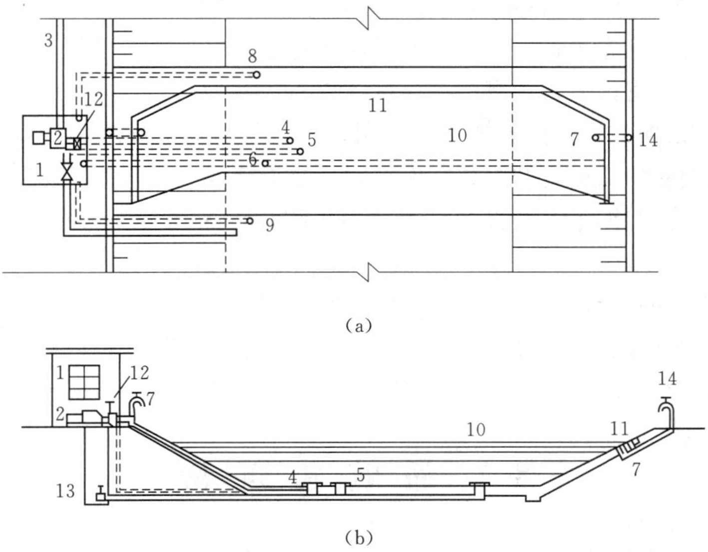

图 8－6　充排管路布置示意图

(a) 平面图；(b) 纵剖面图

1—控制室；2—水泵；3—抽水管；4—进水管；5—排水管；6—内压观测管；7—超压（排气）管；8—上游水位观测管；9—下游水位观测管；10—坝袋；11—锚固线；12—进水管阀门；13—排水管阀门；14—超压溢流管阀门

管道属隐蔽性工程，一旦出现问题，很难修复补救，除设计施工要控制质量外，管路布置也很重要。管路可布置在坝底板混凝土中，也可布置在坝底板下。布置在坝底板下的管路，受地下水的不断侵蚀，加上整体稳定性不好，易损坏，故多将管路布置在混凝土底板内。对布置在底板内的管路，应解决好底板分缝处管路不均匀沉陷的问题。

管路的布置力求总长度最短，弯头最少，尽量减少沿程水头损失和局部水头损失。

2）管道选择。管道的直径按式（8-18）计算

$$D=\sqrt{\frac{4Q}{\pi v}} \tag{8-18}$$

式中：Q 为管段内最大计算流量，m^3/s；v 为管段采用的计算流速，m/s。

管道中的流速按下述原则选取：水泵吸水管中的流速在 1.2～2m/s 中选取；压水管中的流速在 2～5m/s 中选取；气体流速在 10～20m/s 中选取。

（3）其他安全观测装置。超压溢流管，虹吸管，排气孔，安全阀，水封管，U 形管，内压管以及上、下游水位观测管等，参照“坝袋安全与观测装置”中有关规定进行设计。

（4）控制室设计。控制室是橡胶坝工程控制运用的地方，不管是充水还是充气的橡胶坝工程，一般都需设置控制室。其布置设计应注意以下几点：

1）控制室的结构尺寸应满足机电设备、管路和闸阀的布置需要，同时满足机械操作安全、人行管理方便以及观测和控制设备的需要。

2）防止外水侵入，对设计水位以下的结构，主要是地下结构应做好防渗、防潮和通风等，同时还要注意采光。

3）控制室内主要机械，特别是动力设备，应设在洪水位高程以上的地方。充胀和排空管路的控制闸阀，宜布置在室内，以便于控制管理；内压观测与上、下游水位观测及自动装置，也应集中在室内进行观测。

4）控制室的结构型式，要因地制宜选用，应尽量与周围环境相协调，并注意采光和通风。与橡胶坝相对的一面宜开门或有窗户，以便于管理人员能直接观望。

5）对采用动力室或混合式的充水橡胶坝工程，可采用调压井的形式以满足抽排的需要。

6）橡胶坝工程的所有铁件，特别是水下管路以及相应的配件等，应进行防锈处理。

7）控制室的结构设计可参照 GB 50265—2010《泵站设计规范》等的规定进行，要特别重视控制室的防水处理，国内外已有多处橡胶坝工程的控制室出现过渗漏情况。

8.2 通航建筑物

通航建筑物一般有船闸和升船机两大类。船闸是利用水力将船只浮运过坝的建筑物；升船机（包括直升式和斜面式）是利用动力机械运载船只过坝的建筑物。船闸的运输量大，同时也较经济、安全，所以应用广泛，但要消耗一定的水量。

8.2.1　船闸

8.2.1.1　船闸的组成和类型

船闸由闸首、闸室及引航道三部分组成（图 8-7）。闸首是将闸室和上、下游引航道

隔开的挡水建筑物，位于上游的叫上闸首，位于下游的叫下闸首。闸室是上、下两闸首和两侧闸墙组成的空间，当船只通过船闸时，在此空间暂时停泊。引航道是保证过闸船只安全进出、交错避让和暂时停靠的一段航道。

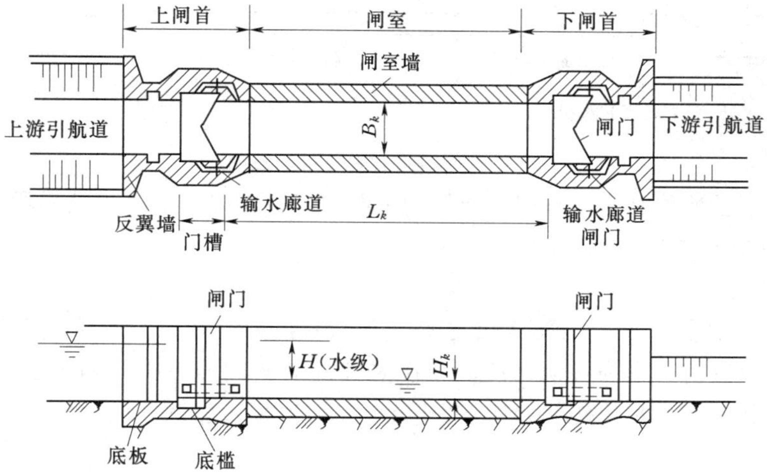

图 8-7　船闸平面图及纵剖面图

船闸主要分为单级和多级两种。沿船闸纵向只建有一个闸室的船闸称为单级船闸（图 8-7），单级船闸应用甚广，一般适用于船闸水头小于 12～20m；沿船闸纵向连续建有两个或两个以上闸室的船闸称为多级船闸，船闸水头超过 15～20m 时，宜采用多级船闸。另外，船闸如按并列的闸室数，可分为单线船闸和多线船闸。长江三峡工程船闸就是双线五级船闸，总水头 113m，是世界上规模最大的多级船闸。

8.2.1.2　船闸的运行方式

船闸的运行方式，即船舶过闸的程序，如图 8-8 所示。假定开始时闸室内水位与下游水位齐平，而且上闸门及上游输水阀门是关闭的。此时，如果船舶需从下游上行过闸，则可先打开下闸门，让船舶驶入闸室；然后关闭下闸门及下游输水阀门，再打开上游输水阀门并向闸室灌水；待闸室内水位与上游水位齐平后，开启上闸门，船舶即驶出闸室而进入上游引航道。这样就完成了一次船舶从下游到上游的单向过闸程序。当船舶从上游驶向下游时，其过闸程序与此相反。

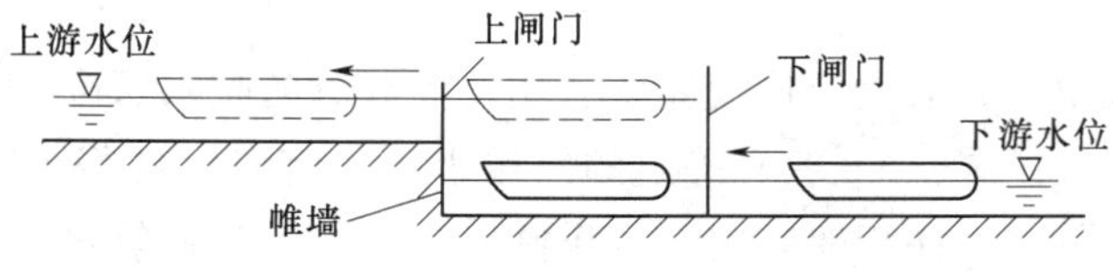

图 8-8　船舶过闸示意图

8.2.1.3　船闸闸室有效尺寸的确定

船闸有效尺寸是指闸室的有效长度、有效宽度及槛上水深，这些也是船闸的基本尺寸（图 8-9），应根据最大设计过闸船只或船队的尺寸及其编队形式来确定。

1. 闸室有效长度 L_k

船舶过闸时闸室内可供船舶安全停泊的长度，称为闸室有效长度。通常指下闸首门龛

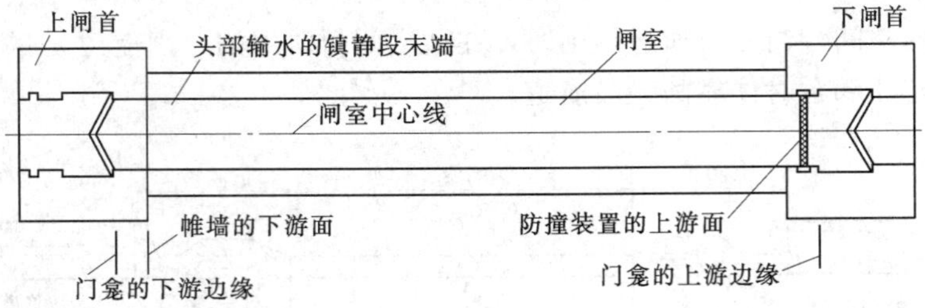

图 8-9　船闸有效尺度示意图

或防撞装置的上游边缘到上闸首门龛或帷墙下游边缘（首部输水时为镇静段末端）的长度（图 8-9），可按下式初步估算，即

$$L_k = L_c + L_f \tag{8-19}$$

式中：L_c 为船队计算长度，当每次仅有一个船队时，为设计最大船队长度，当数个船队纵向排列同时过闸时，则为各设计船队长度之和加船队间的停泊间隔长度；L_f 为富裕长度，取值标准如下：对顶推船队，$L_f \geqslant 2+0.06L_c$，对拖带船队，$L_f \geqslant 2+0.03L_c$，对非机动船，$L_f \geqslant 2\text{m}$。

2. 闸室有效宽度 B_K

闸室内两侧墙面最突出部分之间的最小距离，称为闸室有效宽度（图 8-7），可按式（8-20）估算，即

$$B_K = \sum b_c + b_f \tag{8-20}$$

式中：$\sum b_c$ 为闸室内并列停泊船队（舶）的最大总宽度，当只有一个船队（舶）过闸时，则为设计最大船队（舶）的宽度 b_c；b_f 为富裕宽度，当 $\sum b_c \leqslant 10\text{m}$ 时，$b_f \geqslant 1.0\text{m}$，当 $\sum b_c > 10\text{m}$ 时，$b_f \geqslant 0.5+0.04\sum b_c$。

3. 船闸门槛水深 H_K

设计最低通航水位到门槛最高点的水深，称为船闸门槛水深。应满足下式要求，即

$$H_K \geqslant 1.5T \tag{8-21}$$

式中：T 为设计最大船队（舶）满载时的吃水深度。

按式（8-21）确定的门槛水深留有较大的裕度，主要是加大过水断面、减小船舶入闸阻力、便于船舶安全进出闸室。此外，当通航水位由于某些原因降低时，可避免出现槛上水深不足的情况。

4. 引航道的长度与宽度

引航道的长度包括直线段（L_1）和过渡段（L_2）的长度。直线段应平行于船闸轴线，由导航段（l_1）、调顺段（l_2）和停泊段（l_3）组成，如图 8-10 所示。导航段的作用是引导船舶进出闸首，并可作为单向过闸时进闸船舶的停靠处。调顺段为双向过闸时进出船队（舶）调顺船位的过渡段。停泊段是指双向过闸时，供等候过闸船队（舶）停靠及与出闸船队交错的位置。引航道长度约为过闸船队计算长度的 3.5～4 倍。当引航道宽度 B_0 与航道宽度不一致时，尚需增设过渡段，其长度不小于两者宽度差值的 10 倍。引航道宽度是指设计通航最低水位时，设计最大船队（舶）满载吃水时船底处的引航道宽度，应为一侧等候过闸船队（舶）的总宽度 b_{c1} 或两侧等候过闸船队（舶）的总宽度 $b_{c1}+b_{c2}$ 与设计最大

船队（舶）宽度 b_c 之和，再加富余宽度 Δb，船队（舶）之间 $\Delta b=b_c$，船队（舶）与岸之间 $\Delta b=0.5b_c$，当只有一侧停靠等候过闸的船队（舶）时（即 $b_{c2}=0$），$\Delta b=1.5b_c$。

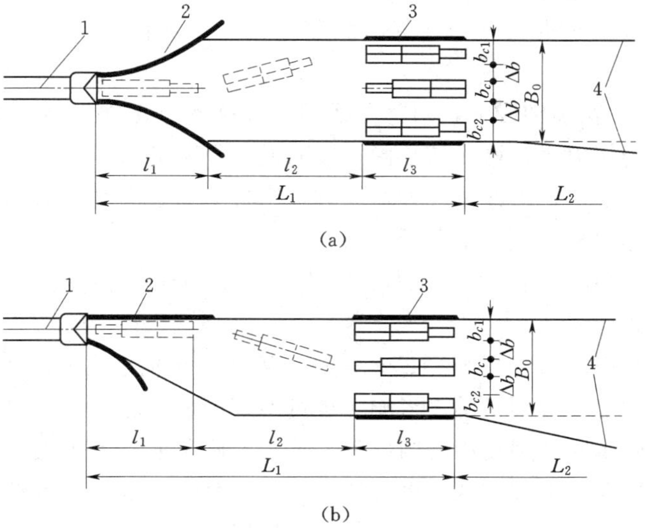

图 8-10　引航道的长度与宽度

1—船闸中心线；2—导航建筑物；3—靠船建筑物；4—引航道底边线

8.2.1.4　船闸高程的确定

（1）上闸首顶高程＝上游最高通航水位＋浪高＋安全超高，对于小型船闸，安全超高可采用 0.3～0.5m。

（2）下闸首顶高程＝上游引航道墙顶高程＝闸室墙顶高程＝上闸首顶高程。

（3）上、下游闸门顶高程＝上游最高通航水位＋(0.2～0.5)m。

（4）下游引航道墙顶高程＝下游最高通航水位＋(0.5～1.0)m。

（5）上闸首底槛高程＝上游最低通航水位－门槛水深。

（6）下闸首底槛高程（即闸室底高程）＝下游最低通航水位－门槛水深。

8.2.1.5　船闸在枢纽中的布置

1. 船闸布置要点

（1）船闸轴线基本上与河道平行，引航道的轴线与河道水流方向的交角一般不应大于 15°～20°。引航道的进、出口处不允许有过大的流速和不利的流态，最大纵向流速一般不大于 1.5～2.0m/s，回流速度不大于 0.4～0.5m/s。

（2）船闸引航道进、出口布置应考虑风浪及水流的影响，浪高一般不超过 0.6～1.0m，否则应建造防护堤，把主流和引航道隔开。

（3）船闸应布置在冲淤不严重的河岸，河床应较稳定，要避开泥沙淤积区，使航道的通航水深得到保证。

（4）接近船闸的航线应避免以较大角度横过水流方向，以保证船只不被水流冲击到泄水建筑物中。

（5）尽量避免船闸与枢纽中其他建筑物之间在运行和施工等方面的干扰。

2. 船闸在枢纽中的布置形式

船闸在枢纽中的布置形式，常见的有以下五种：

(1) 船闸布置在河床内。如客观条件许可，最好把船闸布置在水深较大、地基较好和不发生淤积的一岸，以使船闸上、下游引航道挖方少、造价低。这种布置形式又有两种方案。

1) 将上闸首布置在坝轴线上，闸室和下闸首等结构位于坝轴线下游（图 8-11)。其优点是闸室承受的扬压力小，可以减小闸室墙断面，下游导航堤较短；缺点是上游导航堤要加长，且处于高水位中，工程量较大，同时，当桥梁通过上闸首时，由于净空要求，桥墩需要加高，并另建引桥，或者采用活动吊桥。

2) 把下闸首布置在坝轴线上，其优缺点与上种布置情况相反。总的说来，在工程中采用前一种布置形式较多。

(2) 船闸布置在引河内（图 8-12)。这种布置适宜于坝址位于河弯处，船闸能在旱地施工，使施工条件改善，且不受洪水影响，也可不筑围堰。施工时可先建船闸，利用原河道通航，当拦河坝施工时，则利用船闸导流，这样，施工期可大为缩短。另外，船闸引航道的进、出口也远离泄洪的影响区，可提高通航的安全性。这种布置形式虽然船闸及引河的开挖量大，但是，当地形条件合适时仍是一种较好的方案。

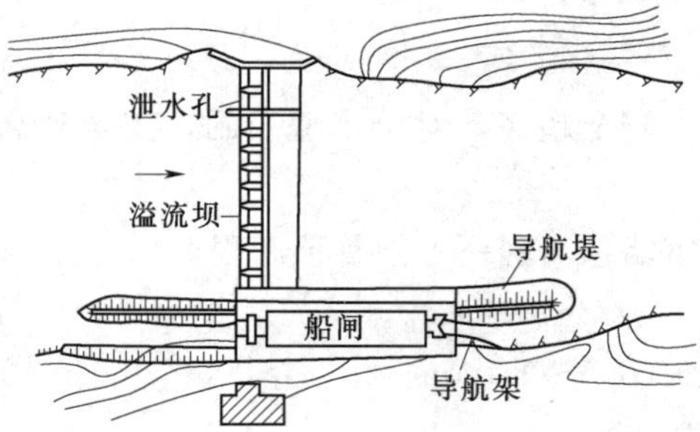

图 8-11　在河床内的船闸布置

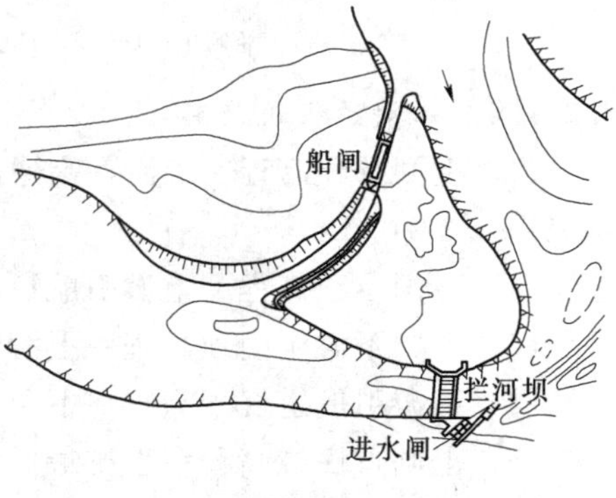

图 8-12　在引河内的船闸布置

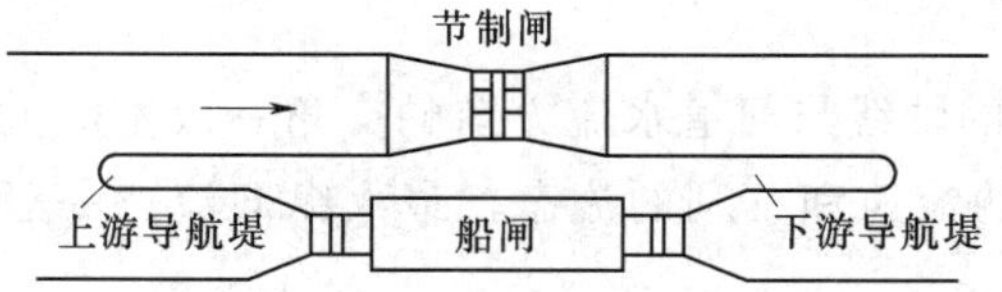

图 8-13　渠道上的船闸布置

(3) 船闸与节制闸并列布置。图 8-13 为渠系上的小船闸，船闸与节制闸并列布置，为避免水流对船只航行的影响，在上、下游建筑一定长度的导航堤。

(4) 船闸与电站分设于两岸（图 8-14)。这种布置形式使电站远离船闸，电站下泄的尾水不会影响船只进出船闸；在电站施工或运行期间，运输机电等设备方便，变电所布置也容易；同时，电站和船闸的施工及管理可以互不干扰。但是，由于两岸均需布置施工场地，增加了施工费用。

(5) 船闸与电站位于同一岸（图 8-15)。由于地形、地质或其他原因，必须将电站与船闸布置在河道同一岸边时，最好将电站布置在靠河心一侧，而将船闸布置在靠岸一侧，并使船闸与电站之间隔一定距离。这种布置可在电站与船闸之间设置变电所，以改善引航道进、出口的水流条件。

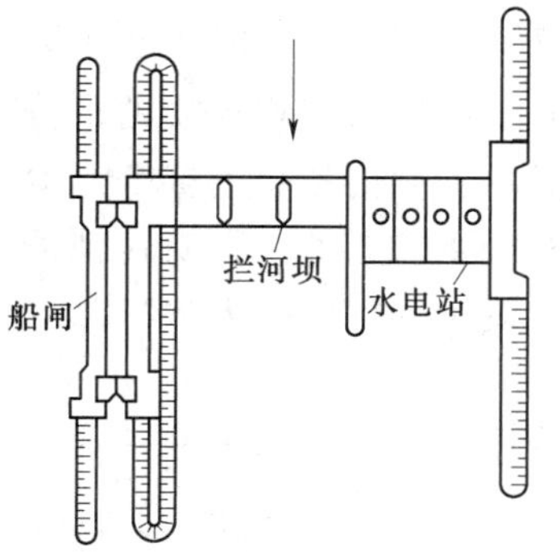

图 8-14　船闸与电站分设于两岸

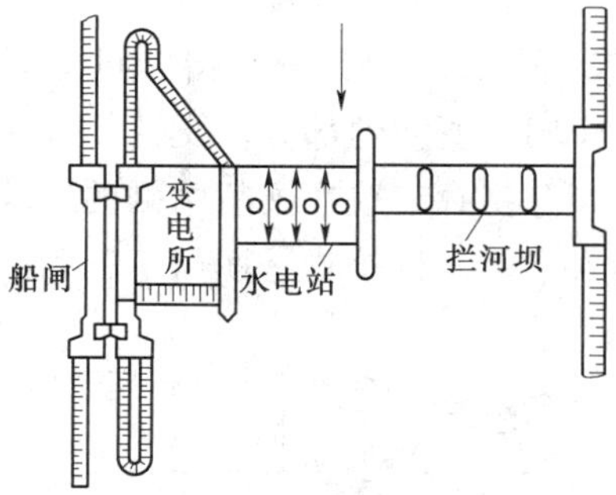

图 8-15　船闸与电站位于同一岸

8.2.1.6　船闸各部分的形式

1. 闸室

决定闸室结构形式的主要因素是地质条件和水头大小。一般来讲，土质较好、水头不大于 5.0m 时，可以做成闸室为透水的分离式闸室。其闸墙有多种形式选择。重力式闸墙［图 8-16（a)］靠结构本身和其上的填土重力来维持结构的稳定，是中、小型船闸常用的形式；扶壁式闸墙［图 8-16（b)］主要是靠扶壁间的填土重力来维持平衡稳定；拉条板墙式［图 8-16（c)］是在立板下部设一底板，底板与锚定板之间用撑杆相连接，依靠立板与锚定板之间的填土重力来维持结构的稳定性；板桩式［图 8-16（d)］是利用板桩入土部分的嵌固作用和锚定结构来维持结构的稳定。

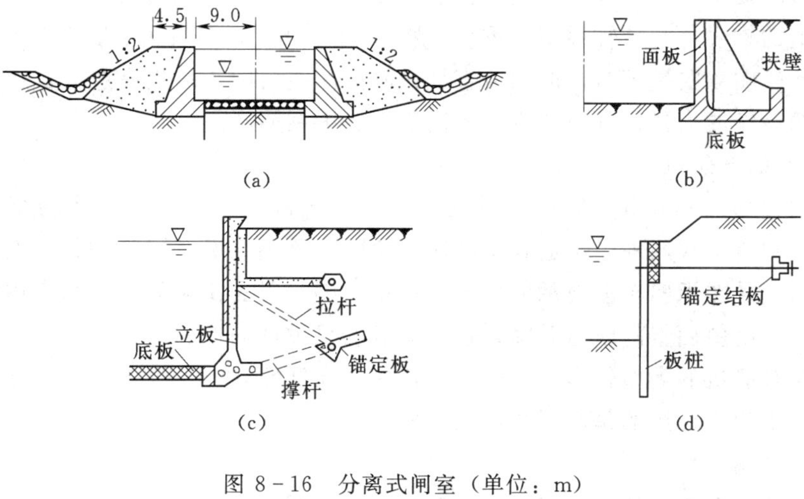

图 8-16　分离式闸室（单位：m）

(a) 重力式；(b) 扶壁式；(c) 拉条板墙式；(d) 板桩式

如果土质较差而水头大于 5.0m 时，闸室宜采用底板为不透水的船坞或悬臂式结构。船坞式闸室［图 8-17（a)］整体性好，但底板内力较大。为改善底板受力情况，可采用悬臂式闸室［图 8-17（b)］，中间设有沉降缝，以减小底板内力及适应不均匀沉降。

对于在岩石中开挖的闸室，闸墙可采用混凝土、钢筋混凝土或喷锚支护等护面形式。

2. 闸首

闸首沿轴线方向分三部分（图 8－18），即前沿部分（L_a 段）、门龛部分（L_b 段）及支持部分（L_c 段）。前沿部分是指上闸首与引航道，或下闸首与闸室相连接的部分；门龛部分是指工作闸门所在的部分；支持部分是指支持闸门并承受闸门推力的部分。输水系统常用短廊道，并将廊道放在闸门两侧的边墙内，用阀门控制水流，并采用对冲消能方式。闸门形式有人字门、横拉式平面门、三角门及一字门等，其中常用的是人字门。

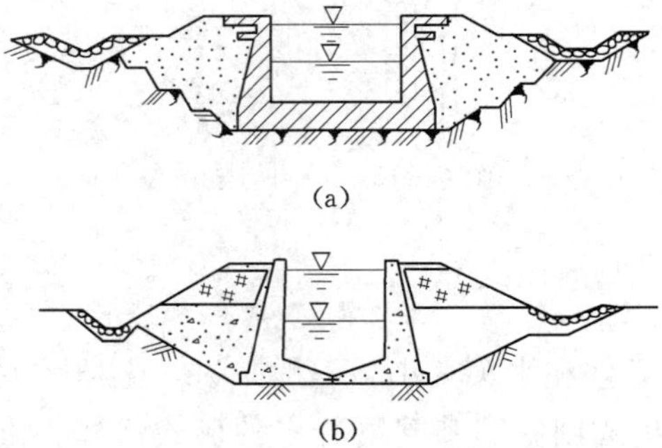

图 8－17　不透水闸底的闸室
(a) 船坞式；(b) 悬臂式

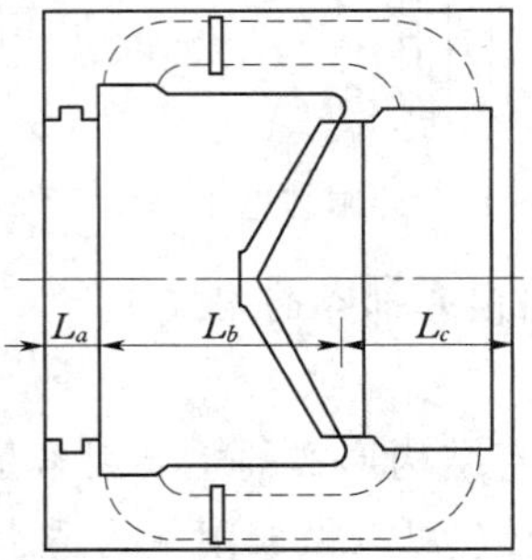

图 8－18　人字门闸首平面布置

3. 引航道

引航道在平面上有对称式和非对称式两种布置方式：①对称航道的轴线与闸室在同一轴线上［图 8－10（a）］。当船舶双向过闸时，为使船舶交错避让，船舶进出闸都必须沿曲线行驶，使过闸时间加长，对提高船闸通航能力不利，这种布置方式多用于小型船闸；②非对称航道的轴线与闸室轴线不相重合［图 8－10（b）］，多采用引航道向不同岸侧扩大的布置形式。船舶双向过闸时，船舶沿直线进闸而曲线出闸，可提高船只进出闸速度，从而提高船闸的运输能力，这种布置方式多用于大、中型船闸。

8.2.2　简易斜面升船机

简易斜面升船机一般由承船车、斜坡轨道和卷扬机三部分组成。承船车用来支托船只，分干运式和湿运式两种。干运式是利用废轮胎、竹垫或尼龙网等材料将船只支托在承船车上；湿运式是在承船车上设承船箱，而在箱内盛水以支托船只。承船车由卷扬设备牵引，沿着上、下游斜面上的轨道升降，达到运送船只过坝的目的。

简易斜面升船机的类型较多，可分为翘板式、高低轮式、叉道式、转盘式、两层车式和水坡式等，工程中常用的是翘板式和高低轮式。

1. 翘板式斜面升船机

翘板式斜面升船机又称为摇架式斜面升船机，如图 8－19 所示。上、下游是反向的两个斜坡，顶部为圆弧形驼峰，在驼峰及斜坡上均铺设钢轨，承船车在钢轨上运行。承船车由两层车架组成，上车架可绕固定在下车架上的铰轴摆动。将上车架的一个固定钩（前钩或后钩）和下车架对应的活动钩挂上后即可相对固定，图 8－19 为上车架的前固定钩与下车架的前活动钩挂上的情况。当承船车接近驼峰时，活动钩下端的撞杆被埋在驼峰上的撞块碰脱，活动挂钩便强迫脱开，上车架即可自由转动。与此同时，上车架的导轮即进入导槽（导槽设在驼峰两侧墙上），以保持上车架的平衡，并使它处于水平状态，而下车架越过驼峰并变换坡度。当承船车越过驼峰后，上车架的另一固定钩与下车架的另一活动钩便自动挂上，此时上车架的导轮就离开驼峰两旁的导槽，而承船车沿斜坡向下滑行。

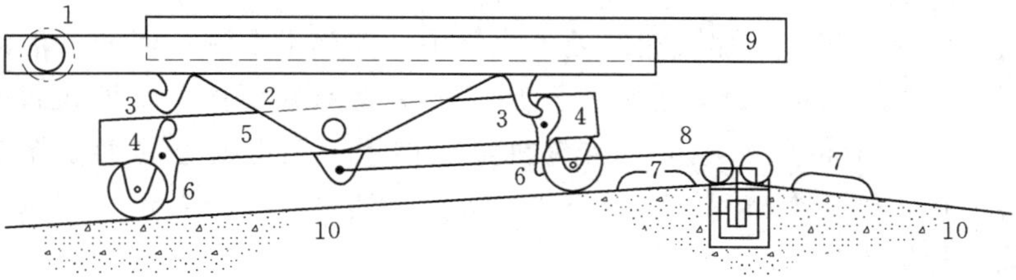

图 8-19　翘板式斜面升船机

1—导轮；2—上车架；3—固定钩；4—活动钩；5—下车架；6—撞杆；7—撞块；8—钢丝绳；9—导槽；10—斜坡

翘板式斜面升船机的轨道结构简单，施工方便，而且投资较省，但承船车所用的钢材量较多，整体刚度较小。当载重大时，承船车的结构显得笨重。当斜坡轨道的坡度较大时，承船车高度加大，因此，在过坝时，导轮、导槽阻力较大，常需另设置辅助设施。另外，运转中可能因挂钩失灵而造成事故，故必须另增设安全措施。因此，这种升船机适用于载重较小（一般在 15t 以下）和坡角较小的低坝上。

2. 高低轮式斜面升船机

高低轮式斜面升船机主要由宽轨段、窄轨段、承船车、卷扬机等组成。承船车的两组高轮和两组低轮在不同轨道上行驶，保持船只始终处于水平状态（图 8-20）。承船车有两组车轮，一组是宽轨轮，另一组是窄轨轮，每组都有两个高轮和两个低轮。斜坡两边上的轨道，一边是宽轨，另一边是窄轨，二者各有顶峰，峰距 s_1 等于承船车的前后轮距 s_2。当承船车沿宽轨上坡，前面的宽轨高轮到达宽轨顶峰时，便开始换轨，这时，前面的窄轨低轮开始接触轨面，即 6 只轮子在轨道上行驶。待继续前进后，宽轨高轮逐渐离开轨面，此时又有 6 只轮子在轨道上行驶。在承船车驶出换轨段后，宽轨道的低轮离开轨面，而承船车便沿窄轨下坡，如图 8-20 所示。

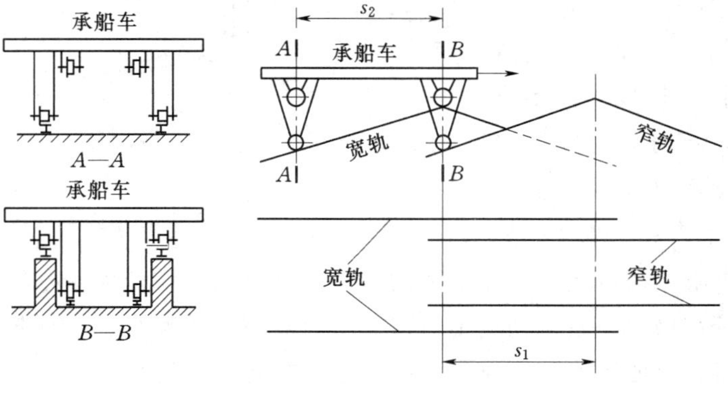

图 8-20　高低轮式斜面升船机

高低轮式斜面升船机一般都采用单绳牵引，其承船车结构简单合理，整体刚度较大，用钢量较少，制造容易，过坝简便，运用平稳可靠，没有冲击等现象，但斜坡上的钢轨用钢量多。这种形式在平面上呈直线布置的升船机中广泛采用。

3. 水坡式斜面升船机

水坡式斜面升船机系由水槽（底面为斜坡）、推板和推进机等组成，是湿运式升船机的一种，但其中没有承船车，船只始终处于水槽中。江苏省淮沭新河和古泊河之间水头差为 5m，有拦河坝横亘其间，为了通航，于 1987 年在此兴建了一座水坡式斜面升船机。当船只驶进宽 5m、长 161m 的水槽时，推进机竖起推板，把水槽里的水徐徐上推，船只便随着水位缓缓上行，到达上游河道。推进机最大推行速度为 44m/min，最大能推 60t 的船只，这种升船机投资省、不耗水、施工也简单。

8.3 过木建筑物

过木建筑物主要分为漂木道和筏道两种。

1. 漂木道

漂木道是断面为三角形、矩形、梯形及半圆形的木槽，支承在木排架上（图 8-21），用于浮运散漂的单根木料。漂木道分为：①浮运式，即木料浮在水中，随水流下移；②半浮运式，即槽中水深约为圆木直径的 0.1～0.7 倍；③滑润式，槽中的水深很小，仅能滑润槽底和部分槽壁。前一种形式用水较多，但木料不易撞坏；后两种形式用水较省，但木料容易撞坏。

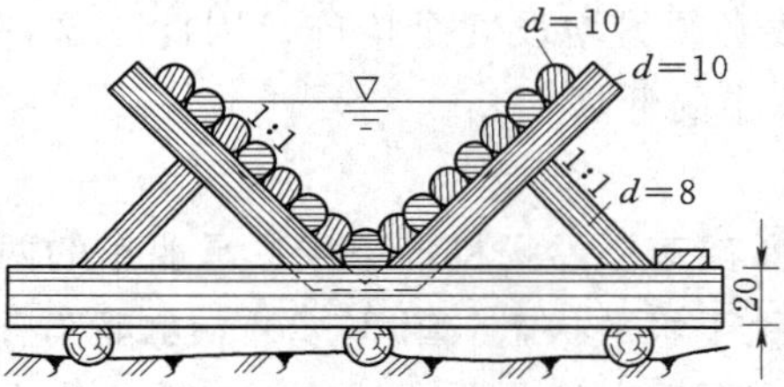

图 8-21　漂木道（单位：cm）

2. 筏道

筏道为一过水的陡槽，用于浮运编成的木排（木筏）。筏道由进口部分、槽身部分和出口部分等组成，如图 8-22 所示。

进口有活动式和固定式两种形式。若上游水位变化不大，则可采用固定式进口，这种进口由上闸门、闸室和下闸门等组成；若上游水位经常变动而且变幅较大，则可采用活动式进口，该进口可以按照上游水位及木筏吃水深度来调节进口高程，以便木筏浮运至槽身，然后经过出口泄向下游。槽身是一个宽而浅的水槽，槽身宽度应稍大于木筏的宽度，但也不宜过大，否则木筏在槽内左右摆动。出口部分应布置在河道顺直、水深较大的地方，同时要在闸坝下游消能水流的影响范围以外，以免木筏被卷入下泄水流的漩滚中而撞坏木筏和消能设施。

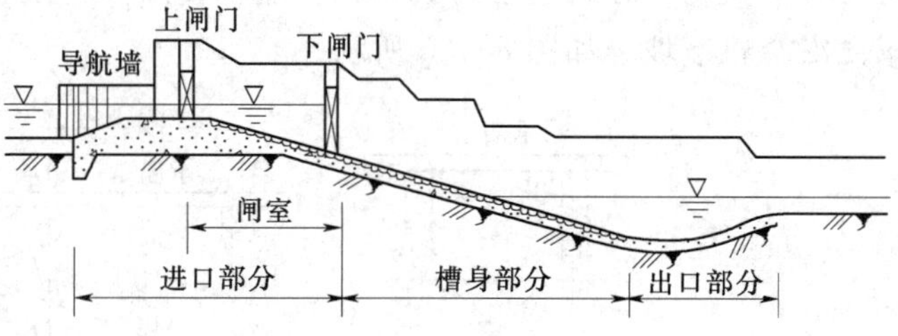

图 8-22　筏道纵剖面图

常用的木材过坝（闸）方式，除采用上述两种过木建筑物外，还有利用机械输送的，如过木机。这种输送方式无需耗水，且不受水头限制，在大、中型水利枢纽中使用。

8.4 过鱼建筑物

过鱼建筑物主要有鱼道、鱼闸及升鱼机等，其中鱼道应用最广。

鱼道由进口、槽身（或水池）、出口及诱鱼设备四部分组成。鱼道按其结构形式可分为池式鱼道和槽式鱼道两种。

8.4.1 池式鱼道

池式鱼道由一连串分开的水池组成，利用天然地形绕岸兴建，各水池之间用短渠或低堰连接。这种鱼道很接近天然河道情况，有利于鱼类通过，一般适于建在地形合适、水位差不大的情况，否则，开挖量大，不经济。

8.4.2 槽式鱼道

槽式鱼道是一条人工建成的斜坡式或阶梯式的水槽，分简单槽式、人工加糙式和横隔板式三种形式。

1. 简单槽式

简单槽式鱼道系一条连通上、下游的简单水槽，其中没有专门的消能设施，仅利用延长水流途径和增大槽周糙率的办法进行消能，同时也降低流速。鱼道长度大，坡度缓，因而只有在水头很小时才被采用。

2. 人工加糙式

人工加糙式鱼道（图 8-23）的特点是在水槽中常设置梳齿或坎以加大糙率，减缓槽中流速，使其不超过鱼类上行的允许流速。水槽的坡度可比简单槽式陡些，故能缩短长度；同时，鱼道流量较大，也改善了诱鱼条件。但是，槽中流态较差，紊动严重。人工加糙式鱼道仅适用于回流能力较强的鱼类，且水位差常在 2m 以下。工程中大多用在天然障碍处，闸坝枢纽中很少采用。

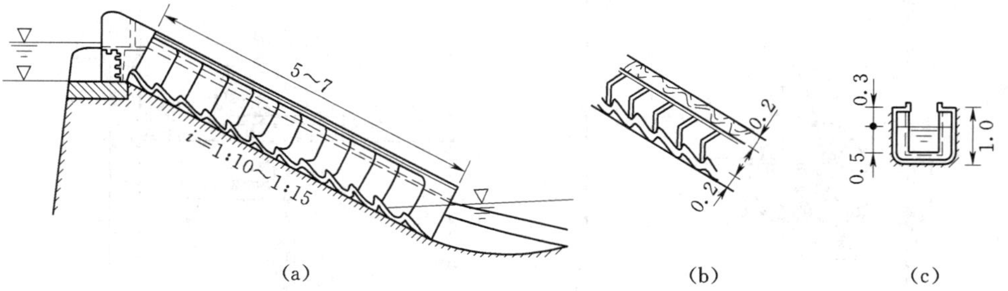

图 8-23　人工加糙式鱼道（单位：m）
（a）纵剖面图；（b）平面图；（c）横剖面图

3. 横隔板式

横隔板式鱼道是利用横隔板将鱼道上、下游的总水头差分为许多梯级，并利用水垫、沿程摩阻及水流的对冲、扩散来消能，以达到改善流态、降低鱼孔流速的要求，让鱼类逆流上溯。这种鱼道的流速和流态易于控制，能适应较大的水位差，且可调整过鱼孔的形式、位置及大小，以适应各种习性鱼类的通行，虽有鱼道断面较大、长度较大等问题，但仍为近代鱼道所常用的形式。

横隔板式鱼道中的主要结构是横隔板，对横隔板的要求，除了满足鱼类洄游习性外，还应该使隔板过鱼孔中的流速小于允许流速；同时，还要求主流明显，连续顺直，隔板之间消能充分，不能产生过大的漩涡和涌浪，以便鱼类顺利上溯。横隔板形式分为溢流堰式、淹没孔口式、竖缝式及组合式四种，应根据过鱼对象的习性、水位差及水位变幅等因素综合比较选定。

（1）溢流堰式鱼道。横隔板顶部即为过鱼通道，其消能方式主要依靠各级水垫。这种鱼道适用于爱好在表层洄游并喜欢跳跃的鱼类，在国外早期鱼道中使用较多。

（2）淹没孔口式鱼道。水流通过水下孔口，主要依靠水流扩散来消能，孔口形状有矩形孔、圆管、管嘴式和栅笼式等。这种鱼道适用于底层的中、大型鱼类。

（3）竖缝式隔板鱼道。过鱼孔是高而窄的竖缝，有同侧竖缝和两侧竖缝两种形式。同侧竖缝式是在隔板一侧设有竖直孔［图 8－24（a）］，利用水垫消能，其主流明确，消能较充分，有水流平缓区，便于各种鱼类上溯。两侧竖缝式［图 8－24（b）］是在隔板两侧设置竖直孔，使左右两股射流对冲，消能充分，过鱼孔流速比其他形式要小。竖缝式隔板鱼道能适应水位变化，消能良好，适于各种不同习性鱼类的洄游要求，故在我国应用最广。

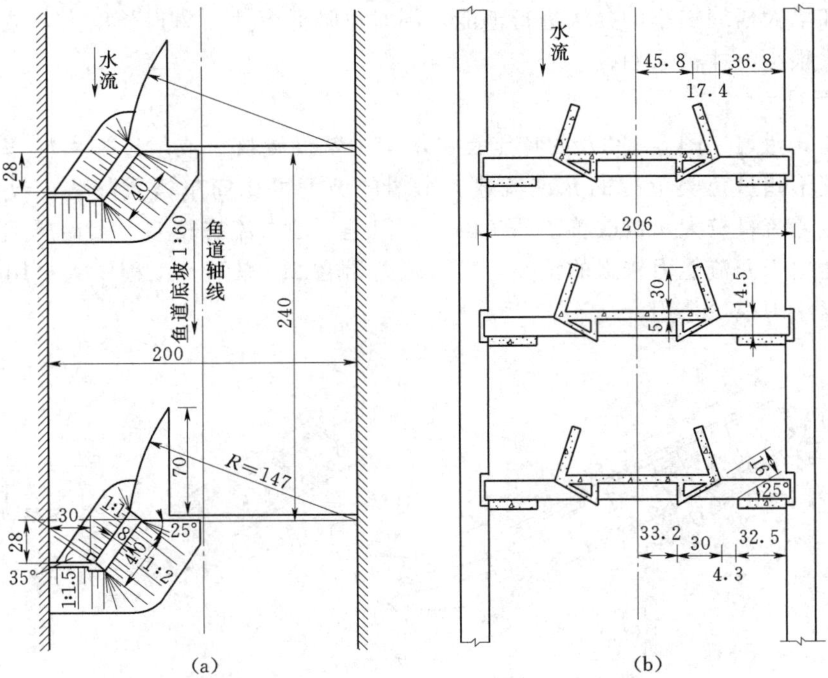

图 8－24　竖缝式隔板（单位：cm）
（a）同侧竖缝式；（b）两侧竖缝式

（4）组合式隔板鱼道。有堰与孔口、竖缝与孔口、竖缝与堰等相结合的形式。图 8－25为江苏省太平闸鱼道隔板，采用竖缝与堰相组合，其水槽采用梯形与矩形相结合的复式断面。这种鱼道的特点是在边坡外存在一个范围较大的低流速区，该区内流速仅为0.3～0.5m/s，而在其他过鱼孔处的流速为0.5～1.0m/s，在一个鱼道中能较好地适应不同洄流能力的鱼鳖游动上溯。

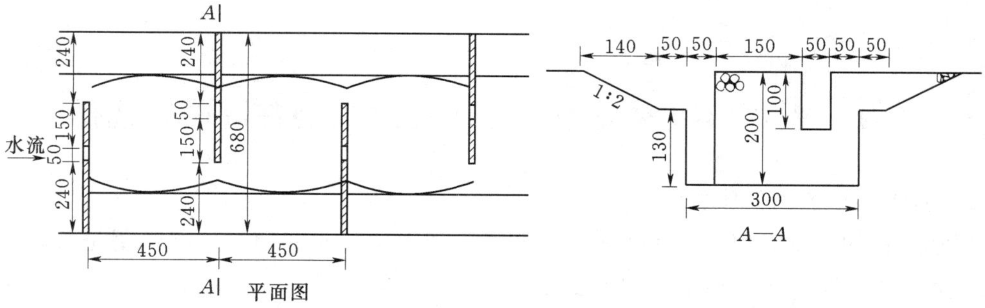

图 8-25　太平闸鱼道隔板（单位：cm）

8.4.3　鱼道的布置

鱼道的布置主要指鱼道进、出口布置及鱼道在枢纽中的位置。

鱼道进口应设在鱼类洄游路线及经常群集的地方，应在迎阳光及迎风处，使鱼类能够迅速找到进口。鱼类有顶冲水流游行的特性，故鱼道进口不能远离拦河建筑物，应放在靠近鱼所能上溯到达最前面的范围内，并应利用泄水建筑物水流，与鱼道水流一起，在离进口较远的地方形成通向进口的诱鱼水流。这种诱鱼流速应比附近水流速度略大而易为鱼类察觉，又能为鱼力所及。进口附近的水流除了流速适当以外，还要避免出现漩涡和水跃等水流扰动现象。

鱼道进口及出口段均应保证在上、下游水位变化时，仍能保持鱼道内的流量和流速均匀适中，并有较好的流态，水流要明显和平稳。进、出口高程不能过于高出河底，以免影响鱼类进入鱼道。进、出口底部应以斜坡与河床或河岸衔接，进口水深至少应为1.0～1.5m，出口水深至少1m。鱼道进、出口位置需要开敞些，使环境条件与天然河道相似。另外，出口应远离泄水建筑物，以免进入上游的鱼再被下泄水流冲至下游，同时出口方向应迎着水库水流方向，便于下行的鱼类顺利地进入鱼道。

鱼道位置与周围环境的关系也很密切，要求环境安静，无嘈杂声。应避免将鱼道建在交通要道、船只航行停泊的航道上，也不要设在居民区。鱼类对水质要求较高，因此，鱼道不应建在工业废水及民用污水的流动范围内。

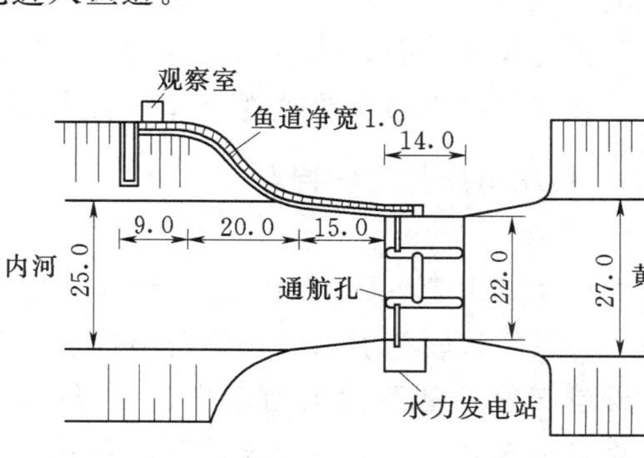

图 8-26　团结河鱼道布置图（单位：m）

鱼道在枢纽中的位置除满足上述要求外，还应尽量与枢纽中其他建筑物相结合。图 8-26 为江苏省通州市团结河鱼道布置图，鱼道槽身建在水闸的岸墙及翼墙旁，这种布置较为经济，一般用在新建枢纽中。续建枢纽中往往将槽身布置在河岸上，如江苏省太平闸鱼道布置就是一例。

第9章 引水枢纽布置

9.1 引水枢纽的类型、工作特点及渠首位置的选择

9.1.1 引水枢纽的作用和类型

通常所称的引水枢纽（取水枢纽）是指从河道取水的水利枢纽，其作用是获取符合水量及水质（主要是指少沙较清的水）要求的河水，以满足灌溉、发电、工业及生活用水的要求。引水枢纽位于渠道首部，所以又称为渠首枢纽。

引水枢纽分为无坝引水枢纽和有坝引水枢纽两大类。当河道枯水时期的水位和流量能满足引水要求时，便可直接在河岸修建引水枢纽，称为无坝引水枢纽；当不能满足上述要求时，需修建壅水坝（或拦河闸），用来抬高水位以满足上述要求，这种具有壅水坝的引水枢纽，称为有坝引水枢纽。

9.1.2 弯道环流原理

在天然河道上，大部分河段是弯曲的，要在弯曲河道上合理地布置引水枢纽，必须充分了解弯道环流原理。如图 9-1 所示，弯道水流受到离心力作用，使凹岸水面壅高，凸岸水面降低，从而形成横向比降。取 db 段水柱进行分析，该水柱上由于横向比降而引起的侧向附加力有离心力和两侧水压力之差值。离心力的数值与流速二次方成正比，而流速分布则为表层大、底层小，故离心力的分布也是表层大、底层小。两侧水压力的差值则是矩形分布，其方向与离心力相反。这两种力及其合力的分布情况如图 9-1 (b) 所示，合力的方向就是水流运动的方向。这样，表层水流由凸岸流向凹岸，底层水流则由凹岸流向凸岸，从而形成横向环流。这种横向环流与纵向水流结合在一起，使水流呈螺旋形前进。

由于横向环流的作用，凹岸受到冲刷，形成水深流急的深槽，而凸岸不断淤积，形成水浅流缓的浅滩［图 9-1 (c)］。因此，渠首应设在凹岸的适当位置，以引进表层较清的河水，含有大量推移质的底流则远离渠首，以达到引水防沙的要求。

9.1.3 引水枢纽的工作特点

1. 无坝渠首

无坝渠首由于不能控制河道水位和流量，因此常受河水涨落、泥沙淤积及河床变迁等影响，一旦主流脱离引水口，就会导致水流不畅，甚至引水口被淤塞而失效。郑州市东风渠的渠首工程，因受黄河河床变迁的影响，致使引水口被淤而不能取水。所以，在不稳定河流上引水时，引水口应选在靠近河道主流的地方，并要进行河道整治。

如在河道直段侧面引水，由于岸边引水口前水流转弯，从而形成侧面引水环流，使表层水流和底层水流分离。而且，进入渠道的底层水流宽度远大于表层水流，从而使大量推移质随着底流进入渠道。当引水比（引水流量与河道流量的比值）达 50%时，河道的底沙

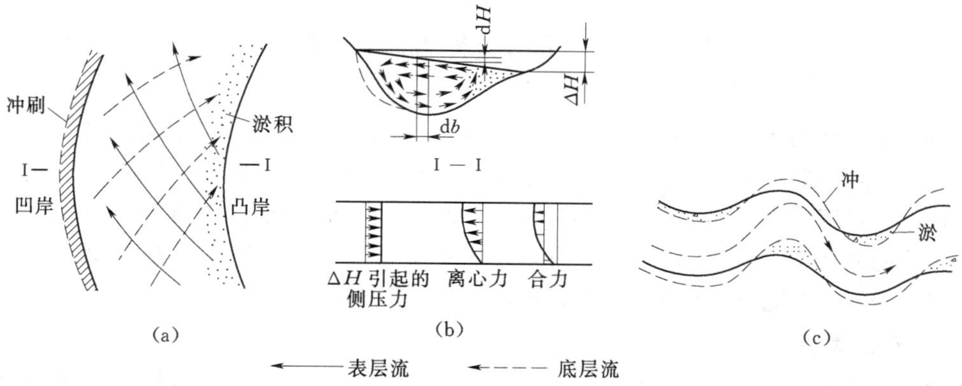

图 9-1　弯道环流示意图

(a) 平面图；(b) db 水柱上的作用力；(c) 冲淤变化

几乎全部进入渠道。为此，应采取必要的防沙措施，改变流态，减小底流宽度或将底流导离引水口，以减少推移质入渠。

2. 有坝渠首

当渠首投入运用后，上游水位被壅水坝抬高，坝前流速较低。因此，大量泥沙沉积在坝前，沉积的速度也很快，在 1～2 年内，甚至一次洪水即可将坝前淤满，这时壅水坝即失去控制水流的作用。另外，当河道主流摆动后，上游河床常形成一些岔道，使得引水口附近不能保持稳定的深槽，从而影响渠首的正常工作。

在渠首运行初期，壅水坝下泄的水流较清，具有很大的冲刷力，促使下游河床冲刷；当坝前淤平后，下泄水流的含沙量增大，又使下游河床逐渐淤积，严重时可将壅水坝埋于泥沙之中。陕西省织女渠首的壅水坝，其坝体大部分已被埋在沙内。

根据上述情况，不但要使建筑物布置合理、尺寸和高程选择恰当，而且还要考虑渠道上、下游河床的再造情况，进行必要的河道整治。

9.1.4　渠首位置的选择

渠首位置的选择直接影响到引水口的正常工作，是极为重要的设计环节。在选择位置时应充分掌握地形、地质、洪水特性、含沙量及河床演变规律等情况，并要考虑以下几个问题：

(1) 引水口高程应满足自流灌溉的要求，并符合渠道输水输沙条件。

(2) 引水口应选择在河床比较稳定、河岸比较坚实的河段。

(3) 坝（闸）址所在河段的断面应比较匀称，且河道水流垂直于坝轴线，以使过坝水流平顺。

(4) 若为一岸引水，可考虑将引水口选在弯曲河段的凹岸，这对引水防沙有利；若为两岸引水，则宜选在顺直的河段。

(5) 支流汇入处不宜设置引水口，以避免支流对引水防沙的干扰。

(6) 在渠首附近要有一定的场地，以有利于施工、管理及交通运输。

(7) 对于严寒地区或有防漂要求的渠首，需防止冰凌和其他漂浮物进入干渠。

9.2　无坝引水枢纽布置

无坝引水枢纽的水工建筑物有进水闸、冲沙闸、沉沙池及上下游整治建筑物等。当有航运、漂木和过鱼等要求时，还应考虑设置船闸、筏道和鱼道等。无坝引水枢纽的布置形式，按引水口的数目可分为一首制和多首制两种，每种渠首的布置形式，根据河床和河岸的稳定情况，河流的水沙特性以及引水流量的多少而有所不同。无坝引水渠首的引水比宜小于50%，多泥沙河流上无坝引水渠首的引水比宜小于30%。

9.2.1　一首制渠首

一首制渠首常位于弯道凹岸（图 9-2）。这种渠首由拦沙坎、引水渠、进水闸及沉沙设施等组成。引水口位置一般设在弯道顶点以下水深最大、环流量强的地方。根据 B. Б. 杜拉涅夫的试验研究，引水口距离弯道起点的弧长（沿河道中心线）L 与弯道中心线的弯曲半径R、弯道水面宽度 b 有关（图 9-3），即

$$L = 2ks = kb\sqrt{4 \times \frac{R}{b} + 1} \tag{9-1}$$

式中：s 为弯道起点断面中心线垂线与凹岸交点的距离；k 为系数，其值为 0.6～1.0，一般选用 0.8。

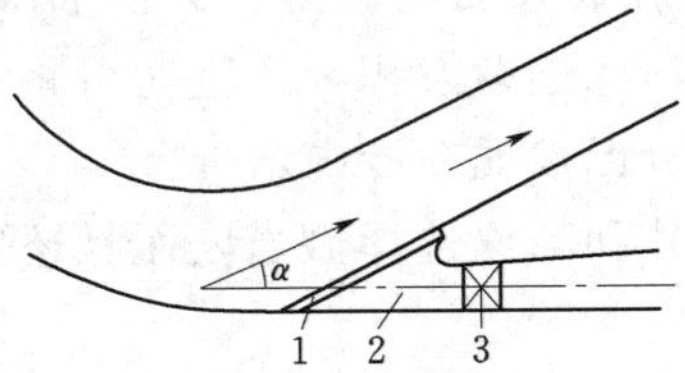

图 9-2　一首制渠首平面布置示意图

1—拦沙坎；2—引水渠；3—进水闸

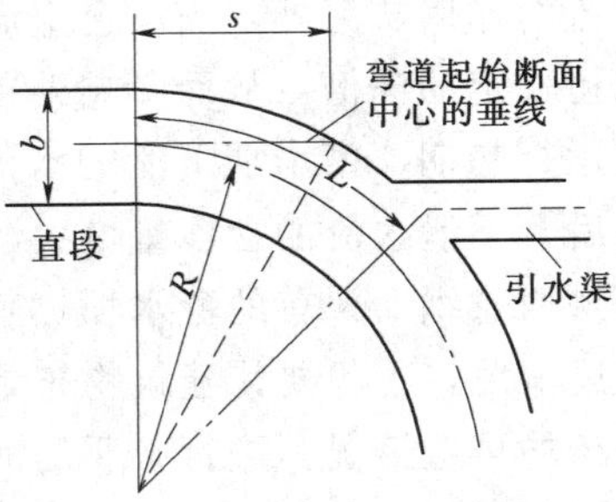

图 9-3　取水口位置

引水口的最优位置不仅与弯道的半径和水面宽度有关，还涉及推移质运动规律和侧面分水理论等。因此，在大型工程中应通过水工模型试验最后确定。

引水口进水方向与河道水流方向的夹角 α，称为引水角（图 9-2）。为了减少泥沙入渠量，一般采用 α=30°～60°，引水口前沿宽度不宜小于进水口宽度的 2 倍。拦沙坎布置在引水口前缘，其形状有Γ形（图 9-4）和梯形等。坎顶高程宜比设计水位时的河床平均高程高出 0.5～1.0m。设置拦沙坎后可使表层水流的引水宽度增加，底层水流的宽度减小，从而减少入渠泥沙。进水闸底板高程一般与引水渠底高程相同或稍高。沉沙设施一般布置在进水闸下游的适当位置，通常将一段干渠加宽加深，从而形成沉沙池。黄河下游的渠首沉沙池是利用天然洼池，并与放淤改良土壤相结合，待洼地淤满后即可作为耕地使用。

在坡降较陡、引水量较大及不稳定的河道上，一首制取水布置一般采用导流堤式（图

9-5)，渠首由导流堤、进水闸及泄水冲沙闸等所组成。导流堤的作用是束缩水流、抬高水位，以保证进水闸引取的水量。导流堤的轴线与河道水流方向一般成10°～20°的夹角，并向上游延长，逐渐接近主流。进水闸与泄水冲沙闸的位置，一般按正面引水、侧面排沙的原则进行布置。泄水冲沙闸除了宣泄部分洪水外，平时也用来排沙。

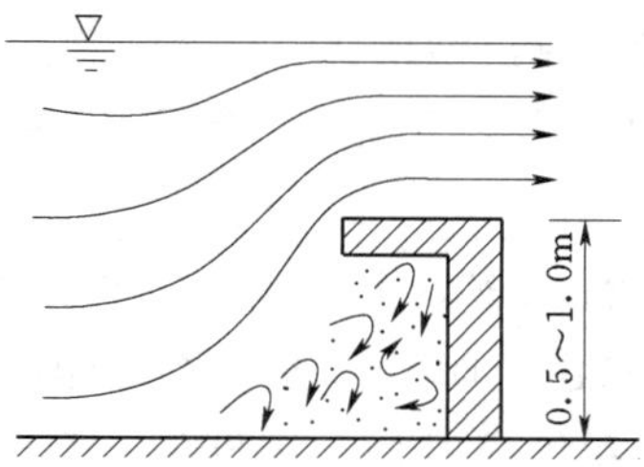

图 9-4 Γ形拦沙坎

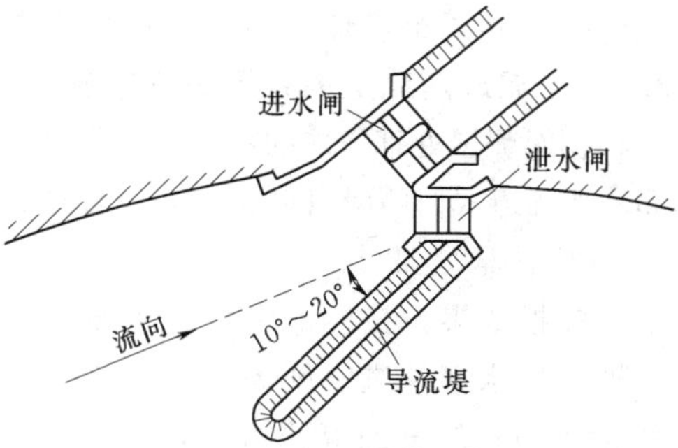

图 9-5 导流堤式渠首布置图

9.2.2 多首制渠首

在不稳定的多泥沙河流上，引水口常常由于泥沙淤塞而不能引水，此时可采用多首制渠首（图9-6）。多首制渠首常设有2～3条引水渠，各渠相隔1～2km，甚至3～4km。洪水期仅从一个引水口引水，其他引水口临时堵塞；枯水期可由几个引水口同时取水。若某引水口淤积后，可以轮流清淤，不致停水。这种渠首中的引水渠容易淤积，因此清淤工作量大，每年维修费用也大。

9.2.3 上、下游河道的整治

为了保证引水口正常引水，常需对渠首附近的上、下游河段进行整治。要求是：①使河流主流靠近引水口，并维持所需要的水位；②使引水口前的表层水流进入渠道，底层水流离开引水口；③保证引水口不受水流冲击（或淘刷）而破坏。

渠首附近河道的整治应全面规划，综合治理，在不影响防洪、航运等情况下可采用局部整治措施。为使主流经常靠近引水口，常采用临时性措施、永久性措施或两者相结合。临时性措施是采用控制泥沙的导流装置或疏通引水口前的岔道，以保证顺畅地引水；永久性措施是在引水口附近的河道上修筑丁坝（垂直水流方向）及顺坝（顺水流方向），以缩窄河床，调整主流方向（图9-7），并用护岸工程加固凹岸，防止水流冲刷。

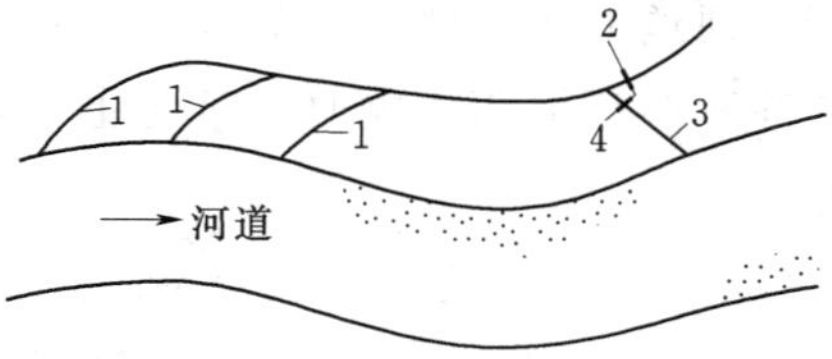

图 9-6 多首制渠首布置示意图

1—引水渠；2—进水闸；3—泄水排沙渠；4—冲沙闸

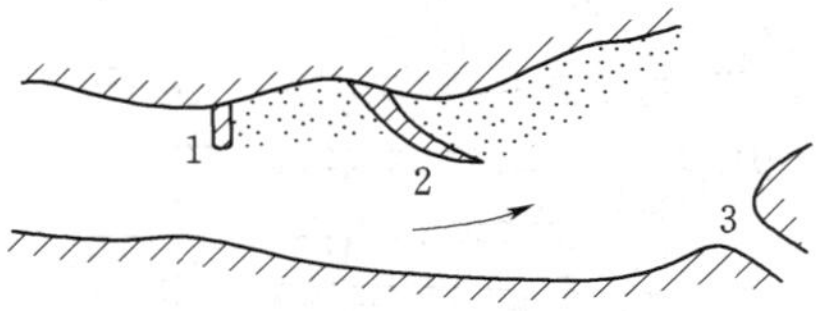

图 9-7 河道整治布置图

1—丁坝；2—顺坝；3—引水口

9.3　有坝引水枢纽布置

有坝引水枢纽由壅水坝（或拦河闸）、进水闸及各种防沙设施如沉沙槽、冲沙闸、冲沙廊道、栏栅等组成。有时尚需修建水电站、船闸、筏道及鱼道等专门性水工建筑物，与上述建筑物共同组成综合利用的有坝渠首。

9.3.1　多泥沙河流上的有坝渠首布置

根据对泥沙处理方式的不同，有坝渠首的布置形式有沉沙槽式、人工弯道式、底栏栅式、底部冲沙廊道式、两岸引水式、沉沙池式以及引渠式等多种，下面简要介绍前 5 种形式。

1. 沉沙槽式渠首

沉沙槽式渠首按侧面引水、正面排沙的原则进行布置，由壅水坝、冲沙闸、沉沙槽、冲沙槽、导水墙及进水闸等组成（图 9-8）。因最先建于印度，故又称为印度式渠首（引水角为 90°）。改进的沉沙槽式渠首布置见图 9-9，我国三盛公、横排头、渔子溪等大型引水渠首工程都采用了这种布置形式。

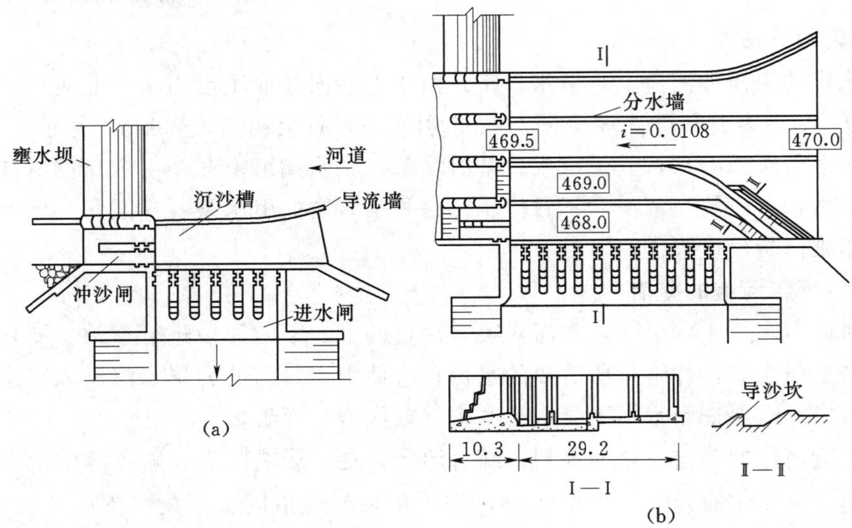

图 9-8　沉沙槽式渠首布置图（单位：m）

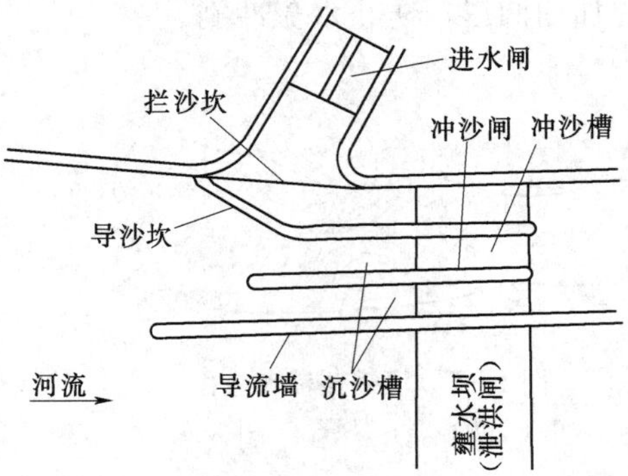

图 9-9　改进的沉沙槽式渠首布置示意图

（1）壅水坝。壅水坝一般布置在河床内，要求上游进流平顺，以增大泄量，下游出口最好和原河道方向一致，以减轻水流对河床及河岸的冲刷。当河床较宽时，常建土坝与壅水坝相连。

（2）进水闸。进水闸位于坝端河岸处，进水闸前缘线与拦河溢流坝的坝轴线之间的夹角（即进水闸的引水角）过去常采用 90°，印度北方邦灌溉研究所的模型实验结果表明，当上述夹角为 70°～75°时，较夹角为 90°时的防沙效果提高近6倍。GB 50288—2018《灌溉与排水工程设计标准》推荐进水闸宜采用锐角进水方式，引水角为70°～75°。为了有利于防止推移质入渠，进水闸底板高程应高出沉沙槽底面1.0～2.0m，这样也可增大沉沙槽的沉沙容积。

(3) 冲沙闸。冲沙闸布置在坝端，并与进水闸相邻。冲沙闸前缘线宜与河道主流方向垂直，底板高程应低于进水闸的闸槛高程，且不高于多年平均枯水位时的河床平均高程。开启冲沙闸即可冲洗沉沙槽内的泥沙，也可宣泄部分洪水，使河道主流趋向进水闸，以保证灌溉用水。选择冲沙闸的设计流量时应满足冲沙及稳定河道主槽的要求，通过设计流量时的闸前水位宜低于溢流坝顶，闸的设计过水断面宜为溢流坝坝址处河道过水断面积的1/20～1/5，或闸的净宽宜为渠首所在河段总过水净宽的1/10～1/3。

(4) 导流墙。导流墙位于冲沙闸与壅水坝的连接处，其长度约为引水口总宽的2～3倍，上游端通常做成弧形。墙顶高程宜高出壅水坝顶0.5m，尽量避免水流从侧面翻入沉沙槽内。

(5) 沉沙槽。沉沙槽位于进水闸前，由导流墙与进水闸的翼墙组成［图9-8 (a)］。沉沙槽长度宜为进水闸宽度的1.3倍，或比进水闸宽度长5～10m。当冲沙闸关闭时，用以沉淀推移质泥沙，起沉沙池作用；当冲沙闸开启时，沉沙槽便成为冲沙道，槽内流速应大于推移质的启动流速，一般采用2～4m/s。改进的沉沙槽式渠首中的冲沙槽位于冲沙闸内，其槽底坡降宜大于渠首所在河段底部平均坡降，以利排沙。

由于沉沙槽式渠首的布置和结构简单，施工容易，造价较低，故在我国西北、华北等地区得到广泛应用。但在运用实践中，发现这种渠首布置存在下述主要问题：①由于进水闸与河流垂直，水流需转90°急弯进入进水闸，这样便在进水口处产生横向环流，把部分推移质泥沙带入渠道；②当冲沙闸冲沙时，槽内推移质发生跃移运动，为防止泥沙入渠，必须关闭进水闸，停止取水；③当壅水坝前淤平后，该坝便失去控制水流的作用，此时，进水闸处于无坝引水状态，致使引水得不到保证。

针对这些缺点，西北水利科学研究所结合渭惠渠扩建工程进行了试验研究，提出一些改进措施。图9-8 (a) 为改建前的渠首布置。改建后的渠首布置见图9-8 (b)，根据用水需要，进水闸由原来的6孔扩建为12孔。为了改变原方案排沙效果差的情况，采取了以下改进措施：①冲沙闸由原来的2孔扩大到5孔，使净宽从4m增加到19m，沉沙槽宽度由4.8m增为25.2m，该宽度为进水闸宽度的76%（原方案仅为30%）；②在沉沙槽内采用了潜没分水墙、导沙坎及卷沙槽，改变了水流内部结构，使表层水进入进水闸，而含底沙的水流大部分不易接近进水闸。改建后的渠首经过长期运用考验，证明引水防沙效果良好。

2. 人工弯道式渠首

这种渠首是将弯曲河段整治为有规则的人工弯道，利用弯道环流原理，在弯道末端按正面引水、侧面排沙的原则布置进水闸和冲沙闸，以引取表层清水，排走底层泥沙。该渠首由人工弯道、进水闸、冲沙闸、泄洪闸以及下游排沙道等组成（图9-10）。人工弯道式渠首是俄罗斯费尔干渠首的改进形式，目前在新疆、甘肃等省采用较多。

(1) 人工弯道。布置人工弯道时尽可能利用天然河弯，经适当整治而成为引水弯道。因为天然稳定河弯的曲率半径符合该河段的自然特性，与任意布置的弯道相比，引水防沙性能较为优越。

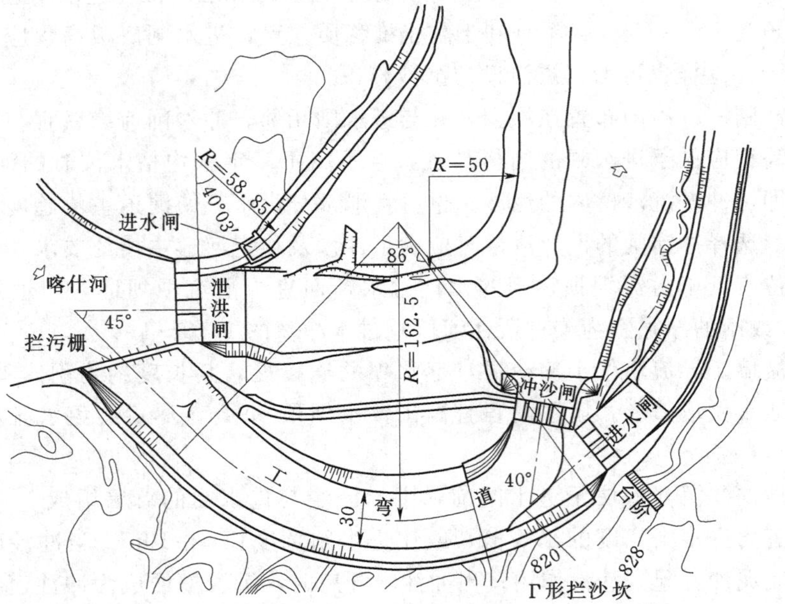

图 9-10　新疆喀什河人工弯道渠首布置图（单位：m）

人工弯道设计流量为进水闸设计流量和冲沙闸流量之和，约为进水闸设计流量的 2.0～2.2 倍。在新疆地区，当引水比大于 70%时，每年河道来水流量大于弯道设计流量的时间大于 2～5d，有利于解决引水和排沙的矛盾。当引水弯道流量选定后，即可确定其断面尺寸。弯道中心线半径 R 可取水面宽度的 5～6 倍，弯道长度不宜小于（1.0～1.4）R，弯道底部坡降宜缓于枢纽处天然河道底部的平均坡降。

（2）进水闸及冲沙闸。进水闸位于弯道凹岸，按正面引水并沿弯道半径方向进行布置，其底板高程高出冲沙闸底板 1.0～1.5m，闸前设置悬臂拦沙坎一道，坎高 1.0～1.5m，并逐渐加宽，一直延伸到覆盖冲沙闸的第一孔，如图 9-10 所示。

冲沙闸位于弯道凸岸，其沿水流方向的中心线与进水闸沿水流方向的中心线之间的夹角宜为 35°～45°，如该角过大，泥沙不易排走，在图 9-10 中，该夹角为 40°。冲沙闸底板高程视河道纵向变化情况而定，还要考虑弯道输沙及闸下排沙的要求。对于下切河段，基岩暴露，挟沙能力大，闸底板高程可与河道枯水期平均河床同高；对于冲淤平衡的河段，可适当抬高 0.5m；当河道处于淤积河段时，则需抬高 1.0～1.5m，或更高些。冲沙闸运用时如果遇到进水闸因事故而停止引水，则弯道流量全部由冲沙闸排走，所以在计算冲沙闸加大流量时需考虑这种情况。

（3）泄洪闸。一般布置在弯道进口河床内，其中线与弯道中线形成 40°～45°的夹角（图 9-10 中为 45°）。泄洪闸底板高程较弯道进口底部高程低 1.0～1.5m，以利于泄洪排沙。

（4）下游排沙道。为了提高渠首下游河道的输沙能力，通常需要对该段河道加以整治，即适当缩窄，并有一定的纵坡（如 1.5%～2.0%），使河道流速控制在 4～5m/s，以便集中水流使泥沙远离渠首引水工程。

人工弯道式渠首设计的关键问题是：洪水期能否在弯道内产生较强的横向环流，平时弯道内能否保持输沙流速。早期修建的弯道曾因宽度过大，以致洪水期环流微弱，平时弯道内流速很小，淤积甚多，以致大大地影响了引水排沙的效果。近 30 多年来，上述问题得到了有效的解决，新疆喀什河人工弯道式渠首便是成功的实例，举世闻名的四川省都江堰引水枢纽也属于这种类型。

图 9-11 为都江堰引水枢纽布置示意图，该枢纽由战国时期著名水利家李冰于公元前 256 年至公元前 251 年期间主持兴建。整个枢纽由引水口、外江闸、百丈堤、金刚堤及飞沙堰等组成。岷江水由百丈堤引导，在鱼嘴处分别进入内江和外江。引水口主要设在宝瓶口，平时外江闸关闭，以便保证内江引水的水位和流量；洪水期开启外江闸，让洪水主要从外江泄走，此时进入内江的洪水，大部分由飞沙堰宣泄。这种引水方式的特点是：正面引水，侧面排沙，水流通过弯曲的内江，发挥了横向环流作用，使含有多泥沙的洪水从飞沙堰排走，而宝瓶口处则引进泥沙较少的灌溉水。由于渠首建筑物的布置合理，相互调节，起到分水、引水、泄洪和防沙的作用，使成都平原广大农田可以自流灌溉。

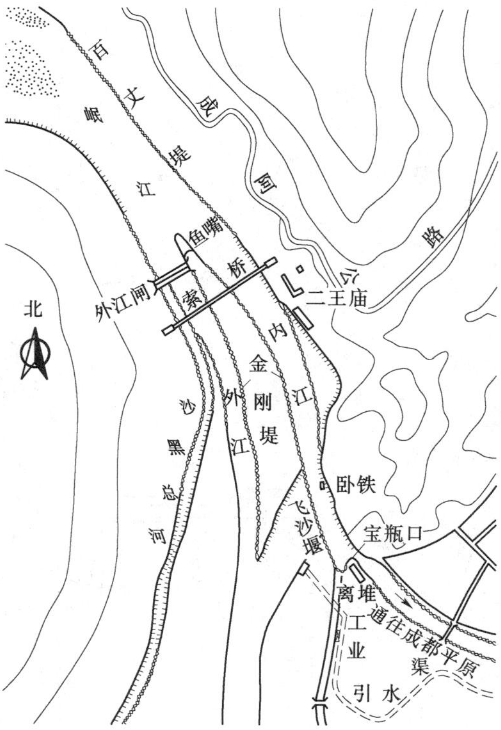

图 9-11　都江堰引水枢纽布置示意图

人工弯道渠首在引水防沙方面的效果是显著的，但工程量较大，建筑物较分散，管理不够方便。这种渠首适用在推移质较多、泥沙粒径变化范围大、具有天然弯道的山区河道大、中型工程中。

3. 底栏栅式渠首

这种渠首的主要建筑物有底栏栅坝、溢流堰、泄洪冲沙闸、导沙坎及上下游导流堤等（图 9-12）。底栏栅坝高度很低，坝内设有引水廊道，坝顶装有栏栅，当水流通过坝顶时，部分或全部水流穿过栏栅间隙进入廊道，然后流向岸边的渠道、隧洞等输水道。水流中大于栅隙的砂石则从坝顶排至下游，小于栅隙的泥沙伴随水流进入廊道，并由渠道的沉沙池或排沙闸等进行处理。

渠首的布置形式随着河流水文、泥沙特性及河道地形的不同而有差异。一般来讲，底栏栅坝直接与河岸相连，且与水流正交。冲沙闸位于底栏栅坝靠河心的一侧，以便泄洪冲沙，稳定主槽位置。拦沙坎位于底栏栅坝前，将底流导向冲沙闸，以减少入渠泥沙。目前有些渠首多利用天然河弯，或是修建人工弯道，使表层水流引向栏栅坝，底流则在曲线拦沙坎作用下折向冲沙闸，以提高排沙效率，因而使泥沙进入栏栅的数量大为减少。溢流堰

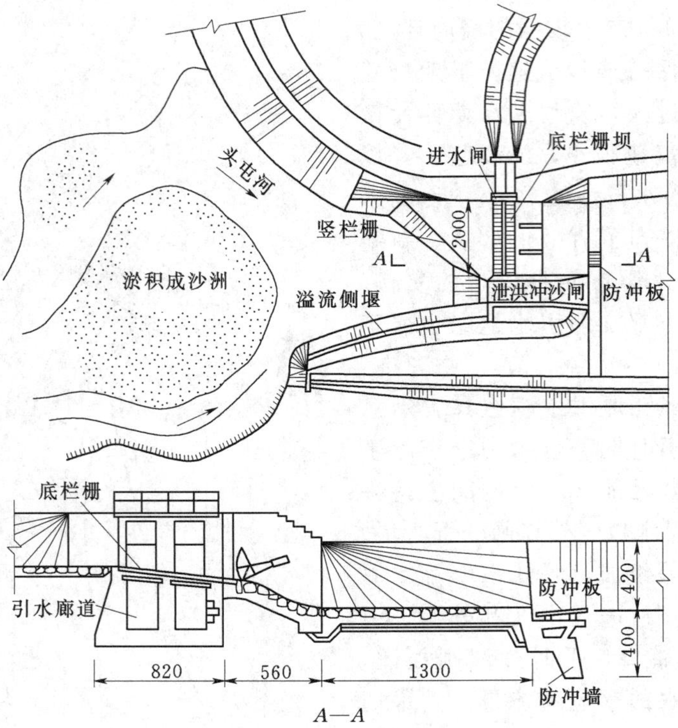

图 9-12 新疆头屯河渠首布置图（单位：cm）

是泄洪措施之一，该堰轴线与冲沙闸轴线可以相同，也可以是侧向相交而形成溢流侧堰（图 9-12），主要由地形条件确定。

底栏栅坝的高度主要由河流水文泥沙情况而定，坝顶高程宜高于河床多年平均高程 1.0～1.5m。坝内通常设有 1～2 个引水廊道（无压流），其断面为矩形，宽约 1.5～2.0m，廊道内壁常采用耐磨石料或铁板等材料砌护，以防泥沙磨损。底栏栅坡度宜取 1/10～1/5。栅隙的大小对引水防沙的影响很大，从防沙角度看，小一些为好，但栅隙偏小容易被小石及杂物等堵塞，严重影响取水效率，栅隙通常取 1～3cm，栅条宜选用上宽下窄的梯形钢条。

冲沙闸底板高程较底栏栅坝顶低 1.5～3.0m，以便于有效地起到冲沙作用。溢洪堰顶高程及长度视水文计算而定。

底栏栅式渠首构造简单，造价低廉，施工方便，且由于许多建筑物集中在一起，管理也方便。所以，这种渠首在西北及南方山区得到迅速推广，工程规模也日益扩大，引水流量已达 35m^3/s。该渠首存在的问题是入渠泥沙较多，栏栅易被堵塞。新疆头屯河渠首工程 1964 年建成，运用后发现栏栅堵塞严重，为此，采用了以下改进措施：①每隔一根栅条去掉一根，栅条间隙由原来的 0.6cm 增加到 2.6cm；②在拦沙坎前沿加设竖栏栅，高度为 1.0m，栅隙为 3.0cm。改建后防沙引水效果良好。

底栏栅式渠首适用于大粒径推移质较多、水面坡降较陡的山区河道中的中、小型工程。根据经验，当引水比小于 60%时，要求水流中含 6mm 以下细颗粒泥沙不超过总量的

20%～30%；如引水比大于60%，则为15%～20%。

4. 底部冲沙廊道式渠首

由于河道中表层水较清而底层含沙较多，故可利用这个自然规律使底层水流从冲沙廊道排走，而将表层较清的水流引进渠道。

(1) 侧面引水。如图9-13(a)所示，进水闸的引水角为锐角。由于引水口引水时水流弯曲，产生横向环流，使泥沙多淤积在引水口上唇附近，故冲沙廊道作不均匀布置，在临近引水口上唇附近，廊道布置较密，以便更多地排除泥沙，而在靠近坝端部分则布置较稀。但若能在引水口上唇的上游增设一个廊道，则对引水排沙的效果更好些。

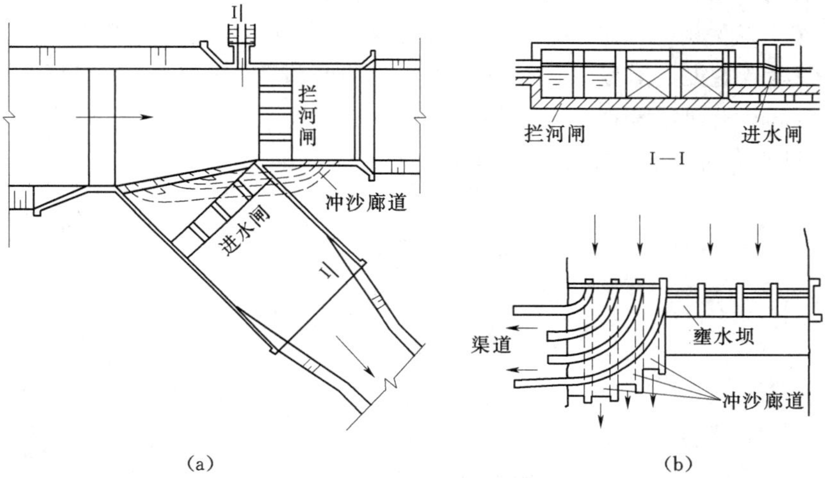

图9-13 底部冲沙廊道式渠首布置图

(a) 侧面引水渠首；(b) 正面引水渠首

(2) 正面引水。如图9-13(b)所示，进水闸引水时，进口水流无弯曲现象，可减少泥沙入渠量。进水闸底板下面设有较大尺寸的冲沙廊道，既可冲沙又可泄洪。这种渠首的引水特点是：边引水，边冲沙，一般不需停水冲沙。由于冲沙和引水同时进行，要有足够的水量和水头，所以该渠首适用在水量较丰沛、枢纽上下游水位差较大的多泥沙河道上。

底部冲沙廊道式渠首存在的问题是：结构较复杂，廊道磨损严重，检修较困难。

5. 两岸引水式渠首

当河道两岸都需要引水时，以往常在拦河坝两端分别建造沉沙槽式引水口，以满足两岸引水要求。实践证明，这种渠首常有一岸引水口被泥沙堵塞。为此，通常采用在一岸集中引水，然后用坝内输水管道向对岸输水，或用跨河渡槽或在河床内埋设涵洞向对岸输水。这种从一岸引水并向对岸输水的方式，虽然结构复杂，但运用情况良好，不仅有利于水量调配，且便于管理。

为了保证两岸正常引水，有的渠首采用拦河闸代替拦河坝，基本上不改变渠首附近上、下游河道的自然形态。这样，既可壅水沉沙，又能开闸泄洪，排除上游淤积的泥沙，使河床处于稳定状态，保证两岸引水口有良好的引水条件。

9.3.2　少泥沙河流上综合利用的有坝渠首布置

在我国南方山区及平原地区，多兴建综合利用的有坝渠首。渠首建筑物除壅水坝、进水闸外，可能还有船闸、筏道及鱼道等。布置此类渠首时，除应满足每个建筑的运用、施工和管理要求外，还应注意泥沙问题。如广东省在鉴江等河流上修建了十余座低水头综合利用渠首，运用初期，效果尚好，但不少渠首目前已出现严重的泥沙淤积问题，造成船闸淤积不能通航，引水口淤积使引水流量减小，以致渠首不能正常工作。

根据渠首运用要求，进水闸应位于有引水要求的一岸，并保证引取所需流量。当河床狭窄而布置全部建筑物有困难或运用中有干扰时，也可将进水闸布置在轴线的上游。

图 9－14 为湖南省韶山引水枢纽，由壅水坝（浆砌石重力坝）、泄洪闸、土坝、水电站、斜面升船机、进水闸和引水涵管等组成。壅水坝位于河床深槽，坝高 14.6m、长 170m。壅水坝左端为河床式水电站，在左岸山坳建有 9.0m 高的均质土坝，坝底设有涵管，把水引到洋潭支渠，灌溉农田。壅水坝右端为泄洪闸（5 孔），用以增大该枢纽的泄洪流量，减小上游汛期淹没损失。为解决航运问题，在右岸设斜面升船机，能通过 20～30t 的木船。进水闸位于右岸山冲内，设计引水流量为 $44.5m^3/s$。

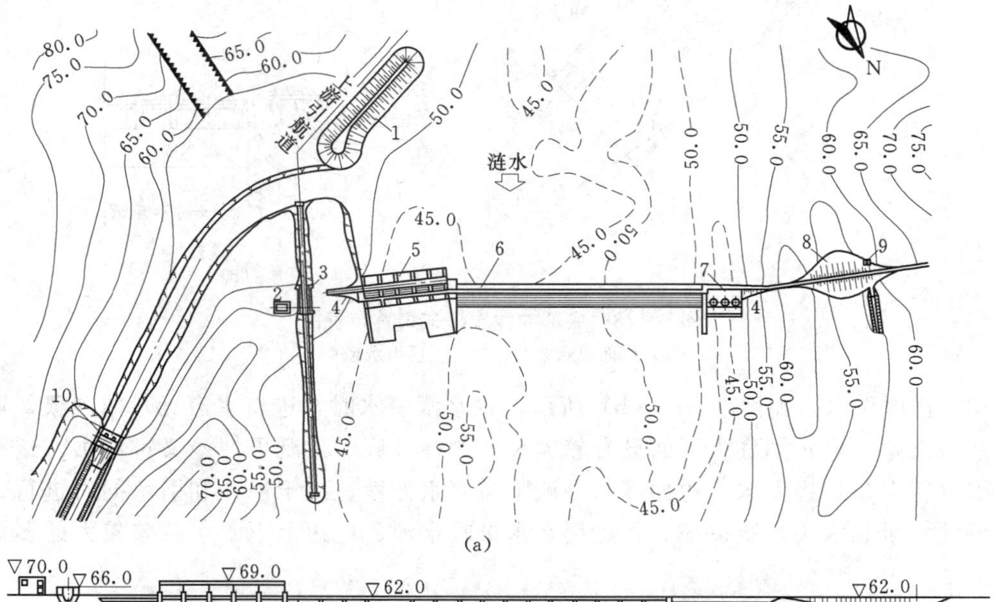

图 9－14　韶山引水枢纽总体布置图（单位：m）

(a) 平面布置图；(b) 下游立视图

1—导流堤；2—机器房；3—斜面升船机；4—重力坝；5—泄洪闸；6—壅水坝；7—水电站；8—土坝；9—进水涵管；10—进水闸

该渠首由于建筑物组成合理、布置得当，至今运行良好。

在平原湖区及低洼地区通向外江（河）的出口附近，为了防洪、排涝、灌溉、航运及发电等目的，常兴建闸站枢纽。

一般平原湖区及低洼地区，与外江（河）的水位差不大，而且时常变化，有时外江（河）水位高于湖区水位，有时相反。因此，单靠兴建水闸进行自流灌排，不能满足“遇旱有水，遇涝排水”的要求，此时往往需要另建抽水站（有时还需建鱼道、水电站等），与水闸布置在一起，形成闸站引水枢纽。

当外江（河）水位较高时，直接开闸引水灌溉；枯水时，靠抽水站提水灌溉；遇涝时，可趁外江水位低落时开闸排涝；汛期大涝时，关闸挡住外江水位，由抽水站排涝。这种引水枢纽通常还有航运、渔业和发电等要求。图 9-15 为江苏九龙闸站枢纽，由船闸、抽水站、发电站及鱼道等组成。船闸的上、下闸首由两座水闸组成，其下闸首为引水、排水、通航、发电及过鱼的控制闸，共有 3 孔，中孔为通航孔，南孔（分上、下两层）为通航输水、抽水及发电所用，北孔为过鱼的控制闸。该枢纽建成后，达到了一闸多用、一机多能、综合利用、全面治理的目的。

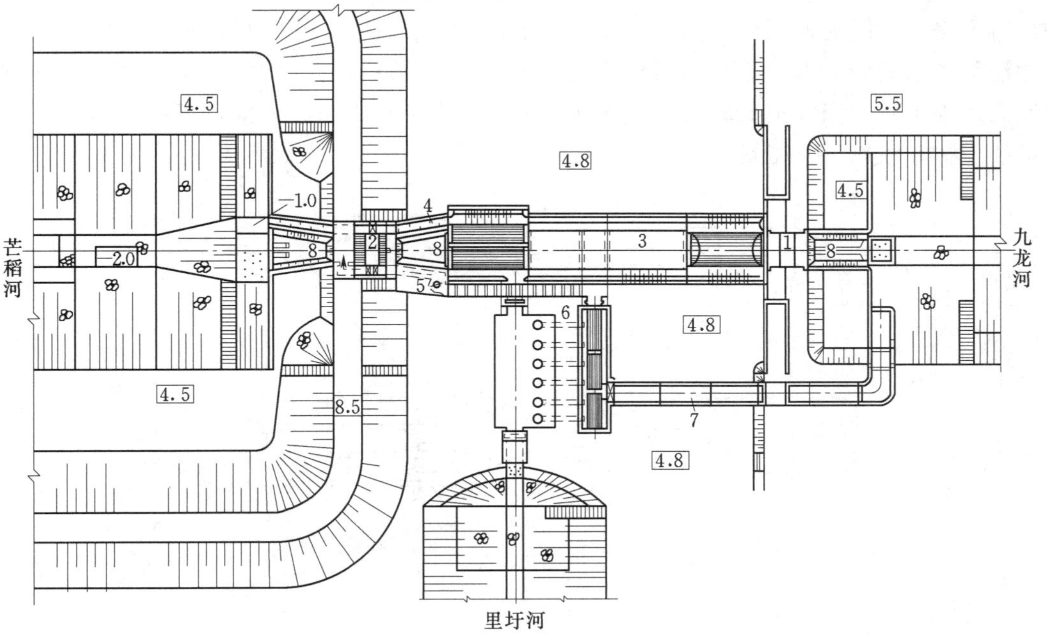

图 9-15　江苏九龙闸站枢纽布置图（单位：m）

1—上闸首；2—下闸首；3—闸室；4—鱼道；5—水电站；6—抽水站；7—引水渠；8—消力池

9.4 沉　沙　池

9.4.1 沉沙池的作用和工作原理

在多泥沙河流上，虽在引水口处设有防沙设施，但推移质泥沙不可能全部摒弃在渠首之外，加之水流中又挟带有悬移质泥沙，因此，还需对进入渠首的有害泥沙进行处理。常用的措施是：根据地形条件及水头大小，在进水闸后面适当的地方修建沉沙池。设计沉沙池时应根据灌区的用水量要求和输水渠道的具体情况，以水流的允许含沙量和允许进入输水渠道的泥沙粒径为依据。黄河下游自流引水允许含沙量宜小于 50kg/m^3，沉沙池出口允许含沙量不宜大于 10kg/m³，允许泥沙粒径不宜大于 0.05mm。黄河中游自流引水允许含沙量可根据实际情况和用途给予确定。

沉沙池的断面远大于引水渠的断面，水流进入沉沙池后，由于断面扩大，流速减小（一般为 0.2～0.35m/s），水流挟沙能力大为降低，使水流中的泥沙逐渐沉淀下来。通常粗颗粒泥沙首先沉淀在沉沙池的进口处，逐渐形成三角洲，随着时间的延长，三角洲逐渐向池长方向延伸、增厚；较细颗粒由三角洲的前端沉入池底，从而形成异重流。当异重流运行至沉沙池尾端时，即停止前进。对沉沙池内的泥沙要按时冲洗，一般由池末冲沙廊道排走，冲洗流速不应小于 2.0～3.0m/s。

9.4.2　沉沙池的类型及布置

沉沙池按照平面形状，主要分为直线形、曲线形和条渠形三种。

1. 直线形沉沙池

这种沉沙池有单室、双室及多室三种。单室沉沙池［图 9－16（a）］是最简单的形式，冲洗时不得不关闭通向渠道的闸门而停止供水，以免水流将搅起的泥沙带入干渠。为了解决冲沙与引水的矛盾，池旁可以修建侧渠［图 9－16（b）］，沉沙池冲洗时可由侧渠供水，使灌区用水不致中断。但此时供水的含沙量较大。为了减小泥沙入渠，沉沙池的冲洗时间尽可能安排在农田需水量最小的时段。

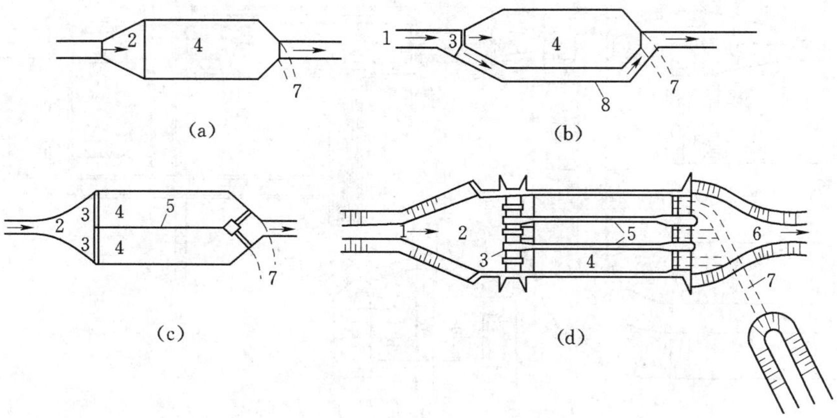

图 9－16　沉沙池类型

（a）单室沉沙池；（b）带侧渠沉沙池；（c）双室沉沙池；（d）多室沉沙池

1—引水渠；2—进口连接段；3—进水闸；4—沉沙池；5—分水墙；

6—出口连接段；7—冲沙廊道；8—侧渠

水流由渠道进入沉沙池时要求流态平顺、均匀，不产生涡流或水流集中现象［图 9－17（a）、（b）］。因此，池厢（沉沙室）宽度最好不超过长度的 1/3，进、出口应采用过渡段与渠首相连，使水流沿着平面和深度方向都能获得均匀扩散或收缩，出口过渡段长度可取 10～20m，水流收缩角宜为 10°～20°。必要时，出口处可设置叠梁式活动底坎。进口过渡段内常设有扩散墙，或安装静水栅等设施［图 9－17（c）、（d）］，进口段长度可取 15～30m。池底纵坡应根据冲沙速度及具体冲沙条件等进行计算，可取 1/200～1/50。

当引水流量大于 15～20m³/s 时，单室沉沙池的尺寸很大，冲沙历时也长，而且冲洗

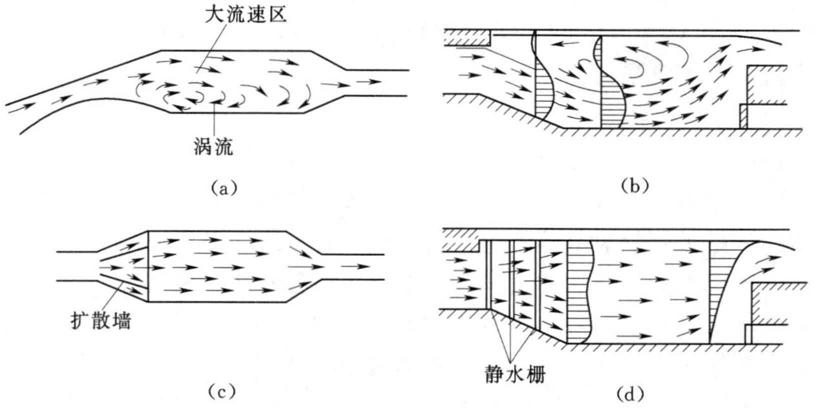

图 9-17 沉沙池进口布置示意图

效率不高，对供水造成不便。此时可采用双室或多室沉沙池［图 9-16（c）、（d）］，以便轮流冲洗，连续供水。双室沉沙池中的每个池厢所通过的流量，可采用干渠的设计流量，使之能够轮流冲洗，连续供水；也可以是设计流量的一半，当其中一个池厢冲洗时，另一个则通过超额流量。在多室沉沙池中，每个沉沙室通过的流量可以平均分配，当其中一个沉沙室冲洗时，其余沉沙室共同通过全部流量。池厢横断面宜取矩形或梯形，池厢深度可取 2.5～3.5m。池厢分段应设伸缩沉降缝，缝距可取 10～20m，缝内应设防渗止水设施。

直线形沉沙池运用时简便可靠，不仅可以连续供水，而且冲沙流量也小，但是结构较复杂，造价较高。

2. 曲线形沉沙池

这种沉沙池是利用弯道环流原理，把池厢做成具有 90°弯曲的渠段（图 9-18），使泥沙淤积在弯道的凸岸，并由许多排沙廊道排至排沙渠，然后泄入下游河流。这种沉沙池的排沙效果很好，排沙效率可达 90%～100%。

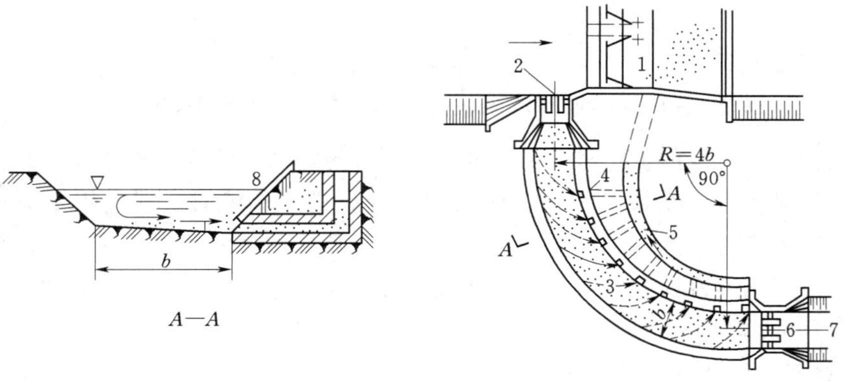

图 9-18 曲线形沉沙池

1—拦河闸；2—进水闸；3—曲线沉沙池室；4—排沙廊道；5—排沙渠；6—节制闸；7—干渠；8—廊道闸门

曲线形沉沙池也有单厢（单室）和多厢（多室）两种形式。厢内流速与其他类型沉沙池相比，其数值较大（≥0.7m/s），处理中粗颗粒泥沙以至小砾石较为有利。曲线形沉沙池在新疆各自流引水灌溉渠首广泛采用，效果良好。

3. 条渠形沉沙池[57]

这种沉沙池系利用天然洼地作为沉沙区，并用围堤和格堤将沉沙区分为若干个带形或梭形条渠，一般有湖泊式、带形条渠、梭形条渠等几种形式，如图 9－19 所示。湖泊式多利用附近荒滩洼地，因陋就简沿洼地边围堤而成，其形式一般不规则［图 9－19（a）］。带形条渠在距进口不远处宽度突然放宽，且宽度基本沿程不变，两端设八字形渐变段。其上段落淤多，尾部几乎不落淤，首尾落淤量相差 3～4 倍［图 9－19（b）］。梭形条渠系在沉沙洼地内修筑两条格堤，形成两头窄中间宽的梭形条渠［图 9－19（c）］。在相同流量下，池内流速由大逐渐变小，再由小逐渐变大，可使泥沙送得远、淤得匀。当一条淤满后，可在第一条条渠旁修筑第二条、第三条等。条渠平均流速可根据沉沙颗粒和运行过程而定，一般可取 0.25～0.50m/s。条渠出口处泥沙颗粒多小于 0.03mm。由于条渠沉沙池布置较合理，故沉沙效率较高。这种沉沙池是临时性的，不需清淤，待淤平后即可放弃，可以用来耕种，此时再另建新的条渠形沉沙池。图 9－19（d）为黄河某灌区梭形沉沙条渠的布置图。

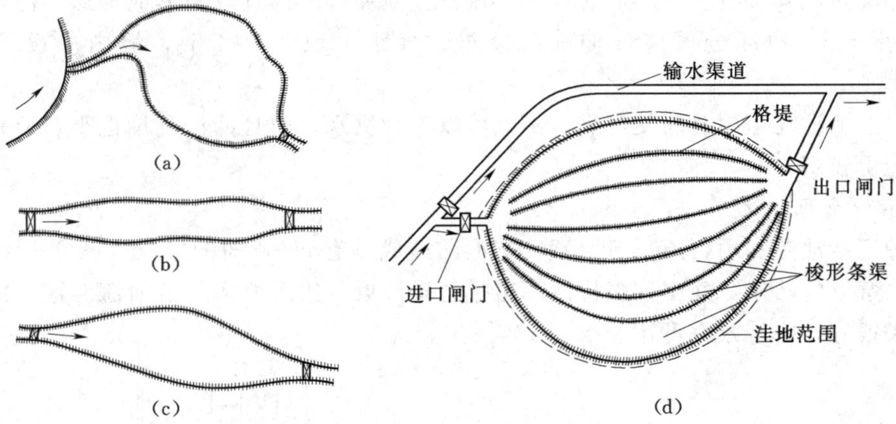

图 9－19　沉沙条渠示意图

（a）湖泊式；（b）带形条渠；（c）梭形条渠；（d）梭形条渠布置图

沉沙池按清除泥沙的工作状况来划分，又可分为定期冲洗式和连续冲洗式两种。定期冲洗式沉沙池是当沉沙室淤满后，粗颗粒泥沙开始进入干渠时，即应停止引水并进行冲洗，冲洗流速不宜小于 2.0～2.5m/s，一般为半个月或一个多月冲洗一次，汛期冲洗次数较多，汛期以后则冲洗次数较少。连续冲洗式沉沙池的冲洗过程是不间断的，随着泥沙淤积而随时进行冲洗。

9.4.3　直线形沉沙池基本尺寸确定

1. 池厢工作长度

工作长度与池内设计流速、工作水深、泥沙粒径等有关，也与地形条件有着密切关系。图 9－20 为泥沙在沉淀室内的沉淀过程。池中泥沙在水平流速作用下向前移动，同时又受到重力作用向下沉淀。由于水流在同一铅直线上的水平流速分布是不均匀的，并随着泥沙的不断淤积，流速也随之逐渐增大，且存在脉动现象，在池底形成上升漩涡而逐渐向上扩散，因而延缓了泥沙的下沉。计算时如不考虑水流脉动现象，并假定水平向平均流速不变，则泥沙在平均流速及重力作用下，将从 A 点沿着直线下沉到 A_1 点（图 9-20），并呈如下的比例关系

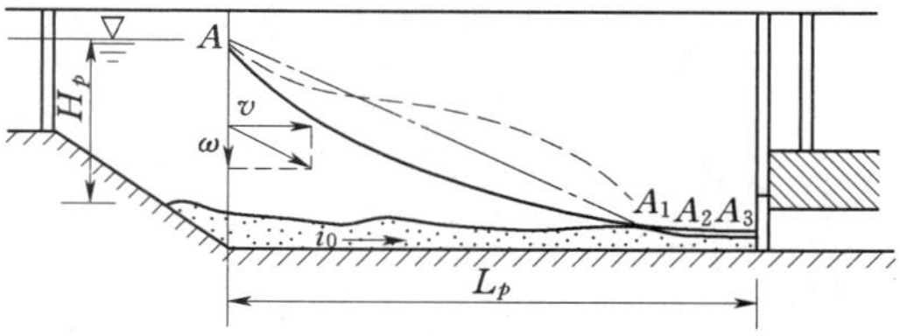

图 9-20　沉沙池沉淀过程示意图

$$\frac{H_p}{\omega}=\frac{L}{v}$$

即

$$L=\frac{vH_p}{\omega} \tag{9-2}$$

式中：L 为泥沙沉降长度，m；H_p 为池厢工作水深，可取池厢深度的 70%～75%，m；v 为池厢平均流速，可根据沉沙池内可能沉淀的泥沙粒径按表 9-1 采用，m/s；ω 为泥沙在静水中的沉降速度，m/s，与泥沙粒径、水温有关，详见有关参考文献。

表 9-1　沉沙池池厢平均流速

泥沙粒径/mm	<0.25	0.25～0.40	0.40～0.70	>0.70
池厢平均流速/(m/s)	<0.20	0.20～0.50	0.50～0.75	>0.75

在沉沙室实际运用中，水流的水平流速在近水面处较大，近底部处较小，故泥沙下沉并非直线形，而是一条曲线（图 9-20 中的 A—A_2 虚线）。另外，因水流脉动而造成紊流，其强度越靠近底部越大，故泥沙运动的实际轨迹线为图 9-20 所示的 A—A_3 实线。因此，考虑上述因素后，池厢工作长度（L_p，m）计算式为

$$L_p=kH_p\frac{v}{\omega} \tag{9-3}$$

式中：k 为系数，一般可取 1.2～1.5，对于连续冲洗的沉沙池，取用小值，定期冲洗的沉沙池，取用大值。

2. 池厢工作总宽度

矩形断面沉厢室的工作总宽度为

$$B=\frac{Q}{vH_p} \tag{9-4}$$

式中：B 为沉厢室的工作总宽度；Q 为通过沉厢的总工作流量，m^3/s。

第3篇

渠道系统中的水工建筑物

在以灌溉、排水、航运、城镇生活供水、工业用水、跨流域调水以及环境、生态用水为目的的渠道系统上，需要修建各种类型的渠系建筑物。过去，我国渠系建筑物绝大多数修建在灌排渠系上。30多年来，随着经济及社会发展和城市化进程的加快，城镇生活及工业用水量大幅增加，我国未来的供水矛盾将集中在城市，供水将主要用于发展城市、发展工业及保护生态与环境。为了对水资源进行地域上的优化配置，跨流域调水工程将是21世纪水利建设的一大特点。基于上述情况，渠系建筑物将比过去主要用于灌排渠道上的规模要大得多。以南水北调中线工程为例，总干渠全长1200多km，途经三省两市，横跨长江、黄河、淮河、海河四大流域，穿越大小河流219条，需修建各类渠系建筑物960多座，如果加上分干渠及支渠上的建筑物，数量十分可观。其数量之多、规模之大、技术之复杂均堪称世界之最。

渠系建筑物种类很多，有控制水位的节制闸；调节流量的分水闸、斗门；测定流量的量水槽、量水堰及其他形式的量水设施；保证渠道及建筑物安全和正常运用的排洪闸、排洪渡槽等防护建筑物；穿过山岗的隧洞及渠道与河流、山谷、道路或与另一渠道相交时修建的渡槽、桥梁、倒虹吸管及涵洞等交叉建筑物；渠道通过坡度较陡或有集中落差地段而修建的陡坡、跌水等落差建筑物；此外，还有船闸、水电站和水力加工站等专门建筑物。本篇重点介绍渠道系统中的交叉建筑物和落差建筑物。

渠系建筑物的特点是，单个工程的规模一般都不很大，但数量多，总工程量及投资往往是渠首工程的若干倍。如设计标准稍提高，则会大大增加投资；如果标准偏低，又可能影响建筑物的安全运用。因此，合理划分渠系建筑物的级别和确定相应的设计标准，对于发展水利建设事业具有极其重要的意义。

SL 482—2011《灌溉与排水渠系建筑物设计规范》对灌溉与排水工程渠系建筑物级别的划分做出了具体规定。对只用于灌溉排水工程的渠系建筑物，其级别可按照该规范中的建筑物分级指标（设计流量）确定；对以城镇及工业供水为主的渠系建筑物，应根据供水工程永久性水工建筑物分级指标（设计流量）确定其级别（参见绪论）；对多种用途的渠系建筑物，根据不同用途的分级指标进行分级，取最高的级别。例如，东江—深圳供水工程要向香港、深圳及沿线城镇供水，同时也提供农田灌溉用水，其级别就是根据向特别重要城市——香港、深圳供水而确定，主要渠系建筑物为1级。对与其他建筑物结合修建的建筑物，例如桥梁与渡槽结合修建时，则应以两者中级别高者为准。又如，在防洪堤下修建的涵洞，其级别不应低于防洪堤级别等。

第10章 渡　　槽

10.1 概　　述

10.1.1 渡槽的作用、组成及类型

渡槽是输送渠道水流跨越河渠、溪谷、洼地和道路时修建的桥式交叉建筑物，是渠系建筑物中应用最广的交叉建筑物之一。渡槽除输水外，还可供排洪、导流及通航之用。

渡槽由输水槽身、支承结构、基础、进口和出口建筑物等部分组成（图10-1）。渡槽的分类方法很多，按所用材料分，有木、砖石、混凝土及钢筋混凝土渡槽等；按施工方法分，有现浇整体式、预制装配式及预应力渡槽等；按槽身断面形式分，有矩形、U形、梯形、椭圆形以及圆管形渡槽等；按支承结构形式分，有梁式（图10-1）、拱式（图10-21、图10-22、图10-24）、桁架式（图10-39～图10-41）、组合式以及斜拉式（图10-43）等。因按支承结构形式分类，能明确反映渡槽的结构性能和特点、受力状态、荷载传递方式以及设计与计算方法等，故本章即按此分类方法讲述。梁式和拱式是渡槽工程中应用最普遍的两类基本形式，分别在10.3节、10.4节中介绍，其余各类渡槽，仅作简要介绍。

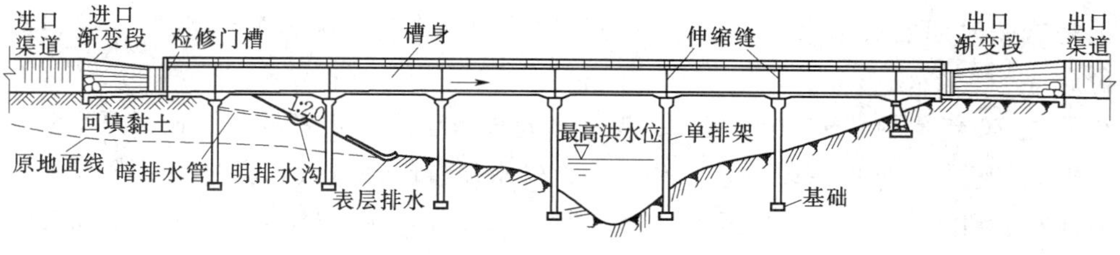

图10-1　梁式渡槽

10.1.2 渡槽的发展概况

中东和西亚地区出现了世界上最早的渡槽。公元前29世纪前后，埃及在尼罗河上修建了文献记载最早的考赛施干砌石坝，并修建了渠道和渡槽，向孟菲斯城供水。公元前703年，亚美尼亚建造了1座5孔的砌石拱式渡槽跨越河流。公元前700年左右，西亚的新亚述帝国曾建成长约300m、宽13m，有14个墩座的大型渡槽。建于公元前114年的马西亚渡槽是最长最壮观的渡槽，渡槽长达92km。

国外古代比较著名的渡槽还有：建于公元前1世纪的罗马渡槽、建于古罗马图拉真大帝时代（公元53—117年）的西班牙塞戈维亚渡槽、建于18世纪以前的意大利渡槽、建于1726—1738年的墨西哥渡槽、建于18世纪末的墨西哥莫雷利亚渡槽等。

建于1833年的美国莫若卡西渡槽，长152m，由7拱组成，是切塞皮克和俄亥俄运河

上最美丽的景点之一。美国在 1842 年、1893 年先后建成了老巴豆渡槽和新巴豆渡槽，用于城市供水工程。建于 1926 年的西班牙藤普尔（Tempul）渡槽，是世界上最早的一座带挂梁的斜拉输水渡槽，采用双塔双面斜拉索，主跨长 60.3m，两侧边跨长 20.1m。20 世纪 20 年代修建的加拿大布鲁克斯渡槽，跨越沟谷绵延达 3.2km，在浇灌干涸的南阿尔伯塔大地中发挥了重要作用。1978 年修建的戈麦蒂渡槽，位于印度萨尔达—萨哈亚克调水工程总干渠 163km 处，是总干渠跨越戈麦蒂河的大型交叉工程，也是目前世界上已建成的大型渡槽之一。该渡槽设计流量 357m^3/s，渡槽总长 473.6m，其中槽身段长 381.6m，过水槽宽 12.8m、高 7.45m，槽中水深 6.7m，槽身跨度 31.8m。渡槽下部结构为空心槽墩和沉井基础。

渡槽在我国已有 2000 年以上的历史。古代，人们凿木为槽用以引水，即为最古老的渡槽。文献记载最早的渡槽是建于西汉距今约 2000 年的长安城故渠上的渡槽（《水经·渭水注》中谓之"飞渠"），或更早的始建于公元前 246 年的郑国渠上的渡槽。

洛惠渠总干渠上的曲里渡槽是我国最早的钢筋混凝土渡槽之一，全长 118m、高 24m，为单拱排架结构，1935 年建成。

从 20 世纪 50 年代起，随着灌区工程建设的蓬勃发展，我国建造了大量的渡槽。20 世纪 50 年代初期，由于我国的经济技术比较落后、材料供给不足，修建的渡槽多为木、石结构。20 世纪 50 年代中后期，随着经济建设的发展，钢筋混凝土渡槽日渐增多，施工方法以现场浇筑为主。1955 年，黑龙江省首先采用了装配式渡槽。20 世纪 60 年代初期，装配式渡槽得到了逐步推广。20 世纪 60 年代后期至 70 年代中期，由于钢材供应困难，渡槽工程中出现了各种类型的少筋、无筋混凝土结构，如三铰片拱式、马鞍式、拱管式、双曲拱式渡槽等，这些型式渡槽由于存在一些缺点，现已很少采用。桁架拱式渡槽也是这一时期发展起来的，山东省是我国修建桁架拱式渡槽数量最多、类型最齐全的省份。

20 世纪 70 年代中期至 80 年代，大型灌区建设有了进一步发展，加强了渠系配套工程建设；相继兴建了一些跨区域调水工程，渡槽输水流量越来越大，由过去几个、十几个立方米每秒发展到几十个甚至上百个立方米每秒，从而促进了渡槽结构型式的不断改进和创新。各种大跨度拱式渡槽不断涌现，如广西玉林县万龙双曲拱渡槽，拱跨长达 126m。预制吊装程度进一步提高，吊装重量不断增大，施工技术不断发展。如湖北省引丹灌区的排子河渡槽，为简支梁式，一节预制槽身长 21.7m，吊装重量达 200t，最大墩高 49m。发展了新的结构形式，如上槽下洞式、斜拉式等。河北省引沟入潮的穿鲍丘河渡槽，上部为引沟运河挡水渡槽，下部为鲍丘河输水涵洞。北京市延庆县的军都山渡槽，是我国第一座跨度超过百米的斜拉渡槽，渡槽全长 276.1m，主跨长 126m，设计流量 5m^3/s，1988 年建成通水。

20 世纪 90 年代以来，随着计算技术的发展以及对渡槽结构型式的研究，渡槽的设计更加先进合理，新材料、新技术也不断应用于渡槽工程。1990 年建成的湖南省铁山灌区凉清渡槽是由桁（刚）架拱发展而来的第一座拱梁组合式渡槽。江西省莲花九曲山渡槽是我国第一座半自锚式斜拉渡槽，槽身全长 155.53m，距谷底最大高度 52m。

东深供水改造工程渡槽全长 3.937km，设计流量 90m^3/s，包括：旗岭渡槽，全长

637m，过河段采用 52.2m 跨径双肋无铰拱上承式渡槽，共 7 跨，两岸采用梁式渡槽，共 21 跨；樟洋渡槽和金湖渡槽均为梁式渡槽，长度分别为 1km 和 2.3km，跨度分为 12m 和 24m 两种，12m 段槽身采用横向后张无黏结 U 形预应力体系，24m 段槽身采用横向后张无黏结 U 形预应力和纵向后张有黏结预应力体系。

对于具有深切宽阔特点的地形，不适合修建常用的梁式和拱式渡槽。在连续刚构桥建设的基础上，研制出了高墩大跨连续刚构渡槽的结构形式，单跨可达 200m 级，支撑高度可达 100m。该结构型式的渡槽在我国西部山区水利工程建设中得到了应用，如，贵州黔中水利枢纽一期工程总干渠的草地坡、徐家湾、河沟头、焦家等渡槽，其中徐家湾渡槽总长 987m，主跨 180m，最大墩高 92m。

南水北调工程是一项跨流域、跨省市的大型调水工程，其中线工程总干渠上有 27 座大型渡槽，24 座渡槽的设计流量在 $200m^3/s$ 以上。按槽身是否挡水划分，梁式渡槽 18 座、涵洞式渡槽 9 座；按上部槽身结构型式划分，矩形渡槽 24 座、U 形渡槽 2 座、梯形渡槽 1 座；按跨度划分，40m 跨渡槽 6 座、30m 跨渡槽 13 座、30m 以下渡槽 8 座。例如，位于河南省邓州市境内的湍河渡槽，设计流量为 $350m^3/s$，加大流量为 $420m^3/s$，槽身为相互独立的 3 槽预应力混凝土 U 形结构，槽身按双向预应力设计，3 槽槽身水平布置总宽 37.30m，槽身高度 8.23m，下部半圆形直径 9m，两端简支，单跨槽身长度 40m，湍河渡槽是目前世界上流量最大、跨度最大、断面尺寸最大的 U 形梁式渡槽。沙河渡槽是世界上规模最大的渡槽工程，穿越河南省平顶山市境内的沙河、大郎河，由沙河梁式渡槽、沙河—大郎河箱基渡槽、大郎河梁式渡槽、大郎河—鲁山坡箱基渡槽、鲁山坡落地槽等不同结构形式的渡槽组成，全长 9.05km。其中沙河梁式渡槽槽身采用三向预应力钢筋 U 形槽结构形式，双联 4 槽，单槽直径 8m，U 形槽净高 7.4m，4 槽身结构各自独立，每 2 槽支承于一个下部槽墩上，槽身纵向为简支梁形式，跨径 30m，共 47 跨。洺河渡槽、双洎河渡槽等采用了新型的多厢互联矩形槽身结构形式，如洺河渡槽槽身为三槽一联带拉杆预应力钢筋混凝土矩形槽，跨径 40.0m，共 16 跨，过水断面尺寸为 7.0m（宽）×6.8m（高）×3 槽，总宽 25.5m，渡槽单跨荷载达万吨。随着南水北调工程建设的完成，渡槽结构在设计理论、结构形式、新材料、新技术，以及施工方法等方面得到了全面、迅速、深入的发展，形成了先进的设计理论、合理的结构形式，研制出了高强有效的新材料和适合大型渡槽的施工技术和施工装备，如大吨位造槽机和架槽机施工技术，开创了大型渡槽移动模架现浇和移动模架预制吊装架设的新型施工方法，我国渡槽工程的建设水平居于世界前列。

10.2　渡槽的水力设计、荷载及荷载组合

10.2.1　渡槽的水力设计

渡槽的进口段、槽身和出口段，构成输送渠水的明渠通道。渡槽水力设计的任务主要是通过水力计算确定与水流条件有关的各个部分的布置形式、尺寸和高程。这里只着重讨论槽身的纵坡 i、净深 H（对有拉杆的槽身，计算到拉杆底面）、净宽 B 以及起止点槽底高程 ∇_1 及 ∇_2 的设计问题。

渡槽水力设计，一般按通过最大流量 Q_{max} 来拟定槽身的纵坡 i、净宽 B 和净深 H，然后按通过设计流量 Q_0 计算水流通过渡槽的总水头损失 z，如果 z 等于或略小于规划定出的允许水头损失，则可最后确定 i、H 和 B，进而定出有关高程。

1. 水力设计的计算方法及总水头损失的计算

根据槽身长度不同，槽内水流特性可属于堰流或明渠水流。当槽身长度小于渡槽进口渐变段前渠道正常水深的 15 倍时，槽内水流特性为堰流，按淹没宽顶堰公式计算通过槽身的流量。否则，槽内水流特性为明渠水流，按式（10－1）计算通过槽身的流量。

$$Q_0 = AC\sqrt{Ri} \tag{10-1}$$

式中：A、C、R 分别为槽身过水断面积、谢才系数及水力半径；i 为槽身纵坡。

槽身为 U 形或梯形断面时的过水流量计算，可参阅水力学教材及有关书籍。

对于长渡槽，如图 10－2 所示，水流经过进口段时，形成进口段的水面降落 z_1；水流进入槽身后，形成沿程水头损失 z_2（$z_2=iL$）；水流经过出口段时，水面回升值为 z_3，其余符号意义见图。则总水头损失可由式（10－2）计算，即

$$z = z_1 + z_2 - z_3 \tag{10-2}$$

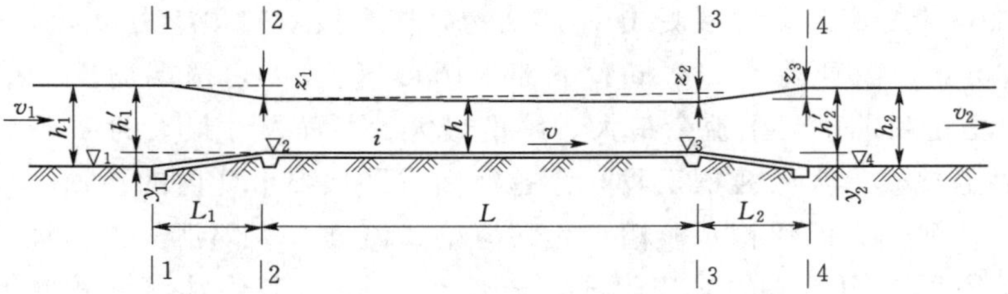

图 10－2　渡槽水力计算图

对于 1～3 级渡槽，总水头损失应按能量法计算。

对于进口段的水面降落值 z_1，可在进口前渠道中取 1—1 断面，在槽身起点处取 2—2 断面，建立能量方程，以计算 z_1 值。同理，出口段的水面回升值 z_3 可在出口渐变段前后取 3—3、4—4 断面建立能量方程进行计算（图 10－2）。

$$z_1 = (1+\sum\zeta_1)\frac{v^2-v_1^2}{2g} + J_{1-2}L_1 \tag{10-3}$$

$$z_3 = (1-\sum\zeta_2)\frac{v^2-v_2^2}{2g} - J_{3-4}L_2 \tag{10-4}$$

式中：v、v_1、v_2 分别为渡槽槽身内流速、进口渐变段始端上游渠道及出口渐变段末端下游渠道断面平均流速，m/s；$\sum\zeta_1$ 为进口渐变段（含节制闸）局部水头损失系数之和，即进口渐变段水头损失系数与门槽水头损失系数之和；$\sum\zeta_2$ 为出口渐变段（含检修闸）局部水头损失系数之和，即出口渐变段水头损失系数与门槽水头损失系数之和；J_{1-2}、J_{3-4} 分别为进、出口渐变段的平均水力坡降；L_1、L_2 分别为进、出口渐变段长度，m。

当大型渡槽槽身采用双槽或多槽方案，中间设有隔墙时，在进口渐变段水面降落值中尚应考虑由于隔墙收缩引起的水面降落，参见 SL 482—2011《灌溉与排水渠系建筑物设计规范》。

对于一般中、小型渡槽，式（10－3）和式（10－4）中的最后一项可忽略，进、出口

渐变段的水头损失系数可根据渐变段形式由表 10－1 查得。

表 10－1　　　**进、出口渐变段水头损失系数**[63]

渐变段形式	示　意　图 （以梯形断面和矩形断面连接为例）	进口渐变段 ζ_1	出口渐变段 ζ_2
曲线型反弯扭曲面	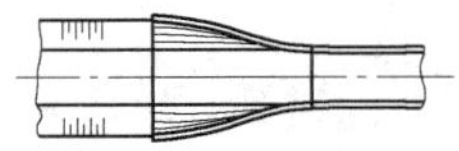	0.10	0.20
直线型扭曲面	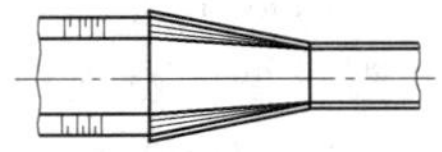	$\theta_{进}=15°\sim37°$ $\zeta_1=0.05\sim0.30$	$\theta_{出}=10°\sim17°$ $\zeta_2=0.30\sim0.50$
圆弧直墙型	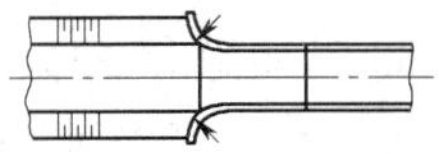	0.20	0.50
八字型	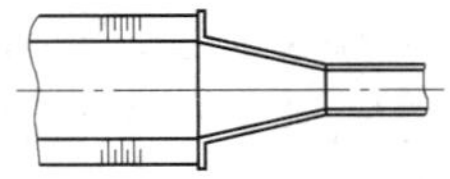	0.30	0.50
直角型	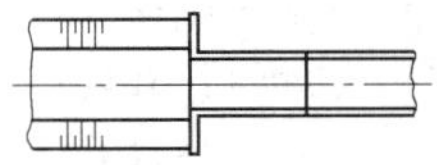	0.40	0.75

注　1. 表中 $\theta_{进}$ 表示进口渐变段水面收缩角，$\theta_{出}$ 表示出口渐变段水面扩散角。
2. 对不对称布置的进口连接段，应通过水工模型试验确定 ζ_1 值，初步考虑可采用 0.30。
3. 对于 U 形槽身，进口段先由梯形变矩形，再由矩形变 U 形，出口段则相反。其局部水头损失系数并不等于单独分开的两段局部损失系数之和，应通过试验确定。在无试验条件下，可近似采用淹没宽顶堰公式计算，出口水面回升值采用进口水头损失值的 1/3。

对于允许水头损失值很小的大型渡槽，应通过水工模型试验确定进、出口水头损失系数及渐变段形式与长度。

按式（10－2）求出的 z 应等于或略小于渠系分配的水头损失值，否则，需调整槽身断面尺寸重新计算。对于短槽（$L<15h$），须按非均匀流进行水面复核。大型渡槽槽身段的水面线计算一般采用非均匀流公式计算。

另外，为了保证渡槽有足够的过水能力，并考虑槽水面可能出现波动等因素，常要求通过设计流量时槽壁具有一定的富余高度 Δh，矩形断面的超高应不小于槽内水深的 1/12 加 0.05m，U 形断面超高应不小于槽身直径的 1/10。当通过加大流量时，槽中水面与槽身顶部（无拉杆槽身）或拉杆底面（有拉杆槽身）间的高差应不小于 0.1m，箱式横断面在加大水面以上的通气面积不应小于 15% 和 0.4m 以上的通气净空高度，平面中轴线为曲线的槽内水深，应取弯道处槽内横向最大水深值。如果（$H-h$）$\geqslant\Delta h$，且求得的 z 等于或略小于渠系规划布置所规定的允许水头损失［z］，则按通过最大流量 Q_m 时拟定的 i、B、H 值便可相应地确定。如不满足要求，则应修改 i、B、H 值，并重新计算，直到满足要求为止。

2. 槽底纵坡 i、槽身净宽 B 和净深 H 的设计

在渡槽的总水头损失 z 中，因 z_1-z_3 的变化不大，一般常在 0.1～0.3m 之间，故长度大的渡槽，z 值主要决定于槽底纵坡 i，因此，渡槽水力设计的关键是合理选定 i 值。一般地，i 值大些，渡槽的工程量及总投资将减小，但是，槽中流速将增大，故沿程损失及

进口水头损失将迅速加大，自流灌溉面积将减小，影响灌溉效益。同时，对有通航要求的渡槽，流速大也将产生不利影响，因此，i 值的影响是多方面的。这一问题在渠系规划布置中给定渡槽的允许水头损失时就应引起注意，以免造成工程设计被动而增加设计工作量和延误设计时间。除排洪渡槽外，槽身底坡应为缓坡，槽内设计流速宜为 1.0～2.5m/s。

槽身净宽 B 的选择需和净深 H 一起考虑，即考虑深宽比 H/B 来拟定。在同一 i 值条件下，H/B 的大小将影响槽身的输水能力，但不明显，故选定 H/B 值时，主要从结构受力条件等方面来考虑。对于梁式渡槽，H/B 值越大，槽身纵向刚度越大，因而是有利的。但槽身高度加大，将增加槽身承受的横向风压力，加之槽身的宽度又较小，因此，对槽身及渡槽的整体稳定不利。如果 H/B 值取得过小，而 i 值又取得过大，则槽中水深很小，以致进口槽底抬高值 y_1 过大。同时，当渡槽通过小流量时，槽前渠道的壅水现象比较严重；当通过大流量时，渡槽上游渠道又可能产生较长的降水段，致使渠道受到冲刷。总之，对于 i 值及 H/B 值的选择，因其影响因素是多方面的，涉及的问题又都很重要且互相矛盾，设计时应根据渡槽的长度、水头的重要程度、渡槽的形式、规模及工程量大小等因素，通过方案比较来选定。如条件许可，初拟 i 值时宜选得大些，可在 1/1500～1/500 范围内选取，但不宜大于 1/500，且不得大于临界坡。至于 H/B 值，一般在 0.6～0.9 范围内选用，矩形槽，一般取 $H/B=0.6\sim0.8$；U 形槽，一般取 $H/B=0.7\sim0.9$。对于大型渡槽则应作专门研究。

3. 进出口高程的确定

按以上方法确定了槽身的 i、B、H 和通过设计流量时的槽中水深 h、进口水面降落 z_1、出口水面回升 z_3 各值后，即可按图 10-2 所示条件求得槽身起止点的槽底高程 ∇_2 及 ∇_3，并得到进口槽底抬高值 $y_1=h_1-(z_1+h)$ 及出口渠底降低值 $y_2=h_2-(z_3+h)$（式中符号意义见图 10-2）。一般情况下，y_1 及 y_2 均为正值，对于 y_2，不希望出现负值。寒冷和严寒地区的渡槽槽身出口端底部高程宜高于该处的渠底高程，或在槽身末端底部设置泄空排水阀。

最后还需指出，按上述方法和步骤设计的槽身尺寸和有关高程，只有在长渡槽通过设计流量时才产生图 10-2 所示的水流状态，即槽中和上、下游渠道均为均匀流。当通过其他流量时，槽前上游渠道和槽身出口附近可能产生壅水或降水等现象。渡槽设计时，除重要的大流量渡槽外，一般不再进行非设计流量时的水面衔接计算，但应按通过加大流量时的水流条件来校核上游渠顶高程是否满足要求。通过加大流量时由渡槽出口端渠底高程向上推求的进槽水深壅高值不宜超过槽前上游渠道水深的1%～3%，槽内水面不应出现较大的降落或壅高现象，否则应重新计算。

10.2.2 渡槽的荷载及其组合

作用于渡槽上的荷载有结构自身及槽中水体的重力、静水压力、动水压力、漂浮物撞击力、风压力、土压力、土的冻胀力、冰压力、预加力、温度变化及混凝土收缩与徐变引起的力、地震荷载、人群荷载及施工吊装时的动力荷载等。对于中、小型渡槽一般不考虑地震作用。在地震区需计入地震作用时，可按 GB 51247—2018《水工建筑物抗震设计标准》的规定进行计算。重力及土压力可采用一般方法计算。非跨越河流的渡槽，不存在动水压力及漂浮物的撞击力。下面仅简要介绍其中几项荷载的计算方法。

1. 风压力

作用于渡槽表面的风压力，其值为风荷载强度 w（kN/m^2）乘以横向风力的受风面积。w 按式（10－5）计算，即

$$w = \beta_z \mu_s \mu_z w_0 \tag{10-5}$$

式中：μ_s为风荷载体型系数，与建筑物体型、尺寸等有关，不同槽身及支承结构形式的风荷载体型系数可根据 SL 482—2011《灌溉与排水渠系建筑物设计规范》选用，对于重要的具有特殊结构形式的渡槽，μ_s可由风洞试验确定；μ_z为风压高度变化系数，与地面粗糙度类别有关，按 GB 50009—2012《建筑结构荷载规范》确定，建于田野、乡村、丛林、丘陵以及房屋比较稀疏的乡镇，可按表 10－2 选用。离地面的高度，槽身结构可按迎风面的形心确定，对于高度不是很大的排架或重力墩可按顶部离地面的高度确定，对于高度很大的墩、架可沿高度方向分段而选用不同的高度确定 μ_z 值；w_0 为风压，渡槽的合理使用年限不大于 50 年时，风压应采用基本风压。合理使用年限大于 50 年时，风压应按重现期 100 年选取。风压取值应按 GB 50009—2012 的规定确定，且不应小于 0.30kN/m^2。如果渡槽所在地的基本风压值在全国基本风压分布图上未给出时，可根据当地年最大风速资料，按基本风压的定义通过统计分析确定，根据基本风速计算基本风压的公式参见 SL 744—2016《水工建筑物荷载设计规范》。没有风速资料时，可根据附近地区规定的基本风压或长期资料，通过气象和地形条件的对比分析确定。由于基本风压是以平坦空旷地面为基础得到的，对于山区的基本风压，应通过实际调查和对比观测，经分析后确定。缺乏资料时，可按相邻地区的基本风压值乘以修正系数，如对于与大风方向一致的谷口、山口，修正系数可取 1.2～1.5，如为山间盆地、谷地等闭塞地形，修正系数可取 0.75～0.85；β_z为高度 z 处的风振系数，对于高度不大的渡槽，可不考虑风振影响，取 $\beta_z=1.0$。对于高度较大的排架、梁式渡槽，当结构的基本自振周期大于 0.25s 时，应乘以风振系数 β_z，以考虑风压脉动的影响，其值与结构的基本自振周期有关，可按 GB 50009—2012 的方法计算确定，或经专门研究确定。

表 10－2　　风压高度变化系数

离地面高度/m	5	10	15	20	30	40	50	60	70	80	90	100
μ_z	1.00	1.00	1.13	1.23	1.39	1.52	1.62	1.71	1.79	1.87	1.93	2.00

2. 温度变化及混凝土收缩与徐变

渡槽各部分构件受温度变化影响产生变形，其变形值按下式计算

$$\Delta_L = \alpha \Delta t L \tag{10-6}$$

式中：Δ_L 为温度变化引起的变形值（伸长或缩短），m；L 为构件的计算长度，m；Δt 为温度变化值，℃；α 为材料的膨胀系数。

对于中、小型渡槽，一般仅考虑在年温度变化作用下引起的槽身整体变形（伸长或缩短）。但对于重要的大型渡槽，由于日照温度的变化和气温骤降，会引起很大的局部温度应力，对此必须给予充分重视。计算时，应根据结构物的方位和朝向、太阳直接辐射强度、气温变化、槽内水温、风速等诸多因素，计算槽身温度场和温度应力。

对于超静定拱型结构，温度的均匀升高或降低，将使拱圈伸长或缩短，由于墩台的约束作用限制了拱圈的变形，因而将产生温度应力。温度变化幅度和拱的刚度越大，产生的温度应力也越大。温度变化幅度 Δt 根据当地最高和最低月平均气温 t_1、t_2 与拱圈封拱时的温度 t_0 的差值决定：温度上升时，$\Delta t=t_1-t_0$；温度下降时，$\Delta t=t_0-t_2$。封拱时的气温一般为 5～15℃，多选在低于年平均气温时进行。

对于现浇混凝土拱圈，由于混凝土收缩而引起的附加应力，可当做温度下降来考虑。整体现浇的混凝土拱，在一般地区，其收缩影响相当于温降 20℃，干燥地区相当于温降 30℃；整体现浇钢筋混凝土拱，相当于温降 15～20℃；分段浇筑的混凝土及钢筋混凝土拱，相当于温降 10～15℃；装配式钢筋混凝土拱，相当于温降 5～10℃；对于砌石拱圈，可根据砌筑情况参照上述数值选用。

徐变对拱圈应力的影响是有利的，计算拱圈的温度和收缩影响时，可根据实际资料考虑这种影响。如无试验资料，计算的拱圈内力可乘以影响系数：温度内力乘 0.7；收缩内力乘 0.45。对于 1 级、2 级渡槽，混凝土收缩对拱圈内力的影响，宜经试验或专门研究确定。

3. 其他荷载

在槽身顶上设有人行便道时，可根据情况考虑 2～3kN/m² 的人群荷载。渡槽施工吊装的动力荷载如不能直接决定时，可将静荷载（如起吊构件的重力等）乘以动力系数，动力系数一般采用 1.1（手动）或 1.3（机动）。

4. 荷载组合

目前渡槽主要采用混凝土材料建造，渡槽混凝土结构应采用极限状态法设计，符合 SL 191—2008《水工混凝土结构设计规范》的有关规定。相应的荷载组合为：承载力极限状态设计分为基本荷载组合和偶然荷载组合；正常使用极限状态验算采用荷载标准值的荷载效应组合。具体的荷载组合可参见 SL 482—2011《灌溉与排水渠系建筑物设计规范》。

10.3　梁　式　渡　槽

10.3.1　槽身结构

10.3.1.1　槽身结构布置与构造

1. 槽身纵向支承形式和跨度

梁式渡槽的槽身是搁置于槽墩或槽架上的，既起输水作用又起纵梁作用，其支承结构是重力墩或排架。为适应温度变化及地基不均匀沉降等原因而引起的变形，需用横向伸缩缝将槽身分为独立工作的若干节。伸缩缝之间的每一节槽身，沿纵向一般是两个支点。按支点数目及布置位置的不同，梁式渡槽又分为简支梁式（图 10 - 1）、双悬臂梁式［图 10 - 3（a）］、单悬臂梁式［图 10 - 3（b）］及连续梁式等

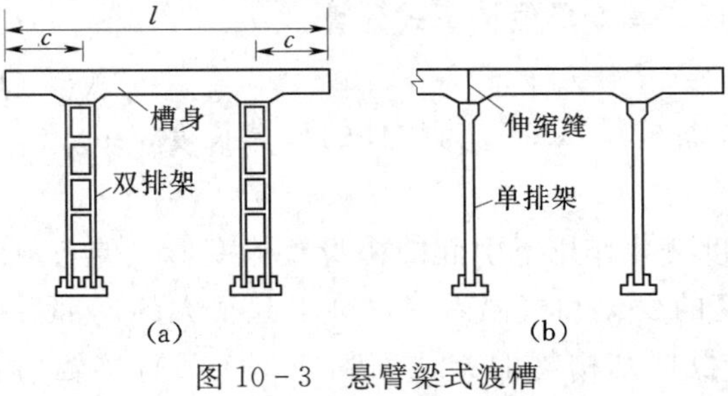

图 10 - 3　悬臂梁式渡槽
（a）双悬臂梁式；（b）单悬臂梁式

多种。

简支梁式的优点是结构简单，施工吊装方便，接缝止水构造简单，工作可靠。缺点是跨中弯矩较大，底板受拉，对抗裂、防渗不利。双悬臂梁式又分等跨双悬臂和等弯矩双悬臂两种。如图 10－3（a）所示，设一节槽身总长度为 l，悬臂长度为 c，对于等跨双悬臂，$c=0.25l$；对于等弯矩双悬臂，$c=0.207l$。双悬臂梁式槽身因悬臂作用，其跨度（支点间距）较大，可达到简支梁的 2 倍左右。双悬臂梁式一节槽身的总长度及重力大，故施工吊装较困难。悬臂变形或地基不均匀沉降时，接缝产生错动而易使止水拉裂。根据对已建渡槽的观察，双悬臂梁式槽身在支座附近容易产生横向裂缝。单悬臂式槽身仅一端有悬臂，另一端为简支，只在双悬臂梁式向简支梁式过渡，或与进、出口建筑物连接时采用。单悬臂不应过长，以保证槽身在简支端支座处有一定的压力，绝对不允许出现拉力。连续梁式槽身较简支梁式受力条件好，在同样跨度和同样荷载条件下，前者的弯矩较后者小，故前者的跨度可以大些。但是，连续梁式槽身施工时，如采用整体预制吊装，各支点较难保证连续梁式的支撑要求；如果各支点产生不均匀沉降时，槽身将产生较大的附加弯矩，还可能产生扭曲应力，因而对地基的要求高，故采用较少。

跨度是梁式渡槽最关键的尺寸。当槽高（槽身距地面的高度）较大、地基条件较好或基础施工困难时，宜选用较大的跨度；当槽高不大或地基条件较差，以采用小跨度为宜。根据实践经验及统计资料，钢筋混凝土结构的简支梁式渡槽的常用跨度是 8～15m，双悬臂梁式槽身分节长度一般采用 15～30m。梁式渡槽的槽身由于纵向梁作用，需配置较多的钢筋，其跨度主要由槽身底部的抗裂要求控制。目前，在大中型渡槽工程中，为了改善结构的力学性能，减小截面尺寸、减轻自重、加大槽跨，较广泛地采用了预应力钢筋混凝土结构，其简支梁式渡槽的跨度一般采用 25～50m。

无论是现浇或预制吊装的槽身，在节与节的接头处和槽身与进、出口建筑物的连接处，均需设置伸缩缝以适应槽身因温度变化而产生的伸缩变形、允许的沉降和位移。伸缩缝必须用既能适应变形又能防止漏水的柔性止水材料封堵。如果止水不严密或受到破坏，不仅会造成大量漏水，而且可能因槽身与进、出口建筑物之间的接缝漏水而使岸坡滑塌，甚至造成渡槽失事。

2. *槽身横断面形式和构造*

槽身横断面的常用形式是矩形和 U 形，应根据设计流量、运行要求及建筑材料条件等，经技术经济比较后确定。大流量多采用矩形，中小流量可采用矩形，也可采用 U 形。一般中小流量、无通航要求的渡槽，槽顶设拉杆，间距为 1.5～2.5m，以增加侧墙的稳定，并改善槽身的横向受力条件［图 10－4（a）、（d）、（g）］。如有通航要求，则不设拉杆，而适当加大侧墙的厚度，也可做成变厚度［图 10－4（b）］，或沿槽身长每隔一定距离加一道横肋，以保证侧墙的稳定，并减薄槽身侧墙和底板的厚度［图 10－4（c）、（d）、（e）］。对于大流量渡槽，或由于通航要求需要较大槽宽时，为减小底板厚度，可在底板下面和两侧边纵梁内再设一根或几根中纵梁，成为多纵梁式矩形槽［图 10－4（e）］。图 10－4（f）为箱式矩形槽，是一闭合框架结构，顶板可用作交通桥，槽身截面刚度大，可提高纵向承载能力。据分析，在相同条件下，双悬臂箱式比简支梁式少用钢材 20％～30％，故用于中小流量双悬臂梁式可能较经济。3 级及 3 级以上的渡槽可采用双槽式或多槽式布置，可采用多厢互联式矩形槽［图 10-4（g）］、多厢独立式槽身结构及多线单厢槽身结构等型式。

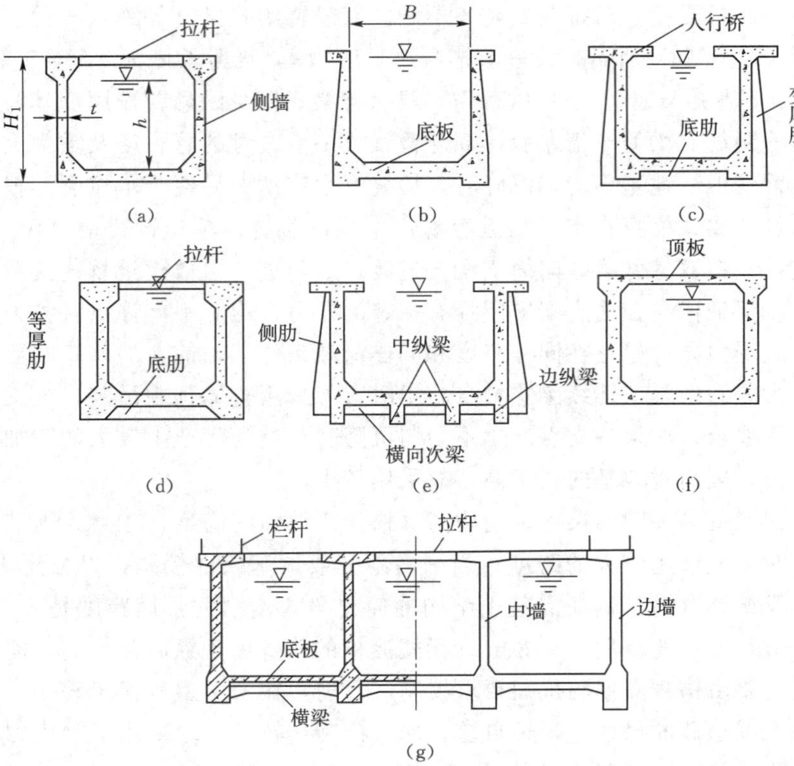

图 10-4　矩形槽身断面形式图

(a) 设拉杆矩形槽；(b) 侧墙变厚矩形槽；(c) 设肋矩形槽；(d) 设拉杆加肋矩形槽；
(e) 加肋多纵梁式矩形槽；(f) 箱式矩形槽；(g) 多厢互联式矩形槽

钢筋混凝土矩形及 U 形槽身横断面的造型主要取决于深宽比 H/B。深宽比的选定见前述水力设计，对于矩形槽身，侧墙通常都作纵梁考虑，因高而薄，故设计时除考虑强度外，还应考虑侧向稳定，一般以侧墙厚度 t 与高度 H_1 的比值 t/H_1 作为衡量指标。其经验值，对于有拉杆的矩形槽，$t/H_1=1/16\sim1/12$，常用厚度 $t=12\sim25$cm。肋板式矩形槽槽壁厚度可减小，壁厚与槽身高度之比一般为 1/21～1/18。

矩形槽的底板底面可与侧墙底缘齐平［图 10-4（a）］或稍高［图 10-4（b）、（c）、（d）］，后者用于简支梁式槽身可以减小底板拉应力，前者宜用于双悬臂梁式。为了改善侧墙与底板交接处的应力状态，常在二者交接处加设角度为 30°～60°的贴角，边长约 20～30cm，侧墙和底板迎水面的横向受力筋与斜筋应按图 10-5 所示形式分别布置，并保持一定的锚着长度，切忌将三者用一根折线形钢筋代替。

对于设置横肋的矩形槽，肋的间距 l_1 应保证侧墙和底板为双向受力的四边支撑板（图 10-6），即 l_2/l_1 和 l_y/l_1 均应小于 2。初拟肋的间距时，可按侧墙高度的 0.7～1.0 倍考虑。为保证侧墙底板呈四边固定的支承条件，侧墙顶部和底部局部加厚，使二者及肋的刚度均大于 8 倍板的刚度，厚度大于板的 2 倍。肋宽 b 可等于侧墙厚度 t，肋厚一般为（2～

2.5)t。因侧墙兼作纵梁用，而剪力主要由侧墙（腹板）承担，故其厚度常由纵向抗剪控制，因此，需先进行纵向计算来选定，然后通过横向计算校核。

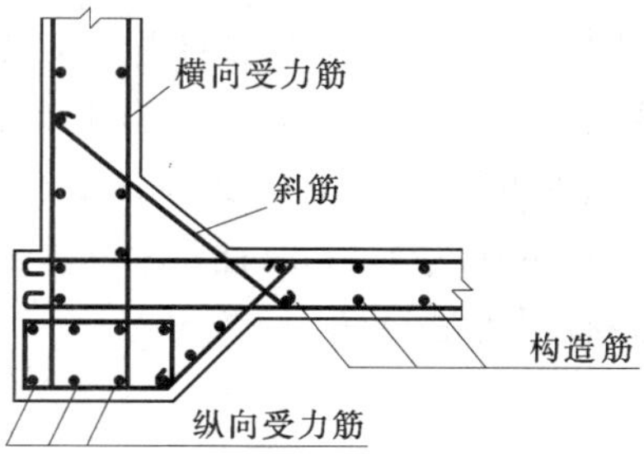

图 10-5 侧墙与底板的连接

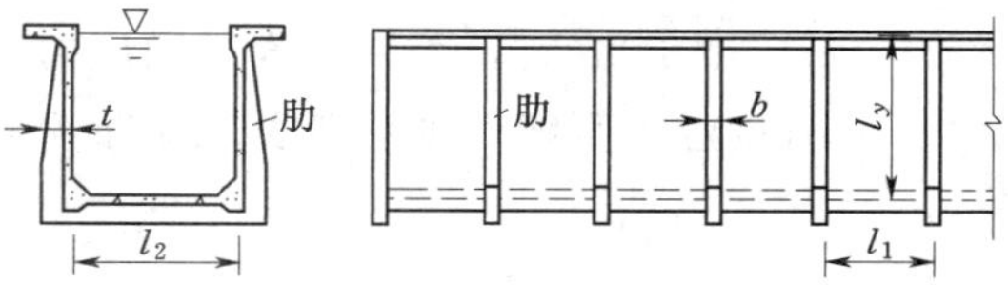

图 10-6 横肋布置图

钢筋混凝土 U 形槽身（图 10-7），常采用半圆加直段的断面形式。槽顶一般设拉杆，槽壁顶端应加大形成顶梁，以增加刚度，顶梁面积（不含槽壁厚）宜为槽身横断面的 15%～18%。跨度较大时，为便于布置纵向受力钢筋，并增加槽壳的纵向刚度，常将底部弧形段加厚。在考虑纵横向受力条件的要求下，可参考下列经验数据来拟定断面尺寸。

槽壁厚度 $t=(1/10\sim1/15)R_0$

直段高度 $f=(0.4\sim0.6)R_0$

顶梁尺寸 $a=(1.5\sim2.5)t, b=(1\sim2)t, c=(1\sim2)t$

槽底弧段加厚 $d_0=(0.5\sim0.6)R_0, t_0=(1\sim1.5)t$

图 10-7 中的 s_0 是从 d_0 的两端分别向槽壳外壁所作切线的水平投影长度。这里需指出，对于跨宽比小于 4 的梁式槽身，计算研究表明，横向应力是控制条件，槽底若加厚，反而使横向应力状态恶化，因此，对于这种槽身，底部不宜加厚。为使 U 形槽身有足够的横向刚度，防止壳槽在水压力作用下产生过大的横向变形，一般要求槽身高度与槽壁厚度之比不超过 15，大于 15 的 U 形槽身应论证槽身的稳定性。

位于寒冷和严寒地区，三类、四类、五类环境条件的渡槽槽身不宜采用薄壁结构型式。

10.3.1.2 槽身结构计算

梁式渡槽槽身结构计算内容应包括：纵向和横向断面的内力、正截面和斜截面强度、正截面抗裂（或限裂）及挠度验算。1～3 级渡槽槽身应按抗裂设计，4 级、5 级渡槽槽身宜按限裂设计。槽身的最大挠度应按满槽水工况进行计算，简支梁式槽身计算跨度 L 不大于 10m 时，跨中最大挠度应小于 $L/400$，计算跨度 L 大于 10m 时，跨中最大挠度应小于 $L/500$；双悬臂或单悬臂梁式渡槽的槽身，跨中挠度的限值同简支梁，悬臂端挠度限值为：当悬臂段计算长度 L' 不大于 10m 时为 $L'/200$，当计算长度 L' 大于 10m 时为 $L'/250$。预应力混凝土槽身最大挠度计算值应不含施加预应力所产生的反拱值。

1. 槽身结构计算方法简述

对于不同的支承形式、跨宽比、跨高比以及槽身横断面形式，在荷载作用下，槽身应力状态是不同的，为了使计算成果有较好的精度，应采用不同的计算方法。

(1) 对于梁式渡槽的槽身，跨宽比一般都大于 4.0，跨高比也较大，故可按梁理论计算，沿渡槽水流方向按简支梁、双悬臂梁、单悬臂梁或连续梁纵向内力及应力；在垂直水流方向截取 1m 长槽身，按平面问题计算横向内力。

(2) 跨宽比小于 4.0 的梁式渡槽槽身，应按空间问题采用弹性力学方法计算，4 级、5 级渡槽槽身也可近似按梁理论计算。图 10-8 为用有限元法计算跨宽比大于 1 小于 4 的 U 形槽身的应力分布特点。可以看出，当 3 个 U 形槽具有相同断面尺寸，而跨宽比 l/b 分别为 1.25、2.0 和 3.25 时，跨中截面纵向应力分布曲线在跨宽比为 1.25 时曲率较大，跨宽比为 3.25 时接近于直线，说明跨宽比小于 4 时，宜采用有限元法计算。

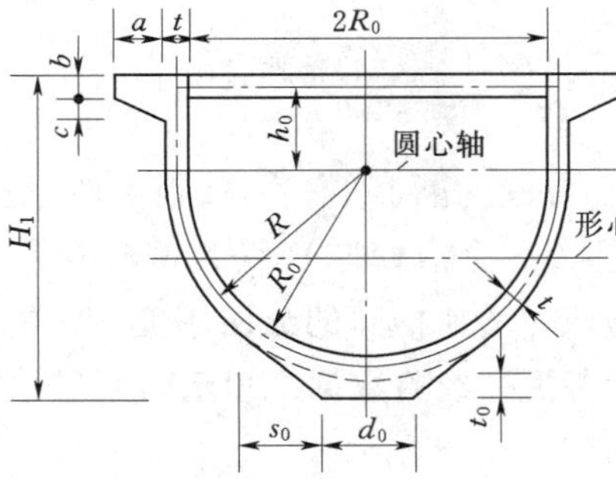

图 10-7　U 形槽身断面形式图

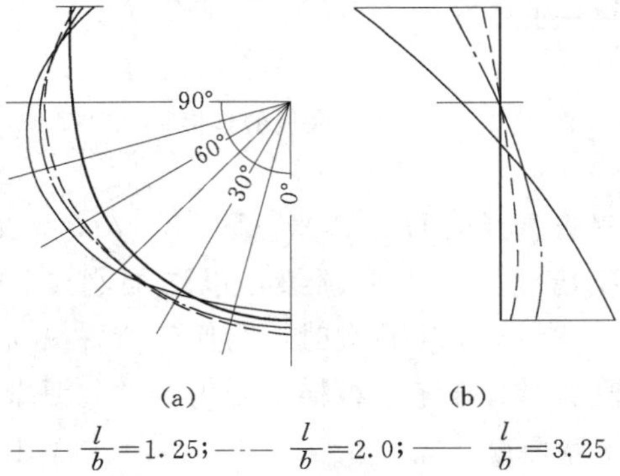

图 10-8　不同跨宽比 l/b 的槽壳应力比较

(a) 横向；(b) 纵向

(3) 如槽身跨高比 l/H_1 小于或等于 5.0，则属于深受弯构件。根据 SL 191—2008《水工混凝土结构设计规范》规定，简支深受弯构件的内力可按一般简支梁计算。连续深受弯构件的内力，当 $l/H_1<2.5$ 时，应按弹性理论的方法计算；当 $l/H_1\geqslant 2.5$ 时，可按一般连续梁用结构力学方法计算。需注意的是，对于此种槽身应按深受弯构件进行承载力计算和抗裂验算。

(4) 对于实腹式或横墙腹拱式拱上结构上面的槽身，属于连续弹性支承结构，应按连续弹性支承梁进行计算。其纵向应力状态决定于横向伸缩缝的设置位置、拱上结构的构造以及拱上结构和主拱圈的变形等多种因素。设计时一般不考虑主拱圈及拱上结构的变形影响，并设置横向伸缩缝以适应主拱圈及拱上结构的变形。底板主要是防渗和防冲，可以做得薄些，最好采用柔性材料建造。

(5) 对于大、中型预应力槽身结构，其三维受力效应明显，设计中宜采用梁理论与弹性理论相结合的分析方法。即先用结构力学方法，分别按纵向和横向进行槽身结构内力计算，以此计算结果初步确定预应力筋及普通钢筋数量并进行钢筋布置，然后运用三维有限元方法分析计算槽身结构在外荷载及预加力作用下的应力，根据计算结果调整预应力筋及普通钢筋的数量及布置，直到槽身结构满足强度和抗裂要求。

下面仅介绍按梁理论进行槽身结构计算的方法。

2. 纵向计算

槽身纵向一般按满槽水情况设计。弯矩及剪力求出后，对于矩形渡槽，槽身截面可概化为工字形，侧墙为工字梁腹板，侧墙顶加大部分和人行道板构成工字梁上翼缘，槽身底板构成工字梁下翼缘，按受弯构件计算其纵向正应力及剪应力，并进行配筋和抗裂或裂缝开展宽度的验算，最后定出有关尺寸、材料强度等级以及纵向受力钢筋及构造钢筋的布置。

U 形槽纵向内力的计算方法与矩形槽相同。内力弯矩及剪力求出后，需先求出截面形心轴位置以及形心轴至受压区和受拉区边缘的距离，再计算纵向正应力。U 形槽的断面形式较复杂，纵向配筋多按总拉力法计算，即考虑受拉区混凝土已开裂，不能承受拉力，因而形心轴以下全部拉力由钢筋承担。受拉钢筋总面积求出后，即可配置纵向受力钢筋并进行斜截面强度计算，视需要配置斜筋。对于简支 U 形槽，为保证安全，承担跨中正弯矩的纵向钢筋应布置在离槽底 2 倍槽壁厚度范围之内，该范围之上的槽壁另配置纵向构造钢筋。

渡槽纵向结构计算时，槽身支座摩擦系数大于 0.1，则应考虑温降条件下支座摩阻力对槽身内力产生的不利影响。

3. 横向计算

槽身横向结构计算的方法在一般结构力学教材中均有介绍，本节着重叙述矩形及 U 形槽身横向计算的荷载、计算假定及计算简图的选择。根据韶山灌区对所建渡槽槽身钢筋用量的统计，横向钢筋用量约占 60%～70%，纵向钢筋仅占 30%～40%，因此，合理选择横断面结构形式并进行相应的横向结构计算，以减少横向钢筋用量是很重要的。

(1) 矩形槽身。横向计算时，未设横肋的槽身沿槽长方向取 1.0m 作为计算对象［图 10－9 (a)］，考虑两截面上的剪力差 $\Delta Q = Q_1 - Q_2$，即可按框架结构求解其横向内力。图中 q 为作用在 1.0m 槽长上的竖向荷载（包括自身重力及水的重力等），由平衡条件可得剪力差值 $\Delta Q = q$。ΔQ 在截面沿高度上呈抛物线形分布，方向向上［图 10－9 (b)］，它的绝大部分分布在两边的侧墙截面上。横向计算时，因槽身结构形式不同而有不同的假定和相应的计算简图。

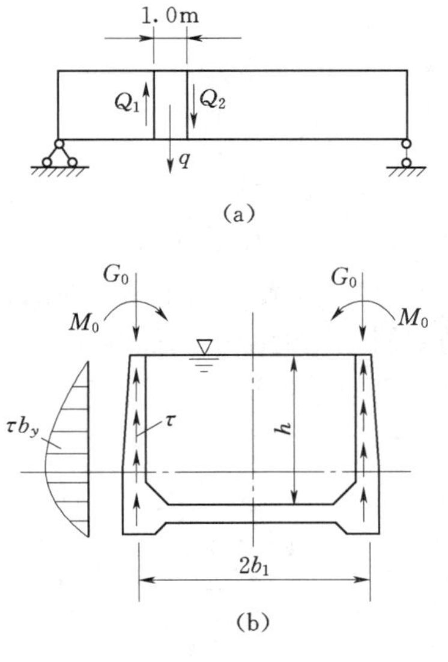

图 10－9　横向计算的脱离体截取图

对于设拉杆的矩形槽，假定设拉杆处的横向内力与不设拉杆处的横向内力相同，将拉杆均匀化，且不计拉杆的抗弯作用与轴力对变位的影响，拉杆按铰接考虑。此外，工程设计中一般不考虑底板截面上的剪力，侧墙截面上的剪力不影响侧墙的横向弯矩，故将它集中置于侧墙底面而按支承链杆考虑。于是，根据对称条件，便得到图10－10所示的计算简图。图中 G_0 为槽顶荷载；M_0 为 G_0 对侧墙中心产生的力矩；p_1 为作用于侧墙底部水平水压力强度；q_2 为底板重力与其上水压力之和。

对于不设拉杆的矩形槽，只需去掉图 10－10 中侧墙顶处反映拉杆作用的水平链杆即可。这里需注意，当槽内水深 $h = b_1$（半槽水）时，底板轴向拉力虽较满槽水时小，但跨中弯矩可能达到最大值，故跨中的横向配筋应分别按满槽水和半槽水进行计算，并取大者。

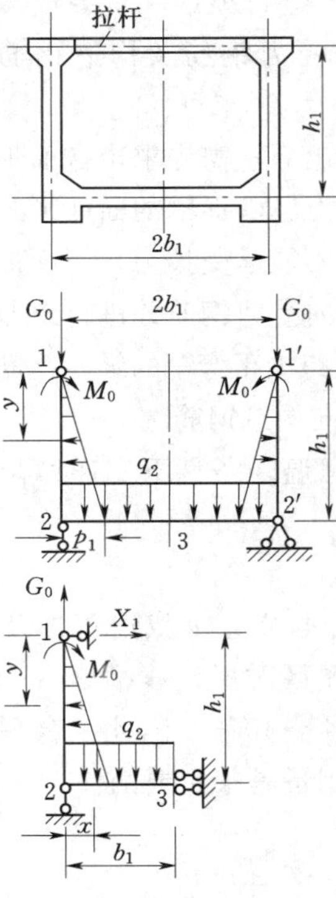

图 10-10　设拉杆矩形槽身横向计算简图

设有横肋的槽身，以肋为中心，沿槽长方向取肋间距长度的槽身作为计算对象，肋与侧墙及底板构成 T 形计算断面，作用在槽身上的荷载及内力为肋间距长度上的荷载及内力，计算简图及计算工况则与未设横肋的槽身相同。

(2) 有拉杆的 U 形槽身。作用于单位长度上的槽身荷载与有拉杆矩形槽身相同。其基本假定是，断面上的剪力分布 ($2\tau t$) 成抛物线形（图 10-11），方向沿槽壳厚度中心线的切线方向。该力对槽壳产生的弯矩和轴向力与水压力和自身重力等荷载产生的弯矩和轴向力方向相反，起抵消作用，因此槽壳厚度可以减薄。仍假定设拉杆处的横向内力与不设拉杆处的横向内力相同，将拉杆均匀化，不计拉杆的抗弯作用及轴力对变位的影响，将所有荷载均作用于槽壳厚度的中心线上，于是，根据结构及荷载对称条件取一半进行计算，即得图 10-11 (b) 所示的计算简图。图中 X_1 是基本结构的超静定未知力，为均匀化拉杆的拉力。拉杆的实际拉力等于 X_1 与拉杆间距的乘积。根据一般结构力学方法即可求得 X_1，并进而求出各截面的弯矩 M_φ 及 N_φ。具体计算公式及计算方法见参考文献 [63]。

计算表明，U 形槽壳上部一般为外侧受拉，最大正弯矩发生在 $\varphi=30°$ 附近截面；下半部为内侧受拉，最大负弯矩发生在槽底 ($\varphi=90°$) 截面。横向钢筋的布置有两种方法：①按内外侧控制截面求得的钢筋分别布置于内外层（双层布筋）；②按弯矩图将钢筋布置在受拉的一侧，即单层布筋（图 10-12）。前者适用于槽壳厚度在 10cm 以上，且通过流量较大的渡槽。后者可节省近一半的钢筋，且混凝土浇捣容易，但钢筋弯扎较困难，这种布筋方法适用于槽壳厚度在 10cm 以下、通过中小流量的渡槽。

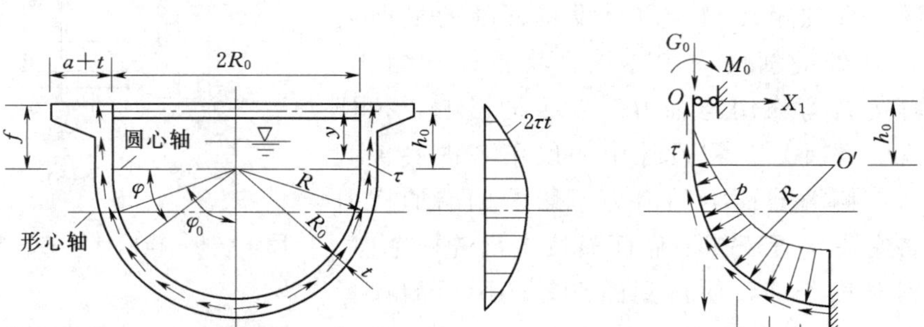

图 10-11　有拉杆 U 形槽计算简图

为使 U 形槽身便于支承在槽墩（架）上，常设支承肋，对于简支梁式 U 形槽身则为端肋。支承肋上力的传递比较复杂，中小型工程中多采用近似计算方法。当槽身按梁理论

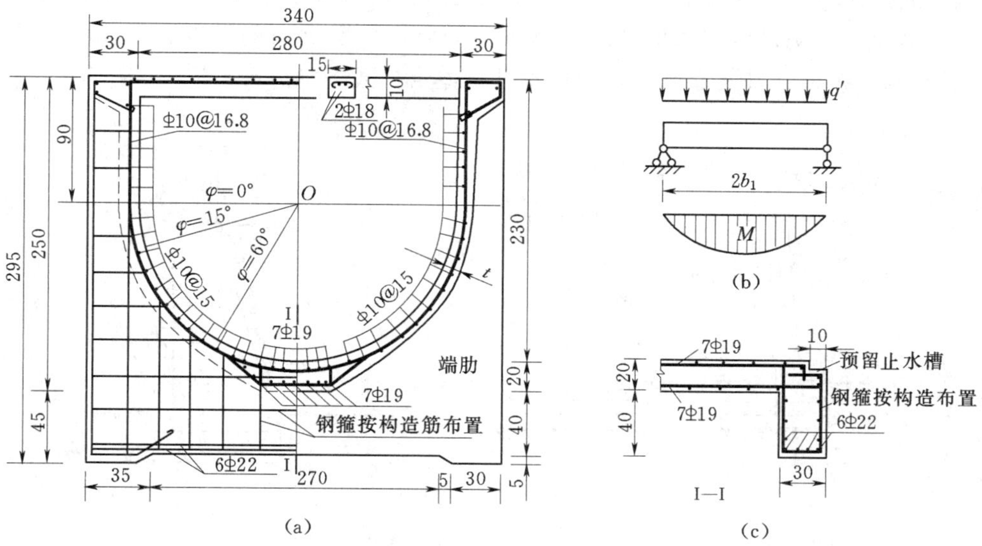

图 10-12　U 形槽身及端肋钢筋布置图（单位：cm）

（a）槽身及端肋钢筋布置；（b）端肋计算简图；（c）Ⅰ—Ⅰ剖面图

计算时，即将支承肋视为一承受均布荷载的等高简支梁，梁高取中部最小截面的高度，梁宽为肋的厚度，计算跨度取支承之间的距离 $2b_1$（图 10-10），即可得图 10-12（b）。设一节槽身满槽水时总重为 G'，则肋梁的荷载强度为 $q'=G'/(4b_1)$。由于支承肋并非一等高简支梁，加之计算中未考虑顶部拉杆作用，故是比较粗略的。也可参照槽身横向计算方法，设拉杆时，端肋近似按一次超静定结构计算，单、双悬臂端的支承肋，取肋中线两侧各半个或一个拉杆间距长度的槽身为计算对象；简支端的端肋，取肋中线一侧半个或一个拉杆间距长度的槽身为计算对象，详细计算过程可见参考文献［63］。当槽身按弹性理论计算时，支承肋（端肋）应与槽身作为整体结构进行计算。

10.3.2　槽墩和槽架

梁式渡槽的支承墩架有重力式槽墩、钢筋混凝土槽架、混合式墩架和桩柱式槽架等型式。

10.3.2.1　槽墩结构

梁式渡槽的槽墩一般为重力墩，有实体墩和空心墩两种形式。实体墩［图 10-13（a）］的墩身可用石料、混凝土等材料建造。顶部垂直水流方向的长度略大于槽身宽度（每边宽出约 20cm），顺水流方向的宽度稍大于支承面所需的宽度，一般不小于 0.8m。墩头一般采用圆形。墩顶设置墩帽，厚度不小于 40cm，中小型渡槽不小于 30cm，四周比墩身顶部外伸 5～10cm，顶面根据支承槽身的需要设置支座。无论何种支座构造，对于一节槽身的两个支点，其中的一个支座宜做成固定支座，以免槽身在若干次胀缩后产生坠离墩顶的危险。简支梁式槽身的支座形式宜取高程较低端为固定支座，另一端为活动支座。多跨简支梁式槽身，各跨的固定支座与活动支座应相间排列。同座渡槽墩（架）顶部同一侧的支座形式应相同。中、小型渡槽的固定支座宜用平面钢板支座或板式橡胶支座，活动支座宜用切线钢板支座或滑动板式橡胶支座。大型渡槽固定支座宜用盆式橡胶支座，活动支座宜用单向或多向盆式橡胶活动支座。支座下的墩帽内应铺设钢筋网，以保证整体性，并防止产生裂缝。为满足墩体强度和地基承载力的要求，墩身四侧常以坡比 20：1～40：1（竖：横）向下扩大，基底面则根据地质条件再适当扩大。

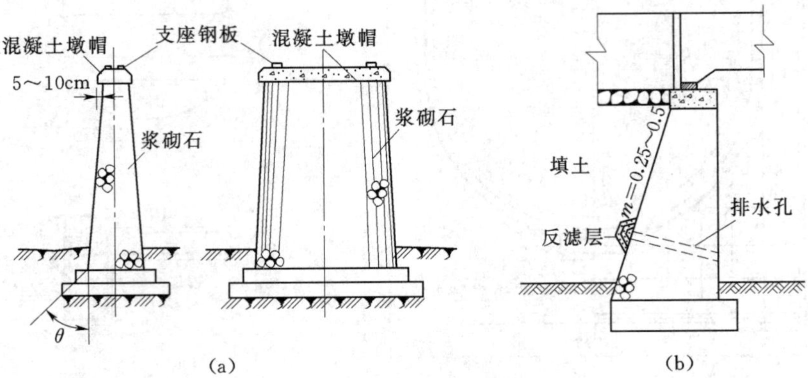

图 10-13　重力式槽墩

(a) 重力式实体墩；(b) 重力式边槽墩

边墩常采用图 10-13（b）所示的挡土墙式实体重力墩，也称槽台，用以支承槽身和挡土。由于它是挡土结构，故高度一般不宜超过 5m，断面尺寸按挡土墙设计。墩顶也需设置墩帽。为减小台背面的地下水压力，常设孔径为 4～6cm 的排水孔，进口设反滤层，出口高出地面 10～30cm。

重力式实体墩的墩体强度及稳定性易满足要求，但用料多，自重大，适用于盛产石料的地区，但不宜用于高槽墩和地基较差的情况，一般在墩高为 8～15m 时采用。空心墩可大量节约材料，自重小，但刚度大，可采用混凝土预制块砌筑，也可采用现浇混凝土，在较高的渡槽中得到了广泛采用，墩高为 15～40m 时宜采用混凝土或钢筋混凝土空心重力墩。钢筋混凝土空心重力墩的墩壁厚度不应小于 30cm，混凝土空心重力墩的墩壁厚度不应小于 50cm。空心墩墩帽下应设置实体过渡段，空心墩内应视应力分布情况沿高度方向每隔 2.5～4.0m 设置水平状钢筋混凝土横隔板或横梁，或设置直立的纵向隔板。空心墩的外形轮廓尺寸和墩帽构造与实体墩基本相同，其水平截面有圆矩形、双工字形和矩形 3 种形式（图 10-14）。圆矩形水流条件好，外形较美观，故采用较多，特别适用于跨河流处。

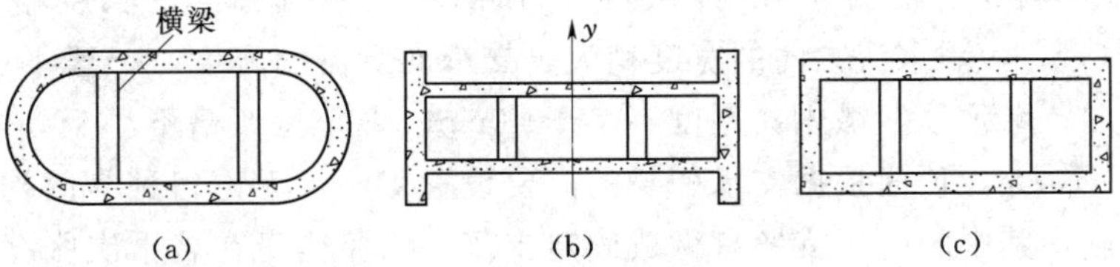

图 10-14　空心墩的截面形式

(a) 圆矩形；(b) 双工字形；(c) 矩形

空心墩属于空间板壳结构，为简化计算，通常把空心墩视为一偏心受压构件，按一般材料力学方法计算其应力。空心墩在距墩顶和墩底实体段一定距离内（0.5R～1.0R），由于边界作用而产生局部应力，局部应力包括纵向（墩轴方向）应力和环向应力，可用薄壳公式计算。此外，还应考虑温度变化时墩壁内外温差产生的温度应力。

重力式槽墩应验算墩身与墩帽结合面、校核洪水位时漂浮物（或船只）撞击点的墩身上下断面、墩身水平断面突变处、墩身与基础结合面的正应力和剪应力。还应验算施工过程中两侧荷载不对称作用时的纵向强度。验算时，应根据施工及运用时期的具体情况选择不利的荷载组合，对横槽向及顺槽向分别计算且不叠加。

10.3.2.2　槽架结构

1. 槽架的形式和构造

槽架结构有单排架、双排架及 A 字形排架三种基本形式（图 10－15）。单排架是由两根铅直支柱与横梁组成的单跨多层钢筋混凝土刚架结构，适应高度一般为 20m 以下。双排架在较大的竖向及水平向荷载作用下，强度、稳定性及地基应力较单排架容易得到满足，故适应高度较大，一般为 20～35m。A 字形排架常由两片 A 字形刚架组成，一般只在横槽向或顺槽向布置成 A 字形。对于高度较小的大流量渡槽，槽宽已较大，故将 A 字形布置在顺槽方向，来满足稳定和加大基础底面积的要求。对于小流量的高渡槽，横槽向的抗倾稳定性问题较突出，则将 A 字架置于横槽向。

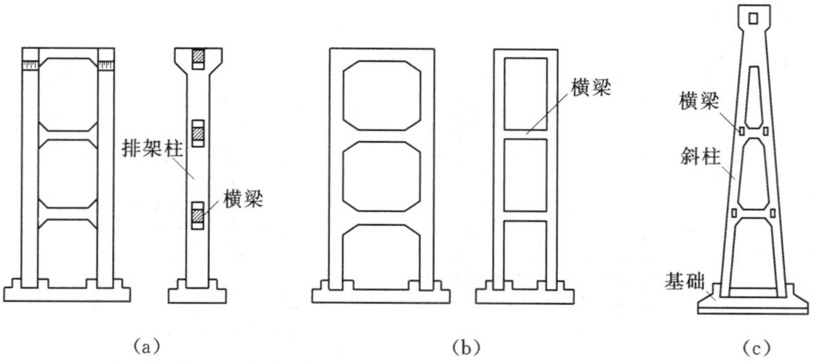

图 10－15　槽架的形式

（a）单排架；（b）双排架；（c）A 字形排架

根据梁式渡槽的布置形式与荷载特点，对于双排架和 A 字形排架，常可分别在横槽向及顺槽向分解为两片平面刚架来计算。因此，二者的构造尺寸可以参照单排架拟定。

单排架的构造尺寸如图 10－16 所示，h_p 为排架高度，支柱净距 l' 决定于槽身的宽度，一般应使槽身传来的竖向荷载 G_0 与支柱中心线重合，以使支柱为中心受压构件。支柱断面尺寸为：长边（顺槽向）$b_1=(1/20\sim1/30)h_p$，常采用 0.4～0.7m；短边（横槽向）$h_1=(0.5\sim0.8)b_1$，常采用 0.3～0.5m。对于跨度不大的小流量渡槽，此经验尺寸偏大。合理拟定单排架（包括单 A 字形架）尺寸的有效方法是：根据已知柱顶荷载并考虑纵向弯曲的影响，再根据横向风压力等水平荷载，粗估支柱及横梁的弯矩（如用反弯点法），并选定混凝土强度等级，进而估算支柱及横梁的截面尺寸。一般地，以支柱顺槽向的纵向稳定为控制条件的单排架，b_1/h_1 值不宜小于 2，特别是渡槽流量较小而高度较大的 A 字形架，斜柱的

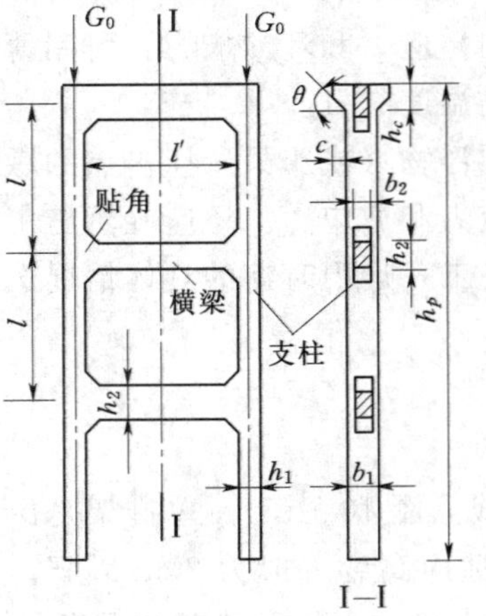

图 10-16　单排架的构造

b_1/h_1 值可取 3～4 或再大些。高度不大的单排架，经横向荷载作用下的结构计算后，如果支柱不需要配置受力钢筋，则需减小 b_1 再计算，直到支柱受力钢筋的配置量合适为止。否则，按构造配筋的支柱，断面越大配筋量越多，将很不合理。为支承槽身，排架顶部常伸出牛腿（短悬臂梁），悬臂长度 $c=b_1/2$，高度$h_c>b_1$，倾角 $\theta=30°\sim45°$。两支间设横梁，间距可等于或略大于立柱间距，一般取 $l=2.5\sim4.0\text{m}$，梁高 $h_2=(1/6\sim1/8)l$，梁宽 $b_2=(0.5\sim0.7)h_2$。横梁由上向下等间距布置，与支柱连接处设承托（贴角），以改善交角处的应力状态。

排架与基础（一般为板式基础）的连接有固接和铰接两种形式。现场浇筑时，排架与基础常整体结合，支柱竖向筋伸入基础内，按固接考虑。预制装配式排架，根据吊装就位后的杯口处理方式，按固接或铰接考虑（图 10-17）。由于预制装配式排架支柱边宽都在 100cm 以内，故无论固接或铰接，支柱插入杯口内的深度 H_1 应满足以下要求：①$H_1>b_1$；②$H_1\geqslant20d$（d 为支柱纵向受力筋的直径）；③$H_1\geqslant0.05h_p$（h_p 为吊装时的排架高度）。另外，杯深 $H_3=H_1+0.05\text{m}$，或 $H_3=H_1$；杯壁厚度 $t\geqslant15\sim40\text{cm}$（$b_1$ 大时取大值）。

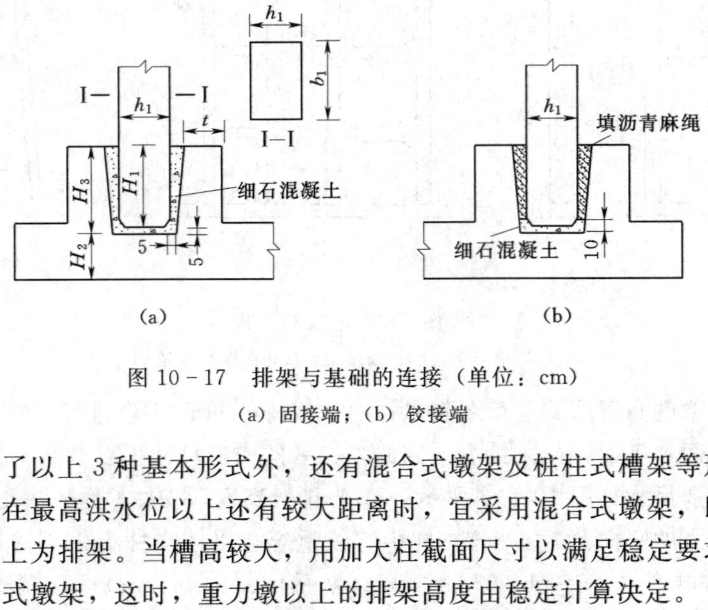

图 10-17　排架与基础的连接（单位：cm）

(a) 固接端；(b) 铰接端

槽架结构除了以上 3 种基本形式外，还有混合式墩架及桩柱式槽架等形式。跨越河流的渡槽，当槽身在最高洪水位以上还有较大距离时，宜采用混合式墩架，即最高洪水位以下是重力墩，以上为排架。当槽高较大，用加大柱截面尺寸以满足稳定要求不经济时，也可考虑采用混合式墩架，这时，重力墩以上的排架高度由稳定计算决定。

地基条件差而采用桩式基础时，将基桩向上延伸便构成桩柱式槽架。图 10-18（a）所示为等截面双桩柱式槽架，适用于跨度为 5～15m 的渡槽。槽架高度大于 6m 时，两柱间应设置横梁［图 10-18（b）］。柱顶钢筋布置成喇叭形锚固于盖梁内，盖梁做成双悬臂式，其上搁置槽身。渡槽跨度达 15～20m，地面以上的支承柱高大于 10m 时，宜采用变截面柱［图 10-18（c）］（施工水位以下部分用较大的直径），接头处设横梁。这样，不但可节省工程量，而且便于对施工中发生的桩位偏差在变换截面处加以调整，保证上部柱位准确。图 10－18 给出的各种形式的布置尺寸和适用范围仅供设计参考。

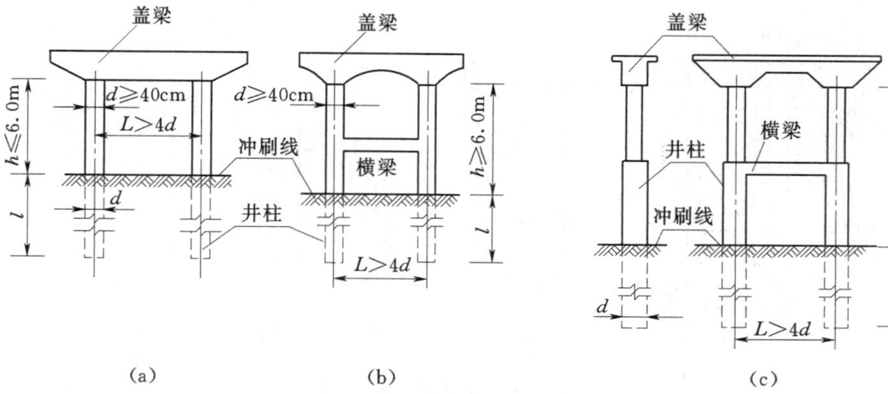

图 10－18 桩柱式槽架

(a) 等截面；(b) 等截面有横梁；(c) 变截面有横梁

2. 槽架结构计算

对于双排架和 A 字形排架，其结构在横槽向及顺槽向均呈对称布置，而水平向荷载一般按垂直于槽中水流方向计算。因此，在水平向荷载作用条件下，双排架可以分解为两个横槽向的单排架进行计算；A 字形排架可分解为两个横槽向的单排架（A 字形排架在顺槽向）或单 A 字形排架（A 字架在横槽向）进行计算。下面重点介绍单排架结构的计算条件、计算荷载及计算简图的选择，具体计算方法及算例见参考文献 [63]。

对于单排架，一般按满槽水加横向风荷、空槽加横向风荷及施工吊装等条件进行计算。

作用于排架上的铅直荷载（图 10－19）有：槽身传给排架的铅直荷载 G（槽身重力及槽内水重）；槽身上的横向风荷通过支座传给支柱的轴向压力和拉力 G'（$G'=p_l h/l_0$）；排架的重力（计算时可以化为节点荷载），每一节点荷载等于相邻上半柱和下半柱及横梁重力之半的总和。作用于排架的水平荷载有：通过摩阻作用传至排架顶部的槽身横向风荷 p_1'，可近似按 $p_1'=p_l/2$ 计算；排架支柱上化为节点荷载后的横向风压力 p_i（$i=1$，2，…）及动水压力 p_d，漂浮物撞击力可移至邻近节点处。

铅直向节点荷载仅使支柱产生轴向力。水平向荷载为反对称的［图 10－19（b)］，但结构是对称的，故可取一半得出图 10－19（c）所示计算简图，按无切力分配法计算排架内力，也可用杆系有限元法计算。满槽水加横向风荷条件下，背风面支柱承受的轴向压力最大，应分别对横槽向和顺槽向进行计算。横槽向按排架内力计算成果配置受力钢筋，顺槽向［图 10－19（d)、(e)］如约束作用很小或不可靠时，则应按自由端考虑。空槽加横向风荷条件下，迎风面支柱的轴向压力最小，按横向内力计算成果配置受力钢筋。因风向是可以改变的，所以两支柱实际配置的受力钢筋应按迎风面支柱计算和背风面支柱计算成果中之大者进行配置。图 10－19（e）为槽身吊装时排架顺槽向的计算简图，G_0 为柱顶铅直荷载，M_0 为排架两侧荷载不对称而产生的力矩。如排架采用吊装法施工时，还应根据吊装方法验算排架柱起吊时（考虑动荷作用，将重力乘以 1.1～1.3 的动荷系数）的强度。

排架施工过程中的强度验算按偶然组合考虑，如果按运用条件配置的钢筋不满足施工要求时，应采取措施，如改变吊装方案等，以避免因施工原因而增加配筋量。

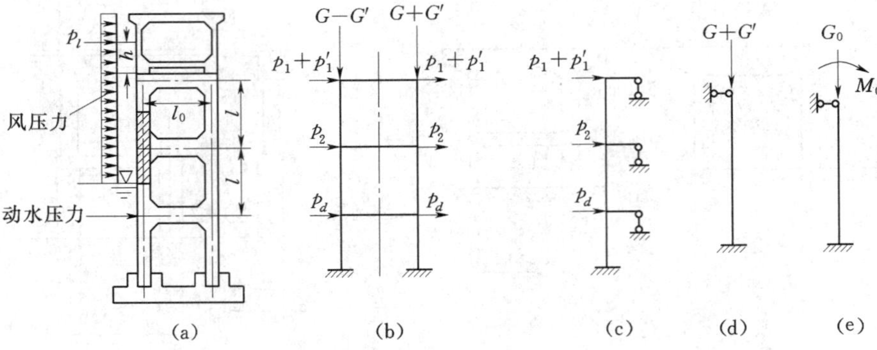

图 10-19　单排架结构计算

建于寒冷地区的排架，当支柱按考虑冻拔力进行设计时，其构造必须满足抗拔稳定要求。冻拔力的计算方法见参考文献［63］。

多跨简支梁式渡槽每隔 7～10 跨应设置一个重力式或双排架式加强墩。

10.3.3　基础结构

渡槽工程中采用较多的是整体板式基础、刚性基础、钻孔桩基础及沉井基础 4 种（图 10-20）。前两种埋置深度一般小于 5m，或埋深虽超过 5m 但小于基础宽度的大尺寸的基础，在计算中不必考虑基础侧面摩擦力的，统称为浅基础；后两种的埋置深度大于 5m 或大于基础宽度，又称深基础。基础形式的选择主要考虑两方面的因素：①上部结构形式、荷载性质与大小；②地基的地质及水文条件，其中地质条件是主要因素。

1. 浅基础

（1）整体板式基础。整体板式基础是钢筋混凝土板梁结构［图 10-20（b)］，排架下的基础常采用这种结构形式。因设计时考虑弯曲变形而按梁计算，故又称柔性基础。它能在较小的埋置深度下获得较大的基底面积，故体积小，施工方便，适应不均匀沉降的能力强，可用于承载能力较差的地基。特别是在寒冷地区，由于排架柱的受力钢筋与基础板内钢筋牢固连接而成为一整体，当基础埋在冰冻层下一定深度时，能有效地获得抗冻拔的能力。基础板一般为水平矩形板，其平面尺寸主要根据渡槽及其地基的稳定要求，通过基底压应力验算决定，基础板的厚度应满足抗冲切的强度要求。

（2）刚性基础。重力式实体墩及空心墩的基础常采用刚性基础［图 10-20（a)］。这种基础常采用浆砌石、混凝土建造，因其抗弯能力小而抗压能力高，故基础在墩底面的悬臂挑出长度不能太大，设计时不考虑抗弯作用，故称为刚性基础。基础顶边伸出槽墩外边缘的距离 c_0（襟边）应大于 25cm，加襟边后的面积还不满足地基承载力要求时，则以台阶形式向下扩大，台阶高度一般为 0.5～0.7m。对于基础高度较大的多级刚性基础，宜采用等高台阶，每一级的悬臂长度 c 与级高 h 保持一定的比值，而用刚性角 θ 来控制，即 $\tan\theta = c/h$。如果每级台阶的宽高比 c/h 均满足允许值［$\tan\theta$］的要求，则此基础主要是承受压力，可不再做弯曲及剪切验算。［$\tan\theta$］值决定于地基反力、基础材料及基础类型，其取值可参考有关书籍及文献。

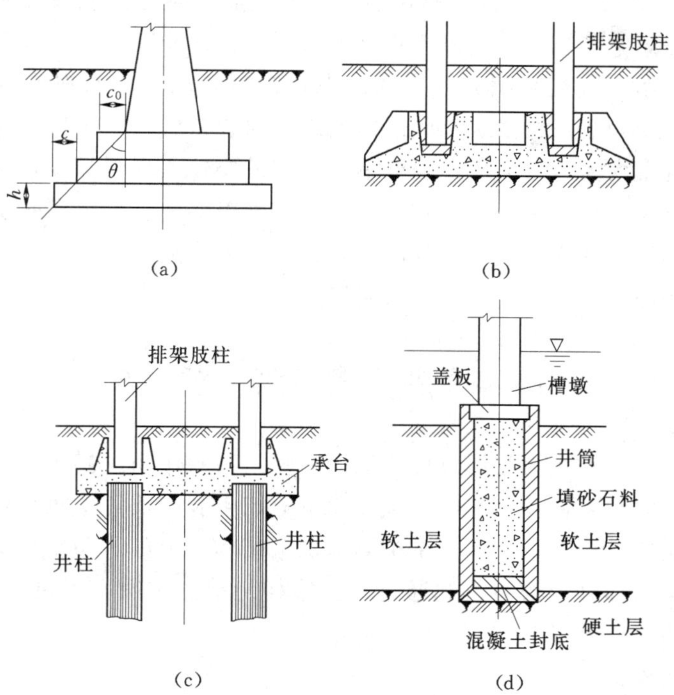

图 10-20　渡槽基础形式

(a) 刚性基础；(b) 整体板式基础；(c) 钻孔桩基础；(d) 沉井基础

浅基础的底面应埋置在地面以下一定深度，其值应根据地基承载力、地形地质情况、地下水位、耕作要求、冻结深度及河床冲刷情况等，结合上部结构形式、基础形式与尺寸来决定。修建在河流中的渡槽基础，必须埋置在最大冲刷线以下一定深度，以保证渡槽的安全。对于重要的、跨越大江大河的渡槽基础埋置深度，常需采用多种方法进行对比分析论证，慎重加以选定。浅基础应与墩台一起进行抗滑动稳定和抗倾覆稳定验算。

2. 深基础

(1) 钻孔桩基础。当渡槽荷载较大，地基软弱且软弱层较厚，地基承载力不足或沉降量过大时，采用桩基。大、中型渡槽的荷载一般均较大，而槽址处地基情况往往很复杂，整个槽段地基均较好，并能满足承载力及沉降量要求的不多见，故在大、中型渡槽中桩基采用较广泛，而桩基中又以钻孔灌柱桩使用得最多。

钻孔桩基础也称为井柱基础，是用锥具钻孔，再在孔内放置钢筋并灌注混凝土而成，全称为钻孔灌注桩。桩顶设承台（或称为联系板）与槽墩或槽架连接［图 10-20 (c)］。或将桩柱向上延伸而成桩柱式槽架。这种基础，施工设备简单，造价低，建造速度快，适用于荷载大、软弱层厚且承载能力低的地基。特别适用于不宜断流而需作水下施工的河道。

大量实践证明，钻孔灌注桩的施工质量优劣对桩能否发挥预期作用影响极大。工程实践中出现的桩的质量问题很大部分均为未按规范规程的要求进行施工所致。对此必须给予高度重视。

(2) 沉井基础。[图 10-20 (d)] 是用混凝土或钢筋混凝土预制成具有一定断面形式的井筒，施工时在井筒中挖土，井筒靠自身重力而下沉，并分节加高，沉至设计标高并检验地基符合要求后，用混凝土封闭井底，井筒内根据需要填以砂石料或低强度等级混凝土，井顶再加做承台（盖板）并修筑槽墩或槽架结构而成。当软弱土层下有持力好的土层或岩层，其埋藏深度不太大，或河床冲刷严重，基础需要较大埋置深度，而水深、流速较大，水下施工有困难时，宜采用沉井基础。但是，当覆盖层内有巨大漂石、孤石或树木等阻碍沉井下沉的障碍物，井底岩层表面倾斜度较大而又无法抽水凿岩或井壁外侧与土之间的摩擦力过大而无法使沉井下沉时，不宜采用沉井。

10.4 拱式渡槽

拱式渡槽的拱是一种轴线为曲线或折线形，在竖向荷载作用下拱脚产生水平推力的结构。如果拱脚无水平向约束，在铅直向荷载作用下只产生竖向反力的拱形结构，只能称为曲梁。拱式渡槽的支撑结构是由墩台、主拱圈和拱上结构组成的，与梁式渡槽相比，增加了主拱圈和拱上结构两部分。槽身荷载通过拱上结构传给主拱圈，再由主拱圈传给墩台。主拱圈是拱式渡槽的主要承重结构。

10.4.1 拱上结构及槽身

拱式渡槽的拱上结构是槽身与主拱圈间的连接结构，有实腹式和空腹式两种形式。不同形式的拱上结构不仅影响槽身的形式及受力条件，对主拱圈也有重要影响。

10.4.1.1 实腹式拱上结构及槽身

实腹式拱上结构一般只用于小跨度渡槽，其上的槽身一般都采用矩形断面，其下的主拱圈一般都采用板拱（图 10-21），也可以采用双曲拱。实腹式拱上结构上面的槽身，只是由于主拱圈及拱上结构的变形才沿纵向产生受力作用，但因跨度小，这种作用常不显著，一般不考虑。因此，实腹拱式渡槽的各个组成部分均可采用砖、石和混凝土等圬工材料建造。实腹式拱上结构按构造的不同可分为砌背式及填背式两种形式。

砌背式拱上结构是在槽身与主拱圈之间用浆砌石或埋石混凝土等筑成的实体结构，其上再砌筑挡水侧墙和底板，在槽宽不大时采用。当槽宽较大时，宜采用填背式。填背式是在拱背两侧砌筑挡土边墙，墙内填砂石料或土料（图 10-21），拱上结构的上面再筑槽身的侧墙和底板。底板的作用主要是防渗和防冲，可以做得较薄，最好用沥青混凝土等柔性材料铺筑，以加大适应变形的能力。侧墙顶厚按构造要求不宜小于 0.3m，自顶部向下以 1∶0.3～1∶0.4 的坡比放宽，具体尺寸通过计算决定。挡土边墙的顶厚一般等于挡水边墙的底厚，向下逐渐加厚，以承受填土压力。

为减小槽身糙率和防止槽身渗水对主拱圈产生侵蚀作用，槽身迎水面可抹 1～2cm 厚水泥砂浆或浇 5～10cm 厚混凝土。对于填背式拱上结构，还应在拱背及挡土边墙的内坡面用水泥砂浆或石灰三合土等铺设防水层，将槽身渗水沿防水层引至埋设于拱圈内的排水管（图 10-21）或槽台背面的排水暗沟排出，排水管进口铺反滤层。为适应主拱圈及拱上结构的变形和槽身因温度变化而产生的纵向胀缩，常正对墩台顶部设伸缩缝（变形缝）（图

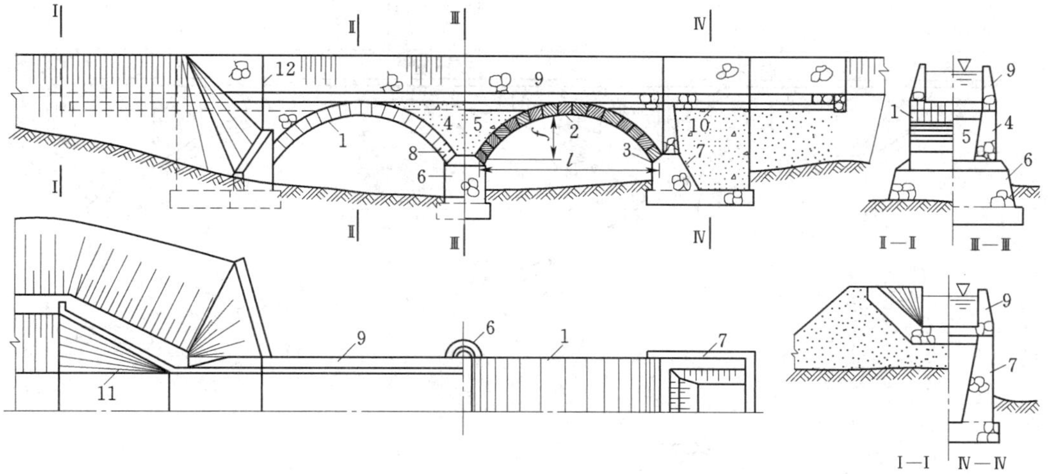

图 10-21　实腹式石拱渡槽

1—主拱圈；2—拱顶；3—拱脚；4—边墙；5—拱腹填料；6—槽墩；7—槽台；8—排水管；9—槽身；10—垫层；11—渐变段；12—伸缩缝

10-21)，缝距不宜大于 15m。如一跨的拱跨较大时，可正对主拱圈的拱顶再设一道伸缩缝，宽 2～5cm。槽身缝需设止水。填背式的边墙缝内侧需设反滤层，将渗水由缝排出，或填塞止水材料将渗水集中由排水管排出。

10.4.1.2　空腹式拱上结构及槽身

当拱跨较大时，需将拱上结构筑成空腹式，以减小拱上结构的重力及作用于主拱圈上的荷载。空腹式拱上结构有横墙（或立柱加顶横梁）腹拱式和排架式等形式。

1. 横墙腹拱式拱上结构及槽身

将实腹式拱上结构对称地留出若干个城门洞形孔洞，便成为横墙腹拱式结构（图 10-22)。这些孔洞又称为腹孔。腹孔顶部设腹拱。腹拱背上的腹腔常筑成实腹式，其上的槽身多采用矩形截面，沿纵向弹性支承于砌体上。腹拱支承于横墙顶部，横墙支承于主拱圈上，主拱圈常采用板拱和双曲拱。这种形式的拱式渡槽，各个部分均可采用圬工材料建造。跨度及流量较大时，各部分也可根据它的结构形式和受力条件而采用不同的材料建造。

腹孔的数目在半个拱跨内常为 3～5 个，从拱脚布置到 1/3 拱跨附近，其余约 1/3 跨度的拱顶段仍筑成实腹。在软弱地区或跨度较大时，也可超过 1/3 拱跨继续布置腹孔。为了进一步减小主拱圈的荷载，还可在横墙上留孔洞，或用立柱加顶横梁代替横墙以支承腹拱而成为立柱腹拱式腹孔。腹拱一般采用等厚圆弧拱或半圆拱，跨径一般不大于主拱跨度的 1/15～1/8，常采用 2～5m。腹拱拱厚视材料不同而定，浆砌石腹拱不宜小于 30cm，混凝土腹拱不宜小于 15cm。横墙的厚度约等于腹拱厚度的 2 倍。

为了避免槽身和拱上结构因主拱圈的变形而产生严重裂缝和断裂，通常在相对变形较大的位置（如墩台顶部）用贯通的伸缝（变形）缝将槽身及拱上结构与墩台分开（图 10-23)。空腹式渡槽与墩台相邻的腹拱应采用三铰拱，其他腹拱宜采用三铰拱或两铰拱，铰所在断面

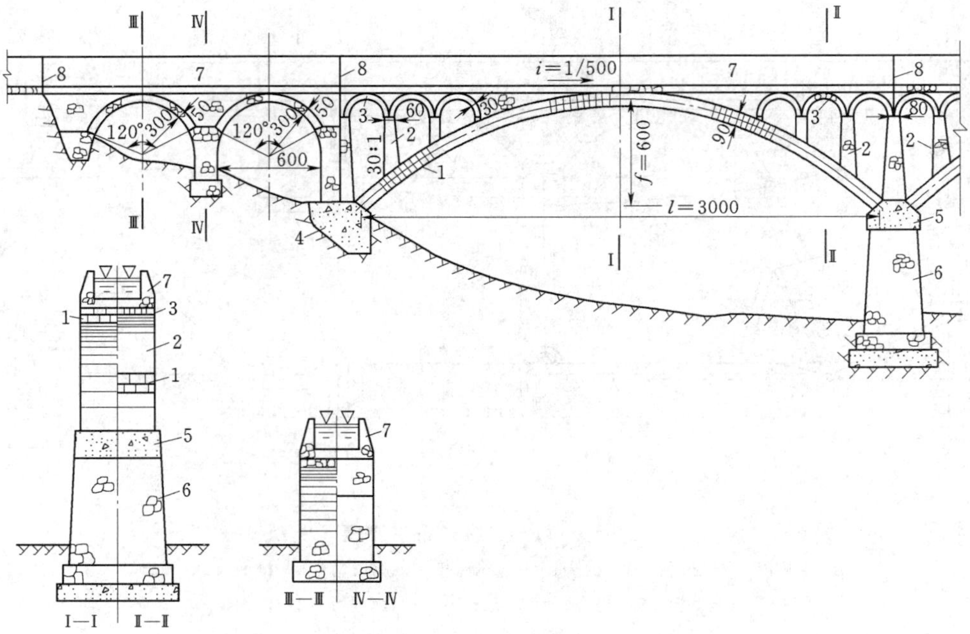

图 10-22　横墙腹拱式石拱渡槽（单位：cm）

1—水泥砂浆砌条石主拱圈；2—水泥砂浆砌块石横墙；3—水泥砂浆砌块石腹拱；4—混凝土拱座；5—混凝土墩帽；6—水泥砂浆砌块石槽墩；7—水泥砂浆砌块石槽身；8—伸缩缝

注：除槽身迎水面用水泥砂浆抹面外，其他浆砌石的外露部分均用水泥砂浆勾缝。

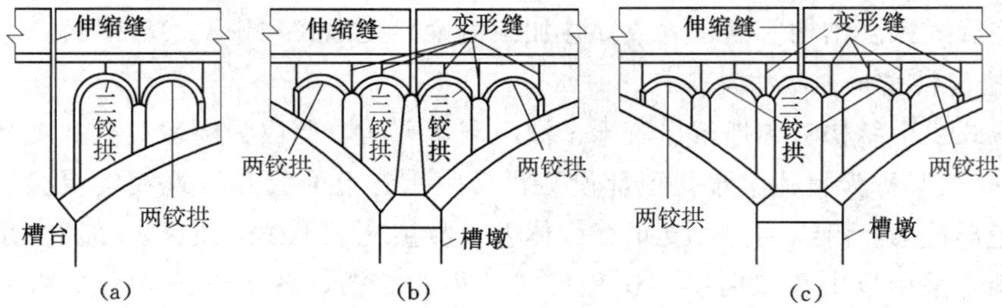

图 10-23　横墙腹拱式拱上结构的分缝

的上部结构均应设置竖向变形缝（图 10-23），变形缝不留缝宽。腹拱铰一般为简易铰，拱脚砌缝不用水泥砂浆，而垫以沥青油毡或干砌。主拱圈在对称铅直荷载作用下，拱顶段将产生正弯矩（内缘受拉），拱脚附近将产生负弯矩，其反弯点约在 1/3 拱跨处，因而主拱的变形曲线也呈这种形式。为适应这种变形和因温度变化而产生的胀缩，槽身除在墩台顶部设缝外，还应根据主拱跨度的大小，在拱顶、三分点或拱顶和 1/4 拱跨处设缝，而将槽身分为两段、三段或四段，缝宽 3～5cm，缝中设止水。

2. 排架式拱上结构及槽身

图 10-24 所示的渡槽，拱上结构是排架式的，上端搁置槽身，下端固接于主拱圈上。槽身为梁式结构，纵向支承形式可以是简支式（图 10-24）或等跨双悬臂式。横断面形式

可用 U 形或矩形。排架下的主拱圈多采用肋拱形式。这种由肋拱、排架及梁式槽身组成的空腹拱渡槽，一般称为肋拱渡槽。但排架下的主拱圈不一定是肋拱，特别在大跨度情况下，为加大横向刚度与横向稳定性，也可采用双曲拱或箱式板拱。

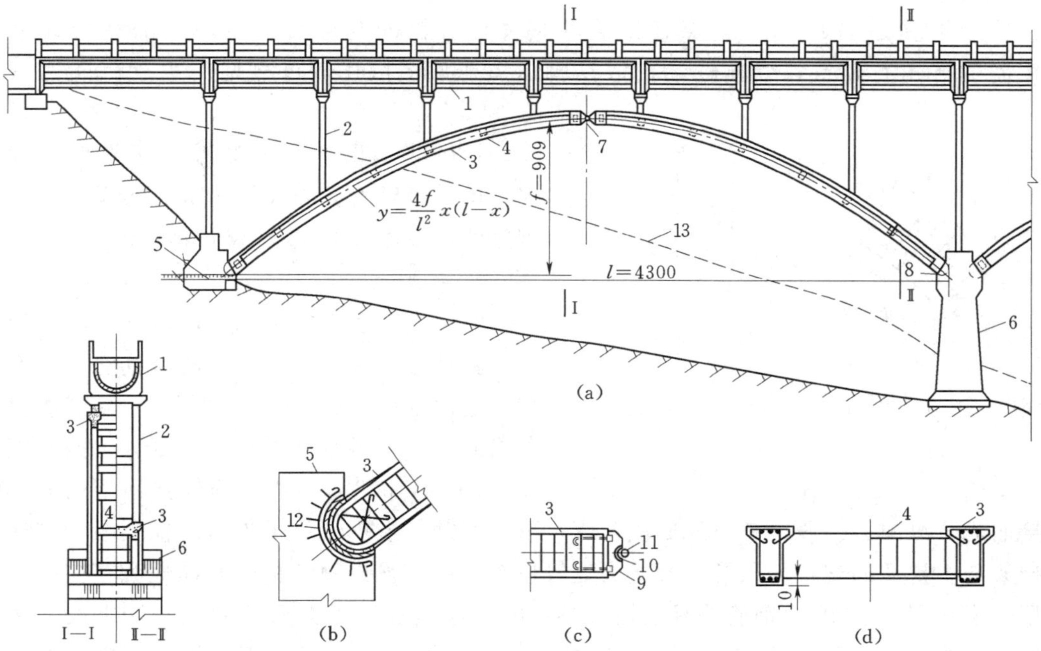

图 10-24　肋拱渡槽（单位：cm）

(a) 立视图；(b) 拱脚铰；(c) 拱顶钢铰；(d) 拱肋钢筋布置

1—C20 钢筋混凝土 U 形槽身；2—C20 钢筋混凝土排架；3—C25 钢筋混凝土肋拱；4—C25 钢筋混凝土横系梁；5—C15 混凝土埋 15%块石拱座；6—C15 混凝土埋 15%块石槽墩；7—拱顶钢铰；8—拱脚铰；9—铰座；10—铰套；11—铰轴；12—钢板镶护；13—原地面线

排架对称地布置于主拱圈上，间距随主拱跨度大小而定。若间距小，则排架工程量将增加，但槽身跨距小，传给主拱圈的荷载比较均匀，可改善槽身和主拱圈的受力条件。一般当主拱跨度较小时，排架间距为 1.5～3.0m，拱跨较大时，间距可以加大至 3～6m 或约为拱肋宽度的 15 倍。排架与拱肋的连接常采用杯口式，也可用预留插筋、型钢或钢板等连接。

空腹式拱上结构的形式是多种多样的，可以配合主拱圈和槽身建成各种形式和各种跨度的空腹拱渡槽，各个部分可根据它的结构形式和受力条件而采用不同的材料建造，做到安全、经济、合理、美观。

10.4.2　主拱结构的形式、布置和构造

10.4.2.1　主拱圈的结构形式和构造

拱式渡槽主拱圈的常用结构形式，按径向截面形式分，有板拱、箱形拱、肋拱等。采用的材料有砖、石、混凝土及钢筋混凝土等，按设铰数目不同可分为无铰拱、两铰拱和三铰拱。拱轴线的线型一般采用圆弧线、悬链线和二次抛物线等。

1. 板拱

板拱的径向截面形式为矩形实体截面，多用于石拱渡槽（图 10-21、图 10-22）。除采用砌石外，也可用混凝土现浇或预制块砌筑，小型渡槽可用砖砌筑。当用料石或预制块砌筑时，沿径向应布置成通缝。较厚的分层砌筑拱，各层间的切向缝应互相错开，错距不宜小于 10cm，以保证拱圈的整体性。拱圈与墩台、横墙等的结合处常采用特制的五角石砌筑，以便逐渐扩散拱脚压力或使横墙比较可靠地支承于拱圈上（图 10-25）。

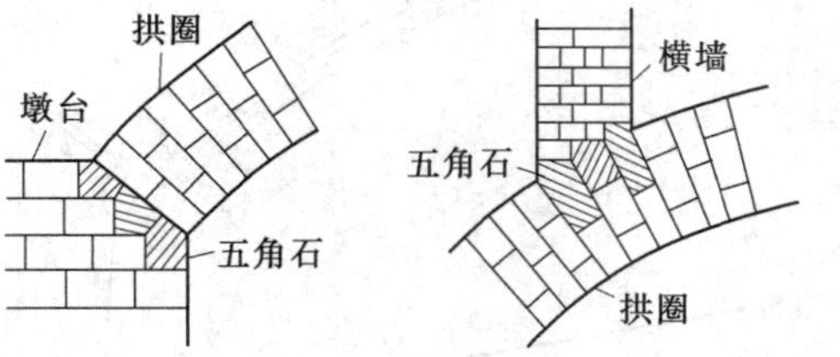

图 10-25　砌石拱圈与墩台及横墙的连接

板拱的拱顶厚度可参考已建类似工程拟定。单拱跨度大于 40m 时宜采用变截面拱，拱脚厚度可采用 1.2～1.8 倍拱顶厚度。

2. 箱形拱

对于大跨度拱圈，可采用钢筋混凝土箱形拱，其外形与板拱相似，但截面挖空，挖空面积一般占全截面的 50%～70%，空箱式板拱主拱圈的顶、底板厚度不应小于 8cm，两侧腹板厚度不应小于 9cm。横向由 I 字形、倒 T 形及倒 Π 形等截面形式的构件并用钢筋或螺栓拼接而成。纵向分两段、三段或四段预制，采用钢筋、型钢或钢板连接。横隔板设在横墙或排架与主拱圈的交接处以及分段接头处等位置，以加强拱圈结构的整体性和横向抗弯与抗扭刚度。图 10-26 为钢筋混凝土箱形拱，由 3 片预制的倒 Π 形拱箱加预制混凝土微弯板拼装而成，并采用钢筋与螺栓电焊连接，加浇二期钢筋混凝土等措施，使拱圈形成整体。箱形拱自重轻，整体性和纵横向刚度大，适于无支架施工，是大跨度拱圈合理结构形式之一。

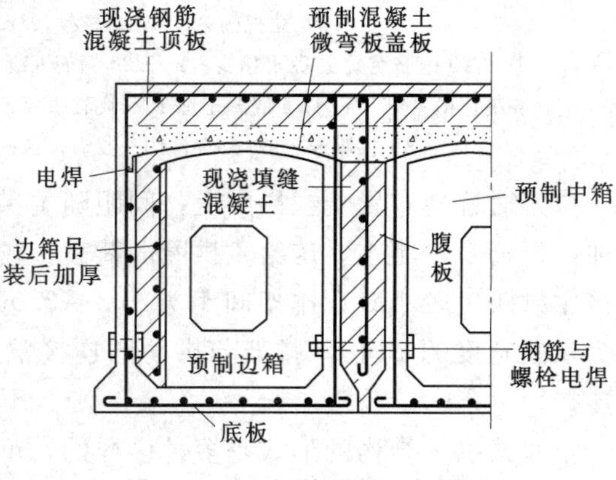

图 10-26　钢筋混凝土箱形拱

3. 肋拱

图 10-24 所示渡槽的主拱圈是肋拱结构。槽宽不大时多采用双拱肋。拱肋之间沿纵向每隔一定距离，以及在拱肋上设有排架和设铰断面处，应设置与拱肋刚性连接的横系梁，以加强拱圈的整体性。肋拱一般为钢筋混凝土结构，混凝土强度等级不宜低于 C25。无铰拱肋的受力钢筋应伸入墩内，插入深度应不小于拱脚厚度的 1.5 倍。横系梁常采用矩形断面，截面的最小边长不应小于其长度的 1/15，与拱肋连接处需加做承托。拱肋横断面通常采用矩形，厚（径向）宽（水平向）比约为 1.5～2.5，厚度一般不小于 20cm。初步拟定尺寸时，拱顶厚度可取为拱跨的 1/60～1/40（小跨度取小值）。大跨度拱肋可采用 T 形、I 字形或箱形断面，以加大抗弯能力和节省材料。单拱跨度大于 40m 时，拱肋应采用变截面，即拱肋宽保持不变，拱肋厚度从拱顶到拱脚逐渐加厚。

4. 双曲拱

双曲拱主拱圈是纵横两个方向均呈拱形的结构（图 10－27）。由拱肋、拱波和横向联系组成。

拱肋是双曲拱的重要组成部分，必须具有足够的强度，并能保证纵横向的稳定性。拱肋截面面积不宜小于主拱圈面积的 1/4。为加强拱肋与拱波的连接，边拱肋断面常采用 L 形（图 10－27），中拱肋常采用凸字形或凹字形，大跨度的还可采用Ⅰ字形。为使拱波与拱肋更好地连接，可在拱肋顶面设齿槽，并在拱肋上配置锚固钢筋，以便加强双曲拱的整体性。

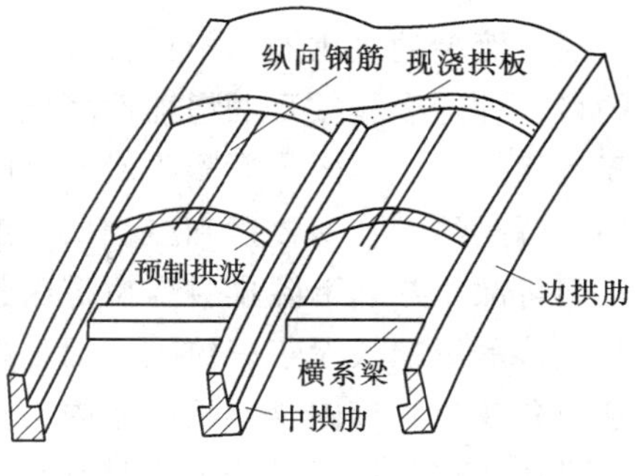

图 10－27 双曲拱结构

拱波一般分预制和现浇两层（图 10－27）。预制块的横断面采用长方形，一般厚 6～8cm，沿拱圈纵向的分块宽 30～50cm，每块重力根据运输安装条件决定。现浇层的厚度不应小于预制层，顶部设两根纵向钢筋（图 10－27），以提高双曲拱上缘的抗拉能力。为减少拱肋与拱波的接缝，加强整体性，以采用单波或少波（二波、三波）为宜。两波相交处的波谷宜适当填平。拱波净跨常用 1.4～2.5m，矢跨比多为 1/5～1/3。

双曲拱的横向联系构件常采用横系梁（图 10－27）和横隔板，其作用是加强双曲拱的横向整体性和稳定性。横系梁间距在 3～5m 左右，横隔板间距一般不超过 10m。通常在拱顶、1/4 拱跨、拱上结构的横墙或立柱下面，以及分段吊装拱肋的接头处采用刚性较大的横隔板，其他位置采用横系梁。实践证明，横向联系的作用是很明显的，必须给予足够的重视。如果取消横向联系构件，将会导致主拱圈沿纵向产生严重裂缝。

双曲拱渡槽具有省钢材、易吊装等优点，在 20 世纪 70 年代钢材缺乏时期修建较多。缺点是造价贵，对地基要求高，易开裂，目前已较少采用。

5. 折线拱

对于空腹拱式渡槽，由于其主拱圈的荷载压力线是折线，故采用折线形拱轴线是合理的，其折点即为竖向集中荷载的作用位置。对于只有两个折点的对称折线拱（两支柱斜置的Ⅱ形刚架）（图 10－28），在对称竖向节点荷载作用下，其压力线始终与拱轴线重合，当不计弹性压缩等影响时，拱内只产生轴向压力，不产生弯矩，而由拱肋自重产生的弯矩往往不大，故对于跨度不是很大的中小型渡槽，采用对称三段折线形肋拱做渡槽的支撑结构是比较理想的，不仅受力条件好，且构造简单，施工方便，计算工作也比曲线拱大为简化。

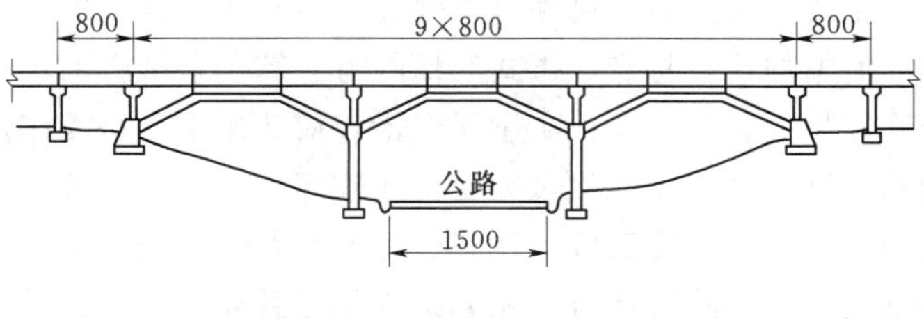

图 10－28 折线拱式渡槽（单位：cm）

6. 拱铰的作用和构造

拱式渡槽的主拱圈，按设铰数目的不同，有无铰拱、两铰拱和三铰拱等几种形式。拱圈的稳定性随设铰数目的增加而降低。无铰拱稳定性最高，故拱式渡槽的主拱圈一般都采用无铰拱。无铰拱的主拱圈与墩台之间应采用刚性连接，未经妥善处理的软土地基上不宜采用无铰拱结构。两铰拱和三铰拱一般用于特殊情况。主拱圈设铰后虽降低了结构的稳定性，但可减小甚至消除拱脚变位等因素对拱圈内力的影响。两铰拱的内力不受支座沉降与转角变位的影响。对于三铰拱，因系静定结构，故温度升降、混凝土收缩和支座变位（线变位与角变位）等因素均不产生内力。

拱铰按作用情况可分为临时铰和永久铰两种。临时铰在施工时设置，以消除混凝土初期收缩、拱支架变形和墩台初期不均匀沉降等的影响。施工到一定阶段（也有在竣工一定时间之后）再将它封死而成为无铰拱。永久铰是两铰拱和三铰拱的工作铰，可用于主拱及腹拱。用于腹拱及小型渡槽主拱的拱铰，构造可以简单一些。

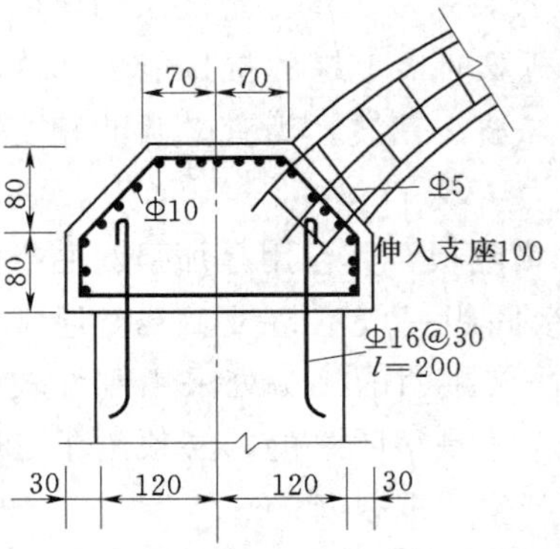

图 10－29　无铰拱主拱圈与墩台的连接（单位：cm）

无铰拱应确保主拱圈与墩台间有可靠的连接，主拱圈的主筋应伸入支座一定距离（图 10－29）。对于矩形截面拱，伸入长度为拱脚径向截面厚度 d_j 的 1.5 倍；对于 T 形、箱形等非矩形截面拱，应不小于 $0.5d_j$。

拱式渡槽主拱圈采用较多的拱铰形式有弧形铰、钢铰和钢筋混凝土铰数种。弧形铰（图 10－30）由两个相切的不同半径的圆弧面构成，凸面圆弧半径可取为拱圈厚度的 0.5～1.0 倍，凹面圆弧半径要大些，约为凸面的 1.2～1.5 倍。当主拱圈的跨度较大、轴向压力也很大时，可在接触面上镶护钢板，临近铰的部分应采用高强度混凝土，并设置钢筋网来加强混凝土的局部承压能力。弧形铰转动时，支承点的位置会产生较大的变化，使拱圈内的压力线偏离拱轴线而引起附加弯矩，在坦拱中这种现象尤为严重。因此，弧形铰一般用于拱跨不太大、拱度不太坦的主拱拱脚铰或腹拱铰。对于跨度较大的有铰拱渡槽，常采用设有圆柱形销轴的钢铰（图 10－31）。销轴的直径按销轴受挤压后的强度要求决定。钢铰一般多用于拱顶铰（图 10－24）。当拱跨度较小时，拱顶铰也可采用设有钢筋混凝土轴的简易铰（图 10－32）。

10.4.2.2　主拱圈及拱式渡槽的特点

拱式渡槽的主拱圈在支座的约束下，将拱上承受的荷载转变为轴向压力，而弯矩则较小，故拱圈内的应力主要是压应力，可用抗拉强度小而抗压强度高的圬工材料建造。这是拱式渡槽区别于梁式渡槽的重要特点。拱式渡槽的另一特点是拱脚的约束条件和拱脚的变位对拱圈的内力及稳定性的影响很大。主拱圈在铅直荷载作用下对支座产生强大的水平推力，如果支座不能承受这种推力而产生过大变位或破坏，主拱圈便可能迅速破坏。对于多跨拱式渡槽，某跨的一个支座产生变位，还将引起该跨另一端的支座产生变位，而使相邻跨也受到影响。特别是当某一跨破坏时，相邻跨也随之破坏。这就是拱式渡槽的推力拱特点和连拱特点。由于上述特点，对于跨度较大的拱式渡槽，一般要求建于岩石地基上，以

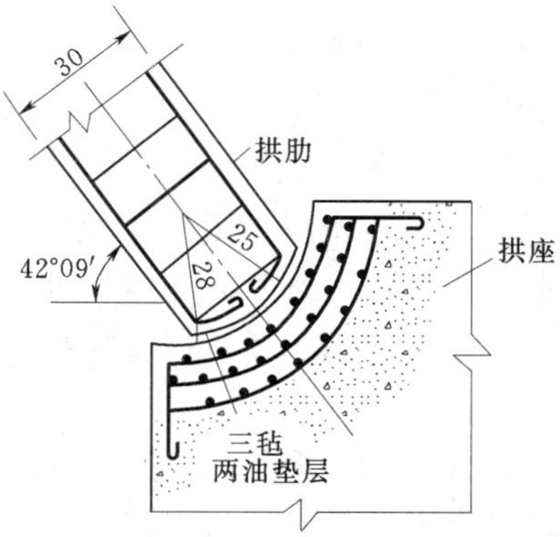

图 10-30 弧形铰（单位：cm）

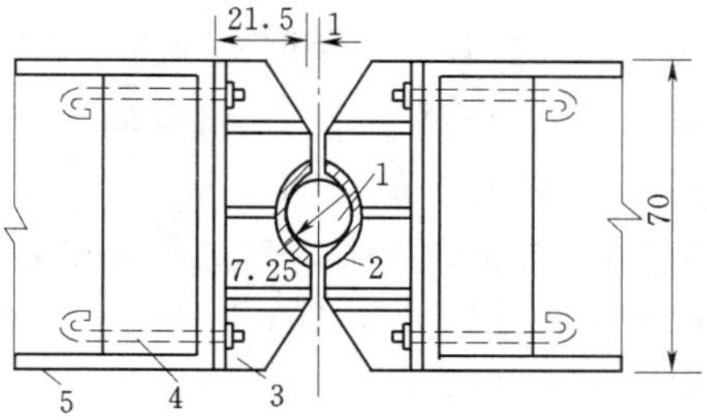

图 10-31 钢铰（单位：cm）

1—钢铰轴；2—轴套；3—焊接钢板铰座；4—预埋螺栓；5—拱肋

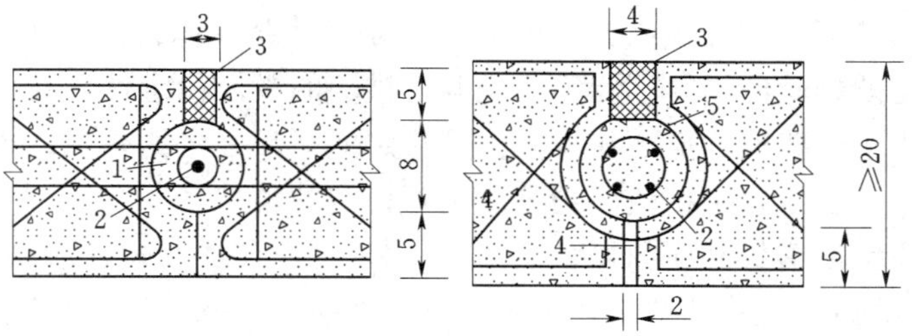

(a) (b)

图 10-32 钢筋混凝土铰（单位：cm）

1—水泥砂浆填料；2—钢筋；3—沥青油麻填料；4—三毡两油填缝；5—细石混凝土

减小因地基产生不均匀沉降而引起过大的拱脚变位，并承受边跨拱脚的强大水平推力。地基条件较差时，可考虑设置拱铰以适应拱脚的变位（小变位），或采用桩基础和沉井基础以限制拱脚的变位。对于多跨拱式渡槽，每一槽墩两侧的拱跨布置应当是相同的，以使两侧拱脚的水平推力互相平衡，跨数很多时，应考虑设置加强墩。

主拱圈在铅直荷载等的作用下，将产生强大的轴向压力而迫使拱圈变形，当铅直荷载达到一定数值时，便会失去稳定而迅速破坏。拱圈在拱轴平面内迅速变形而失稳，称为纵向失稳。拱圈翘离拱轴平面迅速变形而失稳，称为横向失稳。主拱圈的稳定性与拱圈结构的刚度和整体性有关，也与拱圈荷载的分布形式有关。拱圈设铰数越多，刚度和整体性越低，故稳定性越低。对于横向，箱形拱刚度和稳定性最高，板拱次之，肋拱最低。拱圈铅直荷载呈对称分布且较均匀，两侧较大而中部较小（不能相差过多），则拱圈的稳定性高。如果拱圈铅直荷载很集中且不对称，则拱圈稳定性就很低。因此，拱跨结构的布置，应保证荷载分布满足对称、比较均匀且两侧较大而中部较小的要求，以提高拱圈的稳定性。拱跨结构的施工也应按这个原则设计加载程序，并注意推力拱特点和连拱特点，使相邻跨的加载程序互相配合，以保证安全。拱跨度越大，主拱圈的稳定性越突出，所以，主拱圈的稳定性便成为大跨度拱式渡槽设计和施工的关键，必须给予足够的重视。

10.4.2.3　主拱圈及拱式渡槽基本尺寸的选择

如图 10－21、图 10－22 及图 10－24 所示，主拱圈的跨径中央处称为拱顶，两端与墩台连接处称为拱脚，各径向截面重心的连线称为拱轴线。两拱脚截面重心的水平距离 l 称为计算跨度（简称跨度）。拱顶截面重心到拱脚截面重心的铅直距离 f 称为计算矢高（简称矢高）。拱圈外缘的距离 b 称为拱宽，f/l 称为矢跨比，b/l 称为宽跨比。跨度 l、矢高 f、拱宽 b，再加上拱脚高程，便是拱圈的基本尺寸，也是拱式渡槽的基本尺寸。对于一定形式的拱式渡槽，这些基本尺寸一经选定，则整个渡槽的布置、荷载以及主拱圈的应力及稳定性等便基本确定。

拱宽常与槽身结构的总宽度 b 相等（图 10－21、图 10－22、图 10－24），但宽跨比b/l 对主拱圈的横向稳定性影响很大，b/l 值越小，则横向稳定性越差。为了满足主拱圈的横向稳定要求，一般要求 b/l 大于 1/20，对于大跨度、小流量的拱式渡槽，b/l 值较小，但也不宜小于 1/30。为了满足横向稳定的要求，可考虑采用两种措施：①槽身横断面设计时，采用较小的深宽比，以加大槽宽，进而加大拱宽 b 和宽跨比 b/l；②采用从拱顶向拱脚逐渐加大宽度的变宽度拱圈，拱上结构采用 A 字形排架，以提高主拱的横向刚度。必须指出，上述宽跨比的经验值，并不能确切说明主拱圈的横向稳定性，我国一些大跨度拱式渡槽，宽跨比虽小于经验值，但拱在横向仍是稳定的。反之，如果拱结构的刚度和整体性差，宽跨比虽大于经验值，拱在横向仍可能是不稳定的。

主拱圈的拱顶常与槽身底面相接触（图 10－21、图 10－22），或仅留一小段距离（图 10－24）。所以，拱脚高程一经选定，矢高 f 也就基本上决定了。对于槽高不大的跨河拱式渡槽，拱脚高程一般略高于最高洪水位，矢高 f 的选择余地不大，可通过调整跨度 l 获得较为合适的矢跨比 f/l。双铰拱的拱脚允许校核洪水位淹没，但不宜超过拱圈高度的 2/3，且拱顶底面至校核洪水位的净高不应小于 1.0m。对于槽高较大的拱式渡槽，拱脚高程和矢高 f 可在较大范围内选定，选择时除应将边拱脚的拱座置于较好的地基上外，应与跨度 l 的选定相结合，从矢跨比 f/l 所反映的一系列问题出发，全面分析选择。矢跨比 f/l 也叫拱度，它的大小反映了拱的隆起程度。当 $f/l \leqslant 1/6$ 时，可以认为拱是平坦的，称为坦拱；当 $f/l > 1/6$ 时，称为陡拱。从拱圈的力学特性看，f/l 值减小，拱脚水平推力将迅速增加，对墩台受力不利，尤其当地基较差时，会导致墩台产生较大的变位，而使拱圈产生很大的附加应力。并且，f/l 值越小，拱圈的弹性压缩、混凝土收缩、温度变化以及地基不均匀沉降等因素对拱圈产生的附加应力越大，而使拱圈受力条件恶化。从拱圈的变形看，拱顶下翘度随矢跨比的减小而加大，跨度越大越明显。从拱的稳定性看，过坦、过陡都是不利的。从施工方面看，矢跨比小，施工方便，拱上结构的工程量较小。另外，对于槽高较大的拱式渡槽，矢跨比可适当取得大些，以加大矢高，减小槽墩高度，使矢高与墩高相差不过于悬殊，这样，整个渡槽的外形比较协调，结构受力条件也比较好。综上所述，矢跨比过大或过小都是不利的，根据实践经验，一般采用的矢跨比为 1/10～1/3。其中，板拱、肋拱为 1/6～1/3，箱形拱、刚架拱为 1/10～1/6，桁架拱 1/8～1/4。严寒地区拱式渡槽的主拱圈应采用较大的矢跨比，拱上建筑及构造措施应能适应较大的温度变形要求。

对于多跨拱式渡槽，各跨的 f、l 和 f/l 应尽量采用相同的数值，以使中墩两侧的拱脚水平推力互相平衡，改善槽墩的受力条件，并使基底压力分布较均匀。但由于槽身底面具有一定的纵坡 i，在每个跨度为 l 的跨段上，槽身下降了一个高度 il。因此，在拱脚高程的选定上，便产生了下述不同的可供选择的方案：①各跨的拱脚均置于相同高程上，相邻跨拱上结构的高程均有一差值 il；②各跨的两个拱脚置于相同高程上，各个墩顶两侧的拱脚均有一个高差 il；③每个墩顶两侧的拱脚高程相同，各跨的两个拱脚均有一个高差 il。方案①的槽墩受力条件好，但施工较麻烦；方案②的施工较简单，但对槽墩及基底压力的分布不利；方案③施工方便，但因拱圈的两拱脚有一高差 il，成为不对称拱，故对拱圈及槽墩的受力产生不利影响，由于 i 值一般很小，所以这种影响并不显著。

跨越河槽与滩地的渡槽，河槽部分常采用较大的跨度，滩地因槽高较小，常采用较小的跨度。这时，两种跨度相接处的槽墩为不对称墩。对于这种槽墩，应采取措施来改善墩体及其地基的受力条件，满足稳定和强度要求。由于拱脚水平推力与矢跨比成反比，与拱的跨度及荷载成正比，故跨度大的一侧宜采用较大的矢跨比和较轻的拱上结构，以减小拱脚水平推力，并通过降低拱脚高程，使水平推力对基底面的力臂减小；跨度小的一侧，则采用较小的矢跨比和较重的拱上结构，以加大拱脚水平推力，并使水平推力对基底面有较大的力臂。

以上所述基本尺寸的选择，仅是一般的原则和方法，设计时应根据具体条件进行研究比较，选择最优方案。

10.4.2.4　大跨度小宽跨比主拱圈的造型

随着材料与施工条件的不断改善，拱式渡槽出现了尽可能加大拱跨的发展趋势，其宽跨比远小于 1/20。对于这种大跨度小宽跨比拱式渡槽，其侧向稳定往往成为设计及保证结构安全运行的突出问题及基本控制条件。

为了有效地增强这类大跨度、小宽跨比渡槽的侧向稳定，对等宽拱通常采用的一些增强措施已不能满足要求，必须探索新的造型。我国先后建了一批拱体变宽、造型新颖、布局轻巧的板拱及肋拱，其跨径在 80m 以上，最小宽跨比达 1/50，取得了良好的效果。工程实践表明，采用变宽拱是解决大跨度、小宽跨比拱式渡槽侧向稳定的合理造型。

我国采用的变宽拱大致有 3 种形式，即变宽板拱、加腋翼或腋肋单波双曲拱、空箱截面变宽板拱。图 10－33 为广东双坑加腋翼单波双曲拱，由拱肋、预制拱波加现浇拱板和腋翼板组成，并由联系梁、横隔板连接成整体。模型试验及工程实践说明，在拱平面内及侧向的强度和稳定性均好。

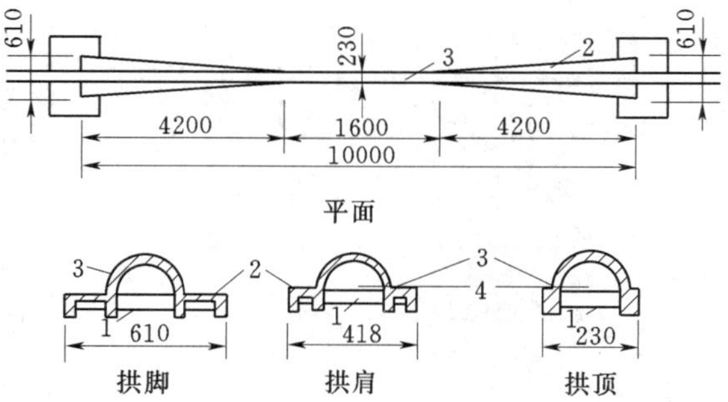

图 10－33　加腋翼单波双曲拱（单位：cm）
1—系梁；2—腋翼板；3—拱波；4—横隔板

工程实践及研究[64]表明，变宽拱具有下述优点：①与等宽拱比较，其力学性能较好，应力分布较均衡，能在小宽跨比情况下，提供较好的刚度与强度，特别是在侧向刚度、强度与总体稳定性方面；②可以自然形成所需的较大拱脚截面积，而不需过多增大拱脚截面厚度，从而能有效地降低温度收缩或支座不均匀位移引起的附加应力；③变宽拱所形成的宽基础面有利于维持抗风及抗震的总体稳定；④拱上结构可方便地设置 A 形排架或变宽横墙，从而能较好地适应横向受力要求；⑤拱轴平面因施工偏斜或构造不均衡以及材料缺陷或制造质量的随机性误差对结构工作的影响比大跨度等宽拱小。

我国有的专著[64]对变宽拱式渡槽的造型及强度与稳定计算进行了总结与研究，可供设计时参考。

10.4.3　主拱圈结构设计

主拱圈结构设计包括结构布置及结构计算两部分内容。即选定拱轴线形式和各个截面的布置尺寸，并通过计算确定最后的拱圈结构尺寸与构造。

1. 拱轴线的形式与选择

主拱圈的弯矩随荷载压力线与拱轴线之间的偏离值大小而不同，偏离值越小则弯矩也越小，因而应力分布越均匀。理论上最理想的拱轴线是与拱上荷载的压力线相吻合，这时主拱圈上只有轴向压力，而无弯矩和剪力作用，称为合理拱轴线。但拱式渡槽所受荷载很复杂，不可能拱轴线与荷载压力线在任何情况下均重合，合理选择拱轴线的目标是尽量使主拱圈内力控制截面的弯矩减小。

渡槽工程中通常采用的拱轴线形式有圆弧线、悬链线和二次抛物线或高次抛物线几种线形。

对于小跨度主拱圈，强度问题一般不大，从施工方便考虑，多采用中心角为 120°～130°的圆弧拱，也有采用半圆拱的，但半圆拱从 1/4 拱跨到拱脚一带的外缘将产生较大的拉应力。半圆形和圆弧形拱圈构造简单，施工方便，但应力状态较差，拱圈材料用料较多。对于跨度较大的实腹式和横墙腹拱式拱上结构下面的主拱圈宜采用悬链线拱。对于跨度较大的排架式拱上结构下面的主拱圈，它的主要荷载接近均匀分布，而均匀分布的铅直荷载的压力线是二次抛物线，故常采用二次抛物线或高次抛物线作为拱轴线。

对于跨度较大的主拱圈，应使拱轴线尽量与荷载压力线相吻合，即选择合理拱轴线。对于实腹拱式渡槽，主拱圈承受的荷载主要是拱圈及拱上结构重力、槽身及槽中水重，其压力线是悬链线，如以此曲线作为拱轴线，当不计弹性压缩、剪切变形和曲率等影响时，拱圈各截面只有轴向力而无弯矩和剪力。因此，采用悬链线作为拱轴线是经济的。

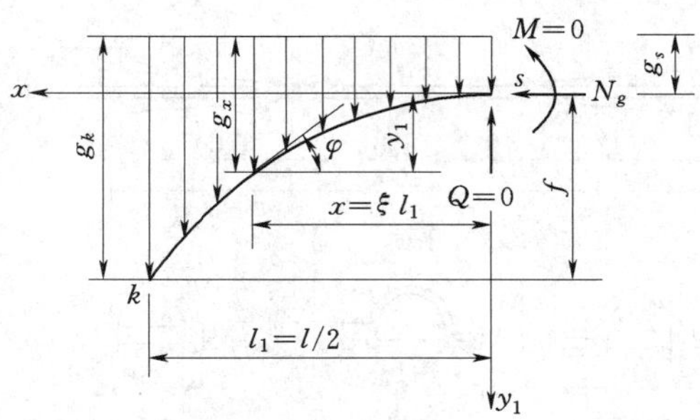

图 10-34　实腹拱设计荷载压力线计算图

对于实腹拱式渡槽，拱圈的设计荷载如图 10-34 所示。图中，拱轴线$\overset{\frown}{sk}$为荷载压力线，l 及 f 为计算跨度和计算矢高，g_s 及 g_k 为拱顶和拱脚处的荷载强度。以 b 表示拱宽，γ_s 表示拱圈及拱上结构的容重。令 $m=g_k/g_s$，m 为拱轴系数，则任意截面处的荷载强度为

$$g_x = g_s + \gamma_s b y_1$$

因拱脚处 $g_k = g_s + \gamma_s bf$，即 $\gamma_s b = (m-1) g_s / f$，则

$$g_x = g_s\left(1 + \frac{m-1}{f}y_1\right) \tag{10-7}$$

当拱轴线与荷载压力线重合且不计弹性压缩等影响时，拱圈任意截面的弯矩和剪力均为零，只有轴向压力作用。对于拱顶，只作用有水平轴力 N_g。拱圈任意截面轴向压力的倾角就是该截面处拱轴线切线的水平倾角 φ。以 V 及 N_g 表示任意截面轴向压力的铅直和水平分力，并注意到 $\mathrm{d}V/\mathrm{d}x = g_x$，于是得

$$\frac{\mathrm{d}y_1}{\mathrm{d}x} = \tan\varphi = \frac{V}{N_g}, \quad \frac{\mathrm{d}^2 y_1}{\mathrm{d}x^2} = \frac{1}{N_g}g_x \tag{10-8}$$

将式（10－7）代入式（10－8），并令 $x=\xi l_1$，$\mathrm{d}x = l_1\mathrm{d}\xi$，则得

$$\frac{\mathrm{d}^2 y_1}{\mathrm{d}\xi^2} = \frac{l_1^2 g_s}{N_g} + K^2 y_1 \tag{10-9}$$

其中

$$K^2 = \frac{l_1^2 g_s(m-1)}{N_g f} \tag{10-10}$$

解之得设计荷载压力线（即拱轴线）的方程为

$$y_1 = \frac{f}{(m-1)}(\mathrm{ch}K\xi - 1) \tag{10-11}$$

当 $\xi=1$ 时，$y_1 = f$，代入式（10－11），得

$$m = \mathrm{ch}K = (\mathrm{e}^K + \mathrm{e}^{-K})/2$$

即

$$K = \ln(m + \sqrt{m^2 - 1}) \tag{10-12}$$

根据渡槽的布置可得 g_s、g_k 及拱轴系数 m，代入式（10－12）得 K 值，再由式(10－11)即可计算拱轴线各点的坐标。式（10－11）即为悬链线方程。如以此曲线作为拱轴线，且不计弹性压缩等的影响，则拱圈在设计荷载条件下各截面只有轴向压力而无弯矩和剪力。悬链线形状取决于拱轴系数 m，其线性特征可用 1/4 拱跨（$\xi=0.5$）处的拱轴纵坐标 y_ν 的大小表示，其与拱轴系数有如下关系

$$m = \frac{1}{2}\left(\frac{f}{y_\nu} - 2\right)^2 - 1 \tag{10-13}$$

从式（10－13）可见，y_ν 随 m 的增大而减小，随 m 的减小而增大。即当 m 增大时拱轴线抬高；反之，拱轴线降低（拱顶和拱脚位置不变）。

对于空腹拱，拱圈荷载的分布是不连续的，其压力线不是一条光滑曲线。如仍采用式（10－11）所确定的悬链线作拱轴线，便不可能与荷载压力线完全重合。工程设计中，通常只要求拱轴线在拱顶、拱脚和 1/4 拱跨处的五个截面与设计荷载压力线重合（简称“五点重合法”），且不考虑弹性压缩等的影响，据此以确定拱轴线的形状。

如图 10－35 所示，取半跨拱圈为脱离体，图中 G_1、N_1 是由靠近实腹段的腹拱传给主拱的铅直集中力和水平推力；G_2、G_3 是由横墙或立柱传来的铅直集中力；W_1 是由实腹段传来的分布荷载；W_2 为拱圈重力。因拱轴线在拱顶、拱脚和 1/4 拱跨处与设计荷载压力线重合。故此三个截面上的弯矩 M 等于零。由静力平衡条件得

$$N_g = \frac{M_\nu}{y_\nu} = \frac{M_k}{f}$$

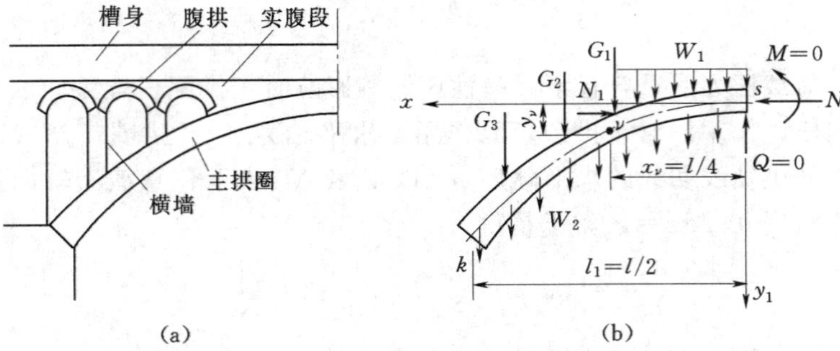

图 10-35　空腹拱拱轴计算图

即
$$y_\nu=\frac{M_\nu f}{M_k} \tag{10-14}$$

式中：M_ν 为 1/4 拱跨 ν 点以右的荷载对 ν 点的力矩；M_k 为半跨荷载对拱脚 k 点的力矩。

设计时，先假定拱轴系数 m，由式（10-11）定出拱轴坐标；然后拟定拱跨结构的布置，并计算设计荷载条件下的 M_ν 及 M_k，代入式（10-14）计算 y_ν；最后由式（10-13）计算出 m，如与假定值不符，则以算出的 m 作为第二次假定值，重复上述步骤，直到符合要求为止。

需要说明的是，用上述方法确定空腹拱的拱轴线，仅与相应三铰拱设计荷载压力线在拱顶、拱脚和 1/4 拱跨处保持五点重合，而与无铰拱的设计荷载压力线实际上并不存在五点重合关系。在设计荷载作用下，且不计弹性压缩等影响时，由于拱轴线与荷载压力线存在偏离，这种偏离在拱顶、拱脚都产生了偏离弯矩。研究表明，拱顶的偏离弯矩 ΔM 为负，而拱脚的偏离弯矩 ΔM_k 为正。刚好与两控制截面弯矩的符号相反，这对拱顶、拱脚截面的受力是有利的。因此，空腹拱渡槽用五点重合法确定悬链线拱轴是合理的。但是，当槽中水深变化、弹性压缩以及温度变化时，拱圈仍将产生较大的弯矩，所以，对 m 值进行反复多次计算，力求准确的意义不大，只需试算 2～3 次即可定出。

如果拱轴设计荷载为匀布荷载，其强度为 g_s，则 $m=1$，$K^2=0$，且 $N_g f=l_1 g_s\left(\frac{l_1}{2}\right)$，于是式（10-9）变为$\frac{d^2y_1}{d\xi^2}=2f$，解之得

$$y_1=f\xi^2 \tag{10-15}$$

即拱轴设计荷载呈均匀分布时，合理拱轴线为二次抛物线。

严寒地区拱式渡槽的主拱圈应采用较小的拱轴系数。

2. 主拱圈的结构计算

主拱圈结构计算的主要内容包括两个方面：①内力计算；②强度及稳定性验算。1 级、2 级以及跨度大、宽跨比大于 1/20 的拱式渡槽，应采用有限元法进行拱圈结构分析计算。跨度较小的 3～5 级拱式渡槽应采用结构力学的方法，分别计算纵向竖直荷载和横向风压作用下的拱圈内力，并应符合 GB 50288—2018《灌溉与排水工程设计标准》的相关规定。拱圈的稳定问题及横槽向荷载作用下的内力计算问题等，可参考桥梁及渡槽工程的有关书籍和资料。下面主要介绍竖直荷载作用下无铰拱的内力计算问题。

对于拱式渡槽的主拱圈，因结构与荷载一般可近似按对称考虑，故可取一半，按图

10－36所示条件求解其内力。因对称关系，弹性中心只有正对称的超静定未知力 X_1 及 X_2。图10－36中的荷载仅是实腹拱的设计荷载，计算时无论是实腹拱还是空腹拱，根据实际情况决定计算荷载即可。对于无铰拱，拱圈内的剪力及拱轴的曲率对弹性中心变位的影响很小，可忽略不计，只计算由内力弯矩 M 产生的弯曲变形和由轴力 N 产生的弹性压缩而引起的弹性中心的变位。在拱荷载作用下，基本结构任意截面的弯矩、轴力和剪力分别以 M_p、N_p、Q_p 表示，由上述条件用力法求解可得

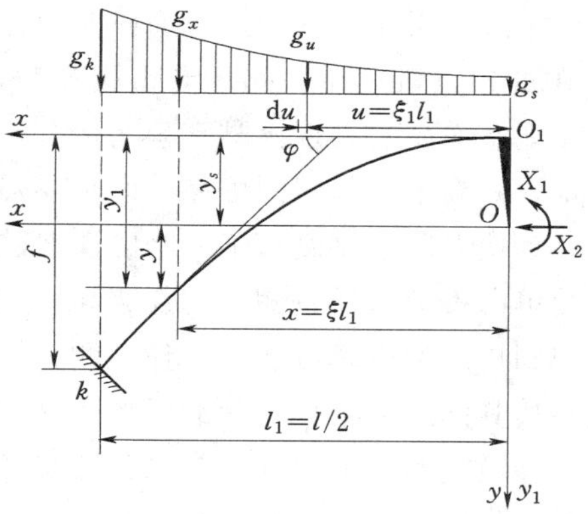

图 10－36　无铰拱内力计算简图

$$
\left.\begin{aligned}
X_1 &= -\frac{\int_0^1 \frac{M_p}{EI\cos\varphi}d\xi}{\int_0^1 \frac{1}{EI\cos\varphi}d\xi} \\
X_2 &= -\frac{\int_0^1 \frac{M_p y}{EI\cos\varphi}d\xi + \int_0^1 \frac{N_p}{EA}d\xi}{\int_0^1 \frac{y^2}{EI\cos\varphi}d\xi + \int_0^1 \frac{\cos\varphi}{EA}d\xi}
\end{aligned}\right\} \tag{10-16}
$$

拱圈任意截面的内力为

$$
\left.\begin{aligned}
M &= M_p + X_1 + X_2 y \\
N &= N_p + X_2\cos\varphi \\
Q &= Q_p + X_2\sin\varphi
\end{aligned}\right\} \tag{10-17}
$$

式（10－16）和式（10－17）是无铰拱在对称竖直荷载作用下内力计算的普遍公式。对于各种结构形式与拱轴线的无铰拱，在拱圈、拱上结构、槽身、槽中水体等的重力以及施工过程中的加载力等对称竖直荷载作用下，式（10－16）右边各积分值均可直接用数值积分计算求得 X_1 和 X_2，然后由式（10－17）计算内力。但应注意，拱圈在自身重力作用下的内力是否按无铰拱计算，应根据施工方法决定。

圆弧拱、悬链线拱、二次抛物线拱、折线拱主拱圈在各种荷载作用下（包括温度变化、混凝土收缩、拱脚变位、横向风力等）的内力计算见参考文献［63］。

10.4.4　槽墩、拱座及槽台

拱式渡槽的槽墩，根据受力情况不同有对称墩、不对称墩和单向推力墩等几种形式。多跨拱式渡槽的中墩，因两侧受力平衡，故墩体受力情况与梁式渡槽的重力墩相似，其形式和构造也相近，称为对称墩，但对墩帽的要求高，常用高强度等级混凝土建造，并需布置构造钢筋，且在拱脚结合处铺设1～2层直径为9～12mm、间距为10cm左右的钢筋网，以加强混凝土的局部承压能力。对称墩的墩顶厚度，混凝土墩墩顶厚度宜为拱跨的1/25～1/15，浆砌石墩墩顶厚度宜为拱跨的1/20～1/10，且不应小于80cm。重要的无铰拱墩，还应按设计要求预埋锚固钢筋。大小拱跨交接处的拱墩因两侧受力不平衡，故称为不对称墩，其形式和布置，需配合两侧拱跨结构的布置选定，尺寸由结构计算决定。不对称墩应验算运用期主拱圈承受最大竖向荷载并计入温升作用情况时，小跨拱脚下缘、大跨拱脚上

缘与下缘、墩身与基础结合面以及墩面变坡截面的正应力和剪应力。图10-22及图10-24中的边拱墩只在一侧承受拱脚荷载，故称为单向推力墩，也称为拱座。拱座的位置应选在地基面高程接近拱脚高程的地方，以减小拱脚水平推力对基底面的力臂，维持拱座的稳定，并要求地基坚固可靠，以承受强大的压力并限制拱脚的变位。

为使多跨连拱渡槽某一跨的偶然破坏局限于一定的区间，可每隔一定跨数设置一个能承受单向推力（任一侧）的加强墩。加强墩需承受单侧拱圈的水平推力、竖向力和力矩。考虑到拱跨的破坏可能来自任一侧，故其构造必须是对称的。由于加强墩工程量大、造价高，故其间距应根据工程的重要性选定。每隔3～5个槽墩应设一加强墩，其形式有重力式、柱墩式和桁架式等。对加强墩应考虑一侧拱跨垮塌时另一侧为空槽加温升的工况。桁架式加强墩除应验算墩帽与墩身结合面的应力外，尚应根据结构内力计算成果对墩柱的不利截面进行应力验算。

拱式渡槽的槽台，顶部支承槽身，台前中下部支承拱圈，除具有梁式渡槽槽台的作用外，还起拱座作用，台背还承受填土压力，故其基本形状多为梯形断面。常用的槽台结构型式有重力式槽台、U形槽台、箱形槽台、桩板组合式槽台以及轻型槽台等，详见参考文献[63]。槽台基底面一般做成水平，也可做成倾斜不大的斜面或加设浅齿，以增加抗滑能力。槽宽和拱跨较小时，台背可用低强度等级浆砌石或贫混凝土筑成实心砌体。拱跨较大、槽台较宽时，为节省台背砌体用料，可做成填背式的U形槽台（图10-37）。U形槽台由前墙、侧墙（翼墙）和基础板三部分组成，在前墙和侧墙内填以透水性较好的砂石料。当槽台较高、地基承载力较小时，也可将槽台做成空腹的形式（图10-38），以减小圬工体积和槽台的重力。以上各种形式的槽台（用于填方渠道连接）的翼墙和台背砌体应插入岸坡或填方的锥形土坡内，插入深度不小于1.0m，为缩短翼墙和台背砌体的长度，可在槽台两侧建八字形斜降墙挡土（图10-21）。轻型槽台和重力式槽台高度不宜大于5m，台身背面应设置集水反滤系统和减压排水孔。台背填土应提出设计密实度要求，其表面应采取排水和防冲蚀措施。

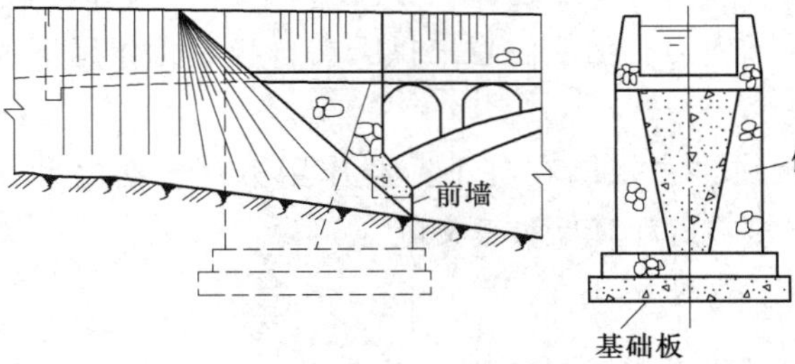

图10-37 U形槽台

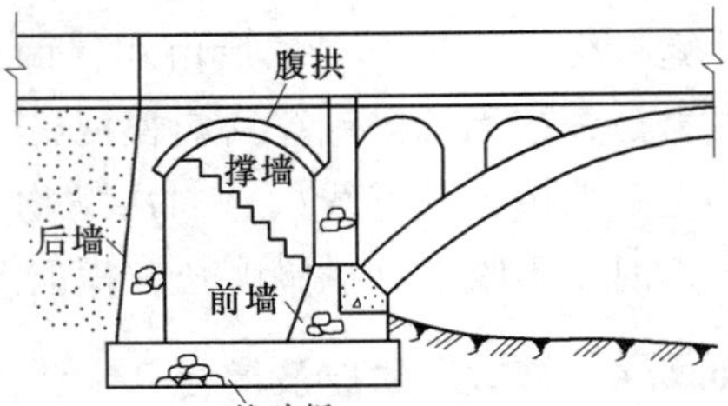

图10-38 空腹式槽台

10.5 其他形式的渡槽

20世纪60年代以来，伴随着我国一个个水利工程建设的高潮，我国渡槽的结构形式不断发展变化，先后采用了一些新型的渡槽结构形式。

10.5.1 梁型桁架及桁架梁式渡槽

桁架是将若干直杆的杆端用铰相互连接而成的几何不变体系，外荷载作用于节点上，各杆只产生轴向力。在铅直荷载作用下，支承点只产生竖向反力的桁架，其作用与梁相同，故称为梁型桁架。梁型桁架有简支与双悬臂两种类型。简支梁型桁架，按弦杆的外形分，有平行弦桁架、折线或曲线弦桁架、三角形弦桁架等数种。

渡槽工程中的梁型桁架如图 10-39 所示，腹杆的布置一般应使桁架结构成为静定桁架，槽身采用微弯板或平板组装，或采用若干节简支于桁架节点处横系梁上的整体结构，使槽身荷载成为桁架的节点荷载。影响梁型桁架结构内力及其变化大小和工程量的重要参数是高跨比 f/l 和节间距 l_j。当桁架跨度一定时，f/l 越大，则上、下弦杆轴力越小，可减小上、下弦杆工程量，但腹杆工程量增大。对于简支梁型桁架，f/l 的经济值约为 1/10～1/5；对于双悬臂三角形梁型桁架，f/l 不宜小于 1/5。当跨度和高度一定时，桁架的节间距也有一个最经济的数值，一般为 3～6m。

桁架梁式渡槽与梁型桁架的不同之处是，以矩形截面槽身的侧墙和 1/2 槽底板（呈 L 形）取代梁型桁架的下弦杆或上弦杆而成，是不产生水平反力的梁型结构。取代下弦杆的称为下承式桁架梁渡槽，取代上弦杆的称为上承式桁架梁渡槽。

图 10-40 为下承式桁架梁式渡槽，由拱和梁共同承担荷载。竖腹杆是拉杆，其作用是将部分槽身荷载传递给上弦拱承担，并使槽身成为多跨弹性支承连续梁，以减小槽身的纵向弯矩。上弦拱轴线宜采用二次抛物线，其矢跨比是影响槽身受力条件的重要参数，一般不宜小于 1/10，但也不宜大于 1/5。上弦拱也可采用折线拱或者平行弦桁架。这种形式的渡槽，槽身处于桁架的下弦位置，因而受到较大的轴向拉力。为克服这一缺点，可采用另一种布置方式，即在上弦拱的两拱脚间设置承受拱脚水平力的下弦拉杆，在下弦杆与竖杆的交点位置设置横系梁，槽身搁置于横系梁上，桁架与梁联合工作，可称为桁架梁联合式渡槽。

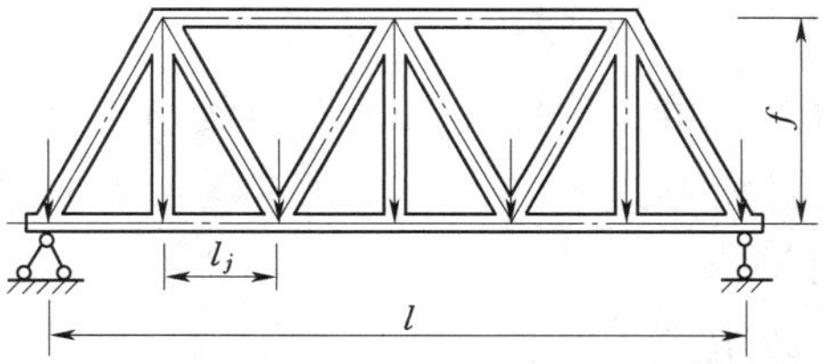

图 10-39　平行弦梁型桁架

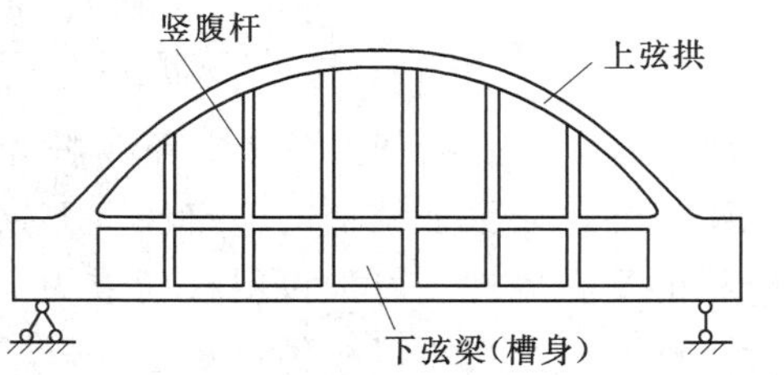

图 10-40　下承式桁架梁式渡槽

上承式桁架梁槽的特点是，下弦杆布置成折线形，在竖杆传来的节点荷载作用下产生拉力，端部下弦斜杆拉力的水平分力成为输水槽身的轴向压力，这不仅克服了下承式槽身受拉的弱点，而且还使槽身轴向受压。槽身在竖杆的支撑作用下，成为多跨弹性支承连续梁，因而其纵向弯矩较简支梁式的大为减小。上承式桁架梁的高跨比一般在 1/6～1/3 范围内选择，竖杆间距不宜小于 5m，且不宜布置成等间距，其合理的布置位置，应使各节间内槽身纵向弯矩值相等或接近相等。

10.5.2　桁架拱式渡槽

桁架拱式渡槽的桁架拱是墩台与槽身之间的支承结构，相当于拱式渡槽的主拱圈和拱上结构，其下的墩台与拱式渡槽基本相同。20 世纪 70 年代初，桁架拱式渡槽开始在山东、河南、浙江、河北等省修建使用，桁架拱式渡槽兼有桁架和拱两种结构的性能，是一种具有水平推力的桁架结构。

桁架拱是用横向联系将数榀桁架拱片刚性连接而成为整体结构。桁架拱片是由上、下弦杆和腹杆拼接而成的平面拱形桁架，具有拱和桁架的特点。桁架拱渡槽的槽身，一般采用矩形断面，支承于桁架拱的节点上，故槽身荷载是桁架拱的节点荷载（图 10－41）。拱形弦杆与墩台的连接分有铰和无铰两种，地基条件较差时常用两铰式，以减小因温度变化、弹性压缩和墩台变位而产生的应力。无铰拱要求较好的地基。桁架拱渡槽多采用两铰拱，适用于较弱地基。

桁架拱渡槽，按结构特征和槽身在桁架拱上位置的不同，分为上承式、下承式、中承式和复拱式四种形式，如图 10－41 所示。如果腹杆既有竖杆也有斜杆，称为斜杆式桁架拱；只设竖杆，不设斜杆，称为竖杆式桁架拱。

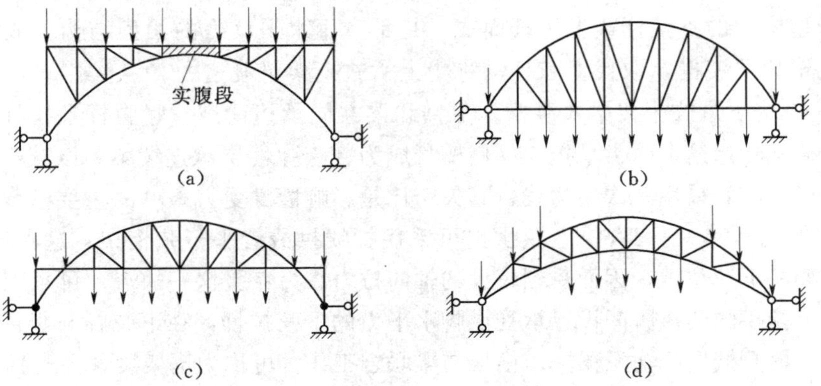

图 10－41　桁架拱结构示意图

(a) 上承式；(b) 下承式；(c) 中承式；(d) 复拱式

上承竖杆式桁架拱的上、下弦杆和竖杆构成的节间单元为四边形框架，故节点必须是刚接的，以保证结构的稳定性。上弦杆和竖杆是以受弯为主的杆件，为改善上弦杆和竖杆的受力条件，可加设斜杆而成为上承斜杆式桁架拱［图 10－41（a）］。加斜杆后可大大减小竖杆弯矩，杆件弯矩也降低，故可减少钢筋用量，但混凝土用量增加，施工拼接也较竖杆式复杂。总的来看，上承式加斜杆有利。当流量较小，采用竖杆式产生的内力不大时，加斜杆反而不经济，宜采用竖杆式。上承式桁架拱的优点是：拱脚低，可减小槽墩的高度；对温度变化及拱脚变位的适应性较好，能用于较大的跨度；当槽宽较大时，因槽身位于顶部，故可采用三榀以上桁架拱片共同承受较大荷载；各片之间易于设置各种形式的横向联系构件，使整个结构具有足够的稳定性。

下承竖杆式桁架拱，由于竖杆较长，线刚度小，对曲杆的约束作用较弱，故刚架性能较上承式的小，弯矩也较小。下承斜杆式桁架拱［图 10－41（b）］因设有斜杆，故竖杆的弯矩较小，但斜杆长度大，使结构重力大为增加，且腹杆全部受拉，故混凝土和钢筋用量常较竖杆式为大。下承式桁架拱的拱脚支承如采用图 10－41（b）所示的形式，则在正常竖向荷载作用下，下弦杆基本上不受力，但拱脚水平推力将传向两岸，而拱脚高程基本上等于进、出口渠底高程，故对边拱座的工作不利，布置较困难。同时，当温度下降或拱脚产生向外的水平位移时，下弦杆又单独承受很大拉力。如果将拱脚搁置于墩台顶面而不加水平约束，则与上述情况相反，在正常竖向荷载作用下，拱脚水平推力完全由下弦杆承担而成为拉杆拱，墩台受力与梁式渡槽一样，温度变化与墩台变位对下承式拉杆拱不产生影响。所以，下承拉杆式桁架拱渡槽，最适于软土地基。下承式桁架拱的墩台最高，拱片工程量也较大，一般只能在槽身两侧各设一榀桁架拱片，设置横向联系构件又受到限制，且下弦杆受到很大拉力，因此缺点较多。

中承式桁架拱［图 10－41（c）］与下承式类似，但结构更复杂一些，故采用较少。

复拱式桁架拱［图 10－41（d）］的上、下弦杆都是拱形，在正常竖向荷载条件下工作时均受压，整个结构拱的性能最突出。竖杆复拱式各杆的弯矩也较小。加设斜杆后，因荷载加大、结构性能向刚架转化等因素，使各杆的轴力和一些杆的杆端弯矩反而增大，因此，复拱桁架不宜采用斜杆式。复拱式桁架拱渡槽，一般也只能在槽身两侧各设一榀桁架拱片，故流量和跨度受到一定限制。

由上述介绍可知，桁架拱由于兼备桁架和拱式结构的有利因素，因而能充分发挥材料的受力性能，杆的截面尺寸较小，但整个结构的刚度大，整体性和稳定性较强，承载性能好。同时，桁架拱结构轻巧，可减小拱脚水平推力。对墩台变位的适应性较好，因而对地基的要求较拱式渡槽为低。其主要缺点是杆件较纤细，模板制作较复杂，对混凝土浇筑和施工吊运要求较高。由于桁架拱渡槽优点较多，如果在承受拉力的弦杆上（如下承式的下弦杆）再结合施加预应力，则其优点更为突出，因而在一些流量较大渡槽中采用较多。例如，河南陆浑灌区的铁窑河渡槽（$Q=32.2\text{m}^3/\text{s}$，$L=37.4\text{m}$）、陕西引大入秦的庄浪河渡槽（$Q_{加大}=21.5\text{m}^3/\text{s}$，$L=40\text{m}$）等均采用的是下承式空腹桁架拱，并在下弦杆施加了预应力（图 10－42）。

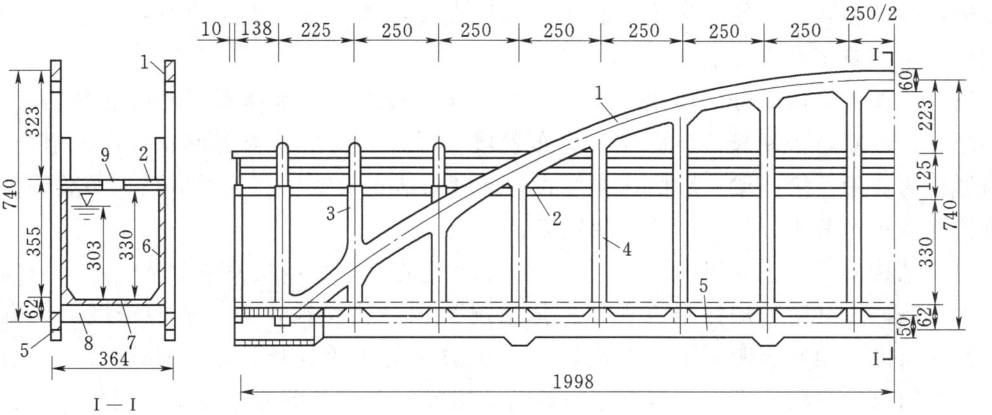

图 10－42　庄浪河下承式空腹桁架拱渡槽槽身结构（单位：cm）

1—上弦杆；2—人行道板；3—桁架拱外竖杆；4—竖杆；5—下弦杆（用后张法施加预应力）；6—槽身侧墙；7—槽身底板；8—下横系梁；9—上横系梁

有关桁架拱渡槽基本尺寸的拟定、力学特性、构造和计算可参阅参考文献［63］。

10.5.3　斜拉式渡槽

斜拉式渡槽是以墩台、塔架为支承，用高强缆索将梁以弹性支承的形式吊挂在塔架上的输水结构。这种形式较早应用于桥梁，自 20 世纪 50 年代以来，斜拉桥得到迅速发展。我国于 1984 年在广东潮阳修建了第一座主梁为双悬臂梁的钢筋混凝土斜拉渡槽，总长 31.8m。1988 年北京军都山斜拉式渡槽（图 10－43）建成，其输水量及跨径均居我国已建斜拉输水建筑物的首位。

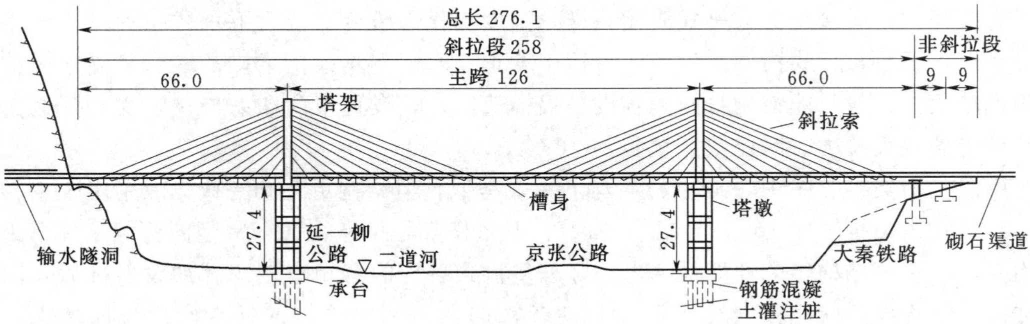

图 10-43 军都山斜拉式渡槽（单位：m）

斜拉渡槽除进、出口外，一般由塔架、槽墩（或承台）、斜拉索及主梁（槽身）组成（图 10-43）。其主要特点是，斜拉索上端锚固于塔架上，下端锚固于槽身侧墙上，将槽身吊起，吊点成为槽身的弹性支承点，使梁内弯矩大大减小，且拉索的水平分力在槽身纵向产生轴向压力，从而使其跨越能力加大。通过对斜拉索的张力调整，可改变槽身以至全部结构的受力状态，使各主要部位的变位和弯矩减小到理想程度，达到充分利用材料强度和最大限度节约工程投资的目的。

与梁式、拱式渡槽相比，斜拉渡槽的主要优点是：槽身尺寸小而跨越能力大，塔墩及基础个数少，而且能避开在地形、地质条件差的地方建筑墩塔，槽身下的净空大，抗风稳定性较好，造型美观，便于无支架施工。其缺点是：索、塔、槽身的连接构造比较复杂，高空作业多，施工技术要求高。

斜拉渡槽各组成部分的形式较多，并以不同方式组成支承体系。塔架有独塔、双塔、多塔之分，以双塔采用较多。斜拉索可布置成竖琴形、扇形、辐射形、星形、组合形等，以扇形较为通用。塔、梁、墩的连接形式有塔墩固结支承体系、悬浮体系、塔梁固结体系与刚构体系等，其中以悬浮体系采用较多。

斜拉结构的三个主要组成部分（索、梁、塔）的尺寸及相互关系对整个结构内力分布有很大影响。设计时，应根据工程的具体情况初拟一些参数，如主梁的跨度、梁宽与梁高、斜拉索的倾角与索距、索塔的高度、主梁边跨与主跨比值、塔柱的截面积与惯性矩等。其中以梁的主跨长度、边跨与主跨比值、主梁惯性矩及塔的惯性矩影响较大。实际设计时，应根据具体情况选择多种参数的不同组合，初拟出几个方案，经过分析比较，最后确定一个符合安全经济要求的最优方案。有关斜拉渡槽基本尺寸的拟定、各参数的选择、构造及静力分析可参看参考文献［63］及有关资料。

10.5.4 拱梁组合式渡槽

拱梁组合式渡槽的构思来源于桁架拱，是 20 世纪 90 年代在折线拱和桁架梁渡槽的基础上经过改进发展起来的一种新型渡槽结构形式。它是由槽身（上弦杆）、排架（竖向杆）和主拱圈（下弦杆）组合而成的整体结构，共同承受渡槽的全部荷载。与拱式渡槽的主要区别是：槽身不分缝，利用槽身刚度大的特点作为上弦杆件，与排架铰接，形成多跨连续梁，减轻了主拱圈上的垂直荷载，从而减少整个渡槽的工程量。1990 年建成的湖南省铁山灌区凉清渡槽是第一座拱梁组合式渡槽（图 10－44）。

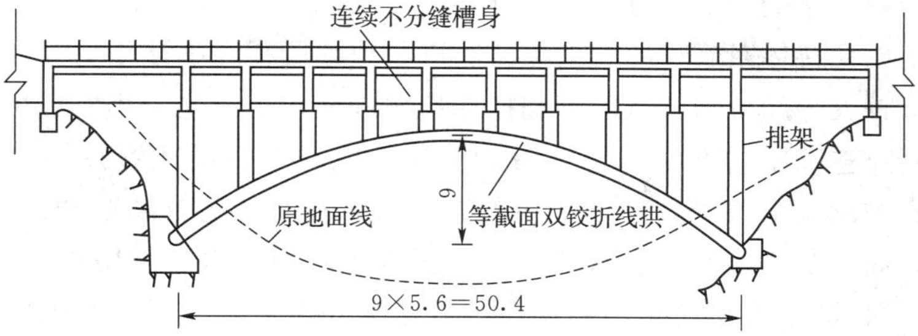

图 10－44 凉清拱梁组合式渡槽（单位：m）

拱槽联合受力是拱梁组合式渡槽的主要特点，槽身不分缝也杜绝了接缝处因止水不良或老化而产生漏水现象，从而节省了止水材料的投资和维护。拱槽联合受力需满足两个基本条件：①必须采用和拱跨相同的连续槽身，只有连续的槽身才可以和拱联合作用；②必须采用“刚性槽、柔性拱”的组合结构，通过调整二者之间的刚度使拱槽变位协调，充分发挥材料强度，达到节省工程量的目的。如果是刚性拱、柔性槽结构，则刚性拱将要承担绝大部分的外荷载，联合作用非常有限。

拱梁组合式渡槽，槽身的轴向力很小，基本是受弯结构；而拱体的弯矩很小，由弯矩产生的应力仅占总应力 4%左右，拱体基本是受压结构。影响槽、拱内力大小的主要内在因素则是槽身的抗弯刚度 $EI_{槽}$ 和拱体的抗压刚度 $EA_{拱}$，通过计算分析得知，当两者数值接近时（尺寸单位为 m），拱槽联合受力的状态最佳。

均布荷载的压力线是二次抛物线，而集中荷载的压力线是折线，拱梁组合式渡槽拱体承受的是数值相近的等距离集中荷载，其荷载特性兼有均布荷载与集中荷载的特点，因此，主拱圈采用二次抛物线型的折线拱是较为合理的。通常采用双铰拱结构，其优点是可以改善拱端支座由于不均匀沉陷而产生变形的不利影响，且施工也大为简化；缺点则是拱的弯矩分配不均，但拱槽联合受力后拱内弯矩已大大减小，其不利影响可以忽略。设计时还应注意折线的节数应为奇数节，避免拱顶承受很大的集中荷载，改善拱体应力和防止拱顶产生过大的挠度。

拱梁组合式渡槽较适用于跨度 50～120m，矢高不大于 40m，流量 5～30m^3/s，地形为 U 形河谷，拱座地基条件较好、不易产生变形，所在地区最高温度不大于 40℃、最低温度不低于－20℃的情况。在这种情况下采用拱梁组合式渡槽其经济性和安全性都十分显著。当流量太小时，不论拱跨大小，拱体本身必须有一个最小的构造要求，拱槽联合作用也不能进一步减小拱体尺寸，采用拱槽组合结构没有意义。

拱梁组合式渡槽属于超静定结构，其槽身相当于有弹性支承的多跨连续梁。结构计算的方法有刚度法、柔度法、刚柔结合的混合法等。为简便起见，可采用刚度法进行计算。横向计算与前述槽身、排架、主拱圈的横向计算方法相同，纵向计算则将槽身视为一个纵向杆件，与排架、拱体一起作为整体结构，用有限元方法求解。

10.5.5 连续刚构渡槽

当渡槽需要跨越深切宽缓河谷时，具有跨度大、离地面高的特点，采用梁式渡槽或拱式渡槽既不经济，也难以实施。在借鉴高墩大跨连续刚构桥梁的特点和建设经验的基础上，在工程建设实践中提出并发展了连续刚构这一新型的渡槽结构形式（图 10－45）。连续刚构桥又称为墩、梁固结的连续梁桥，其保持了 T 型刚构桥不设支座、不需体系转换、采用悬臂法施工以保持体系平衡的特点，又吸取了连续梁桥在整体受力上能承受正、负弯矩的优点，具有较大的顺桥向抗弯刚度和横向抗扭刚度，在桥梁工程实践中得到了广泛应用。预应力混凝土连续刚构桥技术为高墩大跨连续刚构渡槽的建设发展提供了良好的基础，在过水槽身与承载结构的处理上有两种方式：一是“桥槽分离”，即利用连续刚构桥作为支撑结构，而后在桥面设置过水槽身，在国内已建的输水渡槽中极少采用这一方式；二是“桥槽合一”，即通过在连续刚构桥箱梁内设置一道过水隔板，使水体能顺利从箱体通过，将承载结构与过水槽身有效结合（图 10－46），能有效减小结构自重，使得特大跨径的渡槽建设变得可能，目前国内的输水梁式渡槽普遍采用这种方式。

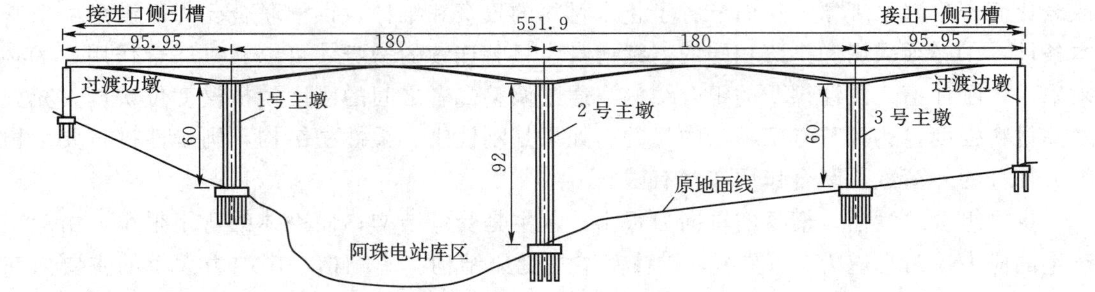

图 10－45　徐家湾连续刚构渡槽总体布置示意图（单位：m）

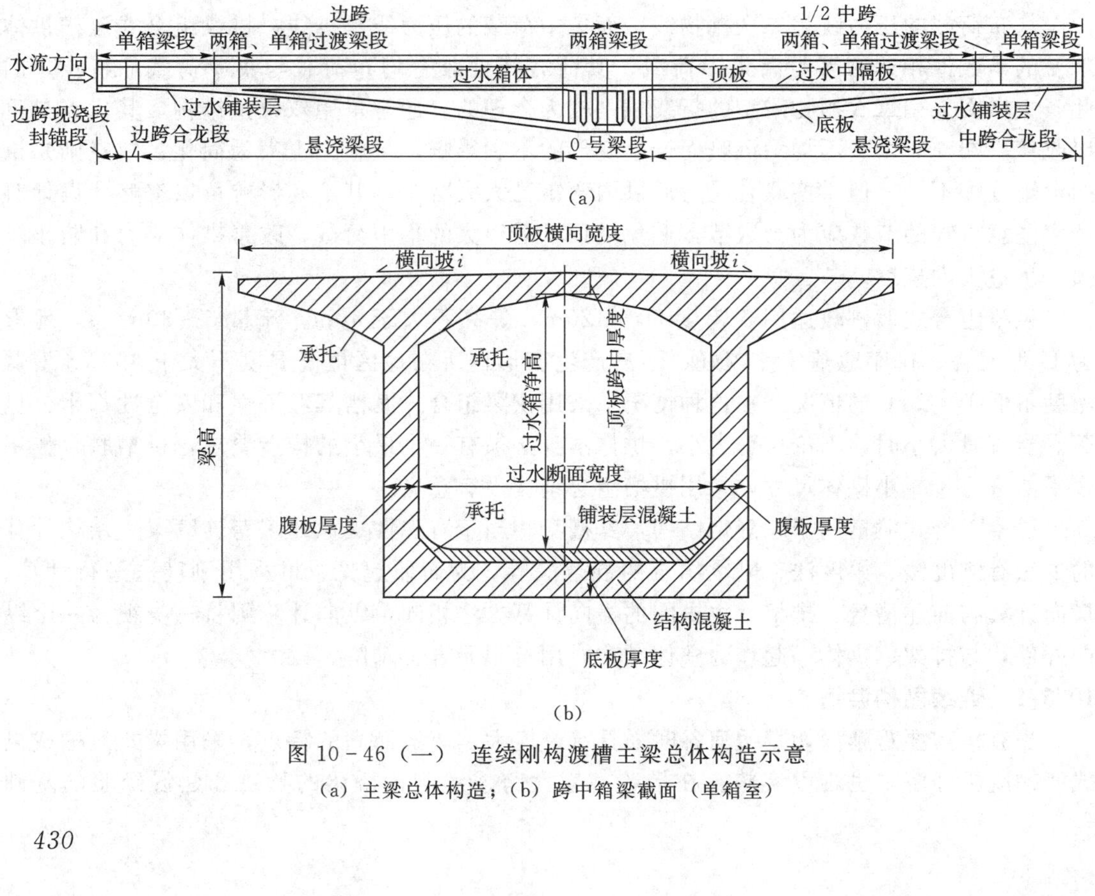

图 10－46（一）　连续刚构渡槽主梁总体构造示意

（a）主梁总体构造；（b）跨中箱梁截面（单箱室）

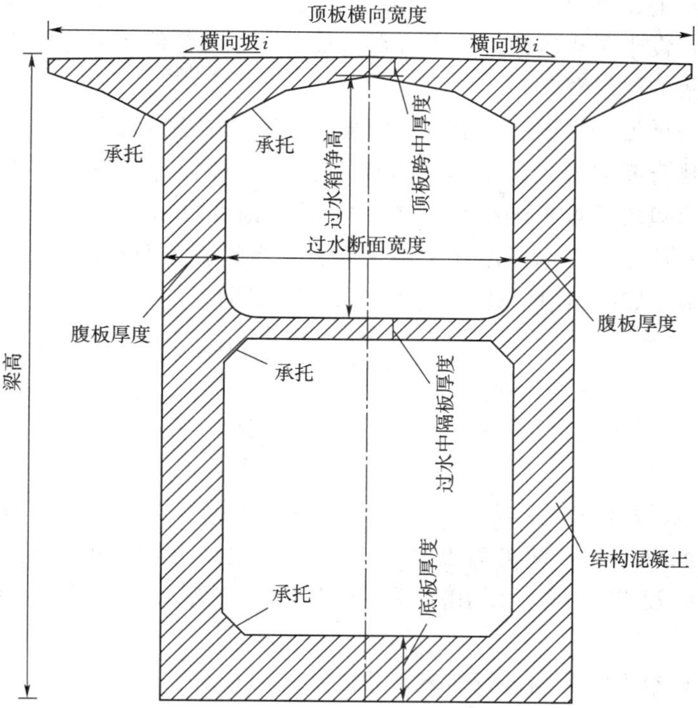

(c)

图 10-46（二）　连续刚构渡槽主梁总体构造示意
(c) 墩顶箱梁截面（两箱室）

连续刚构渡槽与连续刚构桥梁的主要区别在于连续梁部件增加了过水功能，结构特性没有明显差异，具备连续刚构桥梁相应的特点，主要结构计算的方法也相同。连续刚构桥箱梁是变高度的，内设隔板后变为上、下两箱，但跨中区域依然可以保持单箱室箱梁［图 10-46 (b)］。因此，对于连续刚构渡槽，上箱梁保持不变，用以过水，下箱梁变高度，以适应结构的受力性能。

连续刚构渡槽的结构特点是高墩大跨，在需要布置主跨 200m 级、连续长度近 600m、支撑高度 100m 级的渡槽结构时，高墩大跨连续刚构渡槽具有较明显的经济性和合理性。

10.6　渡槽的进、出口建筑物及总体布置

10.6.1　渡槽的进、出口建筑物

渡槽进、出口建筑物的作用是：使渠道水流与槽中水流平顺衔接，以减小水头损失；将槽跨结构与两岸渠道连接起来，避免因连接不当而引起漏水，致使岸坡或填方渠道产生过大的沉降和滑坡现象；满足运用、交通和泄水等的要求。进、出口建筑物包括进、出口渐变段与连接段、槽跨结构与两岸渠道的连接建筑物（槽台、挡土墙等）以及为满足运用、交通和泄水等要求而设置的节制闸、交通桥和泄水闸等建筑物。

进、出口段宜布置在岩石或挖方土质渠槽上，其底部和两侧应按地质条件设计防漏、防渗、防伸缩沉陷措施和完善的排水系统，有效防渗设施长度均应大于 5 倍的渠道最大水

深。进、出口段与上、下游渠道应平顺连接，避免急转弯。确因地形、地质条件限制而必须转弯时，弯道宜设于距离渡槽进、出口直线长度大于 3 倍的渠道正常水深以外，且弯道半径宜不小于 5 倍的渠底宽。

渠道断面常为梯形，底坡一般很小。槽身纵坡远较渠底纵坡陡，故过水断面及水面宽均比渠道小，且槽身断面形式又常是矩形或 U 形，因此，为使渠道水流与槽中水流平顺衔接，渡槽进、出口均需设置渐变段（图 10－1）。渐变段常采用扭曲面形式，水流条件好，一般用浆砌石建造，迎水面用水泥砂浆勾缝，当地缺乏石料时，也可用混凝土建造。进口渐变段长度 l_1 和出口渐变段长度 l_2 可按下列公式计算

$$l_1 = \cot\theta_1 \frac{B_1 - B}{2} \tag{10-18}$$

$$l_2 = \cot\theta_2 \frac{B_2 - B}{2} \tag{10-19}$$

式中：B_1、B_2 分别为进口渐变段前、出口渐变段后渠道水面宽度；B 为渡槽槽身水面宽度；θ_1 为进口水流收缩角，即进口渐变段中一侧水边线与轴线的交角，可取 $\theta_1 = 11° \sim 18°$；θ_2 为出口水流扩散角，即出口渐变段中，一侧水边线与轴线的交角，可取 $\theta_2 = 8° \sim 11°$。

如将 θ_1、θ_2 按给出的范围进行换算，式（10－18）、式（10－19）可写为

$$l_1 = (1.54 \sim 2.57)(B_1 - B)$$
$$l_2 = (2.57 \sim 3.56)(B_2 - B)$$

需要指出的是，渐变段是一挡土墙结构，其形式与长度将直接影响工程量的大小和施工难易。收缩或扩散角越小，水流条件越好，局部水头损失越小，但渐变段长度随之增加，工程量及造价会提高。故应通过分析比较，选择出经济合理的长度（收缩或扩散角）。

渐变段与槽身之间常需再设一节连接段以满足各种需要（图 10－47）：对于 U 形槽身，需设连接段以便与渐变段末端的矩形断面连接；因交通要求，需设连接段以便布置交通桥或人行桥；为了停水或轮流（多槽式）检修等目的，需设连接段以便在渡槽进口设节

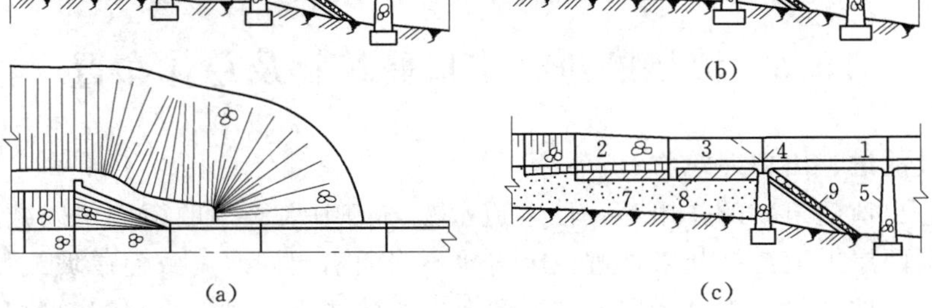

图 10－47　斜坡式连接

(a) 刚性连接；(b)、(c) 柔性连接

1—槽身；2—渐变段；3—连接段；4—伸缩缝；5—槽墩；6—回填黏性土；7—回填砂性土；8—黏土铺盖；9—砌石护坡

制闸或留检修门槽；为了使槽身与进、出口建筑物接头处的伸缩变形缝便于检修，需设连接段伸入渠道填土边坡或岸坡内与渐变段连接。连接段与渐变段之间的接缝需设止水，以使渐变段起防渗作用。连接段的长度根据具体情况由布置决定。

槽跨结构与两岸渠道的连接方式，无论梁式、拱式或其他形式，除槽台因槽跨结构形式不同而有所不同外，其余均基本相同。视渠道是填方还是挖方，连接方式有不同形式。由于梁式渡槽的槽跨结构只有槽身，故下面直接按槽身与两岸渠道的连接方式进行介绍。

1. *槽身与填方渠道连接*

通常采用的连接方式有斜坡式和挡土墙式两种。

(1) 斜坡式连接。将连接段伸入填方渠道的锥形土坡内。按连接段支承方式的不同，又分为刚性连接与柔性连接两种。刚性连接［图10-47 (a)］是将连接段（或渐变段）支承在埋置于锥形土坡内的支承墩（架）上，支承墩（架）建于老土或岩基上。这种连接方式，连接段不会因填土沉降而下沉，伸缩缝止水工作可靠，但槽底会与填土脱离而形成漏水通道，故需做好防渗处理，并采取措施以减小填土沉降。对于小型渡槽，也可不设连接段，而将渐变段直接与槽身连接［图10-47 (b)］，并按伸缩缝要求设止水，以保证渠坡安全。柔性连接［图10-47 (b)、(c)］是将连接段或渐变段直接置于填土上，填土下沉时，槽底仍能与之较好结合，对防渗有利，且工程量较省，但对施工技术要求较高，应尽量减小填土沉降，并使伸缩缝止水能适应因填土沉降而引起的变形。

(2) 挡土墙式连接（图10-48）。将边跨槽身的一端支承在重力挡土墙式边槽墩上，并与渐变段或连接段连接。挡土边槽墩应建在老土或基岩上，以保证稳定并减小沉降。两侧用一字形或八字形斜墙挡土。在墙身和墙背面应设置排水设施，以降低墙后的地下水压力。其他关于防冲、防渗及对填土质量的要求与斜坡式连接相同。挡土墙式连接常属柔性连接，工作较可靠，但用料较多，一般在填土高度不大时采用。

2. *槽身与挖方渠道连接*

槽身与挖方渠道连接常采用图10-49所示的连接方式，即将边跨槽身靠近岸坡的一端支承在地梁或高度不大的实体墩上［图10-49 (a)］，与渐变段之间用连接段连接。有

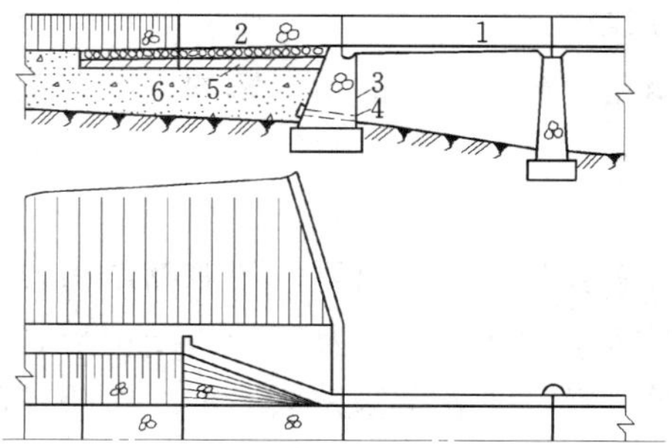

图10-48　挡土墙式连接

1—槽身；2—渐变段或连接段；3—挡土边槽墩；4—排水孔；5—黏土铺盖；6—回填砂性土

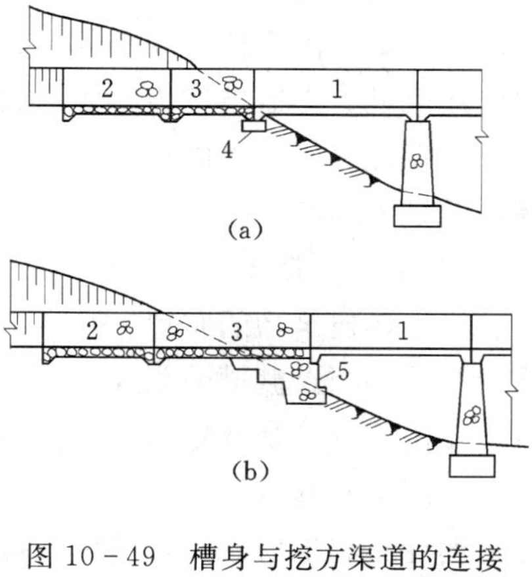

图10-49　槽身与挖方渠道的连接

1—槽身；2—渐变段；3—连接段；4—地梁；5—浆砌石底座

时为了缩短槽身长度，可将连接段向槽身方向延长，并建造在用浆砌石砌筑的底座上［图10-49（b）］。

10.6.2　渡槽的总体布置

渡槽的总体布置是根据渠系规划布置及查勘资料，通过分析比较和水力计算等步骤，选定总体布置方案，其成果是渡槽工程的平面、纵剖面和若干横剖面图。总体布置的主要内容是位置选择与纵、横剖面布置。位置选择是选定槽中心线及槽身起止点位置；纵、横剖面布置是选定包括槽台在内的进出口建筑物和各个跨段的槽身、支承结构及基础的结构形式与布置尺寸和构造，并相应定出若干横剖面布置图。

1. 渡槽位置的选择

对于长度不大的中、小型渡槽，在渠系规划布置时，已从全局角度确定了渡槽的位置，一般已无多大选择余地。对于跨越地形、地质条件复杂且长度大的大、中型渡槽，特别是对跨越宽度很大河流的大型渡槽，槽址位置常是不确定的，可在数十米、数百米乃至数千米范围内变化，应找出几个较好槽址，通过方案比较选定。槽址选择时可从以下几个方面考虑：

（1）尽量利用有利的地形、地质条件，使渡槽和引渠长度较短、减小基础工程量、降低墩架高度。进、出口力求落在挖方渠道上。

（2）槽身轴线最好成一直线，当受地形、地质条件限制槽身必须转弯时，弯道半径不宜小于6倍的槽身水面宽度，并考虑弯道水流的不利影响。大型渡槽宜通过模型试验确定。

（3）跨越河道或沟道的渡槽，槽轴线应与河道或沟道尽量成正交，槽址应位于河床及岸坡稳定、水流顺直的地段，避免位于河流转弯处。过陡而又不稳的岸坡应当消除。对于通航河道，槽下应满足净空要求。渡槽长度的确定以不对当地防洪排涝现状和规划造成大的影响为准，必要时应进行调洪演算，通过分析论证，最后确定渡槽长度。

（4）为了在渡槽或上、下游填方渠道发生事故时进行停水检修，或为了上游分水等目的，常需在进口段或进口前的适当位置设节制闸，以便与泄水闸联合运用，使渠水泄入溪谷或河道。选定进口位置时，应给进口建筑物的布置创造有利条件。

（5）尽量少占耕地，少迁民房，并尽可能有较宽敞的施工场地。尽量靠近建材产地，以便就地取材。交通应较为方便，水、电供应条件较好。

（6）在位置优选中应包括环境指标，尽可能减少和改善对环境的不利影响，有利于促进环境质量的提高。

2. 渡槽纵、横剖面的布置

进、出口建筑物的布置和基础结构等问题已在前文叙及，以下简要介绍渡槽结构形式选择的有关问题。渡槽的型式选择是选定各个跨段的槽身、支承结构及基础的结构形式和材料。渡槽的分跨是选定槽墩或槽架及其基础的中线位置，两者是紧密联系的。多跨度的渡槽宜采用相同的结构形式和单跨跨度，对于地形、地质条件复杂的渡槽，根据槽身距地面的高度变化和地质条件等因素，可选用多种结构形式和单跨跨度，但不宜超过3种，以免增加施工上的麻烦，并应注意两种类型和两种跨度相接处的槽墩受力状态，以减小不对称墩的工程量。水流湍急，通航放木，冰情严重河道（渠）上的渡槽，宜采用单跨跨度的结构形式。显然，各跨段和各组成部分结构形式的改变，必将引起其他部位的相应变化，布置时应从全局出发，除了应处理好各部分之间的内部联系外，还需与外部条件相适应，才能得到安全、经济而又合理的布置方案。这些外界条件很多，但主要有以下几个方面：

（1）地形、地质条件。对于窄深的山谷地形，两岸地质条件又较好，有足够的强度与稳定性，有合适的施工场地时，宜建单跨拱式渡槽或大跨度斜拉式渡槽；当地形平坦，槽高不大，地质条件较差以及大型渡槽宜首选梁式渡槽；当槽高较大，地基良好或便于处理，施工场地开阔，可采用桁架式或拱式渡槽；深切宽缓河谷，当槽高接近 100m 时，宜采用连续刚构渡槽。跨越河流的渡槽，进行纵剖面布置时，可允许压缩河滩，但不能压缩河槽。分跨时不宜将槽墩布设在主流深泓线上，其左、右河滩槽孔长度之比应近似等于左、右河滩流量之比。如河道水深流急，槽底距河床高度大，水下施工又困难，而滩地部分的槽高不大，且渡槽较长时，可在河槽部分采用拱式或其他型式的大跨度渡槽，在滩地则用梁式、中小跨度的拱式或其他型式的渡槽。对于地形、地质条件，既要分析研究如何采用不同的结构形式来适应这些外界条件，也要分析研究如何采取措施，使不利的外界条件向有利方向转化。例如，当地基承载能力低时，可采用轻型结构并减小跨度来适应，也可采取工程措施提高其承载能力，或采用深基础，使其能适应上部结构传来的荷载。

（2）建筑材料情况。建筑材料有时对决定渡槽类型起重要作用。应贯彻就地取材和因材设计的原则来选定渡槽型式。例如，当地有质量符合要求、数量足够且开采运输均方便的石料，而钢材、水泥供应困难时，可考虑采用砌石拱式渡槽。但是，石拱渡槽重力大，对地基要求高，且石料的开采、加工和砌筑常需手工操作、花费劳力较多，不一定经济。对于重要的大、中型渡槽，应充分考虑使用新材料、新形式，如采用预应力结构，以减小槽壁厚，加大槽跨，充分发挥材料性能，达到节省材料的目的。

（3）施工条件。选择渡槽类型时，要考虑尽可能利用原有的技术力量和设备，或便于自制的起重吊具。同一渠系有几个条件相近的渡槽时，应尽量采用同一种结构形式，以便使用同一套施工设备，并便于设计和施工定型化。大型渡槽应尽量使用先进技术，如移动模架现浇（造槽机施工技术）和移动模架预制吊装架设（架槽机施工技术）施工技术。

（4）运用要求。槽身如需通航或结合公路桥修建或需跨越通航河流、公路、铁路时，其型式、尺寸、槽下净空应满足航运和交通部门的有关规定；对以城镇供水为主的大型渡槽，运用上不允许供水中断，宜采用双槽式或多槽式；对不同用途的建筑物，如条件合适，则尽量结合修建，以节省投资，方便管理，如向城镇供水和向农业灌溉供水结合布置在一起的双层渡槽[63]等。

第11章 倒虹吸管及涵洞

11.1 倒 虹 吸 管

11.1.1 倒虹吸管的布置和构造

倒虹吸管是渠道通过河渠、溪谷、洼地或道路时，敷设于地面或地下的具有虹吸作用的下凹式压力输水管道，其形状如倒置的虹吸管，是交叉建筑物之一。倒虹吸管一般由进口段、管身段和出口段三部分组成。

倒虹吸管与渡槽相比，一般来说，具有工程造价低、施工方便等优点，但存在水头损失大、维修管理不便等缺点。当输水渠道所跨越的河谷深而宽，采用渡槽则支撑结构工程量较大且施工较困难时；或输水渠道与所穿越的河流、道路、渠道高差较小，布置渡槽则槽身会影响河道行洪、车辆通行及渠道堤身布置时；或渠道允许有较大的水头损失时，均可采用倒虹吸管。

11.1.1.1 倒虹吸管管路布置

倒虹吸管的管路布置需结合地形、地质、施工、流量大小、水头高低、交通及洪水影响等因素通过分析比较选定。一般应满足如下原则：

(1) 管路与通过的水道、沟谷或道路应尽量成正交，管身及进、出口轴线在平面上的投影应布置成直线，以缩短管长。进、出口应与上、下游渠道平顺连接。

(2) 管身及进、出口宜布置在稳定地段，应避免通过可能产生滑坡、崩塌及其他地质条件不良的地段。地形不应过陡，以便于施工。

(3) 尽可能将进、出口布置在挖方渠段，尽量避免建于高填方上，确实难以避免时，应慎重采取夯实加固和防渗排水措施。

(4) 为减少开挖工程量，管路一般沿地面坡度敷设（露天或浅埋），但管坡不宜过陡，使管身及镇墩易于维持稳定，并便于施工。同时，应避免转弯（变坡）过多，以减少水头损失和镇墩数目。

(5) 倒虹吸管两端可采用斜坡式结构和竖井式结构。一般来说，岸坡较缓时采用斜坡式结构［图11-1 (a)］。竖井式［图11-1 (b)］多用于岸坡较陡或管内流量不大、压力水头较小（$H<3\sim5$m）的跨路工程，井底常设0.5～0.8m深的集沙坑，以便清除泥沙及检修水平段时作排水之用。竖井式水流不顺畅，但便于施工。

(6) 对于高差大的倒虹吸管，管道常随自然起伏的地形露天或浅埋于地面以下（图11-2）。当管道管径较大且流速较快时，单个管道弯头角度变化不宜太大。露天敷设的优点是开挖工程量小、便于检修，但在气温影响下，内、外管壁将产生较大的温差，易引起纵向裂缝而漏水。故除温差较小地区的小型倒虹吸管可考虑露天布置外，钢管以外的倒虹吸管一般均浅埋于地面以下。试验表明，管道埋于地面下对减小温差应力的作用较显著，但

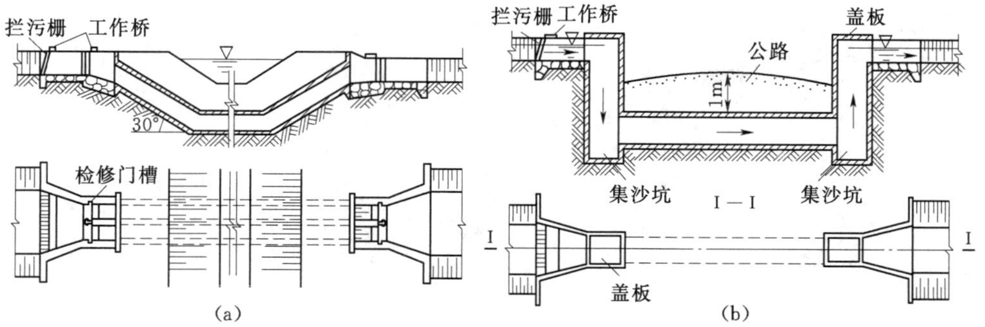

图 11－1　斜坡式及竖井式倒虹吸管进、出口布置形式

(a) 斜坡式；(b) 竖井式

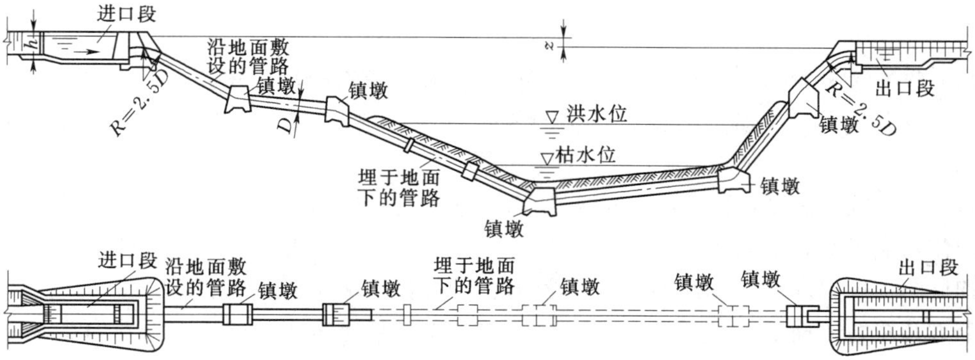

图 11－2　沿地面露天敷设及浅埋的倒虹吸管

有的试验资料也表明，当埋深大于 0.8m 时，减小内、外壁温差的作用增加得不显著，且增大土压力及填土工程量，故埋深一般以 0.5～0.8m 为宜。当管道通过耕地时，应埋于耕作层以下；管上为道路、渠沟时，为改善管身受力条件，管顶填土厚度不小于 1.0m；寒冷地区和严寒地区应埋入最大冻土深度以下；穿过河道及冲沟时，管顶应埋设在设计洪水冲刷线以下0.5m。

(7) 当管道跨过河道或深的沟谷时，为降低管中段的压力水头，缩短管长和减小管道水头损失，可在深槽部分建桥或斜拉结构，而将这段管道布置成架空式，即桥式（图 11－3)，其余两岸部分仍沿地面敷设。桥式倒虹吸的桥下净空和桥面必要时应满足行洪、通航和车辆通行的要求。

11.1.1.2　进、出口布置

倒虹吸管进、出口布置应满足水力条件良好、运用可靠以及稳定、防渗、防冲、防淤等要求。

1. 进口段布置

进口段包括进水口、闸门、启闭台、拦污栅、通气管及渐变段，对于 1～3 级倒虹吸管，进口前的渠道一侧应设泄洪闸（或溢流堰）。对于多泥沙渠道，尚应设沉沙及冲沙设施。

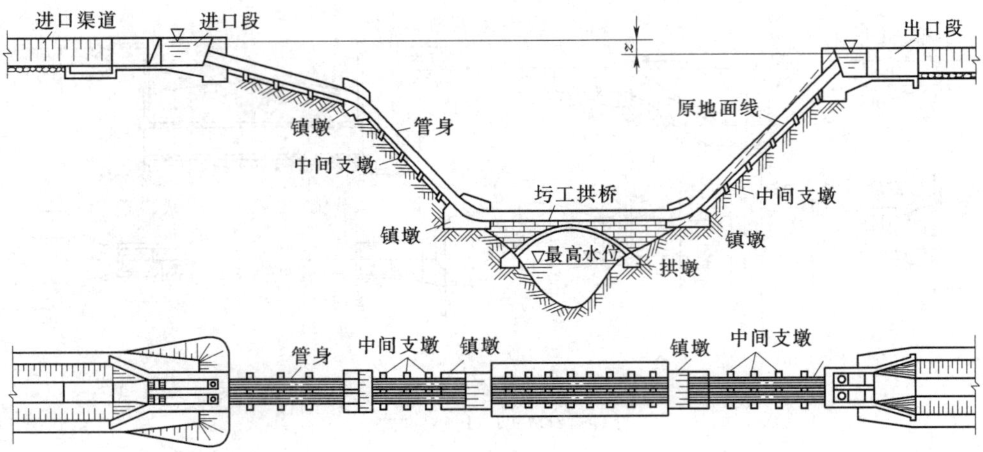

图 11－3　桥式倒虹吸管

(1) 渐变段和进水口。倒虹吸管进口前一般均设置渐变段与渠道连接（图 11－3、图 11－5），其长度可取上游渠道设计水深的 3～5 倍，其形式和布置要求与渡槽进口的渐变段相同。

进水口形式应满足管道通过不同流量时，渠道水位与管道入口处水位的良好衔接。进口轮廓应使水流平顺，以减少水头损失。对于大型倒虹吸管，进水口常用圆弧曲线做成喇叭形，四周向外扩大 $(1.3\sim1.5)D$（D 为管的内径）[图 11－4 (b) 及图 11－5 (a)]。有的则仅在上方及左右方向扩大 [图 11－4 (a)]。进口段与管身常用弯道连接，转弯半径一般为 $(2.5\sim4)D$ [图 11－4 (a)、(b)、图 11－5]。对于小型倒虹吸管进口，为便于施工，可不做成喇叭形，也不设弯道，而将管身直接插入挡水墙 [图 11－4 (c) 及图 11－3]，这种形式水流条件较差。为改善水流条件，可将管身直接插入挡水墙内 0.5～1.0m 与喇叭口连接 [图 11－4 (d)]，这样不仅构造简单，施工方便，水头损失也小。进水口前的底板一般较渠底低，其高程由水力计算决定。进口段应修建在地质较好、透水性较小的地基上，否则应进行防渗处理。

(2) 闸门与拦污栅。进口段一般应设闸门，以便进行管道清淤和检修。双管或多管倒虹吸的进口必须设闸门，除发生事故关闭及轮流检修用外，小流量时还可利用部分管道过水，以保持管中有较大的流速，防止淤积。不设闸门的小倒虹吸管，可在进口侧墙上留门槽，需要时用插板挡水。进水口如为淹没式消力池，为消除管内通过小流量时，可能出现破坏性水跃，将空气带入管内，使管身发生振动和空蚀，可在进口挡水墙下游处装设通气管。

为拦挡漂浮物及保障人畜安全，进口前一般应设置拦污栅。为了清污及启闭闸门，可设工作桥（图 11－1）或启闭台（图 11－6）。闸门及拦污栅应设专人管理，严防关闸断流或漂浮物堵塞拦污栅造成上游渠水漫溢而发生事故。必要时，可在上游适当位置设置溢流堰或自动泄水闸以保安全。

(3) 沉沙及冲沙设施。倒虹吸管进口前是否设置沉沙池，应根据具体情况从整个渠道系统的规划设计来考虑。从多泥沙河流取水，应在渠首及渠首后的适当位置采取措施减除

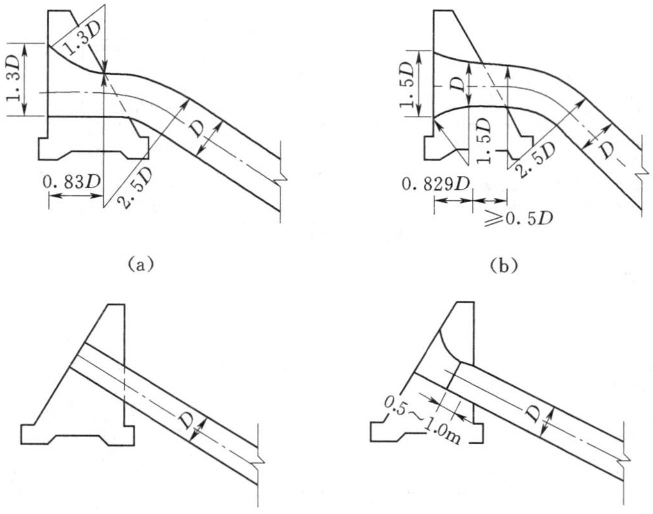

图 11-4　进水口形式

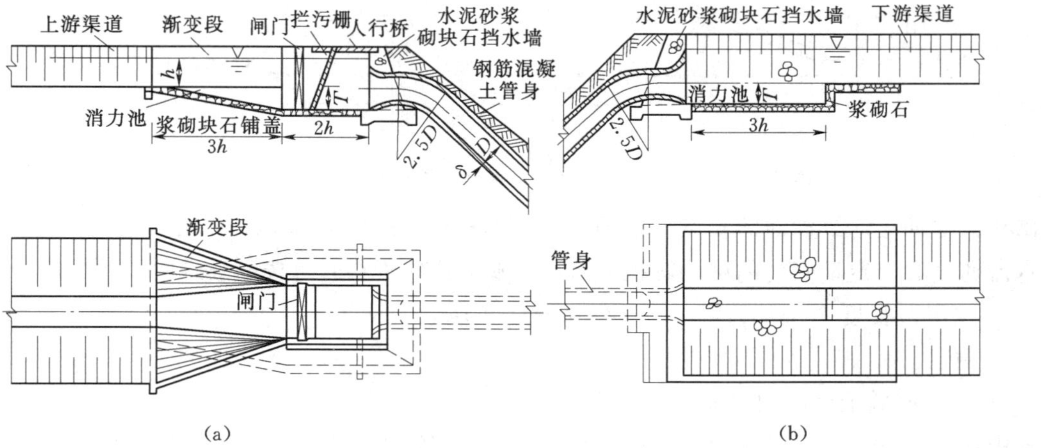

图 11-5　进、出口布置图

(a) 进口布置；(b) 出口布置

不能为渠道水流携带的泥沙。一般情况下，管内流速比上、下游渠道大，能为渠水携带的泥沙多不在管内淤积，但粗粒泥沙会磨损管道，因此，应防止这种泥沙通过倒虹吸管。细颗粒悬移质泥沙并不都是有害的，它具有一定的肥效，进入田间后在一定条件下可以培肥并改良土壤。显然，对于高含沙引水渠道上的倒虹吸管，应使管中水流具有与渠水含沙量相应的输沙能力，以便将渠水中所含泥沙送过倒虹吸管并防止管道淤塞。有输沙要求的倒虹吸管，宜采取双管或多管，以便在流量变化时决定开管数目，使管中流速不小于挟沙流速。在进口前设置的沉沙池，主要用于沉积渠水带来的粗颗粒泥沙。渠水含沙量小时，可在停水期间进行人工清淤。对于含沙量大的渠道，最好采用水力冲淤，即在沉沙池末端的侧面设退水冲沙闸（图 11-6），当池内泥沙沉积到一定厚度时，关闭倒虹吸管并开启冲沙

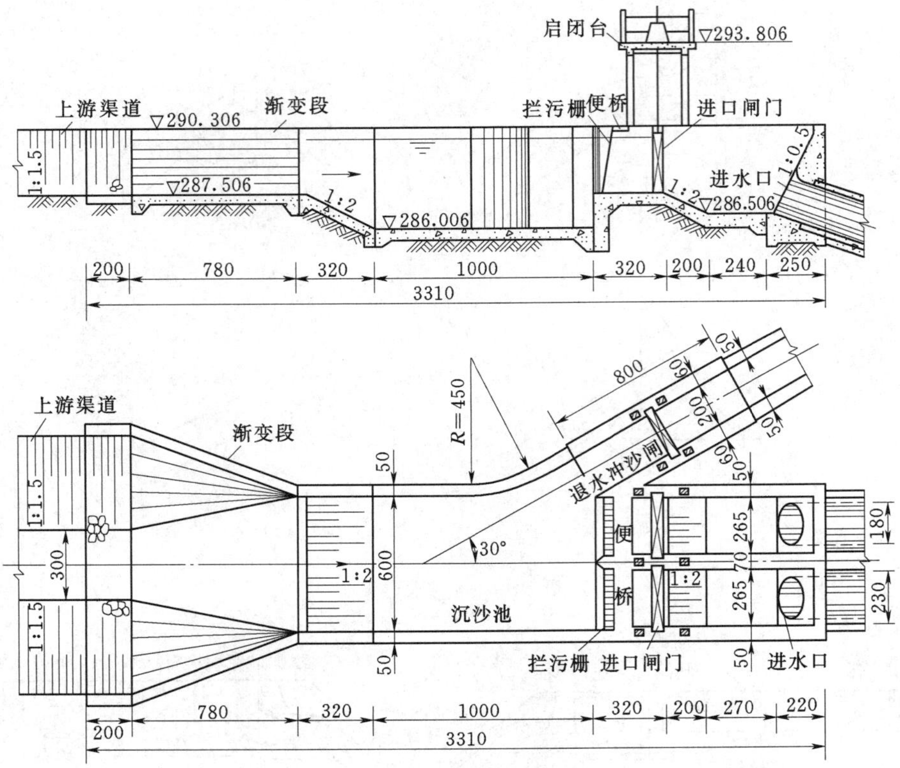

图 11-6　沉沙池及冲沙闸布置图（单位：高程 m；尺寸 cm）

闸将淤沙冲走。沉沙池的长度 l_p、宽度 b_p 和深度 T 应根据渠水的泥沙含量、颗粒大小、水流速度和一定期间内的可能淤积量而定。缺乏这些资料时可按一般经验尺寸决定。

水平段长度　　$l_p \geqslant (4 \sim 5)h$　　(11-1)

宽度　　$b_p \geqslant 1.5b$　　(11-2)

沉沙池低于渠底的深度　　$T \geqslant 0.5D + \delta + 0.2$　　(11-3)

式中：h、b 分别为渠道的水深与底宽，m；D 为管内径或管高，m；δ 为管壁厚度，m。池底与渠底用 1∶2～1∶3 的斜坡连接（图 11-6）。池底及侧墙多用混凝土或浆砌块石砌筑，以承受水流和泥沙的冲刷与磨损。含沙量不大的小型倒虹吸管可在管道最低部位设冲沙孔，定时冲淤。大断面低水头管道也可不设沉沙池，可定期停水直接进管清淤。

2. 出口段布置

倒虹吸管出口段的布置形式与进口段基本相同（图 11-2、图 11-5）。出口段上是否设置闸门，应由具体条件决定。多管倒虹吸管的出口应设闸门，不设闸门时也需留检修门槽。出口渐变段的形式及布置要求与渡槽出口渐变段相同（图 11-3），其长度可取下游渠道设计水深的 4～6 倍。出口段常设置消力池（也可结合渐变段布置），用以调整出口水流的流速分布，消力池的计算方法参见 GB 50288—2018《灌溉与排水工程设计标准》。初步估算时，池长一般为渠道设计水深的 3～4 倍，低于下游渠底的池深 T 可按经验公式计算，即

$$T \geqslant 0.5D + \delta + 0.3 \tag{11-4}$$

式（11-4）中符号意义与式（11-3）相同。小型倒虹吸管，流速不大时也可不做消力池，仅用 1∶2～1∶4 斜坡和八字墙渐变段与下游渠道衔接即可。消力池后的下游渠道应护砌 3～5m。

11.1.1.3 管身及镇墩的形式和构造

1. 管身的形式和构造

管身的断面形式主要有圆形和矩形。圆形管因水力条件、受力条件和施工安装等方面均较优越，故应用最广。对于低水头、大流量、埋深小的倒虹吸管，宜采用单孔或多孔的矩形箱式断面（箱形）钢筋混凝土管。箱形管在我国黄河、长江下游、淮河、海河、珠江三角洲及其他平原地区应用较多。管身材料常用钢筋混凝土和预应力钢筋混凝土。在我国，钢筋混凝土管多用于中等水头（50～60m 以下）。预应力钢筋混凝土管具有较高的抗裂性和抗渗性，能承高压、省钢材、造价低且寿命长，并能工厂成批生产，故发展较快。工程实践表明，过去在 50m 水头以上使用的钢管管道，现可以用预应力钢筋混凝土管代替。

改革开放以来，我国大量引进了各种新型的先进轻型管材[65]，如预应力钢筒混凝土管（PCCP）、玻璃钢夹砂管（HOBAS、FWRPMP 等）、大口径聚乙烯管（HDPE）、聚氯乙烯管（UPVC）和大口径球墨铸铁管等。这些管材具有较高的抗裂性、抗渗性和抗腐蚀性，能承高压、省钢材、造价低、糙率小、节约劳力且寿命长，并能工厂化成批生产，在倒虹吸管中正推广使用。如山西省万家寨引黄工程，使用内径为 3m 的 PCCP 管达 43.2km，南水北调中线工程也使用了大口径的 PCCP 管。在国外，如美国，每年铺设的输水管道中，球墨铸铁管占 47.7%；在欧洲，新铺设的大、中型输水管道中，玻璃钢夹砂管的安装长度占到 15%～50%。可以预计，这些先进轻型管材必将在我国倒虹吸管及其他输水管道中得到迅速发展。

综上所述，不同断面、不同材料的倒虹吸管各有特点，在形式选择时，应综合考虑地形地质情况、流量大小、压力水头高低、建筑材料以及施工条件等。其中，流量大小及水头高低是主要的因素。根据国内倒虹吸管运行实践资料及管道受力情况等因素，各主要管型的使用范围可根据工作水头 H 和管内径 D 的乘积 HD 来参考选择[65,72]：$HD \leqslant 25\text{m}^2$，可采用素混凝土管；$HD = 20 \sim 120\text{m}^2$（或 150m^2，视施工水平），可采用钢筋混凝土管；$HD = 100 \sim 300\text{m}^2$，可采用预应力钢筋混凝土管；$HD \leqslant 1000\text{m}^2$，可采用钢管、球墨铸铁管、PCCP 管和玻璃钢管、热塑性管材等。

为适应地基不均匀沉降而引起的弯曲变形和由于温度降低和混凝土凝固而引起的纵向收缩变形，混凝土管道应设置永久性伸缩缝，缝间设止水。缝的间距，土基上宜取 20～25m；岩基上可取 15～20m。露天管取小值，完工时及时填土的埋置管可取大值。以上系按常规施工方法而言，若地基较好，施工工艺得当，分段还可长些。管壁与管座接触面上铺设沥青油毡（中间 1/3 管长可不设），以减小摩阻。对于预制安装的管道，每节之间一般均采用柔性接头，分段长度即为管节长度。设于刚性管座或坚实地基上的预制管，可采用刚性接头，但每隔一定长度仍需设一柔性接头。伸缩缝及预制管的柔性接头的构造形式一般有平接式［图 11-7（b）、（c）、（d）、（e）］、套管式［图 11-7（a）］、封填式［图

11－7（f）］和承插式［图 11－7（h）］四种。图 11－7（a）为传统式接头，用于较高水头的现浇管，缝间止水过去常用金属止水片，随着塑料工业的发展，已逐渐被无套管的塑料止水接头［图 11－7（b）］所取代，效果亦佳，或采用环氧基液贴橡皮止水［图 11－7（c）］，这种止水施工工艺简单，易更换。或采用上述两种形式结合的双重止水［图 11－7（d）］，效果更好。封填式［图 11－7（f）］用材经济、式样新颖、止水效果也好，为广东省某中型工程所采用。承插式接头［图 11－7（h）］多用于预应力管，管头外壁间隙宜用沥青、麻绳、水泥等材料填塞，以防止橡胶圈老化。图 11－7（g）适用于水头不高的预制管接头。各种接缝形式中，应注意塑料（或橡胶）不能直接和沥青类材料接触，否则会加速老化。

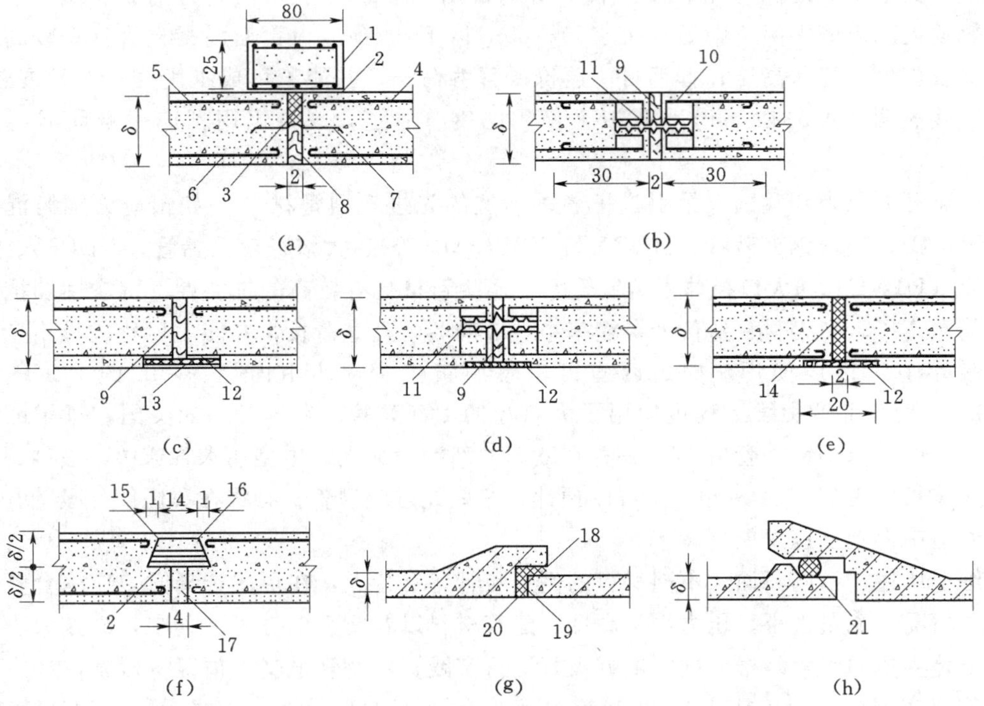

图 11－7　管的接缝止水构造（单位：cm）

1—套管；2—沥青油毡；3—沥青油麻；4—外环筋；5—纵筋；6—内环筋；7—金属止水片；8—沥青杉板；9—防腐软木圈；10—固定钢筋；11—塑料止水带；12—环氧基液贴橡胶板；13—橡胶板保护层；14—沥青玛琋脂；15—3：7 木糠水泥；16—1：1 水泥砂浆抹面；17—1：2 水泥砂浆填充；18—沥青油膏；19—沥青麻绒；20—水泥砂浆封口；21—橡胶圈

为保证倒虹吸管不被淤塞，应在管段上设泄水孔、冲沙孔，以便冲洗管内淤沙和放空管内积水进行检修。泄水孔、冲沙孔的底部高程应高于河道枯水位，宜布置在位置最低的镇墩上或桥式倒虹吸管管道的最低部位。1～4 级倒虹吸管宜设置检修进人孔，其孔径不宜小于 800mm，间距宜为 200～400m。进人孔通常可与泄水孔结合布置，可斜向、竖向或水平向布置，前一种适用于露天式管，后两种适用于浅埋式管。进人孔的封口盖板承受较大的内水压力，除要求必要的强度和刚度外，还要求止水严密，以防漏水。

2. 镇墩的形式和构造

在管道变坡和转弯的地方应设置镇墩（图 11－2），其作用是连接和固定两端的管道。镇墩会承受斜管段自重产生的沿管身方向的推力和转弯段水流所产生的垂直轴向的离心力，导致管身滑动。所以镇墩应能维持自身和连接管身的稳定。如斜管段坡度陡、长度大，为防止管道沿斜坡下滑，还应在斜管段中部设置镇墩，称为中间墩（图 11－3）。镇墩间距根据地形及地质条件而定，地形陡峻而地质条件良好的斜坡段一般为 20～30m，如地质条件不好，间距还应减小。镇墩材料可用浆砌石或混凝土。

镇墩有开敞式与封闭式两种。开敞式管道不被镇墩包围，多用于固定薄壁管（主要是钢管）。封闭式按镇墩与管的连接又分为刚性和柔性两种形式。刚性连接是将管端与镇墩浇筑成整体［图 11－8（a）］，这种形式便于施工，但因镇墩的自重荷载远大于管身，如地基较差，便可能由于不均匀沉降而使管身产生横向裂缝，严重时甚至开裂漏水，故应注意地基处理。刚性连接适用于斜管坡度大且地基为岩基或承载能力大的土基。柔性连接是用伸缩缝将管端与镇墩分开，管身插入镇墩 30～50cm［图 11－8（b）］，接头用石棉水泥捣实封口，中间设止水片，并用沥青麻绒填塞，以防漏水。这种连接形式施工复杂，但适应不均匀沉降及管身伸缩变形的能力较好。当斜管段坡度较大有可能下滑而需镇墩协助维持稳定时，斜管与镇墩应做成刚性连接。位于斜坡的中间镇墩，其上端用刚性连接，下端用柔性连接，而使管身纵向受压，避免受拉。水平管段可一端作成刚性的，另一端作成柔性的，以适应纵向伸缩变形。

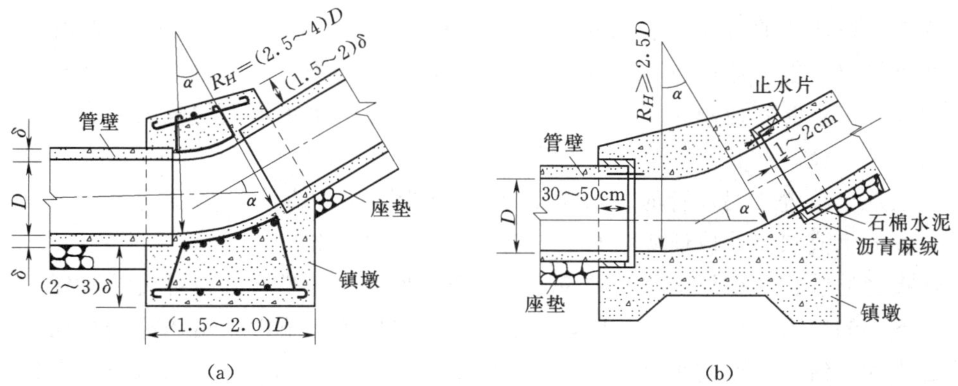

图 11－8 镇墩与管端的连接

（a）刚性连接；（b）柔性连接

镇墩的轮廓尺寸，主要由稳定、强度、墩底应力及构造需要而定。初步拟定时可参考下列经验数据（图 11－8）：镇墩两侧与管道相接的端面与管轴线垂直，镇墩长度约为管内径 D 的 1.5～2.0 倍；底部最小厚度约为管壁厚 δ 的 2～3 倍；镇墩顶部及侧墙最小厚度约为管壁厚 δ 的 1.5～2 倍。为了减小水头损失，两端管道在镇墩内用圆弧形管段连接，圆弧外半径 R_H 一般为管内径 D 的 2.5～4 倍，弯段圆心角 α 与两侧管段的轴线夹角相等。镇墩还起着一段管身的作用，应根据内水压力值，参照两端管身结构，配置必要的受力钢筋。

11.1.2　倒虹吸管的计算

1. 水力计算

倒虹吸管上、下游渠道的断面尺寸、渠底高程、通过各级流量时的水深和水位以及允许的水头损失值 $[z]$，一般在渠系规划中已定出。倒虹吸管进、出口及管道断面形式与布置等，通过总体布置也已拟定。需要指出的是，上述允许水头损失值 $[z]$ 的大小，不仅影响自流灌溉面积的大小，而且也直接影响管的断面尺寸及管内流速等的选定，需通过全面比较，得出经济合理的方案。而这一比较也是反复进行水力计算的过程，所以水力计算在灌区渠系规划中即已进行。而这里所说的水力计算，其主要任务为：①根据设计流量计算、选定管的横断面尺寸和管数；②进行水面衔接计算，即验算管道通过最小流量和最大流量时的水流状态，进而决定与进口有关的布置形式。各有关计算可按式（11－5）进行，即

$$Q = \mu A\sqrt{2gz} \tag{11-5}$$

式中：Q 为通过倒虹吸管的流量；μ 为流量系数，由沿程摩阻损失及局部阻力损失等系数通过计算求得；A 为倒虹吸管的断面积。

按式（11－5）可进行下述计算：

（1）已知设计流量及管的轴线长和纵向布置，拟定管的断面尺寸，计算 z 值。如计算出的 z 值等于或略小于允许水头损失 $[z]$，则管的断面尺寸即可确定，否则，重新调整断面尺寸，直到满足要求为止。断面尺寸拟定后，尚需校核小流量时管内流速是否满足不淤要求，以减小管内淤积。当管身断面尺寸较大或通过小流量时管内流速过小，可考虑采用双管或多管，以便在通过小流量时调节过水断面（关闭 1～2 管），以保证管内为不淤流速，并便于检修。管内流速也不宜过大，以免增加水头损失，减小自流灌溉面积。管内流速在通过设计流量时宜控制在 1.5～2.5m/s，一般在允许水头损失的范围内流速应选择得大些，以减小管径。

（2）在选定布置方案及管的过水断面面积后，还需进一步分析管道通过最小及最大流量时进口段的水流状态，以便决定与进口有关的布置形式和尺寸。

倒虹吸管的上、下游渠道水位差及上、下游渠底高差 z 是根据设计流量确定的。倒虹吸管上、下游的渠道断面一般均相同，通过不同流量的上、下游渠道水深均相同，故相应水位差也均为 z 值。但通过小流量时，其所需的水位差 z_1 将小于 z, 因而进口水位将较上游小流量水位降低 Δz，渠道水流以跌落形式进入管道（图 11－9），有可能在管内形成水跃现象，引起管身震动，恶化管道的正常工作条件。为消除这一现象，应根据上下游渠道水位差、上下游渠底高差和进口水流是否淹没等情况，在进口处采用以下布置措施[73]：

1）对于倒虹吸管设计水头及上、下游渠底高差较大的情况，小流量时倒虹吸管进口有可能出现水跃，此时，应校核小流量时进口水流是否被淹没。设进口水流跌落为 Δz（图 11－10），如果管进口水深 h_s'大于跃后水深 h_c''(按宽顶堰下游水流衔接计算)，并有一定的淹没深度，说明进口水流淹没，管进口不需降低；反之，进口水流不淹没，此时，需将管进口及连接段底部降低，使进口降低后的管进口水深 h_s'大于跃后水深 h_c''，并有一定的淹没度，相应管进口降低值为 $h_s'-h_s$，也可在管前设消力池，使池中产生淹没水跃，如图 11－11（a）所示。对于中小型倒虹吸管，如 z 与 z_1 相差很大时，可将进口段布置成消

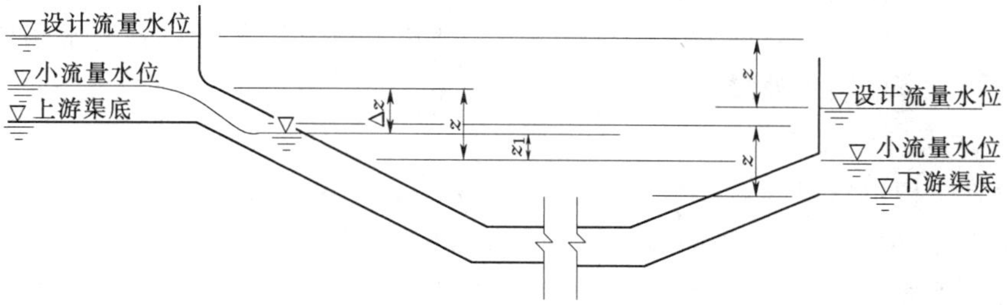

图 11-9　倒虹吸管通过小流量时的进口水面衔接示意图

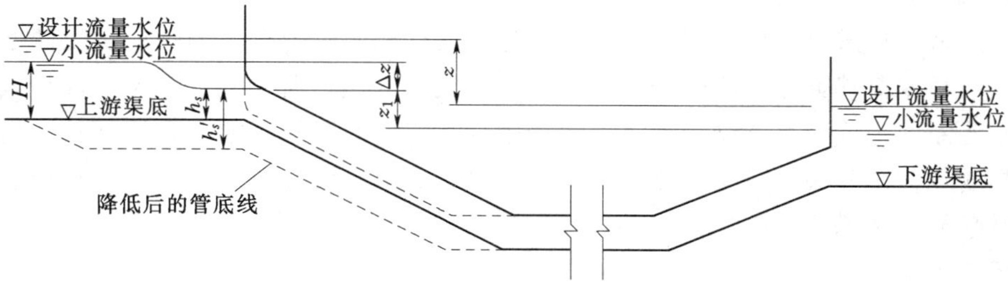

图 11-10　降低倒虹吸管进口后水流淹没示意图

力井形式［图 11-11（c）］。井底应低于进水口下缘一定深度，使消力井有良好的消能效果。如果在进口设消力井不经济或不便于布置时，可考虑改单管为双管，或在出口设闸门，用闸下出流来抬高进口水位，使之与进口渠水位相等，但这种方案必须设专人管理。

2）对于平原地区的倒虹吸管，其上、下游渠道水位差及上、下游渠底高差一般均较小，除始流状态外的任何流量时，管进口水流始终都是淹没的，不会出现水跃等不良流态，对此，也不需要求进口水面在管顶以上应有多大的淹没深度，而只需使进口管底略低于渠底即可，进口闸室底板后以下降斜坡与管口相接，管身进口可采用圆弧顶板［图 11-11（b）］，当 z 与 z_1 相差不大时，也可采用这种布置型式。南水北调中线总干渠设计有多座大型倒虹吸管，为改善进口流态，将工作闸门布置于倒虹吸管出口，在小流量时通过出口闸门的调节，可确保倒虹吸管进口不会发生水跃，因此其管身进口、出口高程采用与总干渠渠底相同的高程，不再降低。

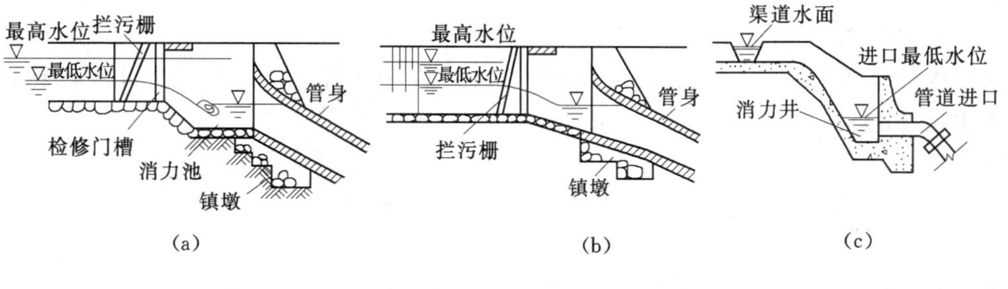

图 11-11　倒虹吸管进口降低的几种布置型式

管道通过最大流量 Q_{max} 时按式（11－5）计算的 z 值，将大于上、下游渠道按均匀流计算得到的水位差，上游渠道将产生壅水现象。所以，倒虹吸管进口各挡水结构的顶部高程和高度，应按倒虹吸管通过 Q_{max} 时的水流条件来决定。

2. 结构计算

倒虹吸管结构由管身、镇墩和进出口建筑物等各个部分组成。镇墩设计可参考水电站、水泵及水泵站教材和有关书籍[65]。进、出口建筑物常是一般的挡土、挡水墙和板、梁、柱结构。下面仅扼要介绍管身结构设计的有关问题。

管身结构设计的步骤一般是先按荷载大小将管身划分为若干计算段并选择设计条件，然后根据管径和压力水头的大小，拟定管壁厚度，并确定各项荷载及其组合，再通过横向及纵向内力计算，校核管壁厚度并进行配筋计算与抗裂验算。

为了降低工程造价，管壁的厚度及配筋量应根据倒虹吸管在不同高程承受的不同荷载而定。一般根据荷载大小，将管身按 5m 或 10m 高差一级沿管长划分为若干计算段，每段取最大水头断面为代表进行结构计算。对于中、小型倒虹吸管，如斜管段不长，内水压力等荷载的变化范围不大时可不分段，而按受力最大的水平段计算，作为确定整个管道的管壁厚度及配筋的依据。

作用于管道上的荷载与作用力一般有：管身重力、填土压力、支承反力、内（外）水压力、地面荷载、温度变化的影响及地震引起的作用力等。对于埋在河槽部分的管道，可能出现如下荷载组合：①河道枯水时期管内正常输水，作用荷载有管的重力、土压力、支承反力、内外水压力及管内外温差等；②河道洪水时期管内无水，作用荷载有管的重力、土压力、支承反力、外水压力及管内外温差等；③管内正常输水，管外无水也无填土，这种情况只在施工完毕试水验收及露天铺设情况时才考虑，作用荷载有管的重力、支承反力、内水压力及管内外温差等。交通道路下的管段，应根据具体情况决定何种荷载组合中加地面荷载，并注意地面荷载对管壁某个位置不利时对另一部分可能是有利的。管身结构在各种荷载作用下的内力及应力，一般按纵、横两个方向分别进行计算。管身横向结构计算方法因结构形式等的不同而异，具体计算方法见参考文献［65］和 GB 50288—2018《灌溉与排水工程设计标准》。对于管道纵向应力的分析，因牵涉范围甚广，又缺乏系统的分析研究及完善的计算公式，过去一般工程多不考虑纵向计算问题，而是在构造上采取适当措施来减小纵向应力，如在一定长度内设置伸缩缝和柔性接头；对地基进行处理以限制不均匀沉降；适当选择施工季节或在刚性座垫与管身之间涂沥青或铺油毛毡（管段两端约 1/3 长度内）等。实际工程中，管道产生横向环状裂缝是钢筋混凝土倒虹吸管的普遍事故，因此，对于大、中型工程仅在构造上采取措施是不够的，必须进行纵向应力分析。管道纵向结构计算主要是求出纵向拉力和纵向弯矩，以进行管身强度和抗裂计算，具体方法见参考文献［65］。

11.2　涵　　洞

横穿填方渠堤、路基而埋设的具有封闭形断面的输水、泄水或交通建筑物称为涵洞。涵洞由进口、洞身和出口三部分组成（图 11－12）。通常所说的涵洞，一般都不设闸门。

当涵洞进口设有控制流量和挡水闸门时，一般称为涵洞式水闸（见第 7 章）。

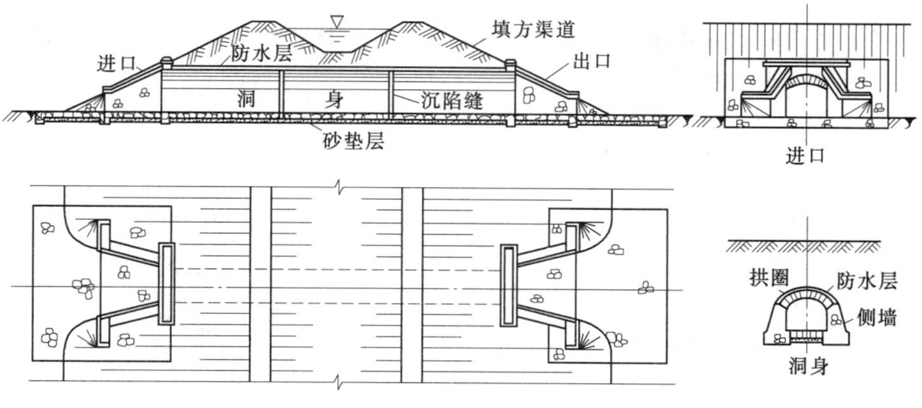

图 11－12　填方渠道下的石拱涵洞

11.2.1　涵洞的类型和构造

11.2.1.1　涵洞的类型

涵洞因用途、过涵水流形态和结构形式等不同而有不同的类型和工作特点。设在填方渠道和交通道路下面用以输送渠水的涵洞，称为输水涵洞；用以宣泄小河、溪谷来水的涵洞，称为排水涵洞；用以通行车辆行人的涵洞，称为交通涵洞。由于过涵水流形态不同，涵洞可分为无压涵洞、有压涵洞或半有压涵洞。布置半有压涵洞时需采取措施，使过涵水流仅进口一小段为有压流，其后的洞身直到出口为稳定的无压明流。按结构形式的不同，可分为管涵、盖板涵、拱涵和箱涵。按建筑材料分主要有钢筋混凝土、混凝土和浆砌石三种。

涵洞类型的选择包括过涵水流形态的选择和洞型选择。

从过涵水流形态来说，输水涵洞由于其上、下游水位差一般都不大，为了减小水头损失和出口流速，防止冲刷，常设计成无压的，其水流形态与渠道上的无压输水隧洞和渡槽相近，一般不考虑防渗、排水和出口消能问题。对于排水涵洞，多选用无压的，当不致因涵前积水深度较大而淹没上游农田和村庄时，也可选用有压的或半有压的。但有压涵洞排泄洪水时，在流量变化过程中，由于可能出现明、满流交替作用的水流形态而产生震动，影响工程安全，故设计时应特别注意。排水涵洞的上、下游水位差和出口流速较大时，应考虑消能、防冲问题。由于小河、溪谷的洪水持续时间一般都较短，所以应根据具体情况决定是否需要采取防渗、排水措施。

洞型的选择应综合考虑涵洞的作用、水流形态、荷载、工作特点、施工及地质条件等因素。小流量涵洞宜采用预制圆管涵；无压涵洞当洞顶填土高度较小时宜选用盖板涵洞或箱涵，涵顶填土高度较大时宜采用城门洞型、蛋型或管涵；有压涵洞应选用管涵或箱涵。箱涵可适应较差的地基。圆管涵能承受较大填土压力和内水压力，使用最普遍。

11.2.1.2　涵洞的构造

1. 进、出口

涵洞的进、出口是用来连接洞身和填方土坡的建筑物，也是洞身和上、下游水道之间的连接段（图 11－12）。常用的进、出口形式有以下几种（图 11－13）。

（1）圆锥护坡式［图 11－13（a）］。进、出口设圆锥形护坡与渠堤外坡连接，构造简单，省材料，但进口水流收缩大，与其他类型进水口相比，在同样条件下，上游壅水时易封住洞顶，这种形式一般用于小型工程。

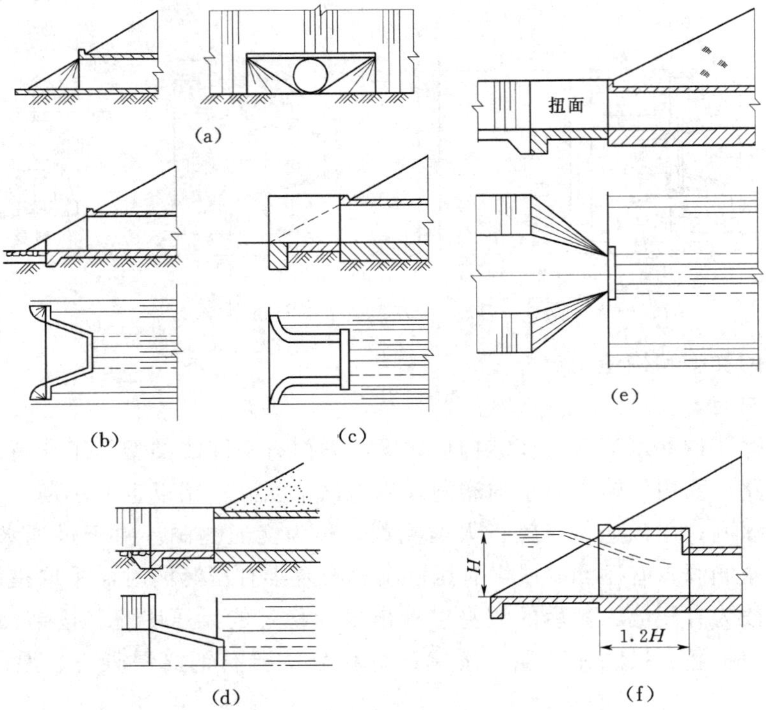

图 11－13　涵洞的进、出口形式

（a）圆锥护坡式；（b）八字形斜降墙式；（c）反翼墙走廊式；
（d）八字墙式；（e）扭曲面护坡式；（f）进口段洞顶抬高式

（2）八字形斜降墙式［图 11－13（b）］。翼墙在平面上呈八字形，八字墙面与水流方向成 30°～40°交角，墙顶面随两侧土坡的降低而逐渐降低，进流条件较圆锥护坡式有所改善。

（3）反翼墙走廊式［图 11－13（c）］。涵洞进口两侧翼墙高度不变，以形成廊道，水面降落产生在该段翼墙内，可降低洞顶高程，适用于无压涵洞的进口，但工程量较大，采用较少。

（4）八字墙式［图 11－13（d）］。因八字墙伸出填土边坡外，其作用与反翼墙走廊式相近，如翼墙改用扭曲面式，即成为扭曲面护坡式［图 11－13（e）］，水流条件将更好，但施工较麻烦。渠涵进、出口宜采用扭面或八字墙形式，其平面扩散角应为 6°～12°。

（5）进口段洞顶抬高式［图 11－13（f）］。对于无压涵洞，为保证进口水流不封住洞顶，可将进口 1.2H（H 为洞高）长度范围内的洞身高度适当加大，以使进口水面降落位于此段范围内。对于半有压涵洞，为使水流封住进口洞顶后，洞内仍能保持稳定的无压流态，可将进口一小段洞身高度适当减小，并在其后设通气孔，以稳定洞内水面。对于有压涵洞，可将进口段洞身的顶部（上唇）做成逐渐收缩的曲线形式，使进口有平顺的水流边界和必要的进流能力。

2. 洞身构造

渠下涵的洞顶填土厚度不应小于 1m，或涵顶应低于渠道防渗层底部 0.5m 以上。为防止洞顶填土面以上作用荷载对涵洞结构造成不利的影响，洞顶填土厚度不应过薄。从涵洞结构受力情况来看，填土厚度应尽可能取大一些，但厚度过大，洞身埋得过深，显然是不经济的。

无压涵洞内设计水面以上的净空面积一般为涵洞断面面积的 10%～30%，净空高度当进口净高不大于 3m 时，圆涵和拱涵不应小于内径或内侧高度的 1/4，矩形涵洞不应小于内侧高度的 1/6，且均不小于 0.4m；当进口净高大于 3m 时，圆涵和拱涵的净高不应小于 0.75m，矩形涵洞不应小于 0.5m。交通涵洞的跨径和净空高度应满足车辆通行的要求，并与道路等级相适应。

软土地基上的涵洞应根据施工及温度等条件进行分段，各段之间以及首、末段与进、出口的连接处均应设伸缩沉降缝，缝距不宜大于 10m，且不宜小于洞高的 2 倍，缝内应设止水。

各种洞型主要构造如下：

(1) 圆管涵洞 [图 11－14 (a)]。管径宜取 0.8～1.5m，多采用钢筋混凝土预制管，是使用最普遍的一种形式。当泄流量大时，可采用双管或多管。四铰圆涵也是圆管涵中的一种，适用于明流涵洞。位于良好地基上的圆管涵洞基础通常采用浆砌石或混凝土连续刚性弧形管座，其包角为 90°～135°，安设方式参见 5.6 节及图 5－33。当管径小且地基土层压缩性不大时，宜直接置于弧形土基或碎石三合土垫层上。岩基上的圆涵可开槽直接浇筑管身或在槽内铺混凝土垫层再敷设管道。

(2) 箱形涵洞 [图 11－14 (b)]。多为刚节点矩形钢筋混凝土结构，跨径宜取 2～3m，当泄流量较大时可采用双孔或多孔。单孔箱涵壁厚一般为其跨径的 1/8～1/2。双孔箱涵顶板厚一般为其跨径的 1/10～1/9，侧墙厚一般为其高度的 1/13～1/12，隔墙厚可稍薄。小跨径箱涵可分段预制，现场安装。箱涵对地基不均匀沉降的适应性好，适用于洞顶覆土较厚、跨径较大和地基较差的无压和低压涵洞，可直接敷设在砂石地基或砌石、素混凝土垫层上。

(3) 盖板涵洞 [图 11－14 (c)]。主要由盖板、侧墙和底板组成。底板及侧墙多用浆砌石或混凝土做成，盖板多为钢筋混凝土结构，简支在侧墙上，跨度很小时，也可采用条石作盖板。盖板涵洞尺寸可参考经验尺寸选用[66]。盖板涵洞适用于洞顶铅直荷载不大或跨径较小的无压涵洞。孔径较大且地基条件较好时，宜采用分离式基础，底部用混凝土或砌石保护，下设砂石垫层以利排水，如图 11－14 (c) 所示。孔径较小或地基承载力较低时，宜采用整体式基础。

(4) 拱形涵洞 [图 11－14 (d)]。拱形涵洞由顶拱、侧墙（拱座）及底板组成。根据地基条件及跨度大小，底板可做成整体式或分离式，选取原则同盖板涵洞。为改善整体式底板的受力条件，可采用反拱式底板。顶拱常用平拱及半圆拱。平拱矢跨比一般在 1/8～

1/3 之间，受力条件好，拱圈用料少，但拱脚水平推力大，要求较厚的侧墙。半圆拱的水平推力小，但拱圈受力条件不如平拱，往往需要较厚的截面尺寸。拱形涵洞受力条件好，适用于填土厚度及跨度都比较大的无压涵洞。拱形涵洞也可采用多孔连拱。在我国四川、新疆等地区采用干砌砂卵石拱形涵洞已有悠久的历史，积累了丰富的经验。

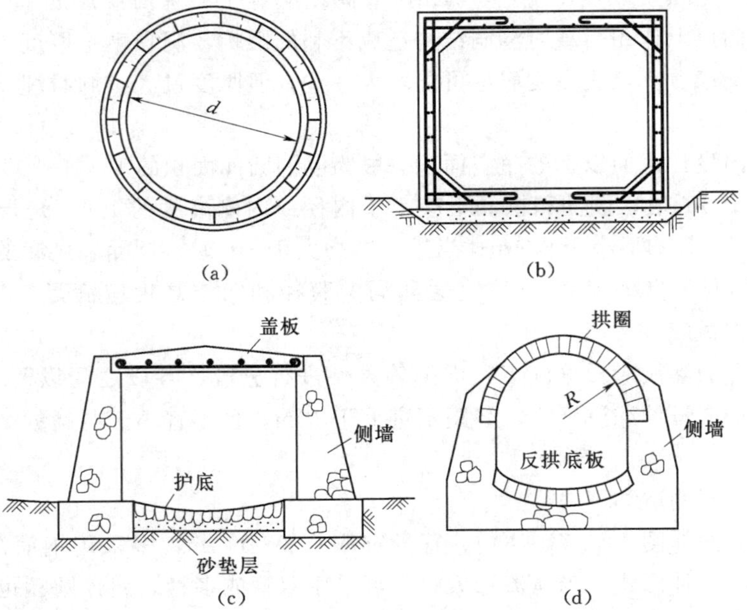

图 11-14　涵洞结构形式

（a）圆管涵洞；（b）箱形涵洞；（c）盖板涵洞；（d）拱形涵洞

11.2.2　涵洞的布置

1. 涵洞布置的任务及依据

涵洞工程布置的任务主要是：选定涵洞轴线位置、过涵水流形态、进出口建筑物的布置形式和洞身结构的形式；通过水力计算（试算）选定进出口的尺寸、高程及洞身的断面尺寸、纵坡。

选定涵洞形式和布置尺寸时，需依据多方面的资料，其中主要有两项：①涵洞顶部填土的高度、底宽和填方工程（渠道或交通道路）的重要性；②涵洞所在水道的原有情况、流量及水位。前者决定涵洞工程的规模和重要性，后者是水力设计的依据。对于渠道上的输水涵洞，这两项资料都是已知的；对于填方渠道和交通道路下面的排水涵洞，通常都没有原水道的流量和水位资料，这时，可根据工程的重要性选定设计洪水频率，配合调查进行分析与计算，决定涵洞的设计流量，根据原水道及两岸上、下游情况，结合防冲、消能要求，考虑对原水道的整理和护砌工程，并进行分析计算，决定与排水流量相应的上、下游水位。对于涵洞上游水位，在考虑不长的淹没时间与不大的淹没损失或设置较小的防洪工程后就可以得到较大的调蓄容积时，进行涵洞的水力设计还需配合进行上游调蓄演算，才能在定出洞身断面尺寸、纵坡及进出口高程的同时，得到过涵流量及相应的上、下游水位。涵洞的水力设计成果，应当满足布置方案所定的过涵水流形态。

2. 涵洞布置的一般原则

涵洞的布置应根据水流顺畅、不产生淤积和冲刷、运用安全可靠、适应地形地质条件以及经济合理等因素，通过方案比较决定。过涵水流的方向应尽量与洞顶填方渠道或道路正交，以缩短洞长；尽量与原水道的方向一致以使水流顺畅。洞底（特别是出口）高程，应等于或接近原水道的底部高程。纵坡应等于或稍大于原水道的底坡并不宜大于 5%，一般可采用 1%～3%。如坡度较大，为防止洞身滑动，可设置齿状基础或在出口设重力墩（图 11 - 15）。填方渠道下面的涵洞，填土的透水性很强时，应对洞顶渠段采取防渗措施，以防止渠水大量下渗对洞身产生不利影响。在寒冷地区，涵洞基底应置于冻土层以下 0.3～0.5m。涵洞线路应选在地基均匀且承载能力较大的地段，淤泥及沼泽地带不宜修建涵洞，必须通过软弱地段时，应采取地基处理措施或采用桩基等。

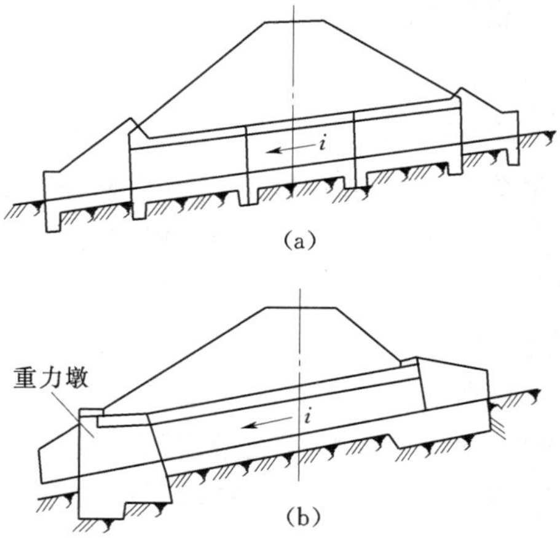

图 11 - 15　斜坡的涵洞布置图
(a) 带有齿状基础；(b) 出口段设重力墩

渠道上的输水涵洞一般都设计成无压的，当洞顶填土高度大、洞身很长时，可按明渠均匀流计算通过设计流量时所需的断面尺寸和纵坡，并校核通过加大流量时洞内是否有足够的净空。洞身不长时可近似按宽顶堰计算。但应注意，涵洞洞身的受力条件与渡槽的槽身不同，洞身断面一般都采用窄深式的，排水涵洞也应如此。

填方渠道和交通道路下面的排水涵洞，可以设计成无压的、半有压的或有压的。无压涵洞要求的断面尺寸较大，但进口的水面壅高最小。当上游来水面积大、洪水持续时间较长且涨落缓慢、允许的上游水面壅高值又较小时，可按无压涵洞设计；当允许的水面壅高值较大时，宜按半有压涵洞设计。无压及半有压涵洞的出口高程，可根据洞身出口断面在通过大流量时不被下游水位淹没并具有必要的净空这个条件来决定。

排泄集水面积较小的溪流或山谷来水的涵洞，常有两个特点：①洪水涨落迅速，且上游水面壅高的影响一般都不大；②原水道的纵坡一般较大，常有条件降低下游水位，使下游水位不淹没出口。这种涵洞宜按半有压流设计。当按有压涵洞设计时：①应尽量使进口水流平顺，如将上唇做成曲线形式等，以便有足够的进流能力；②洞底纵坡宜尽量小些；③洞身断面尺寸宜选得小些，按允许的上游壅水位计算的排泄设计洪水流量所需断面尺寸较大时，可采用双孔或多孔。总之，应使洞内按明渠均匀流计算的泄水能力小于进口的进流能力，保证上游水面只要封住洞顶时，洞内即为有压流，以减小乃至避免洞身内产生明、满流交替出现的水流状态的可能性，如果出现，时间也很短，且水头小，影响也不大。

为了防止水流对洞口附近的土坡和上、下游水道的冲刷，需用干砌石或浆砌石护坡、护底，铺砌长度一般为 3～5m。当出口流速较大时，需采取消能防冲措施。

涵洞水力计算及结构计算的具体方法见参考文献［66］。

第12章 跌水及陡坡

当渠道经过天然陡坎或坡度过陡的地段时，为调整渠道比降和避免高填方或深挖方，一般根据实际地形，将高程差适当集中，并在落差集中的地方修建建筑物，以连接上、下游渠道，这种建筑物称为落差建筑物。如果渠道在一年内的运用时间较长，还可利用部分落差修建小型水电站或水力加工厂，以充分利用水能资源。

落差建筑物有跌水、陡坡、直落式跌井等形式。其中跌水与陡坡应用最广，不仅用以调节渠道纵坡，在干支渠分水处，如两者高差较大时，常作为连接两级渠道的建筑物。在渠道与塘、库、沟等串联补水工程中，常作为进水道等的连接建筑物。还可用于渠道上的排洪、泄水和退水建筑物中。

跌水与陡坡的主要区别在于水流特征不同。水流自跌水口流出后呈自由抛投状态，最后落在下游消力池内的称为跌水；水流自跌水口流出后，受陡槽约束而仍沿槽身下泄的称为陡坡。

落差建筑物一般采用砖、石、混凝土和钢筋混凝土建造，目前多采用砌石和混凝土。

设计落差建筑物除应满足强度和稳定要求外，还应保证建筑物本身及与之连接的上、下游渠道有良好的水力条件。布置时，应使进口前渠道水流不出现较大的水面降落和壅高，以尽量避免上游渠道产生冲刷或淤积；出口处必须设置消能防冲设施，尽量避免下游渠道受到冲刷。

12.1 跌　水

根据上、下游渠道间的落差大小，可布置成单级跌水和多级跌水两种形式。跌水应布置在直线渠段上，其上、下游应有长度大于10倍渠道底宽的直线渠段，中轴线应与渠道中心线重合。

12.1.1 单级跌水

单级跌水由进口连接控制段、跌墙、消力池和出口连接整流段四部分组成，如图12-1所示。单级跌水的落差较小，一般小于5m。

1. 进口连接控制段

进口连接控制段通常由连接渐变段和进口控制段两部分组成。

(1) 连接渐变段。渠道断面较跌水口大，需用渐变段将两者连接起来，使渠道水流平顺地进入跌水口。连接段的常用布置形式有八字墙和扭曲面两种。连接段的合理长度 l 与上游渠道底宽 b 和水深 h 的比值 b/h 有关（图12-2），b/h 值越大，l 越长。GB 50288—2018《灌溉与排水工程设计标准》提出，当 $b/h<2.0$ 时，可取 $l\leqslant 2.5h$；当 $b/h=2.0\sim 2.5$ 时，可取 $l=3h$；当 $b/h>2.5$ 时，可取 $l=3.5h$；当 b/h 大于3.5时，l 宜适当加长，连接段底边收缩线与渠道中线的夹角 α 应小于 45°。边墙两端应插入渠堤内，以增加侧向滞渗作用。在连接段渠底应设置防渗铺盖，以减小跌水墙后和消力池底板下的渗透压力。铺盖长度一般为 $(2\sim3)h$。

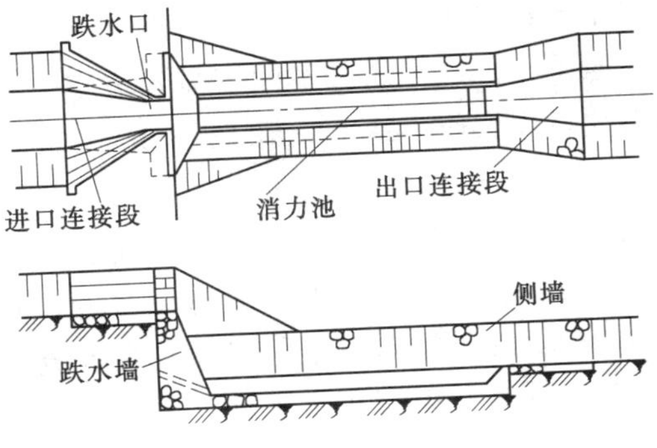

图 12-1 单级跌水

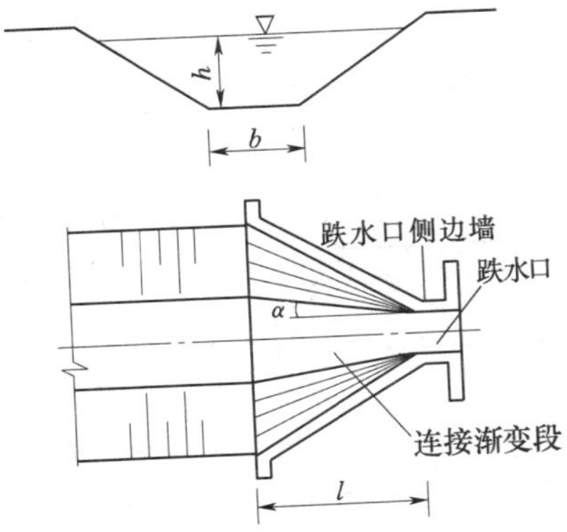

图 12-2 进口连接段

(2) 进口控制段。控制段可设闸门以调节上游渠道水位，也可不设闸门用跌水口进行控制。闸门设置及计算可参考第 7 章水闸，这里简要介绍跌水口。

跌水口又称为控制缺口，是跌水设计的关键部位，跌水口的纵向长度应小于 1m。设计跌水口时应保证在各种流量下，上游渠道的水面不产生过大的壅高和降落。要选择合适的跌水口形式，尽量使上游渠道水深接近正常水深。跌水口的常用形式有矩形缺口式、梯形缺口式和台堰式三种。

1) 矩形跌水口［图 12-3 (a)］。其底部与渠底齐平，并利用两边侧墙的收缩来减小缺口的宽度，从而在跌水口处产生壅水，使壅水以后缺口前的水深等于渠中水深。由于矩形跌水口的宽度往往是根据设计流量确定的，因而当通过其他流量时，缺口前的水深就不等于渠中水深，渠道内仍产生壅水或降水曲线，同时由于矩形缺口的断面收缩厉害，自跌水口下泄的水流非常集中，因此在跌水口下游发生严重的涡流，使下游消能困难。这种形式仅适用于渠道流量变化不大的情况。

2) 梯形跌水口［图 12-3 (b)］。水流情况较矩形有所改善，流量变化较频繁及较大时采用。梯形跌水口能适应渠中流量的变化，不致产生过大的壅水和落水现象，但水流缩窄厉害，下游消能仍很困难。为了避免上述缺点，跌水口可用隔墙分成几个梯形缺口（图

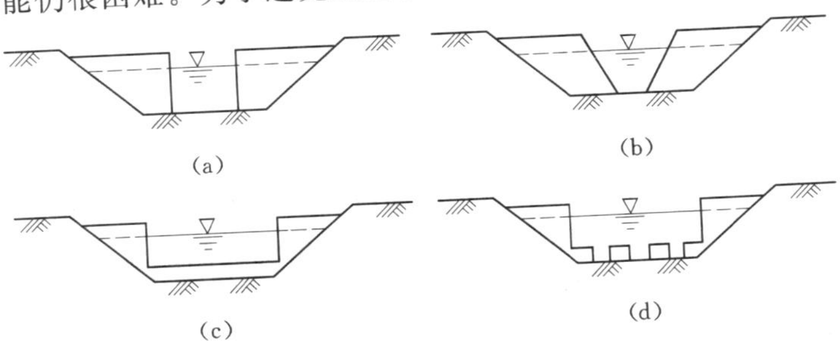

图 12-3 进水口形式

(a) 矩形跌水口；(b) 梯形跌水口；(c) 台堰式跌水口；(d) 矩形小缺口

消力池内的积水。由于消力池长度一般不超过 20m，因此，沉降缝常设在池的两端，缝内设有止水。

12.1.3 其他形式的跌水[67]

1. 斜管式跌水（图 12-7）

斜管式跌水的特点是用倾斜的压力暗管（其上覆盖土、石料）替代跌水墙。因为这种形式可以实现预制构件装配化，施工简易，运行管理方便，也较为经济，在我国南方一些灌区，以及苏联、美国等国家渠道上小落差（小于 6m）跌水中得到广泛采用。

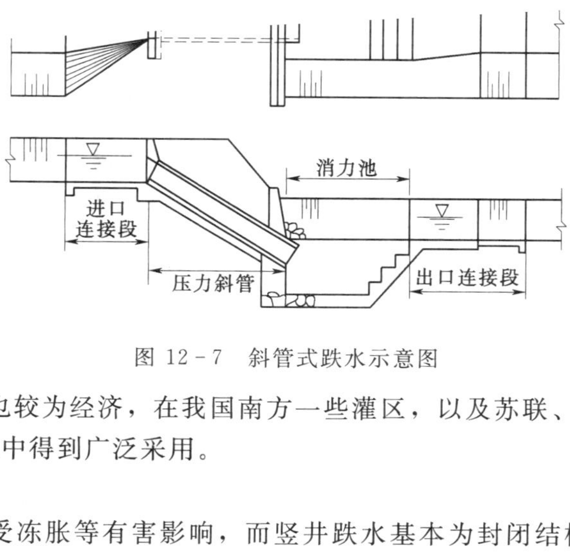

图 12-7 斜管式跌水示意图

2. 竖井跌水

在高寒地区如采用开敞式跌水，易受冻胀等有害影响，而竖井跌水基本为封闭结构，能减少受冻部位和受冻面积。黑龙江省木兰县香磨山灌区经过多年的实际运用，在这方面

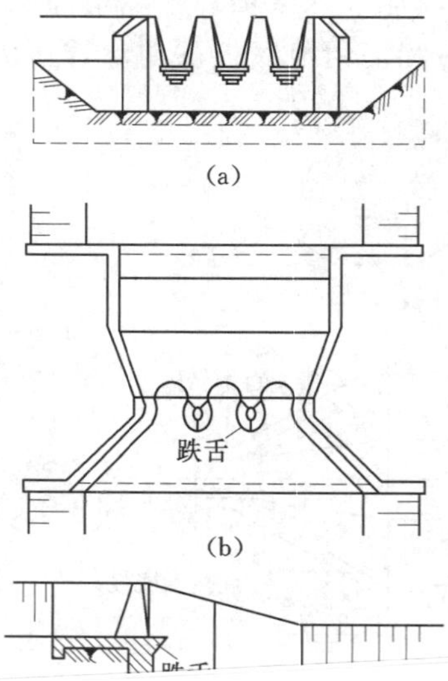

12－4)，缺口数目 n 可按下式计算

$$n=\frac{b}{(1.25\sim1.5)H_{max}}$$

式中：n 为梯形跌水口的数目（取整数）；b 为跌水口上游渠道的底宽，m；H_{max} 为上游渠道最大水深，m。

这种布置多个缺口，中间以隔墙分开的称为复式缺口，一般流量大时采用。此外，为了使下泄水流更好地扩散，常在梯形缺口边缘作一跌舌（图 12－4），实践证明，水流扩散较好。

3）台堰式跌水口［图 12－3（c）］。为了控制上游渠道水位和减小单宽流量，可在跌水口处做一台堰，其底宽与渠道底宽相同。这种跌水口也是只能在设计流量时，使跌水口前的水深

第 3 篇　渠道系统中的水工建筑物

并借助专门仪器直接读出流量或水量（显示或记录）的特设量测仪表。另有一些则是利用流速改变所引起的水头差来确定流量的装置，如量水管嘴、量水薄片孔口等。其中量水管嘴是在渠道内设置带有孔口的挡水板，在孔口处安装管嘴，根据设在挡水板前后水尺的上下游水位差确定流量。其特点是壅水小、水头损失小，对比降不大或深水渠道均能适用。在我国的一些灌区中采用了这种装置。

13.2　排洪与防护设施

13.2.1　渠道上的排洪建筑物

灌溉渠系上由于下列原因易导致渠道水位超过最高允许水位而酿成决堤事故或对建筑物的破坏：①渠道盘山修建，截断了天然排水沟溪，暴雨之后，山洪夺渠而入；②渠首闸门操作失误或其他事故；③渠道下游泵站或水电站突然关闭使渠道水位波动；④渠道意外事故，如大量塌方或渠旁树木倾倒渠中而造成阻塞壅水；⑤管理失误而造成的事故。修建防护建筑物的目的就是为了防止由于上述原因而造成的洪水漫堤及对建筑物的破坏，以保证渠道及渠系建筑物的安全。此外，还为了渠系建筑物的检修以及保护人畜的安全。

13.2.1.1　渠道上排洪建筑物布置的原则

渠道上的排洪建筑物是确保渠道安全的重要设施，应予以充分重视。其特点是，小型分散、数量多、工程量大。它的布置及其数量对整个渠系及渠系建筑物的总投资影响较大，应通过方案比较在渠系规划阶段初步确定。例如，我国韶山灌区在进行渠道防洪规划时，通过实地查勘，因地制宜地将各排水块的暴雨洪水分为入渠和不入渠两种类型，共设渠道排洪建筑物 494 座，平均每千米干渠有排洪建筑物 2 座。在进行渠道排洪建筑物布置时，通常应遵循下述原则：

（1）渠道排洪建筑物分入渠、非入渠及平交排洪建筑物三类。应根据洪水流量、地形、地质条件、渠道级别和运行方式合理选用。在条件允许时，尽量采用非入渠排洪建筑物，不让山洪入渠，以减轻渠道负担，且管理方便。

（2）对入渠洪水，如小于渠道泄洪能力，可利用渠道作临时泄洪渠，通过渠道上的排洪建筑物泄入天然溪沟。如渠道泄洪能力小，则需增加排洪闸数目，或适当增加渠道超高，或增大天然溪沟的泄洪能力。也可综合采用上述各种措施，通过方案比较确定。

（3）排洪建筑物一般应布置在易发生事故或需要特别加以保护的危险渠段（如陡峭山坡的渠段、大填方渠段、有大量坡地径流汇入的渠段等）和重要的渡槽、倒虹吸、隧洞等建筑物的稍上游，以保证渠道及重要建筑物的安全，并便于损坏时进行检修。

（4）排洪建筑物应选在有天然溪沟及洼地（如较低的河沟、湖泊或沼泽洼地等），且泄水渠较短的地方，以减少工程量及造价。

（5）在不影响运行的条件下，应尽量考虑排洪建筑物与其他建筑物结合，以减少渠系建筑物的数量。例如，排洪闸与泄空退水闸结合、渠上排洪渡槽与人行桥结合、渠下排洪涵洞与交通涵洞结合等。

13.2.1.2　入渠排洪建筑物

入渠排洪建筑物是将渠道截断的天然溪沟及坡面的山洪引入渠内。在灌溉季节，可增

缩形式。连接段边墙的收缩角宜为 8°～20°；整流段长度不应小于下游渠道水深的 3 倍，其断面尺寸和纵坡应与下游渠道断面一致。在出口段以至其后的一段渠道（一般不小于消力池长度）范围内需加砌护。出口连接整流段总长度应根据下游渠道衬砌情况取 8～15 倍的跃后水深，消力池内加设有消能工的不应小于 3 倍跃后水深。

12.1.2　多级跌水

当渠道上、下游跌差较大时，布置成多级跌水（图 12-6）较为经济合理。多级跌水的级数及各级落差大小，应根据地形、地质、施工条件及工程量等情况进行综合比较确定。一般各级跌差取相等值，每级高度不宜大于 5m。最后一级跌水，由于要与下游连接，应作单独设计。

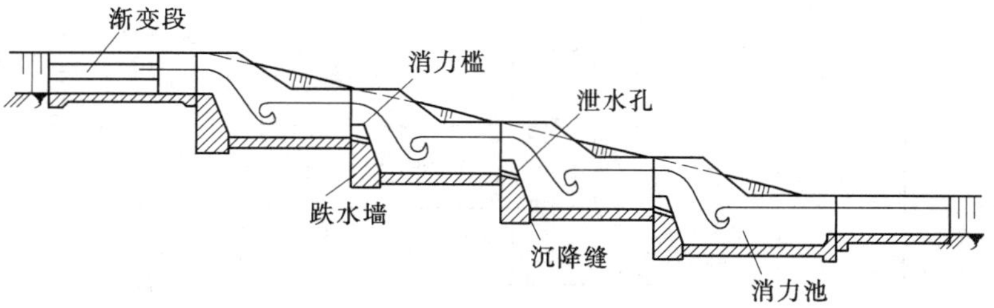

图 12-6　多级跌水

多级跌水的结构基本上与单级跌水相同，图 12-6 所示为典型的多级跌水。多级跌水应在各级消力池末端至下一级的跌口之间设置一段底坡为零的整流段，整流段的纵向顶长应大于水跃的跃后水深。过去一般在上级消力池末端设置一定高度的尾槛，用以造成淹没水跃，并作为下一级的控制堰口。以下各级布置依此类推，但最末一级跌水的消力池后，应设出口段，以便与下游渠道连接。

在消力池的尾槛上，一般设有 10cm×10cm～20cm×20cm 的泄水孔，以便在跌水停止工作时用来放空消力池内的积水。由于消力池长度一般不超过 20m，因此，沉降缝常设在池的两端，缝内设有止水。

12.1.3　其他形式的跌水[67]

1. 斜管式跌水（图 12-7）

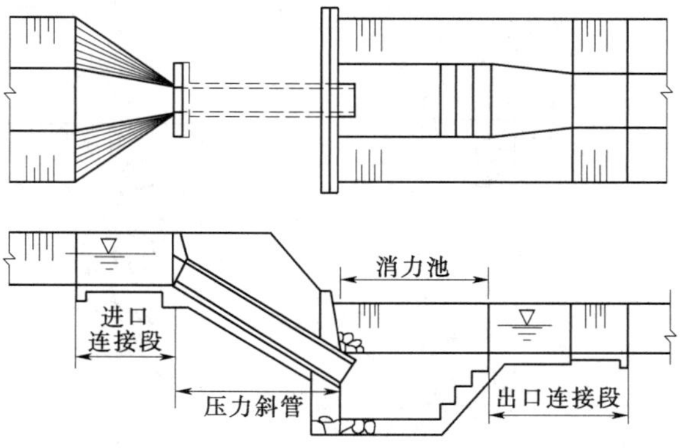

图 12-7　斜管式跌水示意图

斜管式跌水的特点是用倾斜的压力暗管（其上覆盖土、石料）替代跌水墙。因为这种形式可以实现预制构件装配化，施工简易，运行管理方便，也较为经济，在我国南方一些灌区，以及苏联、美国等国家渠道上小落差（小于 6m）跌水中得到广泛采用。

2. 竖井跌水

在高寒地区如采用开敞式跌水，易受冻胀等有害影响，而竖井跌水基本为封闭结构，能减少受冻部位和受冻面积。黑龙江省木兰县香磨山灌区经过多年的实际运用，在这方面取得了明显效果。

12.2 陡　　坡

当渠道通过地形过陡地段时，常采用陡坡。陡坡由进口连接控制段、陡槽段、消力池和出口连接整流段四部分组成（图 12-8）。陡坡的构造与跌水类似，所不同的是以陡槽段（底坡大于临界坡度）代替跌水墙，水流不是自由跌落而是沿斜坡下泄。

根据不同的地形条件，可布置成单级陡坡（图 12-8、图 12-9）和多级陡坡(图 12-10)两种形式。

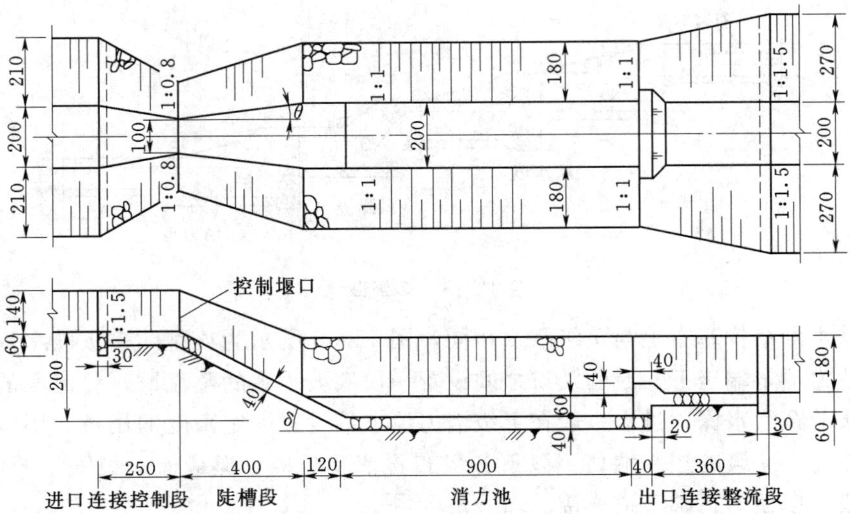

图 12-8　扩散形陡坡（单位：cm）

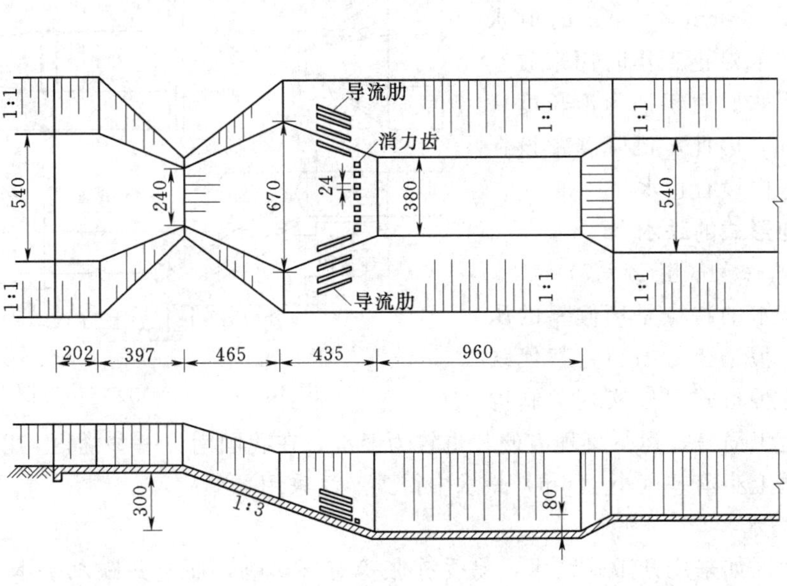

图 12-9　菱形陡坡（单位：cm）

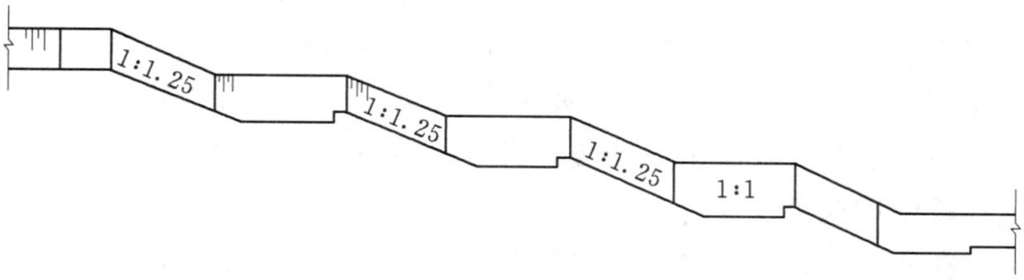

图 12-10 多级陡坡

1. 单级陡坡

这里仅简要介绍陡槽段的设计内容。陡槽段常用浆砌石或混凝土建成，宜为直线、对称扩散，末端与消力池（或下游渠道）等宽。在土基上，纵坡一般为 1∶2.5～1∶5，岩基上可达 1∶1，但陡槽倾角均应小于或等于地基土壤的内摩擦角。陡槽过水断面宜采用矩形，土基上的陡槽可采用边坡为 1∶1.0～1∶1.5 的梯形。当陡槽纵坡大于 0.02 时，其横断面湿周应小于 10 倍水深。我国已建的陡坡多用梯形断面，主要考虑经济条件。陡槽底部可为等宽、扩散形和菱形三种，为便于下游消能，以扩散形和菱形较好。陡槽底部扩散角应小于 11°。图 12-9 为菱形陡槽布置，其特点是陡槽段的上部扩散，下部收缩，在平面上呈菱形，并在收缩段上设置导流肋。实践证明，这种布置效果良好。在陡槽底板和边墙上应设间距为 10～15m 的纵、横向变形缝。变形缝宜为半搭接缝、全搭接缝或键槽式缝，缝内应设可靠止水。

当陡槽内流速大于 10m/s 时，应考虑掺气、加糙、槽底设台阶等减蚀措施，陡槽边墙高度的确定应考虑掺气对水深的影响。陡槽内流速为 10～20m/s 时，掺气水深可按式(4-7)估算。边墙高度应为计入掺气后的水面线再加超高。

在陡槽上如设置人工加糙，对促进水流扩散、降低流速、改善下游流态及提高消能效果均有重要作用。人工加糙的布置形式和尺寸，一般由模型试验确定。

陡坡的下游消能设施可采用挑流鼻坎形式，也可采用消力池。消力池出口的布置要求与跌水消力池相同。

2. 多级陡坡

在地面坡度较大且比较均匀，或有台阶地形的渠段，如果修建多级陡坡（图 12-10）往往比多级跌水更为经济合理。至于分级多少、每一级落差和比降的大小，应结合工程实际情况确定。陕西省宝鸡峡 98km 塬坡干渠上，每隔一定距离（约 10km），或在隧洞、倒虹吸及渡槽等进口上游处，均设有多级陡坡（落差多在 80～100m）作为安全泄水、退水建筑物。

一般讲，渠道上的多级陡坡，它的第一级进口连接段和末一级出口连接段，其结构布置与单级陡坡相同。典型的多级陡坡，其第一级消力池末端出口，即为第二级陡坡的上游进口。以下各级，依此类推，上、下各级陡坡互相首尾衔接。

12.3 跌水、陡坡的形式选择和消能防冲

1. 跌水、陡坡的形式选择

陡坡及跌水的形式选择，主要决定于地形、落差、流量等因素。一般地，地形较陡而

落差较小（如 1.0～1.5m），或是严寒冰冻地区，宜采用单级跌水。因其土石开挖量和跌水墙的工程量均较少，工程造价较低，同时消能设施也易布置，消能效果也较好。若地面坡度均匀而跌差较大（超过 3.0m）时，如采用跌水，不仅土石方开挖量大，而且跌水墙体积大，造价较高，这时一般宜采用陡坡。当地形陡峻，或呈台级地貌且落差很大时，采用多级跌水或多级陡坡较经济合理。

必须指出，在实际工程中，由于跌水开挖量较大，并需建造牢固的跌水墙，工程费用一般较高。因此，陡坡比跌水应用更广泛。

2. 跌水和陡坡的消能

在实际工程中，跌水和陡坡的下游渠道普遍存在着严重的冲刷问题，特别是消力池以下的渠道堤岸边坡，其冲刷崩塌现象较为突出。造成冲刷的因素很多，主要是单宽流量过大，消力池和辅助消能工的形式、尺寸、布置不合理，以及出口连接段过短。另外，管理不善也是一个重要因素。

设计跌水口时不仅应满足水流平顺、跌水口前的水面不发生壅高或降低现象等要求，而且应使跌水口单宽流量 q_k 与上游渠道单宽流量 q_0 维持一定比例，比值以 $q_k/q_0=1.3\sim1.6$ 为宜。有时为了减小单宽流量，可采用台堰式跌水口，或在跌水口下游边段设置跌舌。对于陡坡，则采用扩散形较好。

跌水和陡坡的消力池形式有矩形、梯形和复合形三种。矩形消力池如扩散适宜，消能效果虽比梯形为好，但两侧需建直立边墙，工程量较大，故在实际工程中仍多采用梯形和复合形。但梯形断面消力池的边坡是向上扩张的，如果陡槽下泄急流得不到均匀扩散，则会因跃后水面高度和宽度大于跃前断面，很易在水跃两侧产生不对称回流，使中间部分的单宽流量增大，如消力池未设辅助消能工，或出口连接段偏短，则易造成出池流速分布不均，造成陡坡下游渠道产生严重冲刷。总之，消力池应选择合适的形式，要保证有足够的长度和深度，出口断面的流速分布应均匀，力戒两侧流速偏大。

消力池后的消能防冲措施，主要在于保护下游渠道的两侧堤岸免遭冲蚀和塌陷。大量实践证明，跌水和陡坡的下游渠底所遭受冲刷的程度不如两侧堤岸边坡严重，甚至渠底往往没有明显的冲刷变形。

第 13 章　渠系中的量水及排洪与防护设施

13.1　灌区量水设施

灌区量水设施是灌区渠道上用以量测水流流量的各种水工建筑物、特设量水设施和其他一些通过一定感应部件及仪表或技术获取流量的各类量水设备的总称。

13.1.1　灌区量水的任务及要求

灌区量水是保障灌区科学合理用水的重要手段，不仅为水量控制、水费征收提供主要依据，而且对促进节约用水，改进灌水方案和提高灌区管理水平也很重要。灌区量水的主要任务如下。

（1）按照用水计划准确、合理地向各级渠道和田间输配水量，为合理征收水费提供依据。

（2）根据量水结果，检验灌水质量及灌水效率，分析配水方案的合理性，改进用水管理工作，促进节约用水。

（3）在渠道系统自动控制中，提供实时的量测信息，为控制闸门等过水构件的开度变化提供依据。

（4）为科学研究和灌区改建、扩建及新建提供基本资料。

（5）提高灌区管理水平，促进灌区水管理信息化建设，实现水资源调度管理的信息化和科学化。

根据灌区量水任务及我国目前状况，灌区量水应遵循以下要求：

（1）应满足量水主要任务的要求。如量水精度、测流范围、水头损失限制、灵敏度、灵活性、泥沙与漂浮物通过能力等。

（2）应符合渠道的主要水文、水力特征。

（3）在达到上述要求的前提下，要考虑技术上的可行性与经济上的合理性。

（4）管理运行方便，维护简单易行。

13.1.2　灌区量水的常用方法

灌区量水的方法很多，常用的有以下几种：

（1）利用水工建筑物量水。这是较为经济、可靠而又简便的方法，已有一定的使用历史，积累了相当的资料，在可以利用水工建筑物量水的地方，应优先选用此法。

（2）利用特设的量水设施量水。包括水位、水深、流速、水压及流向测定的设备。其采用地点多为无水工建筑物却需量水，或水工建筑物量水不能满足精度要求及有特殊需要的地方。该法量水精度较高，但需另外增加设施投资且导致额外的水头损失。

（3）利用流速仪量水。流速仪包括转子式、旋杯和旋桨式、声波仪及电磁式等。其测量结果较精确，且可作为审定或校核其他测流方法的标准。其缺点是费用较高，计算费时。

（4）利用水尺量水。在选用地点测定出不同水流条件下的水位流量关系曲线后，对照水尺测得的水位由曲线得出流量。该法简单易行，但要求所选点的水流条件长期维持稳定，并要求该处的渠段断面稳定且有较长的上游平直段，水流均匀且无回流影响。

（5）利用水面浮标量水。该法较经济，但难以满足精度要求。常在上述各种方法难以实施，且对测流精度要求不高的条件下使用。

13.1.3　利用水工建筑物量水

在河、渠、湖、库等水体上已建的水工建筑物，通过实测水头（水头差）等水力因素及闸门开度，按经率定分析确定的流量系数，用水力学原理推求流量的一种量水方法。经常用于量水的水工建筑物有：堰闸、涵洞、倒虹吸管及渡槽等。这种量水方法具有投资少、收效快、操作安全及与工程管理相结合等优点，在满足测流精度要求的前提下，应尽可能优先选用。尽管有时根据量水精度或其他要求需进行整修或改造，或添置某些设备，但总的来说，在技术上和经济上是合理的。

13.1.4　渠道上的特设量水设施

渠道上常用的特设量水设施主要是各种形式的量水堰和量水槽，本节主要介绍这两种形式。这些量水堰（槽）可就地施工，也可预制装配。

13.1.4.1　量水堰（槽）的形式

量水堰（槽）的形式很多，有各种形式的薄壁堰、宽顶堰、实用堰、长喉道槽及短喉道槽，它们各适用于不同的流量变化范围和安装条件。许多国家和国际有关组织已将经过充分研究和实践验证的量水堰（槽）制定了定型标准。下面简要介绍几种常用的主要类型。

1. 薄壁堰

薄壁堰是历史最悠久的明渠量水设施之一，通常是在金属薄板上设置缺口制成。水流由缺口经过时具有锐缘堰流的性质，在距堰板上游一定距离处观测水位，即可按堰流公式或事先绘制好的水位流量关系图表得到流量。按缺口形状，常采用的有矩形、梯形及三角形三种。

（1）矩形缺口薄壁堰的缺口为矩形。其特点是，可根据所测流量大小选择不同的缺口宽度，可测定的流量较三角形大，但堰前易引起泥沙淤积，流量小时精度较差。

（2）梯形缺口薄壁堰的缺口为上宽下窄的梯形，侧边边坡的坡度通常为 4∶1。其特点与矩形堰相似，在我国采用较多。

（3）三角形缺口薄壁堰的缺口为一顶点向下的对称三角形。其特点是，在较小流量时仍有较大水头，故能准确地测量极小流量，是精度最高的量水设施之一，常作为检测和率定标准用。这种堰的缺口常采用 90°夹角，也可根据所测流量变幅大小采用其他角度。

薄壁堰的测流精度较高，误差为±1%～2.5%，适用于含沙量小、有足够落差且流量较小的渠道。薄壁堰制造简单，装设容易，造价较低，可单独使用，也可与渠系建筑物配合使用，可做成固定的，也可做成活动的。薄壁堰设计的关键是必须遵守所采用的流量公式的有关限制条件。这些限制条件包括堰顶或三角形缺口顶角与渠底的最小距离、行近渠槽的最小宽度、最小流量时堰顶或三角形缺口顶角与下游水位的相对高差等。

2. 宽顶堰

宽顶堰的应用范围为堰顶以上水头 H 与沿水流方向的水平堰顶长度 L 之比 H/L 应在 0.1～0.4 之间。在此范围可认为堰顶水流流线是平行的，当 $H/L>0.4$ 时，堰顶流线弯曲，流量系数只能通过实验确定。标准宽顶堰有两种，即锐缘矩形宽顶堰与圆缘矩形堰。

(1) 锐缘矩形宽顶堰。堰顶上、下游顶角均为直角（图 13-1）。这种堰的优点是：外形简单，便于修建或装配安装，较经济；可用于较小水位差；适用于中等流量和大流量。其缺点是：流量系数不固定，上游顶角容易损坏而影响量测精度。

(2) 圆缘矩形堰。圆缘矩形堰是将上述矩形宽顶堰的上游顶角稍为修圆而成。其下游端可做成圆角，也可以是铅直面或向下的斜坡。这种堰型的布置及施工技术要求与锐缘矩形宽顶堰相同。圆缘矩形堰的优点是：较矩形宽顶堰的流量系数大，提高了堰的耐久性，泄流特性不易受局部损坏和堰上游淤积的影响。

3. 三角形剖面堰及平坦 V 形堰

这种堰由 1∶2 的上游坡和 1∶5 的下游坡组成，坡面必须光滑平整。两坡面相交形成直线堰顶（图 13-2），堰顶须水平且与行近渠槽水流方向正交。

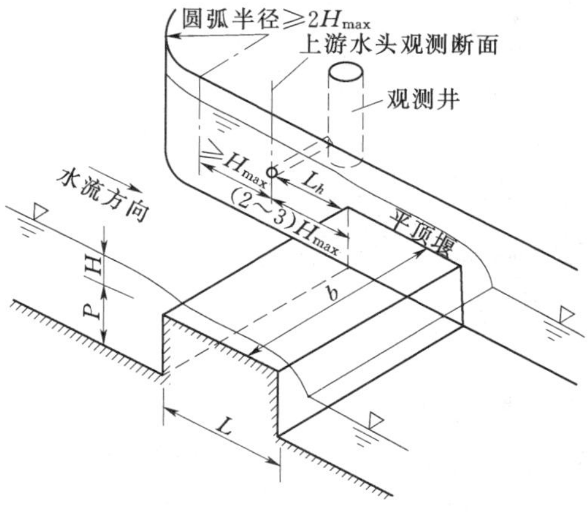

图 13-1　锐缘矩形宽顶堰

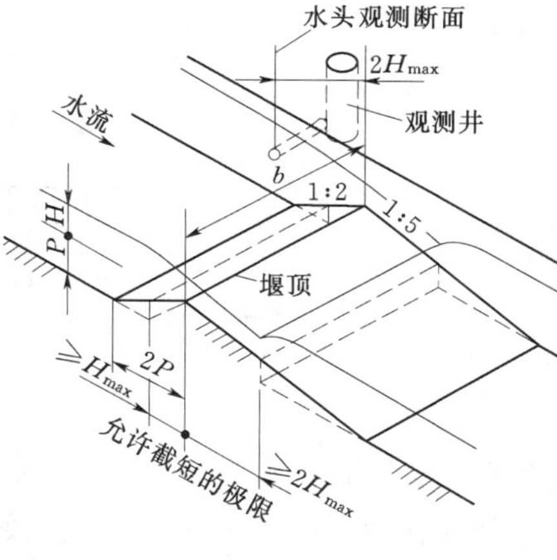

图 13-2　三角形剖面堰

这种堰的优点是：施工简单、耐久，当水流挟带杂质使堰体遭到轻微损坏时，对量测精度影响不大，可较其他堰型用于更小的水位差，适用于中、大流量，在使用条件限制范围内，是一种可靠的量水建筑物，这种堰型在英国使用广泛。其缺点是测定流量的变幅不大。为了解决这一问题，以上述堰型为基础，并吸收三角形薄壁堰的优点，又研制出了平坦 V 形堰，该堰纵剖面为三角形，横剖面为 V 形。这种堰型的优点是：可精确地测定小流量，而在通过大流量时，又可使上下游水位差大为减小，在自由出流及淹没出流状态均可测流，因此适用范围大。

4. 量水槽

量水槽是一种在明渠内设置一缩窄段（喉道），使之在该段形成临界流态，并在上游或上下游特定位置量测水深，据以测定流量的量水设施，故又称为临界水深槽。该缩窄段可由束窄渠道形成。也可由束窄渠道和拱起的渠底结合而成。这种量水槽有长喉道槽和短喉道槽两大类。

（1）长喉道槽。由上游收缩段、狭长的喉段和下游扩散段组成（图 13-3）。其特点是喉道较长，临界流态在喉段内保持距离较长，流态不易受下游水位影响，采用单一的上游水深即可换算出相应流量，能确保较高的量水精度。喉道横断面形式有矩形、梯形、U 形及三角形等，可以较好地做到与现行渠道采用相同的断面形式和尺寸。横断面形式的选择除考虑现行渠道的断面形式与尺寸外，还取决于若干因素，如拟测流量的变幅、精度要求、可用水头以及水流是否挟带泥沙等。上述喉道横断面形式根据上游渐变段与喉道连接处的收缩情况，又分为只有侧收缩（无底坎）、只有底收缩以及既有侧收缩又有底收缩（图 13-3）的三种类型。使用何种类型取决于相应各种流量的下游条件、最大流量、允许水头损失、H/b 的限制值以及水流是否挟带泥沙等。

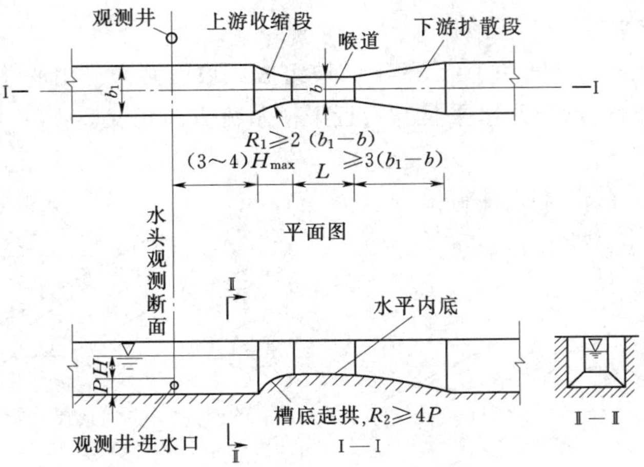

图 13-3　矩形长喉道槽

长喉道槽的优点是：水头损失小；量水精度高；孔口形状较灵活，在选择合适孔口形状下可便于通过泥沙，适于挟沙水流；淹没度较高，不易受下游水位影响；适用于水头宝贵的平原灌区及坡降较缓的灌溉渠道。其缺点是工程量较大，设计较复杂。

（2）短喉道槽。短喉道槽是一种喉道长度大为缩短的临界水深槽。其运行原理与长喉道槽相同。其缺点是，因其控制段较短，在喉段内形成临界流流态的距离短，下游水位稍有波动，则很快影响到上游流态，因此，其量水精度和稳定性难以保证，淹没度较低。此外，由于喉道短，水面线曲率较大，喉道中水流不再与槽底平行，不能从理论上预先计算确定水位流量关系，只能用现场率定或室内率定加以确定。短喉道槽类型较多，有卡法奇（Khafagi）槽、巴歇尔槽、无喉道槽和 H 槽等。卡法奇槽主要在欧洲使用，后三种主要在美国使用。巴歇尔槽在我国使用较多。下面仅介绍这种型式。

巴歇尔槽于 1920 年在美国研制而成，一直获得大量使用。我国 SL 537—2011《水工建筑物与堰槽测流规范》对巴歇尔槽的有关规定主要是参考国际标准 ISO/DIS 9826，并总结我国多年应用的经验制定的。该槽由喉道段 L、进口收缩段 L_1 及出口扩散段 L_2 组成（图 13-4）。其大小以喉道宽度 b 为主要标志，可分别在淹没状态和非淹没状态下运行，故需在进口收缩段及喉道下游端分别设水尺观测水位。

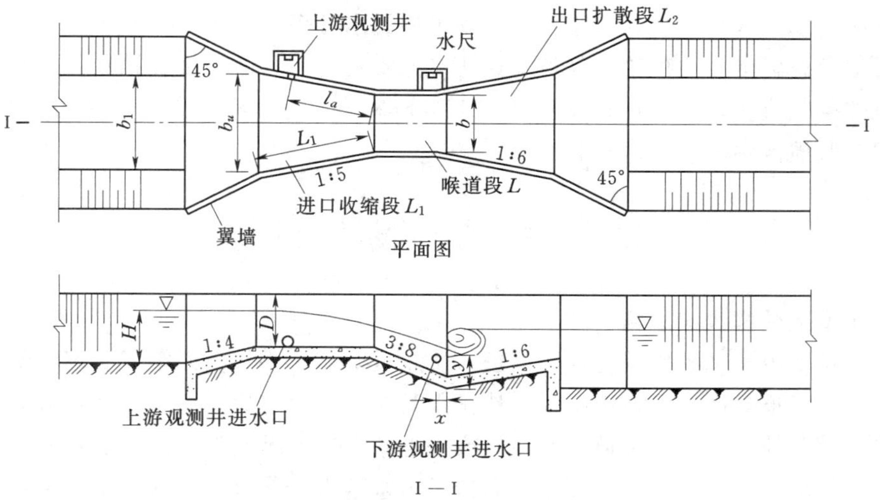

图 13-4　巴歇尔量水槽

巴歇尔槽的主要优点是，工程量省，在自由流条件下，量水精度较高，测流比率大，损失水头小，尤其适宜在流量变幅大的渠道上使用；其缺点是，结构复杂，造价高，施工困难。

巴歇尔槽共有 23 个标准系列槽，其中，标准巴歇尔槽 13 种，大型巴歇尔槽 8 种，特大型巴歇尔槽 2 种。每种标准设计均进行过细致的实验率定工作，只要严格按标准尺寸施工，水位流量关系就是确定的，故安装时不能随意改变给定的标准尺寸，也不能舍零取整。这些标准系列槽各部位尺寸（包括上游观测井位置及下游观测管进口位置坐标）在 SL 537—2011《水工建筑物与堰槽测流规范》中均有详细规定。

13.1.4.2　量水堰（槽）的形式选择

影响量水堰（槽）选形的因素很多，形式选择时应综合考虑以下几方面的条件：①上游及下游水位变化幅度；②水头损失的要求；③拟测流量的大小及流量变化范围；④测流精度要求；⑤渠道的形状、尺寸以及行进渠槽中的水流条件；⑥渠道水流的挟沙情况；⑦结构简单，操作简便，造价低廉。在上述条件中，最主要的技术指标是量水精度和水头损失。当前，能全面满足上述条件的量水堰（槽）还很少，如果不注意灌区特点，不作比较，随意选用量水设施或盲目推广一些国外业已淘汰或不适用的设施，势必带来很大浪费，必须针对当地具体情况进行优化选形，尽可能做到经济合理。

灌区量水由于使用场合特定，自然条件及考虑因素较之天然河道简单，其他方面的要求也较明确，故有可能从众多设施和方法中优选出少数特定的形式和方式。研究表明[68]，与其他型式相比，长喉道槽具有水头损失小，量水精度高，淹没度高，且孔口形状灵活，能较好地防止泥沙淤积和漂浮物阻塞，施工简单，是较能全面满足上述条件，值得在灌区中推广的形式。自 20 世纪 70 年代以来，该形式已在国外得到很快推广。其使用的主要困难是设计时计算较复杂，目前已有编好的计算机程序和适用于中小型渠道使用的定型设计可供参考。

13.1.4.3　其他量水设施

特设量水设施除量水堰（槽）外，还有一些是利用水流动力驱动一套机械传动机构，并借助专门仪器直接读出流量或水量（显示或记录）的特设量测仪表。另有一些则是利用流速改变所引起的水头差来确定流量的装置，如量水管嘴、量水薄片孔口等。其中量水管嘴是在渠道内设置带有孔口的挡水板，在孔口处安装管嘴，根据设在挡水板前后水尺的上下游水位差确定流量。其特点是壅水小、水头损失小，对比降不大或深水渠道均能适用。在我国的一些灌区中采用了这种装置。

13.2　排洪与防护设施

13.2.1　渠道上的排洪建筑物

灌溉渠系上由于下列原因易导致渠道水位超过最高允许水位而酿成决堤事故或对建筑物的破坏：①渠道盘山修建，截断了天然排水沟溪，暴雨之后，山洪夺渠而入；②渠首闸门操作失误或其他事故；③渠道下游泵站或水电站突然关闭使渠道水位波动；④渠道意外事故，如大量塌方或渠旁树木倾倒渠中而造成阻塞壅水；⑤管理失误而造成的事故。修建防护建筑物的目的就是为了防止由于上述原因而造成的洪水漫堤及对建筑物的破坏，以保证渠道及渠系建筑物的安全。此外，还为了渠系建筑物的检修以及保护人畜的安全。

13.2.1.1　渠道上排洪建筑物布置的原则

渠道上的排洪建筑物是确保渠道安全的重要设施，应予以充分重视。其特点是，小型分散、数量多、工程量大。它的布置及其数量对整个渠系及渠系建筑物的总投资影响较大，应通过方案比较在渠系规划阶段初步确定。例如，我国韶山灌区在进行渠道防洪规划时，通过实地查勘，因地制宜地将各排水块的暴雨洪水分为入渠和不入渠两种类型，共设渠道排洪建筑物 494 座，平均每千米干渠有排洪建筑物 2 座。在进行渠道排洪建筑物布置时，通常应遵循下述原则：

（1）渠道排洪建筑物分入渠、非入渠及平交排洪建筑物三类。应根据洪水流量、地形、地质条件、渠道级别和运行方式合理选用。在条件允许时，尽量采用非入渠排洪建筑物，不让山洪入渠，以减轻渠道负担，且管理方便。

（2）对入渠洪水，如小于渠道泄洪能力，可利用渠道作临时泄洪渠，通过渠道上的排洪建筑物泄入天然溪沟。如渠道泄洪能力小，则需增加排洪闸数目，或适当增加渠道超高，或增大天然溪沟的泄洪能力。也可综合采用上述各种措施，通过方案比较确定。

（3）排洪建筑物一般应布置在易发生事故或需要特别加以保护的危险渠段（如陡峭山坡的渠段、大填方渠段、有大量坡地径流汇入的渠段等）和重要的渡槽、倒虹吸、隧洞等建筑物的稍上游，以保证渠道及重要建筑物的安全，并便于损坏时进行检修。

（4）排洪建筑物应选在有天然溪沟及洼地（如较低的河沟、湖泊或沼泽洼地等），且泄水渠较短的地方，以减少工程量及造价。

（5）在不影响运行的条件下，应尽量考虑排洪建筑物与其他建筑物结合，以减少渠系建筑物的数量。例如，排洪闸与泄空退水闸结合、渠上排洪渡槽与人行桥结合、渠下排洪涵洞与交通涵洞结合等。

13.2.1.2　入渠排洪建筑物

入渠排洪建筑物是将渠道截断的天然溪沟及坡面的山洪引入渠内。在灌溉季节，可增辟灌溉水源，当非灌溉季节或洪水超过渠道泄洪能力时，则由排洪建筑物排入天然溪沟。入渠排洪建筑物应包括引洪入渠口、排泄已入渠洪水的排洪闸、溢洪侧堰、虹吸溢流堰等。进行排洪建筑物设计时，必须首先确定渠道防洪标准，即设计防洪标准。灌溉渠道及灌排建筑物的设计防洪标准可按 SL 252—2017《水利水电工程等级划分及洪水标准》的规定选用。常用的入渠排洪建筑物一般有以下几种。

1. 入渠陡坡、跌水

当天然溪沟洪水流量较小、渠道泄洪能力又较大时，可根据地形特点，采用陡坡、跌水泄洪入渠。其布置形式有多级跌水、多级陡坡与涵管（图 13-5），或陡坡与跌水等联合布置等数种。这类洪水入渠建筑物比较简单，工程量也较小，较经济。

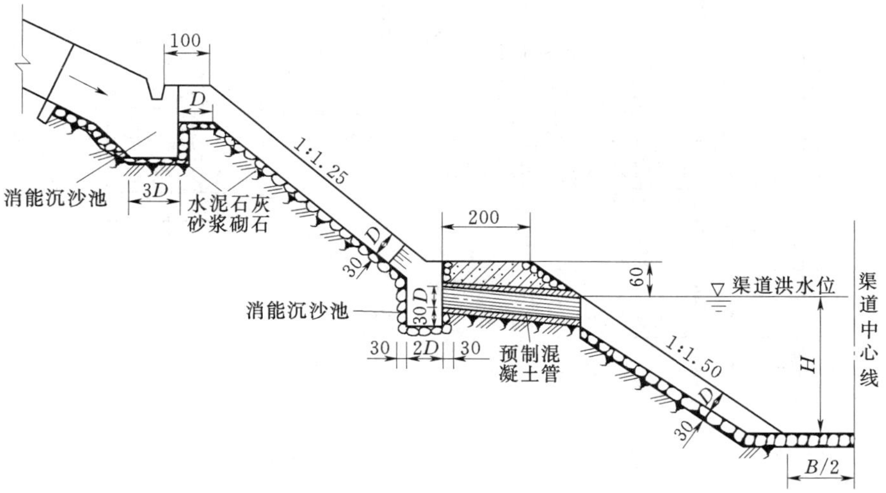

图 13-5　入渠多级陡坡（单位：cm）

2. 排洪闸

排洪闸一般常建于渠道流经的重要城镇、工矿区或重要渠系建筑物及危险渠段的上游渠道的一侧，以便这些渠段或建筑物发生事故或需检修时，或为了保护重要城镇及工矿区安全时开闸泄水。

排洪闸有开敞式和涵洞式两种，这两种形式的适用条件与分水闸类似（见第 7 章）。排洪闸过闸水流较急，必须注意闸上游的保护及闸下游的消能防冲。排洪闸的闸门应当开启灵活、迅速，以便在必要时能及时开启。

为了增大排洪闸的泄流能力以及在必要时放空渠水进行检修，排洪闸的闸槛和闸前渠道的高程常低于或等于干渠的渠底高程（图 13-6）。其中心线与渠道中心线的夹角宜取 60°～90°。位于干、支渠末端用以泄放全部剩余水量的泄水闸称为退水闸，退水闸的中心线则宜与渠道中心线重合。排洪闸闸前降水曲线段区域的渠道应加强保护，防止冲刷。排洪闸下游常结合地形特点与陡坡、跌水或斜管式跌水相接，这类建筑物的末端流速常很大，必须设置消能防冲设施，将下泄水流安全泄入下游洼地或河道。排洪闸常和节制闸一起构成闸枢纽，也有单独设置的。排洪闸的闸门启闭必须灵活方便，特别在渠道泄洪能力小的渠段，以免洪水漫堤。排洪闸闸门可采用自动活动门，当水位超过某一数值时即自开泄洪，洪水退后自关挡水。自动活动门有立轴及横轴活动门两种（见第 7 章）。立轴活动门开启灵活，但关闭较困难，横轴活动门开闭均较方便。设计排洪闸闸孔尺寸的设计流量可取渠段入渠洪水组合流量，如组合洪峰流量小于灌溉设计流量时，则按灌溉设计流量计算。

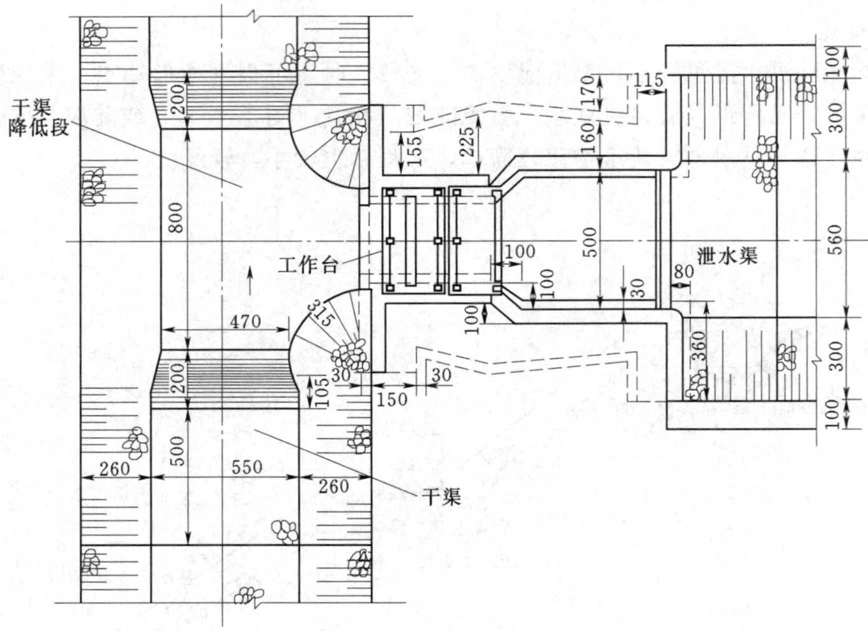

图 13-6　排洪闸平面布置（单位：cm）

3. 溢洪侧堰

溢洪侧堰是渠道上的开敞式溢洪道，沿渠堤布置。其特点是溢流轴线与渠堤轴线平行，过堰水流方向与渠道水流方向垂直。溢流堰宜采用实用堰，堰顶高程一般等于渠道设计水位，或采用在较低的堰顶上加设控制设施。溢洪侧堰宣泄能力较小，只能作为渠道上的辅助排洪建筑物。溢流堰设计流量等于渠道设计流量与组合洪峰流量之差。

溢洪侧堰的过堰水流方向与渠道水流方向垂直，故水流条件较差。泄洪时，溢流堰两侧与渠道连接处易受冲刷，应对该段渠道加强保护。溢洪侧堰溢洪流量小，但泄洪次数较多，溢流水深小，结构布置较简单。有的溢洪侧堰在溢流堰后紧接侧槽，过堰水流经侧槽进入泄水槽再泄往下游，这种溢洪侧堰与侧槽式溢洪道类似。溢洪侧堰的泄流量可按水力学中分水角为直角时的侧堰水力计算方法求得。

4. 虹吸溢流堰

虹吸溢流堰是设于渠堤一侧并利用虹吸作用自动宣泄多余水量的泄水建筑物。

虹吸溢流堰由封闭的倒 U 形管道、通气管和静水池等部分组成（图 13-7）。管顶处形成的溢流堰顶的顶部高程与上游渠道正常设计水位齐平或稍高。管道横断面形状一般多做成矩形，其孔口尺寸根据泄流量和作用水头按有压管流计算，一般不宜太小，以便进行检修。管道进口处孔口高度应比管道喉部处孔口高度至少大 2 倍，以减小进口水头损失。管道进口应淹没于水中一定深度，以保证在泄水时不致带入空气或漂浮物，其淹没深度应

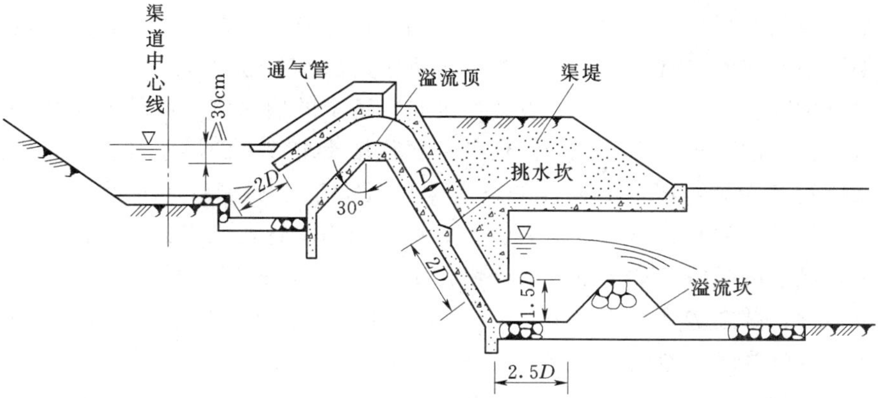

图 13-7　虹吸溢流堰布置图

比渠道正常设计水位低 30cm 以上。下游堰面上宜设置水平状连续挑流低坎，使管内水流尽快封闭，同时利用挑射水流所具有的较大流速，带走管内空气，形成虹吸作用。挑水坎一般设在离管道出口约 2D 处。

为了保证虹吸管道出口淹没于水中，在管道出口处设溢流坎，以形成静水池，坎顶高程与管道出口高程齐平，堰顶溢水时即可将管道出口封闭，防止外部空气从出口进入管道。

为了在洪水过后，虹吸作用能及时遭到破坏，通常在虹吸管道上部再设置一条通气管(图 13-7)。通气管进口高程与渠道正常设计水位齐平，当上游水位下降至该高程时，外部空气进入虹吸泄水道，虹吸作用即停止。通气管出口位于管顶稍偏下游处。通气管的孔口面积可按虹吸管道喉部横断面面积的 1/24 选用。

虹吸溢流堰的优点是：在较小堰顶水头下能宣泄较大的流量，在相同宽度及相同的上游水位升高条件下，虹吸溢流堰的过流能力比溢洪侧堰大 30～50 倍，可在短时间内排泄大量洪水。由于这一优点，泄洪时上游渠道水位升高较小，一般仅 10cm 左右，故可减小渠堤超高，相应地减小了渠堤的工程量。虹吸溢流堰宜单独设置或作为安全保护措施加设在泄洪闸等建筑物侧旁。

13.2.1.3　非入渠排洪建筑物

非入渠排洪建筑物一般是将渠道截断的天然溪沟及坡面的山洪，通过与渠道立体交叉的建筑物，从渠下或渠上将其导走。这类建筑物有渠下排洪涵洞、渠下排洪倒虹吸管及渠上排洪渡槽等。非入渠排洪建筑物设计时，应注意防止淤积和堵塞问题，特别是较小的渠下涵洞，更易因下游排泄不畅而淤塞。非入渠排洪建筑物中心线宜与渠道中心线正交。

非入渠排洪建筑物由于洪水不入渠，一般不致破坏渠道，仅在泄洪时增加上游淹没水深和加长淹没历时，但山溪洪峰历时短，淹没损失影响不大，故其设计洪水标准可较入渠排洪建筑物低。对于有漫溢入渠而增加渠道泄洪负担可能的非入渠排洪建筑物，应按入渠排洪建筑物的洪水标准设计。

非入渠排洪建筑物形式的选择主要取决于渠道洪水位、渠道底部高程与溪沟设计洪水位和溪沟沟底高程之间的关系，通过调查分析及比较后确定。

1. 渠下排洪倒虹吸管

在半挖半填段或矮填方渠段，当溪沟底部高程接近或高于渠底高程，而溪沟洪水位小于或接近渠道高水位时，常采用渠下倒虹吸管将溪沟洪水引过渠道。

渠下排洪倒吸管的组成、构造、设计原理与渠道上的输水倒虹吸管基本相同，所不同的是，对水头损失的要求不高。由于其任务主要是排泄沟谷来的洪水和泥沙，而洪水挟带的泥沙及杂质较多，故对沉沙、冲沙的设置要求较渠道上的倒虹吸管要高。在纵向布置上，通常进口要设沉沙池，出口设消力池。管身常采用斜管式或竖井式。图 13-8 所示为竖井式渠下排洪倒虹吸管，如上游没有淹没影响时，可将进口高出沟底 0.5m 左右，以形成一个大沉沙池，并在竖井壁上留小孔，以便排泄溪沟枯水，既不影响泄洪，又利于清淤。渠下排洪倒虹吸管一般较易堵塞，应注意防止淤积及堵塞。

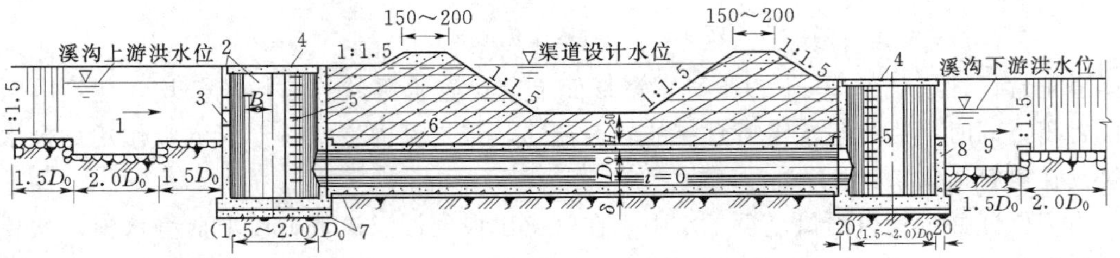

图 13-8　竖井式渠下排洪倒虹吸管（单位：cm）

1—沉沙池；2—洪水进水口（3 个），$B=D_0$；3—枯水进水口；4—预制混凝土盖板；5—爬梯；6—混凝土管；7—碎石黏土夯实枕基（厚 20cm）；8—溢水堰；9—消力池

2. 渠下排洪涵洞

在高填方渠段，当溪沟设计洪水水面低于渠底时，可采用渠下涵洞泄洪。有关问题可参见第 11 章。

3. 渠上排洪渡槽

在挖方渠段，当溪沟沟底高程大于渠顶高程，且来水区的洪水流量较大而又不允许入渠时，可采用渠上排洪渡槽。排洪渡槽的设计与渠道上的输水渡槽基本相同，详见第 10 章。所不同的是，排洪渡槽对水头损失的要求没有输水渡槽严格，对进、出口水流平顺条件的要求也不高，故结构布置及细部构造可较简单。排洪渡槽支承结构可采用排架式或拱式。采用排架式时，排架柱对渠道水流有阻水作用且对通航有一定妨碍，在有条件时，以采用拱形支承结构为好（图 13-9）。

13.2.1.4　平交排洪建筑物

当渠道与天然溪沟或小河相交且两水道的高程接近时，可以采用立交方案，也可采用平交方案。立交方案的两水道是互不相通的。非入渠排洪建筑物是立交建筑物。

平交排洪建筑物是渠道与天然溪沟或河流相交处有共同流床的交叉建筑物，适用于两水道底部高程相近的情况。如图 13-10 所示，*ABCD* 即为两水道在相交处共同的河床。其工作特点是：相交两水流可能在互相掺混后流向下游，也可能在不同时间内分别通过。如渠道水位稍高于溪沟或河道水位，可在交叉处河（沟）道的下游侧（*A* 处）设闸壅高洪水，以保证渠道正常输水，并可利用部分或全部溪水或河水补充渠道用水。这种只在相交四方中的一方设置建筑物的布置方式，称为一方平交。为了防止溪沟或河道洪水过多地进

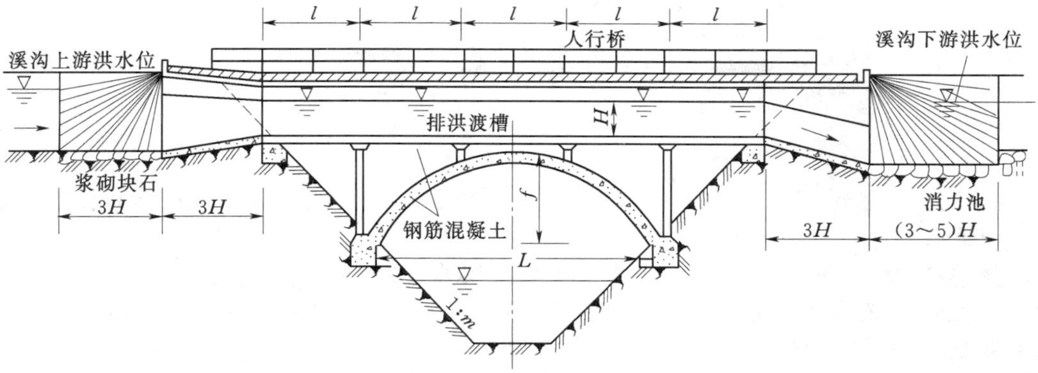

图 13-9　渠上排洪渡槽

入渠道，可在渠道下游侧 B 处修建水闸，用以拦阻洪水入渠，形成二方平交。在大型工程中，有时根据需要还可在渠道及河道上游侧修建控制建筑物，称为三方平交或四方平交。为了防止泥沙进入渠道及满足航运要求，在平交排洪建筑物枢纽中有时还设置专门的防沙排沙设施及通航建筑物等。

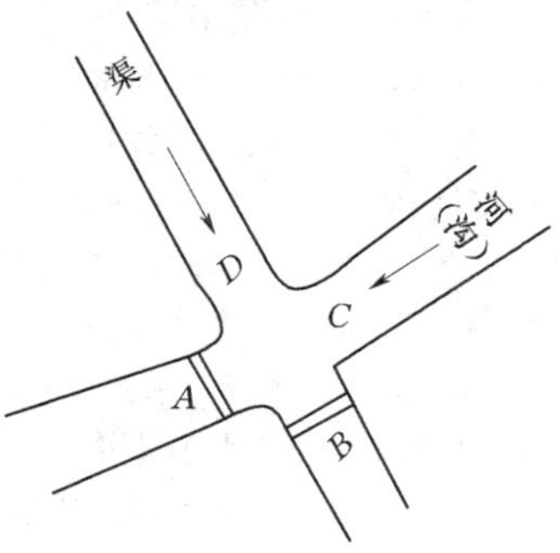

图 13-10　渠道与溪沟或河流平交

13.2.2　渠道上的人畜安全防护设施

渠道及渠系建筑物所采用的人畜安全防护设施的形式很多，这些安全防护设施大致可分为两大类：

(1) 限制或阻拦人畜接近和进入渠道的安全设施。这些设施有栅栏、防护栏、警告标志等。栅栏是用栏杆和金属丝网连接而成的阻拦人畜或车辆不小心掉进或驶进渠中的最有效的安全设施，造价较高。我国普遍采用的安全设施是防护栏，俗称栏杆。一般在深切方、高填方险工渠段、渡槽人行道两侧、隧洞、渡槽及倒虹吸管进口渐变段长度范围内均需设置，以防人畜及自行车、手推车等车辆掉进渠道或渠系建筑物内。为提醒人们引起警惕，应在建筑物附近醒目地方设警告标志。

(2) 使不慎掉入渠道的人畜脱离渠道的安全设施。这些设施有安全栅、安全缆、安全梯等。通常设在人不慎掉入易发生死亡事故的建筑物上游。安全栅通常与拦污栅结合使用，一般设在倒虹吸、渠道电站、管式跌水等进口处，以防止人畜掉进建筑物，同时也给不慎掉入渠道的人畜爬出渠道提供方便。安全缆是帮助人们脱离渠道的安全设施，由缆绳及许多系在缆绳上的浮标组成，横跨在建筑物上游渠道上。安全梯是在混凝土衬砌渠道上最常用的使人们脱离渠道的设施。安全梯既是安全设施，也便于人们取水、洗衣等。

参考文献

［1］ 陈德亮，夏富洲．水工建筑物（供农田水利工程专业用）［M］．5版．北京：中国水利水电出版社，2008.

［2］ 祁庆和．水工建筑物［M］．3版．北京：中国水利水电出版社，1997.

［3］ 王宏硕，翁情达．水工建筑物（基本部分、专题部分）［M］．北京：水利电力出版社，1990、1991.

［4］ 左东启，王世夏，林益才．水工建筑物（上、下册）［M］．南京：河海大学出版社，1995、1996.

［5］ 吴媚玲．水工建筑物［M］．北京：清华大学出版社，1991.

［6］ 任德林，张志军．水工建筑物［M］．修订版．南京：河海大学出版社，2004.

［7］ 陆述远．高等水工结构［M］．北京：中国电力出版社，1999.

［8］ 水利辉煌50年编纂委员会．水利辉煌50年［M］．北京：中国水利水电出版社，1999.

［9］ SL 252—2017 水利水电工程等级划分及洪水标准［S］．北京：中国水利水电出版社，2017.

［10］ 张光斗，王光纶．水工建筑物（上册）［M］．北京：水利电力出版社，1992.

［11］ 李珍照，等．中国水利百科全书：水工建筑物分册［M］．北京：中国水利水电出版社，2004.

［12］ GB 50199—94 水利水电工程结构可靠度设计统一标准［S］．北京：中国计划出版社，1994.

［13］ SL/T 191—96 水工混凝土结构设计规范［S］．北京：中国水利水电出版社，1997.

［14］ DL 5077—1997 水工建筑物荷载设计规范［S］．北京：中国电力出版社，1998.

［15］ SL 203—97 水工建筑物抗震设计规范［S］．北京：中国水利水电出版社，1997.

［16］ SL 211—98 水工建筑物抗冰冻设计规范［S］．北京：中国水利水电出版社，1998.

［17］ DL 5108—1999 混凝土重力坝设计规范［S］．北京：中国电力出版社，2000.

［18］ SDJ 20—78 水工钢筋混凝土结构设计规范（试行）［S］．北京：水利电力出版社，1979.

［19］ SL 282—2003 混凝土拱坝设计规范［S］．北京：中国水利水电出版社，2003.

［20］ 李瓒，陈兴华，郑建波，等．混凝土拱坝设计［M］．北京：中国电力出版社，2000.

［21］ 朱伯芳，等．拱坝设计与研究［M］．北京：中国水利水电出版社，2002.

［22］ SL 319—2005 混凝土重力坝设计规范［S］．北京：中国水利水电出版社，2005.

［23］ DL/T 5005—92 碾压混凝土坝设计导则［S］．北京：水利电力出版社，1992.

［24］ SL 274—2001 碾压式土石坝设计规范［S］．北京：中国水利水电出版社，2002.

［25］ SL 228—98 混凝土面板堆石坝设计规范［S］．北京：中国水利水电出版社，1999.

［26］ GB 50287—2008 水利水电工程地质勘察规范［S］．北京：中国计划出版社，2009.

［27］ 潘家铮，何璟．中国大坝50年［M］．北京：中国水利水电出版社，2000.

［28］ 朱伯芳．有限单元法原理与应用［M］．2版．北京：中国水利水电出版社，1998.

［29］ 潘家铮．重力坝设计［M］．北京：水利电力出版社，1987.

［30］ 陈祖煜．土质边坡稳定分析——原理·方法·程序［M］．北京：中国水利水电出版社，2003.

［31］ 汪树玉．优化方法及其在水工中的应用［M］．北京：水利电力出版社，1993.

［32］ 朱伯芳．国际拱坝学术讨论会专题综述［J］．水力发电，1988（8）：49-52.

［33］ SL 253—2000 溢洪道设计规范［S］．北京：中国水利水电出版社，2000.

［34］ SL 285—2003 水利水电工程进水口设计规范［S］．北京：中国水利水电出版社，2003.

［35］ 赵文华，陈德亮．水库分层取水简论［J］．吉林水利，1985（1）.

［36］ 韩瑞庚．地下工程新奥法［M］．北京：科学出版社，1987.

［37］ SL 279—2002 水工隧洞设计规范［S］．北京：中国水利水电出版社，2003.

[38] SL 377—2007 水利水电工程锚喷支护技术规范 [S]. 北京：中国水利水电出版社，2007.

[39] SD 134—84 水工隧洞设计规范 [S]. 北京：水利电力出版社，1985.

[40] 熊启钧. 隧洞 [M]. 北京：中国水利水电出版社，2002.

[41] 李传才. 水工混凝土结构 [M]. 武汉：武汉大学出版社，2001.

[42] GB 50288—2018 灌溉与排水工程设计标准 [S]. 北京：中国计划出版社，2018.

[43] SL 265—2001 水闸设计规范 [S]. 北京：中国水利水电出版社，2001.

[44] 任德林. 计算闸坝底面渗透压力的加权直线法 [M]. 水利水电技术，1981 (11).

[45] 左东启，顾兆勋，王文修. 水工设计手册 [M]. 北京：水利电力出版社，1983 - 1989.

[46] 陈宝华，张世儒. 水闸 [M]. 北京：中国水利水电出版社，2003.

[47] 任德林，邱德华. 复杂地基上水闸优化设计的初步研究 [J]. 江苏水利科技，1991 (3).

[48] 张裕怡. 有限深弹性地基梁计算用表 [M]. 北京：水利出版社，1980.

[49] 任德林，汪翙. 整体式水闸平底板内力计算方法的分析 [J]. 农田水利与小水电，1986 (12).

[50] 索丽生，刘宁. 水工设计手册（第 2 版）：第 9 卷 灌排、供水 [M]. 北京：中国水利水电出版社，2014.

[51] 张光斗，王光纶. 专门水工建筑物 [M]. 上海：上海科学技术出版社，1999.

[52] 刘细龙，陈福荣. 闸门与启闭设备 [M]. 北京：中国水利水电出版社，2003.

[53] 宋祖诏，张思俊，詹美礼. 取水工程 [M]. 北京：中国水利水电出版社，2002.

[54] 宋祖诏，许杏陶，张思俊. 渠首工程 [M]. 北京：水利电力出版社，1989.

[55] GB 50290—2014 土工合成材料应用技术规范 [S]. 北京：中国计划出版社，2014.

[56] 张世儒，夏维城. 水闸 [M]. 北京：水利电力出版社，1988.

[57] 周素真，石自堂，马有国. 取水枢纽工程 [M]. 武汉：武汉水利电力大学出版社，2000.

[58] 潘家铮. 论试载法//水工结构分析论文集 [M]. 北京：电力工业出版社，1982.

[59] 王学鲁. 黄河万家寨水利枢纽 [M]. 北京：中国水利水电出版社，2002.

[60] 傅作新，钱向东. 有限单元法在拱坝设计中的应用 [J]. 河海大学学报，1991 (2)：8 - 15.

[61] 朱伯芳，贾金生，厉易生，等. 拱坝的智能优化辅助设计系统—— ADIOCAD [J]. 水利学报，1994 (7)：32 - 37.

[62] 厉易生. 二次曲线拱坝 [J]. 水利学报，1988 (7)：27 - 32.

[63] 竺慧珠，陈德亮，管枫年. 渡槽 [M]. 北京：中国水利水电出版社，2005.

[64] 王振英. 桥梁与建筑跨盖工程新型拱式跨构 [M]. 成都：成都科技大学出版社，1989.

[65] 李惠英，田文铎，阎海新. 倒虹吸管 [M]. 北京：中国水利水电出版社，2005.

[66] 熊启钧. 涵洞 [M]. 北京：中国水利水电出版社，2006.

[67] 刘韩生，花立峰，纪志强，等. 跌水与陡坡 [M]. 北京：中国水利水电出版社，2004.

[68] 王长德. 量水技术与设施 [M]. 北京：中国水利水电出版社，2006.

[69] SL 537—2011 水工建筑物与堰槽测流规范 [S]. 北京：中国水利水电出版社，2013.

[70] 毛昶熙. 电模拟试验与渗流研究 [M]. 北京：水利出版社，1981.

[71] 赵文华，陈德亮，颜其照，等. 渡槽 [M]. 2 版. 北京：水利电力出版社，1989.

[72] SL 482—2011 灌溉与排水渠系建筑物设计规范 [S]. 北京：中国水利水电出版社，2011.

[73] 熊启钧. 灌区建筑物的水力计算与结构计算 [M]. 北京：中国水利水电出版社，2007.

[74] 中国水利部. 2016 年中国水资源公报. http://www.mwr.gov.cn/sj/tjgb/dycqgslpcgb/

[75] 中国水利部. 2015 年全国水利发展统计公报. http://www.mwr.gov.cn/sj/tjgb/dycqgslpcgb/

[76] 中国水利部. 第一次全国水利普查公报. http://www.mwr.gov.cn/sj/tjgb/dycqgslpcgb/

[77] 陈德亮，王长德. 水工建筑物（供农田水利工程专业用）[M]. 4 版. 北京：中国水利水电出版社，2005.

[78] 林继镛. 水工建筑物 [M]. 5 版. 北京：中国水利水电出版社，2009.

[79] 陈胜宏，陈敏林．水工建筑物［M］．2版．北京：中国水利水电出版社，2014.

[80] 张楚汉，王光纶，金峰．水工建筑学［M］．北京：清华大学出版社，2011.

[81] 沈长松，王世夏，林益才，等．水工建筑物［M］．北京：中国水利水电出版社，2008.

[82] GB 50199—2013 水利水电工程结构可靠性设计统一标准［S］．北京：中国计划出版社，2014.

[83] SL 654—2014 水利水电工程合理使用年限及耐久性设计规范［S］．北京：中国水利水电出版社，2014.

[84] SL 744—2016 水工建筑物荷载设计规范［S］．北京：中国水利水电出版社，2016.

[85] GB 50009—2012 建筑结构荷载规范［S］．北京：中国建筑工业出版社，2012.

[86] SL 211—2006 水工建筑物抗冰冻设计规范［S］．北京：中国水利水电出版社，2007.

[87] GB/T 50662—2011 水工建筑物抗冰冻设计规范［S］．北京：中国计划出版社，2011.

[88] GB 51247—2018 水工建筑物抗震设计标准［S］．北京：中国计划出版社，2018.

[89] SL 191—2008 水工混凝土结构设计规范［S］．北京：中国水利水电出版社，2009.

[90] SL 319—2018 混凝土重力坝设计规范［S］．北京：中国水利水电出版社，2018.

[91] NB/T 35026—2014 混凝土重力坝设计规范［S］．北京：中国电力出版社，2015.

[92] SL 282—2018 混凝土拱坝设计规范［S］．北京：中国水利水电出版社，2018.

[93] SL 314—2018 碾压混凝土坝设计规范［S］．北京：中国水利水电出版社，2018.

[94] SL 25—2006 砌石坝设计规范［S］．北京：中国水利水电出版社，2006.

[95] SL 189—2013 小型水利水电工程碾压式土石坝设计规范［S］．北京：中国水利水电出版社，2014.

[96] SL 228—2013 混凝土面板堆石坝设计规范［S］．北京：中国水利水电出版社，2013.

[97] SL 253—2018 溢洪道设计规范［S］．北京：中国水利水电出版社，2018.

[98] SL 279—2016 水工隧洞设计规范［S］．北京：中国水利水电出版社，2016.

[99] SL 265—2016 水闸设计规范［S］．北京：中国水利水电出版社，2016.

[100] SL 74—2013 水利水电工程钢闸门设计规范［S］．北京：中国水利水电出版社，2013.

[101] SL 41—2011 水利水电工程启闭机设计规范［S］．北京：中国水利水电出版社，2011.

[102] GB/T 50979—2014 橡胶坝工程技术规范［S］．北京：中国计划出版社，2014.

[103] GB 50265—2010 泵站设计规范［S］．北京：中国计划出版社，2011.

[104] SL 62—2014 水工建筑物水泥灌浆施工技术规范［S］．北京：中国水利水电出版社，2014.

[105] GB 50086—2015 岩土锚杆与喷射混凝土支护工程技术规范［S］．北京：中国计划出版社，2015.

[106] 吴高见，张喜英．土石坝施工技术的现状与发展趋势［J］．水力发电，2018，44（2）：1-6.

[107] 杨泽艳，周建平，王富强，等．中国混凝土面板堆石坝发展30年［J］．水电与抽水蓄能，2017，3（1）：1-5.

[108] 王长德，夏富洲，等．大型渡槽结构与施工技术［M］．武汉：长江出版社，2017.

[109] 吴文伦，刘小梅，王文英．拱梁组合式渡槽设计与施工［J］．山西水利科技，1996，112（3）：38-40.

[110] 徐江，向国兴，罗代明，等．高墩大跨连续刚构渡槽技术在贵州峡谷山区的应用［J］．人民珠江，2016，37（2）：8-15.